2014年全国公路养护技术学术年会论文集

（上册　桥隧卷）

中国公路学会养护与管理分会　编

人民交通出版社股份有限公司
China Communications Press Co.,Ltd.

内容提要

《2014年全国公路养护技术学术年会论文集》全书共分报告篇、桥隧篇和路面篇三部分,共收集论文120余篇。主要包括养护材料循环利用与研究、路面材料再生循环理论与技术、特殊地域、地区道路养护新技术及桥、隧养护与管理新技术等几个方面内容。

书中大多数论文论述了依靠技术创新、科技进步,我国公路养护事业在公路、桥梁养护工作中所采取的新技术与新工艺,特别是对养护材料循环利用工作中所取得的经验及做法的总结。反映了当前我国公路养护工作的最新技术和水平。

书中内容展现出了时代精神,具有科学性、先进性和实用性等特点。可供广大从事公路养护工作的领导者、工程技术工人、科研工作者及相关专业学生参考。

图书在版编目(CIP)数据

2014年全国公路养护技术学术年会论文集/中国公路学会养护与管理分会编.—北京:人民交通出版社股份有限公司,2014.12

ISBN 978-7-114-11956-9

Ⅰ.①2… Ⅱ.①公… Ⅲ.①公路养护—学术会议—文集 Ⅳ.①U418-53

中国版本图书馆CIP数据核字(2014)第306867号

书　　名:**2014年全国公路养护技术学术年会论文集**(上、下)
著 作 者:中国公路学会养护与管理分会
责任编辑:刘永芬　陈　鹏
出版发行:人民交通出版社
地　　址:(100011)北京市朝阳区安定门外外馆斜街3号
网　　址:http://www.ccpress.com.cn
销售电话:(010)59757973
总 经 销:人民交通出版社发行部
经　　销:各地新华书店
印　　刷:北京瑞斯通印务公司
开　　本:880×1230　1/16
印　　张:39.25
字　　数:1200千
版　　次:2014年12月　第1版
印　　次:2014年12月　第1次印刷
书　　号:ISBN 978-7-114-11956-9
定　　价:238.00
(有印刷、装订质量问题的图书由本公司负责调换)

编　前　语

在2014年全国交通运输工作会议上，交通运输部部长杨传堂指出，交通发展特别是公路养护要以节约资源、提高能效、保护环境为目标，将更多更好的节能、环保、高效的养护新科技、新技术引入到公路养护中来。为加快推进绿色循环低碳交通建设，进一步提高公路养护管理的科技含量。我们向广大公路科技工作者征集了一批学术论文，经专家评审，从中精选出部分论文汇编成册，结集出版《2014年全国公路养护技术学术年会论文集》。

全书分桥隧养护、路面养护两卷，并收入了学术年会上的专家报告，内容涉及公路、桥隧养护工程中各个方面。书中大多数论文论述了依靠科技进步、使用现代化工具、利用新材料进行公路、桥隧养护工作的具体经验及做法，本书作为公路与桥梁技术人员的成果总结，较系统地反映了我国公路养护材料循环与新技术成果的应用情况，是从事公路养护工作的领导者、工程技术人员可资借鉴的一本应用科技图书。

由于编辑水平有限，疏漏之处在所难免，恳请广大读者批评指正。

编者

2014年12月

目　录

报　告　篇

桥　隧　篇

报 告 篇

全面把握'3R'原则，推进循环经济健康发展

王建增

（原中国资源综合利用协会副会长，原国家经贸委技术进步与装备司司长）

我国从2003年正式推出循环经济概念以来，学术界进行了系统的研究探讨，全国人大审议通过了"循环经济促进法"，各级政府不断做出部署和安排，各类经济实体进行了大胆的实践和探索，循环经济理念逐步确立，示范试点日见成效，发展水平不断提高，经济和社会效益日益显现，发展循环经济已经成为我国经济发展转型升级的基本途径、建设生态文明的重大举措。

经历了改革开放后30年经济的快速发展，我国受到了资源和环境不可持续的双重压力，面临发展方式转变和经济结构战略性调整的重要抉择。在总结我国发展的经验教训和学习借鉴发达国家发展轨迹的基础上，2003年推出了发展循环经济的重大决策，通过"十一五"和"十二五"以来的推动和发展，我国的能源产出率提高了30%以上，矿产资源总回收率提高了约10个百分点，工业固废综合利用率和主要再生资源回收利用率达到近70%，农业秸秆综合利用率达到77%以上，资源循环利用年产值2013年达到1.5万亿元，占国民生产总值的2.6%，已经成为我国经济的重要组成部分；循环经济的发展，减少废弃物堆存占用土地至少14万亩，可节约能源数亿吨和减少二氧化碳排放数十亿吨，发挥了从源头防治污染和保护环境的功能；全国从四个层面进行的两批192个循环经济试点单位建设和重点示范工程建设，涌现出一批先进典型单位和园区，总结了60个模式案例，探索了我国发展循环经济的发展道路。通过10年的推动和实践，初步建立了以《中华人民共和国循环经济促进法》为主法的法律体系和1500个国家标准、行业标准、地方标准构成的技术标准框架体系。通过国家财政专项资金和税收优惠支持、资源性价格政策支持，不断完善政策支撑机制。按照国家中长期科技发展规划将废弃物循环利用作为优先主题、把环保产业作为新兴产业的精神，在科技主题计划、技术创新能力建设安排中，重点支持循环经济共性关键技术和产业化示范项目，取得了一些突破性成果，如表1所示。

循环经济发展概况　　表1

项　目	单位	2005年	2010年	2013年	2015年(规划)
能源产出率	万元/吨标煤	1	1.24	—	1.47
矿产资源总回收率	%	30	35	38	40
工业固废综合利用量	亿吨	7.70	16.18	20.59	31.26
工业固废综合利用率	%	55.8	69.0	62.3	72.0
主要再生资源利用量	亿吨	0.84	1.49	1.60	2.14
主要再生资源回收率	%	—	65	68	70
工业用水重复利用率	%	75.1	85.7	—	>90.0
农灌用水有效利用系数	—	0.45	0.50	0.516(上年)	0.53
秸秆综合利用率	%	—	70.6	77.1	80.0
循环利用产业总产值	万亿元	—	1.0	1.3	1.8

循环经济在我国的发展还是处于起步阶段,我国又是人均资源少、资源禀赋差、资源消耗强度高、环境污染重的国家,且处于发展转型升级的关键时段,发展循环经济既是必然选择、又是艰巨任务。我国的主要矿产资源占世界的比重除煤炭在11%,其他都只占有一位数;我们消耗世界一半左右的资源仅贡献了世界百分之十几的产值;我国的主要污染物排放居于世界前列,垃圾包围城市、污水环绕城市比比皆是;60%左右的矿产资源、70%的生活垃圾和废弃有色金属、80%的城市污水未能得到利用。另外,我们在发展循环经济实践中,还存在着法规不完善、政策不配套、技术装备不先进、产业发展不平衡、企业创新能力不够强等等需要研究解决的问题。这里,仅从接触到的具体问题,从以循环经济的基本原则出发,如何处理当前存在的发展循环经济遵循原则的顺序和解决实现既循环又经济等问题,以促进循环经济的健康发展,谈点个人的看法。

(1)废弃物排放的减量化是发展循环经济遵循原则的前提。发展循环经济是应对资源短缺和环境污染而提出的新的发展模式,是经过了对环境污染的认识、应对环境污染从先污染后治理转变为预防为主和从末端治理转变为全过程控制等一系列认知变化中逐步形成的。发展循环经济的"3R"原则{减量化(reduce)、再利用(reuse)、再循环(recycle)},是相互关联的整体,是应当同时遵循的操作原则。而从保护生态、充分利用资源、提高经济效益的整体要求出发,它们又不是并列的,减量化是前提,应当处于优先地位。通过再利用、再循环把废弃物变成为可以利用的资源,实现了资源的闭式循环,是发展循环经济的基本特征和核心内容,但从其对环境的影响的看,本质上仍然属于先产生再治理的特性,虽然也可以减少最终端废弃物的处置量,并不能减少生产过程中废弃物的产生及其造成的环境危害;再利用、再循环的实现还需要消耗新的资源(包括能源)、还需要开发相应的技术和装备。显而易见,废弃物产生的减量化应当是前提,既能高效、充分利用资源,又能够预防废弃物的污染,还能够降低生产成本。

实现生产过程中废弃物产生的减量化,可以通过改进设计从源头减少原材料的使用量;可以采用新材料、新工艺、新技术、新装备,实施清洁生产,减少资源消耗和废弃物产生。例如,在公路建设工程中,应用先进合理的筑路规范、筑路机械装备、筑路材料等,就能够减少筑路材料的使用量、废弃材料和生产废气的排放量。在流通消费环节,可以通过改进包装、优化运输方式、提倡绿色消费,减少废弃物产生和温室气体排放。

(2)再利用、再循环是发展循环经济的基本特征和核心内容,正是通过废弃物的资源化利用(再利用、再循环),使得传统的链式发展模式改变成为闭式环状发展模式,使得原来无用的、有害的废弃物成为新的资源来源,西方国家的循环经济概念基本上、或主要是指这个范畴。资源化在实现变无用为有用、变废为宝的同时,也从过程中、从污染源头防治环境污染,最大可能减少终端污染物的处置量。

如何实现资源化利用中的社会效益和经济效益的统一,即解决既循环又经济,是推动循环经济顺利、健康发展的重要问题,尤其是对企业更是如此,这也是当前影响发展循环经济的一个重要问题。在市场经济机制中,企业应当承担社会责任,但一个企业如果长期从事亏本的生产经营活动是难以维持下去的。循环经济是物质资源的循环,但不是简单的重复循环就能够成为一种发展模式,只有能够取得经济效益的循环才能够成为循环经济、可持续发展的经济。在我们的公路建设工程中,靠近燃煤电厂和矿山的路段,就相对容易应用粉煤灰和矿山尾矿,合理运距以外的路段,如果没有政策的约束或支持就难以应用这些废弃物。

欲实现既循环又经济的循环经济发展模式,一是进行制度创新,提高效率、提高产业集中度、减少环节、严格考核与管理;二是加强技术创新,开发和推广先进适用技术,减少消耗、提高产出率、提高产品附加值;三是创造有利于发展循环经济的环境,按照其具有环境公益性质、历史欠账和新兴产业属性等特点,实施必要的价格、税收方面的支持政策措施。

(3)无害化是资源化和实现循环的基本要求和主要标准,包括实施清洁生产过程中、废弃物回收利用资源化过程中、综合利用产品质量等各个环节,都应当满足环境保护的要求和标准,不应当造成二次污染,否则就难以循环和持续。资源综合利用和再生资源回收加工生产过程及其产品,会不会存在重金属、放射性、新的废弃物污染等等,是当前人们担心也一定程度存在的问题,防止并解决这类问题,才能保障循环经济的健康发展。

发展循环经济已经成为我国转变发展方式和结构调整升级的重要抉择，是实现绿色发展和建设生态文明的主要组成部分，并已经取得了显著进展和经验。但在发展过程中不可避免的会出现一些问题和困难，当前存在的重废弃物利用轻减少废弃物产生、社会效益和环境效益好但经济效益差、重推广应用轻无害化监督等等，就是一定程度存在并已经引起重视的问题，相信随着市场机制的完善、技术进步的提高和生态文明建设的进程，问题一定得到完满的解决，循环经济一定能够顺利、健康的发展。

讲座专家简介：

王建增，男，1940 年 11 月出生，汉族，中共党员，

1964 年 9 月毕业于西安交大机械制造工艺及装备专业。1964 年 9 月—1970 年 5 月国家计委机械局技术员；1970 年 5 月—1976 年 5 月解放军后勤技术装备研究院机械试验厂技术员；

1970 年 5 月—1976 年 7 月交通部标准计量研究所技术员、工程师、室主任、副所长；

1976 年 7 月—2001 年 3 月先后任国家经委、国家计委、国家经贸委高级工程师、处长、副司长、司长；2001 年 3 月至今国务院国资委正局级退休人员。

曾任中国资源综合利用协会副会长、中国设备管理协会副会长、中国能源研究会副会长。

江苏公路养护管理现代化发展行动纲要

江苏省交通运输厅公路局

党的十八大提出了到2020年全面建成小康社会的奋斗目标,同时鼓励有条件的地区在现代化建设中继续走在前列,为全国改革发展做出更大的贡献。江苏省委省政府提出"十二五"时期江苏要全面建成更高水平小康社会,苏南等有条件的地区要率先基本实现现代化。按照全省现代化战略统一部署要求,以及长三角一体化、江苏沿海开发和苏南现代化建设示范区三个国家级战略加快推进的要求,交通运输行业应该更好地发挥基础性和先导性的保障作用。2012年11月,交通运输部与江苏省政府签订了《共同推进江苏交通运输现代化建设会谈备忘录》,明确由江苏省率先开展交通运输现代化建设模式、路径和政策等方面的探索与实践,为全国交通运输现代化提供试点,积累经验。江苏省交通运输厅在部省指导下组织编制了《江苏交通运输现代化规划纲要》(以下简称《规划纲要》),并通过了部省联合审查。

根据《规划纲要》的要求,江苏公路养护管理现代化将作为其中的重大试点示范项目先期推动实施。为此,江苏省交通运输厅公路局编制了《江苏公路养护管理现代化行动纲要》(以下简称《行动纲要》)。《行动纲要》以《江苏公路交通现代化研究》、《江苏公路养护现代化研究》、《江苏省普通国省干线公路养护管理体制调研报告》和《江苏公路养护管理现代化发展行动计划》等为依据,研究提出了推进江苏公路养护管理现代化的发展目标、重点任务,是指引江苏公路养护管理现代化建设的主要依据。

《行动纲要》期限为2013年至2020年,展望到2030年,设定的目标和重点任务以普通国省道为主,兼顾农村公路。

第一章 发展背景

公路是保障经济社会发展的重要基础设施,具有基础性、先导性和服务性功能。为适应新时期的新形势与新要求,更好地服务于江苏经济社会现代化发展,服务于交通运输现代化建设,服务于公众出行,加快推进公路养护管理现代化发展具有重要意义。

第一节 发展成就

进入新世纪以来,江苏公路在"畅通主导、安全至上、服务为本、创新引领"方针的指引下,积极创新、努力拼搏,各项工作不断取得新进展,公路养护管理事业取得显著成绩,达到全国先进水平。

1. 路网发展水平显著提升

一是"三大路网"协调发展。至2013年年底,全省公路总里程突破15.6万公里,其中高速公路4443公里,普通国省道公路9505公里,农村公路14.2万公里;高速公路密度居全国各省(区)第一,并率先实现联网畅通;普通国省道公路技术等级稳步提升,一级公路比重达到68%,二级以上公路比重达到99%;农村公路全面实现县到乡通二级公路、乡到乡通三级公路、乡到村通四级公路。二是安全保障能力稳步提升。建立了普通国省道公路安全保障工程建设项目库,完成安保工程3455公里,公路交通安全设施均处于良好技术状态;危桥当年处治率达到100%,普通国省道公路一、二类桥梁比例达到98.3%;推进不停车超限检测系统建设,开展收费站联合治超,普通国省道公路超限率降至2.37%。三是行车环境明显改善。全省普通国省道公路路域环境整洁美观,沿线公路交通标志标线齐全醒目,公路用地及建筑控制区内违法广告设施、不合理限速标志得到有效清理,平交道口与搭接道口得到有效整治。全省普通国省道公路车辆平均行驶速度超过59公里/小时。

2. 公路管养能力显著提升

一是路况技术水平全国领先。至2013年年底,国省道公路路况综合指数MQI平均值达到94,优良路率达到98%,居全国第一;农村公路路况技术水平逐年提高,县道优良率达到82%,乡村道好路率达到76%。二是养护管理更趋规范。全省路网实现养护管理全面覆盖,养护工程全面实施公开招投标制、监理制和合同管理制,小修保养工程采用千分制考核,大中修及养护改善工程实行工程质量跟踪。农村公路由"以建为主"逐步向"建,管,养"并重转变,通过开展"江苏省农村公路管理养护年"活动,以县道路况检查考核为手段,农村公路养护规范化管理水平逐步提高。三是养护科学决策体系初步建立。全面推广使用桥梁管理系统(CBMS)和路面管理系统(CPMS),初步实现了在最佳时间对最需要实施养护的路段采取最恰当的养护措施。四是养护工区标准化、机械化扎实推进。构建了两级工区管理体系,建成标准化一类工区62个和二类工区8个;出台小修保养成套化机械配置标准及政策,全省普通国省道公路养护与应急机械设备总数达3392台(37台套/百公里)。五是公路法规体系基本完善,依法行政能力明显提升。出台和修订了《江苏省公路条例》、《江苏省收费公路条例》、《江苏省收费公路管理条例》、《江苏省高速公路沿线广告设施管理办法》、《江苏省治理公路超限运输办法》、《江苏省干线公路建设管理办法》和《江苏省农村公路管理办法》等地方性法规和规章,基本形成了与上位法相配套的地方公路法规体系,为公路依法行政、文明服务提供了有效的制度保障。

3. 创新发展能力显著提升

一是公路科技创新力度不断加大。把公路养护作为科技创新主战场,加强基于物联网技术的沥青路面施工质量管控应用、桥涵结构物关键施工质量参数智能化管控应用、现役系杆拱桥结构易损性分析及养护策略研究等"三新"技术研究,继续推进温拌再生、厂拌热再生、抗裂骨架水泥稳定碎石技术及桥梁预应力智能施工技术的推广应用。二是公路节能减排成效显著。推广冬季路面快速修补材料、桥梁伸缩缝快速修补材料等新型技术,减少了公路养护作业时间和由此造成的交通拥堵;温拌沥青混凝土施工技术、厂拌热再生沥青路面施工技术形成了完善的冷再生与热再生技术规程和质量体系,低碳、循环、环保技术在公路工程应用的比重逐年提高;普通国省道公路养护沥青旧料实现了零废弃,沥青旧料当年循环利用率达到60%,养护大中修工程中再生技术应用比例超过35%。三是信息化应用水平大幅提升。建成覆盖全行业的"一网、一图、一平台"信息化基础工程体系,"一网"实现了全省各级公路管理机构等300多个管养节点互联互通,借助3G技术建立了全省公路信息化网络;"一图"汇集了公路基础信息和动态监测数据,形成了公路系统共用的管理决策地图、出行服务地图和应急处置地图;"一平台"实现了全行业9082个用户统一授权、单点登陆、信息共享、协同办公。

4. 服务公众能力显著提升

在全面取消政府还贷二级公路收费的基础上,至2013年年底,共撤移12个间距不足50公里的普通公路收费站;认真执行鲜活农产品"绿色通道"和重大节假日小型客车免费通行政策,每年为公众节约交通出行成本逾10亿元;积极推进农村公路提档升级,服务镇村公交发展;普通公路收费站ETC站点覆盖率达到20%;2013年,公路协同工作平台发布各类动态信息达14544条,处理路政案件69065起,处理或参与各类路网事件22069起,向社会发布出行服务信息43万余条次,回复社会公众查询信息1571条次,审核上报交通运输部公路阻断信息534条次。

第二节 机遇与挑战

当前,全国和全省的经济社会发展进入了新的历史阶段,按照《江苏公路交通"十二五"发展规划纲要》的战略部署,江苏公路养护管理事业也将进入发展的新阶段,面临着支撑经济社会和交通运输现代化发展、满足人民群众更高出行需求、推动行业可持续发展等巨大挑战。

1. 面临公路运输升级发展要求

一是公路交通运输需求持续增加。根据预测,到2020年,我省单位GDP货运强度虽然有所降低,但货运总需求仍将持续增长并达到2010年的2.3倍。随着城市和农村居民出行频次、距离等明显增加,全省客运出行总量将增至目前的2.4倍。不断增长的公路运输需求对公路交通设施供给能力提出了新的挑战。二是公路服务要求持续提升。随着都市圈通勤需求快速增长,"同城化"生产生活方式日趋普遍,对公路通行效率提出更高要求。江苏千人小汽车拥有量将由2012年的47辆跃升至2020年的200辆左右,私家车对出行信息等个性化需求日益增加。不断提升的基础设施发展需求,成为推动公路行业发展的重大机遇和推动力,从而为江苏推进现代化建设提供重要支撑。

2. 面临公路运行复杂环境约束

一是新型城镇化对公路发展提出新要求。随着国家新型城镇化规划和江苏省新型城镇化与城乡发展一体化规划的实施,江苏将形成以沿江、沿东陇海线为横轴,以沿海、沿大运河为纵轴的"两横两纵"城镇空间布局,要求推动城镇基本公共服务常住人口全覆盖;全省城镇化率将由2012年的63%左右提升到2020年的70%左右,尤其小城镇快速发展,人口居住相对更加集中,更多的普通国省道兼顾部分城市交通功能,城郊地区和城镇连绵地区公路交通构成更趋复杂,运行安全风险不断增大。二是综合交通要求强化公路集疏运功能。随着综合交通运输体系建设加速,公路交通集疏运功能进一步凸显,公路与其他运输方式之间的衔接逐步完善,公路运行环境更加复杂。三是公路交通安全成为社会关注热点。我省公路基础设施仍然存在不同程度的安全隐患,包括恶劣天气、交通事故等具有突发性强、危害性大、影响范围广、社会关注度高特点的非传统事件逐渐成为影响公路高效安全运行的主要因素。复杂的公路运行环境要求加强公路安全投入、提升公路养护管理效率,强化公路应急保畅能力,破解复杂的公路运行环境约束。

3. 面临公路行业转型发展挑战

"十一五"以来,江苏公路无论是路网规模增长,还是技术等级提升都是前所未有的。当前,江苏公路基础设施发展在全国处于领先水平。公路运输需求持续增长和服务要求不断提高,对江苏公路养护管理提出了更高要求。江苏提出经过10年左右的时间实现生态省建设目标,率先建成全国生态文明建设示范区。交通运输部发布了《关于推进绿色循环低碳交通运输发展指导意见》,并支持江苏建设绿色循环低碳交通运输示范省,这都要求江苏公路的发展方式必须向集约型转变,由依靠资源要素投入向依靠管理创新、技术创新、机制创新、制度创新转变,通过整合各种公路资源,加强科技应用,最大程度挖掘现有公路网络潜力,提升公路通行效率和服务水平。这是江苏公路在当前发展阶段必须面临的挑战,需要打破现有公路管理模式,转变发展理念和工作思路,实现江苏公路可持续发展。

4. 面临全面深化改革难得机遇

十八届三中全会的召开标志着我国将开启新一轮的全面深化改革工作。国家正在积极推进完善和发展中国特色社会主义制度,推进以国家治理体系和治理能力现代化为总目标的各项改革。行政体制、财税体制等方面的改革对转变公路行业现有的管理方式、发展模式和资源配置方式等都将提出转变提升的新要求。在《关于地方政府职能转变和机构改革的意见》中,党中央、国务院对"加大机构和职责整合、严格控制机构数量、实行编制总量控制"提出明确要求。在《关于进一步完善投融资政策促进普通公路持续健康发展的若干意见》中明确指出建立以公共财政为基础、各级政府责任清晰、财力和事权相匹配的投融资长效机制,实现普通公路的持续健康发展。目前,公路养护管理体制改革的基本思路已经确定,普通国省道公路的管理养护责任将更加依靠省级公路管理机构来承担。外部改革为江苏公路解决行业长期积累的矛盾、建立适应新阶段公路行业发展需求的新体制和机制带来机遇,同时建立具有江苏公路特点的新体制、适应新的外部环境也是必须面对的挑战。

面对上述发展挑战,转变发展思路,用改革创新的精神去面对,将化挑战为机遇。在江苏加快推进经济社会现代化和交通运输现代化的背景下,江苏公路必须紧密围绕江苏交通运输现代化发展的目标,准确把握未来的发展需求和改革方向,主动进取,进一步明确推进江苏公路养护管理现代化发展重点任务,推动公路行业可持续发展,才能更好地支撑经济社会现代化和交通运输现代化目标的顺利实现。

第二章 发展目标

公路养护管理现代化建设是长期而艰巨的任务,必须深入理解其内涵特征,明确愿景使命及指标体系。

第一节 内涵特征

公路养护管理现代化既是一个过程，也是一种发展状态，其内涵与特征如下：

1. 公路养护管理现代化的内涵

公路养护管理现代化是公路养护管理水平达到当时国际先进水平的发展状态；是与江苏经济社会现代化、交通运输现代化相协调的持续提升过程；是先进理念、制度和技术手段融入公路发展全过程全领域的发展模式。公路服务能力能够使公众满意；公路管养水平科学高效，处于全国领先水平；公路保障条件稳定充分，获得社会全面认同。

2. 公路养护管理现代化的特征

安全：公路及其附属设施保持良好的技术状态，公路基础设施安全隐患逐步得到消除，与公路基础设施有关的交通事故率控制在一定的范围。

畅通：公路网络更加完善，公路通行能力充分，公众出行更加便利，运行速度和通行效率显著提升，与经济社会发展和综合交通运输体系构建更加协调。

智慧：以信息化智能化引领公路养护管理现代化发展，促进现代信息技术在公路行业深度应用，逐步实现公路养护管理决策科学化，适应公路客货运输环境复杂化能力显著提升。

高效：公路路网管理与调度更加精准，公路交通突发事件处置更加及时，公路行业管理与监管更加有效，出行服务信息更加丰富多样化。

绿色：坚持践行“绿色”发展理念，努力转变公路交通发展方式，更加注重生态环境保护和资源循环集约利用，公路交通与生态环境协调发展。

3. 公路养护管理现代化的核心

公路养护管理现代化的核心是人的现代化。公路发展的保障条件、管理水平和服务能力不断优化的过程依靠公路人来实现；其服务状态和水平通过为出行者提供更好的服务来展现。江苏公路人的现代化特征具体体现为江苏公路的核心价值取向：一是面向社会的承诺：服务至上（以人为本，服务公众；路畅天下，车行无疆）。二是面向行业的自励：追求卓越（和合力行，积健为雄；自强不息，止于至善）。三是面向个人的挑战：实现自我（修己安人，厚德载物；修路修心，养路养性）。

第二节 愿景使命

江苏公路养护管理现代化的发展愿景和使命是“一个网络，三个体系”。发展愿景从公众需求的角度提出，即为公众提供并维护一个“安全、畅通、智慧、高效、绿色”的公路网络；发展使命从公路从业者角度提出，即构建一个公众满意的公路服务体系，建立一个科学高效的公路管理体系，配置一个稳定充分的支撑保障体系。“三个体系”实现现代化的具体表现和目标特征是：

实现服务现代化。提供良好的公路通行条件和信息保障服务，使车辆在公路上的运行保持良好的交通状态，使公路用户更满意，以“畅、安、舒、美”为服务现代化的目标特征，“畅”是路网畅通；“安”是出行安全；“舒”是用户舒适；“美”是环境美观。

实现管理现代化。科学组织实施公路日常养护、大中修工程、建设工程，实现高效的养护管理、路政管理、应急保障，更好地维护好基础设施的质量、路域环境条件，优化路网空间布局，以“精、准、细、严”为管理现代化的目标特征，“精”是精确判断；“准”是准确决策；“细”是细致管理；“严”是严格要求。

实现保障现代化。明确稳定充分的保障条件，体制机制、发展资金、科技技术和人才队伍能更好地适应公路建设、养护、路政管理、路网调度，为提高收费服务水平、应急处置能力和信息服务质量提供充足稳定的保障，以“顺、稳、能、先”为保障现代化的目标特征，“顺”是管理体系顺畅；“稳”是资金渠道稳定；“能”是能力充分保障；“先”是科技文化先进。

第三节 指标体系

今后一个时期，江苏公路将认真贯彻党的十八大和十八届三中全会精神，准确研判发展形势和需求，牢牢把握公路行业改革方向和重点，努力推动管理体制机制更加科学规范、科技创新成果应用更加广泛、公路行业队伍更加专业稳定，逐步向现代化目标迈进。到2020年，江苏公路养护管理基本实现现代化，公路基础设施供给、服务质量和管理水平达到世界中等发达国家水平，为全省现代综合交通运输体系构建和江苏基本实现现代化提供强有力的支撑和保障；到2030年，江苏公路养护管理全面实现现代化，公路基础设施供给、公路服务质量和管理水平达到世界发达国家水平，发展的协调性、系统性和可持续性全面提升。

江苏公路养护管理现代化指标体系分为公众满意的公路服务体系、科学高效的公路管理体系和稳定充分的支撑保障体系三个层面。此外，从公众感知公路服务的角度，增加1个评判性指标，即用户使用公路出行满意度。从指标类别和数量看，指标体系包括3类20项32个指标及1项综合评判指标。各个指标的目标值分为三个特征年，分别是2015年、2020年（基本实现现代化）、2030年（全面实现现代化）。具体指标如表1所示。

江苏公路养护管理现代化指标体系及目标值 表1

序号	目标层	目标特征	序号	指标		单位	现状值	2015年目标值	2020年目标值	2030年目标值
一	公众满意的公路服务体系	畅	1	公路网覆盖率	乡镇普通国省道公路覆盖率		78.5%	80%	90%	90%
					行政村双车道四级公路覆盖率		19%	60%	90%	90%
			2	普通国省道公路行驶速度	普通国省道公路设计速度有效利用系数		72%	≥73%	≥73%	≥73%
			3	普通国省道公路拥挤度			8.1%	<5%	<5%	<5%
			4	公路技术状况	普通国省道公路优等路率		79%	80%	85%	90%
					县道公路优良路率		83%	85%	90%	90%
					乡村道公路好路率		77%	78%	80%	85%
			5	公路桥梁技术状况	普通国省道公路一、二类桥梁比例		98%	98%	98%	99%
					农村公路三类及以上桥梁比例		78%	80%	90%	100%
			6	交通工程及沿线设施状况	普通国省道公路沿线设施完好率		70%	75%	85%	95%
					普通国省道公路集镇路段机非隔离设施完好率		35%	48%	76%	88%
					普通国省道公路标志标线完好率		90%	93%	95%	98%
		舒	7	普通国省道公路平面交叉平均间距		m	300	500	1000	1000
			8	公路出行信息服务水平			60%	70%	85%	95%
		美	9	宜绿化公路绿化率			93%	95%	98%	100%
二	科学高效的公路管理体系	精	10	公路运行监测状况	普通国省道公路重要节点运行实时监测覆盖率		35%	60%	80%	100%
					特大型桥梁、长大隧道实时监测覆盖率		68%	100%	100%	100%
		准	11	公路设施原因导致交通事故状况	公路设施直接原因交通事故比例		1.0%	0.8%	0.6%	0.5%
					公路设施间接原因交通事故比例		10%	8%	7%	5%
			12	普通国省道畅安舒美公路创建比例			3.0%	20%	80%	100%
			13	突发事件处置效率	公路交通应急救援达到时间	h		<2	<1.5	<1
					一般公路交通事件应急抢通时间	h		<24	<18	<12
		细	14	标准化养护工区比例			24%	30%	100%	100%
			15	路面材料集约利用水平	路面旧料循环利用率		60%	70%	90%	95%
					沥青路面旧料再生率		20%	40%	50%	60%
		严	16	公路超限运输率			2.37%	<2%	<1%	<1%

续上表

序号	目标层	目标特征	序号	指 标		单位	现状值	2015年目标值	2020年目标值	2030年目标值
三	稳定充分的支撑保障体系	顺	17	依法行政能力	路政执法机构标准化率		10%	15%	80%	100%
					执法人员专业素质水平		90%	93%	100%	100%
		稳	18	财政投入与公路事权实际支出责任匹配率			66%	70%	80%	90%
		能	19	从业人员素质	中高级及以上人才占管理机构人员的比例		7.3%	8%	12%	15%
					中高技能人才占公路养护作业人员的比例		19.3%	20%	25%	40%
		先	20	公路行业科技进步贡献率			61%	70%	75%	80%
四	公众综合评判			公众使用江苏公路满意度			72%	75%	80%	85%

第三章　公众满意的公路服务体系

以满足公众出行需求为导向，以“畅、安、舒、美”为目标特征，优化路网布局、提升服务功能、提高路网安全畅通水平、美化公路出行环境。

第一节　提升路网畅通水平

通过优化公路网络布局、加强衔接、提升公路综合服务与应急能力，全天候保障路网畅通。

1. 科学实施公路网规划

以《国家公路网规划(2013～2030年)》及《江苏省省道公路网规划(2011～2020年)》为依据，开展《江苏省普通国省干线公路等级结构研究》和《江苏省干线公路穿越城市结点规划研究》，编制“十三五”普通国省道公路建设方案，并指导地方开展新一轮县、乡道网及村道规划编制工作，重点加强与国省道公路网规划衔接。

2. 实施普通国省道公路差异化建设策略

各地不同的经济社会特征反映为不同的交通需求特征，要实现路网畅通的目标，做好普通国省道公路发展需求和策略研究，因地制宜制订并实施差异化的建设策略。苏南地区人口密集、交通量大，加快推进拥堵和交通瓶颈路段快速化改造；苏中地区交通量快速增长，提升技术等级，重点是增加通行能力；苏北地区继续加密普通国省道公路网络。

3. 统筹推进农村公路提档升级

指导新一轮农村公路规划与建设，结合新型城镇化发展趋势，与城乡和农村客运发展相结合，以保障镇村公交、校车以及城乡客运班车等安全通行为目标，统筹各方面资源，做好农村公路提档升级工作。加大农村公路拓宽改造、路肩硬化、危桥改造力度，完善交通安全设施，进一步提升农村公路通行能力和安全保障能力。

4. 完善全路网指路标志

重点研究普通干线公路与城市道路、高速公路、农村公路之间的指路信息衔接设置技术，研究干线公路地点距离信息设置技术，完成干线公路指路信息调整；完善全路网(含城市出入口)指路标志体系的总体设计与优化建设；重点解决普通国省干线公路与城市道路、收费公路和农村公路之间的指路信息衔接问题与地点距离信息设置问题；根据最新规划，理顺普通国省干线公路桩号体系；加快基础数据库的更新调整，定期更新全省公路网运行图。

5. 提高公路应急保畅能力

发挥各地市路网管理与应急指挥中心的指挥平台作用，科学整合路政与养护应急处置中心(基地)的应急资源，完善公路应急快速反应机制；统筹推进公路应急处置基地和标准化养护工区建设，合理配置应急养护机械设备，建立具有资质的专业养护队伍；定期组织省、市层面的突发事件应急演练，积极参与地方政府主导的综合性突发事件应急演练，建立稳定、长效的协作机制；加强与公安、消防、气象等部门之间的信息共享，逐步融入地方政府的公共突发事件应急处置体系。

6. 建立和完善路网跨区联动协调机制

继续完善路警联合办公、跨区定期会商等协调机制，实现重要普通国省干线公路跨区域、跨部门联动协作；配合公安交通管理部门，加强重要易堵路段现场监管、交通疏导和综合治理，避免出现大范围严重堵车现象，提高处置复杂事件的管理指挥水平。

第二节 提升公路安全水平

引入安全风险管理新理念、新方法，推动公路安全管理方式转型升级，有效破除公路畅通和安全瓶颈，不断提升公路安全保障水平。

1. 建立路网安全风险防控体系

全面建立行业风险管理体系，安全风险管理的理念、方法贯穿于行业发展的各领域、各环节，重大风险源可识、可防、可控；开展公路养护安全标准化和安全隐患分级分类方法研究，建立安全生产形势与风险分析评价体系；开展公路运行安全风险辨识、风险分析、风险评价、预警防范工作，逐步将公路交通安全保障技术纳入安全风险管理体系；建立公路安全保障技术专家库，对公路交通事故多发路段，进行专家会诊，提出整治方案。全面形成职责明确、运转高效、落实到位的安全风险管理机制。

2. 完善公路沿线安全设施

以安保工程为重点，完善和优化普通国省干线公路沿线安全设施，2016年确保完成“十二五”项目库安保工程建设，并适时启动新增普通国省道公路沿线安保工程建设，及时处置普通国省道新增安全隐患；加强普通国省道公路标志标线维护管理，推行标志标线维护计划管理、绩效目标管理和维护“三级”响应机制；开展农村公路安全畅通工程建设，全面提高县道、乡道行车安全水平。

3. 开展平交道口和搭接道口安全整治

开展普通国省干线公路平交道口和搭接道口现状调查和评估，编制安全处置技术指南；推进重点平面交叉道口立体化改造；推进普通国干线公路集镇路段的辅路建设，减少对主线交通的干扰；加强对新建普通国省干线公路平交道口和搭接道口监管和控制。

4. 强化桥梁隧道检查和安全管理

严格执行交通运输部桥梁管理十项制度和《国家干线公路网技术状况监测数据报送制度(暂行)》。继续加大桥梁隧道安全管理力度，提升桥梁隧道安全管理水平；安排专项检查检测资金，加大公路大型桥梁及特殊结构桥梁检查、检测力度，开展桥梁运行状况分析；建立省、市两级桥梁安全监管机制，实行危桥改造时限责任制和挂牌督办制度。

5. 加强养护作业安全管理

规范养护作业流程和养护作业交通组织，加强施工现场管理，监督施工作业单位按照规定进行作业区布设，规范设置标志、标线等安保设施，做好施工车辆、材料、人员的管理，严格按照国家环境保护的相关规定，采取有效措施消除和控制建筑材料废物、废水、废气和施工过程中粉尘、废气、污水和噪声污染，使养护作业对交通及环境的影响降到最低。

第三节 提升公路综合服务水平

提升公路技术状况，改善路域环境，完善公众出行信息服务体系，提升公路服务质量。

1. 提升养护改善工程建设品质

科学制订普通国省干线公路养护改善工程年度计划；运用现代工程管理理念和方法，贯彻工程设计新理念，落实建设程序标准化、参建单位管理标准化、施工工艺标准化、安全管理标准化等建设标准化内容。积极采用新技术、新材料、新工艺，提高建设工程科技含量，使工程建设实现内在质量优良、外在形象美观、人文景观协调、生态环境和谐的品质。

2. 加大公路养护大中修工程实施力度

科学安排养护大中修工程项目，开展路基、路面、桥梁、防护设施、安全设施、服务设施养护的全面提升工作。加大养护大中修工程经费投入，增加预防性养护比例，至2015年确保养护计划与路况评价决策结果符合率达到60%以上，降低资金约束程度，减少人工干预比例；至2020年确保普通国省干线公路MQI值优良路率达到100%，其中优等路率达90%以上。

3. 抓好路域环境综合整治

以推进城乡环境治理为契机，以普通国省干线公路集镇路段环境整治为重点，确保机动车道、非机动车道及路侧隔离设施完好、规范，确保车辆和行人"各行其道"；净化集镇路段路面及用地行车环境，改善集镇路段路容路貌，消除行车范围环境污染和干扰，优化涉路施工作业路段建设环境；开展专项环境整治和宣传工作，消除行车道和硬路肩车辆随意停放、占用路面摆摊设点、非法无序设置非标等现象；建立多部门联动机制，以路域环境整治为基础维护好路产路权，全面优化公路沿线两侧及周边环境，基本实现公路路域环境整洁、美观、舒适。

4. 提升收费服务水平和通行效率

逐步达成"形成以高速公路为主体的收费体系和以普通公路为主体的非收费体系"的远景规划。进一步规范普通收费公路管理，落实并完善重大节假日小型客车免费通行和鲜活农产品绿色通道政策。稳步推进普通公路ETC建设；进一步优化收费站点布局；修订《江苏省普通公路车辆通行费征收管理办法》；通过月票、季票、年票等手段不断提升服务水平。

5. 提高公路公共服务水平

研究完善普通公路服务设施运营与监管机制，最大程度发挥公路设施资源经济社会效益。加强现有普通干线公路服务设施运营管理，延伸服务内涵。统筹养护工区、收费站、超限检测站等公路沿线管理设施建设，拓展服务功能，增设临时停车、休息、厕所、热水等基本公共服务功能。研究并制定政策和管理制度，积极引导加油站等社会资源支持公路基本公共服务。

6. 提升公路出行服务能力

建立与高速公路、公安、运管、气象等部门之间的信息共享机制，充分利用已有信息采集设施，扩大公路服务信息范围；完善公路交通广播系统、短信平台、门户网站、热线电话等公路信息发布平台；拓展微博、智能手机应用等公路信息发布渠道，适应人性化、便利性服务需求；与网络运营商合作，实现路网信息定时、定点、分区域发布，提高公路信息服务及时性和针对性。

第四节 提升公路美化水平

提高公路设计人文化水平，在公路设计、建设中顺应自然、融入自然，使公路与自然景观融为一体，在优美和谐的人文特色中体现安全畅通的服务功能。

1. 修订普通国省干线公路设计指南

以"以人为本、和谐自然、绿色环保"的现代理念更新和完善传统设计理论方法，提升公路绿化建设理念和设计水平，出台普通国省干线公路景观设计指南；注重公路精细化设计，体现人文精神，开展普通国省干线公路设计及建设后评估，修订普通国省干线公路设计指南。

2. 开展公路设施标准化建设

依据全省公路行业标识研究成果，以畅安舒美示范路建设为引领，在全省开展养护工区、公路服务设施、超限检测站、收费站等公路沿线管养节点标准化创建工作；统一行业标识，统一作业标准，统一服务水准，规范管理执法流程，提升公路行业对外形象。

3. 实施绿化美化提档升级工程

按照因地制宜、因路制宜的原则，在公路用地范围内可绿化路段，以保证行车安全为前提，坚持人工造景与自然景观相结合原则，完善和提升中央分隔带、边坡绿化景观，采取"透、露、遮"相结合的方式，充分展示江苏多样化的自然风光；坚持"栽、管、护"相结合的原则，采用适宜本地自然条件的乔、灌、花、草等植物进行绿化和防护，全面提升公路绿化设计、建设和管护水平。

4. 提升公路的文化内涵

积极推广以沿线区域的历史人文、风景特色为主题的文化公路建设；结合行业精神文明建设和行业核心价值体系建设，加强现代公路养护管理理念的宣传工作；充分利用公路沿线设施、管理及服务站点，普及公路基本常识和管理法规，展示公路行业风采。

第四章　科学高效的公路管理体系

以提高行政效率为导向，以“精、准、细、严”为目标特征，推进公路行业信息化建设和工作流程再造，建立科学决策、规范执行、有效监督的管理体系。

第一节　精准判断，提升决策水平

以公路全资产管理平台为支撑，完善公路养护管理科学决策体系，提高公路养护管理投入产出效益，提升普通国省道公路决策水平与指挥调度能力，为公路行业转型升级和科学发展提供动力。

1. 建立公路全资产管理平台

进一步整合全省现有公路基础数据，建立部门之间数据资源共享机制；整合路面管理系统，开发决策支持系统，完善系统运行机制，搭建公路资产管理平台，动态反映全省公路资产属性信息、检测信息、评价信息和决策信息的历史、现状和未来趋势，实现路网中任意区域、任意路线、任意路段、任意位置的公路资产相关信息的任意调用；实现公路资产数据库权威可靠，公路综合业务的全过程管理，路网的全方位监控与应急指挥，行业总揽的综合信息服务。

2. 推进路网运行监测和管理指挥体系建设

建立省级公路网管理与应急指挥中心，推进“省、市、县”三级公路网监测与应急指挥体系建设；明晰各级平台责任、工作机制和业务流程，构建信息互通、协同高效的公路网监测与应急处置平台体系，建立配套的建设、运维资金保障机制；强化普通国省道公路网络动态信息采集和监控保障能力；加快推进重要路段监控设施建设，确保普通国省道公路网络的可视、可测、可控，提升监测数据实时在线率，重点加强监测数据的分析和应用，准确掌握实时动态，为应急处置和指挥调度的科学决策提供支撑。

3. 完善公路养护科学决策体系

加强对国道、省道和县道的路况检测，将公路技术状况检测评定数据与路面管理系统（PMS）和桥梁管理系统（BMS）综合集成，建立江苏公路养护投资效益模型；通过养护管理系统，辅助制定养护计划和养护方案，为公路养护科学决策提供基础支撑；逐步形成以路况水平、服务水平、资金需求以及投资效益评估等核心因素为依据的公路养护科学决策机制，制定路网级养护计划和方案，作为上报省财政养护和改造支出计划的依据；建立区域路网养护管理对策评价制度，根据区域路网对策分析报告，制定项目级养护方案，作为制定年度养护工程计划的依据，合理分配养护资金，提高养护资金使用效率，实现公路养护决策的科学化。

第二节　细致管理，提升管养水平

加强公路养护管理制度建设，进一步整合路政养护资源，提高普通公路建设、养护、管理规范化、精细化水平。

1. 完善公路管理绩效评价体系

建立公路管理及服务的评价考核体系，制定评价考核标准，实现公众参与考评结果向社会公开；建立并完善公路行业管理绩效评价制度，按照责权对等原则，对建设与管理的主要目标建立相应的绩效评价制度和奖惩机制。

2. 加强公路工程全过程质量管理

建立健全普通国省道公路计划、建设、养护大中修及桥梁工程管理制度办法，形成“体系健全、标准完善、技术先进、监督有效”的公路工程管理和质量监管体系；建立“政府监督、行业监管、法人负责、社会监理、企业自检、设计监控”的“六位一体”质量保证体系；破解普通国省道公路建设的突出问题，有效治理普通国省道公路工程质量通病；灵活运用公路工程技术规范要求，重点提升普通国省道公路工程设计水平；控制道路全寿命周期养护成本；加强对普通国省道公路工程质量的全过程跟踪检测；强化对施工企业的信誉考核；推广应用新技术、新材料；逐步建立质量后评估体系；加强提档升级工程质量监督管理，强化建设过程管理；编制江苏省农村公路提档升级工程检查验收办法，强化建设成果验收；坚持农路纪检监察巡查制度，确保农路建设质量和建设资金安全。

3. 提高预防性养护技术水平和应用比例

研究制定适合江苏省情的预防性养护指导政策和技术标准；用一至两年时间总结形成预防性养护成套技术指南；按照全寿命周期养护理念，科学安排预防性养护和矫正性养护项目；加大预防性养护资金投入，安排专项资金逐步提高预防性养护比例。

4. 强化公路设施养护监管和指导

严格执行《江苏省干线公路养护检查考核办法》，在全省范围内开展公路养护工作实绩的检查考核，构建规范化、现代化养护管理工作模式；完善养护工区、交调点、视频监控等附属设施维护、监管和考核制度；规范标志标线等公路交通安全设施的日常维护和管理工作；重点推进机械化养护作业，提升养护作业质量；在全省范围内开展以推广新材料、新工艺、新技术、新设备为主要内容的技术交流、发布会；规范小修保养操作规程，有效提高小修保养水平。

5. 加强桥梁养护管理工作

加强普通国省道桥梁数据库数据更新工作，建立健全专项检查和全面检查相结合的工作机制，动态掌握全省普通国省道公路桥梁运行情况；加速建设农村公路桥梁管理系统，出台《江苏省农村公路桥梁管理系统使用管理办法》，逐步完成乡道小桥、村道桥梁数据采集工作，并定期更新桥梁技术状况，全面掌握农村公路桥梁运行状态，实现全省农村公路桥梁技术状况信息化管理。

第三节　健全法规，提升依法治路水平

通过完善公路行业法律法规体系，加强路政队伍“三基”建设，加强公路治超工作，提升依法治路能力和水平。

1. 全面推进法治公路建设

进一步将法治要求贯穿于公路建设、养护、管理、服务、安全生产的各个领域；持续强化领导干部依法行政意识和能力，提高制度建设质量；加强路政队伍以基层执法队伍职业化、基层执法站所标准化、基础管理制度规范化为主要内容的三基三化建设；规范路政执法工作程序，量化规范执法目标；以高效、便民为目标依法进一步优化路政执法程序；路政执法严格按职责办事，严格按法律办事，规范路政执法文书管理，提升精细化执法能力。

2. 加强公路管理法规建设

严格贯彻落实《公路安全保护条例》，进一步研究明确普通国省道公路路政管理定位；修订完成《江苏省施工路段管理办法》、《江苏省治理公路超限运输办法》，完善公路管理地方法规体系；加强公路涉路施工、安全评价、验收管理、建筑控制区等公路安全管理法规建设，强化基层执法单位标准化建设和基础管理制度规范化建设。

3. 依法保护普通国省道公路资产安全

加强公路路产路权的保护，依法规范路政许可的审批办理；建立健全公路管理档案，持续推动全省普通国省道公路、公路用地、公路附属设施调查核实、登记造册；探索建立路政与养护联合联动巡查工作机制，整合公路行政资源，优化公路巡查流程；编制巡查、执法、处罚、监管工作手册，降低公路巡查成本，提高公路养护管理效率；积极开展路政与养护联合巡查试点工作。

4. 推进农村公路路政管理体系建设

出台《农村公路路政管理工作指导意见》，理顺农村公路路政管理体系，建立健全机构，明确经费渠道，实现乡道路政管理全覆盖；依法办理农村公路路政许可、实施路政处罚（处理）、保护路产路权；推进农村公路路政管理依法治路水平，加快推进乡镇交通运输管理所转变职能，加强辖区内乡道路政管理。

5. 创新超限运输治理工作机制

探索建立“政府主导、部门联动、属地管理、社会参与”的超限运输治理格局；实施重点源头企业公示制度，建立货运车辆装载称重放行制度，完善公安、运政、路政关联处罚机制，实行违法信息抄告制度；加强科技信息化治超工作应用，建设全省治超信息平台，实现车辆、驾驶人、道路运输企业等基本信息的共享，依托

固定超限检测站建设覆盖国省干线重要节点的公路运输车辆快速动态称重检测系统；研究制定违法超限运输非现场处罚机制，提高违法超限运输查处效率；加大路面执法力度、规范处罚行为，保持路面治超的高压态势；充分利用公路部门现有执法站所、公路收费站、公路养护道班，以及社会停车场、卸驳载场地等资源，建设超限运输治理处理点，完善治超监管网络；整合公路部门内部资源，强化普通公路收费站全面实施联合治超。

第五章 稳定充分的支撑保障体系

以实现公路可持续发展为导向，以“顺、稳、能、先”为目标特征，建立体制机制顺畅、资金稳定、队伍过硬、科技文化发挥支撑作用的保障体系。

第一节 理顺体制机制

改革是促进江苏公路养护管理现代化的源泉与动力。必须尽快建立事权清晰的公路管理体制、深化公路养护运行机制改革、农村公路管养体制改革，为江苏公路养护管理现代化提供体制保障和机制支撑。

1. 建立事权清晰的公路管理体制

结合国家事业单位改革及交通行业体制改革要求，研究建立与江苏公路发展阶段相适应的管理体制；通过理顺各级公路管理机构职能，加快推进公路管理体制改革，建立“层级清晰、集中统一、事权明确、权责一致、运转高效”的公路管理体制，加强普通国省道公路管理；根据现有公路管理法律法规，公路管理行政职责由公路管理机构具体行使，保证养护管理与路政执法的统一。

2. 深化公路养护管理运行机制改革

进一步完善大中修市场化供给模式，打破养护大中修区域间有形、无形壁垒，努力建立区域间统一、开放、公平竞争的养护大中修市场，培育和引导养护企业做大做强，提升专业化水平，稳定养护队伍，提高从业人员素质；对于日常保养优先考虑采用社会化的方式进行供给，切实提高养护投资效益，鼓励专项小修工程采用市场化供给；从经济社会效益最大化角度出发，统筹公路养护和应急处置发展，实现有机结合，着力推进市县两级应急处置中心的建设，组建专业化应急养护队伍，承担应急抢险的部门化供给任务；建立健全养护工区的建设、管理体制，研究养护工区运营管理机制。

3. 指导农村公路深化管养体制机制改革

坚持农村公路由县、乡人民政府为责任主体的管理体制；深化农村公路管养体制改革，逐步形成县乡道县养、村道乡养的格局；完善农村公路管理制度和技术规范体系，强化省级公路管理部门技术指导和行业管理职责；落实地方人民政府主体责任，整合和落实管理机构、规范人员编制、落实资金保障，确保农村公路的可持续发展。

第二节 稳定资金保障

在国家财税体制改革的大背景下，改变资金筹集使用的传统思路和方法。以事权财力对应为基本原则，建立更加规范、合理、稳定的资金来源机制和科学有效规范使用资金的机制，为公路养护管理现代化提供可持续的资金保障。

1. 积极落实财政资金责任

积极落实财政性资金来源，建立以财政性资金投入为主的资金保障机制；重点研究普通国省道公路的事权责任，准确测算建设、养护、管理资金需求；明确普通国省道资金需求的来源、程序、使用方式，推动各级政府根据事权合理配置财力，全面落实各级财政责任；指导农村公路行业管理部门，测算农村公路发展资金需求，督促县级财政落实相应支出责任。

2. 探索普通国省道公路投融资新机制

普通国省干线公路建设坚持采用“政府主导、省级补助、市县共担、社会融资”的方式筹集建设资金，继续保持适度的省级公路建设贷款规模，合理降低融资成本。积极向国家申请地方政府债券发行规模、中央车购税资金、成品油价格和税费改革转移支付增量资金及各类专项补助资金。积极探索符合普通公路公益性质的市场融资方式，鼓励和引导民间资本依法合规进入普通公路建设领域，解决财政短期内资金不足问题。结合"两个路网体系"的统筹发展要求,逐步建立高速公路与普通公路统筹发展机制,新建、改建、扩建高速公路,应将与之密切关联、提供集散服务的普通公路纳入项目范围,统一规划,统筹建设。统筹解决公路部门债务难题,申请落实还贷资金来源,确保普通公路债务问题得到妥善解决。严格控制新增债务规模,积极化解历史债务,降低债务风险。

3. 进一步规范公路养护管理资金使用

贯彻落实国家财税改革新要求,全力保障公路日常养护和大中修工程的资金需求;保持并逐步加大危桥改造、安保工程、灾害防治工程等路网改造工程专项资金规模;加强资金使用绩效评估;加强资金使用管理,将专项工程立项、执行、实施效果纳入全过程监督,充分发挥资金使用效益。

第三节 加强队伍建设

公路养护管理现代化的核心是人的现代化,建立和培养一支能力充分的人才队伍是推进公路养护管理现代化建设的重要保障。为此,必须切实深入实施人才强路战略,完善人才管理机制,统筹推进各类人才队伍建设。

1. 提高管理人才的治理能力

深化干部人事制度改革,加大干部培养选拔力度,引入竞争激励机制,变"相马"为"赛马"。推进干部交流,有组织、有计划地对干部进行交流轮岗,完善考核任用,根据不同层次、不同岗位的特点,研究制定具体的测评指标体系,客观、科学地评价实绩。加强年轻干部的培养,通过上挂下派、对口交流、实践锻炼等方式,促进成长成才。加大培训力度,重视培训效果,提高培训质量,加强"苏路学堂"学习平台建设,增强执政意识,提升文化素养,提高治理能力。采取措施进一步鼓励参加在职学历教育和继续教育,积极拓宽培训渠道,选派优秀人才进校进修、出国培训,拓宽视野。

2. 增强技术人才的创新能力

完善公路交通高层次人才培养的选拔机制,加大培养力度,建立上下协调、共同推动、良性发展的创新人才培养机制,选拔优秀人才到重点工程建设一线锻炼,鼓励科技攻关、自主创新、参与国际交流,对创新型人才大胆使用、委以重任,努力创造人尽其才、才尽其用的良好环境。做好享受政府特殊津贴专家、省有突出贡献中青年专家、省"333 高层次人才工程"等人选的选拔推荐工作,通过设立人才培养专项基金、组建创新团队,鼓励支持创新人才主持重大科研攻关项目、资助创新人才出版专著等措施,对做出贡献的创新人才加大奖励、扶持力度。大力宣传高层次人才的创新成果和先进事迹,提升高层次人才的知名度和影响力。

3. 提升技能人才的操作能力

贯彻落实《国务院关于大力发展职业教育的决定》,发挥行业对职业教育的指导作用,加大对交通职业示范院校和专业实训基地的支持,职业教育院校应加强与公路交通行业用人单位联系和沟通,以服务为宗旨,以就业为导向,大力推进素质教育,努力提高学生的创新意识和实践能力。建立完善公路行业职业资格制度,制定相关的教育与培训发展政策,引导企业和院校共同加大对公路交通从业人员的培训力度,创造"人人皆受教育,人人皆可成才"的条件。组织开展公路养护操作技能竞赛,培养一批技师工作室和技术能手。加强基层站点建设,改善一线工人生产生活条件,保障一线职工的合法权益,营造尊重公路技能人才的氛围。

第四节 科技文化引领

提升公路建设、养护、路政、治超等管理工作的装备配置水平和科技应用水平,加强公路文化建设,引领公路养护管理现代化发展。

1. 全面推广干线公路建设工程科技成果应用

在普通国省道公路建设工程中大力推广提高工程质量、提升施工效率和低碳环保等新技术;建立施工质量管控平台,利用基于物联网技术的相关传感设备,实现路面面层和结构物施工质量关键参数的实时采集、传输、分析、预警、评价,进一步提高工程质量监管水平,降低后期运营养护成本,为公路施工管理科学化决策提供支撑。

2. 加快推进公路养护机械化进程

进一步贯彻落实《江苏省普通公路养护工区建设发展指导意见》;加大公路养护成套设备研发力度,强化与机械制造企业的合作,开发经济适用适合公路养护作业的成套化机械设备;结合工区标准化建设,加大养护机械配置力度;提升公路小修保养工程费用标准、强化公路养护质量监督和合同管理,引导养护企业加大公路养护机械投入。

3. 规范路政执法装备配备,加强治超检测设备建设

规范路政装备配备,提升路政执法装备水平,按照路政大队(中队)标准化建设要求配备执法装备。结合配置超限运输治理综合执法车,推广移动监控巡查设备、公路运输车辆动态称重检测系统的使用,实现路面车辆查处、数据上传、现场监控一体化管理模式,提升治超工作效率。

4. 加强公路养护管理科技信息技术研发和应用

重点开展公路养护资源节约、生态保护与恢复、污染治理、节能减排等方面的应用基础及实用技术研究,在养护作业中降低排放,减少对环境的影响;研发推广公路和桥梁隐蔽工程无损检测技术、预防性养护技术、全寿命周期养护技术等;推广沥青路面冷热再生、全深度再生和温拌再生、废旧轮胎橡胶利用等废旧路面材料的循环利用技术和施工工艺,并完善相关技术规程;探索快速养护"三新"技术应用,建立快速养护技术体系,缩短养护作业时间,减少养护作业引起的交通拥挤;加大公路养护及状况评价的信息化应用,深化完善公路收费管理、路政管理、治超管理、交通情况调查等系统,并加强信息化联网管理。

5. 加强公路文化建设水平

通过对内教育、对外宣传、规范行为、建立制度等方式,强化江苏公路"服务至上,追求卓越,实现自我"核心价值观在面向社会、面向行业、面向个人三个层面的凝聚作用;通过行业文化品牌、示范单位、样板路、模范个人的创建和培育,做好先进经验的总结,扩大示范作用;通过面向行业内开展形式丰富、内容多样的文化活动带动广大从业人员提升业务素质、提升服务水平、创新服务方式、拓展服务领域;通过与行业外相关部门和社会机构开展文化活动,提高社会对公路养护管理现代化的认识,带动全民参与公路养护管理现代化建设。

第六章 组 织 实 施

通过加强组织领导、落实主体责任、试点示范推动、强化监督考核等措施有序推进《行动纲要》的落地实施。

第一节 加强组织领导

成立《行动纲要》领导小组,由省局领导班子成员、试点地市公路部门、试点项目主要负责人参加。领导小组下设工作办公室,由省局相关科室负责人参加,并抽调专门人员负责组织协调工作。领导小组办公室负责《行动纲要》实施过程中与交通运输部有关司局的对口协调沟通,积极争取指导与政策支持;同时负责《行动纲要》中各项工作的任务分解、进度安排、监督考核工作。各地市公路部门负责本地区的公路养护管理现代化行动纲要的组织实施工作。

第二节 落实保障工作

针对《行动纲要》各项任务落实过程中的重点和难点,加强相关技术、政策措施的研究与实践,提升决策的科学性和计划的合理性,保障各项工作顺利实施。如开展省道网规划相关后续研究及苏南城际干线公路快速化、苏中技术等级提升、苏北干线路网加密的建设方案研究;普通国省道公路综合服务水平与投资决策体系研究;江苏路网典型路面长期使用性能研究,建立省级公路养护投资效益模型;公路养护安全标准化和安全隐患分级分类标准研究,建立安全生产形势与风险分析评价指标体系;深入开展公路管理体制和养护运行机制研究等。做好《行动纲要》的宣贯工作,统一思想,扎实推进各项重点任务的实施。结合群众路线教育实践活动开展以公路养护管理现代化建设为内容的主题活动,深入基层,广泛听取各单位、各部门对《行动纲要》的意见和建议。

第三节 开展试点示范

以"点线面结合、层次推进、全面示范"为指导方针,开展《行动纲要》试点示范工作。试点示范分为三种

方式,一是以地市为单位开展综合性整体示范;二是以线路为单位创建公路养护管理现代化示范路;三是结合重点任务,确定多个主题性示范点。

地市示范。以地市为单位根据《行动纲要》的有关要求,编制地市级公路养护管理现代化发展行动纲要及实施计划,并组织实施《行动纲要》内的各项重点任务,进行综合性整体示范。

线路示范。创建多条公路养护管理现代化示范路。在认真总结205国道创建“畅安舒美”为主题的公路养护管理现代化示范工程经验的基础上,到2015年,创建1500公里以“畅安舒美”为主题的干线公路示范路。到2020年创建完成10000公里以“畅安舒美”为主题的干线公路示范路。

主题示范。结合行动重点任务,打造江苏公路养护管理现代化的示范点,确定多个主题性示范,包括建设工程标准化、养护工区建设标准化、路政大队(中队)标准化建设、公路网运行状况监测、农村公路安全畅通示范县、集镇段路域环境整治示范县等方面的主题示范。

第四节 强化监督考核

《行动纲要》正式实施后,将由领导小组办公室实行部门主管负责制,统筹实施各项任务的工作分解、进度安排和目标考核,由领导小组办公室制定《江苏公路养护管理现代化行动纲要考核办法》(以下简称《考核办法》),与责任部门共同设定考核指标、基本现代化考核目标和全面现代化考核目标。省、市两级以《考核办法》为基本依据,监测行业发展和项目推进情况,督促省局各部门及各地市开展工作,对《行动纲要》推进工作进行考核,并利用建设项目计划安排和补助资金拨付等手段进行相应奖惩。

讲座专家简介:

张晓冬,1989年6月毕业于东南大学公路与城市道路专业,工程学士,中国共产党党员。分别在省交通厅公路局养护管理科、312国道扩建工程办公室工作、总工办(重点工程建设办公室),养护管理科等科室,主要从事公路工程管理工作。2007年评为研究员级高级工程师。

在任职期间多次受到过“党、政、工、团”的表彰,发表技术论文多篇,所负责的工程也均被评为优良工程,参加的部“十一五”养护管理检查获得全国第一。

我国公路隧道养护工程技术与管理技术之思考

丁 浩 张 琦 刘永华 王芳其
（招商局重庆交通科研设计院有限公司；
公路隧道建设技术国家工程实验室）

摘 要 截至2013年，我国已有11359座/9605.6km公路隧道进入养护期，养护工作任务将长期且繁重，但现有技术不能满足工作实际需求。为此，本文通过全面调查欧美日等国，以及世界道路协会和国际隧道协会在隧道养护方面的现状，并结合与我国现状的比较，分析并指出了我国公路隧道养护技术的不足。文中指出了我国公路隧道的养护工程技术在检测技术、决策技术和维修技术等方面，以及养护管理技术在管理体制、管理理念和管理手段等方面存在的诸多技术瓶颈，并指出了对应的关键问题和未来的发展方向。

关键词 公路隧道 隧道养护 工程技术 管理技术

1 引言

从2001年至2013年，我国（不包括港澳台地区）公路隧道年均增长740公里，截至2013已建成11359座/9605.6km[1]，已有11000多座公路隧道进入养护期。又据国家规划预测，未来其规模仍将持续增加。因此可以预见，我国公路隧道将面临长期、繁重的养护任务。

但自1986年我国第一座现代化双洞公路隧道——福建鼓山隧道[2]建成至今，也不足30年；而且，这段时间又正是公路建设的高峰期，人财物等优势资源多集中于建设领域。因此，我国至今尚未建立起完整成熟的公路隧道养护技术体系，在很多方面还不能适应或符合养护工作的实际要求。

为此，通过对国外公路隧道养护现状的全面调查，结合对我国公路隧道养护现状的分析，进而思考我国公路隧道养护技术的关键问题，这对理清我国公路隧道养护发展思路和方向，是十分必要和重要的。

2 国外公路隧道养护现状

2.1 PIARC（世界道路协会）

什么是隧道养护，隧道养护管理要管什么，靠什么进行养护管理……

围绕隧道养护管理的主体、客体和目的等管理活动的基本要素问题，PIARC开展了大量基础研究[3-4]。事实上，对上述问题当前世界各国的规定和认识均不相同。

对于养护管理的目的，欧洲有几个国家将其定义为“隧道养护是维持或恢复隧道达到某一指定状态的一系列行动，或者采取措施提供某一确定的服务”，加拿大魁北克省则认为，“隧道养护目的就是保证隧道用户达到原设计时的规定的安全水平”。PIARC综合后认为，隧道养护的目标是：

（1）通过保持隧道一直处于设计的安全标准，而确保驾乘公众的安全；

（2）对周边人员和养护工作人员无风险；

（3）无意义的减少投资收益。

对于养护管理的内容，2005年世界道路协会对欧洲部分国家进行了调查（见表1），2012年又对欧洲31个国家进行了类似调查（见表2）。结果表明，对于交通监控和管理，绝大多数国家划为“运营”范畴；对于机电设施管理，部分划为“养护”范畴，部分划为“运营”范畴；对于土建结构和隧道整修，绝大多数划为“养护”范畴。

欧洲国家对隧道养护定义的区别 表1

<table>
<tr><th>工作活动</th><th>丹麦</th><th>挪威</th><th>芬兰</th><th>英国</th><th>荷兰</th><th>法国</th><th>瑞士</th></tr>
<tr><td>交通控制中心</td><td rowspan="6">运营</td><td rowspan="6">运营</td><td rowspan="6">运营</td><td rowspan="4">运营</td><td rowspan="4">运营</td><td rowspan="4">运营</td><td rowspan="3">运营</td></tr>
<tr><td>交通运营中心</td></tr>
<tr><td>交通信息中心</td></tr>
<tr><td>电能消耗</td><td rowspan="3">运营(技术人员)</td></tr>
<tr><td>换灯泡等</td><td rowspan="4">养护</td><td rowspan="4">养护</td><td rowspan="4">养护</td></tr>
<tr><td>外观清洁等</td></tr>
<tr><td>检测</td><td rowspan="2">养护</td><td rowspan="2">养护</td><td rowspan="2">养护</td><td rowspan="2">运营 < 固定成本
养护 > 固定成本</td></tr>
<tr><td>故障维修</td></tr>
<tr><td>主要设施更换</td><td>整修</td><td>整修</td><td>整修</td><td>整修</td><td>整修</td><td>整修</td><td>整修</td></tr>
</table>

隧道养护和运营领域的活动 表2

工 作 活 动	赞成属于“养护”的国家(%)	赞成属于“运营”的国家(%)
交通管理	6.45	93.55
设备管理	32.26	67.74
电力消耗	35.48	61.29
结构外观清洗	87.10	9.68
设备清洁	87.10	12.90
测试/校准/量测	70.97	22.58
计划干预	64.52	29.03
非计划干预	51.61	41.94
整修	80.65	16.13

它将隧道养护分为预防性养护和矫正性养护,其中预防性养护又分为周期性养护和状态性养护。预防性养护能使隧道设施处于好且安全的状态,或者避免更高成本的维修。根据不同养护检测结果进行评价,矫正性养护工作中一旦发现病害,则按暂缓维修和立即维修进行处理。养护工作按照技术水平分为6级:结构清洗,设备清洁,测试、校准、量测,计划性干预,非计划性干预,整修。

它还提出,应建立隧道管理系统,并应具有以下功能:

(1)制定养护或运营工作计划;

(2)开展成本分析;

(3)优化养护工作;

(4)提供技术反馈。

2.2 ITA(国际隧道协会)

ITA专门设立有“隧道养护和维修”研究工作组,并已先后围绕地下会控制、检测方法、维修方法、数据管理等方面进行了专题研究。

它指出,隧道养护检测分为年检(1次/年)、中期检查(1次/3~4年)、长期检测(1次/5~4年)和特别检测(灾后按需)。检测中,将隧道病害归纳为:渗水、接缝损坏、开裂、变形、露筋、防排水系统堵塞等12类;其结果则分3级进行处治:紧急,需要立即抢修;不紧急,但需在一定时限内完成维修;观察,可在较长时间内逐一维修。

2.3 相关国家

1)挪威

挪威隧道养护[5]的目标,就是保障隧道的安全和可靠。其养护检测根据公路等级和交通量分为6级,一般1~2次/年进行一次系统检测,并拟定了不同等级下隧道封闭时间和不同设施的维修原则。挪威1988年即开始开发隧道设施管理计算机系统,1991年投入使用,目前为关系数据库式系统。

2)丹麦

丹麦隧道养护[6]与PIARC一致,分为预防性养护和矫正性养护。养护检测工作包括:清洁维护,1次/(1月或2月);季节性例行检查,1次/季,包括隧道所有设施;重要检测,一般1次/5年,包括隧道所有设施;特别检测,按需进行。

丹麦围绕土建结构和各类机电设备等隧道内设施的使用寿命,已积累了相关成果;并基于此,对于病害隧道的维修策略,提出了基于设施剩余寿命的决策方案:

(1)彻底大修;

(2)表面维修,延缓大修时间;

(3)维持现状,待其不安全后再大修,并按照不同的剩余寿命进行经济性比选。事实上,该国隧道大修一般多发生于运营20~25年后。

丹麦1983年开始建设桥梁与隧道管理系统,1987年投入运行,目前已升级为网络系统版。它对管理系统的目的和功能提出了明确要求,并十分强调经济分析和安全质量控制的平衡。

3)英国

英国[7-8]明确地将养护人员分为监管机构、隧道设计和安全咨询组、设计机构、管理机构、运营机构、养护承包商和管理承包商等,并进行了清晰的职责定位。关于隧道养护目标,除了上述PIARC的建议外,英国还提出应精心计划养护,尽可能降低对交通干扰,以及尽可能减小对环境影响。

英国隧道养护分为计划预防性养护、非计划性养护(例如故障处置等)和大修改造前计划养护,根据养护类型开展表面检测、一般检测、安全检测特别检测、详细检测等检测工作。隧道每种设施的检测时限并不相同,因此开发有专门的设施管理程序,并建立可检索、可追溯、可分析和安全的养护数据记录电子系统。

4)德国

德国[9]隧道养护检测分为:大型检测(1次/6年),全封闭、全方位式系统检测;中等检测(1次/3年),针对重要部分进行;普通检测(1次/1年),步行检测;特别检测,事故灾害后的检测。考虑隧道安全和养护投入的平衡因素,将检测结果评估为三级:紧急,需立即抢修;不紧急,但需在一定时限内完成维修;观察,可在较长时间内逐一维修。德国非常重视对隧道病害成因的分析,明确对隧道病害的数据记录提出要求,如需记录隧道病害的位置、外观、预期后果和可能成因等,并建立历时多年的隧道病害数据库,便于进行数据统计分析,从而有利于制订养护计划、改善养护流程。

5)法国

法国规定国有公路隧道应按国家规范统一实施养护。它认为,隧道设备预防性养护包括日常养护、设备校核和计划性干预等,其目的并不是阻止所有故障的发生,但可充分减少故障发生率,并具有三个特点:按计划实施、有备用配件、对运营干扰有限(常常晚间工作)。

法国需对设备开展管理控制测试、初始检测、周期检测(1次/6年,一般邀请许多技术专家参加)和特别安全控制测试(1次/年)。根据周期检测结果,对设备按照"状态"和"性能"分4级进行评定,对于存在隐患的设备还给予"对安全有影响"或"维护困难"的评定。

6)新西兰

与英国类似,新西兰也将隧道养护相关人员进行了分类,并设立了明确的对应职责。其养护检测工作主要包括:日常检测,1次/月或根据评估结果;一般检测,土建结构1次/2年,机电设备1次/年;重要检测,土建检测1次/6年,机电设施1次/3年;特别检测,事故灾害后进行。它还要求建立隧道养护数据库系统。

7)美国

20世纪80年代后期,美国华盛顿交通局采用现代工艺重新维修30年代修建的隧道,自此,美国开始逐渐重视和开展隧道养护和维修加固方面的研究工作。2003年,美国联邦公路管理局发布了《公路和铁路隧道检测手册》与《公路和铁路隧道养护和更新手册》,2005年进行了修订。随后,又组织了欧洲隧道安全、养护和运营审视计划,以及美国国内隧道调研活动,并启动了《隧道运营、养护、检测和评价手册》的编制工作。

美国按土建结构、机械系统、电力系统和其它系统等四类隧道设施分类制定养护规定,并明确提出了预防性养护的措施,对于土建结构包括清洗隧道、冲洗排水系统、除冰和清除坏的瓷砖等工作,对于机械系统和电力系统,则提出应按要求频率进行养护。

土建结构的检测分为封洞检测和每日、每周和每月的一般检测,封洞检测频率需根据隧道运营时间和状态而定,一般新建隧道1次/5年,老隧道1次/2年。机械系统和电力系统,则按照预防性养护要求,根据设备类型和检查功能,执行最少1次/3年、最多1次/周的检测工作。检测手段,则强调除了采用地质雷达、红外成像和激光扫描等无损检测手段外,巡检、目测,以及钻孔等手段均应根据需要采用。根据检测结果,土建结构分为0~9共10级进行评定,其中0级为危险状态,需封洞维修;9级为刚刚新建完成状态,其余各级则按照隧道类型、裂缝、渗水、衬砌剥落和露筋等定性或定量情况进行评定。对于其他系统,则分为5个等级进行评定,即优秀、良好、一般、差和严重。

美国已开发并应用隧道管理系统,可记录隧道设施的安装、维修、更换和成本等历史信息,并根据历史数据比较,分析缺陷变化,判定健康状态等级,以及进行全寿命周期成本的预算和管理。

8)加拿大

加拿大魁北克也分为预防性养护和矫正性养护,养护工作包括清洁、检测、维修和更换等,考虑到部分工作对专业技术要求较高,故多采用专项分包模式进行。

9)日本

日本隧道养护包括检测、维护、运营、维修和改造等工作。其中,隧道养护检测分为日常检测、周期检测和特别检测,并将其结果评估分为四级:AA级,危及交通和人员,需立即抢修;A级,严重破坏,需为维修进行详细检查;B级,中等破坏,但仍需为维修进行详细检查;C级,轻微或无破坏,不需维修。对于各类检测和处治,均做好详细记录。日本已开发能自动清洗衬砌外表和灯具等的多功能车,并大规模投入使用。

3 我国公路隧道养护现状

我国20余年就完成了国外50年甚至更长时间的公路隧道建设工作,尽管取得了瞩目成就,也形成了隧道建设周期短、工程质量堪忧的现实特点。部分隧道自建成就不可避免地存在诸多缺陷,不久就会进一步恶化形成病害,从而加剧了隧道养护难度。目前,我国公路隧道养护现状总体如下:

3.1 养护检测技术

从养护检测对象、方式、频率和手段等方面,已基本形成了隧道养护检测方法体系。检测对象包括土建结构、机电设施和其他工程设施;检测方式按照对象、目的等进行分类,如土建结构分为日常检查、定期检查、特别检查和专项检查,机电设施分为日常检查、经常性检修、定期检修、分解性检修和应急检查;检测频率则随对象和方式而变;检测手段已形成无损检测、目视巡查为主,必要时辅以钻孔验证的综合方式,其中无损检测主要采用地质雷达方法。

3.2 养护评价技术

在隧道养护评价技术研究成果中,主要集中于对隧道土建结构的健康评价。例如,李治国研究了衬砌开裂隧道的稳定性;刘永华分析了隧道二次衬砌在衬砌混凝土厚度减小、拱顶背后存在空洞和拱顶出现贯通裂缝等三种病害条件下的可靠性指标;宋瑞刚分析了衬砌背后空洞对隧道结构安全性的影响;关宝树综合考虑衬砌开裂与衬砌安全性、使用性和耐久性有关的因素,介绍了一种将隧道结构损伤程度分为四级的判定方法;黄波将影响隧道状态评价的病害分为结构类、防排水类和其他类,并分为状态正常、一般和差三级。

在规范中,则根据隧道土建结构专项检查结果评定为四级:B级,轻微损坏;1A级,破坏;2A级,较严重破坏;3A级,严重破坏。其他检查结果,则根据变形、裂缝和渗漏水等定性或定量指标,评定为三级:S级,情况正常;B级,存在异常情况;A级,异常情况显著。隧道机电设施则通过单一指标“设备完好率”进行评价。

3.3 维修加固技术

对于隧道病害,一般根据结构检查结果,针对病害产生原因,按照安全、经济、合理的原则综合确定病害处治方案。其中,对于隧道病害程度的评定,往往于养护评价技术中予以研究解决。

3.4 养护管理技术

在隧道养护管理方面,由于长期"重建轻养",将优势人、财、物等资源多集中于"建设"口岸,造成养护方面的资源严重不足。长期以来,就形成了我国公路隧道养护管理技术较为落后的被动局面,例如:养护体制表现为政企不分、管养不分;养护工作人员流动性大,技能匹配度低;隧道养护经费紧张,资金缺口大;养护设备机械化、自动化程度低;养护数据记录堆砌无用,信息处理手段落后;养护管理停留在预防性养护的口号层面,无具体措施或可操作性差……

4 我国公路隧道养护技术的关键问题

由上文可知,欧美日等国集中建设公路基础设施的时间均较早,其隧道运营已历时50年、甚至100年以上,积累了较为丰富的养护技术经验与研究成果,主要体现在以下方面:

(1)体制方面:多数国家对养护目的有清晰的定位,对养护工作各类机构及其人员的职责有清晰的界定,最终从体制上有效实行了"管、养、运"的分离。

(2)理念方面:提倡预防性养护理念,部分国家在积累了多年历史数据、进而分析并掌握隧道各类设施使用寿命及劣化规律的基础上,制定了具体的实现措施。

(3)评估方面:对于总体养护,建立分级养护的评估方法;对于土建结构,建立定性与定量指标相结合的技术状况评估方法;对于机电设施,建立多维度、多指标相结合的技术状况评估方法。

(4)手段方面:普遍推行和实施机械化、快速化的检测手段,信息化、智能化的管理手段,标准化、规范化的工作手段等先进手段。

(5)经济方面:正视养护收益与封洞作业的平衡,注重预防性养护与矫正性养护的平衡,重视养护投入与隧道安全的平衡,倡导基于寿命预测的科学养护计划下的成本控制。

通过对比可知,我国公路隧道养护技术方面尚存在诸多关键问题亟待解决,下文分为"养护工程技术"和"养护管理技术"两大类进行分述:

4.1 养护工程技术

从工程技术的角度来看,决定公路隧道养护质量的关键技术问题主要包括检测技术、决策技术和维修技术。

对于检测技术,主要技术瓶颈在于如何更便捷、更全面地了解隧道土建结构和各型机电设备的技术状况;对于决策技术,主要技术瓶颈在于如何综合隧道实际状况、实际经济投入等制约因素,给出合理的技术状况评定等级,并制定科学的养护计划;对于维修技术,主要技术瓶颈在于如何根据隧道病害外观表象,由表及里,推定病害成因,以及如何实施不中断(少干扰)交通下的维修技术。

4.2 养护管理技术

从管理活动的基本四要素来看,决定公路隧道养护管理成效的关键技术问题主要包括管理体制、管理理念和管理手段。

对于管理体制,核心障碍在于如何对养护机构及人员进行定位,以及相应的管理措施;对于管理理念,核心障碍在于如何实施预防性养护的理念;对于管理手段,核心障碍在于如何高效、经济地确保管理活动的顺利进行。

5 结语

综上所述,我国公路隧道养护技术在包括检测技术、决策技术和维修技术的工程技术方面,以及包括管理体制、管理理念和管理手段的管理技术方面,尚存在诸多关键问题亟待解决。可以预见,未来我国公路隧道养护技术将会朝着机械化、规范化、信息化和智能化的总体方向不断发展。

参 考 文 献

[1] 中华人民共和国交通运输部.2013 年交通运输行业发展统计公报[EB].北京:中华人民共和国交通运输部,2014. http://www. moc. gov. cn/zfxxgk/bnssj/zhghs/201405 /t20140513_1618277. html.
[2] 蒋树屏.我国公路隧道建设技术的现状及展望[J]. 交通世界, 2003, (Z1): 22-27.
[3] Committee on Road Tunnel Operation. Good practice for the operation and maintenance of road tunnels[R]. Paris: PIARC, 2005: 45-65.
[4] Committee on Road Tunnel Operation. Recommendations on maintenance and technical inspection of road tunnels[R]. Paris: PIARC, 2012: 1-20.
[5] Norwegian tunnelling society. Underground openings - operations, maintenance and repair[M]. Oslo: Helli Grafisk AS, 2008: 13-34.
[6] Jørgen Holst, Optimization of operation and maintenance activities and costs for road tunnels based on experience[C]//PIARC, International seminar on sustainable road tunnel operations, Vietnam: 2013.
[7] BD 53/95. Inspection and records for road tunnels [S]. London: the highways agency, 1995.
[8] BA 72/03. Maintenance of road tunnels[S]. London: the highways agency, 2003.
[9] 付琛, 樊维. 国外 GIS 在隧道工程维护中的现状与发展趋势[J]. 长江工程职业技术学院学报, 2006, 23(4): 25-27.

讲座专家简介:

丁浩,研究员,工学博士,硕士生导师,现任招商局重庆交通科研设计院有限公司隧道分院副院长兼总工、公路隧道建设技术国家工程实验室常务副主任、隧道建设与养护技术交通行业重点实验室副主任、交通行业长大隧道建设与养护技术协同创新平台副秘书长,主要从事隧道与地下工程的科研、设计、安全评估与养护咨询以及国家级科技平台建设与技术管理等工作。先后主持和参与 20 余项省部级及以上科研项目,出版著作 1 部、获国家专利授权 6 项、软件著作权 1 项,获省部级科技奖和设计奖一等奖 5 项、二等奖 3 项、三等奖 1 项。

沥青路面预防性养护技术的现状与发展趋势

李　峰　黄颂昌　徐　剑
（交通运输部公路科学研究院道路结构与材料交通行业重点实验室）

摘　要　经过多年的跨越式发展，我国公路建设取得了举世瞩目的成就。与此同时，随着使用期的延长，我国的公路大量进入了维修养护期，作为我国公路最主要铺装形式的沥青路面，面临空前的养护维修压力。本文在广泛调研的基础上，总结了目前我国沥青路面养护决策和预防性技术现状，分析和展望了我国沥青路面预防性养护技术的发展趋势。

关键词　公路　沥青路面　预防性养护　养护决策　养护技术

1　引言

建设和养护是目前公路发展的两大主题。公路建设是前提，养护管理是保障。养护管理工作到位了，可以延长公路的使用寿命，减少投入，降低资源和能源的消耗，这是最有效的财富积累。加强养护管理，提高好路率，充分发挥公路存量资产的最大效益，促进整个路网结构的优化，是巩固建设成果、服务社会公众、适应经济发展的重要手段，也是实现可持续发展的重要途径。

近30年来，公路建设一直是我国公路发展的首要任务。经过大规模建设，我国公路通车里程从1980年的88.8万km增加到2013年的435.6万km；高速公路白手起家，至2013年底通车里程达到10.4万km。经国务院批准，国家发改委于2013年5月印发《国家公路网规划（2013年～2030年）》，根据规划，到2030年将建成布局合理、功能完善、覆盖广泛、安全可靠的国家干线公路网线，实现首都辐射省会、省际多线连通、地市高速通达、县县国道覆盖。这预示着我国公路建设不会停止脚步，同时也预示着公路养护维修工作将越来越繁重和重要。

近年来，我国早期修建的高等级公路大量进入养维修护期，路面早期破损等问题不断出现，公路养护欠账过多、养护技术落后、养护资金不足的问题日益突出，公路养护的重要性日渐显现，公路养护开始真正受到与公路建设同等的对待。公路养护的内容很多，其中路面养护是重中之重，尤其是作为我国最主要路面铺装形式的沥青路面的养护，更是需要重点关注的对象。

2　养护决策现状

路面养护首先需要进行养护决策，确定路面是否需要养护，何时进行养护，以及采用何种技术进行养护。目前，影响我国公路路面养护决策的主要因素有两点：一是养护理念，二是养护经费。

对于高速公路，全国各地部分高速公路管理部门建立起了路面养护管理系统，沿海地区的部分高速公路的养护经费也较为充足，客观上有条件做出科学的养护决策。但是实际情况并不十分乐观，在高速公路路面养护工作中还是习惯于被动性的养护方式，主要表现为小病害不处治，小钱不舍得花，等到路面病害恶化后才疲于奔命，四处救火。

要扭转目前高速公路养护工作比较被动的局面，就要求彻底抛弃陈旧的养护观念，推广实施路面预防性养护，通过多花小钱、早做保养，达到延长路面寿命、提高路面服务功能、节省养护费用的目的。

对于普通公路，由于养护工作的历史欠账较多，养护经费被挤占的问题尚未得到根本解决，养护经费不足的问题十分突出。养护决策多以保证“不断路”为目标，实行“坏路优先”的原则。实际上，这种坏路优先养护的做法是很不科学的。由于实行坏路优先养护，单位里程的养护资金消耗多，造成更没有资金对路况较好的道路进行养护，好路慢慢也就变成了坏路，形成一个恶性的循环。

因此，对于养护决策，应大力推行预防性养护的理念，去不断地养护好的路面，使它们始终处于较好的路况，而不是不断地去维修差的路面。

3　预防性养护技术现状

目前，我国常用的预防性养护技术主要包括以下几种：

3.1　裂缝修补

采用专用的封缝材料填充或黏贴沥青路面裂缝的一种技术。裂缝修补的主要功能是：封闭裂缝，防止水渗入路面结构内部。国内的大部分省份公路管理部门引进了先进的裂缝灌缝(图1)设备和材料，开展较大面积的定期裂缝修补作业。

3.2　雾封层

采用专用的雾封材料以雾状喷洒在沥青路面表面，封闭沥青路面部分微裂缝、孔隙，起到防水、防止路面进一步老化，并改善路面外观的一种路面预防性养护技术，见图2。目前，雾封层在我国也得到了一定量的应用，例如安徽合宁高速公路就大面积使用了雾封层技术，取得了良好的使用效果。

图1　裂缝灌缝

图2　雾封层

3.3　稀浆封层

采用专用机械设备将乳化沥青、粗细集料、填料、水和添加剂等按照设计配比拌和成稀浆混合料摊铺到原路面上形成的薄层技术，具有施工快、造价低、用途广、能耗生等特点。1981～1985年，交通部组织实施了“阳离子乳化沥青及其路用性能研究”项目。“八五”期间将“乳化沥青稀浆封层成套技术”被列为我国重点新技术推广项目。目前，稀浆封层广泛用于公路建设和养护工程。稀浆封层的主要功能是：封闭路表水的下渗，提供抗滑表面，小幅度改善路面平整度，改善路面外观。

3.4　微表处

采用专用机械设备将聚合物改性乳化沥青、粗细集料、填料、水和添加剂等按照设计配比拌和成稀浆混合料摊铺到原路面上，并很快开放交通的具有高抗滑和耐久性能的薄层技术。微表处能有效地防止路表水下渗，提高路面的抗磨耗性能和抗滑性能并同时完成对车辙的修复，见图3。微表处施工后可在1～2h内开放交通，最大限度地减少施工对交通的影响。

我国从2000年开始进行微表处技术研究和推广应用，目前已经广泛应用于高速公路路面养护工程，每年全国微表处用量保持在3000万m^2左右。

3.5　碎石封层技术

碎石封层技术是一种在喷洒沥青类结合料后立即撒布一定粒径的粗集料，经碾压而形成的薄层封层见图4。碎石封层中的沥青是以连续膜状覆盖在下卧层表面，因此可以有效防止路表水下渗，减少路面水损害；具有良好的随从变形能力，可以适应相对较差的下卧层状况。碎石封层中的石料直接裸露在路表面，因此具有卓越的抗滑性能和抗磨耗性能。

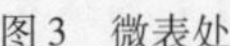

图3　微表处

图4　碎石封层

3.6　薄层罩面和超薄罩面

薄层罩面是相对于传统的罩面而言，厚度较薄的罩面。通常把压实厚度在30mm±5mm的热拌沥青混凝土罩面称为薄层罩面；压实厚度在20mm±5mm以内的热拌沥青混凝土罩面称为超薄罩面。薄层罩面和超薄罩面的主要功能是：提高平整度、恢复表面粗糙度、使路面原有的表面破坏（如坑洞、裂缝、车辙等）得到一定程度的治理，延长路面的使用寿命。

3.7　就地热再生

采用专用的就地热再生设备，对沥青路面进行加热、翻松，就地掺入一定数量的新沥青、新骨料、新沥青混合料或再生剂等，经热态拌和、摊铺、碾压等工序，一次性实现对表面20～50mm范围内的旧沥青路面再生的技术。见图5。

图5　就地热再生

我国从1990年代后期起陆续从日本、德国、加拿大、芬兰等国引进了近10套就地热再生机组，京津塘高速、京石高速、成渝高速、京福高速、沪宁高速等都实施了面积不等就地热再生，目前国内就地热再生累计实施面积超过1000万m^2。就地热再生的主要功能：修复表层病害，恢复路面平整度，实现旧沥青层材料就地再利用。

4　预防性养护技术的选择

预防性养护对路况的基本要求是路面结构强度充足、路面状况良好和路面比较平整，进行预防性养护前，应对原路面的局部病害进行预处理。

不同的养护技术有不同的最佳养护时机，可参考表1确定预防性养护技术的应用时间。

推荐预防性养护技术应用的时间　　表1

措施	封缝	雾封层	碎石封层	稀浆封层/微表处	薄层罩面/超薄罩面	就地热再生
时间（年）	即时	2～3	3～5	3～5	3～6	3～6

注：表中时间是指路面新建、上一次大修或预防性养护后的通车时间。

具体采取何种预防性养护技术，应根据路况、交通量、资金和费用效益等因素确定，可参照表2和表3推荐的技术施应用。

各等级道路适用的预防性养护技术　　表2

道路等级	预防性养护技术							
	封缝	雾封层/薄浆封层	碎石封层	稀浆封层	微表处	复合封层	超薄罩面/薄层罩面	就地热再生
高速公路、一级公路	★	△	×	×	★	★	★	△
二、三级公路	★	★	★	★	★	★	★	×

注:★—推荐,△—谨慎使用,×—不推荐。

预防性养护措施应用推荐表　　表3

路面主导损坏类型		严重程度	封缝	雾封层	碎石封层	稀浆封层	微表处	复合封层	超薄罩面/薄层罩面
裂缝类	龟裂	轻	×	×	★	△	△	★	△
		中	×	×	△	×	×	△	×
		重	×	×	×	×	×	×	×
	块状裂缝	轻	×	×	★	△	△	★	△
		重	×	×	×	×	×	×	×
	纵向裂缝	轻	★	×	★	★	★	★	★
		重	★	×	×	×	×	×	×
	横向裂缝	轻	★	×	★	★	★	★	★
		重	★	×	×	×	×	×	×
变形类	车辙	轻	/	×	★	★	★	★	★
		重	/	×	×	×	△	×	×
松散类	松散	轻	/	△	★	★	★	★	★
		重	/	×	△	×	×	△	×
其他类	泛油	/	/	×	★	★	★	★	★
	磨光	/	/	×	★	★	★	★	★
	坑槽	轻微	/	×	×	×	×	×	×
		严重	/	×	×	×	×	×	×
	沉陷	轻微	/	×	×	×	×	×	×
		严重	/	×	×	×	×	×	×
其他	封水	/	/	★	★	★	★	★	★
	恢复抗滑性能	/	/	×	★	★	★	★	★
	PCI	>90	/	★	★	★	★	★	★
		85～90	/	△	★	△	★	★	★
		<85	/	×	×	×	×	×	×
	交通量	轻	/	★	★	★	★	★	★
		中	/	★	★	★	★	★	★
		重	/	△	△	△	★	★	★
		特重	/	△	×	×	△	△	△

注:★—推荐,△—谨慎使用,×—不推荐。

5 预防性养护技术发展趋势

近年来,预防性养护理念日益深入人心,预防性养护技术应用日益普遍。与此同时,各地也在不断地进行预防性养护技术创新和技术引进,以期达到降低工程费用,减少施工对交通的影响,提高路用效果等目的。根据我国公路沥青路面预防性养护的需要,分析认为我国预防性养护技术的发展趋势如下:

5.1 裂缝修补技术向快速无损方向发展

"有缝必灌"成为大部分省份的养护策略,裂缝修补技术从传统的改性沥青、改性乳化沥青填缝,发展到现阶段采用专用的灌缝胶进行开槽灌缝,养护材料、设备和技术都有了极大的进步。随着交通量的日益增大,养护维修作业带来的交通压力也越来越大,因此,一种裂缝快速无损修补技术(贴缝技术)正在国内得到逐步的推广应用。贴缝技术无需开槽,采用贴缝胶直接黏贴于路面裂缝位置,具有较高的施工效率,对交通环境影响小,避免次生病害的发生,具有良好的应用前景(见图6)。

5.2 雾封层技术向多功能化方向发展

早期的雾封层以乳化沥青为主,主要功能是封闭细微孔隙,改善路面封水效果。随着雾封层技术的发展,还原剂封层(再生剂封层)、含砂雾封层等相继出现。还原剂封层(再生剂封层)采用沥青还原剂,可以部分恢复旧沥青的性能,起到沥青还原的作用。含砂雾封层在原雾封层材料中掺加了黏土、陶土等填料,提高了雾封层的抗滑性能和耐磨性能(见图7)。雾封层技术正在由最初单一的封水功能向恢复沥青性能、提高路面抗滑性能等多功能化方向发展。

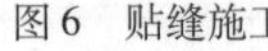

图6 贴缝施工

图7 含砂雾封层

5.3 微表处技术向低噪方向发展

微表处养护技术于2000年进入我国,在山西太旧高速公路、四川内宜高速公路等得到初步应用。随后,该技术逐步在全国20多个省市的高速公路养护工程中得到推广,取得了很好的使用效果。微表处技术存在的主要问题是噪声大,影响行驶舒适性。为此,国内开展了低噪声微表处技术的应用。2013年,北京市路政局采用低噪微表处工艺对6条道路进行了预防性养护,实施总面积为36.6万m^2。通车后进行了现场噪声测试,测试结果表明:对于车外噪声,路面铺装微表处之后的噪声均比铺装前有所减小,从行车感觉和现场观测看效果,行车噪声仍然大于其他路段,不过尚能接受。

5.4 碎石封层正在普通公路上推广应用

碎石封层技术是一种在喷洒沥青类结合料后立即撒布一定粒径的粗集料,经碾压而形成的薄层封层。碎石封层中的沥青是以连续膜状覆盖在下卧层表面,因此可以有效防止路表水下渗,减少路面水损害;具有良好的随从变形能力,可以适应相对较差的下卧层状况。碎石封层中的石料直接裸露在路表面,因此具有卓越的抗滑性能和抗磨耗性能。碎石封层是层铺法施工,价格便宜,施工设备简单,施工工艺简便,施工速度快。

正是由于具有较高的性价比，碎石封层技术早已在欧美国家得到广泛应用，例如澳大利亚约有25万km的公路采用碎石封层作为磨耗层，占到公路总里程的近1/3；法国每年碎石封层施工面积约3.5亿m^2。

碎石封层技术同样十分适合我国的国情。至2013年底，我国公路总里程达到435.6万km。其中，10.4万公里为高速公路，近42万公里为一、二级公路，其他绝大部分是三、四级公路。除高速公路外，其他公路的预防性养护、建设和改建工程，均适宜使用碎石封层技术。

5.5 罩面技术向更薄罩面方向发展

传统的罩面厚度在4cm以上，薄层罩面是相对于传统的罩面而言，厚度较薄的罩面。薄层罩面和超薄罩面通常不作为路面结构层，而是作为磨耗层，在表面功能满足要求的情况下，显然厚度越薄，经济性越好。目前，随着技术的进步，一些新材料、新设备和新技术被应用于罩面工程中，促使罩面技术向超薄方向发展。如采用温拌技术的密级配型超薄罩面，采用Shell技术的开级配型超薄罩面，采用橡胶沥青技术的超薄罩面等。目前，罩面最薄厚度可以实现在2.0mm以下。

6 结语

公路建设是创造财富，养护管理则是保护财富，财富的保护、积累和财富的创造同等重要。2014年10月，中共中央政治局委员、国务院副总理马凯在山东调研公路交通工作时强调，公路“三分建、七分养”，要构建资金保障体系，积极推动管理养护体制改革，大力提升公路管理养护水平。

面对我国公路养护工作的严峻形势，我们必须加大科技创新力度，促进养护新技术、新材料、新工艺的开发和应用，加快新材料、新技术的国产化步伐，提高养护质量，降低养护成本，全面提高我国公路沥青路面养护技术水平。

参考文献

[1] 黄颂昌，徐剑，秦永春. 我国沥青路面养护技术现状与发展展望[J]. 公路交通科技(应用技术版)2006，8:5-7.

[2] 中华人民共和国行业标准. JTG H10—2009 公路养护技术规范[S]. 北京：人民交通出版社，2009.

[3] 中华人民共和国行业标准. JT/T 740—2009 路面橡胶沥青灌缝胶[S]. 北京：人民交通出版社，2009.

[4] 微表处和稀浆封层技术指南[M]. 北京：人民交通出版社，2006.

[5] 中华人民共和国行业标准. JTG F41—2008 公路沥青路面再生技术规范[S]. 北京：人民交通出版社，2008.

讲座专家简介：

黄颂昌，男，交通部公路科学研究院副总工程师。长期从事沥青、沥青混合料及沥青路面技术研究和公路技术管理工作，近期重点研究方向为沥青路面维修养护技术及乳化沥青技术。近五年来主持完成的项目主要有：西部交通建设科技项目“改性乳化沥青稀浆封层养护技术”、国家经贸委国家技术创新计划项目“高速公路改性乳化沥青稀浆封层养护技术”；交通部标准规范项目“道路用乳化沥青技术要求”修订和《微表处和浆稀封层技术指南》编写。目前正在组织开展的项目主要有：“温拌沥青混合料技术研究”、“碎石封层养护技术研究”、“沥青路面灌缝技术及沥青路面冷补材料”等。

路网养护规划与决策技术研究

李 豪 曾 辉 丁武洋 赵志强 张丽丽

(江苏省交通科学研究院股份有限公司;新型道路材料国家实验室)

摘 要 本文系统地介绍了路网内路面养护规划和决策的思路、重点难点技术和解决措施等方面的研究成果,以解决养护资金的争取与计划统筹安排、提高养护决策的科学性与透明度、提高养护资金的使用效率,明确规划期限内路面养护路段、养护措施、养护时间、养护资金等具体养护规划方案,为类似路网养护规划与决策提供借鉴和参考。

关键词 路网 养护规划 决策 技术

1 引言

截至2013年年末全国公路总里程达435.62万km,高速公路通车里程达10.44万km,国家公路网总体更趋完善,公路养护压力随之日益增加,如何科学、有序、合理的对路网进行养护是公路养护管理和科技人员亟待解决的问题之一。尤其是在养护资金的争取与计划统筹安排、养护决策的科学性与透明度、在养护资金相对不够充裕的情况下提高养护资金的使用效率,科学合理的对路网进行养护规划,是我们面临的重要现实问题。本文较为系统地介绍了路网内路面养护规划和决策的思路、重点难点技术和解决措施等方面的研究成果,为类似路网养护规划与决策提供借鉴和参考。

2 路网养护规划与决策思路

路网养护规划与决策需要综合考虑并依据路况水平及变化趋势、社会与服务要求、养护历史、病害原因、投资效益等核心因素,制定养护对策、测算资金总体需求,根据资金来源将可用养护资金再进行科学分配,并据此明确养护时间、养护路段、养护措施、养护资金及预期达到的养护效果,形成总体养护规划。

养护规划与决策遵循的具体思路如下(图1):

(1)首先对路网现状进行深入调查与分析,掌握理清历年养护措施、养护资金投入、多年养护后现有路面结构,掌握路网使用现状、主要病害特征、主要病害类型,在规范和路网制定的养护目标的基础上制定适合路网的评价标准深入评价路面性能现状。

(2)结合路网现状,分析路网内各条道路养护需求与在路网中的重要性等,通过考虑不同的多影响因素综合评价方法,建立各条道路在路网中的养护优先顺序。

(3)分析道路性能衰减规律、影响因素和道路性能预测模型优劣,建立适合路网的未经专项路段(新建)和不同养护措施路段的性能预测模型,按每公里进行参数自动调整和多年预测。

(4)结合道路实际状况、养护要求、既往研究成果等,建立适合路网的养护决策体系。

(5)通过评价分析既往不同养护措施的效果、费用效益比,确定适合路网的养护措施建议及适用范围。

(6)根据路网内不同道路现状和病害特点,分析路面病害原因,结合路面结构强度状况和养护历史,分析不同道路的适用的养护对策。

(7)从资金分配、国检要求、养护实施对交通影响等因素考虑统筹安排所辖路网网级规划,通过多种养护方案的全寿命周期分析,最终提出未来规划期限内具体养护规划实施方案,包括养护路段、养护措施、养护时间、养护资金安排。

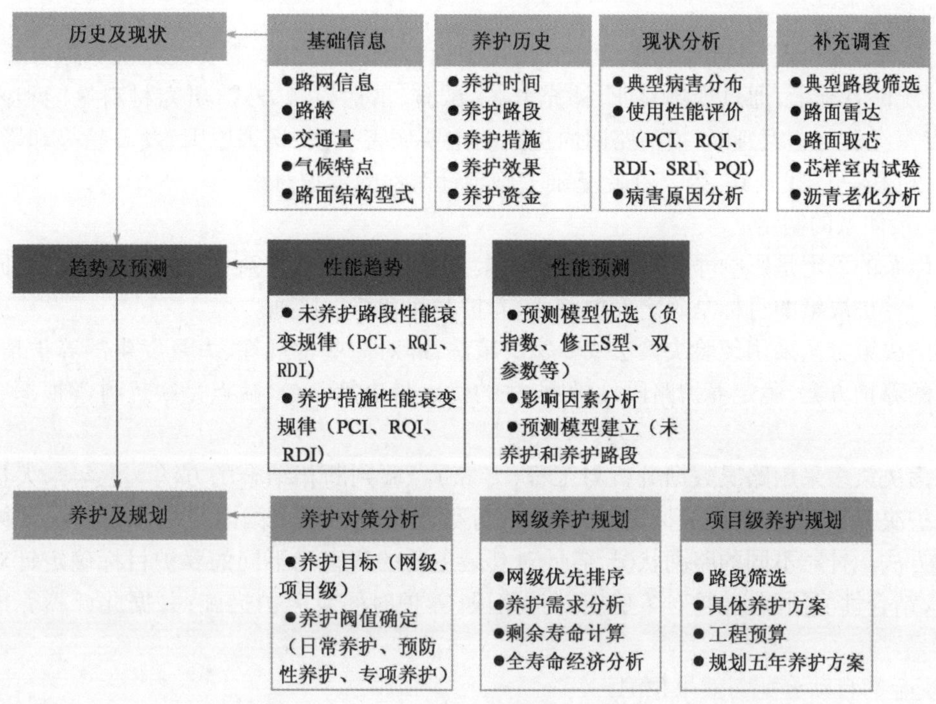

图1　养护规划思路及方法

3　路网养护规划与决策难点

科学合理制定养护规划是一项系统和庞杂繁复的工作，是专家决策与数据辅助决策的融合，在实际项目过程中，路网养护规划与决策技术的有关难点问题如下：

(1)基础资料的翔实、准确与信息化

基础资料的翔实与准确是科学合理制定路网养护规划的前提，需要收集的基础资料繁多，包括路网信息、路网内各条道路建设历史（路面结构、构造物信息、原材料、施工数据等）、环境数据（气候数据、交通量、轴载谱等）、养护历史（养护时间、养护路段、养护措施、养护资金、施工数据等）、历年路况检测数据（破损、车辙、平整度、抗滑性能、强度等）以及其他数据（取芯、雷达、室内试验、材料性能衰变状况等）。大量的基础数据同时需要实现信息化的管理与查询、显示。

(2)路网内道路养护时序确定方法

对于路网内养护道路，科学合理确定养护时序是养护规划中需要考虑的重要因素。需要综合考虑道路状况、社会需求与服务水平、养护历史与周期等进行路网道路优先排序，通常考虑的因素包括公路等级、路龄、交通量、路面状况等，对不同的影响因素授予不同的权重，计算不同道路的需求指数，并根据需求指数的大小得出路网内不同道路的养护时序。

(3)道路性能及病害发展趋势预测

道路性能及发展趋势预测准确性是实现决策科学合理的基础因素之一，进行准确预测的前提是多年准确数据的积累。国内外目前产生了多种预测方法和模型，如线性模型、负指数模型、S 型模型、修正 S 型模型、双参数模型等。由于路面状况发展趋势受不同道路的结构条件和环境因素、交通量影响，需要根据不同道路、不同性能指标的总体发展趋势选择不同的预测模型。在模型参数的确定上，可根据实际情况整条道路采用单一的模型参数或分段对模型参数进行调整。

(4)不同养护措施的使用效果、性能变化趋势及投资效益分析

科学合理确定养护措施是养护规划的核心要素之一。需要根据路网养护实践、新技术的应用情况，分析不同措施的使用效果，性能变化趋势，制定适合路网的养护措施库，并进行技术经济比较，计算其费用效益比，明确不同措施的投资效益和适用范围，明确不同路况适宜采用的养护措施和单位费用。

(5)养护对策的制定

路况数据是"表"是"果",材料变化时其"根",在进行养护规划之前,需要在路况数据分析与预测、交通量数据、环境状况的基础上,通过现场验证、补充取芯、试验、雷达检测方式,研究材料性能和内部状况的衰变情况,结合专家经验与专家判断,摸清路网内道路的主要病害类型、病害原因、发展趋势和影响因素,进行针对的评价,分析其"里"找到其"因",在此基础上确定针对性的养护对策。

(6)养护决策体系的制定

养护决策体系的确定是影响养护规划的核心因素,不同养护决策体系、不同决策方法、不同要求将会带来巨大的影响。养护决策的目标是确定养护路段、养护时间和养护措施。

目前常用的决策方法采用经验决策法或专家决策法,即对一些常规性、大量发生的养护情况,根据经验选择一种有效的养护方案、确定养护路段,这种方法的优点是决策简单,缺点是缺乏科学根据、主观性强、系统性弱。

科学的路面决策多采用路况数据分析与工程(专家)经验判断相结合的方法。近年来大量工程经济分析方法用于养护决策分析,包括决策树、排序法和部分数学规划方法。国内目前多采用决策树法和排序法或两者结合的方法。针对不同的路网状况,需针对其最主要的病害和不同的养护目标确定针对性的评价指标和决策体系,结合性能预测、养护对策确定养护路段、养护时间及养护措施,并据此计算养护需求和养护资金测算。

(7)养护资金的自动分配与效果预测

通常情况下,通过上述路面决策得出的养护需求与养护资金将受到预算资金和其他资源的约束,也即需要将有限的养护资金寻求最优的养护策略,使得效益目标最大化;或是在一定的路面使用性能要求和资源限制的约束下,寻求养护策略,使得费用最小化。

在这种情况下,需对有限的养护资金进行科学二次分配,使得效益最大化。常用的方法包括专家判断法、漏斗分析法或排序法等非最优决策方法以及路网最优化决策方法。非最优决策方法通常通过路段需求养护优先排序确定,并通过确定后的养护路段计算得出路网养护效果数据,虽然存在很多不完善之处,但由于工程实际的需要,在世界范围类还是得到了广泛的应用。

路网最优化决策方法的思想是通过全寿命周期分析,计算不同资金投入方式导致的路网性能和效益差异,尤其是在是否将大量的资金用于矫正性养护或预防性养护上、养护时序的确定上,进行详尽的效益分析,得出路网长期的最优化决策。

(8)路网规划与项目级养护规划的融合与衔接

路网养护规划与项目级养护规划二者是互为依存互为基础的关系,项目级养护规划是路网养护规划的基础,路网养护需求建立在项目级养护规划的基础上。路网规划用于指导项目级养护规划,同时将综合各种因素后将有限的养护资金分配到具体的项目路上。完全脱离项目级养护规划的路网养护规划将在实际实践过程中带来较大的误差,从而影响路网规划的准确性和可靠性。在实际情况中,需视具体情况具体要求予以适当深化,使路网规划与项目级养护规划能得到有效融合和衔接。

(9)大数据的分析、挖掘与实现

要尽量做到科学合理的路网养护规划编制,需要大量数据的积累,同时对海量的数据深入分析和挖掘,无论是基础数据的分析、不同结构不同环境下路面性能发展趋势的预测、养护措施变化趋势的预测与实施效果及适用情况的分析、养护决策体系的实现、养护需求计算和养护资金的分配和效果测算均需通过计算机辅助系统予以实现。

4　路面管理与辅助决策系统

结合前文所述路网养护规划的思路与方法,项目研究人员自主开发了路面管理与辅助决策系统。作为决策的辅助支持,系统实现的主要功能和特点如下:

(1)整体路况 GIS 呈现与查询(图2)

以专题图的形式在地图中显示路网中路面各项性能信息，包括路面破损状况、路面车辙深度状况、路面平整度、抗滑性能、路面强度状况等，用户可以快速、直观的查看整个路网中路况比较差的路段，以便及时的采取养护措施。

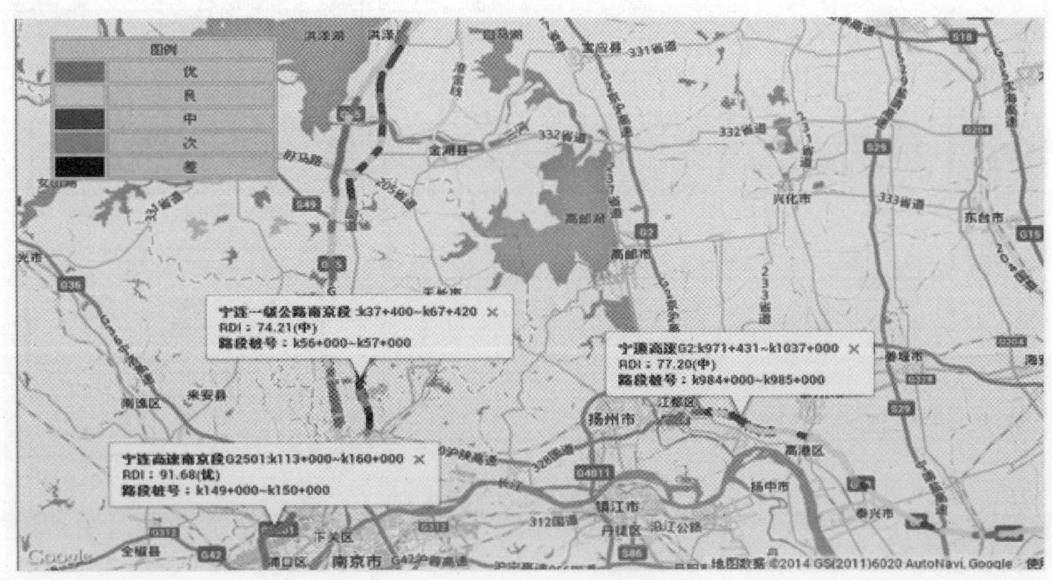

图 2 GIS 电子地图呈现路面状况

（2）数据可视化评价与查询（图 3）

将路面全景图片、路面各性能指标数据、路面结构、路面基础数据等所有信息同步显示，给用户提供了一个综合分析平台，管理者不需要亲临现场就可以掌握所有路况信息，为养护管理决策提供支撑。

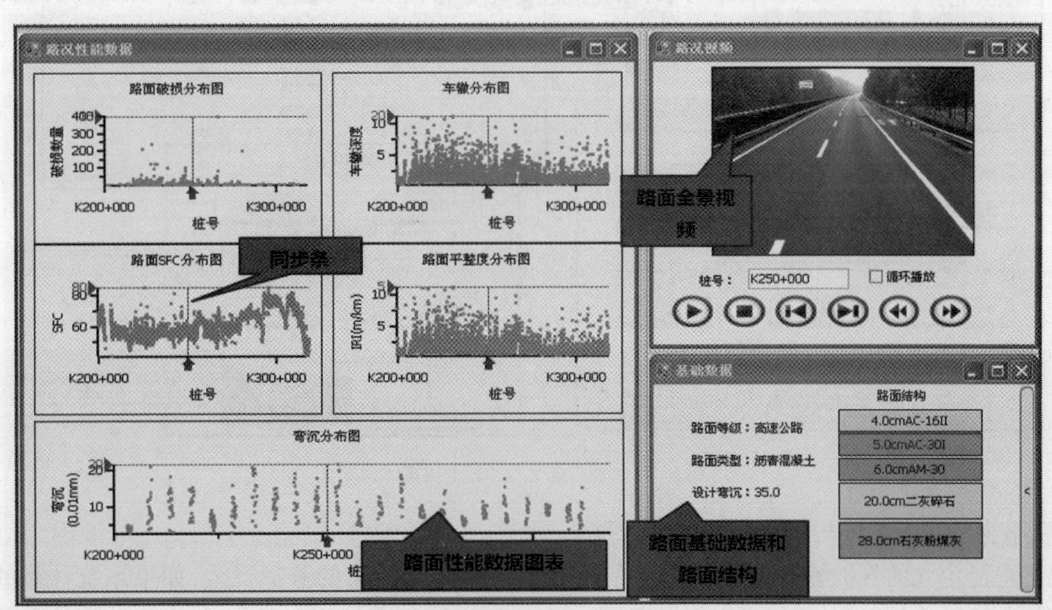

图 3 可视化综合评价与查询

（3）多模型变参数的路面性能趋势发展预测（图 4）

为了适应不同区域、不同项目以及不同预测指标的需求，本系统建立了三种预测模型供用户选择，包括双参数模型、负指数模型和修正 S 型曲线模型，用户在进行预测时，可以尝试各种模型，根据预测结果选择合适的预测模型。对于同一条路的各个段落，在施工、交通量、气候环境等方面都有所差异，因此各个段落的路面性能发展趋势也有所区别，所以本系统在进行预测分析时，并没有采取同一条路套用同样的模型参数，而是按照每公里分别进行回归预测，每公里的预测参数都有所不同，最大程度的保证了预测精度。

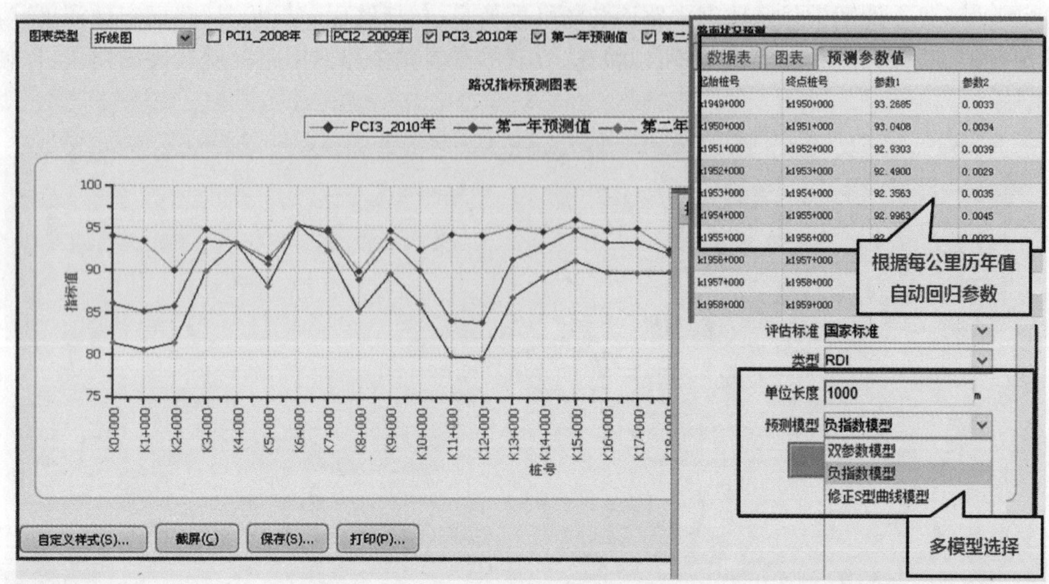

图4 多模型变参数路面性能预测

(4)可扩展自定义的辅助决策体系(图5)

结合多年科研成果及工程经验积累,建立养护决策体系框架,养护决策体系中的界值和养护方案系统设置默认值,在实际应用中,可以根据不同区域、实际工程情况以及养护资金使用情况进行调整,可以很好的满足实际工程应用。

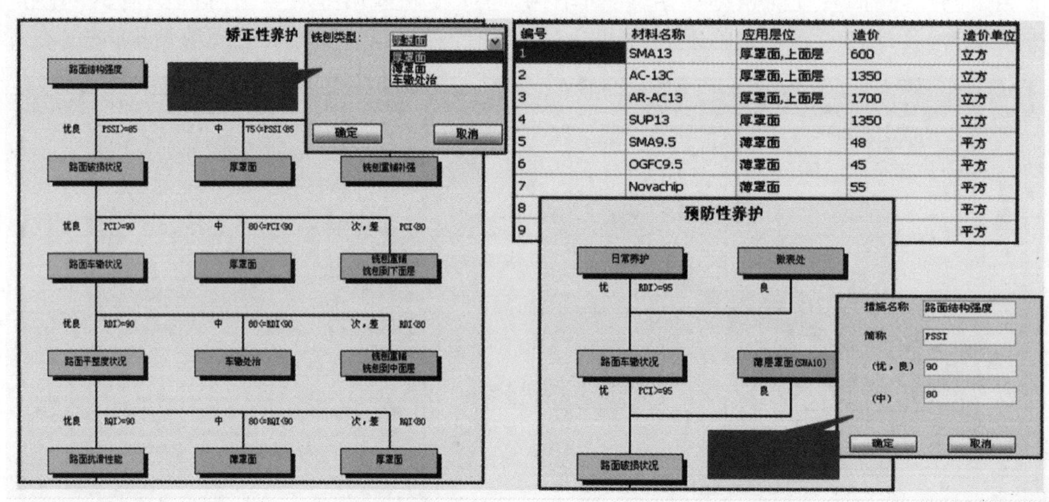

图5 可扩展自定义养护辅助决策体系

(5)资金自动分配系统与实施效果预测(图6)

根据用户已定义的养护辅助决策体系,系统可以自动计算出所需的养护资金,如果系统计算的养护资金超出实际预算的养护费用,系统可以根据实际分配的费用,进行养护资金优化,将资金分配给路网中最需要进行养护的段落。

5 结语

本文系统地介绍了路网内路面养护规划和决策的思路、重点难点技术和解决措施等方面的研究成果,以解决养护资金的争取与计划统筹安排、提高养护决策的科学性与透明度、提高养护资金的使用效率,明确规划期限内路面养护路段、养护措施、养护时间、养护资金等具体养护规划方案,为类似路网养护规划与决策提供借鉴和参考。

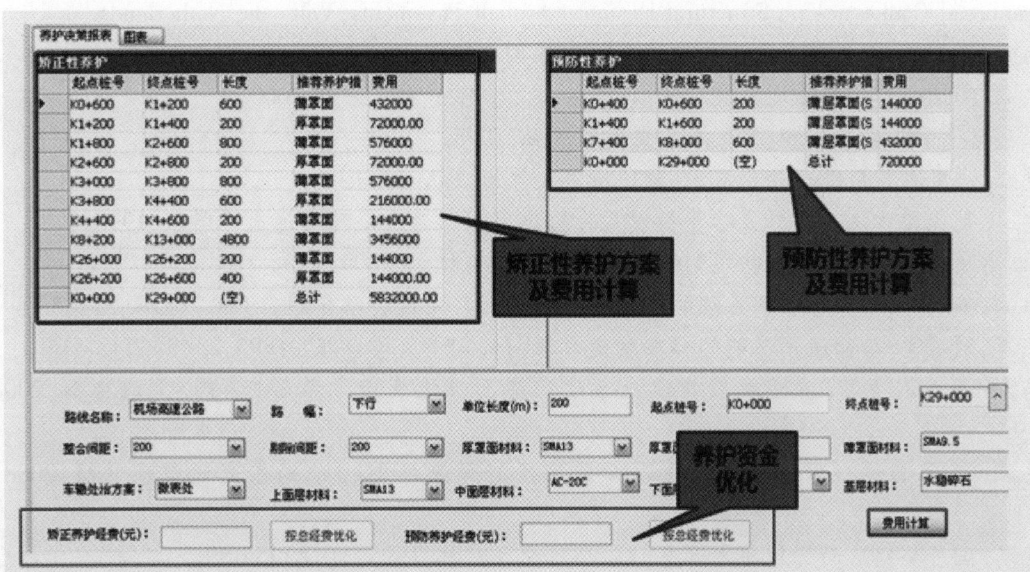

图6 养护辅助决策及资金分配

同时我们也认识到,科学合理的制定路网养护规划仍然有很多的问题需要我们进一步研究和深入,包括如何更好与材料性能衰变规律的考虑与融合,而不单纯建立在路况数据基础上;如何更好地考虑环境因素和交通量发展趋势;如何更好地与实现与专家经验判断法的融合;以及建立基于全寿命周期的路网最优化决策分析方法和实现等。

6 致谢

本文为江苏省交通运输厅科技项目部分研究成果,该项目得到了江苏省交通运输厅和江苏省高速公路经营管理中心的资助与支持,在此一并致谢。

参 考 文 献

[1] 中华人民共和国行业标准. JTJ 073.2—2001 公路沥青路面养护技术规范[S].

[2] 中华人民共和国行业标准. JTG H20—2007 公路技术状况评定标准[S]. 北京:人民交通出版社,2007.

[3] 中华人民共和国行业标准. JTG H10—2009 公路养护技术规范[S]. 北京:人民交通出版社,2009.

[4] 江苏省高速公路经营管理中心,江苏省交通科学研究院股份有限公司. 江苏省高管中心所辖路网十年期(2014~2023年)路面养护实施方案研究.(中间报告)[R]. 2014.

[5] AASHTO. AASHTO guidelines for pavement management systems. Washington D. C,2000,USA, 1990.

[6] SHRP. SHRP-LTPP Overview: Five-Year Report[R]. National Research Council, U S A , 1994.

[7] Mulholland P J. Pavement Management System for logical Government guidelines report[R]. Research report ARR 188, Australian Road Research Board, Australia, January 1991.

[8] R HAAS, W R HUDSON. Modern Pavement Management[M]. Krieger Publishing Company, 1994.

[9] Chua K H, Monismith C L, Crandall K C. Mechanistic Performance Models for Pavement Management[C]. Conference Proceeding of the Third International Conference on Managing Pavements, Vol, 1, National Academy Press, Washington D C,1994.

[10] Sharaf C L, Majizadeh K. Distress Prediction Models for a Network – level Pavement Management System [R]. Transportation Research Record1 344, National Academy of Science, Washington D . C. ,1992.

[11] Shahln M Y, e tal Airfield. Pavement Performance Prediction and Determination of Rehabilitation Needs. 5 th

International Conference on Structural Design ofAsphalt Pavements, Voll ,the Netherlands.
[12] 刘伯莹,姚祖康.沥青路面使用性能预测[J],中国公路学报,1991,4(2).
[13] 杨立峰.高速公路养护管理系统研究[D].东南大学硕士学位论文,2000.
[14] 潘玉利路面管理系统原理[M].人民交通出版社,1998.
[15] 陈晓红.决策支持系统理论和应用[M].清华大学出版社.2000.
[16] 马健.决策优化方法在选择公路养护方案时的应用[J].西安公路交通大学学报,1998.
[17] 李豪.高速公路沥青路面养护规划探讨[J].现代交通技术,2009.
[18] 周伟,颜英秋.公路养护管理系统的决策方法研究[J].中国公路学报,1999.7(12):35-42.
[19] 孙立军,刘喜平.路面使用性能的标准衰变方程[J].同济大学学报, 1995,23(5):513-516.
[20] 叶筠, 陈长, 孙立军.基于参毅自适应方法的路面性能衰变方程研究[J].上海公路,2008,4(3):14-19.
[21] 王笑风. 基于自适应跟踪法的沥青路面使用性能预测模型[J].山东交通学院学报,2008,16(4):25-31.
[22] 陈国靖.国外公路路面管理研究动态[J].公路交通科技,1995.3(12):54-59.

讲座专家简介:

李豪,男,1978年8月生,高级工程师,注册咨询工程师,现任江苏省交通科学研究院股份有限公司道路养护中心副主任,主要从事路面材料、结构、养护、改造方面的设计和研究工作,对沥青路面技术有着较为深刻的理解和认识,具备较为丰富的工程实践经验,先后多项研究课题,发表学术论文多篇,获得江苏省科技进步奖二等奖一项、中国公路学会科学技术奖特等奖等其他省部级奖项多项,申请授予发明专利多项,正在主持编写国家标准1项,地方标准2项。

常温改性沥青筑路技术的工程应用

郭朝阳[1] 陈 景[2] 吴学敏[2] 田苗苗[1]

(1 交通运输部科学研究院;2 北京市交通委员会路政局通州公路分局)

摘 要 常温改性沥青混合料与传统的热拌沥青混合料和温拌沥青混合料相比,其消耗的能源、释放的有害气体更少,并能在零下温度和长时间存储后施工作业,实现了沥青路面在特殊环境(主要是低温)特殊条件(路面周边无热拌站)下的修筑及养护。本文以常温改性沥青混合料为研究对象,针对该类材料强度随养护龄期的增长规律和施工不受温度条件限制的特点,采用幂函数型式构建骨架型矿料级配和矿料最紧密状态确定最佳油石比,并在现行施工技术规范基础上,调整沥青混合料施工工艺,在北京、新疆、四川和西藏等地的公路建设中进行了应用,实际效果良好,对提升我国公路建养技术水平具有积极意义,且可为相关规范标准的制修订提供借鉴和参考。

关键词 常温改性沥青 公路工程 罩面 温拌

近年来,随着交通运输科技的发展,"节能、低碳、环保"型筑路材料不断涌现,如沥青混合料温拌剂、冷拌用改性乳化沥青、冷拌用溶剂型改性剂等。温拌类改性剂主要是通过降低沥青混合料在碾压时的粘度,从而降低沥青混合料在拌和、摊铺、碾压的温度,达到节能环保的目的,但是目前市场上的温拌改性剂降温效果在20℃~40℃,节约能源的效果比较有限,沥青混合料依然需要在100℃以上的高温条件下进行施工;而冷拌溶剂型改性剂、乳化沥青剂冷再生改性剂等产品种类繁多,质量参差不齐,多是用做公路的基层或用来进行沥青路面的日常养护,如坑槽修补等,使用范围有限,且实际使用质量及寿命有待于进一步提高。

境外以美国SHRP计划、英国Emcol公司、日本昭和沥青工业株社、台湾永宗常温固沥土等为代表的研究结构及公司,相继研发并在工程中应用了多款冷拌用路面材料,主要以水介质型(乳液)和溶剂型(稀释)改性剂为主,其实际使用效果受材料组成设计、使用环境、施工工艺及质量控制标准等的影响,抗重载、耐疲劳性能普遍较差,多用在广场、非机动车道等场合,且材料成本相对较高。

本文主要以SMC常温改性沥青混合料为研究对象,针对该类材料强度随养护龄期的增长规律和施工不受温度条件限制的特点,采用幂函数型式构建骨架型矿料级配和矿料最紧密状态确定最佳油石比,并在现行施工技术规范基础上,调整沥青混合料部分施工工艺,在北京、新疆、四川、西藏等地的公路建设中进行了应用,效果良好,对提升我国公路建养技术水平具有积极意义,且可为相关规范标准的制修订提供借鉴和参考。

1 技术原理及特点

在阐述常温改性沥青筑路技术原理前,先对"常温"的温度范围进行说明,"常温"主要是相对于热拌、温拌、冷拌而言的,主要是指沥青混合料拌和温度低于普通的热拌、温拌沥青混合料,同时,由于其集料需要进行加热除去水分,且在90℃~130℃时常温改性沥青混合料的拌和效率较高,因此拌和温度又高于一般的冷拌材料;但常温改性沥青混合料的摊铺、碾压温度又与一般的冷拌材料相当,最低可以在零下40℃进行摊铺和碾压。

常温改性沥青的组成材料主要有基质沥青(有条件时也可使用SBS改性沥青、橡胶沥青)和常温沥青改性剂,其中常温沥青改性剂以从废旧轮胎中提炼出来的甲基苯乙烯类嵌段共聚物(Styreneic Methyl Copolymers)为主,约占改性剂质量的80%以上,其余主要成分为环氧树脂、环氧树脂固化剂、挥发性溶剂及其他助剂,基质沥青和常温沥青改性剂在90~130℃条件下混溶均匀即可制成常温改性沥青。

常温沥青改性剂的主要成分为橡胶烃油，对其进行环氧化学改性后，与沥青类材料具有较好的相容性，可以使沥青类材料在常温条件下成液态，从而实现沥青混合料常温拌和、摊铺及碾压的目的。另外，掺入常温改性沥青中的环氧固化剂，在与空气接触后，缓慢交联固化，形成强度，达到提高沥青混合料路用性能的目的。这即是常温改性沥青及沥青混合料的主要作用机理，其特点主要是：混合料本身温度、环境温度对施工和易性、力学强度等技术指标影响不大，施工和易性的丧失、力学强度的增长主要与该类材料在空气中暴露的时间长短有关系。

常温改性沥青筑路技术的主要技术优势总结如下：

(1)施工温度较低，一般矿料加热温度和拌和温度在100℃左右，摊铺及碾压温度没有具体要求，且沥青路面铺筑不受环境温度的影响，利于沥青混合料的施工质量控制。

(2)储存稳定性好，在密闭良好条件下，可以存储半年以上，有利于沥青路面的施工组织，适合边远地区公路的新建和养护，具有抢修保通公路的政治、军事意义。

(3)低碳环保，不仅实现废旧橡塑材料的循环利用，还可降低沥青路面施工及养护过程中的碳排放，且轮胎—路面噪音相对较低，环保效益显著。

(4)路用性能优良，常温改性沥青混合料的各项路用性能技术指标均优于普通沥青混合料，低温性能、水稳性能、疲劳性能等技术指标甚至优于一般的SBS改性沥青混合料。

2 材料组成设计方法及施工工艺

常温改性沥青混合料初期强度较低，因此其矿料级配的选择与最佳油石比的确定是该项技术应用成败的技术关键。

2.1 矿料级配的构建方法及指标

本文的矿料级配构建方法以SAC矿料级配设计理论为基础，该理论由沙庆林院士于1988年提出，其设计原则是用粗集料形成骨架，用细集料和沥青填充骨架中的空隙，其中粗细集料的分界点为4.75mm，并认为分界粒径以上的粗集料含量为65%或70%以上时，粗集料之间可以形成骨架结构，即4.75mm筛孔的通过量为35%或30%。交通运输部公路科学研究院王旭东研究员对此进行了改进，提出采用幂函数、指数及对数型式构建矿料级配曲线，对比了三类函数构建的矿料级配密实性及嵌挤力学性能等特点，在其他条件相同条件下，指数型式矿料级配相对较粗但比较密实，施工易离析；对数型式矿料级配较细但空隙率较大，施工和易性好；幂函数居中。王旭东结合橡胶沥青混合料的特点，推荐了公路工程常用的橡胶沥青混合料矿料级配设计方法及指标，采用了3个控制点、2条曲线拟合的方法，其中0.075mm筛孔通过率较现行施工技术规范推荐的级配范围中值高1%～3%，4.75mm筛孔通过率为30%。

考虑到常温改性沥青混合料较低的初期强度和沥青结合料较低的粘度水平，在以往工程经验总结基础上，选定0.075mm、4.75mm、9.5mm及公称最大粒径为关键点，并采用幂函数型式作为拟合曲线，即4个控制点、3条曲线，其中0.075mm筛孔通过率比现行施工技术规范推荐的级配范围中值偏低1%～2%，4.75mm筛孔通过率为30%或35%(具体数值根据当地石料材质、粒形，通过马氏试验的体积参数验证后确定)，9.5mm筛孔的通过率比4.75mm筛孔高17%～23%，即固定4.75mm～9.5mm档料的含量为20%左右，最大公称粒径筛孔的通过率为95%。

幂曲线型式如下式所示：

$$y = ax^{b} \tag{1}$$

式中：a、b——回归系数；

y——通过率，%；

x——孔径，mm。

以公路工程常用的16型矿料级配为例，计算过程如下：

第一步：设定间断点、控制点及其通过率。

令：公称最大粒径16mm的通过率为95%；间断点9.5mm的通过率为55%，间断点4.75mm的通过率为

35%;0.075mm 通过率为 4%。

第二步:建立方程组

粗集料曲线模型方程组:

$$\begin{cases}95\% = a_1 \times 16^{b_1} \\ 55\% = a_1 \times 9.5^{b_1}\end{cases} \tag{2}$$

$$\begin{cases}55\% = a_2 \times 9.5^{b_2} \\ 35\% = a_2 \times 4.75^{b_2}\end{cases} \tag{3}$$

细集料曲线模型方程组:

$$\begin{cases}35\% = a_3 \times 4.75^{b_3} \\ 4\% = a_3 \times 0.075^{b_3}\end{cases} \tag{4}$$

第三步:解方程组,确定曲线模型:

解方程组式 2,得到:$a1 = 5.1914$,$b1 = 1.0484$。得到幂函数曲线模型为:

$$y = 5.1914x^{1.0484} \tag{5}$$

解方程组式 3,得到:$a2 = 12.6710$,$b2 = 0.6521$。得到幂函数曲线模型为:

$$y = 12.6710x^{0.6521} \tag{6}$$

该段曲线由于固定 4.75mm ~ 9.5mm 之间含量为 20%,因此,实际应用过程中,该方程组可以免去求解的过程。

解方程组式 4,得到:$a3 = 15.497$,$b3 = 0.5229$。得到幂函数曲线模型为:

$$y = 15.497x^{0.5229} \tag{7}$$

第四步:构建 SMC-16 断级配曲线。

根据以矿料级配的幂函数曲线模型,计算不同粒径矿料的通过率,得到表 1 所示的级配曲线:

SMC-16 型常温沥青混合料推荐矿料级配曲线 表 1

筛孔 mm	16	13.2	9.5	4.75	2.36	1.18	0.6	0.3	0.15	0.075
通过百分率%	95.0	77.6	55.0	35.0	24.3	16.9	11.9	8.3	5.7	4.0

常温改性沥青混合料常用的矿料级配曲线汇总如表 2 所示。

SMC-20 型和 SMC-13 型常温沥青混合料推荐矿料级配曲线 表 2

筛孔 mm / 通过百分率%	19	16	13.2	9.5	4.75	2.36	1.18	0.6	0.3	0.15	0.075
SMC-20	95	83	71.3	55.0	35.0	23.1	15.3	10.3	6.8	4.5	3.0
SMC-13	—	100	95	55.0	35.0	25.2	18.2	13.3	9.6	6.9	5.0

2.2 最佳油石比的确定方法

常温改性沥青混合料的初期强度较低,材料性质类似与无机结合料稳定类材料,其强度随着养护龄期的延长而增加,为保证矿料之间达到最紧密状态和助于碾压,采用无机结合料类稳定材料确定最佳含水量的方法来确定常温改性沥青混合料的最佳油石比,即将常温改性沥青看成无结合料稳定类材料中的水,最佳油石比即相当于最佳含水量,其矿料干密度的计算可有沥青混合料试件的毛体积密度折算出来,如下式所示:

$$G_{g,m} = G_m \times \frac{100}{100 + \omega_0} \tag{8}$$

式中:G_m——沥青混合料试件的毛体积密度;

$G_{g,m}$——沥青混合料试件的干密度;

ω_0——沥青混合料的油石比。

按照沥青混合料试件的油石比 ~ 干密度曲线来确定最佳油石比,以最大干密度对应的油石比作为沥青混合料的最佳油石比，同时兼顾沥青混合料试件的体积参数满足现行施工技术规范的相应要求；体积参数不满足设计要求时，应重新调整矿料级配，直至沥青混合料体积参数满足设计要求。应做5~6个不同油石比沥青混合料的旋转压实试验（每个油石比应做4次平行试验），依次相差0.3%~0.4%油石比，且其中至少有2个大于或2个小于最佳油石比。旋转压实次数采用80次，各个试件压实时温度应保持一致，宜为40℃以上。也可采用马歇尔击实法成型试件时，击实次数建议为双面击实100次。

常温改性沥青混合料试件的毛体积密度、理论最大相对密度、单轴抗压强度分别按照《公路工程沥青及沥青混合料试验规程》（JTG E20—2011）中的T 0706—2011、T 0711—2011、T 0713—2000执行。其中，理论最大相对密度测试用混合料，宜在室外通风条件下放置72h后使用。

以下为新疆某地省道罩面用SMC-16型沥青混合料最佳油石比的确定过程，如表3和图1所示：

新疆某地省道罩面用SMC-16目标配合比体积参数　　表3

油石比（%）	毛体积相对密度	相对干密度	最大理论相对密度	空隙率（%）	矿料间隙率VMA（%）	沥青饱和度VFA（%）	稳定度（kN）	流值（mm）
3.0	2.2577	2.192	2.4407	7.50	14.98	49.96	6.17	2.37
3.3	2.2802	2.207	2.4223	5.87	14.38	59.22	7.07	2.68
3.6	2.298	2.218	2.4055	4.47	13.97	67.99	8.20	2.57
3.9	2.2990	2.213	2.3851	3.61	14.18	74.54	8.24	2.63
4.2	2.3006	2.208	2.3743	3.10	14.36	78.41	8.49	3.24

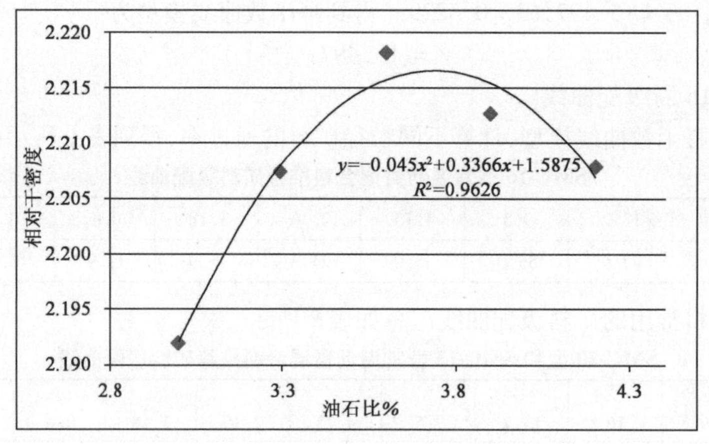

图1　油石比与干密度关系曲线

由图1可知，干密度最大时，油石比为3.74%，此时，空隙率为4.2%（设计要求3~6%），矿料间隙率14.0%（设计要求大于13.7%），沥青饱和度70.2%（设计要求65~75%），因此选择3.7%为最佳油石比。

2.3　施工机具、工艺要求

常温改性沥青混合料罩面施工时的施工机具与普通沥青面层施工时的机具相同，其中沥青罐需有加热循环和简单搅拌功能，以利于在施工前将常温改性剂掺配到基质沥青中，制成常温改性沥青。

掺配常温改性剂时，基质沥青温度宜在110℃左右，简单搅拌循环30min左右混溶均匀即可。

与普通热拌沥青混合料生产及施工时的不同之处汇总如下：

矿料加热温度一般为90~120℃，当矿料干燥无水分时，也可不加热，直接使用；当摊铺现场与拌和站距离较远或生产的混合料需要存储一定时间时，为延缓常温改性沥青混合料的固化时间，可以采用以下方法：利用沥青混合料拌和设备的加热滚筒，将各档矿料加热除去水分，置于干燥处降至室外温度，待生产常温改性沥青混合料时，可关闭加热滚筒加热功能，将矿料直接输送至拌和站进行二次筛分和拌和。

常温改性沥青的加热温度一般为90~110℃。

运输、摊铺、碾压等作业工序对于常温改性沥青混合料本身温度没有特别要求，但宜在摊铺后半天内完成碾压工序；当压实度不足时，可在铺筑完成3天内的高温时段采用重胶轮压路机进行补压。摊铺层厚越厚，常温改性沥青混合料的可压实时间越长。

拌和时间一般需延长5~10s，摊铺机松铺系数一般需提高，一般为1.3左右，行驶速度宜放缓至3m/min以内，碾压速度也宜放缓至3m/min~5m/min。

碾压工艺组合以胶轮压路机做初压和复压，双钢轮压路机做终压，消除胶轮轮迹即可，碾压段落一般可适当放长，一般在200m左右；当施工时的风速较大、温度较低时，碾压段落宜适当减短。

常温改性沥青路面的质量检测指标及方法参照《公路沥青路面施工技术规范》(JTG F40—2004)11章中有关热拌沥青混合料的规定执行，但动稳定度、稳定度、小梁弯曲破坏应变等力学指标及钻芯法测试压实度时，宜在通风条件下养生14d以上。

常温改性沥青混合料的强度随龄期增长而逐渐增长，以常用的16型沥青混合料为例，所用基质沥青为70#沥青，矿料级配见表2，SMC改性剂掺量为9%，旋转压实试件成型温度为80℃，压实次数80次，试件养护条件为：放置室内通风处，室温为20℃~25℃。单轴抗压强度测试时室温为23℃，湿度55%。其单轴抗压强度随龄期的规律如图2所示。

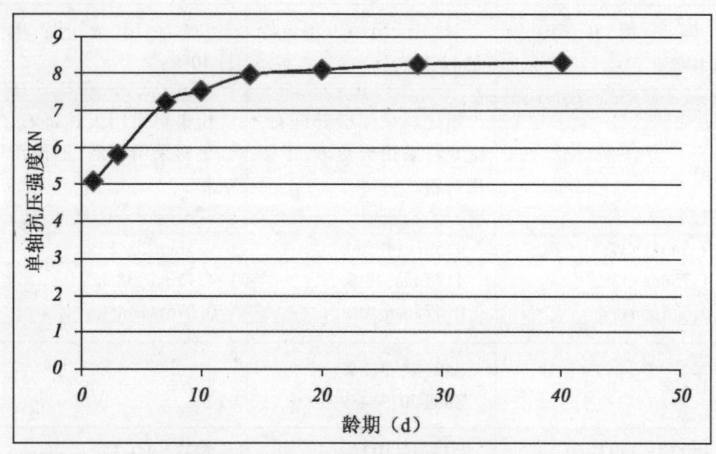

图2 龄期与单轴抗压强度的关系曲线

从上图可知，龄期14天以后，单轴抗压强度数值增长速度放缓，因此，建议该类材料的动稳定度、稳定度等力学性能指标测试最好在试件养护14天以后进行；室外现场进行该类材料的性能检测试验，如钻芯法进行压实度检测时，其养护龄期应最少大于14天。

3 工程应用情况

自2009年至今，该技术陆续在北京、河北、吉林、内蒙古、新疆、云南、贵州、四川、重庆、湖北、西藏等地的公路建设和养护中使用，涵盖了我国大部分气候分区，包括夏炎热冬严寒干旱区、夏炎热冬冷潮湿区、夏炎热冬冷半干区、夏热冬寒湿润区、夏凉冬严寒干旱区等典型气候分区，本文主要介绍常温改性沥青筑路技术在北京市某市政货运道路养护罩面工程、四川省某国道沥青路面大修养护工程、新疆北疆地区某省道大修罩面工程、西藏那曲地区某农村公路沥青路面新建工程等的应用情况，一方面以上四个工程相对具有代表性；另一方面，该项技术在以上四个工程中应用的比较全面如表4所示。

工程应用情况汇总表

表4

公路名称	北京市某市政货运道路中修工程	四川省某国道沥青路面大修工程	新疆北疆地区某省道大修工程	西藏那曲地区某农村公路(新建)
气候分区	夏炎热冬寒半干区	夏炎热冬冷潮湿区	夏炎热冬严寒干旱区	夏凉冬严寒干旱区
交通等级	重载交通，以3轴、6轴货车为主，且该路段车速较慢	重载交通，以3轴、6轴货车为主，含陡坡和急弯路段	重载交通，为主以3轴、6轴货车	轻交通，有少量运送蔬菜、牲畜、砂石等的2轴、6轴货车

续上表

公路名称	北京市某市政货运道路中修工程	四川省某国道沥青路面大修工程	新疆北疆地区某省道大修工程	西藏那曲地区某农村公路(新建)
旧路状况	原路面以车辙、网裂、坑槽等病害为主。旧路铣刨4cm后加铺沥青面层。	原路面以车辙、坑槽等病害为主。旧路翻修至基层。	原路面以车辙、推移等病害为主。	—
沥青面层结构	4cmSMC-13 + 下承层(旧沥青面层)	5cmSMC-16 + 6cm SMC-20 + 水泥稳定碎石(新建)	4cmSMC-16 + 下承层(旧沥青面层)	4cmSMC-16 + 水泥稳定砂砾层(新建)
长度	1.5km	8km	5km	12km
施工时气温	-5℃ ~6℃	20℃ ~30℃	-5℃ ~10℃	-28℃ ~ -10℃
基质沥青标号	A级70#	A级70#	A级90#	A级110#
常温改性剂品种及掺量	温区用B型,掺量10%;	热区用C型,掺量12%;	寒区用A型,掺量10%;	寒区用A型,掺量12%;
矿料特点	—	粗集料采用破碎砾石,细集料采用天然砂,不使用矿粉。	粗集料采用天然砾石,细集料采用石屑,不使用矿粉。	粗集料采用天然砾石和破碎砾石掺配,细集料采用河沙,不使用矿粉
级配曲线关键筛孔通过率	9.5mm:52% 4.75mm:32% 0.075mm:5%	9.5mm:48% 4.75mm:28% 0.075mm:4%	9.5mm:58% 4.75mm:38% 0.075mm:4%	9.5mm:55% 4.75mm:35% 0.075mm:4%
最佳油石比	4.2%	SMC-16:3.8% SMC-20:3.4%	3.7%	3.9%
常温改性沥青加热温度	130℃ ~140℃	90℃ ~110℃	90℃ ~110℃	90℃ ~100℃
矿料加热温度	110℃ ~130℃	80℃ ~100℃	80℃ ~100℃	110℃ ~130℃
出料温度	110℃ ~120℃	80℃ ~100℃	80℃ ~100℃	110℃ ~120℃
摊铺温度	100℃ ~110℃	60℃ ~80℃	50℃ ~60℃	70℃ ~80℃
初压温度	90℃ ~100℃	50℃ ~60℃	80℃ ~90℃	65℃ ~75℃
终压温度	60℃以上	30℃以上	30℃以上	30℃以上
碾压工艺	钢轮压路机振动碾压3遍	钢轮压路机初压1遍,胶轮压路机复压6遍	钢轮压路机初压、复压3遍,胶轮压路机复压3遍	胶轮压路机初压、复压6遍,光轮压路机收光。
渗水系数	大于300mL,主要是侧渗,碾压时没用胶轮压路机	基本不渗水	200mL以上	基本不渗水
构造深度(铺砂法)	0.85mm	0.8mm	0.75mm	0.8mm
取芯时龄期	14d(第二天即可取芯)	30d	7d	2d
压实度	97.5%	98.8%	97.1%	99.7%
使用效果	通车尚不足1年,路面状况良好	已经历2个寒暑,路面状况良好,个别路段有基层沉陷。	已经历2个寒暑,路面状况良好	通车尚不足1年,路面状况良好

4 结语

实体工程实践证明,常温改性沥青筑路技术在公路及城市道路中应用是可行的,采用3段幂函数型式构建骨架型矿料级配、矿料最紧密状态法确定油石比等技术措施,可以保证常温改性沥青混合料的初期强度,满足正常的通车条件,同时,对于提高该类材料的高温稳定性、抗水损害性、抗低温开裂性具有积极作用;该项技术在降低沥青路面施工温度,保证沥青路面低温环境的施工质量方面具有显著的技术优势,是一项集废旧材料循环利用、节能环保等于一身的绿色筑路技术,符合我国当前建设绿色低碳公路的战略需求,具有持续发展的生命力和广阔的应用前景。

另一方面,该项技术尚存在诸多需要完善的方面,如常温改性沥青混合料的疲劳性能、降噪性能、薄层罩面技术等都是需要进一步深入系统研究。

参考文献

[1] 交通运输部科学研究院.道路用新型常温沥青改性剂及工程应用技术研究[R].北京:2014.
[2] Q/79399579 - 9·3—2014.SMC系列常温改性沥青混合料[S].北京:交通运输部科学研究院,2014,7.
[3] 沙庆林.多碎石沥青混凝土SAC系列的设计和施工[M].北京:人民交通出版社,2005,7.
[4] 王旭东,李美江,路凯冀.橡胶沥青及混凝土应用成套技术[M].北京:人民交通出版社,2008,3.
[5] 中华人民共和国行业标准.JTG E20—2011 公路工程沥青及沥青混合料试验规程[S].北京:人民交通出版社,2011.
[6] 中华人民共和国行业标准.JTG F40—2004 公路沥青路面施工技术规范[S].北京:人民交通出版社,2004.
[7] 交通运输部公路科学研究院,橡胶沥青及混合料设计施工技术指南[S].北京:人民交通出版社,2008.

讲座专家简介:

郭朝阳,男,汉族,交通运输部科学研究院道路结构与材料研究中心副研究员,现为哈尔滨工业大学道路与铁道工程在读博士研究生。主要以废胎胶粉橡胶沥青筑路技术为研究方向,在橡胶沥青改性机理、橡胶沥青混合料材料组成设计、橡胶沥青降噪路面设计与检测评价方面取得技术成果,先后参与八达岭高速大修、长安街大修等国家重点工程和沪蓉西高速公路、忻阜高速公路等交通运输部科技示范工程,主持或参与国家级、省部级科研项目10余项,其中主持一项国家自然科学基金项目,申请国家发明专利17项,获得先后获得中国公路学会一等奖、二等奖各一次。

干燥滚筒的干燥效果数值模拟及其实验研究

沈 航[1] 翟资雄[2]
(1 华桥大学;2 南方路机)

摘 要 建立干燥滚筒的三维仿真模型研究干燥滚筒的干燥效果,对干燥滚筒温度场分布以及骨料颗粒在筒内形成的料帘情况进行了仿真分析,研究了滚筒生产参数与叶片结构参数对滚筒干燥效果的影响,搭建试验平台,通过实验对仿真结果加以验证,对干燥滚筒结构的设计与优化具有重要意义。

关键词 干燥滚筒 干燥效果 数值模拟

1 引言

干燥滚筒是一种既受高温加热又具有输送能力的设备,由于本身具有运转可靠、操作弹性大、适应性强、处理能力大等优点,再经过对干燥滚筒内叶片形式的改进,使其具有更广阔的应用空间,在食品、化工、冶金、建材等行业都有广泛的应用。在干燥过程中,滚筒的干燥效果是使用者十分关注的问题。一台性能优良的干燥滚筒,要求在热量损失尽可能少的情况下,以较短的时间完成热气与骨料之间的热量交换,使骨料受热蒸发掉骨料颗粒表面的水分并使骨料温度上升到所需的温度值,达到理想的干燥效果,从而获得最大的热效率。

影响干燥滚筒干燥效果的因素有很多,其中骨料在干燥滚筒内所形成的料帘分布是否均匀直接决定了骨料与筒内的热气流的接触是否充分,均匀的料帘能使骨料与筒内的热气流充分接触,有利于颗粒与热气流之间的换热。所以,研究滚筒内部温度场分布以及骨料在滚筒内的分布情况对于提高干燥滚筒的干燥效果具有重大意义。

2 干燥滚筒的组成

干燥滚筒的主体是略带倾斜(也有水平的)并能绕其轴线旋转的圆筒体,湿物料由其一端加入,在滚筒内部运动时,与滚筒内的热气流以及加热壁面的有效接触而被干燥。本文所介绍的是干粉搅拌站中所使用的干燥滚筒,其结构组成如图1所示。

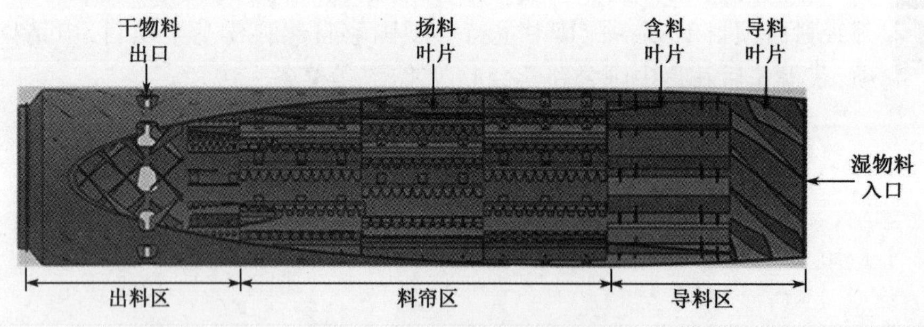

图1 干燥滚筒结构组成示意图

由于该滚筒采用的是湿物料与载热体并流的方式,所以在滚筒中加入了含料叶片,确保在导料区叶片能包裹住物料,使其不会在导料区掉落而影响热气流的流动。需要干燥的湿物料从滚筒的一端进入,经过导料叶片与含料叶片输送到扬料叶片,物料通过扬料叶片的提升、抛洒,在滚筒内形成料帘,形成的料帘与筒内的热气流充分接触,以达到换热干燥的目的。完成干燥后的干物料则由干物料出口流出,完成整个干燥过程。

3 干燥滚筒内温度场的分析

3.1 筒内温度场的仿真

为了提高热气与待加热骨料的热交换能力，加热采用燃烧器火焰直接喷入滚筒内部与骨料颗粒进行换热的方法，以提高烘干滚筒内的干燥效果。

根据干燥滚筒实际尺寸大小以及其内部提料叶片的结构和分布，利用 SolidWorks 建立滚筒的三维实体模型，将模型导入到模型前处理软件 ICEM 中，用四面体网格进行网格划分，并对模型设置边界条件的类型以及初始化条件，输出网格文件，如图 2 所示。

将划分后的网格文件导入 Fluent 中并检查网格划分的信息。然后建立求解模型，设置流体区域，对流体域的材料的物理属性进行定义，设置仿真计算的边界条件，再选择适当的松弛因子并打开残差图形监视器，进行迭代计算，计算结果在迭代 400 步后收敛。为了比较好地显示计算结果，沿 x 方向正中截取一个观测平面，计算所得滚筒温度场分布如图 3 所示。

图 2 干燥滚筒模型网格划分

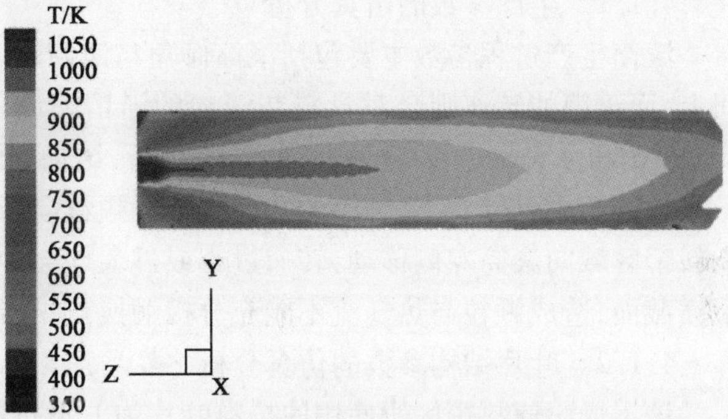

图 3 干燥滚筒温度分布云图

从图 3 中可以看出，干燥滚筒火焰区域温度较高，在 1000K 以上，导料区含料叶片基本覆盖了火焰区域，因此需要干燥的冷骨料不会直接接触到火焰，对冷骨料的干燥主要是通过热气与颗粒换热的形式在滚筒的料帘区实现。通过对筒内温度分布的分析，可以看出热空气受筒内负压的影响在料帘区的温度较高，有利于骨料颗粒的干燥，热效率较高。

3.2 干燥滚筒热成像试验

根据干燥滚筒设计尺寸，按照 1∶1 的比例建立干燥滚筒试验样机，使干燥滚筒在正常工况下运行。利用 Fluke 的 Ti400 红外线热成像仪对滚筒进行热成像试验，得到滚筒正常运行过程中的温度分布图像，如图 4 所示。

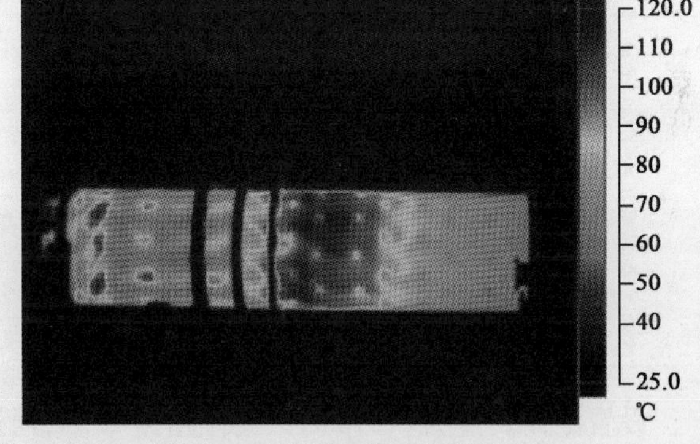

图 4 干燥滚筒热成像图

从图 4 中可以看出，干燥滚筒在运行过程中，筒内温度分布与仿真结果基本一致，干燥区域主要集中于滚筒料帘区，这样更有利于骨料颗粒在料帘区所形成的料帘与筒内的热气充分接触换热，骨料干燥效果较好。

4 干燥滚筒内料帘分布的研究

研究骨料颗粒在滚筒内的运动，优化滚筒结构，可以使滚筒内料帘分布更加均匀，均匀的料帘可以使骨料颗粒与筒内的热气充分接触，避免因为料帘风洞的产生而造成的热气浪费，从而更有效地提高滚筒的干燥效率。

解决干燥过程中的骨料颗粒形成料帘不均匀的问题，提高干燥滚筒的干燥效率，需从颗粒的特性入手。

而颗粒物料具有固体和流体的双重特性，同时也具有区别于固体和流体的特殊性质。本文采用离散单元法仿真分析骨料颗粒在滚筒内的运动形成的料帘分布情况，优化滚筒参数，使筒内料帘分布更加均匀，提高滚筒干燥效率。

4.1 离散元仿真分析

根据干燥滚筒尺寸，按原始比例建立滚筒三维模型，将模型导入到EDEM软件中进行离散元分析计算，得到滚筒料帘分布仿真计算结果。沿滚筒径向从左至右将筒内料帘区域划分为15个等体积单元，统计骨料颗粒在扬料过程中通过每一列的颗粒个数，以此来表征筒内料帘分布的均匀性，若各列所含颗粒数量大致相等则表示料帘分布较为均匀，有利于颗粒与热气之间进行热交换，料帘质量较高。改变滚筒生产参数和筒内料帘区扬料叶片的结构参数分别对各组参数进行仿真计算，分析各组参数下骨料颗粒在筒内所形成的料帘分布情况，优化滚筒参数，提高料帘质量。

仿真所使用干燥滚筒的技术参数如下：

滚筒长度：6.5m；滚筒直径：1.2m；转筒倾角：1.5°；转筒转速：6.5rpm。

4.1.1 生产参数的仿真分析

滚筒生产过程参数主要包括滚筒倾角与滚筒转速，滚筒的倾角的影响主要体现在骨料在筒内的滞留时间上，而滚筒的转速则会对骨料在筒内的滞留时间和料帘形成均匀性均产生影响，所以选取转速为4.5、5.5、6.5和7.5rpm（转/分钟）进行仿真分析，结果如图5所示。

从图5中可以看出，滚筒的转速决定了颗粒离开叶片的初速度，转速越大则颗粒的初速度越大，使得整个料帘区域向滚筒左侧移动，转速过小或过大均会导致形成的料帘偏向滚筒的一侧而不能较均匀地覆盖整个横截面，造成颗粒与热气流不能充分接触换热，导致热效率低下。

4.1.2 叶片结构参数的仿真分析

该干燥滚筒料帘区所使用的扬料叶片为L型折弯叶片，如图6所示。骨料颗粒经过该叶片提升后在滚筒内形成料帘的方式主要有两种，其中一部分颗粒在上升过程中通过叶片齿间的间隙掉落从而在筒内形成料帘，另一部分颗粒则随叶片提升在筒内转过一定角度后从齿板上抛洒落下而形成料帘。

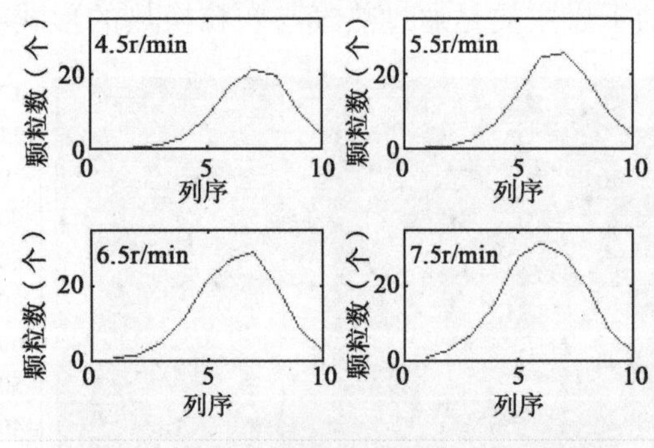

图5 不同转速的筒内料帘分布情况

图6 扬料叶片结构示意图

设置滚筒转速为6.5rpm，滚筒倾角为1.5°，通过改变图6中叶片的结构参数来对滚筒进行仿真分析，得到叶片结构参数对滚筒运行时所形成的料帘的影响。所改变的叶片结构参数为叶片的折弯角（安装板与齿板之间的夹角）、齿距、齿板边长以及齿形。具体叶片结构参数如表1～表4所示。

折弯角改变后的结构参数 表1

序 号	折弯角(°)	齿板边长(mm)	齿距(mm)	齿 形
1	90	100	50	梯形
2	120	100	50	梯形
3	150	100	50	梯形

根据表1中所给出的叶片参数进行设置，仿真叶片折弯角分别为90°、120°和150°时料帘的分布情况，结果如图7所示。

从图7中可以看出，叶片折弯角为90°时，滚筒内所形成的料帘分布更加均匀，基本覆盖了整个料帘区域，料帘质量较好。当折弯角过大(150°)时，料帘形成区域集中在筒内的右半部分，“风洞”现象比较明显，料帘质量不高。

齿距改变后的结构参数 表2

序 号	折弯角(°)	直齿边长(mm)	齿距(mm)	齿 形
1	120	100	25	梯形
2	120	100	50	梯形
3	120	100	75	梯形

根据表2中所给出的叶片参数进行设置，仿真叶片齿距分别为25mm，50mm和75mm时料帘的分布情况，结果如图8所示。

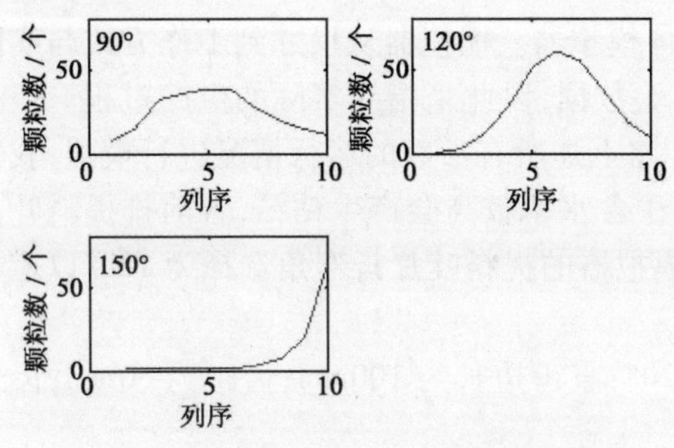

图7 折弯角不同时颗粒在筒内的分布情况

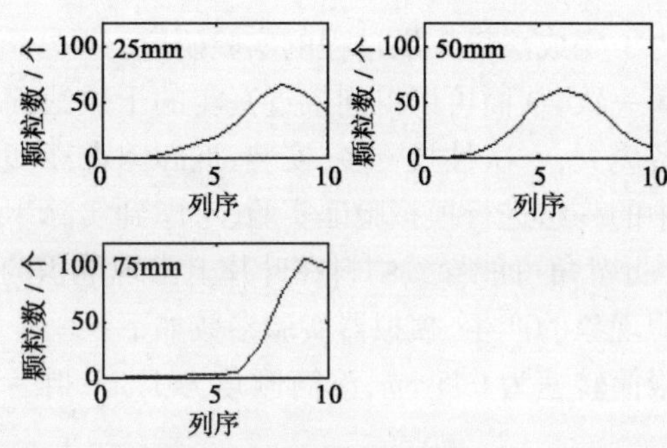

图8 叶片齿距不同时颗粒在筒内的分布情况

从图8中可以看出，齿距过小(25mm)时，叶片上的齿数增加，颗粒在提升过程中从齿间落下的增多，抛洒落下的量减少，滚筒内形成的料帘不够均匀。而当齿距过大(75mm)时，颗粒在提升过程中从齿间落下的也同样会增多，抛洒落下的量减少，滚筒内形成的料帘质量较差。

直齿边板长改变后的结构参数 表3

序 号	折弯角(°)	直齿边长(mm)	齿距(mm)	齿 形
1	120	50	50	梯形
2	120	100	50	梯形
3	120	150	50	梯形

根据表3中所给出的叶片参数进行设置，仿真叶片直齿边板长分别为50mm，100mm和150mm时料帘的分布情况，结果如图9所示。

从图9中可以看出，直齿边板长过长(150mm)或过短(50mm)均会造成骨料颗粒掉落过于集中，导致滚筒内形成的料帘分布不均匀，所形成的料帘的质量较差，所以在选择叶片时应该选择合适的直齿边板长。

齿形改变后的结构参数 表4

序 号	折弯角(°)	直齿边长(mm)	齿距(mm)	齿 形
1	120	100	50	三角形
2	120	100	50	梯形
3	120	100	50	矩形

根据表4中所给出的叶片参数进行设置，将叶片齿形设置为三角形，梯形和矩形，仿真模拟三种齿形下形成的料帘的分布情况，结果如图10所示。

从图10中可以看出，当叶片齿形为矩形时，料帘主要集中在滚筒的右半部分，料帘分布不均匀，料帘质量较差，当叶片齿形为三角形和梯形时，料帘的分布情况基本一致，形成的料帘质量也比矩形时的要高。

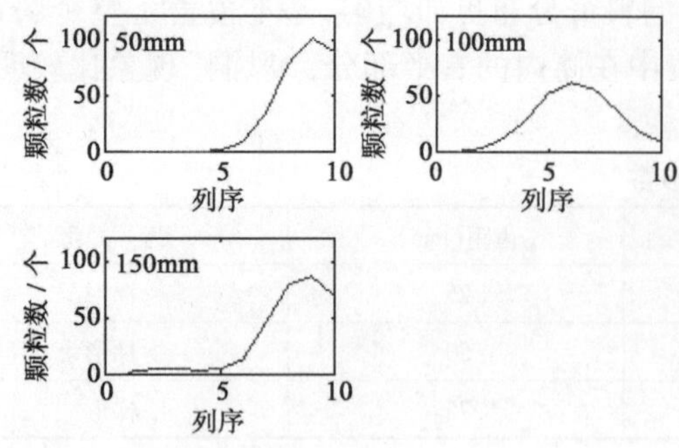

图9 叶片直齿边板长不同时颗粒在筒内的分布情况

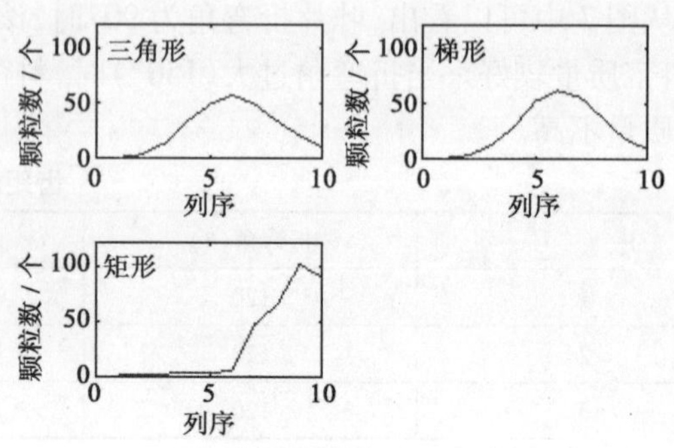

图10 叶片齿形不同时颗粒在筒内的分布情况

4.2 干燥滚筒料帘分布试验

为了完成滚筒干燥过程的实验研究,建立了干燥滚筒实体模拟器。模拟器从尺寸到工作方式与实际干燥滚筒一致,从而可以得到接近真实的干燥滚筒生产时的实验数据,以此来指导实际的生产过程。但是由于设备庞大,一次性投资多,安装、拆卸困难,所以模拟器不能将上述所有参数的运行情况进行模拟,我们选取其中的一组进行模拟验证实验,考虑到实际生产中物料由于含水率较高会产生粘结,若前排提料叶片采用90°折弯角可能导致物料在叶片上出现堆积的现象,所以模拟器的提料叶片折弯角选择为120°以避免物料堆积现象的产生,模拟器实验参数如下:

滚筒转速为6.5rpm;滚筒倾角为1.5°;叶片折弯角为120°;直齿边长为100mm;齿距为50mm;齿形为梯形。

按照上述参数建立模拟器进行生产实验,模拟干燥滚筒的生产过程,同时采用相同的参数对滚筒生产过程进行仿真分析,实验结果与仿真结果如图11所示。

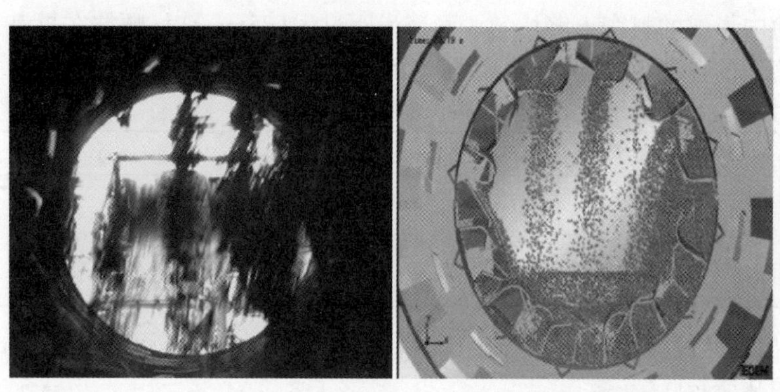

图11 模拟器生产实验与离散元仿真分析结果对比图

从图11中可以看出,模拟干燥器的模拟实验结果与仿真分析所得到的结果是一致的,料帘形成的位置和范围也相同,说明仿真分析得到的结果是准确可靠的。所以通过仿真分析得到干燥滚筒整个系统的优化参数,以仿真结果指导实验,实验结果反作用于仿真分析,使两者相辅相成,共同服务于实际生产,则可以有效地节约开发成本,提高干燥滚筒的生产效率。

5 结语

本文采用Fluent对干燥滚筒的温度场进行了仿真分析,运用红外线热成像仪对滚筒进行了热成像试验,结合仿真和试验结果对滚筒温度场分布作出了分析;又通过EDEM对骨料颗粒的运动进行了离散元仿真分析,利用试验样机对干燥滚筒进行了料帘分布试验,综合仿真和试验结果对颗粒在筒内的运动及其形成料帘的规律作出了分析,给出了滚筒结构参数对料帘分布的影响,对干燥滚筒结构的设计与优化具有很好的参考作用。

参 考 文 献

[1] 史勇春,柴本银.中国干燥技术现状及发展趋势[J].干燥技术与设备,2006,4(3):122-130.

[2] 金国淼,等.化工设备设计全书干燥设备[M].北京:化学工业出版社,2002.

[3] 田晋跃,翟云峰,程一鸣,等.再生沥青拌合烘干滚筒的温度场数值模拟[J].中国工程机械学报,2007,5(3):267-271.

[4] 王福林,尚家杰,刘宏新,等.EDEM颗粒体仿真技术在排种机构研究上的应用[J].东北农业大学学报,2013,44(2):110-114.

[5] 代一心,黄志刚,肖君.转筒干燥器内颗粒物料运动的模拟与实验研究[J].北京工商大学学报,2005,23(4):20-22.

沥青路面厂拌热再生质量控制的若干问题

赵永利
(东南大学)

沥青路面再生技术起始于上世纪七十年代,随着石油资源的紧缺,作为石油下游产品的沥青材料的紧缺性,越来越受到重视。德国、美国、日本等发达国家,率先开展了沥青路面再生技术研究,截至上世纪末,西方发达国家普遍实现了旧沥青混合料的百分之百再生利用。目前我国对石油进口的依赖度越来越大,因此在我国开展沥青路面再生技术的相关研究及推广工作,具有重要意义。

早在2008年,交通运输部就颁布了《沥青路面再生利用技术规范》,2012年,交通部发布了"关于加快推进公路路面材料循环利用工作的指导意见"(交公路发〔2012〕489号)。"意见"明确指出,目前我国仅干线公路大修工程,每年产生的沥青路面旧料,就达到1.6亿吨,而目前我国公路路面材料循环利用率尚不到30%,远远低于西方发达国家。该"意见"已提出:到"十二五"末,全国基本实现公路路面旧料"零废弃",循环利用率(含回收后再利用和就地利用)达到50%以上,到2020年,全国公路路面旧料循环利用率达到90%以上。这是一个非常高远的目标,需要全行业付出巨大的努力。

沥青路面再生技术,包括厂拌热再生、就地热再生、厂拌冷再生和就地冷再生;根据1997年国际经合组织,对十四个国家的路面材料再生利用情况的调查结果,在诸多再生技术中,厂拌热再生技术在西方发达国家使用范围最广泛。而目前,我国沥青路面厂拌热再生技术的使用规模,远低于其他几种再生方式。造成上述现象的原因很多,一方面是,相关管理单位对厂拌热再生技术不了解,另外一方面,一些施工企业没有进行规范化的施工,影响了厂拌热再生技术的实际使用效果。本文根据相关研究成果,对沥青路面厂拌再生质量控制的关键技术环节进行分析。

1 旧料(RAP)质量的控制

旧料是再生沥青混合料的重要原材料之一,沥青路面再生技术规范中,对旧料有明确的质量要求,其中核心是砂当量和针入度,相关具体要求见表1。

热再生时RAP检测项目及质量要求 表1

材料	检测项目	技术要求	试验方法
RAP	含水率	实测	本规范附录A
	RAP级配	实测	
	沥青含量	实测	
	砂当量(%)	>55	
RAP中的沥青	针入度(0.1mm)	>20	抽提,《公路工程沥青及沥青混合料试验规程》(JTJ 052)
	60℃黏度	实测	
	软化点	实测	
	15℃延度	实测	
RAP中的粗集料	针片状颗粒含量、压碎值	实测	抽提,《公路工程集料试验规程》(JTG E42)
RAP中的细集料	棱角性	实测	

注:厂拌热再生RAP掺配比例小于20%时,RAP中的沥青性能指标可不检测,RAP中的粗集料可只检测针片状含量。

虽然规范有了相关要求,但相当多的施工单位对旧料的质量不够重视,造成含水率和含泥量较大,如图1所示。规范中对旧料的砂当量虽有明确要求,但实验结果表明,再生混合料的水稳定性对旧料的砂当量更为敏感,如图2所示。该图显示了掺加了24%旧料的再生混合料和全部为新料的混合料的水稳定性受细料砂当量的影响规律。可以看出,为确保再生混合料的水稳定性,旧料的砂当量应在70%以上,而不是规范要求的55%以上。

图1 含水率和含泥量过大的旧料

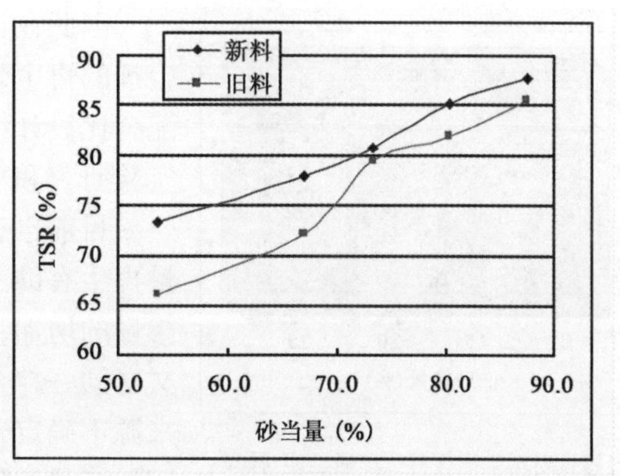

图2 砂当量对普通混合料及再生混合料水稳定性的影响

造成旧料砂当量偏低的主要原因,一方面是旧路的表面污染,另一方面是铣刨过程中铣刨深度控制不合理,造成基层材料混入到旧料中,因此施工过程中应加强对铣刨的控制。

另一方面,应加强对旧料含水率的控制,实验结果表明,在相同含水率情况下,旧料更难烘干,如图3所示。因此,旧料在储存过程中必须进行覆盖,以避免雨水的侵蚀。

2 再生剂的正确使用

再生剂是指掺加到热再生沥青混合料中,用于恢复老化沥青性能的化学添加剂。再生剂对恢复老化沥青的性能具有重要作用,再生剂的使用也是热再生技术中的核心技术。

我国现行规范中,建议优先使用软沥青对老化沥青进行调和再生,只有当无法实现调和时,才建议使用再生剂。但实验结果表明,沥青之间的调和再生效果并不好;并且室内的调和过程,并不能代表老化沥青混合料再生时,旧沥青与新沥青的相互渗透状态。实验结果表明,即使使用黏度较低的再生剂,也不能完全渗透入老化沥青膜,如图4所示。

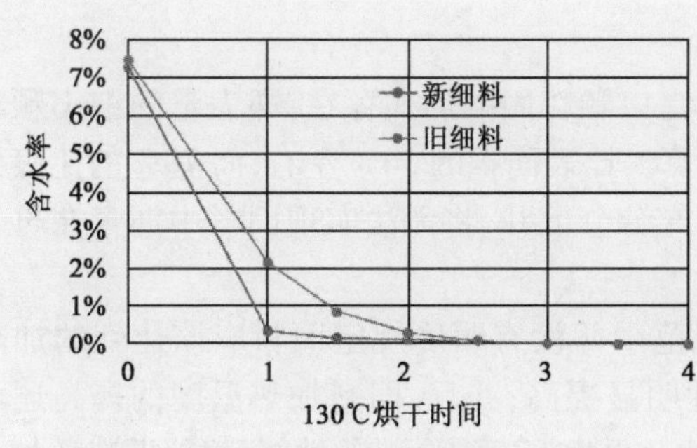

图3 相同含水率下,新料与旧料的烘干效果

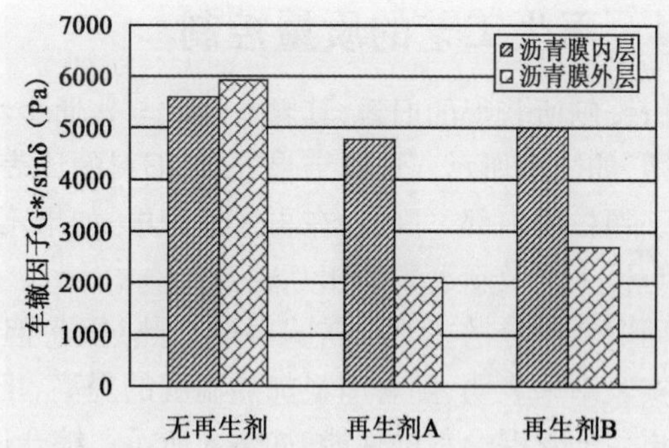

图4 老化沥青膜内外层的性能差异

由于再生剂在老化沥青膜中的渗透不均匀性,导致外层的沥青膜黏度明显降低,而内层的沥青膜状态,与未再生前的原始状态基本相同;也就是说,再生剂并没有完全渗透到整个沥青膜。因此,希望利用软沥青和老化沥青相互调和,实现再生是不可能的,所以再生剂的使用是必须的。

3 配合比设计的质量控制

在再生沥青混合料配合比设计中,旧料掺配比例的确定,是一项重要内容。根据现有的实验研究发现,随着旧料掺量的增加,再生沥青混合料的部分性能明显提高,主要表现在高温抗车辙能力提高(如图5所示),强度和模量提高;但另外一方面,部分性能也明显降低,主要表现在水稳定性下降、抗疲劳性能下降。

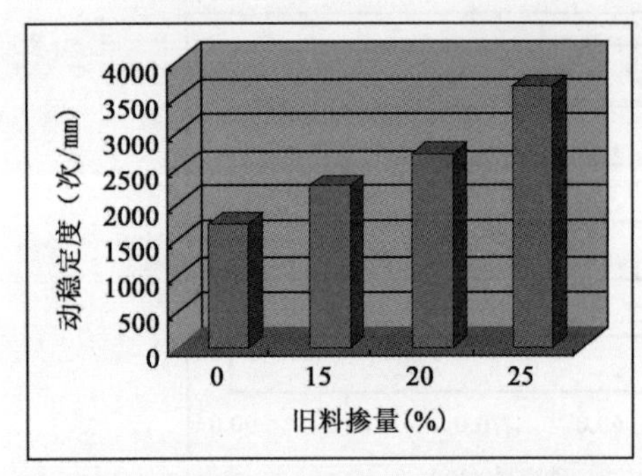

图5 旧料掺量对再生混合料抗车辙性能对影响

因此在再生沥青混合料配合比设计中,应综合旧料的质量、再生剂的再生效果、再生设备的性能、再生混合使用场合、以及再生配合比设计结果等因素,综合确定旧料掺配比例。根据目前的工实验研究和工程经验,比较稳妥的旧料掺配比例是20%~30%。

目前也有许多工程在探索使用高旧料掺量的技术,高旧料掺量再生有助于突出再生技术的经济效益;但有研究表明,随着旧料掺量的增加,旧料的变异性将极大的影响再生混合料的性能。本文对同一拌合站对旧料进行了28次取样,如图6所示;由于旧料的来源不确定,旧料中的沥青含量和级配都存在着较大的波动性,当旧料掺量达到40%时,旧料的变异性将对再生混合料的性能产生巨大的影响。

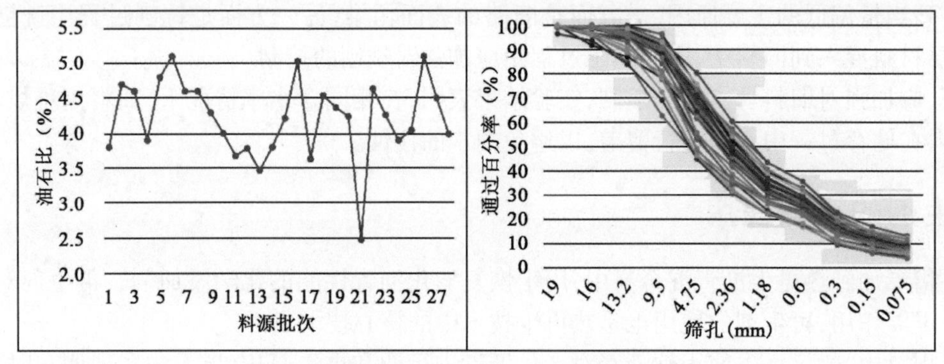

图6 不同批次对旧料对油石比和级配对变异性

为降低在高旧料掺量再生沥青混合料中,旧料变异性对再生沥青混合料的影响,可考虑采用悬浮密实型沥青混合料结构。

4 再生工艺的质量控制

由铣刨所获得的旧料,其颗粒形式与普通集料不同,通常是以颗粒团的形式存在,即大量的细小颗粒聚集成团,如图7所示。计算结果表明,旧料的比表面积仅占其真实比表面积的30%左右,而70%的比表面积存在于颗粒团内部。因此,在再生过程中,如果不能将颗粒团充分分散开,将无法实现旧料中沥青在再生过程中与再生剂及新沥青的相互融合。

而旧料的分散主要依靠旧料的加热过程,但我国现行规范中并没有明确规定旧料应该达到的加热温度。实验结果表明,随着旧料加热温度的提高,旧料的分散性明显提高;并且,旧料加热温度的提高还可以提高再生沥青混合料的性能,如图8所示。综合旧料的分散性及再生沥青混合料的性能,建议旧料的加热温度应控制在120℃~140℃。

5 结语

厂拌热再生是沥青路面再生技术中对重要方式之一,厂拌热再生沥青混合料具有优良的路用性能。实际工程中应通过对具体参数及工艺过程的严格控制,保障厂拌热再生沥青混合料的性能。主要应加强如下控制:

图7 旧料颗粒团

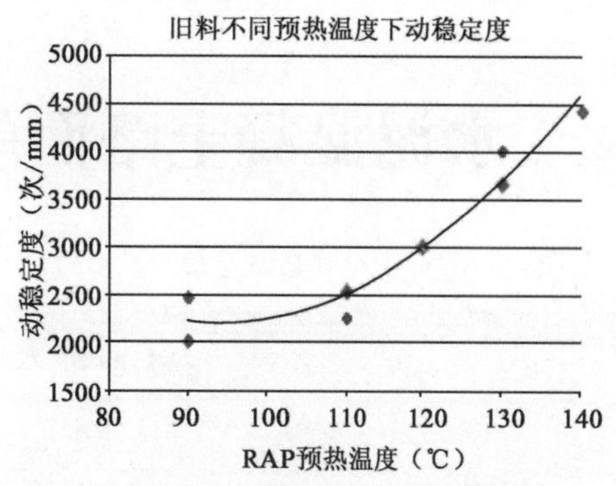

图8 旧料加热温度对再生混合料性能对影响

(1)加强旧料回收、储存的控制，减少旧料的含水率和含泥量，其中砂当量建议大于70%；

(2)再生剂的使用是老化沥青性能恢复的必要手段，在再生技术中，软沥青是不能代替再生剂的；

(3)旧料掺配比例的确定，不仅要考虑到经济性和室内实验结果，还必须综合考虑旧料的变异性；

(4)旧料的加热温度对再生混合料的性能有显著影响，建议旧料的加热温度控制在120℃～140℃。

讲座专家简介：

赵永利，东南大学交通学院教授，博士生导师，江苏省建筑工程质量鉴定检测专家，从事道路工程结构与材料研究。主要研究方向包括新型筑路材料、高性能水泥混凝土、沥青混合料设计理论、沥青路面再生利用、公路检测技术及公路养护技术。主持及参与完成国家“863”项目、国家自然科学基金项目、西部交通建设科技项目及省级科研项目20余项，获省级科技进步奖6项，出版专著6部，获国家发明专利11项。

水泥混凝土路面的再生及其结构层的利用

薛 明

（同济大学交通运输工程学院）

1 引言

现代化道路工程的高等级铺装形式主要是沥青混凝土及水泥混凝土。铺装得再好的道路工程在使用了一个阶段后也会在荷载与自然因素的联合作用下发生病害；当道路病害导致路面对车辆服务水平严重下降，或原有道路工程不能适合现状交通需求时，需要对原有的道路工程进行升级改造。这时就会碰到旧有路面的处置问题。本文因篇幅原因，仅对发生严重病害的水泥混凝土路面的处置及其再生利用做一论述。

2 旧有水泥混凝土路面的大中修或升级改造工程通常会遇到的问题

公路基本建设一般会经历三个阶段：新建阶段、新建与养护并重阶段、养护与改建阶段。无论什么形式的道路，在使用一个阶段后都会在交通荷载及自然因素影响下产生病害。水泥混凝土路面也不例外，当其所承担的交通量严重超过道路的通行能力，或路面病害导致路面不能对车辆提供规范所要求的服务时，旧有水泥混凝土路面就需要大中修或进行升级改造工程，此时将会遇到如下问题：

(1)旧水泥混凝土路面的技术现状评价；

(2)旧水泥混凝土路面结构层的利用价值；

(3)旧水泥混凝土板块的利用价值；

(4)升级改造工程中老路加宽导致的新旧路面基层强度与稳定性差异的处理及接缝处理技术。

因篇幅有限，本文将重点介绍这一工程中旧水泥混凝土的再生技术，其他内容将另文介绍。

3 水泥混凝土路面的特点及其可能的再生利用方法

3.1 水泥混凝土路面特点、病害类型及其对大中修的影响

(1)强度高、刚度大：当地基存在脱空时，在外荷载作用下会有较大竖向变形。会造成真空泵吸作用，也会使加铺层出现反射裂缝。

(2)多缝：水泥混凝土路面缝隙包括人为设置的伸缩缝及因使用导致的其他裂缝。裂缝的存在形成了地面水下渗通道，下渗的水会软化下承层。也会在加铺层内形集中成应力，导致开裂。

(3)较大的温度变形：这一变形如果不能消除，会形成板面的拱起、翘曲、开裂。同样会导致加铺层反射裂缝的形成。

3.2 水泥混凝土路面特点对大中修的影响及再生技术的可能发展方向

依据路面状况，水泥混凝土路面再生技术的可能发展方向是：

(1)挖除重修，将已经严重病害的水泥混凝土路面挖除、运走，将基层稍做修整，在其上重新铺筑新路面。采用这种传统的方法，旧路的病害基本不会影响新修路面，但对挖除的路面存在运输、丢弃或再利用的问题。

(2)加铺沥青混凝土罩面。采用这种方法，最大的好处是充分利用了旧路的残余价值，但是最大的问题是原有路面病害对加铺层的影响，尤其是原水泥混凝土板的裂缝对加铺层的影响，如果处理不好，会很快向

上反射到加铺层。

(3)将原有水泥混凝土板打碎、压稳,将原有路面结构层作为新路的垫层或下基层,在其上铺筑新路的路面结构层。

4 旧水泥混凝土路面的挖除重修技术

这是一种最早采用的传统方法。当水泥混凝土路面产生病害,并难于修复时,采用工程手段将已经严重损坏的水泥混凝土路面板打碎、移除;对原有的路基或垫层的病害进行整修,并将其作为新路的一个结构层,通常将其作为新路的垫层或底基层使用;在其上面根据设计铺筑新路路面结构层后就完成了旧路翻新工程。挖除的水泥混凝土路面板可以运到石料加工厂,经破碎、筛分制成新的集料用于道路工程,可以作为优质的抛填材料使用在填方工程中,也可以择地堆置。

使用本技术对水泥混凝土路面进行改造,其显著优点是将原来已经产生病害的水泥混凝土板挖除,从而从根本上消除这些病害对新铺路面的影响;在挖除面板的同时,暴露了基层,使得较彻底的基层整修成为可能;整修后形成的结构层可以适应不同形式路面的铺筑,为新路路面方式的选择提供了方便。本方法较适合于那些对路面高程、结构层重量有严格要求的路段;那些需要大量抛填材料,又难于解决的地区。

使用本技术的缺点是:原水泥混凝土路面板挖除工作非常困难;在挖除过程中会产生较大噪声,影响周边环境;挖除的路面板废料需要较大运力运出。另外,挖除的水泥混凝土路面板处置工作较困难(除了有抛填需求之外),择地堆置会占用田地、污染环境;当石材破碎需要在经济运距范围内有集料加工的基础设施。

水泥混凝土实际上可以看成是一种人造石材,当其产生病害后,可以将其打碎,集中运到道路材料拌和厂,经粉碎、筛分后当成集料使用。这类集料为人造水泥石、原有集料、人造水泥石与原有集料粘连体的集合,因此在应用中应注意下述问题:

(1)强度不足:

(2)质量离散性大:

(3)表面性能变异较大:

(4)数量有限,不能满足大工程需求。

5 旧有水泥混凝土路面的结构层再利用技术

无论原有的水泥混凝土路面具有怎样的病害,其结构层以及组成结构层的材料都有其残余的利用价值,公路人的责任之一就是在公路养护、维修、改建过程中怎样尽量大的利用原有公路的残余价值,使其为新路服务。

5.1 沥青混凝土路面层加铺技术

这是一种当水泥混凝土路面产生病害后,首先对其做一些技术处理,然后直接铺筑沥青混凝土薄层,以迅速恢复路面对车辆的服务功能或迅速提高路面承载等级的方法。

这种方法适用于下述路段:

(1)不允许局部封闭进行维修工程(如机场跑道、重要的咽喉性大桥等)的重要路段;

(2)交通繁忙而无法局部封闭(立交主向、繁忙的城市道路等处)的重要路段;

(3)路面技术状况比较完好的路段。

沥青混凝土加铺技术的程序为:

5.1.1 旧路的检测与评价

对沥青混凝土加铺层的最大威胁是旧路病害对加铺层的影响,尤其是水泥

混凝土板缝可能形成的反射裂缝的影响。水泥混凝土路面上沥青加铺层开裂的主要原因有水泥混凝土板在外荷载作用下的的垂直变形以及板体自身水平向温度变形。因此在做沥青混凝土加铺之前必须对旧路进行检测,探明旧路病害,分析其对加铺层可能的影响。在设计中主要考虑现有混凝土路面裂缝两边的弯沉差,因此检测的主要内容是现有道面板在荷载作用下的垂直变形量,通过分析同一板体的板中、板

边、板角变形量,可以了解板体在外荷载作用下的稳定性,从而了解基层对板体的支撑状况。同一板块不同位置以及相邻板块之间的垂直变形差无不反映了水泥混凝土板块下的支撑能力,较大的垂直变形差通常反映了板底的局部脱空。通过分析相邻板体在外荷载作用下垂直变形量的差异,可以了解板缝处在外荷载作用下对加铺层输出剪应力的大小。

5.1.2 老路局部病害的处置

(1)填充板底脱空,减少不同位置的垂直变形差。目前较多采用灌浆方法;

(2)维修路段排水设施;

(3)拆除或调换局部严重碎裂的板体;

(4)板缝处置:维修出现病害的伸缩缝、开裂缝;

(5)局部找平。

5.1.3 确定裂缝隔断技术:

目前较多采用的裂缝隔断技术有设置沥青+土工布隔断层与沥青应力吸收层两种(见图1)。两种隔断技术均具有裂缝与水分的隔断作用。

(1)沥青+土工合成材料隔断层多采用聚酯与玻纤复合(俗称"聚酯玻纤布")土工布,饱吸沥青的聚酯层起到隔水、隔裂、应力吸收的作用;玻纤起到夹筋与增强的作用。

(2)沥青应力吸收层中高含量的沥青以及优良的沥青技术性能提供了该层抵抗变形、隔断裂缝、消散应力所必须的,以不破坏为前提的大变形量;等粒径碎石为该层对荷载的传递以及充填其间的沥青在平面上的均匀分布提供了稳定的基础;应力吸收层内等粒径碎石与基层顶面的连接与嵌锁以及粒间沥青与开口孔隙中沥青有效连接为应力吸收层底面与基层顶面的层间提供了有效的水平抗力;上部加铺层的沥青混合料与本应力吸收层之间紧密的充填、嵌锁、连接为上面加铺层与应力吸收层间提供了有效的力学连续。

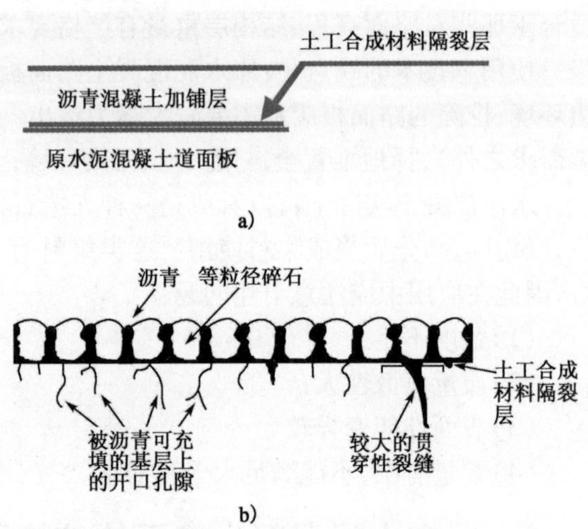

图1 常用的裂缝隔断方法简图

5.1.4 加铺层的技术设计与实施

采用这类方法的加铺层沥青混凝土与常规沥青混凝土最大的区别在于加铺层底面水泥混凝土板的刚度与模量均比加铺的沥青混凝土大,表面又比较光滑,在外荷载作用下更容易产生车辙、推移、壅包;如果加铺层过薄,沥青混合料中的粗集料又存在被压路机压碎的可能。

5.2 破碎压稳技术

对于已经产生病害的水泥混凝土路面,另一种处理方法是先将现有的普通硅酸盐水泥混凝土路面敲裂,然后碾压这些破裂的混凝土直到固定,将原刚性路面变为柔性基础,并在其上铺设符合当地交通需求的柔性面层。

目前,国内对旧水泥混凝土路面破碎化改造技术主要有冲击碾压、打裂压稳及碎石化这三种路面破碎改造技术。理想状况下,经破碎处理后的水泥混凝土板碎裂成小块,裂缝间距为30~150cm,这就可以将板块水平方向上位移的积累减小到沥青面层可以承受的程度,从而消除反射裂缝的产生。破碎可以在板块中形成紧密的裂纹,从而以部分结构性的损失来换取传荷能力的增强;另一方面,压稳可以消除板下的脱空,恢复基层对水泥混凝土板块的支撑作用。

5.2.1 冲击碾压技术

冲击碾压施工采用的冲击压路机是一种具有高冲击能量的压实机械。它一改传统的拖式光轮压路机的圆形钢轮为三角形或正方形，当机器行走时，冲击压路机以1.5~2.2次/s的低频率、连续周期性的高振幅撞击力、直接冲击破碎混凝土板面，如图2所示。冲击路面产生的强烈冲击波还可以向板下基层和土基传播，对旧路基进行补充压实。

a)三边形冲击压实机

b)五边形冲击压实机

图2 冲击压实机

5.2.2 打裂压稳技术

打裂可以在板块中形成紧密的裂纹，从而以部分结构性的损失来换取传荷能力的增强；另一方面，压稳则消除板下的脱空，恢复了基层对水泥混凝土板块的支承作用。

如图3所示，打裂缝落板式破碎机(或称铡裂机)用于打裂旧混凝土路面。落板式破碎机的破碎宽度为1500~1800mm，板质量为5500~6000kg。根据具体情况每次的打裂间隔为450~750mm。压稳采用质量为32000~45000kg的轮胎式压路机，轮胎接地压力控制在700kPa，碾压5遍。也可用冲击压路机打裂压稳，冲击压路机以每小时10km的速度打裂和压实1遍，原25cm厚水泥混凝土路面每隔1~1.5m出现发裂的情况。

5.2.3 碎石化技术

碎石化技术就是将水泥混凝土路面的面板，通过专用设备一次性破碎为碎块柔性结构。因破碎后其颗粒粒径较小，力学模式更趋向于级配碎石，因而将其命名为碎石化。

图3 打裂缝落板式破碎机

实施碎石化的主要设备为多锤头冲击式破碎机，有12个或16个重锤两种，其原理是对设在自行式底盘后部的两排不同质量的锤头，通过分别控制其落锤高度来快速冲击破碎混凝土路面。施工时，一边行驶，一边破碎，行驶一遍即可解决混凝土路面的破碎问题。该机每分钟冲击30~35次，行进速度每0~8km/h，总质量22t~26t，行走宽度每幅1~3.9m，破碎后的混凝土路面表面碎块尺寸一般在7.5cm以下。

多头冲击式破碎机要求由振动式、自重不小于9.1t的Z形格网式单钢轮振动压路机碾压，并有胶轮碾压机碾压。

5.2.4 三种方法的技术原理对比

打裂—压稳是把旧的水泥混凝土板打成微裂的小块(由于打裂的缝宽只是很小的裂缝，因此也叫“发裂”)将旧水泥板打成发裂后，接着就压实。先铺一层沥青混凝土整平层，然后喷上沥青黏接层，再加铺土工布，最后才铺沥青混凝土面层。

冲击碾压改建工艺与打裂-压稳工艺不同，主要不同点冲击碾压具有冲击能量大、影响深度深，对旧路基和基层具有补充压实的作用等特点。因此冲击碾压后的旧水泥混凝土路面裂纹深度增加,板块缩小,而且冲击碾压破碎后水泥混凝土路面出现竖向贯穿板厚的裂缝,相当于将水泥板破碎成多个小的水泥岩块。

碎石化改造技术通过对水泥混凝土路面进行均匀地冲击、破碎、压实,在不同深度处形成不同尺寸的破碎,上部板块破碎成粒径更小的颗粒,而下面部分粒径则较大。破碎后形成的裂纹不是竖向贯穿,这样水泥混凝土板块碎裂后除表面局部厚度范围(小于2cm)外,在其原位会形成裂而不碎的嵌挤效果。在损失一部分结构强度和整体性的情况下,可以把水泥混凝土路面在温度、湿度变化和荷载作用下的位移降低到沥青混凝土面层可以允许的范围内,从而能够彻底解决反射裂缝发生的问题。

5.2.5 采用破碎压稳技术应注意的问题

(1)由于破碎时声音较大,会在路段周边一定范围内形成较大的噪声污染,因此在城镇,尤其在学校附近不宜采取这一方法;

(2)由于在破碎时会在地基内产生振波,并向四周传播,因此会对路段附近的房屋建筑及其道路构筑物(挡土墙、涵洞、排水沟、侧平石、桥梁墩台等)产生一定影响,因此应该在施工中留有一个安全距离。

6 处置方法应用的选择

(1)废旧水泥糊凝土路面养护维修及升级改建中对老道面的处置方法有很多,各有可取之处,又各有应用局限性,应根据具体情况具体分析,选择最佳处置方法。

(2)对于那些具有一定数量水泥混凝土路面或水泥混凝土制品,每年都有一定数量的报废水泥混凝土需要处理的大城市,建议选择合适地点建立废旧水泥混凝土处理厂,集运输、储存、破碎、筛分、拌和为一体,彻底解决水泥混凝土的再利用问题。

(3)对于那些对道面高程、道面重量有严格限制的路段,较适宜的处置方法是挖除重建。

(4)对于那些极端重要或交通繁忙不允许局部封闭,或路面技术状况比较完好的路段,可以考虑采用沥青混凝土薄层加铺的方法。

(5)破碎压稳技术可以充分利用原路面结构层的残余利用价值;充分消除原路面的病害,得到较为理想的摊铺承载层。公路或城市远郊道路是较为适宜的选择。

参 考 文 献

[1] 姚祖康.道路路基和路面工程[M].上海:同济大学出版社,1993.

[2] 王松根,等.旧水泥混凝土路面碎石化技术应用指南[M].北京:人民交通出版社,2007.

讲座专家简介:

薛明,教授,现任教于同济大学交通运输工程学院,从事道路与机场工程的研究、教学与设计工作数十年。主要研究方向为道路与机场路基路面结构性能、新型与特殊道路建筑材料、道路与机场工程施工技术、道路与机场工程及材料检测技术等。在道路与机场科研工作中,曾参与和主持了一系列与道路、机场工程相关的科研工作,主讲多门本科生和硕士研究生课程,撰写及参编八部专著,在国内路桥专业刊物上发表论文八十余篇,并多次获得国家级重要奖项。

路面预防养护之含砂雾封层技术应用研究

付国振
(北京西尔玛道路养护材料有限公司)

1 技术概况

含砂雾封层技术是引进自美国的新技术,脱胎于早期道路保护,后来逐渐发展为预防养护手段。尤其最近20年,伴随预防养护理念的发展而迅速大面积应用。这是一种优秀的早期预防养护技术手段。含砂还原剂封层是含砂雾封层的一种,但是粘结性能和抗老化性能更好,可谓"青出于蓝而胜于蓝"。

预防养护,是一种周期性的强制性的保养措施,完整概念于20世纪80年代提出,主要思想是在路面结构强度充足,仅表面功能衰减的情况下,为恢复表面功能而采取一些养护措施,达到降低养护费用,延缓路面病害出现,延长道路使用寿命之目的。

图1是美国科研部门经过数年,研究了十几万公里的公路养护情况,总结出的规律:即预防养护能延长一倍的道路使用寿命,而且预防养护投入1元,能节省后期8元费用。用一个类比更容易理解:汽车保养,每5000~10000公里做一次。汽车不保养,可以开,但是安全系数降低,而且导致大修时间提前。为了开车安全、节约和舒适性,汽车保养必须做。道路预防养护,每2~3年做一次。道路不做预防养护,可以用,但是性能衰减加速,而且导致大修时间提前。同样,为了道路安全、节约和舒适性,预防养护必须做。

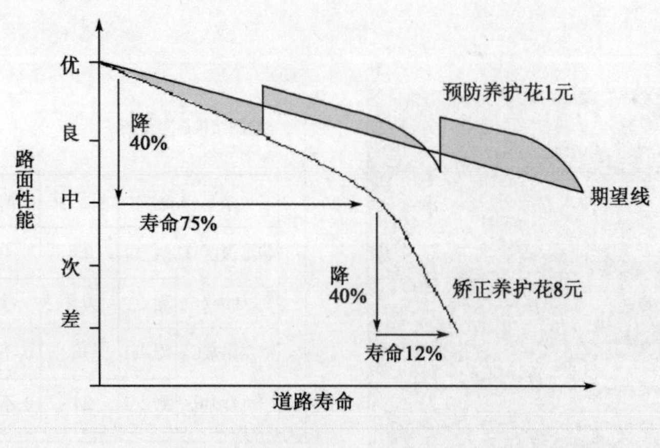

图 1

截止2013年底,全国公路通车总里程约为434万公里,高速公路10.2万公里,公路里程和养护费用逐年增加。如何既保障路面性能又减少养护费用呢?主要是要大力推广预防养护技术。养护决策应以以预防性养护为主,以矫正性养护为辅。保守估计,每年大约有数千亿的庞大养护市场。

广义预防养护技术主要有:表面封层、裂缝填封和薄层罩面三种类型。预防性养护手段选择原则是,在适当时机和适当路面,选用适当方法。表面封层是目前国内应用最多的养护手段,按照养护时机的先后依次是:

(1)早期:厚度0~1.5厘米,有雾封层,微表处,稀浆封层等,适用于原路面无病害或只有病害预兆;

(2)中期:厚度1~3厘米,超薄磨耗层,适用于原路面有轻微病害情况;

(3)晚期:厚度2~4厘米,薄层罩面,复合罩面,适用于原路面存在浅层病害,或需要进行罩面时对原路面的处理。

2 含砂雾封层技术的一般特点

含砂雾封层材料是由陶土、膨润土等10多种矿物质与纤维加固的乳化沥青及聚合物专用活化剂混合制成,具有高黏度、柔韧度强和持久耐用等特性,并在施工现场加兑骨料以形成防滑面层,是保护和美化沥青路面的理想材料。它可以有效地填补由于雨水侵蚀,抵抗机油及融雪剂及化工产品的腐蚀,在填补这些裂缝的过程中,可以有效地对道面沥青油性基质进行补给并激活已经严重老化的沥青分子,降低道面的硬化程度,解决由于沥青的流失而导致的各种病害。在不降低摩擦系数及其它性能的情况下,其良好的粘结性能,更能固锁住已经散落和松动的骨料,防止骨料脱落。

具体性能如下(如图2~图4所示):

(1)补充沥青,填充细缝,固锁骨料。

(2)防水防油防辐射。

图 2

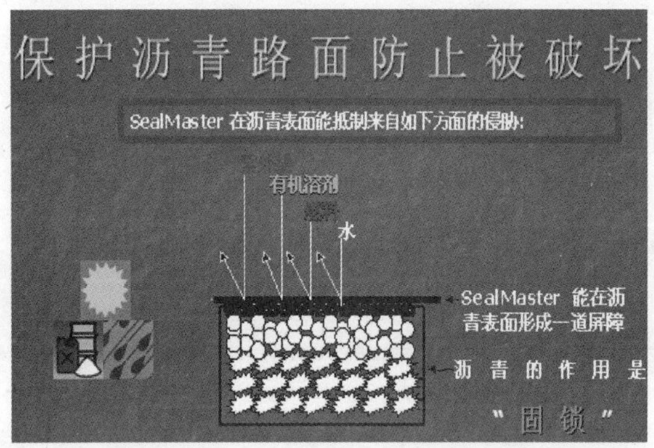

图3 含砂雾封层防护原理示意图

检测结果：见下表

测试内容		喷洒前	喷洒后2h	喷洒后2个月
构造深度TD	测点1	0.8	0.9	0.7
(mm)	测点2	0.9	1.0	0.7
渗水系数C_W	测点1	38	0,不渗水	0,不渗水
(mL/min)	测点2	21	0,不渗水	0,不渗水

图4 京哈高速施工前后对比—防水性能优越

(3)耐高温,耐严寒

在国内某军用机场用喷气飞机(喷气口温度220度)测试,可以耐受高温吹风。

在美国阿拉斯加和中国黑龙江、新疆、青海和西藏实际应用,可以耐受零下40℃~50℃的严寒。

(4)美化路面,路面漆黑如新(图5、图6)

(5)耐久,还原

不易破裂、剥落,具有较高的黏稠性、耐久性,能一定程度上恢复沥青性能,延长其有效使用年限,降低年度的维修费用,如图7所示。

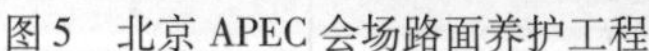

图5 北京 APEC 会场路面养护工程

图6 南京青奥会路面养护工程

图7 京开高速预防养护工程照片(奥运工程)

3 含砂雾封层之特殊性能

(1)含砂喷洒,保证路面抗滑性能在安全范围之内。路面的一个重要功能就是保证使用者的安全,在行车荷载和自然因素的作用下,表面特性比结构特性衰减更快,所以表面特性应该通过预防性养护予以保证。因此所实施的预防性养护材料应具备良好的抗滑性能。含砂雾封层技术打破了传统雾封层的施工工艺,将骨料直接投放到沥青还原剂中,并加入特殊成分的添加剂使之稳定悬浮,然后通过高压设备均匀喷洒在路面上,省去了事后撒砂和胶轮碾压的两步工序,而且由于充分被材料包裹,相对撒砂和碾压效果更加牢固和稳定。这种工艺大大改善了原有雾封层工艺的缺陷性,高粘附性的粘结材料和高耐磨性的集料充分结合,保证了路面必要的抗滑性能。图 8 是京承高速施工前后对比(国家检测中心检测报告)。

(2)环保安全。含砂雾封层材料每升含有机挥发物(VOC)小于 150 克,经过国家建筑材料检测中心以室内建筑涂料的高标准进行检测,依然达到环保要求,可见环保性能绝对过关。同时在施工中全部为冷施工操作,无需加热,施工简便,效率极高。而且为水基产品,安全不易燃,无毒无刺激,存放和施工过程中均可放心使用。

(3)呼吸透气性。含砂雾封层材料经过高压设备喷洒到路面后迅速成膜,可以有效地填补表面的细小裂缝,并渗透至路面裂缝深处防止裂缝进一步扩大。材料中含有的纤维成分还大大提高了产品自身的延展性,避免了材料在冬季低温状态下出现开裂状况。同时独特的生产工艺使产品形成特有的分子结构,不但保证了面层的防水性,还使其具备了呼吸透气性。使路基底层存有的水分在地表温度升高的时候,以水蒸气的形态排放出来,避免的路面的鼓包现象,如图 9 所示。

(4)独特的融雪功能。在阳光照射下,可提高路面温度 3 ~ 5℃,冬季可促进融雪,减少融雪剂对路面的腐蚀。

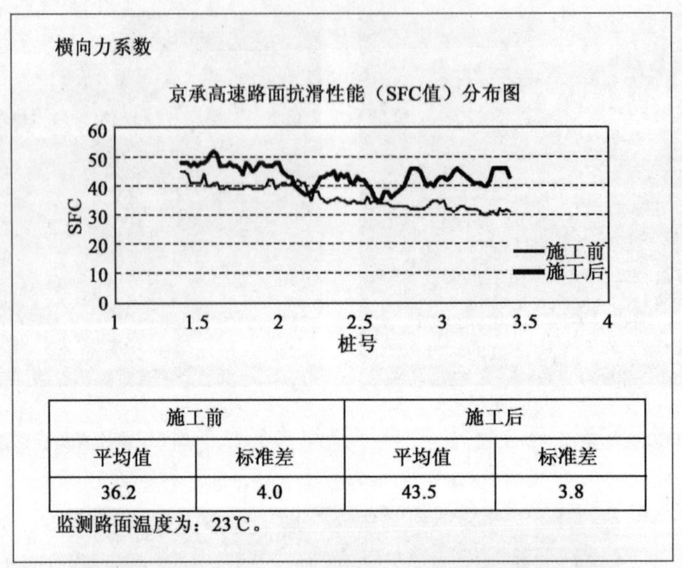

施工前		施工后	
平均值	标准差	平均值	标准差
36.2	4.0	43.5	3.8

监测路面温度为：23℃。

图 8

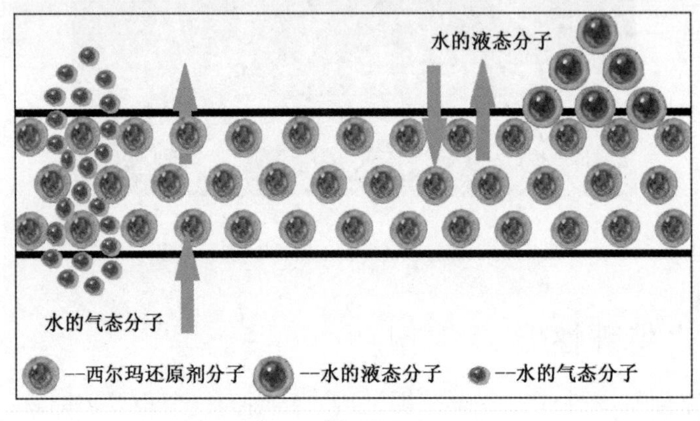

图 9

(5)软化点高:含砂雾封层材料使用的原材料是特种沥青,要求很高。比如其中软化点的要求为60℃,而一般乳化沥青软化点多为45~50℃。这样能保证夏天高温时路面不易软化变形,减少沥青流失和车辙的形成,从而保护路面性能。

4 含砂雾封层之砂子

(1)与沥青结合性好;硬度高;干燥,干净。

(2)在一定粒径范围内,40~70目(大约0.4~0.2mm),或者30~60目,等等。

(3)常用石英砂和玄武砂。实际施工中根据情况可单独使用其中一种,也可以二者混合使用。

5 施工工艺和设备简介(图10、图11)

含砂雾封层之施工工艺一常温施工,无需加热,简单快捷

(1)清扫路面,去除尘土砂石,油污,树叶,碎纸等等杂物;

(2)保护路面标志标线和路缘石等设施;

(3)小裂缝等病害的预处理

(4)材料搅拌和喷洒;

(5)等待破乳和干燥;

(6)撤除保护,恢复标线等;

图10 大型设备—高压大面积喷洒

图11 小型设备—高压小面积喷洒

6 含砂雾封层应用实例

图12～图17所示出含砂雾封层的若干应用场合。

7 配套措施

实际路面情况复杂，为了达到更好的养护效果，一般需要配套产品和技术处理路面常见病害。常见的有：

裂缝：1cm左右的裂缝可使用冷灌缝胶直接密封（图18），宽裂缝则需要用热胶，开槽灌缝。

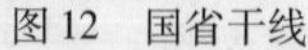

图12 国省干线

图13 高速公路

坑槽:用冷补坑料,或者用热料进行修补。

麻面和网裂:用麻面修补料直接修补(图 19)。

图 14 机场

图 15 小区大院

图 16 各种桥面

图 17 市政道路

图 18 冷灌缝胶

图 19 麻面修补料

8 西尔玛公司简介

作为含砂雾封层技术和产品的代表,美国西尔玛的产品目前应用在全球超过 70 个国家和地区,用料量接近 8 亿加仑(约 30 亿升)。西尔玛含砂雾封层技术,是美国联邦政府指定的几种预防养护技术之一。

北京西尔玛作为美国西尔玛在中国总代理,以及面向东南亚的生产基地,把此先进产品成功国产化,在北京设厂生产,年产能 400 万加仑。西尔玛产品现已应用于全国所有省级区域,累计应用面积超过 2200 万平米,获得了广泛好评。公司具有强大施工能力,拥有数十台大型施工设备,以及一支具有丰富施工经验的施工队伍。

除了上述特点外,西尔玛还原剂产品还分为多个品种,而其它同类厂家只有一种或两种产品,所以西尔玛产品可以适应更多的路面状况，同时其路面养护的系列产品，如冷灌缝胶、麻面修补料等，还为路面的预防性养护提供了多种配套解决方案。

由于出色的产品质量和良好的市场反响，西尔玛获得了一系列奖项：河北省科技成果奖，交通部产品认证中心的认证证书（同行业第一家），中国公路学会的科技进步奖等等。

西尔玛秉承“以质量求生存，以创新求发展”的理念，愿与所有朋友一起合作为养护事业做更多贡献。

讲座专家简介：

付国振，1974 年出生，大学专业为计算机，1998 开始从事道路机电行业，2008 年开始从事道路养护行业。目前为北京西尔玛道路养护材料公司技术总监。

沥青机械发泡特性分析与评价

南雪峰　王枫成

（辽宁省交通科学研究院；高速公路养护技术交通行业重点实验室）

摘　要　本文通过调整用水量、SBS 掺量进行改性沥青机械发泡试验，分析半衰期、膨胀率、实际最大膨胀率、发泡能量等指标对沥青机械发泡效果的影响，并探讨最佳用水量的确定方法。结果表明：随着 SBS 掺量的减小，改性沥青黏度降低，制备的泡沫沥青半衰期缩短；采用实际最大膨胀率法可判断改性泡沫沥青中的水绝大部分用于沥青的发泡，但随着 SBS 掺量减小，试验用水主要是以水蒸汽的形式损失掉；发泡能量方法可以反映出改性泡沫沥青内部的存储能量，对于黏度较大的改性沥青发泡而言需要对 FI 进行修正。

关键词　改性泡沫沥青　改性沥青黏度　SBS 掺量　实际最大膨胀率(ER_a)　发泡指数(FI)

泡沫沥青的发泡过程是一个复杂的热力学过程。在高温沥青中加入少量水，沥青就会产生微细的泡沫，从而膨胀。此时沥青的物理性质会暂时发生变化，其黏度显著降低，可以方便地与冷湿粒料拌合均匀，而不必像乳化沥青那样要经过额外的乳化加工，也不必像热拌料那样需要加热至高温而耗费许多能源，这种状态下的沥青即称为泡沫沥青。泡沫沥青并不是一种新的沥青粘结料，而是一种新技术应用所带来的产物，泡沫沥青技术的应用和研究包括沥青发泡特性和沥青混合料性能两个方面。沥青的发泡特性是影响泡沫沥青混合料性能和冷再生工程应用成败的关键因素。

沥青的发泡特性评价主要采用半衰期($\tau_{1/2}$)和膨胀率(ER_m)指标。《公路沥青路面再生技术规范》(JTJ F41—2008)中即采用该指标体系，并要求膨胀率不小于 10 倍同时半衰期不低于 8s；试验室测试沥青发泡特性主要通过变化发泡参数（发泡温度、用水量）研究膨胀率和半衰期的变化规律，以找到最佳的发泡效果。通常情况下，膨胀率和半衰期是一对相互矛盾的评价指标，单独选取较大的膨胀率或者较长的半衰期，都不能达到满意的效果。为了得到两者均适合工程应用的数值，需要寻找两者的平衡点，即膨胀率和半衰期均处于工程应用的允许范围。然而，满足工程应用要求的发泡参数往往不是唯一的，由于没有明确的数值评价标准，在某些情况下难以判断最佳发泡参数。目前泡沫沥青发泡特性研究主要集中在基质沥青的研究，对改性沥青的发泡特性研究的较少，本文通过实际最大膨胀率与发泡能量等理论分析法结合对室内试验对沥青发泡评价体系进行分析，进而找到合理评价改性沥青发泡特性的方法。

1　沥青发泡特性研究

1.1　沥青发泡机理概述

分析泡沫沥青发泡特性的影响因素之前，应了解发泡过程需要考虑的基本原理。沥青发泡过程中主要是物理变化而化学变化比重不大。沥青发泡的基本过程是当冷水滴（环境温度）与高温沥青（170℃ ~ 180℃）接触时，将发生以下连锁反应：

（1）热沥青与小水滴表面发生能量交换，将水滴加热至 100℃同时冷却沥青；

（2）沥青传递的能量超过了蒸发潜热导致爆炸性的体积膨胀并产生蒸汽。在压力的作用下蒸汽泡沫在膨胀室内被压进连续相的沥青内；

（3）随着融有大量蒸汽泡沫的沥青从喷雾嘴喷出使蒸汽膨胀，使略微变凉的沥青形成薄膜状，并依靠薄膜的表面张力将气泡完全裹覆；

（4）在蒸汽膨胀过程中，沥青膜产生的表面张力将抵抗蒸汽压力直到达到平衡状态；由于沥青与水的低

导热性,泡沫可以稳定存在一段时间,通常情况下能够维持数秒;

(5)发泡过程中产生的大量气泡以一种亚稳态的形式存在,随着大量胶体冷却到室温,由于泡沫内蒸汽被压缩导致蒸汽的排放及泡沫的破灭。

目前导致泡沫破灭的因素有很多,其中一种解释认为泡沫具有近乎稳定的蜂窝状结构的气室,气室两边的膜即为泡沫液膜。在3个或多个气泡聚集的地方,液膜被弯曲,并凹向气室的一方,形成Plateau边界。由于在Plateau交界处有较大的曲率半径,根据Laplace方程,在气相与液相之间就会产生压力差,它随液体表面张力的增加而增大,随气泡曲率半径的增大而减小,因此在Plateau交界处的液压要比附近曲率小的地方小,从而使得液体由小曲率处向Plateau交界处流动。这种排液作用会使液膜逐渐变薄,当液膜达到临界厚度时(5nm~10nm),膜就会破裂;而一种解释[7]更适合发泡温度较低或发泡用水量较少的情况,因为发泡温度低,沥青胶团容易冷凝,泡沫中的水蒸气也易低于液化温度,同时用水量较少,沥青薄膜也相对较厚,不会产生明显的Plateau交界。若是情况相反,则依据实际试验观察,发泡时产生的大量体积较大的气泡以及大量蒸汽外溢与第1种解释更为贴近。

1.2　沥青发泡影响因素

从沥青的发泡机理可以推断:沥青发泡效果主要取决于气压和水压、沥青品种、沥青温度、发泡水温和发泡用水量等。

基于发泡原理增加发泡设备的气压与水压可以改变发泡效果,本次试验并未考虑气压与水压变化的影响,所有试验均采用气压40psi(0.276Mpa)、水压50kpi(0.345Mpa)。由于沥青化学组分的不同,不同种类的沥青对发泡效果有显著影响,导致有些沥青能够形成较大的膨胀率或稳定的半衰期,而有些沥青并不适合发泡。这一观点已得到相关学者的验证。发泡时的用水量一般情况下,用量越大,膨胀率越大,但半衰期则越短。本次试验采用5个不同的用水量分析其对改性沥青发泡的影响。由于室温的水不适合改性沥青发泡,因此改性沥青发泡水温为70℃;基质沥青发泡水温为18℃。提高沥青温度以增加沥青的流动性同时提供水相汽化所需要的热能,一般情况下140℃的沥青进行发泡效果较差,因此有学者认为:提高沥青温度有助于沥青发泡。但这并不表明温度越高,发泡效果就越好。本次试验采用温度是根据沥青种类的变化而不同;由于沥青发泡试验变异性很大,试验中每种沥青不同条件下的发泡至少测试3次,以保证结果的准确性。

2　沥青发泡特性试验与结果

2.1　沥青发泡特性试验

本次试验采用的发泡设备是THE FOAMER,发泡时间t=10s,根据之前提到的试验方案设计试验见表1。其中2.0%用水量是根据5%SBS改性泡沫沥青发泡效果决定的。

泡沫沥青发泡试验方案　表1

试验条件 / 沥青种类	气压(kpi)	水压(kpi)	加热温度(℃)	出口温度(℃)	用水量(%)	水温(℃)
5%SBS	40	50	182	182	1.5、2.0、2.5、3.0、3.5	70
4%SBS	40	50	182	182	2.0	70
3%SBS	40	50	182	182	2.0	70
2%SBS	40	50	182	182	2.0	70
A-90基质沥青	40	50	165	160	2.0	20
B-90基质沥青	40	50	165	160	2.0	20
C-90基质沥青	40	50	165	160	2.0	20

2.2　试验结果与分析

通过5%SBS改性沥青的发泡结果可知(见表1),试验得到的半衰期与膨胀率均满足技术规范要求。但并非发泡时的用水量越大膨胀率越大半衰期越短,膨胀率随着用水量的增加而增大,到3%用水量时达到最大，但对应的半衰期则最小，之后回落；半衰期在2%用水量时到达最大。虽然3%用水量时膨胀率最高，但半衰期较短，实际施工中希望泡沫沥青产生的热力学系统更稳定即半衰期越长稳定性越好，因此综合考虑选择2%用水量作为试验最佳用水量。

5%SBS改性沥青发泡试验数据　　表2

试验条件 / 沥青种类	用水量	半衰期(s)	膨胀率
5% SBS	1.5	15.1	30.8
	2.0	42.5	31.8
	2.5	30	39.4
	3.0	18	43.3
	3.5	22.3	38.6

采用不同比例的SBS改性沥青进行发泡对比表明，随着SBS掺量的下降，半衰期与膨胀率均下降，但半衰期衰减严重。原因可能是随着SBS掺量的下降，沥青粘度也随之下降从而使得沥青薄膜的弹性下降，但试验条件没有改变，过高的水温与加热温度及沥青薄膜表面张力的下降，削弱了Plateau边界的恢复能力，导致沥青泡沫更易破灭，同时这也证明了并不是温度越高，发泡效果就越好；对于不同种类基质沥青，沥青粘度与半衰期呈现良好的相关性，而与膨胀率关系不大，沥青粘度与评价指标关系见表2。

沥青粘度与评价指标关系　　表3

试验条件 / 沥青种类	用水量	半衰期(s)	膨胀率	135℃粘度(pa.s)	175℃粘度(pa.s)
5% SBS	2	42.5	31.8	1.81	0.313
4% SBS	2	27.9	25.9	1.25	0.234
3% SBS	2	9.3	22.6	0.805	0.161
2% SBS	2	5.3	21.0	0.570	0.115
A-90基质沥青	2	13.5	20.9	0.324	0.064
B-90基质沥青	2	12.7	19.4	0.287	0.060
C-90基质沥青	2	16.0	12.1	0.352	0.075

通过以上试验分析表明，采用基质沥青发泡特性评价指标，对于本次试验使用的改性沥青并不适用，因此，选择合理的评价方法分析改性沥青发泡效果非常重要。

3　改性沥青发泡效果分析方法

3.1　实际最大膨胀率

Jenkins在研究沥青发泡过程时指出，室内发泡试验中一个重要的特性被忽略掉了即在测量膨胀率之前，喷射过程中泡沫沥青就已经衰退了。这就是目前使用现行评价方法对泡沫沥青发泡特性的不足，尤其是对短半衰期沥青影响非常明显。因此提出了实际最大膨胀率(ER_a)的概念：测量的最大膨胀率不是实际最大膨胀率，$ER_m \neq ER_a$。实际最大膨胀率方程见公式(1)，公式具体推导过程从略。

$$ER_a = \frac{ER_m \cdot \frac{\ln 2}{\tau_{\frac{1}{2}}} \cdot t_s}{\left[1 - \exp\left(\frac{-\ln 2}{\tau_{\frac{1}{2}}} \cdot t_s\right)\right]} \tag{1}$$

式中：ER_a——实际最大膨胀率；

ER_m——测量的最大膨胀率；

$\tau_{1/2}$——半衰期(s)；

t_s——泡沫喷射时间(s)。

根据方程得到的实际最大膨胀率与测量的膨胀率关系见表3。

实际最大膨胀率与测量的膨胀率关系 表3

试验条件 沥青种类	用水量	半衰期(s)	ER_m	ER_a	$ER_a - ER_m$
5% SBS	1.5	15.1	30.8	33.6	2.6
	2	42.5	31.8	34.4	2.6
	2.5	30	39.4	43.2	3.8
	3	18	43.3	50.3	7
	3.5	22.3	38.6	43.6	5
4% SBS	2	27.9	25.9	32.7	6.8
3% SBS	2	9.3	22.6	35.5	12.9
2% SBS	2	5.3	21.0	42.9	21.9
A-90 基质沥青	2	13.5	20.9	27.5	6.6
B-90 基质沥青	2	12.7	19.4	26.7	7.2
C-90 基质沥青	2	16.0	12.1	16.2	4.1

3.2 发泡能量分析

从沥青发泡所产生的变化可以看出，沥青发泡过程中遵循着能量守恒的规律，此处主要指以热量形式表现出来的能量，如公式(2)所示，这种能量是影响泡沫沥青物理性能的重要因素。通过发泡过程，泡沫沥青储存了原来热沥青的部分热能（这部分能量定义为泡沫能量）；同时另一部分热量散失于外界环境中，这些热能之和等于沥青温度降低后所损失的热能，整个沥青发泡过程最终达到一个平衡温度状态，因此泡沫沥青衰变过程既是泡沫的体积衰变过程，也是泡沫的能量衰变过程。

$$Q_w + Q_l = Q_b \tag{2}$$

式中：Q_w——发泡过程中与沥青发生热交换后水所获得的热能；

Q_l——发泡过程中散失的热能；

Q_b——发泡过程中沥青损失的热能。

目前主要分析发泡能量的方法是 Jenkins 提出的发泡指数（FI）。FI 是对沥青发泡质量进行评价的另一种指标，采用发泡指数可将沥青的发泡质量定量化，克服了用膨胀率和半衰期这2个指标进行评价所带来的困难。因为 FI（见公式(3)）是计算沥青泡沫衰变曲线下的面积（见图1），其物理意义是泡沫沥青所储存的能量，FI 值越大，理论上泡沫沥青所储存的能量就越多。但相关学者认为该指标计算复杂，有一定的经验性，发泡指数与实际发泡性能有偏差。

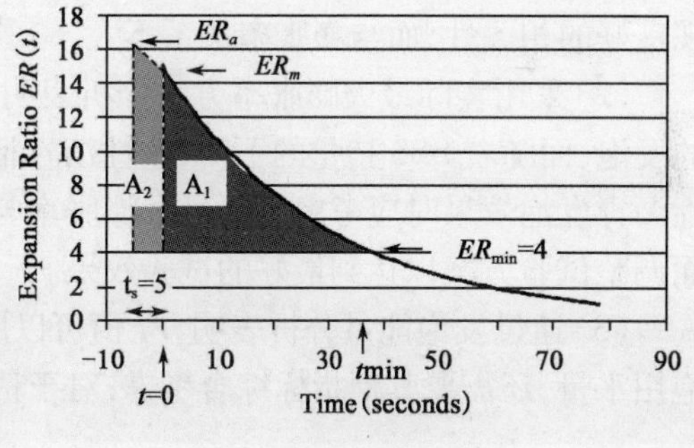

图1 根据沥青特性确定 FI

$$FI = \frac{-\ln 2}{\tau_{1/2}}\left[4 - ER_m - 4\ln\left(\frac{4}{ER_m}\right)\right] + \left(\frac{1+c}{c}\right)ER_m\, t_s \tag{3}$$

式中：FI——沥青发泡指数；

C——ER_m/ER。

Jenkins 提出该指标时的相关试验是针对非改性沥青进行的，而未验证改性沥青的适应性。图中 A_1 的面积是在 $t=0(ER_m)$ 与 $t_{\min}$（$ER_{\min}=4$，是由沥青混合料拌和时容许的结合料最大黏度间接选定）范围内确定的，但改性沥青在 $ER=4$ 时对应的时间均很长，此时沥青温度低且粘度非常大，根本不利于拌合。因此对应改性沥青有必要对公式进行修正，笔者在试验过程中发现，改性沥青在过了半衰期后，粘度大幅增加，所以选择 $\tau_{1/2}$ 对应的 $ER_{\min} = ER_m/2$ 作为范围下限，公式变为：

$$FI_x = \frac{-\ln 2}{\tau_{1/2}} \frac{ER_m}{2} [\ln(2) - 1] + \left(\frac{1+c}{c}\right) ER_m t_s \tag{4}$$

改性沥青 FI 试验数据 表4

试验条件 / 沥青种类	用水量	半衰期(s)	ER_m	FI	FI_x	$FI_x - FI$
5% SBS	1.5	15.1	30.8	749.1	447.6	301.5
	2	42.5	31.8	1526.1	630.0	896.1
	2.5	30	39.4	1550.8	675.0	875.8
	3	18	43.3	1240.9	640.5	600.4
	3.5	22.3	38.6	1231.2	601.0	630.2
4% SBS	2	27.9	25.9	803.0	560.8	242.2
3% SBS	2	9.3	22.6	528.7	424.7	104.0
2% SBS	2	5.3	21.0	416.1	389.1	27.0

根据上表数据表明，随着发泡用水量的增大，FI 值出现峰值，反映出改性沥青发泡特性的改善，但发泡用水量超过一定值后，泡沫沥青的半衰期逐渐降低，沥青整体发泡能量出现了衰减；虽然3%时 FI 值最大，根据之前一系列分析表明2%用水量时改性沥青发泡效果最佳，因此 FI 值越大沥青发泡特性不一定越好，且FI峰值选择最佳发泡用水量是不准确的；而随着SBS掺量（黏度）下降，FI 值是直线下降的，这与实际发泡效果吻合。FI_x 指标变化趋势与 FI 相同且全部小于 FI，说明FI计算公式中 ER_{min} 与 $ER_m/2$ 是有一定差距的，通过二者的差值可以反应出来，且随着SBS掺量（黏度）下降，差值逐渐减小，这也证明了采用 FI_x 指标分析改性沥青发泡特性的合理性。

4 结语

（1）随着用水量的增大，改性沥青膨胀率、半衰期的变化规律与基质沥青不同；随着SBS掺量的减少，改性沥青黏度降低，半衰期虽短，膨胀率减小，半衰期缩短；对于不同种类基质沥青，改性沥青黏度与半衰期呈现良好的相关性，而与膨胀率关系不大。

（2）采用实际最大膨胀率方法分析表明，在同种改性沥青的条件下泡沫沥青中的水绝大部分用于沥青的发泡，而随着SBS掺量的下降，改性沥青粘度降低，试验用水主要是以蒸汽的形式损失掉。因此在评价改性沥青发泡效果时应考虑实际最大膨胀率与测量的膨胀率之间的差异，判断是哪一种影响因素是主导，进而调整试验方案以达到最好的试验效果。

（3）通过发泡能量分析表明，FI 值可以反映出沥青内部的存储能量，但不能仅通过 FI 峰值确定最佳发泡用水量，还需要其他指标综合考虑；对于粘度大的改性沥青而言需要对FI进行修正。

讲座专家简介：

南雪峰，教授级高工，硕士研究生导师，辽宁省交通科学研究院科研开发中心副主任，高速公路养护技术交通行业重点实验室学术带头人，辽宁省“百千万人才工程”千人层，辽宁省交通厅工程设计变更审核专家。主要从事道路方面新材料、新技术、新工艺的研发，推广应用以及技术咨询工作。主持完成部省级科研课题9项，参与完成科研课题20余项，主持和参编地方标准5部，在国内外刊物上发表学术论文40余篇，。曾获“第九届辽宁青年科技奖”、“辽宁省交通厅中青年专业技术拔尖人才”、“辽宁省公路学会优秀工程师”等荣誉称号。

浅析 SBS 改性沥青老化及再生利用研究现状

何兆益[1] 冉龙飞[2] 孙宗波

(1 重庆交通大学土木建筑学院;2 重庆市公路工程质量检测中心;3 忠县公路养护中心)

摘 要 沥青混合料的再生利用是一种经济、环保、可持续发展的路面修复技术。本文系统分析了国内外对 SBS 改性沥青的老化、再生利用及再生剂研发的研究现状,表明我国旧沥青路面再生利用的水平还较低,旧沥青混凝土没有得到充分利用,既浪费了资源,又对环境造成了严重的污染。因此迫切需要针对近年来我国高速公路沥青路面大量采用 SBS 改性沥青这一实际情况,开展基于实际不利环境因素耦合作用下,SBS 改性沥青老化规律、老化机理的深入研究,在此基础上研发提高再生沥青混合料耐久性和长期性能的环保型沥青再生剂,延长再生沥青路面使用寿命,为进一步提高我国再生沥青路面技术奠定坚实的理论及应用基础。

关键词 节能减排 SBS 改性沥青 耦合老化 再生利用 再生剂

为了保护地球大气环境、减少温室气体排放,我国政府积极执行履行已签署《京都议定书》的国际责任与义务,分别在 2009 年和 2010 年哥本哈根与坎昆世界气候大会上做出庄严承诺:“到 2020 年,单位国内生产总值(GDP)二氧化碳排放将在 2005 年基础上下降 40% ~45%”。与此同时,我们应该清醒地认识到这一目标所具有的挑战性。根据 2010 年国际能源组织(International Energy Agency)统计结果,2008 年中国的二氧化碳排放量为 65 亿吨,占当年世界总排放量的 22%[1]。据相关机构统计,2009 年中国二氧化碳排放量增至 77 亿吨,已经超越美国,居世界第一位[2],从而导致我国政府在国际社会上承担着巨大的舆论压力。2011 年 8 月 31 日国务院办公厅印发了《“十二五”节能减排综合性工作方案》,提出了节能减排总体要求和主要目标,倡导大力发展循环经济,加快节能减排技术开发和推广应用[3]。

公路交通运输是综合运输体系的重要组成部分,是国家的基础性、先导性产业,关系国民经济和社会发展的全局。公路交通基础设施是提供公路交通服务的物质基础和根本保证。拥有庞大、完善、完好的公路网,是经济社会发展的基本特征和综合竞争力的重要体现。自 1988 年京石、沈大、沪嘉高速公路通车,实现了我国高速公路零的突破以来,以高速公路为标志,我国公路事业进入了突飞猛进、最具活力的崭新阶段。预计到 2020 年,我国高速公路通车总里程达 10 万公里,,路面维护技术、高效、安全运营等技术已成为未来我国交通发展的方向。

1 SBS 改性沥青再生利用研究

沥青路面再生技术在发达国家的应用较为成熟和普及,美国是最早研究和应用沥青路面再生技术的国家,到 20 世纪 80 年代末,美国再生沥青混合料的用量几乎为全部路用沥青混合料的一半,80% 的旧沥青混合料得到再生利用;日本由于能源匮乏,一直很重视再生技术的研究,从 1976 年至今,路面废料再生利用率已超过 70%;西欧国家也十分重视这项技术,欧洲沥青路面协会(EAPA)各成员国的废旧沥青路面材料利用率达到 100%。我国在 20 世纪 50 到 70 年代,曾在不同程度上利用过废旧沥青混合料,但仅作为废物利用考虑,一般只用于轻交通道路、人行道或高等级公路的垫层,从 20 世纪 80 年代中后期,我国由于经济建设的需要,开始进行大规模的公路建设,主要精力投入到高速 A 公路的新建,相对而言针对沥青路面养护和沥青路面再生技术方面的研究不够重视,致使我国在旧沥青路面再生技术的深入研究和推广应用方面处于停滞阶段。随着近二十多年来我国公路建设的持续发展,公路建设已进入建设与养护并重的阶段,尤其是 20 世纪 90 年代中后期以后建成的高速公路已逐步进入大、中修养护期,按照沥青路面设计寿命 15 ~20 年计算,全国每年有约 12% 的沥青路面需要翻修，可再生的沥青混合料预计将达到每年 1900 万吨，并将以每年 15% 的速度增长。目前聚合物改性沥青已成为改善沥青路用品质的有效途径和发展方向，SBS 改性沥青以其优良的路用性能在我国及世界范围内广泛使用，其比例为道路沥青总量的 15% 左右。按此比例，10 年以后，我国高速公路沥青路面的大、中修产生的废旧 SBS 改性沥青混合料预计将每年达到 1200 万吨左右。目前我国尚缺乏相关政策、法规鼓励和引导废旧改性沥青混和料的应用。

目前，国内外对基质沥青再生技术进行了众多研究，而对改性沥青再生技术研究给予的关注较少，对改性沥青的老化规律及老化机理、再生机理及再生预估、再生改性沥青混合料路用性能等的研究还不够深入，有必要对 SBS 改性沥青再生利用进行进一步的研究。

2 SBS 改性沥青老化机理研究

从技术层面看，我国地域辽阔、气候变化大，并呈现多样性，沥青（SBS 改性沥青）路面在使用过程中承受紫外光辐射、昼夜高低温差、水（湿度）等不利环境因素的耦合作用，导致老化、耐久性降低和使用寿命缩短。现有研究者虽然对改性沥青在光、热等老化后的物理指标变化，性能衰减以及老化前后组分变化进行了一定的分析和研究，但究其研究条件和手段，都是对沥青胶结料在单一因素老化作用下进行。

由于沥青路面在实际使用条件下，同时承受自然界中热、紫外光和水的耦合作用，因此迫切需要开发一套室内沥青加速耦合老化模拟试验方法，确定沥青耦合老化的试验方法及表征技术指标体系，对 SBS 改性沥青在热、光、水耦合作用下的老化机理进行深入研究；进一步建立室内沥青加速耦合老化模拟试验方法和指标，与现有室内沥青加速老化模拟试验方法和指标及沥青路面实际状态下老化指标之间的对应关系，从而系统研究和揭示 SBS 改性沥青老化规律和机理，为我国废旧沥青混合料再生利用提供科学理论依据。

3 SBS 改性沥青再生剂研发

旧沥青混合料的再生利用主要是恢复其路用性能的过程，而此过程通常是借助再生剂实现的，再生剂性能的优劣关系到整个再生工艺的成败。因此，国内外道路工作者进行了大量深入的尝试，取得了可喜的成绩。一般认为，基质沥青在老化过程中发生了挥发、被吸收、氧化、团聚、聚合等反应，而改性沥青老化时，基质沥青和改性剂都发生了复杂的物化反应，首先，基质沥青发生挥发、氧化、聚合和团聚等反应，导致基质沥青的芳香分减少，沥青质增加；其次，改性剂发生氧化和裂解反应，因此，基质沥青和改性剂的共同老化作用，导致改性沥青高温抗车辙、低温抗开裂等性能大大降低。目前，国内再生剂存在的主要问题有：①富含大量的轻质或重质油，因此在再生沥青的同时给沥青混合料带来了很多不利的影响，如沥青路面的抗车辙性能大大降低：②再生剂普遍只针对普通沥青开发，针对 SBS 改性沥青再生剂的开发较少，尤其是基于 SBS 改性沥青的热、光、水耦合老化机理，从提高 SBS 改性沥青抗热、光、水耦合老化性能的角度，研发长期性能优良的抗老化再生剂未取得突破；③对再生剂长期性能评价及再生后沥青路面长期抗老化和耐久性研究不够。

国外在上世纪七、八十年代石油危机时，就开始再生剂的研制工作。美国 SHRP 计划之初，曾花费很大精力进行沥青化学成分分析，希望从化学组分角度理解沥青的老化机理，进而寻求沥青再生方法：通过对老化沥青和优质沥青组分的比较，向老化沥青中添加所缺失的组分，使组分重新协调。然而这种从组分角度寻求再生剂的方法并没有成功，因为沥青的化学结构极其复杂，即便化学组分相同的沥青，因油源基属、生产工艺的不同，其路用性能可能相差很远，因此必须寻找其它有效再生途径指导再生剂开发。

随着对沥青结构体系认识的深入，人们逐渐摒弃将沥青作为以沥青质为核心、逐层包裹胶质、油分的胶体结构理论，而将它视为一种高分子溶液，沥青质与软沥青质之间的相溶性决定了其高分子溶液结构的稳定性，这就是沥青相溶性理论。相溶性理论采用沥青组分溶解度参数为评价指标，不仅与沥青宏观路用性能有较好的关联性，可更好地指导并控制沥青再生剂开发。目前工程使用的再生剂多是以沥青相溶性理论为指导，借助沥青组分调节的方法进行开发的。

在这种再生剂开发理论的指导下，迄今为止国外已研制出多种沥青再生剂，并取得了良好的工程效果。

美国专利[4] US7357594 介绍了一种由极性树脂、芳香分和饱和烷烃溶剂组成的再生组分，饱和烃溶剂的含量很少；US5766333 采用一种页岩油（shale oil）作为再生组分；US5234494 使用一种矿（煤）泥油（sewage sludge Derived oil）作为再生组分，这种物质为饱和脂肪族、单环芳烃、二环芳烃、多环芳烃的混合物；US3793189 介绍了一种含有脱丙烷沥青、液体石油衍生物（残油的重馏分）的物质作为再生组分。从合成再生剂的成分看来，国外再生剂多使用一些工业废油或石化油份作为再生剂主要成分，这些油分有个共同的特点就是富含芳香分。国外对再生剂的研究较为深入，不仅形成了较为成熟的再生剂开发技术，除对再生剂施工安全性、抗老化性有一定限制外，主要还对再生剂的饱和分含量及芳香分含量有一定要求，以保证再生剂对旧沥青性能具有较高的恢复能力。

我国在八十年代初曾研制过再生剂，如上海市政工程研究所、云南交通科研所等，取得了一定的成就，但当时所研制的再生剂主要是针对等级较低的渣油路面，多是一些轻质油分按不同比例混合组成，自然因素作用下易挥发、氧化，且与老化沥青的相容性差，抗老化性能不理想，多已不再使用。但从八十年代至今，随着国内大规模公路建设，对再生剂的需求不大，很少有单位研制再生剂，再生剂研发基本处于停滞状态。

随着高等级沥青路面维修阶段的到来，部分高校及科研单位开始致力于再生剂研发，但是多根据国外的经验，采用富含芳香分的油分和一些合成树脂制备再生剂。沈阳建筑工程学院[5]依据化学组分的配伍型理论，按一定比例在旧沥青中加入含沥青质少、含芳香分高的再生剂，调和沥青组分，形成稳定的胶体结构，开发出四种富芳贫蜡的添加剂：抽出油、重方烃、添加剂 R 和催化油浆。浙江江兰亭高科有限公司[6]开发的一种废沥青再生剂中，含有高达 75 ~ 90% 的轻质油分及 10 ~ 25% 的树脂；专利 CN20041008445 介绍了轻质油分（环烷油、糠醛油、芳烃油、润滑油、玉米油等），焦油提取物或石油树脂提取物树脂作为再生组分。这些再生剂还有较高的芳香分，而芳香分易挥发、聚合，造成再生沥青抗老化性能较差。

为改善再生沥青抗老化性能，东南大学江臣[7]通过引入增粘树脂提高轻质油分的稳定性，增加与老化沥青的相容性，取得了较明显的效果。余国贤[8]根据老化沥青的不同组分的性能，将再生剂成分分为增溶分散组分、稀释调和组分及蜡晶分散组分，有针对性地提高和改善旧沥青的某些性能。

在国外，再生剂往往专门由化工部门研究提供，而我国再生剂的研究多是由院校道路研究所提供，缺乏专业的化工部门协作。开发再生剂的机理多是基于对老化沥青的理解，恢复老化沥青的组分结构，而对沥青混合料再生工艺考虑不足、对沥青路面病害针对性不强。对再生剂的质量评价也多是根据国外经验标准，相关部门尚未制定适合我国国情的再生剂质量评价标准和体系。几年来，同济大学、山西公路局、湖北省公路局科研所、西安公路研究所、河南省交通厅科研所、河北省交通科研所、山东省济宁市公路总段、东南大学、江西省公路局以及湖南省公路局等单位，已经在再生机理的理论、设计方法、再生剂的质量技术指标等诸方面的研究，取得了一定的成果。

随着对沥青老化机理认识的深入和实践经验，国内外再生剂的开发逐渐从单一再生组分向复杂体系发展，分别经历了轻质油、重质油 + 简单聚合物、再生组分 + 热塑性弹性体或热固性高分子聚合物这几个阶段。

4 结语

截至目前，由于上述政策、技术等方面的原因，我国旧沥青路面再生利用的水平还较低，再生沥青混和料主要还用于低等级沥青路面或高速公路沥青路面面层下层和基层，导致大量旧沥青混凝土没有得到充分利用，既浪费了资源，又对环境造成了严重的污染。因此迫切需要针对我国沥青路面再生中的关键技术进行系统、深入的研究，尤其针对近年来我国高速公路沥青路面大量采用 SBS 改性沥青这一实际情况，开展基于实际不利环境因素耦合作用下，SBS 改性沥青老化规律、老化机理的深入研究，在此基础上研发提高再生沥青混合料耐久性和长期性能的环保型沥青再生剂，延长再生沥青路面使用寿命，为进一步提高我国再生沥青路面技术奠定坚实的理论及应用基础。项目研究对于废旧沥青混和料循环再生利用，保护环境、合理利用资源，实现路面的可持续发展具有重要的理论意义和显著的经济、社会效益和环境效益。

总体来看目前对普通沥青的老化和再生研究比较深入，但是针对改性沥青老化和再生的研究较少见，尤其是基于 SBS 改性沥青的热、光、水耦合老化机理，从提高 SBS 改性沥青抗热、光、水耦合老化特性的角度出发,研发长期性能优良的抗老化再生剂未取得突破;此外对再生剂长期性能评价,以及再生后沥青路面长期抗老化和耐久性研究不够。

参 考 文 献

[1] International Energy Agency. Co_2 emissions from fuel combustion-Highlights. 2010 Edition, International Energy Agency, 9 rue de la Federation, 75739 Paris Cedex 15, France.

[2] Guardian. World carbon dioxide emissions data by country: China speeds ahead of the rest. http://www.guardian.co.uk/news/databloy/2011/jan/31/world-carbon-dioxide-emissions-country-data-co2.

[3] 国务院办公厅."十二五"节能减排综合性工作方案.2011年8月31日.

[4] 美国专利商标局.www.uspto.gov.

[5] 王永刚,廖克俭等.废旧沥青再生剂的开发[J].精细石油化工进展.2003.41(8):50.

[6] 中国专利信息网.www.patent.com.cn.

[7] 江臣.高等级沥青路面再生技术及工程应用研究[D].东南大学硕士学位论文.1999.

[8] 余国贤,周晓龙,金亚清,等.废旧沥青再生剂的试验研究[J].石油学报(石油加工).2006,10.

讲座专家简介:

何兆益,男,博士,教授,博士生导师,重庆市学术技术带头人、交通运输部科技英才,重庆市322重点人才工程第二层次人选,交通部优秀青年骨干教师、重庆市高校首届优秀中青年骨干教师、国家精品课程《路基路面工程》负责人。现为中国交通标准化委员会理事、中国公路学会环境与可持续发展分会理事、重庆市高教学会理事。长期从事公路路基结构与设计;路面材料、结构分析与设计及施工技术;山区公路及机场地基处理方面研究工作,在路面结构分析及设计理论、路面新结构和高性能路面材料开发与应用研究等方面有较深的学术造诣,出版学术专著与教材6部,发表论文120余篇,获国家专利授权8项。

桥梁群及特大型桥梁的养护

邓广繁 胡 斌

(中交公路规划设计院有限公司)

摘 要 桥梁群及特大型桥梁规模巨大、结构复杂,对养护管理工作要求高。建立符合这类桥梁特点的管养体系,并制定相应的养护管理制度是做好养护工作的必要条件。本文基于预防性养护、资产管理等理念,针对桥梁群及特大型桥梁的管养特点,围绕桥梁检查、监测、维护保养等核心问题,对特大型桥梁养护体系建设进行了分析和探讨。

关键词 桥梁群 特大桥 养护体系 预防性养护 资产管理

1 概述

中国拥有众多宽阔的河流、峡谷和漫长的海岸线。为了适应交通运输的需要,中国政府在近20年的时间内,在国省道干线公路跨越江、河、湖、海的咽喉控制部位建设了大量的长、大跨径桥梁,这其中,不乏类似于舟山跨海工程西堠门大桥、苏通大桥、杭州湾大桥、港珠澳大桥等一大批世界级的超大桥梁工程。同时,随着我国城市化和高速公路建设的进程,也形成了规模巨大的城市桥梁群和高速公路桥梁群。

为了保证这些桥梁的正常通行,管养单位每年需要花费巨资进行桥梁养护。尽管如此,桥梁病害仍然不容忽视,桥梁垮塌事故也偶有发生。如何保证桥梁结构的安全运营,节约养护成本,延长使用寿命,成为了长期摆在广大桥梁管理工作者面前的难题。

本文将从桥梁群及特大型桥梁这两类难以管养的桥梁入手,引入资产管理的理念,从养护理念、制度、技术等方面,介绍现代桥梁养护体系的建立方法,供桥梁管养单位借鉴。

2 桥梁安全风险事故

桥梁风险是指在桥梁运营过程中可能出现的影响桥梁安全的重大事件。这些事件被称为风险事态,通常具有概率低、损失大的特点。桥梁风险事态常常导致结构失效。近年来比较典型的桥梁垮塌事故包括以下几类:

2.1 独柱墩遭遇超载发生倾覆事故

近年来,独柱墩上采用小间距支座或单支座的桥梁,在超载作用下发生了多起倾覆事故。过去,由于混凝土结构本身自重较大,并未发生由于车辆荷载导致的倾覆事故,公路桥梁规范上也没有对此类极限状态的计算方法。但由于近年来超载现象严重,使得在倾覆力矩较大的情况下,容易导致支座脱空和落梁破坏。特别是钢结构桥梁和组合结构桥梁,由于其自重较轻,更易发生倾覆破坏。

2.2 空心板铰缝破坏导致垮塌事故

空心板依靠铰缝形成横向整体受力。早期设计的空心板梁,由于铰缝较浅,铰缝钢筋直径较小,容易发生铰缝失效。空心板铰缝失效后,形成单板受力,在超载车的作用下,容易产生断板事故,边梁则可能出现侧翻事故。

2.3 无纵梁式吊杆拱桥垮塌事故

近年来,无纵梁式吊杆拱桥垮塌事故已经发生多起。无纵梁式吊杆拱桥梁体本身刚度较小,一旦发生吊杆断裂,则会引起桥面坍塌。断裂的吊杆多发生于端部短吊杆。主要是因为短吊杆刚度较大,在梁体伸缩时,处于拉弯复杂受力状态,同时锚头及吊杆进水造成锈蚀,容易发生断裂。

2.4 桥梁拆除时的垮塌事故

桥梁结构拆除时，由于对结构体系把握不清，对桥梁参数（如重量、刚度等）没有计算明确，导致桥梁垮塌事故也屡有发生。

2.5 突发事件导致的桥梁垮塌

桥梁运营过程中，还可能面临地震、船撞、风灾、爆炸等一系列的极端事件，这些事件发生的概率低，但同样可以引起桥梁垮塌事故。

3 特大型桥梁养护体系的建立

3.1 建立现代桥梁养护理念

公路桥梁是特殊结构物，对公路通行和安全具有特殊的重要意义。在公路桥梁养护中应推行"现代养护"理念，将传统的"管、养、查、修"延伸至"建、管、养、查、评、修、研"，形成一整套的养护技术，从而实现对桥梁全寿命周期安全的保障。这七个字所涵盖的主要养护内容如图1所示。

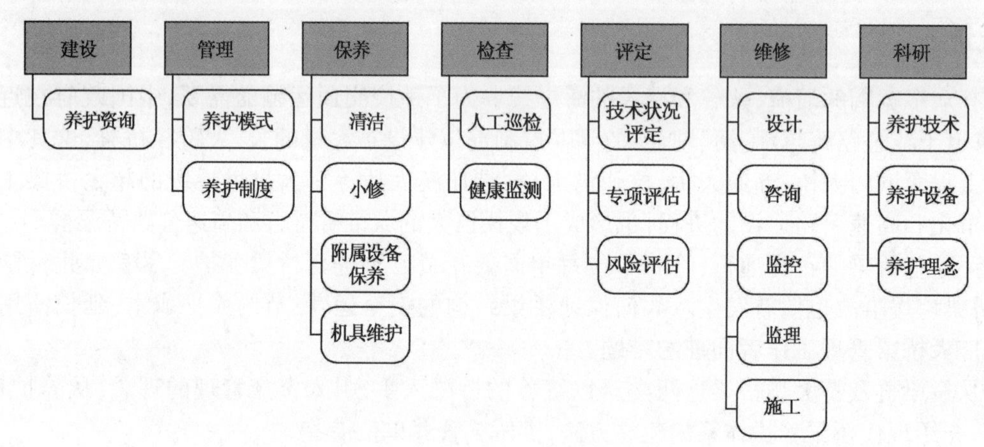

图1 现代桥梁养护理念

在整个养护工作中，要贯彻执行预防性养护的理念。桥梁的预防性养护是指为了防止桥梁病害的发生和延迟桥梁轻微病害的进行一步扩展，以减缓桥梁病害发展速度、延长桥梁使用寿命为目地养护作业。它是一种周期性的强制保养措施，它并不考虑桥梁是否已经有了某种损坏，而是通过采用先进的检测技术努力拓宽人们对于桥梁早期病害的认识空间，提前发现桥梁隐藏的隐形病害的存在，并施以正确的预防性养护措施，其核心是要求采用最佳成本效益的养护措施，强调养护管理的计划性和科学性。

3.2 编制桥梁中长期养护规划

目前，我国桥梁养护大都缺乏规划，处于被动养护的状态，达不到预防性养护的要求。主要表现出了以下四个方面的欠缺：

（1）由于没有对桥梁结构做有效的风险评估和易损性分析，所以无法掌握结构的薄弱位置。在经常检查和定期检查中，不能突出结构检查重点，导致在出现损伤的初期，无法及时发现损伤。

（2）由于没有提前做好技术储备，当发现结构损伤时，无法准确判断损伤原因，不能及时形成有效的补救方案。

（3）由于对未来养护费用的规模缺乏了解，在桥梁损伤集中爆发时，无法筹备足够的资金进行维修，导致损伤恶化，甚至产生安全事故。

（4）由于缺乏对管养辅助系统（桥梁管理系统、健康监测系统等）研发、升级、改造的规划，导致系统技术落后，甚至瘫痪。桥梁结构信息和档案信息无法连续、准确的采集和保存，遗失了大量的有效数据。

为了改变这种被动养护的局面,有必要编制桥梁的中长期养护规划。规划的期限一般为 20 ~ 30 年。其中,前 5 年为规划初期,5 ~ 15 年为规划中期,15 年之后是规划后期。规划内容可分为基础研究、主体内容和更新管理三部分,具体如图 2 所示。

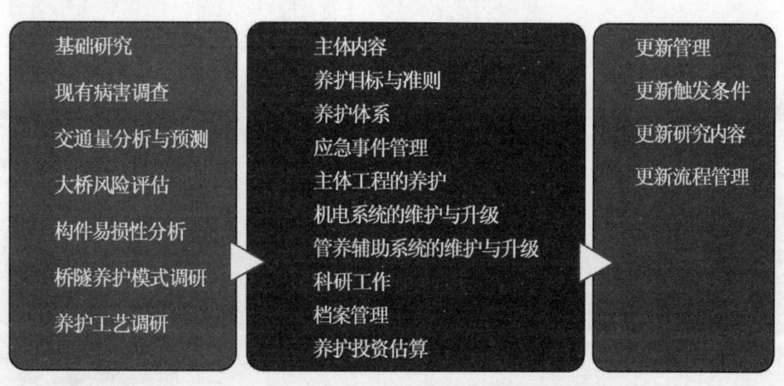

图 2 桥梁中长期养护规划主要内容

3.3 实行专项养护总体评估的养护模式

特大型复杂桥梁,很多构件都具有构造复杂、养护困难的特点。比如伸缩缝、斜拉索、阻尼器、钢管桩等。对于如此复杂的结构体系,很难单靠一两家单位来实现高质量的养护。在规划期内应逐步实现分构件由相对固定的专业单位承担养护工作。这些专业单位可以是具有资质的检测单位,科研机构或是生产厂家。但应具有以下条件:

(1)有充分证据证明该单位对被养护构件的构造非常了解。

(2)该单位曾有对类似桥梁构件进行检查和养护维修的经验。

但由此带来的一个负面效应就是参与大桥检查的单位众多,且都专注于对某些构件的检查,不能胜任对全桥的技术状况评估。因此,在规划期内应该由一家专业单位来实现对于全桥技术状况的评估,而且该单位应该对大桥的结构特点有充分的了解,并有能力把握和整合各个检测单位提供的检测报告。

3.4 重视养护工作的归纳与总结

桥梁养护是一件持续性开展的工作。如何制定未来的养护计划,要以本桥梁和其他类似桥梁已有养护工作为基础。归纳总结的内容一般包括以下几个方面:

(1)本桥梁及类似桥梁曾经开展的专项检查工作。

(2)本桥梁及类似桥梁发生过的损伤及其成因。

(3)本桥梁及类似桥梁曾经采用过的维修加固方法及其效果。

(4)本桥梁及类似桥梁曾经开展的养护专题研究工作。

对养护工作的归纳与总结可以帮助管养人员了解结构的易损点,拟定正确合理的维修方案并估算桥梁未来的养护费用。这对桥梁养护工作科学的开展至关重要。

桥梁养护工作的归纳和总结工作应按照时间顺序进行,以使养护历史可以直观的展现,如图 3 所示。

3.5 开展特大型复杂桥梁的专项评估

近年来,随着桥梁风险评估技术在桥梁设计和养护领域的开展,工程师们逐渐意识到在桥梁设计阶段开展的许多专题研究并没有完全杜绝安全事故的发生。这是因为,任何一个结构物都存在作用、结构性能以及本构关系三个方面的不确定性。这些不确定性并不能通过设计阶段的研究完全解决。要想预防这些不确定性带来的风险,就必须利用在运营阶段获取的数据来补充完善,以便真正把握桥梁性能。目前,在桥梁运营阶段开展的专项评估如图 4 所示。

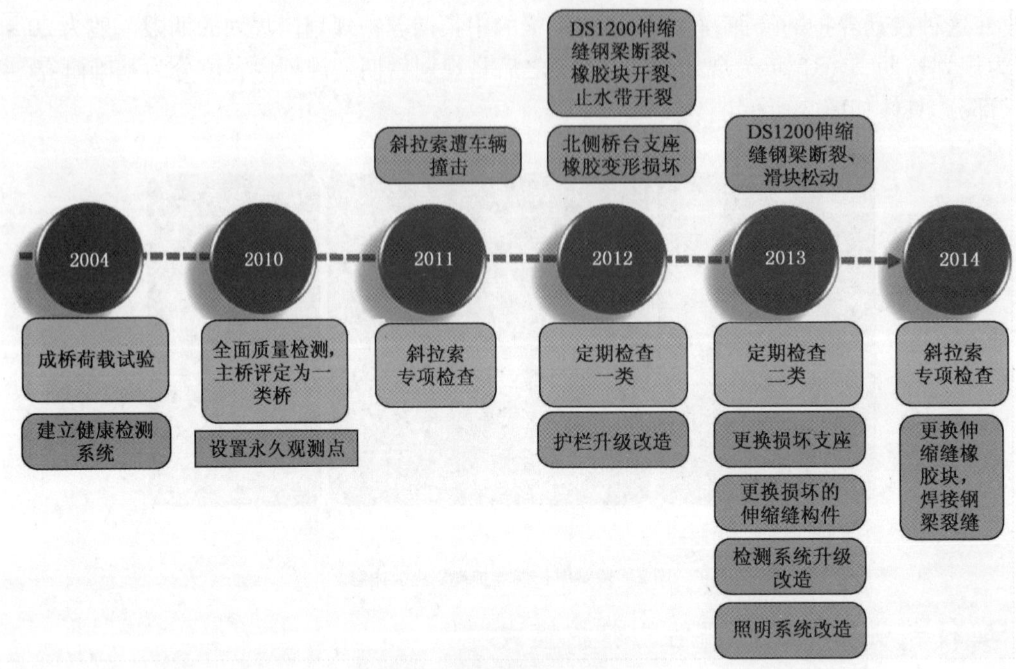

图3 某桥养护时间轴示意

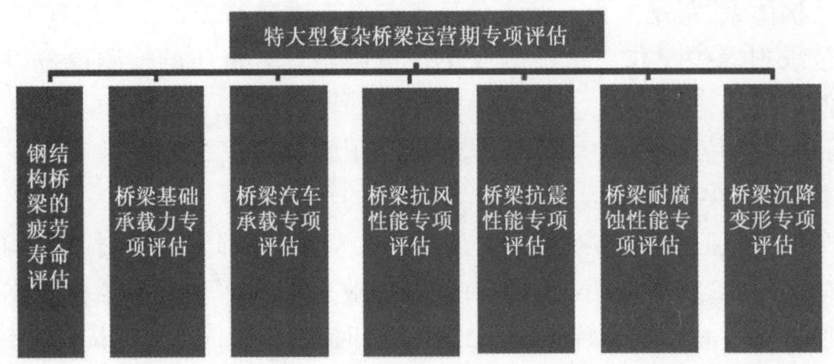

图4 特大型复杂桥梁运营期专项评估

4 桥梁资产管理系统的架构

4.1 建立桥梁资产管理系统的必要性

随着桥梁数量的增多，桥梁管养单位接管的桥梁资产规模越来越庞大，随着时间的推移，桥梁管养单位的养护维修资金和管理成本日益增长，在各类因素的耦合作用下，极个别桥梁仍在运营过程中出现了灾害性事故，造成了恶劣的社会影响，在企业经济效益不佳的前提下，还会进一步影响桥梁管养企业的整体社会效益。在桥梁群的管养过程中，暴露出了以下问题：

(1)桥梁资产繁杂且变化迅速，信息管理方面存在难度。

(2)桥梁管养单位各部门之间协调性有待提高。

(3)桥梁管养存在死角，安全风险尤其是结构隐蔽风险难以识别和发现。

(4)养护承包商越来越多，管养流程不标准、不专业。

(5)桥梁管养工作缺乏规划。

因此，在桥梁建设完成后，针对移交到运营管理单位进行管理的大桥所有资产，有必要从基于资产统一在线管理的角度建立一个信息化、集成化的桥梁资产管理系统。实施精细化管理，以可视化、标准化、专业化手段最大程度控制管养支出和提高监控养护维修成效，达到降本增效的目的。

4.2　桥梁资产管理系统的功能架构

桥梁资产管理系统涵盖了大型桥梁管养企业各项主要业务，包括可视、可控、实时反馈的围绕资产清单的资产变动对应资金变动的情况，包括资产的养护规划、管养维修计划、决策审批、采购分包、专业化的巡检养护流程、标准化的人员设备材料调用程序、定额预算的支持、应急联勤、安全管控、财务支付及费用的变动、人资社保、经济效益评估等。其功能架构图如图5所示。

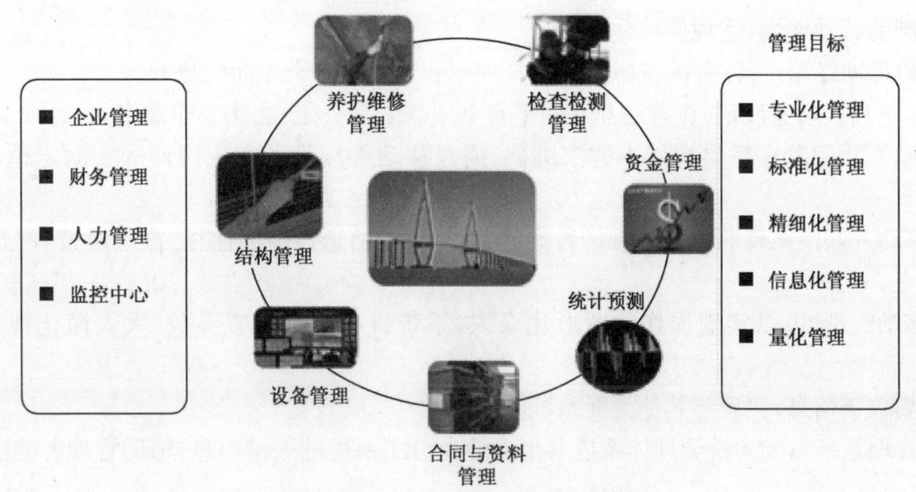

图5　桥梁资产管理系统的功能架构图

利用桥梁资产管理系统，可以实现对桥梁资产现状、养护需求、养护计划、招标采购、资源组织、现场实施、验收评价等的全流程标准化管理。

将资产管理系统理念和技术引用到桥梁养护管理中来，有望在以下4个方面实现提升，从而推动桥梁管养企业的技术进步和管养效益的提升。

1）基于桥梁构件离散和精细化的桥梁资产编码系统，实现可视的专业化管养

对桥梁资产的离散和编码的过程相当于对桥梁结构的电子化"再设计"。合理的编码结构能够使得对于桥梁资产风险、退化、收益的管理更加有效，从而实现精细化的管养。

2）通过三维可视化技术，实现直观化管养

目前，三维可视化技术已经开始应用到了桥梁健康监测和人工巡检系统中。利用三维可视化技术，主要可实现以下功能。

（1）桥梁结构的查看。利用三维可视化技术，巡检人员可以实现对所有的桥梁结构的3D模型进行查看，直观的了解桥梁的构造细节，如图6所示。

（2）机电设备的直观操作。管养人员可以在3D模型上直观的对机电系统、健康监测系统进行远程操作、查看设备的工作状态和分析设备的监测数据。

（3）准确定位桥梁病害。在引入了三维可视化技术后，计算机可以自动将3D构件模型展开成巡检图，供巡检人员现场记录病害。巡检图上记录的病害又可以自动反馈到3D构件模型上，大大提高了病害记录的准确性和直观性。

3）通过建立标准资源库，实现标准化管养

桥梁管养标准化工作即是在管养实践中，对术语、概念和重复性事务，通过制定、发布和实施标准，达到统一。

图6　桥梁可视化技术

其原则是“统一”、“简化”、“协调”和“优选”。

在桥梁资产管理系统中,主要实现资源的标准化和流程的标准化两类标准化工作。

资源的标准化主要包括标准的构件库、病害库、措施库、专家库、合格专业承包商库等。对这些养护资源的标准化,有助于资源的高效利用,并有利于养护工作的统一规范。

流程的标准化工作主要包括工序的标准化、表单的标准化、成果的标准化等。流程的标准化有助于对各养护承包商所承担工作的有效把控,避免养护质量的失控。

4)通过定制的移动终端,实现便捷化管养

利用定制的移动终端设备,有望在桥梁巡检管理中实现以下 4 个方面的提升:

(1)利用角色和权限的设定,在移动互联网平台上实现工作分工,加快工作效率。

(2)在现场,利用附着在桥梁构件上的二维码,通过移动终端设备实现构件的实时定位和构件信息的查询。

(3)利用移动互联网实现服务器与现场数据的共享,减少信息传播的途径,拉近决策者与执行者之间的距离。

(4)利用移动终端,可以实现损伤的图形化录入,系统自动识别病害参数,大大简化技术人员现场工作量。

5)通过收集关键信息,实现与其他专业系统的集成化

桥梁资产管理系统集成大桥管理体系内其他专业化分工系统的关键信息,辅助管理者的决策管理工作。

5 结语

相对于我国桥梁的建设发展而言,现有的桥梁养护管理制度和养护管理体系已严重滞后。本文总结了我国今年来常见的桥梁安全事故原因;在此基础上提出了“建、管、养、查、评、修、研”的整套养护理念,并从养护规划、养护模式、养护工作总结、专项评估等角度提出了对桥梁养护体系建设的建议。

本文将资产管理的思想引入了桥梁管养领域。提议推动建立桥梁资产管理系统。利用资产管理系统可利用信息化集成技术动态掌握运营期桥梁资产的现状及实时变动状况,可以实现桥梁全面管理受控。

参考文献

[1] 张新越,李娜,梁柱,马骎,郑春,王仁贵. 大跨桥梁新型安全监测评价体系研究//第十八届全国桥梁学术会议论文集(下册)[C]. 2008.

[2] 陈艾荣. 基于给定结构寿命的桥梁设计过程[M]. 北京:人民交通出版社,2009.

[3] 陈惟珍. 现代桥梁养护与管理[M]. 北京:人民交通出版社,2010.

讲座专家简介:

邓广繁,高级工程师,工程硕士,现任中交公路规划设计院有限公司检测中心副主任。长期从事公路桥梁检测、监测与养护咨询工作。

桥梁结构健康监测及安全评价技术研究与应用进展

张宇峰

(江苏省公路桥梁工程技术研究中心;长大桥梁健康检测与诊断技术交通行业重点实验室;江苏省长大桥梁健康监测数据中心;江苏省交通科学研究院)

1 引言

桥梁是国家及城乡路网中的关键性节点工程,其跨越江河、湖泊及峡谷的阻隔,一桥飞架南北,天堑变通途。作为重大工程结构,桥梁的使用期往往长达几十年、甚至上百年,环境侵蚀、材料老化和荷载的长期效应、疲劳效应与突变效应等灾害因素的耦合作用将不可避免地导致桥梁结构的损伤积累和抗力衰减,从而降低其抵抗自然灾害、甚至正常环境作用的能力,极端情况下甚至引发灾难性的突发事故。例如,1994 年韩国汉城的圣水大桥断塌(31 人死亡);2001 年葡萄牙 Hintze-Ribeiro 大桥垮塌(54 人死亡),2007 年美国明尼苏达州密西西比河桥垮塌(9 人死亡)等等;在我国,目前 60 余万座公路桥梁中,病桥 10 万座,危桥近 2 万座,且随着桥梁的不断增加和老化、交通流量的急剧增长特别是重载车辆的不断增多,我国危桥数量仍然呈边治边增的趋势,仅 2011 年 7 月中旬 9 日间就发生了连续 4 起桥梁垮塌事故。这些事故不仅造成了重大的人员伤亡和经济损失,而且产生了极坏的社会影响。因此,为了保障桥梁结构的安全性、完整性、适用性与耐久性,急需采用有效的手段监测和评定其安全状况、预警和控制损伤。

传统上,桥梁结构健康状况评估是通过人工目测检查或借助于便携式仪器测量得到的信息进行的。但由于①需要大量人力、物力和财力并有诸多检查盲点;②主观性强,难于量化;③缺少整体性;④影响正常交通运行;⑤周期长,实时性差,因此人工检查方法在实际应用中有很大的局限性,美国联邦公路委员会的最近调查表明,由人工目测检查做出的评估结果有 56% 是不恰当的。

2 桥梁结构健康监测内容及系统构成

正是针对传统人工检测方法的上述不足,健康监测的理念与应用应运而生。自 1940 年美国 Tacoma 悬索桥发生风毁事故以后,桥梁结构安全监测的重要性就引起了人们的注意。但是,由于受科技水平的限制和人们对自然认识的局限性,早期的监测手段比较落后,在工程应用上一直没有得到很好的发展。现代桥梁健康监测技术是在 20 世纪 80 年代后期,随着传感技术、通讯技术与计算机技术的逐步成熟而发展起来的,它是一个以桥梁结构为平台,应用现代传感、通讯和网络技术,优化组合结构监测、环境监测、交通监测、设备监测、损伤识别、综合报警、信息网络分析处理和桥梁养护管理各功能子系统为一体的综合监测系统,可以实现对结构整体损伤的长期跟踪监测,达到对局部、短期损伤诊断技术的有益补充,从而极大地延拓了桥梁检测领域的内涵,提高了预测评估的可靠性。

不同于传统的桥梁检测方法(包括众多的无损检测技术)重在损伤发生后检查损伤的存在,桥梁结构健康监测与安全评估系统重在诊断可能发生结构损伤或灾难的条件和环境因素,评估结构性能退化的征兆和趋势,以便及时采取养护维修措施。因此,桥梁结构健康监测与安全评价系统的概念具有革命性的变革。

从系统构成来看,桥梁结构健康监测与安全评估系统主要将包括以下 4 个子系统(如图 1 所示)。

(1)传感器系统(SS);

(2)数据采集与传输系统(DATS);

(3)数据处理与控制系统(DPCS);

(4)结构健康状况评价系统(SHES)。

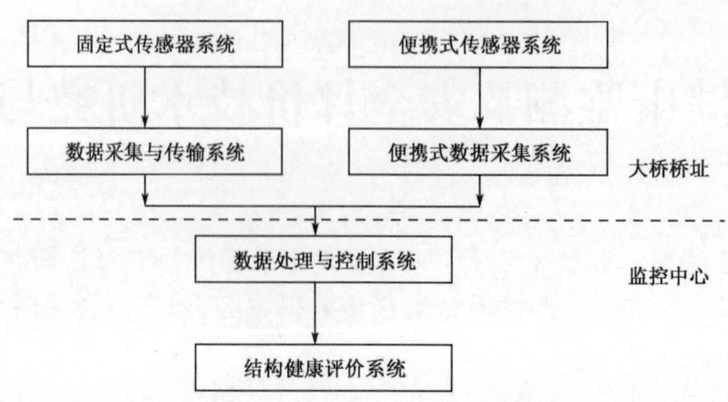

图 1　桥梁结构健康监测与安全评估系统框架

这四个子系统将运行于四个层次：第一层次是数据采集单元采集传感器系统拾取的信号；第二层次是将采集到的信号转换成数字信号并通过光纤网络输送到数据处理与控制系统；第三层次是由计算机系统完成数据的后处理、归档、显示及存储；第四层次是由高性能计算机系统完成大桥结构健康状况的评价工作，提供大桥在整个运营过程中工作状态的实时报告并且对非正常状态提供预警，实时评估大桥的安全性、适用性以及为大桥的定期检查和维修提供直接依据，并提交监测和结构健康评价报告。

从监测指标来看，根据各种桥型的特点，桥梁所需要监测的物理变量，大致可分为以下 4 类，即：环境荷载、运营荷载、桥梁特征和桥梁响应。环境荷载是指监测桥址在特定的自然环境和地理状况下，由于气候或地理的变化而对大桥产生的作用，如强风、温度、地震、腐蚀及冲刷等；运营荷载是指交通运营对大桥产生的荷载，如公路、铁路、船舶失控撞击等；桥梁特征是指桥系的静态特征和动态特征，如静力影响系数及影响线，模态频率、振动模态、模态阻尼比、模态质量参与系数等；桥梁响应是指索力、几何变形、应力状况、疲劳状况、连接件受力与位移状况等。其各监测内容与传统人工检查之间的关系可如图 2 所示。

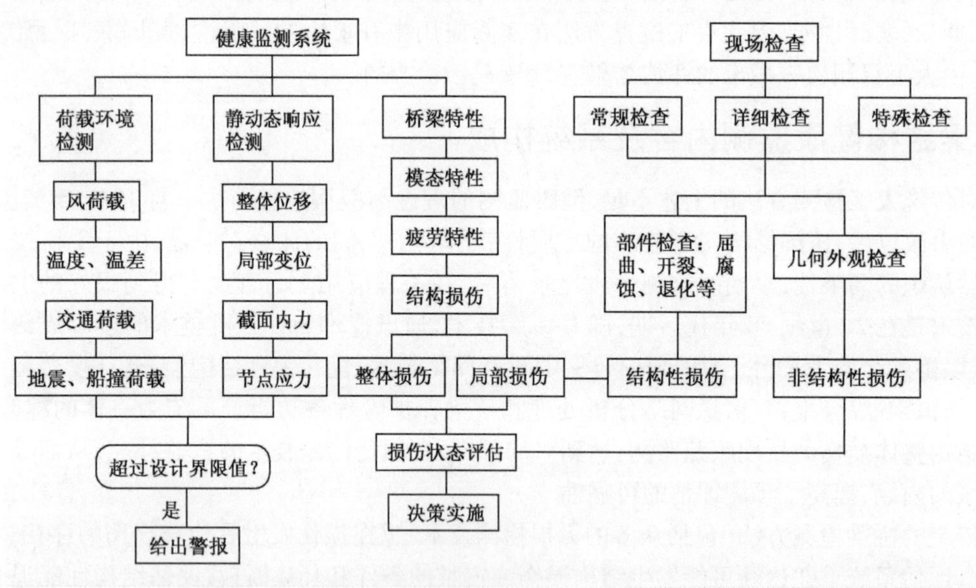

图 2　桥梁健康监测系统主要监测内容及与传统人工检查的关系

从所能发挥的作用来看，桥梁结构健康监测与安全评估系统主要功能包括：①确认桥梁的实际性能，验证设计参数，指导今后类似桥梁设计；②增加对桥梁结构安全程度的把握，及时发出结构预警；③根据监测数据对疲劳等累积损伤进行趋势预测及评价；④实现对难检及易损部位的监测，减少非重点部位的人工检查次数；⑤在意外发生期间和事后评估安全度，辅助和改进大桥的检测方法，为大桥的维护决策提供依据；⑥监测各类维护、加固和维修措施的作用和效果；⑦为桥梁研究提供大量的原始数据。

3 桥梁结构健康监测技术动态与发展趋势

20世纪桥梁工程领域的成就不仅体现在预应力技术的发展和大跨度索支承桥梁的建造以及对超大跨度桥梁的探索,而且反映于人们对桥梁结构实施智能控制和智能监测的设想与努力。近40年来桥梁抗风、抗震领域的研究成果以及新材料、新工艺的开发推动了大跨度桥梁的发展;同时,随着人们对大型重要桥梁安全性、耐久性与正常使用功能的日渐关注,桥梁健康监测与安全评估技术的研究与开发已成为当前桥梁界主要研究热点之一。

从目前理论研究状况来看:近年来,结构健康监测领域涌现了大量的研究论文,这些论文的研究内容包括智能传感器、传感器的优化布置、数据的无线传输、损伤识别方法、桥梁状态评估、桥梁生命周期管理养护等。此外,还举办了许多以结构健康监测为主题的国际会议,如:国际健康监测研讨会(International Workshop on Structural Health Monitoring)、欧洲健康监测研讨会(European Workshop on Structural Health Monitoring)、新型结构健康监测研讨会(International Workshop on Structural Health Monitoring of Innovative Structures)和智能结构和健康监测会议(International Conference on Structural Health Monitoring and Intelligent Infrastructure)。另外,国际模态会议(International Modal Analysis Conference)、SPIE年会、欧洲智能结构和材料会议(European Conferenes on Smart Structures & Materials)、国际结构控制会议(World Conference on Strcutral Control)等都有结构健康监测和损伤识别的专题。

此外,很多研究者正致力于研究并制定桥梁健康监测系统的设计指南和规范,如:Lauzon等研究者提出了一个桥梁监测系统设计建议;美国Dexrel大学的Aktan教授等制定了比较详细的健康监测系统的设计指南;加拿大ISIS组织的主席Mufti教授也主持起草了一份结构健康监测指南。英国的研究者制定了一个指导健康监测系统设计的指南。受国际结构健康监测工作委员会委托,香港理工大学以高赞明教授为首的课题组也正致力于研究制定专门用于大跨索桥监测系统的设计指南。

从实际应用来看:目前世界各国已在近300座桥梁上建立了规模大小各异的结构健康监测系统。在欧美,美国在80年代中后期就开始在多座桥梁上布设监测传感器,如佛罗里达州的Sunshine Skyway斜拉桥安装了500多个各类传感器,用来测量桥梁建设过程中和建成后桥梁的温度、应变及位移。英国在80年代后期,开始研制和安装大型桥梁的检测仪器和设备,研究和比较了多种长期监测系统的方案,并在爱尔兰Foyle钢箱梁桥安装了监测系统,该系统的主要监测项目包括主梁挠度、气象数据、温度、应变等,试图探索一套有效的、可广泛应用于类似结构的监测系统。希腊的Halkis桥于1994年安装了有48个通道的振动加速度传感器的测振系统。丹麦曾对总长1726m的Faroe跨海斜拉桥进行施工阶段及通车首年的监测;此外,在大带桥(Great Belt Bridge)的结构安全监测系统中,安装了近200个各类传感器对桥梁结构的温度分布、结构沉降、位移、振动等进行监测。另外,英国的Flintshire独塔斜拉桥、美国的Benicia - Martinez钢桁架桥、挪威的Skarmsundet斜拉桥、墨西哥的Tampico斜拉桥、加拿大的Confederation连续刚构桥等特大型桥梁也安装了不同规模的结构安全监测系统。在亚洲,日本的明石海峡大桥、濑户内海大桥、柜石岛桥、主要安装了风速仪、加速度传感器、位移计等,对于桥梁结构的气候环境、振动、结构沉降等进行监测。韩国的Nambae悬索桥、Jindo斜拉桥、New Haengju斜拉桥、泰国的Rama IX斜拉桥、印度的Naini斜拉桥等大桥也均布设了桥梁健康监测系统。在我国,目前香港昂船洲大桥结构健康监测系统是世界上技术最先进、规模最大的实时监测系统,包括广东虎门大桥、济南黄河桥、贵州坝陵河大桥、上海东海大桥、浙江杭州湾跨海大桥、钱江四桥等也均建立了桥梁实时监测系统。仅在江苏,目前已建和正在建设的桥梁健康监测系统就包括:南京二桥、三桥、润扬大桥、江阴大桥、苏通大桥、泰州大桥、崇启大桥7座长江大桥、宿淮盐高速公路淮安大桥等多座国省干道上的重点桥梁和徐州和平大桥、无锡榕湖大桥等多座市政桥梁。2007年7月,以江苏省公路桥梁工程技术研究中心为基础,依托江苏省交通科学研究院组建的"长大桥梁健康检测与诊断技术交通行业重点实验室"顺利通过了交通部交通行业重点实验室认定。

从发展趋势来看:桥梁结构健康监测与安全评价系统已开始成为大桥建设工程的一部分,香港昂船洲大桥和深圳西部通道大桥结构健康监测系统均与主体工程一同招标。通过对传感器的革新和自动远程监控技术的更新换代，桥梁结构健康监测与安全评价系统正向简单易装、经济可行、持久可靠的方向发展。

当然，上述理论研究和实践应用成果，虽已极大地推动了结构健康监测与安全评价技术的发展，但随着监测技术的不断发展和完善以及在实际工程中的应用实践，亦发现尚存在较多急需解决的问题。从技术发展角度来看，以下几点可能将是近期健康监测技术研究与寻求突破的主要热点：

（1）高耐久、高稳定性的传感器开发与分布式传感技术研究

随着监测技术、传感技术的不断发展和更新，新型传感器不断涌现。然而，目前土木基础设施等大型工程结构的结构健康监测系统中的关键传感技术多数是早期应用于航天航空、军事及精密机械等方面的传感技术，甚至多数结构性能及损伤识别理论也是针对均质、小型结构而并非大型的土木工程结构而开发的。传统传感器耐久性较差，数据传递受干扰比较大，只适用于短期、小范围的检测，不适合埋入式的长期实时监测，很难满足桥梁等交通工程结构的特征和满足整体式与分布式结构健康监测的要求。

目前大型桥梁、隧道等工程结构上还多以“点”式检测为主（应变片、加速度计甚至GPS等），而且传统传感器的价格较高不适合大范围的分布布设。对于主体为钢筋混凝土的大型交通工程结构，局部检测很捕捉到结构的损伤信息。比如，对于比较小的损伤如果应变片或加速度计等布置位置离真实损伤较远，则这些传感器很难监测到损伤信息，如果应变片等布置在裂缝等损伤上，则传感器很容易被破坏。而且，对于动态测量，基于“点式”动态测量的识别方法很难反映结构的整体性态。因此，迫切需要针对大型交通工程结构的性能及特征开发先进的、具有良好分布传感特性、耐久性和可靠性的监测传感元件及系统。

（2）适用于桥梁健康监测的数据挖掘与融合技术研究

数据处理和有效信息提取是后续状态评估的工作基础，现代传感技术、通讯技术和计算机技术，使得现场物理量的采集、传输和存储变得越来越容易，并且为实时数据处理提供了高速的计算工具和软件平台。然而，面对这些先进技术带来的海量数据（包含成百上千个传感器的长期在线监测系统得到的高维、海量、含有大量噪声、多因素混叠、强噪声特性明显的原始数据），却大大超越了人们的接受能力——结构工程领域传统的数据处理过程和理解方式，已经不能适应在线状态监测系统的数据获取能力。如何从源源不断的在线数据中获取结构状态信息，已成为结构健康监测和状态评价技术能否发挥实际作用的关键所在。

（3）面向工程实用的评估技术研究

尽管结构健康监测系统已经在许多大桥上得以安装并运行，但是目前的工作主要集中在数据的采集、统计上，真正意义上的评估工作还进行得较少。目前，桥梁安全性评估方法所采用的理论主要有动力指纹分析法，模型修正与系统识别法，神经网络法等。动力指纹分析法利用损伤出现前后结构动力特性“指纹”的变化来诊断结构的损伤，现在通常用到的动力指纹包括：频率、振型、振型曲率/应变模态、柔度、功率谱、模态确信准则（MAC）和坐标模态确信准则，但从这些动力指纹的变化来检测损伤还有待于进一步的研究，同时应该寻求对结构损伤更为敏感的新的动力指纹；模型修正与系统识别法的主要热点就是模型修正法，其充分利用理论建模与试验建模的优点，依据试验测得的模态参数、加速度时程记录、频响函数等，通过条件优化约束，来不断修正模型中的刚度分布，从而由测得的模型刚度的退化，对结构损伤进行判别和定位。这在概念上是很直观的，但是在实际应用中，由于测量噪声、建模误差等因素的影响，土木工程结构可测得的动力特性对局部刚度变化的敏感性很低等因素的影响，使这一方法的应用受到限制。神经网络法由于不需要结构模型的先验信息，故在难于选择合适的参数模型的情况下是有许多优点的。但其神经网络模型设计及训练尚有待大量研究，目前亦缺乏真正识别出实际结构损伤的工程实例验证。因此，迫切需要根据桥梁的实际工程情况改善桥梁状态评估领域的相关理论，研发能够应用于实际桥梁的、基于监测的结构安全性评估技术。

（4）面向常规桥梁的简易型健康监测的研究

虽然目前在大型桥梁的健康监测应用上已经积累了不少宝贵经验，但绝大多数迫切需要进行安全评价的中小桥上没有进行健康监测的研究工作，中小型危旧桥梁的单桥系统规模有限导致其信息不完备性更为突出，这种单桥系统的强分散性造成了与大型桥梁截然不同的采集与通信方式上的变化、高度分散的设备、恶劣的使用环境以及要求高的免维护性。因此，虽然在大型桥梁的健康监测方面已有一些经验，但仍然迫

切需要进行大量的中小桥监测研究工作，非常有必要研发一系列针对中小桥监测的传感器和采集传输设备。

4 结语

综上所述，随着现代传感技术、计算机与通讯技术、信号分析与处理技术及结构振动分析理论的迅速发展，桥梁结构健康监测与状态评估技术近年来已成为国内外工程界和学术界关注的热点。以分布性为特征的区域传感技术研究、多种信号分离降噪及知识挖掘技术研究、与数据处理数据特征提取有密切联系的状态预警和损伤识别技术研究、适合国省干道大中型桥梁和县乡道路中小型桥梁监测特点的简易监测系统研究将是今后一段时间桥梁健康监测技术研究的主要热点。物联网技术的发展将极大推动和促进健康监测技术的进步与日趋成熟，桥梁结构健康监测与安全评价系统将在桥梁管理中发挥越来越大的作用，其将有助于改变传统的被动式桥梁养护管理及交通运输管理理念，树立有预见性、针对性、及时性和整体性的主动式桥梁养护管理及交通运输管理理念，拓展与提升桥梁安全监测体系和智能交通体系，显著降低桥梁安全风险，延长桥梁服役寿命，亦便于全面统筹交通运输管理系统，提升突发事件应急处理水平。可以预计，一个桥梁数字化时代正在来临。

讲座专家简介：

张宇峰，男，博士，研究员级高级工程师，江苏省交通科学研究院副总工，国际智能结构健康监测协会（ISHMII）理事、中国公路学会青年专家委员会委员、中国振动工程学会结构抗振与健康监测专业委员会委员、江苏省土木建筑学会预应力专业委员会委员。主要从事桥梁施工控制、检测、健康监测与状态评估等技术科研工作，目前累计已出版主编著作一部，参编著作两部，参编地方标准5本，获得专利10余项，获国家科技进步二等奖1项，江苏省科技进步一等奖、中国公路学会科学技术特等奖等其他省部级奖项十余项。

既有公路隧道技术状况评价新体系的建立

张冠华 郭 骞
(辽宁省交通规划设计院公路养护技术
研发中心;公路桥梁诊治技术交通运输行业研发中心)

摘 要 在研究和总结国内外隧道技术状况评价体系和方法的基础上,结合《公路养护技术规范》(JTG H10—2009)中公路技术状况评价理念,建立了基于层次分析法的公路隧道技术状况评价新体系,确定了评价计算方法和状态等级划分,该体系可适应隧道养护管理的信息化。

关键词 隧道技术状况 评价体系 状态等级划分 养护管理的信息化

1 引言

随着我国经济的发展与国力的增强,公路修建隧道数量逐渐增多,标准逐步提高,隧道占公路总里程比例也逐步增加。截止2012年[1],我国共建设公路隧道10022座,总长805.27万延米。其中,辽宁省公路隧道总数量达241座,20.9万延米。由于隧道属于隐蔽工程,隧道结构病害和各种设施的损坏已经严重威胁隧道内行车的安全,甚至可能会造成整段公路的封闭,进而导致巨大的经济损失和社会影响。隧道结构病害形成机理与围岩地质构造、特性、水文、荷载等诸多因素有关,病害成因分析与养护管理远比桥梁复杂。同时隧道内设置了大量的机电设施和附属设施,设备的管理任务繁重,因此研究隧道病害损伤和设备损坏规律,建立科学的隧道评价体系和评级方法,可以及时采取预防性养护维修,达到延长隧道使用寿命,保证运行安全与运输畅通。

公路隧道技术状况评价是对隧道的使用功能(宏观)、使用价值(微观)、运营能力(微观)进行的综合评价。通过隧道技术状态评价,可鉴定其是否仍具有原设计的工作性能及运营通行能力,进而为隧道的养护、维修、加固和改造提供决策性的意见,将有限的资源做最优的分配,使隧道最大地发挥效用。评价结果除与评价方法、模型参数有直接关系外,与评价人员的专业素质和经验也都有直接关系。

2 现有隧道评价方法

2.1 日本

无论是公路、铁路还是水工隧道,日本一直采用健全度的概念来评价隧道功能的健全程度,即健全的隧道应能完成的功能,健全度具有剩余寿命的概念,健全度越大,剩余寿命越长。在此基础上形成了《铁道构造物等维持管理标准?同解说(构造物编-隧道)》[2]和《道路隧道维护管理便览》[3]。

《铁道构造物等维持管理标准·同解说(构造物编-隧道)》中的铁路隧道检查分为总体检查和个别检查,分为A、B、C、S四级,A级又细分为AA、A1、A2三级。《道路隧道维护管理便览》中公路隧道检查分为日常检查、定期检查、异常检查以及临时检查,检查的判定分级分为A,B,S三级。同时将隧道分为:衬砌、洞门、内装饰板、顶板、排水设备、铺设路面和其他7个部分。公路隧道调查阶段和铁路隧道一样,也采用健全度的方法进行判定,分为3A、2A、A、B四级。

2.2 美国

2005年美国FHWA和FTA共同发布了《Highway and Rail Transit Tunnel Inspection Manual》(公路和铁路交通隧道检查手册)[4]。手册中将隧道分为隧道结构(Civil/Structural Elements)、设备系统(Mechanical Systems)、电力系统(Electrical Systems)和其他系统(Other Systems)4个组成部分。检查手册中将隧道结构分为

衬砌、路基、内装、排水系统、和其他杂项，共5个部件，每个部件按检测结果进行评分，状态分级为10个等级。手册中详细列出了隧道结构常见的病害及其程度。检查手册中对于设备系统、电力系统、其他系统的技术状况则没有按照9级评分，而是分为5个等级，即优秀，良好，一般，差和严重。

2.3 中国

目前，我国隧道检测与评价方面的规范和标准主要为：公路方面有《公路隧道养护规范》(JTG H12—2003)[5]，铁路方面有《铁路桥隧建筑物劣化评定标准—隧道》(TB/T 2820.2—1997)[6]、《铁路运营隧道衬砌安全等级评定暂行规定》(铁运函[2004]174号)[7]、《铁路桥隧建筑物修理规则》(TG/GW103—2010)[8]和《铁路隧道衬砌质量无损检测规程》(TB10223—2004)[9]等。关宝树全面地总结了国内外隧道结构变异检查、变异判定和分裂标准，给出了解决隧道结构评价判定的思路和方向。

2.3.1 《铁路桥隧建筑物劣化评定标准—隧道》(TB/T 2820.2—1997)

《铁路桥隧建筑物劣化评定标准—隧道》规定了铁路隧道有衬砌结构裂缝、衬砌结构渗漏水、衬砌冻害及衬砌材料劣化4种劣化，每种劣化都规定了劣化类型、劣化等级和评定方法。《评定标准》中将隧道衬砌结构总体劣化和各劣化类型均分为A、B、C、D四类，其中A类分为AA和A1，即AA(极严重)、A1(严重)、B(较重)、C(中等)和D(轻微)。

2.3.2 《公路隧道养护规范》(JTG H12—2003)

《公路隧道养护规范》借鉴了日本和我国铁路隧道养护的成功经验和先进技术而制定。规范主要包含土建结构、机电设施、其他工程设施和安全管理四方面内容。土建结构规定了结构检查与评价方法，机电设施设备完好率作为评价指标，其他工程设施和安全管理未列出明确的评价方法。《公路隧道养护技术规范》将土建结构检查分为：日常检查、定期检查、特别检查和专项检查4种。土建结构日常检查、定期检查和特别检查的技术状况评价只对隧道土建结构的8个部件进行分别评价，即洞口、洞门、衬砌、路面、检修道、排水系统、吊顶和内装，技术状况分为S、B、A三个等级。专项检查根据衬砌结构按外荷载、材料劣化和渗漏水三种情况划分的结果判定分B、1A、2A、3A四类。目前，重庆交通科研设计院已开展规范的修订工作。

2.3.3 其他

台湾地区的《老旧交通隧道之安全检测技术手册》中将隧道劣化程度分为甲、乙、丙、丁四个等级。昭凌公司提出的DERU评估法将隧道分为结构安全、洞口边坡安全及营运服务质量共3大部分，12个子项目，根据子项目的权重值进行评价。

韩直等通过公路隧道安全技术入手，系统地论述了公路隧道运营安全的框架体系，详细地介绍了国内外有关隧道运营安全管理和机电设施管理方面的评价方法，给出了隧道机电设施、运营管理、运营环境和公路隧道安全等级综合评价的方法。

3 公路隧道技术状况评价新体系

3.1 新体系的必要性

《公路养护技术规范》(JTG H10—2009)中确定了公路技术状况评价方法和公路技术状况评价指数MQI，并将技术状况等级分为优、良、中、次、差五个等级。隧道与桥梁同属桥隧构造物，也纳入该体系当中。同时，《公路桥梁技术状况评定标准》(JTG/T H21—2011)中，桥梁技术状况评价等级标度也分为了5各等级。因此，提出适应于公路评价体系的、适应于未来隧道养护信息化管理的隧道评价体系与方法已刻不容缓。

3.2 新体系的建立原则

在建立公路隧道技术状况评价体系时，考虑评价体系是由复杂的系统组成的，故体系建立时应采用系统科学中的层次性法原理，即大系统理论中的分解协调原理，将影响技术状况的因素条理化、层次化，从而建立递阶层次分析模型。目前，《公路养护技术规范》(JTG H10—2009)和《公路桥梁技术状况评定标准》(JTG/T H21—2011)等均采用层次分析法进行评价。

公路隧道技术状况评价体系是由一个庞大的系统组成,它涵盖隧道内各种结构物、机电设施、其他附属设施、运营管理等方面。因此,在建立公路隧道技术状况评价体系时,应采用系统科学中的层次性法原理,即大系统理论中的分解协调原理,将问题分解为多个层次,每个层次又有多个构成要素,由粗到细,由表及里,从全局到局部逐步深入分析,将影响因素条理化、层次化,从而建立递阶层次分析模型。在建立评价体系时应充分考虑现有各种规范对公路隧道体系的划分,又应涵盖未来隧道的发展所产生的新的组成部分,将隧道成百上千的组成部分有机的组成在一起,综合进行隧道技术状况评价。

3.3　新体系的评价层次

参考《公路隧道养护规范》和其他规范,新的公路隧道技术状况评价体系分为4层,第1层为隧道总体技术状况,第2层为隧道技术状况各组成部分,第3层为部件、设施或子状态,第4层为构件、设备或运营子状态技术状态指标值。在建立评价体系时应充分考虑现有各种规范对公路隧道体系的划分,又应涵盖未来隧道的发展所产生的新的组成部分,如图1所示。

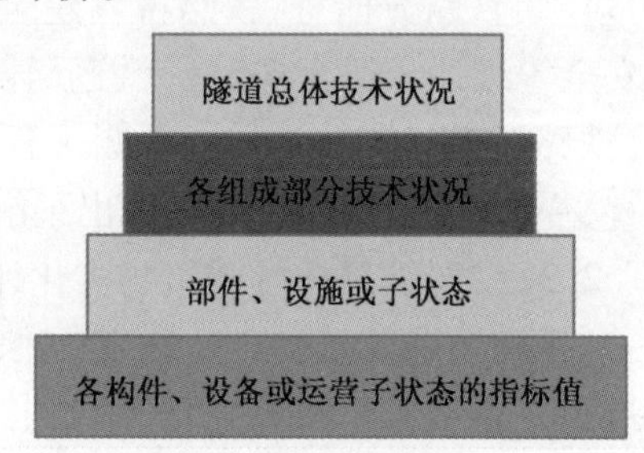

图1　隧道技术状态评层次

4　隧道总体技术状况评价方法

4.1　评价的各组成部分

《公路隧道养护规范》中将隧道评价分为:土建结构、机电设施、其他工程设施、安全管理四个组成部分。养护规范对隧道组成部分的划分基于"硬件"和"软件"两部分考虑,"硬件"主要为隧道自身的土建结构、配置的各种机电设施和附属的其他工程设施等;"软件"主要为保证隧道运营安全的安全管理。可以说目前《公路隧道养护规范》的隧道组成部分的划分是合理的,基本涵盖了影响隧道自身技术状态各种因素。因此,课题组评价体系的层次,将隧道总体评价分为土建结构、机电设施、其他工程设施和运营安全管理,详细划分如图2所示。

4.2　总体评价计算

据上节所述的公路隧道评价层次体系,依据层次分析法并参考桥梁规范[15]明确了隧道总体技术状况评分TCI的计算方法和评分界限:

$$TCI = JGCI \times W_{JG} + JDCI \times W_{JD} + QTCI \times W_{QT} + AQCI \times W_{AQ} \tag{1}$$

式中:　TCI——隧道总体技术状况评分;

$JGCI$、$JDCI$、$QTCI$、$AQCI$——土建结构、机电设施、其他工程和运营安全管理技术状况评分;

W_{JG}、W_{JD}、W_{QT}、W_{AQ}——对应的权重如表1所示。

评分采用百分制,可根据病害数量与程度计算得出,也可人工经验打分。

隧道各部分的权重　　表1

评价因素	土建结构	机电设施	其他工程设施	运营安全管理
权重 W_i	0.45	0.35	0.05	0.15

《公路技术状态评定标准》中将公路隧道技术状况等级分为5个等级,如表2所示。当前路面、路基和桥梁养护相关规范已经采取了这一做法,而《公路隧道养护技术规范》由于出台较早,未采取5等级分类方法。因此,新体系中总体技术状况的等级划分主要基于了《公路技术状态评定标准》,并参考《公路桥梁技术状况评定标准》的相关内容,将公路隧道总体技术状况分为5级,各级的状态描述如表3所示。

隧道技术状况评分界限表　　表2

1类	2类	3类	4类	5类
(95,100]	(80,95]	(60,80]	(40,60]	[0,40]

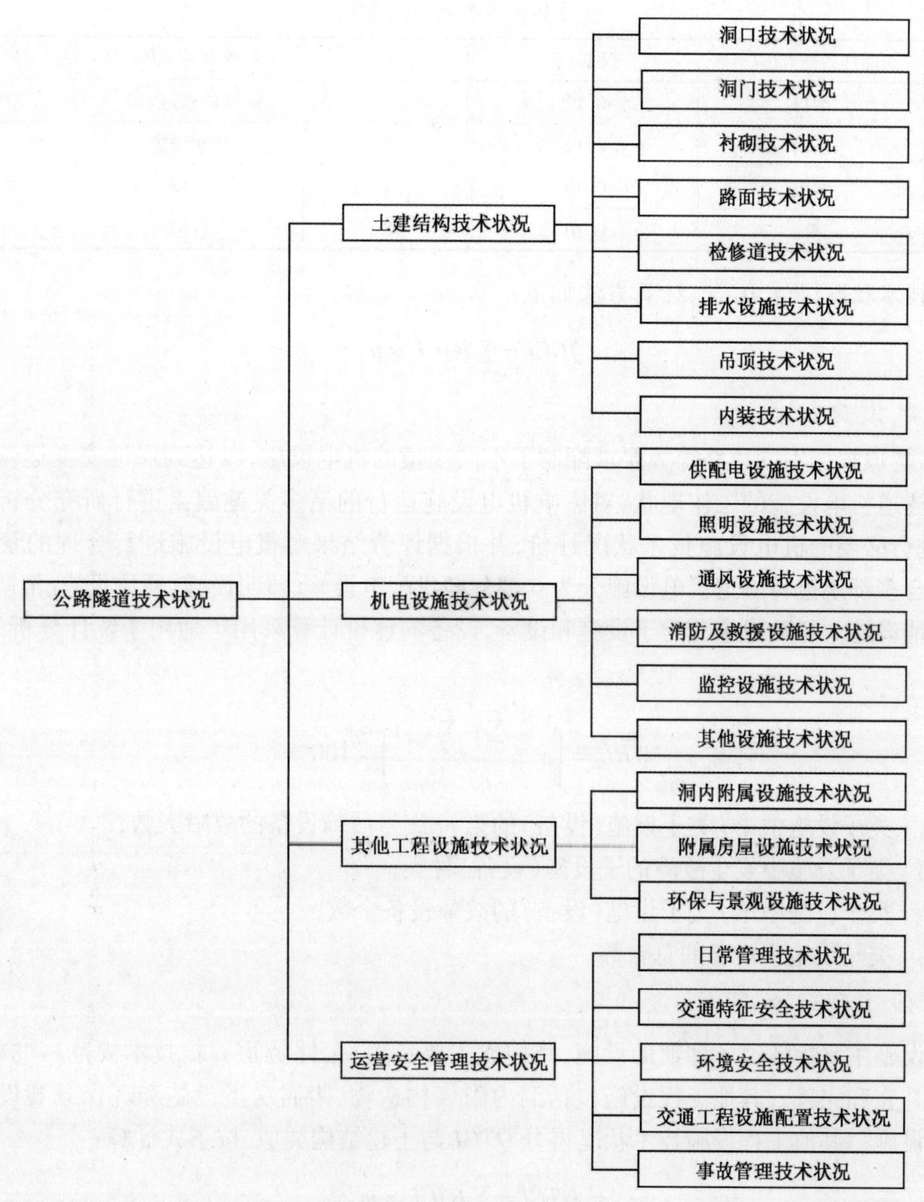

图2 隧道技术状况评价内容

公路隧道总体技术状况描述 表3

技术状况等级	技术状况描述
1类	全新或优良状态。隧道使用功能完好，通行安全。
2类	轻微破坏或故障状态。隧道使用功能和运营安全无明显影响。
3类	中等破坏或故障状态。隧道各部分存在破坏或故障，发展缓慢，尚能维持正常使用，可能影响运营安全。
4类	严重破坏或故障状态。隧道各部分存在较严重破坏或故障，发展迅速，不能保证正常使用，影响运营安全，进行交通管制。
5类	危险状态。隧道各部分存在严重破坏或故障，发展迅速，隧道不能正常使用，危及隧道和运营安全，及时关闭交通。

4.3 土建结构评价

隧道土建结构是隧道最主要的组成部分，是隧道安全运营的基本保障。课题组参考隧道养护规范，将土建结构分为洞口、洞门、衬砌、路面、检修道、排水系统、吊顶和内装8个部件，各部件的权重如表4所示。

土建结构中各部件的权重　　表4

代码 i	部件名称 $BJCI_i$	权重 w_i	代码 i	部件名称 $BJCI_i$	权重 w_i
1	洞口	0.12	5	检修道	0.02
2	洞门	0.12	6	排水设施	0.20
3	衬砌	0.40	7	吊顶	0.02
4	路面	0.10	8	内装	0.02

土建结构技术状况得分 $JGCI$，计算方法如下：

$$JGCI = \sum_{i=1}^{m} BJCI_i \times w_i \tag{2}$$

4.4 机电设施评价

目前，公路隧道根据不同道路等级要求配制了不同规模的机电设施，以达到保证安全运营。因此，为了掌握当前阶段隧道机电设施的工作现状，对影响机电设施运行的诸多关键因素进行研究分析，科学合理选取评价指标，进行必要的机电设施技术状况评价，并根据评价结果对机电设施进行合理的管理、维修和改造。课题组综合多部规范将隧道机电设施分为6部分即供配电设施、照明设施、通风设施、消防及救援设施、监控设施和其他设施。每种设施分为子设施和设备，设备的评价计算采用了适用于统计分析的设备完好率 WHL。

$$WHL_i = \left[1 - \frac{\sum_{j=1}^{x}\left(\sum_{m=1}^{y} t_{jm}\right)}{n \cdot 365}\right] \times 100\% \tag{3}$$

式中：t_{jm}——第 i 类子设施中第 j 类子设施（设备）的第 m 编号故障设备的故障天数；

x——第 i 类子设施中发生故障的子设施（设备）种类；

y——第 i 类子设施中第 j 类子设施（设备）的故障设备个数；

n——第 i 类子设施中设备的总台数。

4.5 其他工程设施评价

其他工程设施主要指隧道各种辅助设施，其构成主要参考《公路隧道养护技术规范》，并根据调研对各组成部分进行补充和完善。其他工程设施包括洞内附属构造物、附属房屋设施和环保景观设施，每种设施均包含多种子设施。其他工程设施技术状况得分 $QTCI$ 与土建结构类似，按下式计算：

$$QTCI = \sum_{i=1}^{m} BJCI_i \times w_i \tag{4}$$

4.6 运营安全管理评价

隧道运营安全技术状况评价要全面地反映出所要评价的各项目标要求，尽可能地做到科学、合理且符合实际情况，并基本能为管理部门接受。为此，在制定评价体系时需要对运营安全的影响因素进行必要的筛选，将影响公路隧道运行管理状况的因素加以分析和合理综合。基于隧道运营管理的主要内容，将隧道运营安全技术状况评价分为五部分：

(1)日常管理评价：对清洁与检测频率、养护维修及时程度的完成程度进行评价；

(2)交通特征安全状态评价：通过交通流状态和主要因素进行评价；

(3)环境安全状态评价：按CO浓度、烟雾浓度、路面亮度、噪声等参数进行评价；

(4)交通工程设施配置状态评价：按交通工程设施配置数量与标准要求数量比例进行评价；

(5)事故管理评价：通过交通事故预案与处理方案、防火制度、防灾宣教与管理措施、防灾救灾预案的种类全面程度进行评价。

运营安全管理状态评 $AQDJ$ 的计算方法按下式计算：

$$AQDJ = ZTDJ_i \times W_i \tag{5}$$

5 结语

隧道技术状况评价是隧道综合状态的反映,可以使隧道管理者对隧道综合情况有一个全面的了解,为管理者实施隧道养护提供科学的决策依据,也为养护方案的制定和确定养护时间的优先次序提供依据。公路隧道组成的复杂性和特殊性,决定了其技术状况的的影响因素众多。本文综合分析公路隧道的土建结构、机电设施等多个方面,首次将运营安全管理纳入到隧道技术状况评价体系中,建立了具有区域特点的公路隧道技术状况评价体系,并提出了评价方法和状态划分原则,很大程度上克服了现有评价方法中评价因素的不成体系、主观性因素过多,层次不清晰等缺点。同时,该评价体系与状态划分可与现有《公路技术状况评价标准》进行对接,满足养护维修的信息化和管理系统的需要。

参考文献

[1] 中华人民共和国交通运输部. 2012 年公路水路交通运输行业发展统计公报[R]. 北京,2013.

[2] 日本道路协会. 道路隧道维护管理便览[S]. 东京:丸善株式会社出版事业部,2000.

[3] 日本铁道设施协会. 铁道构造物等维持管理标准·同解说(构造物编—隧道)[S]. 东京:丸善株式会社出版事业部,2006.

[4] Federal Highway Administration and Federal Transit Administration. Highway and Rail Transit Tunnel Inspection Manual[S]. Washington:U. S. Department of Transportation,2005.

[5] 中华人民共和国行业标准. 公路隧道养护技术规范(JTG H12—2003)[S]. 北京:人民交通出版社,2003.

[6] 中华人民共和国行业标准. 铁路桥隧建筑物劣化评定标准—隧道(TB/T 2820.2—1997)[S]. 北京:中国铁道出版社,1997.

[7] 中华人民共和国行业标准. 铁路运营隧道衬砌安全等级评定暂行规定(铁运函[2004]174 号)[S]. 北京:中华人民共和国铁道部,2004.

[8] 中华人民共和国行业标准. 铁路桥隧建筑物修理规则(TG/GW103—2010)[S]. 北京:中国铁道出版社,2010.

[9] 中华人民共和国行业标准. 铁路桥隧建筑物修理规则(TG/GW103—2010)[S]. 北京:中国铁道出版社,2010.

讲座专家简介:

张冠华,教授级高级工程师,现任辽宁省交通规划设计院公路养护技术研发中心副主任。工学博士。长年坚持在道路桥梁隧道的设计与养护工作。参加并负责多个路线、大型立交、桥梁设计,负责数千座桥梁检测试验、数十座隧道检测以及相应的加固设计与养护工作。积极参与或负责十余项课题的研究工作,并参与多部技术标准(指南)的编写。获得省部级奖励十余项,近三十篇科技论文在省、部级以上刊物发表。

桥 隧 篇

50m 预应力混凝土 T 梁侧弯原因及防治措施

周建国 倖 祝 冯德刚
(中交三公局桥隧公司陕西黄延高速扩能工程 LJ-7 标项目部)

摘 要 50m 跨径预应力混凝土 T 梁横向刚度比侧向刚度小的多,在预制施工和架设过程中,缺乏横向约束,很容易产生侧弯。结合黄延高速扩能工程葫芦河特大桥 50m 预应力混凝土 T 梁的施工实例,分析产生侧弯的原因,并提出相应的技术处理方案,有效的保证了现场预制梁及桥面系施工的工程质量,为同类型大跨度 T 梁工程提供了施工经验。

关键词 预应力混凝土 T 梁 侧弯 原因 防治措施

1 工程概况

黄延高速扩能工程葫芦河特大桥,沿坡面设线,跨越两处黄土冲沟,均为 V 型沟,桥孔布置依据地形布设。上部结构为:(4×50)+5×(3×50)米预应力混凝土连续 T 梁 +2×(4×30)米预应力混凝土先简支后连续箱梁;其中 50mT 梁 266 榀,30m 箱梁 80 榀。

预制 50mT 梁采用 C50 混凝土,梁体自重 180T,弹性模量 $E_h = 3.5 \times 104$MPa,混凝土强度达到 90%,龄期 7 天后张拉预应力钢束。每榀 T 梁中跨设有 7 束预应力钢绞线,边跨设有 8 束预应力钢绞线;钢绞线采用 7Φs15.2 高强低松弛钢绞线,标准强度 1860MPa,锚下张拉控制应力 1395MPa。

现场施工按设计要求张拉 50mT 梁时,发现梁体均出现不同程度的侧向弯曲现象。尤其是边梁的侧弯变形尤为严重。经现场测量,最大的跨中侧弯值达 5cm。这种异常的侧弯现象造成 T 梁架设过程中,两榀 T 梁间间距缩小,跨中横隔板互相干扰,无法正常落梁,严重影响了架梁工期,造成了一定的经济损失。

2 侧弯原因分析

经过总结和分析,认为 50mT 梁侧弯的原因有以下几个方面:

(1)结构形式的影响 T 梁张拉时,类似于两端受压的压杆。在实际工程中,假定材料在线弹性范围内工作,则根据欧拉临界应力公式:

$$\sigma_{cr} = \frac{P_{cr}}{A} = \frac{\pi^2 EI}{(\mu l)^2 A} = \frac{\pi^2 E}{\lambda^2}$$

式中:λ——柔度;

i——截面惯性矩半径,即:

$$\lambda = \frac{\mu l}{i},\ i = \sqrt{\frac{I}{A}}$$

式中:I——截面的最小形心主轴惯性矩;

A——截面面积。

柔度 λ 又称为压杆的长细比。它全面反映了压杆长度、约束条件、截面尺寸和形状对临界力的影响。50mT 型梁跨度大,截面惯性半径小(腹板中间厚度仅为 22cm),因此其长细比 λ 值大,临界应力 σ_{cr} 值较小。在 T 梁张拉时,横向刚度与侧向当荷载达到某一临界值时,梁体容易产生侧向弯曲并可能会发生扭转现象。

(2)预应力张拉工艺的影响

50mT 型梁端部断面底部的"马蹄"形部分断面尺寸为 65cm,N1、N2、N3 的间距仅为 35cm,而现场按业主要求采用智能张拉设备,穿心式千斤顶外形尺寸大于 30cm,使得在端部断面并排放置两个千斤顶成为不可能,因而不能同时张拉各对称钢束。实际张拉过程中,受张拉设备和张拉工艺的影响,对N1、N2、N3号钢束只能是分批张拉。截面左右的钢束张拉不平衡使主梁在瞬时获得了一个附加偏心矩M,在偏心矩M作用下,梁会产生侧向弯曲变形,即产生侧向挠度f,并伴随着细微裂缝的出现,严重影响了主梁的使用质量。

(3)预应力钢绞线横向位置偏差的影响

钢绞线的位置由空间x、y、z三个坐标固定,固定点的三维方位偏差对预应力钢绞线的精确定位产生较大的影响。假定8束预应力钢束由于安装偏差均偏向一侧,偏离其形心轴距离为e,故在张拉预应力时,对y轴产生附加偏心弯矩,跨中截面最大侧绕曲值公式为:

$$f_{\max} = \frac{ML^2}{8EI}$$

式中:$EI = 0.85E_hI_h$——取跨中截面和支座截面EI的平均值;

L——张拉时梁的长度;

M——由于钢绞线的整体安装偏差引起的张拉附加弯矩,$M = 6N_ye$。代入数值计算可得跨中侧向位移为$f_{\max} = 1.82e$,即预应力钢绞线整体安装每产生1cm的偏差,梁体在跨中将发生近2.226cm的侧向偏位。

由此可见对于长细比大,腹板薄、侧向刚度较小的T梁,钢绞线的定位误差将严重影响梁的侧弯。

(4)混凝土强度的影响

设计规定:预制T梁混凝土强度达到设计强度90%后,方可张拉。目前,在实际施工中由于T梁张拉时混凝土强度主要以混凝土试块强度为准,但是同期养护试块达到混凝土设计强度的90%时,T梁本身强度可能没达到设计强度的90%。在这种情况下进行张拉施工,混凝土强度不足,张拉时混凝土的非弹性变形大,将增大张拉后T梁的侧向弯曲。

(5)T梁与底座之间摩阻力过大

T梁预制台座大多由混凝土浇筑而成,在其上铺钢板。由于T梁与台座之间存在摩阻力(台座钢板涂刷脱模剂不均匀或表面未清理干净);张拉时,张拉力需克服一定摩阻力后传给梁体,造成张拉力在梁端处聚集时间过长,对梁体有一定冲击性,也是导致T梁侧弯的原因。

(6)T梁的存放时间

预制梁在梁场存放的时间越长,由于混凝土徐变变形较大,钢绞线松弛和应力重分布,一定程度上加大了梁体侧弯。

3 预防和减小T梁张拉后产生侧弯的措施

为了确保50m预制T梁的质量,保证架梁时的稳定和施工安全。经过采纳相关专家的建议和吸取其他标段的经验,我们在现场施工采取了以下措施,取得了比较好的效果,减小了梁体侧弯的问题。

(1)调整T梁张拉顺序

通过邀请专家组实地查看,征得设计、业主的同意后,变更设计;将N1、N2、N3号预应力钢束同时对称张拉调整为对角张拉,且分二级张拉。(第一次张拉到50%,待N4、N5、N6、N7、N8号预应力钢束张拉完成后,最后张拉至100%)通过调整张拉程序,T梁的侧弯得到明显改善。另外,对于边梁应先张拉最外侧的钢绞线,使T梁弯曲趋向内侧,而有横隔板的内侧刚度大于无横隔板的外侧,减小了T梁的侧弯值。通过实践证明,这种设计上的调整是非常科学的。

(2)控制T梁线型,减小长细比

T梁合模和浇筑前,严格检查T梁各项尺寸、模板的平整度,使平面形状符合设计要求。T梁拆模后,要及时在两梁端设置牢固可靠的支撑,对T梁形成支点,起到减小梁体长细比的作用,保证T梁的侧向弯曲变形。

(3)保证孔道位置准确

严格控制预应力管道定位钢筋的加工、制作和安装,波纹管穿入梁体钢筋后要反复检查、校正其纵、横及竖向坐标,特别注意横向位置,确保孔道偏位符合规范要求。混凝土施工过程中,严格控制混凝土振捣时间,要避免插入式振捣棒碰到钢筋和波纹管,扰动其横向位置;同时,模板外侧的附着高频振动器位置,尽量在“马蹄”上端(“马蹄”部位混凝土振捣,可以采用30型振捣棒振捣)。在保证T梁质量的前提下,建议采取使用早强剂、加强养生等措施提高混凝土的早期强度。

(4)确保T梁张拉时的混凝土强度

张拉时,梁体强度和弹性模量达到设计要求后,严格按设计要求对T梁立即张拉。在工期允许的情况下,不仅要考虑梁体混凝土的强度是否符合要求,而且应考虑混凝土的龄期,这样严格控制T梁的混凝土强度,才能保证梁体混凝土强度确实达到设计要求。

(5)严格控制T梁的张拉操作规程

张拉时严格按照设计张拉顺序,同时改进张拉工艺,采用“分级循环”,对钢束进行对称张拉。确保梁内应力均衡,拉到设计要求的应力,尽量控制钢束伸长值在6%以内,减小对偏心的影响。

(6)减小T梁与台座之间的摩阻力

T梁预制过程中,应缩短钢筋绑扎与混凝土的浇筑时间差,避免台座钢板长时间暴露,导致台座钢板涂抹的脱模剂风干。

(7)严格控制T梁存放时间及T梁吊装规程

在预制梁场存放的时间控制在60d以内,以免梁体徐变,加大梁体侧弯。T梁在提梁或安装时,尽量保证竖轴在铅锤方向;控制梁体下降速度,且尽量在无风或风速较小时施工,减小对梁的冲击。应及时联结各梁之间的横隔板以增加其横向约束,防止其继续侧弯。

4 结语

在葫芦河特大桥50mT梁预制过程中,采取了上述防治措施,后期有效控制了T梁侧弯变形,保证了T梁的质量,也确保了工期,取得了良好的社会效益和经济效益。通过认真分析T梁在张拉过程中的受力情况,找准了导致侧弯的问题所在,采取了相应的控制措施来防止梁体的侧弯,这为今后桥梁施工及设计工作提供了有益的借鉴。

参考文献

[1] 王能.50m预制T梁侧弯原因分析与控制.福建建筑2009(8).

[2] 中华人民共和国行业标准.JTG/T F50—2011 公路桥涵施工技术规范.北京:人民交通出版社,2011.

[3] 中华人民共和国行业标准.JTG D62—2102 公路钢筋混凝土及预应力混凝土桥涵设计规范.北京:人民交通出版社,2012.

Rosphalt 铺装技术在国内的首次应用研究

周筠莉

（宝鸡公路管理局第一工程处）

摘　要　Rosphalt 技术通过增加混合料的弹性恢复能力，防止永久变形的不断累积，达到避免车辙的目的。在对国外 Rosphalt 施工经验和使用情况的信息进行大量收集的基础上，在工程中实施了一段 Rosphalt 桥面铺装试验路。这是该技术在国内的首次应用，是一次有意义的探索性工作，为该技术在国内的进一步推广积累了宝贵的经验。

关键词　Rosphalt　桥面铺装

1　Rosphalt 技术简介

1.1　Rosphalt 技术背景

车辙是桥面铺装常见的病害，国内主要采用三种方式防止桥面车辙的发生，一是向普通的沥青混合料添加抗车辙剂，二是采用环氧沥青，三是浇筑式铺装技术。其中，环氧沥青施工难度太大，而浇筑式铺装造价高，且容易发生松散，应用较多的还是第一种方式，即添加抗车辙剂。

市面所见的抗车辙剂都是通过提高沥青的硬度和抗变形能力来抵抗车辙变形，这必然要求孔隙率不能太小，否则不利于混合料密水性。此外，由于抗车辙剂增加了混合料的劲度模量，对混合料低温性能有所降低。因此，一般的抗车辙剂不适用于桥面铺装的上面层。

Rosphalt 技术是美国提出的一种针对车辙病害的桥面铺装技术，主要用于磨耗层、防水层。其原理并非增加沥青硬度，而是采取另一途径，增加混合料的弹性恢复能力，使材料受力变形之后能够恢复原样，通过这种方式防止永久变形的不断累积，达到避免车辙的目的。正由于该技术不要求混合料具有很强的抗变形能力，因此可以允许空隙率降到很低的程度。同时，添加剂填充了混合料中的大部分空隙，大大提高了其密水能力。这样就解决了桥面铺装抗变形与抗透水的矛盾，为桥面铺装提供了一种新的技术方案，具有很重要的研究和实用意义。

1.2　Rosphalt 技术主要特点

Rosphalt 是一种浓缩热塑性原状聚合物的颗粒状改性剂。根据国外的经验，其使用寿命一般在 20 年以上。在施工上使用常规的拌和、摊铺及碾压设备。截至 2002 年，美国有 18 座桥梁、2 个机场使用了共计了 1.6 万吨的 Rosphalt 混合料。

Rosphalt 采用干拌法施工，即在混合料拌和过程中，将改性剂直接加入拌缸。Rosphalt 的设计空隙率为 0.5% ~2.0%，改性剂用量为混合料重的 2.25%。与传统混合料的最重要差别是施工温度，Rosphalt 混合料的生产温度为 220℃，摊铺温度为 190 ~210℃，初压温度为 150 ~210℃，开放交通温度为 60℃。

一方面，Rosphalt 混合料有较小的弹性模量，一般为 500MPa 左右，这与其有较高的弹性有关。另一方面，Rosphalt 混合料有较高的抗车辙能力，这表明其抗车辙性能不是来自于材料本身的劲度，而是来源于荷载卸除后的较高的可恢复变形。因此，不能用弹性模量来评价 Rosphalt 混合料的高温性能。目前，国内关于 Rosphalt 的文献较少，有关 Rosphalt 混合料的配合比设计方法、路用性能评价还处于研究阶段。

2　国外 Rosphalt 技术应用经验与技术要求

Rosphalt 铺装技术在美国已有近 20 年的成功应用，积累了丰富的施工经验，其主要技术指标要求可归纳为以下几项。

2.1 配合比设计

Rosphalt 混合料设计可以采用马歇尔法或旋转压实法。但是,传统的设计指标都不再适用于 Rosphalt 混合料,但配合比设计的基本理论和方法,如有关体积指标的计算和设备的使用等,仍然是相似的。

Rosphalt 混合料设计通常选用最大公称粒径为 9.5mm 或 13.2mm 的集料,其级配范围如表 1 所示。

美国 Rosphalt 混合料级配范围 表 1

筛孔尺寸(mm)	通过率(%)	级配控制	筛孔尺寸(mm)	通过率(%)	级配控制
13.2	100	±7%	0.6		±4%
9.5	90~100	±7%	0.3	7~23	±4%
4.75	≤90	±7%	0.15		±4%
2.36	32~67	±4%	0.075	2~10	±2%
1.18		±4%			

美国所应用的级配范围十分宽泛,级配曲线仍是越接近最大密实线越好,因此,Rosphalt 的级配仍然是骨架密实型,等同于国内的 AC 型级配。

对于 13.2mm 的混合料,相当于国内 AC13 型级配,美国一般采用的结构层厚度在 50~100mm。

如果按马歇尔击实法设计,双面击实 50 次。目标空隙率为 1.25%,*VMA* 不小于 16.0%,*VFA* 则不小于 90.0%。国外经验表明,若试验室可达到目标空隙率,则现场空隙率也会在适当范围内。为使混合料设计达到要求性能,Rosphalt 掺加量应为混合料重量的 2.25%,在计算 *VMA*、*VFA* 等体积参数时,Rosphalt 材料也被算为沥青的一部分。

Rosphalt 材料系通过干法添加,而且在添加前不能预热,应将干燥粉末直接掺加到混合料里。配制试验室混合料的步骤如下:

(1)分批称量集料后,在烘箱内加热至 210℃ ±5℃,但不得超过 220℃。

(2)添加集料至搅拌锅,再掺加一定比例的 Rosphalt 添加剂。

(3)干拌 Rosphalt 添加剂 10s,此时温度应在 190~195℃。

(4)添加加热至 155℃ ±5℃的基质沥青,拌和 90s。拌和时间可以适当延长,直到混合料与沥青搅拌均匀、充分裹覆。

(5)175~190℃是 Rosphalt 混合料施工成形的最佳温度范围,因此需检验试验室拌和完成的混合料温度是否在该范围之内。Rosphalt 混合料的最佳击实温度为 175℃,允许范围为 170~180℃。马歇尔试件稳定度应大于 8.8kN,流值大于 2.5mm。

由于 Rosphalt 混合料是通过弹性恢复来抵抗永久变形,具有较高的模量,因此在车辙试验中不宜用碾压次数来表征抗车辙能力,而应当用车辙总变形量来检验,根据美国的研究成果,车辙总变形量应不超过 5mm。

2.2 混合料的生产

美国经验表明 Rosphalt 混合料最好是用间歇式拌和楼生产,拌和楼必须按照设计的比例掺加 Rosphalt 添加剂,方法与其他干粉颗粒类添加剂的添加相同,一般是使用自动添加装置。

间歇式拌和楼生产时,搅拌时间总共为 80s。先是集料和 Rosphalt 材料干拌 10s,然后加入沥青湿拌 70s。如果有储料仓,可以提前备材料,储料仓应有较好的绝热性能,否则需要提前预热。但是,储料仓不可过夜储存材料。

拌和楼的温度控制很关键,石料加热温度范围可控制在 195~220℃,但不能超过 220℃。基质沥青温度为 155℃,Rosphalt 混合料拌和完成时温度在 175~190℃。

2.3 Rosphalt 混合料的现场施工

根据美国经验,不宜在桥面温度低于 4℃时摊铺 Rosphalt。若有必要,可以用加热器将桥面加热至 4℃

以上再摊铺。

在混合料的运输与保温方面，美国的做法与国内没有差异，都要求采用大吨位自卸车运输，并在车厢顶面和侧面都用棉被覆盖保温。

摊铺机械业也没有特殊要求，各种沥青摊铺机都可用来摊铺 Rosphalt。熨平板必须预热并有振动夯锤，机械状况良好。混合料在螺旋布料器中的温度应不低于170℃。

美国主要使用钢轮压路机静压作业，且吨位较低。用于初压的压路机重7～10t，终压压路机重4～8t。不使用胶轮的原因主要是由于 Rosphalt 混合料质地柔软，很难清除胶轮轮迹。一般还会配备一台较小的1t压路机，用于接缝和桥面边缘的碾压，也可用于大型压路机不能进入的区域。

如图1所示是美国一般所采用的压路机行走方式。

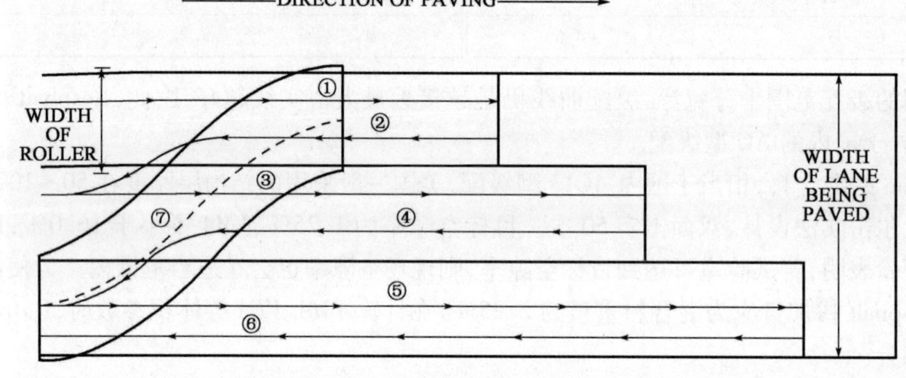

图1　美国 Rosphalt 现场施工的碾压方式

初压温度通常在紧跟摊铺机的部位测量，通常要求在160～185℃。终压温度是碾压完成时的混合料温度，应在100～60℃。压实完成后，Rosphalt 表面温度降到60℃以后方可开通交通。

美国一般采用核子密度仪来快速检验现场压实度，要求在施工区域横向至少取3个位置，每个位置纵向每20m检测一点，确保所有点位都达到了96%的压实度，平均值在97%～98%，尤其是对接缝和边缘的压实度更加关注。如果发现某处压实度没有合格，则立即调用压路机再行碾压，直到合格为止。

2.4　美国 Rosphalt 施工方法小结

根据美国 Rosphalt 桥面铺装的技术经验，可归纳为以下几个要点，对国内引进该技术并进行实施提供参考。

(1)Rosphalt 掺量应为混合料重量的2.25%，混合料级配可采用国内 AC13 型，油石比则需要通过配比设计试验确定。

(2)混合料生产方面，关键是控制出料温度，通过石料加热温度的调节，确保出料温度在175～190℃。

(3)混合料的运输、保温、摊铺等环节与国内一般施工工艺没有区别，但需要注意做好保温措施。

(4)美国采用较轻型的钢轮压路机静压成形，但这样的碾压工艺能否达到96%以上的压实度标准，从国内施工经验来看是存在不确定性的，因此碾压工艺上能否照搬美国经验还有待商榷。

(5)美国施工特别重视接缝与桥面边缘的处理，这是为了确保整个桥面铺装的密封性，严防水分下渗。美国对水损坏的重视程度，值得国内桥面铺装施工的学习和采纳。

(6)美国采用核子密度仪等快速检测设备来检测碾压效果，而不像国内通过钻芯取样的事后检测方法。美国的检测方法有两大优点，第一是能够实时反映压实度，一旦发现不足可以及时补救，便于确保整体工程质量；第二是避免了钻芯取样对桥面铺装的破坏，确保水分能够完全封闭在铺装层以上。但是，这种检测方法在国内推广还存在一些困难，主要是因为它要求施工单位具有非常好的职业素质和现场管理能力，能够认真负责地按照规定实时检测压实度，诚实地报告检测数据，并及时抽调压路机回头碾压补救。

3 Rosphalt 试验段的实施

在对国外 Rosphalt 施工经验和使用情况的信息进行大量收集的基础上,2012 年 9 月在公路工程中实施了一段 Rosphalt 桥面铺装试验路。这是该技术在国内的首次应用,是一次有意义的探索性工作,为该技术在国内的进一步推广积累了宝贵的经验。

3.1 配合比设计

矿料级配组成设计仍然按照国内常用的 AC13 型级配,各筛孔通过率见表 2。

试验段 Rosphalt 混合料级配 表 2

尺寸(mm)	16	13.2	9.5	4.75	2.36	1.18	0.6	0.3	0.15	0.075
通过率(%)	99.6	94.7	64.9	42.2	29.6	18	11.3	8.4	7.5	6.3

配比设计仍采用标准马歇尔法,双面击实 75 次。最终确定的最佳油石比为 4.4%,Rosphalt 掺加量为混合料重的 2.25%。各项指标见表 3 所示。

试验段 Rosphalt 混合料技术指标 表 3

最佳油石比(%)	空隙率(%)	VMA(%)	VFA(%)	标准密度(g/cm^3)	稳定度(kN)	动稳定度(次/mm)
4.4	1.3	16.0	91.9	2.452	11.78	5511

3.2 施工准备

Rosphalt 外加剂为美国原装进口,掺加量为沥青混合料重的 2.25%(外掺)。沥青使用 70 号重交沥青,填料使用水泥。

Rosphalt 外加剂是厚塑料袋包装,每包 10kg。经计算,3000 型拌和楼每拌和一锅需添加 67kg 外加剂,合 7 袋。都需要在石料进入拌缸时人工投放。

外加剂塑料袋较厚,为了试验其能否在拌和楼里化开,分别在实验室和拌和楼进行了试验。实验室试验过程是将石料加热到所要求的拌和温度,投入拌锅,并从 Rosphalt 包装袋上剪下一块,放入拌锅内进行干拌 60s。拌和后将混合料倒出,发现塑料袋已经粉碎、收缩成团,基本不影响混合料的品质。

拌和楼的试验过程是拌制普通 AC13 混合料时,将一个空的 Rosphalt 包装袋投入拌缸,拌和 60s 后将料放出,经铲车推平后,肉眼观察没有发现塑料袋的痕迹。两个试验都说明,Rosphalt 包装袋能够在拌和楼里化开,不影响混合料品质,拌和时可以直接整袋投放。

3.3 混合料拌和与装车

拌和楼热料仓的喂料按照生产配合比所规定的比例进行。石料加热温度为 200~220℃,沥青加热温度为 150~160℃,拌缸温度为 200~210℃。石料干拌 10s,湿拌 50s,一个拌和循环约 70s。

每锅混合料的拌和量保持不变,为 3000t。拌缸有四个投料孔,分别安排四个工人。每次石料进入拌缸开始干拌时,工人将整包 Rosphalt 投入拌缸,一缸共投 7 袋,合 70kg。

混合料装车后测量温度,均在 190℃以上,满足温度要求。混合料装车之后即用油布覆盖,开赴施工现场。

图 2 Rosphalt 铺装层碾压完成后外观

3.4 摊铺与压实

施工现场的气温为 15℃,风力 2 级。机械设备主要有:摊铺机 1 台;压路机 3 台,两台钢轮一台胶轮。摊铺后测量温度均在 175℃以上,满足技术要求。摊铺机行走速度控制在 2m/min 以内。

碾压遍数为 8 遍。初压采用钢轮振动碾压,复压用胶轮压路机,终压用钢轮不开振动静压。碾压后表面十分密实,参见图 2。

3.5 工后检测

由于现场缺少核子密度仪等快速检测设备，只能采用钻芯法检测压实度，检验结果表明所有芯样压实度都在99%以上，有一半芯样压实度超过100%。构造深度检测结果平均值为0.19，远远低于普通AC13型沥青路面的正常值。尽管表面非常致密，甚至显得光滑，但摩擦系数（BPN）平均值为75.5，还略高于一般沥青路面测值。试验段所有渗水系数检测结果全部为0，表明铺装层密水性非常好。

4 结语

本次试验段是Rosphalt技术在国内的首次实施，基本取得成功，各项检测数据也都符合技术要求。在本次试验段的实施中，在混合料出料温度、摊铺温度等各项温度控制上都严格遵循美国施工工艺要求，但在碾压工艺方面，本试验段仍然按照AC13改性沥青混合料的一般施工方法进行碾压，用钢轮振动加胶轮揉搓，并以钢轮静压收光。与此相应，配合比设计试验中也选择双面击实75次的试验方法，而非美国所行的双面击实50次。从数据结果来看，双面击实75次的试件空隙率为1.3%，与1.25%的设计空隙率相符，在现场也通过碾压达到了理想的压实度。如果按美国的试验方法和碾压方式进行，为了达到同样的空隙率和密水性，则势必要增大沥青用量，这一方面不经济，另外也可能对抗车辙性质造成影响。

参 考 文 献

[1] VERIFICATION OF THE PERFORMANCE OF THERMOPLASTIC PLANT MIX ADDITIVE USED TO PRODUCE BRIDGE DECK WATERPROOFING MATERIALS. Geoffrey M. Rowe, Phillip Blankenship.

[2] EVALUATION OF RHEOLOGY AND ENGINEERING PROPERTIES OF A BRIDGE DECK THERMOPLASTIC WATERPROOFING MATERIAL. Geoffrey M. Rowe, Phillip Blankenship. 2010 FHWA Bridge Engineering Conference.

[3] 袁剑波，熊佳，李群炎，等. Rosphalt铺装技术研究进展. 中外公路. 2010.6.

[4] Doug Zuberer et al: Rosphalt Guidelines for Contractor.

S209线桁架拱桥试验检测与桥梁加固

杨建国
（甘肃省定西公路管理局）

摘　要　桁架拱桥作为S209线定陇公路上的主要桥梁，自投入运营以来，由于设计、施工和重型车辆的作用，致使三座桥梁不断出现问题，给该路线安全运营带来隐患。尤其是经常出现桥面板断裂的病害，给养护部门造成很大工作量的同时，由于修补桥面经常中断交通，也给过往车辆带来不便。本文通过对其中问题比较严重的2号桥梁的加固，总结了针对桁架拱桥利用黏贴钢板加固提高桥梁的安全性和荷载等级，为以后类似结构的桥梁加固提供借鉴。

关键词　桁架拱桥　检测　加固

1　S209线概况

S209线起点位于定西市安定区南出口，终点位于定西市陇西县城，路线全长74km。该路线于2002年开始修建，2004年路基全部完成。2006年全线竣工通车，建设期历时5年。全线共有各类桥梁11座，其中大桥6座，中桥3座，小桥2座。桥梁结构形式有：桁架拱桥3座，桥长均为101.2m；刚架拱桥1座，桥长120m；T形梁桥1座（旧桥利用），桥长244.6m；双曲拱桥1座（旧桥利用）；预应力空心板桥2座。小桥均为预制矩形板桥。

2　桥梁运营情况

S209线自2006年投入运营以来，交通量逐年增加。尤其是2008年以来，随着天定高速、兰俞铁路建设和祁连山集团漳县水泥厂的投产以来，重型自卸汽车急剧增加，致使该路线桥梁超负荷运营，造成沿线桥梁主要构件结构性破损，桥面板断裂，横梁、拱圈裂缝。以2号转体桥技术状况评定和结构检测结果来看，该路线主要桥梁已属于带病工作状态，严重影响桥梁的安全运营。如图1、图2所示。

图1　横梁剪切裂缝

图2　1号斜撑底部断裂

3　2号桥梁技术状况评定

3.1　2号桥概况

转体2号桥位于S209线K48+235处。该桥上部结构跨径组合为13.5m+70m（矢跨比1/6的桁架拱桥)+13.5m=97m,桥梁全长101.2m,主跨桁架拱采用转体工艺施工。桥面宽:净9m+2×1.75m人行道。两侧桥台为重力式浆砌片石台身、基础,拱脚采用钢筋混凝土桩基础。设计荷载汽-20,挂-100,设计洪水频率1/100,2005年建成。

3.2　主要病害

(1)桥台(小桥台)不同程度下沉,上弦杆脱空,形成"悬臂"状态。

(2)桥面板破坏出现空洞。

(3)桥梁斜撑出现混凝土脱落。

(4)桥面板渗水严重,钢筋出现锈蚀。

(5)连接主斜撑的剪刀撑在预制与现浇断面处断裂。

(6)上玄杆出现受弯裂缝,横梁1/4、1/8断面出现剪切裂缝。

(7)预制板混凝土脱落,钢筋外露,锈蚀严重。

3.3　部件评定(表1)

桥梁各部件评定结果　　表1

<table>
<tr><td>部件归类</td><td colspan="5">上部结构</td></tr>
<tr><td>部件名称</td><td colspan="2">拱片</td><td colspan="2">横向联系</td><td>桥面板</td></tr>
<tr><td>部件评分</td><td colspan="2">39.62</td><td colspan="2">69.16</td><td>41.15</td></tr>
<tr><td>部件归类</td><td colspan="5">下部结构</td></tr>
<tr><td>部件评分</td><td colspan="2">68.26</td><td colspan="2">88.34</td><td>53.67</td></tr>
<tr><td>部件归类</td><td colspan="5">桥面系</td></tr>
<tr><td>部件名称</td><td>桥面铺装</td><td>伸缩缝</td><td>人行道</td><td>栏杆</td><td>排水系</td></tr>
<tr><td>部件评分</td><td>26.25</td><td>60.24</td><td>54.60</td><td>66.42</td><td>53.51</td></tr>
</table>

3.4　桥梁结构评定(表2)

桥梁上部结构、下部结构及桥面系评定结果　　表2

构件分类	上部结构	下部结构	桥面系
评分值	47.39	77.40	45.22
权重值	0.4	0.4	0.2

3.5　桥梁技术状况评定结果

评定值:58.96;标度:4类。

状况描述:主要构件有较大缺损,结构强度、刚度不能达到安全通行要求。

4　结构承载能力检测评定

(1)通过检测,该桥结构动力性能较差,其横向、竖向动力刚度不满足设计和使用要求。

(2)通过对该桥承载能力评定结果分析后,得出该桥控制截面抗弯承载能力不满足公路二级荷载等级要求,判定该桥承载能力不满足公路二级荷载等级的要求。

(3)在各种工况下大部分实测位移大于理论计算值,即位移系数大于1。根据《公路桥梁承载能力检测评定规程》规定,该桥静力刚度不足,不满足荷载等级要求。

(4)在各种工况下,该桥大部分应力值大于理论计算值,即应力校验系数大于1。根据《公路桥梁承载能力检测评定规程》规定,该桥强度不足,不满足荷载等级要求。

(5)该桥1号主拱竖向线形基本完好,符合设计要求。2号主拱竖向线性较差,不符合设计要求。两片主拱通过横向连接形成空间桁架后平顺度较差。桥面纵向线性平顺度较差,不利于快速行车,横坡度不满足设计要求。

(6)混凝土碳化评定为1,碳化程度良好。通过回弹检测,主拱圈、横梁等主要构件混凝土强度满足设计要求。

(7)桥面板底部混凝土剥落碳化腐蚀严重,钢筋大面积锈蚀,严重影响耐久性和承载能力。

5 造成桥梁在短期内破坏严重原因分析

5.1 设计缺陷

(1)桥面板设计厚度6cm,配ϕ16螺纹钢,预制安装。预制板设计厚度太薄。预制板湿接缝设计M10砂浆。桥面铺装设计厚度8~17cm(桥面调整横坡),配单层ϕ8钢筋,设计混凝土强度C30,设计混凝土强度偏低,配筋过少。设计单位验算时将预制板和桥面铺装作为整体连续板验算,明显不合理。

(2)桥梁两端设重力式小桥台,扩大基础。因该地区属湿陷性黄土地区,桥台基础排水设施不完善,地面水冲刷导致桥台基础沉降(最大沉降量30cm),桥台失去作用,搭板随桥台下沉,造成上旋杆两端成悬臂受力。桥头引道沉降后形成桥头跳车,使已形成悬臂状态的上旋杆承受较大的冲击力。

5.2 施工缺陷

(1)该桥主拱圈及上旋杆为两岸分段预制后通过转体拼接而成,施工时放线精度差,高程控制不严,预埋件位置误差过大,造成两拱片连接系杆交点偏离设计过大(图1)。

(2)桥面系施工时高程控制不严,在桥面铺装完成后形成凸形竖曲线,改变了原设计受力状况。

5.3 超重车辆荷载作用

根据天定高速公路通安驿收费站统计数据,通过该路线的重型车辆每天在120辆左右,其中最大吨位车货总质量105.85t,单轴质量43t,而该桥原设计荷载为:汽-20,挂-100。设计标准中规定车辆荷载单轴最大质量为:14t。实际运营荷载是设计荷载的3倍。重载车辆的反复作用,造成该桥桥面板断裂,上旋杆、横梁等主要构件产生疲劳裂缝。

5.4 主要构件受力分析

(1)斜撑

在桁架拱桥结构体系中,底座、斜撑、主拱圈、上弦杆是一个刚性结构,在该体系中斜撑只是受压杆件,但是由于小桥台沉降导致上玄杆脱空形成悬壁受力,1号斜撑变成受弯杆件,出现裂缝。裂缝宽度0.4mm。上弦杆、斜撑受力变形示意如图3所示。

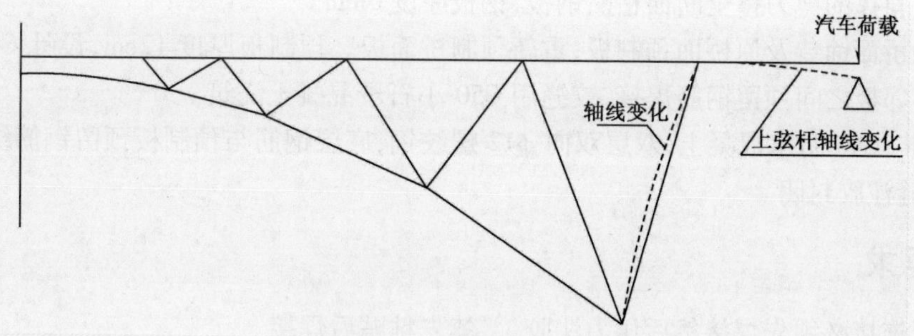

图3 上弦杆、斜撑受力变形示意

(2)上弦杆

上弦杆在小桥台沉降后悬臂受力,造成上缘开裂。裂缝宽度最大处0.4mm,从牛腿处沿上弦杆长度方向分布,裂缝间距1~1.5m。

(3)横梁

横梁与上弦杆成刚性连接,从上弦杆端部开始设2.5m一道。小桥台沉降后,端部开始1~3道横梁受到汽车荷载冲击作用,在两端1/4处出现45°剪切裂缝。

6　加固方案

(1)拱脚处粘贴钢板(钢靴),钢板厚度10mm,粘钢高度100cm。

(2)拱肋上缘粘贴钢板,下缘粘贴钢箱加固,钢箱中灌注自流式灌浆料,钢箱与上缘钢板用钢缀板连接,钢板厚度6mm。拱肋加固设计大样见图4。

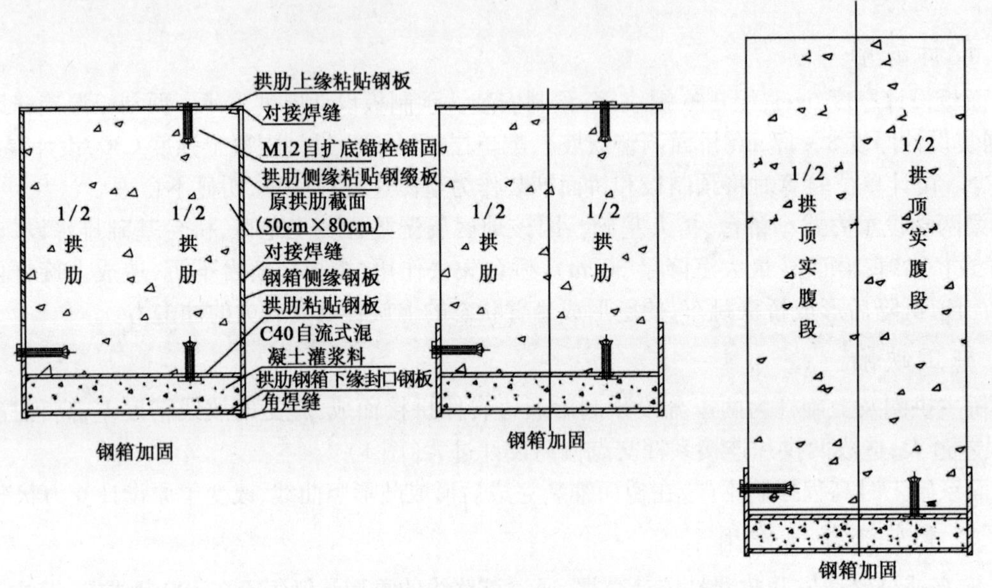

图4　拱肋加固设计大样图

(3)拱肋连接系杆在拱肋根部粘贴钢套箍加固,套箍长度60cm。

(4)两片拱肋之间增加工字钢横梁,间距400cm,与拱肋粘贴钢板焊接成整体。

(5)上弦杆底部黏贴钢板加固,钢板厚度6mm。

(6)上弦杆横梁1/4、1/8全断面黏贴钢板与上弦杆焊接成整体。

(7)斜撑与底座连接处,粘贴钢套箍加固,套箍高度1m,与底座钢板焊接,斜撑与上弦杆连接的牛腿处从上弦杆结合部向下粘贴1m钢板并与上弦杆钢板焊接成整体;1号斜撑顺桥向背面粘贴碳纤维布,增加斜撑抗弯强度。

(8)连接两主斜撑的剪刀撑全断面粘贴钢板,钢板厚度6mm。

(9)全部拆除桥面铺装及原桥面预制板,重新预制桥面板。预制板厚度12cm,设计C40混凝土,双层双向ϕ12螺纹钢,相邻板之间预留钢筋焊接,铰缝用C50小石子混凝土浇筑。

(10)桥面铺装:C40防水混凝土,双层双向ϕ12螺纹钢,底层钢筋与预制板预留钢筋绑扎连成整体。

(11)所有裂缝注胶封闭。

7　施工要求

(1)所有钢板连接必须先焊接然后压力注胶,严禁先粘贴后焊接。

(2)所有钢板必须用自扩孔螺栓固定。

(3)原混凝土表面必须先清除松动混凝土然后打磨干净。

(4)桥面铺装钢筋绑扎完成后,浇筑混凝土时不得在钢筋表面运输混凝土,工作架必须悬空。

(5)在凿除松动混凝土后详细检查原构件,如有空洞,必须用结构胶注满,用聚合物砂浆抹平后再粘钢。

8　方案优化

(1)专家评审时提出剪刀撑全包钢板没有必要,改为预制和现浇结合处钢套箍加固,长度60cm,对剪刀撑交接处钢套箍加固，长度1m，凿除松动混凝土砂浆后用聚合物砂浆找平。

(2)上弦杆与斜撑结合部牛腿位置两侧面粘贴钢板加固增加抗剪强度。

(3)施工过程中发现，由于人行道只进行维修，因此，桥面高程提高后，安全带高度不足15cm，增加20cm高钢管护栏。

(4)鉴于桥面铺装钢筋网绑扎完成后浇筑混凝土时有扰动，因此，桥面铺装混凝土改为泵送浇筑。

(5)重做伸缩缝和桥头搭板，解决桥头跳车对桥梁的影响。

图5　增设的安全护栏

图6　修复后的1号斜撑

9　维修加固后技术状况与承载力评定

9.1　部件评定

桥梁各部件评定结果见表3。

桥梁各部件评定结果　　表3

部件归类	上部结构				
部件名称	拱片		横向联系		桥面板
部件评分	90.49		98.49		100
部件归类	下部结构				
部件评分	91.85		100		100
部件归类	桥面系				
部件名称	桥面铺装	伸缩缝	人行道	栏杆	排水系
部件评分	100	91.85	78	100	100

9.2　桥梁结构评定

桥梁结构评定结果见表4。

桥梁上部结构、下部结构及桥面系评定结果　　表4

构件分类	上部结构	下部结构	桥面系
评分值	94.87	95.84	95.46
权重值	0.4	0.4	0.2

加固后桥梁技术状况评定95.38，标度：一类。

9.3　桥梁承载能力评定结果

(1)桥梁在各种工况下满足《公路钢筋混凝土和预应力钢筋混凝土桥涵设计规范》(JTG D62—2004)位

移校验系数小于1。根据相关要求,静力刚度满足加固设计荷载公路Ⅱ级要求。

(2)结构最大相对残余变位值小于20%,结构接近弹性工作状态。

(3)桥梁结构强度和刚度满足加固设计荷载公路Ⅱ级要求。

(4)桥梁横向和竖向动力刚度均满足加固设计荷载公路Ⅱ级要求。

图7 加固后主拱圈

图8 加固后桥梁正面图

参考文献

[1] 中华人民共和国行业标准.JTG D62—2004 公路钢筋混凝土和预应力钢筋混凝土桥涵设计规范[S].北京:人民交通出版社,2004.

[2] 中华人民共和国行业标准.JTG/TJ 21—2011 公路桥梁承载能力检测评定标准[S].北京:人民交通出版社,2011.

[3] 中华人民共和国行业标准 JTG H11—2004 公路桥涵养护规范[S].北京:人民交通出版社,2004.

[4] 陈开利,王邦楣,林亚超.桥梁工程鉴定的加固手册[M].北京:人民交通出版社,2005.

[5] 中华人民共和国行业标准 JTG/T J23—2008 公路桥梁加固施工技术规范[S].北京:人民交通出版社,2008.

抱箍法的盖梁施工技术

周建国 倖 祝 冯德刚

(中交三公局桥隧公司陕西黄延高速扩能工程 LJ-7 标项目部)

摘 要 抱箍托架法是桥梁施工中比较常用的技术之一,主要用在柱间系梁、现浇盖梁的施工中。荷载由抱箍与立柱之间的摩擦力来承受,具有工序简单、成本低廉等特点。

关键词 抱箍法 现浇盖梁 荷载验算

1 引言

桥梁的下部结构,很多都是由圆柱+系梁+盖梁的形式组成。柱间系梁与盖梁的现浇施工需要在半空安装模板,这就需要支撑体系来承受模板与混凝土浇筑时产生的压力,以往的施工方法主要是支架法与穿棒法。支架法是用脚手架自地面搭设满堂支架,模板直接支撑在搭设的支架上,施工时荷载通过支架传给地面。这种方法对地基的要求比较高,需要进行一定的加固处理,而且材料用量大,施工周期长,费事费力,经济效益差。穿棒法是预先在立柱上留孔,然后穿入钢棒,该方法需要在施工完成后,填补预留孔,影响立柱外观,而且由于墩身破损,对强度也有一定的影响[1]。

结合工程实例,引进抱箍托架法。这种方法与穿棒法类似,不需要搭设支架,只需要将抱箍套在立柱上,通过抱箍与立柱之间的摩擦力来承受其上混凝土与模板的重量,对墩柱无影响,无需地基处理,安装、拆卸方便,周转周期快。两相比较,抱箍法明显优于支架法与穿棒法,黄延高速公路扩能工程 LJ-7 合同段,主要就是采用的该施工工艺,效果良好。

下面以盖梁的施工工艺来对抱箍托架法进行详细的介绍。

2 抱箍设计

采用两块半圆弧型钢板(板厚 $t=8\text{mm}$)制成,M24 的高强螺栓连接,抱箍高 50cm,采用 16 根高强螺栓连接。抱箍紧箍在墩柱上产生摩擦力提供上部结构的支承反力,是主要的支承受力结构。为了提高墩柱与抱箍间的摩擦力,同时对墩柱混凝土面保护,在墩柱与抱箍之间设一层土工布,使用千斤顶将横梁架起,两根横梁采用 16 拉杆进行固定。

2.1 上部荷载验算

盖梁混凝土自重:$25.7\times26=668.2\text{kN}$

盖梁模板重:$4.5\times9.8=44.1\text{kN}$

工字钢自重:$18\times2\times71.2\times9.8\div1000=25.12\text{kN}$

荷载总重:$668.2+44.1+25.12=737.42\text{kN}$

施工荷载:按荷载总重的5%计

上部荷载总重:$Q=737.42\times1.05=774.29\text{kN}$

每个盖梁按墩柱设二个抱箍体支承上部荷载,上部荷载通过 I45a 工字钢传递给抱箍,按简支梁计算,抱箍受力为 $774.29/2=387.15\text{kN}$

以最大值为抱箍体需承受的竖向压力 N 进行计算,该值即为抱箍体需产生的摩擦力。

2.2 抱箍受力验算

2.2.1 螺栓数目计算

抱箍体需承受的竖向压力 $N=387.15\text{kN}$

抱箍所受的竖向压力由 M24 的高强螺栓的抗剪力产生,查《路桥施工计算手册》第 426 页:

M24 螺栓的允许承载力:

$$[N_L]=P\mu n/K$$

式中:P——高强螺栓的预拉力,取 225kN;

μ——摩擦系数,取 0.3;

n——传力接触面数目,取 1;

K——安全系数,取 1.7。

则:$[N_L]=225\times0.3\times1/1.7=39.7\text{kN}$

螺栓数目 m 计算:

$m=N/[N_L]=387.15/39.7=9.8$ 个,取计算截面上的螺栓数目 $m=10$。而实际抱箍设计为 16 根 M24 高强螺栓,满足要求。

2.2.2 螺栓轴向受拉计算

混凝土与钢之间设一层土工布,按土工布与钢之间的摩擦系数取 $\mu=0.3$ 计算,抱箍产生的压力 $P_b=N/\mu=387.15\text{kN}/0.3=1290.5\text{kN}$ 由高强螺栓承担。

则:$N'=P_b=1290.5\text{kN}$

抱箍的压力由 16 条 M24 的高强螺栓的拉力产生。即每条螺栓拉力为

$$N_1=N'/16=1290.5\text{kN}/16=80.66\text{kN}$$

查《路桥施工计算手册》第 427 页高强螺栓轴心受拉应力

$$\sigma=N_1(1-0.4n_1/n)/A$$

式中:N_1——轴心力

n_1——所有螺栓数目,取:16 个

n——所计算截面(最外列螺栓处)上高强螺栓数目

A——高强螺栓截面积,$A=4.52\text{cm}^2$

$$\sigma=N_1(1-0.4n_1/n)/A=80.66\times(1-0.4\times16/8)/4.52\times10^{-4}$$

$$=35.7\text{MPa}<[\sigma]=140\text{MPa}$$

故高强螺栓满足强度要求[2]。

3 施工工艺

3.1 施工流程

施工流程如图 1 所示。

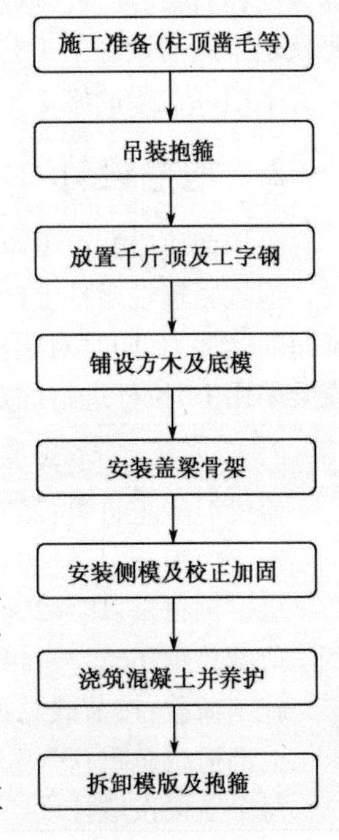

图 1 施工流程

3.2 主要施工工序

3.2.1 安装抱箍

当墩身混凝土达到一定强度后,拆除墩身模板。从柱顶计算出抱箍的位置,并在该处用土工布包裹。然后用吊车将预先连接在一起的两块半圆形抱箍从柱顶下放的预定高度,将其上的高强度螺栓拧紧。

3.2.2 放置千斤顶及工字钢

在抱箍上放置千斤顶,以方便调节底模高度。在千斤顶上放置工字钢作为主梁,为防止工字钢侧向移动,可在工字钢腹板处通过拉杆连接。

3.2.3 安装盖梁底模

在工字钢上放置若干 10×10cm 的方木,间距一般取 50cm,使盖梁重量均匀分布在工字钢上。然后将加工好的钢模板铺设在方木之上作为底模。

3.2.4　拆卸模板

当盖梁混凝土达到设计强度的80%，或预应力盖梁的预应力筋张拉压浆结束后，用吊车或葫芦吊住工字钢，防止下滑。调整千斤顶高度，并拆除千斤顶。缓慢下放工字钢到抱箍上，使工字钢和底模与盖梁脱开，抽调底模和方木，卸掉工字钢。吊车吊住抱箍，用扳手拧松抱箍螺栓，缓慢下降抱箍到安全高度，拆除螺栓，将抱箍一分为二，成功拆除抱箍。

4　结语

抱箍法施工可操作性强，材料轻便，可以多次循环使用，节约成本；减少劳动强度与工作量，保证工期；而且盖梁线性、质量均优，取得了良好的经济效益与社会反响。尤其是高墩柱与水中墩柱施工中，更是显示出其优越性，具有很好的推广应用效果。

参考文献

[1] 张永民，战启芳．公路桥现浇盖梁的包箍托架法施工技术[J]，国防交通工程与技术，2004，2(3)：46-48.
[2] 黄雄军．桥梁盖梁抱箍法施工技术[J]，西部探矿工程，2005，48(1)：41-43.

波纹钢板拱在隧道套拱加固技术中的应用

杜锋涛

(陕西省汉中公路管理局)

摘　要　目的是以汉中市108国道槐树关隧道波纹钢板拱在隧道套拱加固技术中的应用为例,分析总结波纹钢板拱定位、拼装的施工方法和加固后的效果。方法:结合隧道的结构断面尺寸,探索总结波纹钢板拱的定位、拼装方法,确保质量和进度的控制。结果:经过波纹钢板拱的定位、拼装、拱背混凝土浇筑施工过程的总结,给以后同类工程总结宝贵的经验。结论:通过波纹钢板拱在隧道套拱加固技术中的应用,解决了在隧道混凝土加固压缩隧道净空限界无法解决的情况下,采用波纹钢板拱套拱加固设计方案是切实可行的。

关键词　波纹钢板拱定位　拼装　拱背混凝土浇筑

1　隧道现状及概况

108国道洋县槐树关隧道全长130m,净8.2m(0.6m+0.5+2×3.0m+0.5+0.6m),建筑限界高度4.5m,设计行车速度20km/h,按三级公路标准设计,洞身为曲墙式整体式衬砌,水泥混凝土路面,为单洞双向行驶隧道,位于洋县槐树关城镇中,1994年3月建成通车。该隧道进口无洞顶截水沟,仰坡左侧山体受降雨影响已经局部滑塌,堵塞排水沟;出口左侧排水沟堵塞。隧道进口洞门墙身开裂。隧道洞内衬砌出现多处开裂及大面积渗水现象,渗漏水严重;局部混凝土强度不满足设计要求,洞内有个别地方衬砌裂缝有泥浆渗漏痕迹,已对隧道结构安全及行车安全造成影响。

隧道位于城镇中交通量较大,无法封闭交通施工,更增加了施工的难度。

现场实测隧道内轮廓线与设计内轮廓线比较后,表明两线基本吻合,仅在拱顶处实测线比设计线高5cm,是由施工预留造成的,在两侧边墙处实测线在设计线以内约10cm,由边墙装修所导致。为使该隧道整体式衬砌通过治理后,能继续使用,故按能满足三级公路双车道车速20km/h的建筑限界:行车道宽度$W=2\times3.0$m,侧宽度$LL=0.5$m,余宽C包含在人行道R内,行车道高$H=4.5$m,重新拟定内轮廓线。

新设定的内轮廓线为原内轮廓设计线向内缩小弧半径12cm,以满足衬砌补强结构所需厚度和克服原隧道施工造成的尺寸误差。

原衬砌的施工缝有环缝、横缝,衬砌出现多条斜缝,使整体式衬砌分割严重;由于未做衬砌防水层,衬砌有缝的地方到处漏水和漏泥。该隧道如果针对原衬砌分别采用修补裂缝和治渗漏水,则既费时费工,又效果不佳。最好的办法就是将槐树关隧道结构变成复合衬砌,即:对原衬砌进行加固,提高其承载能力,构成一次衬砌;铺挂防水卷材、安装排水管道,构成防水层;套内衬,构成二次衬砌。

但是在满足建筑限界要求下、按常规套钢筋混凝土内衬,槐树关隧道衬砌净空已无余地可利用,故设计内衬采用波纹钢板拱的衬砌补强方案。

2　治理方案

设计方案为:

(1)增加排水设施,疏通排水沟,对原片石回填仰拱拆除重新浇筑片石混凝土。

(2)处治衬砌裂缝渗漏水、对原衬砌进行加固,提高承载力、铺挂防水卷材、安装防水管道。衬砌加固方案为:考虑按常规套钢筋混凝土内衬,该隧道衬砌净空已无余地可利用,压缩了隧道空间,不能满足建筑限界要求,影响行车安全,所以设计内衬加固采用波纹钢板拱的衬砌补强方案。波纹钢板厚度6.5mm、波距

200mm、波高 55mm。首先洞内拱墙径向钻孔打入 $\phi25$ 中空锚杆，通过注浆加固围岩和衬砌，其次挂防水卷材，安装排水管构成防水层，然后搭设支架，拼装波纹钢板，分段安装，最后分段填塞浇筑 C25 小粒径混凝土并注浆。

3 关键施工技术特点

槐树关隧道加固的关键技术是波纹钢板拱的拼接安装就位。委托厂家生产的波纹钢板的尺寸为单片宽 100cm、长 275cm、厚度 6.5mm，拱圈拼装总长度为 $7 \times 275\text{cm} = 1925\text{cm}$，原设计施工方案为：按每段 3 ~ 5m 拼装完成后推入隧道内，然后填塞浇筑小粒径混凝土。但在实际操作中，将拼装好的一段推入 100 多米分段累计拼装难以做到，这是施工过程中的主要难点。

4 施工工艺流程

根据现场模拟拼装等方案情况看，原设计施工方案不符合实际情况，拼装好的波纹钢板拱无法就位。存在主要问题是：按每段长度 5m 在现场一次性拼装好，重量为 5t 左右，吊到洞口推入就位无法做到，另外，每段长度 5m 浇筑混凝土后无法振捣密实，混凝土质量无法保证。为了保证拼装质量和混凝土的密实，调整了施工方案。

首先，在施工现场拼装一段长 1m 的标准拱圈，用装载机或吊车吊装到隧道洞口处，人工导入洞口进入 1m 处就位；在洞内搭设车辆单向通行的支架，调整好高度，依据已拼装成形 1m 长这一段为标准模型，然后从隧道两侧底座到拱顶单片拼装连接，考虑到拼装每片的操作和浇筑混凝土的质量保证，经过现场测试试验，每段拼装长度以 3m 为宜，每段长度过短，进度过慢，每段长度超过 3m 后，无法保证拼装质量和混凝土的浇筑质量。

工艺流程：搭设支架→定位（调整支架与拱顶及洞身间浇筑混凝土的空间距离）→拼装连接波纹钢板→校准位置→检查固定螺丝是否到位漏浆→填塞混凝土→小型振捣棒振捣→拱顶注浆→养生→拆除支架。

该施工方法简单并不复杂，但施工进度慢，工期较长，最终还是满足了设计要求达到了较好的效果。

5 取得的效果

该项目的实施从相关资料查询全省乃至全国尚属首次，在外省小跨径的拱桥和涵洞上采用过波纹钢板拱加固套拱，在隧道加固中无资料可查，该项技术近几年从韩国借鉴到我国，在国内使用较少，施工方法也属专利技术。槐树关隧道在施工过程中，得到了设计单位长安大学设计有限公司和长安大学隧道专家的大力支持和指导。

通过该隧道波纹钢板拱的加固使用情况看，在套拱混凝土压缩限界无法解决的情况下，采用波纹钢板拱进行加固是切实可行的。从社会经济效益看，延长了隧道的使用寿命，产生了经济效益，而且采用该项技术在施工过程中有利于环保。从发展前景方面看，和衬砌套拱相比，工程造价略高，不提倡使用，但在隧道限界受到限制时，可采用波纹钢板拱加固方案。

参考文献

[1] 中华人民共和国行业标准. JTG F60—2009 公路隧道施工技术规范[S]. 北京：人民交通出版社，2009.

[2] 中华人民共和国国家标准. GB 50666—2011 混凝土结构工程施工规范[S]. 北京：中国建筑工业出版社，2012.

[3] 中华人民共和国国家标准. GB 50204—2002 混凝土结构工程施工质量验收规范[S]. 中国建筑工业出版社，2002.

负外部性对山区桥梁安全的影响及对策分析

何小涛

（四川省交通运输厅公路局）

摘 要 桥梁是公路的关键节点，在与开放环境的接触中受到负外部性的影响。本文借助笔者近年来对山区桥梁安全运营的调查资料，分析了负外部性的来源及其对桥梁安全运营的影响机理，并从制度干预、主动修复和技术规避上提出了应对策略。

关键词 负外部性 山区桥梁 影响 分析

桥梁是暴露在开放环境中，连接江河、沟渠两岸，实现跨越功能的重要公路节点。在与外部环境的相互作用中，桥梁必然会受到开放环境的诸多影响，对安全营运产生正面或负面作用。本文把对桥梁安全营运产生影响的因数统称为外部性，并针对不良影响即负外部性对山区桥梁的安全影响做分析，提出工作思路和应对策略。

1 负外部性对山区桥梁安全的影响

1.1 自然影响

自然影响主要体现在三个方面：一是强降雨造成河床水位上升，冲刷能力增强带走河床砂石，摧毁桥梁锥坡，河水裹挟的枯木、树枝等杂质在桥梁处集中，导致桥梁横向受力并形成壅水，降低桥梁抗灾能力并改变其受力状态。二是泥石流抬高河床位置，掩埋或冲毁已建成桥梁，导致交通中断。三是地震造成了河流上游物源猛增，重建需求使下游开采加剧，一增一减导致河床坡降增大，继而造成水流速度加剧，提升了河水对砂石的裹挟能力，已成桥梁的抗冲刷能力未变，桥梁面临的外部形势恶化。

1.2 无序采砂

社会加速发展时期，基础设施建设飞速增长，建筑材料中的砂石需求与供给矛盾加剧，客观上促成了砂石的无序、超范围、超自然补充能力开采。因缺乏采补平衡的强制性措施，大量的无序开采、超量开采造成河床深度下切，影响了建成桥梁下部结构中摩擦桩的有效长度，导致桥梁承载力下降、失效。同时，因河道开采刚性规范的缺失，选择性开采造成河道凹凸不平，开采坑凼随处可见，改变了主河道位置、水流形态和桥梁安全储备，造成设计和施工时采信的边界条件变化，对桥梁附属结构如锥坡、桥台后沿抗冲刷能力构成考验。

1.3 超限超载

公路交通在超限超载方面的损失每年逾300亿元，超限超载对桥梁的影响主要是超设计能力承受设计弯矩和剪切应力，导致疲劳损坏，形成塑性形变，对承重构件和桥梁整体构成难以修复的内部损伤，降低桥梁的结构安全性和使用耐久性。外在表现主要是裂缝、混凝土脱落和构件损伤。如超限超载使梁桥跨中弯矩超过设计容许值，支座抗剪切超过最大允许值，继而产生结构裂缝，过重荷载导致铰缝混凝土开裂，翼缘板、箱梁顶板局部破坏等，造成构件损伤，继而影响桥梁整体受力。

1.4 电站建设

水电站对桥梁的负外部性主要体现在三个方面：一是大坝切断了河流上游砂石的供给和补充途径，下游的砂石开采对河床下切的影响无法通过水流的搬运作用及时补充恢复，造成上游淤积、下游下切，继而造成河道坡降增大，水流速度加快，水流对两侧桥台的冲刷能力显著增强。二是库区水位的定期涨落改变了库岸岩土体的工程力学性质,在风浪冲击、水流掏蚀、饱水缺水等外力的共同作用下,库岸再造改变库区桥梁地质构造和设计边界。三是电站建设造成的季节性河流改变了非库区段河岸的平衡状态,同时季节性河流的存在也为降低人工干预成本创造了条件,加速改变了临界平衡状态,对桥梁的安全营运构成威胁。

1.5 河道渠化

河道渠化在规整水流方向,保护桥台的同时,挤占了河道两侧的滩涂地,压缩了汛期行洪的过流断面,抬高了洪水位,提升了水流速度,在加强河底冲刷、减小摩擦桩有效长度的同时,提高了杂质阻塞桥下泄洪净空的可能,增加了桥梁横向受力,对部分桥面偏窄、跨度较大的桥梁横向稳定性构成考验。

负外部性改变了河道固有形态和水流属性,提高了河水的冲刷能力,同时切断砂石补给,使河床失去了自我修复功能,在超限超载车辆超设计能力作用下,桥梁超负荷运行,其面临的外部环境严重恶化。在无法切实提高桥梁自身承载能力和抗冲刷能力时,负外部性蚕食了桥梁设计安全系数,降低了桥梁的抗灾能力,加速了桥梁使用寿命折减,对建成桥梁的安全运营构成威胁。

2 负外部性对山区桥梁的影响对策

外部性是经济学家 Marshall 和 Pigovian 在 20 世纪初提出的一个经济学概念,指一个经济主体的活动对旁观者产生影响,这种影响属于经济活动对他人带来的附加影响,并不由生产者或消费者获得或承担。本文借用这一概念并将其拓展,将对桥梁安全运营构成影响的自然和人为因素均成为外部性,并借用其处置负外部性的典型办法提出应对策略。

2.1 制度干预,提高行业话语权

从制度顶层设计上明确公路产权,授权公路管理部门代表政府履行财产保护职责,通过产权保护为桥梁安全保护提供公众安全外的又一条法律依据,开辟物权法这一产权保障途径,为规范采砂、治超、河道渠化和治超提供法律支持。同时,交通运输主管部门应加强桥梁保护制度建设,为公路管理部门提供谈判筹码。从行业交通主动规范在成桥梁、路线上的建设、开发行为,对开发可能造成河流水文、地质改变的项目,进行公路设施安全性评估,并在河道采砂、电站建设、河道渠化等涉及建成桥梁安全的事项上,赋予公路养护管理部门一定的话语权。对建设、开发等可能对建成桥梁造成的影响,应在建设补偿规划中通过必要的加固、重建措施消除负外部性影响。

2.2 主动修复,恢复设计环境

加大《公路安全保护条例》的贯彻落实力度,加强河道禁采区管理,加强超限超载治理,通过联合执法消除河道采砂、超限运输等负外部性对桥梁安全的影响。积极推进负外部性造成的病危桥改造、河道修复和桥梁加固等专项工程实施,将桥梁安全纳入重大民生工程管理,必要时采用应急工程程序,消除业已形成的桥梁安全隐患。调整以恢复原有技术标准为主的病危桥加固设计思路,以达到现行技术标准为目标进行病危桥加固设计;以强化桥梁安全性评估和规范化养护为重点,进一步完善病危桥从发现、加固到按设计使用的系列程序,保护并恢复桥梁设计环境。对于无法根治超限超载的路线,可追溯运输源头,将相应路段交由相应企业管理,以“合并管理”方式实现由“破坏者”埋单的目标。

2.3 技术规避,提供避让措施

对拟建项目,应充分考虑现有和潜在负外部性的影响,加大安全技术储备。在强化桥梁安全风险评价力度的同时,对主要建材产地、梯级电站建设流域以及城市规划区,充分评估负外部性对桥梁的影响,在外部条件许可的前提下,尽可能采用桥墩少、基础埋置深的大跨径桥型,如连续刚构、斜拉桥及大跨径钢管拱桥等,尽可能减少后期维护难以发现的深水基础隐患。在不具备大跨条件时,应尽可能采用端承桩、嵌岩桩等深埋基础,避免因河床深切导致的摩擦失效。对冲刷严重的河段,应进行抗冲刷专项设计,并重视线性与河床的配合,可采用调治构造物规整水流方向,避免河水直接冲刷桥台、锥坡等薄弱部位。对无法切实掌控砂石开采范围的河段,应通过河道铺底等方式阻断桥梁保护区内砂石开采途径,在威胁来临前放大安全隐患,为采取应对措施提供充足的反应时间。同时,设计应加强技术跟踪评价和适时优化,增加桥梁安全技术

储备。如将桥面横置板改为全现浇板，在中承式拱桥吊杆底部设置承重纵梁提高整体受力性能等。

3　负外部性对山区桥梁安全影响的主要结论

(1)自然因素和人工干预是负外部性形成的主要原因。

(2)河流的自我修复有助于补偿自然因素和人工干预的影响。

(3)负外部性对桥梁的影响多数集中在下部结构和附属结构。

(4)河道自我修复功能保护和人工干预强度应引起高度重视。

(5)行业可通过制度干预、主动修复和技术规避等措施，逐步消除安全隐患，降低负外部性对桥梁安全运营的影响。

钢筋混凝土桥梁裂缝病害成因及预防性养护新技术的应用

贺德娜

（甘肃省白银公路管理局景泰公路管理段）

摘 要 本文对管辖区公路钢筋混凝土空心板桥梁梁板裂缝病害产生原因进行了调查分析，并应用了桥梁预防性养护新技术，以便和同行们共同交流、共同学习。

关键词 桥梁 病害成因 预防性养护 新技术

白银公路管理局景泰公路管理段管辖的S201线、S308线，共38座桥梁，先后改建于1998年和2004年，全线151.284km。其中68.43%为钢筋混凝土空心板桥，15.79%为预应力钢筋混凝土空心板桥；7.89%为钢筋混凝土T形梁桥；7.89%为石拱桥。在桥梁调查和定期检查中经常发现，导致公路钢筋混凝土空心板桥梁梁板裂缝病害产生的主要原因在于结构的设计、施工、养护、维修、加固等环节；再加上交通量、超载车辆和特大超重车辆大幅度的增加，使有些桥梁的实际荷载远大于设计荷载，致使桥梁出现了使用寿命和耐久性问题。现将以钢筋混凝土空心板桥梁梁板裂缝病害为重点分析其病害产生的原因及预防性养护新技术的应用。

1 病害产生的主要原因

1.1 上部结构病害

桥梁的病害往往也是从裂缝形成开始的，而裂缝是桥梁常见的主要病害，调查中发现在自然灾害地震、长期超载车辆和特大超重车辆荷载作用下，有些桥梁的梁板或主拱圈受拉部位开裂、破损、承载力下降；桥面铺装有裂缝、沉降、龟裂；桥头跳车；防水层排水功能不完善；水湿漏病害引起钢筋锈蚀、混凝土剥离；梁板裂缝中可见梁板箍筋等距离的受力裂缝；有的裂缝在极限范围内，个别部位已超极限。当环境温度变化时，桥梁内外温度差在混凝土中产生应力，引起混凝土梁板腹部开裂、混凝土脱落、铁件外露，这类裂缝将降低梁板的抗弯性能。

1.2 下部结构病害

下部结构基础的缺陷和病害主要为：承载力不足而使基础不均匀沉降；基础的滑移或倾斜，以及基础局部冲空；基础结构物的异常应力和开裂。桥梁墩台缺陷和病害主要为：有的支座处产生斜向受剪力裂缝和砂浆干缩裂缝；有的桥台发生纵向、横向和纵横向的裂缝。由于支座采用橡胶和多层油毛毡，如不及时维修则使之老化，梁板直接搁置在盖梁或在安装时不小心碰撞，会引起盖梁顶面发生不同程度的破损，严重的引起盖梁混凝土局部脱落露筋，盖梁顶混凝土截面承载能力降低，同时破损也加剧了钢筋的锈蚀，在荷载和钢筋锈胀双重作用下加速破损程度，不及时修补会导致构件承载能力降低。

1.3 桥面系病害

桥梁铺装破损主要表现在沥青层厚度和密实性不够，老化破损开裂；混凝土防水层在水湿、超重车辆连续长期作用下也产生不同程度的裂缝；梁板铰缝水湿脱落，刚度和整体性降低；从而产生受力裂缝或脆性断裂；有的梁板甚至单板受力；这类裂缝一般发生在桥梁腹板中。伸缩缝构件不适宜主要导致以下两个方面的问题：一方面是伸缩缝附近桥面发生与伸缩缝平行的或网状的裂缝，严重时局部混凝土脱落、露筋，桥面上形成坑洞。由于行车车辆的颠簸，车辆荷载的振动，加速了桥面铺装层的破坏，严重影响了行车安全和桥梁结构本身的使用寿命,从而降低了桥梁耐久性。另一方面是桥梁的伸缩缝普遍设计在支座上,由于伸缩缝的破损,使伸缩缝处成为桥面泄水的通道。路面施工、养护沥青砂砾的堵塞和路拱达不到2.0%,造成泄水孔不同程度的堵塞,同时在伸缩缝的墩台处有水垢产生,严重影响桥梁支座的耐久性和整洁度。

2 分析桥梁病害产生的原因

2.1 设计荷载标准偏低,承载力和通行能力不足

桥梁的承载能力是根据设计时所采用的荷载等级所确定的,设计荷载偏低,即原先二十世纪七八十年代设计使用的桥梁接长使用,带病运营,随着交通量增大和超重车辆的增多,致使桥梁承载力超过极限,出现严重病害。承载力和通行能力不足主要表现在桥面宽度不足;桥梁平面线形、纵断面线形标准偏低;桥上通车净空或桥下通车净空不足。

2.2 自然老化和自然因素引起的结构损坏

以前桥梁设计龄期为50年,随着时间的推移,桥梁会不断地损坏和老化,其承载力、刚度、延度和稳定性不断下降。自然因素引起结构的损坏,如设计洪水位不当;河道开挖不当、河道堵塞、流水不畅等引起桥梁结构的局部损坏。

2.3 设计施工不足、超期服役、超负荷使用

设计上不是很合理,结构上处理不规范,桥梁在初期运营时缺陷不明显,运营一定时间后病害逐渐显现出来。二十世纪七十年代的桥梁设计使用寿命30~50年,而有些桥梁拓宽后仍在使用。按照路线等级或预期设计等级来说,这一部分设计荷载等级并不低,由于一些特殊原因,桥梁使用荷载大大超出设计荷载,致使桥梁长期处于超重荷载作用下运营,加速了桥梁的损坏速度。

2.4 桥梁维修与加固措施不当

有些桥梁的技术缺陷则是由于养护维修技术和措施不当造成的。比如桥面维修荷载的增加,致使桥梁自重增加,承载能力提高较小;支座维修不当或不及时更换;桥面排水不畅;桥面渗水等引起结构的第二次病害。

3 钢筋混凝土空心板梁板裂缝预防性养护新技术的应用

3.1 桥梁预防性养护工艺

(1)对裂缝进行封缝注胶修补,恢复其整体受力性能。

(2)对剥落露筋进行除锈防锈转化处理,然后采用无机聚合物砂浆修补恢复其原形状。

(3)对剥落混凝土进行彻底清除,进行防腐处理,并采用无机聚合物砂浆修补,恢复构件原形状。

(4)对渗漏水腐蚀的,首先找寻渗水来源,有条件的更换桥面铺装和完善桥面排水系统,对桥面板接缝进行处理,堵住水源;然后对渗水腐蚀、泛碱部位进行彻底清洗,并进行防腐防水处理,增加混凝土本身的密实度和防腐、防水能力。

3.2 桥梁预防性养护主要施工步骤

(1)桥梁梁板外侧面,桥墩盖梁、桥台台帽及台身混凝土剥落处理

FH-B8001桥隧养护机高压水射流基面处理→对裸露钢筋除锈→涂刷FH-CX锈转化剂进行防锈处理→出现剥落松散区域混凝土涂刷FH-CTR1防腐材料→涂抹FH-CR无机聚合物砂浆进行保护层修复→涂刷FH-CRG防水防盐保护剂(注:板外侧面、盖梁及桥台台帽渗水部位另外处理)。

(2)桥梁梁板底部混凝土腐蚀剥落处理

FH-B8001桥隧养护机高压水射流基面处理→对裸露钢筋除锈→涂刷FH-CX锈转化剂进行防锈处理→出现剥落松散区域混凝土涂刷FH-CTR1防腐材料→涂抹FH-CR无机聚合物砂浆进行保护层修复→涂刷FH-DTR1混凝土防水材料(注:板梁板底部渗水部位另外处理)。

(3)板裂缝处理

若裂缝宽度在0.15mm以下,则直接使用裂缝封缝胶FH-EM对其进行封闭处理。若裂缝宽度在0.15mm以上,则采用注胶处理:FH-B8001桥隧养护机高压水射流裂缝处理→检查裂缝宽度及走向→粘接注胶嘴→封缝(封缝胶FH-EM)→依次压力注胶(裂缝胶FH-DD)→清除注胶嘴。

(4)排水管周边渗水处理

若排水管内有杂物,则必须先清除干净。若排水管外露长度不足5cm,则将排水管接长。将排水管进水口周边凿除→凿槽清洗干净→涂刷FH-CTR1→填塞FH-CR无机聚合物砂浆进行保护层修复→涂刷混凝土防腐防渗封闭材料FH-JTR1(底涂)→涂刷混凝土防腐防渗封闭材料FH-JTR1(面涂)。

清洗排水管外侧渗水处→涂刷混凝土防腐防渗封闭材料FH-JTR1(底涂)→涂刷混凝土防腐防渗封闭材料FH-JTR1(面涂)。

梁板外侧其他非渗水部位:涂刷FH-CRG防水防盐保护剂。

(5)桥台台帽及盖梁渗水处理

检查台帽面是否平整,若有坑凹不平,先使用FH-CR砂浆修复平整。在台帽外沿采用砂浆修条平台,高于原平面2cm。在台帽渗水部位埋设PVC管(引流排水),埋设的PVC管的台帽部位削去部分,保证PVC管口低于台帽平面,以便排水,PVC管外露长度10cm。在台帽新修平台外侧(长为台帽长度×高5cm)、台帽渗水部位涂刷混凝土防腐防渗封闭材料FH-JTR1(底涂)并涂刷混凝土防腐防渗封闭材料FH-JTR1(面涂)。

(6)梁板底部裂缝渗水处理

梁板底部裂缝一般渗水处理:在梁板底部渗水部位处打孔→粘PVC管排水(引流排水)。FH-B8001桥梁养护机高压水射流基面处理→对裸露钢筋除锈→涂刷FH-CX锈转化剂进行防锈处理→出现剥落松散区域混凝土涂刷FH-CTR1防腐材料→涂抹FH-CR无机聚合物砂浆进行保护层修复→在涂抹FH-CR无机聚合物砂浆中间添加一层玻璃纤维网格布。

梁板底部裂缝严重渗水处理:在梁板底部渗水部位处打孔→粘PVC管排水(引流排水)。FH-B8001桥梁养护机高压水射流基面处理→对裸露钢筋除锈→涂刷FH－CX锈转化剂进行防锈处理→出现剥落松散区域混凝土涂刷FH-CTR1防腐材料→涂抹FH-CR无机聚合物砂浆进行保护层修复→粘贴碳纤维布→碳纤维布表面防护处理。

(7)梁板间铰缝渗水处理

FH-B8001桥隧养护机高压水射流铰缝基面处理,清除铰缝内的残余混凝土。在铰缝内填塞保温材料;填塞FH-PU300聚氨酯密封胶平整。

沿铰缝两侧各10cm宽度范围内,涂刷混凝土防腐防渗封闭材料FH-JTR1(底涂)并涂刷混凝土防腐防渗封闭材料FH-JTR1(面涂)。

4 桥梁预防性养护具体措施

(1)梁板裂缝进行封胶注胶修:裂缝宽度在0.15mm以下,使用裂缝封堵胶对其进行封闭处理。用毛刷或胶辊粘胶涂刷于要求裂缝封闭的混凝土表面。裂缝宽度在0.15mm以上,使用裂缝胶对混凝土裂缝进行注胶处理。以一定的压力将裂缝胶注射入裂缝内,胶液固化后将开裂两侧的混凝土连接成结构整体;胶液还能进一步渗透到裂缝周围的混凝土毛细缝隙中,形成较宽的加固带,并能沿着钢筋走向渗透,保护钢筋和增加钢筋与混凝土的黏合力,起到对裂缝修复,对结构局部增强且提高耐久性的作用,贯穿性裂缝以及蜂窝状混凝土局部缺陷的补强和封闭。

(2)梁板钢筋锈蚀处理:对剥落钢筋进行除锈防锈转化处理,并采用无机聚合物砂浆修补锈转化剂是一种弱酸性高分子复合物,能使钢铁的氧化物(铁锈)转化为黑色的有机铁化合物,从而在钢铁表面生成一层由化学键和物理黏结的复合物膜,因此膜层牢固致密、附着力极强,使钢铁基体与介质分隔不再受到侵蚀。涂抹锈转化剂可除锈、生成防锈膜。用毛刷、滚刷、喷枪等工具,将锈转化剂涂覆在带锈蚀的钢筋表面。1min左右就会生成黑色的化合物,15～20min形成保护膜,5～8h后进行后续工序。对于锈蚀严重并产生浮锈的钢筋表面,必须先将浮锈清除,再进行涂装。

(3)对剥落混凝土进行彻底清理:进行防腐处理,并才用无机聚合物砂浆修补,恢复构件原状;对渗水、翻减部位进行彻底清洗,并进行防水处理,增加混凝土本身的密实度和防腐防水能力。

(4)混凝土表面的蜂窝、孔洞、模板错位等缺陷,凸块应凿除,不得有空鼓;剥落、露筋,应先除锈,涂抹锈转化剂。涂抹混凝土防腐材料:使用半硬的鬃毛刷子或尼龙刷子将灰浆涂到已经处理好的混凝土基面。材料经过高分子聚合物改性,对混凝土构件的结合力极强。混凝土防腐材料是一种在混凝土封堵混凝土内的孔隙气泡和微小裂缝提供混凝土密实性材料。

(5)涂抹无机聚合物砂浆:根据脱落部位的厚度,一次性涂抹修复或分多次修复,间隔时间在6h以上。对于修复完毕后的构件,应当及时组织养护保养施工。

(6)梁板表面防水除盐害技术:混凝土防水防盐害保护剂是防止中性化及盐害的表面渗透型强化剂,抗老化、延长混凝土寿命和提高结构物的稳定性。清洗:使用养护喷枪,对整个混凝土表面进行清洗,清洗顺序先清洗防撞墙,再到梁板外侧,盖梁。

(7)梁板涂抹防水防盐害保护剂:混凝土表面风干无水后则用塑料桶将防水防盐害保护剂用尼龙刷或滚筒涂抹,涂刷防撞墙、梁板最外侧面及盖梁,涂抹量约在0.6 kg/m²,防止雨水直接冲刷其表面。

5　桥梁预防性养护后效果

桥梁预防性养护施工完毕后,桥梁必须达到:裂缝封闭;钢筋锈转化防锈处理;修补缺损混凝土;清理污染部位;排水管的疏通清理;桥梁的防腐,防水、防盐害保护;伸缩缝修补养护;桥梁外观整洁美观。

6　结语

通过对钢筋混凝土桥梁梁板裂缝病害产生原因分析及预防性养护新技术的应用,阐明了桥梁预防性养护的重要性,对桥梁梁板、盖梁、桥台、排水管存在的病害应用预防性养护新技术处理,提高了桥梁承载能力和耐久性,确保了桥梁运营安全、舒适和畅通,从而提高了人民生命财产的安全和生活质量。

高粘不透水应力吸收层在桥梁工程中的应用

苏春杰

(北京市市政路桥管理养护集团有限公司)

摘 要 为解决层间水病害,研究新型材料高粘不透水应力吸收层在北京市桥梁工程中的实体应用,通过北京市桥梁大修工程天宁寺桥桥面工地进行实际摊铺、应用施工。从整体施工过程及施工工艺中积累施工经验,总结施工特性,圆满的完成了施工任务,从工程实体出发,印证了高粘不透水应力吸收层在桥梁工程中推广应用的可行性。

关键词 高粘不透水应力吸收层 桥梁 摊铺

1 工程背景

1.1 工程施工内容

天宁寺桥面铺装病害分布面广,病害面积大,沥青混凝土铺装已超过其使用寿命,本次大修对混凝土铺装破损部位分区域更换,重新施工防水层、沥青混凝土铺装。

具体维修措施如下:

(1)拆除上阶段施工的底层油(4cm)、防水层及原桥面钢筋混凝土铺装(6cm)。

(2)摊铺高粘性不透水应力吸收层(厚2.5cm,上下表面均设粘层油)。

(3)摊铺沥青混凝土铺装(KAC-20 底层4.5~8.5cm、粘层油、SMA-13 面层4cm)。

(4)桥面铺装总厚度13cm,与现况桥面铺装厚度基本一致。

(5)桥面铺装整体翻修前,按设计位置施工排水口,沥青混凝土铺装完成后,对伸缩缝保护带进行修补。

1.2 工程桥面简介

天宁寺桥面由西二环南向北的内环和西二环北向南的外环组成:

天宁寺内环主路桥桥面3条机动车道+1条应急车道,内环桥面共分为4联,其中第一联为93m,第二联238m,第三联93m,第四联155m。共计579m,桥面面积为8708.2m^2。

天宁寺外环主路桥桥面3条机动车道+1条应急车道,内环桥面共分为4联,其中第一联为93m,第二联212.6m,第三联118m,第四联155m。共计578.6m,桥面面积为8109m^2。

2 试验段准备

2.1 试验段选取背景

天宁寺二环内外环主路桥大修工程高粘不透水应力吸收层试验段选址于北三环北太平桥南新街口外大街南向北方向主路,为北太平桥桥南1号天桥与2号天桥之间。2号天桥南向北第二个雨水井开始为起点,桩号为K0+000,向北150m为终点,桩号为K0+150,试验段宽度为5m,以道路中线为起点宽,向东5m。试验场地面积750㎡。

2.2 试验段施工目标

(1)检验应力吸收层材料的现场施工压实度、透水性及施工特性。

(2)为天宁寺桥面施工做摊铺演练,包括人员、机械。

(3)为天宁寺桥桥面施工做经验总结,施工工艺优化的参考。

3　机械准备(表1、表2)

天宁寺桥施工现场主要机械准备　表1

序号	机械名称	型　号	数量	序号	机械名称	型　号	数量
1	摊铺机	沃尔沃8820	1	7	清扫机	凯斯	1
2	压路机	14t宝马205	1	8	装载机	LG855B	1
3	压路机	14t宝马205	1	9	沥青洒布车		1
4	压路机	10tYZC10	1	10	水车	12t	1
5	压边机	4t沃尔沃	1	11	渣土车	10t	2
6	铣刨机	K-50	1	12	工程车		4

天宁寺桥施工现场主要工具准备　表2

序号	工具名称	数　量	备注	序号	工具名称	数　量	备注
1	铁锹	15把	现场清理	7	盒尺	5把	测量
2	铁锹	20把	沥青摊铺	8	墩锤	8把	墩边
3	铁扒	6把	沥青摊铺	9	平板夯	3台	压边
4	扫把	8把	现场清理	10	汽油喷灯	10套	去除水印
5	笤帚	6把	现场清理	11	渣土袋	200个	渣土清运
6	改锥	4把	测量、放气				

4　试验器具准备

①电子称1台(感量0.005kg);②纸板3块(0.4m×0.4m);③测温枪2把;④钢盆3个。

5　现场准备

5.1　应力吸收层试验段施工

由于天宁寺桥此次使用的材料为新型高粘不透水应力吸收层,目前在北京地区使用尚属首次,故我单位与建设单位、监理单位、设计单位协商后提出在其它路段先进行试验段摊铺。

因此,天宁寺二环内外环主路桥大修工程高粘不透水应力吸收层试验段选址于北三环北太平桥南新街口外大街南向北方向主路,为北太平桥桥南1号天桥与2号天桥之间。2号天桥南向北第二个雨水井开始为起点,桩号为K0+000,向北150m为终点,桩号为K0+150,试验段宽度为5m,以道路中线为起点宽,向东5m。试验场地面积750㎡。

在试验段施工前,我单位与业主单位、监理单位、设计单位等多次进行了现场及室内的方案准备讨论会。

5.2　试验段施工工艺(按时间轴顺序)

(1)23:30~23:45交通导行

路面交通导行,主路双侧同时封闭,途经车辆导行至两边辅路,以南北红绿灯为界,两端水靶封闭,但期间允许公交车通行。

(2)23:45~0:09路面清扫、接缝处铣刨

现场机械山猫清扫车一台、50铣刨机一台、装载机一台、渣土车一辆,工人15人负责清扫、清理渣土。铣刨机铣刨深度为2~5cm。

(3)0:11~0:14SBS乳化沥青撒布

现场用机械洒布车喷洒乳化沥青,厂家为昌平沥青厂,喷洒用时3min,喷洒面积为750㎡。期间做现场洒布量试验。统计结果如表3所示:

乳化沥青中洒布　表3

标号	纸板重量	撒布后重量	纸板面积	洒布量	设计用量
1号纸板	0.06kg	0.09kg	0.4×0.4m	0.185kg/m^2	0.2~0.3kg/m^2
2号纸板	0.085kg	0.105kg	0.4×0.4m	0.185kg/m^2	0.2~0.3kg/m^2

总结:SBS乳化沥青现场撒布温度为45~50℃,撒布后乳化沥青破乳、渗透时间稍慢,未能达到立即破乳的要求,建议施工时将乳化沥青温度调至60℃。洒布量略低于原计划量,但满足施工要求。

(4)0:36~1:32应力吸收层摊铺

①现场摊铺机械采用VOLVO8820B摊铺机一台,并配备相应的操作机手及操作摊铺人员。

②摊铺前,摊铺机熨平板主板温度130°,副板温度145°(规范要求主板温度达到120度以上)。

③现场配备测量人员随时测量摊铺前后路面高程。

④摊铺初始速度为1.7m/min,之后按2~3m/min匀速摊铺。

⑤摊铺厚度为2.8cm,压实后厚度为2.5cm。

⑥沥青运料车从料场出发时间为22:40,到现场时间为23:35,路上运输时间为55min。至第一辆车摊铺开始,现场等待61min。

⑦沥青厂拌料时我单位派专人到料场进行检查

0:36~1:00共计24min摊铺第一车沥青混凝土,厂家为大兴路驰混凝土公司,运料车号为京AM4642,运送材料为高粘不透水应力吸收层沥青混合料23t,进场摊铺温度为187℃,技术指南要求温度为175℃。运输过程中采用棉被、棉布覆盖。

1:09~1:32共计23min摊铺第二车沥青混凝土,厂家为大兴路驰混凝土公司,运料车号为京AM4696,运送材料为高粘不透水应力吸收层沥青混合料25.24t,进场摊铺温度为185℃,技术指南要求温度为175℃。运输过程中采用棉被、棉布覆盖。

摊铺机进场施工时应根据现场要求提前加热,避免耽误施工时间。

摊铺速度不宜过快,应控制在2min/m。

摊铺机搅料棒应适当加长(根据摊铺宽度定);

人工用铁锹应及时清理干净,但清理过程中严禁使用柴油。

气温低于10℃不得摊铺,雨后24小时内不准施工。

(5)碾压

现场碾压施工采用YZC10型串联式振动压路机10t一台,BW205AD-4型压路机14t两台,VOLVO压路机4t一台。

初压开始时间为0:46,终压开始时间为1:10,现场压路机碾压遍数10~12遍,初压温度170°,初压完成温度128°。

现场碾压顺序为2台14t压路机负责初压,10t压路机终压,4t压路机负责边角地带碾压。期间1:03分时初压第一台压路机碾压起站,带起油面约0.3×0.8m^2,包括3小块。原因是压路机加水量少和压路机吨位偏大。

现场于2:20完成所有碾压施工,于2:30开始对路面进行洒水降温施工。

现场压路机可按现场实际情况配备10t压路机1台,负责初压。14t压路机1台负责终压,4t压路机1台负责边角地带压实。碾压时压路机可适当加水,应将加水量控制在2挡。

施工过程中的碾压出现了不可预见的情况,桥面施工时应避免。采取措施为压路机紧随碾压,适当加水。

负责初压压路机需在距摊铺机10m范围内。

现场压实系数为1.1,设计标准为1.13。

现场碾压致桩号K0+138时,留12m路段所有压路机均采用静压方式碾压,作为对比试验段,对比内容包括压实度、渗水性等。

交通放行温度应控制在50℃以下(底层温度),面层温度应控制在30℃以下;

现场加设4km/h限速牌1块,并安排相应值班人员现场看守。

桥面施工时应注意碾压施工方向,应从低向高碾压;

(6)现场总结

施工完成后各参建参施单位代表对本次试验段进行了总结。

本试验段施工完成后,证明该应力吸收层材料可起到防水及一定的抗剪切能力。并且已经具备从材料、施工、机械、人员配合的各项、各环节对施工工艺的要求及技术措施。按总结经验适当调整后适用于天宁寺桥桥面施工。

5.3　天宁寺桥面拆除施工

天宁寺桥专项试验段新街口试验成功后即准备天宁寺桥面现场施工,先进行天宁寺桥面拆除。

桥面拆除时按区进行划分,其中内环1区、外环1区同时拆除,于夜间11:30开始封路。拆除前先用切边机将路面按拆除区分区切割,切割宽度为7m,由于路面混凝土厚度不一,切除深度为6cm。

之后用挖掘机拆除路面现况铺装沥青及混凝土层,边角地带采用空压机、破碎炮等配合拆除。

至夜间3:00拆除结束,开始做接顺坡处理,斜坡接顺采用热拌AC-20沥青油。横坡接顺宽度为8~10m,高度10cm。纵坡接顺宽度1m,高度10cm。采用人工摊铺。至5:00完成所有坡道接顺,5:30开放交通。

(1)桥面拆除准备

桥面拆除前需在内外环道路迎车面两端加设不少于2处的30km/h限速标志。由于拆除前箱梁顶面混凝土现况不明,故拆除前内外环现场准备均需准备1t以上CGM-6快速修补料,准备2cm厚6~8m^2钢板至少两块,以备拆除施工时发现梁顶面酥化(坑洞)之处,立即停止桥面所有拆除施工,及时与设计、业主单位联系沟通。将坑洞周边清理后及时采用CGM-6快速修补料进行补修,上层覆盖钢板,清扫路面,做好道路顺坡。

为尽量缩短施工工期,内外环现场分别准备两套施工机械同时施工,包括4台挖掘机、4台破碎炮、4台铣刨机、2台压路机以及渣土车若干、人工50人。桥面拆除时间安排如表4所示。

桥面拆除施工时间轴　　表4

时间	11:30	12:00	1:00	2:00	3:00	4:00	5:00	5:30
工序	封路	拆除开始	拆除中	渣土外运	拆除结束	道路接顺	清理完成	开放交通

(2)桥面拆除施工

天宁寺桥面拆除施工自5月21日施工以来,陆陆续续绝对工期用时11天才完成全部桥面的拆除施工,在此期间耗费了大量的人力物力。

拆除桥面沥青混凝土之前,仔细刨查沥青混凝土层及桥面铺装层的厚度,根据实际厚度进行拆除,避免损坏原桥主梁混凝土层;拆除施工时挖掘机破碎炮等大中型机械设专人进行指挥,拆除过程遵循先快后慢的原则,即破碎至混凝土桥面铺装底部时,注意主梁高程,拆除时斜挖斜打,以免破坏主梁结构。

桥面拆除及油面结构层摊铺前,由于天宁寺桥为弯道桥,故每天晚上内外环导行距离分别为1.5km,累计至少为3km,仅导行时间就需分2组队伍,用时0.5h完成交通导行。在此期间需投入大量的交导设施及人员力量。

由于桥面混凝土层局部厚达11cm,且与原梁顶粘结牢固,给拆除施工造成相当大的困难,因此现场采用一台破碎炮搭配一台挖掘机的施工组合进行施工,为保证施工进度,桥面拆除时内外环分别至少每天2套拆除设备,并配备专用的渣土车进行渣土清运。

拆除过程中需随时由专业小组切断顺坡接顺位置桥面混凝土铺装层钢筋,并随时用铣刨机将拆除后梁顶凸出、深凹不平部位铣刨平整,以利于高粘应力吸收层的摊铺施工。

桥面拆除前后,测设原桥面高程,每5m测设一个高程点,形成桥面铺装控制网,以便桥面沥青混凝土铺装过程中进行控制,保证桥面铺装层施工后与原桥面高程统一。

拆除过程中现场配备洒水车跟随拆除机械后方及时洒水降尘。

为保证第二天路面交通通行及道路接顺预留时间,拆除施工至夜间3:00全部停止拆除,清理路面,外弃渣土。进行道路顺坡处理,顺坡接顺采用热拌AC-20沥青混凝土。道路横坡接顺长度为5m,高度10cm,坡度为2%。纵坡接顺宽度0.5m,高度10cm,坡度为10%。接顺坡处理沥青采用人工摊铺。至5:00完成所有坡道接顺,5:30开放交通。如下图所示,为道路接顺坡的横坡与纵坡施工。

路面拆除后横坡及纵坡的接顺为本工程的施工重点,第一次接顺用AC-20沥青混合料人工摊铺完成后,可采用小型4t压路机碾压,但必须保证碾压密实,碾压遍数不低于6遍。

(3)桥面应力吸收层摊铺施工

由于之前已经在新街口试验段进行过高粘不透水应力吸收层的摊铺试验,因此我项目部人员及现场施工工人、机械操作机手,对改新型材料特性已经有了全面的了解与认识。

①拆除处理

在施工工序中,需在桥面梁顶直接摊铺2.5cm厚应力吸收层,但桥面原梁顶在拆除后发现多处凹凸不平现象,经分析为箱梁浇筑时未进行有效的成品保护导致。下图为拆除后原桥梁顶面;

因而,在每次拆除后或者摊铺应力吸收层前均需用铣刨机进行桥面找平。

②摊铺准备

底油摊铺时由于天宁寺桥面局地与匝道位置相接,故宽度不一(7.5~12m),为保证当晚交管局对施工工期时间要求。因此现场施工时内环与外环在匝道位置摊铺施工时采用2台摊铺机并排前后同时摊铺施工。在高粘混合料运输过程中采用40t自卸汽车运输,车厢底板和侧板涂抹防粘剂,车厢用蓬布遮盖,防止温度降低过快,保证现场进料温度在170℃以上。

③抛丸处理及浇筑保护带混凝土

摊铺高粘防水粘结层前,路面用抛丸机对路面进行抛丸处理,抛丸之后路面清除浮尘、泥土、碎屑及可见水分,对于高差相差大于10mm的接缝及1m直径区域高差大于30mm,应事先填补,找平。接缝处高差低于10mm的地方,以高标高为基准调整摊铺厚度。摊铺前需先对摊铺路面进行抛丸处理,由于施工时间有限,因此改工序需在摊铺前占用一天工期单独进行施工。

为保护原桥面拆除后裸露的防撞墩与桥面链接角钢,在应力吸收层摊铺之前在该角钢位置浇筑一道20×9cm规则矩形混凝土包封,包封混凝土外露部分涂刷AMP-100型刚性防水,并在边角位置涂抹一道聚硫密封膏封缝,以达到预期的防水效果。

④摊铺工作面处理

待高粘不透水应力吸收层摊铺前,先将路面顺坡拆除,之后由人工烘烤顺坡位置水迹直至完全干燥。最后再由清扫车配合人工将路面清扫干净,高粘防水粘结层施工前洒布SBS改性乳化沥青粘层,现场采用洒布车机械洒布,洒布量为0.2~0.3kg/m²。桥面边缘易积水地区增加橡胶沥青洒布量,保证均匀、不遗漏,包括油面冷接缝位置。

⑤摊铺时间紧迫性要求

高粘不透水应力吸收层摊铺前的准备工作相当复杂繁琐,当日施工时间消耗将近一半,通常情况下需到2:00左右才能完成油面摊铺的准备工作,然而底层油摊铺必须在4:30前完成施工,预留1h冷却时间,按交管局要求5:30开放交通。因此,需严密组织精细安排,各施工小组分工明确,各施工工序紧密衔接,才能达到预期施工要求,保质保量的按时完成当日施工任务。摊铺时间安排如表5所示。

摊铺时间轴　　表5

时间	11:30	12:00	1:00	2:00	3:00	4:00	5:00	5:30
工序	封路	拆除顺坡	烘烤路面清扫	摊铺机准备	摊铺中	完成摊铺	碾压完成	开放交通

由于该材料的特性,摊铺机摊铺前熨平板位置不得涂刷柴油,需用植物油涂刷,碾压设备需用洗衣粉溶

液少量加水碾压。

⑥后续施工工艺

应力吸收层摊铺后及时碾压,碾压后厚度控制在2.5(±0.5)cm之间,并及时采用KAC-20混合料进行应力吸收层上层道路横纵坡的接顺施工,保证次日交通行车安全、舒适。综上所述,施工当天仅沥青混凝土就需拆除AC-20顺坡,之后再摊铺高粘不透水应力吸收层,为保证平整度及压实度再用胶轮摊铺机摊铺中层KAC-20顺坡(为保护底层高粘不透水应力吸收层,该层顺坡在摊铺中层KAC-20沥青混凝土时仅局部铣刨,不得完全拆除)。因此,工序的紧密衔接与合理安排才得以使该施工工序顺利完成。

公路桥梁养护管理的对策探讨

侯瑞利

(伊川县交通运输局)

摘 要 在高速公路运输中,桥梁发挥着咽喉的作用。但投入运营后的桥梁随着时间增长日益陈旧老化,若维护保养工作不到位,则会导致大量病害出现、发展,最终会导致桥梁功能降低甚至损毁而不能适应运输要求。因此,针对当前桥梁养护工作中存在的问题并探讨相关解决对策,对保证桥梁使用功能具有深远意义。

关键词 公路桥梁 养护管理 对策 探讨

1 引言

公路桥梁是国家的重要基础设施,也是保证各种物资顺利流通的关键设施。它的完好与否不仅关系着公路的畅通,更直接关系着人民群众的生命财产安全。新中国成立以来,我国的公路建设事业取得了长足的发展,中国的公路建设成就已经被世界所瞩目。随着公路里程的快速增长,公路桥梁事业也得到了空前的发展。在国民经济发展中扮演着极为重要的角色。但是,公路桥梁建成投入使用后,随着时间的推移,因反复承受车轮的磨损、冲击,遭受暴雨、洪水、风沙等自然力的侵蚀,再加上设计、施工中留下的某些缺陷,必然导致公路桥梁使用功能和行车服务质量的日趋退化,产生病害,出现缺陷,这是事物发展的必然规律。因此,加强对现有公路桥梁养护管理工作,就成为延长桥梁使用周期、保持使用功能、保障行车安全、促进社会和谐的重要举措。同时,加强对现有公路桥梁养护管理工作的研究,就凸显出重要的现实意义和理论价值。

2 桥梁养护与管理中存在的突出问题

(1)桥面不清洁、泻水孔堵塞,在中小型桥梁中比较普遍,个别的桥面堆放障碍物、垃圾泥土污物等积存,晴天过车尘土飞扬,雨天桥面积水,车辆过桥时泥浆四溅。

(2)桥面不平整,使车辆颠簸,车速降低,影响车速,增加桥梁构件的疲劳,如不改善将缩短桥的使用寿命提前大修。

(3)引道路面与桥衔接处不够平整,导致桥头跳车,行车不顺适,影响车速,降低行车质量,为旅客、司机所反感,长期下去也会影响桥的使用寿命。

(4)桥栏杆残缺不齐和不及时修复的现象无论在干线或支线随处可以看到,造成栏杆残缺的原因很多,如行驶车辆交通事故撞坏,人为破坏,栏杆残缺。虽然不影响车辆运行,但行驶在桥上车辆行人缺乏安全感,降低交通安全舒适水平。

(5)桥梁构件损坏不及时维修,桥梁投入运营后,由于施工和交付使用出现的变位、沉陷空洞、裂缝等毛病,在日常养护中没有及时修补。造成混凝土剥落、钢筋外露锈蚀,活动支座失去活动能力等等,这类毛病不及时处理可能酿成大病。

(6)桥况不明,所谓的桥况不明是指桥梁资料不全,桥梁技术状况不清楚等,建成多年的桥梁由于技术资料不及时归档造成资料不全,对桥梁不进行定期检查检验,桥梁病害的状况,病害发展过程不清楚,桥梁的技术状况在各类报表资料中混乱。

3 首先提高对桥梁养护管理的认识

实践证明,公路桥梁必须与公路的改造同步进行,只有提高桥梁的通行能力和承载能力,才能真正发挥公路改造的作用和效益。而当前资金和材料紧缺，不可能投入大量资金新建桥梁，只能采取较少的投资，对现有大量的公路桥梁进行维修养护加固和技术改造，以解决当前之亟需。为此，公路部门从省、市、县公路段(局)到公路站(道班)都要提高对桥梁养护管理的认识。使大家充分认识到日常养护是提高公路桥梁通行能力和延长桥梁使用寿命的必要措施。把保证公路畅通，加强现有桥梁的保养、维修与加固工作，使其能经常处于完好的技术状态，将延长其使用年限作为当前桥梁养护的中心工作来抓，促进桥梁养护工作向正规化、秩序化方向发展。

4 提高公路桥梁养护人员的素质

在日常的公路桥梁养护工作流程中，需要加强员工的桥梁养护意识，通过提高员工养护方面的意识，可以使员工更好地根据工作的需要进行公路桥梁养护工作。领导人员通过对员工进行教育培训，使每个公路桥梁养护人员具有良好的保养意识。公路桥梁养护单位需要要对自己的员工进行定期的培训教育，提高员工公路桥梁保养技术水平。实行保养交底办法，在进行公路桥梁保养前对工作人员的保养技术提出要求，使工作人员保养技术达到的规定的标准，还要使工作人员掌握好公路桥梁保养工作的重点和难点。对每个新入场的员工进行规范的公路桥梁保养技能指导，使每个从业人员都可以达到工作的规定要求。推行奖勤惩懒制度，把公路桥梁保养工作的好坏同员工自身利益结合起来，让每个桥梁养护人员可以更好的提高责任心，使公路桥梁保养工作能顺利的进行。

5 制定完善的桥梁管理制度和管理长效机制

建立健全桥梁管养机构，明确管养机构的责任和对管养情况制定检查制度，使管养人员明确规程，熟知检查内容，具体内容为：

(1)做好桥梁经常检查，确保及时发现病害。

(2)做好定期检查，确保及时发现病险桥梁。

(3)做好特殊检查，确保及时排除桥梁疑难杂症。

对桥梁病害能及时发现并能采取有效措施。同时应逐步完善并落实以下几项工作：

(1)严格执行桥梁养护工程师制度，确保专人负责。明确市、县农村公路管养单位桥梁工程师名单，保持人员相对稳定。

(2)严格执行四个一制度，明确相应职责，确保责任到人。对辖区内每一座桥梁，均落实一名行政领导、一名技术员、一名养护员、一名路政员四个责任人。

(3)严格执行病险桥梁动态监控和报告制度，确保监管到位。同时，应配备必要的桥梁检查、检测仪器和设备，加强病险桥梁运行状况监测，随时掌握病害发展和安全运营情况。

6 建立健全桥梁技术档案管理

作为养护管理部门首先要将桥梁的技术档案建立起来，将桥梁档案的管理作为各级公路管理机构所进行的技术档案管理的重点来抓。实现一桥一册一档，要对每座桥梁建立基本状况卡片，收集设计施工文件，历次改造工程，大、中、小修施工原始记录，竣工验收资料，对历次自然灾害、意外损害以及违章超重车辆运行情况进行详细的记录，连同"桥梁经常检查表"进行归档管理。桥梁技术档案按其性质和使用频率可分为保密性永久档案和经常使用性档案两种。

6.1 保密性永久档案

保密性永久档案是桥梁技术档案的主要部分和核心内容，包括行政文件、设计文件、施工文件、验收文件、设计图纸、竣工图纸、定期检查报告、检查报告、维修资料等。这些材料整理成卷后，存放于档案室，由专人妥善保管。

6.2 经常使用性档案

经常使用性档案是养护管理工作中经常使用的技术材料，包括技术状况卡片，经常性检查记录、病害观测记录。这些材料需要在后续养护管理工作中整理积累出来的,具有一定的时限性。

7 加大桥梁维修加固费的投入和全面落实危桥改造的措施

为保证桥梁的正常运营,延长桥梁使用寿命,各级交通主管部门在每年的年度养护工作计划中,应该安排一定经费保证桥梁检查、维修及加固工作,保证桥梁养护与维修加固资金的合理与充足使用。同时,根据各地的实际情况,提出切实可行的公路桥梁养护管理的目标与措施,从而促进桥梁改建、维修与加固工作。国家投资重点倾斜以及集资渠道的多元化,将为我国公路桥梁发展提供资金保证。在检查后,若发现的存在符合《公路养护技术规范》桥梁技术评定标准中四类危桥状态的桥梁均系危桥。主要包括桥梁重要部件出现严重的功能性病害,且有继续扩展现象,关键部位的部分材料强度达到极限,出现部分钢筋断裂,混凝土压碎或压杆失稳变形的破损现象,变形大于规范值,结构的强度、刚度、稳定性不能达到平时交通安全通行的要求,以及承载能力比设计降低25%以上的类型。这些桥梁必须尽快实施加固、维修和改造,以提高其承载能力。对于桥梁改造工程,各级公路管理机构应引入竞争机制,应当实行招投标制度,工程监理制度和合同管理制度。严格质量管理,把好材料质量关,加大工程建设中的监理力度,严格按照设计图纸进行施工,从而保证桥梁建设质量,减少使用期间的后顾之忧。

8 深化公路桥梁养护管埋体制改革,实行管养分离体制,本质上解决“重建轻养”问题

为实现养护市场化运作,实行管养分离,公路养护管理公司对养护中心进行市场化运作,使其逐渐适应市场化管理,并逐步将其从公司剥离出去,完全推向市场,最终实现管养分离。工程资产部、工程资产科转化为单纯行使公共管理职能的管理机构,其主要职责定位为养护计划管理、核定养护工程量,确定投资额度,进行招投标工作和合同管理、路产管理以及统筹规划、掌握政策、信息引导、提供服务、检查监督、指标考核等。各管理处作为公司的派出机构主要行使对公路路产的管理和维护管理,对公路路况、交通量自然灾害造成公路毁损情况的调查统计,而公路的具体养护工作则由具有相应资质的养护企业实施,初期可以重点培育养护中心的市场化管理适应能力。

9 结语

公路桥梁关系到行车、行人的安全与公路的畅通。当前形势下,要高度重视公路桥梁的养护工作,以确保桥梁结构安全,实现公路桥梁安全畅通为目标,通过提高公路桥梁养护人员的素质、加强桥梁养护管理、加大投入、排除安全隐患,来提高公路桥梁养护与管理的质量,为公路交通运输提供优质、安全、畅通的公路环境,更好的为社会主义现代化建设服务。

参 考 文 献

[1] 吕先泽. 浅谈公路桥梁养护管理现状与对策[J]. 公路交通科技,1998(5).
[2] 包智鹏. 农村公路桥梁养护管理的思考[J]. 山西建筑,2011(1).
[3] 邢小平. 浅谈公路桥梁养护管理有关问题[J]. 科技资讯,2010(33).
[4] 张渊波. 公路桥梁养护管理中存在问题思考及对策[J]. 中国新技术新产品,2010(5).

公路桥梁养护中新型聚脲材料的开发和应用

高玉梅[1] 吴孝刚[2]

(1. 北京首发公路养护工程有限公司;2. 大连远惠实业有限公司)

摘 要 公路养护中公路桥梁的混凝土结构破坏的原因分析,新型YH601混凝土及砂浆裂缝修补和防护涂料系统的开发和性能介绍,YH601防护系统的设计开发,YH601防护系统的施工案例。

关键词 公路桥梁养护 混凝土结构破坏 YH601防护系统 性能分析系统设计施工案例

1 引言

随着我国对基础建设的大规模投资,我国的交通基础设施也迅猛的发展起来。北京也相继修建了一大批的城市大跨度的桥梁、高架桥、立交桥等城市桥梁,高速公路及一些高等级公路的通车里程也在迅速地增加。

伴随着大量的道路和桥梁的建成投入使用,其使用后的保养和维护也越来越受到人们的关注。特别是对于一些重大的桥梁工程,长期处于各种恶劣的环境中,同时还要满足达到设计的使用年限要求,这对于桥梁的养护提出了一个严峻的课题。

据我们调查研究,我国的桥梁工程的后期保养一直面临着很多问题。在对于一些地区的桥梁的调查中发现,大部分的桥梁在使用5~8年后就出现严重的破坏现象,有的已倒塌重建。1997年北京市市政工程设计研究总院对北京市城市立交桥进行普查发现:加强筋锈蚀造成的北京城市立交桥混凝土结构破坏具有普遍性。北京西直门立交桥使用仅19年,就因化冰盐导致加强筋锈蚀使结构破坏,不得不报废重建。

我们所养护的高速公路和桥梁等设施大多数是钢筋混凝土结构的,也同样面临着这些难题。针对这些问题,我们在对高速公路的桥梁保养的过程中,对各种新材料和新工艺进行了大量的实验和比较。最终经过对比选择了聚脲这种新型材料和施工工艺,来解决混凝土结构的耐久性问题并取得了满意的效果。同时针对公路养护过程中的实际情况,和材料生产厂家研发人员一起对传统的聚脲材料配方和施工工艺进行改进。为公路桥梁养护提供了性能优异的新型的耐候型脂肪族聚脲防护涂料和相应的配套施工工艺,使之成为一种完善的新型聚脲防护系统。为今后推广使用这种技术奠定了良好的基础。

2 公路桥梁混凝土结构破坏的特点及YH601混凝土防护涂料系统的开发

2.1 混凝土结构破坏的成因

(1)融雪剂中的氯化物对混凝土机构的破坏

由于北京地区冬季的气候特征,雨雪频繁,为了保障道路的畅通,就得大量的布撒融雪剂和一些化冰盐。这些融雪剂中含有大量的氯化物,这些氯化物渗透性很强,而由于氯化物的介入使加强筋周围的混凝土的碱度降低,从而破坏了加强筋表面的钝化膜,铁离子与侵入到混凝土中的氧气和水分发生锈蚀反应,其锈蚀物氢氧化铁体积比原来增长约2~4倍,从而对周围混凝土产生膨胀应力,导致保护层混凝土开裂、剥离,沿加强筋纵向产生裂缝,并有锈迹渗到混凝土表面。由于锈蚀,使得加强筋有效断面面积减小,加强筋与混凝土握裹力削弱,结构承载力下降,并将诱发其它形式的裂缝,加剧加强筋锈蚀,导致结构破坏。

(2)冻害造成的混凝土结构破坏

北京地区冬季气候寒冷,雨雪在融化后,水渗透进入混凝土内部。大气气温低于零度时,吸水饱和的混凝土出现冰冻,游离的水转变成冰,体积迅速膨胀,使混凝土产生膨胀应力;混凝土中膨胀应力加大,混凝土强度降低,导致出现裂缝、局部粉化的现象,严重时造成结构破坏。

(3)使用过程中的短期或长期的超荷载对混凝土结构的破坏

北京周边的公路桥梁也承担着繁重的货物运输任务,经常有超载的货车从公路桥梁上经过。其重量远远超出了桥梁本身所设计的极限荷载。从而造成混凝土结构的开裂以及一些结构性破坏。

同时,进些年来频繁发生的一些恶性交通事故,对桥梁造成的高速撞击、高温焚烧等破坏,也直接造成了混凝土结构的破坏。

2.2 新型聚脲防护系统的介绍

由上述原因可看出,抗开裂和预防开裂是公路桥梁混凝土防护的主要内容。针对公路桥梁使用的实际情况,考虑到成本、施工的便捷性等因素,我们选择了给现有的桥梁进行涂装防护的技术措施,使其与腐蚀介质隔离从而达到防护的目的。而在选择涂层材料的时候,我们要综合考虑到以下几个因素:

(1)由于公路桥梁所处的自然环境比较恶劣,长期风吹日晒,所以该涂料系统必须具备优良的耐候性,长期日照不粉化,不褪色。

(2)由于公路桥梁长期处于动荷载的环境中,该涂料系统必须具有良好的延展性,具有优良的耐磨、耐冲击、抗穿刺,能承受经常的重荷载的高速碾压、强震动、冲击的破坏。

(3)由于公路桥梁长期受到酸、碱、盐等腐蚀介质的侵蚀,该涂料系统必须具备良好的耐受各种介质的侵蚀的防护作用。

(4)由于公路桥梁养护具有特定的施工窗口期和工作空间的局限性,该涂料系统必须具备施工的便捷性。

(5)该涂料系统还必须有良好的整体性,能形成自己的封闭系统,从而达到防护的作用。

(6)该涂料系统必须有极低的吸水性和良好的粘结能力。

(7)该涂料系统必须要有良好的耐高低温的性能,能耐受住冻融循环、干湿交替的变化。

(8)该涂料系统必须具备优异的抗混凝土基材开裂性,对基材的开裂性具有一定的防护性和遮盖性(裂缝在0.2~0.3mm),对基材有良好的修复和补强性能。

(9)该涂料系统还要具备超长的使用寿命,与公路桥梁使用寿命相匹配。

(10)该涂料系统具有较高的性价比,虽然初期投入相对比较高些,但是年平均维修成本最低。

(11)该涂料系统具有很好的装饰性,有许多的颜色可供选择,可改变以往的桥梁单调的色彩装饰,为设计者提供更多的外观设计方案。

在对各种涂料的对比试验中,我们选择了聚脲这种材料。聚脲材料是由异氰酸酯半聚体组份(A组份)和改性氨基聚醚、扩链剂、各种填料组成的B组份,使用专用的设备现场喷涂成型。

但是传统的聚脲材料对于公路养护方面有以下缺陷:凝胶时间短,3~10秒钟凝胶,对于构造复杂、节点较多的结构,以及施工空间狭小的限制,会出现漏喷等现象,严重影响施工质量;传统的聚脲材料必须使用专用的大型施工设备,该设备结构复杂、体积庞大、操作烦琐并且价格昂贵(20~30万元/台),小规模施工成本高。

我们结合公路养护的特点,配合材料生产厂家对传统的聚脲材料进行改进。在配方中我们加入了延迟型的二胺扩链剂,降低了反应速度,对配方体系进行重新设计,生产出新型的耐候型脂肪族聚脲体系—YH601混凝土及砂浆裂缝修复和防护涂料系统(以下简称YH601防护系统)。YH601防护系统配方体系提高了凝胶时间达20~120分钟,延长了操作时间,施工性强,同时,施工方式简单便捷,可手工刷涂,辊涂也可用小型的普通喷涂设备施工。施工方法简单,能在狭窄、复杂的工况下施工,降低使用成本,提高工作效率。

YH601防护系统与现有的涂料比较具有以下特点:

(1)耐候性好

色彩稳定、均匀、大方,长期使用不粉化、不开裂、不脱落。

(2)具有优异的物理性能

拉伸强度高、撕裂强度大、断裂伸长率高、机械强度高、抗石块冲击是其他的任何材料无法比拟的。

(3)整体性好

采用喷涂工艺,连续无接缝,实现真正的“皮肤式”防护。

(4)具有良好的热稳定性

能耐120℃的高温,可承受150℃的短时间高温冲击。

(5)低温柔韧性好

在-40℃低温弯折时,不开裂。

(6)经济效益好

单机日施工面积在1000m^{2}以上,与传统涂层比较可以使施工现场快速恢复使用,可满足施工窗口期的要求。

(7)超长的使用寿命

使用寿命可达50年,减少二次涂装及维护成本。

2.3 新型聚脲防护系统的性能

(1)主要的技术指标(表1)

从该项检测的数据表中,我们可以看到YH601防护系统涂料在具有很高的拉伸强度(22.3Mp)的同时还具有断裂伸长率高(468%)撕裂强度大(68N/mm)的特点,这是其他材料都不具备的。这充分说明了该材料的优异性能。

YH601防护系统检测指标 表1

<table>
<tr><th>序号</th><th colspan="2">项目</th><th colspan="2">标准规定</th><th>检验结果</th><th>单项评定</th></tr>
<tr><td>1</td><td colspan="2">外观质量</td><td colspan="2">均匀粘稠体、无凝胶、结块</td><td>均匀粘稠体、无凝胶、结块</td><td>合格</td></tr>
<tr><td>2</td><td colspan="2">固体含量(%)</td><td colspan="2">≥98</td><td>99</td><td>合格</td></tr>
<tr><td>3</td><td colspan="2">表干时间(h)</td><td colspan="2">≤4</td><td>2</td><td>合格</td></tr>
<tr><td>4</td><td colspan="2">实干时间(h)</td><td colspan="2">≤8</td><td>4</td><td>合格</td></tr>
<tr><td>5</td><td colspan="2">不透水性(0.4MPa,2h)</td><td colspan="2">不透水</td><td>不透水</td><td>合格</td></tr>
<tr><td>6</td><td colspan="2">拉伸强度(MPa)</td><td colspan="2">≥16</td><td>22.3</td><td>合格</td></tr>
<tr><td>7</td><td colspan="2">粘结强度 MPa(与混凝土粘结)</td><td colspan="2">≥1.0</td><td>2.9</td><td>合格</td></tr>
<tr><td>8</td><td colspan="2">断裂伸长率(%)</td><td colspan="2">≥450</td><td>468</td><td>合格</td></tr>
<tr><td>9</td><td colspan="2">低温弯折性</td><td colspan="2">≤-40℃</td><td>-40℃ 无裂纹</td><td>合格</td></tr>
<tr><td rowspan="2">10</td><td rowspan="2">加热收缩率(%)</td><td>伸长</td><td colspan="2">≤1.0</td><td rowspan="2">收缩0.1</td><td rowspan="2">合格</td></tr>
<tr><td>收缩</td><td colspan="2">≤1.0</td></tr>
<tr><td>11</td><td colspan="2">撕裂强度(N/mm)</td><td colspan="2">≥50</td><td>68</td><td>合格</td></tr>
<tr><td>12</td><td colspan="2">吸水率(%)</td><td colspan="2">≤5.0</td><td>2.8</td><td>合格</td></tr>
<tr><td rowspan="3">13</td><td colspan="2" rowspan="3">热处理</td><td>拉伸强度保持率%</td><td>80~150</td><td>122</td><td>合格</td></tr>
<tr><td>断裂伸长率%</td><td>≥400</td><td>458</td><td>合格</td></tr>
<tr><td>低温弯折性</td><td>≤-35℃</td><td>-35℃
无裂纹</td><td>合格</td></tr>
<tr><td rowspan="3">14</td><td colspan="2" rowspan="3">碱处理</td><td>拉伸强度保持率%</td><td>80-150</td><td>82</td><td>合格</td></tr>
<tr><td>断裂伸长率%</td><td>≥400</td><td>460</td><td>合格</td></tr>
<tr><td>低温弯折性</td><td>≤-35℃</td><td>-35℃
无裂纹</td><td>合格</td></tr>
<tr><td rowspan="3">15</td><td colspan="2" rowspan="3">酸处理</td><td>拉伸强度保持率%</td><td>80-150</td><td>83</td><td>合格</td></tr>
<tr><td>断裂伸长率%</td><td>≥400</td><td>462</td><td>合格</td></tr>
<tr><td>低温弯折性</td><td>≤-35℃</td><td>-35℃
无裂纹</td><td>合格</td></tr>
</table>

续上表

序　号	项　目	标准规定		检验结果	单项评定
16	盐处理	拉伸强度保持率(%)	80~150	86	合格
		断裂伸长率(%)	≥400	470	合格
		低温弯折性	≤-35℃	-35℃ 无裂纹	合格

(2)耐介质性能(表2)

YH601防护系统的涂层致密、连续、无接缝,有效地阻止了外界腐蚀介质的侵入,防腐性能十分突出。同时,由于其优异的柔韧性,完全能够抵御昼夜、四季环境温度变化带来的热胀冷缩,不会产生开裂和脱落现象。

该系统涂层的耐介质性能十分突出,除二甲基甲酰胺、二氯甲烷、氢氟酸、浓硫酸、浓硝酸、浓磷酸等强溶解、强腐蚀介质外,可耐受绝大部分腐蚀介质的长期浸泡(25℃条件下)。

YH601防护系统抗介质性能指标　表2

介质名称		浸泡结果	介质名称		浸泡结果
盐溶液	饱和盐水(130000mg/L)	良好	有机溶剂	苯	变色,发泡
	硝酸铵	良好		甲苯	变色,发泡
	氯化钠	良好		二甲苯	良好,轻微变色
	磷酸钠	良好		正己烷	良好
	过氯酸钠	良好		异丙醇	良好
酸溶液	乙酸(10%)	良好		丙酮	变色,发泡
	醋(乙酸)	良好		三氯乙烷	变色,发泡
	盐酸(5%,10%)	良好		甲醇	变色,发泡
	硝酸(20%)	变色,发脆		丙烷	轻微起皱
	硫酸(5%,10%,20%)	良好		二甲基甲酰胺	变色,发泡
	硫酸(50%)	变色,发脆	其他溶剂	汽油	良好
	磷酸(10%)	良好		柴油	良好
	磷酸(50%)	变色,发脆		矿物油	良好
	氢氟酸	变色,发脆		液压油	良好
	柠檬酸	良好		防冻液(50%乙醇)	良好
	乳酸	良好,轻微变色		马达油	良好,轻微变色
	氯(在水中的浓度仅为2000mg/L)	良好		化肥	良好
碱溶液	氢氧化钠(5%,10%,20%)	良好		硬脂酸	良好
	氢氧化钠(50%)	良好,轻微变色		水	良好
	氢氧化钾(10%)	良好		铬酸砷(工作溶剂)	良好
	氢氧化钾(20%)	良好,轻微变色		—	—
	氨水(20%)	良好		—	—

(3)耐盐雾性能

普通的涂料的耐盐雾实验(图1)一般不超过500小时,实际使用寿命在10年以下。由于YH601防护系统涂层致密、连续、无接缝,所以其耐盐雾性能十分优异。经过10000小时的盐雾试验,结果表明:即使最薄的1mm涂层,也没有出现任何腐蚀迹象,其使用寿命可高达50年以上。

图 1 耐盐雾测试

(4)耐老化性能

由于 YH601 防护系统特定的分子结构以及体系中不含催化剂,表现出优异的耐老化性能。由于自身的结构特征,老化试验后不会出现泛黄、粉化和开裂现象,该材料经过 50℃、3871 小时人工加速老化实验前后的性能变化见表 3。

耐老化性能指标 表 3

项 目	老 化 前	老 化 后
拉伸强度(MPa)	18	18
撕裂强度(kN/m)	72	76

3 耐磨性能

常用耐磨性的测试方法及标准:

测试标准:

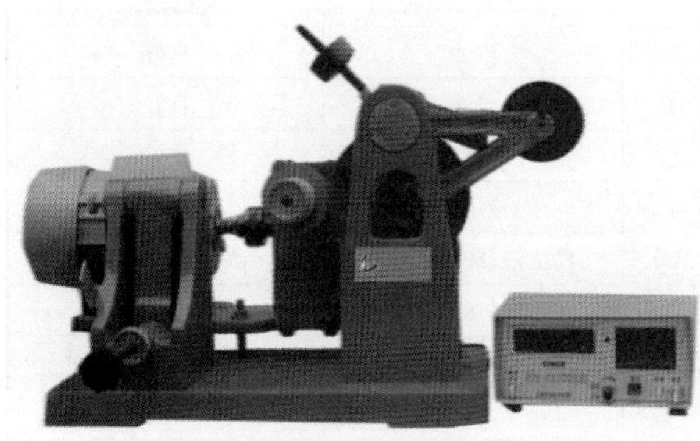

图 2 阿克隆磨耗机

GB/T 1689《硫化橡胶耐磨性能的测定》

测试设备和方法:

阿克隆磨耗机(图 2)用于测定硫化橡胶的耐磨性能,通过试样与砂轮在一定的倾斜角度(一般为 15° ±0.5°)和一定的负荷(26.7N ±0.2N)作用下进行摩擦,测定试样在一定里程(3418 转,1.61KM)内的磨耗体积(胶轮轴回转速度为 76r/min ±2r/min;砂轮轴回转速度为 34r/min ±1r/min)。

测试结果:

YH601 防护系统的样片磨耗值为 0.04cm^3。

4 耐冲击性能

在质量为 1.5kg 的重锤,1m 的高度,对 YH601 防护系统的样片进行冲击。所有的试件冲击区域均没有出现开裂现象。

5 YH601 防护系统的设计

针对公路养护的特点,考虑到防护结构的特点、施工工况以及综合成本,我们开发出一套完善的 YH601 防护系统,为什么叫防护系统?因为我们是针对这个领域的特点设计的整个产品流程,包括配套的辅助产品，例如 YH601 防护系统专用底漆；同时，我们也根据这种新产品的特征，对后续施工流程都要有严格配套的专门工艺要求，使之真正成为防护系统。

5.1 YH601 防护系统的产品组成

YH601 防护系统涂料产品包括：

YH601 防护系统专用底漆 + YH601 防护系统面漆

YH601 防护系统专用底漆：

为什么要用 YH601 专用底漆？这是因为混凝土结构本身是非匀质的，具有孔洞和裂缝结构（图 3、图 4），水和有害物质就是经过混凝土自身的孔洞和裂缝渗入的，底漆可以有效阻隔水和有害物质渗透。

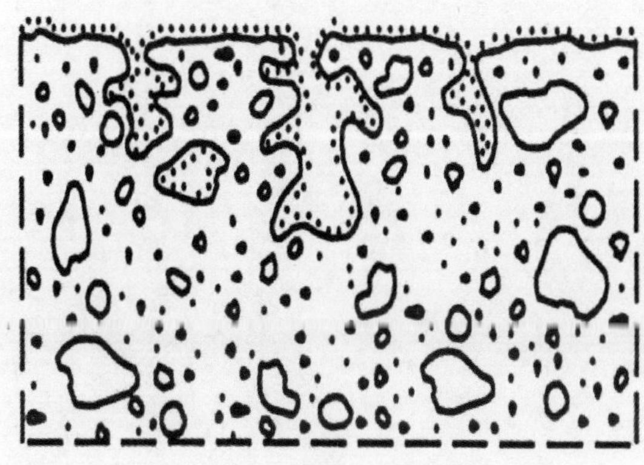

图 3 未封闭的混凝土基材

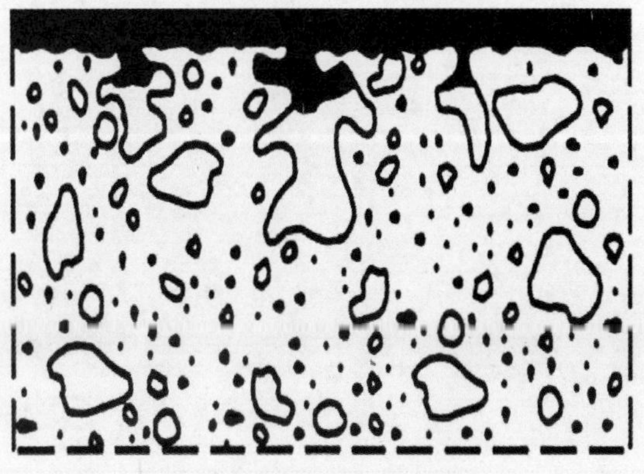

图 4 底漆封闭的混凝土基材

底漆可以起到两个作用：封闭混凝土基材的裂缝和气孔；通过底漆可以很好的把混凝土基材与面漆层粘结起来，使整个涂层具有优异的粘结强度。

底漆施工厚度：0.15mm ~ 0.20mm

5.2 YH601 防护系统面漆

面漆要严格按照质量比例进行配比，可一次性喷涂到设计规定的厚度。克服了普通涂料需要多次喷涂的弊端，提高工作效率。

面漆施工厚度：0.5mm ~ 0.8mm。

6 施工工程案例

我们在北京的京藏高速和京承高速的公路桥梁的隔离墩（图 5）做了大面积的推广和应用取得了良好的效果。

图 5 京承高速公路桥梁隔离墩的防护效果图

7 结语

通过 YH601 防护系统在公路桥梁养护中的实际应用分析,可知该系统完全适合于高速公路这种操作窗口期短,工况条件差的环境下使用。综合分析认为:YH601 防护系统具有的粘结强度高、抗腐蚀、耐磨损、耐冲击、施工便捷、效率高等优点,其在公路养护方面有广阔的应用前景。

参考文献

[1] 黄微波.喷涂聚脲弹性体技术[M].北京:化学工业出版社,2005.

公路隧道环保方案与策略实施研究

黄永军

（甘肃恒达路桥工程集团有限公司工程分公司）

摘 要 本文通过隧道施工阶段环境保护面临的“有施工必定有破坏”的严峻问题，对隧道洞口施工场地、施工便道、弃渣场、施工物资后场、碎石加工场、施工驻地、施工现场环境保护、生态环境保护以及隧道后期施工环境保护进行了实践性的总结和对策研究。

关键词 环境保护 隧道洞口 弃渣场 施工便道 边坡稳定 植被恢复

1 存在问题

公路施工对地形、地貌、自然植被和景观的破坏，将会引起水土流失、植被破坏以及生物品种的减少；大挖大填将会增加地质脆弱带公路边坡的不稳定性；景观的破坏还会造成视觉和环境污染。主要由于环境保护在“三同时”（同时设计、同时施工和同时运营）制度中执行不力、不和谐，尤其是施工阶段环境保护措施力度不够，原生态环境遭到剧烈恶化，使新建公路路域环境的生态保护和恢复难度、投入成本成倍增加，又难取得良好效果。因此公路施工中公路生态保护、恢复和建设任务十分艰巨，如果不重点加强施工阶段的保护、治理和恢复管理，提高工程环境效益、经济效益和社会效益，不仅影响公路本身的生态和景观环境，还将直接影响公路运营安全以及路域的生态环境。

甘肃省目前的实际情况是：

（1）以黄河、渭河流域为代表，生态环境本身很脆弱，水土流失严重，一旦破坏，恢复难度大，甚至由于干旱少雨无法恢复，形成生态灾难。

（2）对隧道施工阶段环境保护认识不高，措施不力，投入不够。

（3）施工现场和取、弃土场环境保护措施不力，生态恢复技术研究不够。

（4）存在单纯追求路域景观化的倾向，环境保护成本高，建设负担重。

因此高速公路隧道施工阶段要特别重视环境保护，自始至终重视最大限度的保护植被，减少水土流失，防止地质等自然灾害造成不必要的经济和财产损失，同时对自然生态也要纳入保护范畴，避免未来环境治理中付出更大的代价。

2 工程实例

结合宝（鸡）天（水）高速公路温泉隧道进口工程实例，对隧道工程施工阶段环境保护的实践进行总结与研究。

宝天高速公路是交通部甘肃省联合典型示范工程，为了将该项目建成“生态路”、“环保路”、“景观路”，从设计、施工和以后运营中始终强调要把“少破坏就是最大的保护”这一理念贯穿始终，以最小的环境代价修出最环保的高速路。

宝天高速公路温泉隧道上行线全长2118m，下行线全长2129m，路线通过林区边缘，植被覆盖良好，隧道洞口按“早进洞、晚出洞”的原则布设成45°削竹式洞门，环境保护要求高，洞口段边坡及仰坡避免大挖大刷，维护好原有生态地貌，同时保证山体稳定，洞门与洞口的地形地貌结合良好，并与周围地形景观协调一致。

3 隧道施工阶段环境保护的主要问题实践和防治策略

施工单位根据设计意图，把环境保护原则、理念、思路贯穿到施工环境保护管理和施工方案优化、施工工艺改进等具体的工作中,并在实施中认真加以贯彻实践,体现"最小程度的破坏,最大限度的保护,最强力度的恢复"的原则,凸现"环保、景观、美学"的思路。

3.1 隧道洞口施工场地的开辟和利用

3.1.1 隧道洞口施工场地开辟

隧道洞口施工现场是隧道进洞施工作业和洞内施工作业的最重要施工现场之一,由于进口隧址两洞口位置地形比较陡峭,桥隧紧接(左线相距12.34m,右线相距23.2m,隧道进口实地照片见图1),因此可利用场地十分狭小,且环保要求高,不得乱挖就近开辟施工场地,甚至隧道两洞口之间原土体由于要保持原地貌也不得挖除,在这种情况下,清除地表腐质土统一放置于弃渣场沟口处规划的腐殖土场,分别以低于明洞口设计路面高程(左线1326.729,右线1328.330)50cm为基准,以2%坡度向坡面外侧开辟场地,两路线间平纵顺接,在施工红线内开辟有限的场地,同时统筹考虑外侧边坡拓展场地和明洞场地,以便隧道洞口施工场地综合集约有效利用。

图1 隧道进口实地照片

3.1.2 隧道洞口施工场地边坡处理

为了充分利用红线内有限的场地,在未开挖基坑的桥台处向边坡外侧从下而上加宽加固边坡,进而达到拓展施工场地的目的,为了保证边坡稳定和水土保持,施工中采用机械分层压实,在边坡上撒播草籽以植物作为临时防护,桥台和隧道施工完毕时综合进行恢复植被。

3.1.3 隧道洞口边仰坡施工处治

两洞口设计明洞长16m,明洞段两侧边坡1∶0.5,仰坡1∶0.75,为了明洞段施工安全,均采用锚杆挂网喷面,施工时严格按坡比刷坡,不扰动周围土体,不破坏坡口口线外植被,根据实际地形做好洞顶临时截水沟,将上坡面会水全部引入该截水沟所属的排水系统。明洞施作完毕后及时运回疏松土体完成洞顶回填,回填前剔除边仰坡挂网喷射混凝土层(锚杆可不拔除),以利于植物根系生长,回填后铺设30cm厚腐殖土绿化恢复植被。回填边坡和自然地形、隧道45°削竹式洞门相协调,符合设计意图和美学要求。完成洞顶永久排水系统。

3.1.4 隧道洞口施工场地的合理综合利用

为了充分有效利用有限的隧道洞口施工场地,在优化布置的基础绘制场地平面图,将动力设备(变压器、备用发电机和配电房,空压设备)、通风设备、施工常用物资(钢材存放、加工棚、施工水箱、工器具、常用零星材料仓库)、机械设备停放场、值班房、无交叉场内便道进行综合布置(由于明洞段是临时场地,仅在开工前一阶段主要作为隧道前期施工准备、暗洞进洞施工工作面以及隧道二衬台车拼装调试场地),洞口施工现场和隧道弃渣场、进入现场施工便道在实地构成一个横"人"字(≺)。隧道施工现场位于"人"字头位置,隧道弃渣场位于"人"字捺上,施工便道为"人"字撇上。这样紧凑的布置几乎没有水泥、砂石材料等大宗材料堆放场地和拌和站安装场地,但同时也为施工后场厂拌混凝土集中供应创造了良好的条件。

3.2 隧道施工便道和弃渣场便道

3.2.1 隧道施工便道

隧道施工便道是连接隧道施工现场和主便道的唯一途径,主要用于机械设备进场,钢材、物资进场,施工后场厂拌混凝土进场和施工人员通行,其承担的通行量和载重量都很大,是在设计指定的原有1m宽的山间小路基础上拓展成4.5m宽300m长并设1个错车道的施工便道,在开路过程中采取沿原路原地形、避免大挖大填、不毁坏乔木和外侧原有植被、保护上下边坡稳定、采用砂石罩面等措施来实现"最小程度的破坏",对路肩部分培土使草本植物自然恢复,并在施工过程中经常保养便道,每天洒水降尘。

3.2.2　隧道弃渣场便道

弃渣场便道和施工便道基本一样，是一条新建的4.5m宽、600m长、设2个错车道的石渣罩面便道，所不同的是由于地势较陡，路基部分半挖半填，外侧坡面面积很大，给边坡稳定、水土流失和坡面绿化带来一定困难，开路初期通过坡脚干砌片石、碾压夯拍等措施稳定边坡，并在坡面培土种植耐旱、易发芽、易成活、见效快的红豆草进行坡面临时绿化。

3.3　隧道弃渣场

3.3.1　隧道弃渣量的计算

（1）隧道洞内密实方石方数量计算

上行线出渣量计算：

上行线根据围岩情况确定的衬砌类型其长度划分为：

$$16\text{m}_{(明洞)}+54\text{m}_{(\text{SVa})}+120\text{m}_{(\text{SIVb})}+869\text{m}_{(\text{SIIIb})}=1059\text{m}(=2118/2)$$

每延米开挖石方工程数量为：

$$单独计算_{(16\text{m}明洞)}, 102.86\text{m}^3/\text{m}_{(\text{SVa})}, 97.15\text{m}^3/\text{m}_{(\text{SIVb})}, 81.24\text{m}^3/\text{m}_{(\text{SIIIb})};$$

$$上行线出渣量=2815\text{m}^3_{(明洞)}+54\times102.86\text{m}^3_{(\text{SVa})}+120\times97.15\text{m}^3_{(\text{SIVb})}+869\times81.24\text{m}^3_{(\text{SIIIb})}=90625\text{m}^3$$

行线出渣量计算：

上行线根据围岩情况确定的衬砌类型其长度划分为：

$$16\text{m}_{(明洞)}+50\text{m}_{(\text{SVa})}+120\text{m}_{(\text{SIVb})}+878.5\text{m}_{(\text{SIIIb})}=1064.5\text{m}(=2129/2);$$

$$下行线出渣量=2800\text{m}^3_{(16\text{m}明洞)}+50\times102.86\text{m}^3_{(\text{SVa})}+120\times97.15\text{m}^3_{(\text{SIVb})}+878.5\times81.24\text{m}^3_{(\text{SIIIb})}=90970\text{m}^3$$

人行横洞和车行横洞出渣量计算：

$$人（车）横洞=34.3\text{m}\times9.72\text{m}^3/\text{m}_{(\text{SR2})}+35.4\text{m}+36.92\text{m}^3/\text{m}_{(\text{CIII})}+112.92\text{m}^3_{(车行横洞通道交叉口加强段)}=1753\text{m}^3$$

口施工场地平整废方量计算：

$$施工场地废方量=[9_{(平均高)}\times18_{(平均宽=12.34+23.2=17.77=18)}/2]\times(11.25\times2+35.5+6\times2)_{(平均长)}=5670\text{m}^3$$

（2）可松动系数的确定

土石的可松性是指土石经过挖掘后，组织受到破坏，体积增加的性能，可松性系数 K'_{P} 是计算填方所需挖土石工程量的重要参数。

$$可松性系数\ K'_{\text{P}}=V_3/V_1$$

式中：V_1——开挖前土石的自然体积；

V_3——运到填方处压实后的体积。

查《路桥施工常用数据手册》土石可松性系数可知：

Ⅳ级围岩属Ⅳ类土　$K'_{\text{P}}=1.11\sim1.15$；

Ⅲ级围岩属Ⅴ类土　$K'_{\text{P}}=1.10\sim1.20$。

在施工中充分考虑分层填筑顺序、较好石料的挑拣、长达两年的自然沉降等因素取综合可松性系数 $K'_{\text{P}}=1.15$

（3）隧道弃渣压实方计算：

$$隧道弃渣压实方总量=(90625\text{m}^3_{(上行线)}+90970\text{m}^3_{(下行线)}+1753\text{m}^3_{(人车横洞)}+5670\text{m}^3_{(洞口场地)})\times K'_{\text{P}(1.15)}=217371\text{m}^3$$

$$主线压实方量=7434_{(主线弃土方)}\text{m}^3\times K'_{\text{P}(1.025)}+51433\text{m}^3_{(主线弃石方)}\times K'_{\text{P}(1.055)}=61882\text{m}^3$$

$$隧道弃渣场弃渣总计=217371\text{m}^3+61882\text{m}^3=279253\text{m}^3$$

本隧道实际开挖至SⅢb围岩段时，岩质好，可分选加工片石、碎石，“变废为宝”，同时可减小弃土场，少占耕地，少破坏环境。

实际弃渣总量 = $(90625m^3_{(上行线)} + 90970m^3_{(下行线)} + 1753m^3_{(人车横洞)} + 5670m^3_{(洞口场地)} - 734m^3_{(隧道片石混凝土仰拱利用)} - 10000m^3_{(主线防护浆砌片石利用)} - 67500m^3_{(碎石加工=4500立方m/月\times15月)}) \times 1.15 + 61882m = 189284m^3$

3.3.2 弃渣场的选择

弃渣场选择依据：

(1)节约用地、少占耕地，保持水土、保护自然景观，符合当地环境、植被和水土保持要求，符合“保护性”原则；

(2)弃渣量与弃渣场容量相适应；

(3)便于水土保持、植被恢复和美化环境，符合“恢复性”原则。

弃渣场选择位置：位于隧道洞口右侧 600m 的自然沟内(弃渣场实地照片见图 2，弃渣场平面图见图 3)，用于温泉隧道及主线的弃渣堆放。设计弃方 $250634m^3$，占地 48.6 亩(其中山旱地 37.5 亩，荒地 11.1 亩)。

图 2 弃渣场实地照片

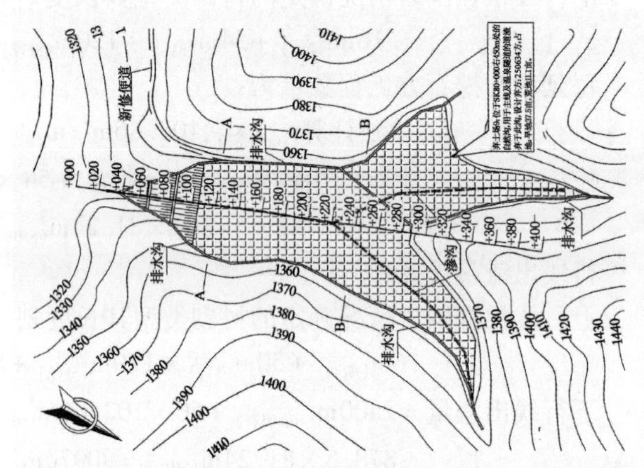

图 3 弃渣场平面图

3.3.3 弃渣场容量计算

根据设计指定的弃渣场位置，在沟内选定一条基线，和线路设计一样按 20m 绘制地面线图，确定起坡桩号，采用断面法计算沟内容积(弃土场纵断面图见图 4，横断面见图 5、图 6)。

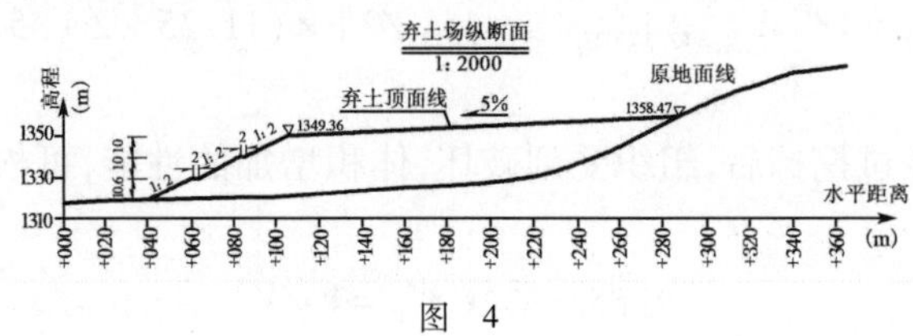

图 4

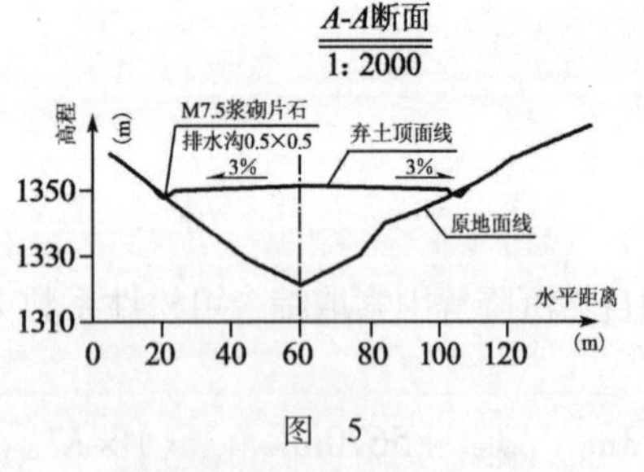

图 5

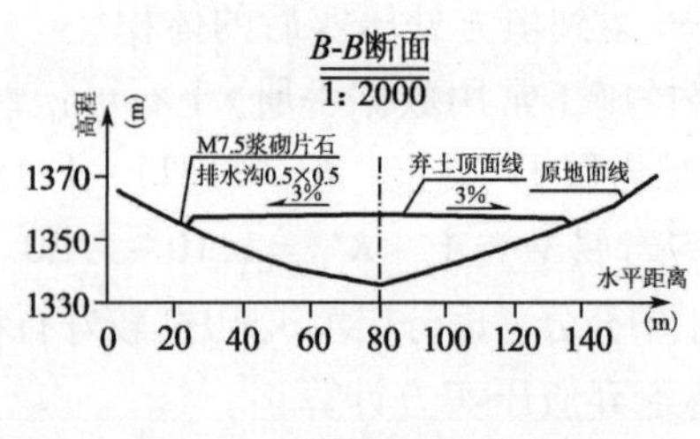

图 6

3.3.4 弃渣顶面高程确定

沟内容积计算时要根据准确的弃渣量为依据，不断变化顶面高程，通过多次趋近测算，可以算得弃渣顶面约为 1335.42(比设计顶面低约 13.94m，少占山旱地约 19 亩)。

3.3.5 弃渣堆弃原则和堆弃顺序

为了保证边坡稳定和水土保持，必须坚持“先挡后弃”的原则，即在弃渣前对沟口设计弃渣坡脚、边坡准确放样,码砌防护,并随着弃渣高度的抬高将码砌高度提前砌高(码砌面一般高于弃渣面1.0~1.5m)。

弃渣过程中按先里后外、先下后上的顺序,以向外5%的坡度逐层堆弃(严禁顺坡倾倒式填筑),由于运渣车辆的碾压、推土机的整平碾压和弃渣自重引起的自然沉降等因素可使弃渣密实稳定。

3.3.6 施工中弃渣边坡工程防护

弃土堆沟口临空坡面采用场内捡拾的片石按台阶式分层码砌厚2m、坡比为1∶2的边坡对弃渣坡面进行防护和加固,边坡高度每增加10m设置一道宽2m的平台。

3.3.7 弃渣场排水处理

为了达到对弃土场的生态防护目的,最大限度地减少水土流失的发生,在施工中要及时做好必要的临时排水系统,在原自然沟底设置渗沟,在弃土场顶面设置排水沟等永久性沿排水系统。

施作渗沟和弃土场顶面排水沟时为确保水流畅通要依地形灵活确定走向。渗沟沿原自然沟底顺畅设置;弃土场顶面按3%横坡往两侧排水,以5%纵坡向临空面排水,弃土堆与四周山坡相接处设置排水沟,排水沟尽可能设于原地面上。

3.3.8 弃渣场腐殖土堆放场

施工中将植被破坏和保护相结合,将清表腐殖土、腐质土和种植土集中堆放于弃土场边缘,以便完工后恢复耕地、恢复植被,减少永久占地。

3.4 施工物资后场、碎石加工场及施工驻地

3.4.1 施工物资后场

隧道施工物资后场主要作为隧道施工钢材存放场、砂石材料堆放场和集中拌和站(水泥储存罐和混凝土拌和站电子计量系统相连接),是利用设计指定的两处14.8亩临河滩涂平整而成。

3.4.2 碎石加工场

实际施工中,隧道出渣可加工利用,从少占耕地、减少对环境的破坏和节约成本等角度出发,筹建了碎石加工场。碎石场是临时征用弃渣场出口处便于石料采集、便于碎石运输的主便道旁,地处一隅,三面环山,风力影响小,距离村落、驻地远。

3.4.3 施工驻地

在设计文件中业主对临时用地及临时驻地进行了指定和规划,避免任意开辟临时占地或随意设置驻地对环境造成破毁,在指定位置和限制规模的情况下对参建人员驻地、住房集约处理,统一管理。主要采用双层活动房并修建围墙的院落式驻地群来减少和限制临时驻地的数量和规模,这种方式对环境保护效果明显,还便于管理,便于工后恢复。此外,灵活租用大量闲置民房解决住房也是一种行之有效的措施。

3.5 施工现场环境保护和生态环境保护

3.5.1 施工、生活垃圾处理

隧道施工中产生的坏零件、钢筋头、铁屑、塑料等有回收价值的由专人运到废品收购站;焊渣/焊条头、橡胶皮、塑料袋、废旧电池等应分类存放,定期处理;对生活垃圾分类处理,对易腐烂、无污染的进行填埋;施工驻地、施工现场的建筑垃圾集中堆放,不定期组织弃于弃渣场;厕所粪便等及时掩埋,联系当地农民运走作农家肥。

3.5.2 施工、生活废水处理

施工线路沿河谷展线,当地水质优良,水量丰富,可用水泵抽取地下水供施工和生活使用。在施工过程中,施工用水和生活用水基本全为消耗性用水,且水量不大,基本无处理废水,少量工程及生活污水通过沉淀池和过滤网后集中排放,不得直接排入附近小河。

3.5.3 施工防排水与水土保持

3.5.3.1 施工防排水

施工各个现场、工作面、便道、弃渣场、碎石场等根据实际情况充分考虑流水坡度,合理组织场内流水,尤其做好前期隧道洞口边仰坡施工与洞顶临时排水系统和中期洞口边仰坡回填与洞顶永久排水系统,便道

和弃渣场防排水。

3.5.3.2 雨季汛期排洪防洪

当地雨水丰沛，多集中在6~9月，且多以暴雨形式出现，在施工中充分考虑合理组织雨水排泄，疏通河道、沟谷、渠道便于防洪泄洪。

3.5.3.3 水土保持、植被保护

隧道施工中水土保持和植被保护需要结合起来，对裸露坡面采取强有力措施使之稳定，防止水土流失，防止滑塌和造成泥石流，充分做好原有植被的保护和边坡绿化的养护。

3.5.4 防尘与空气污染防治

3.5.4.1 运输便道扬尘控制

减少施工便道扬尘的有效途径是控制车速减少扬尘、洒水降尘和路面硬化处理。

3.5.4.2 隧道排气污染控制

通过送风机使洞内空气强制性流通，改善洞内施工环境，降低粉尘和烟尘浓度。

3.5.4.3 碎石场碎石加工防尘分析及防治策略

粉尘产生的主要环节：

(1)装载机向运输车厢装料产生的扬尘(约占1%)；

(2)碎石机破碎工作时产生的粉尘(约占93%)；

(3)各种规格石料过筛时产生的粉尘(约占5%)；

(4)其他原因产生的粉尘(约占1%)。

粉尘防治的主要措施：根据统计分析显示最大的粉尘产生环节是破碎工作时产生的，因此重点控制破碎工作环节的粉尘。破碎前措施：将待破碎石料喷水润湿；破碎中措施：安装吸尘器将粉尘吸入降尘密闭室，采用雾化喷头将粉尘喷湿，将浸水粉尘颗粒接入盛水沉沙池并流向另一处理室，将沉沙不断捞出运走(沉沙为高质量石屑)；破碎后措施：将逸出和扬起的粉尘通过在碎石机上安装遮尘网遮挡促使在近范围降落。

粉尘防治效果：通过以上主要措施和施工中对产生粉尘因素的有效控制，粉尘防治符合环保部门和当地群众的要求，加之当地气候湿润，雨水充沛，对粉尘抑制和清洗有不可低估的作用。

3.5.5 生态环境保护

3.5.5.1 噪声污染与防治

隧道施工的噪声污染主要表现在：

(1)洞内施工作业时产生的噪声(如钻机凿眼、石方爆破等)，洞内施工机械设备工作产生的噪声(如机械、车辆出渣、输送泵工作等)；

(2)拌和站拌制混凝土时产生的噪声；

(3)钢材切割、加工时产生的噪声；

(4)碎石加工时产生的噪声。

以上噪声对洞内施工环境和洞外生活环境的影响是显而易见的，但由于施工作业的存在，对其很难绝对控制，因此，在开始筹建集中拌和站、钢材加工场和碎石场时考虑尽量建在距离驻地、居民区较远的位置，在施工期间则采取晚间22时至第二天早上7时禁止作业的措施控制噪声。

3.5.5.2 森林保护、防火和野生动植物保护

施工现场地处森林保护区边缘，野生动植物品种繁多，施工中严格在红线内和设计指定范围内施工，教育参建人员增强森林保护、防火和野生动植物保护意识，禁止进入林区，禁止采集野生植物和捕抓野生动物。

4 隧道后期施工中环境保护的主要任务

4.1 隧道洞顶植被恢复

在进行隧道口永久性生态恢复之前，施工单位和业主、设计单位共同研究，根据实际地形、隧道洞口位

置对洞口、坡面和洞顶进一步美化设计。隧道洞顶主要选择形状美观、枝叶繁茂、根系发达、固化边坡能力强的乡土化草灌(不能采用乔木)、辅以藤本的进行植被恢复和绿化。

4.2 隧道施工现场植被恢复

隧道施工现场由于整体面积不大,恢复原地貌已无实际意义,被修建公路分成三块,中间部分和离便道远的部分主要可采用花园造型来绿化,离便道近的部分可供修建隧道值班房和配电室等之用,对现场边坡在修筑紧连桥梁桥台后恢复地貌自然坡度,并以当地植物恢复植被。

4.3 隧道弃土场植被恢复

弃土场土石结构松散,容易出现水土流失,甚至发生泥石流,边坡裸露岩,植被恢复困难。弃土场植被恢复主要是对坡顶23亩平整场地铺设种植土,恢复耕地,用以补偿临时征地,保护环境;弃土场边坡堆码后培腐殖土,在弃土堆边缘种植乡土化乔灌草结合植物种类,尽量和“原生态”地表植被相融合;采取穴播方式种植草灌,前期加大人工养护,后期自然恢复和群落演替可达到边坡稳固和绿化效果。

4.4 隧道弃渣便道、施工便道、施工后场、碎石场和施工驻地植被恢复

隧道弃渣便道挖除铺设石渣,恢复自然地形(留设2m宽作为农道),并进行植被恢复;施工便道对环境破毁影响小,做适当恢复,作为后期运营中的汲水便道(采取适当措施防止收费车辆逃逸)。

施工后场、碎石场和施工驻地均采取平整场地,铺设种植土,恢复耕地。

5 结语

环境保护是我国的一项基本国策,它直接影响人类千秋万代的生存条件,影响我国可持续发展战略。如何有效解决公路建设中施工阶段的环境保护,尤其是隧道施工和环境保护的矛盾,笔者认为需重视以下几点:

(1)把环境保护原则、理念、思路贯穿到施工环境保护管理和施工方案优化、施工工艺改进等具体的工作中,以“战略决定战术”;

(2)以施工方案为主,把环境保护纳入方案优化和工艺改进的主要制约因素之一,实行环境保护“一票否决制”;

(3)把施工阶段环境保护的成本投入重点放在和施工方案综合考虑的方案优化和工艺改进上,不一昧盲目的、单纯的投入环境保护管理上;

(4)综合考虑,全面治理,以防为主,防治结合,“少破坏就是最大的保护”,以工程措施手段,实现环境保护目的,重视措施的制定和落实;

(5)重视前期最小程度的破坏,后期最强力度的恢复;

(6)采用得力的工程措施使环境保护得以实现,进而形成由点成线,由线成面,由面成带,由带成域的良好发展形势。

参考文献

[1] 中华人民共和国行业标准. JTJ F60—2009 公路隧道施工技术规范,2009.

[2] JTJ/T F60—2009 公路隧道施工技术细则,2009.

[3] 宝(鸡)天(水)高速公路两阶段施工图设计. 甘肃省交通规划勘察设计院,2005.

[4] 杨文渊. 路桥施工常用数据手册,北京:人民交通出版社,1998.

[5] 江雨林. 公路路域环境生态恢复研究与实践,北京:中国农业出版社,2004.

公路隧道应急逃生系统有关问题及对策

梁　冰　林文岩
（金华市公路管理局）

摘　要　分析了公路隧道运用过程中交通事故发生的原因和特点，我国现行标准规范对公路隧道应急逃生系统设置规定存在的不足，提出了在公路隧道中设置蓄能型自发光逃生系统，为隧道内驾乘人员在最短时间内紧急疏散提供了保障

关键词　公路　隧道　逃生　问题　对策

1　我国公路隧道的基本情况

近年来，随着国民经济的发展，我国的交通事业快速发展。随着公路里程的迅速增加，隧道的数量也急剧增加。截至2012年年底，全国共有公路隧道10022座、8052672延米。其中：大于3km的特长隧道441座、1984783延米，双洞均超过10km的特长隧道6座；长隧道1944座、3304391延米；中隧道2054座、1455341延米；短隧道5583座、1308157延米；水下隧道1座435.5延米。

2　公路隧道交通事故多发

随着我国公路隧道，尤其是长、特长公路隧道的规划、建设和投入使用，在隧道交通的高效和便捷所带来巨大社会和经济效益的同时，相应也带来了的隧道内事故频发的现象，所发生的火灾或崩坍事故触目惊心，往往会造成重大人员伤亡和财产损失。如近期在公路隧道中发生的事故：

（1）2013年10月1日9时～18时，在短短9h内，金丽温高速金华段共发生交通事故50起，其中八成事故发生在隧道内。

（2）2014年3月1日，晋济高速公路岩后隧道内发生运煤车与液态甲醇运输车追尾的交通事故，隧道内42台车辆及煤炭等货物被引燃引爆。隧道内浓烟滚滚，救援人员戴着防毒面具、氧气罐都呆不了20min。大火烧了73h才被扑灭。该隧道长仅800m，但事故仍造成现场31人死亡、9人失踪。

3　公路隧道是公路的“特殊路段”

造成事故多发的原因与公路隧道的特殊性密切有关。

（1）隧道内环境密闭。车辆在通过隧道时，容易对在其中的人员造成不安感、压迫感和恐惧感，使驾驶员、乘客的生理、心理机能产生相应的负面影响。

（2）隧道内能见度较差，情况比较复杂，容易发生车辆相撞事故，甚至撞击起火、爆炸等事故。隧道起火时伴随的毒浓烟烟雾难以排除，严重时，隧道内灯光照明在烟雾笼罩中人眼无法看见。

（3）隧道内一旦发生断电，特别是火灾发生后正常照明系统因电力线路损坏失效，紧急电源无法有效供电时，将全面陷于黑暗，增加人员的不安全感等负面心理因素，极易造成事故严重程度的扩大化，往往会造成重大人员伤亡和财产损失。

4　公路隧道发生交通事故的特点

根据对公路隧道内以往发生的多起火灾事故分析，可以得出以下结论：

（1）烟雾大。隧道内一旦发生火灾，特别是当供氧不足而燃烧不完全时，烟雾浓、发烟量大，有些材料燃烧时还会产生毒性气体。由于隧道空间小，近似处于密闭状态，不可能自然排烟，燃烧产生的热量、烟气、毒

害物质不易散发排除。导致隧道内驾乘人员窒息、灼伤、中毒甚至死亡,使隧道外消防和营救人员无法组织有效的灭火和营救工作。

(2)温度高。火灾会造成隧道设施的严重毁坏,隧道内的电源可能会因线缆(阻燃型线缆或耐火线缆)烧损而被切断,造成隧道照明系统、风机系统失效,大量有毒烟雾和黑暗还给人员的疏散及救援工作造成困难,其后果远较一般路段的同类事故严重。如日本大坂隧道火灾温度高达600℃以上,将隧道内一千多平方米的顶部烧塌落。

(3)疏散困难。隧道作为管状构造物,横断面小,道路狭窄,空间相对封闭,发生火灾时除了人员疏散困难以外,物资疏散也极其困难。车辆一辆接着一辆,要疏散几乎是不可能的。而且,火灾在车辆之间的蔓延也比较快,且每一辆汽车都有油箱,如果汽油燃烧将加剧火势发展,并沿隧道纵向快速蔓延扩大。

据数据显示,隧道内火灾现场出事者大多是被烟雾窒息身亡。发生火灾后,火灾产生的烟雾使隧道能见度大大降低,驾乘人员无法辨明方位及逃生方向,无法迅速疏散、安全逃生,由于高温、热辐射、有毒气体导致窒息等而死,甚至造成群死群伤的事故发生。

(4)扑救困难。隧道发生火灾,消防人员进攻道路缺乏,很难接近火源扑救,容易造成较大的伤亡事故。如发生在整条隧道中心,即使从隧道口进攻到火灾现场有时也有几百米或更长的距离,加之缺乏照明,扑救更加困难,甚至无法接近火灾发生点。而长距离隧道火灾,在隧道里进行内攻灭火几乎是不可能的。

对于普通地方公路,现实情况是基本上没有单独为隧道设置的专业消防队伍,在事故发生后需要附近武警消防部队的支援,这要求在第一时间到达事故现场几乎是不可能。即使是陕西秦岭终南山公路隧道,设置了专业消防队,隧道内还布置了4处应急救援(消防)值班点,24h值班,也只能提出"8分钟"理念:一旦发生紧急情况,能够在最短时间达到事故现场实施救援,在8min内解决战斗。根据该隧道运营后发生的2起车辆火灾事故后救援情况,也只能做到消防人员3min到现场,消防车7min到现场。

5 我国现行规范存在的问题

我国现行的规范、标准中,涉及公路隧道安全逃生问题的有《道路交通标志和标线》(GB 5768)、《公路隧道设计规范》(JTG D70)、《公路隧道设计细则》(JTG/T D70)、《公路隧道交通工程设计规范》(JTG/T D71)、《公路交通安全设施设计技术规范》(JTG D81)、《公路交通安全设施设计技术细则》(JTG/T D81)、《公路交通标志和标线设置规范》(JTG D82)、《公路隧道通风照明设计规范》(JTJ 026.1)、《高速公路交通工程及沿线设施设计通用规范》(JTG D80),浙江省地方标准《高速公路交通安全设施设计规范》(DB33/T 704)、《山区高速公路勘察设计规范》(DB33/T 899)等,以及待颁布的《公路隧道通风设计细则》、《公路隧道照明设计细则》。根据公路等级、隧道规模不同,主要规定内容包括:

(1)设置行车通道、行人通道、逃生避难所等避难设施。

(2)设置火灾报警、消防设施,包括火灾探测器、手动报警按钮、灭火器、消防栓。

(3)设置相关标志,包括紧急电话标志、消防设施标志、行人通道标志、行车通道标志、疏散指示标志。标志采用电光标志,内部照明,双面显示。

(4)要求采用透雾性能较好的灯具。

(5)配备应急电源供电,如不间断电源,提供火灾事故的疏散诱导照明,电池维持供电时间不小于30min。

(6)高速公路隧道设置不间断照明供电系统。长度大于1000m的其他隧道设置应急照明系统。高速公路长隧道和长度大于2000m的其他隧道,设置避灾引导灯。

以上规范虽然对公路隧道应急逃生有关要求作了一定的规定,但通过梳理可以看出存在以下不足:

(1)所有应急设施需要电光照明(包括正常供电和应急供电),或通过光线照射后反光。由于供电线路基本上通过电缆栈桥等暴露安装,一旦发生火灾,特别是燃烧剧烈时,极易损坏断电,并导致应急设施瘫痪;反光标志由于无光线照射也失去引导作用。

(2)虽然对公路隧道与应急逃生有关的要求在设计中作了一定的规定,但是缺少单独的章节专门予以论述,基本上是分散在各条款中,进行原则性、纲要性的规定。

(3)对应急逃生内容详述比较简单,且没有一套行之有效的处理程序和规则,可操作性并不强,没有形成体系。

(4)未对火灾中受困人员如何应急反应及疏散方式有较明确的规定,其他配套的规范、规定又没有,存在着规范的缺失。

(5)无蓄能型自发光逃生诱导系统设置的具体规定。

6 目前运营隧道应急救援的现况

国际救援组织联盟(IAG)通过大量研究,得出结论:灾情发生后救援的顺序是自救、邻里互救、社会力量救援。而我国目前对隧道应急救援的总体思路是“他救”,考虑的是应急抢险队伍如何去救遇险人员。所以主要在应急救援管理制度建设、应急组织机构建设、预警机制构建、应急保障资金落实、应急保障队伍建设(人员)、应急保障装备配备(材料、设备),应急演练也只要在应对突发事件应急处置工作的组织指挥水平和应急救援能力等方面下功夫。对遇险人员“自救”虽有考虑,比如按照规范规定在隧道硬件上配置了一定的设施,在隧道营运管理上采取了一些措施,但没有充分考虑到隧道发生火灾等异常情况的特殊性、严重性,对遇险人员如何靠自身力量在第一时间里迅速逃离危险源考虑不多。

分析我国目前进行的应急演练,基本上是按照建筑消防的演练模式。相对于公路隧道,其模拟事故的真实性也有很大差距,具体表现在:

(1)现场制造的烟雾不大,没有考虑黑烟、浓雾、缺氧等情况。

(2)演练过程中隧道照明正常,没有考虑在断电情况下如何进行应急演练。

(3)主要进行的是“人”的应急,是对救援预案的演练;对隧道已有“设备”应急的检验不够,特别是照明、标志等设施在火灾中的使用效果检验,无法暴露出规范存在的不足。

所以,演练模拟的火灾现场和现实中公路隧道发生火灾的情况相比相距甚远,演练的真正效果还是有较大差距。

7 隧道蓄能型自发光逃生系统课题研究

鉴于公路隧道数量剧增、交通事故频发,安全问题突出的现状,隧道内的安全逃生问题已日益受到世人的关注。而国际、国内现行规范中缺少隧道逃生系统方面的规范规定,故急需对公路隧道应急逃生进行更深一步的研究。

我局于2013年完成了浙江省交通运输厅2012年科技计划“隧道自发光逃生系统”的课题研究。其研究内容主要包括:隧道自发光逃生系统的组成、隧道自发光材料的性能指标、各种标识规格、设置类型、设置位置、施工方法、检查验收等。通过研究,在公路隧道内除布设普通的交通安全设施外,同时设置不依靠电力及供电设备的自发光应急逃生系统,以全面提升隧道安全保障水平。当隧道中一旦发生火灾,在浓烟笼罩中隧道上部的照明灯具不起作用时,或在电力(包括应急照明)中断的情况下,自发光逃生系统在烟雾中的穿透力是一般灯光的2~3倍,可为紧急疏散人员提供清晰的方向指引,引导驾乘人员在最短时间内从隧道危险区域疏散到洞外安全地带,最大限度地保障灾后受困人员的应急逃生,减少人生伤亡;同时,提供准确的消防设备位置、类别,以有效组织灭火,大大提升了隧道安全保障水平。特别是重大交通事故发生时,可大大提高驾乘人员应急逃生的机会,有效降低、甚至避免人员伤亡事件的发生。其研究的创新点包括:

(1)改变了国内公路隧道只有依靠电力逃生系统逃生的现状,填补了我国应用蓄能自发光逃生系统的空白。

(2)在国内首次提出了采用电力逃生和蓄能自发光双系统的消防方案,解决了电力研究逃生系统持续时间短,火灾、爆炸、崩塌、地震等事故灾害中容易失效的问题。

(3)在国际上首次提出了应用蓄能自发光照明诱导系统,为人员通过提供通行指示。

(4)自主研发了国际领先的公路隧道专用的系列自发光标识产品及标识,包括安全逃生出口方位及距离标志、附着式逃生轮廓标志、转角绊阻物标识、分隔线突起路标、消防灭火设施指示标志、消防报警器按钮标志,对人员逃生起到告知安全出口的方位及距离、指示引导逃生、分开人行道与机动车、提高辨识效果的作用。

(5)所研制的自发光标识产品的亮度、防水、防尘、耐磨指标国际领先。

(6)研发的转角绊阻物标识、中央分隔线突起路标,和目前隧道中设置较多的有源道钉(光电诱导标)相比,采用反光自发光组合式标识,具有反光及自发光功能,不需埋设供电线路,驾乘人员及非机动车或步行出行者对路缘轮廓辨识清晰,具有节能减排意义。

课题研究于2013年12月通过浙江省交通运输厅鉴定,认为:该项目研究成果具有明显的经济社会效益,推广应用前景良好,项目研究总体上达到国际领先水平,建议在公路隧道应急逃生及安全诱导系统中推广应用。

目前。该研究成果已作为2014年浙江省交通新技术新产品推广项目。

8　建议

鉴于现行规范不足、应急救援的被动救助,建议今后在以下方面进行探索:

(1)完善规范

编制专门的规范,或在相关规范中对应急逃生安排单独的章节进行专门规定。当隧道运营中出现异常情况,如发生火灾时,应根据火灾的严重程度,明确不同情况下照明、通风、监控、报警的运行方式及联动方式。除通过电光照明的应急设施外,还应增设必要的自发光标识,在硬件上为人员自救提供基础条件,提高逃生效果和人员生存机会。

(2)提高应急演练实效

应根据以往公路隧道火灾的经验,完善应急预案。应急演练应全面分析可能出现的各种不利因素,如烟雾笼罩、断电等等;同时,“自救”与“他救”相结合,演练程序第一步是“自救”,第二步才是“他救”。以保证演练质量,使演练更逼真、更有实效。

(3)普及逃生知识

对公路隧道应急逃生应有一整套实施办法,编制实用性逃生指南,并通过网站、电视、广播或培训等手段在全社会范围内对公路隧道中的行车安全、消防和应急逃生等基础知识进行普及教育。在这个方面,地铁作了较多的实践。

公铁两用大跨径连续钢桁梁桥桥面改造工艺与监控

丁庆荣[1]　王戒躁[2]　吴运宏[2]

（1 宜昌市公路管理局;2 中铁大桥局武汉桥梁特种技术有限公司）

摘　要　本文以枝城长江大桥公路桥维修加固工程公路桥桥面改造工程为背景,介绍了公铁两用大跨连续钢桁梁桥桥面板更换的施工工艺;对旧桥面板的拆除和新制钢桥面板的架设工法进行了阐述,讨论了施工过程中如何对杆件受力状态、杆件体系线形进行施工监控等相关问题,并对应力监控数据、托架、纵梁体系线形监测数据进行了比较分析。

关键词　钢桁梁桥　桥面板更换　应力　线形

1　引言

目前我国交通事业已经进入了快速的发展阶段,诸多早期修建的且仍在运营的中桥梁已经不满足现在交通运输的需求,因此,对于在役钢桥进行维修加固是一项重要的任务。尤其是国内几座典型的公铁两用桥的维修加固,如武汉长江大桥、枝城长江大桥及九江长江大桥等,这几座桥梁均处国家干线交通之中,维修加固需要在复杂条件中实施,桥梁地处大江大河上之上施工空间较小、不能中断铁路交通、江水流速较大,具有较高的技术难度和复杂性,桥梁又处于交通咽喉要道,施工工期十分紧张。对这类桥梁结构出现的病害如何进行维修改造,选择怎样的施工工艺才能既不影响铁路线安全有能满足技术要求,施工过程中如何进行有效的施工监控都显得的非常重要。

本文将"枝城长江大桥公路桥维修加固工程"公路桥桥面改造工程为研究背景,在既有维修加固理论的指导下,结合本项目具体的设计要求、桥梁病害状况、对公铁两用连续钢桁梁桥桥面改造工艺进行阐述,同时对施工改造过程中部分工况下的主桁杆件受力状态、线形变化规律进行分析研究。

2　工程概况

枝城长江大桥位于湖北省宜都市枝城镇下游约2km处,是焦枝铁路线上跨越长江的公铁两用大跨径连续钢桁梁桥(图1),建成于1971年。它是继武汉、南京长江大桥后,长江上的第三座大桥,是迄今为止长江上唯一的一座公铁同面的桥梁,也是国内最后一座大型的采用铆接结构的连接的连续钢桁梁桥(图2)。

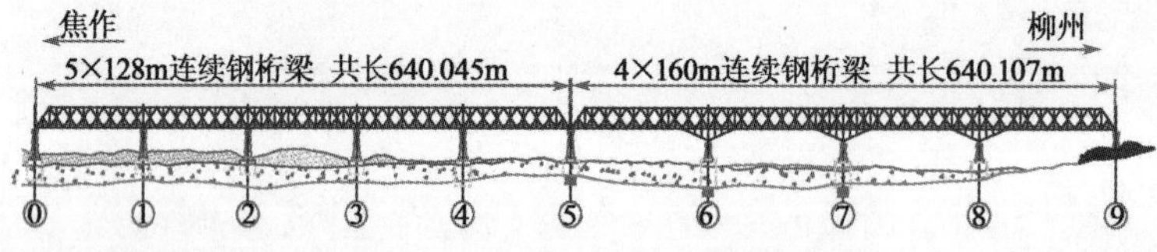

图1　主桥桥型布置(尺寸单位:m)

该桥公路桥(图3)位于从两片主桁下弦的节点外侧悬臂伸出的托架上,托架上设置4片纵梁,支撑5m宽行车道和1.45m宽人行道的钢筋混凝土预制板。托架以一对连接角钢与主桁节点相连,其上下翼缘均有鱼形板与横梁相连,可以承受弯矩。

目前该桥公路桥主桥桥面存在大量坑槽、严重断裂、跳车、人行道外缘草木滋生,行车道板较多严重断裂,以致造成局部穿孔,行车道板与纵向钢梁结合呈大量脱空状态,桥面行车产生较大扰动。因此,本次维修加固过程中,将对主桥公路桥桥面板进行改造,由于主桥上的公路桥是"依附"于铁路桥,桥面板改造过程中保留原有的托架、纵梁结构,将其上的混凝土板更换为正交异性钢板,要求改造后的公路结构恒载不超过原结构恒载。

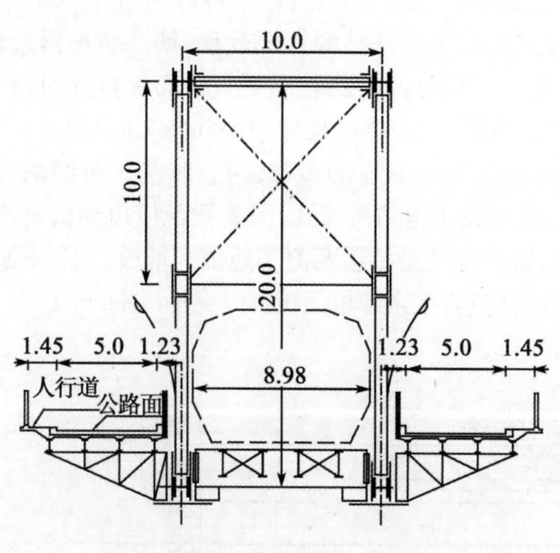

图2 主桥横断面布置(尺寸单位:m)

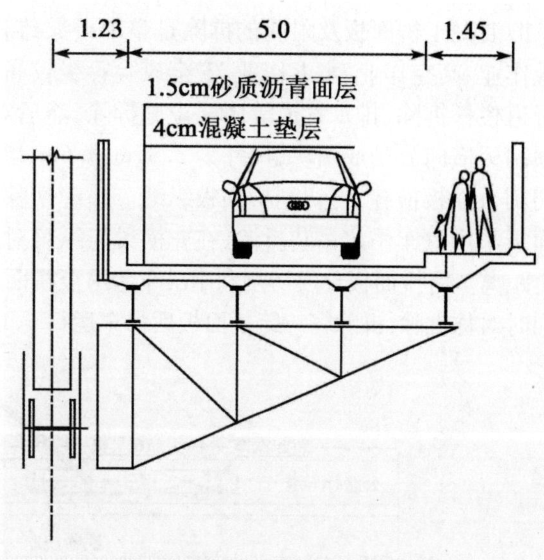

图3 公路桥原横断面布置(尺寸单位:m)

3 桥面板更换施工方案

3.1 桥面板更换施工工艺

枝城长江大桥原桥桥面板采用C30混凝土预制而成,板厚12cm,面层为4cmC30混凝土和1.5cm砂质沥青铺装,每16m有一道伸缩缝。桥面板更换施工先将旧混凝土板切割分块拆除,施工过程拆除作业从桥垮中央向南北两侧同步进行,并且上、下游侧对称拆除(图4),待旧桥面板拆除完毕后,对原桥的主要承力构件托架、钢纵梁进行检修,然后架设正交异性钢桥面板(图5),架设与拆除为互逆过程,沿着南、北岸上、下游桥头向跨中架设,在跨中合拢。

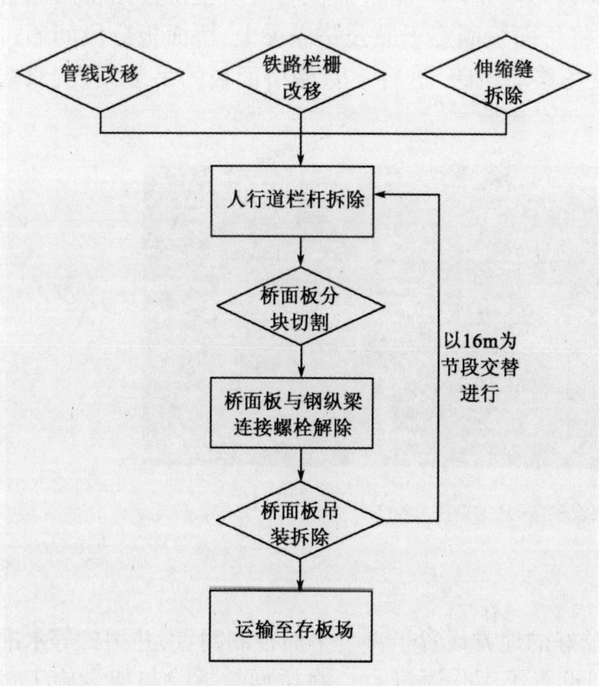

图4 旧桥面板拆除工艺流程

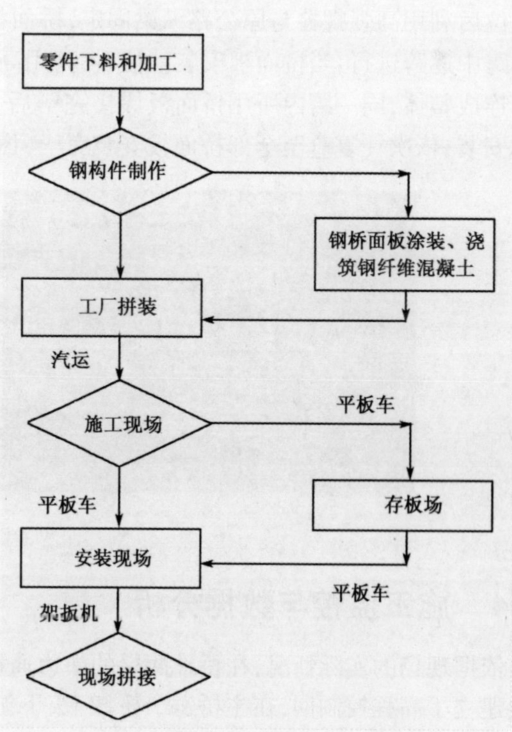

图5 新制钢桥面板架设工艺流程

3.2 旧混凝土桥面板拆除

旧混凝土桥面板及附属的拆除是整个桥梁维修加固施工的重点，也是难点，整个拆除过程中为临近既有线作业、高空作业、水上作业，安全风险等级较高。拆除时需先将原桥外挂的管线改移、铁路防护网改移、人行道栏杆拆除、排水管道等附属设施拆除，然后对混凝土桥面进行直接拆除。混凝土桥面板拆除时，将原桥预制板横向分割成两块，尺寸为 3.35m、3.6m，顺桥向每 2m 切割一道，单块尺寸：3.35m × 2m、3.6m × 2m。先切割桥面板横缝，再切割桥面板纵缝。横缝切除后，人行道板上不能有外加荷载，防止倾覆。对切割后的桥面板采用汽车吊机吊装拆除，在非横梁与纵梁对应的桥面板区域四角钻吊装孔，吊装孔距板边预留足够的安全距离。将桥面板分段切割利用吊车起吊至桥面运输车辆，统一运送至桥梁两侧场地统一堆放。上、下游双幅同时对称拆除，拆除完一跨桥面板后吊车运行至下一跨，依次往复直至全部桥面板拆除完毕(图 6)。

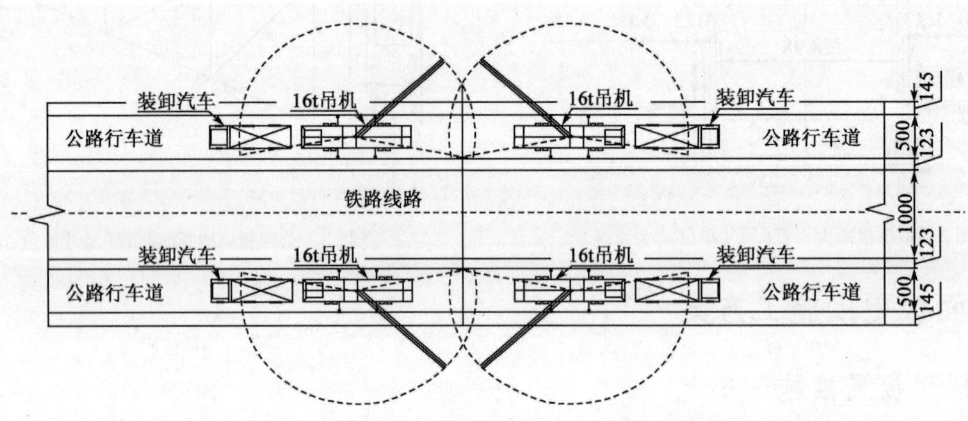

图 6 原桥面板拆除示意图(尺寸单位：cm)

3.3 正交异性钢桥面架设

为保证桥面板制作质量并减少现场施工工序和时间，新的正交异性钢桥面板通过工厂分段预制，钢桥面板纵桥向按照 32m 分段，为方便运输和吊装，预制桥面板在每个 32m 分段内再按照 4m 进行分段，现场安装就位后利用高强螺栓与原公路纵梁固定，桥面板通过焊接形成整体。新桥面板安装从主桥公路桥两侧桥头向跨中逐跨进行，当桥面板安装就位后，利用高强螺栓将桥面板固定于原公路纵梁上，桥面板分段间通过焊接连成整体，同一跨内所用桥面板焊接完毕后，架设设备移动该跨，进行下一跨桥面板的吊装架设，双幅对称安装，依次往复直至全部桥面板安装完毕(图 7)。

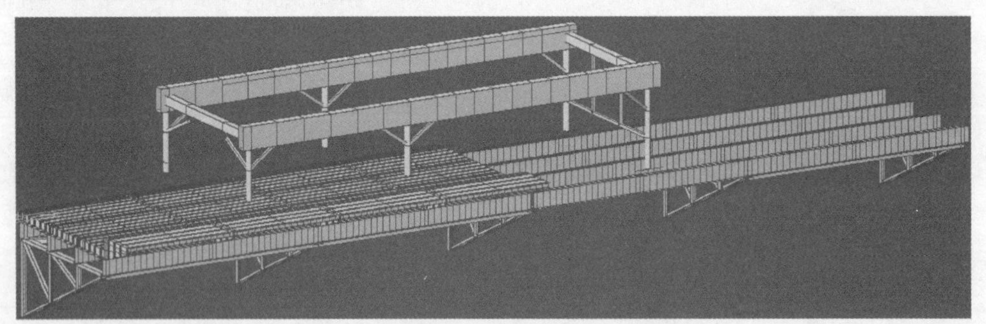

图 7 正交异性钢桥板架设模型 3D 渲染图

4 施工监控与数据分析

依据现场的实际情况，在桥址两岸的岸边通视情况较好的地方设置了 4 个平面控制测点，并用二等水准测量建立了高程控制网，在主桥每个桥墩上、下游处分别设置了工作基准点。在桥面板拆除与架设施工过程中，考虑到荷载变化具有明显的规律性，因此主要通过对主桁的变位测量来跟踪主桁状态的变化，用主桁的变位来直接反映出主桁的受力状态变化，为评价主桁的安全状态提供依据。

4.1 施工监控目的

在施工(旧桥面板拆除、桥梁构件维修校正、新桥面桥安装)过程中,纵梁、托架体系将随施工阶段不同而发生变化,其发生和发展规律是比较复杂的。施工监控的目的主要是:在主桥桥面板拆除和更换施工过程中,应进行严密的施工监控,实时监控桁架杆件的受力变化状态,桥梁整体变形,为施工安全、顺利实施提供保障。监控主要目标为:

(1)通过分析和监控主桁整体状态,确保全桥在开工前、施工中及完成后的整体状态安全;

(2)通过分析和监控托架、纵梁等关键构件,确保其处于安全状态;

(3)通过综合监测及分析成果,及时确定技术参数,实现成桥线形目标;

(4)通过识别、验算复核,确保临时性、局部施工步骤过程安全。

4.2 测点布置说明

根据枝城长江大桥的受力特点,结合现场拆除及架设施工方案,选择在第1、5、6、9跨布置了8个应力测试断面(图8、图9)。为了更加全面的测得在桥面板拆除过程托架的受力情况,在对桥面板荷载精确稳重的基础上,在6号测试断面安装了进口传感器与国产传感器两种传感器,同步平行测试(图10)。

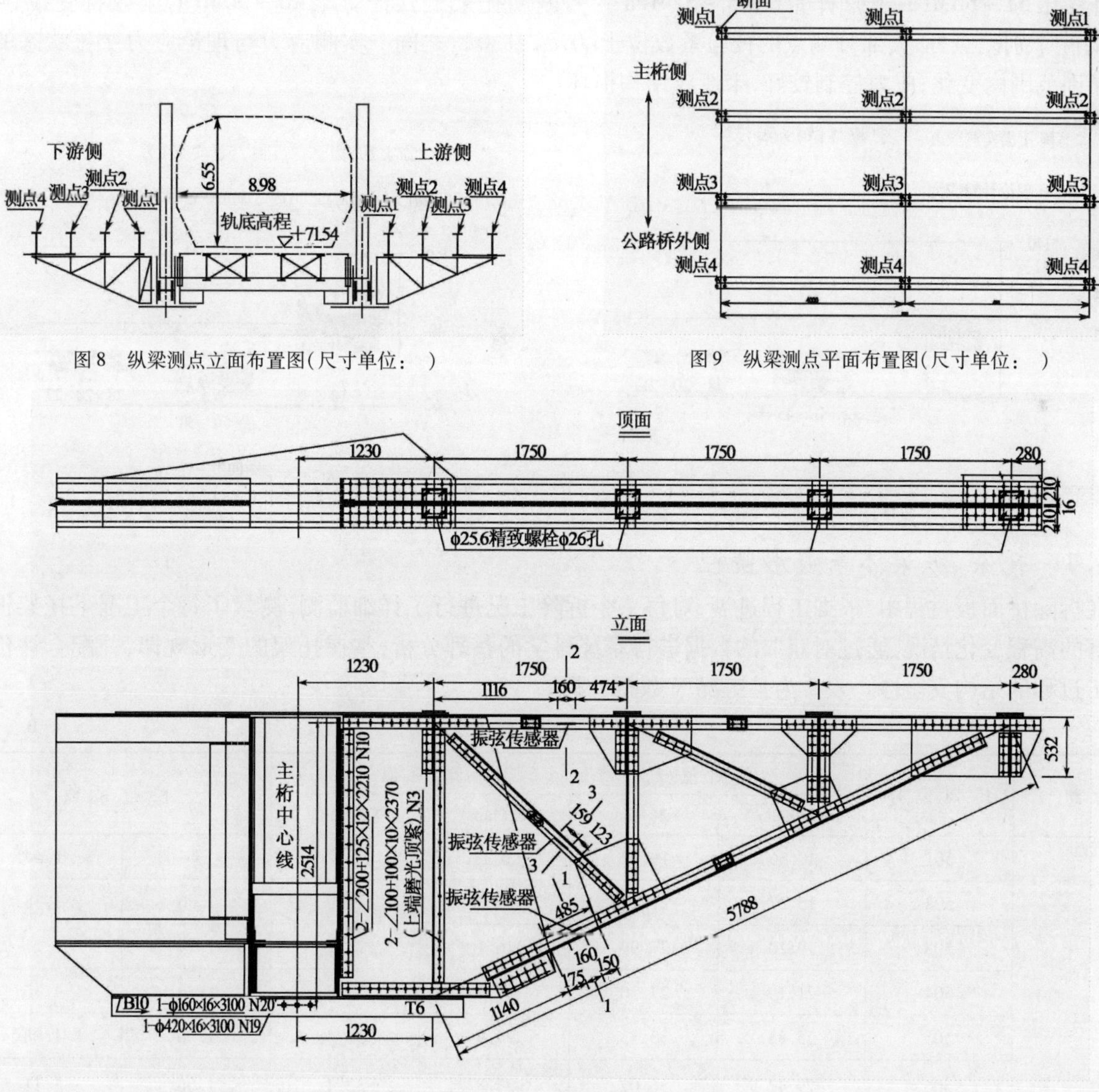

图8 纵梁测点立面布置图(尺寸单位:)

图9 纵梁测点平面布置图(尺寸单位:)

图10 托架传感器立面布置图(尺寸单位:)

4.3 主桁杆件受力状态监控

在桥梁施工控制中,通常通过应力的监测来了解结构实际受力状态。在本项目桥面板拆除与架设施工监测监控中,重点监测了托架及纵梁的应力变化值,通过实施监测的应力变化值与计算值的比较,了解结构应力波动范围。表1为某工况下,3、4号断面的应力数据。

3、4号断面应变实测与理论值 表1

断面号		实测值(MPa)		理论值(MPa)		校验系数	
		上游	下游	上游	下游		
3号断面	1-1	45	52	54	52	0.84	1.00
	2-2	-56	-51	-45	-43	1.25	1.18
	3-3	-18	-20	-21	-20	0.85	0.98
4号断面	1-1	56	54	72	73	0.78	0.74
	2-2	-46	-50	-58	-59	0.79	0.85
	3-3	-28	-20	-27	-28	1.02	0.72

由3、4号断面实测结果与理论计算值比较分析(图11、图12)可看出:在桥面板拆除之后,3号断面托架上弦杆受压51~56MPa,下弦杆受拉45~52MPa;4号断面托架上弦杆受压46~50MPa,下弦杆受拉54~56MPa;除个别测点外,大部分测点的校验系数位于[0.72,1.02]之间。实测应力与理论应力变化状态的差别在允许范围内变化,应力控制较好,未造成结构损坏。

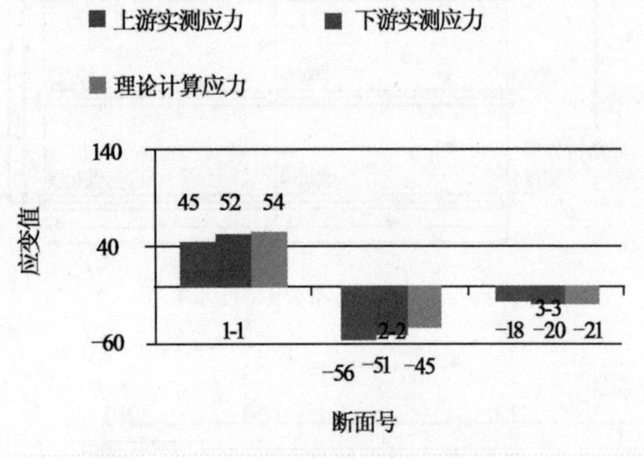

图11 号断面杆件应力比较分析图

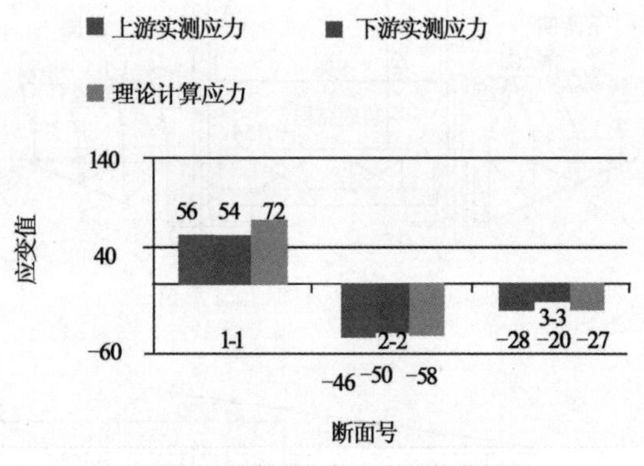

图12 号断面杆件应力比较分析图

4.4 托架、纵梁体系线形监控

在拆除桥面板过程中,根据工程进展,对每一个拆除工况进行了详细监测,测量了每个工况下托架根部和端部的高程变化情况,通过对获取的数据进行系统科学的整理分析,掌握托架的变形规律,并配合评价拆除施工过程的结构安全性。表2为某工况X数据分析。

工况X主桁挠度变化值 表2

桥跨	托架编号	实测值		理论值		校验系数	
		X1(mm)	X2(mm)	X1(mm)	X2(mm)		
第5跨	501	10.56	19.02	6.1	13.2	/	1.44
	502	15.27	21.82	11.3	15.9	1.36	1.38
	503	19.10	27.99	16.1	23.1	1.19	1.21
	504	21.10	27.30	19.2	23.8	1.10	1.15
	505	25.82	33.73	24.4	31.4	1.06	1.08
	506	29.42	36.02	27.8	32.4	1.06	1.11

续上表

桥跨	托架编号	实测值		理论值		校验系数	
		X1(mm)	X2(mm)	X1(mm)	X2(mm)		
第5跨	507	33.91	41.13	29.7	36.7	1.14	1.12
	508	33.81	40.28	29.5	34.1	1.15	1.18
	509	37.11	46.38	31.1	38.1	1.19	1.22
	510	36.19	42.98	30.1	34.7	1.20	1.24
	511	30.92	40.30	27.8	34.8	1.11	1.16
	512	27.12	32.85	22.7	27.2	1.20	1.21
	513	24.34	35.21	19.9	27.0	1.22	1.30
	514	18.20	24.79	15.0	19.7	1.21	1.26
	515	12.77	22.14	9.9	16.8	1.28	1.32

图13为工况X1作用下,各测点的实测值以及理论值比较,在当前工况下,第4、5跨桥面板已拆除完毕。由以上两图图13、图14可看出:随着桥面板的继续拆除,主桁架以及托架挠度上升量继续加大,509托架处X2点挠度约为46.4mm,X1点挠度约为37.1mm;实测值变化趋势均与理论计算一致,理论计算值均小于实际测量值;校验系数大部分位于[1.1,1.3]之间。与理论计算进行相比,理论值与实测值具有较好的相关关系。桥面板在拆除过程中,主桁及托架上各测点实测线形趋于预定理想状态。

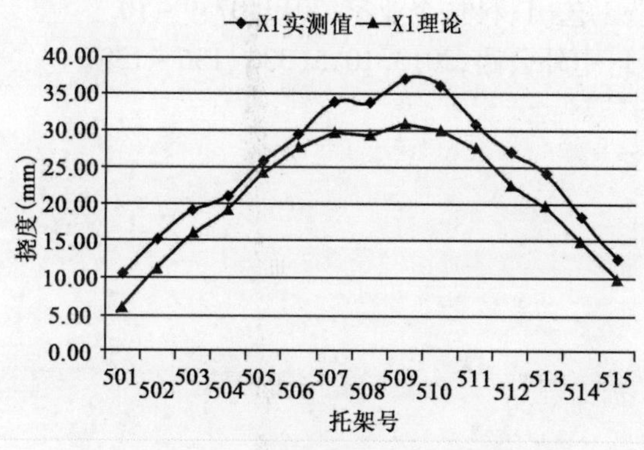

图13 工况X1主桁架测点实测与理论值分析

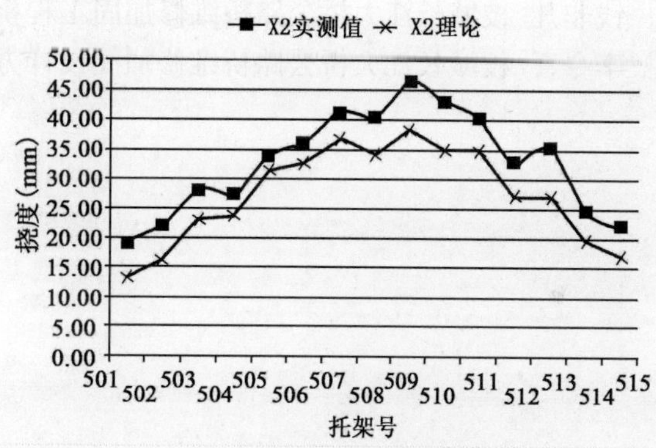

图14 工况X2主桁架测点实测与理论值分析

4.5 全桥线形监控

由于大跨连续钢桁梁桥本身实际是多跨连续体系,因此在线形监控过程中,需要考虑相邻跨的高程衔接,避免在接缝处出现明显错台,在确保全桥成桥线形平顺目标的同时,兼顾局部线形的衔接流畅(图15)。

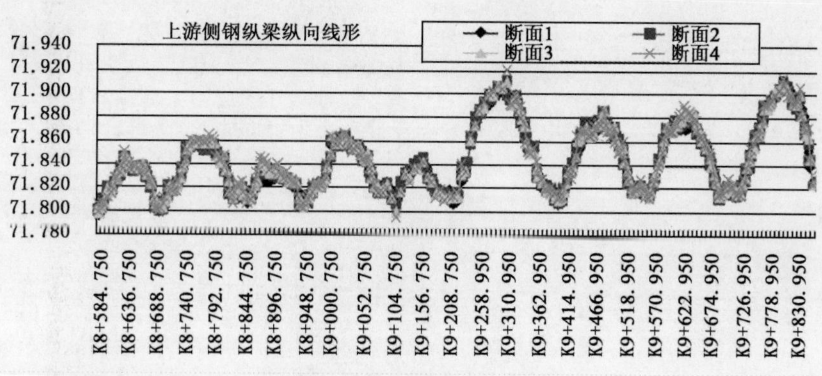

图15 上游侧线形数据分析

为了保障全桥新桥面板铺设完成后,全桥高程与设计文件相符、路面线形平顺,在拆除过程中对部分桥面板进行了重量收集、统计,分析结果表明全桥旧桥面板拆除后,主桁、托架、纵梁的实际变形规律与连续梁结构变形趋势吻合,主桁整体变形协同,支座处与跨中处均产生相同的变形,相互之间不会产生大的变形。

5 结语

枝城长江大桥公路桥桥面板成功更换表明,对公铁两用大跨连续钢桁梁这类桥梁桥进行维修加固处理时,可以选择利用正交异性桥面板代替原有的桥面板达到交通设计的要求,通过对施工过程中的混凝土桥面板拆除拆工序中的杆件应力、托架、纵梁体系的线形变化规律探讨分析,得出以下结论:枝城长江大桥在公路桥桥面板拆除过程中,实测结果与理论计算分析变化的过程趋势接近,结构受力符合理论计算,结构线性和应力能够满足要求,本桥维修加固施工所使用的工法及监控思路对同类桥梁的加固改造具有一定的借鉴意义。

参考文献

[1] 中华人民共和国行业标准. JTG H11—2004 公路桥涵养护规范[S]. 人民交通出版社,2004.
[2] 中华人民共和国行业标准. JTJ 025—86 公路桥涵钢结构及木结构设计规范[S]. 人民交通出版社,1986.
[3] 王立勇,曹斌,姜凤. 连大跨径连续钢桁梁竖杆更换工艺与监控[J]公路,2002.4(4),16 ~ 19.
[4] 王武哲. 钢桁架连续梁桥公路桥桥面维修换板工程关键技术问题研究[D]武汉理工大学,2013.05.
[5] 钱非凡. 枝城长江大桥公路桥维修加固工程桥面板制造工艺[J]科技企业家,2013.07;9 ~ 10.
[6] 李令喜. 枝城长江大桥公路桥维修加固设计方案研究[J]中外公路,2013.10,5(33),136 ~ 139.

拱背套拱法加固文物古桥关键技术

刘 辉[1] 杨 灿[2] 周阿伟[2]
(1.江西省公路科研设计院;2.江西省交通桥梁检测加固有限公司)

摘 要 玉山县东津桥为建于清代古石拱桥,主拱圈砌石风化剥落较为严重,各跨主拱圈均存在纵向开裂现象。鉴于文物古桥特点(保持原貌),提出拱背套拱法加固主拱圈,并进行加固后石拱桥受力性能分析。实践证明,拱背套拱30cm厚钢筋混凝土能有效提高桥梁整体刚度、结构承载能力,同时较好保持原桥外观,具有较好的加固效果,达到了预期目的。

关键词 石拱桥 文物古桥 拱背套拱法 维修加固 关键技术

1 引言

拱桥为桥梁的基本体系之一,建筑历史悠久、外形优美,古今中外名桥遍布各地,在桥梁建筑中占有重要地位,特别是在中国古代桥梁中有着其深远的影响[1]。拱桥造型美观,承载潜力较大,用天然石料作为主要建筑材料,具有较好的耐久性。经历千百年的风雨洗礼,随着交通量日益增大,拱圈石料风化、超载车辆和自然灾害的影响,不少石拱桥成为危桥,已不能满足现行交通通行需求。针对这类石拱桥现状,为保证车辆通行及桥梁结构安全,各地交通管养部门大多采取拆除重建或维修加固改造措施。然而,对于部分历史悠久,具有当地文化底蕴的文物古桥,从保护文物的角度来考虑,尽量保持原桥外观的维修加固改造成为唯一选择。本文以玉山县东津桥维修加固工程为例,通过桥梁病害成因分析,提出拱背套拱法加固此类型文物古桥,并进行加固后石拱桥受力性能分析,为石拱桥的套拱加固实施提供科学依据。

2 工程概况

东津桥位于玉山县县城城东,是跨越信江河支流——金沙溪水连接冰溪镇和白云镇的一座桥梁。该桥建于清代1799~1801年间。上部构造为5孔净跨径12.852~13.218m的等截面干砌块石实腹式板拱,下部构造为明挖扩大基础配干砌块石重力式桥墩与U形桥台。桥梁全长104.45m,桥面净宽为:净-7.0+2×0.75m,栏杆,主拱圈及墩台宽8.3m。该桥原为320国道玉山段的主要通道,被称为上太公路的咽喉,浙赣两省公路要隘。1991年320国道玉山段进行改道后,该桥成为玉山县城和水泥厂之间通行的主要桥梁(见图1)。

由于该桥始建年代距今两百余年,且墩台及拱圈的石料是砂岩,长期在雨水和冰冻的作用下,砌石风化剥落较为严重,各跨主拱圈均存在纵向开裂现象。由于基础的不均匀沉降,老桥墩台多处发生裂缝,因此,该桥技术状况较差,已属危桥。为确保通行安全,维修加固东津大桥已迫在眉睫。

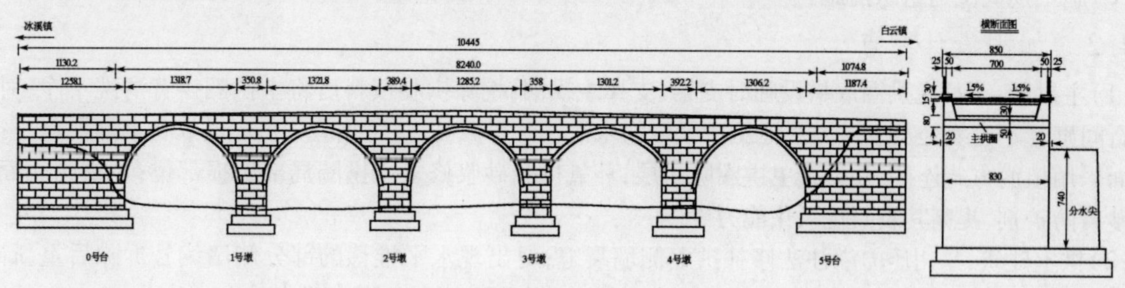

图1 玉山东津桥总体布置图(尺寸单位:cm)

3 桥梁病害现状及病害原因分析

3.1 桥梁病害现状

2011 年,在桥梁专项检测中发现该桥存在的主要病害有:

(1)桥面系:桥面损坏严重,大面积坑槽断裂,防排水功能已基本丧失。

(2)主拱圈:各跨主拱圈均存在纵向开裂现象,裂缝宽度为 1.5~2cm,第 2、3 跨主拱圈纵缝均延伸至 2 号墩墩身;各跨拱圈普遍存在大面积渗水现象,其中第 1 跨拱顶处拱腔填料有外流现象;料石风化现象较为严重。

(3)侧墙:侧墙发现多处竖向开裂现象,裂缝宽度均在 1cm 以下;部分侧墙出现被拱腔填料和活载产生的水平土压力推移的现象。

(4)墩台:经专业潜水员潜入水下检查发现 1 号墩分水尖基础掏空、错位、出现多条竖向贯通裂缝;2 号分水尖坍塌、基础掏空。

3.2 主要病害成因分析

鉴于东津桥病害现状及特点,分析其产生原因为:

(1)大桥建造时期并无设计荷载可言,但大桥目前却承担着常规交通的通行功能,有很多运石材的重车从桥上通行。

(2)大桥桥面铺装和拱上填料状况较差,不能较好地起到减缓冲击,均布荷载保护主拱的作用[2]。

(3)2 号墩不均匀沉降,导致其自身开裂,继而使主拱圈产生纵向开裂。

4 套拱加固方案的确定

4.1 加固设计思路

目前,用于石拱桥加固的方法主要包括:原拱圈上增设拱圈加固法(拱上套拱)、原拱圈下增设拱圈加固法(拱下套拱)、调整拱上恒载、粘贴钢板和增大截面的复合加固法、FRP 材料加固法等[3]。东津桥为五孔石拱桥,建于清朝年间,作为历史文物桥,从保护文物的角度来考虑,进行加固设计时,应尽量减小对原桥外观破坏,做到"加固如旧"效果;且东津桥跨越金沙溪,大桥建造时期并无水文分析,故本次加固设计时不能压缩桥下过水断面。综合考虑,选择拱上套拱法进行加固。

本加固方案的基本思路是:

(1)在尽量保留原外观的前提下对桥梁结构进行维修加固。

(2)考虑到桥梁结构状况较差及石拱桥受力特性,拱背套拱加固法必须先进行桥下支架施工且满足要求后方能进行拱上构造物的拆除和施工。

(3)按现行公路—II 级荷载对其进行加固后石拱桥受力分析,确定拱背套拱厚度[3]。

(4)需考虑对块石进行耐久性防护。

(5)考虑墩台基础加固措施。

(6)施工期间交通组织措施。

4.2 加固设计要点

(1)主拱圈:全桥主拱圈底搭设临时支架,支撑主拱圈;挖除拱腔填料后将主拱圈拱背清洗干净;对主拱圈条石间砌缝不密实处及主拱圈裂缝压注聚合物水泥注浆料修补;拱背增设 30cm 厚 C30 钢筋混凝土拱套,结合面采用植筋方式连接,并设置主拱圈防水层;环氧树脂砂浆修复主拱圈局部破损部位;主拱圈底面喷涂一层砂岩防护剂,提高其表面抗风化能力[4]。

(2)拱上建筑:采用压力灌注法修补拱上侧墙裂缝;对出现水平推移的部分侧墙编号拆除后重新砌筑;重新填筑拱腔填料;侧墙外表面喷涂一层砂岩石料防护剂,提高其表面抗风化能力。

(3)墩台:在各桥墩外围围堰施工,桥墩外包 15cm 厚钢筋混凝土,为不破坏桥梁外观,外包高度应低于最低水位以下 20cm；采用小导管注浆法加固 2 号墩墩身，并在墩身处布置钻孔，压力灌注水泥浆加固桥梁墩台基础；拆除并重新砌筑 1、2 号墩位置分水尖。

(4) 桥面系：凿除原有桥面铺装，设置 15cm 厚 C40 防水混凝土桥面铺装层，内置双层 D12 焊接钢筋网片在桥面铺装混凝土底设置 20cm C15 素混凝土垫层；接顺桥头引道，栏杆施工。

5　加固后石拱桥受力性能分析

本桥采用平面杆系程序桥梁博士 3.2 进行建模，将一跨主拱圈离散为 20 个单元，计算跨径取 13.69m（图 2），考虑钢筋混凝土套拱与原主拱圈共同承担上部恒载及活载。

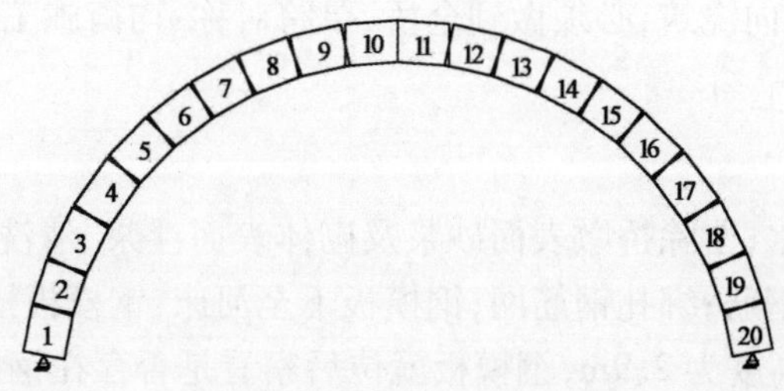

图 2　主拱圈结构检算离散图

(1) 计算参数及要点：计算按承载能力极限状态进行组合与验算（公路—Ⅱ级）；主拱圈原为干砌块石，主拱圈加固处理后，应按浆砌块石进行取值计算；取用材料参数：石料抗压极限强度 $R_a^j = 6.0$MPa，弹性模量 $E = 800R_a^j = 800 \times 6 = 4800$MPa，材料重度 $\gamma = 24$kN/m^3；套拱采用 C30 混凝土。

(2) 维修加固后检算结果：对东津桥采取在主拱圈拱背套拱 30cm 钢筋混凝土后，承载能力验算结果见表 1。计算结果表明，维修加固后的东津桥主拱圈承载能力能满足公路—Ⅱ级荷载使用要求。

主拱圈承载能力验算（公路—Ⅱ级）　表 1

位　置	轴力 N(kN)	弯矩 M(kN·m)	抗力 R(kN)	是否满足规范要求
拱脚截面	14800	2140	32000	是
	11200	547	34700	是
L/4 截面	6040	528	41600	是
	4190	−508	41600	是
L/2 截面	4290	789	37200	是
	3080	−268	41600	是

6　套拱法加固施工关键要点

根据拱上套拱法加固方案特点，建议维修加固施工主要顺序如下：施工准备→围堰、桥墩底外包混凝土→主拱圈下搭设支架→清理主拱圈底，并局部修复，封闭砌缝、裂缝→封闭交通，2 号墩墩身加固；墩台基础地基加固→桥面系、拱腔填料挖除→主拱圈拱背套拱施工→拆除主拱圈支架，拱腔填料回填、桥面系施工→竣工验收。

6.1　主拱圈支架施工

本工程桥位河床为圆砾层，基础承载能力能够满足支架搭设要求。支架采用碗扣式支架，钢管直径 ϕ50，支架立杆纵距 0.6m，横距 0.8m，步距 1.5m；大横杆在支架高度方向的间距 1.5m，以便立网挂设，大横杆置于立杆里面，每侧外伸长度为 150mm。支架外侧立面的两端各设置一道剪刀撑，并应由底至顶连续设置；中间各道剪刀撑之间的净距离不应大于 15m。剪刀撑斜杆的接长宜采用搭接，搭接长度不小于 1m，应采用不少于 2 个旋转扣件固定。剪刀撑斜杆应用旋转扣件固定在与之相交的横向水平杆的伸出端或立杆上，旋转扣件中心线离主节点的距离不宜大于 150mm。支架立杆顶设置可调顶托，使支架顶紧主拱圈底块石。

确定主拱圈临时支架方案时,应验算其强度、刚度、稳定性。按桥梁横向1m(施工操作面)+8.3m(桥宽)+1m(施工操作面)、纵向跨径12.852~13.218m及桥下净空搭设$\phi 50$钢管支架,并设置安全栏杆及防护网。拆除桥面系及拱上填料施工过程中,应定时观测各控制点(拱顶、拱脚、1/4L处),观测支架变形情况,以保证主拱圈结构安全可靠。

6.2 主拱圈套拱施工

拆除拱上填料后清洗主拱圈块石表面,主拱圈顶浇筑30cm厚钢筋混凝土套拱,套拱采用植筋方式与原有拱圈连接。浇筑混凝土前将对拟浇筑表面用高压水冲洗干净。为防止施焊时温度过高而影响植筋胶的黏结性能,植筋根部将采取合理有效的降温措施。在浇筑混凝土前将严格检查模板的安装是否到位。浇筑拱背混凝土时应由拱脚向拱顶方向浇筑,必须做到全桥、单跨对称、均衡施工。

6.3 桥梁基础加固施工

(1)桥墩外包钢筋混凝土。

采用沙袋围堰,抽干围堰内水;凿除桥墩表面砂浆及砌体表面浮浆,清洗干净;对砌料石之间的缝隙,压注聚合物水泥注浆料;钻孔锚固钢筋;绑扎钢筋网;钢模板下至河床,钢模板横桥向长8.45m,纵桥向宽:墩宽+0.3m,钢板厚度为5mm,竖向高度为2.9m,钢模板就位后察看是否存在钢模板与河床不密贴的情况,对钢模板与河床间间隙采用袋装干硬性混泥土填塞,之后浇筑C30混凝土。

(2)桥梁墩台地基压力灌注水泥浆。

①注浆孔必须采用冲击钻或潜孔钻干钻成孔,孔径不小于100mm并应确保下入注浆管;除钻遇片石实在无法钻进,可以加入少量水湿润外,平常严禁清水钻孔,钻孔钻至岩溶化石灰岩层则已达钻孔深度,应立即停止钻孔,成孔后为防止雨水进入,必须采用有效方法封孔。

②灌注时一次性将灌浆管下入至设计深度,从下往上进行压浆,边提边灌。浆体应充分搅拌均匀后才能开始压注,并应在注浆过程中缓慢连续搅拌,搅拌时间应小于浆液初凝时间;浆液在泵送前应经过筛网过滤。

③注浆:注浆采用42.5级水泥,不掺外加剂,为水泥净浆,水灰比1:1。采用双层胶砂搅拌机拌浆,用活塞式灌浆泵压浆,根据孔内吸浆状况,注浆压力控制在0.5~2.0MPa,注浆条件为吸浆量小于10L/min,注浆时间不低于20min。为达到注浆时水泥浆不从套管外冒的目的,须提高预埋注浆管套,并用水泥浇实套管外壁,待其强度达到5MPa以上方可注浆,额定注浆量为250kg/m。

7 套拱法加固石拱桥建议

(1)施工单位确定主拱圈临时支架方案时,应提供支架理论验算过程,并提交设计进行复核;在维修加固施工前必须搭设好全桥主拱圈临时支架支撑,确保施工过程中主拱圈结构安全、稳定。

(2)在凿除原桥面系过程中,不允许采用大型机械设备,应采用人工进行凿除或挖除,以免对桥梁产生新的损伤,并应及时将废料运至弃土场。

(3)拱背套拱加固法施工中必须先进行桥下支架施工且满足要求后方能进行拱上构造物的拆除和施工。拆除主拱圈临时支架应对称依次进行,拱腔填料应分层填筑,并采用小型机械或人工分层压实。

(4)由于古石拱桥建造年代早,无设计图纸等相关资料,设计图纸中所有隐蔽工程均为示意,开挖后根据现场具体实际情况进行动态设计。

(5)建议选择具有丰富的公路桥梁维修加固施工经验并取得建设部颁发的特种工程专业(结构补强)承包资质的施工单位进行维修施工[5]。

8 结语

鉴于文物古桥特点,通过对玉山东津桥现状调查、病害成因分析,提出合理适用的拱背套拱法加固措施。把握拱背套拱法加固施工重点、难点及相关注意事项,并在施工过程中严格控制,保证施工质量、结构安全。实践证明,采用拱背套拱法加固古石拱桥即能提高桥梁结构承载能力,同时较好保持原桥外观。该桥维修加固后通车运营近两年,经多次实地观察发现,加固后的大桥使用状况良好,达到了加固设计与规范要求。证明了该加固措施的有效可行性,为相关类似旧桥加固提供参考依据。

参 考 文 献

[1] 陈明宪.从凤凰堤溪大桥事故谈石拱桥[J].公路工程,2008,(3):1-9.
[2] 邢明峰.石拱桥病害调查与加固方案设计[J].公路交通科技(应用技术版),2010,(1):38-42.
[3] 方德铭,夏樟华,左小刚.苏家坡石拱桥病害原因分析及套拱加固[J].世界桥梁,2011,(2):64-68.
[4] 谌润水,胡钊芳,帅长斌.公路旧桥加固技术与实例[M].北京:人民交通出版社,2002.
[5] 谌润水,周锦中.双曲拱桥加固改造成套技术[M].北京:人民交通出版社,2009.

横向预应力碳纤板在桥梁加固中的设计与施工应用

李得斌

（甘肃省酒泉公路管理局）

摘　要　本文通过对 G30 连霍高速公路嘉安段 51 号桥进行施加横向预应力碳纤板技术的工程应用和试验，提出横向预应力碳纤板在旧桥加固中的设计要点和施工工艺及注意事项，为改善桥梁横向应力分布和桥梁加固新技术推广应用积累一定经验。

关键词　横向预应力　碳纤维板　加固桥梁　设计施工

1　引言

随着汽车工业的发展和社会运力的快速增加，重型汽车和交通量也快速增加，人们对已建和在建的基础设施提出了更高要求。现有的道路桥梁，一般都在超负荷运行，加上设计、施工及养护等因素，桥梁面临着结构性和非结构性破坏，如设计荷载偏低，横向铰接不足、研发不到位、施工生产控制不严、预制板改现浇，养护不及时、自然老化等严重影响了桥梁承载能力和耐久性。因此，对已有桥梁进行科学合理的加固，已是当务之急。使用预应力碳纤维板加固桥梁，不仅具有轻质高强、高弹性模量、耐腐蚀、耐久性好、抗冲击等优点，而且施工便捷，无需大型设备，工期短、后期养护费用省等优势。

纤维增强复合材料自上世纪七十年代末在土木工程中应用研究以来，具有极好的比强度和比刚度，优秀的耐腐蚀性，广泛应用于混凝土结构的粘贴加固工程。预应力碳纤板是传统的粘贴碳纤维加固技术的重大改进。碳纤维板拉伸强度在 2400 ~ 3400MPa 之间，比普通碳素钢板的拉伸强度（240MPa）高得多。经试验，充分发挥强度需要 1.5% 以上的拉伸变形，而通常桥梁的变形限制在所容许的表面应变 0.167%，在理想状态下，钢筋屈服时碳纤维所能发挥的强度仅为 20% 左右，因此采用预应力碳纤板可使碳纤板在承担结构传递来的荷载应力前，已经处于一定的应力状态与应变，预先发挥了一定的强度，从而实现了其高强性能。

2　工程概况

G30 连霍高速嘉安段 K2496 + 030 嘉安 051 号桥（以下简称 51 号桥）为 1-6m 实心矩形板桥，2006 年建成通车，桥梁全长 12.6m，桥梁全宽 25.5m，桥宽组合为 12m + 1.5m + 12m，桥下净空 2.3m，设计荷载为汽车 - 超20 级。

3　主要病害及成因分析

桥梁主要病害为上行线距梁板右侧 6.1m、7.0m、8.0m 分别出现 0.33mm、1.01mm、0.6mm 3 条纵向贯通裂缝，下行线距梁板右侧 4.0m、6.0m、7.0m 分别出现 0.33mm、0.3mm、2.0mm 3 条纵向贯通裂缝并有渗水现象；下行线梁板右侧 5.0m 处出现网状裂缝，间距为 20 ~ 50cm 的横向裂缝，最大缝宽为 1.0mm；并有快速发展趋势（见图 1、图 2）。经调查及现场检测，该桥主要由于铰缝浇筑质量差，铰缝钢筋未搭接，横向应力分布失效，在车轮位置处产生横向拉应力，造成现浇板纵向贯通裂缝和单板受力现象，板底沿铰缝及行车轮迹处开裂。根据公路桥涵技术状况评定标准及荷载试验结果评定该桥为危桥。需对该桥实施加固维修及预防性养护工程。

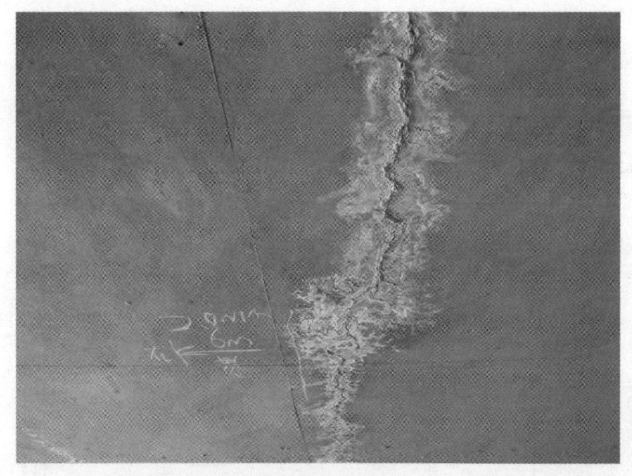
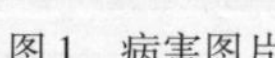

图1 病害图片

图2 板底裂缝处理后的显现

4 加固设计

根据档案资料及试验检测结果，经下列公式(1)计算：

$$M_0 = (1+\mu)\xi \cdot n_0/b_0(q_k\omega_0{}^M + P_k y_0{}^M);\quad Q_{支} = (1+\mu)\xi(n_0/b_0 \cdot q_0\omega_{支}{}^Q + n_{支}/b_{支} \cdot P'_k \cdot 1) \quad (1)$$

计算得：$M_0 = 99.34(\mathrm{kN \cdot m})$；$Q_{支} = 174(\mathrm{kN})$。

该桥设计荷载已达到标准设计荷载，因此无需对梁板结构的承载能力进行补强，由于预制板铰缝破损及铰缝钢筋失效，因此，按照单板受力的荷载受力，对梁板横向进行补强。

装配式空心板桥出现铰缝处的顺桥向裂缝的原因是铰缝抗剪强度不够，铰缝的抗剪强度除了受混凝土质量影响以外，在很大程度上取决于新旧混凝土间的粘结力和摩阻力，其中摩阻力=垂装配式空心板桥出现铰缝处的顺桥向裂缝的原因是铰缝抗剪强度不够，铰缝的抗剪强度除了受混凝土质量影响以外，在很大程度上取决于新旧混凝土间的粘结力和摩阻力，其中摩阻力=垂直力×摩阻系数，因此，设置横向预应力(即垂直力)不仅可以增强铰缝的抗剪强度，同时可以增加横向抗弯拉强度。增加横向体外预应力后，将使荷载的横向分布模式由铰接向固结方向变化，有利于提高桥梁总体承载能力。因此，设置横向预应力可以说是抓住了问题的关键。

本桥采用 midas 2012 程序对矩形实心板进行结构计算，预应力碳纤维板采用体外预应力进行模拟，考虑碳纤维板锚固体系的特点，张拉预应力损失等，碳纤维板张拉锚固损失值取 0.03 倍的张拉控制应力。

本桥采用 5 条 FHCFP50-30 碳纤维板及锚具组件，碳板张拉断裂强度大于 2400MPa，碳板张拉实测值大于 16t，锚下张拉应力控制在 1200-1400MPa，张拉力为 84-98kN，伸长量按 0.85% 计算，张拉力与伸长量双控误差控制在 ±6% 以内，加固设计图见图 3。主要工程量见表 1。

主 要 工 程 量 表　　表1

序 号	名 称	K2496+030 051#桥	合 计
1	FHCFP50-30 锚具(套)	10	10
2	Ⅰ级 50-3.0 碳板(m)	107.5	107.5
3	配套高强化学锚栓(个)	140	140
4	配套卡板及其他(个)	30	30
5	碳板专用粘结胶(m^2)	5.375	5.375
6	碳板及锚具表面防护(m^2)	5.375	5.375
7	其他配套(套)	1	3

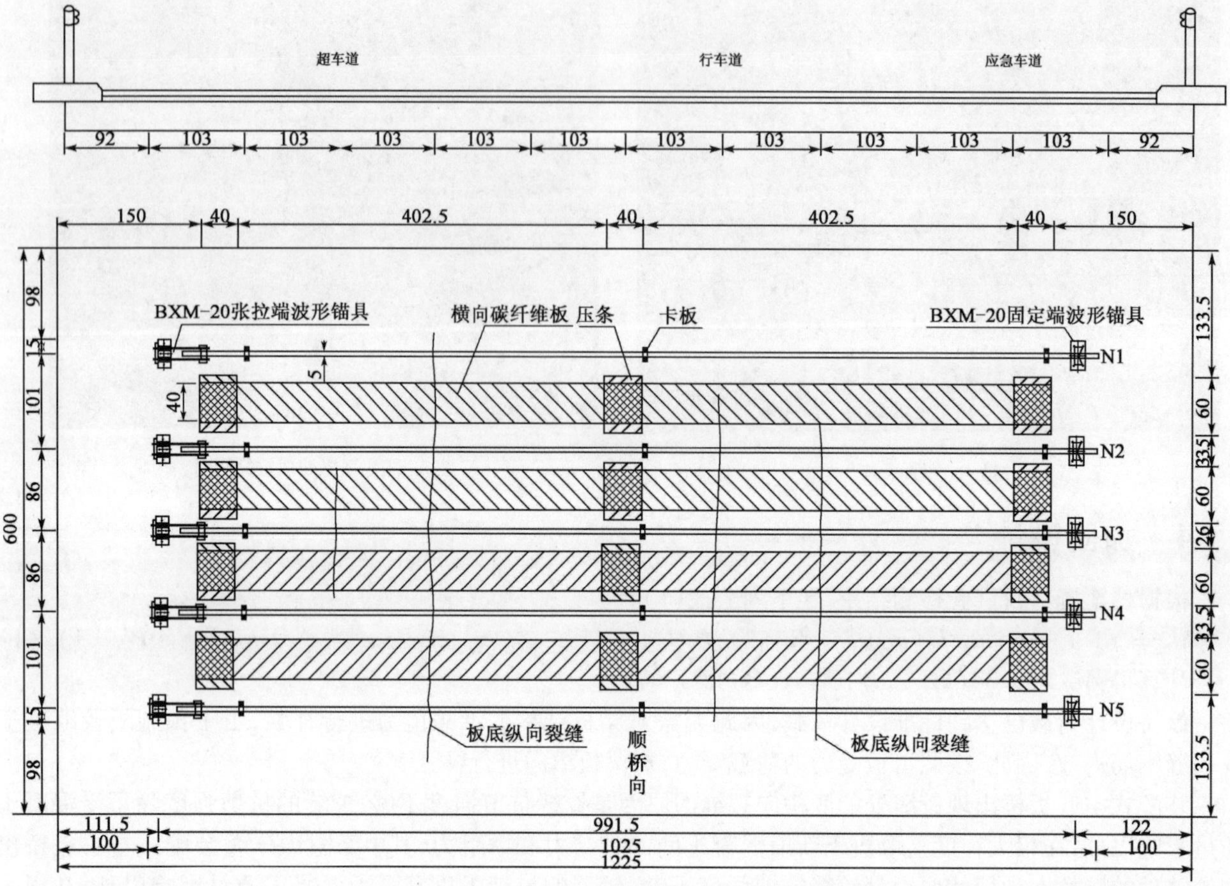

图3　加固设计图

5　施工准备

一般的非预应力碳纤维板的加固工艺流程为：施工准备—表面处理—涂刷底层树脂—找平处理—粘贴碳纤维板（图4、表2）—表面防护。预应力碳纤维板材加固技术除了上述几道工序之外，还需安装锚具和张拉碳纤维板两道工序，基本的施工准备工作如下：

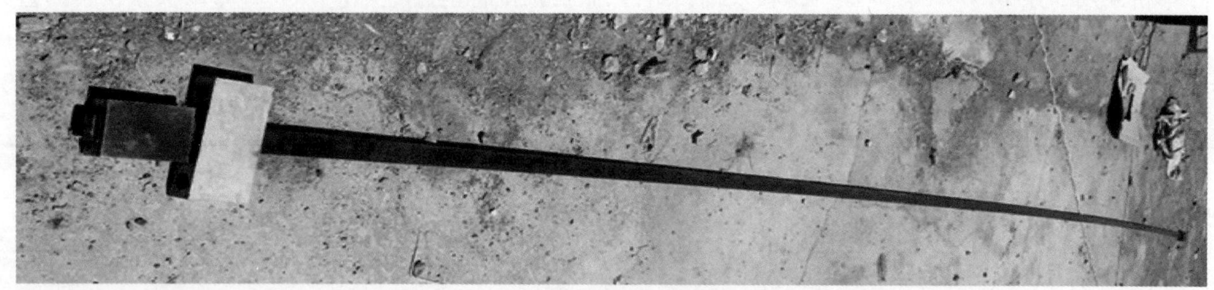

图4　CFP50-30碳纤维板

碳纤维板技术参数表　　表2

型号	碳板规格（宽×厚）	拉伸强度	拉伸弹性模量	伸长率
	mm×mm	MPa	GPa	%
CFP50-30	50×3.0	≥2400	≥160	≥1.7

预应力碳纤维板(体外预应力)施工桥梁上部结构的梁板,施工作业主要以人工为主,配合小型机具施工。

小型机具:千斤顶型号为 CFP-150(图5、表3)、角磨机、电钻、吹风机、FH-B8001 桥隧多功能养护机、发电机、搅拌机等工具。

CFP-150 千斤顶尺寸参数表 表3

型号规格	公称顶压力	外形尺寸	行程
CFP-150	150kN	Φ70×150(mm)	51mm

图5 CFP-150 千斤顶图片

6 工艺流程和施工方法

6.1 施工工艺流程

(1)主要施工步骤

①施工准备;

②混凝土表面处理;

③在安装碳纤维板张拉端和固定端构件的位置按照设计图纸要求钻孔种植高强度螺杆;

④螺杆固化达到设计强度后开始安装张拉端和固定端钢构件;

⑤碳纤维板粘贴面在粘贴前用丙酮擦洗干净;

⑥在碳纤维板和梁底接触面上涂抹粘结剂,锚具底板和梁底接触面上涂抹粘结剂;

⑦安装碳纤维板;

⑧张拉碳纤维板并对梁体挠度变化进行观测;

⑨张拉完毕后,在碳纤维板两侧(含碳纤维板)范围内粉 5mm 厚粘结剂作为碳板保护层;

⑩在固定锚具螺栓的螺帽处抹一层粘结剂,所有的金属件表面再抹一层防锈油脂,然后安装张拉端与固定端锚具盖帽;

⑪在被加固的梁底两侧范围包括盖帽均采用高强度、高粘结砂浆保护涂料涂刷保护。

(2)工艺流程(图6)

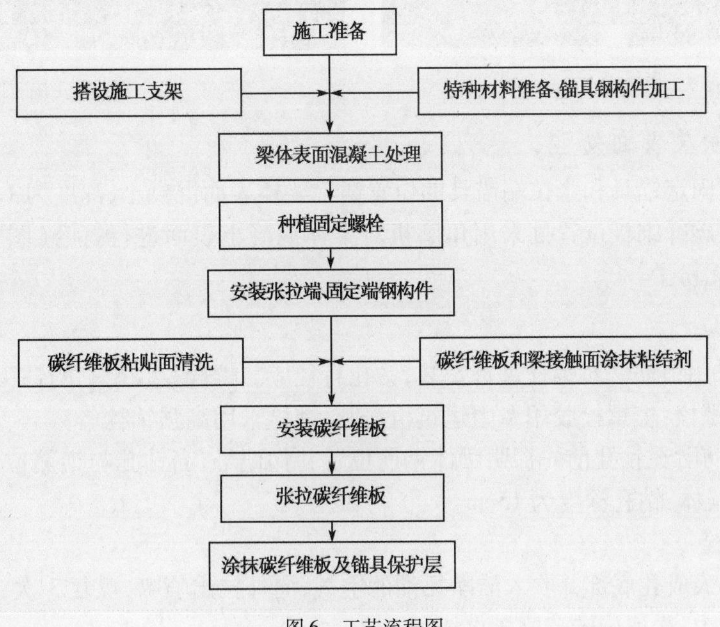

图6 工艺流程图

7 施工方法

7.1 施工准备

(1)搭设施工支架、主要材料的采购及锚具钢构件的加工制造

根据现场条件搭设适于施工的施工支架。本项目使用的碳纤维板材料为桥梁加固专用材料,设计尺寸为50mm×3mm,极限抗拉强度为2400MPa,弹性模量为160MPa,公称顶压力150kN,碳纤维板张拉控制力为84-98kN,为碳纤维板极限拉力的55%,该材料为上海法赫桥梁隧道养护工程技术有限公司提供。碳纤维板与梁体粘结采用法赫公司专用粘结剂;锚具底板和梁底接触面上涂抹粘结剂。锚具钢构件采用专门定制,锚具加工所用钢板采用15mm厚A3钢,锚固螺栓采用M8高强化学螺栓(已检测合格),张拉螺杆采用8.8级钢制M24螺杆。

(2)混凝土表面处理

用专用环氧树脂对主梁梁体的裂缝进行灌缝封闭处理。还要将梁体已腐蚀但尚未剥落的混凝土予以开凿,用高性能复合砂浆进行修补。对锈蚀钢筋要做除锈,然后焊接相同直径的短钢筋,再用高性能复合砂浆进行填补、封闭。本工程钢筋未腐蚀,所以不用防锈处理。清除构件表面的剥落、疏松、蜂窝、腐蚀等劣化混凝土,漏出混凝土结构层,并用高性能复合砂浆将表面修复平整。对质量较好的混凝土表面进行打磨平整,高压水枪除去表层浮浆、油污等杂质,直至完全露出混凝入土结构的表面(图7)。

(3)施工放样

在加固的矩形板表面按照设计图纸放样,确定碳纤维板和两端锚具位置。放样采用钢尺及钢筋定位仪定位,根据板底钢筋位置确定设计位置(图8)。

图7 裂缝处治

图8 定位、打孔

7.2 混凝土凿除及表面处理

根据施工放样确定固定锚具和张拉端锚具的位置凿毛梁体表面混凝土,深度为1.0cm,以保证粘贴梁体表面有较大附着力。在碳纤维板位置处采用角磨机对梁体混凝土表面进行打磨(图9、图10),再用干布拭擦,确保粘贴面平整且无粉尘。

7.3 植螺栓施工

(1)植螺栓方法:采用植筋法对螺栓进行安装,钻孔直径应与螺栓直径配套的钻头进行钻孔。

(2)植螺栓用胶和螺栓:植螺栓胶用专用建筑植筋胶,螺栓采用高强锚栓。

(3)植螺栓定位、钻孔:在钻孔前先探明梁体钢筋位置并作记号,当钻孔与钢筋位置发生冲突时,适当调整孔位,钻孔时应垂直梁体,钻孔深度为15cm。

(4)清洁孔壁及螺栓:

①将吹风机喷嘴深入成孔底部并吹入洁净无油的空气,向外拉出喷嘴,反复3次;

②将硬毛刷插入孔中,往返旋转清刷3次;

③再将吹风机喷嘴深入成孔底部吹气，反复3次；

④对要植入螺栓上的油污应进行清理；

⑤植螺栓前用丙酮擦拭孔壁、孔底和螺栓（图9）。

图9 清孔

图10 植锚具螺栓及凿毛

(5)植螺栓：植筋胶采用专用注射器进行灌注，灌注量为孔深的2/3，并保证在植入螺栓后有少许胶体溢出，注入胶体后应立即单向旋转插入螺栓，直至达到设计深度，确保螺杆顶端在同一平面上，并校正螺栓的垂直度。胶体完全固化前，不得触动或振动已植螺栓，以免影响其黏结性能。

7.4 固定端锚具和张拉端锚具的制作

(1)固定端锚具和张拉端锚具采用工厂自动、半自动切割和焊接方法，切割边缘表面光滑，无毛刺、咬口等现象。

(2)锚具黏合面采用平砂轮打磨直至露出金属光泽，打磨纹路应与钢板受力方向垂直，锚具黏结面应有一定的粗糙度。

(3)锚具螺栓孔位确定与制作。

①将螺杆位置印到事先准备好的胶合板上。胶合板应与锚具底板大小相同，并在板上编号并标注方向。

②根据印在胶合板上螺杆的位置，用开孔器钻 ϕ22mm 的孔。

③将开好孔的胶合板套入螺杆上。若不行则不断修正孔，直至能顺畅地将板套入螺杆。

④复测胶合板的中线应于碳板轴线基本重合。

⑤将锚具送到铁件加工车间，依照胶合板上孔的位置在锚具底板上开孔。

7.5 固定端锚具和张拉端锚具的安装与锚固

(1)锚具与梁板混凝土间采用粘贴胶粘贴，将配好的胶体正面涂抹在清洁的混凝土和锚具黏结面上，涂胶应自上而下进行（图11）。

(2)锚具黏结面上抹胶应中间厚两边薄，中间涂抹胶的厚度为5mm左右，将锚具预留孔平稳对准螺栓并迅速拧紧螺帽，使锚具与混凝土紧密黏合，清理挤出的多余胶体（图12）。

7.6 张拉碳纤维板

(1)把锚具与碳纤维板接触的部位范围内涂上油脂。

(2)用丙酮将碳纤维板接触混凝土构件的表面擦洗干净。

(3)在碳纤维板上抹2-3mm的专用粘贴胶。

(4)先在固定端安装上碳纤维板，然后在张拉端安装上碳纤维板和转向板。

(5)在张拉端安装千斤顶，确保千斤顶中线与碳纤维板中线重合。

(6)先给碳纤维板施加10%的应力，使碳纤维板绷直，然后再将力归零。记录张拉端夹具的位置，并再次检查各部件的位置。各级张拉控制应力见表4。

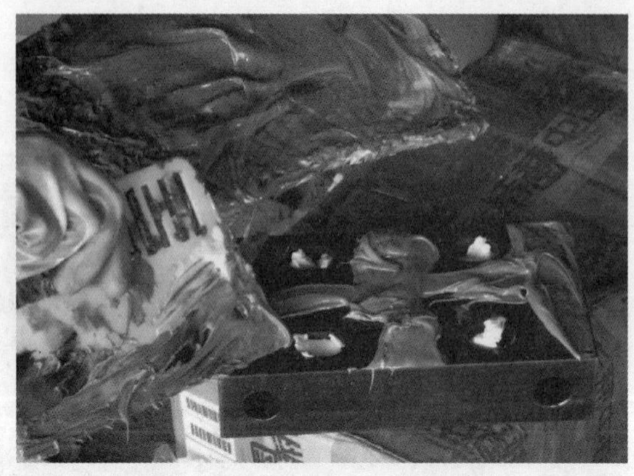
图11 张拉端锚固板涂粘结胶

图12 安装带锚具的碳纤维板

FHCFP50-30 碳板张拉记录表 表4

张拉控制力:84-98kN		f=98kN	标准方程:$P=0.55f-1.0$	
加载顺序	设计加载力(kN)	油表读数(MPa)	实际加载力(kN)	伸长量(mm)
0.0f				
预紧0.03f	2.9			
0.1f	9.8	4.4	9.8	4.0
0.2f	19.6	10.1	20.2	8.7
0.4f	39.2	20.9	39.8	17.1
0.6f	58.8	30.7	57.7	24.8
0.8f	78.4	42.3	78.8	33.8
1.0f终	98.0	52.8	97.9	42.0

(7)再以20%和60%应力给碳纤维板施加预应力,每一级张拉结束后用扳手拧紧螺帽,每一级之间持荷5分钟,记录张拉端夹具的位置,比较实测值与计算值之间的偏差。

(8)当预应力施加到100%即张拉力为98kN时计算最终碳纤维板张拉伸长值,并持荷5分钟。

(9)张拉结束后用双螺帽固定死张拉螺杆。卸除千斤顶。

(10)切除过长的张拉螺杆,螺帽后端留3cm。

7.7 安装盖帽

(1)将锚具表面涂上一层防锈油脂。

(2)安装盖帽

7.8 涂刷保护

(1)用胶体填补锚具四周的缝隙。

(2)用胶体在碳纤维板表面抹5mm厚,150mm宽的保护层。

(3)在梁外侧和金属盖帽表面滚涂丙烯酸弹性涂料两度。

7.9 施工安全及注意事项

(1)施工中应严格遵守执行《公路桥涵施工技术规范》(JTJ 041—2000)、《公路养护安全作业规程》(JTG H30—2004)、《公路工程施工安全技术规程》进行施工,做到专用设备,专职使用。

(2)为保证施工安全、结构安全及工作的顺利开展,在施工前必须对施工机具、临时设备及其它保障措施进行详细检查、核对,在确保万无一失后方可施工。

(3)碳纤维板为导电材料,使用碳纤维板时应尽量远离电气设备及电源。使用中应避免碳纤维板的弯折。碳纤维板配套树脂的原料应密封储存,远离火源,避免阳光直接照射,树脂的配制和使用场所,应保持通风良好。现场施工人员应根据使用树脂材料采取相应的劳动保护措施。

(4)在碳纤维板张拉的过程中,要对梁体挠度的变化进行观测,如果挠度变化有异常情况,应停止张拉,并检查原因。

8 检查与验收

由于张拉碳纤维板施工在公路施工是一项新工艺,没有成熟的工艺规范与规定,我们针对设计意图,参照相应标准制定了施工中的控制标准,在施工过程中严格执行。

8.1 锚具钢构件加工检查与验收

锚具钢构件的加工的材质、厚度、螺孔位置、螺杆长度是确保锚具满足设计要求关键指标,根据设计要求及《机械加工手册》、《公路桥涵施工规范》的相关规定确定钢板采用 A3 钢、厚度采用 15mm、螺孔位置 ±1mm、螺杆长度 ±0mm。经现场检查验收,均满足设计要求。

8.2 碳纤维板检查与验收

碳纤维板采用成品,其主要指标为:设计尺寸 3mm × 50mm,极限抗拉强度为 2400MPa,弹性模量为 160MPa,碳纤维板张拉控制力为 98kN,为碳纤维板极限拉力的 55%,该材料由直供商提供并经试验检测。现场的检查主要是成品的外观,经检查碳纤维板外观顺直、无毛刺、厚度均匀、与张拉固定头连接牢固,从张拉结果看碳纤维板质量平稳可靠,满足设计要求。

8.3 锚具安装检查与验收

根据设计要求,结合《公路桥涵施工规范》的相关规定,锚具安装的容许误差为 ±10mm,经检查验收实际施工均满足设计要求。

8.4 碳纤维板张拉施工与验收

根据设计要求,参照《预应力混凝土施工规范》的相关规定,碳纤维板张拉采用张拉力与伸长值双值控制,由于碳纤维板为多层碳纤维布粘结而成,其弹性模量差异系数相对较大,确定其张拉伸长量容许误差为 10%,实际施工中经检查验收满足设计要求。

9 预应力碳纤维板加固前后效果对比

9.1 加固前后照片对比

(1)加固前照片(图 13)

(2)加固后照片(图 14、图 15)

图 13 加固前外观

图 14 加固后整体效果

9.2 挠度变化

采用后轴重 14t 载货汽车对该桥进行荷载试验,加固前后挠度变化见图 16。

现场技术人员观测结果:预应力施加前,各梁板跨中下挠平均为 32mm;预应力施加后,各梁板跨中下挠度均在 8mm 以内,在没有重载车经过的情况下左右幅整体存在恢复设计原状。

图15 梁板加固外观效果

10 结语

相比其他桥梁加固方法，预应力加固桥梁有以下特点：

10.1 高强高效

预应力碳纤维板加固技术充分发挥了碳纤维材料的高强性能，有效提升结构承载力与抗弯刚度，节约碳纤维用量。

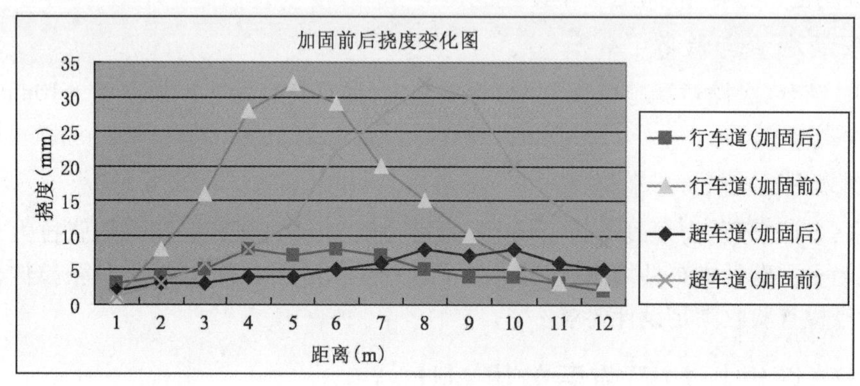

图16 加固前后挠度变化

10.2 重量轻、空间要求小

碳纤维比强度高、质量仅为钢的1/10，基本不增加原结构自重，碳纤维板可以盘卷，能以较大长度供应而无须搭接。没有湿作业，不需大型施工机具，施工占用场地少，加固完成后不影响原结构使用空间。

10.3 良好的耐久性和耐腐蚀性

耐酸、碱、盐及大气环境的腐蚀，不像钢材等金属结构须定期维护。

10.4 更适用于中小跨径桥梁抗弯承载力的提升

在中小跨径桥梁梁体中多数为普通钢筋混凝土结构或部分预应力混凝土结构，内部布筋较密。像粘贴钢板加固法会造成截面损失及打孔困难的问题，而预应力钢筋或钢绞线加固更适用于大跨度桥梁的加固，另加大截面积法及喷射混凝土或砂浆网格法都存在净空受限的困局并且施工需用若干设备和场地、还受龄期因素的影响。故综合考量预应力碳纤维板加固更适合中小跨径（单跨30m以下）桥梁承载力的提高。

参考文献

[1] 刘真岩，建斌.旧桥维修加固施工方法与实例[M].人民交通出版社2005,9.

[2] 装配式空心板桥横向预应力加固铰缝受力分析.中国论文网,2012年3月5日.

[3] 李学俊，彭晖.预应力碳纤维板加固桥梁技术的工程应用及试验研究[C].第七届鲁辽湘论坛.

[4] 曾庆敦，谢顺利.计及跨中界面破坏的碳纤维板加固混凝土梁四点弯曲破坏分析.2005.(1).

紧凑型缆索护栏在 G205 干线公路浙江段改造示范工程中的应用

王立明 王国华 孙巧丽 丁旭东

(浙江省交通规划设计研究院)

摘 要 紧凑型缆索护栏是一种以数根施加了初拉力的缆索固定于立柱上的柔性护栏结构,它主要依靠缆索的拉应力来抵抗车辆的碰撞并吸收能量,具有消能解体、双向防撞及缆索固定高度调节的特性。本文在研究紧凑型缆索护栏组成基础上,对紧凑型缆索护栏的防护机理进行了研究,最后分析了其典型性能。

关键词 紧凑型缆索护栏 防护机理 碰撞试验 典型性能

1 概述

为加快路网结构优化升级,全面提高干线公路的服务水平。交通运输部决定将 205 国道作为干线公路改造示范工程,通过改造试点,为全国干线公路改造工作提供实体示范工程,引领未来全国公路养护管理工作发展方向。

G205 浙江段位于衢州市境内,起点桩号 K1684 + 015,终点桩号 K1846 + 800,全长 162.767km,其中一级公路长 24.949km(占 15.5%),二级公路长 137.818km(占 84.5%)。根据现行《公路交通安全设施设计规范》(JTG D81—2006)的规定,整体式断面中间带宽度小于或等于 12m 时,必须设置中央分隔带护栏。综合考虑生命安全、养护成本及施工工期后,在 G205 国道浙江段的一级公路中分带设置缆索护栏。

目前常见的缆索护栏由端部结构、中间端部结构、中间立柱、托架、缆索和索端锚具等组成,通过碰撞过程中护栏自身的塑性变形来吸收失控车辆的动能达到拦阻车辆的目的,缆索护栏对失控车辆入侵角的适应范围广,对失控车辆进行拦阻时车辆的减速度小,有利于保障驾乘人员的安全。此类型的缆索护栏一般用于路侧护栏使用,若在 G205 国道一级公路中央分隔带内设置该类型缆索护栏,不仅将对原有的绿化造成较大破坏,同时由于该型式的护栏端头基础较大,难以在二级加宽路段使用。为此,在调研国内外常用公路防撞护栏的结构类型及安全性能基础上,设计研发了用地面积小且易于安装维护的紧凑型缆索护栏。

2 紧凑型缆索护栏组成及防护机理

2.1 护栏组成

紧凑型缆索护栏可分为端头、标准段和接续段三个基本部分,从结构组成上分主要由护栏端头、中间立柱、接续段、缆索及其他构件组成,其结构示意图如图 1 所示。

(1)护栏端头。系承受缆索张拉力和失控车辆碰撞力的主要结构,由起始立柱、拉紧连接套件和混凝土基础组成。缆索端头立柱采用 H 形钢构件,立柱下部为钢构件套管,立柱与套管采用螺栓连接,4 根缆索斜拉锚入基础端头。基础下部为钢筋混凝土结构,并采用打入式钢管桩进行基础加固。

(2)中间立柱。立柱为加工后的异型钢构件,立柱间距为 2 ~ 3m。缆索固定位置预留安装孔,用以根据缆索设置的高度固定缆索挂钩。

(3)接续段。当缆索护栏的设置长度超过 300m 时,应增设接续端头。部分路段,如小于一般最小半径,凹形竖曲线底部路段均应根据实地情况加设中间接续端头。

(4)缆索及其他构件。缆索由数根钢丝绳采用交织缠绕方法,非等距间隔,连接部采用加工后的钢挂钩,锚具等构件。

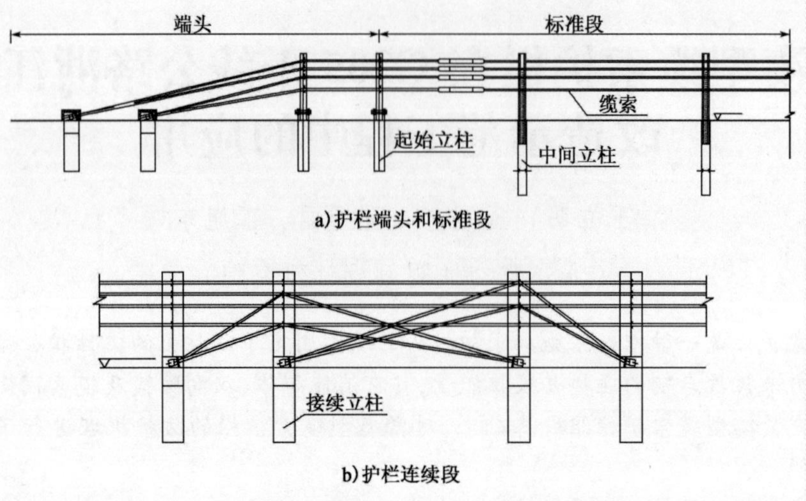

图1 紧凑型缆索护栏结构示意图

2.2 防护机理

失控车辆与护栏的碰撞过程包含极为复杂的力学内容,护栏结构、车辆结构、车辆速度、碰撞角度、路面附着性能等指标等都对碰撞结果造成影响,碰撞过程中护栏变形、车辆变形、车辆运行轨迹都存在随机特征,整个碰撞过程是一个三维非线性大变形动力接触的力学过程。车辆与紧凑型缆索护栏碰撞过程大致可分解为车头碰撞护栏、侧面碰撞护栏、车尾碰撞护栏和车头离开护栏四个阶段,如图2所示。紧凑型缆索护栏在遇及事故时候,缆索受到外力影响而发生变形,消解车辆发生碰撞产生的动能。由于缆索本身为预应力张拉的钢丝绞索,在预应力作用下,缆索回弹至初始状态,将事故车辆拉至原位车道行进,对于偏离于行车道的车辆有强制性的矫正措施,尽可能的避免二次事故的发生。

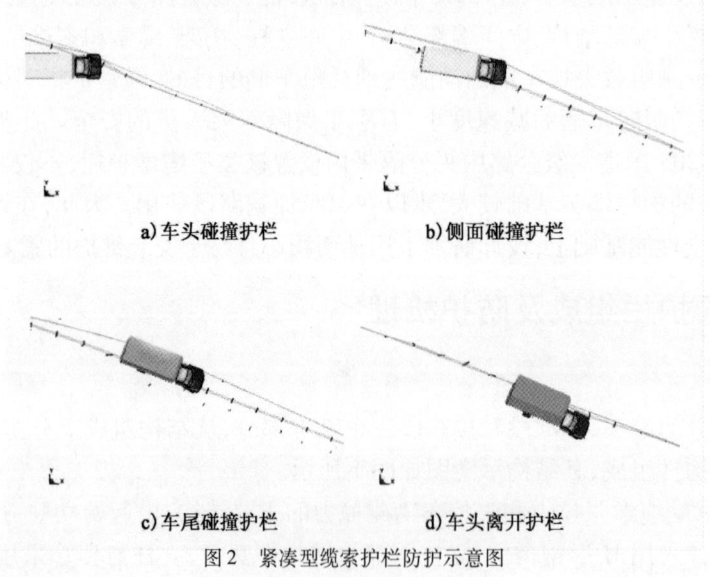

图2 紧凑型缆索护栏防护示意图

3 实车足尺碰撞试验

3.1 测试指标

依据《高速公路护栏安全性能评价标准》(JTG/T F83—01—2004)对紧凑型缆索护栏进行碰撞试验,按照评价等级(A级)相应的车辆总质量,选择小型客车(1.5t)、大型车辆(10t)两种车型进行碰撞试验,主要进行护栏的碰撞速度、碰撞角度、驶出角度、车体三方向加速度、车辆运行轨迹和护栏最大动态变形量等指标的测试,所测得的实际指标值的误差应符合表1要求。本次碰撞试验选取的碰撞车型及参数见表2。

试验指标控制精度 表1

车辆质量(t)	质量偏差(kg)	试验车速(km/h)	速度偏差(km/h)	试验角度(°)	角度偏差(°)
1.5	±75	100	±4.0	20	±1.5
10	±300	60	±3.0	20	±1.5
10	±300	80	±3.0	20	±1.5
14	±400	80	±3.0	20	±2.0
18	±500	80	±3.0	20	±2.0

碰撞车型及参数指标 表2

车 型	车辆质量(t)	试验车速(km/h)	试验角度(°)
小客车	1.5	100	20
大客车	10	60	20

3.2 施工工艺流程

(1)浇筑护栏端头,预埋中间立柱基座。首先开挖护栏端头基坑,在基坑内打入钢管桩,接着在基坑内扎好基础钢筋,将护栏端头型钢、起始立柱与基础钢筋焊接固定,然后用C25混凝土浇筑基础;中间立柱下部基础施工时,应先将在中间立柱基座位置打孔,将中间立柱基座埋入已打好的基座孔中,并用C25混凝土浇筑。

(2)插入立柱,悬挂缆索。待保养期结束后,中间立柱插入预埋的中间立柱基座内,按照顺序通过专用挂钩将缆索悬挂在中间立柱上,从而使缆索固定在不同高度上。

(3)锚固端头,张拉缆索。首先通过索端锚具将缆索锚固在两个护栏端头上,然后用专用油压机将缆索拉紧,待达到预定的张力后,通过缆索拉紧装置固定缆索。

(4)校正立柱,填实基座。校正倾斜的中间立柱使之垂直于地面,同时将中间立柱基座(方管)的间隙部分用细沙填满并夯实。另外,为增强夜间视线诱导效果,可在起始立柱和中间立柱上安装专用反光膜。

3.3 试验结果

实车足尺碰撞试验表明,护栏能有效阻挡车辆,没有穿越、翻越、骑跨、下穿护栏,车辆碰撞过程中护栏组件、碰撞碎片或其他碰撞物均没有侵入驾驶室内及阻挡驾驶员视线,护栏满足A级防撞等级,具有较好的变形缓冲性能。

4 紧凑型缆索护栏的典型性能

4.1 良好的安全性能

紧凑型缆索护栏采用了特殊的“强索弱柱”型结构设计,其主要受力作用于两端的端头上,缆索采用高强度的护栏专用钢索,中间立柱采用特殊的型钢,型钢结构决定了其强度沿缆索方向较弱,与缆索垂直方向较强,这种结构能够保证事故车辆碰撞上立柱时,立柱沿缆索方向扭弯,扭弯立柱仍在规定的区域内(在双黄线范围内),不会影响对向车道车辆行驶。

当失控车辆同紧凑型缆索护栏碰撞时,由于缆索具有良好的柔韧性,具有较大的缓冲能力,在碰撞过程中缆索护栏通过自身的变形吸收能量且接触较长,护栏会发生较大的偏离变形,碰撞能量基本被护栏柔软地完全吸收,从而保护驾乘人员免受伤害或减轻伤害程度;碰撞过程中,缆索的连续变形引导失控车辆逐渐回归到原有车道。因此,紧凑型缆索护栏具有优秀的安全防护功能,防止车辆越过中间带,减少二次事故的发生。

4.2　双向防护且横向宽度需求较低

表3为不同型式护栏横向宽度对比。紧凑型缆索护栏结构本身宽度极小，横向最大宽度等于端头的宽度（约224mm），而且其特殊型式可以将紧凑型缆索护栏作为双向护栏使用。对于路基宽度受限路段，设置其他护栏将会侵占较多的路基宽度，影响行车的侧向宽度甚至侵占车道宽度，对于行车的安全性和舒适性都有较大影响。因此紧凑型缆索护栏在宽度受限路段具有较大优势，例如在浙江省S210省道上，可以将紧凑型缆索护栏设置在双黄线宽度内，而不侵占其他路基部分宽度，缆索的通透性确保护栏不会遮挡视线，在这种路段上具有较好的防护效果和应用价值。

不同型式护栏横向宽度对比　　表3

序　号	护栏型式	用于路侧（mm）	用于中分带（mm）
1	A级波形梁护栏	381	500（组合型）
2	SB级波形梁护栏	380	760（未计算立柱间距离）
3	SA级波形梁护栏	380	760（未计算立柱间距离）
4	F型A级混凝土护栏	464	566
5	F型SB级混凝土护栏	483	586
6	F型SA级混凝土护栏	503	606
7	单坡型A级混凝土护栏	421	480
8	单坡型SB级混凝土护栏	445	510
9	单坡型SA级混凝土护栏	472	545
10	紧凑型缆索护栏	224	224

4.3　施工养护简单

紧凑型缆索护栏用于一级公路或二级加宽公路的中间分隔带时，只需在已施工的路面需安装缆索护栏的位置根据要求打孔，然后将中间立柱基座预埋在已打好的孔内，待一定的保养期后，即可进行紧凑型缆索护栏的安装。安装时只需将中间立柱插入立柱基座内，挂上钢缆，将钢缆张紧后即完成施工。

紧凑型缆索护栏在交通事故发生后维修时，只需将已损坏的中间立柱从立柱基座中拔出，直接插上新的中间立柱，并将钢缆挂在新换的中间立柱上，维修即刻完成。维修时，不需要任何机械设备，不需要占用行车道，一般情况下可快速完成全部工作。如遇路面维修养护需借道行驶时，只需把中间分隔带上的护栏钢缆摘下30m，垂到地面，然后拔除立柱，车辆即可从此开口绕开养护施工路段，借用对向车道前进；施工完毕后，重新插入立柱，悬挂缆索，调整张力，又可恢复正常通车。

5　结语

紧凑型缆索护栏的防撞性能、导向性能和缓冲性能均具有突破性提升，可对失控车辆进行出色的安全保障，同时紧凑型缆索护栏丰富了中央分隔带防护设施的选择范围，并能为二级加宽公路提高中间带隔离和防撞功能，对降低四车道及以上公路对向事故影响并增大行车安全具有重要意义，应予以推广使用。

参 考 文 献

[1] 刘少源.高速公路汽车与护栏碰撞的动力特性研究[D].北京：清华大学，1994：6-10.
[2] 程永春.道路柔性护栏缆索的力学特性分析[J].中外公路，2009.29(2)：153-155.
[3] 郭忠印.道路安全工程[M].北京：人民交通出版社，2012：01-07.
[4] 中华人民共和国行业标准.JTG TF83—01—2004　高速公路护栏安全性能评价标准[S].北京：人民交通出版社，2004.
[5] 中华人民共和国行业标准.JTG P71—2006　公路交通安全设施设计规范[S].北京：人民交通出版社，2006.

跨断层斜拉桥地震响应特征研究

罗 致 李建中

(同济大学桥梁工程系)

摘 要 为避免桥梁发生严重震害,桥梁选线应尽量避开主断裂带。但在地震烈度较高的地区,出于地形限制或道路规划等原因,实际往往避无可避,因此需要对跨断层桥梁的地震响应特征进行研究。本文根据国外学者研究结论的基础上,对跨越断层的斜拉桥施加跨断层地震动,运用时程分析方法和 FR-RSA 方法,对跨断层斜拉桥的横桥向地震响应特征进行研究。主要结论如下:跨断层斜拉桥地震响应相比远场地震具有更大的地震响应;桥墩与主梁之间横向放开能有效降低其地震剪力和弯矩;FR-RSA 方法能有效估算跨断层斜拉桥的响应;拟静力作用对结构影响较小,滑移效应脉冲的加速度作用时是引起地震响应增大的主要原因。

关键词 跨断层 斜拉桥 响应特征 时程分析方法 FR-RSA 方法

1 引言

桥梁作为交通生命线的重要组成部分,一旦在地震中遭遇破坏,不但带来直接的经济损失,还会造成救灾工作的巨大困难。我国近年的几次大地震一再显示了桥梁工程破坏的严重后果,也一再说明了桥梁工程抗震研究的重要性。相比远离断层区域的桥梁,跨断层桥梁在地震中更容易发生破坏。在 1999 年的台湾集集地震[1-2]和土耳其的 Kocaeli 和 Düzce 地震[3]中,许多跨断层桥梁发生了严重破坏甚至倒塌。为避免桥梁结构发生严重震害,我国桥梁抗震设计规范要求重要桥梁选线应首先避开主断裂带,并保持较远的距离[4]。但在地震烈度较高的地区,如汶川、台湾等区域,出于地形限制或道路规划以及区域经济发展的需要,往往面临避无可避的现象。如准备建造的海南铺前跨海大桥,由于地形等多方面因素限制,将不可避免地与断裂带相交。跨断层桥梁的地震响应特征和桥梁在跨断层地震动下的合理分析方法的研究,成为亟需解决的问题。

Goel[5]等人对跨越断层的 CALTRANS 规定的常规桥梁地震响应分析方法进行了研究,采用比例地震动作为输入,提出反应谱法(FR-RSA)和线性静力法(FR-LSA)等简化方法,将跨断层桥梁的地震响应表示为静力与动力分量之和,该简化方法所得结果与时程分析得出的“准确解”较为接近。利用简化方法,Rodriguez[6]对 3 跨跨断层曲线连续梁桥进行了分析,进一步验证了简化方法的适用性。刘雪松[7]利用基底施加位移时程的方法,对跨断层简支梁桥的抗震措施进行研究,得出释放支座的竖向扭转约束能很好地减少地震响应。Park[8]对 Bolu 高架桥进行了非线性时程分析,采用由高频和低频分量合成的宽带地震动作为输入,考察了利用摩擦摆支座隔震的连续梁桥的跨断层响应特性,认为跨断层效应会产生更大的静力和动力位移需求。

前人的研究主要针对简支梁桥或连续梁桥等跨径较小的桥梁。本文主要对跨度较大的斜拉桥进行跨断层地震动分析,研究其响应特性与普通远场地震的区别,并利用 Goel[5]提出的 FR - RSA 法分离静力与动力分量,探讨造成区别的主要原因。

2 计算模型

本文以正在建造的台州湾大桥为工程背景。该桥是主跨为 488m 的斜拉桥,主梁为等截面钢箱梁,桥塔为 H 形桥塔,如图 1 所示,主桥两侧各一个辅助墩和边墩。全桥约束体系为纵飘体系,为避免非线性元件造成反应谱法无法计算,不考虑塔梁之间的阻尼器。即主梁与桥塔、桥墩之间的约束纵向均为放开,横桥向上桥塔处设置横向抗风支座限制塔梁相对位移，辅助墩与边墩采用盆式支座，其中边墩与主梁横向固定，辅助墩则横向放开仅提供竖向支承。使用 Sap2000 建立有限元模型，如图 2 所示。其中主梁采用单梁模型，桥墩和桥塔采用梁单元，拉索用两端释放弯矩和扭矩约束的实际截面梁单元进行模拟，塔梁、墩梁之间的约束采用束缚代替，承台使用质量点模拟，基础全部固结，左右两侧各建一联引桥作为边界联。该桥的主要动力特性见表 1。

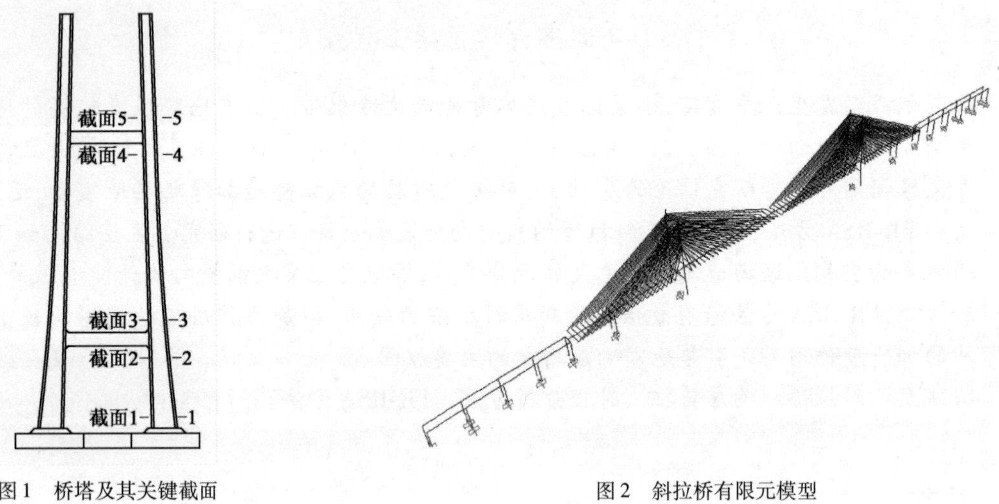

图 1　桥塔及其关键截面　　　　图 2　斜拉桥有限元模型

斜拉桥前三阶自振周期及其质量贡献系数　　　　表 1

前三阶	周　期　(s)			质量参与系数		
	纵桥向	横桥向	竖向	纵桥向	横桥向	竖向
1	7.789	2.868	3.271	0.382	0.079	0.056
2	2.458	2.274	1.674	0.014	0.154	0.002
3	1.357	1.267	1.233	0.015	0.166	0.028

3　地震输入

Somerville[9] 认为，与远场地震动相比，近断层地震动含速度脉冲会引起结构的响应增大。其中垂直断层方向上，主要由“方向性效应”引起速度脉冲；平行于断层方向，由“滑冲效应”引起地面大变形。跨断层桥梁由方向性效应脉冲引起的结构响应与近断层地震动下桥梁的响应类似，近断层桥梁的地震响应特征已有较多学者进行相关研究。本文主要研究在走滑断层下，垂直跨越断层的斜拉桥在横桥向上受到断层两侧由“滑冲效应”引起的永久位移脉冲，造成横桥向地震响应的特征进行研究。

Mavroeidis[10] 提出合成“真实”地震动的简化方法，即用表达式生成的解析脉冲与 SBM 法生成的含高频部分的时程波进行频域上的叠加。Rodriguez[6] 和 Park[8] 等人在研究跨断层桥梁地震响应时，同样采用了低频脉冲与高频时程相加的方法来合成跨断层的地震输入。Goel[5] 认为对于走滑断层，在平行断层方向的地震动时程具有比例特性，即断层左右两侧的地震动位移大小相等，方向相反。在本研究中，同样采用合成的办法来生成含脉冲的地震波，脉冲加入时间为加速度时程峰值附近。时程分析时在断层两侧施加大小相等方向相反的横桥向基底位移时程。

3.1　滑冲效应脉冲

本文采用 HoseiniVaez[11] 提出的脉冲模型。其速度脉冲解析模型如下式。

$$v(t)=\begin{cases}V_p\left(\frac{4f_p}{\gamma}\right)^4\left[(t-t_0)^2-\left(\frac{\gamma}{4f_p}\right)^2\right]^2\cos(2\pi f_pt+\nu),t_0-\frac{\gamma}{4f_p}<t\leqslant t_0+\frac{\gamma}{4f_p}\ with\quad \gamma\geqslant 1\\ 0,otherwise\end{cases}\tag{1}$$

式中：V_p——主要控制速度脉冲的幅值；

f_p——调幅后的脉冲频率，$f_p = 1/T_p$，T_p 为脉冲持续时间；

ν——调幅后的谐波相位；

γ——震荡特性的参数（也就是速度时程曲线的零点个数），由于滑冲效应是单向滑动，取 $\gamma = 1.0$；

t_0——控制速度峰值在脉冲周期中的出现时间，由公式可知，该速度脉冲持续时间为 $\gamma/2f_p$，为使其速度脉冲为峰值出现在周期中间的单边脉冲，此处取 $t_0 = 0$。

根据 Somerville[12] 等人提出的经验公式，假设永久位移 $D = 1.0$m（对应矩震级 $M_w = 6.9$），即单个位移脉冲最终值为 0.5m，得到脉冲的持续时间，进一步可求出 V_p。由式（1）可得速度脉冲时程，并对其微分和积分可得响应的加速度和位移脉冲。其时程和加速度反应谱（阻尼比 3%）如图 3 所示。

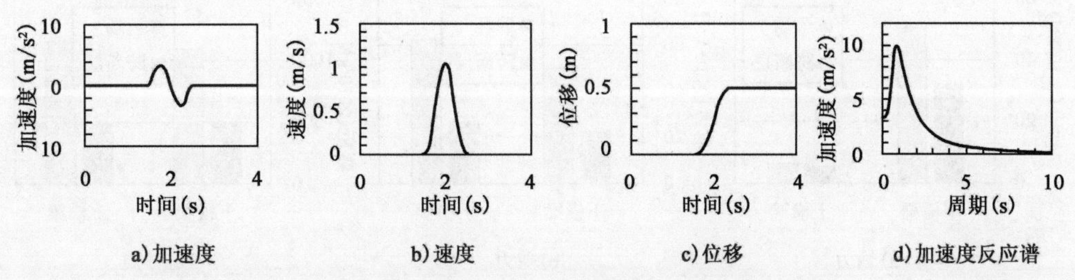

图 3 永久位移 $D = 1.0$m 时的滑冲效应脉冲时程和反应谱

3.2 远场地震记录（跨断层地震动高频部分）

本文采用不含脉冲的远场记录来代替跨断层地震动中的高频部分。在 NGA 数据库中，根据矩震级 $M_w = 6.8$ 和剪切波速 400m/s（对应《建筑抗震设计规范》中的 Ⅱ 类场地）下的反应谱，选择 10 条已经完成缩放的实际地震记录（如表 2 所示）。计算结果取 10 条地震记录的平均值。

选用的 10 条地震记录 表 2

地震事件	测站	矩震级	时间步（s）	步数	缩放系数
Borrego Mtn	San Onofre-So Cal Edison	6.63	0.005	8000	14.3
Loma Prieta	Salinas-John & Work	6.93	0.005	7989	4.5
Northridge-01	Bell Gardens-Jaboneria	6.69	0.01	3499	6.7
Loma Prieta	Bear Valley #5-Callens Ranch	6.93	0.005	5918	6.1
Loma Prieta	Bear Valley #12-Williams Ranch	6.93	0.005	7816	3.1
Loma Prieta	Coyote Lake Dam（Downst）	6.93	0.005	7990	3.6
Loma Prieta	Fremont-Emerson Court	6.93	0.005	7949	4.0
Northridge-01	Playa Del Rey-Saran	6.69	0.01	3600	4.3
Northridge-01	West Covina-S Orange Ave	6.69	0.01	3648	8.5
Nenana Mountain Alaska	TAPS Pump Station #09	6.7	0.005	10999	35.9

4 跨断层地震动与远场地震动下结构响应对比

本节主要研究内容为，在远场地震动和叠加了滑冲效应脉冲时程后的非一致跨断层地震动作用下，对比结构的地震响应，以此来得出跨断层斜拉桥地震响应特征。在本节使用基底施加位移时程的方法来进行结构地震响应分析。本节提及的地震内力和位移，除特殊说明外，均为在横桥向地震作用下结构的横向地震内力值。

4.1 桥塔地震内力

斜拉桥桥塔在远场和跨断层地震作用下，其内力最大值对比如图 4、图 5 所示。桥塔塔柱截面位置见图 1。

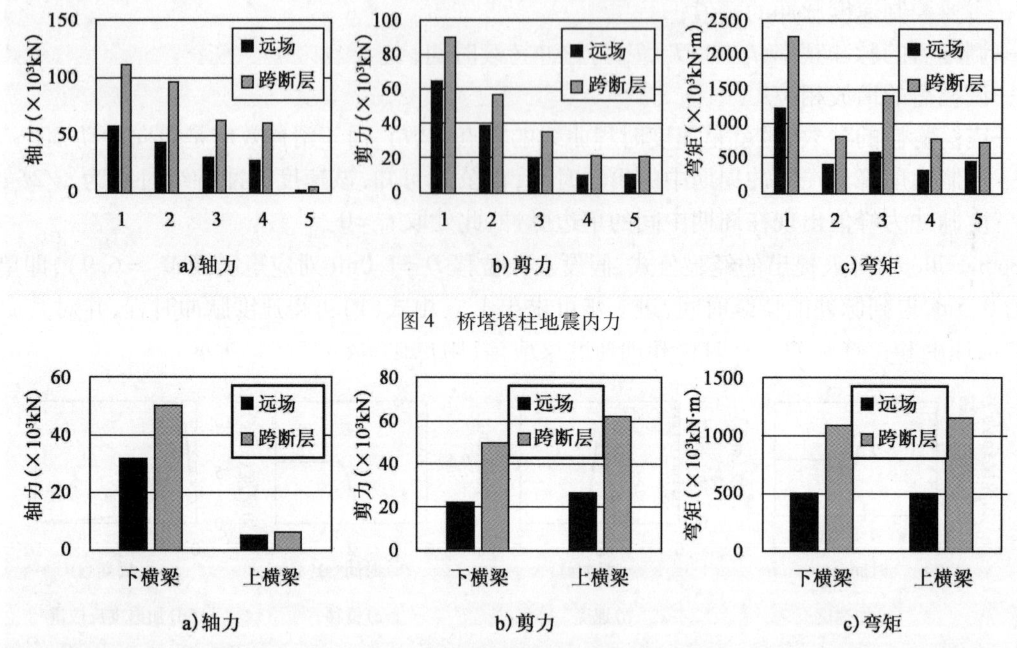

图4　桥塔塔柱地震内力

图5　桥塔横梁地震内力

计算结果表明，相对于远场地震作用，斜拉桥桥塔在跨断层地震作用下具有较大的地震内力值，约为远场地震作用下内力值的1.4～2.4倍。说明在含脉冲的非一致跨断层地震输入下，桥塔各个位置的地震内力会发生较大的提高。

4.2　桥墩墩底地震内力

斜拉桥辅助墩和边墩在远场和跨断层地震作用下，其内力最大值对比如图6所示。

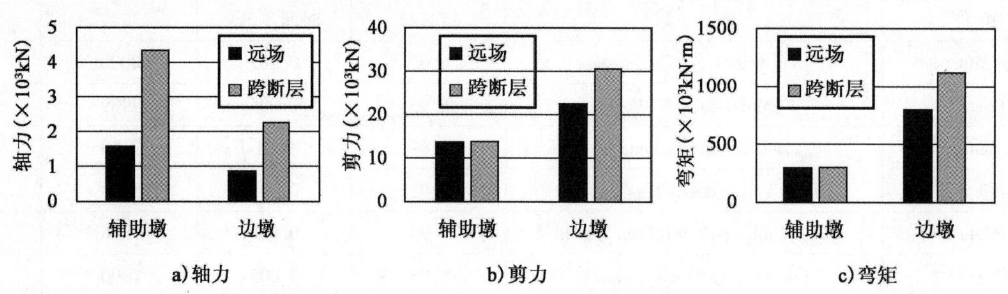

图6　桥墩墩底地震内力

计算结果表明，辅助墩的剪力和弯矩在跨断层地震动和远场地震动中，响应值差别不大，这是由于辅助墩与主梁之间横向无约束，能自由滑动，因此拟静力作用对其内力影响不大；且由于叠加的时程脉冲加速度反应谱峰值出现在周期1s左右(如图3d))，而辅助墩自身横桥向自振周期较小(横向第一阶周期为0.444s)，因此加速度脉冲对其内力影响也不大。而边墩由于与主梁横向固定，在跨断层地震动下内力值有较大的提高。需要注意的是，较远场地震而言，辅助墩与边墩在跨断层地震动下均有较大的轴力值，这可能是由于主梁在断层错动的作用下发生绕桥轴向扭转所致。

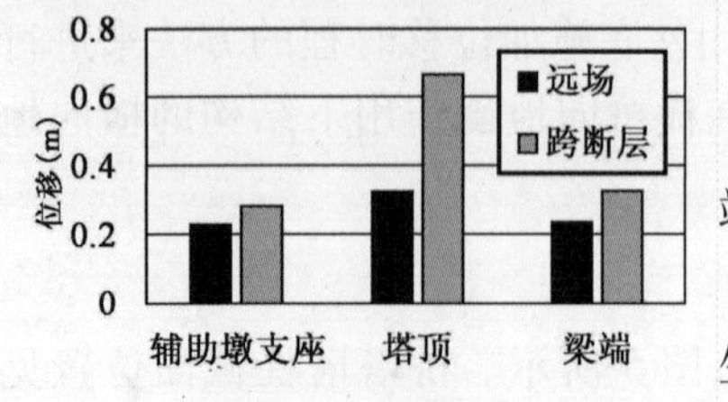

图7　地震位移响应

4.3　地震位移

斜拉桥辅助墩支座位移(即墩梁相对位移)、桥塔塔顶位移和主梁梁端层位移最大值对比如图7所示。

计算结果表明，较远场地震而言，在跨断层地震作用下，地震位移发生不同程度上的增大，其中塔顶位移增大较多，约是远场下地震位移的2倍；而辅助墩处的墩梁相对位移和梁端位移增大较小。

5　跨断层地震动下斜拉桥 FR-RSA 法分析结果

为进一步探讨跨断层地震动造成地震响应增大的原因，在本章使用 Goel 等人提出的 FR-RSA 法来计算斜拉桥在跨断层地震动下的结构响应，以此来分离结构响应的静力分量和动力分量，并通过与时程分析方法结果对比以验证 FR-RSA 法在大跨度斜拉桥中的适用性。

在本节提及的地震响应同样为横桥向地震响应。分析结果如图 8 ~ 图 10 所示。

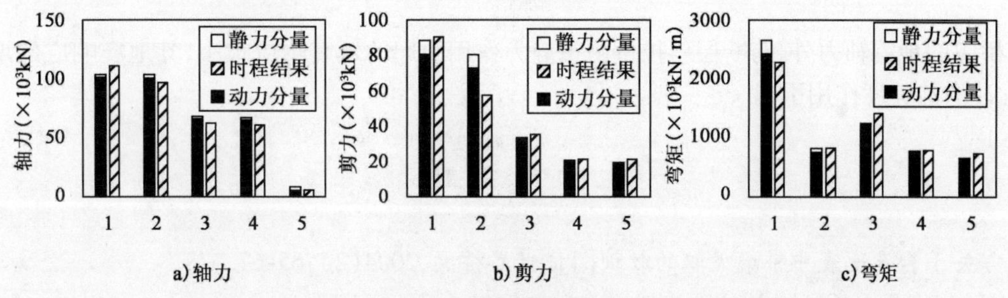

图 8　FR-RSA 法桥塔塔柱地震内力结果

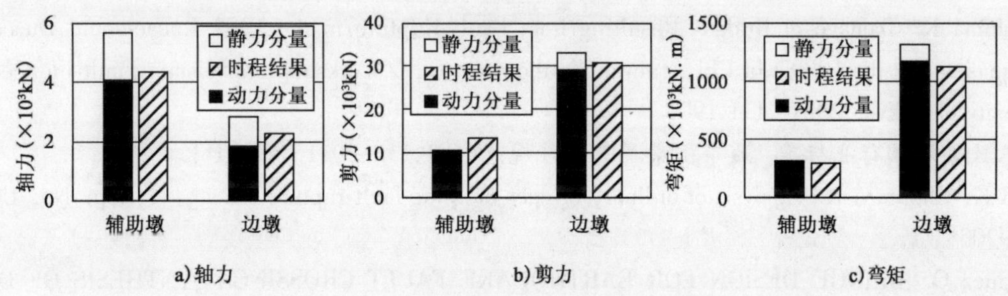

图 9　FR-RSA 法桥墩地震内力结果

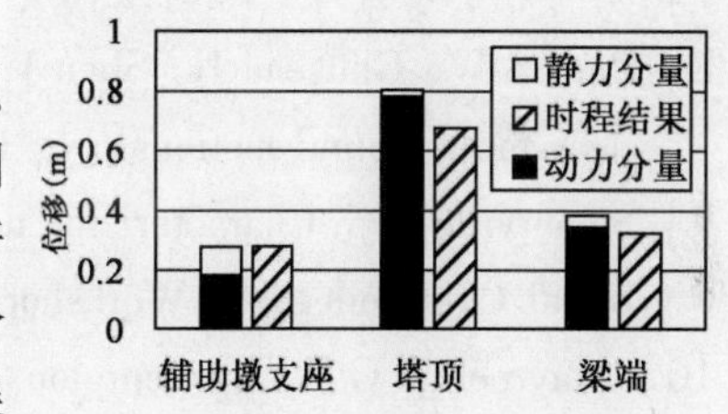

图 10　FR-RSA 法地震位移响应结果

计算结果表明：

(1) FR-RSA 法的计算结果与时程分析方法的计算结果较为接近，只有桥塔截面 2 的剪力、桥塔截面 1 的弯矩和辅助墩的轴力相差较大(分别相差 41%、17%、30%)，因此可认为 FR-RSA 法除了可用于常规桥梁分析外，也一定程度上适用于跨断层斜拉桥计算，在实际工程中可用于线性分析时地震响应的快速估算。造成两者偏差的原因是瑞丽阻尼选取的误差；且动力响应与拟静力相应的峰值往往不出现在同一时刻，这也是 FR-RSA 可能造成响应估计值偏保守的主要原因。

(2) 除了桥墩的地震轴力，其他地震响应的静力分量较小，动力分量占主导，这说明永久位移对结构响应的作用较小，斜拉桥在跨断层地震作用下响应增大主要由滑冲效应脉冲加速度作用引起。拟静力分量较小的原因主要是斜拉桥跨度很大，断层两侧相互错动 1m 造成的扭转转角很小，这与刘雪松[7]得出的释放简支梁桥墩梁之间的竖向扭转约束能大幅度降低静力响应这一结论是一致的。

(3) 由图 8，桥塔截面越高，则静力分量值越小。

(4) 由图 9，墩梁横向固定的边墩地震响应拥有一定的静力分量，而横向放开的辅助墩的剪力和弯矩静力分量接近于 0，说明解开墩梁横向约束能有效避免拟静力响应，这与第四节所得结论相同。

(5) 边墩与辅助墩的地震轴力均有较大的静力分量，说明在跨断层下桥墩地震轴力的增大主要由拟静力位移引起。

6　结语

(1) 相对于普通的远场地震而言，斜拉桥在跨断层地震动下，由于滑冲效应将产生更大的横桥向地震响应,其中地震内力普遍增大明显,平均约为远场地震响应的2倍;对于地震位移,桥塔塔顶增大较为明显,辅助墩墩梁相对位移和梁端位移增大较小。

(2)解开桥墩与主梁之间的横向约束能有效降低滑冲效应脉冲造成的桥墩横桥向地震响应的增大,但要注意无论约束如何,桥墩在跨断层地震作用下都会产生较大的地震轴力,这主要是由于永久位移作用引起。

(3)FR-RSA法在一定程度上适用于跨断层斜拉桥的计算,实际工程中可用于线性分析时其地震响应的快速估算。

(4)除桥墩的地震轴力外,跨断层斜拉桥由拟静力作用引起的地震响应很小,其地震响应的增大主要由滑冲效应脉冲的加速度作用引起。

参考文献

[1] 李正仁.关于台湾地震中桥梁吸取的教训[J].世界桥梁,2004(2):65-67.

[2] Loh C H, Liao W I, Chai J F. Effect of near-fault earthquake on bridges: lessons learned from Chi-Chi earthquake[J]. Earthquake Engineering and Engineering Vibration, 2002, 1(1): 86-93.

[3] Kawashima K. Damage of Bridges Resulting from Fault Rupture in the 1999 Kocaeli and Duzce, Turkey, Earthquakes and the 1999 Chi Chi, Taiwan Earthquake[C]//Workshop on Seismic Fault-induced Failures, University of Tokyo. 2001: 171-190.

[4] 中华人民共和国行业标准.城市桥梁抗震设计规范(CJJ 11—2011)[S][D].

[5] Goel R K, Chopra A K. Analysis of ordinary bridges crossing fault-rupture zones[J]. Rep. No. UCB/EERC-2008, 2008, 1.

[6] Rodriguez O. BRIDGE DESIGN FOR EARTHQUAKE FAULT CROSSINGS-SYNTHESIS OF DESIGN ISSUES AND STRATEGIES[J]. 2012.

[7] 刘雪松,李建中.跨断层简支梁桥的抗震措施研究[J].第二十一届全国桥梁学术会议,2014.

[8] Park S W, Ghasemi H, Shen J, et al. Simulation of the seismic performance of the Bolu Viaduct subjected to near-fault ground motions[J]. Earthquake engineering & structural dynamics, 2004,33(13):1249-1270.

[9] Somerville P G. Characterizing near fault ground motion for the design and evaluation of bridges[C]. Third National Conference and Workshop on Bridges and Highways. Portland, Oregon. 2002.

[10] Mavroeidis G P, Papageorgiou A S. A mathematical representation of near-fault ground motions[J]. Bulletin of the Seismological Society of America, 2003, 93(3):1099-1131.

[11] Vaez S R H, Sharbatdar M K, Amiri G G, et al. Dominant pulse simulation of near fault ground motions[J]. Earthquake Engineering and Engineering Vibration, 2013, 12(2):267-278.

[12] Somerville P, Irikura K, Graves R, et al. Characterizing crustal earthquake slip models for the prediction of strong ground motion [J]. Seismological Research Letters, 1999, 70(1):59-80.

两种新的桥梁混凝土防护体系的对比

韩永平[1] 方大庆[2] 赵 辉[1]

(1 武汉二航路桥特种工程有限责任公司;2 安徽高速公路控股集团蚌埠管理处)

摘 要 随着近年国民经济的高速发展,高速公路、桥梁、地铁、大型地下工程、隧道等大型公共建筑大量的使用了各类钢筋混凝土,由于受到材料、环境等因素制约,并不能完全实现混凝土的设计使用寿命,有的甚至短期内就出现耐久性问题。对在役混凝土结构进行防护,能够延长混凝土的使用寿命,保证结构整体性能稳定,应成为混凝土结构使用期甚至是建设期就开始考虑的问题。本文以某高速公路特大桥混凝土护栏涂装工程施工为基础,对比介绍了纳米硅烷及"护砼宝"两种涂装体系,为今后类似工程应用提供参考。

关键词 桥梁混凝土护栏 防护材料 护砼宝 纳米硅烷

1 引言

某高速公路特大桥于2002年建成通车,至今已运营了13年,其水泥混凝土护栏之前并未采取防护措施,受雨雪等自然因素的影响并且历经长时间的运营。自2010年起,护栏局部开始出现裂缝、露筋、混凝土表面酥松、剥落等病害,经过局部维修,效果不很理想。为了提高桥梁护栏混凝土的耐久性,拟对原水泥混凝土护栏进行涂装施工。

2 混凝土防护体系的选择

2.1 混凝土病害分析

混凝土病害是一个复杂的问题,与混凝土原有的质量和工作环境有很大关系。一般情况可将认为混凝土病害的成因有以下几个方面:

(1)钢筋锈蚀。锈蚀是金属铁发生氧化的电化学过程,生成氧化铁。钢筋锈蚀需要水和氧气同时存在,氯离子的存在会加速锈蚀速度。

(2)碱骨料反应。碱骨料反应是指水泥水化中的碱性物质与骨料中可反应的化学成分之间发生化学反应,其充分必要条件也是要有水份的参与,。

(3)冻融循环。冻融循环使混凝土中的水结冰膨胀而产生张力,从而导致结构开裂。

从上述简单分析可以看出,混凝土结构的病害与水有着密切联系。

2.2 混凝土防护体系的选择

一般的混凝土防护体系包括腻子、封闭层、中间层、面层构成,主要目的是为了封闭混凝土表面的毛细空隙,隔绝空气和水分,同时能够防腐蚀、耐老化。但在实际应用过程中,此类常规防护体系也有一定的不足,主要因施工等原因,可能存在局部封闭不严密的情况。虽涂料封闭性好,不仅防止外来水源,也阻止了混凝土内部水分的挥发。但整体涂装后,混凝土结构本身产生裂缝不能进行检查和观测,涂装表面裂缝难以判断是涂层问题还是混凝土本身裂缝。经过较长时间后,涂料表面可能产生褪色、粉化等情况。

针对以上不足之处,选择了两种涂装体系进行对比施工,分别是纳米硅烷防护和"护砼宝"。该桥的引桥部分和主桥下行线采用纳米硅烷涂料进行涂装,主桥上行线使用"护砼宝"材料涂装,希望通过较长一段时间的使用,对比观察防护效果。

2.3 纳米硅烷浸渍混凝土防护技术

硅烷是一种性能优异的渗透型浸渍剂，硅烷材料具有以下特点：

(1)优异的斥水性能

硅烷具有小分子结构，能够深层渗透混凝土毛细孔壁，与水化的水泥发生反应形成聚硅氧烷互穿网络结构，通过牢固的化学键合反应，赋予混凝土表面的微观结构长期的憎水性，并保持呼吸透气功能，大大降低了水和有害氯离子等的侵入，确保了混凝土结构免受腐蚀。

(2)优秀的抗氯离子性能

英国Transport Research Laboratory于1987年及1990年同样针对混凝土钢筋混凝土腐蚀问题进行实验发现：虽然大部分防护材料都能有防氯离子渗透的作用，但只有硅烷能大幅降低腐蚀电流(Donald Pearson-Kirk发表于1994年Bridge Assessment Management and Design一书)。

(3)优异的抗冻融及抗盐冻性能

混凝土处于饱水状态和冻融循环交替作用是发生冻融破坏的必要条件。混凝土的冻融破坏作用主要有冻胀开裂和表面剥蚀两个方面。硅烷浸渍混凝土表面后，通过改变水与混凝土界面的接触角使得混凝土成为憎水性材料，经过硅烷浸渍技术保护的混凝土结构其自身吸水量非常小，避免了因冻融产生的混凝土破坏，可解决冻融及盐冻引起的混凝土剥落和风化，提供长久的耐侯和防水保护。

(4)保持混凝土结构外观

硅烷为无色透明材料，涂刷后也能够保持混凝土原色，能够直接观察混凝土结构的外观。

2.4 "护砼宝"清水混凝土保护涂料

"护砼宝"清水混凝土保护涂料体系根据性能不同可分为：底涂料、中涂料、面涂料。

底涂料能够与混凝土反应形成牢固的化学键，从而锚固在混凝土表层。它的突出特性是具有很好的透气性，不会影响到混凝土本身的呼吸，可使混凝土内部的水分逐渐扩散出来，从而保证混凝土内部的干燥；底涂料具有极低的吸水率，良好的耐久、耐碱、耐盐等特性。

中涂料是一种粘结过渡层。与底涂和面涂都有优异的粘接力，具有良好的附着力、耐水性、耐候性。面涂料主要是由高档的氟硅乳液组成，具有特别优越的耐候性、憎水性和耐酸碱性，因此在环境复杂的工业区也可放心使用。

"护砼宝"清水混凝土保护涂料具有以下特点：

(1)卓越的耐候性

保证涂膜15~20年不受损害，从而使建筑物长期免于维护。

(2)极好的憎水性

"护砼宝"涂料系统是一种具有憎水能力的特殊材料，可以防止水分进入涂膜，防止融雪剂等以水为介质的混凝土破坏和水为介质的化学腐蚀。

(3)优异的防护性能

混凝土本身为碱性物质，中性化破坏是混凝土最大的危害。该涂层系统可最大程度地保护混凝土，防止其被大气中的有害物质腐蚀，从而避免了中性化破坏。

(4)自清洁功能

氟硅涂层有极低的表面能、表面灰尘可通过雨水自洁，具有极好的疏水性(最大吸水率小于5%)，不会粘尘结垢，防污性好。

(5)根据需要选择是否保持混凝土外观

"护砼宝"清水混凝土保护涂料可选择无色透明的外观，能够直观的观察混凝土结构，也可根据需要配置颜色，适应不同颜色的需求。

3 材料性能

3.1 纳米硅烷涂料性能

纳米硅烷材料的主要性能如表 1 所示。

纳米硅烷材料性能 表1

标准依据	《海港工程混凝土结构防腐蚀技术规范》(JTJ 275—2000)		
检验项目	单位	技术指标	
吸水率	$mm/min^{1/2}$	≤0.01	
硅烷浸渍深度	mm	C25 混凝土	3～4
氯化物吸水量降低效果	%	≥90	

3.2 “护砼宝”涂料性能

“护砼宝”涂料的主要性能见表 2。

“护砼宝”材料检测报告 表2

参考规范	《合成树脂乳液外墙涂料》GB/T 9755—2001
项目	性能指标
附着力(划格法,5mm)	≤1 级
耐水性(去离子水浸泡)	7d 无异常
耐酸雨性(pH = 3.0 的模拟酸雨溶液)	48h 无异常
耐碱性(饱和氢氧化钙溶液浸泡)	7d 无异常
耐沾污性(白色和浅色),% ≤	15
耐洗刷性≥	3000 次

4 施工工艺

4.1 纳米硅烷材料施工工艺

混凝土基层处理(包括基层缺陷修补、基层打磨处理)→硅烷第一次喷涂→硅烷第二次喷涂→检验→养护→验收

涂硅烷的混凝土龄期应不少于 28d,或混凝土修补后应不少于 14d;混凝土表面温度应在 5℃～40℃之间,浸渍所需的全部硅烷用料在施工现场应一次备足,使用前方可启封,并应于启封后 72h 内用完,否则应予废弃;浸渍硅烷工作应自下向上连续喷涂,使被涂立面至少有 5s 保持目测是湿的状态;而在顶面或底面上,则至少有 5s 保持目测是湿镜面状态;涂两遍时,中间间隔 4h;施工后,应 24h 或至少 24h 不能被雨淋,必要时可采用薄膜覆盖防止雨水。

4.2 “护砼宝”材料施工工艺

混凝土基层处理(包括基层缺陷修补、基层打磨处理)→底涂料施工→中涂料施工→面涂料施工→检验→养护→验收

底涂料施工:使用前充分搅拌,用滚筒均匀地用力进行涂装。保证整体的均匀涂装,必须完全覆盖,无遗漏,否则在墙体渗水的情下况,很容易造成涂膜破裂,从而导致涂膜耐久性下降。

中涂料施工:底涂料涂装完工后,间隔 4h 以上进行中涂的涂装(以气温 20℃以上,良好的通风环境为标准)。使用前应充分搅拌,搅拌时间为 5min 以上,用喷枪或滚筒均匀地从上到下,从左到右进行涂装,涂装

时注意不能有涂料漏喷及流挂现象。

面涂料的施工:装完中间涂层后,间隔4h以上进行面涂施工。(以气温20℃以上,良好的通风环境为标准)。使用前应充分搅拌,搅拌时间为5min以上,搅拌均匀后用喷枪或滚筒均匀地从上到下,从左到右进行涂装,涂装时注意不能有涂料漏喷及流挂现象。

4.3 施工工艺的比较

由施工工艺可以看出,纳米硅烷涂料和"护砼宝"涂料的施工方法基本相同。但是,纳米硅烷涂料完全采取喷涂的方式(材料受环境影响大,大风时浪费较严重),而"护砼宝"涂料需进行滚筒涂装。因此,纳米硅烷涂料比"护砼宝"的施工要方便、快捷。与此同时,"护砼宝"材料需涂刷三遍,每遍间隔约为4h,易受天气影响。

5 施工效果

5.1 外观效果

"护砼宝"底涂料为乳白色,中面涂料均为透明的颜色,完成涂装后效果如图1所示。

图1 "护砼宝"涂装后效果图

(从左到右依次是涂装第一遍、第二遍、第三遍效果图)

纳米硅烷涂料为无色透明涂料,完成涂装后效果图如图2所示。

图2 纳米硅烷涂装后效果图

(从左到右依次是涂装时、半干状态、全干状态效果图)

通过对"护砼宝"和纳米硅烷的外观效果比较可以看出,纳米硅烷完全是无色透明涂料,呈现完全基层的颜色;而"护砼宝"底涂料为乳白色,涂装后,有明显乳白色胶体附在基层上。

5.2 材料用量

根据两种材料的建议用量,结合现场实际情况,两种材料的实际用量如表3所示。

材料实际用量比对表 表3

材料品种	每 m^2 用量(kg)
"护砼宝"	0.375(其中底涂料为0.135,中涂料为0.12,面涂料为0.12)
纳米硅烷	0.528(两遍)

5.3 施工难易度比较

根据现场两种材料涂装施工所用的人工数量,得出工时比对表如表4所示。

用工量比对表 表4

材料品种	涂装遍数	涂装方式	每100m^{2}用工量(工日)
"护砼宝"	3	滚涂或喷涂	约1.0
纳米硅烷	2	喷涂	约0.35

由于"护砼宝"需采取滚筒滚涂的方式,施工耗时长,且需滚涂三遍,故纳米硅烷在施工时耗时较短。

5.4 防护效果

两种材料在施工过程中都进行了防水试验,都具有明显的防水效果,如图3所示。两种材料均能在混凝土表面形成憎水效果,液态水呈滴状浮于混凝土表面。

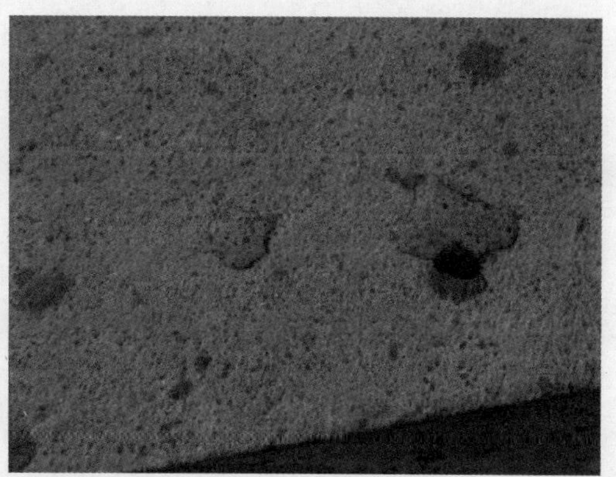

图3 "护砼宝"防水效果 硅烷防水效果

6 结语

通过对两种材料在材料性能、施工工艺、外观及防护效果等方面的比较,可以得出以下结论:

6.1 共同点

(1)两种材料主要对混凝土起到防水效果,能够保护混凝土表面不受外界环境的侵蚀;采用无色透明涂装体系,涂装后均能清晰的看到基层的状况,对未来混凝土结构产生的病害可以一目了然,便于今后的检查和病害分析判断。

(2)两种涂装体系受混凝土基层影响较大,如混凝土表面处理后孔隙仍然较多,则需要增加材料用量,如混凝土表面较为光滑,则使用效果较好。

6.2 不同点

(1)两种材料前期基层处理方式基本一致,"护砼宝"底中涂料需根据现场实际情况采取滚筒滚涂的方式,涂料较为节省,而纳米硅烷涂料完全采取喷涂方式,涂料易造成浪费。

(2)纳米硅烷涂料和"护砼宝"涂料涂装后均能看出原混凝土基层日后的病害与缺陷,对未来保养及维修提供方便。但从外观效果上来看,"护砼宝"涂料有明显的效果,而纳米硅烷完全无色透明。

(3)从材料效果来看,两种材料均能对混凝土起到防水防腐的效果,它们都注重对混凝土的长久保护,使混凝土风格的建筑物能够历久弥新,使维护费用降低。但其作用年限还需现场实际论证,笔者在这里还无法考证。

(4)从施工的经济性比较,纳米硅烷材料在材料和人工费用等方面更为经济。

本次施工仅从表面对两种防护体系进行了对比,今后的效果还需继续跟踪观测。

参考文献

[1] 中华人民共和国行业标准.JTJ 275—2000 海港工程混凝土结构防腐蚀技术规范[S].人民交通出版社,2001.

[2] 王雨、丁高生、张桂媛.渗透型混凝土保护剂的应用[J].新型建筑材料.2008.3.

某连续箱梁桥过渡墩盖梁开裂原因分析及加固方案设计

贲 放[1] 李 丹[1] 吴利彬[2]
(1 武汉二航路桥特种工程有限责任公司;
2 安徽省交通投资集团黄山高速公路管理公司)

摘 要 本文以G3京台高速K1338大桥专项加固设计为背景实例,介绍了预应力连续箱梁桥过渡墩盖梁开裂病害的检测、原因分析、加固方案设计过程,为今后类似桥梁的养护维修提供参考依据。

关键词 过渡墩裂缝 检测 原因分析 加固设计

1 引言

个别混凝土桥梁结构由于设计考虑不周、施工质量问题、养护管理不善、超载以及混凝土本身老化等方面因素影响,结构出现不同程度的开裂,其中,桥梁墩台混凝土开裂可以说是常见病和多发病,一般裂缝的处理方法和范围决定于裂缝的性质及其对桥梁状况和承载能力的影响程度,因此裂缝的成因分析及其对结构影响程度分析对裂缝的处理决策起着至关重要的作用。本文通过对K1338连续箱梁桥过渡墩盖梁开裂现状、原因分析及加固方案设计这一整个流程的介绍,为今后类似桥梁养护维修提供参考和依据。

2 桥梁概况介绍

K1338大桥是G3京台高速公路上的一座大桥(图1),全长537.0m,桥跨径布置为:6×30m+(32+4×52+32)m+(25+2×30)m,桥面全宽12.95m,上部结构主桥采用预应力连续箱梁结构,引桥为预应力组合箱梁;下部结构为柱式墩,肋板台,桩基础。设计荷载为汽车-超20级,挂车-120。

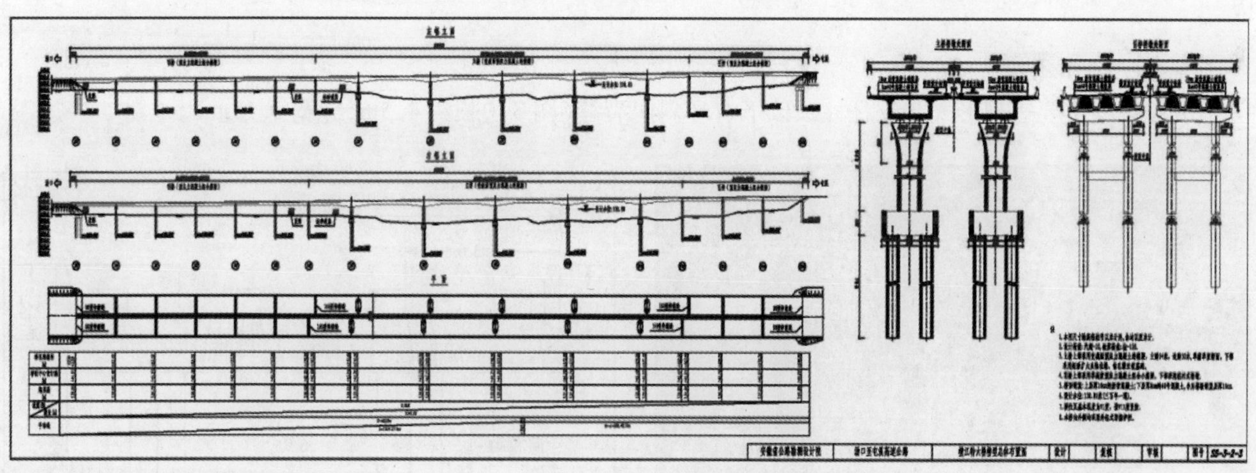

图1 桥梁总体图

3 桥梁主要病害

该桥的主要病害为其左幅6#盖梁、墩身开裂,对结构耐久性和承载力产生较不利影响。左幅6号墩为连接主桥和引桥的过渡墩,主桥侧为32+4×54+32m变截面连续箱梁,引桥侧为30m预制箱梁。

3.1　盖梁裂缝

盖梁裂缝表现形式为顶面横向裂缝及侧面斜向裂缝(图 2),且裂缝大部分为竖向贯通,并伴有渗水,裂缝宽度超限;表 1 为盖梁裂缝统计表。

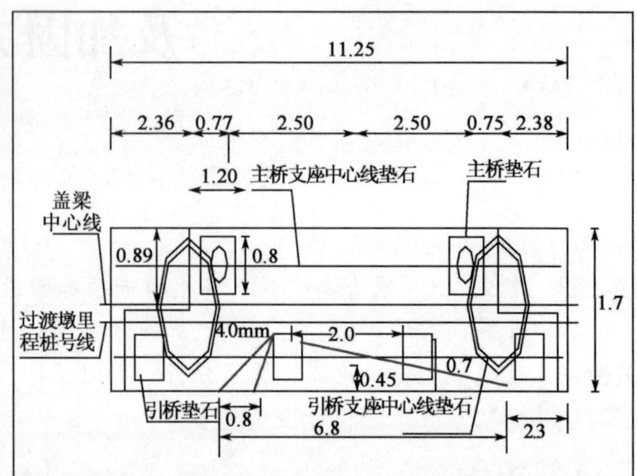

图 2　盖梁裂缝(尺寸单位:m)

盖梁裂缝统计表　　表 1

序 号	缺 损 部 位	缺损类型	缺损数量	病 害 描 述	备 注
1	顶面	横向、斜向裂缝	2 条	$L=7.0$m $W=4.0$mm	与侧面连通
2	小桩号侧面	斜竖向裂缝	17 条	已修补	
3	大桩号侧 $x=5.4$m ~ 6.0m、$x=5.3$m ~ 6.5m	斜向裂缝	2 条	$L=(1.3+0.6)$m $W=0.08$mm	
4	侧面、底面	钢筋锈胀	多处	大面积锈胀	
5	顶面、侧面	渗水	多处	渗水非常严重	

3.2　墩身裂缝

墩身裂缝主要表现形式为立柱柱顶以下有环斜向裂缝(图 3),长约 4.5m,缝宽 0.15mm。

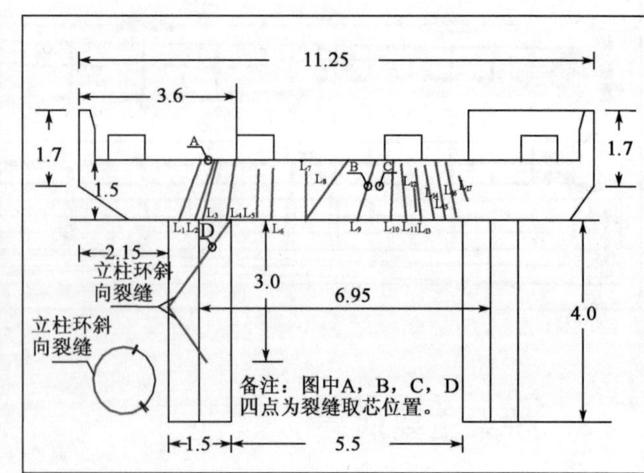

图 3　墩身环向裂缝(尺寸单位:m)

4　特殊检测

为对裂缝影响程度与成因做进一步深入分析，采取了取芯检测、混凝土强度检测方法：

4.1　取芯检测

针对L6墩盖梁及立柱裂缝较多且深，病害情况较为严重，尤其以盖梁顶面、小桩号侧面及L6-1立柱侧面为甚，对以上部位病害取芯检测。取芯点共四点，分别为盖梁顶横向裂缝处，盖梁预制箱梁侧面斜竖向裂缝2处，墩柱环斜向裂缝处。取芯检测结果如表2所示，图4示出取芯检测情况。

取芯检测结果　表2

构件名称	取芯点特征值					裂缝深(cm)
	取芯点编号	X(m)	Y(m)	芯样直径(cm)	裂缝宽(mm)	
L6盖梁顶面	A	3.2	0.3	5.0	4.0	>25
L16盖梁小柱号侧面	B	5.0	0.6		1.8	>10
	C	5.2	0.6		2.0	>10
L6-1立柱	D	0.85	0.30		0.5	>15

图4　裂缝深度取芯检测

根据取芯检测结果显示得知，L6盖梁顶面横向裂缝深度达25cm；盖梁小桩号侧面竖向、斜向裂缝深度超过10cm，L6-1立柱侧面裂缝深度较深，已超过15cm。

4.2　混凝土强度检测

混凝土强度检测结果如表3所示。

混凝土强度检测结果　表3

构件名称	混凝土抗压强度(MPa)					推定强度匀质系数Kbt	平均强度匀质系数Kbm	评定标度值	构件强度状态
	设计值	实测平均值	实测标准差	实测最小值	实测推定值				
L6盖梁	30	36.1	1.68	33.2	33.3	1.11	1.20	1	良好
L6-1立柱	30	33.6	2.67	28.9	29.2	0.97	1.12	2	较好

根据评判标准，混凝土构件强度等级基本满足设计要求。

5　病害原因分析

5.1　盖梁受力计算分析

(1)原规范，按设计荷载汽车－超20计算(图5)

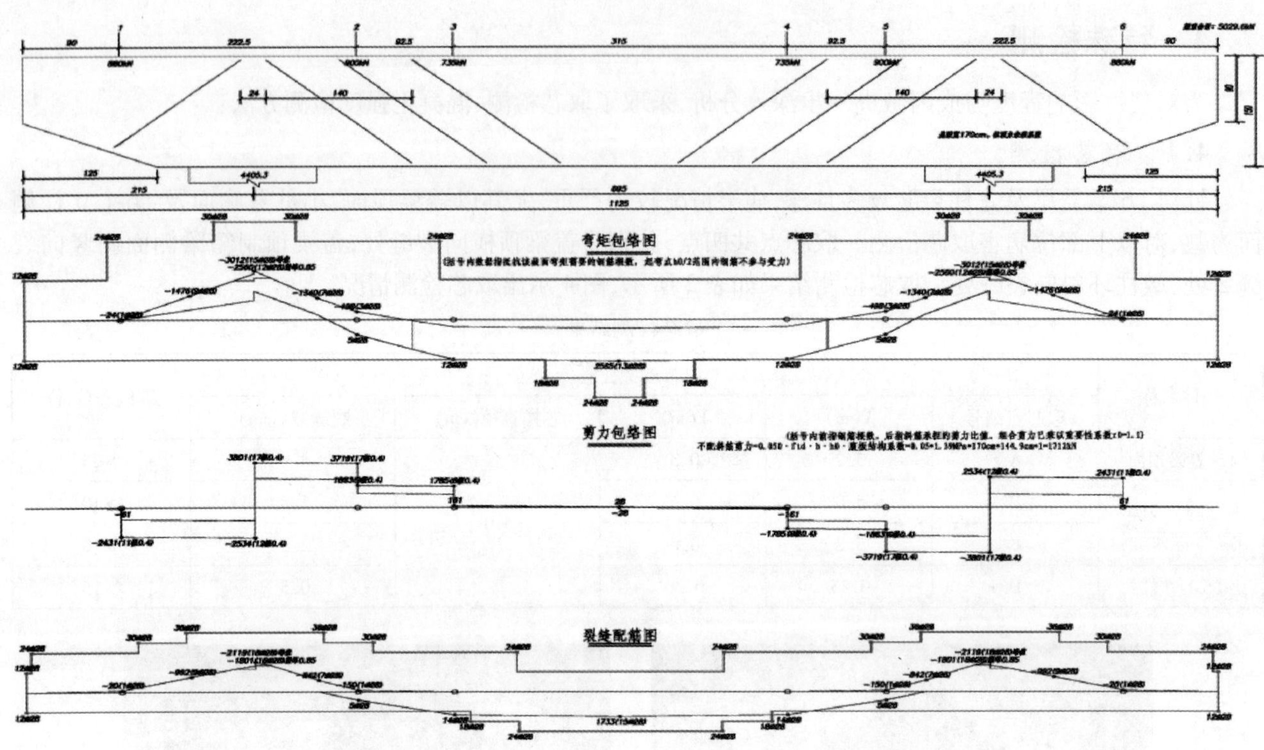

图5　原规范设计荷载受力计算图

从计算结果可以看出，左幅 6 号墩盖梁在设计荷载作用下，承载能力极限状态下强度基本满足相应规范要求，正常使用极限状态下盖梁抗裂基本满足相应规范要求，但是强度和抗裂富余度不是很大。

(2)新规范公路-Ⅰ级荷载计算(图 6)

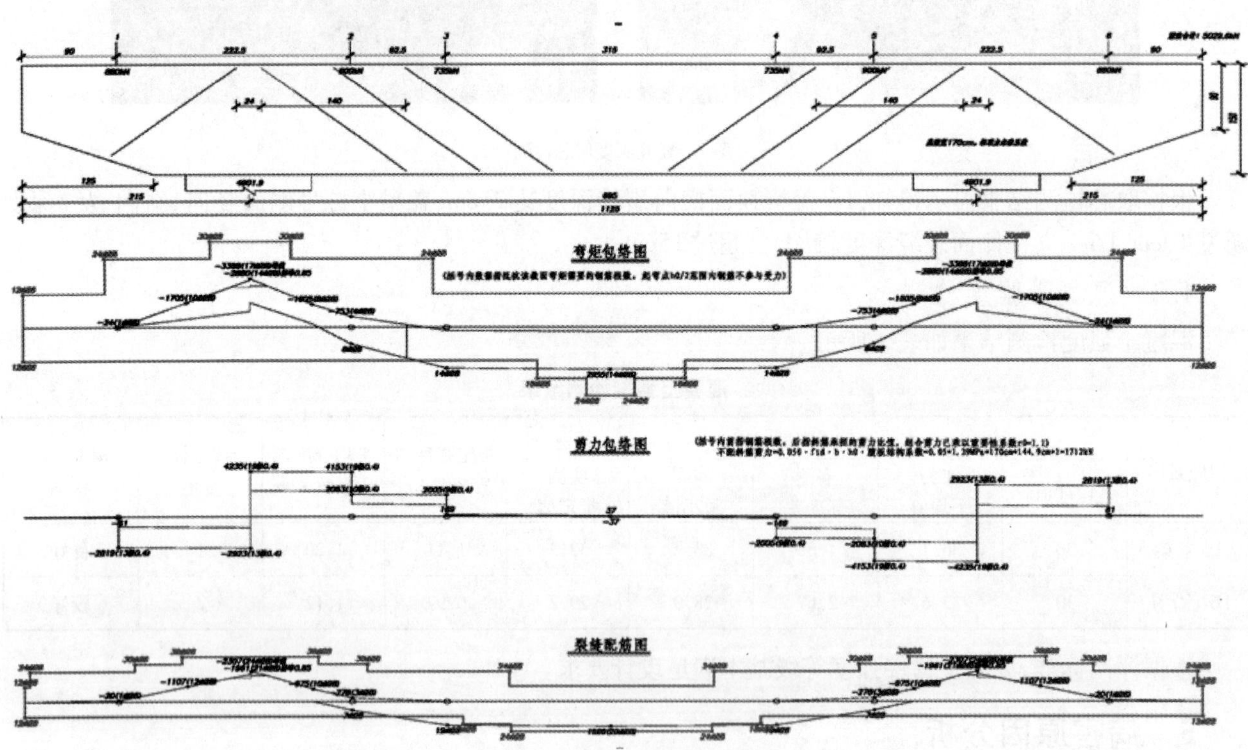

图6　新规范设计荷载受力计算图

从计算结果可以看出，左幅 6 号墩盖梁在公路-Ⅰ级荷载作用下，承载能力极限状态下强度 1/4 跨附近不满足相应规范要求,正常使用极限状态下盖梁抗裂 1/4 跨附近不满足相应规范要求。

5.2　病害成因分析

从上述计算结果看,盖梁计算结果基本与盖梁裂缝情况一致,约 1/4 跨附近盖梁配筋富于不足,结合检测结果,分析盖梁产生裂缝原因:

(1)左幅 6 号墩盖梁顶裂缝分析为盖梁顶钢筋保护层过厚,顶面混凝土抗拉能力弱,在两侧支座反力作用下产生开裂。

(2)左幅 6 号墩顶伸缩缝锌铁皮破损,止水带脱落,现浇箱梁梁端有大量垃圾堆积,温度升高时,箱梁伸长受到限制,产生向小箱梁侧的水平力推挤盖梁,使盖梁侧面产生裂缝。

(3)桥梁位于单向 0.9% 的纵坡上,行驶车辆在左幅 6 号墩位置为下坡,车辆制动力对盖梁及墩柱的影响较大,是造成盖梁和墩柱开裂的重要因素。

(4)由于实际运营中荷载超限,盖梁抗弯承载能力和抗裂性不足,引起盖梁底面及侧面开裂。

6　盖梁加固设计

6.1　加固设计原则

根据检测报告的结论,结合理论分析的结果,在满足现行规范的基础上,对现有结构进行补强设计,使现有结构在补强后能满足规范和正常安全运营的要求。桥梁加固避免不必要的拆除及更换,应尽可能不损伤原结构,防止加固中造成新的结构损伤和病害。加固时考虑结构的分阶段受力,即在新加材料与原结构未有效结合前,其恒载(含新加材料重量)由原截面承担;有效结合后施加的荷载(恒载、活载和附加荷载)由加固后的组合截面共同承担。

6.2　加固设计方案

(1)对左幅 6#墩盖梁采用增大截面法加固,通过受力计算,增大部分截面高度为 1.5m。

(2)针对盖梁顶面的横向裂缝病害,采用精轧螺纹钢对拉杆进行加固。精轧螺纹钢张拉完成后,管道内填充灌注结构胶。精轧螺纹钢采用精轧螺纹钢使用国标 75/100 级高强精轧螺纹钢粗钢筋($D=32$mm),抗拉强度标准值 $f_{pk}=930$MPa,弹性模量 $Es=2.0\times105$MPa,其性能与质量符合《预应力混凝土用螺纹钢筋》(GB/T 20065)规定。盖梁侧面裂缝采用封闭或灌封处理。

(3)墩柱采用外包混凝土进行加固,并增加防裂钢筋,墩柱外包范围增加至桩柱结合位置以下,考虑到该墩系梁高度为 1.2m,高度大于桩柱结合部 1m,且系梁位置影响系梁以下外包混凝土施工及配筋,因此,设计墩柱外包范围增大至系梁底位置。混凝土均采用 C40 补偿收缩混凝土,盖梁和墩柱的补偿收缩混凝土的限制膨胀率为 0.015%,水胶比不应大于 0.5,单位胶凝用量应符合国家标准《混凝土外加剂应用技术规范》规定,且单位胶凝材料用量不宜小于 350kg/m^3。

(4)新旧混凝土植筋连接,增强整体性,植筋采用 HRB400 级热轧带肋钢筋。防裂钢筋采用热轧 HPB300 带肋钢筋。

鄱阳湖大桥健康监测系统升级与改造研究

蔡 裕 汪 鹤 欧阳景峰

(江西赣粤高速公路股份有限公司)

摘 要 本文以鄱阳湖大桥健康监测系统运营状况为背景,针对该系统所存在的问题提出了升级改造的总体目标及技术要求,着重介绍了该健康监测系统升级改造的设计方案、主体结构、传感器布置及相关功能,研究分析了结构健康评估子系统总体方案及预警安全系统的建立等。

关键词 斜拉桥 健康监测 升级改造 评估系统 预警系统

1 引言

鄱阳湖大桥位于江西省九江市至景德镇市高速公路湖口县境内,2000年11月该桥通车以来,在江西省公路交通网络中发挥了重要作用,创造了巨大的经济效益和社会效益。主跨318m是当时已建高低塔PC斜拉桥中全国第一,它的重要性和工作性能倍受业界的关注。随着交通流量和服役年龄的增加,其结构健康状态性能更应该科学的检测和分析。为实现大桥的科学管养,有必要建立完善的桥梁监测系统和评估预警系统,以便能随时掌握大桥的运营状况、承载能力和安全储备,一旦发现安全隐患,及时采取科学有效地处理措施,保证大桥的正常运营。

2 工程概况

鄱阳湖大桥建成于2000年底,跨越鄱阳湖的湖口地段,桥梁全长3799m,引桥长度1654m、副跨长1500m、主桥全长636m,主桥跨径布置为65m+123m+318m+130m的四跨预应力混凝土高、低塔斜拉桥,如图1所示。主孔采用梁塔分离,在主塔下横梁上设置竖向支座的半漂浮的结构形式,H形高塔(九江岸)边跨辅助墩顶设有拉压力支座。主梁采用C50混凝土,断面为双肋板式截面,梁高2.6m,顶板厚0.28m,桥全宽27.5m,高塔22对索,自桥面起算高约90.364m,低塔16对索,自桥面起算66.864m,除低塔边跨尾索索距外,主梁索距均为8m,下设一道横隔梁,低塔边跨实心段长4.8m。

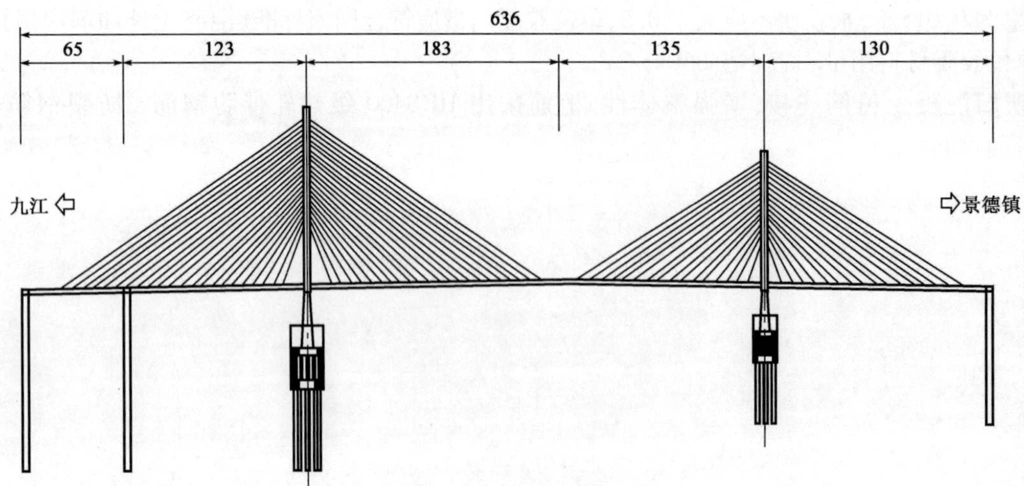

图1 主孔立面布置示意图(尺寸单位:m)

3 原系统总体框架及运营状况

3.1 原系统总体框架

原鄱阳湖大桥在线监测系统于2008年正式投入使用,该系统总体框架如图2所示。

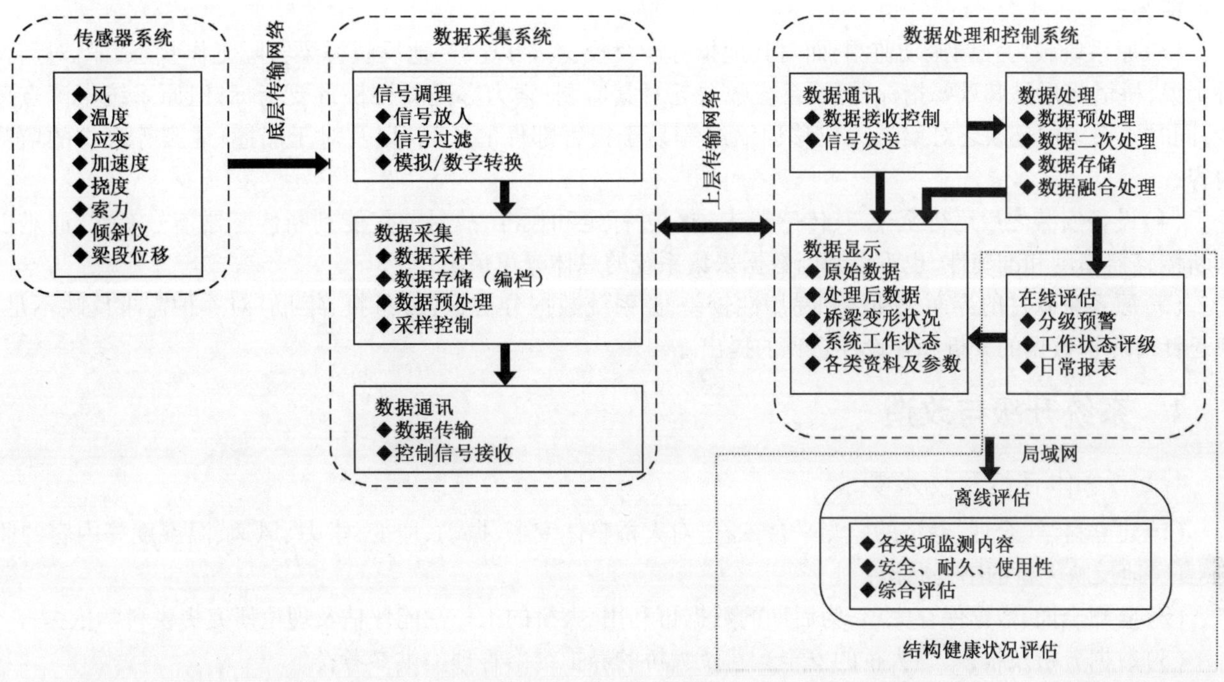

图2 原鄱阳湖大桥健康监测系统总体框架

其监测项目由以下五部分组成,布点位置如图3所示。

(1)风速风向监测子系统:2个风速风向测点;

(2)主梁应变及温度测量子系统:18个振弦式应变及温度测点;

(3)主梁沉降线形挠度子系统:14个连通管式水准仪挠度测点;

(4)振动监测及在线模态分析子系统:22个振动速度测点,通过积分和微分可以得到振动位移和加速度;

(5)索振动及索力测量子系统:10个振动加速度测点,通过积分可以得到振动速度和位移。

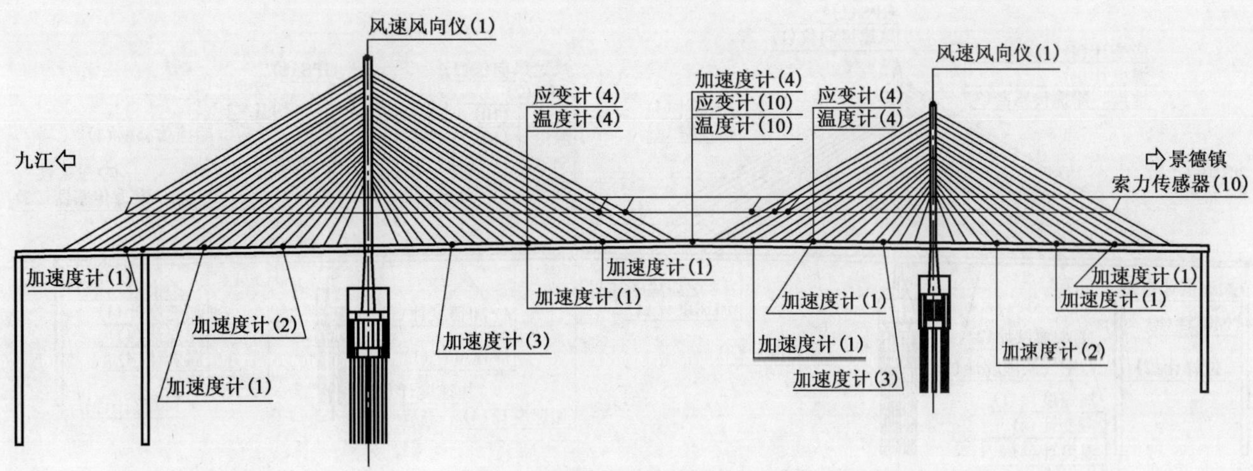

图3 鄱阳湖大桥在线监测原系统布点图

3.2 原系统运营状况及所存在的问题

鄱阳湖大桥健康监测原系统从2008年运行以来,总体状况良好,基本运行正常,但也存在以下问题:

(1)部分设备已不能正常工作,如风速风向仪和连通管式水准挠度仪;

(2)大桥主梁挠度采用连通管监测,由于其固有的时滞效应,因此不足以反映大桥在车辆荷载下的瞬时变形情况;

(3)原系统较为强调振动监测,而对其他指标涉及较少,难以较好地反映桥梁实际工作状态,如:对斜拉桥来说,桥塔变形是其重要指标,但原系统中缺乏对其监测;索力亦是斜拉桥重要指标,但原系统中测点偏少;同时原系统中还缺乏对梁端大位移伸缩缝等易于损害部件的监测,以及对于船撞、地震等事件的监测内容;

(4)设备安装之后运行至今,其传感器未进行过标定和校准,故目前仅能判断传感器信号有无,而难以判断传感器精度和准确性,也难以判断数据采集系统的总体噪声情况;

(5)原系统软件的界面亲和性和易用性较差,原系统数据分析报告(月报、年报)对养护需求反映不足,缺乏针对养护数据的分析和建设性意见的提出。

4 系统升级与改造

4.1 总体目标及技术要求

(1)建立科学、合理、经济的监测平台,通过对大桥整体变形、振动、应变、索力、风速、温湿度等内容的监测,真实地反映大桥的结构状态;

(2)监测全面、数据保存完整,为后期的数据再利用、大桥的工作性能评估及理论研究提供科学依据;

(3)数据分析及报警,为大桥的安全运营及大桥的养护维修管理提供参考;

(4)良好的设备及软件兼容性,为将来的维护提供便利,为系统的升级预留空间。

4.2 系统主体结构及相关功能

鄱阳湖大桥结构健康监测系统主要包括传感器子系统、数据采集与传输子系统、数据管理与控制子系统和结构健康预警与评估子系统。这四个子系统将运行于三个层次:第一层次是数据采集外站采集传感器子系统拾取的信号;第二层次是将采集到的信号转换成数字信号并通过光纤网络输送到数据处理与控制子系统;第三层次是由计算机系统完成数据的后处理、归档、显示及存储;并根据系统的指令为其提供特定格式和内容的数据以及处理结果。同时对大桥的运营状态进行评估,并对可能发生的问题发出预警信号。

该系统新增以下传感器对大桥各项参数进行监测,其布点位置如图4所示。

(1)新增2个空气温湿度计监测跨中桥面与高塔处的温度与湿度;

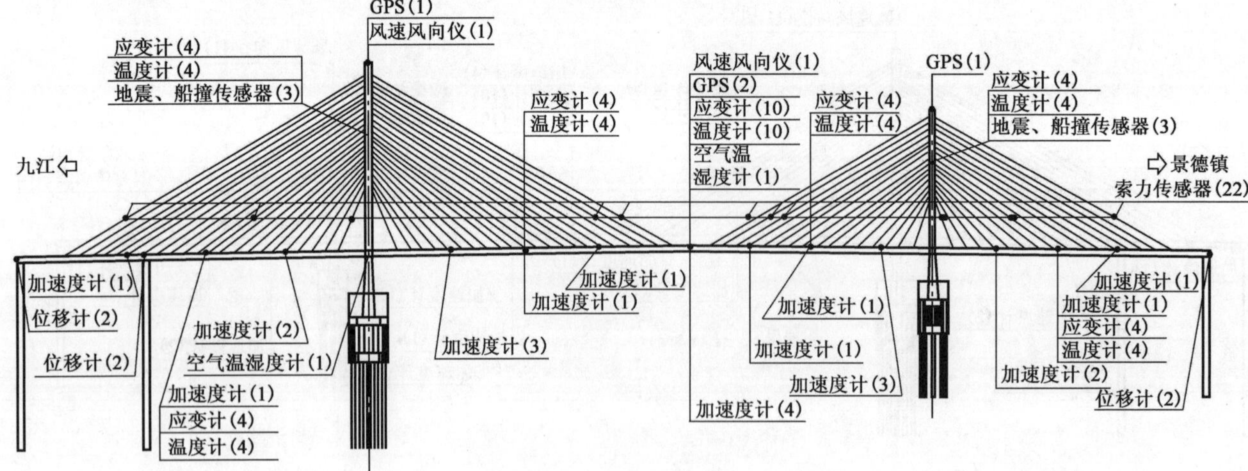

图4 鄱阳湖大桥在线监测系统布点总图(升级后)

(2)新增5个GPS全面监测大桥的整体变形(X、Y、Z三维变形),替代已损坏的连通管式水准挠度仪;

(3)新增2组三向加速度传感器监测地震与船撞;

(4)新增4个支座与伸缩缝位移传感器监测大桥支座与伸缩缝位移状态;

(5)新增2个竖向位移传感器监测大桥拉压支座的竖向位移状态;

(6)新增12个索力加速度传感器监测最大拉力索和最大拉力变化索;

(7)新增16个振弦式应变和温度传感器监测主梁根部、边跨跨中和塔身应力。

4.3　评估子系统及流程

该子系统基于监测系统采集的数据对桥梁的工作环境、结构状态以及车辆荷载等各类外部荷载因素作用下的响应进行实时监测、分析和研究,及时掌握桥梁的结构状态。

桥梁结构健康状态评估子系统的建立将不仅为大桥的养护管理提供及时、客观的数据,极大地延拓桥梁检测领域,提高预测评估的可靠性,而且将利用现场的无损传感技术,通过结构系统特性的分析,达到检测结构损伤或退化的目的。通过对损伤敏感特征量的长期观测,掌握桥梁性能劣化的演变规律,对保障大桥安全可靠运营、降低维护管理成本具有重要意义。

基于上述考虑,系统的主要目的和方向包括:

(1)进行大桥工作环境、交通荷载状况的统计分析;

(2)进行大桥主要构件的结构响应(索力、振动、应力、变形等)的统计分析;

(3)基于异常状态下(包括荷载、工作环境和结构响应)的结构预警;

(4)基于概率的构件承载能力分析及安全评估。

结构安全状态评估完成数据分析与解释、结构状况评估、结果数据管理及报告的功能,通过相应的评估软件来实现,结构状态评估的流程如图5所示。

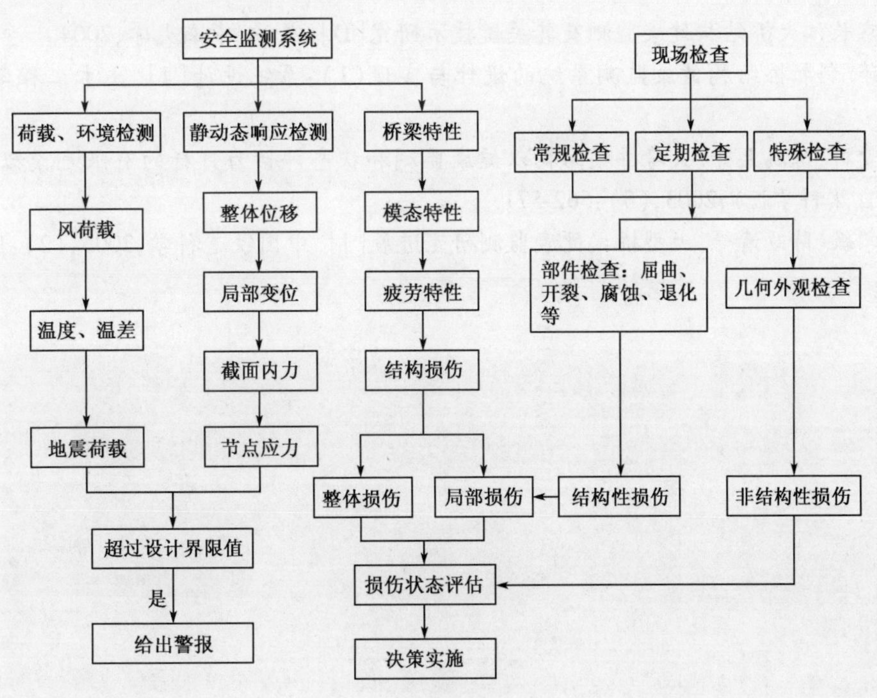

图5　评估子系统流程图

4.4　预警安全系统

鄱阳湖大桥结构状态预警安全系统依据大桥的结构特点和设计参数,建立两级预警阈值:初级预警和结构性预警。

初级预警设置在传感器采集站内,当发现预处理结果超出额定警戒值后,初级预警程序自动检测本站内与该传感器相关联的参数和其他传感器的输出，进行超值预警判别；与此同时，该传感器采集站向系统控制室发出数据优先传输与处理申请，以便系统监控进入系统预警处理程序作进一步处理。

结构性预警设置在控制室内的结构安全评估工作站上的桥梁状态评估系统内。根据多级损伤与预警策略，对桥梁整体性及某些预置参数进行实时监测与在线评估。当发现监测参数的量值超过预警值后，结构性预警自动启动，从动态数据库或原始数据库中调入相关数据进行构件损伤评估分析以进一步确定损伤的位置和程度，并根据系统预警值决定是否需要进行现场特殊检查或交通管制。

5 结语

由于斜拉桥结构特点和环境因素的复杂性，决定了结构健康监测系统对其结构受力演化过程的观测具备长期性和对环境突发事件的高度敏感性等特点，所以要求检测设备具有先进性、可靠性、耐久性、可扩展性和经济性。鄱阳湖大桥健康监测系统的升级改造针对原系统的运营状况及所存在的问题，立足于稳定可靠、经济实用，同时结合了鄱阳湖大桥的结构特点和地理环境，较大程度地满足了大桥科学管养和系统维护的需求，对提高大桥的整体管理技术水平以及节约后期维护成本有着重要的意义。

参考文献

[1] 尹仕健，曹映泓，张海明. 湛江海湾大桥健康监测系统及其设计[J]. 中外公路，2006，(5)：102-105.

[2] 苏木标，杜彦良，孙宝臣，陈保平，王新敏. 芜湖长江大桥长期健康监测与报警系统研究[J]. 铁道学报，2007，(2)：71-76.

[3] 李爱群，缪长青，李兆霞. 润扬长江大桥结构健康监测系统研究[J]. 南京：东南大学学报（自然科学版），2003，(5)：544-548.

[4] 何旭辉. 南京长江大桥结构健康监测及其关键技术研究[D]. 长沙：中南大学，2004.

[5] 李惠，欧进萍. 斜拉桥结构健康监测系统的设计与实现(1)：系统设计[J]. 土木工程学报，2006，(4)：40-44.

[6] 李兆霞，李爱群，陈鸿天等. 大跨桥梁结构以健康监测和状态评估为目标的有限元模拟[J]. 南京：东南大学学报（自然科学版），2003，(5)：562-571.

[7] 黄方林，王学敏，陈政清等. 大型桥梁健康监测研究进展[J]. 中国铁道科学，2005，(2)：1-6.

浅谈桥梁钻孔灌注桩施工技术要点及断桩的预防

曹汉军

(陕西省铜川市公路管理局)

摘 要 当前我国公路桥梁建设飞速发展,而钻孔灌注桩作为一种深基础形式,以其适应性强、承载力大、施工较为简单等优点被广泛应用。本文就钻孔灌注桩施工技术要点作一粗浅介绍。

关键词 公路桥梁 钻孔灌注桩 施工技术要点 断桩预防

1 引言

随着我国公路桥建设的快速发展,钻孔灌注桩作为一种基础形式,以其适应性强、成本适中、施工简便等特点被广泛应用于桥梁及其他工程领域。因此重视钻孔灌注桩的质量控制问题,成为公路桥梁等施工中的一个容易被忽视的重点难点。本文就铜川药王大道漆水河大桥桥梁在施工过程中技术要点简单谈一点体会。

2 工程概况及开工前准备

铜川药王大道漆水河大桥施工线路处于铜川市南郊渭北北山区,地貌由一系列轻微起伏的黄土覆盖的中低山与丘陵组合而成,北临黄土残坦沟壑区,南接关中盆地。山脉呈东北~西南走向。桥位区地貌单元属漆水河河床河漫滩,河床较开阔,形态呈U形。上部为填土,主要成分为黏性土,含砖瓦、煤渣、杂填土,下部为砂卵和粉质黏性土交替分布。基底主要为砂卵或黏性土。基础形式全部为桩基础。

2.1 开工前组织好设计交底和图纸会审

设计交底和图纸会审可同时进行,以设计交底为主,设计人员申明设计意图,重申质量标准,以及监理人员应提出的必要的以保证质量的一些工作要求。使每一个施工技术人员,管理人员及具体施工操作人员都要做到心中有数。

2.2 做好开工前准备

(1)施工机械

使用的成孔机械设备型号、数量必须与现场土质、桩身及工期等要求相适应,保证机械设备性能良好,做好检查检修记录,合格证操作证齐全等。不合格的机械不准进入现场,如果机具破旧,施工中打打停停,势必严重影响质量和进度。同时应考虑供电情况,要有备用发电机。

(2)场地准备

场地为旱地时,应平整场地,清除杂物,换除软土,夯打密实,为了避免产生不均匀沉陷,钻机底座不宜直接置于不坚实的填土上。

3 钻孔灌注桩桩位的工序及施工要点

钻孔灌注桩成孔的工序是:定桩位—护筒埋设—钻机就位—钻孔—终孔—第一次清孔—下放钢筋笼—接入导管—第二次清孔—水下混凝土浇筑—成桩。

3.1 桩位的测放与定位

在具体操作中,要采用施工单位自检及监理人员复检验收相结合的措施,严格控制其偏差在设计或规范允许的范围内。在测量放线中应选用适宜精度的经纬仪和激光测距仪。采用极坐标定位法,充分发挥经纬仪对角度和激光测距仪对距离控制上的优势。也可采用全站仪等放样。桩位测量后,还要用钢尺对相邻的桩位进行校正,看所测距离与设计值是否一致,以杜绝错误的发生。桩位确定后用长约300mm的钢筋钉入地下,用油漆标明以便识别,并做好保护。本工程根据设计交付的水准控制点,一一进行复核校对,准确无误后方可利用这些水准控制点,用全站仪侧放出每跨桥梁的各桩桩位。本工程采用尼康DTM-530型全站仪,由两名技术员单独侧放出每跨桥梁的三个桩位点完全重合,并用钢尺复测各桩位之间及各跨桩位之间的距离是否符合实际值,确定无误后做好保护桩位,方可进行下道工序。

3.2 各桩位的保护及护筒的埋设

(1)各桩位位置的保护

各桩位位置测放出后,立即进行护桩。护桩可采用两种形式进行,即"十字"护桩法或"一字"护桩法。十字护桩法就是在桩位的四个方向打四根护桩,这四根护桩的交点必须保持与本桩位位置完全重合。一字护桩法就是在该桩位的任何方向打两根护桩,必须使这两根护桩之间距离的中点与该桩位完全重合。至于采用哪种形式护桩,可根据该桩的环境及护筒情况确定。

(2)护筒的埋设

护筒埋设时,主要检查护筒中心是否与墩台桩中心线重合,平面允许误差小于50mm,竖直线倾斜小于1%;护筒的埋设深度,应沉入局部冲刷线以下不小于1~1.5m;护筒平面位置与竖直度准确与否,护筒周围和护筒底角是否紧密,不透水对成孔成桩的质量等都有重大影响。

3.3 各桩位位置的施工

(1)记录

在采用冲击钻施工过程中,钻孔灌注桩施工受人为因素影响很大,要求操作人员必须按规范操作并做好钻进记录。

(2)钻机就位做好垂直度的检查控制

垂直度控制主要依靠钻机就位的平整垂直,在钻进过程中应作必要的检测,特别是钻进过程中碰到孤石、坚土时更应及时复查。在本工程施工中及时检查钻头中心钢丝绳位置与各桩位中心位置是否一致重合,发现偏差应及时调整桩机位置,这样就能保证钻头中心与桩位中心一致重合,不会造成钻孔偏位不垂直成为偏孔和斜孔。

(3)孔内水位及泥浆比重的检测控制

为了防止塌孔,孔内水位必须高出地下水位1m以上,钻进过程中适时控制泥浆相对密度,一般控制在1.1~1.3的范围内,这样有利于施工质量和施工安全。

(4)终孔

终孔的确定主要参照三个因素,即设计深度、钻速及浮渣取样。

3.4 各桩位成孔后的清孔

成孔后应立即清孔,清孔过程中应严格控制孔内泥浆的比重,避免塌孔,并且按照技术规范要求对桩位、孔径倾斜度、孔深、空底沉渣厚度以及泥浆指标等进行全面检查,并做好现场验收,验收签字。

3.5 钢筋笼的制作和吊放

在钢筋笼制作时,一般要采用对焊,以保证焊口平顺,当采用搭接焊时,要保证焊缝不要在钢筋笼内形成错台,以防钢筋笼卡住导管;主筋间距±10mm,箍筋间距±20mm,钢筋笼直径±10mm,钢筋笼整体长度±10mm。当钢筋笼吊装时,要严格控制焊接质量;严格控制钢筋笼安装深度,骨架顶端高程±20mm,骨架底面高程±50mm。钢筋笼深度控制好后,换要进行钢筋笼的校位和定位。校位时,使钢筋笼的径向中心位置与桩位的护桩中心位置重合。钢筋笼中心与护桩中心位置偏差不大于50mm。钢筋笼位置调整好后,及时用几根钢筋将钢筋笼与护筒进行焊接定位。避免浇筑混凝土时钢筋笼的位置发生变动以及钢筋笼的上浮。保证钢筋笼的位置上下四周不发生变动,确保灌注桩成桩的位置准确无误。钢筋笼安放好后,做好检查,验收记录并签字。

3.6 导管的安放与灌注混凝土

(1)导管的安放

下导管时,其底口距离孔底的距离不大于40~50cm。复测孔底的沉渣及泥浆的密度,沉渣厚度符合设计和规范要求,泥浆密度为1.05即可。报验获准后即可浇筑混凝土。

(2)灌注水下混凝

①在浇灌混凝土前必须做好各项准备工作,详细记录混凝土加料拌和的情况。检查混凝土的坍落度,严格控制水下混凝土的配合比(表1),并且按规范要求制作混凝土试块。

②在灌注混凝土过程中应详细记录灌注过程中有无故障,并提前做好出现卡管、塌孔等情况应及时采取措施的应急预案,防止断桩。

灌注混凝土的指标 表1

项目	导管距孔底(cm)	埋入混凝土的导管(m)	混凝土的坍落度(cm)	水泥用量(kg)	含砂率	水灰比	最大粒径(mm)
基本指标	30	2~6	18~22	>350	0.4~0.5	0.5~0.6	<40

4 钻孔灌注桩断桩的预防

对于断桩的预防,笔者以为,是能够得到和做好的。桩孔成孔后,必须认真清孔,清孔时间可根据孔底沉渣情况而定。灌注前可进行二次清孔,保证沉淀层的厚度。清孔后要及时灌注混凝土,避免孔底沉渣。灌注混凝土前认真进行孔径测量,准确算出全孔及首次灌注段的混凝土需用量。首次混凝土灌注量要满足把导管下端埋设0.8m以上的要求。首次灌注时,起始部分或第1~2斗投料需采用水泥砂浆,并尽量做到一次性灌入孔内。灌注导管直径应控制在200mm以上。导管下端应尽量光滑。其连接处要加放“O”形密封圈,防止泥浆侵入。导管使用前要进行清洗,除掉污垢与残渣。导管下端距孔底宜为0.5m。混凝土配合比应合理,严格控制其坍落度(一般控制在18~22cm为宜)。采用从导管内灌入的“回顶法”进行灌注。准备灌注的混凝土要足量,在灌注过程中应避免停电、停水。根据导管内外混凝土的上升高度计算导管在混凝土中的埋入深度,合理掌握导管的拆卸长度,在正常情况下应保持导管下端被埋2~3m,切勿起拔过多。在灌注混凝土过程中,要定时测量计算导管内外混凝土的深度,监视断桩是否出现。在正常情况下,导管内外混凝土界面的距离是开始大,然后逐渐缩小,最后重合。

5 结语

总之,钻孔灌注桩施工是桥梁工程中一个关键的分项工程,施工质量直接关系到桥梁工程安危。我们本着认真负责的态度加强管理和控制,坚持预防为主,保证钻孔灌注桩的质量。本工程通过钻孔灌注桩的施工,总结出钻孔灌注桩的施工技术要点,主要是做好灌注桩前的准备工作,提高各个施工技术管理人员的责任心,按照要点指导工作,并做好出现各种情况时的应急处理措施,确保本工程的质量和进度。

浅谈悬浇段挂篮施工工艺流程

张广浩　张贺云
（河南高速公路发展有限责任公司）

摘　要　随着科学技术水平的不断提升，挂篮悬浇施工已经成为一项较为成熟的施工工艺，本文主要对悬浇段挂篮结构概况及施工工艺流程进行了分析与探究。

关键词　悬浇段　挂篮施工　概况　工艺流程

1　挂篮结构概况

挂篮的主要构造由主桁系、横梁系、底模平台、吊挂系统、走行系统、锚固系统、模板系统等部分组成。

1.1　主桁系

主桁承重系统采用双拼40号b槽钢焊接，用1㎝钢板作为缀板焊成框架拼装而成。2组主桁之间用10号角钢焊成桁架片作平联，以保证结构的整体稳定性。主桁后锚采用φ32mm精轧螺纹钢通过连接器锚在预埋的竖向预应力筋上，主架前部安装上横梁，与悬吊系及前下横梁形成悬臂吊架，悬吊挂篮模板和梁段钢筋混凝土的重量，以实现悬臂灌注浇筑施工。

1.2　横梁系

横梁系由前上横梁、后锚梁、前下横梁、后下横梁及底模纵梁等组成，前上横梁由双拼45号b工字钢加工而成、前下横梁及后下横梁由双拼36号b工字钢加工而成、底模纵梁采用28号工字钢、后锚梁采用双拼20号工字钢上下另焊钢板加工而成。前上横梁、后锚梁固定在主桁架上，前下横梁通过悬吊系吊于前上横梁上，后下横梁由双头螺杆锚在已形成梁段的底板上。前下横梁和底横梁共同承托底模及梁段的大部分钢筋混凝土的重量。

1.3　底模平台

底盘平台由前后下横梁、底纵梁、工作平台等组成。前后下横梁为双拼36号b工字钢；纵梁为14根28号工字钢组成。在纵梁28号工字钢上横向铺设10号槽钢，间距30cm，在10号槽钢上铺设5mm厚钢板形成底模平台。

1.4　悬吊体系

悬吊系是挂篮的升降系统，位于挂篮的前部，其作用是悬吊和升降底模、侧模、内模及工作平台等，以适应悬臂梁段高度的变化。由吊杆、吊杆座、千斤顶、手拉葫芦等组成。吊杆及后锚杆均采用φ32精轧螺纹粗钢筋。前、后吊杆及后锚吊杆应适应符合规范要求的材料，各吊杆在箱梁施工过程中严禁碰到电焊火花。前吊带下端与底模平台前横梁栓接，上端支撑前上横梁，前上横梁上设LQ30型机械千斤顶及扁担梁调节高度，以实现底模及工作平台的升降。另外悬吊系还将控制内模、侧模的前移和升降。

2　悬浇段挂篮施工工艺流程

2.1　挂篮拼装

挂篮结构构件运达施工现场后，利用吊车吊至已浇梁段顶面，在已浇好的0号梁段顶面拼装，拼装完毕后，对挂篮施加梁段荷载进行预压，充分消除挂篮产生的非弹性变形，悬浇施工过程中，将挂篮的弹性变形量纳入梁段施工预拱度计算。

2.2 挂篮静载试验

挂篮拼装完毕后,进行荷载试验以测定挂篮的实际承载能力和梁段荷载作用下的变形情况。荷载试验时,加载按施工中挂篮受力最不利的梁段荷载进行等效加载,测定各级荷载作用下产生的挠度和最大荷载作用下挂篮控制杆件内力。

根据各级荷载作用下挂篮产生的挠度绘出挂篮的荷载—挠度曲线,为悬臂施工的线性控制提供可靠的依据。根据最大荷载作用下挂篮控制杆件的内力,可以计算挂篮的实际承载能力,了解挂篮使用中的实际安全系数,确保安全可靠。

2.3 挂篮的移动

在每一梁段混凝土浇注及预应力张拉完毕后,将挂篮沿行走轨道移至下一梁段位置进行施工,直到悬浇梁段施工完毕。

2.4 挂篮拆除

箱梁悬浇梁段施工完毕后,进行挂篮结构拆除。拆除顺序为:箱内拱顶支架→侧模系统→底模系统→主桁架,吊带系统及行走锚固系统在其过程中交叉操作。箱内拱顶支架采取拆零取出,侧模、底模系统采用卷扬机整体吊放,主桁架采取先退至墩位附近再利用吊机进行拆零。

2.5 悬臂灌注施工

悬臂灌注施工主要包括挂篮前移、挂篮调整及锚固、钢筋及孔道安装、混凝土灌注及养护、预应力施加、孔道压浆6个工序循环进行。悬浇梁段施工长度3~5m,当混凝土强度和弹性模量达到设计要求后进行预应力张拉,根据梁体情况具体调整,各个工序的施工周期见图1。

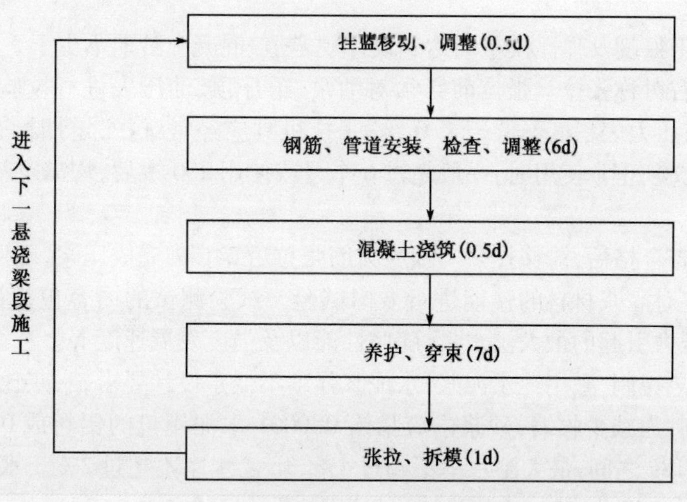

图1 挂篮悬浇箱梁施工周期安排示意图

2.5.1 挂篮前移

在前一梁段施工完毕后,解除放松各吊点,使模板脱离梁体,解除梁上后锚点,进行锚固转换,行走小车托力转换在滑道上,通过手拉葫芦拖拉主桁采取整个挂篮前移动至下一梁段位置。

2.5.2 挂篮调整及锚固

挂篮就位后,先进行主桁梁上锚固转换给梁体的锚筋上和底篮后锚安装转换在梁体上,然后通过测量仪器进行中线、高程测量、定位,通过千斤顶进行标高调整,经过检查确定合格后,最后进行全面锚固。

2.5.3 模板就位

模板安装按下列顺序进行:外模安装→底腹板堵头→(梁体底腹板钢筋安装、纵向预应力管道、竖向预应力筋等安装完毕)→内侧模板安装→内顶模支架→内顶板安装→顶板堵头。

2.5.4 钢筋、预应力安装

所有进场钢筋、钢绞线、锚具等材料均须按规定抽检合格方准使用。钢筋绑扎按图纸要求进行,波纹管安装除插芯棒外,曲线段每50cm、直线段每1.0m设置一道定位U形钢筋,定位后的管道轴线偏差要求不大于0.5cm。波纹管接头用大一号波纹管套接。接头波纹管长度30cm,两头伸入15cm,接头处波纹管切平,不能有卷曲翘起现象,防止穿钢绞线时钩挂。波纹管应有良好的水密性,并在施工中注意保护,如有烧伤现象,及时用胶带缠包,以免造成漏浆堵管,锚垫板与波纹管连接要稳固,接头要包缠封死,防止漏浆堵塞压浆孔。

2.5.5 混凝土浇注和振捣

混凝土采用水平分层两侧同时对称的方式浇注,由于预应力筋及预应力管道周围钢筋密集,尽量减少混凝土与钢筋的碰撞,以免影响混凝土浇注质量,振捣采用不同直径的插入式振动棒(B30、B50、B80),其中顶板底板用B80、B50,腹板用B30、B50,水平分层宜控制在30cm左右,保证振捣质量。

混凝土在浇注过程中,先浇注底板及倒角,底板混凝土从两端的溜槽溜入。浇注量约2/3,剩余1/3从隔墙及腹板上口下料,分层浇注,控制混凝土从腹板及横隔墙下口翻入底板:

(1)适当减少坍落度;

(2)在底板与腹板倒角面加盖模板;

(3)放慢浇注速度。

2.5.6 混凝土养护

混凝土浇注完成后,顶板及底板均应收浆抹面,并在初凝后终凝前进行第二次收浆并拉毛,防止表面收缩裂纹的产生,根据气候条件,最迟不超过12h即覆盖或洒水养护,混凝土的洒水养护时间,一般为7d,每天洒水次数以能保持混凝土表面经常处于湿润为准,冬季施工时,当气温低于5℃时,则不得洒水养护,应采用覆盖保温养护方式。

2.5.7 预应力张拉

预应力张拉在混凝土强度及弹性模量均达到设计规定值、混凝土龄期不少于5天后方可进行,张拉顺序按施工顺序从外到内左右对称张拉。张拉前必须对油泵、千斤顶、油压表进行校验,并进行定期检查,保证设备处于良好工作状态;压力表精度不低于1.0级;张拉机具应经常维护,定期检查,张拉机具长期不使用时,或拆除修理后重新校验、正常使用时,一般超过6个月或使用200次后,均需重新校验。

2.5.8 压浆、封锚

预应力张拉完经检查合格后,前移挂篮。预应力筋张拉后24h内完成压浆,确保预应力筋体系在完成灌浆工序前不出现锈迹,应对灌浆材料的性能进行专门试验。试验测试的内容包括初始流动度、流动度的延时变化与温度敏感性、压力引起的最大泌水量、膨胀性能以及强度发展速度等。

压浆按真空压浆工艺控制,采用纯水泥浆,水泥浆强度不低于设计要求,水灰比不大于0.4,砂浆内不得掺入氯盐,但可掺减水剂,为减少收缩,砂浆内应掺入0.0001水泥用量的铝粉或0.03水泥用量的膨胀剂。水泥浆稠度控制在14~18s之间,最大泌水率不超过4%,3h泌水率不超过2%。水泥浆应搅拌均匀,拌合时间不少于1min,水泥浆放入压浆罐时,应经过滤,过滤网格孔小于2.5mm×2.5mm,压浆顺序为先下后上,如有串孔现象,应同时压浆,比较集中和邻近的孔道,应尽早连续压浆完成,压浆缓慢、均匀进行,压力控制在0.5~0.7MPa,当另一端溢出的稀浆变浓时,关闭出浆口,稳压一定时间,关闭进浆阀。压浆完毕,尽早封锚。

3 结语

综上所述,通过对悬浇段挂篮施工工序的介绍,要求我们在施工中严格按照施工技术规范和设计要求进行施工,不断总结经验,以便在以后的施工中更好的控制工程质量。

参考文献

[1] 魏贤华.菱形挂篮设计与施工[J].桥梁建设,2005(01).

[2] 杜晓波.珠江大桥施工挂篮技术研究[D].哈尔滨工程大学,2007.

[3] 王治均,成芸,李三珍,宁晓骏.重载轻型桁架斜拉式组合挂篮的研究[J].昆明理工大学学报(理工版),2003(04).

[4] 徐瑞龙,许庆,朱尔玉,刘宪亮.刚构桥悬浇施工所用新型挂篮的受力分析[J].黄河水利职业技术学院学报,2003(01).

[5] 郭帅,李勇,章云彪.广东金马大桥牵索挂篮的设计与施工[J].华中科技大学学报(城市科学版),2002(03).

[6] 许佳平,王建华,戴宗诚.通化西昌斜拉桥新型单索面牵索挂篮的结构构思、设计及应用[J].世界桥梁,2006(01).

浅析海量数据背景下山区公路大跨径桥梁健康监测

郭 俊
(云南云岭高速公路工程咨询有限公司)

摘 要 根据我国山区桥梁运营养护中面临的问题,介绍了传统的养护管理系统与长期桥梁健康监测系统的发展现状以及存在的问题,指出在桥梁养护管理中充分结合这2个系统,起到相辅相成、互为补充、充分利用各自优势的作用,并将此方法作为在建云南牛栏江特大桥后期运营长期健康监测的方案。

关键词 海量数据 桥梁健康监测系统 桥梁传统养护 结合

1 引言

我国幅员辽阔,山地丘陵面积达到陆地总面积的70%以上。山区公路地质地形复杂,桥涵构造物密集,桥梁结构反复承受着车轮的磨损[1]、冲击,并长期遭受暴雨、洪水、风沙、冰雪、日晒、冻融、滚石、滑坡等各种自然因素的侵蚀和破坏,特别是大部分桥梁运营时间较长,且随着经济发展,大型超大型车辆日益增多,加上设计和施工留下的缺陷,以及由于建筑材料本身的性能劣化,必然导致桥梁使用功能和行车服务质量的日趋退化,严重影响桥梁的安全、舒适、耐久性、美观等[2]。

针对目前桥梁所面临的问题,以桥梁养护监测中的海量数据信息为基础采取有效的检测、监测、维修与管理,对于降低运营维护成本、延长桥梁结构的使用寿命、确保生命财产安全及保障交通通畅具有重要意义[3]。

2 桥梁监测中的海量数据

从信息的角度出发,桥梁养护工作可描述成一个数据采集至数据应用的过程[4]。这些数据应该包括一切与桥梁相关的数据,包括桥梁结构响应数据、环境监测数据、规范参数标准化数据、数值模拟及计算数据、人工巡检及状况评定数据、桥梁档案数据等等。

2.1 桥梁结构作用响应数据

桥梁结构响应数据是指运营状态下桥梁结构响应和力学状态的数据总和。一般包括:荷载检测传感器所获得的荷载数据;结构静、动力反应监测传感器所获得的内力响应数据;几何监测传感器所获得的表面形态数据等。

2.2 桥梁环境监测数据

桥梁环境监测数据主要是指桥梁在运营过程中由环境监测传感器所获得的物理化学环境数据,包括山区各种自然条件的影响因素(如强风、暴雨、强降雪、滚石、地震等)。

2.3 桥梁数值模拟及计算数据

桥梁数值模拟及计算数据主要是指从设计、施工、运营各阶段所建立的关于桥梁的计算机数据文件,包括桥梁结构相关的CAD图纸、不同荷载工况下的数值验算、施工过程中的监控等计算以及桥梁风险评估所需要的地震、强风、滚石、雨雪、重车、恶劣环境的数值模型。

2.4 桥梁人工巡检及状况评定数据

人工巡检及状况评定数据是通过人工目测和相应的专业检测仪器,依据《公路桥梁养护规范》和《公路桥梁技术状况评定标准》,对山区公路桥梁进行经常性检测、定期检测和特殊检测所得到的大量巡检数据以及根据检测数据对不同桥型作出的技术状况评定。

2.5 各类规范标准数据

规范标准数据是生产实践过程中人们为了统一主观认知、规范工程行为、数据标准化而制定的量化条件。通过对各类认知的量化，我们获得各种材料、构件、病害、评价、行为及空间属性、物质属性、几何大小、疏密、含量的参照标准。比如钢材或水泥的标号、桥梁安全等级、结构各响应阀值等。

2.6 桥梁档案数据

桥梁在运营服役中的档案数据包括桥梁设计产生图纸、文件、试验数据及报告；施工过程中的项目计划书、招投标文件、合同、材料及试验数据、验收报告、竣工图纸、监控文件等。

3 传统的桥梁养护管理系统及养护方法

3.1 桥梁养护管理系统

桥梁养护管理系统（BMS）是关于桥梁基本数据、桥梁检测、桥梁状况评估、桥梁结构退化预测、桥梁养护维护策略和管理计划及经济分析的综合计算机信息系统。桥梁管理系统的发展经历了3个阶段：最初，BMS只是用简单的电子数据库来代替传统的桥梁资料档案管理；其后，BMS中除了桥梁数据库外，还包含了桥梁检测、养护及维修信息，涵盖各种桥梁构件的检测细节和等级划分以及维修历史等；近年来，较为先进的BMS中增添了维护决策功能，即可以制定维护策略、优化维护方案等.但是，由于BMS是一个复杂的系统工程，无论国内还是国外，该领域的研究仍处于基础性探索阶段，诸多关键性技术问题仍没有得到解决[3]。

我国关于桥梁管理系统的研究起步虽较晚，但也先后开发了一些管理系统，如早期交通部颁布实施的CBMS2000系统及其后续版本系统、针对大跨度桥梁开发的相应养护管理系统。

3.2 桥梁养护方法

目前，国内关于公路桥梁养护的规范主要有交通部2004年颁布实施的《公路桥涵养护规范》（JTG H11—2004）[5]和2011年颁布实施的《公路桥梁技术状况评定标准》（JTG TH21—2011）[6]。通常，桥梁管理者或养护单位根据相关规范或标准编写养护手册，并制定相应的养护维修措施，比如某市所采取的四级管理模式，如图1所示。然而，由于桥梁养护维修知识的不足，目前，桥梁养护管理基本上还停留在建立技术档案、清扫桥梁、疏通泄水管、修复损坏的栏杆和桥面铺装的阶段；即使进行检查，也主要是采用人工目测或借助于仪器检测等巡检养护措施[7]。

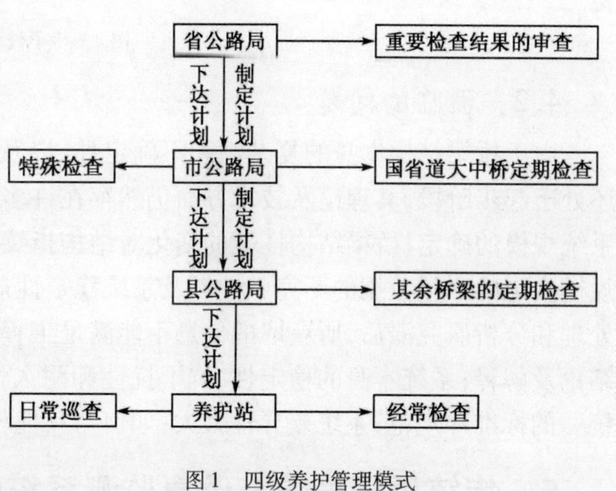

图1 四级养护管理模式

3.3 存在的问题

在传统的养护管理中，桥梁结构的健康状况（安全性、适用性、耐久性）评估是通过人工目测或借助于便携式仪器测量得到的，但其存在局限性，主要表现在：需要大量人力、物力和财力；检测手段有限并存在诸多检查盲点；检测结果主观性强，缺少整体性；影响正常的交通流；周期长且实时性差；难以适应大跨径桥梁检测养护需要。这些因素决定了其无法直接有效地用于大跨径桥梁的健康状况检查，因此，需要一种能够实时监测桥梁在各种环境、荷载等因素作用下的结构响应，并为桥梁养护管理提供科学依据的综合监测系统，以便最大限度地确保桥梁安全运营、诊断结构病害和延长使用寿命。

4 桥梁健康监测系统

4.1 监测系统

桥梁健康监测的基本内涵是通过对桥梁结构状态的监控与评估，为桥梁在特殊气候、交通条件下或桥梁运营状况严重异常时触发预警信号，为桥梁维护维修与管理决策提供依据和指导。为此，监测系统须对桥梁结构在所处环境与交通条件下运营的物理与力学状态；桥梁重要非结构构件（如支座）和附属设施的工作状态；结构构件的耐久性；大桥所处的环境条件等几个方面进行监控[8]。

大跨径桥梁健康监测系统对大桥进行科学的布置分布式数据采集系统，由数据采集系统自动采集桥梁的能反映结构工作状况信息的各个结构状态参数。并将采集到的数据经预处理后送到监控中心，在那里对这些数据进行处理分析。从而对大桥在车辆荷载等外界荷载作用下的结构响应行为进行实时监控，对桥梁结构和构件受到的损伤进行定性、定位、定量分析，对桥梁的安全性、耐久性、承载能力进行智能化评估，在特殊气候和交通条件下或运营状况发生严重异常时触发预警预报信号，同时为桥梁的维护、维修和管理提供决策依据和指导。桥梁健康监测系统的基本工作流程如图2所示。

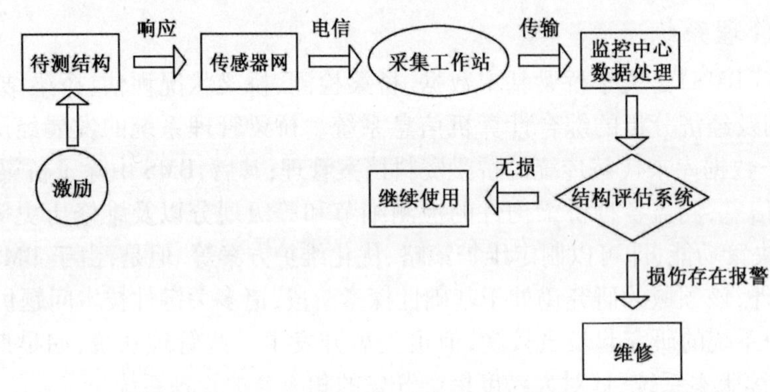

图2 桥梁健康监测系统工作流程图

4.2 面临的问题

由于桥梁结构本身的复杂性和不确定性，以及受到很多客观条件的限制，目前健康监测系统目前研究还处于起步阶段，其理论及技术方面仍然存在许多核心问题亟待解决[3]，例如：有限传感器的优化布置以及系统规模的确定；桥梁结构性能的变化对结构指纹的不敏感性，使得损伤识别尚处于理论研究阶段；因系统规模决定的测量数据的不完整性以及系统稳定性造成的不连续性带来的分析困难；对大量原始数据的实时处理和分析研究滞后，所获取的信息不能满足工程需求；结构健康状况评估方法尚不完善，难以给出合理的结论及解释；系统本身的稳定性、抗干扰性和耐久性不足，使用寿命难以得到保证；桥梁健康监测系统尚无统一的标准和规范，系统差异性太大；如何与其他相关系统特别是与传统的巡检养护系统进行有效结合。

5 传统桥梁养护与健康监测系统的结合

将传统的巡检养护措施与先进的健康监测系统有机结合，以消除现存检测和监测方法中的诸多不足，例如，混凝土裂缝的监测主要通过巡检养护系统来实现，力求把损伤控制在萌芽阶段，而不是在损伤发展到明显影响结构内力状态（监测系统能识别到）时才发现；而结构的内力态监测则主要通过自动化的健康监测系统采集数据并加以分析来实现，以实时监测桥梁结构的运营状态并评价其健康状况。

6 云南牛栏江特大桥运营长期健康监测系统

目前正在建的牛栏江特大桥位于昭通至会泽段，为跨越牛栏江而设，全长754m，是此段路线的控制性工程之一。大桥总体布置为昭通岸7×30m连续T梁+(102+190+102)m连续刚构体系+会泽岸5×30m连续T梁；为了确牛栏江特大桥的安全运营，采用牛栏江特大桥结构长期健康监测系统来指导桥梁的管理维护工程，该系统由传感器、数据采集与传输、数据管理与控制及结构健康评估等4个子系统组成，该系统将考虑把监测系统与传统的养护管理系统相结合(图3)，在今后的运营过程将能及时发现一些时实健康监测系统没有或无法监测的结构缺陷、材料退化或裂缝，并将其结果输入监测系统的数据库，更新结构的有限元模型(如刚度、材料特性、构件尺寸和缺陷或损伤等),以提高结构健康状态评估的准确性和科学性。

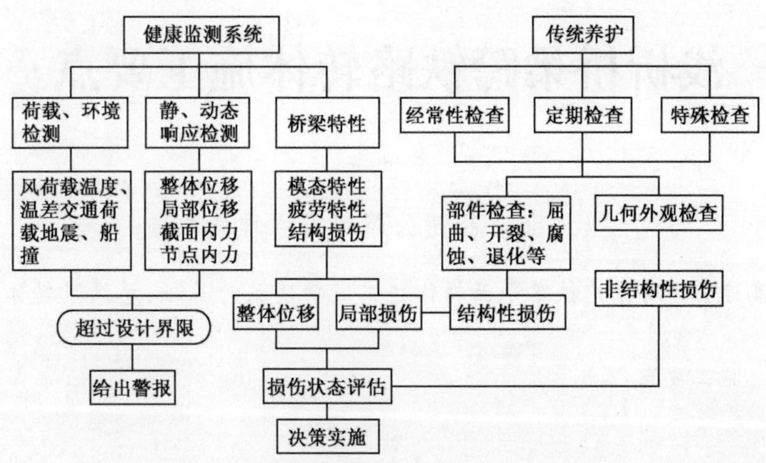

图3 牛栏江特大桥健康监测系统方案示意图

7 结语

将健康监测系统与传统的养护检测在桥梁管理系统中的作用相辅相成、互为补充,共同为桥梁养护管理系统服务。一方面,日常的巡检养护能够及时发现一些健康监测系统没有或无法监测的结构缺陷、材料退化或裂缝等信息,将这些信息引入监测系统的数据库中,更新结构的有限元模型,有利于提高健康状态评价的准确性和科学性;另一方面,桥梁健康监测系统综合利用先进的结构分析、损伤识别、信号处理及可靠度理论等技术,能够诊断结构可能发生的损伤,评估结构的性能退化和趋势,更好地指导日常的养护管理工作。

参考文献

[1] 陈卓,黄光清,潘飞.山区公路桥梁掌上检查系统简介[J].公路交通技术,2011,(6):80-82.
[2] 张学智.浅谈公路桥梁养护[J].科技信息,2009,(11):285-285.
[3] 聂功武,孙利民.桥梁养护巡检与健康监测系统信息的融合[J].上海交通大学学报,2011.
[4] 陈艾荣,潘明,王达磊等.大数据时代的桥梁维护与安全[J].上海公路,2014,(1):17--23.
[5] 中华人民共和国行业标准公路桥涵养护规范(JTG Hll—2004)[S].
[6] 中华人民共和国行业标准公路桥梁技术状况评定标准(JTG TH21—2011)[S].
[7] 马建宁.浅析桥梁检查中存在的问题及对策[J].宁夏工程技术,2006,(4):423-425.
[8] 陈世民.桥梁监测系统中海量数据分析理论与应用[D].重庆大学,2011.

浅析桥梁跨铁路转体施工要点

李世宁

（河北省高速公路邢汾管理处）

摘　要　本文以邢汾高速公路跨京广铁路平面转体施工成功实施为基础，总结了转体施工要点，可供其他工程借鉴。

关键词　桥梁　转体　施工要点

1　工程概况

邢汾高速公路邢台至冀晋界段位于河北省邢台市，主线全长84.326km。其中上跨京广铁路立交桥全长1042.6m，上部结构主桥采用(51.5+51.5)m T形刚构，为单箱三室斜腹板箱形截面，下部结构主桥T梁采用墩梁固结，单箱单室矩形截面。主线跨越既有京广铁路，施工时为了不影响铁路线的正常运营，主梁采用平面转体的方法施工。转盘结构采用环道与中心支承相结合的球铰转动体系。顺京广铁路线西侧分段现浇梁体，顺时针分次转体T构到位。

2　转体施工理论依据

2.1　特点

转体施工方法是跨越深谷、急流、铁路和公路等特殊条件下的有效施工方法，它具有结构合理、受力明确、力学性能好；工艺简单、操作安全；施工速度快、造价低等优点。同时它的最显著特点是不干扰运输、不中断交通，尤其是对修建处于交通运输繁忙的城市立交桥和铁路跨线桥，其优势更加明显。它是将在障碍上空的高空作业转化为岸上或近地面的作业。根据桥梁结构的转动方向，可分为竖向转体施工法、水平转体施工法（简称竖转法和平转法）以及平转与竖转相结合的方法，其中以平转法应用最多。

2.2　转体施工主要适用范围

平转法主要使用于刚构梁式桥、斜拉桥、钢筋混凝土拱桥和钢管拱桥。竖转法主要用于混凝土拱肋、钢架拱、钢筋混凝土拱等。

2.3　工艺原理

平转法施工时将桥体上部结构整跨或从跨中分成连个半跨，利用两岸地形搭设排架或土胎膜进行预制，在桥台处（桥墩底部）设置转盘，将预制的整跨或半跨悬臂桥体置于其上，待混凝土达到设计强度拆除支架支撑，以使桥台和锚定体系或锚固桥体达到重力平衡，然后再用牵引系统牵引转盘，使桥体上部结构平转，待转到预定位置与对岸形成跨中合龙。最后浇筑合龙段接头混凝土，待其达到设计强度后，用混凝土封固转盘，完成全桥施工。

2.4　施工工艺

目前国内使用的转体装置主要有两种，第一是以四氟乙烯作为滑板的环道平面承重转体；第二种是以球面转轴支承辅以滚轮的轴心承重转体，本文以钢球面铰为例。

转体的基本原理是箱梁重量通过墩柱传递于上球铰，上球铰通过球铰间的四氟乙烯板传递至下球铰和承台。待箱梁主体施工完毕以后，脱空砂箱将梁体的全部重量转移于球铰，然后进行称重和配重，利用埋设在上转盘的牵引索、转体连续作用千斤顶，克服上下球铰之间及撑脚与下滑道之间的动摩擦力矩，使桥体转动到位(图1)。

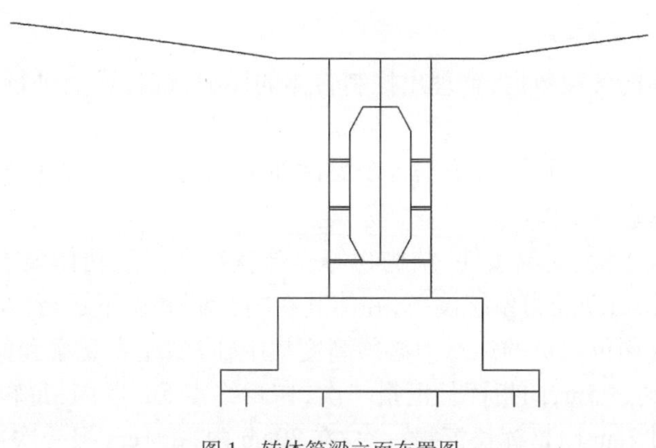

图1 转体箱梁立面布置图

3 转体系统的组成

转体系统主要由球铰、下滑道、撑脚、转体牵引索及动力系统组成,动力系统包括牵引系统和助推系统两部分(图2、图3)。

图2 撑脚外观图

图3 安装下球铰

其中牵引动力系统由连续千斤顶、液压泵站和主控台三部分组成。其主要特点是能够实现多台千斤顶同步不间断匀速顶进牵引结构旋转到位,以主控台保证同步加压(图4)。

图4 牵引系统

4 转体施工

4.1 转体施工之前做好转体施工准备工作

转体施工之前做好转体施工准备工作,包括转体附属施工、清理滑道、设备测试、封锁现场、搜集天气预报资料、防超装置、辅助顶推装置及试转等工作。

4.2　正式转体

1)转体实施

(1)试转结束,分析采集的各项数据,整理出控制转体的详细数据,马上进行正式转体,试转和正式转的间隔时间不要超过24h。

(2)转体结构旋转前要做好人员分工,根据各个关键部位、施工环节,对现场人员做好周密部署,各司其职,分工协作,由现场总指挥统一安排。

(3)液压控制系统、要点审批、气象条件、结构物等全部就绪并满足转体要求,各岗位人员到位,转体人员接到指挥长的转体命令后,启动动力系统设备,并使其在“自动”状态下运行。

(4)设备运行过程中,各岗位人员的注意力必须高度集中,时刻注意观察和监控动力系统设备的运行情况及桥面转体情况,梁端每转过5m,向指挥长汇报一次,在距终点5m以内,每转过1m向指挥长汇报一次,在距终点40cm以内,每转过2cm向指挥长汇报一次,在20cm内,每1cm报一次;在2cm内必须每1mm报告一次,以便控制系统的操作人员能及时掌握转体情况,利于操作控制系统,使转体达到理想的设计要求。

(5)在内环平衡脚与承台顶预埋钢板行走环道间的12mm预留间隙内铺垫8mm四氟板作为转体旋转时平衡行走轨道(镶嵌于平衡脚下底面)。在外环支撑柱顶和上转盘之间的水平间隙内安槽形钢板,钢板内铺垫同样大小、厚8mm的四氟板走板。走板顶面与上环道间隙为5mm。在转体旋转过程中内环平衡脚与行走轨道间间距因受力或荷载不平衡而发生变化时,在偏心对应处垫入四氟板以纠正偏心问题。

(6)转体结构接近设计位置(距设计位置的距离需由试转时测出的系数计算确定)时,系统“暂停”。为防止结构超转,先借助惯性运行结束后,动力系统改由“手动”状态下改为点动操作。每点动操作一次,测量人员测报轴线走行现状数据一次,反复循环,直至结构轴线精确就位。整个转体施工过程中,用全站仪加强对T构两端高程的监测和转盘环道四氟走板的观察。

(7)转体转动过程中,保证要连续,使要点前、要点过程和要点后连续起来,达到一次到位,中间尽量不停止。

2)转体就位

(1)转体就位采用全站仪中线校正,允许其中线偏差不大于2cm。

(2)现场就位测量方案:

①中心垂球控制:用垂球校核箱梁梁端中心与临时排架上的中心线是否重合。

②在箱梁两侧的盖梁上布置2台全站仪,把每台仪器的视线方向设定在箱梁理论中心方向,然后进行转体就位过程观测。

③在箱梁的两端各布置1台水平仪,用来观测箱梁端部就位后的梁顶高程。

(3)转体就位后采用临时排架对箱梁进行支护,保证结构的稳定性,在临时排架靠近铁路一侧用安全网全部封闭,防止物体坠落,并设专职防护员进行防护。

(4)转体结构精确就位后,即对结构进行约束固定。利用转盘底设置的千斤顶精确地调整梁体端部高程,并采取措施抄垫梁端。梁体高程调整完转体结构精确就位后,即对结构进行约束固定。

(5)转体精确就位后,立即进行封盘混凝土浇筑施工,以最短的时间完成转盘结构固结。清洗底盘上表面,焊接预留钢筋,立模浇筑封固混凝土,使转盘与下转盘连成一体。控制混凝土坍落度,以方便振捣和增强封固效果。

3)分步转体控制措施

(1)现场设指挥员,采用对讲机进行通讯指挥。

(2)两个转体连续千斤顶公称油压相同,转体采用同种型号的两套液压设备,转体时按控制好的油表压力。

(3)采用连续观测。

①转体观测系统,安在箱梁上的速度传感器,能随时反映转体的速度是否相同。

②上转盘最外圆周上的点每分钟转动8.5cm,转体前在转盘上按每段长8.5cm均匀布设刻度,然后按顺

序进行编号,转体过程中随时观测两个转盘的转过刻度,也就是转动速度是否一致。

③在转盘钢绞线上做好标记,观察转体的钢绞线速度。

④转体就位采用全站仪中线校正,允许其中线偏差不大于2cm。

⑤转体就位后采用临时墩对箱梁进行支撑,保证结构的稳定性。

5 转体施工中出现特殊情况的处理

5.1 不能正常起动

根据检算,正常情况下两套四台ZLD200型液压、同步、自动连续牵引系统(牵引系统由连续千斤顶、液压泵站及主控台组成),形成水平旋转力偶,通过拽拉锚固且缠绕于直径850cm的转台圆周上的19 - ϕ_s15.2钢绞线,使转体转动。若由于其他因素影响而导致不能正常起动,可借助已经安装到位的三台助推系统千斤顶均匀加力,使结构转动。但当ZLD牵引系统两台千斤顶、三台助推系统千斤顶均加载时,转动体仍然不转动,此时应检查撑角与环道接触处是否有杂物将其卡住,环道在此处是否形成上坡。此时可利用ZLD千斤顶前、后顶同时起动、手动增加牵引力使转动体转动。

5.2 中途停下后的再次起动

由于特殊情况不得不在中途停止,然后再次重新起动时,为预防助推系统难以找到反力位置,已经预先在环道两侧沿径向预留坑洞,必要时可插入钢轨,用槽钢作反力横梁即可进行二次起动。

5.3 牵引系统设备发生故障

在转体前对所有牵引设备进行检查校核,确保设备运转正常,同时设备维修人员在转体前要到位,并在转转全过程中盯岗到位,同时在现场要备用一套设备。在转体过程中,由于特殊情况发生故障,维修人员要立即对设备进行维修,如发现短时间内不能修复,要立即通知指挥长进行更换,确保转休的顺利进行。

5.4 机械设备故障

设备组由液压、机械、控制方面的专家及经验丰富的技术人员组成,在转体过程中,紧急情况下可以随时启动应急程序。同步控制分别由相应的控制系统自动进行,依靠指挥协调进行同步控制,确保符合设计要求。当同步性超出技术要求,停机并及时调整相应控制点速度。拽拉系统的千斤顶、泵站、控制系统出现故障,立即由专业工程师进行检查,以最快的时间排除故障,现场配备足够的设备备件,一旦设备出现故障时要及时进行更换或维修。

5.5 结构应力应变异常

如监测到结构应力、应变发生异常,立即检查异常部位的构件是否因材质、制作及安装质量、设计缺陷等原因产生异常,同时确认监测结构是否可靠。找出原因后,采取相应的补救措施。

5.6 突然停电

为防止动力线路出现故障造成突然停电,在转体桥附近备用一台120kW的柴油发电机,以提供充足的电力保障。

5.7 大风等恶劣天气

在转体前一周内要随时了解天气情况,如果转体当天有恶劣天气,须与相关部门协商,在确保安全后,方可转体施工。

6 结语

本文平面转体施工要点,从转体施工理论依据、转体系统组成、转体施工进行了总结,对转体施工中出现的特殊情况进行了分析,可供其他工程借鉴。平转与竖转相结合将是以后发展的重要方向,转体施工技术的发展可用于平原区的拱桥、大型桥梁工程及其他跨越结构,将有望取得较好的技术经验和社会经济效益;随着新材料研究的发展以及施工阶段结构轻型化研究的不断深入,将有可能利用简单的设备修建300 ~

500m的特大桥梁,从而省去大量的人力、物力和施工设备,取得显著的技术经济效益。桥梁转体施工是一套比较成熟的桥梁施工方法,随着新技术、新工艺的不断出现以及在工程中的应用,该方法会更加安全可靠、操作简洁、实施快速、降低造价,在桥梁建设中将发挥越来越大的作用,产生越来越好的社会和经济效益。

参考文献

[1] 中华人民共和国行业标准.JTG B01—2003　公路工程技术标准.[S].北京:人民交通出版社,2004.
[2] 中华人民共和国行业标准.JTG D60—2004　公路桥涵设计通用规范[S].北京:人民交通出版社,2004.
[3] 中华人民共和国行业标准.JTG/T F50—2011　公路桥涵施工技术规范[S].北京:人民交通出版社,2011.
[4] 《铁路技术管理规程》(铁道部令第29号,2007年4月1日期施行).
[5] 北京铁路局《北京铁路局路外工程管理办法》(京铁师[2005]108号).

桥梁加固工程中的预应力布置方式对比研究

李华威 苏云超 林 磊

（武汉二航路桥特种工程有限责任公司）

摘 要 伴随我国交通建设行业的长期高速发展，桥梁维修加固行业已经初具规模，大量的桥梁维修加固技术得以发展和应用。其中预应力加固桥梁技术发展迅猛、应用广泛，发挥了重要的作用。本文在总结相关工程经验的基础上对不同预应力布置方式的优缺点进行了对比研究。希望能为桥梁加固工程中有针对性地选用预应力布置方式提供科学依据。

关键词 预应力布置方式 桥梁加固 优缺点

1 引言

预应力加固桥梁技术虽然应用较多，但在实际工程中还有很多亟待解决的问题。如对于不同结构类型的桥梁、针对不同的病害情况，采用什么样的方式布置预应力束较为合理？桥梁维修加固工程受限制条件较多，采用什么样的施工工艺方能保证加固效果？这些问题需要根据桥梁的结构类型和病害情况进行有针对性地研究才能得到合理的解决。

2 预应力加固桥梁技术发展现状

我国预应力技术应用于桥梁是在20世纪50年代，经过半个多世纪的发展，由于预应力混凝土具有结构安全可靠、节约材料、抗裂性能良好等优势，其应用得到迅速发展。

在桥梁加固特别是大跨度桥梁加固中，预应力加固越来越被广泛采用，其加固效果通过实际工程的检验，得到了业界的充分肯定。预应力加固的工作原理是以高强钢丝、钢绞线或高强度粗钢筋等材料，对桥梁体施加预应力，以抵消部分外荷载产生的内力。添加预应力加固属于主动加固，能解决后加补强材料“应变滞后”的问题，提高后加补强材料利用率，较大程度的提高结构的承载能力和结构刚度，大大减低桥梁的挠度，有效控制结构的裂缝发展，全部或部分闭合原裂缝，从而提高桥梁的耐久性。整体而言，采用新增预应力技术加固桥梁产生了显著的经济效益和社会效应。

3 桥梁加固工程中的预应力布置方式

桥梁加固中采用的预应力束布置方式较多，目前应用较多的有：

（1）腹板预应力布置方式（图1）

将预应力束沿梁体腹板布置，跨中部分靠近底板，支点部位上弯接近梁顶。整个腹板预应力束可包裹在腹板加厚混凝土内，预应力张力后可补充梁体的纵向预应力，抵消墩顶负弯矩区部分拉应力，增强预应力束弯曲段的梁体抗剪能力，并恢复部分跨中下挠。

腹板预应力束可根据现场情况布置在梁体内部或外部。在方便施工的前提下减少对外界的影响即可。

（2）底板预应力布置方式（图2）

将预应力束沿梁体底板布置，在靠近梁体支点的锚固段造当上弯。这样布置的预应力束在张拉后，可以有效提高梁体底板的压应力储备，适当补偿梁体的纵向预应力不足。

（3）顶板预应力布置方式

将预应力束沿梁体顶板布置，一般布置在支点附近的负弯矩区，用来抵消支点出梁体顶板的负弯矩，避免顶板横向裂缝的发展。

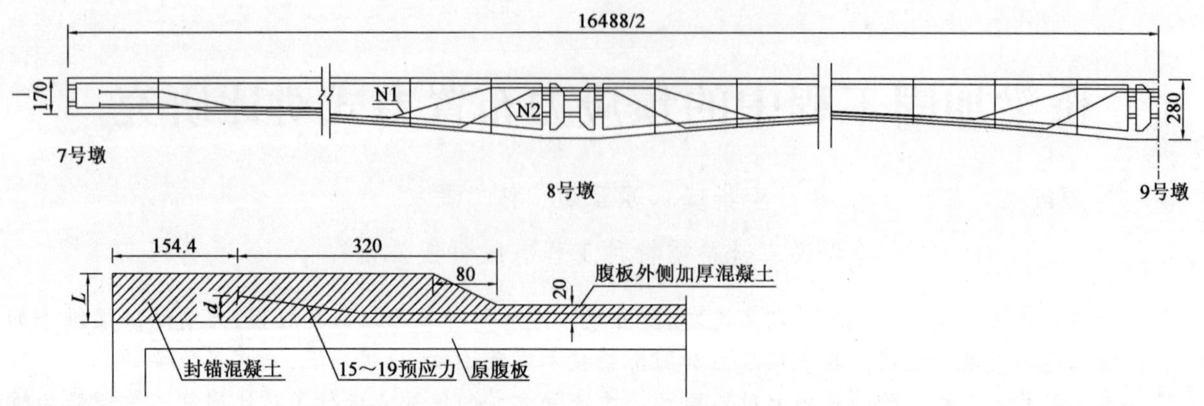

图1　腹板预应力布置方式示意图

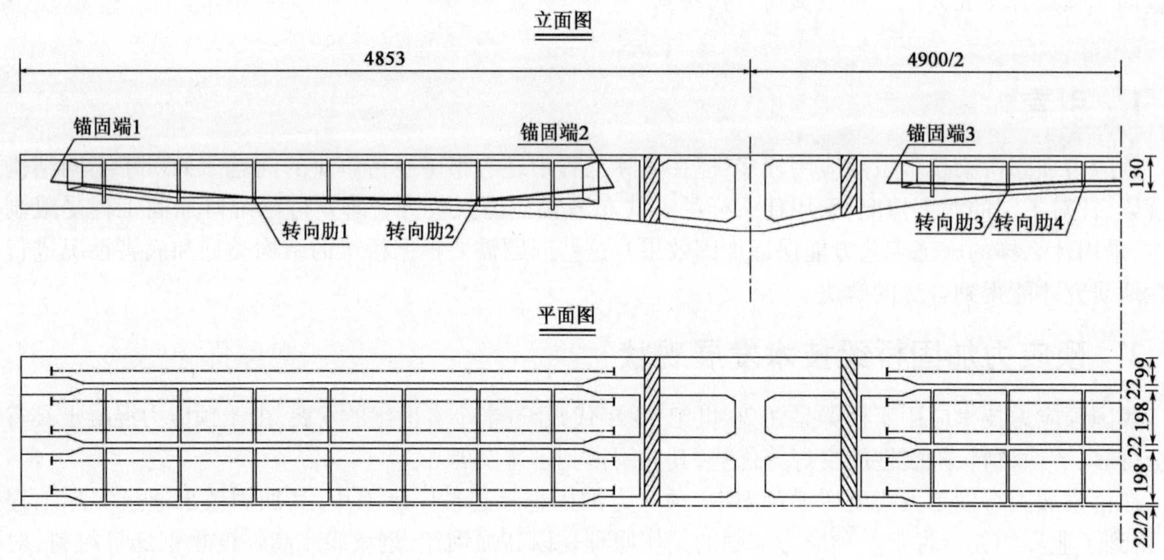

图2　底板预应力布置方式示意图

(4)桥面铺装中布置顶板预应力的布置方式(图3)

凿除原桥面铺装层后，根据新增预应力的数量，在箱梁顶部平行布置预应力束，可根据后期铺装层厚度选择直接铺设钢绞线或先设置波纹管穿束后浇筑铺装层(可选择先张法或后张法)，避开桥梁原钢绞线在箱梁腹板顶开凿，设置锚固措施。若采用先张法，则张拉桥面预应力后浇筑桥面混凝土，采用预埋波纹管后张法时，则先铺装桥面混凝土，待混凝土强度达到要求后再进行张拉。

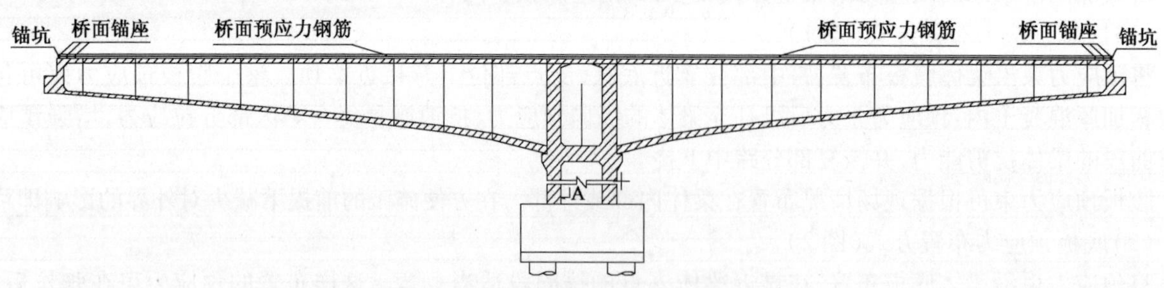

图3　桥面铺装中置顶板预应力布置方式示意图

(5)各种预应力布置方式的组合应用(图4)

在实际的桥梁加固工程中，根据梁体实际的病害情况，往往综合运用各种预应力布置方式，对桥梁病害进行全面根治，达到良好的整体加固效果。

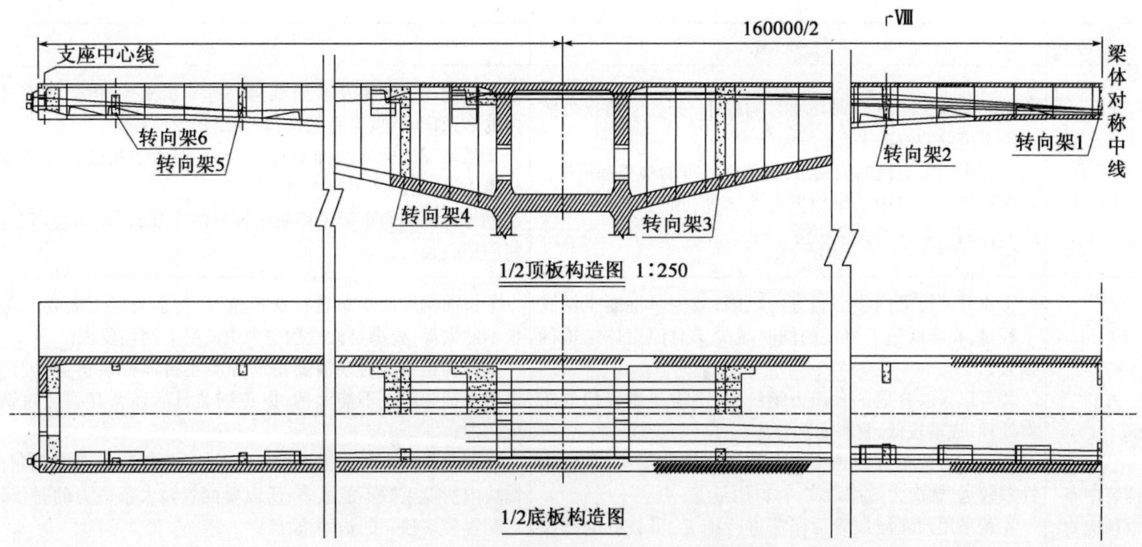

图4 预应力布置方式组合运用示意图

如在上图中,某连续刚构桥梁加固工程,新增预应力的布置有:支点短索(顶板布置方式),通长索(腹板预应力和底板预应力结合的布置方式)。需特别指出通长索的布置,其在跨中靠近腹板和底板布置,在支点处靠近顶板和端横隔板锚固,综合了腹板预应力和底板预应力的优点,具有不错的加固效果。

4 预应力技术加固桥梁需要达到的目的

目前已经投入运营的桥梁结构形式多样,病害状况各有特点,科学合理的选择预应力束布置方式进行最有效的加固尤为重要。无论采用何种预应力布置方式,在桥梁加固工程中都应该能达到下列目的:

(1)保证结构有必要的安全储备,达到需要的承载能力;

(2)保证结构的耐久性、良好的动力性能和抗震要求;

(3)加固方案可操作性强,方便施工和确保加固效果;

(4)充分发挥材料性能,节省工程造价。

5 各种预应力布置方式的优缺点分析

对于大跨度箱梁或T梁结构的桥梁,其布置形式根据桥梁结构和截面形式可灵活选用,在此将各类预应力布置方式的优缺点进行对比分析,希望能为桥梁加固工程中有针对性的选用预应力布置方式提供科学依据。详见表1。

各类预层力布置方式的比较 表1

预应力布置方式	优 点	缺 点
在梁体外布置腹板预应力(体内预应力)	①箱梁外施工条件开阔,作业环境较箱梁内好,有利于保障施工质量; ②腹板加厚的混凝土可以较好的保护后加的预应力束,同时增强了梁体的整体刚度和抗剪性能; ③采用普通的预应力钢绞线即可,材料订购方便	①腹板加厚混凝土将增加结构自重,恒载的增加对梁体受力和减少墩顶负弯矩均不利; ②张拉后的预应力主要体现在对梁体整体结构的纵向预应力补充,对抵消墩顶负弯矩和恢复跨中下挠贡献较小。 ③预应力效率较低,材料用量稍大
在梁体内布置腹板预应力(体外预应力)	①箱梁内施工对外部环境影响较小,免去了箱梁外施工需要搭设的施工平台; ②采用体外预应力束,加固后仅局部增加了锚固块及转向架构造,整体自重增加不大,对原结构损伤较小; ③可采用可更换的成品索,有利于后续的检查和更换	①加固构件增加的自重有所减少,但箱梁内锚固块及转向架分布零散,施工难度及成本大大增加; ②预应力束的竖向弯曲角度将更小,对抵消墩顶负弯矩和恢复跨中下挠贡献幅度进一步降低,后加预应力的整体效率较低; ③体外预应力束需采用防腐较好的成品索,成本较高,订购材料周期较长

续上表

预应力布置方式	优　点	缺　点
在梁体内布置顶板预应力（体外预应力）	①箱梁内施工对外部环境影响较小，免去了箱梁外施工需要搭设的施工平台； ②可采用可更换的成品索，有利于后续的检查和更换； ③预应力束离中心轴距离有所增加，预应力效率得到适当提高	①箱梁内锚固块及转向架构件进一步减少，但仍需穿过箱梁内的多道横隔梁，穿孔较多，对原结构损伤较大； ②虽然加固构件增加的自重较少，但由于预应力整体线形任然离中性轴较近，预应力效率较低； ③体外预应力束需采用防腐较好的成品索，成本较高，订购材料周期较长
桥面铺装中布置顶板预应力	①避开了箱梁内横隔板等的阻隔，减少了混凝土钻孔工程量，在降低施工难度的同时减少了对原梁体结构的损失； ②可以采取普通的预应力钢绞线，不需要做专门的防腐处理，成本较低，材料采购容易； ③预应力束布置在顶板之上的桥面铺装层中，距离中性轴较远，预应力效率最高，材料用量省； ④若采用预埋波纹管后张法进行施工，可较好的解决墩顶负弯矩区桥面铺装受拉开裂的问题； ⑤增加的预应力束包裹在后浇筑的桥面铺装层内，与梁体结构变形协调，不产生二次效应； ⑥重新浇筑的桥面铺装层不但能很好的保护桥面预应力束，更能全面根除桥面病害，重新调整桥面线形，改善行车舒适度	①桥面钢绞线均布置在顶板位置，构造要求上需要原箱梁顶板不能太薄，要满足设置预应力束的受力结构要求； ②桥面钢绞线后期需要钢筋混凝土桥面铺装覆盖，理论上要求桥面铺装厚度不能太薄，以免铺装日后运营开裂会对钢束造成锈蚀； ③桥面预应力锚块虽然构造简单，但是受顶板厚度限制，单个锚块内所设束数不能太多，所以要配置较大预应力的时候，要相对配置较多独立的锚固块； ④应力扩散路径对桥面铺装影响较大，锚固块位置要做好钢筋网加强处理，避免日后运营出现开裂； ⑤对腹板的受力状态改善作用小，对主梁的抗剪性能改善较少； ⑥桥面预应力不能随意更换，需要更换的话要把桥面铺装凿除重做

6　选择预应力布置方式需要考虑的影响因素

对于大跨度箱梁结构的桥梁采用预应力加固时，需慎重选择预应力束的布置方式，主要需综合考虑下列方面的影响因素：

（1）针对梁体主要病害采取合理的预应力布置方式，做到结构受力合理，避免后加预应力产生的二次效应，提高预应力效率；

（2）后加预应力构件对原结构损伤较少，桥梁恒载增加较少；

（3）节省材料用量，充分发挥材料性能；

（4）结合其他加固方法综合运用，根除原结构病害的同时避免产生新的病害，保障加固后整体结构的耐久性；

（5）施工便捷，有利于保障工程质量；

（6）节省工程造价，综合社会效益较高。

7　展望

希望通过本文引申能对预应力加固桥梁技术作系统的研究和探索，建立较完善的理论体系及使用标准，使预应力加固桥梁技术得到更广泛的推广和应用，并能有效指导预应力技术在桥梁加固工程中取得更好的综合效益。

桥梁伸缩缝处跳车病害的产生原因及防治措施

张　健

（辽宁省交通规划设计院）

摘　要　桥梁伸缩缝处的病害会影响到桥梁的服务质量,同时伸缩缝处跳车也会影响到行车安全。减少桥梁伸缩缝处跳车等病害的同时,也会提高桥梁的耐久性能。本文主要介绍了伸缩缝处的病害种类,分析了跳车的产生原因,并通过设计、施工、养护、维修等方面分别提出了对伸缩缝处跳车病害的有效防治措施。

关键词　伸缩缝　跳车　防治　措施

1　引言

伸缩缝是大中型桥梁结构中重要组成部分之一,为减少桥梁结构中混凝土收缩、徐变的影响及减少大气温度变化对相邻上部结构之间产生相对位移的影响,伸缩缝起着不可或缺的作用。目前全国普遍使用的伸缩缝类型主要有型钢橡胶伸缩缝、齿口钢板伸缩缝、毛勒伸缩缝以及纯橡胶式伸缩缝等。在车辆反复冲击作用下,伸缩缝是桥梁结构中最易破损的部位之一。伸缩缝的破损会导致跳车、噪声、漏水等病害,破损严重的会影响到行车安全。其中跳车是由于伸缩缝的锚固区混凝土破损,车辆经过时产生跳动;或接缝处混凝土下沉而产生具有相对高差的两个平面,车辆运行到这两个平面时产生的微小跳动。跳车必然会产生一定的噪声,同时也会加剧伸缩缝处混凝土的破坏。当降水时,水会从伸缩缝破损处流入桥梁结构的内部,从而导致桥梁结构的水害。为消除桥梁伸缩缝处跳车,同时也为保证桥梁的服务质量及行车安全,应分析跳车的产生原因,并对桥梁伸缩缝处跳车采取必要的防治措施。

2　伸缩缝处主要病害及跳车的产生原因

2.1　伸缩缝处主要病害种类

在车辆的反复冲击作用、日常雨水及车辆遗留的化学物质腐蚀下,桥梁结构中伸缩缝的主要病害集中在以下几点:

(1)锚固区混凝土麻面开裂,局部破损露筋。这种病害会导致车辆经过时产生跳车和噪声,破损露筋严重时,露出的钢筋会对过往车辆的安全造成威胁,见图1。

(2)伸缩缝被砂土、垃圾等杂物所填满,失去伸缩能力。

(3)伸缩缝橡胶条破损、脱落。雨水通过橡胶条破损、脱落处进入桥梁体内,对桥梁其他部件造成水害。

(4)由于桥面沉降量不同,伸缩缝两端会产生微小高差平面,车辆经过时会跳动,即伸缩缝处跳车,见图2。

2.2　伸缩缝处跳车的产生原因

(1)内、外界荷载作用的影响。桥梁自身的恒载及不同车辆运行时产生的振动作用都会使桥梁结构造成梁板下挠。梁板中间下挠必然会使两端有向上翘起的作用,由于两端翘起作用不同,在伸缩缝处会产生具有相对高差的两个平面,从而产生跳车。超载车辆运行将伸缩缝锚固区混凝土碾压破损脱落,也会产生跳车。

(2)混凝土收缩、徐变的影响。桥梁在施工结束后混凝土会产生伸缩、徐变现象,将原来设置好伸缩量的伸缩缝进行微小的拉伸,导致伸缩缝内部结构的变位。伸缩缝两侧混凝土收缩、徐变的量值不同时会导致伸缩缝处混凝土破损,从而产生跳车。

图 1 锚固区混凝土破损、局部露筋

图 2 伸缩缝两端桥面产生高差平面

(3)伸缩量的影响。设计或施工时,没有准确考虑温度伸缩量的影响,预留的伸缩缝过小会导致两侧梁板过度挤压,使接缝处材料凸起破损,从而产生跳车。

(4)施工及养护的影响。桥梁施工时梁板安装不平,或由于施工原因伸缩缝两侧混凝土产生的沉降量不同,以及养护未达到规定的龄期,都会在后期温度变化及车辆荷载作用下对伸缩缝造成损坏,从而产生跳车。

3 对桥梁伸缩缝处跳车的防治措施

3.1 设计及施工方面

(1)设计伸缩缝时应考虑梁板端部的刚度问题,且严格考虑影响伸缩量的因素,合理选择伸缩缝的宽度。在混凝土收缩徐变、正常温度变化、恒载挠度及车辆荷载作用下,保证伸缩装置的合理变形。

(2)设计伸缩缝时要合理选择伸缩缝装置的种类及形式,充分考虑各种伸缩装置的优点及缺点。要选择锚固可靠、耐久性好、耐磨耗性高的材料,要能够满足上部结构之间的联系及弹性要求,保证行车舒适、施工维修简单、便于养护。

(3)在桥梁伸缩缝施工时,要高度重视伸缩装置的预埋、焊接及混凝土浇筑等问题。伸缩装置与梁板预埋件焊接的顺序及长度都要满足规范的要求。安装伸缩装置时要注意当时的室外温度,必须按设计调整伸缩缝的定位宽度,允许误差要控制在 ±2mm 之内,严格禁止在同一伸缩缝上不同位置存在正负误差。

(4)为减少锚固区混凝土收缩裂缝的产生,同时也为提高混凝土的密实度,应该选择高强度膨胀混凝土,并严格控制浇筑质量,保证锚固区的宽度。锚固区混凝土的宽度一般设置为 0.5m 为宜,位于桥台上方的锚固区混凝土宽度一般与背墙宽度相等。

3.2 养护及维修方面

(1)养护是为了减少伸缩缝的损坏,延长其使用寿命,防止由于伸缩缝破损而产生跳车的重要环节。伸缩缝施工后要覆盖麻质布料进行洒水养护 7d 以上方可开放交通,同时要控制特大型和重型车辆的行驶。经常清理伸缩缝中的砂土、垃圾等杂物,防止伸缩缝堵塞及磨损,如有损坏需及时更换。

(2)定期对桥梁进行检测,主要包括伸缩缝堵塞情况,橡胶条是否存在脱落现象,锚固区混凝土破损、露筋等问题。同时记录检测时的室外温度,并测量伸缩缝开口值,核对某一温度时的伸缩缝开口值是否满足设计要求。如果不满足,需要及时采取维修措施。

(3)为避免病害进一步发展导致伸缩缝两端桥面产生相对高差,同时也为避免超载车辆的行驶对伸缩缝局部碾压造成锚固区混凝土破损,应该结合伸缩缝定期检测结果及时采取相应的措施进行维修。

(4)在对伸缩缝的每一次维修加固时都应该注意检查伸缩缝型钢或橡胶条两侧锚固区的相对高差,尤其是锚固区混凝土修补后的部位。如果发现有再次破损或凹陷等易产生跳车的病害时,需及时采用高强度快凝混凝土进行维修或找平,并且按照规范的要求进行养护。

4 结语

本文主要介绍桥梁结构中伸缩缝的病害及其跳车的产生原因和防治措施。伸缩缝处跳车主要是因为桥梁的伸缩装置发生破损而导致的,跳车必然会影响到行车的安全及桥梁的服务质量,尤其是高等级公路桥梁。伸缩缝的质量对桥梁结构会有一定的影响,为了行车的安全性,伸缩缝处的病害必须减少。从对伸缩缝的设计、施工到后期的养护、维修都必须高度重视行车的安全性。只有采用有效的防治措施,及时修补伸缩缝的病害,确保伸缩装置的各项指标,伸缩缝处跳车是可以大大减少甚至避免的。

参 考 文 献

[1] 中华人民共和国行业标准. JTJ 041—2000 公路桥涵施工技术规范[S]. 北京:人民交通出版社,2000.
[2] 交通部公路工程总公司. 公路工程质量通病防治指南[M]. 北京:人民交通出版社,2002.
[3] 王军汀,邢良军. 桥梁伸缩缝处跳车的成因和预防措施[J]. 中国新技术新产品,2009(14).
[4] 丁英. 桥梁伸缩缝加固与维修[J]. 北方交通,2008(04).

桥梁伸缩装置结构和耐久性研究

何长征
（河南高速公路发展有限责任公司周口分公司　466001）

摘　要　桥梁伸缩装置，在我国公路的不同建设时期采用的结构样式也不相同，并随着公路交通事业的发展而发展，本文针对现有伸缩装置结构进行分类研究，并结合目前运输超载、超限情况严重，伸缩装置使用的初期和中期的破坏状态，对伸缩装置使用耐久性进行深入研究和计算，从而延长伸缩装置的使用寿命。

关键词　伸缩装置　结构　破坏状态　耐久性

1　引言

近年来，随着国家交通事业的发展，交通量和重型车辆增多，运输超载、超限情况严重，初期和中期阶段使用的各种类型的伸缩装置有相当部分已呈现破坏状态。我公司根据现有高速的实际情况，根据"重载"交通的特点，在模数式伸缩装置的基础上，专门设计了适合当前交通发展的伸缩装置，对伸缩装置使用耐久性进行了深入的研究和计算，通过对其结构得更改和调整、对材料的试验，伸缩装置使用寿命增加一倍以上。

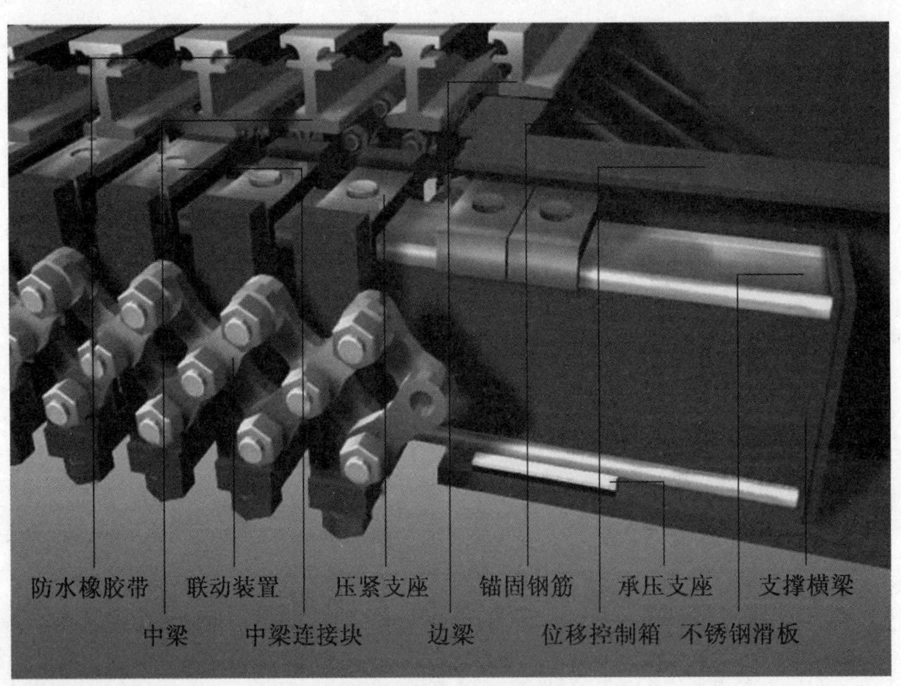

图1　重载耐候型伸缩装置说明

2　伸缩装置的分类

桥梁伸缩装置（图1）按照伸缩体结构的不同分为四类。

2.1　模数式伸缩装置

伸缩体由中梁钢和80mm的单元橡胶密封带组合而成的伸缩装置，适用于伸缩量为160～200mm的公路桥梁伸缩装置。

2.2　梳齿板式伸缩装置

伸缩体由钢制梳齿板组合而成的伸缩体装置，一般适用于伸缩量不大于300mm的公路桥梁工程。

2.3　橡胶式伸缩装置

橡胶式伸缩装置分为板式橡胶伸缩装置和组合式橡胶伸缩装置两种：

(1)伸缩体由橡胶、钢板或角钢硫化为一体的板式橡胶伸缩装置，适用于伸缩量小于60mm的公路桥梁工程。

(2)伸缩体由橡胶板和钢托板组合而成的组合式伸缩装置，适用于伸缩量不大于120mm的公路桥梁工程。

橡胶式伸缩装置不宜用于高速公路、一级公路上的桥梁工程。

2.4　异型钢单缝式伸缩装置

伸缩体完全由橡胶密封带组成的伸缩装置。由单缝钢和橡胶密封带组成的单缝式伸缩装置，适用于伸缩量不大于60mm的公路桥梁工程。由边梁钢和橡胶密封带组成的单缝式伸缩装置，适用于伸缩量不大于80mm的公路桥梁工程。

3　伸缩装置的结构特点和工作原理

3.1　模数式伸缩装置的结构特点和工作原理

模数式伸缩装置是采用热轧整体成型技术，专用异型钢材作为主要的受力构件，由边梁、中梁、横梁、位移控制系统、密封橡胶带等构件组合而成的系列伸缩装置。其突出的特点是：伸缩装置的承重结构和位移控制系统分开，二者受力时互不干扰，分工明确，这样即保证了受力安全，又能达到位移均匀的目的。结构上充分考虑了除能满足水平位移需要外，还能满足桥梁横向、垂直方向和梁端转角产生变形的需要，所以对弯、坡、斜和宽桥梁均有较大的适应性。同时改变了过去通常采用的每根中梁分别支撑在两根横梁的传统做法，使所有中梁在一个位移控制箱内均支撑在同一根垂直横梁上的结构；并通过机械连杆联动机构控制中间梁的位移，保证每条缝隙宽度均匀变化的同步作用。因为支撑横梁数量少，位移控制箱体积小，所以对大位移伸缩装置尤其有明显的经济性，能够达到产品标准化、系列化、易于互换、防水防尘、防油污、耐老化的特点，并采用最新防腐涂料在出厂前进行防护，防腐性能较好。

3.2　梳齿板式伸缩装置的结构要点和工作原理

梳齿板缝(图2)是一种古老的伸缩装置，几十年前就在使用，现在有一些改进。老式的梳齿板缝，其梳齿位于桥梁伸缩缝的顶面，将承重、位移和锚固的功能集一身，不能防水、减振。改进的梳齿板缝由铁道部大桥局设计院推出的在梳齿下加了防水，但清污和更换防水条困难；还有宁波路宝科技实业集团有限公司2005年推出RB模块式多向变位伸缩装置，将梳齿从伸缩缝上方后移到主梁上，增加了一段与不锈钢板的摩擦滑移；横桥向按1m分块，卯榫连接；另一端设计了竖向转动和横向位移构造，将承重、位移和锚固的功能集一个梳齿板，重量加大；同样不能防水、减振和防滑，而且加大了车辆驶过的噪声。

图2　梳齿板缝

3.3 橡胶式伸缩装置的结构要点和工作原理

(1)板式橡胶伸缩装置中的伸缩体是由橡胶、钢板或角钢硫化为一体的构造,它是利用橡胶材料剪切模量低的原理设计制造而成。即剪切型橡胶伸缩体设有上下凹槽,橡胶体内埋设承重钢板和锚固钢板,并设有预留螺栓孔,通过螺栓与梁端连成整体。它是依靠上下凹槽之间的橡胶剪切变形满足梁体结构的相对位移。橡胶伸缩体内预埋钢板,跨越梁端间隙,承受车辆荷载。

(2)组合式橡胶型伸缩装置,其伸缩体是由橡胶板和钢托板组合而成的构造,这类伸缩装置是一种具有刚柔结合的装置。它承受荷载之后,有一定的竖向刚度,所以具有跨越间隙能力大、行车平稳的优点。

3.4 异型钢单缝伸缩装置的结构要点和工作原理

异型钢单缝依照型钢的不同、锚固件的不同分为标准埋深(刚性锚固)、浅埋(柔性锚固和次刚性锚固)两种。其工作原理比较简单:型钢承重;锚板锚筋和栓钉将型钢单缝锚固在混凝土中;橡胶密封带紧密嵌置在型钢的型腔中进行防水。

4 国内主要伸缩装置应用情况

目前市场上大量应用的是XF斜向型伸缩装置与聚氨酯弹簧型伸缩装置。XF斜向型伸缩装置利用中梁的角度来控制位移的均匀性;聚氨酯弹簧伸缩装置利用聚氨酯的弹性来控制位移均匀性。随着交通的不断发展,对伸缩装置的要求不断提高,要求伸缩装置不但拥有满足日常温差所产生的变形,还要满足水平转角、竖向转角、多缝位移均匀性、行车舒适性、重载交通等各种要求,在以上条件下,根据大广高速具体情况,设计成公路重载耐候型伸缩装置。公路重载耐候型伸缩装置利用直杆链条来控制位移,中梁承重,位移和承重分开的结构系统充分达到了使用要求和行车舒适性的完美统一,具体介绍如下:

4.1 XF斜向型型伸缩装置

该伸缩装置(图3)采用斜向布置方式,每个位移控制箱只设一根支承横梁,位移通过斜向中梁的角度来控制,位移、转角、承重均有中梁承担,这就要求工厂制作精度和现场安装精度非常高,且因为中梁直接承受活载冲击,易于形成受力集中点,实际使用中损坏严重。

4.2 聚氨酯弹簧伸缩装置

聚氨酯弹簧型伸缩装置(图4)是利用聚氨酯弹簧来控制各中梁位移均匀性的伸缩装置,具有位移均匀,结构小巧的特点。但是,高分子聚氨酯材料在适应每年一个大位移,每天一个小位移的规律,塑性变形和弹性变形不停转化的情况下,其疲劳情况、三部分连接情况、材料老化情况均不能提供有效的保证,在此情况下,伸缩装置的使用年限会受到限制,设计单位、施工单位应慎重考虑。

图3 XF斜向型伸缩装置

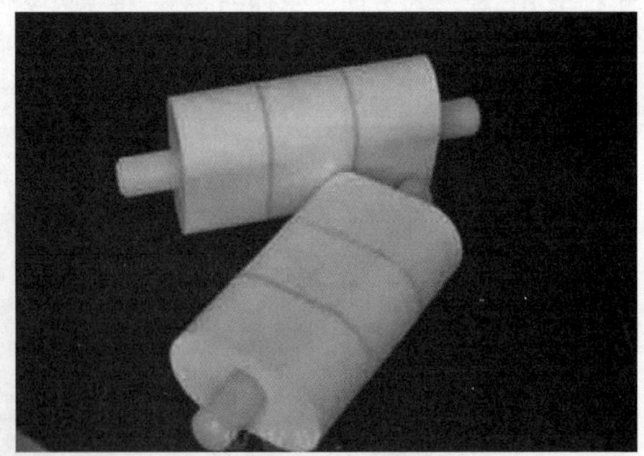

图4 聚氨酯弹簧型伸缩装置

5 国内伸缩装置出现问题分析

如图5所示,伸缩装置均出现中梁断裂,断裂处无明显高差。经过现场观察中梁断裂处相对平整,无明显屈服变形痕迹，破坏原因可能为材料屈服变形过小在受力过大的情况下突然断裂。

如图6所示，GQF-MZL240伸缩装置两个中梁变形严重，往上桥方向整体弯曲变形。在个别地方形成受力集中点，在冬季材料冷脆性增加，受力集中点随时可能断裂破坏，建议尽早更换。

图5 中梁断裂

图6 整体弯曲变形

该病害产生的原因是：该伸缩装置位于上坡方向，材料本身强度不够，车辆反复冲击下形成变形。

如图7所示，两根伸缩装置均出现中梁断裂，断裂处有明显高差。承重横梁横截面积过小，横梁间距过大，标准要求不小于1800mm，是造成中梁上下反复变形局部断裂的主要原因。实际上根据近年来交通的发展，重载交通成为主流，因此，要求中梁挠度不大于1mm，根据挠度计算横梁间距小于1200mm才能满足。

a)

b)

图7 两根伸缩的中梁均断裂

6 伸缩装置结构和耐久性研究

下面根据现场伸缩装置所出现的问题，对伸缩装置型钢材料、横梁的横梁承载、中梁布置、位移箱间距、伸缩装置接头等各项技术指标进行改进和调整。

6.1 改换型钢材质

将型钢材质由16Mn改为耐候钢NH355，在增加伸缩装置型钢强度的同时极大增强了材料本身的耐腐蚀性能，伸缩装置型材使用寿命增加一倍以上。图8为使用普通16Mn与耐候钢一年后的比较。

6.2 减小位移箱间距

减小了位移箱间距，其间距标准要求最大控制在1800mm，这样作用在中梁上的车轮荷载为91kN。为了适应重载交通的需要，做了如下调整：GQF-160与GQF-240伸缩装置位移箱间距由原来的小于等于1200mm调整为小于等于950mm；GQF-320型伸缩装置位移箱间距由原来的小于等于1200mm调整为小于等于900mm；GQF-400型伸缩装置位移箱间距由原来的小于等于1200mm调整为小于等于900mm。这样作用在中梁上的力大大减小，不足40kN，减小伸缩装置中梁挠曲度变化，有效地延长了伸缩装置使用寿命（图9）。

图8 两种材质使用比较

图9 减小位移箱间距

6.3 增加横梁承载力

增加横梁承载力,支承横梁按支承在位移控制箱内的转动支承轴和滑移转动支座的简支梁计算。除了考虑垂直载荷作用外,还要考虑汽车荷载在制动时产生的制动力的影响。制动力根据桥涵规范规定,按照不小于一辆重车的30%计算,其产生的最大水平力为21kN,并按垂直力和水平力共同作用下最不利的荷载组合确定横梁的截面。经计算为60×90。为了满足重载交通,我公司把支承横梁由原来的多根中梁和1根支承横梁组合的结构更改为1根中梁和1根支承横梁的组合结构。根据伸缩装置本身特点,GQF-240使用双支承梁(横梁)设计,GQF-320一个位移箱内一根支承横梁由原来的1根调整为4根;GQF-400支承横梁由原来的1根调整为5根,采用此种方法可实现中梁位移互不干扰,有效的保证了伸缩装置的承载和均匀位移。GQF-320横梁截面由原来的60×90调整为90×120,。GQF-400横梁截面由原来的90×120调整为90×130,承载力是设计承载力的两倍,有效的减小了在长期汽车载荷的作用下因疲劳和产生的破坏,延长了伸缩装置寿命。

6.4 调整伸缩量

伸缩量的调整,根据重载交通特点和现有伸缩装置结构特点,调整了大型伸缩装置的伸缩量。伸缩装置的中梁的设计是按照《公路桥涵设计通用规范》规定,以汽车超20级荷载的1.5倍进行设计计算,其主车后轴重为140kN,我公司采用210kN计算,高于桥梁规范规定值50%,并考虑计入汽车载荷的冲击作用,冲击系数按桥涵设计规范要求取1.3。GQF-320与GQF-400伸缩装置结构中增加一道中梁,保证伸缩装置在冬季单缝伸缩量最大不超过70mm(原有设计80mm),根据国外大量实验资料介绍,缝宽选择60mm时,从结构受力和行车效果来看,是最为理想的,但是最大缝宽不得超过80mm,此时不影响行车效果,为保证车辆行驶的舒适度,使车辆行驶更加平稳,我公司采用了70mm的最大伸缩量。

6.5 调整伸缩装置接头

伸缩装置(160含以上)产品长度超过10m,设计伸缩装置为两段,伸缩装置钢梁不再连接,接缝处设置10~15mm的间隙,但密封带连续。

原伸缩装置为整条在接头部位设置位移控制箱,即伸缩装置为一体,如图10所示。

此种伸缩装置,当伸缩装置长度过长,在长期受力情况下,应力难以释放,反复作用下会造成伸缩装置扭曲变形。而改为枕头箱完全解决了这个问题,首先减小了伸缩装置的长度,使应力可以释放。伸缩装置接头处应尽量安排在停车带或车流量相对较小处。这样,同等条件下增加了位移箱的数量,对伸缩装置成本略有增加,但伸缩装置的安全系数得到了增强,如图11所示。

6.6 特殊设计支座

承重系统是保证伸缩装置转动承重的重要装置。对于中梁下设置的压紧支座、承压支座("U"形设计),我们选择了特殊设计,使其既能转动又能滑动还起到压紧和支撑横梁的作用,又能达到缓冲和防止钢结构产生噪声的效果,结构上保证了支座受力均匀,并能满足制作有关规范标准要求,确保其受力下正常工作。在横梁下设置的转动支座轴,结构上也做了有效处理,使伸缩装置整个结构上更能适应桥梁结构的横向、竖向、转角等变形需要。

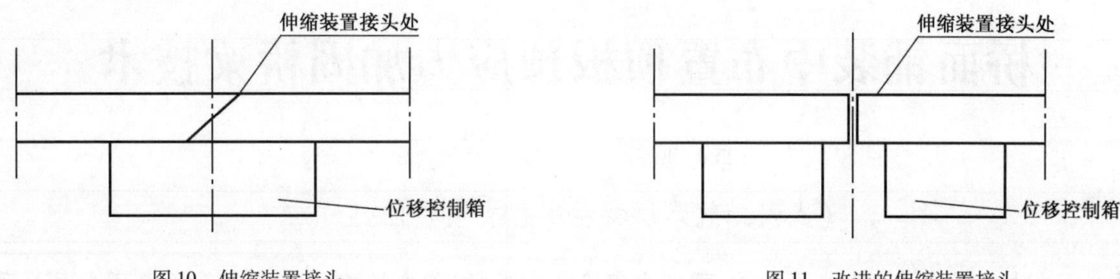

图10 伸缩装置接头

图11 改进的伸缩装置接头

综上所述：通过对型钢材料、横梁承载力、伸缩量、位移箱、中梁布置、伸缩装置接头的调整，有效地保证了伸缩装置横向、竖向、转角、变位均匀性等需要，延长了伸缩装置在“重载”交通下的寿命，保证了行车的安全性、舒适性。

7 社会效益分析

根据前面分析，伸缩装置的耐久性是解救桥梁伸缩装装置病害的关键所在，是保证桥梁安全性的一个有效途径，桥梁伸缩装置耐久性的设计将大大增加桥梁寿命，减少维修更换费用。所以伸缩装置的耐久性的推广应用也必将具有重大的社会效益。

参 考 文 献

[1] 李杨海，程潮洋，鲍卫刚，郑学珍. 公路桥梁伸缩装置实用手册. 2 版[M]. 北京：人民交通出版社，2001.
[2] 李杨海，程潮洋，鲍卫刚，郑学珍. 公路桥梁伸缩装置[M]. 北京：人民交通出版社，2001.

桥面铺装中布置顶板预应力加固桥梁技术

李华威　林　磊　曾文锋

（武汉二航路桥特种工程有限责任公司）

摘　要　预应力加固桥梁技术应用灵活，预应力布置方式多样，但在桥面铺装中布置顶板预应力加固桥梁技术尚无应用实例。本文依托工程实例论证了桥面铺装中布置顶板预应力加固桥梁的实际效果，对比相对其他预应力布置方式的优缺点。

关键词　桥面铺装　顶板预应力　桥梁加固

1　引言

桥面铺装中布置顶板预应力加固桥梁技术可以充分地发挥预应力束的材料性能，改善和提高梁体结构的受力状况，节约工程造价，具有显著的经济和社会效益。目前已经投入运营的桥梁结构形式多样，病害状况各有特点，科学合理的选择预应力束布置方式进行最有效的加固尤为重要。本文将增添桥梁预应力加固领域新的布置形式、丰富综合维修桥梁梁体病害和桥面铺装改造技术，验证桥面铺装中布置顶板预应力加固桥梁技术的施工特点和实际应用效果。对推动预应力技术在桥梁加固工程领域的发展有着极其重要的意义。

2　工程实例

2.1　工程概况

某市政桥梁全长 556m，左右幅分离，每幅桥宽 17.7m，全桥共 21 跨，桥面铺装层采用混凝土铺装层；全桥由主桥、过渡孔及引桥三部分组成，其中主桥为 68m + 88m + 68m 变截面预应力 C50 混凝土连续梁；两端设 38m 预应力 T 梁过渡孔；两侧引桥均由 8 × 16m 预应力混凝土空心板组成。主梁分三种类型：根部梁、中孔挂梁和边孔挂梁。根部梁截面采用单箱三室变高度的箱形截面，箱梁的高度由根部处的 5m 变化至跨中 2.4m，根部 1.5m 的范围设横隔板，梁底按二次抛物线变化。中孔挂梁与边孔挂梁为等高度的预应力混凝土 T 形梁，预制梁长均为 38m，单幅桥横断面由 4 片 T 梁组成。图 1 为大桥主桥和过度孔。

图 1　大桥主桥及过渡孔

2.2　原桥主要病害情况及分析

根据检测报告显示，在全桥的众多病害中，预应力封锚质量差，部分预应力锚头和预应力锈蚀是主跨梁体的主要病害，表明主跨梁体原预应力损失严重，特别是主墩墩顶桥面位置混凝土桥面铺装存在较多的横向通长裂缝，说明主跨梁体在墩顶负弯矩区存在一部分拉应力。

2.3 主桥结构受力分析

(1)根据竣工资料进行计算,原桥结构最不利荷载状况下,墩顶箱梁顶板上缘压应力为:最大压应力-5.4MPa,最小压应力-3.5MPa。

(2)根据现在该桥墩顶箱梁负弯矩区域的裂缝开展情况,估计墩顶箱梁顶板上缘压应力水平较低或处于受拉状态,即拉应力大于混凝土抗拉强度并导致开裂。结合梁体预应力筋组成情况,推断原腹板顶应力(56股,784束索)约20%失效,横跨主桥墩顶的箱梁二次预应力失效(二次预应力57~68,共12股,即144束),并对该情况进行验算,验算结果为:主墩墩顶箱梁的受力情况为:最不利荷载状况下,墩顶箱梁顶板上缘应力为:最大拉应力2.9MPa,最小拉应力0.8MPa,该应力状态与桥面墩顶区域开裂现状相符。

2.4 确定加固方案

为了改善梁体受力状况,应研究决定采用新增预应力的主动加固措施,并达到下列目的:

(1)保证结构有必要的安全储备,并维持原有的设计承载能力;

(2)保证结构的耐久性、良好的动力性能和抗震要求;

(3)加固方案可操作性强,方便施工和确保加固效果;

(4)充分发挥材料性能,节省工程造价。

2.4.1 预应力布置方式的确定

考虑到本桥的结构形式和病害特点,拟创新采用在桥面铺装中布置顶板预应力束的加固方法,具体如下:

凿除原桥面铺装层后,根据新增预应力的数量,在箱梁顶部平行布置预应力束,可根据后期铺装层厚度选择直接铺设钢绞线或先设置波纹管穿束后浇筑铺装层(可选择先张法或后张法),避开桥梁原钢绞线在箱梁腹板顶开凿,设置锚固措施。若采用先张法,则张拉桥面预应力后浇筑桥面混凝土,采用预埋波纹管后张法时,则先铺装桥面混凝土,待混凝土强度达到要求后再进行张拉。

2.4.2 本加固措施的优点

桥面铺装中布置预应力束较其他布置方式具有下列优点:

(1)避开了箱梁内横隔板等的阻隔,减少了混凝土钻孔工程量,在降低施工难度的同时减少了对原梁体结构的损失;

(2)可以采取普通的预应力钢绞线,不需要做专门的防腐处理,成本较低,材料采购容易;

(3)预应力束布置在顶板之上的桥面铺装层中,距离中性轴较远,预应力效率较高,材料用量省;

(4)若采用预埋波纹管后张法进行施工,可较好的解决墩顶负弯矩区桥面铺装受拉开裂的问题。

现在以大跨T构箱梁为例,简要地展现桥面后加预应力布束方式以及桥面锚座结构形式,如图2所示。

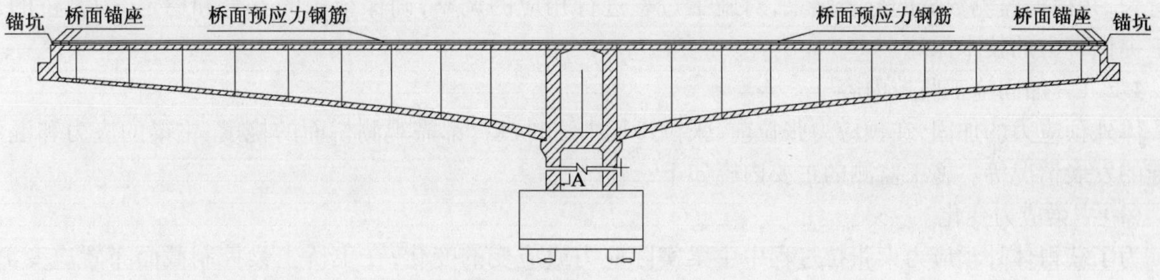

图2 桥面预应力布束方式和锚座结构

3 桥面铺装中布置顶板预应力的具体布置方式

在大量收集各类参考资料和研究相关工程实例的基础上,结合工程实际情况,确定具体的构造形式如下:

(1)锚固块采用钢筋混凝土结构,设置在箱梁内顶板上,后段与横隔板相连。具体构造上通过种植钢筋与腹板和顶板锚固,利于锚固区域的应力传递和分散。

桥面预应力束锚固在箱梁内,必须通过转向完成竖弯。预应力束转向处需对顶板开凿或钻孔,开凿大小或钻孔直径以方便穿束为宜,但应注意尽量减少对原结构的损伤。

在原梁体横隔板处设置转向钢板,预应力束通过转向钢板后下弯至箱梁内的锚固块内。预应力束下弯产生的径向压力通过转向钢板分散后由横隔板承受。

(2)预应力束分段设置,分区域锚固。较长的预应力束锚固在靠近跨中的T梁段横隔板处,较短的预应力束锚固在靠近主墩的箱梁内横隔板处。这个既解决了顶板不同区域的受力差异的问题,也避免的大量预应力束集中锚固对结构的不利影响。

(3)经查阅原桥竣工图,原梁体预应力布置复杂,特别是腹板部位更是预应力束密集,只能顶板预应力束的间隙布置新增预应力束。因此每束预应力的宽度不能超过12cm。

(4)新增预应力束由5根OVMESC15高强度低松弛($\Phi 15.2$mm,$Ey=1.95\times10^5$MPa,标准强度$Ry=1860$MPa,每根公称面积139mm^2。)钢绞线平行布置而成,长短束间距11cm交错设置。单束钢绞线水平宽度9cm,锚固区域外包波纹管后的水平宽度11cm。顶板区域的钢绞线只有单层1.2cm厚,加上桥面铺装钢筋网和锚固区域加强钢筋网后,可以将桥面铺装层总厚度控制在12cm厚以内。这样的桥面铺装构造厚度适中,相比原有的旧桥面铺装层厚度有所减少,利于减轻桥梁恒载。

综合上述因素,结合工程实际,确定的最终桥面铺装中布置顶板预应力束方式如图3所示。

4 桥面铺装中布置顶板预应力加固的效果验算分析及实际加固效果监控验证

4.1 桥面铺装中布置顶板预应力加固的效果验算分析

根据前面章节提到的本工程病害情况及采用的桥面铺装中布置预应力加固方案,对该桥梁添加桥面预应力作静力分析计算。

增加桥面预应力(36股,180束)后,最不利荷载状况下,墩顶箱梁顶板上缘应力为:最大拉应力0.2MPa,最小压应力为-2.1MPa,大部分处于受压状态。桥面预应力束的增加改善了墩顶箱梁负弯矩区的结构受力情况,增加了结构的安全储备、提高了整体的安全性及耐久性。

根据计算结果,大桥经采用桥面铺装中布置顶板预应力加固后,主桥结构按公路桥涵的设计安全等级:一级,设计荷载等级:汽超-20,构件类型:A类部分预应力,并按公路桥涵中持久状况中的承载能力极限状态、正常使用极限状态进行有限元理论分析验算,验算结果满足相关规范要求。

4.2 实际加固效果的监控验证

在张拉体外预应力的施工过程中,通过监测主桥结构的应力、桥面挠度的变化等,及时了解结构实际受力行为,并根据监测数据的分析结果,对施工过程进行相应的调整,确保结构的安全和稳定,为大桥的加固施工提供有力的技术保障。

4.2.1 加固施工监控内容

体外预应力的加固,在预应力张拉前、张拉过程中、张拉后,都需观测桥面的挠度、主梁的应力和混泥土裂缝的发展情况等。施工监测的主要内容如下:

(1)主梁应力变化

为了获得体外预应力束张拉过程中主梁实际应力或应变的变化,在主桥主梁控制截面布置应变测点,以观察在施工过程中各控制截面的应力分布情况。

(2)主梁挠度变化

挠度是控制桥梁线型的主要依据,预应力张拉前在各控制截面布置挠度测点,以观察在施工过程中主梁总体线型变化。

4.2.2 监控结果汇总

在整个预应力张拉过程中,左、右幅桥的结构变形和应变值与理论计算值均基本一致,说明结构实际状

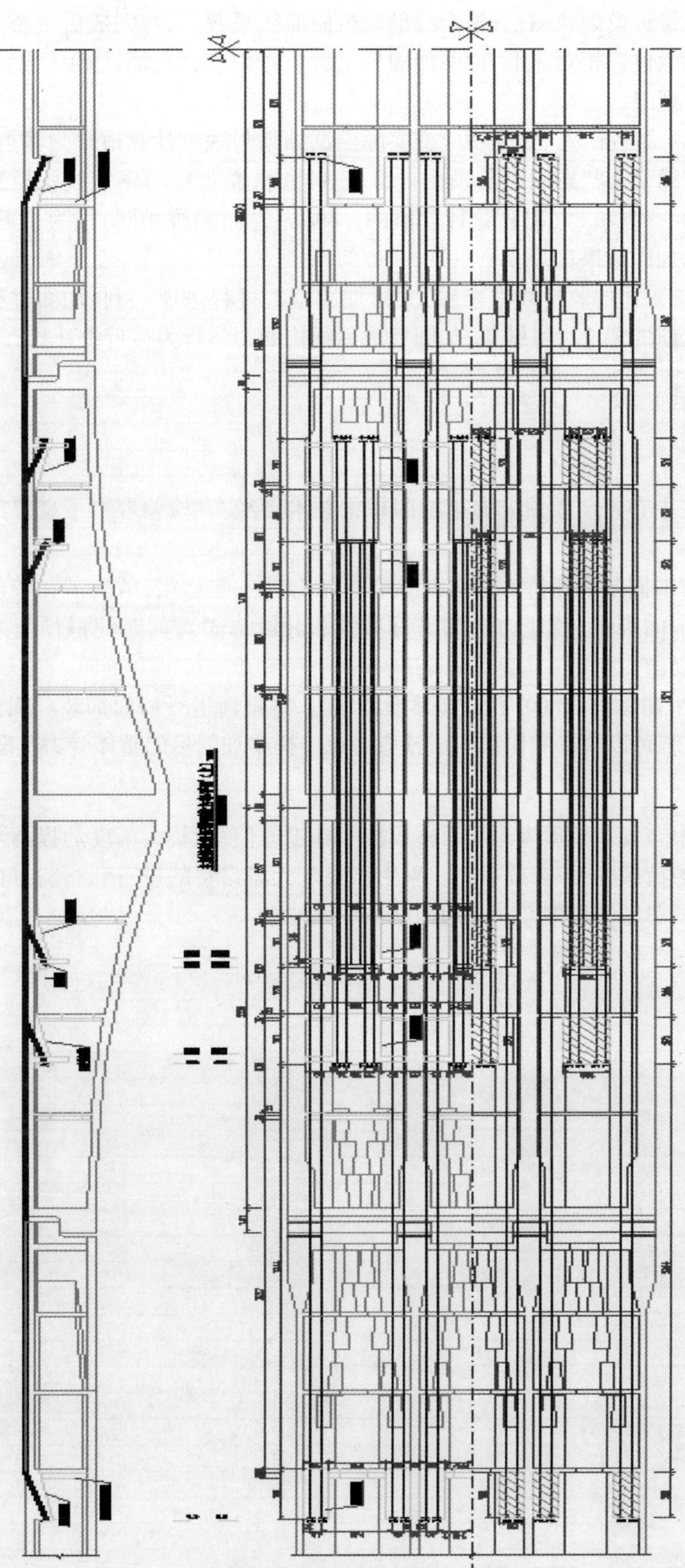

图3 桥面铺装中布置顶板预应力布置形式示意图

态同理论设计较为接近。张拉过程中结构线形测试总体上偏差较小且较为稳定，左幅所有钢束张拉到位后跨中测点最大变形值为 -17.8mm，右幅桥的为 -18.5，与理论计算的 -19.5mm（左右幅桥相同）均极为接近，说明实际加固后的线形接近设计状态；从整个线形顺桥向曲线来看，张拉完成后主桥结构中跨及边跨跨中线形均往上提升，两个主墩位置相对往下，说明加固后主墩负弯矩得到抵消，墩顶位置负弯矩区裂缝病害会得到改善，加固效果较为理想。

预应力张拉工序应变测试情况，左、右幅桥应变实际测试结果与理论计算值较为接近，分布曲线趋势基本一致，说明加固过程中结构受力状态同之前模型计算较为吻合，左预应力钢绞线张拉到位后最大实测应变值为 $-78.5\mu\varepsilon$，右幅桥为 $-92.7\mu\varepsilon$ 相对理论计算值的 $-89\mu\varepsilon$（左右幅桥相同）极为接近，加固后结构的力学行为接近设计状态，实际加固效果良好。

从预应力张拉整个施工工艺的监控数据来看，大桥加固施工过程进展顺利，加固过程中结构总体线形状况良好，结构受力符合之前的理论计算结果，加固完成后结构的力学行为接近设计状态。

5　创新点及展望

5.1　创新点

（1）首次使用桥面铺装中布置顶板预应力束加固桥梁技术，经实践检验取得了良好的技术效果和经济效益。

（2）首次将顶板预应力加固技术和桥面铺装改造有机结合在一起运用，解决了在较薄弱的顶板结构上施加加大预应力的应力集中的难题（预应力束的平行布置和分段锚固），同时使得预应力效益得以最大化（预应力束距离中心轴最远）。

（3）施工工艺合理优化，凿除桥面铺装后施加顶板预应力，再重新进行桥面铺装。能较好的解决预应力二次效应，新浇筑的桥面铺装可以很好的保护新增预应力束。桥梁加固后的整体受力状况进一步优化。

5.2　展望

本文研究的桥面铺装中布置顶板预应力加固桥梁技术施工方便，能较大幅度的提高预应力材料的使用效率，对原结构损伤小，增加荷载少，综合效益高。采用该技术无需昂贵的设备和材料，可节省工程造价，且加固效果显著可靠。是一项非常值得推广和运用的结构加固技术。

速凝型路面坑洞修复剂在桥涵养护中的应用

王煜寿
（甘肃省白银公路管理局白银公路管理段）

摘 要 公路桥涵在正常运营中，桥面铺装层在超载、超重车辆作用下，极易造成局部破损、坑槽，盖板涵易出现断板现象，如何快速有效进行抢修，恢复正常交通，成为养护工作难题。本文介绍了速凝型AC-K5路面坑洞修复剂在桥涵上部结构应急处治中的应用。

关键词 桥涵 病害处治 修复剂

1 材料的应用背景

白银公路管理段管养的G109线K1579+000~K1639+988段，共17座桥梁，102道涵洞，该段于二十世纪八十年代建成通车。近年来，由于交通量不断增大，特别是超载车辆的增多，桥梁超负荷运营，加之原桥面铺装层混凝土薄弱，钢筋布置少，造成桥梁绞缝处对应桥面纵向开裂、坑槽，部分板单板受力严重，重车通过后下挠挠度超限。另外，涵洞断板病害时有发生，由于G109线交通量大、车速快，一旦断板险情处理不及时，会造成交通受阻，还会给行驶造成巨大安全隐患。

因此，如何快速处治桥面坑槽、应对桥涵断板险情，保证公路安全与畅通，成为养护工作中的一个难点。

2 常见桥涵铺装层破损及断板应急抢修方法

目前常见方法有三种：

(1)凿除局部破损的桥面铺装层，用普通混凝土现浇。

优点：成本较低。

缺点：由于养生期长，往往达不到要求，实施质量不高；对交通干扰较大。

(2)对预计发生险情的桥涵断板，按梁、板尺寸提前进行预制，在险情发生时及时进行更换。

优点：成本较低，实施质量可靠。

缺点：吊装、运输不方便，同时由于断板险情的突发性无法准确预测，所需梁、板的数量、规格不定，会出现预制过多产生浪费或预制过少不满足抢险要求的情况，对于安装后的涵洞盖板还要进行水泥混凝土铺装层的施工，在28d养生期过后才能进行沥青面层施工，养护成本较高，并且对交通干扰较大。

(3)利用快速修补材料处治坑槽、现浇盖板。

优点：抢险速度快，施工方便。

缺点：目前快速修补材料良莠不齐，通常受到如天气、维修面积大小等因素的影响，不能及时修补；寿命短，质量难以保证；价格较高，抢险维修成本较高。

3 材料选择

针对桥梁混凝土应急处治这一养护难题，2013年起，白银公路管理段对桥面铺装局部破损、桥梁伸缩缝混凝土坑洞、涵洞盖板损坏等情况，利用AC-K5路面坑洞修复剂进行修复，经过近两年的跟踪观测，该材料对混凝土破损修复效果较好，修补后的病害未出现再次损坏。

3.1 材料综合性能

AC-K5路面坑洞修复剂水泥基复合类材料具有高强度、强度形成快、耐酸碱腐蚀、抗冻性强等一系列性能，是针对公路、桥梁快速维修设计的一种新型水泥基材料，能适应不同病害修复，在维修后能 4 ~ 6h 恢复交通。

3.2　材料配比情况

此材料拌和方法与普通水泥一致，现场搅拌灌注，配合比为：修复剂 1：砂 1.2：碎石 1.6 ~ 1.8（根据砂石的粒径不同，可略作调整）。砂要求为粒径规整、含泥量少的中粗砂，有条件的可选用工业石英砂。碎石粒径宜采用 10 ~ 20mm，最好选用玄武岩、蛇纹石或者花岗岩等火成岩类破碎石，不建议使用石灰石一类的白云质变质岩。最佳水灰比为 0.26，现场操作中按 0.28 ~ 0.30 控制。在天气较热或拌和效率较低的时候可适当加大水灰比，但不宜超过 0.33。

3.3　强度形成机理

此材料强度形成机理与普通水泥基类材料类似，区别于普通材料所具有的快速形成强度，源于以下四个方面：

（1）含有高水化活性的水凝胶材料，材料中某些组分单独在特定条件下烧制具有比一般水化材料高得多的水化活性。这一部分材料提供了最原始的强度并为整个材料早期提供水化热从而提高水化环境温度。

（2）专门针对材料配备了双组分金属盐和金属氧化物特效早强剂。能稳定快速催化材料的水化，从而形成强度。使用专用高效减水剂可大量减少水的用量，比普通混凝土的 0.45 左右的水灰比节水大约 25% 以上，从而大量减少混凝土中裂隙水空间，对早期和后期的强度提高效果都很明显。

（3）高磨细度，基料经过二次高度磨细，从而使材料具有更大的比表面积，在水化过程中，较容易和水结合，减少了水环境中粉料颗粒破溃时间，加速了强度形成过程。

（4）高效复合高分子材料的添加，可在分散高分子材料添加进混合料后，形成无数相对封闭的反应腔室，容易在单个粉粒团周围形成饱和的碱性液相，对水化固体物质析出提供了更好的条件。同时通过分子极性，排斥出多余的水分，也起到减水的作用。

3.4　材料优点

AC-K5 路面坑洞修复剂是由无机材料和高分子材料复合而成的混凝土修补材料，其优点在于：

（1）施工时间短：一般情况下，桥涵断板为半幅施工，要进行半副封闭，普通混凝土现浇加上养生期，需要封闭半幅车道或全幅路，施工期较长，给车辆安全行驶与养护安全作业带来隐患，而 AC-K5 路面坑洞修复剂适用于桥面铺装、涵板、混凝土路面板块整体浇筑，材料养护时间短，施工 4 ~ 6h 后即可开放交通，非常适合于尽快通车的要求，并提高了施工安全性能。

（2）施工方便：不受修补面积大小及数量的限制，直接将材料与砂、石拌和就可进行混凝土浇筑，无需再使用水泥，无需大型拌和设备，可人工搅拌或小型搅拌机现场搅拌。

（3）拌和后混凝土材料颜色与普通混凝土颜色接近，较为美观。

4　材料应用范围

AC-K5 路面坑洞修复剂应用范围（见表 1）

（1）用于伸缩缝混凝土的破损修复。

（2）用于桥梁铺装层局部损坏维修。

（3）用于桥涵盖板、铺装的整体浇筑。

主要技术参数　　表 1

适用温度	修复厚度范围	抗压强度（MPa）		
		3h	1d	7d
-10℃以上	10 ~ 50	≥20	≥35	≥50

5　应用实例

白银公路管理段将 AC-K5 路面坑洞修复剂作为公路桥梁应急性抢修材料进行推广应用，在 2013 年公路涵洞断板抢修、桥面铺装层局部维修及冬季抢修中发挥了重要作用。如图1、图2所示为施工前后照片。

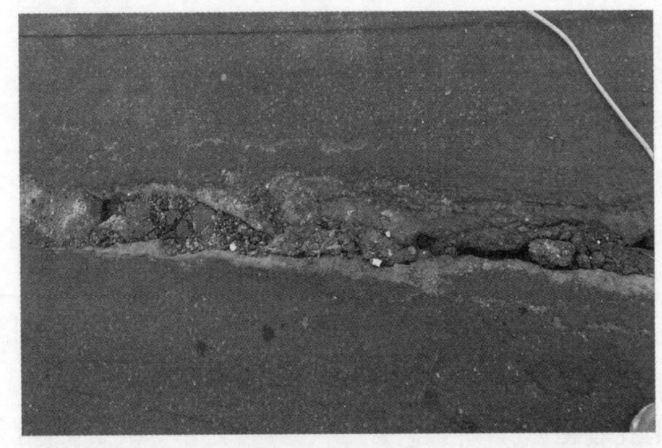
图1　桥面铺装层断开

图2　修复后效果

施工质量控制要点：

(1)对所有桥涵盖板及铺装层钢筋按图纸数量植入、布设。

(2)每次拌和需准确称量，砂要求为水洗中粗砂，碎石要求粒径在5～20mm，按照AC-K5: 砂: 碎石: 水 = 1:1:1.8:0.32的配合比。

(3)拌和后混凝土立即使用，并确保初凝前使用完毕，初凝时间一般为25～40min，可根据现场操作需要或天气条件适当调整。超过时间材料必须废弃，严禁二次加水后拌和使用。

(4)浇筑混凝土前应保证底侧面的清洁、湿润，确保混凝土充分结合。

(5)在浇筑过程中，要使用振捣棒，确保浇筑的密实。

(6)浇筑完毕后，在表面收光时，务必保证一次成形。在养护时，从初凝开始至浇筑完毕半小时进行洒水养护。

(7)施工过程中应保留标准混凝土抗压强度试块进行混凝土强度检测。

通车后技术人员使用回弹仪对修复后混凝土强度进行检测，平均数据显示混凝土强度为43.8MPa，对混凝土试块进行28d抗压强度检测，平均强度达到51.3MPa，达到了质量标准要求。

6　实施后效果跟踪观测

为对该材料性能进行科学评价，白银公路管理段制定了效果跟踪观测方案，并实施。

6.1　观测时间

自完工之日起跟踪观测，周期不少于2个冻融期。

观测分为早期与后期观测，早期观测主要侧重于作业项目的实施质量、材料耐候性，后期观测主要是作业项目所使用材料的耐候性进。

早期观测：自完工之日起6个月内，每三个月观测1次。

后期观测：早期观测完成至第2个冻融期，每6个月观测一次，不少于3次。

6.2　观测内容

(1)混凝土强度

利用回弹仪进行混凝土强度检测，并记录检测数据。

(2)混凝土集料缺失、剥落

目测施工后混凝土脱落情况并测量剥落面积，计算剥落率。

(3)混凝土表面裂缝情况

观测板底、板面混凝土表面是否有裂缝出现，记录裂缝长度、宽度。

(4)外观情况

观测混凝土是否有其他病害产生并记录病害类型及数量。

6.3 观测结果

观测结果见表2。

观 测 结 果 表2

桥梁名称	观测日期	混凝土回弹强度	混凝土集料缺失、剥落	混凝土表面裂缝	外观
K1602+300东长沟桥	2013.6.13	43.8MPa	无	无	无其他病害
	2013.9.13	51.7MPa	无	无	无其他病害

如表3所示为东长沟桥现浇桥面铺装层使用AC-K5路面坑洞修复材料与普通混凝土经济技术指标比较表。

经济技术指标比较表 表3

比较项目		桥面铺装		修复剂较普通混凝土
		修复剂方案	普通混凝土方案	
工期	(最早)开工时间	2013年12月7	2014年4月10日	普通混凝土在-13℃时,不具备施工条件,无法满足需要抢修的工程
	(最早)完成时间	2013年12月26日	2014年5月20日	
	施工时间(d)	20	40	施工周期短
	尚需封闭交通时间(d)	20	68	封闭交通时间短
费用	便道修建费用(元)	30000	30000	
	期间便道维护费用(元)	—	120000	无维修费
	期间安全费用(元)	7800	32280	时间段,安全生产费用少
	冬季施工措施费(元)	50000	50000	
	上部铺装直接工程费(元)	440000	110000	修复及费用高,为普通混凝土4倍
	总费用(元)	527800	342280	
质量		一完全达到C40MPa以上,混凝土集料无缺失、剥落,混凝土表面无裂缝	能达到C40MPa以上,混凝土集料基本无缺失、剥落,混凝土表面有细微裂缝	强度较高,表面质量好
比较结论		(1)采用修复剂可冬季抢修,普通混凝土不满足; (2)采用修复剂方案维修费用为普通混凝土的1.5倍; (3)采用修复剂方案工期较普通混凝土缩短约2/3; (4)采用修复剂方案强度较高,表面质量好		

7 结语

通过采用该速凝型路面坑洞修复剂对公路涵洞断板抢修、桥面铺装层破损修复,虽然其单价较高,但由于强度高,凝结快速,施工方便,工期短,投入的机械、人工较少,且施工质量较好,行车干扰小,在国省干线公路交通量大、需尽快抢通的应急养护项目的实施上有较大的推广价值。

参考文献

[1] 中华人民共和国行业标准. JTG/TJ32—2008 公路桥梁加固施工技术规范[S]. 北京:人民交通出版社,2008.

[2] 中华人民共和国行业标准. JTG/T F50—2011 公路桥涵施工技术规范[S]. 北京:人民交通出版社,2011.

隧道蓄能自发光应急逃生系统研究

林文岩 梁 冰
（金华市公路管理局）

摘 要 隧道内的安全逃生问题已日益受到世人关注，隧道蓄光能自发光逃生系统是提升隧道安全保障水平的重要途径。本文对隧道自发光材料性能的试验方法、评价指标及标准，隧道蓄能自发光应急逃生系统的组成、标识物规格尺寸、布置间距和安装要求等内容展开研究，设计了隧道蓄能自发光应急逃生系统并进行了现场测试与验证。结果表明，设计的隧道蓄能自发光应急逃生系统满足亮度与自洁净要求，起到了指示、引导、告知的作用，为隧道内驾乘人员紧急疏散提供了保障。

关键词 隧道 自发光 逃生系统

1 引言

近年来，我国的交通事业快速发展，隧道数量相应急剧增加，伴随而来的是隧道内事故频发，所发生的火灾或崩坍事故触目惊心。隧道起火时常常伴随有烟雾，在烟雾笼罩中，隧道内普通灯光照明下人眼无法看见；而正常照明系统极易因电力线路损坏而失效，隧道内一旦发生断电，特别是紧急电源无法有效供电时，将造成整个隧道陷于黑暗，增加人员的不安全感等负面心理因素，极易造成事故严重程度的扩大化，往往会造成重大人员伤亡和财产损失。因此，隧道内的安全逃生问题已日益受到世人的关注，需对不依靠电力及供电设备的蓄光能自发光逃生系统进行研究：在隧道内除布设普通的交通安全设施外，同时设置自发光应急逃生系统，以提升隧道安全保障水平。

2 隧道自发光材料性能指标

采用稀土元素激活的碱土铝酸盐长余辉自发光材料。针对湿度大、环境照度低的隧道特殊环境，对隧道用蓄光能自发光标识的发光亮度、耐温和耐水性能等指标进行研究，以此作为评价自发光材料的性能。

（1）发光亮度性能：随机抽取5个试样，在暗室中放置24h；将试样设置于照度50Lx的D65标准光源下激发15min；关闭激发光源，在10min、1h、12h时分别测试5个试样的余辉亮度，并计算平均值。要求10min、1h、12h的余辉亮度分别不低于150mcd/m^2、30mcd/m^2和2mcd/m^2。

（2）耐温性能：对试件进行温度循环试验，循环方式为：室温→低温（-40℃ ±3℃）→室温→高温（70℃ ±3℃）→室温；温度循环结束后按相关方法测试性能，要求温度循环后产品的外观无粉化、斑点、气泡、裂纹等变化，发光亮度不低于温度循环前的80%。

（3）耐水性能：将试样在25℃纯净水中浸泡7d；浸泡结束后按相关方法测试性能，要求浸泡后产品的外观无粉化、斑点、气泡、裂纹等变化，发光亮度不低于浸泡前的80%。

（4）耐酸碱性能：将试样在pH值为6的酸性溶液和pH值为9的碱性水溶液中分别浸泡48h；浸泡结束后按相关方法测试性能，要求浸泡后产品的外观无粉化、斑点、气泡、裂纹等变化，发光亮度不低于浸泡前的80%。

（5）耐盐雾腐蚀性能：按照GB/T 10125进行试验，要求耐盐雾后产品的外观无粉化、斑点、气泡、裂纹等变化，发光亮度不低于耐盐雾前的80%。

（6）表面硬度及自洁性能：用于底面的标识要求发光体发光部分表面硬度不低于70HD（邵氏硬度）；所有标识发光体表面光滑，经水喷淋后有一定的自洁功能。

3 逃生系统的设计

3.1 逃生系统的组成设计

隧道逃生系统有逃生路线、逃生通道、消防灭火设施、消防报警设施和电源控制设施五部分组成。

(1)逃生路线:在隧道侧墙上安装附着式逃生轮廓标志,在隧道路面标线上安装分隔线突起路标,起到指示引导的作用;在隧道侧墙上安装自发光逃生出口方位及距离标志,起到告知安全出口的方位及距离的作用;在检修通道(电缆槽盖板)上安装自发光转角绊阻物标识,起到引导逃生人员及起到分开人行道和机动车的作用。

(2)逃生通道:在汽车通道、人行通道洞门边框上安装自发光边框条形标,在通道两侧主隧道侧墙上自发光箭头标,起到指示相应洞室位置的作用。

(3)消防灭火设施:在消防箱洞室周边墙面上安装自发光边框条形标,起到指示相应洞室位置的作用;同时安装自发光消防灭火设施指示标志,起到准确指示消防灭火设施位置的作用。

(4)消防报警设施:在消防报警器按钮附近墙面上安装自发光消防报警器按钮标志,起到准确指示报警器按钮位置的作用。

(5)电源控制设施:在配电柜洞室两侧边墙面上安装自发光边框条形标,起到指示相应洞室位置的作用。

3.2 逃生系统的标志设计

参考国内外相关研究成果及我国相关规范,对自发光标志的规格尺寸、布置间距进行合理设计。

图1 隧道安全逃生出口方位及距离标志(单位:mm)

(1)隧道用自发光安全逃生出口方位及距离标志:标志主隧道、汽车通道规格为370×1020mm,每20m设置一个;汽通、人通规格为300×800mm,每10m设置一个,直接固定在隧道侧墙墙面。起到告知安全出口的方位及距离的作用,如图1所示。

(2)隧道附着式逃生轮廓标志:规格为350×360mm的菱形块,每20m设置一个(与隧道壁用自发光安全逃生出口方位及距离标志间隔布设),直接固定在主隧道侧墙墙面,起到指示引导的作用。如图2所示。

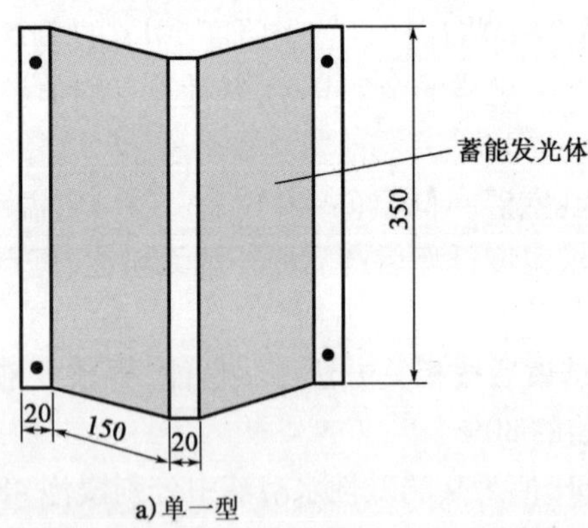

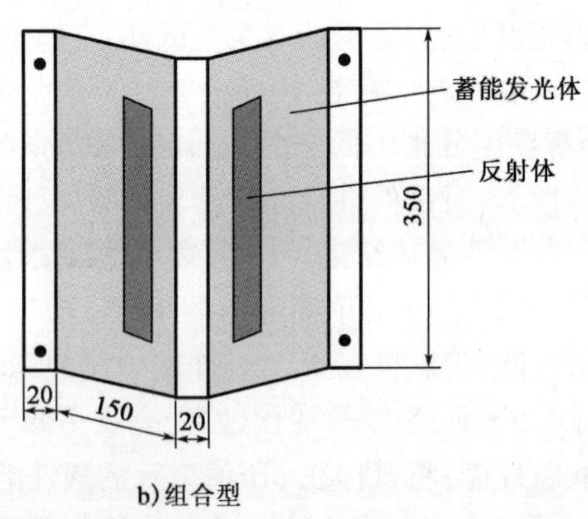

图2 隧道附着式逃生轮廓标志(尺寸单位:mm)

(3)隧道用自发光转角绊阻物标识:规格为110×230mmL形、110×100mmL形改进型构件,每4m设置一个,直接固定在隧道内人行道靠机动车道边缘,起到引导逃生人员、分开人行道和机动车的作用,如图3所示。

(4)隧道用自发光边框条形标:条形标规格配电柜为150×2000mm,在配电柜两侧安装;消防箱为150×1250mm和150×2000mm,在消防箱三边(左侧、右侧、顶部)安装;人行通道、汽车通道300×2500mm,在通道两侧端墙端头位置安装。直接固定在墙面上,起到指示相应洞室位置的作用,如图 4 所示。

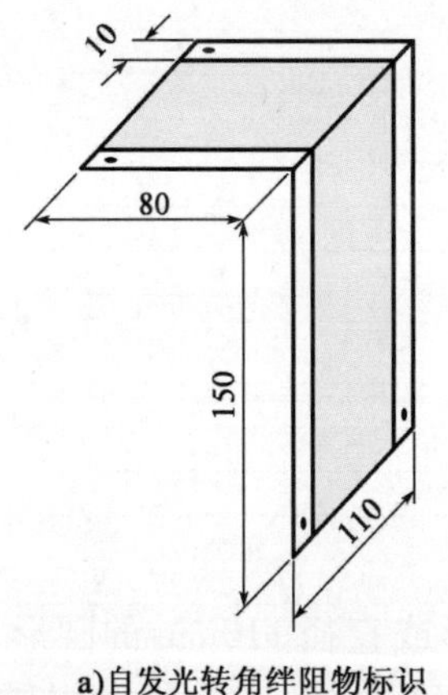

a)自发光转角绊阻物标识

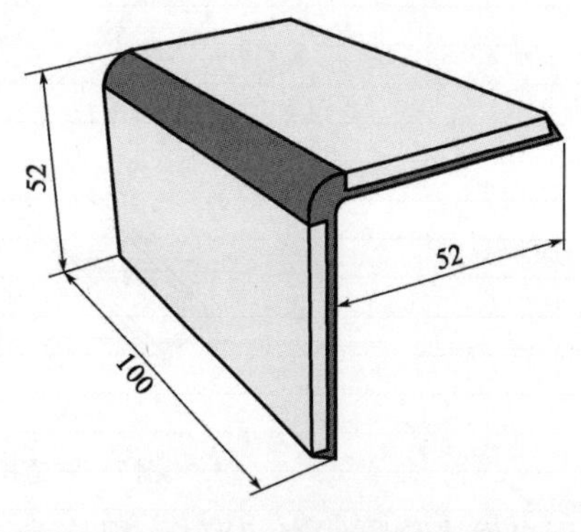

b)自发光转角绊阻物改进型标识

图 3 隧道用自发光转角绊阻物标识(尺寸单位:mm)

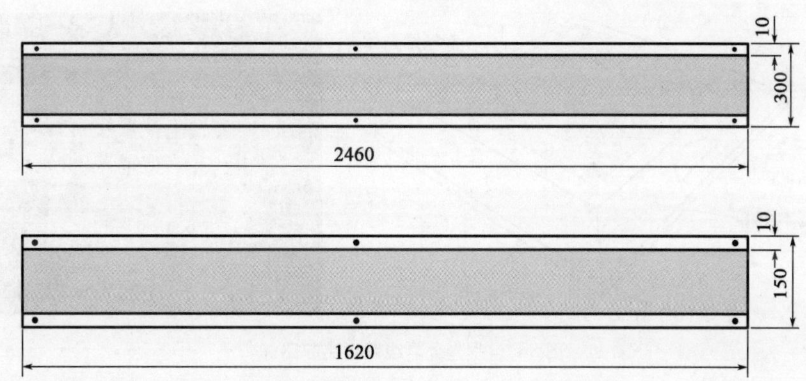

图 4 隧道用自发光边框条形标(尺寸单位:mm)

(5)隧道用自发光消防报警器按钮标志:规格为 300 × 300mm,在消防报警器按钮下安装,起到准确指示报警器按钮位置的作用,如图 5 所示。

(6)隧道用自发光消防灭火设施指示标志:标志规格为 600 × 600mm,在隧道内消防箱旁,与消防报警器按钮对称布置安装,起到准确指示消防灭火设施位置的作用,如图 6 所示。

图 5 隧道用自发光消防报警器按钮标志

图 6 隧道用自发光消防灭火设施指示标志(尺寸单位:mm)

(7)隧道用自发光箭头标:标志规格为 2 条 200 × 1000mm 的平行四边形按 90°拼接成一个箭头图形,3 个箭头成一组。在主隧道汽通、人通洞门两侧安装,起到指示相应洞口位置的作用,如图 7 所示。

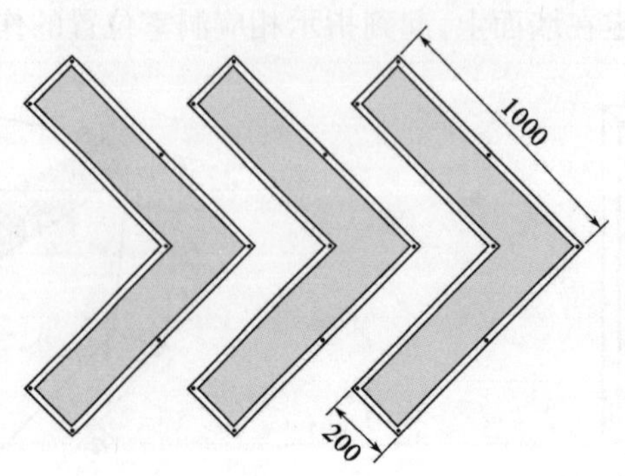

图 7　隧道用自发光箭头标(单位:mm)

(8)隧道用自发光分隔线突起路标:规格为 100×100mm 的正方形或直径 110mm 的圆形,每 20m 设置一个,与隧道用自发光转角绊阻物标识对应布设。直接固定在隧道地面标线上,起到指示引导作用的作用,如图 8 所示。

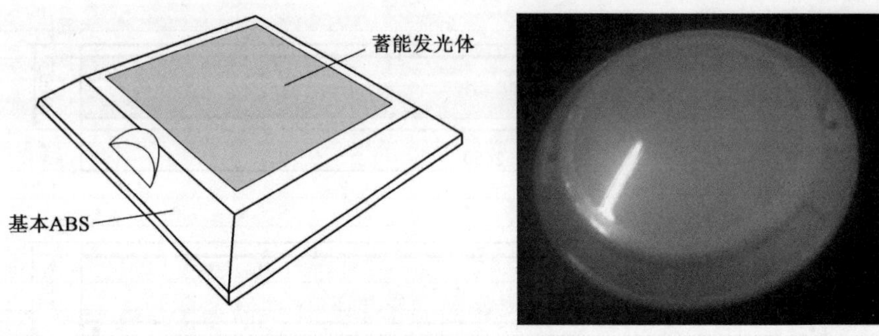

图 8　自发光分隔线圆形突起路标

4　现场测试与效果评价

4.1　现场目测

(1)附着式逃生轮廓标志、自发光转角绊阻物标识、自发光箭头标、自发光分隔线突起路标、自发光边框条形标在 100m 范围内能看见。

(2)自发光消防灭火设施指示标志、自发光消防报警器按钮标志在 80m 范围内能看见。

(3)自发光安全逃生出口方位及距离标志在 50m 范围内可以看清相关内容。

实践证明,蓄能自发光逃生系统起到了指示、引导、告知作用。

4.2　现场标志亮度检测

现场测试在不同照度下逃生系统标志的有灰尘亮度和无灰尘亮度,结果如表 1 所示。由结果可知,现场检测自发光逃生系统标志的余辉亮度均能满足逃生人员的可视要求($\geqslant 0.32 mcd/m^2$),自发光逃生系统功能发挥正常;标志表面的灰尘清理干净后,其亮度可提高 15%～40%。

隧道现场标志检测结果(单位:照度 lx、亮度 mcd/m^2)　　表 1

名称		位置	照度	有灰尘亮度	无灰尘亮度	名称		位置	照度	有灰尘亮度	无灰尘亮度
轮廓标	1	正面	106.3	337	391	轮廓标	4	正面	15	53	61
		反面	107	363	428			反面	11	42	50
	2	正面	82	292	338		5	正面	12.09	41	49
		反面	51	227	261			反面	11.98	38	46
	3	正面	36	156	175		6	正面	3.30	22	29
		反面	36	136	158			反面	0.06	6	8

续上表

轮廓标	7	正面	1.49	59	67	转角标	8	顶面	无灯光	4	5
		反面	0.58	50	58			侧面	无灯光	9	11
	8	正面	0—0.002	13	16		汽通1	顶面	0.01	4	6
		反面	0.001	5	7			侧面	0.06	6	8
	9	正面	无灯光	34	39		汽通2	顶面	0.003	2	3
		反面	无灯光	6	8			侧面	0.065	6	10
	10	正面	无灯光	27	35		汽通3	顶面	3.54	12	17
		反面	无灯光	9	11			侧面	4.32	19	27
	11	正面	无灯光	22	30		汽通4	顶面	0.10	4	6
		反面	无灯光	12	16			侧面	3.61	12	16
转角标	1	顶面	156	316	360		汽通5	顶面	3.02	9	12
		侧面	58	210	238			侧面	5.8	25	36
	2	顶面	67	141	163	逃生牌	1		114	401	460
		侧面	115	429	475		2		35	131	155
	3	顶面	15.45	37	44		3		17.10	51	60
		侧面	16.2	59	68		4		11.20	35	49
	4	顶面	11.65	26	36		5		8	27	37
		侧面	13.46	50	59		6		7.26	26	36
	5	顶面	10	25	34		7		4.30	14	19
		侧面	16	55	64		8		无灯光	8	12
	6	顶面	3.5	10	14		9		无灯光	7	11
		侧面	5.5	21	30	灭火器			107	365	416
	7	顶面	0.005~0.015	5	6						
		侧面	0.09	8	11						

5　结语

(1)提出了隧道自发光材料性能的检测试验方法、评价指标及标准。

(2)确定了逃生系统的组成,提出了标识物规格尺寸、布置间距和安装要求等设计要求。

(3)通过现场效果验证,隧道蓄能自发光应急逃生系统起到了指示、引导、告知的作用,为隧道内驾乘人员紧急疏散提供了保障。

体外预应力技术在药湖大桥加固中的应用

伍　坤　周振华

（江西省嘉和工程咨询监理有限公司）

摘　要　早期建造的部分空心板梁桥存在横向联系比较薄弱的问题。本文结合药湖特大桥加固工程，分析了空心板梁桥梁板病害产生的原因，对施加横向预应力加固空心板梁桥技术进行了阐述。

关键词　桥梁工程　空心板梁桥　横向体外预应力　加固

1　引言

随着我国公路交通运输事业的飞速发展，重载交通迅猛增加，建于20世纪90年代以前的空心板梁桥由于当时设计标准偏低，横向联系比较薄弱，在经过多年超负荷使用后，一些空心板梁桥出现严重的病害，降低了桥梁的承载能力，影响了交通运输的安全。而全部重新建造这些桥梁，不仅需要大量资金，而且也造成资源的极大浪费，因此，对部分现役桥梁采取合理的加固措施提高其承载能力，满足交通需要具有现实意义。

体外预应力技术在公路桥梁加固上的应用是从20世纪70年代末开始的。体外预应力是指对布置于承载结构本休之外的钢束张拉而产生的预应力。体外预应力加固作为一种主动加固方法，同其它一些加固方法如粘贴钢板法、增大截面法相比，可明显提高结构承载力，且施工方便、检修方便。本文结合一座现役空心板桥梁的加固设计与施工，探讨空心板梁板体外预应力横向加固技术。

2　工程概况

南昌至樟树高速公路药湖特大桥全长9108m。上部结构采用路径20m先张法预应力混凝土宽幅式空心板结构，空心板按照部分预应力A类构件设计，采用先张法施加预应力，单幅桥每孔横向布设8片梁，双幅每孔16片梁。桥面铺装采用10cmC40防水混凝土+4cm沥青混凝土铺装，桥面连续。药湖特大桥自投入运营以来，由于交通量较大，重载车多，在桥梁检测中发现桥面出现纵向裂缝等病害，亟待加固处理，以保证正常运营。

3　药湖特大桥上部结构病害

3.1　主要病害

（1）桥面铺装层出现多处纵向裂缝，严重的出现了不同程度的坑槽现象，纵向裂缝大多集中在行车道位置，少数裂缝贯穿整跨桥面。

（2）桥梁空心板之间企口缝结构混凝土破碎、脱落甚至塌陷，药湖大桥静载试验测得试验跨主梁挠度横向分布规律与理论计算差异较大，说明各主梁之间横向连接较弱，荷载在各主梁间不能很好的有效传递。

3.2　病害原因分析

（1）空心板横向联系薄弱。空心板之间通过铰传递剪力，把单块梁板上的剪力传递到其他空心板共同承担荷载，但铰接缝间的混凝土不足以抵抗外荷载引起的横向弯矩，导致铰接缝间的混凝土开裂。在车辆荷载作用下，空心板间企口缝连接发生损坏，削弱了空心板间的铰接作用，破坏了简支空心板梁桥整体性，荷载横桥向不能有效的传递，造成单板受荷现象。

（2）板梁预应力计算上拱值较大，且与活载计算变形叠加后，仍为上拱趋势，若施工时未设反拱，且施工期间预应力筋放张过早，可能会使梁体产生过大的上拱变形。由于主梁的上拱，在实际结构中每片梁的上拱量不相同,并且主梁间的铰接不强,也会导致空心板单绞缝纵向开裂。

4 加固措施与施工

4.1 加固措施

该桥加固后设计标准按照部分新标准的原则,承载能力满足《公路钢筋混凝土及预应力混凝土桥涵设计规范》(JTG D62—2004)规范要求,正常使用极限状态满足《公路钢筋混凝土及预应力混凝土桥涵设计规范》(JTJ 023—85)要求,故对其结构无需补强加固,但为满足结构耐久性要求,需要对结构的裂缝及缺陷进行必要修补。根据上述病害原因分析,加强主梁间横向联系是处理桥面纵向裂缝的关键。依据公路桥梁加固设计规范、公路桥梁加固施工技术规范及该桥检测报告,以及由于在既往维护工作中,已经全桥更换了桥面铺装层,为有效改善空心板横向联系,对于出现纵向裂缝孔跨增设横向预应力加固补强,全桥增设横向预应力加固共计109跨。

在增设横向预应力之前,先采用环氧自流平灌浆料将空心板绞缝距梁底40 cm范围内进行灌注密实;另外将桥面4cm沥青层铣刨掉,对桥面裂缝采用注浆封闭处理后,重新设置防水层及4cm沥青混凝土。

体外预应力钢束采用单束直径15.2mm环氧喷涂型预应力钢绞线,标准强度1860MPa,每跨布置5束,具体布置如图1、图2所示。

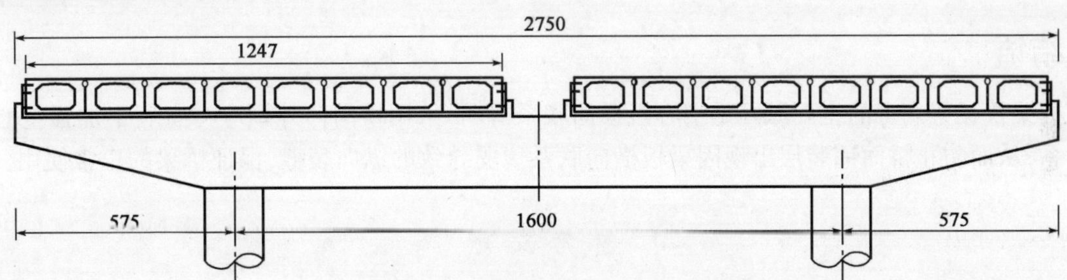

图1 体外预应力钢束横桥向布置图(尺寸单位:mm)

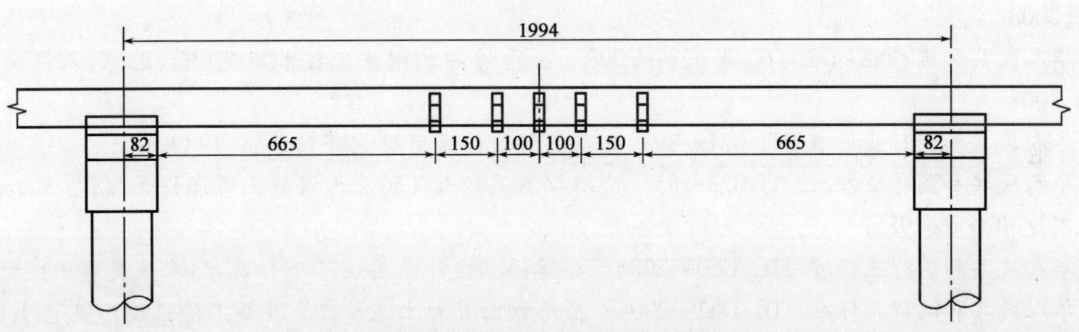

图2 体外预应力钢束纵桥向布置图(尺寸单位:mm)

加固后,在桥跨中部5m,9m,10m长范围内,底板最大应力与最小应力与加固前计算结果如表1所示。从表1中计算结果可知,施加体外横向预应力后,空心板横桥向底板最大拉应力值减少,最小拉应力值则减少为压应力,表明空心板横向联系得到加强,增强了主梁间整体性。

预应力空心板旗加横向预应力计算结果表 表1

部位	未施加预应力		施加预应力后	
	底板最大应力(MPa)	底板最小应力(MPa)	底板最大应力(MPa)	底板最小应力(MPa)
正常段	0.91	0.262	0.341	-0.338
加宽段	1.04	0.32	0.220	-0.330
开口段	1.32	0.182	0.360	-0.45

注:表中应力值均为横桥向应力值,其中正值为拉应力,负值为压应力。

4.2　加固施工

(1)铣刨掉桥面4cm沥青层:采用小型破碎镐(微振)人工凿除原桥面沥青层。

(2)铰缝混凝土表面处理:采用钢刷将空心板铰缝距离底面40cm范围里清洗干净。

(3)预埋注浆管:注浆管按2m间距埋设,注浆管应插入铰缝深度为40cm。

(4)缝边:采用封边胶进行封边处理。

(5)注浆:采用空压机通过注浆管将环氧自流平灌浆料压入空心板铰缝内,直到相邻注浆管流出环氧自流平灌浆料终止灌注,依次灌注。

(6)注浆正常养护达到要求强度后进行预应力定位、锚板安装、预应力筋张拉及锚具防护等。

(7)对桥面裂缝进行注浆封闭,重新设置桥面防水层及4cm沥青混凝土桥面铺装。

横向体外预应力钢绞线的采用高压油泵和YDC240Q张拉千斤顶进行施工,钢绞线施工要平稳、缓慢进行,张拉时实行钢绞线伸长量与张力应力双控制。由于横桥向张拉预应筋为体外预应筋,因此,要重视体外预应力钢绞线的防腐与保护,包括钢绞线的防腐与保护及锚头防腐。钢绞线采用环氧喷涂无黏结预应力钢绞线,同时外套PE防护套管,防止划(刮)伤。钢绞线张拉结束后,将热缩套加热收缩并收紧在PE保护套管的两端头上,使整根体外索和外界空心隔绝,加强体外索的防腐与保护。锚头防腐采用内填满防腐油脂外包锚杯,将张拉完毕后的及钢绞线密封于锚杯内,并拧上螺栓,对锚具及钢绞线进行可靠的防护。

5　结语

空心板梁桥板梁病害的主要原因是空心板横向联系薄弱,采用横向体外预应力有利于加强空心板之间的横向联系,从而防止桥面铺装层出现因梁板横向联系薄弱导致的纵向裂缝,保证桥梁的正常使用。

参 考 文 献

[1] 中华人民共和国行业标准. JTG/T J22—2008　公路桥梁加固设计规范[S]. 北京:人民交通出版社,2008.

[2] 中华人民共和国行业标准. JTG/T J23—2008　公路桥梁加固施工技术规范[S]. 北京:人民交通出版社,2008.

[3] 中华人民共和国行业标准. JTJ 021—89　公路桥涵设计通用规范[S]. 北京:1989.

[4] 中华人民共和国行业标准. JTJ 023—85　公路钢筋混凝土及预应力混凝土桥涵设计规范[S]. 北京:人民交通出版社,1985.

[5] 中华人民共和国行业标准. JTG D60—2004　公路桥涵设计通用规范[S]. 北京:人民交通出版社,2004.

[6] 中华人民共和国行业标准. JTG D62—2004　公路钢筋混凝土及预应力混凝土桥涵设计规范[S]. 北京:人民交通出版社,2004.

[7] 中华人民共和国行业标准. 蒙云南,等. 桥梁加固与改造[M]. 北京:人民交通出版社. 2004.

[8] 中华人民共和国行业标准. 梁全富,等. 体外横向预应力加固简支空心板梁桥技术[M]. 北京:中国建筑工业出版社. 2007.

下穿高速公路桥梁施工保通方案讨论

张新春 牛应理 唐安平

(中国华西工程设计建设有限公司)

摘 要 结合焦作市南外环路下穿长济高速公路桥梁施工保通方案工程实例,介绍了保证高速公路正常运营的情况下的桥梁施工保通方案,分析了各种保通方案的优缺点,提出根据道路交通量,合理选择保通方案,降低工程成本。

关键词 钢箱梁 保通方案 半幅限速双向通行 施工便道

1 引言

长济高速公路在焦作市西南部上跨省道104郑常线,焦作市南外环路利用既有S104郑常线进行加宽改建,S104郑常线为双向二车道二级公路,路面宽14m;改建的焦作市南外环路采用双向8车道城市主干路技术标准,四块板布置,设计速度60km/h,红线宽度56m,路基横断面布置为:5.5m(人行道)+4m(绿化带)+15m(机动车道)+7m(绿化带)+15m(机动车道)+4m(绿化带)+5.5m(人行道)。

交叉位置现有分离式立交桥,上部结构为25m+38m+25m钢—混组合梁,下部结构为柱式墩,肋板台,钻孔灌注桩基础,交角32°,桥下净高大于5m,设计荷载等级为汽车-超20级,挂车-120。跨线处净宽为18.5m,边孔净宽2×13.19m,不满足双向八车道的断面布置需求,需拆除重建。

长济高速公路为双向四车道,设计速度120km/h,路基宽度28m,沥青混凝土路面,交叉处路基填土高度7.5m。

2 桥梁改建方案

根据改建道路技术标准需拆除既有分离式立交桥,新建钢—混凝土组合梁,下穿长济高速。新建桥梁跨径布置为35m+2×40m+35m钢—混凝土组合梁,桥梁长度159m;桥面宽度为2×13.5m,桥梁交叉角度32°,桥下净空5.0m;桥梁下部采用柱式墩,桥台采用柱式台,钻孔灌注桩基础,设计荷载等级为公路-Ⅰ级的1.3倍。桥梁第二孔及第三孔桥下供机动车道通行,第一孔和第四孔桥下为外侧绿化带和人行道位置,满足南外环路远期规划断面布置需要。

新建桥梁上部钢—混凝土组合梁,采用左右幅断面对称布置,外侧边腹板处梁高1.7m,单幅桥梁宽度为13.5m。单幅断面采用双箱单室直腹板截面,顶板宽度为6.25m,底板宽度为3.3m;考虑到本桥斜度较大,同一断面处相邻箱室竖向扰度相差加大,为减少相邻箱室竖向扰度差,明确结构受力,两箱连接处设0.9m二次浇筑段,钢梁截面为焊接开口箱形截面;为减少混凝土收缩徐变,桥面板采用预制结构,预制结构之间设置现浇湿接缝。

3 桥梁施工保通方案

长济高速连接大广、二广、郑焦晋、京港澳高速公路,是济源、焦作、新乡三座城市之间的快速通道。下穿长济高速公路分离式立交桥要尽量减少对长济高速公路收费的影响。在进行施工时保证道路安全、畅通的难度较大,这一问题更显突出,因此拟定合理、科学的保通方案和施工组织方案十分重要。

3.1 施工交通组织应遵循的原则

(1)安全原则 改建工程施工期间,除按时完成工程和保证工程质量外,还必须保障运营车辆的行驶安全,同时也必须保障施工车辆和施工人员的安全。

(2)畅通原则　改建工程施工期间,长济高速公路应始终畅通,确保施工过程中车辆能够以较低的速度通过,以减少因施工带来的高速公路运营损失。

(3)确保施工进度原则　改建工程是在原有高速公路的基础上进行的,其施工必然带来原有高速公路的运营损失,同时对高速公路通行能力有一定影响。因此要确保施工进度,尽量减短施工周期是非常必要的。

(4)效益最佳原则　改建工程作为一项经济活动,合理利润的追求必然要求工程在达到工程质量、时间等各项要求的基础上,付出最小的经济代价。

3.2 保通方案比选

本项目需拆除重建现有分离式立交桥。施工期间对长济高速公路通行车辆影响较大,需科学合理地做好交通组织,确保长济高速公路车流量能在施工期间不间断通行,尽量减少施工过程对长济高速公路的运营的影响。

桥梁上部为左右幅分离式,施工采用两幅分别单独施工,结合长济高速公路现状,拟定三种保通方案进行比选。

(1)方案一　长济高速公路半幅限速双向通行,半幅封闭施工。

根据长济高速互通段车流量调查统计得出,每日车流当量为20000辆左右,平均每小时车流当量为833辆,当每小时车流当量小于1300辆时,该桥单幅施工,单幅限速双向通行能满足通行要求。

长济高速公路现有的钢-混组合梁桥南半幅病害较为严重,北半幅桥梁状态良好,在施工时先施工南半幅桥,将该桥车流改向无病害的北半幅,南半幅施工完成后,再进行北半幅的施工;北半幅桥施工工序同南半幅。

为保证桥梁施工工作面要求,该方案具体施工分四个阶段实施。

①第一阶段

对既有长济高速公路分离式立交桥北幅桥进行临时加固,在梁下增加支撑墩,确保半幅双向通行时桥梁安全。在与长济高速公路交叉路段,划定施工工作区,通过就近中央分隔带开口和交通安全设施将南侧通行车辆引导至北半幅,将施工路段南半幅封闭,北半幅道路改为对向双车限速道通,进行南半幅桥梁施工。

拆除南半幅现有分离立交,同时在中央分隔带位置对北半幅路基进行临时支护,在南半幅施工下部基桩及立柱;施工南半幅上部钢箱梁及混凝土桥面板;施工南半幅桥梁桥面铺装、附属工程以及恢复桥头路面结构。

②第二阶段

待南半幅桥梁混凝土强度达到设计强度后,将施工路段北半幅封闭,将车流引导至南半幅对向双车道限速通行,进行北半幅桥梁的施工。

拆除北半幅现有分离立交及临时支撑墩,在北半幅施工下部基桩及立柱;施工北半幅上部钢箱梁及混凝土桥面板;施工北半幅桥桥面铺装、附属工程以及恢复桥头路面结构。

③第三阶段

开挖北半幅桥下路基,进行桥头锥坡防护施工。

④第四阶段

交通转移至北半幅;开挖南半幅桥下路基,进行桥头锥坡防护施工;开放双向交通。

本方案施工计划工期16个月,含前期协调工期。

方案一优缺点:该方案施工组织简单,不需要新增临时占地,工程造价低。但该方案的交通管制工作量较大,施工期间半幅双向通车的通行能力有所降低。

(2)方案二　新建双向四车道临时便道进行保通

该方案在长济高速公路改建段现有道路南侧修建一条施工保通临时便道,保通便道采用双向四车道,设计行车速度60km/h,便道路基宽度21.5m,断面组成为0.75m(土路肩)+1.5m(硬路肩)+2×3.75m(行车道)+0.5(路缘带)+1.0(中央分隔带)+0.5(路缘带)+2×3.75m(行车道)+1.5(硬路肩)+0.75(土路肩)。施工期间,将交通流转移至新建的双向四车道保通便道上,再对长济高速公路分离式立交桥进行施工。待桥梁施工完成以后,恢复双向交通,拆除保通便道。

本方案计划工期14个月,工期最短。

方案二优缺点:该方案施工交通组织简单,对长济高速公路通行能力影响最小。但是该方案需新增临时占地较多,工程投资最大,保通便道先建后拆,仅服务于施工期间的保通需要,工程浪费巨大。

(3)方案三 新建单向双车道临时便道进行保通

该方案在长济高速公路改建段现有道路南侧修建一条施工保通临时便道,保通便道采用单向双车道,设计行车速度60km/h,保通便道设计高程为左侧硬路肩外边缘,路基宽度11.5m,断面组成为0.75m(土路肩)+1.0m(左侧硬路肩)+2×3.75m(行车道)+1.5(右侧硬路肩)+0.75(土路肩)。

该方案具体施工工期可分三个阶段实施。

①第一阶段

将南半幅车辆引至即有道路南侧的保通便道上,同时封闭北半幅道路,通过中央分隔带开口和交通安全设施将北半幅通行车辆引导至长济高速公路的南半幅,南半幅道路为单向双车道通行,新建保通便道与既有南半幅组成双向四车道路幅保证施工期间高速公路的正常通行,同时划定施工工区,进行北半幅桥梁施工。

②第二阶段

待北半幅桥梁改建施工完成以后,北半幅车辆正常行驶,南半幅车辆引导至现有道路南侧的保通便道上,新建保通便道与既有北半幅组成双向四车道路幅保证施工期间高速公路的正常通行,同时在南半幅划定施工工作区,进行南半幅桥梁施工。

③第三阶段

待南半幅桥梁施工完成以后,开放双向交通,拆除保通便道。

本方案施工工期计划18个月,含前期施工便道施工工期。

方案三优缺点:该方案对长济高速公路通行能力影响较小,需新增临时占地,工程投资较大,保通便道先建后拆,仅服务于施工期间保通需要,工程浪费较大。

(4)方案比选

对以上三种保通方案的工程造价进行计算,保通费用分别为:289万元、2032万元、1459万元,结合三种保通方案优缺点比较,综合考虑施工交通组织、施工工期、工程投资等因素,推荐采用半幅限速双向通行,半幅封闭施工。

3.3 施工保通措施

(1)充分利用媒体宣传功能

在项目开工的前期,要充分利用省交通信息广播、报刊等媒体的社会宣传功能,向群众及道路使用者及时报道改建段道路施工的进展信息和沿线交通管制方案,以便使用者自觉遵守交通规则,配合交通管制人员的工作。

(2)保通组织措施

成立安全保通小组,各施工点位保通人员昼夜轮流值班,疏导交通,确保保通段通车安全,把对通车的影响降到最低限度。

严格按照规范及交通管理部门要求和现场实际情况摆放各种交通安全标志,施工区作业人员应着反光标志服、安全帽,施工机械必须按标准涂以橘黄色,且按标准安装黄色警示灯。交通安全标志应有备用件,特别是路锥、路栏、便携式警示灯等。

设专职安全保通人员和守护人员、交警、路政人员,轮流值班,在安全地值勤,并巡视、守护交通安全标志。发现设施移位或损坏,在确保安全的前提下将其恢复,若遇紧急、危险情况立即向业主报告。

落实安全措施,明确主要施工环节的责任人,并加强与业主管理部门的信息联系。

(3)施工作业区域必须与道路通行区域严格分离

(4)保通技术措施

所有改建施工路段用硬质塑料水马进行隔离,水马里面要注满水,以保证水马不易移位。

进入施工现场的人员要穿反光背心、戴安全帽、穿防滑鞋。整个施工期间,要设立机动岗、瞭望哨、客货两用车、巡逻车,机动岗要配好通信工具,并保持通信畅通,安委会要有人值班,以便应付突发事件。此外,标志、附设施工警示灯的护栏、水马等要设置得当。

4　S104郑常线的通行及桥梁施工方案的安排

根据确定的高速公路半幅限速双向通行,半幅封闭施工的保通方案,同时保证省道104正常通行,施工单位确定以下施工方案。

第一步:拆除南幅老桥。距桥墩8.5m处设置临时支架,将3跨变为5跨,拆除钢—混组合梁桥面板,依次拆除钢—混组合梁及其下部,拆除顺序1—2—5—4—3跨;拆除两侧钢箱时,车辆从第3跨通过,拆除第3跨时,车辆从两侧通过。

第二步:墩、台钻孔灌注桩及桥墩立柱施工。

第三步:在钢箱梁分段拼装处设置临时支撑(纵向支撑),为避免钢箱在箱间连接实施前横向倾覆,在桥墩处设置临时支撑,临时支撑单个支点竖向承载力800kN,临时支撑具有高度微调功能。同期进行台后,路基路面边坡护砌等的恢复工作。

第四步:分段吊装钢箱梁,分段焊接钢箱梁,同时吊装箱间横向联系,一端焊接,一端暂时不焊接。

第五步:进行现浇桥面板施工,浇筑时预留桥面板纵向预应力钢束张拉槽。待预制桥面板存梁期不小于180d,吊装预制桥面板,吊装前在钢箱梁翼板上涂刷脱模剂。

第六步:下调跨间临时支撑。进行横向湿接缝1施工,浇筑时预留桥面板纵向预应力钢束张拉槽,待纵向湿接缝混凝土强度不小于设计值的90%,且龄期不小于7d,对称张拉纵向预应力钢,并及时灌浆。先张拉长束,再张拉短束。

第七步:进行横向湿接缝2施工;浇筑剪力栓钉束预留孔混凝土。

第八步:待横向湿接缝2混凝土强度不小于设计值的90%,拆除跨间临时支撑。

第九步:进行箱间横向联系另一端焊接施工。

第十步:拆除桥墩处横向临时支撑;浇筑纵桥向湿接缝。

第十一步:待纵向湿接缝混凝土强度不小于设计值的90%,进行桥面铺装、护栏等附属工程施工。

将车辆引至南半幅,按同样步骤进行北半幅桥梁拆除及新桥施工。最后恢复双向正常通行。

5　结语

本桥按照半幅限速双向通行,半幅封闭施工的保通方案,施工单位科学的组织施工,对高速公路的正常运营影响较小,同时避免了临时施工便道建设,减少了资源的浪费和临时便道、便桥拆除时的环境污染。该方案实施的前提条件是路段交通量满足要求,当路段交通量超过单车道允许小时通行能力时,会造成交通堵塞,因此在选择保通方案时要充分调查路段交通量并结合现场实际情况,合适选择保通方案,保障高速公路正常运营和节约投资,同时科学地组织施工,以减少封闭高速公路交通的时间。

参考文献

[1] 中华人民共和国行业标准.JTG/T F50—2011　公路桥涵施工技术规范[S].北京:人民交通出版社,2011.

[2] 中国华西工程设计建设有限公司.《焦作市南外环路工程》施工图设计,2014.

[3] 河南鹏程路桥工程有限公司,焦作市南外环路工程长济高速分离式立交桥施工组织设计,2014.

现浇连续箱梁特大桥施工控制技术研究

王龙飞
（兰州交通大学土木工程学院　甘肃路桥建设集团有限公司）

摘　要　文通过特大桥现浇连续箱梁施工，介绍了施工方案和满堂支架、模板的选择验算，依据碗扣件满堂支架现浇箱梁施工工艺流程，详细阐述了施工过程控制技术。

关键词　现浇连续箱梁　满堂支架　预压　施工控制

某高速公路是国道212线兰州至重庆公路在甘肃境内的重要路段，是交通部规划的连接西北与西南、西部开发大通道的重要组成部分，也是甘肃公路网中主骨架的关键工程。

K85+050特大桥是某高速公路关键控制性工程之一，该桥是为县城过境而设，是我省时年以前最长的公路桥，全长1047.08m。该桥位于县城城西，毗邻洮河，高架于城区主干路之上，桥面总宽25m，每幅净宽10.75m，纵坡0.35%，横坡1.5%。全桥以52—20m布孔，上部为钢筋混凝土连续箱梁，由两联6—20m和五联8—20m组成，前两联位于半径$R=2500$m的圆曲线上，其余五联处于直线上；下部采用矩形墩身，钻孔灌注桩及承台基础，桥台采U形桥台。

施工中仅用7个月时间就组织完成了全部连续箱梁的施工任务，以竹胶板和环氧树脂板代替传统的钢模板，获得了光洁的外观，该桥给县城区增添了一道亮丽和谐的风景线，并获得了“甘肃省建设工程飞天金奖”。

1　特大桥施工方案和满堂支架、模板的选择验算

1.1　施工方案

K85+050特大桥箱梁施工每联作为一个独立整体，先简支后连续，砂箱原理实现体系转化，主梁通过箱外横梁实现两幅连接。特大桥高架于主干路之上，矩形墩高在5.53~7.46m之间，双室箱梁高度1.3m，每联箱梁一次成型。通过技术、经济分析，采用WDJ碗扣型多功能脚手架构件搭设满堂支架整体现浇箱梁比较合理，在保证支架地基稳固的前提下，为避免支架产生过大的不均匀沉降，支架必须保证有足够的刚度和强度，采取支架预压措施，配重取支架所需承受全部荷载的105%~110%，随着箱梁施工逐步减压。考虑到城市高架立交的美观要求和节约成本的目的，模板采用竹胶板，上敷环氧树脂板保证光洁的外观。箱梁以联为单位分14个施工段，采用平行流水作业法合理组织施工，施工时从固结墩开始向两侧按跨对称进行，联与联之间到分隔墩合龙，钢筋绑扎和混凝土浇筑分别分两次完成，第一次完成底板和腹板，第二次完成顶板。混凝土强度达到85%时，方可均匀、有序卸架。

1.2　碗扣件满堂支架的选择和验算

1.2.1　WDJ碗扣型满堂支架的选择

由于全桥高度在7~9m之间，原地面高程变化不大且有一幅在主干路上，非常适宜采用满堂支架整体现浇施工，采用WDJ碗扣型多功能脚手架构件搭设满堂支架要优于钢管架杆支架，其安拆速度快，从而提高周转次数，缩短工期，节约租赁费，最重要的是其自锁型和整体性好。但满堂支架的布置及搭设，必须满足力学要求和施工要求。通过预压解决地基的不均匀沉降和构件间隙等问题。

1.2.2　WDJ碗扣型满堂支架的验算

采用WDJ碗扣型多功能脚手架构件搭设满堂支架，布设成$90_{(纵向)}\times60_{(横向)}\times60\text{cm}_{(竖向)}$的立方体。

每跨支架搭设后上部荷载分布在21×23个点上,每点平均分力为(125m^3×2.65t/m^3×1.1$_{(附加荷载系数)}$×1.25$_{(不可预见系数)}$×10kN/t)/(21×23)=9.43kN;

每跨支架搭设后箱底荷载分布在13×23个点上,每点平均分力为(98m^3×2.65t/m^3×1.1$_{(附加荷载系数)}$×1.25$_{(不可预见系数)}$×10kN/t)/(13×23)=11.94kN。

而WDJ碗扣件当横杆步距为0.6m时,垂直承力杆设计荷载为40kN;当横杆步距为1.2m时,垂直承力杆设计荷载为30kN。施工荷载远小于垂直承力杆设计荷载,满足受力要求。

1.3 竹胶板模板的选择和设置

1.3.1 竹胶板模板的选择

箱梁计划工期为9个月,14联箱梁要组织流水施工需要3联箱梁的模板和支架,而3联仅外钢模就需660万元,而且钢模安拆困难(尤其拆卸)。采用竹胶板加工模板,内外模均适宜,其自重轻、搬运方便、面积大、加工拼装方便、安装拆卸方便、不需要机械配合,最主要的是采用环氧树脂板配合竹胶板代替传统的钢模板,可以大幅度节约成本、提高劳动生产率和提高外观质量。通过技术、经济和施工组织比选,放弃传统的钢模板,采用竹胶板做外模和内模,竹胶板一般可周转使用约8次,3套的材料即可完成箱梁施工任务,但其仅为1套钢模价格的1/3,为了保证容易脱模,混凝土表面光洁美观,混凝土外露面铺设0.5mm的环氧树脂板,一般周转4次。

1.3.2 竹胶板模板的设置

竹胶板(厚10mm,1.2m×2.4m)底模下为中心间距50cm的20cm×20cm方木;侧模为中心间距30cm的10cm×6cm加劲肋加固,方木纵向支撑后紧固于支架上;内模由加劲肋和间距1m的木横撑支撑。

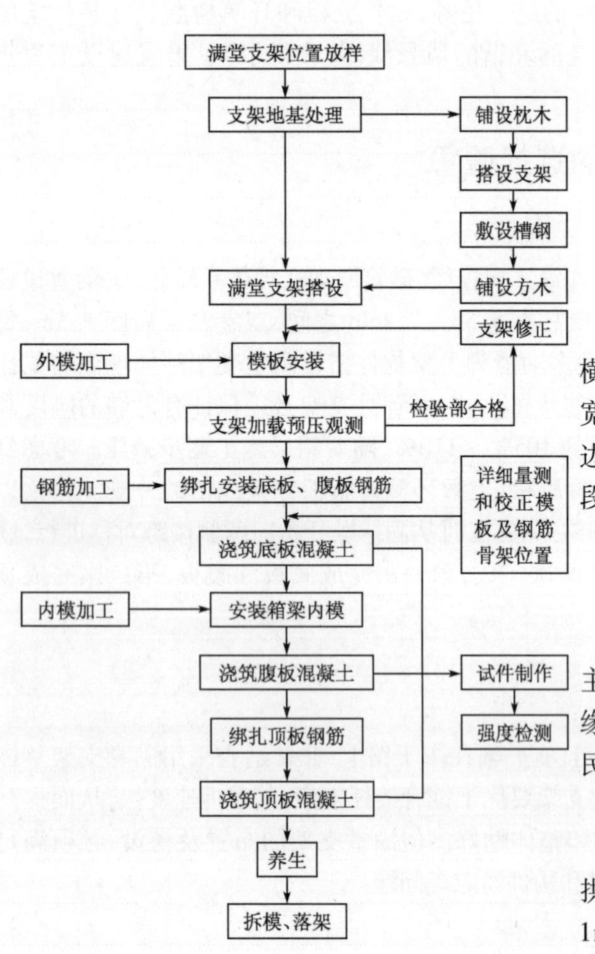

图1 碗扣件满堂支架现浇箱梁施工工艺流程图

2 碗扣件满堂支架现浇箱梁施工工艺流程图

其施工工艺流程如图1所示。

3 碗扣件满堂支架现浇箱梁施工过程控制

3.1 满堂支架位置放样

每幅桥宽11.75m,支架宽12m(20m×0.6m),枕木横向5根12.5m(每根2.5m),处理地基宽13.1m(每边宽出0.3m),按宽度13.1m从单幅桥位中线计算横断面边点坐标准确放样,直线段每10m断面放样两边点,曲线段每5m断面放样两边点。

3.2 满堂支架地基处理

3.2.1 桥下地基状况

全桥线型顺畅,走向和主干路一致,左幅大致高架于主干路(沥青混凝土三级路面)之上,左侧为主干路和路缘填土的结合部位;右幅并列沿洮惠渠大致高架于拆迁民房地基之上。

3.2.2 桥下地面排水

为保证满堂支架地基不被雨水浸泡,全桥以旧路路拱式排水为主,右侧排入洮惠渠,左侧在处理地基以外1m处开挖水沟或疏通原水渠,保证水路通畅,严防积水浸泡地基。

3.2.3 地基整平、碾压

为了防止旧路和处理路基在压实度和稳定性方面产生较大差异，造成支架整体承载能力的不均匀，需要处理的地基开挖原砂砾土深度至少1m（特殊位置扩挖深挖加大处理范围），用砂粒土和附近烧制的熟透石灰拌制成三七灰土，以每层不大于25cm的厚度整平碾压（必须用压路机），压实度保证在95区以上。

3.2.4 渠帮加固

针对右幅第一联、第二联右侧翼缘板支架正好在洮惠渠中的实际情况，采取开挖渠帮，从渠底用铁丝石笼和预制块相结合的办法砌出水面1m后，再用三七灰土分层碾压夯实，从根本上排除了支架存在的不安全隐患和水流冲刷的隐患，并拟在支架搭设、预压和箱梁浇筑时由技术人员对此处勤量测，严监控，在进行技术监控的过程中进行安全监控。

3.3 碗扣件满堂支架搭设

3.3.1 枕木铺设

用长2.5m、22cm×16cm的枕木横向5根为一行，行距和纵向杆一致为0.9m，在地基上铺设厚约1cm的砂粒，然后挂线铺设横向枕木，保证枕木与地基密贴，完全受力。

3.3.2 WDJ碗扣件满堂支架搭设

碗扣件满堂支架经过受力验算，布置成90（纵向）×60（横向）×60cm（竖向）的立方体比较科学合理（见图2）。

由于全桥原地面高程变化不大，桥梁纵坡（0.35%）和横坡（1.5%）均较小，支架搭设前仔细核对桥跨净高，统筹考虑地基高程、枕木高度、竖杆高度倍数、底托（立杆可调底座）和顶托（立杆可调托撑）合理高度调节范围、槽钢高度、方木高度和竹胶板厚度等因素，合理确定竖杆的整倍数，在保证整体支架横平竖直、每层横杆、纵杆全部在同一水平面上的前提下，将高度的微调通过合理的底托高度调节和顶托高度调节来完成。由底托高度调节来实现地基纵横坡的高程变化保证支架水平；由顶托高度调节来实现纵横坡的高程变化、预拱度的留设和支架校正时的高程调整。

支架搭设时横向、纵向根据放样位置拉线施工，每层纵杆、横杆在同一水平面上，竖杆垂直，碗扣件连接处妥帖牢固，不松动，保证满堂支架的整体性。为了合理利用顶托和底托的调节高度，要准确计算，合理布设，防止高度不够时采用垫设一层方木的方法来实现（太浪费），要想方设法采用竖杆高度增减或顶托高度调节来实现。竖杆尽量使用短杆倍数的长杆。

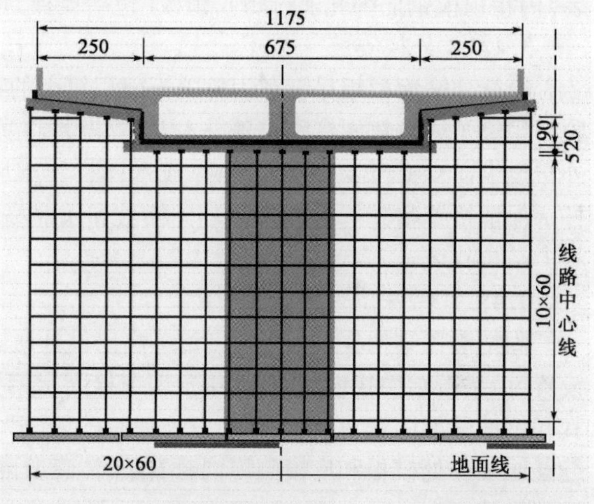

图2 碗扣件满堂支架、槽钢、方木、模板支承体系半立面用（尺寸单位：cm）

3.3.3 槽钢敷设

槽钢（槽口向下增大和方木的接触面积）纵向安放在顶托上，通过顶托楔形垫块调整出翼板横坡，保证翼板下面方木和槽钢平贴。

3.3.4 铺设方木

4m长、20cm×20cm方木（松材）以中心间距50cm横向铺设于箱底，两列方木相参50cm；翼板下方木3m长。用双股8号铁丝将方木绑扎在槽钢上，并将铁丝砸压嵌入方木，使方木上表面平整，并保证槽钢和方木结合部位完全受力。

3.3.5 预拱度留设

箱梁预拱度对各种影响叠加上去综合考虑后，按二次抛物线设置，跨中25mm。从跨中开始，模板安装后在箱底左、中、右，每侧翼板内、外，从跨中开始布设中点、2.5m、5m、7.5m、9m点，同时将其作为预压观测点。预压中加强观测，将预拱度留设和预压消除非弹性变形同点计算和观测，预压后根据预压结果进一步调整预拱度，使预拱度和控制点高程满足施工要求。

3.3.6 车辆、行人通道预留

项目经理部组织力量拓通了洮河滨河便道，基本替代了主干路，基本实现了特大桥全封闭施工，但在第2跨和第51跨为转入滨河便道交叉要道，施工时需留设净宽3.6m，净高3.6m的通道，保证大车通过；第34跨为中医院门口，施工时需留设净宽2.7m，净高3m的通道，保证小车和行人通过。每联箱梁施工尽管只20天左右，但为了保证车辆正常通行，留设了较大通道，通道搭设时顶部加设两层紧排的通长方木（25cm×25cm），预压时加强观测，混凝土浇筑时加临时竖向木支撑，施工时在该通道设专人指挥交通和负责安全工作。施工范围内居民、单位较多，行人车辆多，在两侧群众通行较多的桥跨下留设净宽0.9m和1.8m，净高2m的过人通道。

3.3.7 上人安全爬梯、预压砂袋转运井式支架和泵送管道支架搭设

在满堂支架外侧适宜的位置设置上人安全爬梯、预压砂袋转运井式支架（简易龙门）和泵送管道支架。上人安全爬梯为直跑式人行爬梯，使用架梯或钢管构件搭设，梯顶设置休息平台和栏杆；简易龙门专为预压砂袋垂直转运之用；泵送管道支架是和满堂支架分离的垂直支架，主要是预防泵送过程对满堂支架的扰动。

3.4 模板安装

支架搭设时完全由人工进行，敷设槽钢、方木和安装模板时采用1台25t吊车配合人工施工。连续箱梁模板主要使用竹胶板（厚10mm，1.2m×2.4m，80.5元），考虑到城市桥梁的外观要光洁美观的要求，混凝土所有外露面的竹胶板上粘贴环氧树脂板（厚0.5mm1.2m×2m，27.5元）。模板安装时，底模和侧模一次安装成型，预压后校正支架，然后在底模和侧模粘贴环氧树脂板，完成底板、腹板钢筋骨架绑扎，完成内箱侧模安装（内箱顶模钢筋绑扎前封闭），顶板（包括翼板）钢筋全联绑扎完毕即进行顶板混凝土浇筑。

3.4.1 外模安装

箱梁外露面模板尽量利用竹胶板面积较大的特点，根据箱梁几何尺寸准确合理布置。箱底和翼板底竹胶板用钉子或自攻螺钉固定于方木上；侧模是将竹胶板固定在0.3m间距的加劲肋上，逐块安装，安装后箱外布设纵向支撑方木，采用直角撑或木楔将其牢固支撑于支架上，在箱侧布设上下两排间距1m的贯通拉杆。保证接缝整齐严密，桥面1.5%横坡和箱底横坡一致，箱梁斜置形成，在固结墩顶和中间墩、分隔墩的垫石上结构找坡。

3.4.2 特殊位置的模板安装

固结墩顶结构找坡（横坡1.5%）高出设计墩高1cm，保证底模安装严密稳固；中间墩和分隔墩墩顶水平设置，由垫石结构找坡，垫石上用预埋螺栓固定钢板，安放橡胶支座，在支座顶再次安放有预埋筋的钢板，将其和钢筋骨架固定，在墩顶钢板以外铺装砂袋（砂箱原理实现体系转化），在砂袋上安装墩顶底模；联端伸缩缝翼缘加厚处模板和底模侧模同时安装；注意分隔墩和固结墩对应位置处主梁箱外横梁预留筋的设置和模板的安装。

3.4.3 环氧树脂板的粘贴铺设

所有混凝土外露面均在竹胶板上用双面胶带粘贴环氧树脂板，树脂板接缝位置粘贴透明胶带。环氧树脂板可以省去脱模剂并保证光洁的外观，但要保证环氧树脂板和竹胶板密贴，防止暴晒，防止鼓胀。

3.4.4 内模安装

竹胶板内模由加劲肋和间距1m的上下两排木横撑支撑，在竹胶板上直接涂刷脱模剂，需要重点注意的是腹板混凝土振捣时防止内模上浮，为了便于内模拆模，在每跨双室箱梁顶板1/4处两端各留2个80cm×80cm天窗，以拆内模，同时兼顾养生。

3.4.5 垃圾清理

箱梁模板内钢筋绑扎完毕后进行箱内垃圾清理，一般使用高压气枪将垃圾吹到侧模预留口处排出（下坡最低侧面预留一块模板垃圾清理后安装），有泥印时使用高压水枪。

3.5 加载预压及沉降监控测量

为了消除地基的不均匀沉降，地基和枕木的间隙，碗扣件支架间的间隙、槽钢和方木的间隙等非弹性变

形,外模安装后对支架采取砂袋预压,配重取支架所需承受全部荷载的105% ~110%为宜,施工中实际加载箱梁自重的115%,同时密切观察沉降量。

3.5.1 加载预压及沉降观测

预压观测点和预拱度控制点同点布设,砂袋预压一般为3~5d,在观测过程要做到:

(1)根据观测数据最终确定布设的控制点高程,做好预拱度调整和支架校正;

(2)观测过程中全面检查地基、枕木、支架、槽钢、方木和模板,必要时敲击使之接触密实,消除可能存在的非弹性变形。

支架预压采用比重为1600kg/m^{3}的中砂,袋装加载,每跨按梁体自重(125m^3 ×2.65t/m^3 =331.25t)的95%加载,加载314.69t,砂子合计196.7m^3,则砂袋堆积高度约为1.5m。

对控制点的观测按观测计划和要求频率进行,一般是预压第一天观测3次,随着沉降量不断减小,可减少观测频率,沉降量稳定后可一天只进行1次,当观测数据无变化或变化值在允许范围内时可认为沉降趋于稳定,可转移砂袋,开始粘贴环氧树脂板和绑扎钢筋工作。

3.5.2 箱梁成型沉降观测及数据反馈

环氧树脂板铺设后,在预压观测点用胶带反贴图钉式标志(拆模后该图钉还在),拆模、落架后继续跟踪观测布设的点位高程。可以掌握箱梁成型后预拱度设置是否合理、是否存在不均匀沉降等问题,可以为下一联施工反馈更可靠的数据。

3.6 钢筋焊接绑扎

钢筋半成品加工在后场完成,主要工作是钢筋下料和接长、弯曲加工和横梁骨架片加工,现场完成钢筋半成品的焊接和绑扎。

钢筋主筋全部采用焊接方式,只有箍筋采用绑扎方式,钢筋接头保证搭接长度尽量采用双面搭接焊,焊缝饱满,确保4°角使之轴向受力;受拉区主筋接头面积按规定要求执行;由于钢筋较密,设置在同一位置的钢筋折弯处理原则是细筋绕粗筋,次筋让主筋;钢筋骨架片拼装前,先点焊定位,再施焊固定;钢筋骨架要纵横顺直,安装顺序为从固结墩开始向两侧对称进行,同一跨左右对称进行,不得顺着一个方向一次完成;严格控制混凝土保护层厚度,注意预埋件、箱外横梁处的钢筋埋设和防撞墙钢筋的预埋,注意泄水孔和通气孔的预留。

3.7 混凝土浇筑

3.7.1 混凝土纵向浇筑方向

特大桥为8跨和6跨一联的连续箱梁,从连续箱梁的结构形式和受力、混凝土的徐变收缩考虑,浇筑时由跨中向两端对称施工,这样可以消除裂缝。即从固结墩位置开始,经过中间墩,最后到达分隔墩,对6孔联3孔为一浇筑单元,8孔联4孔为一浇筑单元。

3.7.2 混凝土竖向浇筑次序

跨端、底板和腹板钢筋绑扎完毕后,第一次筑底板和腹板,到变截面处(即翼板根部)完毕,翼板根部设置施工缝施工方便,结构合理,混凝土接缝不明显;然后安装内模顶盖,绑扎顶板钢筋,第二次浇筑顶板混凝土。

3.7.3 混凝土浇筑

混凝土拌和站设JS500搅拌机4台,2台1组,8m^{3}混凝土运输车2辆(平均运距800m)送至浇筑单元中点的混凝土输送泵,由输送泵将混凝土通过管道送至浇筑面。管道上桥立管支架和满堂支架分离,避免产生扰动。

浇筑混凝土前,详细量测和校正模板及钢筋骨架位置,检查模板、支架,检查钢筋保护层厚度,清理箱内垃圾,并经过监理验收合格方可浇筑混凝土。

浇筑时要注意纵向上从固结墩开始双向对称,横向上以双室中腹板为中心左右对称。钢筋太密混凝土灌不进时,要随时注意撬开钢筋灌注混凝土,保证混凝土的密实度。8跨一联第一浇筑的底板、腹板混凝土约440m^3,浇筑时间约为21h,第二浇筑的顶板混凝土约560m^3,浇筑时间约为27h;6跨一联第一浇筑的底板、腹板混凝土约330m^3,浇筑时间约为16h,第二浇筑的顶板混凝土约420m^3,浇筑时间约为20h。第一次浇筑时,先将底板全断面浇筑,待底板初凝后浇筑腹板,两个工作面交替循环向前,防止腹板混凝土振捣时又从底板溢出和有效防止内模上浮。

浇筑期间设专人检查支架、模板的稳定情况,及时检查变形、松动、胀模、跑模和漏浆等问题。尤其注意腹板浇筑时防止内模胀模和上浮问题,发现及时加固处理。

3.7.4 混凝土混凝土振捣

振捣对于保证混凝土内在质量和外观质量具有至关重要的意义,要重视和培养专人振捣。底板厚度为20cm,主要用平板振捣器(附着式振捣器效果也可);腹板高度90cm,主要用插入式振捣棒;顶板最厚处为40cm,振捣棒配合平板振捣器。振捣棒振捣时与模板应保持5~10cm的距离,防止振捣棒触碰环氧树脂板,否则触碰点拆模后会出现凹形麻斑。

3.8 养生

特大桥全线比邻洮惠渠,水源干净丰富,洒水养生很方便。养生对混凝土前期强度提高和质量保证具有重要作用,要切实重视和加强养生工作,保证7d的覆盖养生期。箱梁顶板混凝土终凝后,覆盖草帘洒水养生,确保顶板表面湿润,禁止顶板露天暴晒;箱内堵住通气孔洒水养生;梁下混凝土面喷射洒水养生,要保证养生次数,保证混凝土面不干。

3.9 拆模、落架

设计要求混凝土强度达到70%(约3~4d)以上即可拆除外模,但从经验来看,拆模过早易出裂缝,最好强度达到90%(约5~6d)以上时拆除外模比较合理;混凝土强度达到2.5MPa时(约16h后)即可拆除内模,确定合理的拆模强度和拆模时间要试验数据做指导。拆模顺序为先翼板底模,再箱梁侧模,最后底模,并都从跨中向桥墩依次卸落,要保持对称、均匀、有顺序地进行。模板拆除时要小心,防止竹胶板和环氧树脂板损坏,清理维修后和支架等转移至下一联施工。

3.10 两幅之间的连接

一联箱梁分两次浇筑完毕28d后,即可拆除和分隔墩处的砂袋。由于桥下道路影响,偏移不均,最好两幅主梁同时浇筑,待地基沉降,混凝土徐变充分完成后再进行两幅横梁连接,可以防止两幅之间由于交形不一致而引起连接部位开裂;仅与分隔墩和固结墩对应位置处主梁设置箱外横梁进行两幅连接。

4 结语

通过现浇连续箱梁的施工,有以下几点值得在以后的施工加以借鉴和推广:

(1)灰土处理地基和渠帮加固,有效地解决了地基不均匀沉降问题,灰土处理地基成本低廉,效果好,施工完成后桥下处理的地基成了县城路网规划的好场地。

(2)碗扣件代替钢管扣件大大提高了满堂支架的整体性,提高了劳动生产率,有效地缩短了工期。

(3)竹胶板和环氧树板代替钢模板大幅度节约了成本、提高了劳动生产率和外观质量。

(4)预拱度控制点和预压沉降观测点同点观测,施工中和成型后同点跟踪观测,保持了数据的有效性、一致性和可追溯性,为施工提供了可靠的数据。

(5)碗扣件满堂支架和竹胶板模板的使用,使得成功的流水施工组织完全实现,仅用了7个月,比计划工期提前72d完成了全部连续箱梁施工任务。

参考文献

[1] 中华人民共和国行业标准. JTG/T F50—2011 公路桥涵施工技术规范[S]. 北京:人民交通出版社,2011.

[2] 田克平.《公路桥涵施工技术规范》实施手册. 北京:人民交通出版社,2011.

[3] 中华人民共和国行业标准. JTG F80/1—2004 公路工程质量检验评定标准[S]. 北京:人民交通出版社,2011.

斜拉桥病害成因与养护管理技术探讨

朱德祥

（云南云岭高速公路工程咨询有限公司）

摘　要　随着我国经济的高速发展，斜拉桥的应用越来越广泛，斜拉桥的运营安全已经引起了社会的高度重视，本文总结了斜拉桥可能产生的各类病害，通过分析斜拉桥病害的产生原因，对斜拉桥的养护管理技术进行了探讨和总结，为斜拉桥养护与管理决策提供依据，避免重大安全事故的发生及减少全寿命周期内桥梁运营的总成本。

关键词　斜拉桥　病害分析　养护管理

1　引言

斜拉桥是由塔、梁、墩和索构成的一种组合体系桥梁[1]。因斜拉桥具有跨越能力大、结构型式简洁、受力明确、空气动力稳定性好、结构轻巧美观等优点，在我国应用越来越广泛；迄今为止，我国已建成各类斜拉桥上百座。随着交通流量的迅速增大以及桥梁使用年限的增加，在养护管理的过程中发现为数不少的斜拉桥产生了一些病害，给运营安全带来了一定的隐患，因斜拉桥大多处于交通咽喉要道，一旦发生坍塌事故，将会带来及其恶劣的社会影响和无法挽回的经济损失。如1988年竣工的跨径组合为160m＋160m的广东南海九江桥，运营至1990年，主梁下挠值最大为16cm，进行了一次调索以改善主梁线型。之后加铺沥青混凝土进行桥面系改造，致使主梁线型再度偏移。1997年，发现部分拉索PE套管破损，内部钢丝严重锈蚀，部分拉索振幅过大等现象。索力测试结果与1990年调索后相比总索力有所增加（幅度在2.9%～5.4%）。1998年检测，发现拉索PE护层严重破坏，拉索钢丝严重锈蚀，为此更换了11根严重锈蚀的拉索。2000年第二次更换了87根严重锈蚀的拉索，损失上千万元[2]。图1示出该桥的换索施工。因此，有必要对斜拉桥病害的成因进行分析，进而指导斜拉桥运营过程中养护管理，消除交通安全隐患。

图1　广东省南海九江大桥换索施工

2　斜拉桥病害分析

斜拉桥病害主要集中在斜拉索的锈蚀与断丝、索塔的变形与偏位、主梁的裂缝与变形几个方面。导致这些病害的因素众多，经过大量的文献资料调查与实地勘察，病害主要成因总结如下：

2.1　施工影响

斜拉桥的施工工期较为漫长，施工工序复杂，成桥时的病害与施工过程的质量控制密切相关，施工过程中由于温度影响、施加预应力影响等因素，容易导致主塔、主梁混凝土开裂等病害。施工环境复杂、对拉索保护措施不当等因素，容易导致拉索PE保护层损坏、开裂等病害。

2.2　拉索病害分析

斜拉索主要由拉索、拉索护套、锚具组成，拉索的主要病害为钢丝锈蚀和断丝，拉索护套的主要病害有开裂、破损、剥落，锚具的主要病害有锚具锈蚀。拉索病害产生的主要原因是拉索护套破损后钢丝暴露在空气中,与空气中的水、氧气和钢丝内部的杂质发生化学反应,导致钢丝锈蚀,减小了钢丝的有效受力截面面积,改变钢丝的表面形态和性能,严重时钢丝锈断,同时,疲劳现象也是钢丝发生骤断的原因之一。

2.3 混凝土主梁病害分析

开裂和严重下挠混凝土主梁的主要病害,混凝土主梁开裂的成因较为复杂,包括荷载作用、混凝土塑形收缩、混凝土塑形沉降、钢筋锈蚀引起的混凝土胀裂等,裂缝产生多是几种原因组合作用导致,且由于斜拉桥的结构特点,其主梁不仅承受弯矩,同时也承受斜拉索的水平分力,处于受组合力状态,受力情况复杂,裂缝产生后极易发展。1988年建成竣工的加拿大 Annacis Bridge 桥,投入运营后短时间内,主梁即出现了大量不同种类的裂缝,裂缝长度贯穿整个横断面,分布在大桥主跨中部100 m及边跨端部附近的范围内。

2.4 混凝土索塔病害分析

斜拉桥的所有恒载及活载均通过索塔传递至地基,索塔的正常运营,是保证斜拉桥安全运营的关键。索塔的主要病害混凝土开裂、索塔偏位等。每一根斜拉索均在索塔上作用有水平分力,当所有斜拉索综合作用的水平分力不均匀时,索塔即会产生沿水平方向的位移,位移过大时严重威胁桥梁的结构安全。索塔混凝土开裂的原因与主梁混凝土开裂的原因相似。

2.5 超载超限导致的结构损伤

随着我国经济的高速发展,车辆超载现象也日益突出,严重的车辆超限超载运输对斜拉桥的运营安全及其不利,尤其不利于修建较早、荷载等级较低的斜拉桥,车辆严重超载一方面导致桥梁疲劳应力幅度加大、损伤加剧;另一方面,超载易造成的桥梁内部产生塑性损伤,(如引发主梁开裂等),从而改变桥梁的正常工作状态,威胁桥梁的使用安全。同时,由于斜拉桥自身的结构特点,超载会加剧斜拉索振动和疲劳作用的影响,不利拉索的受力,过大的荷载还可能破坏斜拉索表面的防腐保护层,加速拉索锈蚀进程。长期的超载运营还会加大斜拉索与索塔、主梁锚固点锚具的结合处反复的‘弯折”作用,形成斜拉桥拉索锚固端的疲劳损害[3]。

3 斜拉桥养护管理技术探讨

加强斜拉桥运营全过程的养护管理,杜绝人为因素造成的结构损伤。

通过理论研究和试验验证,掌握拉索损伤机理,提升损伤识别技术,研究拉索损伤导致抗力降低规律,将拉索损伤控制在萌芽状态[4]。

建立高清抓拍系统,应用于斜拉桥的养护管理。如图2所示高清抓拍系统由地磅(车辆过桥称重)、高清一体抓拍机、视频检测摄像机、嵌入式视频检测器、补光单元、后台管理单元及后台视频处理单元等构成,高清抓拍系统的建立能有效控制车辆超载超限现象,高清抓拍系统构架示意图如图2所示。

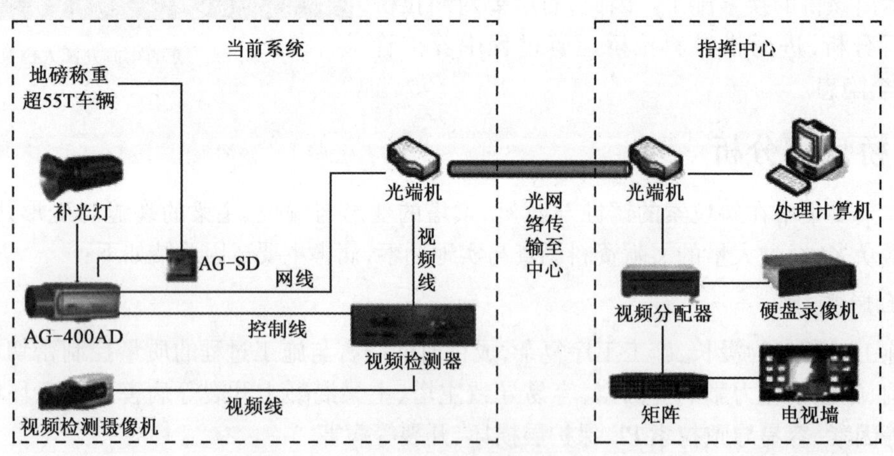

图2 高清抓拍系统构架示意图

发展现代化的信息处理技术和管理手段。建立斜拉桥健康监测系统,包括桥梁结构在正常环境与交通条件下各关键截面(或位置)、各主要构件(或组成部分)的物理与力学状态监测,通过对桥梁结构状态的长期实时监测与评估，掌握主要承重构件的内力变化规律，为工程在特殊气候、交通条件下或运营状况严重异常时发出预警信号，为桥梁维护、维修与管理决策提供依据。从而，使运营期斜拉桥结构的维护策略由定性、经验的管养方法逐渐提升到定量、科学的管理体系。

4 结语

斜拉桥的运营安全已经引起了社会的高度重视，本文总结了斜拉桥可能产生的各类病害，通过分析斜拉桥病害产生原因，对斜拉桥的养护管理技术进行了探讨和总结，为斜拉桥养护与管理决策提供依据，避免重大安全事故的发生及减少全寿命周期内桥梁运营的总成本。

参考文献

[1] 刘士林，王似舜. 斜拉桥设计[M]. 人民交通出版社，2006.

[2] 孔德仁、邓尚瑛、张晓昕. 南海九江独塔斜拉桥的检测、换索及防护工程[J]. 广东公路交通，2000，66：188-191.

[3] 陈炳坤，周履. 汉堡科尔布兰德桥斜拉索的更换[J]. 国外桥梁，1997(3)：66-74.

[4] 唐涛、徐俊、陈惟珍. 斜拉桥运营期病害分析与维护管理策略[J]. 中国市政工程，2006，6：20-22.

运营初期高速公路隧道衬砌裂缝特征分析

石　波

（招商局重庆交通科研设计院有限公司）

摘　要　大量高速公路隧道在运营初期就出现病害，其中二次衬砌裂损尤为突出，对二次衬砌裂缝进行特征分析是隧道病害处治的前提和首要工作。本文分析了衬砌裂损机理，针对重庆已运营的7条高速公路45个隧道竣工验收外观检查报告结果，对二次衬砌裂缝进行了统计和分类，在此基础上，分析了裂缝分布段落、分布部位、裂缝形态、裂缝长度、裂缝宽度、围岩级别和衬砌缺陷间的内在关系。为各地区高速公路隧道的运营、检测和病害处治等相关技术工作提供了参考。

关键词　运营初期　高速公路隧道　二次衬砌　裂缝

1　引言

近年来，高速公路建设迅猛发展，在西部山区通过改善线形、降低纵坡，以保障行车的安全性、舒适性和快捷性，公路隧道的数量和占路线总里程的比例越来越高。但是，在竣工验收检查中发现大量隧道出现二次衬砌开裂现象，如果这些隧道裂损病害处治不及时，会对衬砌结构造成进一步损坏，甚至使隧道破坏加速，缩短公路隧道的维护周期和使用寿命，导致未达到隧道结构设计基准期而急需大修，既浪费了大量资金，又影响隧道的正常使用，造成不良的社会影响。

目前对隧道二次衬砌裂缝的检测和处治技术已较为成熟，且有相关规范作为指导参考[1-4]。国内外相关文献中，对隧道衬砌裂损的诱因、技术状态和处治技术研究较多，但是对裂缝的特征分析较少，且相关研究对象常停留在单个隧道上，缺乏大数据分析[5-9]。

随着运营的隧道越来越多，对隧道裂缝的特征分析势在必行。本文针对重庆已通车的7条高速公路共45座隧道竣工验收外观检查报告，对重庆地区二次衬砌裂缝的特征进行了统计、整理和分析。

2　衬砌裂损机理分析

导致隧道衬砌裂损的主要原因有两大类[10]。

（1）衬砌结构外部围岩条件变化引起的围岩变形过大，导致衬砌裂损。由于形变压力、松动压力作用、地层沿隧道纵向分布及力学形态的不均匀作用、温度和收缩应力作用、围岩膨胀性和冻胀性压力作用、腐蚀性介质作用、施工中人为因素、运营车辆的循环荷载作用等，使隧道衬砌结构物产生裂缝和变形，影响隧道的正常使用，从而造成隧道裂损变形。

（2）衬砌结构本身存在一些缺陷，如衬砌厚度不足、强度不足、衬砌背后存在空洞或衬砌后回填不密实等引起的衬砌变形过大，最终导致的衬砌裂损。衬砌结构存在缺陷导致衬砌裂损又可以分为两大类。

①弯张作用引起拉应力过大导致衬砌受拉裂损。这是最为普遍的隧道衬砌裂损形式，主要是由于隧道衬砌多为混凝土结构，而混凝土材料最显著的特征就是受拉强度远低于其受压强度，因而当隧道衬砌在受弯张作用引起的拉应力过大时，就可能导致隧道衬砌发生裂损。

对于弯张作用引起的拉应力，可采用拉应力集中系数，对隧道衬砌状态进行评估，即：

$$k_l = \sigma'_l/\sigma_l$$

式中：σ'_l——当衬砌截面厚度或衬砌背后接触条件发生变化时的拉应力；

σ_l——衬砌截面厚度或衬砌背后接触条件未发生变化时的拉应力。

②剪切作用引起剪应力过大导致衬砌错台裂损。由剪切作用导致的隧道衬砌裂损也很普遍，在数量上仅次于弯张裂损。剪切作用引起的剪应力，可采用剪应力集中系数对隧道衬砌状态进行评估，即：

$$k_t = \sigma_t'/\sigma_t$$

式中：σ_t'——当衬砌截面厚度或衬砌背后接触条件发生变化时的剪应力；

σ_t——衬砌截面厚度或衬砌背后接触条件未发生变化时的剪应力。

3　调查结果

本次调查中，对重庆已竣工验收7条高速公路隧道：彭武高速公路、云万高速公路、石忠高速公路、武水高速公路、水界高速公路、绕城高速公路（南段、北段）的45座隧道（合计单洞长度达172280.355m）进行了调查。调查发现，以上隧道存在不同程度、不同类型的裂缝，共46571条裂缝，延米裂缝数达0.27条，见表1。

隧道裂缝统计汇总　表1

隧道长度（m）	裂缝数（条）	延米裂缝数（条/m）
172280.355	46571	0.27

3.1　衬砌裂缝在隧道不同段落的分类

本研究中，将隧道段落分为洞口段和洞身段，其中以从隧道明暗交接处向洞内方向50m记为洞口段，其余均划为洞身段。调查结果详见图1。

洞口段的长度很短，裂缝总数量较少，仅占4.94%，但是达0.51条/延米，比平均延米裂缝数高88.89%。由于洞身较长，裂缝总数量较多，比重占95.06%，裂缝数达0.26条/延米。

3.2　衬砌裂缝在隧道不同部位的分类

按照裂缝在隧道各断面的不同位置，将裂缝分布的位置分为拱顶、拱腰和边墙三个部位进行了统计，结果详见图2。

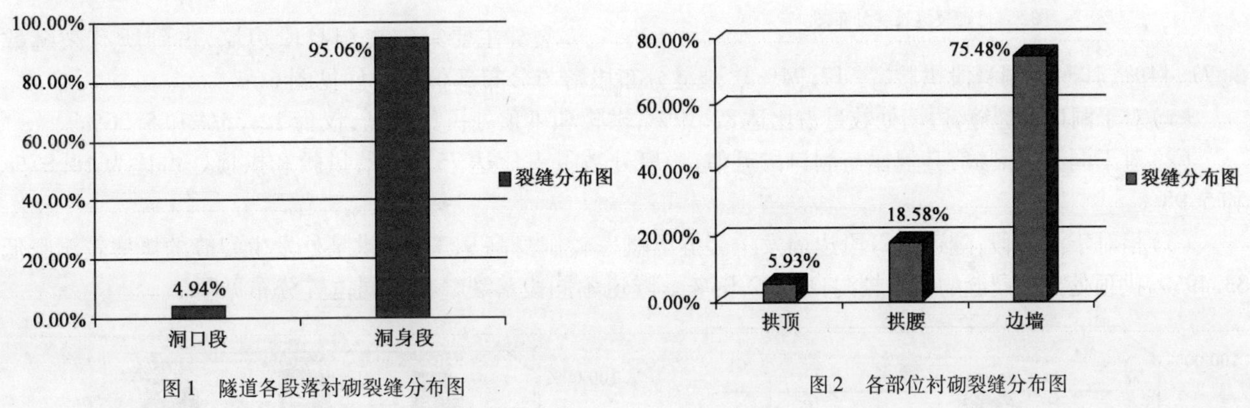

图1　隧道各段落衬砌裂缝分布图　　图2　各部位衬砌裂缝分布图

衬砌裂缝主要发生于隧道边墙处，占75.48%，其次是拱腰和拱顶，分别为18.58%和5.93%。

3.3　衬砌裂缝在不同类型的分类

隧道衬砌裂缝根据裂缝走向及其和隧道长度方向的相互关系，分为纵向裂缝、环向裂缝和斜向裂缝三种类型。环向工作缝裂纹，一般对于衬砌结构正常承载影响不大；拱部和边墙的纵向和斜向裂纹，破坏结构的整体性，危害较大。统计结果详见图3。

隧道早期裂缝主要以环向裂缝为主，比例为53.4%，其次为纵向裂缝，比例为25.45%，最低为斜向裂缝，比例为21.15%。

3.4　衬砌裂缝宽度在不同范围的分类

将衬砌的裂缝宽度分布范围分为$b \leq 0.3$mm、$0.3\text{mm} < b \leq 2$mm、$2\text{mm} < b \leq 20$mm三类。统计结果详见图4。

衬砌裂缝宽度主要集中在 $b \leqslant 0.3$mm 区间范围内，占到整个裂缝数的74.89%；其次是 $0.3\text{mm} < b \leqslant 2\text{mm}$ 区间，占24.85%；位于 $2\text{mm} < b \leqslant 20\text{mm}$ 区间范围的裂缝最少，仅占0.26%。

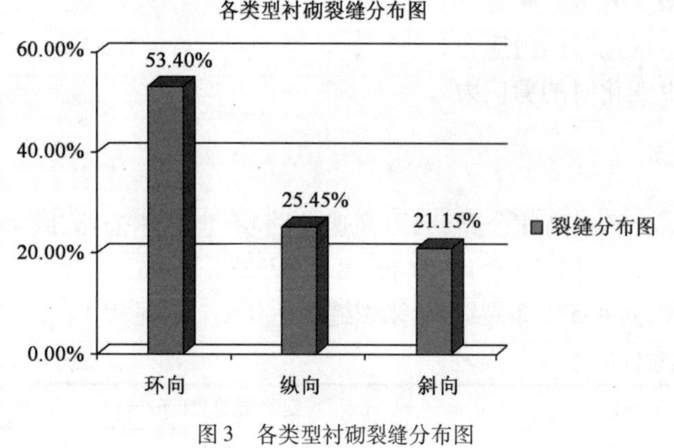

图3 各类型衬砌裂缝分布图

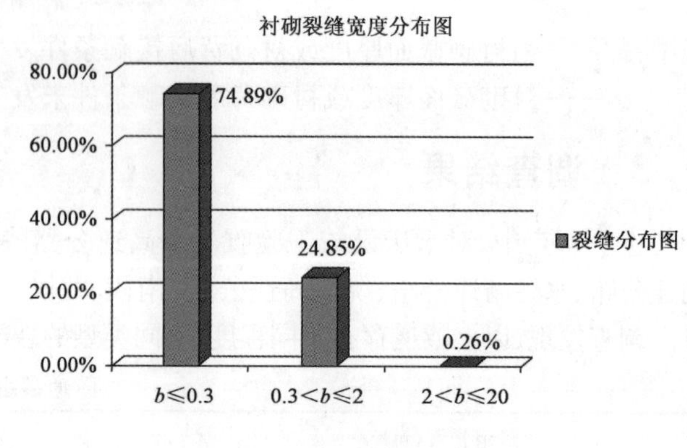

图4 衬砌裂缝宽度分布图

图5 衬砌裂缝长度分布图

3.5 衬砌裂缝长度在不同范围的分类

将衬砌的裂缝长度分布范围分为 $l \leqslant 5$m、$5\text{m} < l \leqslant 10\text{m}$、$l > 10$m 三类。统计结果详见图5。

长度 $l \leqslant 5$m 的裂缝占所有裂缝数的绝大部分，达82%，$5\text{m} < l \leqslant 10\text{m}$ 区间范围的裂缝数占整个裂缝数的15.13%，$l > 10$m 的裂缝数仅占2.87%。

4 衬砌裂缝特征分析

4.1 裂缝分布段落与其分布部位关系

裂缝主要集中在洞身段边墙，占到所有裂缝数的71.44%，其次为洞身段拱腰，占17.94%。裂缝分布段落与分布部位关系详见图6。

(1) 对于洞口段裂缝，边墙处数量占比达82.19%，拱腰和拱顶处占比较低，仅为12.55%和5.26%。

(2) 对于洞身段裂缝，其规律与洞口段近似，边墙处数量占比达75.15%，拱腰和拱顶处占比为18.87%和5.98%。

(3) 相对于洞身段，隧道洞口段边墙发生裂缝的概率较洞身高9.37%，拱腰处发生裂缝的概率较洞身低33.49%，拱顶处出现裂缝的概率较洞身低12.04%。隧道不同段落裂缝在不同位置分布见图7。

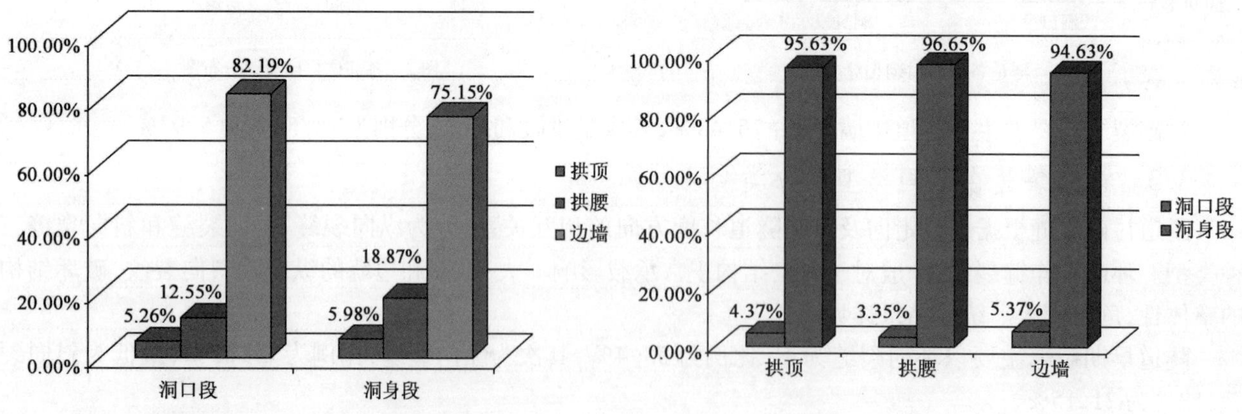

图6 衬砌裂缝产生部位在洞口及洞身段分布图

图7 隧道不同段落裂缝在不同位置分布图

(1) 对于拱顶处裂缝，出现在洞口段的概率为4.37%，出现在洞身段的概率为95.63%。

(2) 对于拱腰处裂缝，出现在洞口段的概率为3.35%，出现在洞身段的概率为96.65%。

(3)对于边墙处裂缝,出现在洞口段的概率为5.37%,出现在洞身段的概率为94.63%。

4.2 裂缝形态与其分布段落关系

将裂缝形态与其分布段落结合分析,衬砌裂缝主要发生在洞身段,且以环向裂缝为主,占所有裂缝数的50.93%;洞身段纵向裂缝占所有裂缝数的23.83%;洞身段斜向裂缝占所有裂缝数的19.94%。洞口段裂缝由于数量较少,各类型裂缝占比都较小,其中环向裂缝数占2.26%,纵向裂缝数占1.52%,斜向裂缝占1.13%。裂缝形态与其分布段落关系详见图8。

(1)对于洞口段,环向裂缝占洞口段裂缝数的46%,纵向裂缝占洞口段裂缝数的30.96%,斜向裂缝占洞口段裂缝数的23.04%。

(2)对于洞身段,环向裂缝占洞身段裂缝数的53.78%,纵向裂缝占洞身段裂缝数的25.16%,斜向裂缝占洞身段裂缝数的21.06%。

(3)洞身段环向裂缝发生的概率比洞口段高16.91%,洞身段纵向裂缝发生的概率比洞口段低18.73%,洞身段斜向裂缝发生的概率比洞口段低8.59%。衬砌裂缝形态在隧道各段落分布见图9。

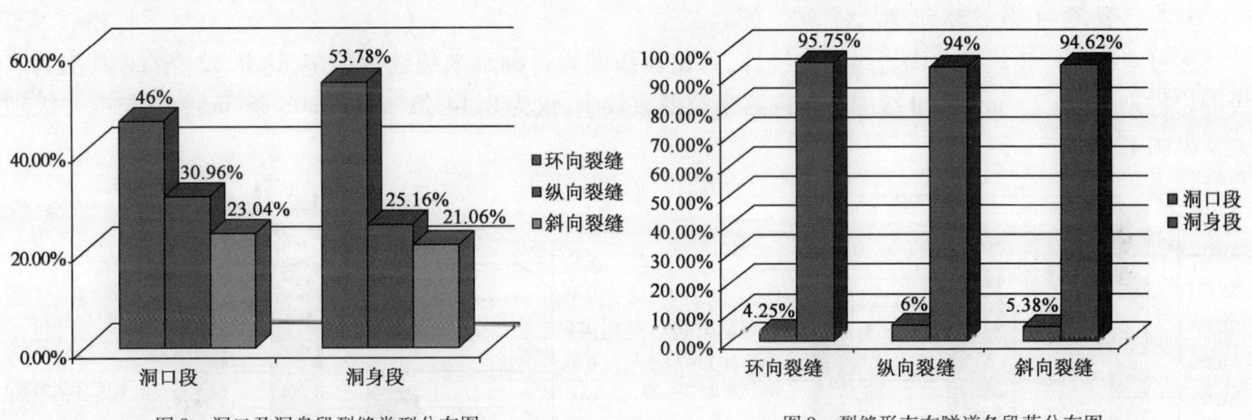

图8 洞口及洞身段裂缝类型分布图

图9 裂缝形态在隧道各段落分布图

①对于环向裂缝,洞口段仅占4.25%,洞身段占95.75%。

②对于纵向裂缝,洞口段6%,洞身段占94%。

③对于斜向裂缝,洞口段5.38%,洞身段94.62%。

4.3 裂缝形态与其分布位置关系

将裂缝形态与其分布位置结合分析,隧道拱顶主要以纵向裂缝和斜向裂缝为主,其次为环向裂缝。衬砌裂缝主要发生在洞身段,且以环向裂缝为主,占所有裂缝数的50.93%;洞身段纵向裂缝占到所有裂缝数的23.83%;洞身段斜向裂缝占所有裂缝数的19.94%。洞口段裂缝由于数量较少,各形态裂缝占比都较小,其中环向裂缝数占2.26%,纵向裂缝数占1.52%,斜向裂缝占1.13%。隧道衬砌裂缝形态在洞口及洞身段分布见图10。

(1)对于拱顶处,以占39.44%的纵向裂缝和37.45%的斜向裂缝居多,环向裂缝仅占23.1%。

(2)对于拱腰处,以环向裂缝为主,占拱腰处裂缝数的51.79%;其次为纵向裂缝,占拱腰处裂缝数的30.5%;斜向裂缝最少,占拱腰处裂缝数的17.72%。

(3)对于边墙处,发生环向裂缝的概率比拱顶和拱腰处高,占边墙处裂缝数的56.18%。纵向裂缝和斜向裂缝出现的几率相近,分别占边墙处裂缝数的23.11%和20.72%。

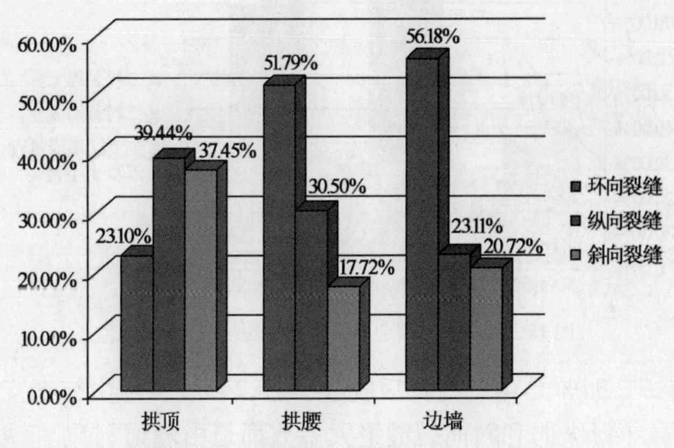

图10 衬砌裂缝形态在隧道各位置分布图

4.4 裂缝长度与其宽度间关系

裂缝主要以 $l<5\text{m}$ 且 $b\leqslant0.3\text{mm}$ 为主，占了所有裂缝数的 65.45%，其次为 $l<5\text{m}$ 且 $0.3\text{mm}<b\leqslant2\text{mm}$ 的裂缝，占了所有裂缝数的 16.45%，裂缝长度与宽度关系详见图 11。

（1）对于长度 $l<5\text{m}$ 的裂缝，绝大多数都是 $b\leqslant0.3\text{mm}$，占该长度范围裂缝数的 79.81%，其次为 $0.3\text{mm}<b\leqslant2\text{mm}$，占长度 $l<5\text{m}$ 裂缝数的 20.06%。

（2）对于长度 $5\text{m}<l\leqslant10\text{m}$ 裂缝，宽度 $b\leqslant0.3\text{mm}$ 的占该长度范围裂缝数的 54.84%，其次为 $0.3\text{mm}<b\leqslant2\text{mm}$，占该段落裂缝数的 44.39%，$2\text{mm}<b\leqslant20\text{mm}$ 的裂缝占该长度范围的 0.77%。随着裂缝长度的增长，裂缝宽度成加速增长，且宽度越大的裂缝，其长度越长的趋势越明显。

（3）对于 $l>10\text{m}$ 的裂缝，$b\leqslant0.3\text{mm}$ 占该长度范围裂缝数的 40.01%，$0.3\text{mm}<b\leqslant2\text{mm}$ 为主，占该长度范围裂缝数的 58.71%，$2\text{mm}<b\leqslant20\text{mm}$ 的裂缝占该长度范围的 1.27%。相比上一个长度范围的裂缝，此长度范围的裂缝宽度增长幅度有所下降，说明随着裂缝长度的增长，裂缝宽度的增长会逐渐趋于收敛稳定。

4.5 裂缝与围岩级别关系

通过对裂缝产生段落与围岩级别的统计，得出Ⅳ级围岩衬砌延米裂缝数最多，达 0.32 条/m，其次为Ⅴ级围岩衬砌，达 0.23/m，Ⅲ、Ⅱ级围岩衬砌延米裂缝数较少，仅为 0.14 条/m 和 0.08 条/m，裂缝与围岩级别关系见图 12。

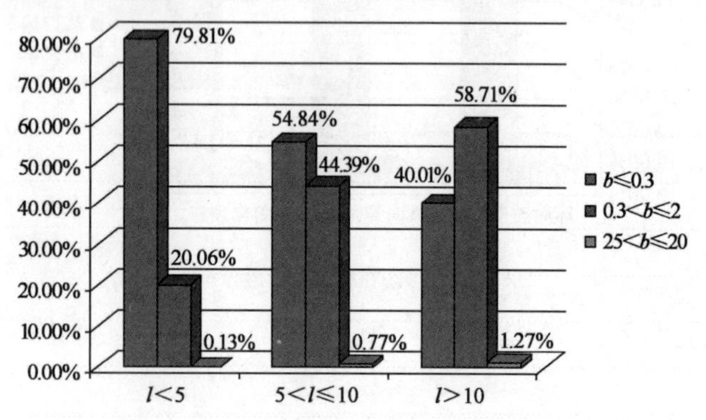

图 11　不同裂缝宽度在不同长度范围内分布图

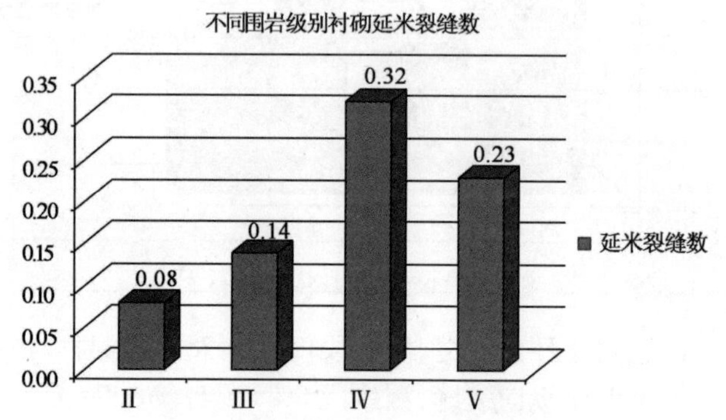

图 12　不同围岩级别衬砌延米裂缝数

4.6 裂缝与衬砌欠厚、脱空、初期支护回填或衬砌混凝土不密实等缺陷的关系

受客观因素限制，本次针对衬砌欠厚、衬砌与初期支护间脱空以及初期支护回填或衬砌混凝土不密实的调查，只取了彭武高速、绕城高速南段、石忠高速、武水高速上的 10 座隧道作为样本进行了统计研究，以上 10 座隧道单洞长度达 61930.41m，共有各类裂缝 16750 条，裂缝类型分布见图 13。

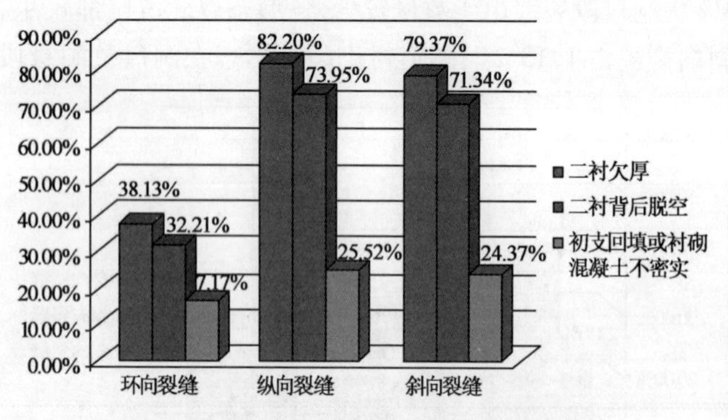

图 13　各类缺陷引起衬砌各类型裂缝分布柱状图

根据各类型隧道缺陷所致裂缝分布图可知：

（1）环向裂缝中，有 38.13% 是由二衬欠厚引起，32.31% 是由二衬背后脱空引起，17.17% 是由初期支护回填或衬砌混凝土不密实引起。

（2）纵向裂缝中，有 82.20% 是由二衬欠厚引起，73.95% 是由二衬背后脱空引起，25.52% 是由初期支护回填或衬砌混凝土不密实引起。

（3）斜向裂缝中，有 79.37% 是由二衬欠厚引起，71.34% 是由二衬背后脱空引起，24.37% 是由初期支护回填或衬砌混凝土不密实引起。

（4）纵向和斜向裂缝绝大多数都是由隧道衬砌有缺陷导致的，而环向裂缝则只是少部分由隧道衬砌有缺陷导致。

5 结语

通过对重庆地区7条高速公路45个隧道竣工验收外观检查报告中裂缝分布段落、分布部位、裂缝形态、裂缝长度、裂缝宽度、围岩级别和衬砌缺陷的统计分析,可以得出以下一些有意义的结论:

(1)将隧道衬砌裂损归结为弯张作用引起的拉应力过大导致的衬砌受拉裂损和剪切作用引起的剪应力过大导致的衬砌错台裂损。

(2)在统计了重庆7条高速公路竣工验收外观检查报告上的基础上,得出重庆地区高速公路延米裂缝数达到0.27条/m。

(3)随着裂缝长度的增长,裂缝宽度成加速增长,但是裂缝宽度的增长会逐渐趋于收敛稳定。

(4)纵向和斜向裂缝绝大多数都是由隧道衬砌有缺陷导致的,而环向裂缝则只是少部分由隧道衬砌有缺陷导致。

参考文献

[1] 中华人民共和国行业标准. JTG H12—2003 公路隧道养护技术规范[S]. 北京:人民交通出版社,2003.

[2] 陈东柱. 高速铁路隧道衬砌裂缝病害及其整治措施研究[D]. 中南大学, 2012.

[3] 王华夏. 高速铁路隧道衬砌裂缝图像快速采集系统研究[D]. 西南交通大学, 2013.

[4] 张中厚,刘世杰,曾杰,等. 基岩完整隧道衬砌环向裂缝成因分析及其防治措施[J]. 现代隧道技术,2011,(6):124-130.

[5] 傅家鲲. 高速公路隧道渗漏水成因及对衬砌结构的影响研究[D]. 西南交通大学, 2012.

[6] 李固华,郭建国. 隧道衬砌裂缝和渗漏的成因、预防及治理[J]. 铁道建筑, 2003, (1):23-25.

[7] 黄宏伟,刘德军,薛亚东,等. 基于扩展有限元的隧道衬砌裂缝开裂数值分析[J]. 岩土工程学报,2013,(2):266-275.

[8] 刘学增,张鹏,周敏,等. 纵向裂缝对隧道衬砌承载力的影响分析[J]. 岩石力学与工程学报,2012,31(10): 2096-2102.

[9] 傅鹤林. 隧道衬砌荷载计算理论及岩溶处治技术[M]. 长沙:中南大学出版社,2005.

[10] 郑佳艳,刘海京,林志,等. 衬砌存在裂缝的隧道力学模型研究及应用[J]. 公路交通技术,2011,(3):106-109.

超薄磨耗层在G205浙江段隧道中的应用

井 莎 龚 千

（浙江省嘉维交通科技发展有限公司）

摘 要 超薄磨耗层作为一种新型的路面养护材料，在路面尚未出现明显病害前采取的一种防止路表病害进一步扩展，以及延长路面使用寿命的预防性养护技术。通过对超薄磨耗层在G205中的使用情况，针对其配合比设计、施工的设备及工艺特点的分析论述，为以后我省其他普通国省道预防性养护提供参考和借鉴。

关键词 公路路面养护 超薄磨耗层 施工技术 施工工艺 注意事项

超薄磨耗层（NovaChip）系统是一种主要应用于高等级公路、城市道路养护的专有技术。它使用专用设备NovaPaver进行施工，施工过程包括NovaBond改性乳化沥青喷洒、紧随其后的NovaBinder改性沥青混合料的摊铺、压路机碾压成型。本指南主要包括原材料性能要求、设计、施工、验收等各项内容。

1 简述

超薄磨耗层是一种较大构造深度，抗滑性能良好的磨耗层，适用于路面较平整、车辙深度小于10mm，无结构性破坏的公路。本次205国道改造示范工程主要应用于隧道薄层罩面（满足加铺后净高要求），共完成12座隧道超薄磨耗层薄层罩面，总长2801m，面积24173m^2，罩面厚度为3cm。

2 超薄磨耗层技术原理和特点

超薄磨耗层是将断级配改性热沥青混合料摊铺在一层特种聚合物改性乳化沥青粘层上，改性乳化沥青粘层的喷洒与改性热沥青混合料的摊铺是采用专用的S1800－2伏格勒摊铺机同步施工，此摊铺机能对喷洒的改性乳化沥青自动计量。在高温混合料的作用下，乳化沥青中的水被气化，同时，乳化沥青瞬时泡沫化，并且气化后的水产生压力，压力通过缝隙向上释放，部分泡沫化的乳化沥青通过空隙上升，最终形成4～5mm的粘结层，这个粘结层将混合料紧紧扎着在原有路面上，形成强大的粘结力；还有，该粘结层空隙率小，形成了良好的防水层，保证路表水无法向下渗透，经钢轮压路机压实后一次成型。图1示出超薄磨耗层的原理。

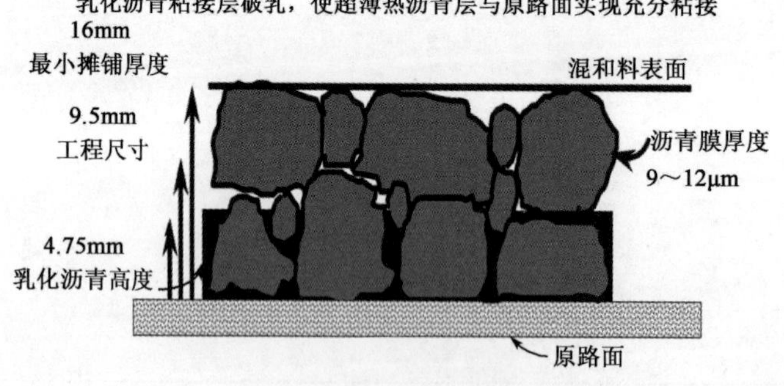

图1 技术原理示意图

具有以下特点：

（1）工艺简单，施工效率高，摊铺速度快，一次成型，并可快速开放交通。

（2）该路面具有高摩擦系数，确保路面抗滑能力，路表面排水速度快，能提高雨天轮胎附着力，减少侧滑，避免形成轮胎与路面间的高压水膜，减少雨天行车水雾，提高行驶安全性能。

(3)独特的骨架空隙结构,构造深度大,有效降低路面噪音,改善行车环境,令行车更舒适。

(4)本路面特有的防水粘结层,实现与下承层超强的粘结同时,有效避免路表水下渗,并可以封闭原路面微小裂缝,起到更好保护路面,免受水损害的作用。

(5)其路面具有较强的抵抗重载、抗老化和抗变形的能力,能有效延长路面寿命。

(6)采用薄层罩面,可降低施工成本,节约矿产资源,具有较大经济社会效益。

3 原材料、配合比设计和设备投入情况

3.1 原材料情况

本次超薄磨耗层罩面材料碎石采用辉绿岩,金华武义县采购;沥青采用超薄磨耗层专用改性沥青,粘层油采用超薄磨耗层专用改性乳化沥青(蒸发后残留物含量不少于65%),细集料采用石屑(石灰岩),石屑、矿粉均在常山本地采购。

3.2 配合比情况

超薄磨耗层是一种断级配沥青混合料,按目标配合比设计、生产配合比设计和生产配合比验证三阶段进行沥青混合料的配合比设计。最终确定的生产配合比为(表1、图2)。

10~19(mm):6~10(mm):4~6(mm):0~4(mm):矿粉=15:52.5:5:25:2.5;沥青用量4.5%,相应的油石比为4.7%。

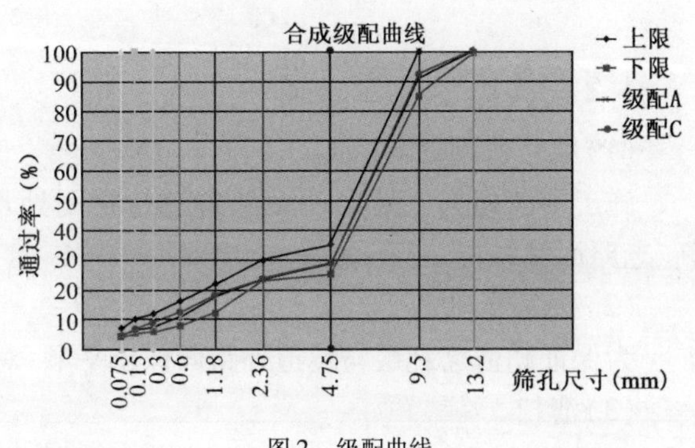

图2 级配曲线

超薄磨耗层沥青混合料级配 表1

矿料名称及规格(mm)		辉绿岩 10~19mm		辉绿岩 6~10mm		辉绿岩 4~6mm		石屑 0~4mm		矿粉 0~0.6mm
掺配比例(%)		15		52.5		5		25		2.5
级配曲线	通过下列筛孔(mm)的质量百分率									
	19	16	13.2	9.5	4.75	2.36	1.18	0.6	0.3	0.15	0.075
生产级配	100.0	100	100	91.0	28.4	23.4	17.4	11.1	7.7	6.4	4.9
目标级配	100.0	100	100	92.1	28.6	23.4	17.8	12.5	8.9	6.7	4.6
上限(%)	100	100	100	100	35	30	22	16	12	10	7
下限(%)	100	100	100	85	25	23	12	8	6	5	4

3.3 机械设备投入情况(表2)

主要施工机械一览表 表2

名称	型号	功率	数量
沥青混凝土拌和楼	TSAP-3000型	240t/h	1台
导热油加热沥青设备			1台
专用摊铺机	伏格勒S1800-2	6m	1台
双钢轮压路机	DYNAPAC	12t	1台
凯斯清扫车	70XT	5T	1辆
水车	东风	5t	1辆
自卸车	黄河、解放	30t	10辆

4 工艺流程及施工方案

4.1 施工工艺流程(图3)

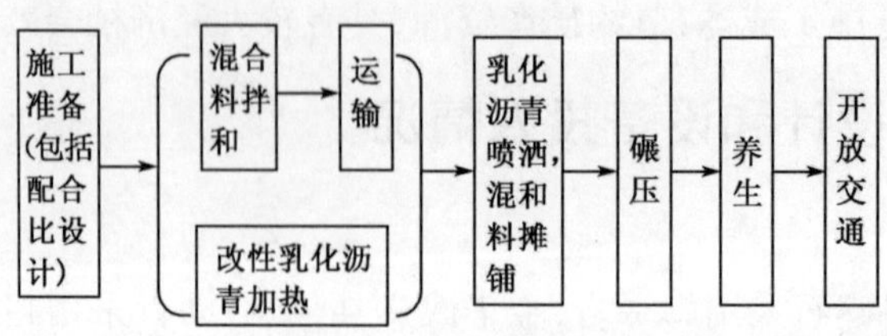

图3 施工工艺流程

4.2 具体的施工方案

(1)原路面预处理

施工前清理隧道路面,并对裂缝进行封闭处理,破损修补、修复处理。对隧道路面进行抛丸处治,以利新、老路面粘结。

(2)接缝处理

为保证超薄磨耗层与隧道外路面保持平顺,对施工的起终点位置进行切割,采用垂直的平接缝接顺。

(3)清扫

对隧道路面进行抛丸处理,再采用人工配合空压机对原路面进行清扫,确保表面干净、平整。

(4)混合料拌和

①按照标准生产配合比的热料用量、矿粉及改性沥青用量进行热料拌和控制。

②严格掌握沥青和集料的加热温度以及沥青混合料的出场温度如表3所示。

施工温度控制表 表3

沥青加热温度	165～175℃	混合料运输到现场温度	不低于160
矿料温度	180～190℃	摊铺温度	不低于160
混合料出厂温度	170～180超过195℃废弃		

③超薄磨耗层沥青混合料的拌和时间以混合料拌和均匀、所有矿料颗粒全部裹覆沥青结合料为度,通常拌和时间为45S。

(5)运输

①本项目采用吨位50t的自卸车运输混合料。装料前,彻底清扫车厢,并涂刷适量的防薄膜剂。车厢必须用棉被和篷布遮盖,防止温度降低过快。

②采用温度计逐车对混合料出场及现场温度进行检测,插入深度要大于150mm。确保出场温度在170～180℃,到场摊铺温度不低于160℃。

③混合料的运输能力较拌和能力及摊铺能力有所富余,以确保连续施工。

④装料时汽车前后移动,分几堆装料,以减少粗细集料的分离现象。运输车用布进行覆盖以减少热量损失,防止混合料灰尘污染、遭受雨淋或污染环境。

⑤已离析或混合料温度低于规定铺筑温度或被雨淋的混合料,均予以废弃。

⑥在摊铺过程中,运料车在摊铺机前30～50cm处停住,不得撞击摊铺机。卸料过程中运料车应挂空档;靠摊铺机推动前进。

(6)摊铺(图4)

①混合料必须使用专用摊铺机进行摊铺,开始摊铺前必须预热熨平板,受料斗、螺旋送料器必须涂防

粘剂。

②现场采用乳化沥青加热车对乳化沥青进行加热,加热温度控制在70℃左右;通过高压泵打入摊铺机上的乳化沥青箱内;摊铺前必须校正摊铺机乳化沥青的喷洒量,以确保其用量准确,乳化沥青的喷洒量为0.85L/m²,摊铺时混合料的松铺系数一般为1.1(松铺厚度按3.3cm控制),摊铺温度160℃~170℃。

③根据工程实际,本次摊铺需分车道摊铺,每次摊铺一个车道,接缝位置有人工整修成立面。

图4 沥青混合料摊铺和乳化沥青同步施工图

④摊铺速度控制在12m/min,其输出量和混合料的运送量、成型能力相匹配,以保证混合料均匀、稳定、不间断地摊铺。

⑤摊铺过程中,摊铺厚度及标高控制采用移动式自动找平基准装置控制,摊铺机应缓慢、均匀、不间断地摊铺,确保摊铺的连续性和均匀性。

⑥摊铺的混合料未压实前,禁止进入践踏。除机械不能达到的死角外,不得用人工摊铺沥青混合料,人工摊铺时必须按照规范要求进行。

⑦车辆卸完料后快速离开,不得停留,等待卸料车辆迅速退到摊铺机前卸料,确保摊铺机摊铺过程中料斗内一直有料。

(7)碾压

超薄磨耗层沥青混合料碾压不是保证混合料的压实度,仅是让混合料骨料之间嵌挤稳定,从而保证结构稳定。

①根据工程实际,本次碾压采用一台双钢轮压路机,吨位12t,碾压过程中不振动,静态碾压2遍;纵向施工缝碾压可以增加一回碾压遍数,严禁使用轮胎式压路机和振动压实方式;控制好碾压温度,确保开始碾压温度不低于140℃,碾压终了温度不得低于90℃。

②混合料在摊铺后有一定作业面即可开始碾压,压路机紧跟摊铺机向前推进的进行碾压,碾压段长度大体相同,每次压到摊铺机跟前后折返碾压,碾压速度不得超过5km/h。

③压路机的折回处都不得发生在同一横断面上,在摊铺机连续摊铺的过程中,压路机不得随意停顿。

④在当天施工结束后,不准将压路机或其它车辆停放在已经施工的磨耗层上。压路机加水等需要短时间停放的,停放在终压完成的段落。

⑤纵向接缝采用垂直接缝处理,碾压时压路机位于已压实的面层上,先压新铺层15cm,逐渐斜向位移错过新铺层再与新铺层混合料一起碾压,再改为纵向碾压使之平顺紧密。

(8)开放交通

施工后在路面冷却到50 ℃以下开放交通。

(9)质量控制

①每天的混合料生产稳定后,从运料车上取样,检测其沥青含量,实际沥青含量与生产配合比确定的最佳沥青用量误差小于±0.2%.

②每天检测出的混合料级配4.75mm、2.36mm两个筛孔的通过率与生产配合比偏差小于±3%,0.075筛孔偏差小于±1%。

③室内试验所需的混合料在现场摊铺机处取样,并采用马歇尔方法成型试件,其空隙率控制与生产配合比的设计空隙率偏差小于±1%。

④随时对新铺路面的外观进行目测,表面必须平整,不得有轮迹、接缝处明显的缺料、推挤、油斑、油包、离析等现象。接缝必须紧密平整,无跳车,路面实测项目指标检测按表4控制。

⑤开放交通后禁止在新路面上急刹车,掉头等操作。

超薄磨耗层路面质量控制要求表 表4

项次	检查项目		规定值或允许偏差	检查方法和频率
1	现场检测空隙率（%）		≥15	每2000m² 测1处
2	平整度	σ(mm)	≤2.5	平整度检测车：沿线每车道连续按每100m计算 *IRI* 或 σ
		IRI(m/km)	≤3.0	
3	渗水系数		≥500	渗水试验仪：每200m测1处
4	抗滑	摩擦系数 F_B(BPN)	≥55	摆式仪：每200m测1处
		构造深度 *TD*(mm)	>1.0	砂铺法：每200m测1处
5	厚度(mm)		±3mm	每2000m² 测1处

5 工后检测情况

施工结束后，立即对完成的路面进行了试验检测，具体检测结果如表5所示。

超薄磨耗层现场试验检测结果汇总表 表5

序号	隧道名称	渗水(ml/min)			抗滑(BPN)			构造(mm)			现场空隙率(%)			厚度(mm)		
1	钱江源1#隧道	1134	1122	1219	71	67	69	1.33	1.38	1.35	18.6	18.1	17.9	31	29	32
2	钱江源2#隧道	1140	1195	—	72	69	—	1.30	1.30	—	18.1	17.9	—	31	33	—
3	钱江源3#隧道	1084	1233	—	73	72	—	1.25	1.27	—	17.5	18.2	—	29	32	—
4	钱江源4#隧道	1199	1175	1185	69	73	71	1.30	1.33	1.37	18.1	17.9	18.3	29	31	29
5	桑淤岭隧道	1102	1166	1158	74	69	73	1.30	1.25	1.24	17.6	18.3	18.1	32	33	29
		1102	1190	—	71	72	—	1.32	1.3	—	18.2	18.6	—	31	30	—
6	岭灯坞隧道（左）	1120	1195	—	72	70	—	1.30	1.32	—	18.4	18.2	—	32	31	—
7	凉亭边隧道（左）	1064	1156	—	69	73	—	1.33	1.35	—	17.7	18.6	—	33	32	—
8	凉亭边隧道（右）	1172	1162	—	72	71	—	1.33	1.38	—	18.3	18.6	—	30	29	—
9	岭灯坞隧道（右）	1158	1114	—	71	73	—	1.27	1.33	—	18.4	18.6	—	31	30	—
10	仙霞关隧道	1139	1146	—	69	71	—	1.35	1.33	—	17.9	18.1	—	29	32	—
11	达坞隧道	1092	1177	—	72	68	—	1.25	1.33	—	18.3	17.9	—	31	30	—
12	黄井坑隧道	1111	1184	—	73	72	—	1.24	1.30	—	17.8	18.3	—	31	31	—
设计要求		>500			>55			>1.00			>15			±3mm		

现场检测的各项数据均符合设计要求。

6 评价结论

6.1 施工工艺方面

在施工工艺方面,超薄磨耗层薄层罩面工艺工序和传统沥青施工工序的基本相同,其施工工艺简单方便,尤其是采用专用摊铺机使乳化沥青洒布和沥青摊铺实现了同步,解决了传统沥青路面施工洒布后的乳化沥青易被施工机械破坏而带来的质量隐患。另外,该工艺施工速度快,在正常的施工前提下,超薄磨耗层薄层罩面速度比传统的沥青路面罩面提高2倍以上,由于厚度薄其降温时间更快,开放交通时间也更快。

6.2 使用性能方面

由于超薄磨耗层独特的骨架空隙结构,构造深度大,路面具有高摩擦系数,确保路面抗滑能力,同时能有效降低路面噪音,改善行车环境,大大提高行驶安全性能。另外,超薄磨耗层由于其厚度薄,对一些受到净高、荷载限制的结构物(隧道、桥面)罩面在方案选择方面具有较大的优势。

6.3 经济效益方面

与传统的AC类路面罩面相比,在大面积实施的前提下,断级配沥青混合料超薄磨耗层技术在施工成本上具有明显优势,经济效益显著。

6.4 社会效益方面

超薄磨耗层薄层罩面由于施工速度快,降温快,可快速开放交通,大大减少了对社会车辆的通行影响。在雨天,路表排水非常迅速,大雨期间无明显水膜和径流,行车产生的水雾明显减少;并且超薄磨耗层路面可降低噪音,在保证车辆通行安全的同时,也提高了行车的舒适性。还有,与传统的路面相比,超薄磨耗层薄层罩面减少了结构层厚度,节约了自然资源,有着良好的社会效益。

“夹克法”加固桥梁桩基础的应用研究

于 鹏 蒋昌平
(浙江省嘉维交通科技发展有限公司)

摘 要 桥梁基础承载着整个桥梁的重力,是桥梁质量安全的重要基础。近年来,针对桥梁水下桩基的加固方法基本上都需要弃水、防水处理,该种方法所必须的围堰、基础防渗和基坑排水往往耗费大量的时间和费用,并且施工过程中占用航道空间,社会影响大,尤其对交通运输繁忙的河道,加固过程中的间接影响更是不可估量。在对G205国道浙江段下界首大桥桩基加固时,对于典型的病害桩基采用了“夹克法”进行加固,本文对“夹克法”这种桥梁桩基础加固新技术的原理、特点、施工工艺以及应用进行阐述,为其他类似工程提供参考和借鉴。

关键词 桩基维修加固 “夹克法” 应用研究

1 引言

桥梁基础承载着整个桥梁的重力,是桥梁质量安全的重要基础,桥梁基础直接承载着全部桥梁的荷载,桥梁基础坚固与否直接影响着桥梁的结构和桥梁的安全。然而桥梁基础特别是水下桩基础在长期的使用过程中,经受着气候、洪水、冲蚀、侵蚀、生物腐蚀、重载车辆、施工缺陷等因素的影响,造成桥梁桩基础易出现破损、露筋锈蚀、缩颈等病害,导致基础承载能力、抗震能力和耐久性不足,严重时影响结构安全和使用功能。

近年来,桥梁桩基础加固的传统方法基本上都需要弃水、防水处理,该种方法所必须的围堰、基础防渗和基坑排水往往耗费大量的时间和费用,并且施工过程中占用航道空间,社会影响大,尤其对交通运输繁忙的河道,加固过程中的间接影响更是不可估量。因此,如何简化水下桥墩的加固工艺、缩短施工工期、降低水下结构加固对河道交通的影响,成为水下基础加固技术面临的一个棘手问题。

2 “夹克法”桩基加固技术原理

“夹克法”又称玻纤套筒加固技术,是指利用玻纤套筒加固系统与桩基粘结成一个整体,阻止钢筋进一步锈蚀,修复并永久保护混凝土表面的一种新型桩基加固技术,如图1所示。

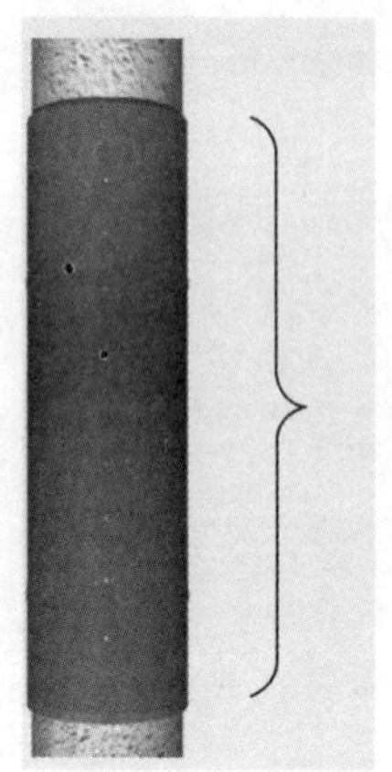

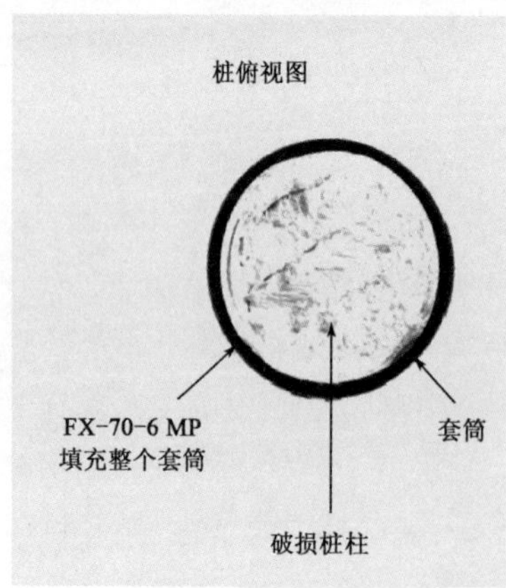

图1 “夹克法”加固桩基示意图

玻纤套筒加固系统的基本概念是采用一个永久性、高强度的套筒来保护结构,可抗拒盐碱、腐蚀性污染物、干湿循环和冻融循环的破坏;多用途氢酯环氧灌浆料可牢固粘结到结构表面,采用了对水不敏感的配方,可在潮湿的或有水的环境下使用,可在水下完成自流平和固化。与常规的围堰法增大截面加固技术相比,“夹克法”通过潜水员直接进行桩基加固套筒的连接安装以及灌浆材料的施工,施工方便,相对成本低廉,为桥梁的桩基维修加固提供了一套全新的解决方案。

3 “夹克法”加固桩基施工工艺要点和要求

3.1 “夹克法”工艺流程

水下查勘测量→水下原桩基凿毛→工厂定制玻纤套筒和灌浆料→工厂至现场物流运输→水下安装玻纤套筒及封底→水下安装导流管→灌浆料搅拌→灌浆料浇注→灌浆料套筒内自动流平→灌浆料水下凝固→水下封口胶封口→水下养护

3.2 施工工艺

(1)由专业的潜水员对每一个桩基作破损情况检查,并做好相关的数据记录。

(2)再由专业的潜水员进行水下作业,将原基础的松动表层凿除(完好处也需凿毛),避免在基础表面出现油脂、油污和其它会抑制粘结的污染物。

(3)如截面损失过大出现钢筋腐蚀的情况,则需专业的潜水员进行水下作业,先清除被腐蚀钢筋然后再进行水下植筋作业。

(4)水下安装玻纤套筒及封底

①在套筒的锁扣槽内注入低模量氢酯环氧胶。

②将套筒撑开并包裹桩基,根据不同项目,套筒的长度是在损坏区域上下各延长46~61cm。

③使用紧固带临时固定套筒,待所有安装完成后再卸下紧固带。

④每隔15cm处,使用不锈钢自攻螺丝紧固套筒锁扣处。

⑤使用可压缩密封条封住套筒底部。

(5)水下安装导流管

将直径不小于110mm的PVC管垂直固定于原基础上,管子上口可露出水面并连接进料口,下口连接带斜切口并固定于原基础和套筒之间的导流器。

(6)灌浆料搅拌

根据设计要求按配料比进行混合,然后用低速钻头和搅拌叶板搅拌两分钟。搅拌至均匀,应刮到侧面和底面以确保彻底拌合。搅拌后立即泵送或灌注。

(7)灌浆料浇注

灌浆料浇注分两种形式,一种是混凝土泵车泵送,另一种是人工灌注。

①人工灌注:人工灌注的步骤比较简单,只要将搅拌好的灌浆料装入手提式的料筒内,再由工人将料筒内的料匀速的倒入进料口即可。

②混凝土泵车泵送

构成混凝土泵车的汽车底盘、内燃机、空气压缩机、水泵、液压装置等的使用,应执行汽车的一般规定及混凝土泵的有关规定。

泵车就位地点应平坦坚实,周围无障碍物,上空无高压输电线。泵车不得停放在斜坡上。

泵车就位后,应支起支腿并保持机身的水平和稳定。当用布料杆送料时,机身倾斜度不得大于3°。就位后,泵车应打开停车灯,避免碰撞。

(8)灌浆料套筒内自动流平及固化

将灌浆料注入套筒内,这种氢酯环氧灌浆料具有极佳的流动性、低吸收性和水中絮凝功能,所以灌浆料灌注至原基础与套筒间隙内会自动流平并将水全部排出并填满,待灌浆料水下固化至少8小时。

(9)水下封口胶封口

在套筒顶端部用低模量氢酯环氧胶建个斜坡,进行顶部密封。

(10)水下养护

施工完成后需进行水下养护,养护时间不少于7d。

3.3 各种材料的特性及参数设计

(1)玻纤套筒特性及参数设计(表1)

玻纤套筒参数表 表1

规　　格	可提供圆形、方形、H形、矩形，或根据项目要求特殊定制
颜色	白色、半透明色、或根据要求定制
壁厚	从3mm～13mm，视具体情况而定
特性	安装容易，搬运方便
吸水率(ASTM D-570)	≤1%
极限抗拉强度(ASTM D-638)纵向，横向与对角线	≥103MPa
抗弯强度(ASTM D-796)	≥172MPa
弯曲弹性模量(ASTM D-790)	≥4823MPa
巴氏硬度(ASTM D-2583)	≥45

采用玻璃纤维和聚合树脂材料加工而成，聚合树脂有稳定剂以达到防UV的功能，厚度为3.2mm；具有极高的弯曲弹性模量可静止弯曲成圆形墩柱状，到达现场后可根据目标加固桩基的实际情况作适当的截面调整，截面形状除圆形外还可定制成方形、H形、八角形；长度可根据前期水下查勘测量所得数据定制，常规颜色为半透明色，如设计需要可定制其他颜色，比如与混凝土接近的白灰色或者起警示作用的黄色和橙色。

(2)水下灌浆料特性及参数设计(表2)

多用途氢酯环氧灌浆料参数 表2

颜　色	深 棕 褐 色		
灌浆料的抗压强度	ASTM C 579-B法	1d	30.3MPa
		3d	44.8MPa
		7d	58.6MPa
弹性压缩模量	ASTM C 469	7d	17225MPa
密度	$1842kg/m^3$		
挠曲强度	ASTM C 293	7d	24.1 MPa
灌浆料拉伸强度	ASTM C 307	7d	15.2MPa
树脂拉伸强度	ASTM C 638	7d	42.8MPa
拉伸粘结强度	2.4 MPa		
收缩率	ASTM C 531	0.02%	
吸收率	ASTM C 413	0.08%	
拌合灌浆料适用期	21℃	大约45分钟	

多用途氢酯环氧灌浆料是一种对湿气不敏感的100%固形物环氧灌浆料，可在水下固化，将其泵送或灌注到玻纤套筒和当前结构之间形成的潮湿或干燥环形空穴中。不需要排水。也可以在其他场合下使用。

(3)低模量氢酯环氧胶(表3)

低模量氢酯环氧胶参数 表3

胶凝时间	22℃		最少30min
拉伸强度	ASTM D 638	22℃	34.5MPa
线性收缩系数	固化后，ASTM D 2566		0.005
抗压强度	ASTM D 695	7d	62MPa
压缩模量	ASTM D 695		1379MPa
粘合强度(斜剪切)	ASTM C 882-99	7d	10.3MPa
		2d潮湿固化	6.9MPa
		14d潮湿固化	10.3MPa

低模量氢酯环氧胶是一种100%固形物对湿气不敏感的无流挂粘合剂。它的配料比为2∶1(体积比),非常适合用于对竖直和顶部表面进行修复;这种胶可粘结到潮湿或干燥表面上,且对汽油、油、污水和腐蚀性水具有极佳耐受性。

4 “夹克法”的应用

G205浙江段下界首大桥下部结构桥墩为桩柱接盖梁、钻孔灌注桩基础。根据水下桩基检测情况,共有13根桩基有淘空及露筋现象(图2、图3),其中10-2#、10-1#、10-3#、9-1#、7-3#、6-3#立柱下桩基淘空露筋特别严重。

图2 桩基露筋淘空

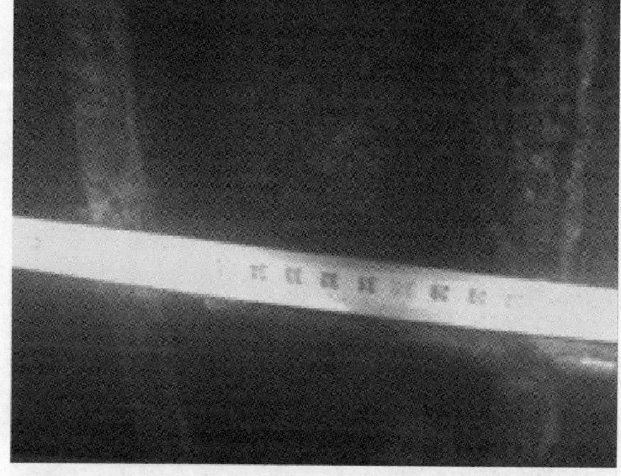

图3 桩基露筋淘空

为避免桩基病害面积加大,消除对基础的承载能力及耐久性的影响,对病害桩基采取了围堰增大截面法进行加固。

采取围堰法对桩基进行增大截面加固,具体措施如下:

(1)采用驳船将已加工好的钢围堰运至待加固桩基处,采用浮吊或其他起吊设备将钢围堰下沉入水,在水中由潜水员完成拼装如图4、图5所示。

图4 钢围堰的吊装

图5 钢围堰安装完成

(2)钢围堰安装完成后,对底部沉淤进行清除处理,并进行封底混凝土浇筑施工(图6、图7)。

(3)待封底混凝土强度达到设计要求后对钢围堰内进行抽水。

(4)抽水完成后清除桩基表面剥落、松散混凝土,并打磨桩基表面混凝土砂浆浮层,露出混凝土结构层,并对原桩基进行钻孔植筋,在原桩基础外围挂钢筋网,通过植筋与原桩基础连接(图8)。

(5)安装模板并浇筑桩基增大截面混凝土(图9~图11)。

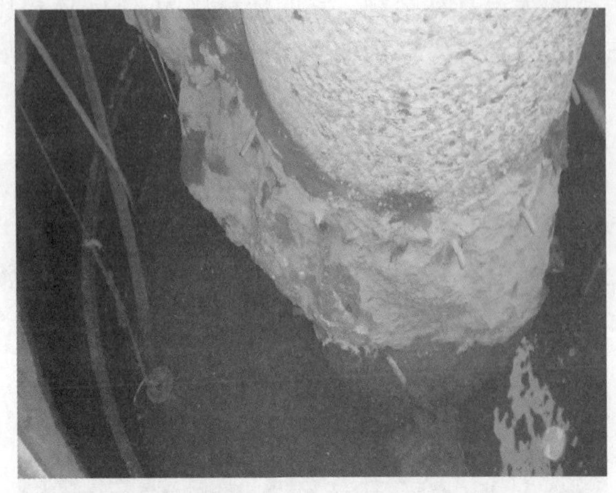

图6　浇筑封底混凝土

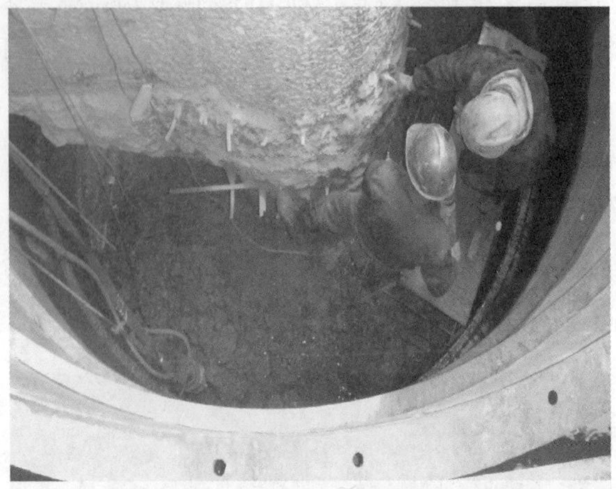

图7　浇筑封底混凝土

图8　桩基表面清理、植筋

图9　安装模板

图10　浇筑混凝土

图11　加固完成

选取第15跨中桩采取“夹克法”进行加固，具体措施如下：

(1)由潜水员清理桩基混凝土表面附着物，凿除松散、破损的混凝土表面，如钢筋有锈蚀的宜先用钢丝刷进行除锈(图12、图13)。

(2)对加固桩基安装玻纤套筒，加固时先在套筒的锁扣槽内注入低模量氢酯环氧胶，然后撑开玻纤套筒，包裹桩基，精确定位后用紧固带临时固定好玻璃纤维套筒，再用不锈钢自攻螺钉锚固套筒接缝处(图14~图17)。

图12 潜水员水下检查、清理

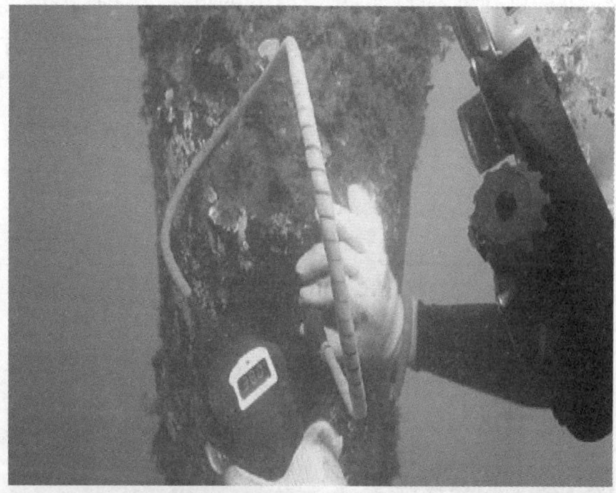

图13 潜水员水下检查、清理

图14 套筒安装准备

图15 套筒槽口注胶

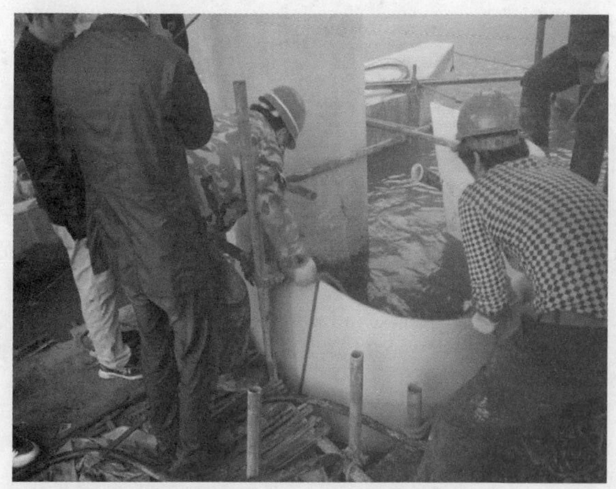

图16 安装玻纤套筒

图17 安装玻纤套筒

(3)安装底部25mm可压缩密封条,此处立柱或系梁与玻纤套筒之间不允许有空隙。灌注专用灌浆料15cm后封底暂停,等固化后继续灌注灌浆料,直至灌满(图18)。

(4)最后用低模量氢酯环氧胶密封玻纤套筒与立柱间成斜截面。等全部施工完成后方可拆除紧固带(图19)。

通过两种桩基加固技术的现场实施对比,"夹克法"桩基加固技术突破了桩基围堰加固前需要修筑围堰、基础防渗和基坑排水往往耗费大量的时间和费用，不但节省了维护成本而且省去了前后期围堰的修筑和拆除工序，因而大大的缩短了工期，在经济性和施工便捷性方面要优于传统的围堰加固法，为桥梁的桩基维修加固提供了一种全新的解决方案。

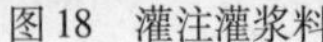

图18　灌注灌浆料

图19　加固完成

5　结语

桩基的“夹克法”加固技术在国外已有多年的应用和实践证明，国内也开展了一些相应的技术研究和应用，但收效甚微，桩基加固技术也基本以常规技术为主。通过在G205浙江段下界首大桥选取典型病害桩基采取“夹克法”进行加固，并与常规桩基加固技术进行实践对比，验证了这种加固方法在经济性和施工便捷性方面相对于传统的围堰法加固技术有一定的优势，给桥梁的基础加固带来了新的思路和更多的选择方案。我国如今已是桥梁大国，随着时间的推移，外界的影响、河床的冲於、水质的变化，桥梁基础出现的问题会越来越多，需要加固的也会越来越多。因此，引进和研究国外成熟的、效果可靠的基础加固技术，并结合我国实际，将其转化成适应我国桥梁的基础加固技术具有较高的经济性和实用性，以期达到合理利用有限资金满足基础加固的需求，实现最大限度的降低基础加固的成本。

参 考 文 献

[1] 傅钢. 桥梁桩基加固施工技术和工艺的探讨[J]. 科技风. 2013. (22).

[2] 陈凯军. 浅谈小套箱围堰在桥梁桩基加固中的应用[J]. 中国科技纵横. 2011. (3).

[3] 李杰，李娜. 某高速公路桥梁桩基的加固方案研究[J]. 公路，2008. (4).

[4] Kenaf. Fiber Reinforced Polymer Composites for Strengthening RC Beams[J]. Journal of Advanced Concrete Technology, Volume 12, Issue 6, 2014.

承插型盘扣式支撑体系进在高净空现浇箱梁施工中的应用

周建国 倖 祝 冯德刚

（中交三公局桥隧公司陕西黄延高速扩能工程 LJ-7 标项目部）

摘 要 本文结合陕西省黄延高速龙头河互通立交 EK0 +969.391 匝道桥现浇连续箱梁施工，对采用承插型盘扣支架作为支撑体系进行的各种优势进行了阐述。该种材料的各种优势将逐渐取代传统的支撑体系进入工程建设中。

关键词 盘扣支架 优势 地基处理 搭设 验收 拆除

1 引言

目前随着中国高速公路建设进入新的发展历程，各省市均在完善高速公路网络系统，因地形及跨越障碍物的复杂性，桥梁高度也随之提高。目前国内在较高的桥梁施工中采用扣件式钢管支架、碗口式钢管支架、门式钢管支架、数字式钢管支架等传统支撑体系需要缩小杆件之间的距离及加密斜撑固定的方式处理，大大增加了支架节点数和杆件重量，造成搭拆支架的成本和工期大幅度增大。而承插型盘扣式支架具有承载力大、安全性良好、稳定性好、材料用量少，安装快捷简便、坚固耐用、周转次数高以及节约成本等诸多优势，越来越广泛的应用于各类工程建设中。

2 工程概述

EKO +969.391 匝道桥是位于陕西省黄延高速龙头河互通枢纽立交内的一座主匝道桥，桥梁起点桩号为 EK0 +790.991，桥梁终点桩号右幅为 EK1 +147.791，桥梁全长右幅为 356.8m，左幅为 355.3m。桥梁上部结构为现浇箱梁，共分 5 联浇筑。施工时间紧，工期短。现浇箱梁混凝土一次浇筑方量大，混凝土外观要求质量高，架体总体高度较高，对立杆稳定性及地基承载力要求较高。为保证经济、快捷、安全的完成本桥梁的现浇箱梁施工，采用承插型盘扣支架作为箱梁的支撑体系进行施工。

3 优势分析

(1)采用低合金高强度钢，承载能力高，考虑安全系数，单肢设计承载力可达 40kN 以上。

(2)钢管主要构件为立杆、水平杆竖、向斜杆、水平斜杆、扣接头、连接套管、可调底座、可调托座、可调螺母、连接盘、插销等，散装快拼，便于运输。钢管采用插口与销钉式，安拆简单、快捷、方便，效率高，与传统支模工艺相比，可提高工效 30%。

(3)节省扣件，避免工地扣件丢失。

(4)可以无限接高，根据高度及宽度大小调配，还可应用于高支模。

(5)模板体系具有较高的强度与刚度，稳定性能良好。

(6)钢管表面处理采用电泳漆技术，水性漆处理相比化工漆处理更环保，坚固耐用，周转次数高，节约成本。

4 支架搭设方案

(1)横桥向主龙骨采用 200C 型钢，横桥方向以 3m +3m +3m +3m +3m 组合形式布置，次龙骨采用 L-150 型铝梁纵桥向布置，在腹板位置中心间距 250mm，箱室位置中心间距 350mm；

(2)立杆采用直径ϕ60.3,壁厚为3.2mm 的 Q345B 镀锌钢管;横杆采用管径为ϕ48.3mm,管壁厚为2.5mm 的 Q345B 钢;斜拉杆件采用管径为ϕ42mm,管壁厚为2.75mm 的 Q235 钢。

(3)立杆:横桥向:间距为1.2m、1.5m;纵桥向:在端横梁和中横梁处间距为1.2m,跨中位置立杆间距采用1.5m 形式;步距:均为1.5m。

(4)因架体高度过高,设置水平及竖向剪刀撑,竖向剪刀撑顺桥向间距4.5m 一道,水平剪刀撑布置8m 高度一道。

(5)翼板位置:主龙骨采用200C 型钢,横桥向布置;次龙骨纵向布置,采用 L-150 型铝梁,间距300mm。

5 支架验算

5.1 验算技术分析

5.1.1 荷载分析

支架承受的荷载主要有:箱梁自重、模板及附件重、施工活载、支架自重以及混凝土浇注时的冲击荷载和振动荷载、其他荷载(雪荷载)等;本桥现浇箱梁支架验算分别以中支点最大截面预应力混凝土箱形连续梁(单箱三室)处为例,对荷载进行计算及对其支架体系进行检算。

荷载工况:

(1)混凝土自重:26kN/m^3。

(2)钢筋自重:2kN/m^3。

(3)模板及主次龙骨:1.2kN/m^2。

(4)施工人员及设备:3kN/m^2。

(5)振捣荷载:2kN/m^2。

5.1.2 支架材料特性(表1)

材料特性一览表 表1

材料名称	材质	截面尺寸(mm)	壁厚(mm)	强度f_m(N/mm^2)	弹性模量E(N/mm^2)	惯性矩I(mm^4)	抵抗矩W(mm^3)	回转半径i(mm)
立杆	Q345B	60.2	3.2	300	2.06×10^5	2.31×10^5	7.7×10^3	20.10
水平杆	Q235B	48.2	2.5	215	2.06×10^5	9.28×10^4	3.86×10^3	1.61
竖向斜杆	Q235	48.2	2.75	215	2.06×10^5	9.28×10^4	3.86×10^3	1.61
面板	—	—	15	13	顺纹6000	281250	37500	—
C 型钢	—	144×200		300	206000	10200000	100000	—
铝梁	6351-T6	70×185	5	200	70000	12140000	131000	—
	6351-T6	70×150	4	200	70000	3830000	57200	—
木方	—	100×100	—	13	9000	8333333	166667	—

龙骨及支撑架布置间距

立杆纵距:1200mm、1500mm。

立杆横距:1200mm、1500mm。

荷载组合:恒荷载分项系数取1.2,活荷载分项系数取1.4。

5.2 箱梁支架验算

现浇箱梁支架以龙头河枢纽立交 E 匝道桥4~7 跨箱梁为例。

A-A 横断面最不利位置在腹板处,如图1 所示。

5.2.1 横桥向200C 型钢主龙骨验算

按连续梁计算,主龙骨跨径取值 l=1200mm,支座间距1.5 m,混凝土计算面积为1.18m^2(图2)。

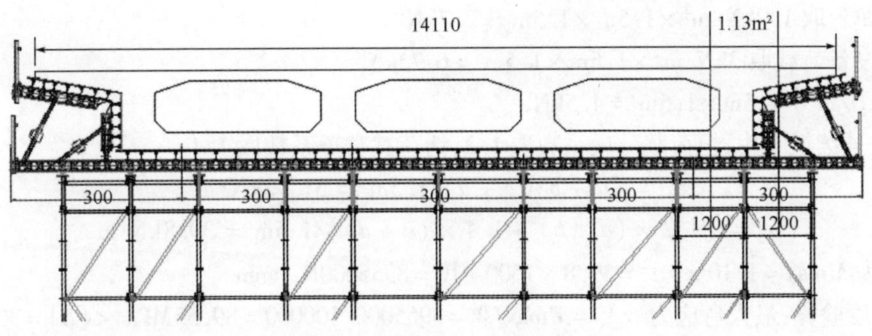

图1 A-A 横断面图(尺寸单位:mm)

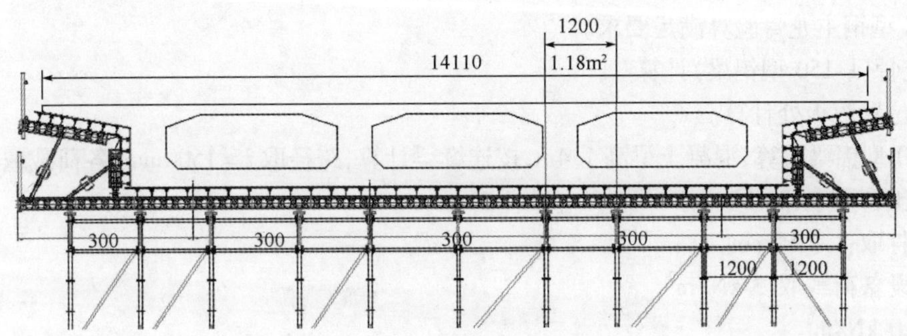

图2 主龙骨承载力验算示意图(尺寸单位:mm)

(1)钢筋及混凝土自重取 $26kN/m^3 \times 1.18m^2 \times 1.5m = 46.02kN$。

(2)模板及主次龙骨取 $1.2kN/m^2 \times 1.2m \times 1.5m = 2.16kN$。

(3)施工人员及设备荷载取 $3kN/m^2 \times 1.2m \times 1.5m = 5.4kN$。

(4)振捣荷载:$2kN/m^2 \times 1.2m \times 1.5m = 3.6kN$。

荷载组合:

按连续梁考虑,恒荷载分项系数取1.2,活荷载分项系数取1.4。

则 $$q_1 = (a+b+c+d)/1.2m = 47.65kN/m$$

$$q_2 = [1.2 \times (a+b) + 1.4 \times (c+d)]/1.2m = 58.68kN/m$$

则最大弯矩为 $M\max = 1/10 \times q_2 l^2 = 58.68 \times 1200^2/10 = 8449920N \cdot mm$

200C 型钢强度验算:最大弯应力 $\sigma_{\max} = M\max/W = 8449920/100000 = 84.5MPa < [\delta] = 300MPa$,满足。

200C 型钢挠度验算:$\omega = 0.677q_1 l^4/100EI = 0.677 \times 47.65 \times 1200^4/(100 \times 206000 \times 10200000) = 0.32mm < [\omega] = 1200/400 = 3mm$,满足。

横桥向200C型钢主龙骨验算满足要求。

箱室下按连续梁计算,主龙骨跨径取值 $l = 1500mm$,支座间距1.5 m,混凝土计算面积为 $0.87m^2$(图3)。

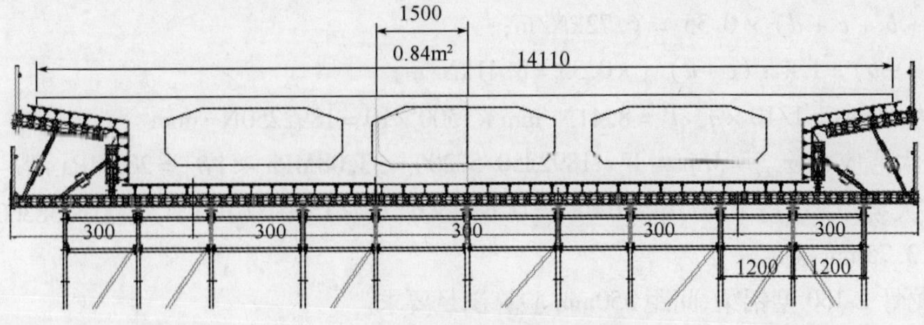

图3 主龙骨承载力验算示意图(尺寸单位:mm)

钢筋及混凝土自重取 $26\text{kN/m}^3 \times 0.87\text{m}^2 \times 1.5\text{m} = 33.93\text{kN}$

模板及主次龙骨取 $1.2\text{kN/m}^2 \times 1.5\text{m} \times 1.5\text{m} = 2.7\text{kN}$

施工人员及设备荷载取 $3\text{kN/m}^2 \times 1.5\text{m} \times 1.5\text{m} = 6.75\text{kN}$

振捣荷载:$2\text{kN/m}^2 \times 1.5\text{m} \times 1.5\text{m} = 4.5\text{kN}$

荷载组合:按连续梁考虑,恒荷载分项系数取 1.2,活荷载分项系数取 1.4。

则
$$q_1 = (a + b + c + d)/1.5\text{m} = 31.92\text{kN/m}$$
$$q_2 = [1.2 \times (a + b) + 1.4 \times (c + d)]/1.5\text{m} = 39.8\text{kN/m}$$

则最大弯矩为 $M\max = 1/10 \times q_2 l^2 = 39.8 \times 1500^2/10 = 8955000\text{N} \cdot \text{mm}$

200C 型钢强度验算:最大弯应力 $\sigma_{\max} = M\max/W = 8955000/100000 = 89.55\text{MPa} < [\delta] = 300\text{MPa}$,满足。

200C 型钢挠度验算:$\omega = 0.677 q_1 l^4/100\text{EI} = 0.677 \times 31.92 \times 1500^4/(100 \times 206000 \times 10200000) = 0.33\text{mm} < [\omega] = 1800/400 = 4.5\text{mm}$ 满足。

横桥向 200C 型钢主龙骨验算满足要求。

5.2.2 次龙骨(L-150 型铝梁)计算

按照最不利位置腹板处计算。

次龙骨 L-150 型铝梁验算,混凝土梁高 1.4m,按连续梁计算,跨径取 $l = 1500\text{mm}$,各荷载取值如下:

钢筋及混凝土自重取:$26\ \text{kN/m}^3 \times 1.4\text{m} = 36.4\text{kN/m}^2$

模板及次龙骨取:$1.2\ \text{kN/m}^2$

施工人员及设备荷载取:$3\ \text{kN/m}^2$

振捣荷载:$2.0\ \text{kN/m}^2$

荷载组合:腹板处 L-150 型铝梁,布置间距 250mm,恒荷载分项系数取 1.2,活荷载分项系数取 1.4。

则 $q_1 = (a + b + c + d) \times 0.25 = 10.65\text{kN/m}$;

$q_2 = [1.2 \times (a + b) + 1.4 \times (c + d)] \times 0.25 = 13.03\text{kN/m}$;

则最大弯矩为 $M\max = 1/10 \times q_{\max} l^2 = 13.03\text{N/mm} \times 1500^2/10 = 2931750\text{N} \cdot \text{mm}$

强度验算:最大弯应力 $\sigma_{\max} = 1/10 \times q_{\max} l^2/W = 2931750/57200 = 51.25\text{MPa} < [\delta] = 200\text{MPa}$ 满足。

挠度验算:最大挠度 $\omega_{\max} = 0.677 q l^4/100\text{EI} = 0.677 \times 10.65 \times 1500^4/(100 \times 70000 \times 3830000) = 1.36\text{mm} < [\omega] = 1500/400 = 3.75\text{mm}$,满足。

故腹板下次龙骨 L-150 型铝梁,间距 250mm,验算满足要求。

5.2.3 底板下次龙骨计算

次龙骨 L-150 型铝梁 验算,混凝土梁高 $0.2\text{m} + 0.3\text{m} = 0.5\text{m}$;,按连续梁计算,跨径取 $l = 1500\text{mm}$,各荷载取值如下:

钢筋及混凝土自重取:$26\ \text{kN/m}^3 \times 0.5\text{m} = 13\text{kN/m}^2$

模板及次龙骨取:$1.2\ \text{kN/m}^2$

施工人员及设备荷载取:$3\ \text{kN/m}^2$

振捣荷载:$2.0\ \text{kN/m}^2$

荷载组合:底板处次龙骨 L－150 型铝梁,布置间距 350mm,恒荷载分项系数取 1.2,活荷载分项系数取 1.4。

则 $q_1 = (a + b + c + d) \times 0.35 = 6.72\text{kN/m}$;

$q_2 = [1.2 \times (a + b) + 1.4 \times (c + d)] \times 0.35 = 8.41\text{kN/m}$;

则最大弯矩为 $M\max = 1/10 \times q_{\max} l^2 = 8.41\text{N/mm} \times 1500^2/10 = 1892250\text{N} \cdot \text{mm}$

强度验算:最大弯应力 $\sigma_{\max} = M\max/W = 1892250/57200 = 33.08\text{MPa} < [\delta] = 200\text{MPa}$ 满足。

挠度验算:最大挠度 $\omega_{\max} = 0.677 q l^4/100\text{EI} = 0.677 \times 6.72 \times 1500^4/(100 \times 70000 \times 3830000) = 0.86\text{mm} < [\omega] = 1500/400 = 3.75\text{mm}$ 满足。

故底板下次龙骨 L-150 型铝梁,间距 350mm 验算满足要求。

5.2.4 立杆承载力计算,纵向间距 1.5m 支撑架体承载力验算:

按照最不利位置腹板处计算,腹板下按单根立杆承重混凝土断面面积 1.13m^2,横向长度为 0.6m + 0.6m = 1.2m;纵向间距 1.5m。

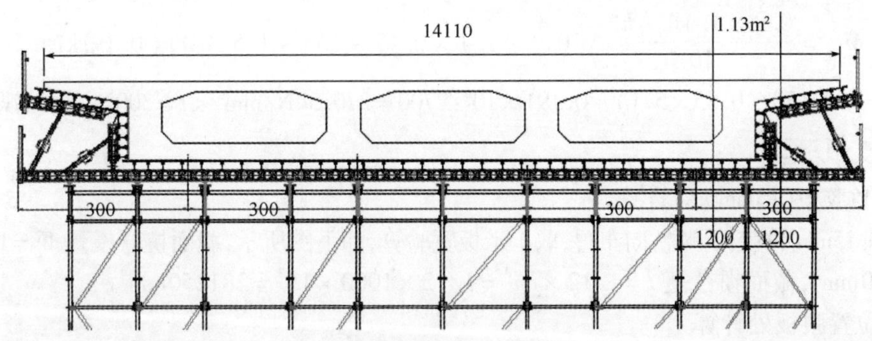

图4 最不利位置剖面图(尺寸单位:mm)

(1)荷载:

钢筋及混凝土自重取 $26\text{kN/m}^3 \times 1.13\text{m}^2 \times 1.5\text{m} = 44.07\text{kN}$

模板及主次龙骨取 $1.2\text{kN/m}^2 \times 1.2\text{m} \times 1.5\text{m} = 2.16\text{kN}$

支撑架体自重取 $0.15\text{kN/m}^3 \times 1.2\text{m} \times 1.5\text{m} \times 28\text{m}$(作用架体高度) $= 7.56\text{kN}$

施工人员及设备荷载取 $3\text{kN/m}^2 \times 1.2\text{m} \times 1.5\text{m} = 5.4\text{kN}$

振捣荷载:$2\text{kN/m}^2 \times 1.2\text{m} \times 1.5\text{m} = 3.6\text{kN}$

(2)荷载组合:

恒荷载分项系数取 1.2,活荷载分项系数取 1.4。

则

$$q_1 = a + b + c + d + e = 62.79\text{kN}$$

$$q_2 = 1.2 \times (a + b + c) + 1.4 \times (d + e) = 77.15\text{kN}$$

(3)稳定性验算:

按照《建筑施工承插型盘扣式钢管支架安全技术规程》(JGJ 231—2010),不组合风荷载计算。

立杆的截面特性:

$A = 571\text{mm}^2$,$i = 20.10\text{mm}$,$f = 300\ \text{N/mm}^2$,$E = 2.06 \times 105\ \text{N/mm}^2$,取 $L = 1500\text{mm}$。根据《建筑施工承插型盘扣式钢管支架安全技术规程》(JGJ 231—2010)中的 5.3.2-1 公式计算:

$$lo = h' + 2ka = 1000\text{mm} + 2 \times 0.7 \times 450\text{mm} = 1630\text{mm}$$

$$lo = 1.5 \times 1.2 = 1.8\text{m}$$

取两者较大值,$lo = 1.8\text{m}$。

式中:lo——支架立杆计算长度;

h'——支架立杆顶层水平步距(m),宜比最大步距减少一个盘扣的距离;

k——悬臂计算长度折减系数,可取 0.7;

a——支架可调托座支撑点至顶层水平杆中心线的距离(m);

立杆稳定性计算不组合风荷载:$\sigma = N/\varphi A \leqslant f$

φ——轴心受压构件的稳定系数,根据立杆长细比 $\lambda = lo/i = 1800\text{mm}/20.1\text{mm} = 90$,按《建筑施工承插型盘扣式钢管支架安全技术规程》(JGJ 231—2010)中附录 D,查表得 $\varphi = 0.550$。

$$\sigma = N/\varphi A \leqslant f - 77150\text{N}/(0.55 \times 571\ \text{mm}^2) = 245.66\text{N/mm}^2 \leqslant 300\text{N/ mm}^2$$

故稳定性满足要求。

(4)考虑风荷载作用

由风荷载设计值引起的弯矩按照下式计算(建筑施工手册 193 页)

$$M_w = 0.9 \times 1.4 M_{wk} = \frac{0.9 \times 1.4 W_k l_a h^2}{10}$$

30m 以下风压(风荷载标准值)

$$\omega k = uzus\omega 0 = 1.0 \times 1.0 \times 0.45(\text{风压}) = 0.45\text{kN/m}^2$$

$W_k = 0.45\text{kN/m}^2$,立杆纵距:$l_a = 1.5\text{m}$,立杆步距:$h = 1.5\text{m}$

$$M_w = \frac{0.9 \times 1.4 W_k l_a h^2}{10} = 0.9 \times 1.4 \times 0.45 \times 1.5 \times 1.5^2/10 = 0.191\text{kNm}$$

$N/\varphi A + M_W/W = 77150/(0.55 \times 571) + 0.191 \times 10^6/7700 = 270.34\text{N/mm}^2 < f = 300\text{N/mm}^2$,满足要求 。

5.3 箱梁模板验算

5.3.1 模板竹胶板(15mm 厚)计算

底模采用满铺 15mm 竹胶板,顺桥向布置,取 1 米板宽验算,如下图所示,截面抗弯模量 $W = 1/6 \times bh^2 = 1/6 \times 1000 \times 15^2 = 37500\text{mm}^3$,截面惯性矩 $I = 1/12 \times bh^3 = 1/12 \times 1000 \times 15^3 = 281250\text{mm}^4$。

按照最不利位置腹板处计算

作用于 15mm 竹胶板的最大荷载:

钢筋及混凝土自重取 26kN/m3 × 1.4m(梁高) = 36.4kN/m^2

施工人员及设备荷载取 3kN/m^2

振捣荷载取 2kN/m^2

荷载组合:恒荷载分项系数取 1.2,活荷载分项系数取 1.4。取 1m 宽的板为计算单元。

则
$$q_1 = (a + b + c) \times 1 = (36.4 + 3 + 2) = 41.4\text{kN/m}$$
$$q_2 = [1.2 \times a + 1.4 \times (b + c)] \times 1 = 50.68\text{kN/m}$$

面板按三跨连续梁计算,支撑跨径取 l = 250mm。

$$M_{\max} = 1/10 \times q_{\max} l^2 = 1/10 \times 50.68 \times 250^2 = 316750N \cdot mm$$

强度验算:最大弯应力 $\sigma_{\max} = M_{\max}/W = 316750/37500 = 8.45\text{N/mm}^2 < fm = 13\text{N/mm}^2$,故强度满足要求。

挠度验算:最大挠度 $\omega_{\max} = 0.677 q_1 l^4/100EI = 0.677 \times 41.4 \times 250^4/(100 \times 6000 \times 281250) = 0.65\text{mm} < [\omega] = L/250 = 250/250 = 1\text{mm}$ 满足 15mm 竹胶板下次龙骨铺设间距 250mm 模板验算满足要求。按照最不利位置空心箱室处计算。

顶板及底板厚度:0.2m + 0.3m = 0.5m;

作用于 15mm 竹胶板的最大荷载:

钢筋及混凝土自重取 $26\text{kN/m}^3 \times 0.5\text{m} = 13\text{kN/m}^2$

施工人员及设备荷载取 3kN/m^2

振捣荷载取 2kN/m^2

荷载组合:荷载分项系数取 1.2,活荷载分项系数取 1.4。取 1m 宽的板为计算单元。

则
$$q_1 = (a + b + c) \times 1 = 18\text{kN/m}$$
$$q_2 = [1.2 \times a + 1.4 \times (b + c)] \times 1 = 22.6\text{kN/m}$$

面板按三跨连续梁计算,支撑跨径取 l = 350mm。

$$M_{\max} = 1/10 \times q_{\max} l^2 = 1/10 \times 22.6 \times 350^2 = 276850\text{N} \cdot \text{mm}$$

强度验算:最大弯应力 $\sigma_{\max} = M_{\max}/W = 276850/37500 = 7.38\text{N/mm}^2 < fm = 13\text{N/mm}^2$ 故强度满足要求,满足。

挠度验算:最大挠度 $\omega_{\max} = 0.677 q_1 l^4/100EI = 0.677 \times 18 \times 350^4/(100 \times 6000 \times 281250) = 1.08\text{mm} < [\omega] = L/250 = 350/250 = 1.4\text{mm}$,满足箱室 15mm 竹胶板下次龙骨间距 350mm 模板验算满足要求。

5.3.2 侧模验算

(1)侧压力计算

计算新浇筑混凝土对模板的最大侧压力 F 值,假设温度 T = 25℃,浇筑速度 $V = 3\text{m/h}$,混凝土重力密度 $\gamma_c = 24\text{kN/m}^3$,新浇混凝土的初凝时间 $t_0 = 200/(T + 15) = 5\text{h}$,混凝土坍落度影响修正系数 $\beta = 0.9$,H 混凝土压力侧压力计算位置至新浇筑混凝土顶面的总高度 $H = 1.4\text{m}$。

采用内部振捣时,新浇筑的混凝土作用于模板的最大侧压力标准值可按下列公式计算,并应取其中的较小值:

$$F = 0.28\gamma_c t_0 \beta V^{1/2} = 0.28 \times 24 \times 5 \times 0.9 \times 1.73 = 52.32\ \text{kN/m}^2$$

$$F = \gamma_c H = 24 \times 1.4 = 33.6\text{kN/m}^2$$

取较小值,则

$F = 33.6\ \text{kN/m}^2$,取 1m 长度,线性荷载为 $Q = 33.6\text{kN/m}^2 \times 1 = 33.6\text{kN/m}$

(2)按强度要求进行计算

外侧模板立挡间的间距为 300mm,模采用满铺 15mm 竹胶板,顺桥向布置,取 1 米板宽验算,如下图所示,截面抗弯模量 $W = 1/6 \times bh^2 = 1/6 \times 1000 \times 15^2 = 37500\text{mm}^3$,截面惯性矩 $I = 1/12 \times bh^3 = 1/12 \times 1000 \times 15^3 = 281250\text{mm}^4$。

$$M_{\max} = QL^2/10 = 33.6 \times 300^2/10 = 302400N \cdot mm$$

最大弯应力 $\sigma_{\max} = 302400/37500 = 8.06\ \text{N/mm}^2 < fm = 13\text{N/mm}^2$ 故强度满足要求,满足。

侧模次楞间距 300mm,15mm 竹胶板满足使用要求。

(3)对侧模板采用的次楞进行计算

由于侧模板计算仅对侧压力进行计算,对于翼板部分由于重量较轻,可不做计算。

施工过程中侧模板的加强肋为水平肋,水平肋被支在垂直肋上,假设垂直肋水平间距定为 $L = 1500\text{mm}$,两水平肋间距定为 $a = 300\text{mm}$,则分布在该水平肋上的均布荷载为:

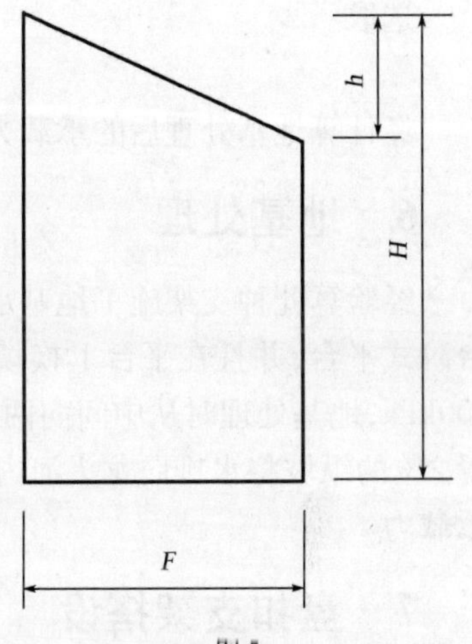

图 5

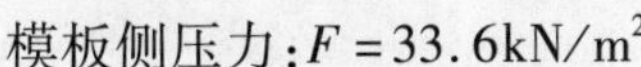
模板侧压力:$F = 33.6\text{kN/m}^2$

模板及次龙骨取:$1.2\ \text{kN/m}^2$

施工人员及设备荷载取:$3\ \text{kN/m}^2$

振捣荷载:$2.0\ \text{kN/m}^2$

侧模处次楞 L-150 型铝梁,布置间距 300mm,恒荷载分项系数取 1.2,活荷载分项系数取 1.4。

则 $q_1 = (a + b + c + d) \times 0.3 = 11.94\text{kN/m}$;

$q_2 = [1.2 \times (a + b) + 1.4 \times (c + d)] \times 0.3 = 14.63\text{kN/m}$;

按简支梁考虑,最大弯矩:则最大弯矩为 $M_{\max} = 1/8 \times q_{\max} l^2 = 14.63\text{N/mm} \times 1500^2/8 = 4114687.5\text{N} \cdot \text{mm}$

强度验算:最大弯应力 $\sigma_{\max} = M_{\max}/W = 4114687.5/57200 = 71.94\text{MPa} < [\delta] = 200\text{MPa}$ 满足。

挠度验算:最大挠度 $\omega_{\max} = 5ql^4/384\text{EI} = 5 \times 11.94 \times 1500^4/(384 \times 70000 \times 3830000) = 2.94\text{mm} < [\omega] = 1500/400 = 3.75\ \text{mm}$ 满足。

故侧模次楞 L-150 型铝梁,间距 300mm 验算满足要求。

5.4　地基验算

5.4.1　地基基础验算

地基承载力验算:

$$P = N/A$$

式中:P——立杆基础底面处的平均压力设计值;

A——基础底面计算面积;

N——立杆传至基础顶面的轴心力设计值。

$N = 77.15\ \text{kN}$。

$$P = N/KA$$

式中:P——立杆基础底面处的平均压力设计值;

A——基础底面计算面积;

N——立杆传至基础顶面的轴心力设计值；

K——调整系数，参考建筑施工手册200页（K值可以适当调整，以满足现场实际需求，建议取值在0.5～0.8之间）；

$N = 77.15\text{kN}$；

基础处理采用10cm厚混凝土。

按每块木跳板支撑3根立杆 $A1 = 0.2 \times 4\text{m}/3 = 0.8\text{m}^2/3 = 0.27\text{m}^2$，依据规范当大于 0.25m^2 时，取 0.25m^2。

可看作 $0.25\text{m}^2 = 0.2\text{m} \times 1.25\text{m}$，基础为20cm混凝土，计算得出：

$$A = (0.2 + 0.2 \times 2)\text{m} \times (1.25 + 0.2 \times 2)\text{m} = 0.99\text{m}^2$$

选取

$$P = N/KA = 77.15\text{kN}/0.99\text{m}^2 = 77.93\text{kN/m}^2$$

经计算地基处理后的承载力应大于 77.93kN/m^2，方可满足要求。

6 地基处理

经验算此种支架施工地基承载力要求不小于77.93kPa，为安全起见，箱梁支架施工场地根据高程修整台阶式平台，并且在平台上换填50cm砂砾，再浇筑15cm的C20混凝土进行硬化处理，地基承载力可达到300kPa，地基处理时从中间向两侧做1%的横坡，便于排水，地基边缘修整10×10cm的排水沟，纵桥方向设置2%的纵坡将水排向龙头河内，17#～9#设置2%的纵坡将水排向龙头河内，保证地基不积水影响地基整体承载力。

7 盘扣支架搭设

（1）作业前，首先进行技术和安全交底，按照施工工艺流程进行脚手架搭设，搭设过程中如有构配件、杆件有质量问题，坚决不予使用。

（2）测量人员用全站仪放样出梁板在地基上的竖向投影线，并用白灰撒上标志线，根据中心线向两侧对称布设盘扣支架。

（3）根据立杆及横杆的设计组合，从底部向顶部依次安装立杆、横杆。下部先全部装完一个作业面的底部立杆及部分横杆。再逐层往上安装，同时安装所有横杆。

（4）立杆和横杆安装完毕后，考虑支架的整体稳定性，按照4～6步设置一道水平剪刀撑，安装时自下而上进行顺接。斜撑通过扣件与支架连接，安装时尽量布置在框架结点上，专人检查支架盘扣松紧情况。架体与主体结构拉结牢靠。安全网在剪刀撑等设置完毕后设置。

（5）支架组装时应控制水平框架的纵向直线度、直角度及水平度，用经纬仪检查横杆的水平度和立杆的垂直度。并逐个检查立杆底座有否松动或空浮情况，并及时旋紧可调座和薄钢板调整垫实。

（6）支撑架搭设完毕后，对其平面位置，顶部标高，节点联系及纵横向稳定性进行全面检查，符合要求后，方可进行下一步施工。

（7）顶托安装：在地面上大致调好顶托伸出量，再运至支架顶安装。根据梁底高程变化决定断面间距，设左、中、右三个控制点，精确调出顶托标高。然后用明显的标记标明顶托伸出量，以便校验。最后再用拉线内插方法，依次调出每个顶托的标高，顶托伸出量一般控制在40cm以内为宜。

（8）架设安全网并检查是否足够安全。

8 支架的检查、验收

支架搭设完毕后必须组织相关的检查和验收，验收通过后方可进行下步施工，主要检查、验收事项如下：

（1）检查支架搭设是否按要求的平面尺寸，各杆件尺寸及间距是否按设计要求。

（2）支架基础是否坚实、平稳、牢固，支架底座是否与基础联接密贴，立杆与基础间应无松动，悬空现象，底座、支垫应符合规定，保证支架及各杆件受力的整体均匀性。

(3)搭设的架体三维尺寸是否符合设计要求，搭设方法和斜杆、钢管剪刀撑等设置应符合盘扣架规程规定，支架各杆件数是否联接牢固，斜杆、剪刀撑是否按要求进行设置并连接锁定。

(4)检查脚手架竖向斜杆的销板是否打紧，是否平行与立杆；水平杆的销板是否垂直于水平杆；检查各种杆间的安装部位、数量、形式是否符合设计要求。脚手架的所有销板都必须处于锁紧状态。

(5)脚手板应在同一步内连续设置，脚手板应铺满，上下两层立杆的连接必须紧密，通过观察上下立杆连接处或透过检查孔观察，间隙应小于1mm。

(6)悬挑位置要准确，各阶段的水平杆、竖向斜杆安装完整，销板安装紧固，各项安全防护到位。

(7)脚手架的垂直度与水平度允许偏差应符合下表规定要求。

(8)可调托座及可调底座伸出水平杆的悬臂长度必须符合设计限定要求。

(9)支架顶部纵、横梁及模板之间是否密贴，是否连接为整体。

(10)支架周围隔离、警戒措施是否齐备，施工专用上下通道及安全、防落网是否设置完全。

9 架体拆除

(1)脚手架拆除前应清除架上的材料、工具和杂物。

(2)拆除脚手架时，应设置警戒区和警戒标志，并由专职人员负责警戒。

(3)脚手架的拆除应在统一指挥下，按后装先拆、先装后拆的顺序及下列安全作业的要求进行：

①脚手架的拆除应从一端向另一端、自上而下逐层进行；

②同一层的构配件和加固件应按先上后下、先外后里的顺序进行，最后拆除连墙件；

③在拆除过程中，脚手架的自由悬臂高度不得超过两步，当必须超过两步时，应加临时拉结；

④连墙杆通长水平杆和竖向斜杆等，必须在脚手架拆卸到相关位置时方可拆除；

⑤作业人员必须站在临时搭设的脚手板上进行拆卸作业，并按规定使用安全防护用品；

⑥拆下立杆、水平杆、斜拉杆等及其他配件应传送至地面，经验收分类堆存，最后打包待运；

⑦拆除时，严禁抛掷，防止碰撞。

10 结语

支架是现浇箱梁施工过程中的人支撑结构，支架的强度和刚度、稳定性及变形都直接影响到结构质量和安全性，因支架导致的安全事故也时有发生，并且现浇箱梁从地基处理至施工完毕工序复杂多样并且施工周期长，承插式盘扣支架作为现浇箱梁的支撑体系极大的提高整体稳定性，提升了箱梁的工程质量，由于安装便捷，配件少增强了操作的安全性加快施工进度，并且由于周转快、周转次数多大大的节约了施工成本。

参考文献

[1] 孔繁龙.现浇连续梁支架设计与施工技术[J].《江苏交通科技》,2004(6).

[2] 中华人民共和国行业标准.JGJ 231—2010 建筑施工承插型盘扣钢管支架安全技术规程[S]北京：人民交通出版社,2011.

[3] 张奉超.浅谈承插型盘扣式钢管支架在上盖地铁车辆段工程中的施工优势[J].《广东公路交通》,2002.

2014年全国公路养护技术学术年会论文集

（下册　路面卷）

中国公路学会养护与管理分会　编

人民交通出版社股份有限公司
China Communications Press Co.,Ltd.

目　录

路　面　卷

路　面　卷

高性能厂拌冷再生关键工艺控制技术研究

郭银涛 王松根 张云帆

（公路养护技术国家工程研究中心）

摘 要 本文在分析回收旧沥青路面材料级配、回收沥青和回收石料的性能基础上，通过试验研究，提出了高性能厂拌乳化沥青冷再生混合料的胶结料用量确定方法，然后从再生混合料密实性和耐久性的角度对空隙率控制方法进行了研究，最后依据实体工程应用经验，提出了高性能厂拌冷再生工艺控制要点，并对实体工程的应用效果进行了跟踪观测与评价，结果表明高性能厂拌乳化沥青冷再生用于沥青路面中下面层或者水泥路面“白改黑”时具有良好的应用效果。

关键词 回收旧沥青路面材料 胶结料 厂拌冷再生 空隙率 工艺控制

1 回收旧沥青路面材料性能评价

旧沥青混合料的性能是再生沥青混合料设计的重要依据，其品质对再生沥青混合料的性能有着重要的影响，因此在对旧沥青混合料进行再生利用前须首先对旧沥青路面材料的性状进行评价[1]。本文以 G206 徐州段厂拌冷再生工程为依托，在了解 RAP 材料中旧沥青的含量、老化程度和旧集料细化情况的同时，对回收旧沥青路面材料物理、力学性质、基本性能做出评价。

1.1 回收旧料筛分试验

在筛分时为避免旧沥青混合料中有大块或出现结块现象，先对铣刨料进行 60℃ 预热，待冷却至室温后加入混合料在拌锅中搅拌 90s 对板结的块状混合料进行分离，一次加入拌锅中的集料不超过 6kg，这既能模拟厂拌冷再生混合料在生产拌和过程中，搅拌叶片对回收混合料的分离情况，又能检验厂拌热再生混合料中旧料的均匀性。对经过拌锅破碎后的旧混合料进行筛分，筛分结果如图 1 所示。

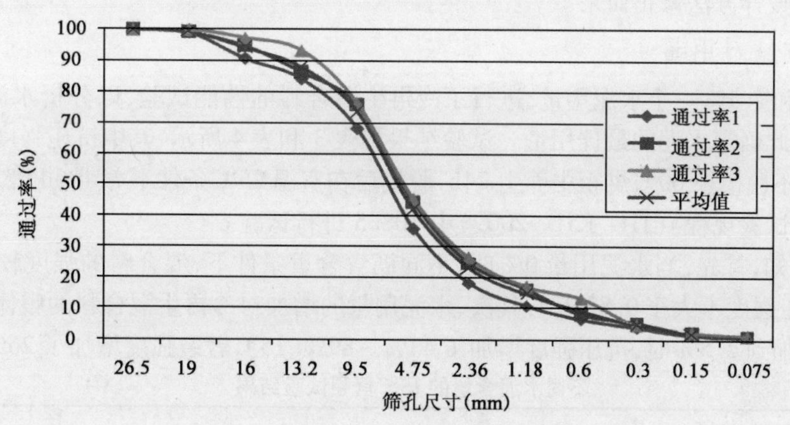

图 1 回收旧沥青路面材料筛分结果

可以看出，3 次结果非常接近且筛分曲线呈 S 形，这表明旧料的变异性较小，有利于设计出性能稳定的级配，旧料筛分结果也是厂拌冷再生混合料在级配合成中的一项重要依据。

1.2 回收旧沥青试验评价

对回收的旧沥青进行 3 大指标试验，试验结果如表 1 所示。需要注意的是如果旧沥青中掺有少量的三氯乙烯,对沥青的针入度和软化点有很大的影响,因此应采用旋转蒸发仪将三氯乙烯抽提干净并进行加热脱水。

旧沥青三大指标测试结果 表1

指　标	试验结果	技术要求	试验方法
针入度25℃,100g,5s(0.1mm)	37	>20	T 0604
延度15℃,5cm/min(cm)	8	实测	T 0605
软化点$T_{R\&B}$(℃)	58.5	实测	T 0606
60℃黏度(Pa·s)	1119	实测	T 0611

通过3大指标试验可知,旧沥青针入度、延度明显减少,而软化点升高。这说明旧沥青已发生一定程度的老化,芳香分、饱和分减少而沥青质增加,无论针入度、延度还是软化点每个指标都有一定变化,即旧沥青的物理力学性质已发生改变。

1.3 回收旧集料试验评价

对旧沥青混合料进行离心抽提后,去除裹覆在石料表面上的沥青膜,然后将获得的集料筛分、烘干进行常规石料性质试验,试验结果如表2所示。结果表明,可以满足集料的技术要求。

旧集料试验结果及技术要求 表2

指标项目	试验结果	技术要求	试验方法
视密度(抽提后,g/cm³)	2.538	≥2.5	T 0304
针片状颗粒含量(抽提后,%)	6.3	<18	T 0312
压碎值(抽提后,%)	25.2	<30	T 0316
洛杉矶磨耗率(%)	20.5	<30	T 0317
坚固性(%)	11.0	≤12	T 0314
棱角性(s)	17.2	—	T 0345

2 厂拌冷再生混合料设计

目前,对于冷再生沥青混合料设计方法尚未形成一个统一的设计标准。通常冷再生沥青混合料设计方法由热拌沥青混合料设计方法修正而来[2]。

2.1 水硬性胶结料用量

选取1.5%、2%和2.5%三个水泥用量,进行了冷再生混合料的性能试验,以分析水泥用量对冷再生混合料性能的影响并据此确定水泥的最佳用量。试验结果如表3和表4所示,其中抗压强度试验方法为:成型试件养生7d,第一天不脱模在60℃烘箱中养生24h,脱模后在室温25℃条件下养生6d,然后按照《公路工程无机结合料稳定材料试验规程》(JTG E51—2009)中T0805进行试验。

由表3和表4可知,首先,当水泥用量0%时,不同沥青含量条件下,混合料的强度较低,其中劈裂强度不大于0.33MPa,抗压强度不大于0.83MPa;其次,水泥用量的增加对冷再生混合料的整体强度影响很大,当水泥用量从1.5%增加到2.5%时,抗压强度增加了43%~89%,15℃劈裂强度增加了26%~71%。

不同水泥含量的15℃劈裂试验结果 表3

乳化沥青用量 水泥用量	3.0%	3.5%	4.0%	4.5%	5.0%
0%	0.21	0.24	0.28	0.31	0.33
1.5%	0.38	0.43	0.48	0.43	0.41
2.0%	0.41	0.58	0.72	0.60	0.55
2.5%	0.48	0.63	0.82	0.69	0.61

不同水泥含量的抗压强度试验结果　　表4

水泥用量 \ 乳化沥青用量	3.0%	3.5%	4.0%	4.5%	5.0%
0%	0.67	0.69	0.73	0.78	0.83
1.5%	1.15	1.26	1.41	1.38	1.31
2.0%	1.42	1.65	1.98	1.88	1.75
2.5%	1.65	1.93	2.67	2.51	2.32

当水泥剂量增加到2.5%时，虽然对混合料的劈裂强度有很大贡献，抗压强度高达2.67MPa，这对混合料的低温开裂性能以及疲劳性能会造成一定的不利影响，基于冷再生混合料各项路用性能最优考虑，研究决定采用的水泥剂量为2%。

2.2　特种乳化沥青用量

由于沥青路面材料一般具有较高的抗压强度，而抗剪强度和抗拉强度相对较弱，容易因剪应力过大而在材料层内部出现沿某个截面滑移，或者因拉应力过大而引起断裂[3]。因此，研究采用劈裂抗拉强度试验的劈裂强度作为控制指标，并辅以马歇尔稳定度作为验证指标。

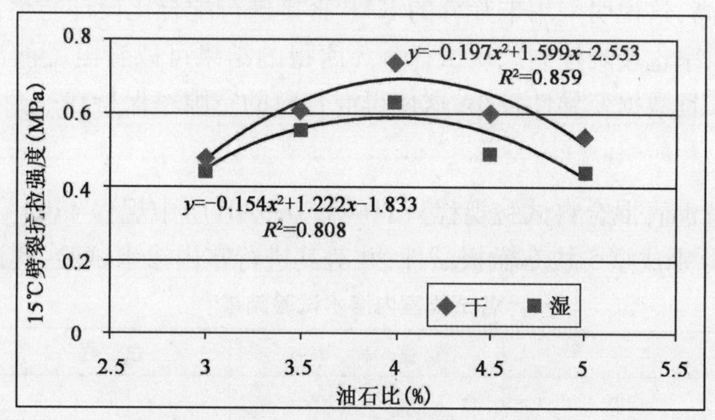

图2　冷再生沥青混合料最佳油石比确定

图2为70%旧料掺量下的再生沥青混合料油石比的确定方法，可知，随着油石比的增加，劈裂抗拉强度存在一个峰值（油石比为4.0%时），与此最大劈裂抗拉强度对应的油石比即混合料的最佳油石比。而且，试件的干湿状态对最佳油石比的影响不大，浸水后最大劈裂强度有所下降，故最佳油石比的确定可取干湿状态下最佳油石比的平均值。

3　厂拌冷再生混合料空隙率控制方法

空隙率是沥青混合料最重要的体积参数，在厂拌冷再生混合料的生产与施工过程中对它的影响因素较多且难于控制，所以能否更好的控制混合料空隙率，很大程度上决定了工程的质量和路面的耐久性能[4]。

从同一种RAP料中取出3份样品进行试验，我们分别将其称为试样1、2、3。试样1中的RAP，使用26.5mm的筛网将样品中超粒径的部分进行剔除；而试样2中的铣刨料，通过筛网将超粒径的集料进行剔除，并将其分为0～15mm与15～25mm两档；对于试样3则将其分为0～5mm、5～15mm与15～25mm三档。分档完成后，对3个试样进行筛分试验与密度检测，测得各档集料的级配、表观相对密度与毛体积相对密度。

3.1　体积指标与强度

取60%RAP，乳化沥青用量4%，水泥用量2%，在其最佳含水率的状态下制作试件，每种试样成型12个。对试件在相同环境下进行养生后，通过抽真空法与表干法分别检测各试样的最大理论密度与毛体积密度，并对其空隙率进行计算，对其稳定度与流值进行检测，结果如表5所示。

各试样空隙率以及马歇尔稳定度与流值 表5

试样编号		试样1	试样2	试样3
空隙率(%)	平均值	7.9	7.5	7.4
	标准差	0.81	0.55	0.52
	变异系数	0.102	0.073	0.070
稳定度(kN)	平均值	8.25	9.23	9.42
	标准差	0.82	0.67	0.61
	变异系数	0.099	0.073	0.065
流值(mm)	平均值	2.55	2.73	2.68
	标准差	0.70	0.61	0.58
	变异系数	0.274	0.222	0.216

从试验结果来看,试样1、2、3采用相同的试验方法与目标级配所成型的试件在其空隙率、稳定度与流值上存在着一定的差异。通过对试验结果进行分析可以发现,试样1所成型的试件空隙率平均值虽然能符合厂拌冷再生混合料技术标准所规定的3%~8%,但其结果明显高于试样2、3所测得的值,同时空隙率的标准差与变异系数也普遍偏高,这说明采用未筛分的RAP直接进行配合比设计与生产不仅所得的混合料存在较大的变异性,所得的空隙率也较难控制。从试样2、3所得的结果可以看出,混合料所得的空隙率、稳定度与流值均能满足规范要求,且数据变异性较小,这使得混合料的空隙率保持在一个稳定可控的状态。

3.2 密实性

参照《公路工程沥青及沥青混合料试验规程》(JTG E20—2011)中规程T703"沥青混合料试件制作方法(轮碾法)"对试样1、2、3分别成型5块车辙板试件,并对其进行室内渗水试验,其试验结果如表6所示。

各试样室内渗水试验结果 表6

试样编号		试样1	试样2	试样3
渗水系数(mL/min)	平均值	102.3	75.7	68.6
	标准差	25.67	12.72	10.03
	变异系数	0.251	0.169	0.146

从试验结果可以看出,试样1所成型的车辙试件渗水系数与数据变异性明显高于试样2、3。而研究表明,沥青混合料的渗水系数与其空隙率具有良好的正相关性,这说明采用未经筛分的RAP材料所生产的混合料空隙率往往偏高,且其均匀性较难控制。

通过对试件空隙率以及室内渗水试验的结果进行分析可以得出以下主要结论:

(1)将RAP材料进行分档筛分有助于厂拌冷再生混合料空隙率的控制。筛分后的混合料级配与目标级配更为相符,且变异性较小,成型出来的试件也更为密实,更为稳定。

(2)试件的渗水系数与空隙率具有良好的正相关性,当冷再生混合料空隙率接近8%时将显示出较高的透水性,所以通过室内渗水试验也能从一定程度上对混合料的空隙率进行反映。

(3)试样2、3成型的试件均能满足空隙率与渗水的要求,且混合料的均匀性也较为稳定。

因此将混合料进行分档筛分后再进行级配合成,有助于获得混合料空隙率的控制,所以实际生产过程中应将RAP材料筛分为2~3档以便与混合料质量的控制。

4 高性能厂拌冷再生工艺要点控制

高性能乳化沥青厂拌冷再生技术的实施须严格按照工艺要求作业,注重细节[5]。

4.1 再生混合料拌合顺序

要求先放骨料和水泥,干拌均匀后加入适量水,最后加入特种乳化沥青拌制均匀。坚决避免先加特种乳化沥青后加水或者特种乳化沥青和水同时加入。

4.2 级配控制

RAP 预处理时应将旧料至少分为两档,提高再生混合料均匀性。生产环节采用间歇式拌和站生产再生混合料,各档料采用称重计量。级配验证时使用集料"水洗法"对乳化沥青冷再生混合料进行级配验证。

4.3 乳化沥青用量

高性能厂拌冷再生混合料的特种乳化沥青用量一般为4.0%左右,而其实际新沥青含量约为2.4%,故需对特种乳化沥青用量进行严格控制,应采用每盘记录和总量复核两种方式控制。

4.4 含水率控制

高性能厂拌冷再生混合料的含水率对施工和易性、混合料空隙率和再生路面耐久性能影响较大,其用量非常重要。

4.5 压实度控制

基于马歇尔击实密度,要求压实度大于97%(特重、重交通98%)。

4.6 养生方式

封闭交通养生24h后,可初步开放轻交通,注意限速,禁止掉头和急刹车。满足以下条件之一即可结束养生:

(1)可取出完整芯样。

(2)再生结构层含水量低于2%。

5 实体工程跟踪观测

为全面掌握高性能乳化沥青厂拌冷再生路段路面技术状况水平,采用 CiCS 快速检测系统对部分已实施路面再生实体工程开展路况检测和技术状况评定工作,评价指标包括路面损坏状况指数 PCI、路面行驶质量指数 RQI 和路面车辙深度指数 RDI。

5.1 日兰高速公路 G1511 日照段

日兰高速公路实体工程铺筑于2010年7月,冷再生实施路段为 K52 +000 ~ K56 +000,应用于下面层,铺筑厚度为10cm,图3虚线左侧为冷再生路段,虚线右侧下面层为大粒径透水性沥青混合料(对比路段为 K56 +000 ~ K60 +000),两个路段的中上面层均采用相同结构形式。

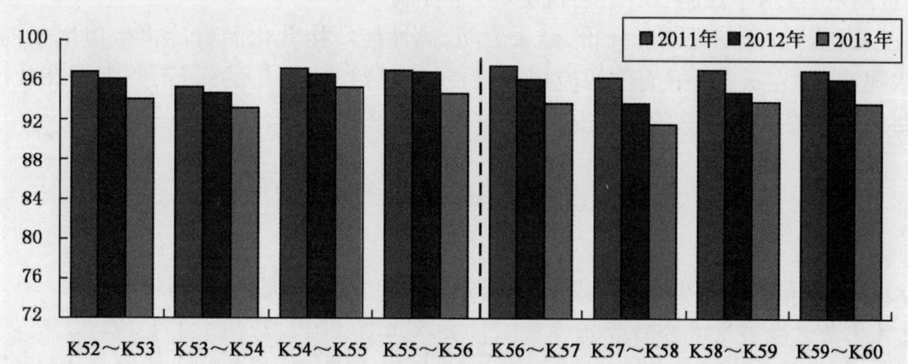

图3 日兰高速公路 G1511 日照段路面使用性能指数

由日兰高速公路 G1511 日照段的路面检测结果可知,高性能冷再生施工段 K52 +000 ~ K56 +000 的路面损坏状况指数 PCI 均大于95,路面车辙深度指数 RDI 大于92,车辙深度小于5mm,路面行驶质量指数 RQI 大于94,路面使用性能指数 PQI 大于95,均处于路面技术状况评定标准中"优"等的级别。同时与相邻路段对比可知,厂拌冷再生各项性能指标衰减均较为缓慢。

5.2　国道 202 吉林段

国道 202 实体工程铺筑于 2011 年 6 月,冷再生实施路段为 K872 + 550 ~ K877 + 550,应用于水泥路面"白加黑"结构的下面层,铺筑厚度为 10 ~ 12cm。图 4 两条虚线中间为冷再生路段,虚线两侧为常规结构对比路段,路段的表面层结构相同。

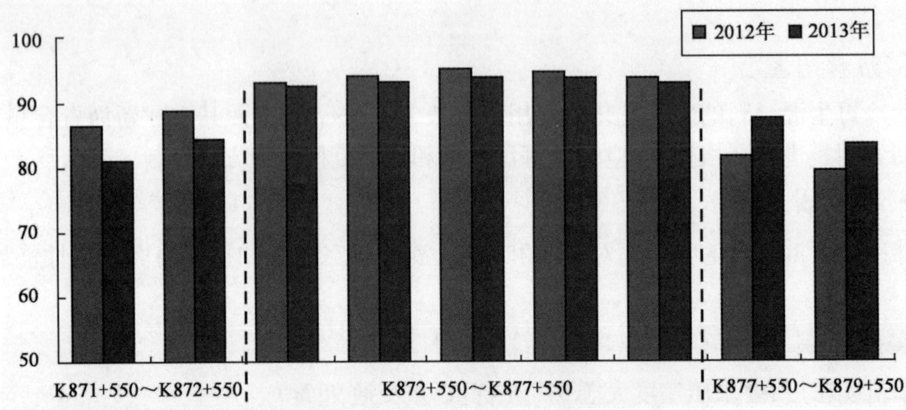

图 4　国道 202 吉林段路面使用性能指数

由路况检测数据可知,该路段经过两年的使用以后,路面损坏状况指数 PCI 均大于 92,路面车辙深度指数 RDI 大于 93,车辙小于 3.5mm,路面行驶质量指数 RQI 大于 92,路面使用性能指数 PQI 指数均大于 93,依然处于路面技术状况评定标准中"优"等的级别。同时,各项技术指标的衰减量较小,大修以来的两年内,路面均保持着良好的使用性能。

6　结语

(1)对回收旧沥青路面材料的级配,回收沥青和回收旧集料性能进行了试验分析和评价,从冷再生混合料设计角度把回收旧沥青路面材料按照黑色石料进行考虑。

(2)提出了厂拌乳化沥青冷再生混合料中水硬性胶结料和特种乳化沥青这两种胶结料的用量确定方法和一般性结论。

(3)从厂拌乳化沥青冷再生混合料空隙率、强度和渗水系数等指标探讨了混合料空隙率的控制方法,提出了回收旧沥青路面材料的预处理方法,即将其分 2 ~ 3 档。

(4)结合实体工程经验,提出了高性能厂拌乳化沥青冷再生的工艺控制要点,包括混合料拌合顺序、级配控制、乳化沥青用量、含水率控制、压实度控制及养生控制。

(5)对实体工程进行了跟踪观测和评价,结果表明,高性能厂拌乳化沥青冷再生应用于沥青路面大中修中下面层或者水泥路面"白改黑"下面层的应用效果良好,经过 3 ~ 4 年的运行,路面损坏状况指数、路面行驶质量指数和路面车辙深度指数等各项路况技术指标均为优等。

参 考 文 献

[1] 拾方治,马为民. 沥青路面再生技术手册[M]. 北京:人民交通出版社,2006.
[2] 王舜. 水泥乳化沥青冷再生混合料性能评价[J]. 公路工程,2012,37(1):171-174.
[3] 徐剑,黄颂昌,邹桂莲. 高等级公路沥青路面再生技术[M]. 北京:人民交通出版社,2011.
[4] 吕伟民,孙大权. 沥青混合料设计手册[M]. 北京:人民交通出版社,2007.
[5] 刘永. 乳化沥青冷再生混合料技术研究[D]. 西安:长安大学,2010.

半刚性基层裂缝形成机理及防治

丁越佳

(甘肃白银公路管理局)

摘 要 本文分析了半刚性基层早期裂缝形成的机理以及由此衍生出网裂、唧浆、坑槽、块裂等其他病害的过程,提出了通过对基层采取预锯缝加铺玻纤格栅防治来防治裂缝产生反射面层路面使用寿命的方案,并详细介绍了施工方法。

关键词 基层 裂缝 形成机理 防治 预锯缝 玻纤格栅

1 引言

半刚性基层具有一定的板体性、刚度,扩散应力强,具有一定的抗拉强度、抗疲劳强度和良好的水稳定性,因而在我国公路建设中得以广泛应用。但半刚性基层也有其自身的缺点,半刚性材料容易在温度变化及水分散失时产生较大的收缩变形,进而会形成基层的收缩裂缝。这已成为该结构的主要缺陷。半刚性基层上铺筑沥青面层后,在路面荷载和温度变化的作用下,基层的收缩裂缝会反射到沥青面层上,被称为半刚性基层沥青路面的“癌症”。这一事实国内外基本达成共识。白银市交通量大,矿产资源多,超限超载现象,半刚性基层材料抗疲劳性能差,对重载反应敏感,反射裂缝更为严重,其修补也比较困难。

我国现有的路面设计是依据弹性层状体系理论,并根据反复车辆荷载产生的疲劳破坏决定设计年限,然后由路表回弹弯沉值作为设计指标,最后再根据层底弯拉应力进行验算来设计的。不难发现在现有的沥青混凝土设计规范中,结构设计参数都为定值,而实际上,由于材料本身特性差异和施工偏差,以及道路在使用年限内环境和荷载条件的变化,这些设计参数都具有一定的变异性。白银市高速公路沥青路面的设计使用寿命一般为15年,二级路使用寿命一般为13年,但通常在通车短期内就会发生不同程度的损坏,即早期破坏,不仅投入了大量的养护资金,而且产生了不良的社会影响。

根据对白银公路管理局所管养的半刚性基层沥青路面的养护实践和实际调查结果,将沥青路面病害的发展可以分为三个阶段:第一阶段为基层早期裂缝的形成,一般在随着基层施工开始到施工完后两年;第二阶段沥青路面网裂、坑槽、车辙、唧浆等病害快速发展,一般在第三年到十年之内;第三阶段就是面层龟裂状脱落,如不进行大修或加大养护力度,路面就会砂化,也就是说路的使用寿命即将终结。

2 基层早期裂缝产生的原因

根据近几年来对养护实践和实际调查结果,沥青路面中出现较多的早期病害主要为路面横向裂缝、纵向裂缝、网裂、坑槽、车辙、唧浆等。结合日常维修保养、病害调查及路面大修实践进行分析,认为半刚性基层产生的早期裂缝的主要原因有:荷载性裂缝和非荷载性裂缝。

2.1 荷载性裂缝

在汽车车轮荷载的作用下,半刚性基层底部产生了拉应力,当产生的拉应力超过该材料的抗拉强度时,半刚性基层便会发生开裂现象。有关资料证明,半刚性基层沥青路面对重载车具有更大的轴载敏感性。重载车换算为标准轴载时,对柔性基层通常是按4次方换算,而对半刚性基层来说,则是12次方或以上,即同样的超载车对半刚性基层沥青路面易造成更大的的危害。白银市位于甘、宁、蒙三省交界处,这一三角区存在丰富的矿产资源,一直以来,拉运矿料的超限超载运输车辆随国民经济的发展呈几何级数的增长,据调查,在109线上通行的车辆,货车占了70%以上,其中超限超载车辆达60%以上。有关资料表明,设计荷载

10t的货车若装载20t(100%超载),每通行一次,沥青路面受压相当于通行295次,加速路面的疲劳破坏,大大缩短了公路的使用寿命。另外,由装载高度大的超载车因路拱坡度形成偏载,加上路面渗入水在的路面结构层间沿横坡向低处汇集,造成行车道外侧轮迹处的病害普遍比内侧严重。从钻芯结果来看,超载严重路段,行车道轮迹处半刚性基层基本碎裂,形成面层反射纵向裂缝、车辙或局部沉陷。

2.2 非荷载性裂缝

按其成因可以分为温缩裂缝和干缩裂缝。

2.2.1 干缩裂缝

干缩性裂缝的情况有两种:

(1)水泥稳定碎石压实成型到正常养护期(一般为7d)的干缩,由于混合料表面水分蒸发和内部发生水化作用,致使水分不断减少而引起收缩。其产生的原因是混合料中游离水的减少,缩小了颗粒间的距离,产生体积收缩和收缩应力。当产生的干缩应力超过路面材料抗拉强度,而混合料的应力松弛赶不上干缩应力的增长,超过其极限拉伸应变,便产生开裂。一般来说,干缩应力在施工的头几天就达到最大值,随后就降低。当半刚性基层被覆盖上封层、黏层以后,水分的流失已经变得很小,并且半刚性基层中的水分是一定的,能够流失产生裂缝的水分也是微不足道的,对结构层的承载能力几乎没有任何影响,由其产生的裂缝在施工阶段就可以显现出来,这些细小的裂缝很容易被由温缩引起的裂缝缩贯穿而形成横向裂缝,因此对建成以后的半刚性路面的影响也不可小视。

(2)养护期满后到施工透层、摊铺沥青混凝土面层这段时间的干缩。其机理基本上是一样的,只是其损害的程度有所不同。从基层养护期满后到施工透层、摊铺沥青混凝土面层之间,如果这段时间间隔较长,自然天气从晴到雨,从雨到晴,风吹日晒雨淋,基层料从“较干燥→饱水状态→较干燥→饱水状态”反复循环作用,水分反复的“蒸发、饱和、蒸发、饱和”,多次重复干缩过程,必然会使基层出现较严重的拉裂现象,在薄弱地方就表现为裂缝,这种破坏在雨季特别明显。

2.2.2 温缩性裂缝

温缩性裂缝是热胀冷缩产生的裂缝。万物都具有热胀冷缩的性质,半刚性材料的基层也不会例外。在水泥混凝土路面设计和施工中,为防止混凝土随温度变化胀缩量较大时,混凝土纵向内应力将混凝土挤碎或者拉裂面而设置胀缝、缩缝,但在半刚性基层施工中却没有,实际上像水泥稳定碎石基层就是一个水泥掺量稍微少一些的贫混凝土结构,只是在中国定义了一个“半刚性体”,但长期以来,在基层的设计规范或施工技术规范中却没有提出来,这有待于进一步探索。

水泥无机结合料内部的不同矿物颗粒组成的固相、液相和气相体,在温差作用中必然会使其产生热胀冷缩的体积变化,从而引起温缩性裂缝。固相矿物不同的胀缩性:碎石原材料矿物(主要为SiO_2、AI_2O_3)组成的热胀冷缩系数为8×10^{-6}m/℃,水泥稳定碎石生成的新胶结矿物主要成分为C-S-H凝胶体,热胀冷缩系数一般为$(10\sim20)\times10^{-6}$m/℃。由于两者组成的固相复合稳定材料的矿物具有不同的热胀冷缩性,在温度变化时其胀缩值是不相同的。液相(水)的热胀缩性:自由水、毛细水、结构水、结晶水存在于混合料内部的孔隙中和胶体中,水的热胀缩系数为70×10^{-6}m/℃。当温度升高时,可以产生相当大的扩张力使颗粒间距增大而产生膨胀。气相的热胀缩性:混合料毛细孔、内部孔隙充盈着气体。白天温度高时水稳层内部结构气体体积受热充分膨胀,结构内的颗粒相应充满扩张力。晚上气温低,原膨胀的气体体积收缩,颗粒内的结构应力减小,产生收缩力,体积变小。当扩张力超过临界值时,水稳层就会产生起拱;当收缩力超过结构拉应力时,便产生横向裂缝。特别是在建成后不久的强度增长期,强度的增长速度不足以克服温差变化引起应力的增加,因此常常造成半刚性路面在建成后的1~2年内出现大量的横向裂缝。

3 沥青路面病害的发展

随着半刚性基层的开裂,在裂缝顶部、下面层的底部处形成薄弱区,在行车荷载和温度应力的作用下,裂缝逐渐扩展到面层,并向上发展直至穿透面层,形成反射裂缝。反射裂缝破坏了沥青路面的整体性,当在车辆荷载,尤其是重载或超载车辆作用下,裂缝两侧产生很大的竖向剪切力,再加上渗水等因素的作用,使该处半刚性基层弹性模量迅速降低,板体松散,弯沉增大,加速了路面的破坏。对裂缝采取的常规养护处理手段是封缝,但封缝仅起到防水作用,对巨大的竖向剪切力作用下的破坏起不到任何保护作用。并且,在温度应力和动载的共同反复作用下,反射裂缝处逐渐发展为啃边、缝隙加宽甚至局部网裂、破碎等现象,导致封缝失效,降水极易渗入,水分通过裂缝渗入路面内部,到达基层底部,在行车荷载作用下,冲刷基层以下的结构层材料,使基层以下出现脱空现象,失去支撑条件,由于存在裂缝,造成路面板体不连续,在行车荷载作用下将加大板体边缘的变形,会在路面结构内(尤其基层)产生很大的应力和变形,在行车荷载作用下基层在脱空着力处发生类似于水泥混凝土路面的断板现象,最终断板越来越小,发展成块裂,最后散裂失去承载功能。

对横向裂缝进行钻芯,发现基层裂缝从面层贯通至垫层,基层部分裂缝宽为 6mm 左右,但是到反射至面层呈喇叭口放大状,达到 3cm,沥青灌缝并没有达到封水的效果灌入的沥青仅仅深入面层,如图 1 所示。

基层与面层之间夹杂一层水洗砂,应为唧泥病害后黏结料缺失的原因,由于于车轮的动载效应,水分携带着颗粒材料从裂缝处挤出,形成唧浆,并将进一步发展为坑槽,如图 2 所示。

图1 对发生唧浆病害处钻芯

图2 唧浆病害处取出的芯样

4 预锯缝加铺玻纤格栅在防治半刚性基层沥青路面反射裂缝中的应用

国内外不少的专家学者对如何减少或者减轻收缩裂缝的严重程度进行了许多的研究,主要有:

(1)从材料设计方面人手,如选择合适的水泥用量,添加石灰或其他添加剂等;

(2)从结构本身人手,如增加沥青混凝土面层厚度、设置应力吸收层、加铺土工格栅或级配碎石层;

(3)从工程措施人手,如基层预锯缝或者基层预裂缝技术。

经过综合比选,发现预锯缝预锯缝加铺玻纤格栅的方案在防治半刚性基层沥青路面反射裂缝防治中效果明显,而且成本较低,适合于于白银公路管理局目前管养的公路现状。

4.1 预锯缝加铺玻纤格栅处理的目的

(1)可以改善基层约束条件,有效控制裂缝的产生位置和数量,使裂缝规则化在一定程度上释放初始应力和温度应力来达到基层防裂,并能设法将这种裂缝只保留在基层而不反射到面层。

(2)防止路表水通过基层裂缝渗入土基。这是因为半刚性基层是一种水硬性结合料处治的结构层,这种结构层对温度敏感,预先在基层中制造出规则间距的裂缝,并在锯缝缝隙处预加处理(如填缝并进行贴缝处理),可以防止基层预锯缝反射到沥青面层上来;即使基层预锯缝反射到沥青面层上来,反射裂缝也比由基层自由开裂而产生的面层反射裂缝规则,规则的裂缝边缘在行车荷载的作用下不容易碎裂,而因自由开裂产生的不规则裂缝边缘在行车荷载的作用下容易损伤,由此而产生的龟裂、网裂、坑槽等病害现象要比由自由开裂状态下而引起的这些病害现象少。此外,进行预锯缝处理后,阻断了路表水渗入路基的路径,使路面不会产生卿泥、冲刷现象,从而起到防水和阻止路面进一步破坏的效果。

(3)加铺一层玻纤格栅,想当于增加了一层应力吸收层,提高沥青混合料的抗拉和抗变形能力的同时,还能通过对沥青面层底的箍固作用在很大程度上增强沥青路面的抗裂能力。

5　工程实例应用

在白银公路管理局 G109 线路面重铺工程中首先尝试对基层采用预锯缝加铺玻纤格栅防治裂缝的产生。

5.1　预锯缝施工

根据施工进度，水泥稳定碎石基层铺筑完并养生 3d 后进行预锯缝（图 3）、填缝、铺设玻纤格栅处理。预锯缝的施工工艺为：上基层提供——→弹线——→切缝——→清缝——→满灌沥青填缝。

5.1.1　弹线

在预锯缝之前，应该按照一些原则进行安置每道预锯缝的位置，并弹好墨线，以便切缝。

（1）对上基层顶面采取预锯缝措施，锯缝间距按 15～20m 控制。

（2）横向排水管部位的上基层顶面必须预锯缝。

（3）锯缝间距应灵活掌握，可结合施工缝、已开裂缝、横向排水管等部位等位置适当调整。

（4）对于横向裂缝，间距在 4m 以内的坚决返工，间距 4m 以上的采取沥青灌缝加玻纤格栅处理（图 4）。横缝长度与车道同宽。

（5）对于纵缝，沿道路长度方向的切缝为纵缝，位置一般为基层纵向接缝处。

图 3　预锯缝切割图

图 4　预锯缝沥青灌缝

5.1.2　切缝

（1）切缝一定要按照弹好的线切割，保证切缝的顺直。

（2）切缝的宽度为 0.5cm。

（3）切缝的深度按基层厚度的 1/3 控制。

5.1.3　清缝

因为在切缝的过程当中，细小粉末堵塞或填充了刚切完的缝隙，所以在满灌乳化沥青前必须用空压机或水枪把缝隙清理的干干净净。

5.1.4　满灌沥青

在切缝清理合格后，便可以进行沥灌缝工作，灌缝时采用特制的细长尖嘴油壶紧贴缝隙慢慢的行走，直至缝隙里面的沥青均匀饱满为之。如果在灌缝一段时间后发现所管沥青出现凹陷，应该采取补灌注措施，最终保证灌缝的质量。

5.2　铺设玻纤格栅

清理预锯缝基层表面——→平铺玻纤格栅——→钢钉固定玻纤格栅

（1）对所铺玻纤格栅的具体要求如表 1 所示。

铺玻纤格栅技术要求　表1

项　目	要求指标	测试温度(℃)
抗拉强度(kN/m)	≥80	20+2
最大负荷延伸率(%)	≥3	20+2
网孔尺寸(mm×mm)	20×20	20+2
网孔形状	矩形	20+2

注:网孔尺寸如市场无20mm,可按25mm考虑。

(2)玻纤格栅在铺设前要将每道预锯缝周围的基层表面平整,无污染、杂物。

(3)玻纤格栅施工可采用机械或人工铺设。铺设在乳化沥青透层油破乳后立即进行,利用乳化沥青的黏性增加固定效果,如乳化沥青喷洒不均匀,则可以通过沥青补洒。铺设前,先将一端用固定器固定好,然后用机械或人工拉紧,拉力适当,张拉伸长率不得大于1.5%。铺设过程中,一定要保证格栅紧贴基层表面,而且要平坦,不允许有褶皱,而且格栅在钢钉固定前必须拉紧。

(4)跨缝所铺玻纤格栅的宽度为1.5m,长度为不小于切缝长度。

(5)铺时务须四周绷紧,并用钢钉固定,钉的间距:顺缝方向不大于60cm,垂直于缝的方向不大于30cm,且网边应有铁钉。固定所需材料为50mm×50mm×0.3mm的片状铁皮(要求平整不翘脚,周边倒角处理及2in长的钢钉,采用固定钢钉法铺设玻璃纤维格栅时,先将一端固定铁皮和钢钉固定在已洒布透层油的下层结构上。钢钉可用锤击或射钉射入。再将格栅纵向拉紧并分段固定,每段长度为2~5m。也可按缩缝间距分段,钢钉位置设于接缝处。要求格栅拉紧时纵横向均处于紧张状态。玻璃纤维格栅纵向搭接宽度不小于20cm,横向搭接宽度不小于15cm,纵向搭接应根据沥青摊铺方向将前一幅置于后一幅之上。固定时不能将钢钉钉于玻纤格栅上,不能用锤子直接敲击玻纤格棚,固定后如发现钢钉断裂或铁皮松动,则需要重新固定。玻纤格栅铺设固定完毕后,须用脚轮压路机适度碾压稳定,使玻纤格栅与基层表面的透层油黏结牢固。

(6)摊铺沥青面层。沥青面层施工方法与普通沥青面层施工要求相同,但应严禁施工车辆在已铺设的土工合成材料上转弯与掉头。

5.3　施工要求及控制措施

(1)严格控制玻纤格栅的材料质量,玻纤格栅易溶于水,雨天或者路面潮湿时不得施工。

(2)必须保证预锯缝深度,如深度过浅则达不到释放收缩应力的目的。

(3)横向排水管部位的上基层顶面必须预锯缝。

(4)锯缝间距应灵活掌握,可结合施工缝、已开裂缝、横向排水管部位等位置适当调整。

(5)对于横向裂缝,间距在4m以内的坚决返工,间距4m以上的采取沥青灌缝加玻纤格栅处理。

(6)对于纵向裂缝应调查分析原因,由于路基沉降原因引起的,对路基进行处理。

(7)在铺设玻纤格栅前一定要将预锯缝一定宽度范围的表面清理干净。

(8)因为铺设完的玻纤格栅不能经受车辆的来回碾搓,所以玻纤格栅的铺设必须要配合沥青混合料的摊铺而进行,铺设的速度要提前沥青摊铺机不宜超过150m,必须有专人指挥沥青混合料运输车辆,严禁车辆在铺设好的玻纤格栅上面掉头、急刹车或倾倒混合料脚料,当沥青运输车在直线经过玻纤格栅是一定要非常的慢且要匀速驶过。

(9)下面层与桥头搭板(过渡板)的接缝,先将表面清扫干净,在下面层一侧干燥后洒黏层沥青;在搭板一侧洒黏层沥青,再铺1.5m宽的玻纤网;搭板一侧绷紧压实后用射钉(压垫板)固定。

(10)玻纤格栅铺设过程中,若发现原路面有较小的坑槽没有预先填平,可在铺好的格栅上将对应坑槽的部分减去,以便在铺上层沥青混合料时能完全填平坑槽。

(11)格栅铺设时,要求路面温度在5~60℃之间。

(12)玻纤格栅对人体易产生刺激作用,施工人员必须带防护手套。

6　结论

G109 线重铺工程于 2014 年 9 月底完成，到现在经过了 3 个月，从目前来看还没有出现往年重铺工程中面层铺完后一两个月纵向接缝处就马上出现裂缝的现象，横向裂缝也暂时未出现，但是毕竟只有短短 3 个月的时间，要真正见证预锯缝预锯缝加铺玻纤格栅的防治效果，还需要进行长期的检测观察。但是通过理论和国内其他省份的实践证明在目前是一种成本低，效果好、简单易行的防治方案，应该加以推广应用。

参 考 文 献

[1] 张家铭. 预锯缝加铺玻纤格栅在防治半刚性基层沥青路面反射裂缝中的应用. 施工与技术应用，2012.11.

冰雪条件下公路交通安全及保障措施

俞建勋

（甘肃省白银公路管理局高等级公路养护管理中心）

摘　要　本文分析了冬季冰雪道路表面发生安全隐患的原因，对公路交通安全运营情况进行调研，介绍了目前常用的除冰雪方法以及安全保障措施，对具有发展潜力的冬季道路表面安全技术进行了展望。

关键词　冰雪条件　保障安全　预防措施

近年来，我国西北地区由于降雪致使路面结冰、交通中断，造成了重大的经济损失。冬季极端恶劣天气引起的道路结冰、湿滑、对交通行车安全及经济发展的影响越来越明显。路面被凝冰层覆盖，其抗滑性能明显下降，影响道路交通安全。尤其在初冬和残冬期间的降雪，由于这些时期的气温变化起伏比较大，冷暖交融，如果路面积雪不能及时清除，极易造成路面、桥面结冰，严重影响车辆通行和人的生命财产安全、从而造成巨大的经济损失。

1　冬季冰雪条件下道路安全现状分析

由于冰雪在降雪结束后可积存较长时间，公路冰雪环境与雨、雾环境就有很大不同。降雪过程中，道路交通运行环境逐渐恶化。首先降雪降低了空气能见度，导致道路指示标志可视性降低、路面抗滑能力降低；温度较高时，路面范围内积雪融化形成水膜；降雪强度高时，路面表面形成雨水积雪，路面抗滑能力严重降低，路面标线不可见；长时间降雪，路面表面形成一定厚度的积雪，道路交通设施可见性很低，严重影响交通安全。

（1）目前我国西北面临冬季道路结冰后的行车安全问题，近几年的突发性雪灾也使得这一问题更为突出。雨雪冰冻天气导致道路路面、标线、和防护栏等设施大面积受损，因除冰撒盐对桥涵构造物、路面的碱化以及道路沿线的环境均造成了难以估量的影响。据统计，仅2008年我国因冰雪灾害造成的直接经济损失就超过了500亿元（表1）。

正常天气和冰雷天气条件下每百万车辆每公里发生事故率　表1

正常天气条件下	冰雪天气条件下	差　异
0.41起	5.86起	14.29倍

（2）公路冰雪危害主要体现在下雪时和下雪后两个阶段：下雪时，飞舞着的雪花阻碍了驾驶员的视线，同时冰雪的路面比雨天路面更滑，车辆制动、转向所受影响更大（表2）。当雪后晴天时，由于积雪对阳光的强烈反射作用，又十分耀眼，产生炫目，即雪盲现象，使驾驶员视力下降，对行车安全极为不利。

各种天气条件下路面摩擦系数　表2

干燥沥青路面	积雪路面	结冰路面
0.6	0.2	0.15

（3）环境温度不同，冰层的各项特征会发生变化，这可能会对冰层与路面的附着状态造成影响，以沥青混凝土试件为例，环境温度对对路面冰层附着强度的影响进行研究，试件表面平整光滑，实验结果（表3）

初温下沥青混合料试样除冰时间　表3

初温(℃)	-5	-9	-15	-20
时间(s)	115	150	190	240

2　冬季冰雪路面安全保障技术

目前冬季路面安全保障主要基于两方面:一是将路表积雪和结冰融化或除去,使路面露出;二是增加路面粗造程度,改变路面与车轮之间的摩察系数,以达到增大路面附着力的目的。

目前国内外常用的除冰雪方法按照除雪方式可分为两类,分别是物理除雪方法和化学除雪方法。

(1)物理除雪法

物力除雪是指利用扫帚、铁锹、多功能除雪车、清扫车等除雪工具将冰雪清除出路面,主要包括人工除雪和机械除雪方法。

(2)化学除雪法

化学除雪是指在在积雪上撒上融雪剂等利用化学原理,使积雪快速融化而防止结冰,可以有效融雪、控制冰面的形成,从而提高路面抗滑系数。

(3)新型除雪法

①路面自融冰技术

路面自融冰技术是近两年才发展起来的新型道路除冰雪技术,它是使用路面老化沥青具有一定再生功能的路面养护涂料,将一种具有环保特性、高效溶血效果且具有控释功能的材料附着在路表面,在路表面形成一层具有融冰雪功能的路面涂层。在低温雨雪天气条件下,涂层融化路面积雪,阻断水与路面裸露石料中 CACO3、SIO2 等形成的氢键,抑制路表面冰层的形成,恢复路面抗滑性能。同时,涂层中含有很多细小颗粒,能提高路面的抗滑性能,在冰雪环境下保证道路的行车安全。目前,这种技术尚未得到大规模使用。

②路面自破冰防滑封层铺装

路面自破冰防滑封层铺装是通过在已有路面铺装上加铺一层橡胶颗粒自应力破冰结构层,改变路面铺装与轮胎的接触状态以及路面的变形特征,利用破冰铺装层橡胶材料局部变形能力较强的特点,通过路面铺装在外荷载作用下产生的自应力,使冰雪破碎融化,从而有效抑制路面积雪和结冰,提高路面在冬季低温降雪条件下的抗滑性能,保证行驶车辆在路面结冰后的行车安全。

3　结语

本文在对公路路面积雪结冰情况进行调研的基础上,详细论述了目前冰雪条件下路表的交通安全保障措施,主要结论有:

(1)冬季低温天气容易产生冰冻灾害,使道路表面常被冰雪覆盖,导致轮胎对路面附着力显著降低,交通事故频繁发生。同时,冬季低温造成的道路质量下降,路面因形成低温裂缝而导致提前破坏、行车条件恶化。

(2)沥青路面与冰层的附着强度略低于水泥路面,随着温度的降低,冰层与路面的附着强度呈增长趋势,在 -10℃后,增长速度变大,而路表面特征对冰层的附着强度影响很大,随着表面粗造程度的加大,冰层附着强度大幅增加。

目前冬季路表安全保障技术最长用的用人工、机械和撒布融雪剂方法,清除道路冰面使路面露出,恢复路面抗滑性能。随着路面安全技术的不断成熟和发展,路面自融冰技术、桥面自破冰防滑封层铺装、热力学融冰技术等新型融雪化冰技术不断涌现。

在道路主动除冰雪技术领域,路面除涂层、封层具有很大的发展前景。此类型的除冰雪技术施工简单,适用于新建和已有的路面,使用广,同时能够封闭路面裂缝,防止路面开裂。

彩色乳化沥青微表处的研究应用

赵永飞[1] 王 帅[1] 刘振国[2] 李树勋[2]
(1 山西喜跃发路桥建筑材料有限公司;
2 山西喜跃发道路建设养护有限公司)

摘 要 彩色路面对于美化城市环境、疏导交通、提高道路行驶安全性的作用明显。本文概述了彩色路面的种类以及工艺特点,并重点介绍了彩色乳化沥青微表处技术的原料性能技术指标、彩色乳化沥青微表处混合料技术指标及其施工工艺特点和要求;指出彩色路面以及彩色乳化沥青微表处技术面临的一些需要完善之处,并对未来彩色乳化沥青微表处的发展提出几点建议。

关键词 彩色路面分类 彩色乳化沥青微表处 乳石比 路用性能 施工工艺要求 未来展望

1 引言

从20世纪50年代起,欧美一些国家就开展了彩色沥青路面的研究和应用。由于这种路面可使道路与周围的建筑更好地协调,达到美化城市、改善道路环境的作用,所以通常可应用于城市街道、广场、风景区、公园和旅游景观道路等。此外,彩色沥青路面还可起到疏导交通的作用,诱导各种车流,便于交通的组织和管理,如应用于区分不同功能的路段和车道,以提高驾驶员的识别效果、缓解视觉疲劳,增加道路的通行能力和交通安全。因而特别适于在陡坡、转弯和限速区、交叉路口、居民密集点和停车点、学校、医院等处的路面铺设,从而可大幅度地降低道路交通事故的发生。

1.1 彩色路面的种类

根据选用的材料和施工工艺的不同,彩色路面一般分为:彩色沥青混合料、彩色环氧陶瓷颗粒和彩色乳化沥青微表处。

(1)彩色沥青混合料是将脱色沥青或者明色树脂改性形成的浅色沥青升温,然后与无机颜料、彩色集料或其他彩色反光发光材料在高温下按照一定的油石比混合均匀,通过摊铺机铺筑于路面而碾压成型(图1)。

(2)彩色环氧陶瓷颗粒是在沥青路面的表面涂复环氧树脂黏层后,再将有人工陶瓷颗粒撒布在表面形成彩色路面;该技术操作简单,色彩鲜艳,但是环氧产品属于刚性材料,且陶瓷颗粒属单粒径,北方冬季容易渗水后冻融破裂导致大片脱落(图2)。

图1 彩色沥青混合料摊铺效果

图2 环氧陶瓷颗粒施工及其效果

(3)彩色乳化沥青微表处技术,根据集料大小和施工厚度分为机器摊铺(图3)和人工摊铺(图4)两种施工方式，是将明色树脂改性后乳化形成明色树脂乳液（或称彩色沥青乳液），通过与无机颜料、彩色集料按照一定的乳石比混合，通过封层车在常温下铺筑于路面，待其破乳后碾压成型形成的彩色路面材料。

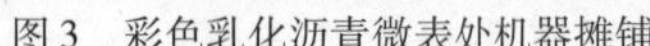

图3 彩色乳化沥青微表处机器摊铺

图4 彩色乳化沥青微表处人工摊铺

1.2 彩色乳化沥青微表处路面与彩色环氧陶瓷颗粒路面的优缺点比较

1）耐久性

铺设良好的彩色沥青路面一般有良好的路用性能，在适宜的温度和外部环境下，彩色沥青路面的高温稳定性、抗水损坏性及耐久性均很好，一般不易出现变形、沥青膜剥落等现象，并且与基层黏结性也很好，而环氧陶瓷颗粒彩色路面属于单粒径、刚性材料，表面粗糙表面容易深入水分，且和沥青混合料层属于不同材料，尤其在北方冬季冻融引起开裂、脱落。

2）集料的性能对比

彩色乳化沥青微表处路面所用的是无机矿物质填料，因而其色泽鲜艳持久、也不容易退色，还可以耐77℃的高温和－23℃的低温，并且维护保养简便，损坏处易于修复，使用寿命较长；彩色环氧陶瓷颗粒路面所用陶瓷颗粒为人工陶瓷组分，性能稳定，色彩鲜艳度优于无机集料，但与胶结料裹腹性略差。

3）抗噪性

彩色沥青路面，尤其是彩色乳化沥青微表处加入多种级配集料，使这种路面具有较好的吸声功效，当汽车轮胎高速滚动时，不会因路面空隙中的空气被压缩而产生很大噪声，同时还能吸收一部分外来的噪声，而彩色陶瓷颗粒路面因表面孔隙多，汽车行进中噪声大，车内感觉明显。

4）舒适度

彩色乳化沥青微表处路面具有良好的柔性和一定的弹性，行走的脚感好，还适合作为行人步行的便道，而且这种路面还具有一定的防滑性能，环氧陶瓷颗粒路面刚性强，舒适感差。

5）环保性

彩色乳化沥青微表处路面色彩主要来自加入矿物石料的自身颜色或者一定的无机颜料，与胶结料黏结良好，在一般情况下这些集料不会释放出有害的物质，因此通常不会对周围的环境造成污染；环氧陶瓷颗粒彩色路面中环氧双组份自水性环氧树脂应用后，环保性能大为提升，但是固化剂部分仍有一定的副作用。

2 国内外研究应用概况

2.1 国外彩色沥青的应用状况

从20世纪60年代起，欧洲一些国家就开始在城市中铺设不同色彩有彩色路面，如在法国巴黎的东北路长约30km公路的路面是蓝色，瑞典则在歌德堡的里斯伯格游乐场中铺设有彩色路面。荷兰阿姆斯特海牙、鹿特丹等城市的人行道上铺了1.5～2.0m宽的铁红色彩色沥青自行车道。英国伦敦白金汉宫前的林荫大道全部铺成了铁红色的彩色沥青路面。从20世纪的60年代，前苏联也开展了对彩色沥青路面铺设的应用研究，1979年还出版了专著《彩色路面的铺筑技术》，并先后在莫斯科、哈尔科夫、第比利斯等城市铺筑了数万平米的彩色沥青路面。日本也是彩色路面应用较早的国家之一，曾将北九州市199号国道两侧的车道铺成铁红色路面、神户市中心长田楠日尾线中间的车道铺成黄色路面、大阪浪速区停车站车道铺设为草绿色路面、大阪府大大正通道和水沪市50号国道正弯道上铺设成黄色路面、日本名古屋市天高公交专用彩色车道等。在韩国亚运会、奥运会车道体育等体育设施等也都有彩色路面应用的例子。彩色沥青混凝土路面技术之所以在国外一些发达国家得到广泛的推广应用，不仅因其具有良好的实际使用效果，更重要的是彩色路面的开发与应用可适应于越来越高环境保护的需求。

2.2 国内彩色路面材料现状

我国在20世纪80年代开始彩色高分子沥青路面方面的研究和开发，近几年来彩色路面的研究和铺设得到了飞速的发展，已经在一些城市的景观和公路建设中得到广泛的应用，如西安市雁塔道路两侧的非机动车道、厦门市市府大道两侧的非机动车道，以及环岛路旅游景观大道。北京市的石景山游乐场、新建的世博园区路面、长安街延线的八角村音乐喷泉景点，在2000年就铺筑了约5000m^2 彩色沥青试验路面。目前我国彩色沥青混凝土路面已经成功地在厦门、宁波、桂林、烟台、北京和黑龙江等20多个城市进行了铺设，这些彩色路面效果都很好，并获得好评。

在我国彩色路面应用初期，曾从欧洲引进过一些产品和技术，其主要原因是国外彩色沥青路面大多应用于长期温度较低的地区，不能完全适应我国的地理和气候条件。如以英国为例，最炎热的夏季温度都很少超过30℃，因而这些国家的彩色沥青材料软化点相对比较低。然而，我国除东北和西北一些外，绝大多数地区的夏季气温大多高30℃，而且35℃以上高温时间也会持续很多天，因此国外产品彩色路面的综合力学性能很难满足我国大部分地区的使用条件。为此，只有大力研制和开发适用于我国东南发达地区气候条件下应用的彩色路面材料，才能使我国的彩色路面的应用步入快车道，进而满足日益高速发展公路建设的需求。

随着彩色沥青路面的不断发展以及微表处技术的出现，彩色乳化沥青微表处以其环保性、低能耗、快施工、早开放交通等优异性能逐步出现，荷兰已经将彩色乳化沥青微表处应用于欧洲诸多城市公交车道、景观路面等地。山西喜跃发路桥建筑材料有限公司于2008年引入该项技术和生产线，同年应用于北京奥运会路面美化，为北京市容形象提升增色不少，经过公司多年的应用和研究，彩色乳化沥青微表处技术已经较为成熟，在国内诸多城市推广应用(图5、图6)，取得了良好的经济效益和环保效益，市场前景巨大。

图5 大同鸿福隧道口

图6 高速公路半幅彩色施工

3 彩色乳化沥青微表处的性能研究

目前，我国尚没有彩色乳化沥青微表处技术的相关标准，通常彩色乳化沥青微表处技术的性能评价一般是参照黑色微表处现行参考规范《稀浆封层与微表处技术指南》。

3.1 明色树脂乳液性能分析

经过大量的实验室研究，发现该明色树脂乳液兼具水性树脂和沥青的性能，与国内众多热熔型彩色沥青相比，环保性能优异。利用傅里叶红外变化光谱仪分别对二者进行了红外光谱检测分析，结果如图7所示：

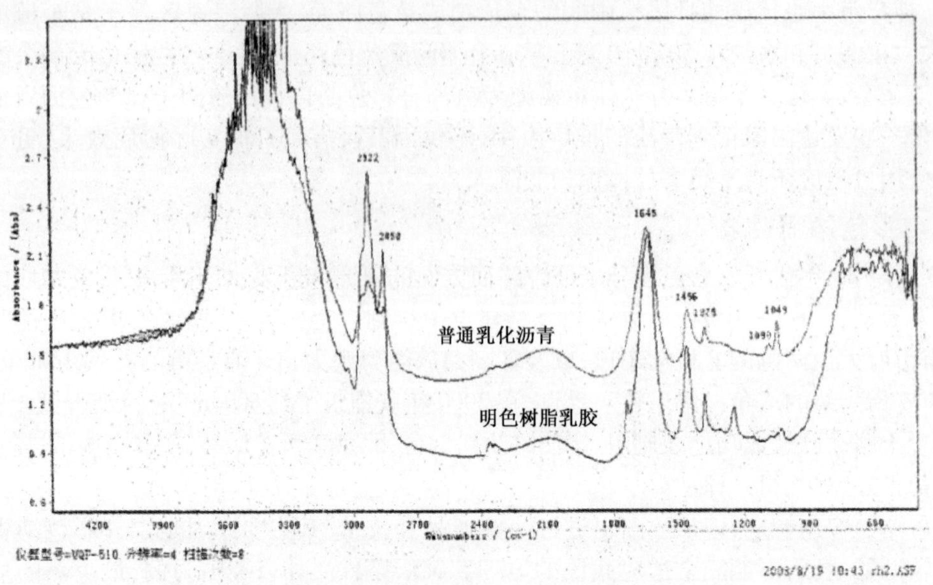

图7　明色树脂乳液和普通乳化沥青对比图

图7中,3345cm^{-1}为羟基-OH的伸缩振动,3067cm^{-1}、3032cm^{-1}为芳环的C-H伸缩振动,2922cm^{-1}为CH_2烷烃反对称伸缩振动,2850cm^{-1}为CH_2烷烃对称伸缩振动,1645cm^{-1}为液态H_2O变角伸缩振动,1456cm^{-1}为CH_3不对称变角伸缩振动,1375cm^{-1}为CH3对称变角伸缩振动,1090cm^{-1}和1049cm^{-1}为乙醇C-OH伸缩振动,660cm^{-1}左右为液态H_2O的摇摆宽谱带。

从普通乳化沥青及明色树脂乳液的红外图谱可以看出,二者的谱图基本相似,进一步说明了明色树脂乳液具有乳化沥青性能的基本特征。

且经测试,该乳液符合JTG F40—2004《公路沥青路面施工技术规范》拌和用乳化沥青技术要求,蒸发残留物各项指标亦接近石油沥青的相关技术指标,可以通过改性作为微表处混合料的胶结料。

3.2　彩色乳化沥青微表处集料评价指标

彩色乳化沥青微表处集料技术性能　　表1

检测项目	JTG F40—2004技术要求	检测结果(5~10mm)	试验方法
表观相对密度	≥2.60	2.697	T 0304—2000
吸水率(%)	≤2.0	0.6	T 0304—2000
针片状颗粒含量(%)(粒径>9.5mm)	≤12	1.9	T 0312—2000
针片状颗粒含量(%)(粒径<9.5mm)	≤18	2.8	T 0312—2000
<0.075mm颗粒含量	≤1	0.1	T 0310—2000
压碎值(%)	≤26	14.9	T 0316—2000
洛杉矶磨耗损失(%)	≤28	13.9	T 0317—2000
软石含量(%)	≤3	1	T 0320—2000
磨光值(BPN)	潮湿区≥42	42.5	T 0321—1994

3.3　彩色乳化沥青微表处混合料性能技术指标

通过大量的混合料配比试验筛选得出最佳原料配比,并对彩色乳化沥青微表处混合料进行了各项指标检验(图8~图10)。该试验目前是参照《公路沥青路面施工技术规范》(JTG F40—2004),其各项性能指标应符合表2的技术指标。

最佳乳石比的确定是彩色改性乳化沥青微表处混合料配合比设计的核心部分。其设计过程包括两部分:

(1)室内最佳乳石比确定;

(2)铺筑试验段进行调整。

通过以上实验发现,乳石比范围为9.0%~15.0%,开放交通时间为2.5h。

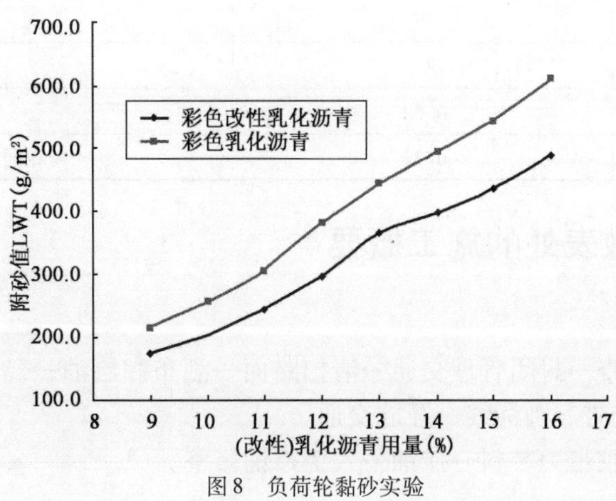

图8 负荷轮黏砂实验

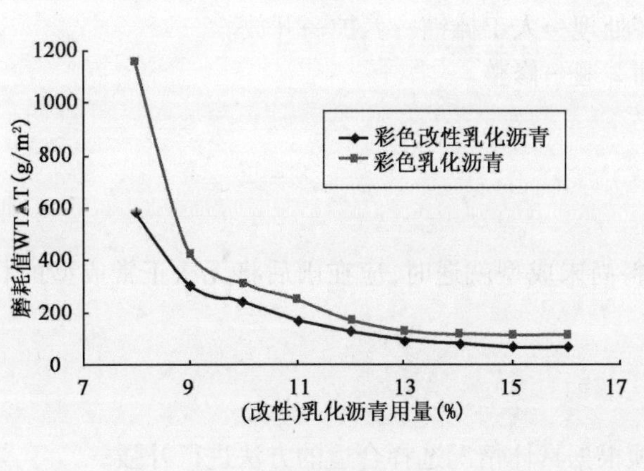

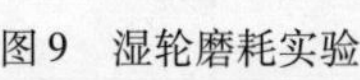

图9 湿轮磨耗实验

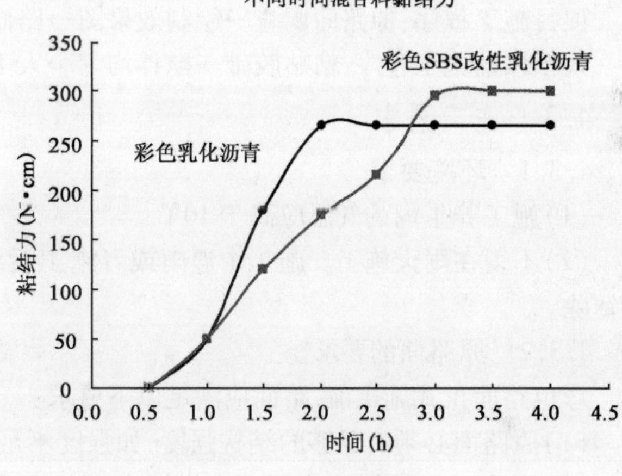

图10 黏聚力实验

彩色乳化沥青微表处混合料技术指标　表2

检验项目		检测值	规范要求
可拌和时间(s)		>120	160
稠度(cm)		2.3	—
黏聚力(N·m)	30min	0	≥1.2
	60min	0.5	≥2.0
	90min	1.2	—
	120min	1.75	—
	150min	2.15	—
磨耗量(g/m²)		223.1	<450
黏附砂量(g/m²)		224.5	<540

3.4 彩色乳化沥青微表处路用性能

彩色沥青具有普通沥青的各项路用性能,可广泛用于各种路面工程。例如,既可用于普通路面,也可用于重交通路面;既可用于热拌混和料施工,也可加工成彩色乳化沥青,广泛用于新修路面和旧路面的养护;甚至可用于具有环保效果的彩色透水式路面的铺筑。彩色乳化沥青微表处路用性能指标见表3。

彩色乳化沥青微表处路用性能测试结果　表3

检测项目	检测值	《微表处和稀浆封层技术指南》技术要求
平整度(mm)	3.5	—
摩擦系数(BPN)	59	≥45
渗水系数(mL/min)	0	≤10mL/min
构造深度(mm)	0.62	≥0.60
层间拉应力(MPa)	0.22	≥相同条件下的黑色微表处

4　彩色乳化沥青微表处的施工概要

4.1　机器摊铺施工

项目施工程序:原路面调查→封闭管理交通→清扫路面→洒布黏层油→黏贴胶带→机械摊铺→人工摊铺→早期养护→碾压→清除胶带→画标线→开放交通。

机械摊铺施工程序:粘贴胶带→装料→摊铺→人工摊铺修整。

4.2　人工摊铺施工

项目施工程序:原路面调查→绘制效果图→路面病害处理→人工摊铺→养护→开放。

人工摊铺施工程序:粘贴胶带→搅拌均匀→人工摊铺2遍→修整。

4.3　施工要求

4.3.1　环境要求

(1)施工养生内的气温应高于10℃。

(2)不得在雨天施工。施工中遇雨或者施工后混合料尚未成型就遇时,应在雨后将无法正常成型的材料铲除。

4.3.2　原路面的要求

彩色路面正式施工前,路面应满足以下要求:

(1)原路面必须有足够的结构强度,如强度不足,必须根据具体情况选择合适的方法进行补强。

(2)原路面出现车撤,必须对车辙填充压实后再摊铺彩色路面。

(3)原路面宽度大于5mm的裂缝应进行灌缝处理。

(4)原路面局部破损(如坑槽、松散等)应彻底挖补。

(5)原路面的拥包等隆起型病害应事先进行处理。

5　结语

彩色沥青路面随着社会的逐步发展和对环保性、安全性、舒适性、美观性要求逐步提高而进入市场需求高峰期。其中彩色热拌和沥青混合料和彩色乳化沥青微表处技术都面临全新的发展机会。彩色沥青或者彩色乳化沥青均与改性沥青相近的抗高低温、耐摩擦、使用寿命长等特性,而且不易产生剥离、开裂等路面破坏现象,加之颜色鲜艳、持久性,柔性好,将会越来越多在城市道路建设中得到应用。

但是市场前景乐观的同时也面临许多挑战,主要有:

(1)该类产品属于新型材料,后续配方和生产工艺需要逐步总结、完善;

(2)针对不同路况该有不同的施工标准;

(3)无论是彩色沥青混合料和彩色乳化沥青微表处技术均缺乏行业标准,虽然性能接近黑色沥青,但是毕竟属于两种材料,相关行业标准希望同行专家加快完善,建立各项性能的检测方法和指标以规范行业发展;

(4)因传统意义上的道路只有黑白,大家都不关注其色彩,而彩色路面出现之后带来了路面沾污的问题,尤其是在北方干燥的重交通路面,路面色彩很快会被污渍掩盖,失去作用,故未来寄望于环境改善之外,还应提升彩色路面的耐久性、耐沾污性和自洁性，并针对南方雨水较多和北方干燥较脏进行产品细分；

(5)针对彩色路面建立日常养护和定期养护的方法和制度；

(6)还应积极研制和开发新型彩色路面的新材料和新工艺，同时应大力开展彩色沥表在紫外线照射下的老化变脆的研究，以期大幅度提高彩色路面的使用寿命和降低其维护保养费用。

可以相信，彩色乳化沥青微表处技术将为与彩色沥青混合料、黑色沥青混凝土路面共同组成我国交通运输大动脉，铺设出绿、黄、蓝等多种色彩的彩色沥青路面，营造着21世纪公路交通的时代新气息。

长大纵坡路段减少交通安全事故的综合改建方案探讨

张新春　牛应理　唐安平
（中国华西工程设计建设有限公司）

摘　要　本文结合连霍高速公路洛阳段长大纵坡路段综合整治工程实例，介绍了该路段工程概况，对该路段发生交通安全事故的原因进行分析，从产生原因中寻找治理方案，进行综合治理，改善了长大纵坡路段行车环境条件，减少交通事故的发生，为高速公路正常运营创造良好环境条件。

关键词　长大纵坡　路面病害　路基沉降　路面改善　减速标线　加强型护栏

1　引言

连霍高速公路洛阳段于1995年12月竣工通车。其中有5km路段路况复杂、弯道多，为连续下坡路段，防撞护栏和中央分隔带绿化经常被撞坏，交通事故频出，从而被称为"死亡地段"。

该路段以东为一隧道，隧道长490m，净宽9m，隧道出口以西路线平面上由4个反向平曲线组成，其中两处平曲线$R=750$m，另外两处平曲线分别为$R=1200$m和$R=1450$m，平曲线长占路线总长的78.5%，路线线形曲折复杂。

该路段地势特点为东部低，西部高，5km范围高差达116m，终点以西高程趋于平缓。本路段纵面设计主要受起、终点位置高程控制，道路最大纵坡3.97%，纵坡在2.50%～3.97%的路段连续长度达2900m。存在4.22km的典型长大纵坡路段。

本路段属重丘黄土源梁地貌，为黄土源东缘，地面起伏较大，海拔高程在122～262m，地形支离破碎，冲沟宽而深呈"U"形，深达50～60m，沟头小型滑波、陷穴、漏头，并呈发展趋势，该段沿线植被较少，所经地区均为黄土干旱地区；该区域属黄河流域。

高速公路设计速度100km/h。路基设计宽度24.5m，双向4车道，行车道2×2×3.75m，中央分隔带2.0m，左侧路缘带2×0.75m，硬路肩2×2.50m，土路肩2×0.75m。

原路面结构从上到下依次为：上面层采用厚4cm的中粒式沥青混凝土，中、下面层分别采用厚5cm粗粒式沥青混凝土和厚6cm的沥青碎石混合料。该路段是连接郑州与洛阳旅游城市之间的重要通道，由于通车时间较早，近年来随着交通量迅速增加，车辆超载现象严重，加上地基的沉降变形致使沥青混凝土面层多处出现裂缝、车辙，且局部有沉陷、坑槽、翻浆等病害，南幅路面损坏情况更为严重，影响了行车速度和行车安全。

由于路基沉陷地方较多，路面进行过不同厚度的加铺、修补，2000年曾对整个郑洛高速公路加铺一层4cm厚中粒式沥青混凝土。由于为长大纵坡路段，南幅经常发生交通事故，北幅经常出现交通堵塞现象，2005年该路段北幅大部分路段加宽增设了爬坡车道，南幅增设了2个紧急避险车道和2个港湾式停车岛；爬坡车道处半幅路基宽14.25m，爬坡车道占用了原硬路肩及土路肩总宽度为5.0m，新拼宽部分为水泥混凝土路面，爬坡车道上加铺过一层沥青混凝土微表处。

2　道路交通安全事故调查分析

重丘黄土源梁地貌自然条件，该路段半填半挖路基非常普遍，其上的填土层上软下硬，整体密实度不高，老土层本身软硬不均，填方路基高，地基未做特殊处理，路基不均匀沉降产生纵向裂缝。接连不断的黄土冲沟路基，填筑后纵向不均匀沉降，导致路基纵向不均匀沉陷。这些纵向、横向路基不均匀沉降，均会引起高速行驶车辆发生交通事故。

现有路面病害较多,裂缝、坑槽、局部沉陷、翻浆、车辙等病害造成路面平整度差,行车颠簸。

路面长期受重车碾压,面层摩擦系数减小,抗滑性能降低;长大纵坡路段,设计时需要接近坡长限制的陡坡和缓坡交替使用,这样的设计虽然满足了技术标准和规范的要求,由于车辆在连续的长下坡路段行驶极易因长时间使用制动踏板制动而使车辆制动踏板失灵,尤其是大型货车制动效能降低,由制动失效引发的追尾撞车、坠车或弯道处车速过快而冲撞护栏甚至冲出路外的恶性交通事故时常发生,造成重大人员伤亡和财产损失,使长大纵坡成为事故多发路段。

路线平面多处于弯道上,高速行驶车辆,驾驶员稍不注意,就会驶出规定车道,冲撞护栏而造成安全事故。原中央分隔带设置波形护栏,发生交通事故,车辆撞坏护栏,直接冲入到另一幅,导致二次交通事故。

预控、预警设施不足,驾乘人员没有引起足够注意,驾驶员注意力分散等原因也是引起交通事故的直接原因。

3 综合整治改建方案

根据发生事故原因,结合该路段实际路况,认为处治路基及路面病害是综合治理的关键;改变中央分隔带护栏及右侧护栏形式、增加路面行车侧向宽度,加强护栏安全指标、设置路面减速标线、彩色防滑路面减速带是保证行车安全的重要措施;增加道路监控、报警系统是提醒驾乘人员提高安全意识、减少交通事故的辅助措施。因此要在现有道路平、纵面的基础上,制订切实有效的治理方案,有针对性地进行路况综合整治,才能有效解决该路段道路交通善,减少交通安全事故发生,为高速公路正常运营创造良好的道路环境。

3.1 路基、路面病害治理

K650 +030 ~ K650 +180 为半填半挖路段,南半幅出现了明显的路面沉降和开裂,裂缝宽度达 4 ~ 6cm,裂缝两侧路面错台高度达 1.5cm,并有继续发展的趋势,严重影响了高速公路行车安全,检测时采用探地雷达、钻孔取芯及巡视调查对该路段进行了检测与调查。探地雷达检测时共布设测线四条,分别在超车道、行车道和紧急停车带中线以及硬路肩,采样间距 9 ~ 11cm。根据现场检测得到的探地雷达剖面图,经过图像处理及分析可知:在超车道、行车道、紧急停车带均发现路面不均匀沉降以及基层破坏;路肩未发现明显异常。对该路基纵向圆弧形大裂缝的处治方案,不能只用简单的裂缝处理技术,必须增加路基路面横向整体稳定性,由于经过多年运营,沉降变形基本稳定,考虑将该路段原路面结构层全部挖除,按新建路面处理;挖除后,路基采用灰砂桩处理,由于生石灰吸水膨胀,挤密桩周围土体,提高路基承载力、消除沉陷。经处理后该路段路基稳定,施工完毕至今无继续沉降,路面未出现纵向裂缝,彻底消除该路段不均匀沉降。

路面压浆用于基层、底基层脱空、轮迹处沉陷和底基层、基层裂缝反射的处治,可采用配合比为:水泥:粉煤灰:膨胀剂:水 =1:0.5:0.07:0.608。施工过程中通过弯沉检测、雷达探测检查出来遗漏压浆路段,采用 ASD - YI 型压浆料早强压浆料进行压浆。处理后路基强度满足要求,保证路面平整。

路面裂缝主要是基层的反射裂缝和面层的收缩裂缝或路基不均匀沉降裂缝。对于无支缝的轻度顺直裂缝沿裂缝开凿出宽度 12.7mm、深宽比不小于 1:1 的矩形槽灌注“改性沥青聚合物”密封材料;对于有支缝的重度裂缝(缝宽 >5mm)或间距较近的裂缝,沿裂缝外轮廓线切除 4cm 深的旧路面层,侧面涂刷改性沥青聚合物密封材料 2 ~3 遍,然后铺筑 4cm 厚的 AC-16C 中粒式沥青混凝土恢复至原路面高程,用 2mm 厚的“高分子抗裂贴”进行贴缝;对于施工缝、构造物与路面交接处裂缝、新老路基不均匀沉降缝等裂缝,除按上述方法处理外,在裂缝处铺设一道宽 3.0m 的玻璃纤维土工格栅,以增强裂缝处的抗裂性。

轻度沉陷、龟裂、车辙、坑槽、麻面及翻浆的处治方案:挖除病害范围内的沥青路面上面层或按一个车道挖除沥青路面面层,检查路面中面层的状况。若中面层完好,则洒布黏层油后,铺筑 4cm 厚 AC-16C 中粒式沥青混凝土至原路面高程;若中面层损坏,则继续下挖中面层并用 AC - 20C 中粒式沥青混凝土修补。施工时,确保施工适宜厚度和最小厚度,可分层压实,保证压实度;挖补坑槽的侧面喷涂 3 ~5mm 厚改性沥青聚合物密封材料,施工接缝上表面贴 20cm 宽的“高分子抗裂贴”,以起到防水和防止裂缝向罩面层的反射。若基层破损,则采用重度病害的处理方案。

重度沉陷、龟裂、车辙、坑槽及翻浆的处治方案:按一个车道挖除路面结构层,挖除断面为台阶式,检查土基压实度是否达到96%。若达不到，则用碎石土和石灰桩处理路床土基，并进行补夯处理，压实度大于96%。为加快进度，底基层、基层统一采用沥青碎石(ATB-30)铺筑。面层铺筑9cmAC-20C中粒式沥青混凝土，再铺筑AC-16C中粒式沥青混凝土恢复至原路面高程，AC-16C中粒式沥青混凝土厚度根据实地情况确定。铺筑过程中对原路面基层、底基层侧壁刷热沥青，面层侧壁喷涂3~5mm厚改性沥青聚合物密封材料，施工接缝顶面粘贴20cm宽"高分子抗裂贴"，以起到防水和防止裂缝向罩面层的反射。

3.2 恢复路线纵断面

为了提高路面行车的舒适度，保证路面平整度，对局部路段原有路面高程进行纵断面拉坡设计，横断面拟合设计。

根据路面损坏情况和线形恢复的要求，逐段确定铣刨、回填厚度。首先根据设计点的实际高程结合路面加铺厚度分幅进行纵断面设计，确定设计高程。确定纵断面方向上铣刨回填厚度的原则是：任何情况下，都应保证铣刨后沥青混凝土罩面厚度不小于4cm；在保证新加铺的面层厚度为4cm的前提下，铣刨回填厚度由纵断面调整的高差ΔH控制。

对路基沉降较大路段进行加铺回填处理，确保罩面前下面层的平整度。

纵断面线形恢复和铣刨回填厚度之间的关系如图1所示。ΔH为设计高程H_s与原路面高程H_x之差，即$\Delta H = H_s - H_x$；H_s，H_x分别为回填厚度和铣刨厚度。根据判定原则，最终的铣刨回填厚度如表1所示。

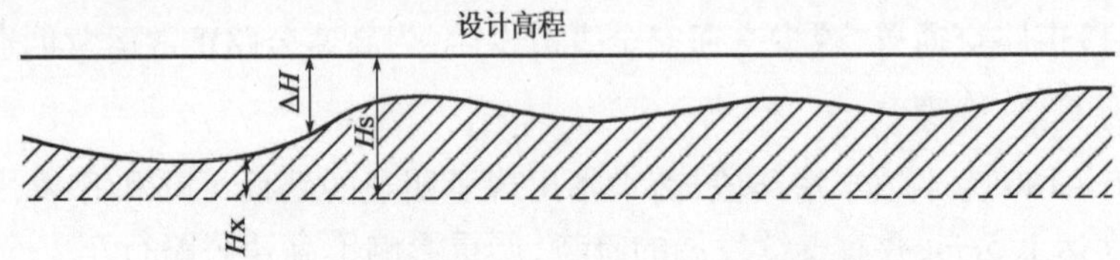

图1 纵断面线形恢复和铣刨回填厚度示意图

纵断面线形恢复和铣刨回填厚度(单位：cm)表1

高差$\lvert\Delta H\rvert$	高差$\Delta H\geqslant 0$	
	铣刨厚度	回填厚度
0~4	$4-\lvert\Delta H\rvert$	4
4~6	精铣刨	$\lvert\Delta H\rvert$+精铣刨厚度

按照表中的原则，对逐段确定铣刨回填厚度，即可完成纵断面的线形恢复。

路基、路面病害处理后路幅全宽(爬坡车道除外)范围内铺筑4cm含聚酯纤维的AC-16C改性沥青混凝土；爬坡车道铺筑2cm快速同步施工型改性沥青超薄磨耗层；南幅2个港湾式停车带水泥混凝土路面及避险车道三角带混凝土路面上罩面4cm含聚酯纤维的AC－16C改性沥青混凝土。在改性沥青混凝土中加入聚酯纤维，起到加筋和连接作用，提高了沥青混凝土抗车辙能力及抗裂能力，同时提高了路面构造深度，增加了路面抗滑能力，保证行车安全，减少交通事故。

3.3 改善路基横断面布置、加强中分带护栏强度

原中央分隔带设置波形护栏，发生交通事故时，车辆撞坏护栏，直接冲入到另一幅，导致二次交通事故。设计将中央分隔带改造混凝土护栏，护栏嵌锁在路面层中，纵向通过穿入钢管、顶面钢板、底部和侧面钢板三个部位连接，增强中分带护栏的刚性强度，防止事故车辆翻入另一幅，避免二次事故。同时增大左侧路缘带安全距离，减少车辆横向碰撞发生交通事故的概率。

路侧护栏采用加强型护栏，立柱采用$\phi 140\times 4.5$mm钢管，波形梁护栏采用双层护栏板，护栏板通过防阻块与立柱连接，改善路侧护栏防撞性能。

3.4 增加路面减速标线、彩色防滑路面减速带，增设标牌标线等交安设施

为了更好地提醒驾驶员前方为长下坡路段以及弯道，增设以下几类交安设施：

(1)在纵坡较大下坡路段连续设置彩色防滑路面减速带，每组长度10m，间距200m，采用长2m黄色+

长2m红色互相搭配设置,使路面对比鲜明,能有效地起到减速和警示作用。彩色路面采用树脂基抗滑材料制成,抗滑值稳定抗滑在80以上,大大提高了安全性能。

(2)减速标线。在南幅下坡路段增设白色减速标线,标线长度6m,线宽20cm,间距20cm,每90m一组,可以加大路面摩擦系数,增大行车阻力,车行驶于减速标线位置可产生轻微震动声,提醒驾驶员注意控制车速,并在紧急情况下缩短制动距离,避免发生交通事故。

(3)提示警示标牌。由于大多数外地驾驶员对路况不熟悉,驾驶员一般在一条不熟悉的道路上行驶,对行驶前方存在的潜在危险没有预防的准备,提示警示标牌的作用就是及时地提醒驾驶员前方道路线形和道路状况的变化,在到达危险点以前有充分的时间采取必要行动,确保行驶安全。该路段分别从进入长大纵坡提示、剩余长度提示、弯道提示、行车警示等方面增加标牌。

(4)线形诱导标、红蓝爆闪灯及黄闪慢灯。该路段坡陡弯急,当光线不好的情况下,加上地形不熟,道路线形不清,车辆行驶危险系数就会增加。诱导标、红蓝爆闪灯及黄闪慢灯就是在道路两侧设置的,用以指示道路方向、行车道边界以及危险路段位置的设施。

(5)限速地面标线贴。结合道路情况和限速标志,在长大纵坡坡顶、隧道入口、桥梁段施划路面限速标记,这样可以更好地提示驾驶员限速行驶。

3.5 加强预警报警设施建设

可变情报板目前广泛应用于高速公路交通监控系统,是现代化交通系统中重要的信息发布设备。可通过它加大安全行车宣传力度、滚动播放警示片盒警示语。通过全线情报板、公告牌及时准确地发布路况信息,更为直观的让广大驾乘人员了解路况、天气状况等重要信息,疏导交通,促进行车安全。

3.6 充分利用避险车道

该路段既有2个避险车道,设置交通标志时,加强该方亩指示,充分发挥避险车道作用,为制动失控车辆提供一个较陡的上坡制动停车作用,从而提高高速公路上其他正常行驶车辆的自由度和安全度,使少数失控车辆从高速度降为低速度软着陆,保护驾驶员免受重伤且避免发生二次事故的一种应急措施。

4 结语

在改造实施过程中,该项目始终坚持"以人为本构筑和谐高速"的理念,积极采用高速公路管理单位制定新技术要求,优化设计施工方案,最大限度地确保高速公路和自然环境的协调、与驾乘人员的协调。治理后该路段交通安全大为改善,交通事故大幅降低,使改善后的路面能较好地投入实际使用,为今后改善事故高发路段提供了宝贵经验。

参考文献

[1] 中华人民共和国行业标准. JTJ 073.2—2001 公路沥青路面养护技术规范[S]. 北京:中国标准出版社,2002.

[2] 中华人民共和国行业标准. JTG D81—2006 公路交通安全设施设计规范[S]. 北京:人民交通出版社,2006.

[3] 中国华西工程设计建设有限公司. 连霍高速公路郑洛段综合治理设计. 2007.

超早强砂浆 R-1 在随岳高速公路养护中的应用

曲　直　徐海波

（湖北省交通运输厅随岳高速公路管理处）

摘　要　随着我国经济的快速发展和交通基础设施建设事业的不断推进，高速公路的通车里程不断增加，但由于各种因素的影响，高速公路的路面、桥涵发生破损、裂缝等病害。本文针对高速公路病害的养护和修复工作，探讨超早强水泥 R-1 在随岳高速公路养护工程中的具体应用，并简要介绍了施工过程和技术控制要点，可对高速公路养护工作提供一些有益的参考和借鉴。

关键词　高速公路养护　桥梁加固　超早强水泥 R-1　施工控制要点

1　引言

养护管理是高速公路建设完成以后必不可少的一项工作，对高速公路的运营有着重要影响。第一，高速公路的养护管理工作能够对运行和使用中的公路状态、通车条件进行评价和分析，针对发生已经发生病害的路段进行及时的修复，保证公路正常的通车质量。第二，高速公路的养护能够在一定程度上提前预防道路病害的发生，延长高速公路的使用寿命，降低建成以后的运营管理成本。第三，高速公路的养护管理工作能够及时地发现并弥补由于前期道路的整体设计、施工设计以及其它原因造成的功能上的不足和缺点，完善高速公路的使用功能，提高服务质量。第四，高速公路的养护管理能够降低因为路况原因而给用户造成身体伤害和经济损失的概率，提高高速公路通车和使用的安全系数，减少一些法律纠纷和经济赔偿，维护高速公路管理部门的利益。

超早强水泥 R-1 也称高效能超早强砂浆 R-1，是一种急用式干拌水泥砂浆，由于它黏结强度高、和易性佳、使用方便、配料简单、工作度优良的特点，被广泛应用于各种市政抢修工程以及路面的孔洞修复、机场跑道的修复工程中。使用它配制超早强混凝土具有以下几个优点：早期强度高，效果好；施工简便，易于操作；施工工期短，短期可开放交通。因此，超早强混凝土在桥梁伸缩缝更换中发挥了较大的效应。超早强混凝土维修技术适用于各种结构部位的修补，如梁、板、墩柱等部位，其强度等级在短期内达到 C50。

2　项目概况及加固方案

2.1　随岳高速公路桥梁养护概况

随岳高速公路位于京港澳高速公路（G4）和二广高速公路（G55）之间，全长 335km，由随岳北段、随岳中段、随岳南段和荆岳长江大桥组成，其中随岳北段全长 76.295km，随岳中段全长 152.877km。本合同段为第四合同段，隶属于随岳北至随岳中段，路线全长 229.17km，其中有特大桥 6 座，大桥 102 座，中小桥 408 座，上跨天桥 38 座，涵洞 711 个。本次主要进行本段大中小型、特大型桥梁、涵洞工程的养护。

2.2　加固方案

随岳高速公路养护部门对技术状况为一、二类的桥梁，采取小修保养，防止出现明显病害；对技术状况为三类的桥梁应及时进行中修，防止病害加快扩展，影响桥梁安全运营。在通车使用的过程中，由于路面变形、车辙和裂缝等公路病害的影响，公路路面出现破损，而且鉴于要缩短公路的封闭时间、修护时间短的特殊要求，我们采用的技术方案是利用超早强水泥 R-1 及配制超早强混凝土修补大梁、路面、伸缩缝等小面积的破损。

随岳养护将桥梁养护的重点放在小修保养和中修工程，以 2013 年桥涵养护为例，年度累计完成金额

12197318 元,其中专项工程费用 1211335 元,占 9.93%;小修保养 2317921 元,占 19.00%;中修工程为 8668061 元,占 71.07%,包括小修保养和中修工程的预防性养护所占年度累计完成金额的比例为 90.07%。

随着交通量的增加和汽车载重量的增大,桥面伸缩缝由于设置在梁端构造薄弱部位,直接承受车轮荷载的反复冲击作用,而且长期暴露在大自然中,所处环境比较恶劣,因材料的磨损和疲劳,以及混凝土面板或梁的结合强度不够,是桥梁结构最易遭到破坏而又较难修复的部位。2011 年—2013 年,随岳管理处管养路段共有 77 座桥梁伸缩缝先后发生病害,维修处理这些伸缩缝病害共消耗超早强混凝土 68.26m^3。

2.3 超早强水泥 R-1 性能及超早强混凝土配合比设计

(1)超早强水泥 R-1 试验研究

为满足修补混凝土超早强的要求,及早开放交通,利于施工操作并降低劳动损耗,保证新老混凝土的黏结性,对超早强水泥 R-1 的强度、流动性及凝结时间进行试验研究,以便探索超早强混凝土的配制原理、形成机理和施工工艺等。通过水泥胶砂强度试验及砂浆基本性能检测获得的超早强水泥 R－1 物理力学特性如表 1 所示。

R-1 超早强砂浆基本物理力学参数 表 1

项目		数值
抗折强度(MPa)	1h	5.9
	2h	6.7
	1d	11.8
	28d	15.9
抗压强度(MPa)	1h	31.1
	2h	43.4
	1d	64.5
	28d	83.5
流动度(mm)		149
初凝时间(min)		16
终凝时间(min)		22
收缩率(%)(空气中)	1d	0.038
	3d	0.045
	28d	0.060

(2)超早强水泥混凝土试验研究

通过优化配制途径和大量试验,研制了适合于快速修补混凝土的材料与配比,每立方米超早强混凝土材料配比为:早强砂浆 R-1 用量 1137kg、碎石(粒径 5～31.5mm)用量 1137kg、拌和用水 126kg。R－1 超早强混凝土的配合比及部分参数见表 2。

R-1 超早强混凝土的配合比及部分参数 表 2

R-1 超早强混凝土的配合比			
材料组成	早强砂浆 R-1	碎石(粒径 5～31.5mm)	拌和用水
每立方混凝土材料用量(kg)	1137	1137	126

检测结果								
检测内容	龄期							
	2h	4h	6h	8h	1d	3d	7d	28d
抗压强度(MPa)	32.8	37.3	42.3	43.4	45.6	52.7	58.9	67.6
坍落度(mm)	140							

3 超早强砂浆R-1在随岳高速公路桥涵养护中的应用分析

3.1 施工工艺流程

桥梁伸缩缝超早强水泥R-1施工的工艺流程如下:交通管制→混凝土凿除→旧缝拆除→植筋→伸缩缝安装→钢筋绑扎→R-1超早强混凝土浇筑→橡胶条安装。

3.2 主要施工步骤

(1)施工准备

根据施工现场和需要加固桥涵的实际情况,结合加固设计方案,制定出操作性强的施工组织设计。清点施工所用加固机械、设备和材料,做好施工前的准备工作。

利用邦得士R-1进行高速公路养护时,施工现场的工具及附料清单如下:1~3cm以下石子、自来水、振动棒、吹风机、平板/搓板/劈刀、一大块铁皮、电子秤、铁锹等。

(2)施工过程

①根据公路病害或裂缝的实际所处位置,制定好施工路段的交通控制方案,将施工现场进行交通封闭。对公路病害出现的具体位置先进行切割,然后用风镐进行开凿,开凿的坑槽最后要成“壁竖底平”的状态,开凿面积的大小和开凿的深度要根据公路病害的实际大小而具体确定,见图1。然后再把清理出来的混凝土移除,在开凿时注意不要破坏公路混凝土层内部的钢筋网。开凿出的坑槽要用高压气体吹风清理,然后进行洒水,使基层充分潮湿直至出现饱和状态。

②拌和超早强水泥R-1,这是整个施工工艺最为关键的工序,在施工现场拌和的材料有超早强水泥R-1、石子(1~3cm)、水等。拌合时首先将超早强水泥R-1和石子进行对比拌和,具体操作时的重量比例可为1:1,再按比例(混合料总量/水约为1:0.1)加水搅拌均匀即可。

③将已经拌和好的超早强砂浆R-1整体倒入已经挖好的坑槽内,然后用振动机、铁钎等机械工具充分搅拌、捣实。整个坑槽用砂浆填满以后,将砂浆的表面用工具抹平,砂浆表面的高度和路面高度相符合即可,见图2。待砂浆终凝后(约20min,表面用拇指甲割不动),马上洒水用湿布养护,这个工序完成两个小时后砂浆的表面用锁匙就已经割不动,即可将高速公路通车使用。

图1 凿除破损混凝土

图2 浇筑超早强水泥混凝土

3.3 施工注意事项

①施工时先搅拌砂浆和石子,要在干粉状态下先充分拌均匀,再加水搅拌。

②石子必须清洗干净且满足1-3连续级配。清洗后晒干,便宜准确称量。

③必须用干净水,pH值中性,碱性太大,会发生带凝现象

④把需要修复的刨面吹干净,便于混过凝土与基底更好结合。

⑤禁止在高速公路的路面上直接搅拌砂浆,这样会对路面造成污染。在施工现场使用时必须使用钢板

进行隔离。开放交通前场地清理干净,如有污染用乳化沥青刷黑。

4 超早强水泥 R-1 在随岳高速公路养护中的应用效果

桥梁在营运过程中,伸缩缝装置是承受最大动力载荷的附件,桥面很小的不平整就会使它承受很大的冲击力,极易造成伸缩缝损坏。随岳养护单位坚持采用超早强混凝土维修更换伸缩混凝土以及维修路面坑槽基础通过几年的营运,平整、光滑、不漏水渗水、快速恢复通车,确保了车辆平稳行驶,收到了良好的效果。

5 结语

本文结合随岳高速公路养护工程的实际特点和施工条件,对超早强水泥 R-1 在高速公路养护中的应用进行了介绍,详细介绍了超早强混凝土 R-1 在桥梁伸缩缝维修及路面坑槽基础施工中的工艺流程与控制要点,希望对高速公路养护工作提供一些有益的参考和借鉴。

参 考 文 献

[1] 陈德鹏. 高流动性超早强修补混凝土的研究[D]. 河北工业大学,2003.

[2] 朱艳超. 高流态超早强固化材料的机理与应用研究[D]. 武汉理工大学,2013.

[3] 盛松涛,方坤河,刘刚,等. 路用超早强混凝土配制新技术及其优化设计的试验研究[J]. 混凝土,2004(05).

[4] 陈明明,陈东山. C50 伸缩缝高性能混凝土试验研究[J]. 工程建设与设计,2011(09).

[5] 查进,李顺凯,李进辉,等. 超早强混凝土耐久性能研究[J]. 武汉理工大学学报,2010(07).

道路冷再生旧料级配分析及混合料组成设计研究

赵洪键[1] 谢建平[2] 何兆益[1] 舒 琴[3] 吴明友[4]

(1 重庆交通大学;2 贵州省公路管理局;3 贵州省铜仁公路管理局;4 贵州省毕节公路管理局)

摘 要 现场冷再生施工工艺以其节约资源、降低工程造价、能快速开放交通的特点,在道路大修工程上有良好的应用价值和发展潜力。但在实际应用中,相关指导性规范较少。本文结合贵州省多条道路现场冷再生工程,分析了S305、G326、S102各条路原路面基层材料的级配情况。为掌握旧料级配的变异性,计算了各筛孔筛余百分率的变异系数。结果表明,同一条路不同路段级配波动较大,在进行混合料组成设计时应特别注意均匀路段的划分。在了解了旧料级配情况后,以7d无侧限抗压强度为指标,进行冷再生混合料的材料组成设计,确定了合理的新料添加比例和水泥剂量。

关键词 冷再生 原材料级配 再生混合料 新添料比例 水泥剂量

1 引言

随着国民经济的发展,我国公路运输呈现出大流量、重荷载的发展趋势[1]。限于当时经济技术条件,特别是在西部欠发达省份,早期修建的公路越来越难以适应公路运输发展的要求,如贵州省部分省道和县道技术等级低、承载能力差,现已破坏严重,亟需进行技术升级改造。现场冷再生施工工艺以其节约资源,降低工程造价,能快速开放交通的特点,在多山地区有良好的应用价值和发展潜力。沥青混凝土路面的现场冷再生,是指利用旧沥青混凝土路面材料对其进行破碎加工,需要时加入部分新骨料或细集料,按比例加入一定剂量的添加剂(水泥、石灰、粉煤灰、泡沫沥青和乳化沥青等)和适量的水,在自然的环境温度下连续完成材料的铣刨、破碎、添加、拌和、摊铺及压实成型的作业过程,并重新形成结构层的一种工艺方法。

2 原路面基层材料级配

贵州省部分省道、县道技术等级低,多为二级路或三级路,面层较薄且破坏严重,因此在进行现场冷再生时采用铣刨掉面层材料,仅利用基层材料的方案。现场冷再生充分利用原路面材料(即旧料),所以旧料的各项技术指标,尤其是级配状况将对混合料的性能产生影响。因此,对旧料级配的分析尤为必要。笔者依托贵州省多条道路的现场冷再生工程,取原路面基层材料进行研究,分析各条路不同路段的级配状况。选取各均匀路段,利用维特根铣刨机铣刨旧路面基层材料,选取具有代表性的旧料进行筛分。本研究所依托的冷再生工程分别位于铜仁境内S305、毕节市威宁境内G326及S102。

2.1 S305级配分析

S305线2013年大修工程,采用现场冷再生施工工艺,铣刨掉沥青面层后,在原路面基层上加铺新集料,并掺加一定剂量的水泥,经再生机拌和均匀后碾压成型,作为再生路面的基层。

对比不同桩号处的筛分[2]结果,如图1所示。可以得到3种典型级配状况,其中K24+700、K24+750与K24+800很接近,可以看作一个均匀路段。K26+600、K26+650和K26+700为一个均匀路段,K38+500与K38+600为一个均匀路段。对比3个典型路段,发现距离较近的K24路段和K26路段除0.075mm筛孔通过率相差较大外,其他筛孔都比较接近。K38路段与以上两个路段级配相差较大,对比以上3个路段与骨架密实型级配范围,K24与K26路段更接近骨架密实型,K38路段与骨架密实型级配范围偏差较大。

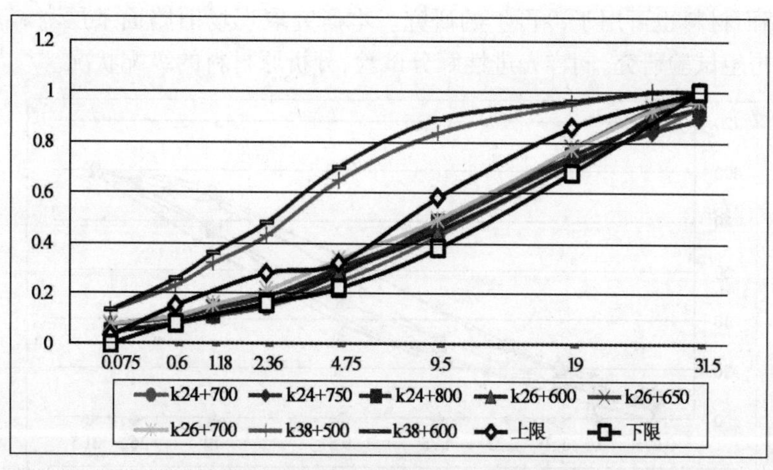

图1　S305 筛分曲线及骨架密实型级配范围

各桩号处铣刨料级配存在不同程度的变异，如表1所示，变异系数最大的筛孔为37.5mm筛孔，达到了1.5，变异系数大于100%，属于强变异。变异系数最小的筛孔为4.75mm筛孔，变异系数为9.8%，属于弱变异，其余筛孔变异系数都在10%～100%之间，属于中等变异。

S305 各筛孔筛余量变异系数　表1

筛孔尺寸(mm)	37.5	31.5	26.5	19	9.5	4.75	2.36	1.18	0.6	0.075
样本数	8	8	8	8	8	8	8	8	8	8
平均筛余	1.8	2.5	3.8	12.2	23.1	18.2	13.9	6.3	5.0	5.3
标准差	2.69	1.75	2.46	5.56	8.70	1.79	5.10	3.19	2.85	3.78
变异系数	1.50	0.688	0.649	0.46	0.38	0.1	0.37	0.51	0.57	0.714

2.2　G326 级配分析

G326威宁段2014年大修工程，K736～K738+600间采用冷再生工艺，在原路面基层上加铺碎石，并加水泥和水，通过再生机现场铣刨、拌和，碾压成型后作为新路面基层。旧路面基层利用厚度为10cm，加铺碎石厚度K736～K737段为17cm，K737～K738段为13cm，K738～K738+600段为21cm。为调查旧路面基层材料的级配情况，取现场旧料进行筛分试验，试验结果如表2所示。

G326 各筛孔筛余量变异系数　表2

筛孔尺寸(mm)	37.5	31.5	26.5	19	9.5	4.75	2.36	1.18	0.6	0.075
样本数	4	4	4	4	4	4	4	4	4	4
平均筛余	0	0	5.3	15.1	31.4	16.3	10.3	5.2	4.2	4.1
标准差	0	0	3.29	5.34	4.05	2.29	3.34	2.13	1.46	1.32
变异系数	0	0	0.625	0.354	0.129	0.141	0.325	0.410	0.34	0.32

从图2筛分曲线可以看出，K730+500与K736+80处旧料均在骨架密实型范围内，K28+200与K28+800超出骨架密实型范围上限，集料偏细。G326铣刨料取料位置较为接近，但是变异系数也很大，26.5mm筛孔筛余量变异系数最大，为62.5%，其余各筛孔筛余量的变异系数均在50%以下，变异系数最小的为9.5mm筛孔，对比各桩号不同筛孔的通过率发现，造成变异系数大的原因是K28+200与K28+800处铣刨料的级配与另两组相差较大，且各筛孔通过率均超过骨架密实型级配上限，相较于骨架密实型级配偏细。

2.3　S102 级配分析

S102线于2014年8月份开始大修施工，现场的施工方案为挖出原有路面面层，在旧路面基层上加铺碎石，添加适量的水泥和水进行现场拌和、碾压成型、养生后作为新路面的基层。虽然现场施工工艺并不属于冷再生的范畴，但是其路面结构、材料特点与其他采用冷再生工艺进行大修的路段相似，具备进行冷再生施工的条件，因此其原路面材料也可用于冷再生的研究。本研究取现场旧路面基层材料和现场加铺的新料，运回实验室后进行冷再生试验研究，同样先进性筛分试验，分析原材料的级配状况。

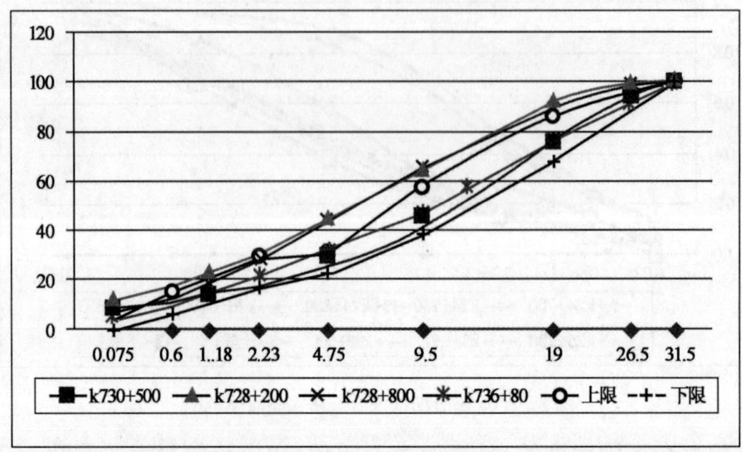

图2　G326各桩号处筛分曲线及骨架密实型级配范围

从筛分结果(图3和图4)可以看出，S102线旧料最大公称粒径为31.5mm，级配曲线靠近骨架密实型级配的下限，有的超出了骨架密实型的范围。现场旧料取自S102大修现场同一桩号处，因此不必分析不同路段旧料级配的变异性，但是同一桩号处不同层位的级配仍有变异性。编号1～8代表了同一桩号处不同试坑、不同层位处级配状况，从各筛孔筛余百分率的变异系数统计表(表3)可以看出，26.5mm筛孔的筛余率变异系数最大，为69.6%，其余筛孔均小于50%，最小的为4.75mm筛孔，为9.5%。

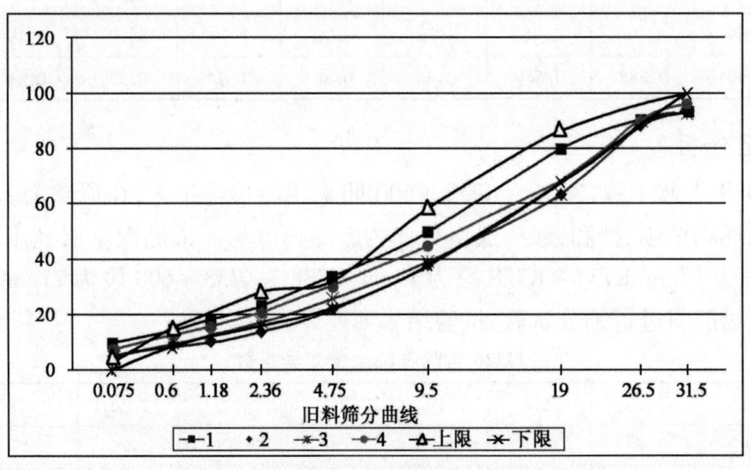

图3　S102筛分曲线及骨架密实型级配范围

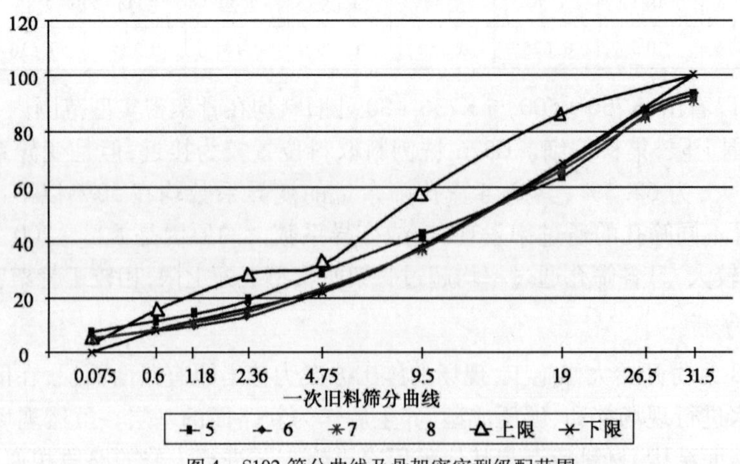

图4　S102筛分曲线及骨架密实型级配范围

S102 各筛孔筛余量变异系数

表3

筛孔尺寸(mm)	37.5	31.5	26.5	19	9.5	4.75	2.36	1.18	0.6	0.075
样本数	8	8	8	8	8	8	8	8	8	8
平均筛余	0	6.6	6.1	20.0	25.4	14.1	9.3	4.5	2.8	4.3
标准偏差	0	1.8	4.2	4.5	3.5	1.3	0.8	0.6	0.6	0.9
变异系数	0.000	0.279	0.696	0.228	0.137	0.095	0.085	0.130	0.214	0.212

3 冷再生混合料组成设计研究

《公路沥青路面施工技术规范》(JTG F40—2004)中对水泥稳定类材料用于各级公路基层和底基层唯一的指标是7d无侧限抗压强度,而且7d无侧限抗压强度试验比较简单,抗压强度与其他强度指标之间也具有较好的关系。因此选用7d无侧限抗压强度指标,利用铜仁地区代表性旧料和可供添加的新料进行冷再生混合料的组成设计研究。

3.1 试验原材料

1)水泥

用于贵州省现场冷再生的水泥大多购自当地,选择施工地点附近的水泥厂供货,调研发现,现场水泥种类均为复合硅酸盐水泥P.C32.5。其物理力学性能检测结果见表4。

水泥物理力学性能

表4

项目	凝结时间(min)		抗压强度(MPa)		抗折强度(MPa)	
	初凝	终凝	3d	28d	3d	28d
标准要求	≥45	≤600	≥11	≥32.5	≥2.5	≥5.5
检测结果	186	311	13	34.5	3.4	7.7

2)集料

铜仁地区可供添加的新料有A、B、C三种规格,其粒径分别为0~5mm、5~10mm和10~20mm,首先对各规格集料及取回实验室的旧料的级配情况进行筛分,筛分结果如表5。

各档新料与旧料筛分结果

表5

筛孔尺寸(mm)	37.5	31.5	19	9.5	4.75	2.36	0.6	0.075
0~5mm(A规格)	—	—	—	—	95.7	60.1	27.9	11.8
5~10mm(B规格)	—	—	—	95.5	18.7	2.9	2.1	2.1
10~20mm(C规格)	—	100	91.4	2.5	—	—	—	—
旧料	100	97.1	75.5	47.0	30.8	19.5	10.7	7.6
骨架密实型上限	100.0	100.0	86.0	58.0	32.0	28.0	15.0	3.0
骨架密实型下限	100.0	100.0	68.0	38.0	22.0	16.0	8.0	0.0

3.2 冷再生混合料的抗压强度

1)混合料的级配选择

对原路面进行补强设计,当原路面基层可利用厚度不满足再生厚度的设计要求时,需要添加新料。根据原路面基层材料和各档新添料的实验室筛分结果,按照规范对二级及二级以下路面基层材料的强度和级配要求,确定合适的新添料比例和水泥剂量。

(1)根据3档新料和旧料的级配进行试算,首先以骨架密实型级配范围为设计级配,试算结果如表6所示。

由于旧料0.075mm筛孔通过率已高出骨架密实型范围的上限,故不采用A规格新料。试算结果表明,当另外两种规格新料的添加比例超过20%时,0.075mm、0.6mm、2.36mm筛孔均不满足骨架密实型级配要求。由于原路面基层较薄,若新料添加比例过少又不满足再生厚度的要求,故此方案不予采纳。

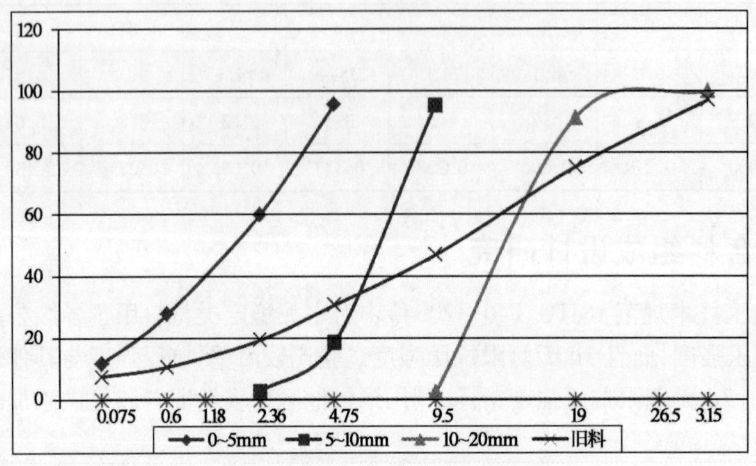

图5 各档新料及旧料的筛分曲线

试算结果及骨架密实型级配范围 表6

筛孔尺寸(mm)	37.5	31.5	19	9.5	4.75	2.36	0.6	0.075
组合1 (20% B+10% C+70%旧料)	100.0	98.0	82.0	52.2	25.4	14.2	7.9	5.7
组合2 (10% B+20% C+70%旧料)	100.0	98.0	81.1	42.9	23.7	13.9	7.7	5.5
组合3 (20% B+20% C+60%旧料	100.0	98.3	83.6	47.8	22.4	12.3	6.9	5.0
骨架密实型上限	100.0	100.0	86.0	58.0	32.0	28.0	15.0	3.0
骨架密实型下限	100.0	100.0	68.0	38.0	22.0	16.0	8.0	0.0

(2)二级及二级以下公路的基层可采用悬浮密实型混合料[4],考虑到贵州省实际情况,再生工艺多用于二级及二级以下公路大修工程,当合成级配难以满足骨架密实型级配要求时,可以考虑采用悬浮密实型混合料。由于旧料相比于悬浮密实型级配范围偏粗,所以采用0~5mm档新料作为添加料,本研究设计了5种不同的级配组合J100,J90,J80,J70,J60供对比研究,他们对应的新骨料添加比例分别为:0%,10%,20%,30%,40%。各级配合成果及悬浮密实型级配范围如表7所示。

各级配合成结果及悬浮密实型级配范围 表7

筛孔尺寸(mm)	100.0	31.5	19	9.5	4.75	2.36	0.6	0.075
J100	100.0	97.1	75.5	47.0	30.8	19.5	10.7	7.6
J90	100.0	97.4	77.9	52.3	37.3	23.5	12.4	8.0
J80	100.0	97.7	80.4	57.6	43.8	27.6	14.2	8.4
J70	100.0	98.0	82.8	62.9	50.3	31.6	15.9	8.8
J60	100.0	98.3	85.3	68.2	56.8	35.7	17.6	9.3
悬浮密实型上限	100.0	100.0	100.0	80.0	49.0	32.0	20.0	5.0
悬浮密实型下限	100.0	100.0	90.0	60.0	29.0	15.0	6.0	0.0

2)各级配混合料无侧限抗压强度试验

采用水泥稳定对该级配碎石回收材料进行冷再生配合比设计,为了得到最佳级配,首先统一采用5%的水泥剂量,分别对0、10%、20%、30%、40%新料添加比例的混合料进行无侧限抗压强度试验。得到合适的新料添加比后,再在该级配方案下,分别采用4%、5%、6%的水泥剂量静压成型试件,测其7d无侧限抗压强度以得到合适的水泥剂量。

(1)在5%的水泥剂量下分别对掺加0、10%、20%、30%、40%新料的混合料采用重型击法进行实试验[3]，确定各组混合料的最佳含水率和最大干密度，如表8所示，为成型试件做准备。

各组混合料的最佳含水率与最大干密度　　表8

新料比例(%)	0	10	20	30	40
最佳含水率(%)	6.79	6.5	5.6	6.0	6.2
最大干密度(g/cm^3)	2.356	2.360	2.42	2.32	2.30

(2)以5%的水泥剂量，分别对未掺加新料、10%新料、20%新料、30%新料、40%新料，采用静压成型的方式成型试件，测其7d无侧限抗压强度，如表9所示。

不同新料添加比例下无侧限抗压强度　　表9

新料比例(%)	0	10	20	30	40
抗压强度(MPa)	2.353	2.9	3.68	3.8	2.9

由实验结果可知，混合料的最佳含水率随水泥剂量的增加先变小后变大(图6)，最大干密度随水泥剂量的增加先变大后变小(图7)。添加20%新料的混合料最佳含水率最低，最大干密度最大。且混合料的7d无侧限抗压强度符合规范要求，相比其他几组较大(图8)。添加20%新料的混合料级配，除0.075mm和19mm筛孔外，其他筛孔均在悬浮密实型级配范围内。从经济适用性角度和混合料强度指标考虑，添加20%新料的混合料级配较优。

(3)为确定最优的水泥剂量，在20%新料的添加比例下分别研究4%、5%、6%水泥剂量时混合料的抗压强度。首先进行3种水泥剂量下的击实试验，以确定最佳含水率和最大干密度。

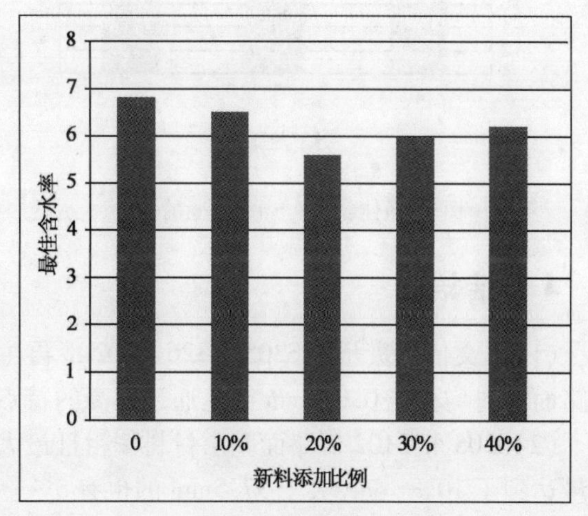

图6　各新料添加比例下最佳含水率

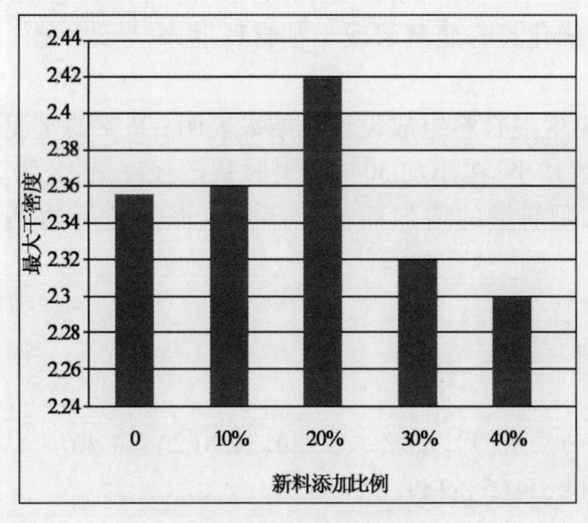

图7　各新料添加比例下最大干密度

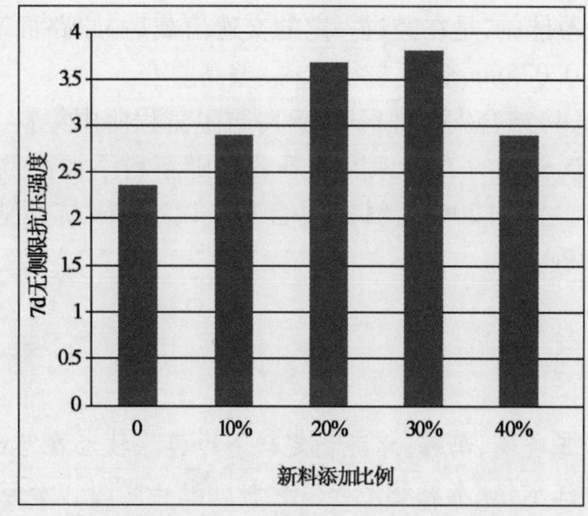

图8　各新料添加比例下无侧限抗压强度

试验结果表明(表10，图9和图10)，添加20%新料的混合料无侧限抗压强度，随水泥剂量的增加而增大，最大达到4.0MPa，在5%的水泥剂量下无侧限抗压强度为3.3MPa，满足规范对中、重交通的强度要求。因此，针对贵州省的施工工艺和新集料的添加特点，推荐采用添加20%的0~5mm新料和5%的水泥剂量。

最佳含水率、最大干密度及无侧限抗压强度统计表　　表10

水泥剂量(%)	4	5	6
最佳含水率(%)	6.03	5.0	6.2
最大干密度(g/cm^3)	2.37	2.42	2.40
无侧限抗压强度(MPa)	2.5	3.3	4.0

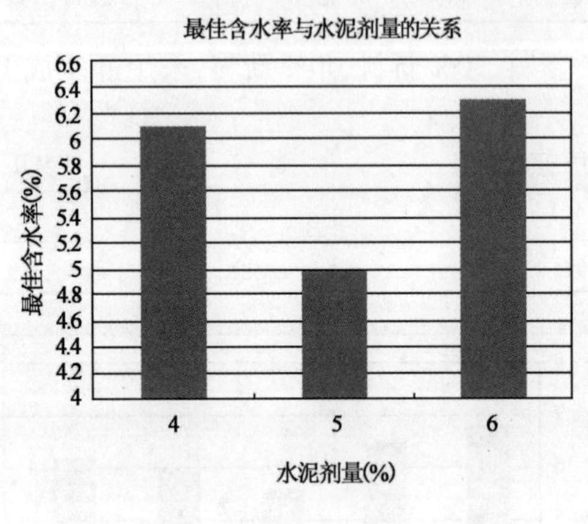

图9　最佳含水率与水泥剂量的关系

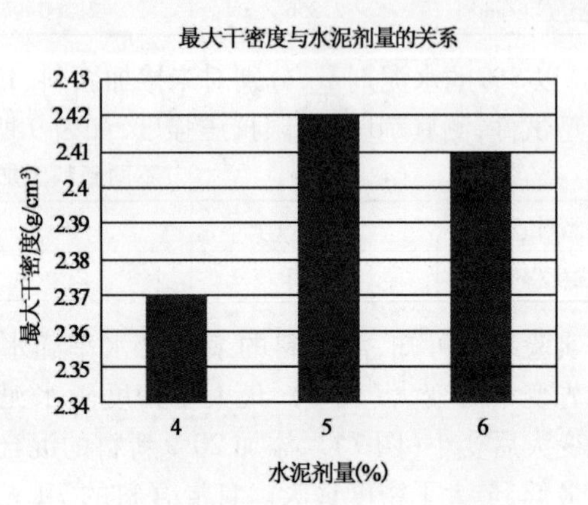

图10　最大干密度与水泥剂量的关系

4　结语

(1)本文依托贵州省S305、G326、S102冷再生工程,分析各条路不同路段的级配状况。分析发现,各组原路面材料均存在0.075mm筛孔通过率高的特点,最大的达到了13.2%。

(2)S305和S102旧路面基层材料偏粗且最大公称粒径大,S305有两个路段集料大于31.5mm的超粒径含量达到了10%,粒径大于37.5mm的也有5%。S102集料粒径大于31.5mm的超粒径含量为7.5%。

(3)不同路段间级配波动大。变异性较大的筛孔为2.36mm,4.75mm,26.5mm和31.5mm,即大筛孔和小筛孔变异性较大,中间筛孔变异性较小。分析原因有两点,一是原路面在新建时所用筑路材料质量较差,级配不佳;二是在经过一定的交通荷载后,原路面基层材料细化且有底基层或土基材料混入,导致细料(尤其是0.075mm以下粒径集料)偏高。

(4)结合铜仁地区S305冷再生工程所用集料,进行冷再生混合料组成设计。结果表明在5%的水泥剂量下混合料的7d无侧限抗压强度随新料添加比例先增大后减小,在添加30%新料时抗压强度最大,为3.8MPa。添加20%新料的混合料7d无侧限抗压强度随水泥剂量的增加而增大,6%水泥剂量下达到了4.0MPa。

参考文献

[1] 王晓刚,冯玮.水泥稳定碎石冷再生技术在路面维修中的应用[J].公路工程,2013,38(2):44-46.

[2] 汪水银.水泥稳定碎石材料级配研究[J].公路工程,2009,34(5):139.

[3] 中华人民共和国行业标准.JTG E51—2009　公路工程无机结合料稳定材料试验规程[S].北京:人民交通出版社,2009.

[4] 中华人民共和国行业标准.JTG D50—2006　公路沥青路面设计规范[S].北京:人民交通出版社,2006.

[5] 工晓刚,陈海峰.水泥稳定碎石冷再生混合料无侧限抗压强度试验研究[J].西部交通科技,2010(2):37-40.

顶管技术在高速公路养护维修中的应用

付凯敏 仇 凡 史 越 陈京钰

（江西省天驰高速科技发展有限公司）

摘 要 顶管技术主要是针对地下水较为丰富的内涝路段、路线纵坡较大的凹曲线路段、路面翻浆较严重的路段等所采取的一种中分带和路床水排除方法。该技术无需隔断交通，施工噪声及振动小，是针对高速公路翻浆水损坏较为有效的一种处治方法。本文详细的概括和阐述了顶管技术在高速公路养护维修中的应用，以期为更好地指导高速公路排水治理提供参考。

关键词 高速公路 顶管技术 养护

1 引言

南方地区春夏季节雨水较多，高速公路水损害严重，轻则路面出现坑槽，重则大范围出现翻浆、沉陷。以江西省某条干线公路为例，在2009年维修之前，路面水损害相当严重，翻浆、坑槽在各类病害中所占比例高达51.4%，其中翻浆100440m^2，如图1～图3所示。

图1 翻浆

图2 坑槽

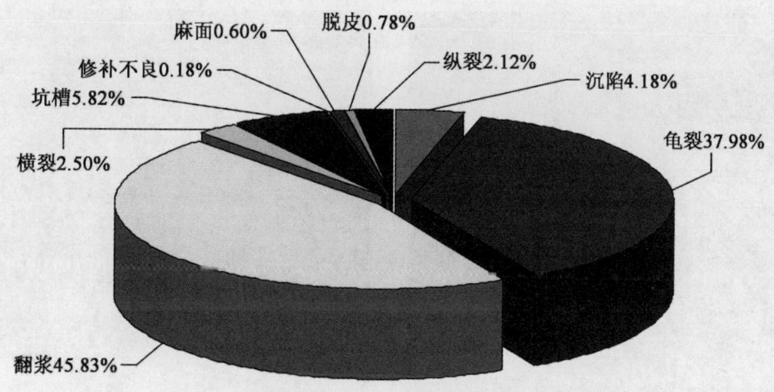

图3 全线病害比例图

在高速公路日常养护维修中，受既有交通和养护资金投入等客观条件的影响，对于路面出现的翻浆病害，大多采取应急性挖补和临时性封水等“治标”措施，难于针对原路面排水设计缺陷进行“大刀阔斧”和“开膛破腹”式的改造，因而没有从根本上解决水害问题，经过一段时间的运营路面又重新出现翻浆等病害。同样以上述干线公路为例，在2009年维修之后四个月，经过一个春运和雨季，调查发现部分路段又出现新的水损害，病害主要分布在微表处和未加铺路段，如表1所列。

表1

病害类型	罩面段		微表段		未罩面微表段	
	面积(m^2)	占总面积的	面积(m^2)	占总面积的	面积(m^2)	占总面积的
横缝	10.4	0.04%	763.6	3.22%	537	2.27%
泛油	0	0.00%	8	0.03%	0	0.00%
波浪壅包	0	0.00%	0	0.00%	944	3.98%
松散	10.1	0.04%	52	0.22%	0	0.00%
纵缝	0	0.00%	82.8	0.35%	851	3.59%
龟裂	20	0.08%	1465	6.18%	3562	15.04%
块裂	0	0.00%	132	0.56%	416	1.76%
沉陷	425	1.79%	346	1.46%	910	3.84%
修补	581	2.45%	180	0.76%	142	0.60%
翻浆	163	0.69%	6985	29.49%	4780.1	20.18%
坑槽	2.1	0.01%	0.3	0.00%	320.6	1.35%
小计	1211.6	5.11%	10014.7	42.28%	12462.7	52.61%

以上事例反映出，单纯采取应急性措施难于从根本上解决翻浆水害问题，应寻求一种较为快速、有效的处治方法。

2 顶管技术在G60高速公路中的应用

2.1 G60高速公路翻浆成因

G60高速公路路面翻浆病害较为严重，主要表现为翻红浆，这是由于路床含水率大，在交通荷载作用下，泥浆沿着裂缝处冒出路表。由于G60高速公路多为填方，挖方路段较少，因此，路床水主要来源于路表水下渗。经分析，造成G60路床含水量较大的原因：

(1)原路面中央分隔带未设排水设施，导致中央分隔带排水不畅，雨水沿中分带渗入路床，晴天数日后对典型中分带现场开挖，发现试坑有水渗出，见图4、图5。

图4 中分带开挖不久

图5 开挖一段时间后有水渗出

(2)原设计半刚性水稳基层水泥剂量高达6.0%,路面容易出现反射裂缝,加之后期营运阶段出现其他各类裂缝病害未及时进行处理,路表水沿裂缝渗入下部结构和土基。

(3)原设计路面结构采用的是一种槽式断面(图6),土路肩采用透水性很小的黏土进行回填,虽然原设计中设置了横向渗沟,但是年久失效,导致路面结构中的未筛分碎石底基层排水不畅,难于排出路面结构内部,形成泥结碎石(图7、图8)。

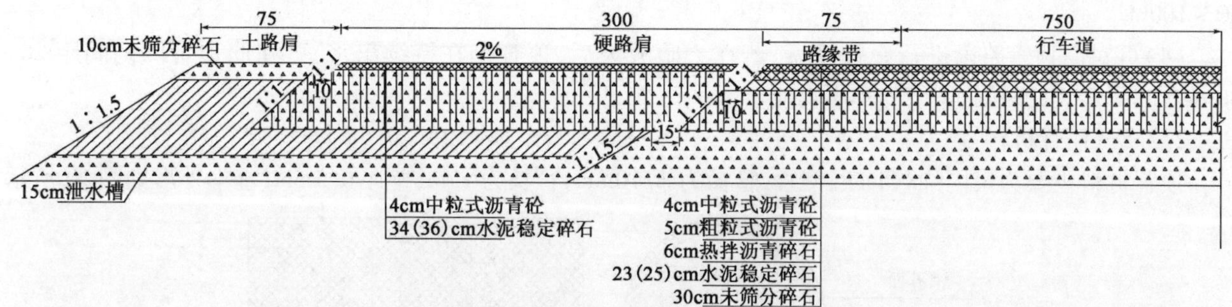

图6 原路肩结构大样图

图7 翻浆处开挖断面

图8 开挖后状况

2.2 顶管设计

2.2.1 设置原则

由于G60高速公路属于特重交通,接近四车道公路二级服务水平的饱和状态,若采取封路开挖施做纵、横向渗沟的方法,将会给G60高速公路造成极大的安全和通行压力。针对G60高速公路出现的翻红浆病害情况,2010年国检维修采取了顶管排除路床水的处治措施如图9所示,具体设置原则如下:

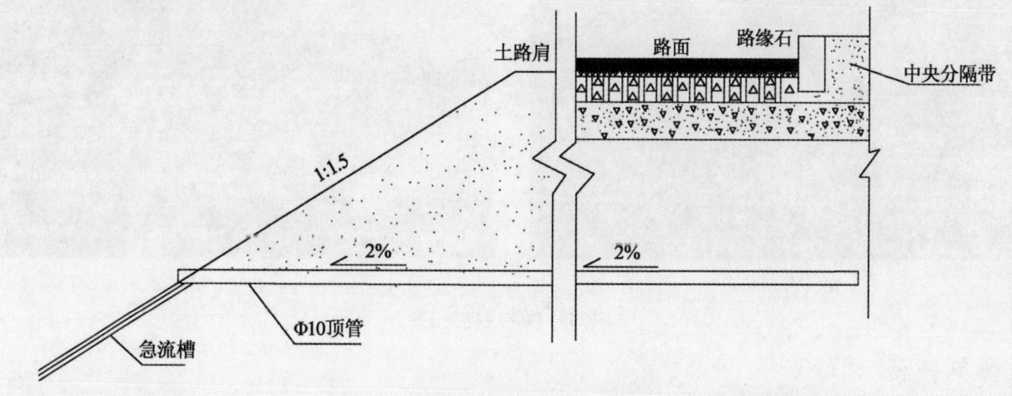

图9 顶管施工法示意图

(1)对于路线纵坡较大的凹曲线底部汇水路段,在凹曲线底部设置一道或数道顶管,并在两侧间隔约50~

100m各增设数道顶管,顶管数量和间距可根据纵坡的长度及坡度进行调整(若凹曲线路段内有桥涵构造物,顶管位置可适当调整)。

(2)对于路面翻红浆及造成水损坏较为严重的路段设置一道或数道顶管,根数根据水损坏面积来定,间距以10~20m为宜。

(3)对于路基附近有池塘水库的易内涝路段、地下水较为丰富路段,可适当增设数道顶管排水,间距50~100m。

(4)可对已顶管路段进行跟踪观察,若在天晴数天后,顶管仍在持续出水,可在此顶管两侧间距20~30m增设顶管,以加强此路段的排水功能。

2.2.2 顶管材料

顶管材料主要为聚丙烯(PP)网型管,管径为ϕ110mm,管长为15m,壁厚6.5mm,基本外形如图10所示。

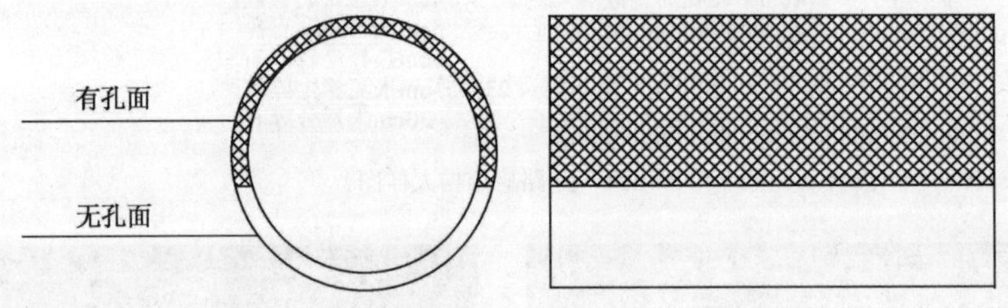

图10 顶管材料

2.2.3 施工工艺

顶管现场施工情况如图11所示,具体施工工艺如下:

(1)根据病害情况选择布管及定孔。

(2)选定工作坑。一般选在路肩、排水沟处,高填方路基可采取搭脚手架的方式。

(3)定位。根据路基横向宽度确定方位角,确保进出口在路基垫层下面,并贴紧垫层。用导向架、全站仪、锚杆、微调螺栓确定钻孔杠位置。

(4)在中央分隔带设置集水井,集水井采用透水不饱满砂浆砌好,管口进入集水井,用高强度铁网包好井底,管周围用透水性大卵石埋好。

(5)钻好孔后穿管,可以采用顶推式或组拉式,并做好每根管的接头。

(6)处理好出水口的工作,用砂浆填满管口周围,回填时可用土工布包住管周围防止堵管,出水口须开挖排水沟,沟壁抹好砂浆,以防止水流冲刷边坡。

a)

b)

图11 顶管现场施工

2.3 效果评价

2.3.1 技术经济评价

对于顶管技术和常规的渗沟技术进行技术经济比较,表明顶管技术有着独特的优势,例如无需封闭交通和开挖路面，对既有交通无干扰，且单价差别不大，特别适合交通量大、不适合封闭交通的高速公路养护维修领域。但是对于其长期性能和顶管排水影响半径（确定顶管密度）等还有待进一步试验观测。见表1。

技 术 经 济 比较 表1

排水措施	经济比较	技 术 比 较	G60 推荐
顶管	198 元/m	无需封闭交通，不影响既有交通通行，施工简单，长期性能有待进一步观测	是
渗沟	180 元/m	需封闭交通，开挖路面，施工复杂，使用年限3～4年	否

2.3.2 试验验证

国检维修后的2011年3月，雨后对全线的顶管路段进行病害调查，目前暂未发现一处翻浆病害，对全部605处顶管进行排查，出水率达90%，现场效果见图12。

图12 现场顶管排除路床水

对部分顶管路段进行了路床土取样，测定顶管前（2010年8月）、顶管后（2010年12月，2011年4月）的含水率变化情况，发现顶管之后的路床含水率逐渐减小，且相比翻浆路段含水率要低，这表明采取顶管排除路床水的处治措施是有效的（见表2）。

现场路床含水率测试结果 表2

桩 号	距路表深度	含水量（%）			备 注
		2010年8月	2010年12月	2011年4月	
K770 +110	85cm	23.2	22.7	16.61	顶管处无病害
	105cm	21.8	23.97	19.1	
K770 +330	85cm	25.2	22.79	19.15	顶管处无病害
	105cm	29.5	23.93	21.58	
K770 +430	85cm	24.1	20.4	16.3	顶管处无病害
	105cm	20.18	16.12	17.3	
K808 +140	85cm			26.8	翻浆
	105cm			30.9	

3 结语

2010年顶管排水技术在G60高速公路国检维修工程中得到了应用，从现场的调查结果和试验数据来看，顶管技术对于防治由于路床含水率大引起的翻浆病害效果较为明显。对于顶管技术的长期排水性能和排水影响半径，还有待进一步试验观测。采取顶管技术解决中分带和路床排水问题，相比常规的横向渗沟排水措施,可避免对路面结构"开肠破肚"式的大面积开挖和对既有交通通行的干扰,不失为一项较好的快速养护技术。

参考文献

[1] 中华人民共和国行业标准. JTG H10—2009 公路沥青路面养护技术规范[S]. 北京:人民交通出版社,2009.

[2] 中华人民共和国行业标准. JTG F40—2004 公路沥青路面施工技术规范[S]. 北京:人民交通出版社,2004.

[3] 中华人民共和国行业标准. JTG D50—2006 公路沥青路面设计规范[S]. 北京:人民交通出版社,2006.

[4] 宜春公路勘察设计院. 昌樟高速公路国检维修工程技术方案[R],2010.

[5] 宜春公路勘察设计院. 昌樟高速公路国检维修工程施工图设计[R],2010.

定向非开挖顶管技术 在昌樟高速改扩建项目的应用

廖庆华 廖宏斌
（江西方兴科技有限公司）

摘 要 管道工程是高速公路附属工程之一，横穿过路管是管道工程的一部分，主要用于光电缆的跨路面横穿，对于新修的高速公路而言，横穿管一般在路面施工过程中预埋在水稳层中，与路面主体施工同步完成，但江西昌樟高速改扩项目为在通车路上进行扩建施工，扩建道路的施工需保证原旧路面的社会车辆通行，因此采用定向非开挖顶管的施工方法进行横穿管施工。

关键词 高速公路 改扩建工程 管道施工 非开挖 顶管 技术应用

1 引言

近年来，定向非开挖顶管技术施工作为一种现代化管道敷设技术，在各种行业地下管线施工中得到了广泛的应用。昌樟高速公路改扩建项目由于采用不封闭交通施工，利用定向非开挖顶管技术施工，可以避免对老路面路基开挖的影响，有效解决新老路面下横穿埋管问题，施工难度相对较小、效率高。本文介绍定向非开挖顶管技术施工在昌樟高速改扩建项目中横穿管的施工应用。

2 项目概况

昌樟高速改扩建项目全线约90km，为双向四车道改八车道项目，其中药湖特大桥改为双向10车道，在现有道路平纵面基础上，全路段整体式路基采用两侧整体各拼接4车道的方式进行整体扩建，路基宽度为42m，采用不封闭交通进行改扩建施工（图1）。由于老路路面病害较轻，大部分路段仅将原老路沥青层刨除后，重新铺筑新沥青路面，因此不宜采用反开挖方式埋设分歧管道。原有路面下的横穿管无法再利用，本次改造对沿线分歧管道重新设计，故全线监控分歧管道均采用定向非开挖方式即拉管方式铺设。用于干线光（电）缆在互通立交、服务区、停车区、主线收费站等处，采用4ϕ110HDPE管，用于外场监控设施的分歧管采用1孔或2孔ϕ110HDPE管。

图1 未封闭交通进行施工现场照片

3 定向非开挖顶管施工的技术要点

3.1 定向非开挖顶管施工简介

定向非开挖顶管技术又称定向钻拖拉管施工，是将石油工业的定向钻进技术与传统的管线施工方法相结合的一项施工新工艺，将定向钻机设在地面上，在不开挖路面的条件下，采用探测仪导向，控制钻杆钻头方向，达到设计轴线的要求，经扩孔，拖拉管道回拉就位，完成管道敷设的施工方法。

3.2　定向钻机的构造和工作原理

定向钻机主要有可调底盘角度的井架、柴油机、液压泵、压力油箱、泥浆泵、控制室、变压器、发电机等设备。柴油机带动液压油泵和发电机。液压油泵为所有液压马达提供动力，从而控制井架的升降、卡盘的移动和钻机配套的液压起重机。发电机提供现场照明、水泵的用电。

3.3　定向钻的控制系统

定向钻控制系统是由若干控制仪表和电子计算机、电视机组成的，这是定向钻的神经中枢，测向仪表和造斜工具装在钻头后面的钻杆中，反映钻进方向的参数，由微波传给手携式控制器，在其屏幕上显示出来。

3.4　回拉力的计算及定向钻机的选择

定向钻根据穿越长度实际需要的回拉力进行选型，回拉力的计算参考2007年福建省工程建设标准——《水平定向钻进管线铺设工程技术规程》，具体公式如下：

$$F_{拉} = \pi Lf[D2r_{泥}/4 - d\delta_1(D-\delta_1)] + K_{黏}\pi DL$$

式中：$F_{拉}$——计算的拉力(kN)；

L——穿越的长度(m)；

f——摩擦系数，$f=0.1\sim0.3$；

D——生产管直径(m)；

$r_{泥}$——泥浆密度(kg/m^3)；

δ_1——生产管厚度(m)；

$K_{黏}$——黏滞系数，$K_{黏}=0.01\sim0.03$。

4　定向非开挖顶管施工方法

4.1　主要施工程序

定向钻顶管拉管施工程序(图2)：先用定向钻机钻一导向孔，当钻头和套管在对岸出土后，撤出钻杆，在套管出土端连接扩孔器和回拉PE管，在扩孔器转动扩孔的同时，钻回拉扩孔器和回拉PE管，PE管就被敷设在扩大了的孔中。

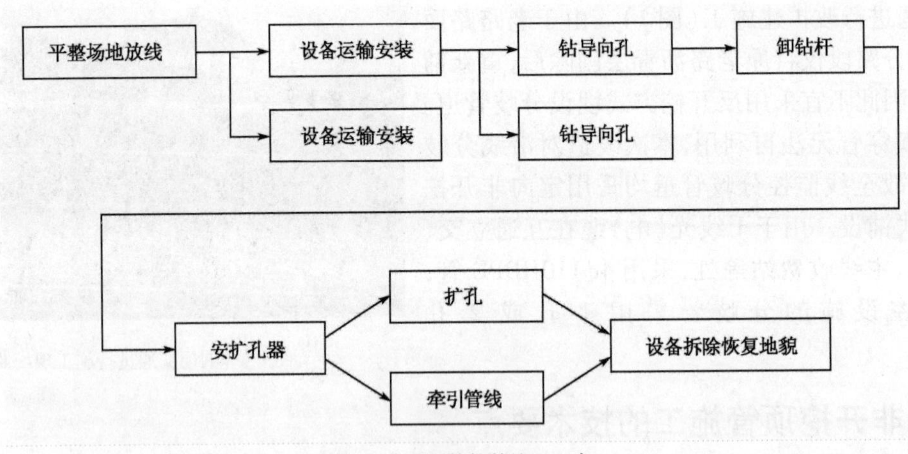

图2　定向顶管拉管施工工序

4.2　导向孔的施工

施工现场做安全布控措施，钻机停放的2个车道需完全封闭(图3)，入钻口处的人孔已开挖完成，人孔作为钻孔的工作坑，根据现场情况测量定位轴线，由于横穿的回拉管用于机电系统的光电缆敷设，管口需在路中人孔及路侧手孔内，因此入钻口不宜过浅或过深，一般为距路面1.2m左右，在垂直方向采用斜向顶管，入钻角度为10°左右，使横穿管距离最短，在钻孔的过程中，路面上部采用导向仪控制钻头的方向和深度。

开钻时采用轻压慢转，进入平直段采用轻压快转以保持钻具的导向性和稳定性。根据地层变化和钻进深度，适时调整钻进参数，施工过程中，时刻注意钻进过程中有无扭矩、钻压突变、泥浆漏失等异常情况，发现问题立即停止施工，待查明原因并采取相应措施后施工。

为了满足顶管施工精度要求，在施工中必须对以下几个参数进行测量：

(1)顶进方向的垂直偏差；

(2)顶进方向的水平偏差；

(3)掘进机机身的转动；

(4)掘进机的姿态；

(5)顶进长度。

4.3 扩孔及横穿管回拖

导向孔完成后，卸下起始杆和导向钻头，换回扩钻头进行回扩，由于回拉的管径较小，本项目施工过程中在回扩的同时将已熔接好的 PE 管接至回扩钻头一次完成。

本项目选用 HDPE 管，相对于其他管材，HDPE 管特别适于定向钻进法的非开挖管线敷设施工，具有如下特点：

(1)高韧性，抗拉能力强，抗刮痕能力好。

(2)采用热熔对接一体化连接，密封闭可靠，连接强度高于本身强度，适于拖拉。

(3)可挠性能好，管道走向容易按照施工轨道进行改变。

(4)快速裂纹传递抵抗能力好。

HDPE 管的管材连接要求严格按电热熔施工要求施焊(图 4)，回拖前应检查电热熔焊接质量，待焊接自然冷却，检查合格后方能进行拖管。在回拖管道过程中，密切注意孔内情况，钻机操作手应密切注意钻机回拖力、扭矩的变化。回拖应平稳、顺利、严禁蛮拖。管材要一次性拖入已成形的孔洞中，中途尽量避免停顿，以减小回拖的阻力。

图 3 顶管施工现场

图 4 现场热接 HDPE 管

5 定向非开挖顶管施工的注意要点

5.1 钻机位置的局限性

由于高速公路的特殊性，大部分路面为填方路段或挖方路段，约 5m 长的钻机无法在路侧停放，无作业面，更无法为钻机提供水平钻进的工作坑，因此只能将钻机停在路面上，采用从中央绿化带往路侧钻进方式施工，钻杆与地面呈一定夹角，对面钻头出土口为手孔的位置。

5.2 横穿管不能与纵向路面垂直

昌樟高速为双向 4 车道改扩为双向 8 车道，单幅路面宽度(含路肩)约 20m，而钻机的入土口至对面钻头出土口距离一般为 25m 以上，因此最终的横穿 PE 管无法与路向垂直，设计或计量时根据实际计量。

5.3 路侧排水沟对顶管施工的影响

对于挖方段路段,路侧一般设有混凝土结构的排水沟,因为定向钻钻头无法穿混凝土墙体,因此在确定横穿管位置时,需尽量避开路侧有排水沟的区段,否则横穿管只能横穿水沟底部,增加了水沟外侧做手孔的困难。

5.4 封闭车道施工与不封闭交通的矛盾问题

由于昌樟高速改扩建项目在通车路段施工,因钻机工作位置需占用两条车道,只能在新的扩宽路面完成后,封闭原来老路面作为施工区域,新路面为社会车辆通行车道,或者是单幅路封闭施工,另幅新老路面社会车辆双向通行,因此顶管施工受倒换交通的影响因素相当大。

6 顶管施工的验收要求

参照《顶管施工技术及验收规范》,由于高速公路横穿管主要用于光电缆的敷设,对管道的精度要求比排水管、输油管等管道要低,因此顶进施工结束后,应主要满足如下要求:

(1)顶进管道不偏移,管节不错口。

(2)管道接口套环应对正管缝与管端外周。

(3)管道接头密封良好,需要时应按要求进行管道管道密封检验。

(4)管节无裂纹、不渗水,管道内部不得有泥土、垃圾等杂物。

(5)在顶进施工的区域,应保证路面沉降。

7 结语

昌樟高速公路改扩建项目横穿管采用定向非开挖施工技术,以其不影响交通、铺管速度快、效率高、无环境破坏等优点,取得了良好的经济、社会效益,对于改扩建高速公路项目的横向埋管施工也是项新的尝试,在今后的高速改建项目施工中能起到较好的经验借鉴。

参考文献

[1] 中华人民共和国地方标准. DBJ 13-102—2008 建设水平定向钻进管线铺设工程技术规程[S]. 2008.

[2] 陈军红,陈宝义. 非开挖导向钻进钻孔轨迹优化设计[J]. 山西建筑,2007. 33(2),14-15.

[3] 中国地质大学(武汉). 顶管施工技术及验收规范(试行本). 2006,12.

[4] 昌樟高速改扩建项目办. 南昌至樟树高速公路改扩建项目机电工程施工招标文件. 2014. 2.

多功能温拌沥青混合料性能研究

裴 强 杜素军 庞瑾瑜 畅润田 郭赢赢
（山西省交通科学研究院）

摘 要 本文制备了一种多功能沥青温拌剂，其在降低拌和、压实温度的同时，可提升沥青与集料的黏附性及沥青的阻燃性能。

关键词 温拌沥青混合料 多功能温拌剂 黏附性 阻燃性

1 引言

沥青路面因噪音低、抗滑性能好、行车舒适等优点而得到广泛应用，但路面铺筑过程中使用的热拌沥青混合料（HMA）通常需在160℃下才能拌和，压实温度也不低于140℃，消耗大量能源的同时，排放有害物质，污染环境，且沥青在高温下更易老化，进而影响混合料的使用性能。而温拌沥青混合料（WMA）在保证性能达到热拌沥青混合料的同时，还能降低20～30℃的生产温度，因此得到了迅速发展。

国内外现阶段多采用沥青中添加温拌剂的方式，降低拌和、压实温度，制备温拌沥青混合料。但温拌剂的加入会影响沥青混合料的抗剥落性能。而且，沥青作为一种可燃材料，一旦引燃会在短时间内释放出大量的热、烟和毒气，给逃生和救援带来困难，因此提升沥青的阻燃性能具有重要意义。

综上所述，本文通过将表面活性剂、降黏剂、抗剥落剂、阻燃剂共混制备出一种多功能温拌剂，在降低拌和、压实温度的同时，可提升沥青与集料的黏附性及沥青的阻燃性能。

2 原料

沥青：SK70号基质沥青；集料：石灰岩；表面活性剂：工业级；降黏剂：工业级；抗剥落剂：工业级；硼酸锌：工业级；温拌剂Sasobit：Sasol-Wax公司；温拌剂Rediset：阿克苏诺贝尔公司。

3 温拌剂制备方法

在剪切速率500r/min下将表面活性剂、降黏剂与抗剥落剂混合30min，再将上述混合物与硼酸锌在70～80℃、剪切速率800～1000r/min的条件下混合40min，制备得到自制多功能温拌剂（ZF）。

4 多功能温拌剂改性沥青性能测试

温拌剂掺量为0～3%时，沥青黏度下降较快，掺量大于3%时，沥青黏度下降减缓。因此，综合考虑材料成本及温拌效果，确定3%为温拌剂最佳用量。

4.1 黏附性

根据交通部颁布的行业标准《公路工程沥青及沥青混合料试验规程》（JTJ 052—2000）的要求，采用水煮法评价沥青与石料的黏附性。具体步骤参照《沥青与粗集料的黏附性试验方法》（T 0616—1993）。不同掺量的温拌剂改性沥青与集料黏附性等级如表1所示。

改性沥青与集料黏附性等级 表1

温拌剂掺量（%）	0	1	2	3
黏附性等级	4	4	5	5

由表 1 可看出,在沥青中加入温拌剂后,可以显著改善沥青与石料的黏附性能,掺量为 3% 时沥青与石料的黏附性等级升为最高 5 级。

4.2　氧指数

采用氧指数试验评价沥青的阻燃性能。在《塑料燃烧性能试验方法-氧指数法》(GB/T 2406—2006)中,氧指数定义为:在规定的条件下,试样在 N_2 和 O_2 混合气体中维持平衡燃烧所需的最低 O_2 体积分数。氧指数越大,阻燃效果越好。不同掺量的温拌剂改性沥青氧指数如表 2 所示。

改性沥青的氧指数　　表 2

温拌剂掺量(%)	0	1	2	3
氧指数(%)	20.5	21	21.7	23

由表 2 可知,基质沥青的氧指数为 20.5%,随着温拌剂的加入,氧指数逐渐升高,当温拌剂掺量为 3% 时,氧指数达到 23%。说明温拌剂的加入,一定程度上提升了沥青的阻燃性能。

5　沥青混合料性能研究

5.1　配合比设计

沥青混合料的级配采用沥青路面上面层常用的 AC-16 级密级配。通过验证表明本研究采用的级配设计合理,矿料级配如图 1 所示。且最佳油石比为 4.5%。

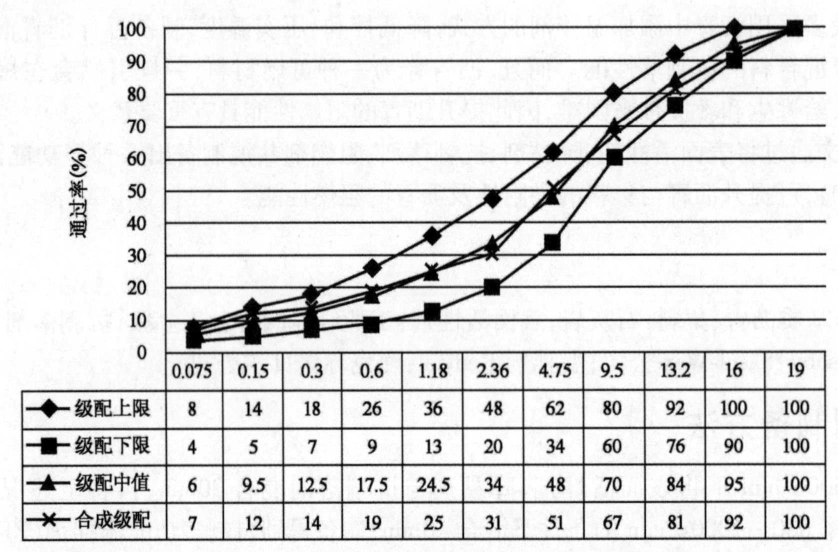

图 1　沥青混合料级配

下文以 HMA 为参照,通过相同条件下的实验室试验,比较 ZF 与市面上常用的 Sasobit、Rediset 两种添加剂制备出的温拌沥青混合料的体积性能、高温稳定性、低温抗裂性能及水稳定性等路用性能。

空白样热拌沥青混合料和温拌剂改性沥青混合料的拌和温度、压实温度如表 3 所示。

沥青混合料施工温度条件　　表 3

混　合　料	温拌剂种类	拌和温度(℃)	压实温度(℃)
HMA	空白样	160	140
WMA	ZF	135	120
	Sasobit	135	120
	Rediset	135	120

5.2　体积性能

沥青混合料空隙率,指矿料及沥青以外的空隙(不包括矿料自身内部的孔隙)的体积占试件总体积的百分率。空隙率是沥青混合料体积指标中最重要的指标之一。

对于沥青混合料，在拌和温度时，客观上要求沥青能够提供足够的润滑，容易裹覆集料；在压实温度时，又要求沥青能够提供足够的胶结，容易密实成型。因此，沥青混合料空隙率在一定程度上可作为评价混合料拌和、压实效果的重要指标。3 种温拌剂对沥青混合料空隙率的影响如表 4 所示。

不同温拌剂对沥青混合料空隙率的影响　表 4

混合料种类	HMA	ZF	Sasobit	Rediset
空隙率(%)	4.2	4.4	4.3	4.4

3 种温拌沥青混合料与热拌沥青混合料空隙率相近，表明拌和温度降低 25℃，压实温度降低 20℃，3 种温拌沥青混合料与热拌沥青混合料拌和及压实效果相当，自制多功能温拌剂 ZF 对温拌沥青混合料拌和和压实的影响效果与温拌剂 Sasobit、Rediset 也相当。

5.3　高温性能

车辙试验适用于测定沥青混合料的动稳定度，用于评价高温抗车辙能力，供沥青混合料配合比设计的高温稳定性检验使用。车辙试验按照 JTJ 052 规程 T0719“沥青混合料车辙试验”方法，在标准试验温度 60℃与轮压 0.7MPa 条件下进行。车辙试验结果用动稳定度表示，3 种温拌剂对沥青混合料动稳定度的影响结果如图 2 所示。

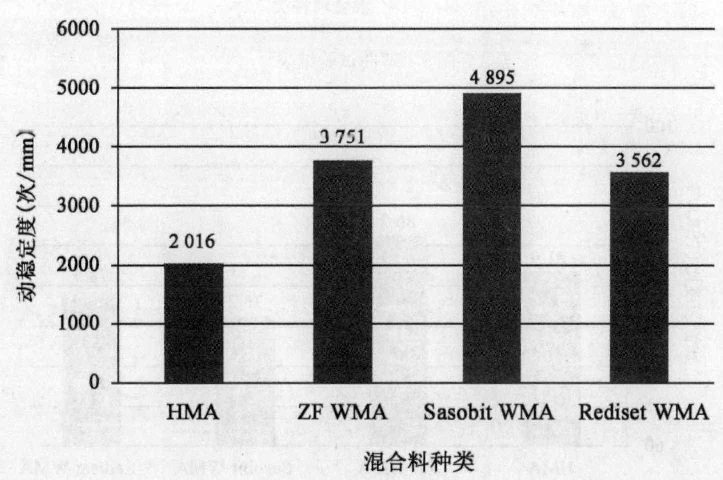

图 2　车辙试验结果

由图 2 可知，与 HMA 动稳定度相比，3 种添加温拌剂的沥青混合料动稳定度均有较大幅度增加。其中，Sasobit 改性温拌沥青混合料动稳定度最好，这可能是由于 Sasobit 熔点为 99℃，在动稳定度试验温度(60℃)条件下，仍为结晶网状结构分散于沥青胶结料中，赋予沥青胶结料较强的抵抗荷载变形能力，因此该沥青混合料表现出最优的高温性能。而 ZF、Rediset 添加剂均为表面活性物质，其通过改善沥青与矿料的黏附性增加了一定的高温稳定性，但增幅不如 Sasobit 温拌剂。

5.4　低温抗裂性能

弯曲试验适用于测定沥青混合料在规定温度和加载速率时弯曲破坏的力学性质，评价沥青混合料的低温抗裂性能。试验按照 JTJ 052 规程 T 0715“沥青混合料弯曲试验”方法，在规定的小梁跨径(200 ± 0.5)mm、温度 -10℃、加载速率 50mm/min 的条件下进行。弯曲试验主要结果是破坏应变，3 种温拌剂对沥青混合料弯曲试验破坏应变的影响结果如图 3 所示。

从图 3 中可知，HMA 破坏应变为 2680$\mu\varepsilon$，相比较而言，添加 ZF、Rediset 的温拌沥青混合料破坏应变稍有提升，而 Sasobit WMA 破坏应变为 2454$\mu\varepsilon$，降幅 8.43%。说明 Sasobit 温拌剂的加入对沥青混合料的低温性能影响较大，而 ZF、Rediset 温拌剂可改善混合料低温性能。这可能是由于在低温条件下，Sasobit 温拌剂相比ZF、Rediset而言对沥青的黏度影响更大,使得沥青在低温下表现出硬而脆的性质,从而降低了沥青胶结料的低温性能,进而对沥青混合料的低温性能影响较大。

5.5　水稳定性

沥青混合料的水稳定性能是沥青混合料路用性能的重要指标,可用来评价沥青混合料抵抗水损害的能力。水稳定性能主要通过冻融劈裂试验进行测试,通过冻融劈裂强度比来进行评价,3种温拌剂对沥青混合料冻融劈裂试验残留强度比(TSR)的影响结果如图4所示。

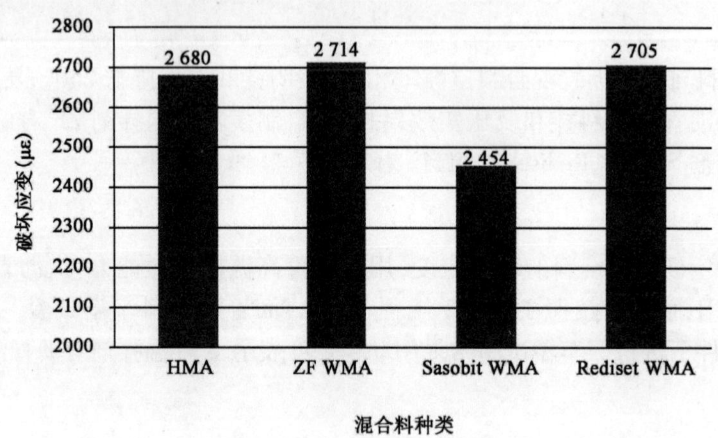

图3　弯曲试验结果

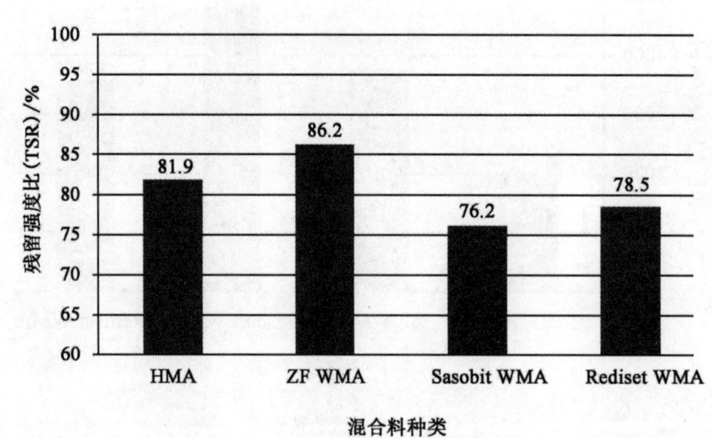

图4　冻融劈裂试验结果

由图4可知,相比HMA,Sasobit WMA、Rediset WMA的TSR值均降低,这说明Sasobit、Rediset两种温拌剂改性沥青混合料抵抗水损害能力不如热拌沥青混合料。相比而言,ZF WMA的TSR值有所上升,这可能是由于自制多功能温拌剂中加入了一定量的抗剥落剂,进而增强了沥青与矿料的黏附能力,从而使抗水损能力增强。由此,自制多功能温拌剂对温拌沥青混合料抵抗水损害能力的改善好于两种市售温拌剂Sasobit、Rediset。

6　结语

(1)自制多功能温拌剂ZF掺量为3%时,改性沥青与集料的黏附性等级提升了一级,为最高等级5级;改性沥青氧指数提升了2.5%,提升了阻燃性能。

(2)相对HMA,自制多功能温拌沥青混合料空隙率无明显变化,而低温抗裂性能、高温稳定性、水稳定性均有提升。自制多功能温拌沥青混合料综合性能高于热拌沥青混合料。

(3)相比Sasobit WMA、Rediset WMA,自制多功能温拌沥青混合料在保证了体积性能、高温稳定性、低温抗裂性的同时，还提升了混合料的水稳定性。

参考文献

[1] 张智强，严世祥，周进川等. 温拌沥青混合料技术探讨[J]. 重庆建筑大学学报，2007，29(6)：113-116.

[2] 朱沅峰，吴超凡. 3 种添加剂温拌沥青混合料使用性能比较[J]. 公路，2011，(7)：203-206.

[3] 秦永春. 基于表面活性剂的温拌沥青混合料的设计及相关性能研究[D]. 上海：同济大学，2009.

[4] 朱大章，孙晓宇，吕伟民等. 非胺类沥青抗剥落剂的制备及性能[J]. 建筑材料学报，2005，8(5)：474-479.

[5] 李立寒，邹小龙，陈春羽. 复配阻燃沥青氧指数和路用性能研究[J]. 建筑材料学报，2013，16(1)：76-80.

[6] Hurley G C，Prowell B D. Evaluation of Sasobit for Use in Warm Mix Asphalt[R]. NCAT Report 05-06，National Center for Asphalt Technology，Auburn University，Auburn，Alabama，2006.

[7] 韩海红，徐世法. 热拌与温拌沥青混合料的压实特性对比分析[J]. 公路交通科技：应用技术版，2008，25(9)：76-79.

[8] 郭永雄. 温拌沥青混合料与热拌沥青混合料的性能对比研究[J]. 山西交通科技，2010(06)：14-15.

[9] 郭平. Sasobit 温拌沥青混合料水稳定性能研究[J]. 郑州大学学报：工学版，2010(5).

[10] Hong Zhu，Zhao Xing Xie，Wen Zhong Fan，Li Li Wang，Ju Nan Shen. Effects of warm mix asphalt additives on the properties of WMA mixtures[J]. Applied Mechanics and Materials，2013，2097(1)：275-277.

[11] Wasiuddin Nazimuddin M，Selvamohan Selvaratnarn，Zaman Musharraf M. Comparative laboratory study of Sasobit and Aspha-Min additives in warm – mix asphalt[J]. Transportation Research Record，2007，1 998：82-88.

[12] 秦永春，黄颂昌，徐剑. 基于表面活性剂的温拌 SMA 混合料性能[J]. 建筑材料学报，2010，13(1)：33-35.

[13] 陈志一，孙见林，庞立果等. 不同添加剂对温拌沥青混合料路用性能的影响[J]. 中外公路，2007，27(06)：168-170.

废旧沥青混合料分离再生技术应用研究

徐希娟　周新锋

（西安公路研究院）

摘　要　通过对废旧沥青混合料再生技术国内外研究现状的分析，提出了废旧沥青混合料新的再生技术——分离式再生。通过对分离再生沥青混合料性能试验，分析了分离再生沥青混合料的高温稳定性、低温性能和水稳定性等路用性能。最后，结合工程对分离再生沥青路面的施工工艺进行了研究。结果表明，分离再生沥青混合料具有良好的水稳性、高温稳定性和低温抗裂性，各项路用性能均满足沥青面层技术要求，可以用于高等级公路的建设。

关键词　道路工程　废旧沥青混合料　分离再生　路用性能　施工工艺

1　引言

由于交通荷载及自然因素的综合作用，沥青路面经过一定年限的使用，其面层慢慢变薄并逐渐老化，会出现诸如网裂、沉陷、车辙、拥包等各种病害并逐步扩展，严重影响行车。沥青混凝土路面一般设计年限为15年，实际上，通常使用年限仅10年左右。也就是说，每隔10~15年，沥青混凝土路面就需要翻修一次[1]。以往维护处理的方法就是对出现病害的路面进行铣刨，然后重新铺筑。这样会造成三大问题：一是堆放占用场地；二是浪费了大量的不可再生的石油资源，重新铺筑沥青混凝土路面所需的大量沥青和石料将使我们面临巨大的资源压力；三是破坏生态环境。因此，如何处置每年数千万吨沥青混凝土路面废料将成为必须面对和解决的问题。国内外对废旧沥青混合料再生应用技术进行了深入研究，Kiggundu 和 Newman 等[2]研究了再生沥青混合料的水稳定性，认为再生沥青混合料具有良好的水稳定性。Mendenhall 和 Kandhal 等[3]研究了再生沥青混合料的耐久性。吉兼·亨、一近藤邦彦、船桥弘靖等[4]认为再生沥青混合料在高掺配率且不使用再生改善剂的情况下，马歇尔稳定度和流值稍大，马歇尔模数比 HMA 趋向于往高的方向移动。陈翔午等[5]认为再生沥青混合料在高温下具有很好的稳定性，低温（－20℃）下仍具有很好的柔度。黄晓明等[6]指出再生沥青混合料的性能与旧料的掺配率、改善剂及施工工艺有关，如果旧料掺配率高且施工条件差，则再生沥青混合料的性能要差。特别是水稳定性。沈国印以及王日彬等[7]研究得出，再生沥青混合料的低温性能和水稳定性较差，马歇尔稳定度较高。我国再生技术的研究主要侧重于废旧沥青再生剂的研发、添加剂量以及废旧沥青混合料的掺量与再生沥青混合料的性能研究。因此，各国在进行废旧沥青混合料再生时，均将废旧沥青混合料作为一个整体进行研究，并没有根据废旧沥青混合料中各种材料的性能，将其分为不同品质和用途的再生材料，然后根据再生材料的性能将其应用到道路建设中。为此，本文针对废旧沥青混合料整体再生存在的缺点，提出了废旧沥青混合料分离式再生的技术，并对采用分离式再生集料拌制的再生沥青混合料进行路用性能研究。

2　分离式再生技术

2.1　分离式再生工艺

废旧沥青混合料分离式再生就是通过对其进行除尘、破碎、油石分离和筛分的工艺，将废旧沥青混合料中集料表面的沥青分离，并将集料加工成为不同粒径的道路用矿料。分离式再生工艺主要包括以下几个工艺：首先将废旧沥青混合料输送到粗剥离机，剥离机上的高压喷雾器对废旧沥青混合料进行喷雾和粗剥离，再输送到细剥离机进行喷雾和细剥离，经过细剥离加工后输送到分类机，通过分类机的高压水喷淋器冲洗，并进行各种规格料的分类。将分类后的0～4.75mm的铣刨料经料水分离器进行过滤分解,使粉尘及泥土和其他杂质排入沉淀池内,4.75mm以上的再生料输送到不同规格的料斗内。废旧沥青混合料分离式再生工艺见图1。

图1　废旧沥青混合料分离式再生工艺

废旧沥青混合料经过分离式再生工艺,是将废旧沥青混合料由来源不同、级配变化大、质量参差不齐的混合料变成一种材质和组成较为均质的矿料,从而克服厂拌热再生技术中再生材料的均质性差、掺量受限、含泥量较大的缺点。

2.2　分离式再生的集料种类

采用废旧沥青混合料分离式再生技术,将废旧沥青混合料再生为5～15mm、3～10mm、3～5mm和0～3mm的再生集料。如图2～图5所示。本文主要针对0～3mm再生料在沥青混合料中的应用进行研究。0～3mm再生材料的技术指标和技术要求采用机制砂的技术标准。

图2　5～15mm再生料

图3　3～10mm再生料

图4　3～5mm再生料

图5　0～3mm再生料

3　原材料性质

3.1　沥青

沥青采用陕西机械化兴平材料加工中心生产的SBS改性沥青,试验结果见表1。

SBS 改性沥青试验结果 表1

检验项目		SBS 改性沥青(I-C)		检验方法 JTG E20—2011
		实测值	规定值	
针入度(25℃,100g,5s) (0.1mm)		65	60~80	T 0604
针入度指数 *PI*		0.26	≥-0.4	T 0604
软化点(R&B) (℃)		74.0	≥70	T 0606
135℃运动黏度 (Pa·s)		2.089	1.8~3	T 0620
延度(5℃,5cm/min) (cm)		37	≥35	T 0605
闪点 (℃)		292	≥230	T 0611
贮存稳定性离析,48h 软化点差,(℃)		0.8	≤2.5	T 0606
弹性恢复(25℃) (%)		95.8	≥80	T 0605
溶解度(三氯乙烯)(%)		99.18	≥99	T 0607
密度(25℃) (g/cm³)		1.025	实测值	T 0603
薄膜加热试验,163℃,5h	质量变化 (%)	-0.41	≤1.0	T 0609
	残留针入度比 (%)	75.3	≥65	T 0604
	残留延度(5℃) (cm)	22	≥20	T 0605

3.2 矿料

粗集料 10~15mm、5~10mm 和 3~5mm 为华县聚宝石料厂生产,0~3mm 为分离再生技术生产,矿粉为蒲城石料厂生产。原材料试验结果见表 2~表 4。

粗集料试验结果 表2

试验项目	粗集料	规定值
集料压碎值(%)	16.2	≤20
洛杉矶磨耗损失(%)	21.6	≤28
毛体积相对密度(g/cm³)	10~15mm:2.720 5~10mm:2.700 3~5mm:2.703	≥2.60
吸水率(%)	10~15mm:0.8 5~10mm:1.0 3~5mm:1.6	≤2
对沥青的黏附性(级)	5	≥5
针片状颗粒含量(%)	大于 9.5mm:6.8 小于 9.5mm:9.6	≤15 ≤18

0~3mm 分离再生料试验结果 表3

试验项目	细集料	规定值
视密度(g/cm³)	2.736	≥2.50
砂当量(%)	67	≥60

矿粉试验结果 表4

项目	矿粉	规定值
视密度(g/cm³)	2.706	≥2.50
含水率(%)	0.5	≤1.0
亲水系数	0.6	≤1.0

续上表

项　目		矿　粉	规 定 值
粒度范围(%)	<0.6mm	100	100
	<0.15mm	99.6	90~100
	<0.075mm	98.3	75~100
外观		无团粒结块	无团粒结块

4　分离式再生沥青混合料性能分析

4.1　分离式再生沥青混合料配合比的确定

根据原材料的筛分结果,合成矿料级配见表5,级配曲线见图6。

AC-13 再生沥青混合料级配　表5

名　称	通过以下筛孔(mm)的质量百分率(%)									
	16.0	13.2	9.5	4.75	2.36	1.18	0.6	0.3	0.15	0.075
上限	100	100	75	36	30	25	20	14	10	8
下限	100	90	60	29	24	17	13	8	5	4
中值	100	95	67.5	32.5	27	21	16.5	11	7.5	6
合成级配	100.0	98.0	68.9	32.1	28.1	24.5	18.2	12.7	10.1	9.2

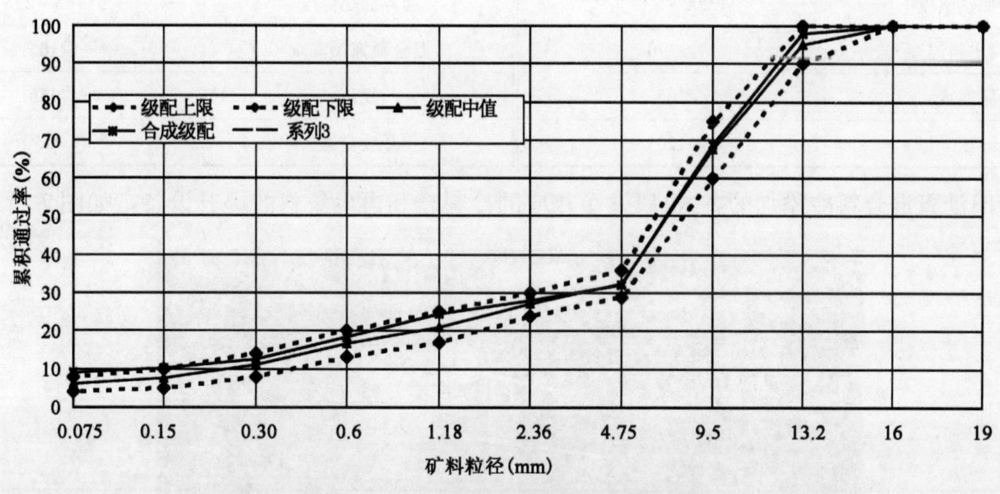

图6　AC-13 再生沥青混合料矿料级配曲线图

集料加热温度200℃,混合料拌和温度180℃,击实温度为165~175℃。采用马歇尔击实的试验方法确定再生沥青混合料的体积指标,最佳油石比(*OAC*)为空隙率设计范围的中值所对应的油石比。依据试验规程进行标准马歇尔试验,试验结果见表6。

最佳油石比时 Marshall 试件试验结果　表6

最佳油石比(%)	最大理论相对密度	毛体积相对密度	空隙率(%)	VMA(%)	VFA(%)	稳定度(kN)
3.6	2.531	2.412	4.3	12.3	65.3	13.74

从试验结果可以明显看到,分离再生沥青的各项体积指标满足现行《公路工程沥青路面施工技术规范》对于沥青混合料的体积指标要求。同样是13型的级配,但是分离再生沥青混合料的改性沥青用量却明显减少,可以节约沥青的用量。

4.2　路用性能分析

采用马歇尔试验确定的最佳油石比和矿料级配,对再生沥青混合料进行路用性能试验,结果见表7。

混合料路用性能试验结果 表7

项目	单位	试验值	要求值
动稳定度	次/mm	5312	≥3000
冻融劈裂强度比	%	97.4	≥80
浸水马歇尔残留稳定度	%	98.4	≥85
渗水系数	mL/min	不渗水	≤120

试验结果显示，再生沥青混合料的动稳定度能够满足文献8中不同气候条件下的技术要求。说明再生沥青混合料的高温性能不会由于再生集料和老化沥青的存在而降低。浸水马歇尔和冻融劈裂试验结果说明，再生沥青混合料的水稳定性均满足文献8的要求，说明再生集料表面的残余沥青可以改变集料表面的酸碱性和纹理构造，提高集料与沥青的黏附性，改善沥青混合料的抗水损害性能。

5 试验路

根据研究的结果，在2013年西禹高速养护工程中铺筑了300m试验段。配合比选用以上研究的配合比。由于0～3mm再生集料还有大量的废旧沥青，在混合料的生产过程中，0～3mm再生集料不能加热，其添加方式采用冷添加的方式。由于0～3mm再生集料为冷添加，使混合料生产过程中各环节的温度控制发生变化，再生混合料的施工温度见表8。

施工温度（℃） 表8

矿料加热温度	200～230	沥青加热温度	165～175
混合料出料温度	>170	混合料摊铺温度	165
初压温度	165	复压	155
终压	120	开放交通	≤50

针对废旧沥青混合料冷添加的方式，研发了相应的冷料仓和再生集料的提升设备。如图7所示。

图7 分离再生料的添加设备

在试验路铺筑的同时，对分离再生沥青混合料进行取样检验和现场检测，检测的结果见表9。

根据表9的数据可知，分离再生沥青路面各项技术指标能够满足规范的要求。通过试验段的实施，分离再生集料的生产、冷添加和再生沥青混合料的生产在设备上是可行的，也证明了废旧沥青混合料分离再生技术可以应用于高速公路的养护工程中。

试验段再生沥青混合料试验结果　表9

试验项目	单位	指标要求	AC-13
残留稳定度	%	≥85	91.8
冻融劈裂	%	≥80	88.4
车辙动稳定度	次/mm	≥3000	4963
构造深度	mm	≥0.6	0.8
渗水系数	mL/min	≤80	不渗水

6　结语

(1)通过自主研发的废旧沥青混合料分离再生设备可以实现废旧沥青混合料中集料和沥青的分离再生。

(2)采用分离再生集料拌制的沥青混合料路用性能满足现行规范的要求。

(3)通过试验段的铺筑,证明了分离再生技术在高等级公路养护中的可行性,分离再生沥青路面施工工艺简单可行。

参 考 文 献

[1] 何娟,张京锋,焦楚杰. 旧沥青混合料再生应用研究[J]. 中国与世界混凝土进展,2008.

[2] B M. Kiggundu and J. K. Newman. Asphalt-Aggregate Interactions in Hot Recycling. Final Report # ESL-TR-84-07,New Mexico Engineering Research Institute,July1987.

[3] Kandhal P S. Designing Recycled Hot Mix Asphalt Mixtures Using Superpave Technology. Published by Associate Director National Center for Asphalt Teehnology,Auburn,1997.

[4] 吉兼·亨,近藤邦彦,船桥弘靖. 再生沥青混合料的性质. 沥青路面再生利用热沥青混凝土储存[J]. 1954,1:69-71.

[5] 季节,徐世法,罗晓辉. 重复再生沥青混合料及温拌沥青混合料性能评价[M]. 北京:人民交通出版社,2010.

[6] 黄晓明,赵永利,江臣. 沥青路面再生利用试验分析[J]. 岩土工程学报,2001. 23(4).

[7] 沈国印,等. 沥青混凝土路面再生利用试验分析[J]. 公路,2003,5(5).

[8] 中华人民共和国行业标准. JTG F40—2004　公路沥青路面施工技术规范[S]. 北京:人民交通出版社,2004.

[9] 陈翔午,等. 旧沥青路面材料再生利用研究[J]. 公路,1992,2(2).

[10] 王永刚,廖克俭,闫锋,等. 用调和法再生废旧沥青[J]. 化工科技,2003.

[11] 刘先森,朱战良,王欣,等. 厂拌热再生沥青技术在广佛高速公路路面大修工程的应用[J]. 公路,2004,(11).

废旧沥青面层冷再生技术研究

王俊义　郭闽榕　陈文凯
（咸阳公路管理局）

摘　要　当前我国沥青面层铣刨料冷再生技术应用尚处于初级研究阶段。本文根据工程实际，反复进行室内试验，环保利用公路沥青面层铣刨料，变废为宝，在不添加新料的情况下，对铣刨的沥青面层料进行水泥冷再生，将其作为低等级公路路面基层，做了有益的探索应用，效果良好。

关键词　沥青面层　跣刨料　冷再生

1　引言

随着我国公路交通的快速发展，公路交通网络已逐步趋于完善，新建公路的比重逐年减少，改建、大修工程比例不断扩大。我国沥青路面所占比例较大，在沥青路面改造过程中如果继续采用在原路面增加结构层或铣刨后堆积废弃等传统方式，不仅会增加重修路面所需的沥青和砂石材料，破坏周围环境，而且不利于环保，容易造成环境污染。欧美国家从20世纪70年代起就开始对沥青路面再生进行系统研究，我国则在20世纪80年代开始沥青路面再生研究。进入21世纪，随着我国大部分公路进入全面养护期，养护技术问题日益突出，沥青路面再生技术因符合我国环保、节约的基本国策，更加引起了人们的高度关注。沥青路面再生利用技术，是将需要返修改造的旧沥青路面，经过回收、破碎、筛分后和再生剂、新集料适当配合重新拌和成满足道路建设需要、符合国家和行业标准要求的沥青混合料，并应用于铺筑路面面层或基层的整套生产技术。

再生沥青路面的施工按温度可分为热法施工和冷法施工。沥青路面的热再生是将废旧沥青混合料加热分解，按需要添加补充集料和新沥青材料或某一类型的再生添加剂而制成再生沥青混合料。沥青路面冷再生是将废旧沥青混合料适当加工后，按比例加入一定量的添加剂（如水泥、乳化沥青等），加入部分新集料而制成冷再生混合料的工艺。这是在自然环境温度下完成沥青路面的翻挖、破碎、新材料的添加、拌和、摊铺机压实成型，重新形成路面结构层的一种工艺方法。

目前，国内对沥青面层铣刨料再生利用技术的研究还处于初期阶段，如何正确利用该项技术对我国的沥青路面进行维修养护还处于摸索阶段。从2009年开始至今，咸阳公路管理局公路大中修工程每年产生沥青混凝土面层铣刨废料约2万余立方米。按照科学、勤俭、绿色办交通理念，咸阳公路管理局先后多次利用公路大修工程所产生的沥青面层铣刨料，在不添加新料的情况下，采用原铣刨沥青混合料进行水泥冷再生，将其作为三级公路路面基层、实施土路肩硬化等，做了有益的探索应用，效果十分良好。

2　基本情况

306省道K97～K110段属山区三级公路，修建于20世纪70年代，路基宽度7.5m，路面宽度6m，天然砂砾基层，4cm沥青砾石路面。该路段由于修建年代久远，多年来仅对路面进行过挖补、洒罩。在实施前，经对旧路进行路况实地调查与检测，路面坑槽、沉陷等病害严重，路面破损率达25%以上，路面弯沉单点最高值为406（单位1/100mm，下同），最低值为72，平均值为207。211国道淳化胡家庙段6km、马家塬区5km路基宽度12m，路面宽度仅9m，两侧土路肩均为1.5m，有效路面宽度不能满足二级公路标准要求，遇雨天土路肩易碾压损坏和污染路面。针对以上情况，咸阳公路管理局积极开展科研攻关，广泛应用冷再生技术，先后对306省道彬县境内K97～K110段13km路面基层和211国道淳化境内胡家庙K560～K566段6km、马家塬K577～K582段5km土路肩硬化实施了修复改造。现以306省道彬县境内13km路面基层改造工程为例，对该技术研究应用情况进行阐述。

3　室内试验结果及数据分析

在研究应用工作开展之初,咸阳公路管理局广大工程技术人员查阅了大量公路沥青路面再生技术有关规范、资料,初步提出对跣刨废料中分别加入乳化沥青、乳化沥青和水泥、纯水泥3种方案。经结合工程实际,充分讨论研究,最终选用场拌水泥冷再生对路基和土路肩进行改造。初步选定再生基层厚度为20cm。

为了科学合理确定出水泥冷再生配合比,根据《公路沥青路面再生技术规范》(JTG F41—2008)和《公路路面基层施工技术规范》(JTJ 034—2000)相关规定,进行5.5%、6%、6.5%和8%水泥用量的冷再生室内试验,确定不同水泥用量的最佳含水量和最大干密度,并检测7d无侧限抗压强度。根据无机结合料稳定冷再生混合料技术要求(表1),推荐水泥冷再生配合比。

水泥稳定料的抗压强度标准　　表1

试验项目	二级和二级以下公路	高速公路和一级公路
基层(MPa)	2.5~3.0	3.0~5.0
底基层(MPa)	1.5~2.0	1.5~2.5

3.1　原材料

3.1.1　水泥

本项目采用秦岭42.5级普通硅酸盐水泥。

3.1.2　旧沥青路面铣刨料(RAP)

铣刨料全部来自G312线路面面层,从铣刨料中取得有代表性的样品,将超过37.5mm的部分筛除、破碎后进行室内筛分试验(干筛),其筛分结果见表2和图1。

铣刨料筛分结果　　表2

筛孔尺寸(mm)	37.5	26.5	19	9.5	4.75	2.36	1.18	0.6	0.075
筛分结果	100	94.20	87.13	58.26	30.43	21.00	15.40	7.91	0.92
级配上限	90	66	54	39	28	20	14	8	0
级配下限	100	100	100	100	84	70	57	47	30
级配中值	95	83	77	69.5	56	45	35.5	27.5	15

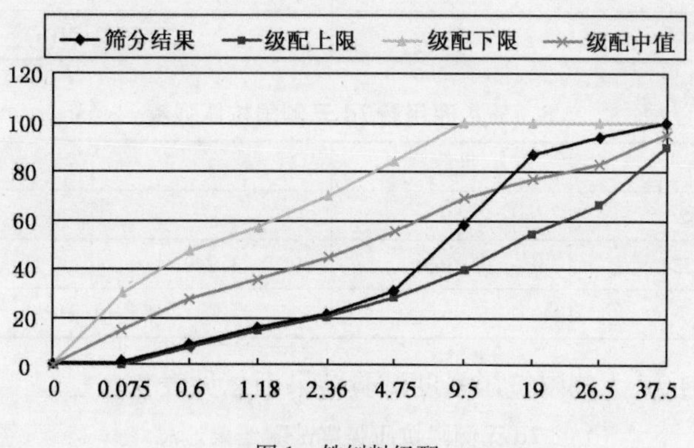

图1　铣刨料级配

筛分结果表明,原铣刨料超粒径部分重新破碎后掺入,级配偏粗,细料偏少,基本满足无机结合料稳定冷再生混合料3号级配要求。

3.2　水泥冷再生含水率和干密度的确定

将风干的旧沥青路面铣刨料及水泥按拟定的掺加比例混合,参考公路土工试验规程(JTG E40—2007)

中T 0131—2007的击实要求，采用土工重型击实法确定水泥冷再生用水量。

不同水泥用量下，再生料的最佳含水率和最大干密度试验结果汇总见表3。

最佳含水率和最大干密度试验结果汇总 表3

水泥用量(%)	最佳含水率(%)	最大干密度(g/cm^3)
5.5	5.0	1.935
6.0	5.8	1.945
6.5	6.4	2.048
8.0	7.0	2.032

3.3 无测限抗压强度

根据确定的最佳含水率，采用振动法各成型试件，在规定温度下保湿养生6d，浸水24h后，按《公路工程无机结合料稳定材料试验规程》(JTJ 057)进行无侧限抗压强度试验。不同水泥用量下，试件7d无侧限抗压强度试验结果见表4～表7。

6.0%水泥用量7d无侧限抗压强度 表4

序　号	1	2	3	4	5	6
最大压力(kN)	35	33	32	32	31	30
RC(MPa)	2.00	1.88	1.82	1.82	1.77	1.71
标准差(MPa)	0.098		平均值(MPa)		1.82	

5.5%水泥用量7d无侧限抗压强度 表5

序　号	1	2	3	4	5
最大压力(kN)	24	26	31	26	30
RC(MPa)	1.368	1.482	1.767	1.482	1.71
标准差(MPa)	0.169		平均值(MPa)		1.56

6.5%水泥用量7d无侧限抗压强度 表6

序　号	1	2	3	4	5
最大压力(kN)	43	41	48	44	45
RC(MPa)	2.451	2.337	2.736	2.508	2.565
标准差(MPa)	0.148		平均值(MPa)		2.52

8.0%水泥用量7d无侧限抗压强度 表7

序　号	1	2	3	4	5
最大压力(kN)	62	59	57	62	59
RC(MPa)	3.534	3.363	3.249	3.534	3.363
标准差(MPa)	0.124		平均值(MPa)		3.41

不同水泥用量下，再生料7d无侧限抗压强度试验结果汇总见表8。

7d无侧限抗压强度试验结果汇总 表8

水泥剂量(%)	无侧限抗压强度(MPa)	偏差系数C_v(%)
5.5	1.56	10.8
6.0	1.82	5.4
6.5	2.52	5.9
8.0	3.41	3.6

3.4 试验结果分析

(1)由试验结果以及水泥再生混合料技术标准可知,再生混合料水泥用量达到6.5%,即可满足二级及二级以下公路基层技术标准的要求,因此,水泥用量采用6.5%。

再生混合料水泥用量8%时,即可满足高速公路和一级公路基层技术标准的要求。项目所在工程路段处于山岭重丘区,小半径弯道较多,考虑到弯道路段路面行车荷载作用复杂,弯道路段冷再生混合料水泥用量采用8%。

(2)水泥稳定冷再生沥青路面铣刨料推荐方案技术指标见表9。

水泥冷再生混合料配比推荐方案 表9

水泥用量(%)	最佳含水率(%)	最大干密度(g/cm^3)	无侧限抗压强度(MPa)
6.5	6.4	2.048	2.52
8.0	7.0	2.032	3.41

4 工程实施

先期利用加入6.5%的水泥再生混合料对原路面坑槽、沉陷等病害进行处治,将路面整平,对弯沉较大点、路段进行挖补,提升路况整体弯沉指标。在路边适当位置设立拌和设备,选用装载机配合,将废料由输送带送往搅拌锅,螺旋系统自动将干水泥粉按6.5%比例同步送往搅拌锅,混合料在搅拌锅中加入适量水,拌和后再通过输送带直接卸料至运输车。由于原沥青跣刨料存在大粒径集料,拌和前应首先对大粒径集料进行筛选,将其重新破碎后在利用。采用推土机将混合料均匀摊铺在原路面,弯道处混合料用量调整到8%。碾压采用20t钢轮振动压路机稳压3遍,再振动碾压5遍。终压时间不超过水泥终凝时间。终压之后,冷再生基层表面有水浆渗出。养生期间封闭交通,养生7d后,又对其表面进行了热沥青同步碎石封层,随即开放交通,效果良好。

5 现场试验

施工7d后现场钻样取芯,对10个不同点的芯样进行无侧限抗压强度试验,结果见表10。

试 验 结 果 表10

试件编号	养生前试件高度(cm)	试件最大压力(N)	无侧限抗压强度(MPa)
1	9.05	86500	4.9
2	9.23	82300	4.7
3	12.1	74600	4.3
4	14.93	81300	4.6
5	15.16	86500	4.9
6	20.76	61800	3.5
7	21.24	67500	3.8
8	21.3	71900	4.1
9	22.18	64600	3.7
10	21.77	76700	4.4

从试验数据分析,无侧限抗压强度最小值3.5MPa,最大值4.90MPa,平均值4.29MPa,完全满足二级及以下标准基层强度。

6 注意事项

(1)工厂厂拌再生混合料时,存在水分蒸发和水泥损失的可能,施工时应考虑诸因素,并通过试验段寻找现场施工的最佳含水率、水泥剂量以及施工工艺等参数。施工中严格按再生混合料施工配合比进行施工,随时检测水泥的用量和含水率,保证再生基层料的力学指标满足要求。

(2)由于沥青铣刨料送样偏粗,存在超粒径集料,施工时筛除了粒径超过37.5mm的部分铣刨料,将其重新破碎后,再生利用。

(3)早期养护再生层完成后至少7d内禁止一切车辆通行,并设专人负责,以免破坏再生层,最好在再生层表面喷洒透层油,防止养生期内雨水的浸入。

(4)再生层养生完成后,应及时铺筑热沥青同步碎石磨耗层,以免再生层表面发生局部松散。

(5)公路施工现有机械设备稍作改装,即可用于工程施工,不用重新购置再生设备,可避免重复投入。

(6)冷再生工艺在整个施工过程中不需要加热,在节约资源消耗成本的同时,可避免加热对环境的污染,具有极强的环保性。

参考文献

[1] 拾方治,马卫民,吕伟民.沥青路面再生技术手册[M].北京:人民交通出版社,2006.

[2] 唐娴,李晓明,袁卓亚.路面再生技术[M].北京:中国建筑工业出版社,2009.

[3] 王松根,等.大碎石沥青混合料柔性基层在路面补强中的应用研究[J].西安:中国公路学报,2004.3.

[4] 朱建东.沥青路面现场热再生工艺在沪宁高速公路的应用.华东公路,2003.12:7-10.

[5] 董平如,沈国平.京津塘高速公路沥青混凝土路面就地热再生技术[J].公路,2004.1:123-130.

[6] 侯睿,李海军,黄晓明,等.高等级路面旧沥青混合料热再生分析[J].中外公路2005,8.

[7] 师郡,陈志喜,帅领.旧沥青混凝土路面现场冷再生技术及施工工艺研究[J].公路,2004.10:167-170.

[8] 张竹平.沥青混凝土路面就地热再生工艺及设备[J].筑路机械与施工机械,2003.4:20-22.

[9] 张晋炮.沥青路面就地再生施工机械[J].筑路机械与施工机械化,1997.3:9-13.

[10] Transportation Research Laboratory. Design Guide and Specification for Struc-tural Maintenance of Highway Pavements by ColdIn-sim Recycling. England. 1999.

分离再生矿料对沥青混合料路用性能影响研究

周新锋 徐希娟
（西安公路研究院）

摘 要 通过不同分离再生矿料掺量、不同类型再生沥青混合料高温稳定性、低温性能和水稳定性的综合性能的研究，结果表明：随着再生矿料掺量的增加，提高了再生沥青混合料的高温性能，低温性能和水稳定性均降低，当再生矿料的掺量为20%～25%时，再生沥青混合料具有良好的路用性能。

关键词 道路工程 废旧沥青混合料 分离再生 路用性能

1 引言

废旧沥青混合料再生应用技术始于20世纪30年代，到20世纪80～90年代，沥青路面再生技术在国外已发展成熟，欧美等发达国家沥青路面再生利用率达到75%～100%，主要以厂拌热再生技术，约占全部沥青再生工程的70%[1]。国内外对废旧沥青混合料再生应用技术进行了深入研究，Kiggundu和Newman等[2]研究了再生沥青混合料的水稳定性，认为再生沥青混合料具有良好的水稳定性。Mendenhall和Kandhal等[3]研究了再生沥青混合料的耐久性。吉兼・亨、一近藤邦彦、船桥弘靖等[4]认为再生沥青混合料在高掺配率且不使用再生改善剂的情况下，马歇尔稳定度和流值稍大，马歇尔模数比HMA趋向于往高的方向移动。陈翔午等[5]认为再生沥青混合料在高温下具有很好的稳定性，低温（－20℃）下仍具有很好的柔度。黄晓明等[6]指出再生沥青混合料的性能与旧料的掺配率，改善剂及施工工艺有关，如果旧料掺配率高且施工条件差，则再生沥青混合料的性能要差。特别是水稳定性。沈国印以及王日彬等[7]研究得出，再生沥青混合料的低温性能和水稳定性较差，马歇尔稳定度较高。

通过分析欧美、日本等国家对废旧沥青混合料再生利用技术的研究和发展，各国在进行废旧沥青混合料再生时，均将废旧沥青混合料作为一个整体进行研究，并没有根据废旧沥青混合料中各种材料的性能，将其分为不同品质和用途的再生材料，然后根据再生材料的性能将其应用到道路建设中。为此，本文针对废旧沥青混合料整体再生存在的缺点，提出了废旧沥青混合料分离式再生的技术，并对采用分离式再生集料拌制的再生沥青混合料进行路用性能研究。

2 分离式再生技术

2.1 分离式再生工艺

废旧沥青混合料分离式再生就是通过对其进行除尘、破碎、油石分离和筛分的工艺，将废旧沥青混合料中集料表面的沥青分离，并将集料加工成为不同粒径的道路用矿料。分离式再生矿料的加工工艺为：首先将收集的铣刨料输送至振动给料机，然后在振动给料机的作用下，使铣刨料进入颚式破碎机对大粒径的铣刨料进行破碎，经破碎后的铣刨料在传输带的作用下进入粗剥离机；在废旧沥青混合料进入粗剥离机的同时打开高压喷水器，废旧沥青混合料在粗剥离机中实现第一次剥离；粗剥离结束后，通过皮带传输进入振动筛，筛除第一次剥离的细集料和废旧沥青，5mm以上的材料通过皮带传输至细剥离设备；经过细剥离的废旧沥青混合料又被输送至振动筛，将粗集料分类为3～5mm，5～10mm，10～15mm再生集料。二次剥离的细集料和废旧沥青经料水分离器后形成分离再生矿料。将分离再生矿料经过烘干筒烘干至含水率小于1%后，添加到复合磨机中进行沥青的再次分离和分布，形成废旧沥青均匀分布的分离再生矿料。

2.2 分离再生矿料的性能分析

分离再生矿料的性能试验结果见表1和表2。

分离再生矿料抽提前后筛分试验结果

表1

筛孔(mm)		4.75	2.36	1.18	0.6	0.3	0.15	0.075
抽提前	通过各筛孔的质量百分率(%)	93.4	88.6	56.4	27.9	13.6	6.4	3.9
抽提后	通过各筛孔的质量百分率(%)	100	92.8	65.4	37.3	28.6	18.4	13.4

分离再生矿料试验结果

表2

试验项目		实测值	规定值
废旧沥青含量(%)		4.6	—
废旧沥青	废旧沥青针入度25℃,100g,5s	25	≥20
	软化点(R&B)℃)	59	实测
	延度15℃,5cm/min	7.9	实测
含水率		0.6	≤3
视密度(g/cm^3)		2.53	实测
砂当量(%)		71	≥55

通过对分离再生矿料性能的分析,分离再生矿料的各项技术指标满足《公路沥青路面再生技术规范》提出的技术要求,能够对其进行再生利用。

3 分离热再生沥青混合料性能分析

3.1 分离再生矿料掺量对再生沥青混合料高温性能的影响

采用《公路沥青路面再生技术规范》中再生混合料配合比设计方法,基质沥青采用中海A-90#,改性沥青采用SBS改性沥青,混合料的类型采用AC-13和AC-16,分离再生矿料的掺量分别为0、15%、20%、25%和30%,分别进行配合比设计。按试验规程进行车辙试验,并将再生混合料与新混合料进行对比,结果如表3所示。

沥青混合料的车辙试验结果

表3

级配类型	分离再生矿料掺配比例(%)	最佳沥青用量(%)	45min变形(mm)	60min变形(mm)	动稳定度(次/mm)
AC-16(基质沥青)	0	4.5	3.697	4.000	2079
	15	3.8	3.617	3.916	2107
	20	3.5	3.623	3.896	2308
	25	3.4	3.399	3.656	2452
	30	3.1	3.253	3.472	2877
AC-13(基质沥青)	0	4.7	4.387	4.791	1559
	15	4.0	3.583	3.976	1603
	20	3.8	3.194	3.470	2279
	25	3.3	3.426	3.676	2520
	30	3.0	3.128	3.356	2763
AC-13(SBS改性沥青)	0	4.8	1.580	1.710	4846
	15	4.1	3.358	3.553	5306
	20	3.8	3.269	3.45	5934
	25	3.5	3.364	3.527	6376
	30	3.1	3.398	3.553	8254

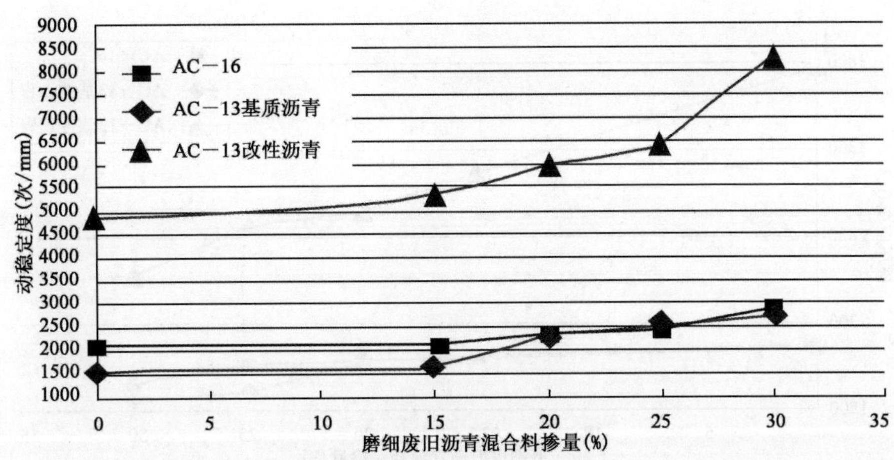

图1 不同分离再生矿料掺量与再生沥青混合料动稳定度关系图

由表3和图1可知：

几种再生沥青混合料的动稳定度都满足规范中动稳定度的指标要求，证明再生沥青混合料的高温性能是符合要求的。掺加30%以下分离再生矿料的再生沥青混合料动稳定度大于相同配合比的新沥青混合料，再次证明适当添加RAP材料对路面高温性能有利。

再生沥青混合料的动稳定度随着分离再生矿料掺量的增大而不断增大。对于基质沥青的AC－13混合料，其中分离再生矿料掺量为30%的动稳定度比掺量为15%的动稳定度增大了72.4%，比新集料的动稳定度增大了77.2%。对于改性沥青再生的混合料，其中分离再生矿料掺量为30%的动稳定度比掺量为15%的动稳定度增大了55.6%，比新集料的动稳定度增大了70.3%。动稳定度增大主要是由于再生混合料中加入了分离再生矿料，其中的沥青经过了长期的使用而老化变硬，劲度变大，新沥青与旧沥青慢慢迁移、融合，与新沥青相比，混合之后的沥青结合料产生针入度降低、黏度增大、软化点提高等一系列性能的改变，导致再生沥青混合料的劲度模量增大，抵抗永久变形的能力有所提高。

3.2 分离再生矿料掺量对再生沥青混合料低温性能的影响

不同分离再生矿料掺量的再生沥青混合料低温试验结果见表4。

沥青混合料的低温性能试验结果 表4

级配类型	分离再生矿料掺配比例(%)	最佳沥青用量(%)	破坏应变(μ_ε)
AC-16（基质沥青）	0	4.5	2158
	15	3.8	2103
	20	3.5	2087
	25	3.4	2066
	30	3.1	1964
AC-13（基质沥青）	0	4.7	2178
	15	4.0	2119
	20	3.8	2085
	25	3.3	1913
	30	3.0	1869
AC-13（SBS改性沥青）	0	4.8	3779
	15	4.1	3176
	20	3.8	2946
	25	3.5	2869
	30	3.1	2583

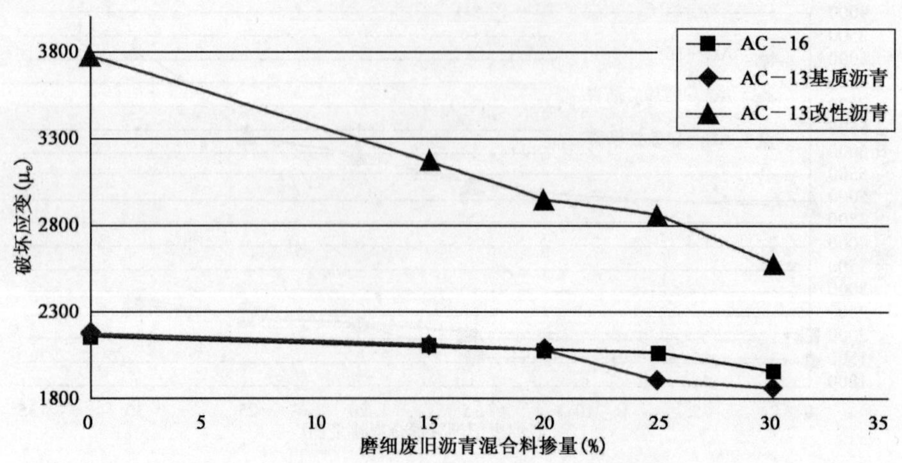

图2　不同磨细废旧掺量与再生沥青混合料低温性能关系图

由表4和图2可知：

对于基质沥青而言，再生沥青混合料中分离再生矿料的掺量小于25%时，破坏应变都满足规范中的指标要求。

再生沥青混合料的低温性能随着分离再生矿料掺量的增大而不断减小。对于基质沥青的AC－13混合料，其中分离再生矿料掺量为30%的破坏应变比掺量为15%的破坏应变减小了11.8%，比新集料的破坏应变减小了14.2%。由此可见，再生混合料的低温变形能力随着掺量的增大而迅速降低。因此，再生沥青混合料的分离再生矿料掺量较大时应考虑添加再生剂。

3.3　分离再生矿料掺量对再生沥青混合料水稳定性能的影响

不同分离再生矿料掺量的再生沥青混合料水稳定性试验结果见表5。

沥青混合料的水稳定性能试验结果　　表5

级配类型	分离再生矿料掺配比例(%)	最佳沥青用量(%)	残留稳定度(%)	冻融劈裂试验强度比(%)
AC-16(基质沥青)	0	4.5	82.7	78.0
	15	3.8	91.2	77.3
	20	3.5	90.3	76.8
	25	3.4	89.6	76.3
	30	3.1	87.5	75.7
AC-13(基质沥青)	0	4.7	90.5	83.9
	15	4.0	89.3	82.4
	20	3.8	88.9	81.8
	25	3.3	87.2	79.6
	30	3.0	86.4	78.5
AC-13(SBS改性沥青)	0	4.8	94.1	90.6
	15	4.1	93.6	89.3
	20	3.8	92.4	88.4
	25	3.5	90.6	86.9
	30	3.1	89.3	83.7

由试验结果(图3、图4)可知，对于基质沥青而言，再生沥青混合料中分离再生矿料的掺量小于30%时，水稳定性都满足规范中的指标要求。

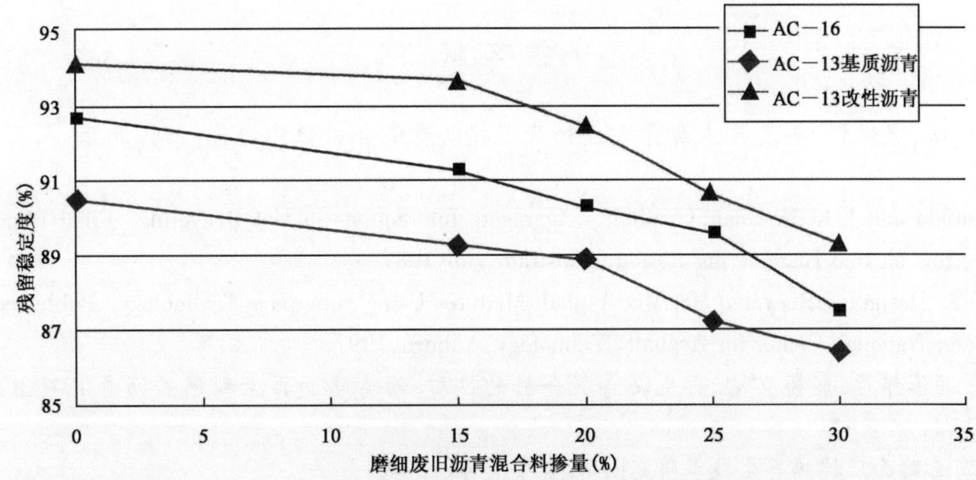

图3　磨细废旧混合料掺量与再生沥青混合料残留稳定度关系图

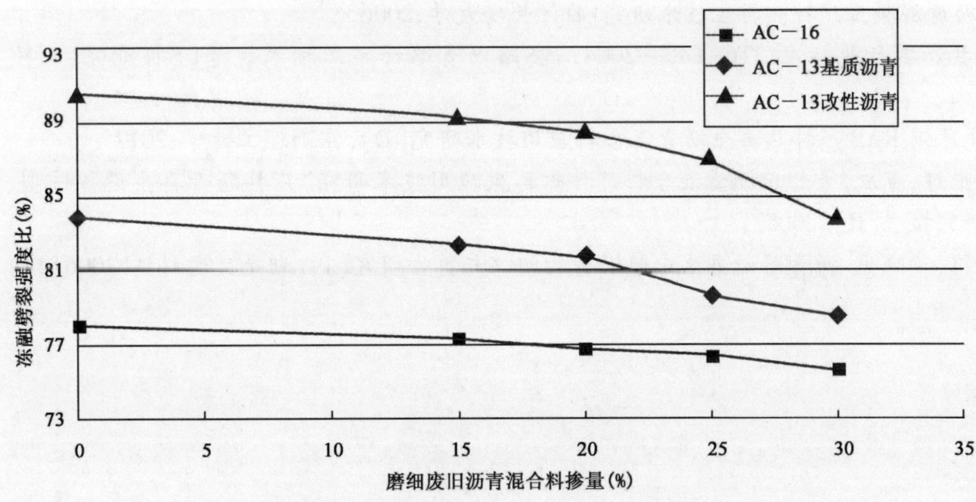

图4　磨细废旧混合料掺量与再生沥青混合料冻融劈裂强度比关系图

再生沥青混合料的残留稳定度和冻融劈裂强度比随着分离再生矿料掺量的增大而不断减小。对于基质沥青的AC－13混合料，其中分离再生矿料掺量为30%的残留稳定比掺量为15%的残留稳定减小了3.2%，比新集料的残留稳定减小了4.5%；对于改性沥青的AC－13混合料，分离再生矿料掺量为30%的冻融劈裂强度比比掺量为15%的冻融劈裂强度比减小了4.7%，比新集料的冻融劈裂强度比减小了6.4%；说明二者相差不大，基本处于同一水平。

分离再生矿料掺量相同时，不同类型的再生沥青混合料的水稳定性存在较大差异，这说明再生沥青混合料的水稳定性受混合料级配类型、沥青的品质、沥青用量等因素的影响较大。

4　结语

（1）掺分离再生矿料的再生混合料，其高温性能优于新料沥青混合料，且随着分离再生矿料掺量增加而提高。

（2）掺分离再生矿料的再生混合料，其低温性能低于新料沥青混合料，且随着分离再生矿料掺量增加而下降，但能满足现行规范的相应要求。

（3）掺分离再生矿料的再生混合料，水稳定性能随着分离再生矿料掺量增加而下降，但能满足现行规范的相应要求。再生沥青混合料的水稳定性受混合料级配类型、沥青的品质、沥青用量等因素的影响较大。

（4）通过对不同分离再生矿料掺量、不同类型再生沥青混合料高温稳定性、低温性能和水稳定性的综合性能分析，分离再生矿料的掺量为20%～30%时，再生沥青混合料具有良好的路用性能。

参考文献

[1] 季节,徐世法,罗晓辉.重复再生沥青混合料及温拌沥青混合料性能评价[M].北京:人民交通出版社,2010.

[2] B. M. Kiggundu and J. K. Newman. Asphalt - Aggregate Interactions in Hot Recycling. Final Report # ESL-TR-84-07, New Mexico Engineering Research Institute, July1987.

[3] Kandhal P S. Designing Recycled Hot Mix Asphalt Mixtures Using Superpave Technology. Published by Associate Director National. Center for Asphalt Teehnology, Auburn, 1997.

[4] 吉兼·亨,近藤邦彦,船桥弘靖.再生沥青混合料的性质.沥青路面再生利用热沥青混凝土贮存[J].1954,1:69-71.

[5] 张文会.沥青路面厂拌热再生技术研究[D].长安大学,2004.

[6] 黄晓明,赵永利,江臣.沥青路面再生利用试验分析[J].岩土工程学报,2001.23(4).

[7] 张昌波.沥青混凝土厂拌热再生技术研究[D].长安大学,2006.

[8] 中华人民共和国行业标准.JTG F40—2004 公路沥青路面施工技术规范[S].北京:人民交通出版社,2004.

[9] 李东升.高比例RAP厂拌热再生沥青混合料应用技术研究[D].东南理工大学,2012.

[10] 陈启宗,张辉,苏斌,等."旧沥青混合料厂拌热再生应用技术研究"厂拌沥青再生设备选型、调试与应用技术研究报告[R],2005.

[11] 张建,肖维,黄晓明.沥青路面再生中旧沥青的回收与再生研究[J].湖南交通科技.2006(12).

复合增效混合料在路面车辙快速维修中的应用探讨

丁武洋 吴 旻 韩 超

（1 新型道路材料国家工程实验室;2 江苏省交通科学研究院股份有限公司）

摘 要 为了研究复合增效混合料在路面车辙快速维修中的应用性能,本文以江苏省某高速公路路面车辙专项维修工程为依托,探讨了复合增效混合料 MAC-10 配合比设计方法,并基于室内试验验证了复合增效混合料的高温稳定性、低温抗裂性和水稳定性等路用性能。研究结果表明:基于添加复合增效剂后混合料具备较好的高温稳定性和施工和易性,是高速公路车辙处理、路面预防性养护的有效手段,在高速公路路面养护工程中具有广阔的应用前景。

关键词 复合增效混合料 路面 车辙 配合比设计 养护工程

1 引言

随着我国公路里程的不断增加、等级的提升,道路交通量也迅速增长,沥青路面在行车荷载的反复作用下,由于永久变形的累积而导致路表出现车辙,车辙时出现使路表产生过量的变形,影响了路面行驶舒适性,同时也大大影响了车辙路段雨雪天气车辆行驶安全性。

本文结合江苏省某高速公路车辙路段的维修处治,研究复合增效型 MAC-10 混合料抗车辙性能,通过添加复合增效型添加剂到沥青混合料当中,一方面极大地提高沥青胶结料的 60℃ 黏度,从而改善了沥青混合料的高温抗车辙性能;另一方面降低沥青胶结料的高温黏度,降低摊铺温度,提高改性沥青混合料的施工和易性,使得改性沥青混合料易于压实成形,并从车辙处治方案、作用机理、原材料、施工工艺、质量控制等方面阐述了复合增效型 MAC-10 混合料关键实施技术以及工程应用情况。

2 复合增效剂对混合料性能的影响

复合增效型添加剂主要是利用其分子量在 10000～15000 的高分子聚烯烃有机成分调节剂,调整沥青组分及分子量分布的原理实现提高高温和降温复合增效的特性。即当温度升高时,复合增效剂中的长链脂肪烃通过吸附沥青中与它本身结构相近似的饱和组分产生溶胀,溶解形成稳定不离析的溶液,加速沥青熔化,进而降低其运动黏度;当温度降低时,复合增效剂在沥青中形成网状的晶格结构,进而锁定这些饱和组分,增加沥青稳定性,提高其抗车辙性能,从而达到复合增效的作用。

2.1 高温稳定性

分别对不掺添加剂和掺加 0.35% 复合增效剂的混合料进行车辙试验,对比高温性能,如图 1 所示,沥青胶结料采用 PG70-22 改性沥青。

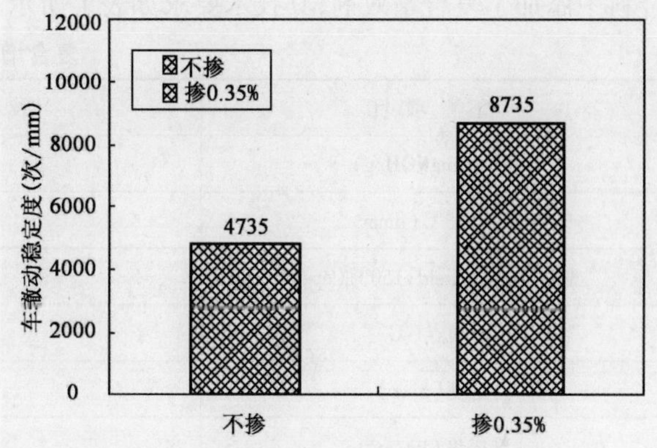

图 1 复合增效剂对高温性能的影响(MAC-10)

2.2 降温特性

借鉴美国 NCHRP9-44 的研究成果,在保证理论密度压实度为 92% 的前提下,课题组对掺和不掺复合增效剂的混合料进行了不同温度下的旋转压实试验,试验结果见图 2。

2.3 水稳定性

采用冻融劈裂试验和浸水马歇尔试验对添加复合增效剂前后的沥青混合料水稳定性进行验证，结果如图3所示。

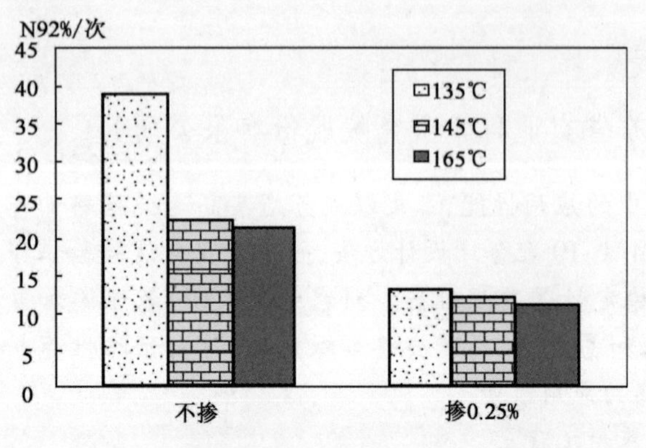

图2 不同温度下的旋转作用次数(MAC-10)

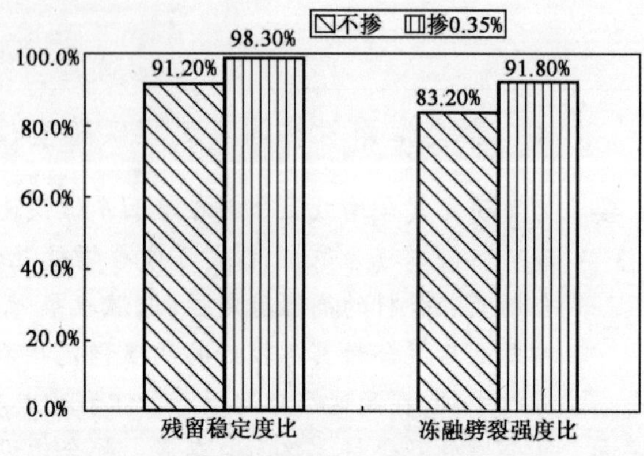

图3 复合增效剂对水稳定性能的影响(MAC-10)

上述试验结果表明，复合增效型MAC-10混合料具有提高沥青混合料的高温抗车辙性能、水稳定性能且同时具备30℃左右的降温效果，降低了施工环境对质量的影响风险，较好地解决了当前高速公路车辙处治质量控制的难点。

3 车辙处治方案

对于存在车辙病害的车道先铣刨2.5cm原沥青层，然后进行机械清扫，若发现裂缝则对有裂缝的地方进行1.26m宽、3cm厚的裂缝处面层挖补，且用1.26m宽聚酯布或聚酯玻纤布贴缝，最后洒布高黏乳化沥青后重新铺筑2.5cm复合增效型MAC-10混合料。

4 原材料技术要求

复合增效型MAC-10混合料所采用的SBS改性沥青、粗、细集料(宜采用玄武岩)、矿粉参考《公路沥青路面施工技术规范》[1](JTG F40—2004)中的相应要求，其中SBS改性沥青SHRP性能等级应不低于PG70-22[2]。同时，为保证施工处治效果，对沥青材料的软化点、离析及60℃动力粘度的指标要求可进行相应的提高。

4.1 复合增效剂[3]

为了确保沥青混合料抗车辙、抗滑性能的同时，保证压实效果，改善改性沥青的施工和易性，在沥青混合料中添加了复合增效剂，其技术要求如表1所示。

复合增效剂技术要求 表1

检测项目	技术要求	测试方法
酸值(mgKOH/g)	25	TMP-QCL-006
硬度25℃(dmm)	<0.5	301-OR
黏度(Bro okfield)150℃(cps)	4500	400-OR
熔滴点(℃)	137	401-OR
密度(g/cc)	0.99	—
堆密度(kg/m^3)	625	—
掺量(%)	≥矿料质量的0.3%	总量计重

4.2 高黏乳化沥青[3]

根据已有的研究成果,综合考虑经济合理性,复合增效型沥青混合料黏结层采用高黏改性乳化沥青,沥青的各项指标要求见表2。

高黏度改性乳化沥青技术要求 表2

试验项目		技术要求	试验方法
破乳速率		快裂	T 0658—1993
电荷		阳离子(+)	T 0653—1993
筛上剩余量(1.18mm筛)(%)		≤0.1	T 0652—1993
标准黏度C25.3(s)		10~40	T 0621—1993
恩格拉黏度E25		1~15	T 0622—1993
蒸发残留物	残留物含量(%)	≥65	T 0651—1993
	针入度(25℃)(1/10mm)	60~120	T 0604—2000
	软化点(℃)	≥63	T 0606—2000
	延度(5℃,5cm/min)(cm)	≥20	T 0605—1993
	动力粘度(60℃)(Pa·s)	1800	T 0620—2000
	弹性恢复(25℃,1h)(%)	≥60	T 0662—2000
	溶解度(三氯乙烯),(%)	≥97.5	T 0607—1993
与矿料的黏附性,裹覆面积		≥2/3	T 0654—1993
常温储存稳定性	1d(%)	≤1	T 0655—1993
	5d(%)	≤5	

5 MAC-10配合比设计

复合增效型沥青混合料目标、生产配合比设计均采用马歇尔试验方法,统一采用140℃成型温度。

5.1 目标、生产配合比设计结果

(1)级配

针对复合增效材料的特点,借鉴法国密级配超薄磨耗层的级配设计理念和国内应用的成功经验,对级配调试结果见表3,可见MAC-10级配介于传统AC和SMA之间。合成级配曲线见图4。

MAC-10矿料配合比及设计油石比 表3

配合比阶段	下列各种矿料所占比例(%)				油石比(%)
	(5~10mm)	(3~5mm)	(0~3mm)	矿粉	
目标	63.0	0.0	33.0	4.0	5.4
生产	62.0	9.0	25.0	4.0	5.4

注:复合增效剂掺量为矿料重量的0.35%。

MAC-10目标、生产合成级配 表4

设计阶段	通过下列筛孔(方孔筛,mm)的质量百分率(%)								
	13.2	9.5	4.75	2.36	1.18	0.6	0.3	0.15	0.075
目标	100	100	53.5	32.5	24.3	16.7	12.4	10.3	8.0
生产	100	100	50.8	30.7	25.9	18.7	12.4	8.9	5.7
要求	100	100	54	36	30	24	20	12	8
		90	40	20	16	10	7	6	4

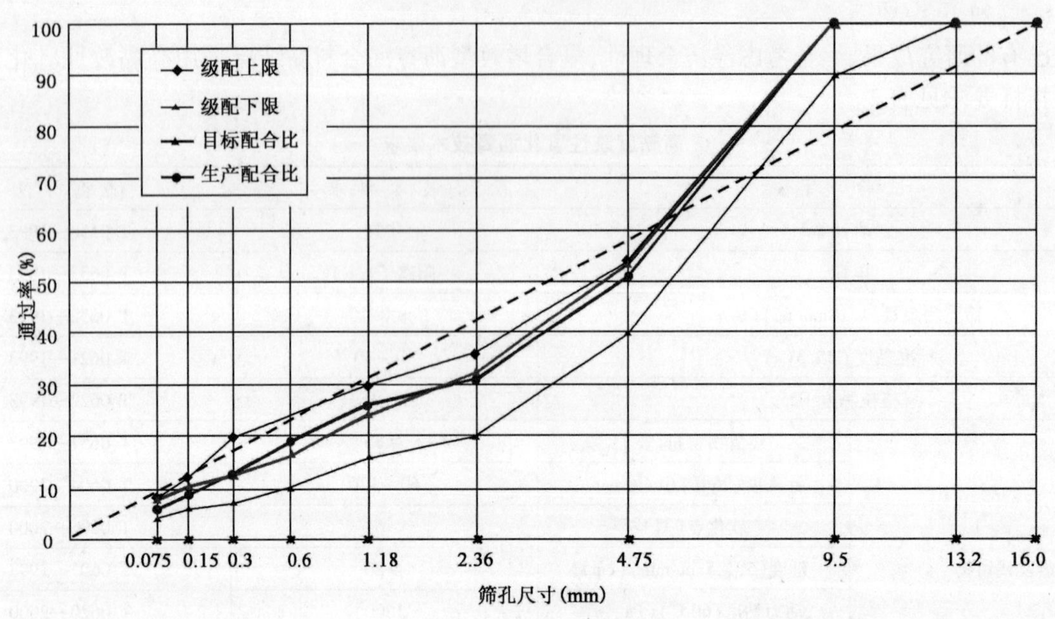

图4 合成级配曲线图

(2)马歇尔击实试验

依据上表所调试级配进行最佳油石比下140℃成形温度下马歇尔击实试验(双面各击实75次)均满足设计要求,试验结果见表5。

最佳油石比及密度、空隙率 表5

混合料类型	油石比(%)	试件毛体积相对密度	计算理论最大相对密度	空隙率 VV(%)	矿料间隙率 VMA(%)
MAC-10	5.4	2.511	2.626	4.4	15.0
要求	—	—	计算	4.0~6.0	≥14.0

(3)水稳定性检验

MAC-10混合料应用于快速维修工程且设计厚度较薄,因此对于抗水损害能力提出了更好的要求。根据混合料设计结果进行了浸水马歇尔试验及冻融劈裂试验,试验结果表明,本工程设计的MAC-10混合料抗水损害能力满足设计要求。见表6。

水稳定性试验结果 表6

试验项目	残留稳定度 MSO(%)	TSR(%)
试验结果	89.4	83.8
技术要求	≥85.0	≥80.0

(4)车辙试验

MAC-10混合料车辙试验结果见表7,从试验结果来看,试件动稳定度满足设计要求。

车辙试验结果汇总表 表7

动稳定度(次/mm)					变异系数(%)	要求(%)
1	2	3	平均	要求		
9403	9545	9265	9404	≥5000	1.5	≤20

(5)小梁试验

在满足高温抗车辙能力的同时对混合料的低温抗裂性也同样提出了要求,从试验结果来看,满足设计要求。见表8。

小梁弯曲试验结果　表8

编号	最大荷载（kN）	跨中挠度（mm）	抗弯拉强度（MPa）	劲度模量（MPa）	破坏应变（με）	要求（με）
1	1.183	0.487	9.52	3700.8	2571.4	≥2500
2	1.093	0.503	8.86	3356.4	2640.8	
3	1.112	0.500	8.94	3388.2	2640.0	
4	1.128	0.514	9.10	3360.8	2706.2	
5	1.121	0.511	8.99	3331.0	2698.1	
6	1.142	0.505	9.27	3486.3	2658.8	
平均	1.130	0.503	9.11	3437.2	2652.6	

6　施工工艺

6.1　混合料的拌和

(1)复合增效剂应根据每盘料的重量,采用干法投入拌锅当中。严格掌握沥青和集料的加热温度以及沥青混合料的出厂温度。复合增效型沥青混合料的施工温度控制范围见表9。

复合增效型沥青混合料的施工温度(℃)　表9

环境温度(℃) / 施工温度(℃)	≥15
	MAC-10
矿料加热温度(℃)	175～185
沥青加热温度(℃)	165～175
沥青混合料出料温度(℃)	170～180,超过195废弃
到场温度(℃)	≥160
混合料摊铺温度(℃)	≥155
初压温度(℃)	≥150
复压温度(℃)	≥125
碾压终了温度(℃)	≥95
开放交通温度(℃)	≤50

(2)拌和时间由试拌确定。必须使所有集料颗粒全部裹覆沥青结合料,并以沥青混合料拌和均匀为度,建议将复合增效剂先与矿料干拌10～15s,再加入沥青湿拌40s。

6.2　混合料生产和运输

(1)拌和楼向运料车卸料时,汽车应前后中移动3次装料,以减少粗集料的离析现象[2]。

(2)连续摊铺过程中,运料车在摊铺机前10～30cm处停住,不得撞击摊铺机。卸料过程中运料车应挂空档,靠摊铺机推动前进。

6.3　混合料摊铺

摊铺采用一台ABG摊铺机作业,摊铺机速度控制在5.5～6.0m/min,摊铺机熨平板振动频率设定为4.0级,夯锤振捣频率设定为4.0级。

混合料到场温度在168～176℃,摊铺温度在155～165℃,满足施工技术要求。

6.4　混合料碾压

碾压方案如表10所示。初压采用钢轮紧跟摊铺机碾压,前静后振2遍,复压采用胶轮静压1～2遍,终压采用双钢轮压路机静压1～2遍[4]。

7 施工质量检测

复合增效型MAC-10混合料施工完成后，对路面压实度、渗水系数、摩擦系数及构造深度进行了测试，测试结果均满足设计要求，见表10。

复合增效型MAC-10混合料实施状况检测 表10

测试指标	压实度(%)		渗水系数(mL/min)	摩擦摆值(*BPN*)	构造深度(mm)
测试结果	99.7	94.7	32	55	0.9
要求	≥98	94~96.5	≤50	≥45	≥0.55

8 结语

较传统沥青混合料而言，复合增效型MAC-10混合料具有较好的路用性能，本文基于其优异高温抗车辙能力以及低温施工和易性，依托实体工程阐述、总结了复合增效型MAC-10混合料的应用关键技术，研究结果表明：基于添加复合增效剂后混合料具备较好的高温稳定性和一定的降低施工温度的效果，是高速公路车辙处理，路面预防性养护的有效手段，在高速公路路面养护工程中具有广阔的应用前景。

参考文献

[1] 中华人民共和国行业标准. JTJ F40—2004 公路沥青路面施工技术规范[S]. 北京：人民交通出版社，2005.

[2] 中华人民共和国行业标准. DB32/T 1087—2008 江苏省高速公路沥青路面施工技术规范[S]. 江苏：江苏省质量技术监督局，2008.

[3] 宁杭高速一期工程路面车辙调查与处治方案技术咨询报告[J]. 江苏省交通科学研究院股份有限公司，2012.7.

[4] 于庆革，田新宇，舒跃. 浅谈超薄磨耗层沥青混凝土在公路养护中的应用[J]. 公路，2010，10：233-237.

高速公路固定资产统筹与管理新技术探索

刘为民 屈 正 靳文民

（广东省公路建设有限公司）

摘 要 随着高速公路行业资产规模和多元化的发展，传统的资产管理手段和方法已无法满足现有资产管理需要。统筹优化营运资本结构和管理创新，探索新技术新工艺对资产管养有效降耗，改进固定资产管理模式，是提升高速公路服务水平的重要内容，是实现高速公路企业可持续发展的有效途径。

关键词 高速公路 固定资产 统筹优化 节能降耗

1 引言

传统的高速公路固定资产管理松散，存在“重用轻管，管养脱节，资源浪费”的问题，没有整套流程，资产管理上责任不清，缺乏有效的衔接纽带和制度约束，现存的固定资产没有资产生命全周期合理使用的核算管理，忽视固定资产的资金占用性和长期耗费性的两大特性，缺少统筹，存在一定程度的重复购置和使用耗费大等资源浪费现象。

随着人民群众对高速公路的服务质量要求的不断提高，营运竞争压力的不断增大，以及绿色管养的要求，高速公路企业要实现可持续发展，消除化解各种营运管理压力，需要在统筹优化营运资本结构和创新运营管理方式上下功夫，其中改进和创新固定资产管理模式是其中的重要内容。

2 设计理论依据

统筹是领导者思维方式与方法在管理实践中的反映，为管理实践的循环发展准备了良性条件，统筹关注相容关系的动态性，在管理实践中处于主导地位。

通过对固定资产的各部分、各部分之间、各部分与整体之间以及它们与外部之间的关系和指标体系统筹分析，建立统筹管理模型，合理改进和优化管理方法，实现整体目标的显著改善和提升。

图1为通过物元分析技术进行可拓决策过程。

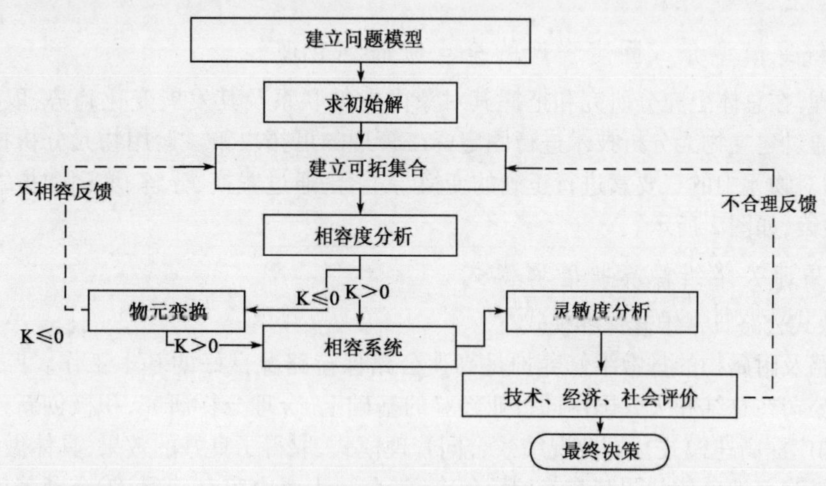

图1 通过物元分析技术进行可拓决策过程

表 1 为固定资产统筹分析研究的基本模式。

固定资产统筹分析研究的基本模式　　表 1

基本问题	基本问题解释	备　注
研究对象	固定资产的结构、关系及其规律；固定资产体系运行状态	
研究任务	多侧面统一筹划；多差异动态平衡；多系统协调发展等问题	
研究目的与方法	以相关学科理论、多种方法与信息技术相结合，研究固定资产体系的质与量关系，为正确制定和实施决策提供思路	
研究基点	固定资产体系结构中质与量的关系；相容性与取向性统一；优化与良性循环统一；主体、客体与环境统一	

3　实施方案概述

对高速公路从建设期到运营期固定资产合理转型和有效利用进行统筹，防止资产流失，提高资产投资回报率。高速公路固定资产主要在工程建设期完成投资和建设，在运营期因维护和管理的需求不断维护更新和增减。

3.1　用项目管理控制投资质量和成本

根据主要固定资产即路产的形成特点，制订合同管理办法、招标管理办法、质量安全标准等规章制度和执行标准，规范和约束项目建设期各环节、各节点的项目建设成本和质量控制的责任单位和责任人，如表 2 所示。

项目建设期间资产形成控制节点和统筹责任划分　　表 2

序号	项目管理分类	主要管理内容	控 制 单 位
1	合同管理	合同招标管理、合同台账管理、核实清单、计量统计	施工单位、监理单位、业主建设单位、管理部门
2	质量管理	质量检查、方案审批及备案、质量验收	施工单位、监理单位、业主建设单位、管理部门
3	安全管理	施工安全、验收及交接安全	施工单位、业主建设单位、监理单位、运营单位

合理安排房屋及建筑物的投入和产出，避免重复和不合理浪费。将建设期和运营期所需房屋及建筑物统筹考虑，永久性房屋及建筑物必须能满足运营期使用或改造使用功能，建设期临时性办公及生产性建筑物采用移动可拆装式等简易结构，可在建设期结束后拆迁到下一个项目继续使用。建立固定资产从路段建设期到运营期的转移控制流程，使各类固定资产安全移交和登记入账，确保资产管理到位，防止资产流失和不合理利用。

3.2　运用统筹模型介入固定资产的全生命周期管理

依据统筹原理，在总体上充分研究和把握其对象内在的联系及其发展变化趋势，取得管理工作上的主动性和有效性。通过建立物元分析技术进行固定资产管理的可拓决策。运用物元分析技术，重要的是对物元变换的把握，即对物元中的三要素进行正确的变换与组合，通过置换、分解、增删和扩缩等形式，合理统筹分析，得出可拓决策，如图 2 所示。

3.3　优化高速公路维修养护管理模式

(1)推行绩效式公路日常维修保养模式

高速公路道路及附属物的日常维修养护是高速公路保持路况良好的基本工作。广东省公路建设有限公司所属各路段公司在总结和吸收国内同行业经验的基础上，合理分析研究，积极创新，开创了高速公路绩效式养护模式(如广深高速模式)，即路况绩效合同管理模式，取得了良好的效果，具体做法如下：

高速公路与维修养护单位共同制定养护承包合同，合同主要内容有三项：①合同养护范围和项目，包括养护规范所列出的日常养护和小修项目、高速公路附属物养护项目；②根据以往经验维修养护费用的统计资料，将高速公路日常维修和养护责任（包括自然灾害损坏部分），以相对固定的费用总包给维修养护公司，该费用采用总承包方式，除非业主有新增加的项目，任何情况下不予追加；③根据相关规范、技术标准及实际情况，制定了路况标准，从而确定业主对承包商的评价和考核标准，评价结果作为支付给维修养护公司的养护工程款的依据。

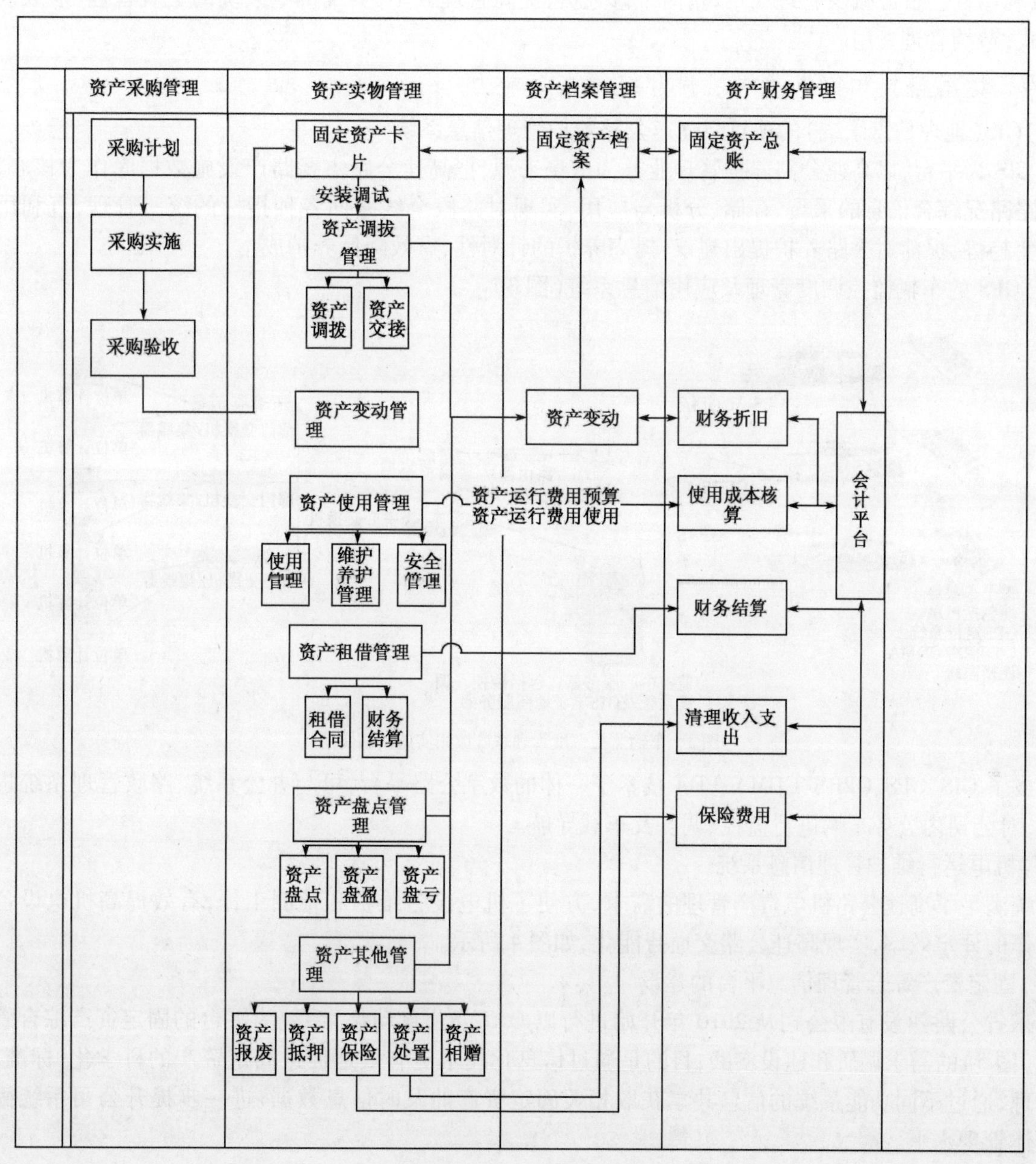

图2　可拓决策产生的固定资产管理流程

（2）探索适合运营公司的机电系统维护管理模式

高速公路机电系统是实施高速公路运营管埋的主要生产性固定资产，包括收费、监控、通讯、供电等四大系统，供电是基础，收费是命脉，通讯是中枢，监控是眼睛，四大系统需要有效的运作，方能保证正常的运营。

高速公路机电系统主要有自行维护和外包维护两种方式。采用自行维护方式的高速公路运营公司有隶属于自己管理的维护队伍，一般设置独立的机构。采用外包维护方式的高速公路将机电系统的维护以发包的方式有相关的专业单位负责承担，以合同的方式明确责、权、利，高速公路只需少量专业管理人员负责实施监管,而将大量繁杂的日常养护维修工作全权委托承包商处理,实现专业化、社会化管理。其优点是:①借助社会上专业技术力量更好的服务于机电设备维护,使高速公路业主能专注于机电设备宏观管理;②减少人员配置,节约资产维护人工成本。

广东省公路建设有限公司所属各运营公司实行了自行维护和外包维护相结合的机电系统维护管理模式,尽量利用社会资源减少管理成本,精简维修人员,提高管理效率,实现机电系统的宏观管理,形成规模化管理模式,节约管理费用。

3.4 运用科技和信息化手段提升统筹支持能力

(1)GIS(地理信息系统)的项目级高速公路养护管理信息系统

以GIS为平台,以高速公路养护管理业务为信息来源,把高速公路主要路产设施数据库作为核心,实现高速公路路况综合信息的采集、存储、分析与应用,实现对路段全线路面各种指标的统一管理,直利用模型预测衰变趋势,提前对公路养护提出建议,提高养护的针对性,有效降低养护成本。

(2)GPS的车辆监控调度管理及应用信息系统(图3)

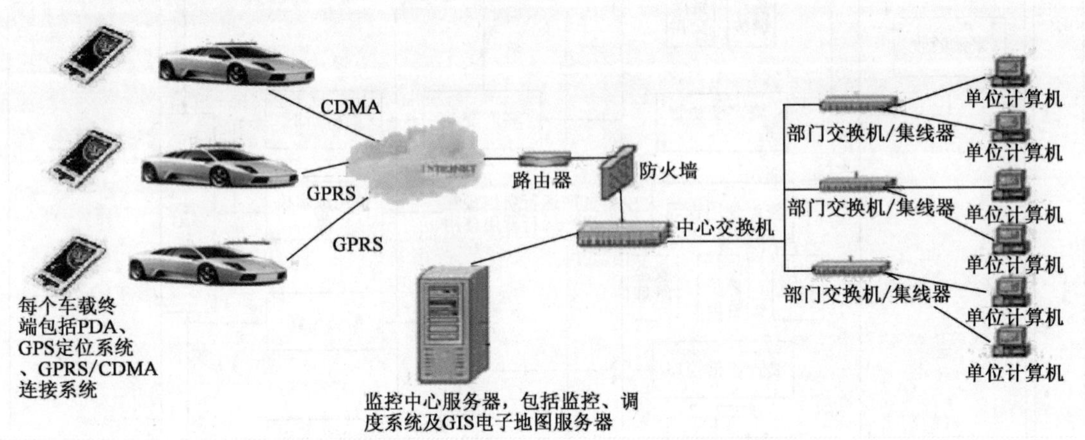

图3 车辆监控调度管理系统应用实施网络图

集成了GIS、GPS、GPRS/CDMA、PDA技术于一体的数字公路平台,可与办公系统、路政管理系统进行网络集成,对公司内公务车辆进行监控、调度及车载导航。

(3)机电运行维护管理信息系统

系统满足了高速公路机电资产管理的需求,方便了机电设备维护和检测工作,有效提高机电设备日常检测工作的评定效率,实现高速公路交通智能化,如图4所示。

(4)固定资产综合管理信息平台的建设

广东省公路建设有限公司从2010年开始进行以OA(办公自动化)系统为平台的固定资产综合管理信息平台(图5)的需求调研和建设实践,目的是通过信息化技术更有效地促进固定资产的科学化、标准化、精细化管理,通过不同功能系统的信息共享获取相关固定资产的及时信息数据,进一步提升公司系统固定资产的整体管理水平。

3.5 探索固定资产绿色管理

在对资产运营当中,广东省公路建设有限公司探索新技术新工艺,纵观能耗总量水平,从全局的角度统筹偿试和逐步落实节能措施,有效降低资产运行成本。

(1)路灯节能项目的实施

以广深高速公路为例。广深高速公路建设期就自行设计了10kV专用电网供电,实施全线供电和路灯照明,全线有主线低杆路灯6280盏,原灯具为传统的250W高压钠灯灯具,从2009年开始开始研讨节能改造方案,并在2010采用整灯功率为100W左右的高光效LED路灯替换现有250W的高压钠灯灯具,还采用无线远程监控系统对LED路灯的电压、电流、温度和运行功率等参数进行实时检测和控制,实现超过60%的节电率,同时还利用远程监控防盗系统全面提升广深高速公路沿线路灯的智能化管理水平。

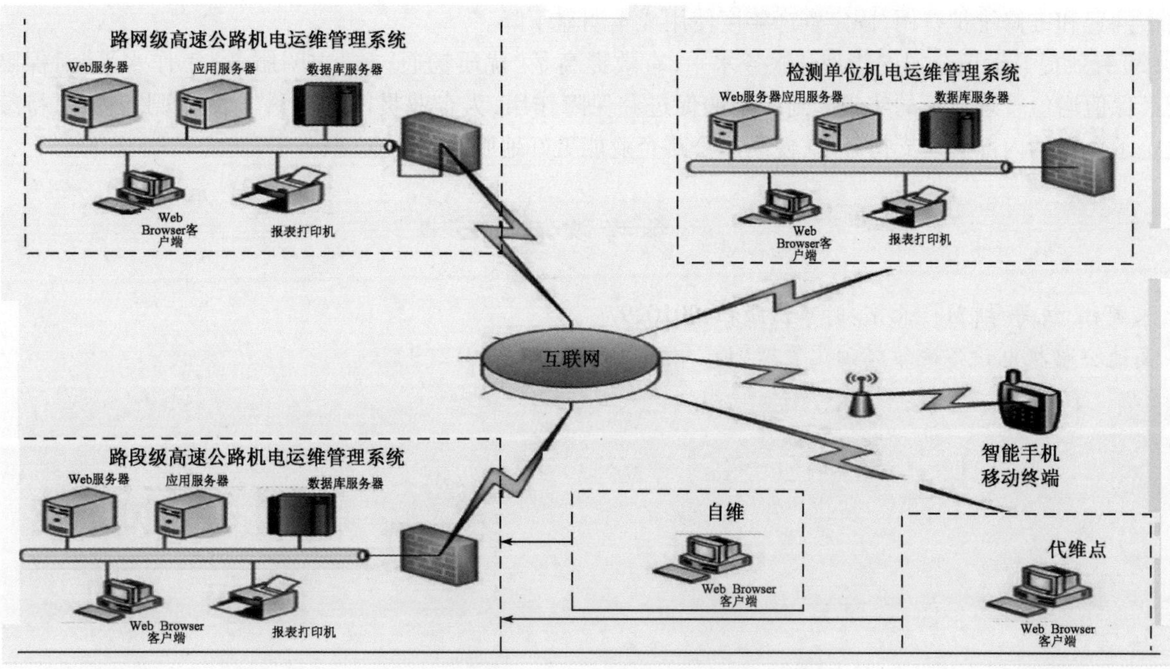

图4 高速公路机电运行维护管理信息系统部署结构图

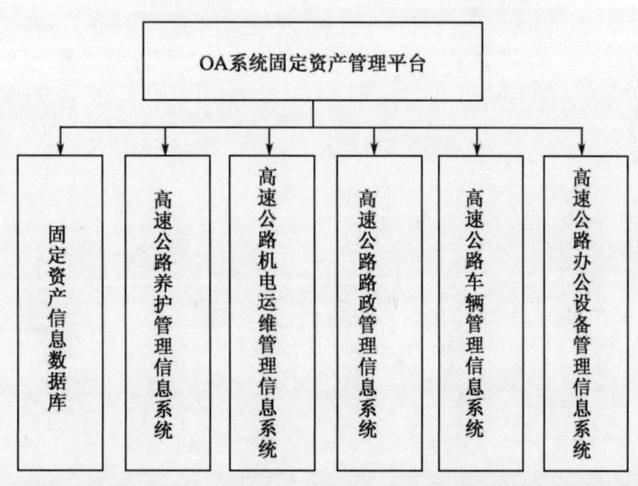

图5 OA 系统固定资产管理平台框架图

(2)联网收费技术革新和应用

在实施联网收费的实践过程中,积极推行 ETC 电子收费等多种先进技术解决快速通行问题,快速通行能力的提高直接降低了能源的损耗,同时降低了汽车尾气对大气污染。截止到 2013 年底,广东省公路建设有限公司所属各运营高速公路已建成 ETC 车道约 300 条,无人发卡设备也在不断增加和推广,机电设施类固定资产也因此进行了优化配置调整。

4 结语

通过统筹优化高速公路固定资产特别是对路产养护、机电、收费系列技术的大胆创新和统筹运用,疏通了固定资产管理瓶颈,激发了资产运行活力。实效表明,运用统筹管理方法加强固定资产管理,取得了较好经济效益,也获得了良好的社会效益。

(1)有效保障了国有资产的安全、完整性,固定资产配置不合理和浪费现象显著减少,确保固定资产的完好率。

(2)直接减少固定资产的使用和管理费用成本,实现固定资产全生命周期的无断层管理,有效控制和降低资产购置和维修维护费用,固定资产年度使用成本明显下降。

(3)有效提升运营公司的管理和服务水平,有效提高了"优质畅通"和"文明服务"工作水平,对保障国有资产保值增值管理目标的实现起到一定的促进和保障作用,为企业贯彻落实科学发展观,创造可持续发展奠定了良好的内部管理支持环境,使高速公路企业能更好地服务于公众,服务于社会。

参考文献

[1] 朱国林.统筹学[M].北京:时事出版社,2010,9.
[2] 高速公路机电设备运维精细化管理[J].中国交通信息化,2012(9).

高速公路互通区绿化管养浅析

刘前虎
（安徽高速集团池州管理处）

摘　要　随着社会经济的快速发展和人民生活水平的日益提高，人们对出行的条件和需求越来越高。要想实现畅、洁、绿、美、安、舒的高速公路通行环境，高速公路沿线绿化的好坏起到关键因素，尤其是互通区的绿化至关重要，然而目前营运管理单位都忽略了这一点，造成互通区绿化管养资金短缺，技术含量不高，整体效果不佳。为改变这种现状，笔者从现状、原因分析和改进措施几个方面来阐述自己的观点和想法，以供同行参考。

关键词　高速互通区　绿化　管养

1　养护现状

通过调查统计，目前通车运营的高速公路中，互通区的绿化管养有80%得不到重视，主要表现在以下几个方面：

(1)养护不及时，资金投入少，苗木长势较差，杂草丛生。

(2)布局不合理，没有统一规化，整体效果差，无美感。

(3)绿化率低，密度不够，荒地面积比重较大。

(4)没有充分利用土地资源，没有发挥应有的经济价值。

2　原因分析

(1)建设期间资金投入较少，没有进行优化设计。另外，质量监督不到位，在施工过程中没有严格把关，质保期内没有精心管护，造成苗木死亡；有些部位肥力不够，苗木长势较慢，有些甚至没有生长，只能维持生命。

(2)营运期由于互通区面积太大，养护资金需求较多，在不影响道路稳定和车辆正常通行的情况下，大部分管理机构不愿投入太多资金。

(3)有些管理单位没有组建专业绿化养护队，平时依靠高速公路日常小修保养队伍来管护，而小修养护队伍大部分不是专业从事绿化养护工作，技术力量薄弱，养护经验不足，对当地的自然环境和气候条件掌握不透，没有遵从植物生长规律，造成养护效果不佳。

(4)经营业主或绿化主管部们监管不到位，没有形成完善的绿化养护考核考评机制，缺少跟踪监督，造成管养单位思想上不够重视，没有竞争意识，缺少危机感。

3　改进措施

(1)统一规划，分步实施。要想使所有的互通区都能达到布局合理，长势茂盛，环境优美，首先要进行统一规划，通过专业设计单位将所有的互通区进行规划设计，设计中要尽量结合当地的自然环境、气候条件和人文特色，做到别具一格，与众不同，通过不同的图案造型来吸引驾乘人员的眼球，加深他们对每个互通区及整条高速的印像。由于养护经费有限，互通区较多，若一次性投入，费用较大，也不便于工程管理，可以分成2~3次实施到位。

(2)规范程序，提高水平。绿化养护专业性特别强，日常小修养护队伍很难达到技术要求，不能把绿化养护作为他们的附带品，因此要通过招标来成立专业绿化养护队伍，进场后要求养护单位上报具体的施工组织设计、养护方案及关键时间段的管养。管理单位要制订年度养护计划和专项改造升级计划,提高绿化养护技术含量,做到合理投入,科学养护。

(3)统筹资源,有效利用。高速公路沿线的中分带和两侧路基由于经常出现交通事故和人为损坏及恶劣天气的影响,造成苗木死亡和毁坏,但往往都不是大面积的。为了高速公路的安全和美观,缺损的苗木必须要及时补上,但要栽上同样规格的比较困难,一是量少,综合成本较高;二是市场上现有的苗木偏小,长了多年的不易买到,从而不能及时给补植上;而互通区正好可以弥补这一块短板,可以充分利用它面积大的资源优势,在规划时一方面要考虑整体绿化效果,另一方面要考虑把一部分作为苗圃,分年度分批次栽植不同品种和规格的小苗,品种以沿线经常要用到的为主,像蜀桧、石兰、海桐、紫薇、法青、桂花等,这样可以及时将缺损的部位补植上,而且可以减少运输成本,降低补植费用。

(4)制定标准,加强考核。上级管理机构要制定绿化管养的具体标准和考核制度及办法,如要求绿化率达到多少,每平方多少棵数,除草、施肥、治虫、修剪等的次数,然后根据制定的标准进行考核评比,通过评比兑现养护经费计划,并下发评比通报,严格实行奖罚,从而提高管养单位的思想重视重度。

4 结语

要想提升高速公路的通行环境和品位,就必须要提高互通区的绿化档次,因为它是一是一个窗口,是上下高速公路的必经之路,给人的第一视觉很重要,它的好坏直接影响到驾乘人员对高速管养的整体评价。虽然其面积大、需求多,但只要合理规划、分步实施、精心管理、科学利用,相信能把它打造成一座公园、一处美景,成为高速公路上一道靓丽的风景线。

高速公路沥青路面裂缝成因分析及相关处治方法

张向宇　康新胜

（内蒙古高等级公路建设开发有限责任公司呼和浩特分公司）

摘　要　沥青路面因具有适用性强、行车舒适、维修方便等特点而被广泛用于高速公路。高速公路出现路面病害，就应及时分析病害成因，及时采取有效措施进行处治，否则不仅会降低道路的使用性能，影响行车安全、舒适、快捷、畅通，而且还会因处理不及时或措施不当导致道路结构的破坏，缩短道路使用寿命。笔者通过高速公路建设、养护实践及查阅资料，着重分析形成沥青路面裂缝的不同原因，提出了路面裂缝的不同处治方案。

关键词　路面裂缝　成因分析　处治方法

近年来，内蒙古自治区高速公路建设发展迅速，但是随着道路交通流量的逐年增大，公路病害也日渐增多，特别是路面裂缝病害。内蒙古高等级公路建设开发有限责任公司依据公路技术状况调查数据，结合养护工作实际，针对G6京藏高速公路内蒙古段的路面裂缝病害的特性、特征，进行定性、定量分析，并根据其成因，采取不同的处治方法，效果良好。

1　裂缝分类及成因分析

1.1　路基差异沉降裂缝

路基的差异沉降，尤其是结构物端部和软土地基沉降是影响沥青路面开裂的主要因素。路基差异沉降裂缝有以下3种表现形式：

(1)构造物端部、顶部的横向裂缝。软土地基与非软土地基交界处、构造物台背与路段交接处差异沉降，沉陷处沥青路面受到的车辆荷载主要由面层承担，在骤增的拉应力和剪应力的共同作用下，路面面层形成了横向开裂。沥青混合料摊铺时，对沥青面层分段摊铺时的横向施工接缝（即平接缝）的处理不当可造成接缝处压实度不足、空隙率较大，形成一条横向的弱接缝。横向裂缝在桥梁、涵洞或通道两头（即构造物接头处）非常普遍，严重处更伴有错台现象[1]。而我区沥青路面横向裂缝主要分布在填方段和填挖交界处，其中由于路基沉降产生的结构物端部横缝占填方路段横缝总数的50%左右。

(2)纵向裂缝。路基在横向产生不均匀的沉陷，车辆荷载作用下，面层材料承受的拉应力和剪应力骤增，路基沉陷处出现开裂[1]。高速公路半填半挖路段、高填方路段、老路加宽后的新老路基结合部位的抗压能力不均匀，对沥青面层分路幅摊铺形成的纵向施工接缝处理不当所导致形成的裂缝。压实施工过程中，压实度不足导致接缝处空隙率变大，路表水更易浸入，使沥青从集料表面剥落，沥青与集料间的黏聚力丧失；沥青的老化，使其黏结性降低，纵向施工接缝的抗剪能力变差，达到剪切破坏条件后形成纵向裂缝。路堤边部压实不足导致的不均匀沉陷，使路堤下地基承载力高低交界处（即沥青路面边部）产生宽度较大的纵向裂缝也称为边缘裂缝[1]。G6京藏高速公路K362～K455段交通流量大，重载车多，年平均日交通量AADT为65549（辆/日）（2012年年底数据），交通任务较为繁重，路面承受荷载较大。相邻两车道长期处于荷载失调（超车道大部分车辆是轻载，而行车道大部分车辆为重载或超载），则在这2个车道间易形成一条纵向裂缝。重载交通量大且长时间使用行车道，导致行车道与超车道所受到的荷载严重不平衡，是造成纵向裂缝的原因之一。

(3)软土地基沉降产生的块裂和龟裂。软土在我区高速公路所经地区分布较为广泛，由于高速公路沿线软土层的深度、物质组成和颗粒级配不同，导致它在强度和稳定性方面存在着差别，在汽车荷载作用下路基产生不均匀沉降,从而导致沥青路面出现块裂和龟裂。

1.2　自上而下的表面裂缝

对于沥青路面产生的纵向裂缝和网状裂缝,以往传统的认识都认为是路面承载能力不足引起的结构性破坏,而这种裂缝是从下面层弯拉破坏开始向上发展,达到路表面的。然而,近年来大量的文献发表了一种新的看法,认为许多裂缝是从路表面开始,逐渐向下发展,通称为"表面裂缝"。表面裂缝一般发生在轮迹带处,施工离析的部位以及两台摊铺机作业的交界处,且通常都以轻微纵裂和网裂形式存在。

产生表面裂缝的原因主要是因为道路表面层面沥青较容易老化,其极限拉伸应变随着通车时间延长而逐渐减小,在车辆荷载的直接作用大,轮子部位产生的剪应力超过面层沥青混合料的抗剪强度而导致的。这是在沥青路面施工中都存在的一种普遍现象,就是沥青面层的施工经常会跟基层施工、绿化工程、交通工程甚至边坡施工交织在一起,给沥青路面带来严重的层间污染,这种污染往往会造成沥青层的表面与中面层或下面层脱开,从而形成上面层单独受力的不利局面,这也是沥青面层产生表面裂缝的一个不可忽视的影响因素。

1.3　半刚性基层反射裂缝

半刚性基层路面的开裂一般由干缩或温缩引起,在荷载应和与温度应力的作用下,基层开裂处,失去了抵抗拉应力的能力,形成面层在开裂缝处的应力集中。冬季气温较低,沥青面层的模量较大,能承受的温度应力相对减少,应力集中使沥青面层下部的拉应力比没有裂缝的部位要大,容易超过沥青混凝土的极限强度,致使沥青面层跟着开裂,裂缝逐步扩张贯穿整个面层[3]。横向裂缝较多路段基层相对抗裂性能指数(ACI 值)明显低于相应的横裂较少路段[2][4],而高速公路基层反射裂缝是导致路面横裂的一个重要原因。

半刚性基层反射裂缝的成因主要有:基层铺筑后,未及时养生或未及时铺筑沥青面层,使基层长期暴露在大气中,在降温和水分共同作用下开裂;矿料级配设计不合理(悬浮密实型)、细料(0.075mm 以下颗粒)含量过多,水泥剂量偏高,施工时含水率过大。温度骤变使基层的日温差超过临界范围,其温度应力超过其抗拉强度而断裂,此情况多发于沥青面层较薄且日温差较大的地区。

我区大部分高速公路沥青路面出现了间距变化在几米至几十米不等的横向裂缝,且往往为路面横向全幅贯通。

1.4　沥青面层温缩裂缝

沥青为黏弹性材料,对温度变化比较敏感,沥青混凝土的收缩拉应力超过其抗拉强度时,即沥青面层中的平均温度低于其断裂温度,沥青路面发生开裂。沥青混凝土温缩裂缝多发生于温度骤变和冬季气温较长的地区,具体表现方式有两种:

(1)气温骤降导致的沥青混合料变硬变脆,收缩变形,沥青路面被拉裂。沥青混合料具有良好的应力松弛性能,一般的温度条件不足以导致过高的温度应力[3]。

(2)温度反复升降致使温度应力疲劳,混合料的极限拉伸应力变少。沥青老化导致的沥青劲度增高也会使应力松弛性能降低[4]。

实验表明,高速公路中、上面层沥青混合料经过现场老化后的低温弯曲临界应变能密度和积分临界值与室内成形的同种类形沥青混合料试验结果相比有较大幅度的降低[5]。沥青上面层,中、下面层与基层的附着力不够好时,允许有一定自由收缩,沥青路面破损开裂更易发生。沥青的老化使沥青混合料的抗裂性能降低是高速公路沥青路面裂缝破损随路龄增长的主要原因。

1.5　综合原因形成的网状裂缝

调查结果表明,高速公路沥青路面几乎全部采用了强度较高的水泥稳定类半刚性基层,且各高速公路基本上都能取出完整的基层芯样;此外,试验检测结果显示,各高速公路基层无侧限抗压强度大于其设计值的概率均在 90% 以上,而反应沥青路面整体刚度的路面强度系数又与裂缝的破损没有很好的先惯性。该情况说明,沥青路面的大多数网状裂缝并非单纯又与路面承载力不足或车辆超过原因产生,而与路基的稳定状况、面层材料耐老化和抗水损害性能、外界气温变化及降雨量等多种因素有关,称为综合原因形成的网状裂缝。

2 路面裂缝的危害

沥青路面裂缝治理的不及时将影响道路的使用寿命和行车舒适性。具体表现为以下几方面：

(1)裂缝初期(1~2年)路面的使用性能无明显变化，但随着裂缝表面雨雪水浸入、冻融，裂缝部位鼓胀，裂缝周围形成微量冻融松散灰土粉化，材料密度降低，面层材料被拱起；雨雪水存于水泥碎石与沥青路面的结合层之间，行车碾压推挤摩擦作用会将水泥和微粒材料同雨雪水一同唧出(即唧浆病害)，经过裂缝开闭，缝口沥青混凝土在冻融和行车的作用下密度降低。

(2)唧浆的长期发生，使路面出现坑凹、搓板路，进一步形成龟裂；路面粒料被行车推挤带走导致路表面开裂性坑槽。这将大大影响沥青路面的综合服务水平，缩短道路的服务寿命，造成巨大的经济损失[3]。

(3)桥头处的路面横向裂缝，在路面积水的作用下将加速跳车发展速度，并对路基造成冲刷。

(4)纵向裂缝的发生容易使路面沿行车方向呈台阶状，横向裂缝的唧浆导致裂缝两侧凹陷，均对行车的舒适性带来影响[6]。

3 裂缝治理方法

沥青路面裂缝成因多种多样，在我单位的高速公路养护工作实际中，我们针对裂缝不同的成因采取有针对性的预防、治理措施，进行裂缝处治。

3.1 基层开裂引起的反射裂缝及由沥青混凝土温缩引起的横向裂缝

宽度达3mm以上5mm以下的裂缝，将缝隙清扫干净，用压缩空气吹净尘土后采取道路密封胶抹缝的方式或用热沥青、乳化沥青灌缝撒料填堵。缝宽大于5mm的，切缝，吹净，采用灌缝机用密封胶填充，缝形呈凹形。

用密封胶灌缝时间:路面温度4℃以上(若路面温度低于4℃时须加热)；用热沥青或乳化沥青灌缝时间:在缝宽较大的时间进行。

3.2 地基沉降引起的横向裂缝

由于地基沉降引起的横向裂缝，出现错台、啃边。缝宽在5mm以上的，则需沿横缝两侧各50~100mm范围内开槽，挖除上面层。按上述3.1的方法先将裂缝填实，然后沿横缝加玻璃格栅，重新铺筑上面层。

3.3 纵向裂缝

对于缝宽小于5mm的纵向裂缝，可按上述3.1方法处治。对于纵缝进一步发展，出现啃边、错台，且缝宽大于5mm，需先铣刨上面层(如纵缝为直线型，可仅铣刨行车道或紧急停车带，如纵缝为圆弧形，须铣刨行车道和紧急停车带)和中面层(铣刨宽度为裂缝两侧各1m)，并对裂缝按3.1的方法先行填实，沿纵缝铺设玻璃格栅，摊铺中面层。然后沿中面层上沿纵向每隔5m设1.2m的玻璃格栅，再摊铺上面层。

3.4 尚未稳定的纵向裂缝

对于尚未稳定的纵向裂缝，除按上述3.3的方法处治外，应根据裂缝成因，采取排水、边坡加固等配套措施，以加快裂缝的稳定。

4 结语

对高速公路的养护要坚持高标准、严要求，在养护工艺上要尽量采用新技术。新技术实质上是新材料、新设备、新理念的综合运用，要不断创新理念，探究路面病害的实质，提出科学的养护结构形式，运用新材料、新设备、新工艺对病害路面采取有效的防治措施。

参考文献

[1] 张碧琴，柳银芳.京沪高速公路青县至吴桥段沥青路面裂缝处治[J].养护机械与施工技术，2005，9：

36-38.

[2] 刘昭宇.城市沥青路面裂缝成因及防治浅析[J].科技风,2011,(1):133.

[3] 吴传海,杨若冲.广东高速公路沥青路面裂缝病害分布规律及特点的调查与分析[J].广东公路交通,2006,(1):29-34.

[4] 吴赣昌,凌天清.半刚性基层温缩裂缝的扩展机理分析.中国公路学报,1998,11(1):21-28.

[5] 王琦.高速公路沥青路面裂缝原因分析及维修技术应用探析[J].价值工程,2011(23):86-89.

[6] 贯钢.高速公路沥青砼路面裂缝的处治[J].公路与汽车,2006,(4):71-73.

高性能半柔性路面再生混合料配合比设计及性能试验研究

张　豪　陈兴帅　刘振清

(1,2 山东省菏泽市公路管理局;3 中公高科养护股份科技有限公司)

摘　要　本文以S348枣曹线成武至钟口段路面改建工程为例,室内试验研究高性能再生混合料矿料级配、海母(HiRM)再生胶结料不同组成对再生混合料劈裂强度、马歇尔稳定度的影响,确定了最佳配合比,并分析了HiRM再生混合料的力学和路用性能,为再生混合料生产配合比设计及施工提供了依据,为今后高性能半柔性复合路面技术的推广应用奠定了基础。

关键词　高性能　再生混合料　配合比　力学性能　路用性能

海母(HiRM)高性能半柔性路面再生技术是指在公路养护工程中,全部或部分利用旧路面材料,通过加入适当比例的高性能半柔性胶结料〔以下简称海母(HiRM)胶结料〕,进行重新拌和、摊铺,用于国省干线公路(含高速公路)旧沥青路面大修、改建、补强加铺或新建路面结构中的联结层,解决路面反射裂缝、车辙等早期病害问题,延长路面使用寿命,提高旧路面材料利用率,使铺筑的路面使用性能得到极大提升。

S348枣曹线成武至钟口段改建工程位于山东省成武县、曹县境内,全长34.469km,二级路标准,其中K175+200~K179+600、K192+750~K196+100段(共长7.75km)路面结构为2×15cm水泥稳定碎石+同步沥青碎石封层+8cm海母厂拌冷再生(HIRM-20)+黏层+3cm细粒式沥青混凝土(AC-10)。

1　原材料检测结果

1.1　海母(HiRM)再生胶结料

海母(HiRM)再生胶结料是由特种乳化沥青(如微膨胀乳化沥青、高弹性乳化沥青等)和水硬性胶结料(如水泥、粉煤灰、水化胶粉等)组成的双胶结料,其中特种乳化沥青检测结果及技术要求如表1所列。由表可得知,特种乳化沥青各项指标检测结果均能满足技术要求。

特种乳化沥青检测结果及技术要求　　表1

指标		单位	检测结果	技术要求	试验方法
破乳速度		H	慢裂	4~8	T 0658
粒子电荷		—	+	阳离子	T 0653
恩格拉黏度		S	9.0	3~30	T 0622
蒸发残留物	残留物含量	%	60.5	≥60	T 0651
	针入度(100,25℃,5s)	0.1mm	62	50~100	T 0604
	延度(5℃)	cm	12	≥10	T 0605
	软化点	℃	49.5	≥48	T 0606
	溶解度	%	99.0	≥97.5	T 0607
常温储存稳定性	1d	%	0.6	≤1	T 0655

水硬性胶结料可采用水泥、粉煤灰、水化胶粉等。当采用水泥时,则优先采用42.5级道路硅酸盐水泥,在没有道路硅酸盐水泥的情况下,可采用42.5级硅酸盐水泥或普通硅酸盐水泥。水泥初凝时间应在3h以上,终凝时间宜在6h以上。海母(HiRM)再生混合料目标配合比设计时采用42.5级普通硅酸盐水泥,检测

结果表明各项指标均能满足质量要求。

1.2 铣刨料和新集料

海母(HiRM)再生混合料配合比设计时用的粗细集料取自巨野县核桃园镇生产的石灰岩,其各项指标均能满足技术要求。海母(HiRM)再生混合料配合比设计时用的铣刨料取自枣曹路路面铣刨料,铣刨料和集料的级配筛分检测结果如表2所列。

铣刨料和集料的级配筛分检测结果 表2

规格(mm)		通过下列筛孔(方孔筛,mm)的质量百分率(%)											
		26.5	19	16	13.2	9.5	4.75	2.36	1.18	0.6	0.3	0.15	0.075
旧料	5~20	100.0	89.3	76.8	62.3	40.0	2.3	0.3	0.3	0.3	0.3	0.3	0.3
	0~5	100.0	100.0	100.0	100.0	100.0	98.3	48.4	25.1	9.3	2.9	1.0	0.4
10~20		100.0	94.4	62.4	29.1	2.2	0.4	0.4	0.4	0.4	0.4	0.4	0.4
0~5		100.0	100.0	100.0	100.0	100.0	98.4	69.4	49.5	31.8	21.5	16.1	10.5

2 海母(HiRM)再生混合料矿料级配设计

S348菏泽段改建工程中的下面层——海母(HiRM)再生混合料为AC-20型矿料级配范围,分别采用取自枣曹路的路面铣刨料以及巨野县核桃园镇生产的石灰岩集料。根据海母(HiRM)再生混合料AC-20型矿料级配范围,对铣刨料、粗细集料和水泥进行优化组合,经计算得出两条目标矿料级配的原材料组成比例,如表3所列。

两条目标矿料级配的原材料组成比例 表3

集料规格(mm)		旧料5~20	旧料0~5	10~20	0~5	水泥
质量百分比(%)	目标级配1	38	24	19	17	2
	目标级配2	38	18	24	18	2

两条目标矿料级配的合成结果,如表4所示,两条目标矿料级配的合成曲线及级配范围,如图1、图2所示。

三条目标矿料级配的合成结果 表4

级配类型		通过下列筛孔(方孔筛,mm)的质量百分率(%)											
		26.5	19	16	13.2	9.5	4.75	2.36	1.18	0.6	0.3	0.15	0.075
HiRM-20	合成级配1	100	94.9	84.0	72.2	58.6	43.3	25.6	16.7	9.8	6.6	5.2	4.1
	合成级配2	100	94.6	82.1	68.7	53.7	38.4	23.4	15.7	9.6	6.6	5.3	4.2
	级配上限	100	100	92	80	72	56	44	33	24	17	13	7
	级配下限	100	90	78	62	50	26	16	12	8	5	4	3
	级配中值	100	95	85	71	61	41	30	22.5	16	11	8.5	5

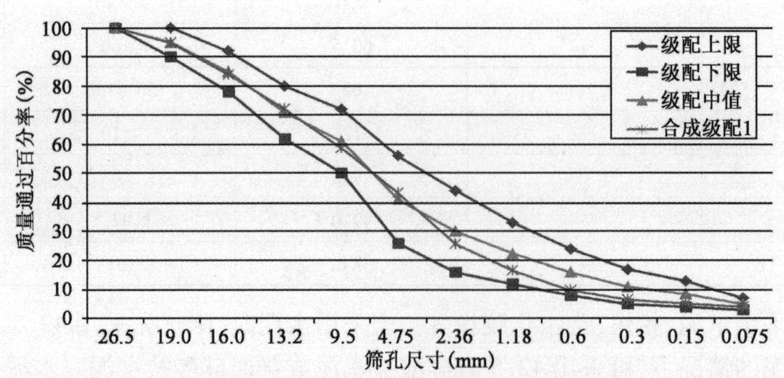

图1 目标矿料级配1的合成曲线及级配范围

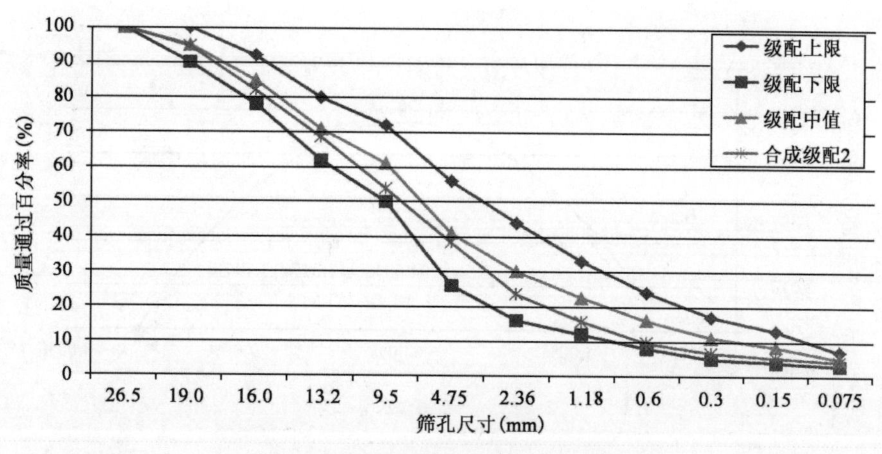

图2 目标矿料级配2的合成曲线及级配范围

3 海母(HiRM)再生混合料最佳液体含量

采用特种乳化沥青作为海母(HiRM)再生混合料的胶结料时,混合料中的润滑剂是裂化前的特种乳化沥青和水的混合液。海母(HiRM)再生混合料目标配合比设计时,依据工程经验初拟水泥剂量2.0%,特种乳化沥青用量4.0%,试验过程中保持混合料的特种乳化沥青用量不变,变化外加水量来确定海母(HiRM)再生混合料的最大干密度和最佳含水率。

试验依据《公路工程无机结合稳定材料试验规程》(JTG E51—2009)中的重型击实试验(T0804—1994)方法(乙法)进行。结合工程经验,进行5组不同含水率混合料的击实试验获得海母(HiRM)再生混合料干密度随含水率变化的曲线,即可求得最大干密度对应的含水率,即为海母(HiRM)再生混合料的最佳含水率(OWC),如表5、表6所列。

合成级配1击实试验结果 表5

序 号	1	2	3	4	5
预定含水率(%)	5	6	6.5	7	8
实测含水率(%)	4.56	5.54	6.03	6.63	7.39
干密度(g/cm³)	2.034	2.085	2.102	2.087	2.040

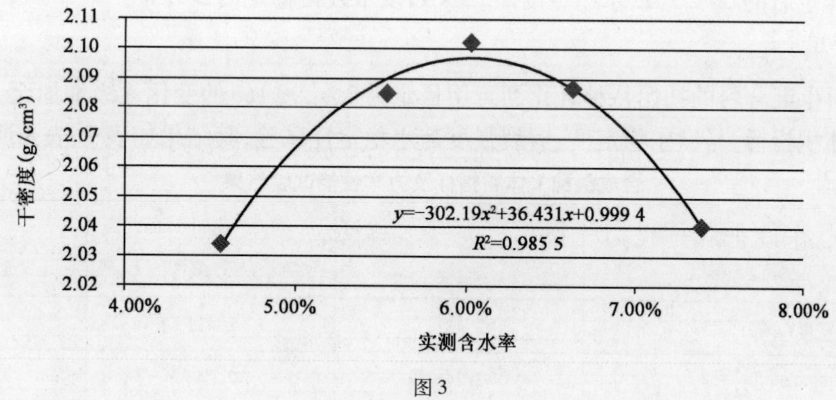

图3

根据曲线关系,可确定最大干密度为2.097g/cm³,对应的最佳含水率为6.0%。

合成级配2击实试验结果 表6

序 号	1	2	3	4	5
预定含水率(%)	5	6	6.5	7	8
实测含水率(%)	4.52	5.63	6.01	6.65	7.58
干密度(g/cm³)	2.068	2.085	2.090	2.086	2.064

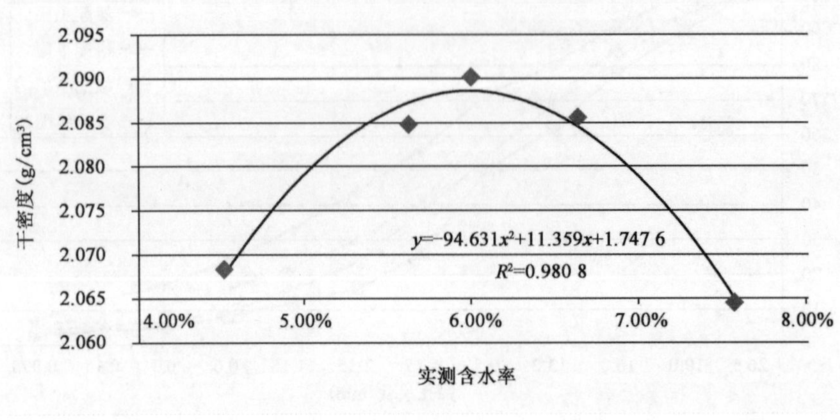

图4

根据曲线关系,可确定最大干密度为2.088g/cm^3,对应的最佳含水量为6.0%。

根据海母(HiRM)再生混合料干密度随含水率变化曲线,可确定合成级配1混合料的最大干密度为2.097g/cm^3,对应的最佳含水率6.0%(最佳液体含率为8.4%,拌和时需外加水量4.4%);合成级配2混合料的最大干密度为2.088g/cm^3,对应的最佳含水率6.0%(最佳液体含量为8.4%,拌和时需外加水量4.4%)。

4 海母(HiRM)再生混合料最佳乳化沥青用量

海母(HiRM)再生混合料配合比设计所指的最佳特种乳化沥青用量系指混合料马歇尔稳定度与劈裂强度取得较大值,并满足无侧限抗压强度的最小值要求,同时兼顾海母(HiRM)再生混合料的抗温缩与干缩性能所对应的特种乳化沥青质量百分比。

4.1 确定原则

海母(HiRM)混合料通常用作路面结构中的中、下面层,其确定原则如下:

(1)试件规定养生后的测得海母(HiRM)混合料的空隙率3%~8%。

(2)试件规定养生后的15℃劈裂强度≥0.4MPa,干湿劈裂强度比≥75%。

(3)试件规定养生后的60℃马歇尔稳定度≥5.0kN,浸水残留稳定度≥75%。

4.2 确定结果

海母(HiRM)再生混合料的初始特种乳化沥青用量定为3%,按1%的变化逐级增加至5%,分别进行海母(HiRM)混合料体积指标、马歇尔稳定度、劈裂强度与水稳定性试验,其结果如表7、表8所示。

合成级配1体积指标及力学性能试验结果 表7

试验项目 \ 特种乳化沥青用量(%)		3	4	5
理论最大密度(g/cm^3)		2.431	2.411	2.398
马氏密度(g/cm^3)		2.246	2.243	2.232
海母(HiRM)混合料空隙率(%)		7.6	7.0	6.9
吸水率Sa(%)		0.68	0.64	0.44
15℃劈裂强度(MPa)		0.42	0.48	0.34
60℃马歇尔试验	稳定度(kN)	8.0	6.9	4.9
	流值(0.1mm)	38.5	53.4	78.4

合成级配2体积指标及力学性能试验结果 表8

试验项目 \ 特种乳化沥青用量(%)		3	4	5
理论最大密度(g/cm³)		2.457	2.419	2.396
马氏密度(g/cm³)		2.238	2.256	2.252
海母(HiRM)混合料空隙率(%)		8.9	6.7	6.0
吸水率Sa(%)		0.77	0.92	0.89
15℃劈裂强度(MPa)		0.42	0.42	0.38
60℃马歇尔试验	稳定度(kN)	8.6	7.0	5.5
	流值(0.1mm)	25.3	47.0	48.5

根据海母(HiRM)再生混合料体积及强度指标随特种乳化沥青用量的变化关系,合成级配1、2混合料,特种乳化沥青用量4.0%时的空隙率大小合适,稳定度等指标均满足要求。同时考虑工程造价等,确定级配1和级配2的混合料中特种乳化沥青的最佳用量均为4.0%。

5 设计级配的性能验证

在确定好矿料级配与最佳特种乳化沥青用量后,进行海母(HiRM)再生混合料高温稳定性、水稳定性、无侧限抗压强度验证,最佳特种乳化沥青用量(4.0%)下的海母(HiRM)再生混合料性能验证结果如表9所列。

海母(HiRM)再生混合料性能试验验证结果 表9

试验项目		试验结果		技术要求
		合成级配1	合成级配2	
动稳定度(60℃,次/mm)	养生72h	15461	8457	≥3000
低温弯曲应变(养生48h+5d,-10℃)/με		2080	1675	≥2000
浸水残留稳定度(%)		106.3	96.0	≥75
干湿劈裂强度比TSR(25℃)(%)		127.1	123.3	≥70
冻融劈裂强度比TSR(25℃)(%)		79.2	76.5	≥70
无侧限抗压强度(养生7d)(MPa)		1.73	1.57	1.4~2.0

综合分析上述试验结果,结合已有研究与工程经验,可确定S348菏泽段路面大修工程下面层——海母(HiRM)再生混合料目标配合比可采用合成级配1,其各项路用性能指标均能满足技术要求。

6 结语

对取样的旧料、新集料、水泥、特种乳化沥青等原材料,按照规范与标准进行室内配合比设计,得出目标合成级配(即合成级配旧-1)混合料的最佳液体含量为8.4%(混合料最佳含水率为6.0%,相应外加用水量为4.4%),混合料的最佳乳化沥青用量为4.0%。根据相关研究表明,水泥适宜剂量在1.5%~2.5%时,海母(HiRM)混合料的温缩、干缩裂缝较小且疲劳耐久性较好,因此海母(HiRM)混合料水泥剂量宜为2.0%。S348线海母(HiRM)混合料目标配合比设计最终结果列于表10。按照该目标配合比结果,进行了生产配合比设计并铺筑试验段,经试验检测其各项路用性能指标均能满足规范技术要求。

海母(HiRM)再生混合料目标配合比设计结果 表10

<table>
<tr><td colspan="6">材料名称</td></tr>
<tr><td colspan="5">铣刨料、新集料及水泥</td><td rowspan="2">特种乳化沥青</td></tr>
<tr><td>材料种类</td><td>铣刨料</td><td>新集料</td><td>新集料</td><td>水泥</td></tr>
<tr><td>材料产地</td><td>枣曹路</td><td colspan="3">巨野县核桃园镇</td><td>中公高科(北京)养护科技有限公司</td></tr>
<tr><td>材料规格(mm)</td><td>0~20</td><td>10~20</td><td>0~3</td><td>42.5</td><td>特种</td></tr>
<tr><td>材料用量(%)</td><td>62</td><td>19</td><td>17</td><td>2</td><td>混合料质量的4.0%</td></tr>
</table>

参考文献

[1] 中华人民共和国行业标准.JTG E20—2011 公路工程沥青及沥青混合料试验规程[S].

[2] 海母(HiRM)高性能半柔性路面再生技术指南》(Q/HD RMT001—2010).

[3] 费强,厂拌热再生沥青混凝土技术的研究与应用[J].城市道桥与防洪,2008(06).

[4] 周志刚,沙晓鹏,李炎炎,等.旧沥青混合料再生方案的比较分析[J].交通科学与工程,2010(04).

[5] 韩燕辉.沥青厂拌热再生技术应用[J].工程与建设,2007(02).

[6] 谢娟,范建华,伍石生.沥青混凝土工厂热再生配合比设计及沥青再生剂研究[J].公路,2008(09).

公路路基的常见病害与防治

陈兆恩

(江西省交通设计研究院有限责任公司)

摘 要 文章根据道路对路基工程的基本要求,阐述了公路路基施工中常见的病害及其危害,浅析了其产生的原因,提出了一些切实可行的防治措施,以确保路基施工质量和路基的稳定性。供同行参考。

关键词 公路工程 路基施工 基本要求 常见病害 防治措施

1 前言

路基作为道路的承重结构层,是道路的基础,是确保路面质量的关键结构体。路基的强度稳定性在整个公路使用和营运中,因反复承受各种荷载和自然因素的作用,以致于路基的形状、边坡坡度发生变化,因而对公路的质量和运营影响较大。倘若路基的质量难于得到保证,必将影响路面的沉降变形与破坏,影响行车的舒适度、行车安全乃致道路的畅通和道路的服务水平,这势必增加养护的维修费用。公路路基因所处的地区不同,产生的病害也各有差异。最为常见的有边坡崩塌、路基变形等,究其原因涉及土质、人为因素、养护和管理等。为确保路基工程质量,现根据大广高速公路(龙南里仁至杨村段)施工常出现的问题,并结合多年工作经验,对公路路基常见的病害及应采取的切实可行的对策措施进行讨论。

2 路基工程的基本要求

公路路基是公路道路的基本结构层,是路面的基础。它不仅要保证道路的通畅与安全,而且要支持路面承受车辆行车荷载的要求,因而在通常情况下必须满足稳定和具有足够的强度与刚度这两个要求。

2.1 必须具备足够的稳定性

路基修建时,是在地面上直接填筑或挖去一部分地面建成的。这样以来,新建的路基势必改变了原地面的天然平衡状态。在工程地质不良好的地区修筑路基,因各种不利因素和荷载的作用,可能加剧原地面的不平衡状态,以致于使路基发生各种整体失稳、移位或不允许的变形等破坏现象,导致交通阻塞和行车事故。因此必须因地制宜采取一定的措施、对策,来保证公路路基的稳定。

2.2 必须具有足够的强度、刚度和水温稳定性

公路路基(包括路面)在行车动力及其他外部荷载作用下,则依靠其具有的强度与刚度抵抗外力产生的变形、破坏。因为在行车动力及外部荷载与路基路面自重而使路基下部与地基产生一定的变形,而较大的变形则影响路基的使用效果。不均匀沉降则使得路面也产生连锁反应,出现不均匀沉降,降低路面的平整度,使路面出现早期破损。为保证路基在外力作用下,不出现变形超过允许范围,要求路基应具有足够的强度和刚度。

3 路基施工常见的病害与防治措施

路基病害很多,其成因也较复杂。对于路基施工出现的病害,应结合实际具体问题具体分析;针对产生病害的原因,采取相应的预防措施与对策,能够取得明显的效果。路基病害大致有以下几种:①高填方路基产生不均匀沉降;②表层松散、起皮、蠕动甚至推移;③有纵向裂缝;④路基边坡发生坍塌、冲沟、坡面变形;⑤翻浆。

3.1 路基出现不均匀沉降

出现不均匀沉降的原因很多,但主要是路基的地基础处理不当、填料不良、方法不对、压实度不足、桥头及涵头填土不当、排水系统不完善,以及软弱下层引起承载力不一或不足。路基沉降一般不能完全排除,但能采取一定的措施,最大程度的减小沉降的发生。施工中注意以下几点:

(1)施工前准备。进行原地面和底基层的处理,将填土范围内的树根、草皮及杂物全部清理干净、土坑填平、夯实,清表土的厚度视土质情况而定,填土前应将清理过的路床,在最佳含水率时压实成型,以满足压实标准。基底表层系腐殖土时,则用挖机或人工换填表层。当坡面横坡大于 1:5 时,应将坡面挖成台阶,以防路堤滑移,并分层压实,每层应严格控制厚度、压实度和平整度,并进行检测,台阶填完后,按一般填土进行。

(2)选择填料。填料一般采用砂砾及塑性指数和含水量符合规范的土,不得采用淤泥、冻土、有机土、含草皮土、生活垃圾腐殖土等。石料作填料时要注意石料的级配问题,因为石与石之间存在着很大的空隙,分层填筑压实其含水率不作考虑;用土质作填量时,就要考虑土的含水率,取土做试验,计算最佳含水率,并在最佳含水率下碾压成型,以确保填筑时达到规定的压实度;最佳含水率可通过晒土和洒水来实现。

(3)填筑办法。常采用水平分层填筑,每层松铺厚度不大于 30cm,不小于 10cm,石质填料不大于 45cm;原地面不时,应从最低处分层填起,坡度超过 1:5 时,必须将坡面开挖台阶,每填一层经压实检验符合规定后,再填上一层。

填筑过程中,应通过试验路段来确定不同机具、不同填料的最佳含水率、适宜的松铺系数和相应的碾压遍数、最佳的机械配置和施工组织,每一层都必须压实,以保证每一层的密实度。碾压过程中应注意:碾压时纵向轮迹接头应重叠,一般重叠 40 ~ 50cm 前后相距两区段亦重叠 1 ~ 1.5m,做到无漏压无死角,确保压实均匀、密实;控制压路机的运行速度,一般振动压路机为 3 ~ 6km/h,开始时采用慢走,随着土层的逐步压实,逐渐提高速度,第一启遍静压,然后由弱振到强振;碾压时应由路基边缘向内侧进行,曲线超高地段宜先低(内侧)后高(外侧);路基两侧宜加宽多填 40 ~ 50cm,以确保边缘的压实度;接近最佳含水率的土最容易达到最大压实度,天然土通常接近最佳含水率,因此,路基填筑时应做到随挖、随运、随摊铺、随碾压。碾压完成后,及时测定压实度,确保达到压实要求。总之,填筑过程中,应保证分层填筑的平整度、密实度、宽度、厚度、横坡度。

(4)桥头涵的接头处理。由于所用填料不当或碾压不到位而无法得到充分压实,造成路基不均匀下沉。填筑时应注意①路基施工时,桥涵背回填处应留有足够的施工作业面,便于使用机械施工及压实作业;②填筑前要彻底清理桥涵施工留下的淤泥、杂物和不宜材料;③严格按规范要求的厚度分层填筑、分层压实,并确保压实达到规范要求;④认真碾压,边角等部位可采用小型机械予以夯实,确保不漏压、均匀密实;⑤填料选择应尽可能使用透水性好,易密实,强度高的填料;⑥有条件的情况下,可考虑合理安排工序,如先填筑,后进行桥涵台盖梁施工,这样可方便机械施工,并可进行预压,延长沉降时间等。

(5)特殊地基处理。如软土地基未加以处理或路基施工时土壤含水率过大,填土无法达到规范要求密实度,从而给路基留下不均匀沉降的稳患。软土地基具有承载力低、压缩性高、含水率大、透水性差、抗剪强度低等特点,施工时应严格按照软基施工规程施工。

(6)完善排水设施。为保持路基处于干燥、坚固的稳定状态,必须将影响路基稳定的地下水予以拦截,并排除到路基范围之外,防止聚集和下渗,同时对于影响路基稳定的地下水,应予以截断、疏导、降低地下水位,并引导至路基范围之外。

在大广高速里仁至杨村段的路基施工中,根据施工阶段的不同,配备不同的机具,采取不同的方法。桥涵填土,起初分段、分节进行,配 12T 以下的压路机,以小型机夯实。如图 1、图 2 所示。在各节点联成片后,集中 18T 以上的压路机,大面积碾压,如图 3、图 4 所示。

施工期间,应及时了解与掌握天气预报情况,抓住填料的天然含水率接近最佳含水率的时机进行施工,这样施工进度快、效果好,容易达到质量要求。某段路基施工时的压实度检测结果如表 1 所示。

图1 小型振动压路机

图2 手扶式振动压路机

图3 冲击式碾压机

图4 重型压路机

K3 +000 至 K3 +500 路基施工压实度检测结果 表1

路段分类	测点桩号	距路基设计高度(m)	测点位置(左侧)(%)	测点位置(中间)(%)	测点位置(右侧)(%)
挖方路段	K3 +000	0.5	0.96	0.97	0.97
	K3 +050	0.5	0.96	0.97	0.96
	K3 +100	0.5	0.95	0.96	0.96
填方路段	K3 +300	1.20	0.94	0.95	0.96
	K3 +400	1.20	0.94	0.95	0.93
	K3 +500	1.20	0.94	0.96	0.96

3.2 路基表面蠕动、松散、推移、起皮

路基起弹簧、松散、推移、起皮也是路基施工过程中的通病,形成原因主要是施工工艺不当,体现在以下几个方面:①在填料中混入了高塑性超粒径的黏土块,初压阶段不明显,复压阶段开始出现蠕动,终压阶段粘土块变形增大,变成薄片状,导致路基填筑层表面产生推移,严重起皮,无法碾压成型。②碾压不及时,表层土失水过多,偏离最佳含水率,无法充分压实,达不到土体密度的目的,土体松散;③为调整路基高程而采用薄层贴补法找平,造成表层推移、起皮。这些都是病症,都是施工工艺不妥而引起,只要加强施工过程中的质量意识,严格控制路基高程、填料含水率、分层厚度等,避免超粒径高塑性的土块混入填料中,同时杜绝不同土质混填,采用合理的施工工艺,就可以减小或避免路基出现上述病症。

3.3　路基纵向裂缝

路基纵向裂缝往往开始出现在靠近路面的边部不远处，裂缝沿纵向有可能很长，并且连通，发展到一定阶段，路中即出现新的纵向裂缝，导致裂缝产生的原因主要有以下几点：(1)设计边坡坡度过陡，边坡处于不稳定状态，这时，在路基上就会出现滑动面，最终导致整个路基的破坏。(2)在坡度很陡的横断面上半填半挖，或者路基的半侧在沟塘中或者位于软土地基上等等，而未进行认真的施工技术处理，从而导致半侧土基下滑或下沉，出现纵向裂缝。(3)如果路基横向不同步填筑，在填筑后半侧路基时未对结合部位进行反向台阶的技术处理，后半侧路基很容易会沿着该结合部滑移，从而出现纵向裂缝。(4)路基边坡未碾压的虚土有可能导致路基纵向裂缝的产生。(5)路基起始宽度达不到路基设计宽度或中线偏位而进行填补帮宽，帮宽时又没有按规范挖台阶和由下而上的分层填筑碾压，致使帮宽这部分逐渐下沉、滑移，产生纵向裂缝。在 K7+350 附近，在一处长约 20m 的路段是在半填半挖的山坡上；当初按一般在填挖施工，在填至第 3、4 层后，出现了滑移现象，尔后重新对这段路基的结合部位挖反向台阶，分层压实，进行技术处理，预防了可能产生的纵向裂缝。路基纵向裂缝是一种质量事故，是不应该发生的。只要我们理解了产生纵向裂缝的种种原因，并在设计中加强注意，施工中增强质量意识，严格按照规范要求施工，纵向裂缝是完全可以避免的。

3.4　路基边坡冲沟、坍塌

在雨水作用下，路基边坡常常发生冲沟，造成路基坍塌，坡面变形等，影响路基的整体稳定性，而且修复较困难。路基边坡抵抗雨水冲刷的能力较差，主要原因是路基两侧压实度不足及排水设施没有做好，预防措施有：①按设计要求超宽填筑并碾压，确保有效压实宽度；②大部分坍塌都是在大雨或连续几天降雨之后发生，遇大雨时地表水沿坡面形成小股水流冲刷，随着冲沟的加深，导致边坡坍塌，因此保持边坡平整度，使雨水沿边坡分散排出而不形成集中冲刷，防止路基边坡在雨水作用下形成流水坑是关键；③在路基施工过程中，设置急流槽和拦水坝；④路基完成填土整修边坡后，防护工程要及时跟上；⑤确保路基整体性，边坡密实，杜绝帮宽填补而留下隐患。路基施工中，完善排水设施，及时疏通排水沟，设置急流槽，及时进行边坡防护施工等防护措施都应在路基施工中同步配合做好，避免路基边坡发生被雨水冲刷而影响路基整体稳定性及带来返修补的麻烦。

3.5　路基翻浆

翻浆路段的路基在秋天往往是很好的，土壤中的水分并不多，只是经过一个冻结的过程。当冬季到来时，温度下降，土壤中的温度也随着降低。发生冻结时，附近温度较高，而还没冻结的土壤中的水分，就会向温度较低的冻结区游动聚集，称为聚流现象。就是这聚流现象，才促使路基深部比较温暖的土壤中的水分，向路基上层已冻结的土层聚集，路基土壤中的水分也就大大的增加。土基中水分冻结后体积膨胀，使路面冻裂或冻胀隆起。待到来年春季，气温回升到零度以上时路面结构层及路基开始化冻，路基中的水分不能迅速向下或向两侧排除，土基上层便呈现过湿状态，路基强度及承载能力显著降低，在行车荷载反复作用下发生“弹簧”、开裂、鼓包，严重时泥浆外冒，路面大量破坏，就形成了翻浆。

翻浆现象一般采取综合措施防治。基本途径是：防止地面水、地下水或其他水分在冻结前或冻结过程中进入路基上部；在化冻期，可将聚冰层中的水分及时排除或暂时蓄积在透水性好的路面结构中；改善土基及路面结构。防治翻浆可以从以下几方面实施：

(1)提高路基，加强排水。根据实际情况加高路基，使路基上部土层远离地下或地表水面。保证路基处于干燥状态。

(2)确保路面排水畅通。良好的路面路基排水可防止地面水或地下水侵入路基，使路基土体保持干燥，从而减轻路基冻融对路基的影响，这是预防和处理翻浆的重要措施。

(3)修隔温层。在路面下铺一层炉渣、矿渣等材料，可使它下面的土层不冻结或减小冻结深度，起到预防翻浆的作用。

(4)降低地下水位。为了不让地下水大量上升到路基上部土层，可设法降低地下水，常用以下两种方法：一是设置渗沟，当地下水位较高时，可在边沟底下设置排水渗沟，以降低地下水位。二是路肩盲沟。为排除春融期路基中的自由水，达到疏干路基上部土体的目的，可在路肩上设置横向盲沟，盲沟应用渗水性良好的碎砾石填充，沟底宜做成4%至5%的坡度。

(5)改善路面结构。铺设砂砾垫层。砂砾垫层采用砂砾、粗砂或中砂铺成，冻融过程中体积变化小，可减小路面的冻胀和沉陷；具有一定的强度，能将荷载进一步扩散，从而减小路基的应力和应变。铺设石灰土、煤渣石灰土垫层。石灰土的水稳性和冻稳性较好，能减轻路基的冻胀和翻浆。但在重冰冻地区潮湿路段不宜直接采用，须与其它措施配合应用，如石灰土下铺设砂砾垫层。

4　结语

路基是整个道路的基础，也是保证路面质量和稳定的关键。路基在施工和营运过程中，其强度与稳定性，不但受水、温度、土质等多种客观因素影响，同时也受行车荷载的作用，以及路基设计、施工方法与养护方法是否正确等人为因素的综合作用制约，种类也是多种多样的。彻底的控制路基病害产生是不现实的；施工过程中要敢于面对质量问题，并分析出现质量问题的原因，以便及时地、有针对性地采取必要的有效措施，和相应的施工工艺克服它；同时应加强施工过程中的现场管理，要避免路基病害的产生及对路面造成的早期破坏，要想将路基病害控制在最底限度，不仅要从设计入手，更重要的是把好施工关，采用科学的施工方法，用有效的手段处治病害，在路基成型前的各个环节，注意采取相应的施工工艺，提前治理和预防路基病害的产生，防止和减少公路早期损坏，以保证工程质量；延长公路使用寿命，减少国家和社会的经济损失。

参 考 文 献

[1] 中华人民共和国行业标准. JTG F10—2006　公路路基施工技术规范[S]. 北京:人民交通出版社,2006.
[2] 中华人民共和国行业标准. JTG D30—2004　公路路基设计规范[S]. 北京:人民交通出版社,2004.
[3] 中华人民共和国行业标准. JTG F80/1—2004　公路工程质量检验评定标准[S]. 北京:人民交通出版社,2004.
[4] 杨文渊,钱绍武. 道路施工工程师手册[Z]. 北京. 人民交通出版社. 1997.

共振碎石化技术在水泥路面改造工程中的应用

王圆园[1] 乔磊[2]
(1 陕西省铜川公路管理局;2 陕西省铜川公路管理局)

摘 要 本文针对共振碎石化技术的原理、特点和全浮动共振破碎机设备的参数及特点,及其这项技术在210国道大修工程的运用进行了阐述。

关键词 共振碎石化技术 水泥路面 应用

1 引言

近年来,随着我国公路交通的发展,对原有的道路改建在大规模地进行。工程技术和科研人员一直在探索一种经济可行、可靠度高的水泥混凝土路面改造方案。

2 共振碎石化技术的概念

共振碎石化是一种路面破碎加覆盖技术,就是将原有的水泥混凝土路面破碎成小颗粒,碾压后直接作为基层或底基层,再在其表面直接加铺沥青混凝土面层的工艺。碎石化不仅是一种破碎路面的工艺,更是一种混凝土路面修复方法。它由共振机器的振动波传入混凝土路面产生共振,使内部剪切力达到极值,从而达到有序碎裂。正确设计和安装路边缘和地下排水系统、正确设计沥青罩面三个主要部分组成。

3 共振碎石化技术的原理和特点

3.1 共振碎石化技术的原理

共振碎石化技术是利用振动梁带动工作锤头振动,通过调节锤头的振动频率,使其接近水泥板面的固有频率,激发其共振,从而将水泥混凝土面板击碎。工作锤头上装有专用的传感器,感应路面的振动反馈,由电脑自动调节振动频率,搜寻被击物的自有频率,并引起水泥面板在锤头下局部范围产生共振,使混凝土内部颗粒间的内摩擦阻力迅速减少而崩溃。

3.2 共振碎石化技术的特点

共振破碎技术产生的高频低幅振动能量,使旧水泥混凝土路面的结构完整性彻底破坏。由于共振破碎设备动量高,与板块接触时间短,将水泥板块表面的裂纹瞬间均匀地扩展到板块底部,作用于水泥板块内部的高频振动力使其碎裂均匀,碎块大小和方向极其规律,水泥板块产生斜向裂纹,与路面形成30°~60°夹角。破碎的水泥块之间相互啮合,呈锯齿状,为沥青加铺层提供稳固的施工平台,有效避免了裂纹纹路与路面垂直,达到承重和防水的效果。

破碎后的水泥板块表层粒径较小,较松散;下层粒径较大,嵌锁良好。这样表层小的颗粒有利于消除反射裂缝和路面渗水的横向排出;下部较大的颗粒可以提高路基的承载能力和阻止渗水向下渗透。粒料经压实后相互啮合得更紧,形成稳定的基层。

由于破碎深度可以控制,高频低幅共振产生的裂纹在穿透路面时就消散了,不会破坏原路基层的强度和均匀性,对地下设施也不会产生影响,并能使钢筋很容易与混凝土颗粒有效分离,杜绝了钢筋与其联带的水泥碎块对新面层产生反射的影响。

共振碎石化技术是对旧水泥混凝土路面改造的一种新技术,通过共振碎石化施工,不仅解决了旧路面改造的质量问题,还大大缩短了工期,节约了大量路基材料,大幅降低了工程造价,同时一举解决了碎块垃圾的处理,具有减轻白色污染等优点,是旧水泥混凝土路面翻修改造的理想方法。

4　全浮动共振破碎机设备参数及特点

4.1　全浮动共振破碎机设备参数

工作频率:35 ~ 55Hz。

工作振幅:约 20mm(可调)。

发动机型号/功率:KTA19 - P600/600HP(448kW)。

液压系统最高压力:35MPa。

整机最大重量:28T。

能破碎混凝土最大厚度:400mm(现已工作过的最大厚度)。

生产效率:2000m^2/d(8h 为一个工作日)。

应用该设备及技术先后承担了四川省巴中市巴州大道(10 万 m^2)、四川省南部县 212 国道(13 万 m^2)的改造任务,并赴四川省西充县、崇州市、上海市进行了小量工程破碎演示作业,目前设备已基本定型生产。

4.2　全浮动共振破碎机设备特点

(1)在振动输出方式上,由于中铁科工集团独家掌握了高频大振幅的激振技术,全浮动共振破碎机采用振动箱直接输出振动源。而且,全浮动共振破碎机采用的激振器是一项非常成熟的工程技术,故障率低,即使发生故障,维修也很方便。

(2)全浮动共振破碎机的激振器上,装有浮动导轨,可以实现破碎头与地面恒压接触,与地面同步升降,破碎效果十分均匀。

(3)全浮动共振破碎机装有横向移动导轨,可将破碎头紧靠路肩车轮外侧边缘施工,不留盲区,可对路面进行全方位破碎。

(4)全浮动共振破碎机的主要技术参数如振幅、频率可适时调节,以获取最佳破碎效果。

5　施工要点

结合城市道路的特点,使用共振破碎技术施工时应注意以下几点:

(1)以下地区不适合共振破碎施工:地势较低、路面积水较多的地区,路基为较湿的黏土和混入泥沙的黏土地区,路面上留有 5cm 或以上车辙的地区,这些路段应该进行局部翻挖处理。

(2)压稳共振破碎施工是使旧水泥混凝土路面被共振破裂,而不是粉碎,因此将表面压平、压稳即可,不可能也不必达到一般意义上的压实。在工程中使用 10 钢振动压路机进行 2 ~ 3 遍碾压,将表面细小碎粒压入裂缝,进一步提高破碎混凝土的模量,然后用水灌车在表面洒 1 遍水,再进行 1 遍振动碾压。

(3)共振破碎技术需要在干燥的环境下进行,以使混凝土破碎过程中产生的细小颗粒保存下来,和粗颗粒形成整体,提高整体强度。此外干燥的环境还可避免土基变软和沥青混凝土面层产生水损害。施工中采取的排水措施主要是设置边缘排水系统,即每隔 100 ~ 300 m 或在较低的地方布置横向排水管将水排出道路。最常见的设置形式为深 45 ~ 60cm、宽 30cm 并内衬油毡或滤网的排水沟,沟底铺设多孔塑料管或土工织物覆盖的其他管道。

(4)竖井、隔离带边缘及交叉口的影响。城市道路由于遍布各种公用设施,施工环境比公路更为复杂,对于井盖等构造物,应提前在标记的外侧边缘 30 ~ 60cm 范围内提升共振破碎头以越过井盖,在该范围外落下破碎头再继续进行破碎,以保证不影响竖井质量。在城市道路以软质绿化带、硬质隔离带而分幅的板块两侧边缘,由于破碎设备车轮的影响破碎头无法打到这些部位,可采用相应的高压冲击锤式破碎设备进行破碎。平面交叉口作为道路交通节点汇集车流人流众多,宜加强设备数量,集中在夜间短时间内完成破碎作业。

6 全浮动共振碎石化技术在210国道水泥路大修工程的应用

铜川公路局通宇机械化养护中心在承建的210国道水泥路大修工程金锁关至马莲滩段,首次成功推广使用了共振碎石化新技术,取得了较好的社会和经济效益,受到了社会广泛赞赏和好评。

210国道大修工程位于铜川市印台区境内的金锁关至马莲滩,起点桩号为K797+440,终点桩号为K801+440,路线全长4.0km,公路等级为二级,设计行车速度40km/h,设计荷载为公路-Ⅱ级。工程主要对水泥混凝土路面的错台、板破碎、裂缝、沉陷等病害进行修复,并采用共振碎石化技术将水泥混凝土面层进行共振碎石化处理后,铺筑沥青混凝土面层。路面结构组成如图1所示。

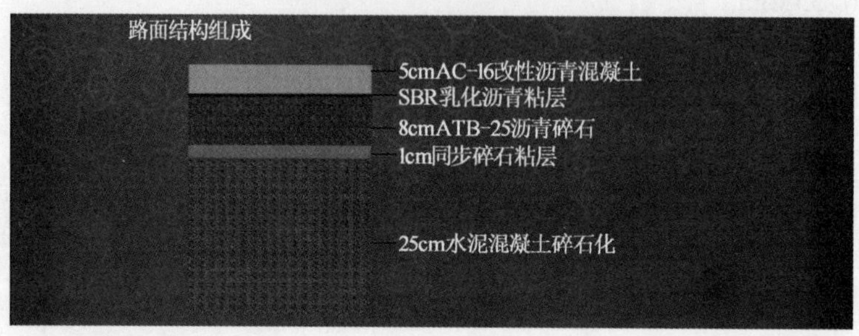

图1 路面结构组成

计划工期:工程计划于2012年9月25日开工;计划完工日期为2012年11月30日;工期为67天。

破碎施工于2012年9月25日开始,图2为共振破碎后未经碾压时的路面情况,图3为210国道K801+130全幅共振完毕。图4为210国道K801+130压实完毕。

图2 210国道K801+130未共振前路面

图3 210国道K801+130全幅共振完毕

图4 210国道K801+130压实完毕

共振碎石化技术在我国应用时间不是很长，我国在这方面的设计人员的能力和水平参差不齐，技术标准和设计施工规范也不全面，所以要进一步提高和积累完善宝贵的实验数据和工程经验，为我国的水泥路面大规模改造创造条件。

贵州省干线公路现场冷再生施工工艺及质量控制研究

赵林飞[1] 何兆益[1] 谢建平[2] 舒 琴[3] 吴明龙[4] 钟仕强[2]

(1 重庆交通大学;2 贵州省公路局;

3 贵州省铜仁公路管理局;4 贵州省毕节公路管理局)

摘 要 本文依托贵州铜仁地区 S305 省道旧路大修工程和贵州毕节地区威宁段 G326 线公路大修工程,首先研究旧基层材料和现场再生料的级配,分析了 WB525 冷再生机不同运行速度下的级配情况,在铜仁施工现场对八种碾压工艺进行了研究;同时研究毕节地区以往冷再生和非冷再生的施工工艺,发现两种工艺下设备的施工参数及施工质量相同。文章通过三条试验路,分别提出适应两个地区的冷再生施工工艺。最后针对施工现场存在的施工问题,提出施工质量控制要点。

关键词 碾压工艺 施工参数 施工工艺 试验路 质量控制

1 引言

随着经济的高速发展,公路建设规模不断扩大。干线公路的快速建设使我国公路整体的技术及运营水平得到很大提升,交通拥挤状况显著改善,有效提高了我国经济的运营效率[1]。但是,随着交通量的增长,超载现象不断,造成很多道路损坏严重。目前,我国公路大中修工程逐渐增多,公路建设事业进入建设与养护并重的发展时期,公路养护、维修等管理工作也越来越受到重视[2]。道路维修过程中,旧基层废料势必造成环境污染,不利于建设资源节约型、环境友好型社会。因此道路基层废料如何处理成为道路大修工程中面临的难题[3]。近年来,为实现对原有道路材料的充分利用,国内开始通过泡沫沥青或乳化沥青进行半刚性基层材料再生,随后又尝试通过水泥进行冷再生施工,该技术造价低廉,施工简便,应用前景广阔[4]。

贵州省越来越多的道路达到或接近使用寿命,如何对这些路面进行大修改造,以及旧路面能否进行一次或多次再生利用,成为公路建设管理部门亟待解决的问题。本文依托贵州铜仁地区 S305 省道旧路大修工程和贵州毕节地区威宁段 G326 线公路大修工程,提出的冷再生施工工艺及质量控制对两个地区,乃至整个贵州山区道路冷再生施工有很大的指导意义。

2 工程概况

贵州铜仁地区 S305 省道旧路大修工程,三级公路,路面平均宽度为 7.5m,设计速度为 30km/h。贵州毕节地区威宁段 G326 公路改扩建工程,二级公路,路基宽 8.5m,设计速度为 40km/h。

3 材料研究

3.1 基层旧料性能研究

1)旧料级配(图 1 和图 2)

2)旧料压碎值和液塑限(表 1 和表 2)

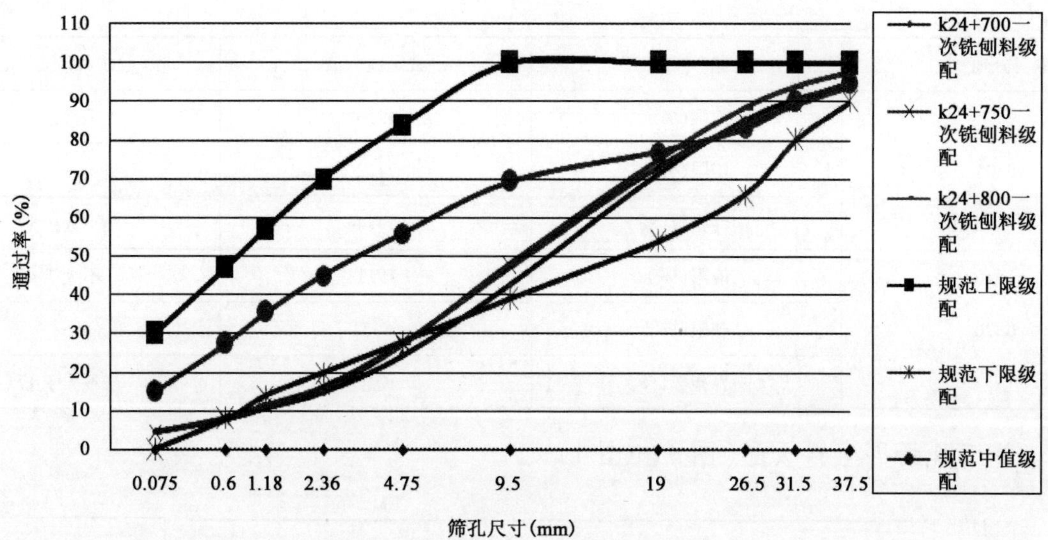

图1 铜仁地区S305旧料筛分结果

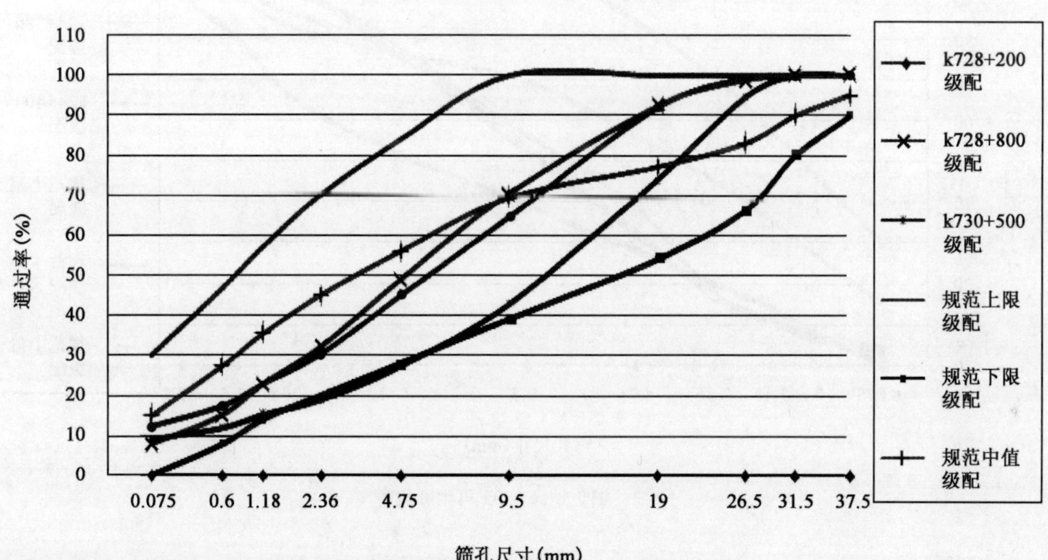

图2 毕节地区威宁段G326旧料筛分结果

料压碎值试验结果 表1

集料来源	项目编号	实验前试样质量(g)	通过2.36筛孔细料质量(g)	压碎值(%)	规范要求
S305	1	2503.2	612	24.47	不大于35
	2	2520.4	615.2	24.41	
	3	2495.7	612.4	24.54	
G326	1	3000	738	24.6	不大于30

液塑限试验结果 表2

取样地点	指 标	试验值	规范要求
S305	液限(%)	47.6	不大于40
	塑限(%)	27.2	—
	塑性指数(%)	14.4	不大于17

续上表

取样地点	指　标	试验值	规范要求
S305	液限(%)	47.6	不大于40
	塑限(%)	27.2	—
	塑性指数(%)	14.4	不大于17
G326	液限(%)	19.1	不大于40
	塑限(%)	8.5	—
	塑性指数(%)	10.6	不大于17

3.2　施工现场再生料级配(图3和图4)

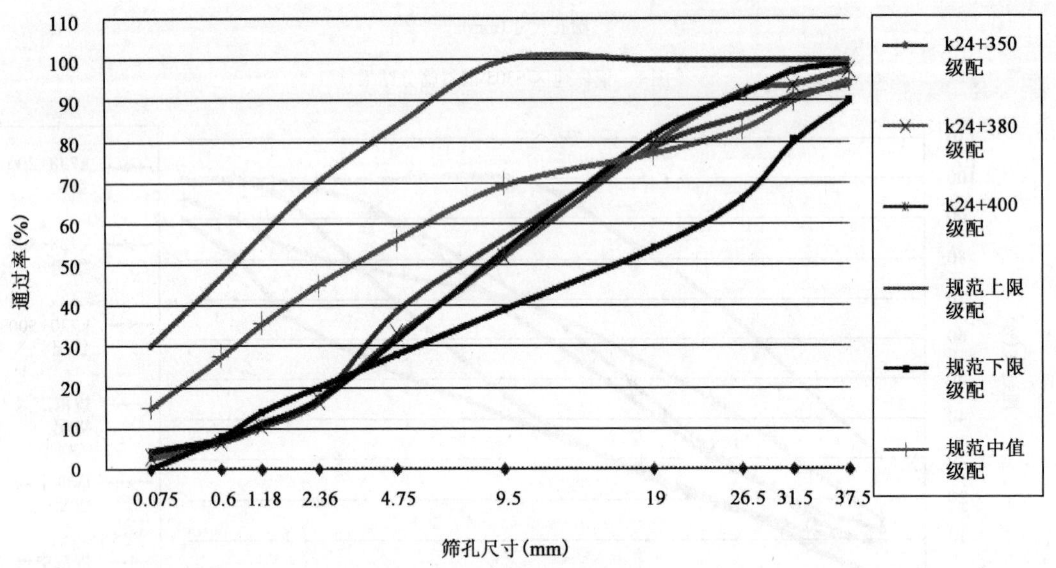

图3　铜仁地区S305再生料级配

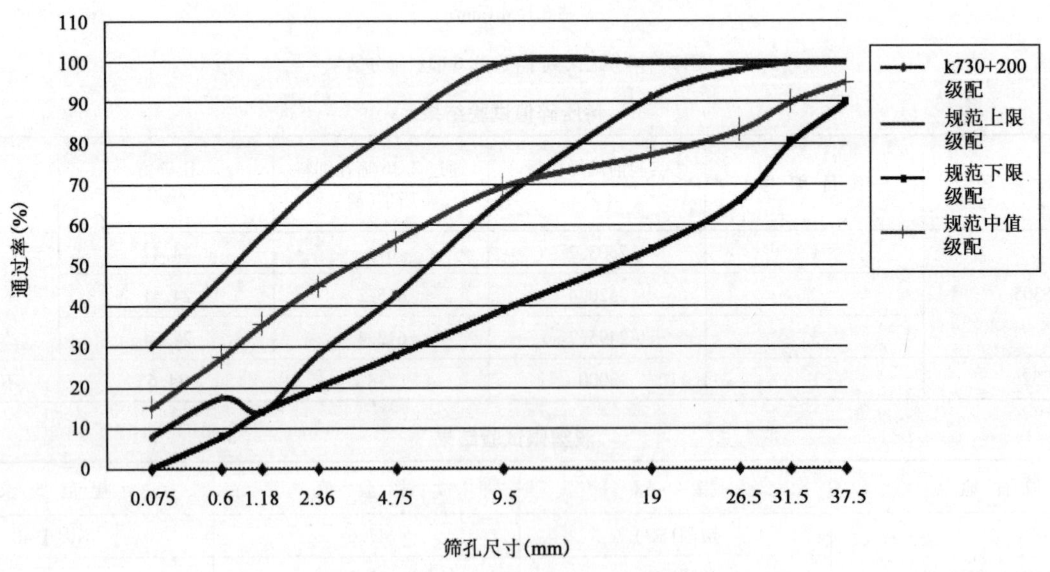

图4　毕节地区威宁段G326再生料级配

4 试验路结构设计方案(表3和表4)

铜仁地区试验段路面结构方案 表3

桩 号	设计弯沉	冷再生基层设计厚度(cm)	旧路面基层铣刨厚度(cm)	添加新料厚度(含调拱)(cm)	中粒式沥青面层(cm)
K44~K45	48.3	22	17	7.7	5

毕节地区试验段路面结构方案 表4

桩 号	路基宽度(m)	沥青混合料厚度(cm)	加铺水泥碎石基层厚度(m)	弯沉(0.01m)	长度(km)
第一试验路 K728~K729	8.5	4	26	39.7	1
第二试验路 K763+200-K763+644	8.5	4	26	39.7	0.444

5 试验路施工工艺

5.1 试验路主要设备组成(表5)

试验路主要设备组成 表5

铜仁地区	试 验 路	一台德工WB525冷再生机、一台平地机、两台20t单钢轮振动压路机、两台16t水罐车
毕节地区	第一条试验路	一台维特根WR2500S冷再生机、一台平地机、一台20t单钢轮振动压路机、一台25t单钢轮振动压路机、一台16t水罐车
	第二条试验路	一台维特根WR2500S冷再生机、一台平地机、两台20t单钢轮振动压路机、一台25t单钢轮振动压路机、两台台16t水罐车

5.2 试验路施工工艺

1)铜仁地区试验路施工工艺(见图5)

(1)工艺流程:清表⟶摊铺新料和水泥⟶冷再生⟶碾压成型⟶洒水养生。

a)WB525冷再生机冷再生施工现场

b)20t位压路机碾压现场

图5 铜仁试验段施工现场

(2)主要施工参数。

①冷再生机施工参数。结合铜仁公路管理局冷再生施工经验和现场的调试状况,冷再生机铣刨刀具转

速设置为高档位。同时，对冷再生机在8~10m/min不同运行速度下的再生料进行了级配对比试验，见图6，发现再生料级配波动偏小，冷再生机行驶速度超过9.5m/min，混合料的级配偏细。考虑到总工期和经济的因素，试验路段冷再生机行走速度确定为8~9.5m/min。

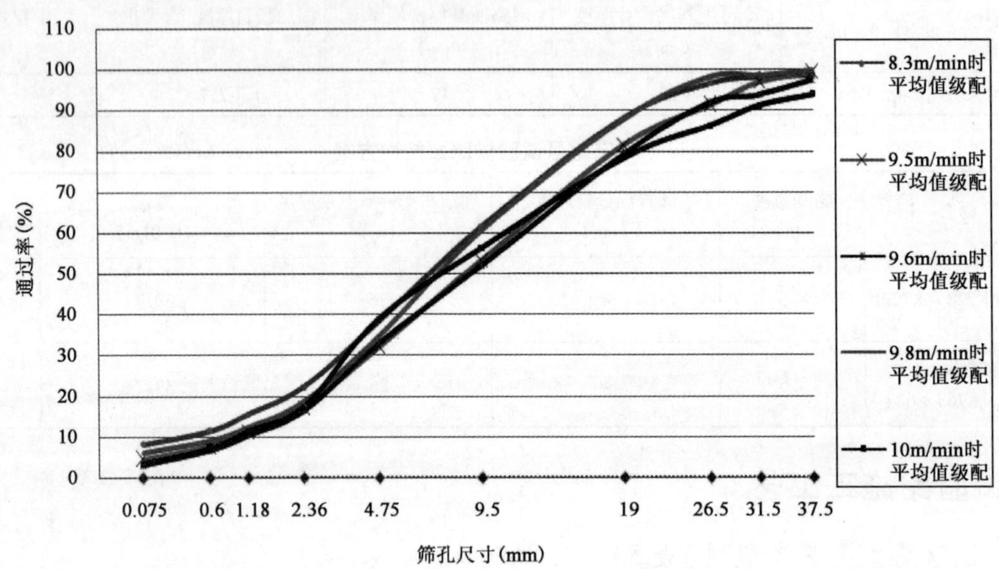

图6 冷再生机在不同速度下的再生料级配

②碾压施工参数。考虑到现有的基层压实设备，在试验段确定碾压工序之前，为寻求最佳的压实工艺和工艺参数，结合施工单位现行的压实工艺，对以下8种碾压工艺进行了研究，见表6。

不同碾压工艺 表6

<table>
<tr><td rowspan="6">第1种：
8强振
（现行碾压工艺）</td><td rowspan="5">压实度（%）</td><td>K22+200</td><td>96</td><td rowspan="3">第4种：
2静3强3弱</td><td rowspan="2">压实度（%）</td><td>K40+600</td><td>102</td></tr>
<tr><td>K22+360</td><td>91</td><td>K40+700</td><td>101</td></tr>
<tr><td>K22+560</td><td>88</td><td colspan="2">行走速度（m/s）</td><td>0.7~0.8</td></tr>
<tr><td>K22+710</td><td>92</td><td rowspan="3">第5种：
2静4强2弱</td><td rowspan="2">压实度（%）</td><td>K40+500</td><td>102</td></tr>
<tr><td>K22+900</td><td>96</td><td>K40+550</td><td>99</td></tr>
<tr><td colspan="2">行走速度（m/s）</td><td>1.7~1.8</td><td colspan="2">行走速度（m/s）</td><td>0.7~0.8</td></tr>
<tr><td rowspan="5">第2种：
6强2弱</td><td rowspan="4">压实度（%）</td><td>2遍后</td><td>87</td><td rowspan="3">第6种：
1静5强2弱</td><td rowspan="2">压实度（%）</td><td>K39+900</td><td>103</td></tr>
<tr><td>4遍后</td><td>95</td><td>K39+920</td><td>99</td></tr>
<tr><td>6遍后</td><td>90</td><td colspan="2">行走速度（m/s）</td><td>0.7~0.8</td></tr>
<tr><td>8遍后</td><td>94</td><td rowspan="3">第7种：
2静8弱</td><td rowspan="2">压实度（%）</td><td>K39+700</td><td>101</td></tr>
<tr><td colspan="2">行走速度（m/s）</td><td>1.7~1.8</td><td>K39+800</td><td>104</td></tr>
<tr><td rowspan="5">第3种：
2弱+6强</td><td rowspan="3">压实度（%）</td><td>K25+200</td><td>100</td><td colspan="2">行走速度（m/s）</td><td>0.7~0.8</td></tr>
<tr><td>K25+400</td><td>97</td><td rowspan="4">第8种：
1静9弱</td><td rowspan="3">压实度（%）</td><td>K36+10</td><td>101</td></tr>
<tr><td>K25+600</td><td>97</td><td>K36+100</td><td>104</td></tr>
<tr><td colspan="2" rowspan="2">行走速度（m/s）</td><td rowspan="2">0.7~0.8</td><td>K36+150</td><td>103</td></tr>
<tr><td colspan="2">行走速度（m/s）</td><td>0.7~0.8</td></tr>
</table>

注：铜仁地区压路机往返碾压1次计为碾压1遍。

前两种碾压工艺的行走速度为1.7~1.8 m/s，检测结果表明压实度不能满足规范；后六种碾压工艺的行走速度调整到0.7~0.8 m/s。通过现场几十组的压实度检测，结果表明：第5种和第6种压实工艺均能保证路面基层的压实效果，合格率达到100%；而对于路面两侧有建筑物或通过集市的过境路段压实工艺，第7种“2遍静压+8遍弱振”和第8种“1遍静压+9遍弱振”压实工艺也均能保证基层的压实效果，其中第8种的压实效果较好于第7种。

综上研究，试验段普通路段推荐采用“1遍静压+5遍强振+2遍弱振”的碾压工艺，在路面两侧有建筑物或通过集市的过境路段推荐采用“1遍静压+9遍弱振”的碾压工艺。

2）毕节地区试验路施工工艺

(1)工艺流程：清表——→摊铺新料和水泥——→冷再生——→碾压成型——→洒水养生。

a) WR2500S冷再生机施工现场

b)悍马压路机施工现场

图7　毕节试验段施工现场

(2)主要施工参数。

①冷再生机施工参数。对于第一试验段，考虑到路面天气潮湿的因素，用水量为0.5%；而第二试验段，路面比较干燥，用水量设置为1%。借鉴毕节地区施工经验，两条试验路施工中，均将冷再生机转子转速设置为110～140r/min，冷再生机行进速度设置为10～15m/min。

②碾压施工参数。毕节地区压路机现行碾压遍数在10遍以上，通过现场压实度检测结果来看，压实度难以满足规范要求，见图8。

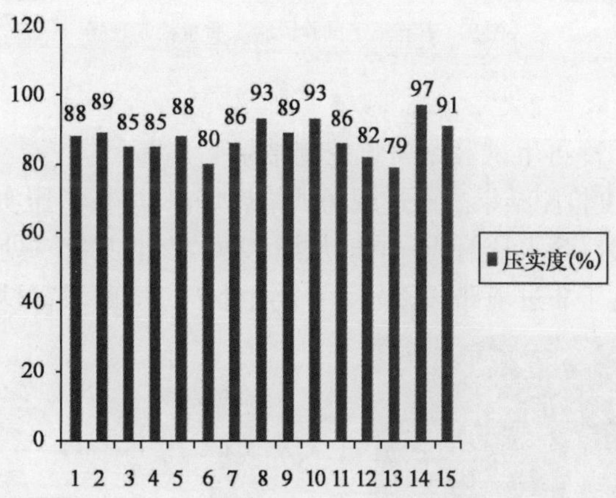

图8　压实度检测结果

从图8可以看出，毕节地区现行工艺存在一定的问题。从铜仁施工工艺研究的结果来看，压实度随着碾压遍数的增加并非一直增加，结合毕节地区现行碾压工艺，试验段施工过程中，推荐20吨位压路机的碾压速度控制在0.7～1m/s，25吨位压路机的碾压速度控制在0.95～1.25m/s。在毕节第一试验段提出“20吨位振动压路机静压2遍后弱振1遍，25吨位振动压路机弱振5遍（单程计为1遍）”的碾压工艺；在第二试验段分3种碾压工艺进行研究，即“静压3遍弱振14遍（20吨位压路机）”、“静压3遍（20吨位压路机）+5遍弱振（25吨位压路机）”和“静压3遍（20吨位压路机）+（20吨位与25吨位压路机）混合弱振5遍”。

6 试验段质量控制

6.1 试验路现场施工质量控制要点

1)原材料控制

粗细集料、填料的技术指标必须符合《公路沥青路面施工技术规范》(JTG F40—2004)的要求,施工前进行抽样试验。新添料摊铺均匀,随时检验摊铺厚度,不满足设计文件时,停工调整。

2)冷再生机施工过程质量控制

严格按照本文推荐的冷再生机行进速度和转子转速进行铣刨、拌和,专人跟踪在冷再生机后。混合料发生离析现象时,停工分析原因,解决后方可进行施工。

3)碾压过程控制

碾压时,压路机严格按照本文推荐的行驶速度和碾压组合方式进行施工,严禁突然改变压路机的碾压路线及碾压方向,避免产生混合料的推移。现场进行含水量检测,发现含水率偏差大时,及时调整,以免影响压实效果(图9)。

a)铜仁试验段碾压成型后的基层

b)毕节试验段碾压成型后的基层

图9 毕节威宁试验段施工质量控制现场

6.2 试验路质量控制

1)铜仁地区级配碎石基层冷再生试验路质量控制结果

(1)试验路含水率和压实度检测结果。通过现场酒精燃烧法,进行了压实度和含水率检测,检测结果见图11和图12。从图11看出,试验路含水量偏低。同时从图12可看出,只有一处压实度小于97,其他各点都满足规范要求。其中前面4个点处于非过境路段,最后一个点处于过境路段,过境路段压实度是101,大于97。

图10 现场检测压实度

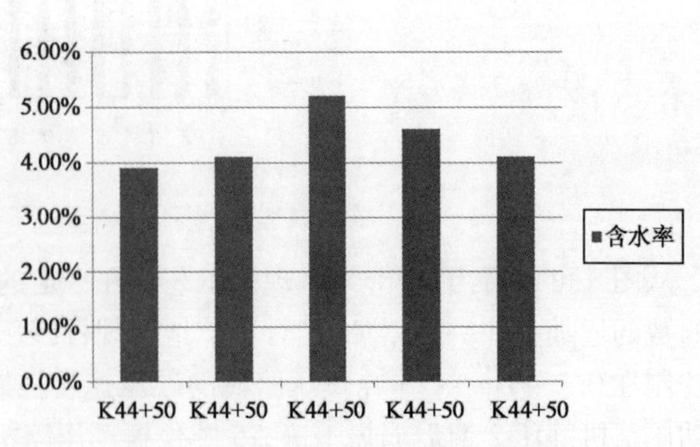

图11 铜仁地区试验路含水率

(2)钻芯取样检测结果,见图13和表7。

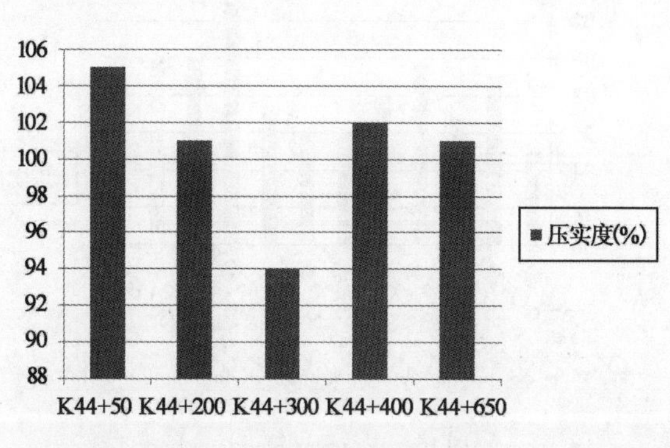

图12 铜仁地区试验路压实度

图13 养生七天后钻芯取样

铜仁地区再生级配碎石基层无侧限抗压强度 表7

试件编号	无侧限抗压强度(MPa)	试件编号	无侧限抗压强度(MPa)	规范要求(MPa)
1	5.1	6	7.5	2.5~3.5
2	4.7	7	3.9	
3	4.6	8	5.4	
4	4.1	9	8.6	
5	6.3	10	4.1	

2)毕节地区加铺水泥稳定碎石基层试验路质量控制结果(图14)。

图14 毕节试验段现场压实度检测

经过工艺调整后,由图16可以看出超过一半的压实度满足国家标准。同时含水率控制较好(图15)。

注:上述3种工艺均是在厦工压路机静压3遍的基础上进行,左幅徐工单程14遍,中幅悍马单程5遍,右幅徐工悍马混合单程8遍(右幅)。其中厦工和徐工压路机都是20t,悍马压路机为25t。

图18的结果表明:通过进一步的碾压工艺改良,基层压实效果又得到很大的提升。从经济与环境保护的角度,推荐毕节地区冷再生施工采用徐工压路机和悍马压路机的组合碾压方式,即"20t压路机静压2遍,

弱振1遍,25t压路机弱振5遍”的碾压组合方式。

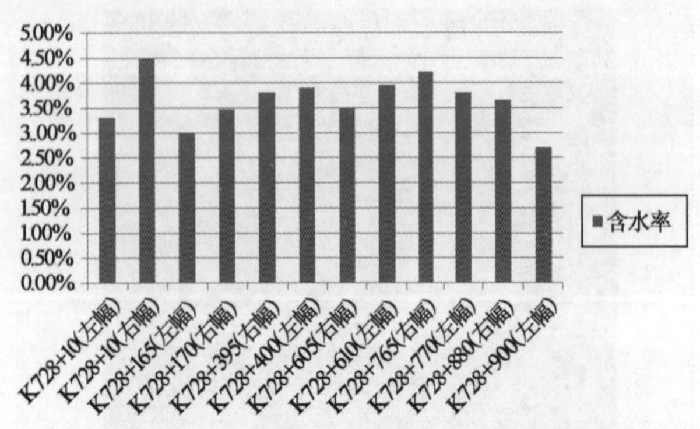

图15 毕节地区第一试验段含水率

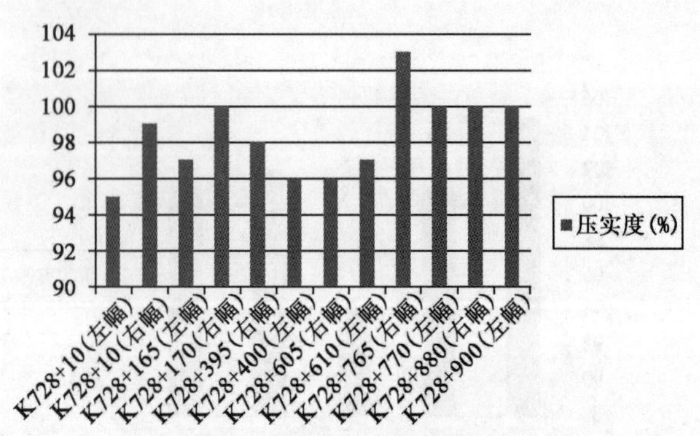

图16 毕节地区第一试验段压实度

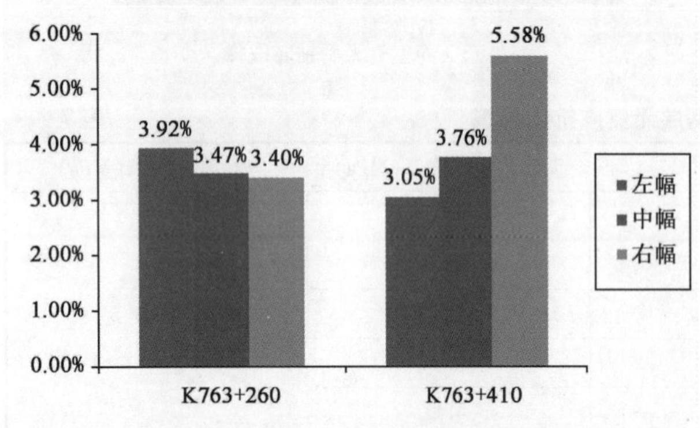

图17 毕节地区第二试验段含水量

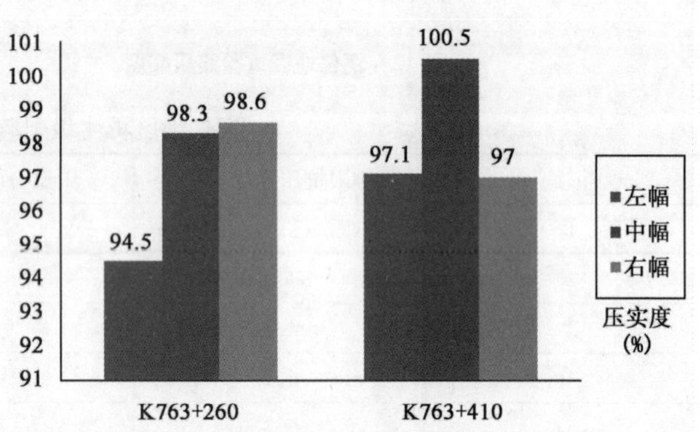

图18 毕节地区第二试验段压实度

7 结语

(1)通过研究得出冷再生施工中冷再生机参数:WB525为冷再生机转子转速设置为高档,行进速度为8~9.5m/min;WR2500S冷再生机转子转速为110~140r/min,行进速度为10~15m/min。

(2)在一定遍数下,压实度随着碾压遍数增长较快,而后增长缓慢,甚至会降低。

(3)通过现场试验,结合两个地区的现行工艺与设备,创新性的提出适应两个地区的冷再生施工过程中的碾压工艺,即铜仁地区普通路段“20t压路机1遍静压+5遍强振+2遍弱振”或“20t压路机2遍静压+4遍强振+2遍弱振”,过境路段“20t压路机1遍静压+9遍弱振”(往返碾压一次计为碾压1遍);毕节地区“20t压路机静压2遍,弱振1遍,25t压路机弱振5遍”(单程碾压一次计为碾压1遍)。

参 考 文 献

[1] 鹿世勇. 现场冷再生技术在二级公路大修中的应用[D],西安:长安大学,2011.

[2] 侯昭光. 现场冷再生混合料性能与施工技术研究[D],长沙:长沙理工大学,2010.

[3] 孔斌. 水泥稳定碎石冷再生基层技术应用研究[D],重庆:重庆交通大学,2010.

[4] 中华人民共和国行业标准. JTG F41—2008 公路沥青路面再生技术规范[S]. 北京:人民交通出版社,2008.

贵州省山区公路基层现场冷再生技术研究

朱建勇[1] 谢建平[2] 何兆益[1] 袁 泉[2] 黄世军[2] 陈 刚[2]

(1 重庆交通大学;2 贵州省公路管理局贵州)

摘 要 通过对贵州省山区公路基层现场冷再生应用现状的调研,结合室内试验和试验段的研究,对于铣刨料的物理性质和级配波动进行分析,结果表明:铣刨料的级配难以满足现行规范要求,需添加新料,级配碎石冷再生混合料的强度随新添料增加先增加后减小;对于水稳碎石冷再生,当新料添加比例为20%及以上时,水泥剂量可采用3.5%以上含量;当新料添加为0%和10%时,水泥剂量可取4.5%及以上含量;总结贵州省不同冷再生机械配置,普通路段及过境路段的冷再生施工工艺,现场质量控制检验结果表明了工艺的可行性。

关键词 基层 冷再生 配合比设计 施工工艺 质量控制

1 引言

随着社会经济的不断发展,我国的道路基础设施也得到了快速发展。截至2013年,贵州省公路总里程达到了16.97万km,但是随着使用年限和交通量的不断增长,贵州省山区[1]公路破坏日益严重,而传统意义上的道路养护改造技术由于实施过程复杂,环节多,工期长,效益偏低、易造成环境污染和资源浪费,难以满足未来经济对道路的要求。如何能高效、经济环保的对道路进行维护改造是研究人员、工程技术人员需要深入研究的问题。

现场冷再生因其具有施工环节少、效益高、交通影响小、节能环保等特点,在省内受到了越来越多的重视和应用。

2 冷再生路面现状调查与分析

2009年毕节公路局在S209线大方黄泥塘大修工程中率先引进德国维特根WR2500S就地冷再生设备和技术,迄今为止,冷再生技术已在贵州700多公里大修工程中应用,主要应用于二、三级及以下等级公路大修工程,如图1和图2所示。

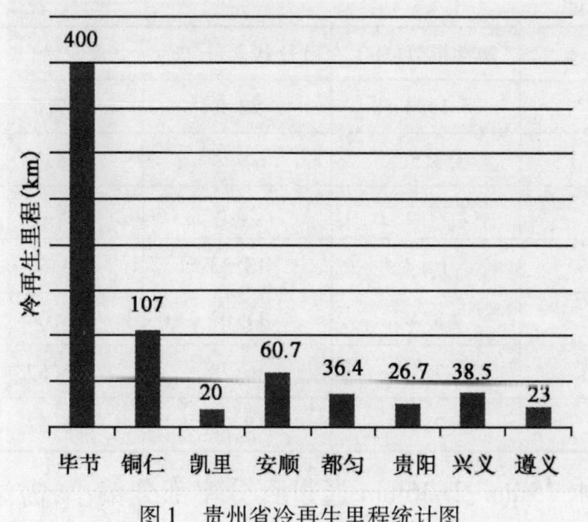

图1 贵州省冷再生里程统计图

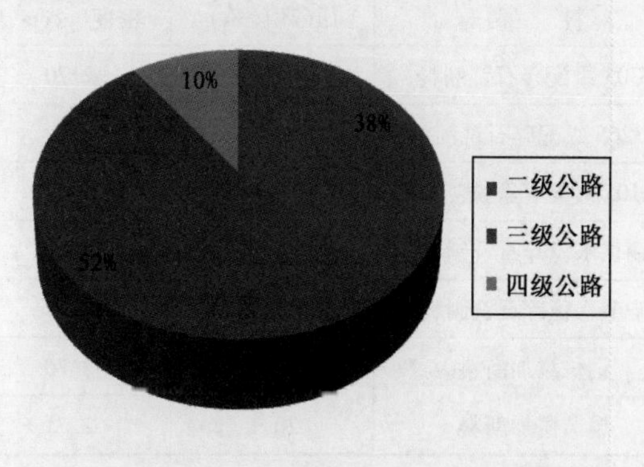

图2 贵州省冷再生路段公路等级分布图

通过对毕节、铜仁、都匀和贵阳等地的50多条已冷再生路段进行调研,统计如图3所示,结果表明,贵州省冷再生路段中,90%以上多数为中轻交通量。

贵州省山区公路早期修建的沥青路面多为18～30cm的级配碎石(贵阳地区有二灰碎石)+2.5cm沥青贯入式或沥青碎石+1.5cm沥青混凝土,再生后路面结构多为18～30cm的水泥稳定碎石(都匀有二灰稳定碎石)+4cm沥青混凝土,大部分路面总体状况良好,但是对于少数超载和重载严重的路段,路面破坏严重,路面病害的调查统计结果如图4所示,有部分路段的PCI评级在良以下,其中还有次级评分。表明目前贵州省基层现场冷再生材料控制、配合比设计及施工工艺等技术环节之间都有优化的余地。

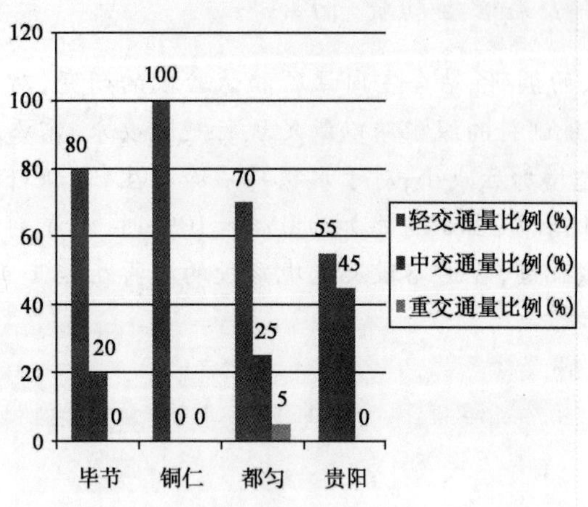

图3　贵州省主要冷再生地区交通量百分比统计图

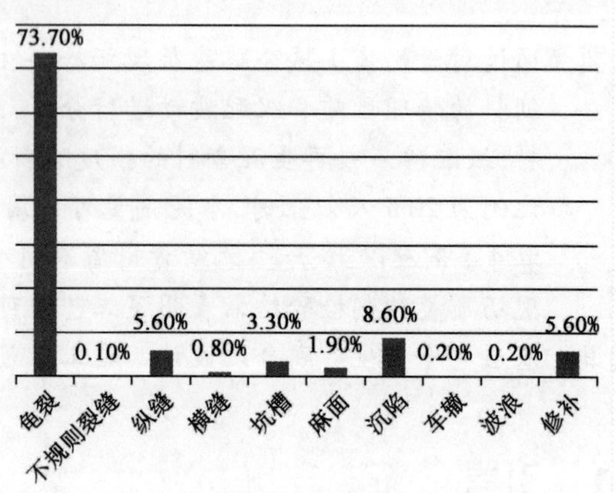

图4　路面病害统计

3　冷再生原材料

贵州水泥厂众多,且无沥青生产及加工企业,因此贵州省冷再生技术多采用水泥作为基层稳定剂。本文对冷再生所用P.C32.5、铣刨料及添加新料进行了相关试验,试验结果表明新料的压碎值、含泥量、塑性指数均小于铣刨料,针片状含量大于水稳碎石铣刨料,但是小于级配碎石的铣刨料,如表1、表2及图5所示。

水泥物理力学性能

表1

项　　目	凝结时间(min)		抗压强度(MPa)		抗折强度(MPa)	
	初凝	终凝	3d	28d	3d	28d
标准要求[3]	≥45	≤600	≥11	≥32.5	≥2.5	≥5.5
检测结果	186	311	13	34.5	3.4	7.7

所用集料物理性能

表2

料　　源	压碎值(%)	密度(g/cm^3)	液限(%)	塑性指数(%)	针片状含量(%)	含泥量(%)
S305级配碎石铣刨料	24.7	2.70	47.6	14.4	22.5	9.5
G3265级配碎石铣刨料	23.7	2.69	19.1	8.5	28.2	8.7
S105级配碎石铣刨料	22.8	2.71	23.5	12.3	22.5	9.3
铜仁水稳碎石铣刨料	24.5	2.69	42.3	10.7	13.33	6.62
毕节水稳碎石铣刨料	23.1	2.71	30.5	8.4	11.07	8.04
铜仁添加新料	18.7	2.70	21.7	7.7	16.28	5.52
毕节添加新料	20.1	2.71	19.6	7.9	18.70	6.57

筛分结果表明,铣刨料级配均不满足现行再生[4]规范,4.75mm、2.36mm通过百分率部分偏小,需添加新料才能调整级配。S305段级配范围波动较大的原因在于现场部分取料是施工尾料,导致级配变异性大。如图6所示,从变异系数可看出铣刨料粒径通过百分率级配的变异系数分布具有一定规律,通过率的变异系数较大的筛孔均出现在19mm以上和2.36mm以下筛孔尺寸。

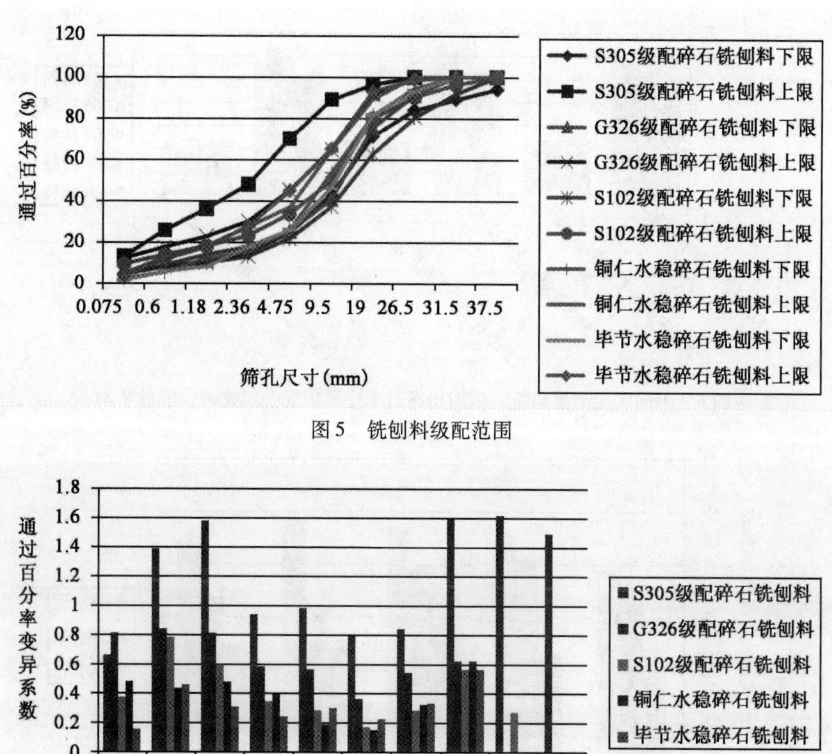

图5　铣刨料级配范围

图6　铣刨料通过百分率变异系数统计图

4　配合比设计与混合料性能

4.1　S102级配碎石冷再生设计及混合料性能

S102为确定最佳水泥剂量和合理的新料添加量，水泥剂量分别为4%、5%、6%，混合料中新料所占比例为10%、30%、50%、70%、90%，因为新旧料级配相似，因此级配变化不大，混合料配合比接近悬浮密实结构，如图7所示。对于冷再生混合料的物理力学性能如图8和图9所示。

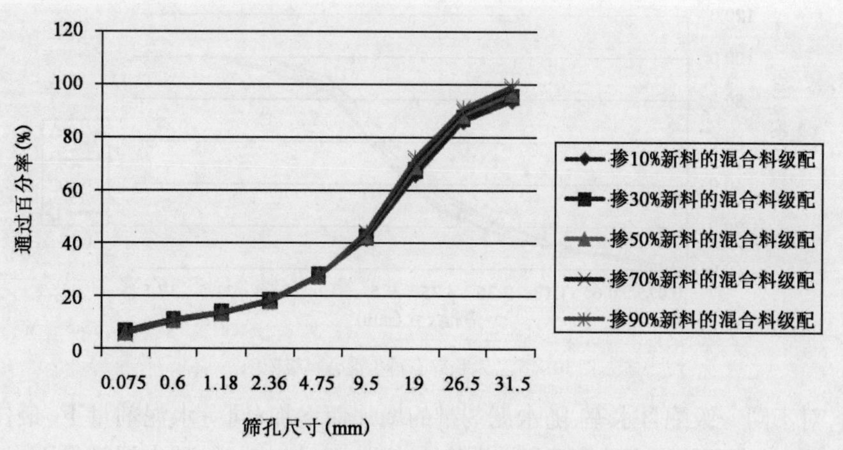

图7　S102不同新料比例的冷再生混合料级配图

从图中可以看出随着水泥剂量的增加最佳含水率和最大干密度与水泥剂量及新添料之间并无明显规律，而抗压强度随着水泥剂量的增加而增加，随着新添料比例的增加先增加再减少，说明新添料的掺量应适宜才能保证混合料的性能。

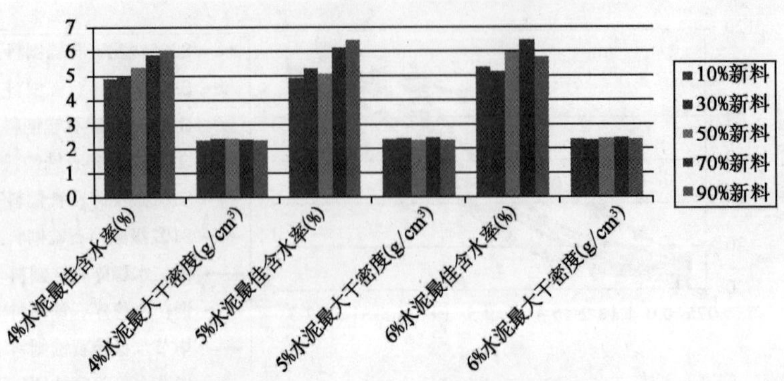

图8 不同水泥剂量和新料添加比例对于冷再生混合料物理性能的影响

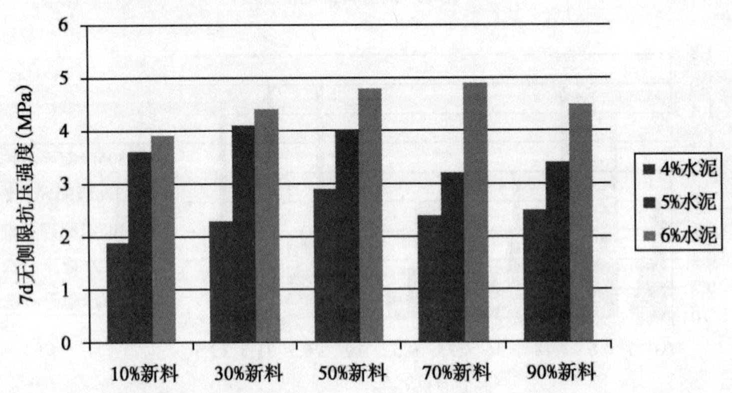

图9 不同水泥剂量和新料添加比例对于冷再生混合料7d无侧限抗压强度的影响

4.2 铜仁水稳碎石冷再生设计及混合料性能

通过对铣刨旧料的级配分析,以骨架密实型[5]和悬浮密实型级配为目标级配,确定了新料的添加方案,得到了4种新添料比例为0% ~30%的不同级配的重复再生混合料。其中级配A全部为重复铣刨旧料,级配B为铣刨旧料添加10%的0~5mm的新料形成的混合料,级配C为铣刨旧料添加20%的0~5mm的新料的混合料,级配D为铣刨旧料添加20%的0~5mm和10%的5~10mm的新料形成的混合料。其中级配B和级配C接近骨架密实型,级配D接近悬浮密实型级配。级配如图10所示。

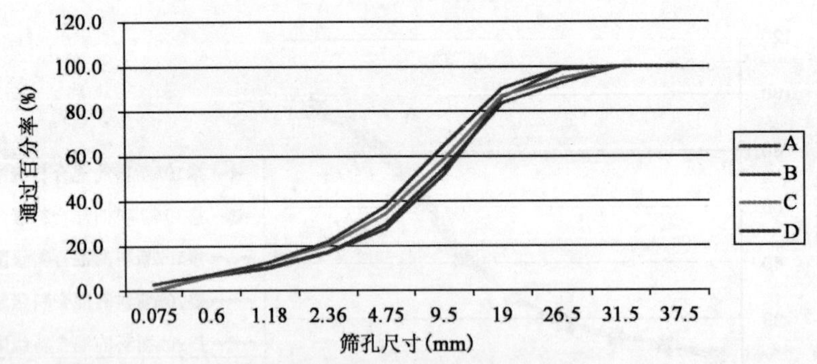

图10 铜仁水稳碎石再生混合料级配图

如图11所示,对于同一级配含水率,随水泥剂量的增加而增加;同一水泥剂量下,最佳含水率随新添细料的增加而增加。同一级配下,最大干密度随水泥剂量增加而增加;同一种水泥剂量下,最大干密度随新料添加比例的增加变化不太明显。

如图12所示,相同级配,不同龄期的无侧限抗压强度均随水泥剂量增加而增加。为抗压强度满足规范要求,当新料添加比例为20%及以上时,水泥剂量可采用3.5%以上含量;当新料添加为0%和10%时,水泥剂量可取4.5%及以上含量。即水泥剂量可随新添料的增加而降低。

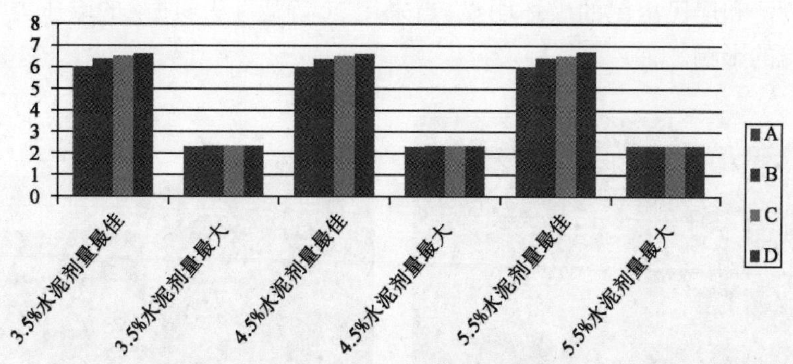

图 11　不同水泥剂量和不同级配对冷再生混合料物理性能的影响

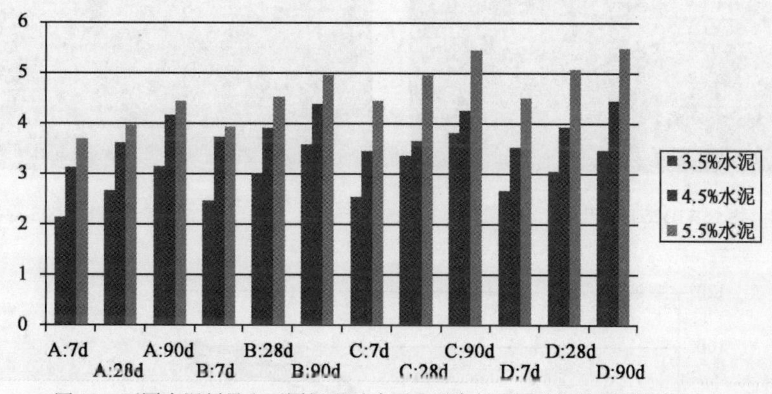

图 12　不同水泥剂量和不同级配对冷再生混合料不同龄期抗压强度的影响

如图 13 所示，不同的水泥剂量下，添加一定比例新料的重复再生混合料的劈裂强度均明显大于不添加新料的再生混合料。

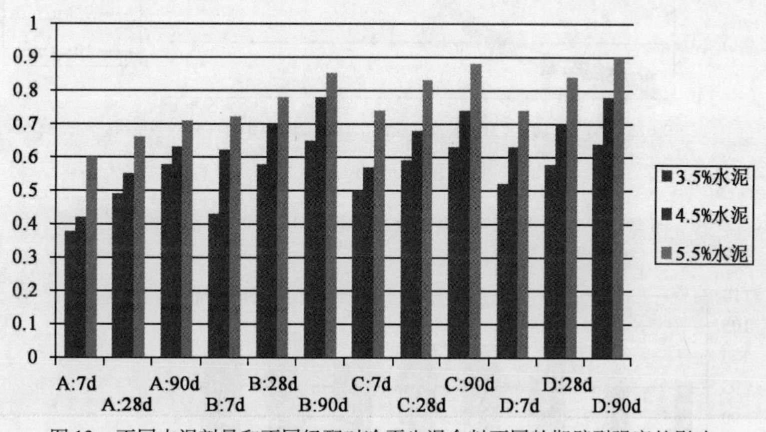

图 13　不同水泥剂量和不同级配对冷再生混合料不同龄期劈裂强度的影响

5　冷再生施工工艺与质量控制

本文通过现场检测来确定相关德工和维特根设备的铣刨机（图 14 和图 15）的行驶速度和铣刨刀具的旋转速度及碾压方式组合灯工艺参数。

德工 WB525B 冷再生机行进速度在 8 ~ 10m/min 下，现场冷再生铣刨拌合后的混合料级配波动很小，冷再生机行驶速度超过 9.5m/min，混合料的级配偏细。推荐试验路段冷再生机行走速度确定为 8 ~ 9.5m/min。

压路机行走速度为 0.7 ~ 0.8m/s，在此速度下，选择不同的碾压方式，压实度检验结果表明：在同样的压实方式下，压实遍数的与路面压实度无明显相关性。采用前七种碾压方式时，当通过集市或路面两侧有建筑物的路段，对地下管涵和居民房屋的破坏明显，当采用“1 静压 +9 弱振”的碾压方式在保证压实度的同时，能减少对周边建筑的影响。

图 14 德工 WB525 冷再生机

图 15 维特根 WR2500S 冷再生机

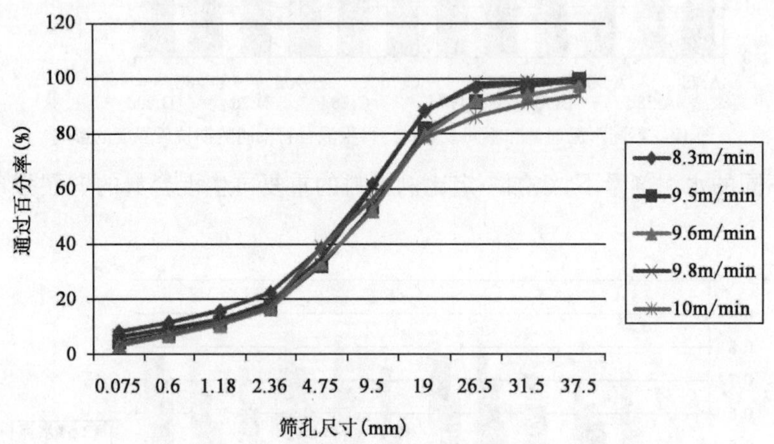

图 16 铜仁 S305 试验段冷再生机不同行走速度对于级配的影响

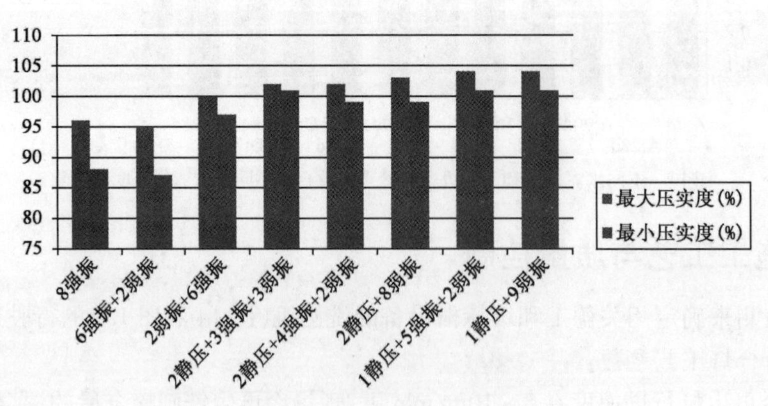

图 17 铜仁 S305 试验段碾压方式对压实度的影响

因此针对铜仁地区的冷再生设备，冷再生过境段的碾压方式，推荐“1 遍静压 +9 遍弱振”的碾压方式组合。类似的，在毕节地区采用相同的研究方法，提出了冷再生施工工艺，总结贵州省冷再生施工工艺，如表 3 所示。

图 18 推荐工艺的路面平整度

图 19 灌砂法压实度测定

冷再生施工工艺 表 3

<table>
<tr><td colspan="2">施工参数</td><td>铜仁 S305(一次冷再生)</td><td>毕节 G326(一次冷再生)</td></tr>
<tr><td colspan="2">设备配置</td><td>德工 WB525 + 两台 20t 钢轮压路机</td><td>维特根 WR2500S + 20t 国产单钢轮振动压路机 + 25t 悍马单钢轮振动压路机</td></tr>
<tr><td colspan="2">再生厚度</td><td>17cm 旧路基 + 7.7cm 新料</td><td>18cm 旧路基 + 13cm 新料</td></tr>
<tr><td colspan="2">钻子转速(r/min)</td><td>140 ~ 160</td><td>110 ~ 140</td></tr>
<tr><td colspan="2">推荐铣刨机行走速度(m/min)</td><td>8 ~ 9.5</td><td>10 ~ 15</td></tr>
<tr><td rowspan="2">推荐碾压方式</td><td>普通路段</td><td>1 静压 + 5 强振 + 2 弱振或 2 静压 + 4 强振 + 2 弱振</td><td rowspan="2">20t 二遍静压 + 1 遍弱振 + 25t 五遍弱振</td></tr>
<tr><td>过境路段</td><td>1 遍静压 + 9 遍弱振</td></tr>
</table>

6 结语

在对贵州省山区公路冷再生技术的调研的基础上，结合室内试验与试验段工程，得出了以下结论：

(1)铣刨料级配均不满足现行基层施工技术规范，细料过多，4.75mm、2.36mm 通过百分率部分偏小，接近悬浮密实结构，需添加新料改善级配；新料的压碎值、含泥量、塑性指数均小于铣刨料，针片状含量大于水稳碎石铣刨料，但是小于级配碎石的铣刨料。

(2)对于级配碎石冷再生，相同级配，不同龄期的无侧限抗压强度均随水泥剂量增加而增加，新添料的掺量过大会降低冷再生混合料的强度。

(3)对于水泥稳定碎石冷再生，相同级配，含水率随水泥剂量的增加而增加；相同水泥剂量，最佳含水率随新添细料的增加而增加。相同级配，最大干密度随水泥剂量增加而增加；相同水泥剂量，最大干密度随新料添加比例的增加变化不太明显；水泥剂量可随新添料的增加而降低。

(4)为保证再生混合料级配波动较小，国产德工 WB525 冷再生机当铣刨深度为 25cm 时，行走速度为 8 ~ 9.5m/s为宜，维特根 WR2500S 冷再生机当铣刨深度为 31cm 时，行走速度为 10 ~ 15m/s 为宜。

(5)如采用 20t 位的压路机，在普通路段采用“1 遍静压 + 5 遍强振 + 2 遍弱振”或“2 遍静压 + 4 遍强振 + 2 遍弱振”，在过境段采用“1 遍静压 + 9 遍弱振”的碾压方式。如采用 25t 位和 20t 位的压路机，针对普通路段和过境段可采用“20t 压路机静压 2 遍，弱振 1 遍，25t 压路机弱振 5 遍”的碾压方式，可确保路面压实度满足规范要求。

参 考 文 献

[1] 曾韩平. 贵州高等级公路粉煤灰筑路适用综合技术研究[D]. 重庆：重庆交通大学，2012.

[2] 刘涛. 水泥冷再生基层技术研究[D]. 重庆：重庆大学，2011.

[3] 中华人民共和国国家标准. GB 175—2007 通用硅酸盐水泥[S]. 北京:人民交通出版社,2007.
[4] 中华人民共和国行业标准. JTG F41—2008 公路沥青路面再生技术规范[S]. 北京:人民交通出版社,2008.
[5] 中华人民共和国行业标准. JTG D50—2006 公路沥青路面设计规范[S]. 北京:人民交通出版社,2006.

黄土地区公路高边坡排水设计方法探讨

马玉梅 钱 璞
（陕西省榆林公路管理局）

摘 要 公路边坡排水意义重大，它关系到坡体的稳定和路基的安全，能够减少行车事故，减少路基灾害，降低公路养护费用。公路低边坡由于其高度较低，且汇水区面积一般不是很大，对坡面造成的影响没有高边坡大，按照规范和根据经验选用通用的排水设计参数即可满足排水要求，不需要通过特别的计算。而公路高边坡尤其是挖方高边坡，通常通过的地方山体开挖深度大，具有水文与地质条件复杂的特点，丰富的地下水对公路边坡、路基路面的稳定均会造成很大威胁。一般按照规范选取的排水设置通用模式，往往不能适应高边坡，因而深长挖方路段公路排水问题成为修筑公路必须引起重视的关键技术之一。笔者通过对陕北黄土地区的挖方高边坡调查分析，总结了挖方高边坡特殊的地质水文及工程条件，提出了相应的综合排水设置方案。

关键词 高边坡 排水设计 方法 探讨

1 挖方高边坡通过路段特征

1.1 高边坡定义

岩质边坡坡高 15 ~ 30m 为高边坡，超过 30m 为超高边坡；土质边坡坡高 10 ~ 15m 为高边坡，大于 15m 为超高边坡。笔者研究的重点是挖方高边坡，对 15m 以上的岩质挖方边坡和 10m 以上的土质挖方边坡进行研究。

1.2 深挖方路段的水表现形式

典型的深挖方路段会受到地表水和地下水的影响。地表水和地下水的主要表现形式有：坡面流、入渗补给、边坡潜水、路床下的潜水、路床下的承压水、边坡承压水和暗泉。降雨开始后，入渗补给占了损失量的大部分，成为地下水的主要来源，当降雨强度大于入渗率时，坡面开始产生径流，表现为坡面出现漫流。同时，大气降水的入渗、沟渠的渗流或相邻含水层的越流等形成边坡潜水，边坡潜水和其下的弱透水层越流在路床下形成潜水。公路工程中，边坡及路床开挖时，容易破坏地下不透水层的结构，使得承压水出漏。

暗泉是指道路开挖后，在路床下出现的地下水集中涌出地表的天然水点。根据水量补给来源的不同，暗泉可以分为下降泉和上升泉两类。下降泉水是由上层滞水或潜水补给，泉的流量、水温、水质随季节变化；上升泉水由承压水补给，泉的流量、水文、水质比较稳定，随季节变化小。

1.3 深挖方路段边坡损坏机理

大量现场调查分析和已有研究成果均表明，对于地下水丰富的深挖方路段，未进行综合排水设计或排水系统失效，是造成边坡损坏的重要原因。地表水和地下水对边坡造成的损坏包括以下几个方面：

(1)边坡受到径流的冲刷，造成边坡失稳、坍塌。挖方边坡上的坡面流以地表径流的方式进入路基边坡，对边坡产生冲刷，也可能流向路基路面，影响路基路面结构性能；入渗水最终以潜水或承压水的方式从开挖面渗出，冲刷坡面，可能造成边坡失稳、坍塌，或侵入路基，造成路基损坏；边坡承压水具有较高的水头，其渗流速率很大，如果不进行适当的处理，将会冲刷坡面，造成边坡坍塌。

(2)坡体滑动面破坏，引起滑塌。如果坡体内的地下水得到地表水下渗以及连通含水层的水量补给，而未设置有效的排水设施对其进行有效疏干，将使得坡体内的水头抬高，导致边坡坡体的下滑力增大，滑动面抗剪强度减小，从而引起滑塌等严重灾害。另外，当坡体中具有泥岩、页岩等不透水层时，降水沿顶面入渗，形成边坡潜水,从而形成潜在的滑动破坏面。

(3)间接影响路基路面的稳定。边坡径流未能有效拦截时,水流冲向路基路面;具有较高水头的边坡潜水(或承压水)从边沟底部以渗流的方式侵入路基,使得路基含水率增大,路基土的基质吸力显著减小,从而导致路基顶面回弹模量和路基土抗剪强度降低,造成路面在车辆荷载作用下出现沉陷、变形等损坏。另外,暗泉对边坡的影响虽然较小,但当暗泉的流量较大时,对路基路面湿度的影响较大。再者,深挖方路段通常具有较高的路基地下水位,如果未进行综合排水设计,路基范围内的地下水位上升,将导致路基路面的破坏。

2 公路高边坡防排水原则及排水设施

2.1 高边坡防排水的一般原则

(1)预防为主,防治结合。设计中应根据公路高边坡坡高、坡长、土质、汇水区面积、降雨强度等实际情况设置排水设施,当边坡出现问题时应及时进行治理。

(2)分级截流,纵横结合。对于高陡边坡的排水工程应该合理采取分级截流的方式及纵横结合排水的方法进行处理。坡顶以外的地表水从坡顶截水沟排走;分级边坡每个台阶设平台截水沟排水;坡脚设置边沟排水。高边坡还应根据地形和坡面大小隔一定距离设置急流槽。平台截水沟与急流槽结合起来,使汇集的水尽快排出边坡。

(3)内外排水,综合治理。除了排出坡体外的地表水,还应该考虑影响边坡稳定的坡体内的地下水,采取排除坡体内的地下水和坡体外的地表水相结合的方法综合治理。

(4)坡面防护,绿化先行。除了排出坡面水外,还应该对坡面进行必要的防护。当采用植被护坡无法保证边坡稳定性的时候,再考虑采用工程护坡进行防护。

(5)因地制宜,经济适用。要根据当地的气候环境、工程地质和工程材料等情况,因地制宜,就地取材,不要过度防护和设置过多的排水设施,也不要轻易减少排水设施。排水沟渠应选择地形和地质较好的地方通过,以节约工程加固费用。

2.2 边坡排水设施的分类

对边坡产生水危害的水种类有地表水和地下水,因此将边坡排水设施分为地表排水设施和地下排水设施。边坡地表排水设施主要包括:截水沟、跌水与急流槽、边沟、排水沟等形式。边坡地下排水设施主要包括:明沟、暗沟、渗沟、盲沟、坡体疏干孔(平孔)、排水井、挡土墙背排水等。一般由于边坡所处地区的地下水位大多较低,边坡坡体中大多数没有坡体水,或者坡体水含量很少不足以影响边坡的稳定性,地下排水设施工程造价较高、维修困难等原因,公路的大部分边坡以地表排水为主,只有在水文地质情况较差和滑坡路段才设有部分地下排水设施。

2.3 沟渠的加固与防渗措施

沟渠的加固应该引起重视,因为沟渠的破坏很多是由于沟渠本身不够牢固造成的。对于地质条件较差的地段,尤其应该慎重对待。沟渠的加固方式有多种,应该结合当地地形、地质、纵坡、流速等条件,因地制宜,就地取材。

一般采取的加固防渗措施有:夯实、三合土或四合土加固、干砌片石加固、浆砌片石加固、水泥混凝土预制板加固等。高速公路边坡因为公路等级较高,一般采用浆砌片石加固或水泥混凝土预制板加固的方式。对于沟渠地质条件较差的地段,可以采取防水土工膜防渗措施或者沟渠衬砌下面设10~20cm灰土或者是防水薄膜等,以保证其安全可靠。

3 高边坡排水综合设置

3.1 高边坡防护与排水的关系

边坡防护和边坡排水的目的是一致的,都是为了保护坡面的稳定,避免坡面受到雨水冲刷而遭到毁坏。边坡排水系统是将汇集的地表径流和地下水排出坡体,减少流向坡面的水流,提高坡体内部的稳定性,主要起到排水的作用。排水系统的截水沟、急流槽等均是线状结构,不能防止坡面的降雨溅蚀和坡面的产流冲刷;而边坡防护则是从整个坡面上进行防护,避免坡面受到雨滴的冲击溅蚀、雨水径流的冲刷以及降雨入渗的影响。另外,防护具有一定厚度,可调节边坡的温度、湿度,减小温差,并避免坡面岩土的直接脱落,可以起到防止风化的作用。一般来说,如果只有边坡排水系统,而没有边坡防护,那么边坡坡面必然受到雨滴的冲击和雨水的冲刷,并且土体结构可能受到降雨入渗而破坏(坡面比较完好、地质条件好的完整岩质坡面除外)。同样,如果只有边坡防护,没有设置排水系统,则坡面汇集的水流无序地排向坡脚,冲向路基,造成边坡和路基的毁坏。因此,边坡排水应该结合边坡防护来综合设置,从二者的同一目的性来说,边坡防护也起到了排水的作用。两者在功能上也相互补充。边坡防护减少了入渗量,排水沟槽又将坡面汇流迅速汇集并引排出坡面,减小了水对防护的不利作用;反过来,边坡防护可确保坡面的局部稳定,从而保证排水沟槽的自身稳定。常用的公路边坡防护形式可以分为三类:植被防护、工程防护、综合防护。

植被防护的防冲刷能力较工程防护低,对一些土质不良地段仅采用植物防护可能满足不了防冲刷的要求。工程防护抗冲刷能力强,对坡面起到加固稳定的作用,但不美观,对环境有污染。综合防护将植被防护与工程防护相结合,以工程防护为骨架,在工程防护的空隙处采用植物防护。常见类型有:浆砌片石拱形骨架和菱形框格植草护坡、三维植被网护坡、六角空心块植草护坡、土工格室植草护坡等。这类防护兼顾了植被防护和工程防护的优点,既具备了较强的抗冲刷能力,又符合生态环保的要求,与周围环境相协调,尤其适用于高边坡防护。

3.2 高边坡排水综合设置

高边坡排水设计应根据当地降水强度和地形地貌的实际情况,对边坡排水系统进行整体规划、综合设计,确保其具有较强的汇水、导水和排水功能。综合排水可按照拦截、分散、防冲、防渗的原则设计,尽可能减小边坡水问题。高边坡的综合设置主要考虑以下三个方面。

(1)一个完整的坡面排水系统,需要自然沟谷及沟渠与涵洞等排水设施,各自分工,充分发挥其作用。在高边坡排水综合设计中,地表水的排除可利用坡顶截水沟排出坡顶上方的径流,利用平台截水沟排出坡面来流,利用急流槽和排水沟将截水沟与坡角边沟、跌水等排水设施结合起来,将流向路基的路面水和边坡表面水分段截留,引入自然沟谷、荒地、取土坑或者低洼处,排出路基以外。同时,为了减少坡面水土流失,增加坡体稳定性,使开挖的坡面与自然环境更好地融合,建议采取边坡综合防护配合边坡排水沟渠,使其形成一个完整的坡面生态防排水系统。

(2)一个完整的坡面排水系统,不仅需要边坡排水设施的合理设置,更需要良好的相互衔接。边沟、截水沟、涵洞的相互衔接排水是山区公路高边坡排水中常见的一种方式,可在挖方路段边坡坡口外设置截水沟,坡角设置边沟,将边沟和截水沟的水通过涵洞引排至天然沟道。在坡积、洪积物堆积严重的路段,若地下水丰富,则需设置渗沟、盲沟排除地下水,以确保路基稳定。边坡排水系统的下游是边沟、排水沟、自然斜坡或小桥涵。挖方边坡排水一般通过急流槽排入边沟,与边沟的衔接方式有直接交汇、跌水井、跌坎三种方式,其中坡顶截水沟将水汇入边沟或涵洞,汇入涵洞时入口一般以跌水井形式较多。在填方路基与挖方边坡交界处排水沟渠的相互衔接,可将边坡平台截水沟与坡角盖板边沟通过急流槽与坡角排水沟衔接,将水排出路界外。

(3)一个完整的公路排水系统,不仅是依靠边坡排水系统就可以完成其功能的,要使公路避免和减轻水灾害的影响,还应该设置完善的公路防排水系统。而边坡排水系统仅仅是其中的一部分,设计人员应该根据当地降水强度和地形地貌等实际情况进行综合设计,确保排水系统具有较强的汇水、导水和排水功能。对于降水量大和地下水位高的地区的高速公路,除设置完善的表面排水系统外,应加强路基路面的内部排水系统、中央分隔带排水系统、桥涵排水系统和边坡防排水系统的合理设计及衔接,形成完整的防排水系统,保证路基及边坡的稳定。

4 公路高边坡排水设置不足及建议

(1)只从工程应用角度考虑进行排水设计,各类排水结构物的人工迹象很严重。因此,施工期间和施工后，一定要保证排水结构物看起来自然，与当地自然地理环境融合到一起为最佳选择。

(2)没有考虑地区差异，统一采用规范标准。因此，建议对特定设计地区综合各方面因素综合分析和研究，对各个地区最大降雨量及边沟排水能力进行计算和分析，采用最适合本地区的排水设施尺寸。

(3)没有使各类排水设施有效配合。建议公路高边坡排水设计中增加排水方案设计，应包括排水构造物之间的相互衔接细部图，以便更加具体合理地指导施工。

基于抗磨耗性能的微表处混合料试验研究

石福周

（兰州理工大学）

摘　要　微表处施工是目前应用最为广泛的沥青路面性能补强措施。本文分析了乳化沥青、水泥用量对四种配比拌合时间的影响；利用湿轮磨耗试验，分析了乳化沥青、水泥与含水率三因素对4种配比磨耗性能的影响；通过方差方法分析了以上影响因素的显著性。试验得出：乳化沥青与水泥含量对混合料拌和时间影响明显，拌和时间随乳化沥青含量增大而延长，随水泥用量的增加而缩短；磨耗值随乳化沥青含量、水泥用量的增加而降低；磨耗值随含水率的增加而增大；方差分析表明，乳化沥青含量、水泥与含水率对混合料磨耗性能有显著的影响。结论：微表处混合料配比1-1在沥青含量6.5%、水泥用量1.5%、含水率9%时，其抗磨耗性能达到最优。

关键词　道路工程　微表处　磨耗性能　乳化沥青　水泥

1　引言

随着我国高速公路网的迅速发展，高速公路里程在日益增加，汽车工业及公路交通得到了前所未有的快速发展，道路的运营、养护、管理成为日益突出的问题[1]。由于公路沥青路面长年受车辆荷载、环境及降水等作用与侵蚀，加上沥青自身的老化，导致路面逐渐产生各种病害。路面病害不仅对路面结构的承载能力、耐久性产生影响，对车辆的行驶速度、燃料消耗、机械磨损、行车舒适性、交通安全、环境保护等都会造成不利的影响[1]。国内高速公路普遍存在路面病害问题已严重影响了高速公路的服务水平与使用性能，如何解决道路性能快速衰减问题，成为近年来研究的热点，高速公路养护备受关注[2-5]。

从已有研究来看，微表处技术是目前使用最为广泛，也是成本较低、解决路面性能快速衰减效果较好的措施[2-5]。微表处是采用专用机械设备将聚合物改性乳化沥青、粗细集料、填料、水和添加剂等按照设计配比拌和成稀浆混合料摊铺到原路面上，能有效防止路面早期破坏并延迟路面破坏进程的一种养护措施[2,4]。微表处技术可以填补已经稳定的车辙，可在常温下施工，具有无烟雾、粉尘、噪声污染、废水外排等环保的特点，以及在施工后可以快速开放交通等优点[2,6]。本文通过甘肃境内高速公路的养护施工，在四种配比下通过改变乳化沥青、水泥与水的含量，利用湿轮磨耗试验（WTAT）测定混合料的抗磨耗能力，对影响混合料磨耗性能的以上因素进行试验研究，以提高道路的抗滑耐磨、防水等性能，从而增强道路的使用性能与耐久性，解决道路性能衰减的问题，最终推荐了适宜甘肃天水地区的微表处混合料。本文研究为提高甘肃省高速公路养护的微表处使用性能，完善现行微表处的材料参数取值提供依据。

2　试验材料与方法

试验集料采用甘肃省天水市武山县鸳鸯镇玉石湾石料，集料级配采用国际稀浆罩面协会推荐的Ⅲ型集料级配，通过集料筛分计算能够满足微表处Ⅲ型级配要求。石料筛分级配以及试验的四种配比如表1所列。

试验采用BCR型改性乳化沥青，试验结果如表2所列。

拌和试验主要用于评价乳化沥青与集料的相容性，根据要求的拌和时间及混合料的和易性确定填料添加剂类型与比例[5,7]。本文选用的填料为普通硅酸盐水泥，P. O. 42.5。微表处混合料的可拌和时间应不少于120s。湿轮磨耗试验（WTAT）中，将混合料在25℃的水中浸泡1h、144h后，测试混合料的抗磨耗能力[4,6,7]。磨耗试验结束后测试混合料的重量损失，其中浸泡1h的最大重量损失限度为538g/m^2，浸泡144h

后的最大重量损失限度为800g/m^2。

石料筛分级配与四种配比 表1

配比类型	规格	比例(%)	9.5	4.75	2.36	1.18	0.6	0.3	0.15	0.075
	MS-3型级配	上限	100	90	70	50	34	25	18	15
		下限	100	70	45	28	19	12	7	5
配比1-1与配比1-2各档级配通过率(%)	0-3	60	100	100	85.8	58.3	40.4	25.6	18.3	12.8
	3-5	9	100	98.6	22.4	6.4	2.6	1.2	0.8	0.4
	5-10	31	100	30.6	0.6	0.6	0.6	0.6	0.6	0.6
	矿粉	2	100	100	100	100	100	99.6	95.4	74.4
配比1-1	合成级配通过率(%)		100	78.4	54.0	36.6	25.9	17.1	12.8	9.1
配比1-1	合成级配通过率(%)		100	78.4	53.7	35.7	24.7	15.7	11.2	7.9
配比1-3与配比1-4各档级配通过率(%)	0-3	48	100	99.7	90.0	67.8	50.8	38.8	25.9	13.2
	3-5	17	100	97.5	11.6	4.7	3.2	2.3	2.0	1.6
	5-10	33	100	19.4	1.2	1.0	0.9	0.8	0.8	0.8
	矿粉	2	100	100	100	100	100	99.6	95.4	74.4
配比1-3	合成级配通过率(%)		100	78.4	54.0	36.6	25.9	17.1	12.8	9.1
配比1-4	合成级配通过率(%)		100	78.4	53.7	35.7	24.7	15.7	11.2	7.9
备注	配比1-1与配比1-3中,合成矿料中<4.75mm部分砂当量56.8%									
	配比1-2中,合成矿料中<4.75mm部分砂当量71.1%									
	配比1-4中,合成矿料中<4.75mm部分砂当量57.8%									

BCR型改性乳化沥青技术指标试验结果 表2

试验项目	残留含量(%)	残留25℃针入度(0.1mm)	残留软化点	残留5℃延伸度(cm)	1.18mm筛上剩余量(%)	储存稳定性(%)	
						1天	6天
第1天	63.0	86	60.0	31.3	0.03	1.2	1.7
第5天	63.1	88	57.5	31.4	0.08	1.8	2.3
第10天	63.1	89	54.5	31.5	0.14	2.9	3.3
规定值	≥62	40~100	≥57	≥20	≤0.1	≤1	≤5

3 试验结果与分析

3.1 不同配比下混合料拌合试验分析

混合料拌和时间太短将影响微表处的施工和易性,选择乳化沥青含量与水泥用量为主要影响因素对其拌和试验的影响开展研究。试验中,矿料200g、水13g,当填料水泥固定为3g时,乳化沥青选择19g、20.6g和22.2g,试验结果如图1a)所示;当固定乳化沥青为20.6g时,水泥选择2g、3g和4g,试验结果如图1b)所示。

图1中,所有拌和时间都满足规定要求,即大于120s。图1a)中,4种配比的拌和时间与不可拌合时间均随乳化沥青含量的增加而增大,且其增长速率基本相同。配比1-1在乳化沥青含量19g时,其拌和时间最长,而配比1-4最短;对于不可拌和时间,配比1-1与配比1-2基本相同,配比1-4仍为最短。

图1b)中,4种配比的拌和时间与不可拌和时间均随水泥用量的增加而减小,其减小速率基本相同;其中,当水泥用量从3g增加为4g时,拌和时间与不可拌和时间减小速率较大。在水泥用量的影响下,4种配比中,配比1-1的拌和时间明显大于其他三种配比,配比1-4的拌和时间仍为最短。

分析表明,乳化沥青含量与水泥用量对混合料的拌和时间有显著的影响,在实际工程中可通过调节两者的含量,使其拌和时间达到最优。

a)乳化沥青影响　　b)水泥影响

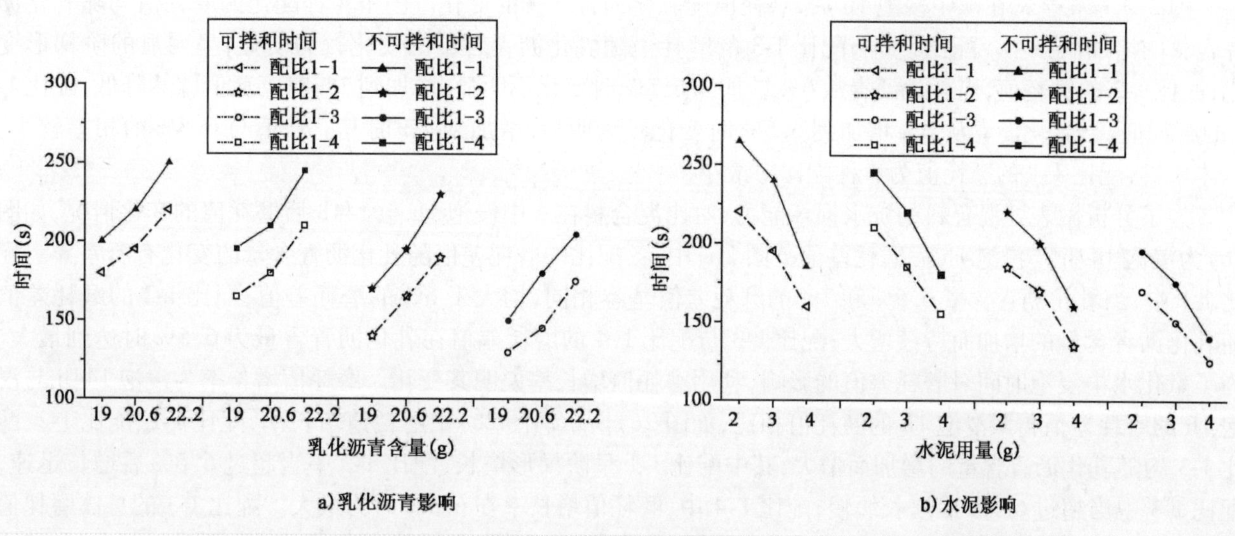

图1　拌合时间影响因素变化

3.2　乳化沥青含量对磨耗性能影响

固定水泥用量为1.5%不变，4种配比混合料的磨耗值随乳化沥青含量的变化如图2所示。

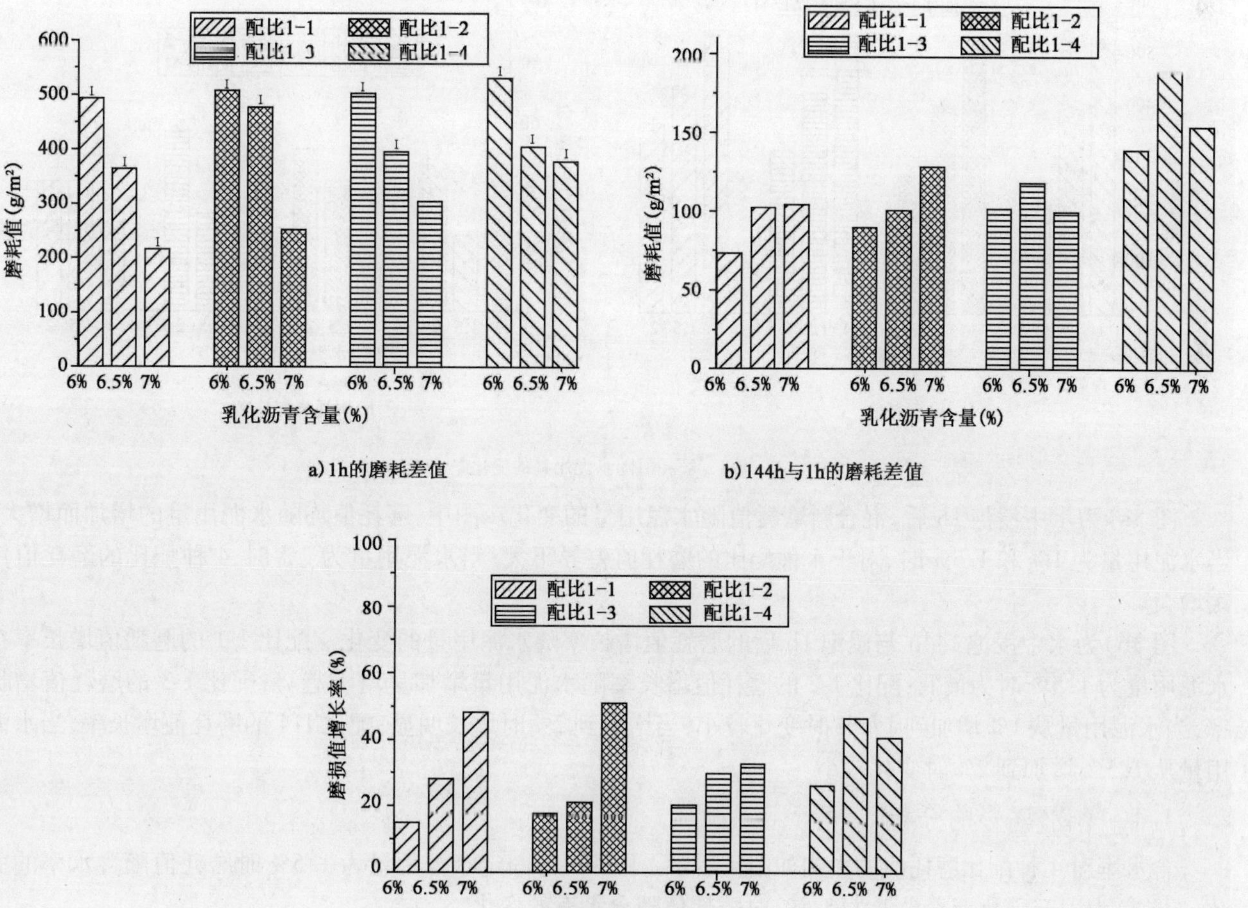

a)1h的磨耗差值　　b)144h与1h的磨耗差值

c)磨耗值增长率

图2　磨耗值随乳化沥青含量的变化

图2a)为混合料在水中浸泡1h后,磨耗值随乳化沥青含量的变化。图中4种配比的磨耗值均随乳化沥青含量的增加而减小。配比1-1与配比1-3的磨耗值随乳化沥青含量的变化较为明显,呈明显的阶梯形变化;配比1-2的磨耗值,当乳化沥青从6%增加到6.5%时变化不明显,增加到7%时磨耗值骤然降低;配比1-4的磨耗值,当乳化沥青从6%增加到6.5%时变化较为明显,增加到7%时其磨耗值与6.5%的相差较小。总体来讲,配比1-1的磨耗值为4种配比中最小。

为了分析微表处混合料的抗水损坏能力,对比混合料在水中浸泡1h与144h后磨耗值的变化情况,如图2b)为浸泡144h与浸泡1h后磨耗差值。图2b)中,各配比的磨耗差值随乳化沥青含量的变化有所差异。配比1-1中,当乳化沥青含量6.5%和7%的磨耗差值基本相同,均大于6%的磨耗差值;配比1-2的磨耗差值随乳化沥青含量的增加而持续增大;配比1-3与配比1-4的磨耗差值在乳化沥青含量为6.5%时达到最大。为了量化水中浸泡时间对磨耗差值的影响,利用磨耗值增长率说明其变化。磨耗值增长率为浸泡144h与浸泡1h的磨耗差值再跟浸泡1h的磨耗值相比,如图2c)所示。图2c)中磨耗值增长率,配比1-1、配比1-2、配比1-3均随乳化沥青含量的增加而增大,其中配比1-1呈阶梯形增长,配比1-2中当超过6.5%后增长迅速,配比1-3中当超过6.5%后增长缓慢;配比1-4中,磨耗值增长率在6.5%时为最大。配比1-3的总体磨耗值增长率为最小。

3.3 水泥用量对磨耗性能影响

固定乳化沥青含量为6.5%不变,4种配比磨耗值随水泥用量的变化如图3所示。

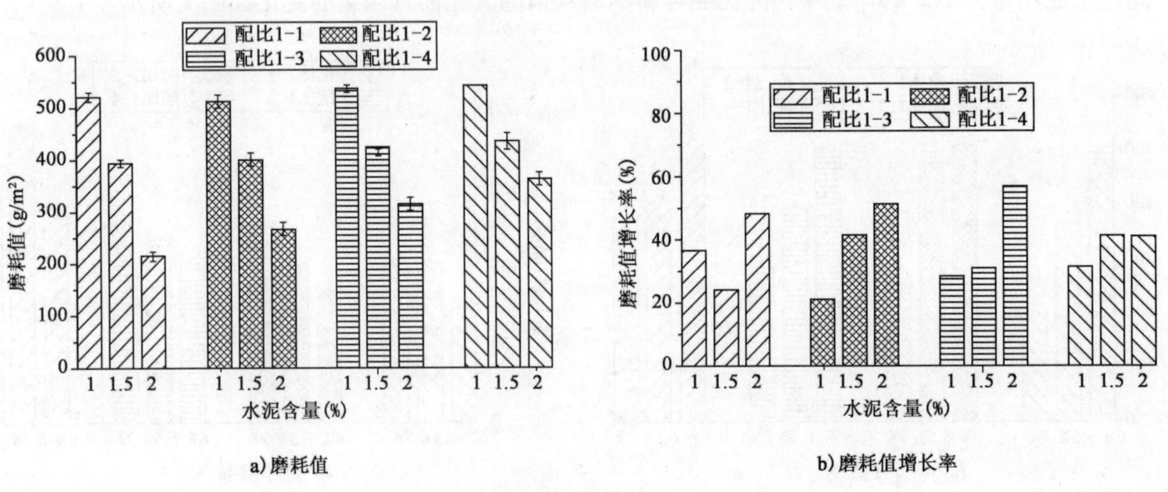

图3 磨耗值随水泥用量的变化

图3a)为水中浸泡1h后,混合料磨耗值随水泥用量的变化。图中,磨耗值均随水泥用量的增加而增大,当水泥用量为1%和1.5%时,对于4种配比的磨耗值差异不大;当水泥用量为2%时,4种配比的磨耗值依次增大。

图3b)为水中浸泡144h与浸泡1h后的磨耗值增长率随水泥用量的变化。配比1-1的磨耗值增长率在水泥用量为1.5%时为最低;配比1-2的磨耗值增长率随水泥用量增加呈增大趋势;配比1-3的磨耗值增长率,当水泥用量从1%增加到1.5%时变化较小,当增大到2%时增长明显;配比1-4的磨耗值增长率,当水泥用量从1.5%增加到2%时变化较小。

3.4 含水率影响分析

含水率对4种配比磨耗值的影响如图4所示。图4a)为固定水泥用量为1.5%时磨耗值随含水率的变化,图4b)为固定乳化沥青含量为6.5%时磨耗值随含水率的变化。

图中磨耗值均随含水率的增大而增大,配比1-3与配比1-4的磨耗值大于其他两个配比,配比1-1的磨耗值最小。其次,固定乳化沥青含量6.5%的磨耗值总体要大于固定水泥含量1.5%的磨耗值。

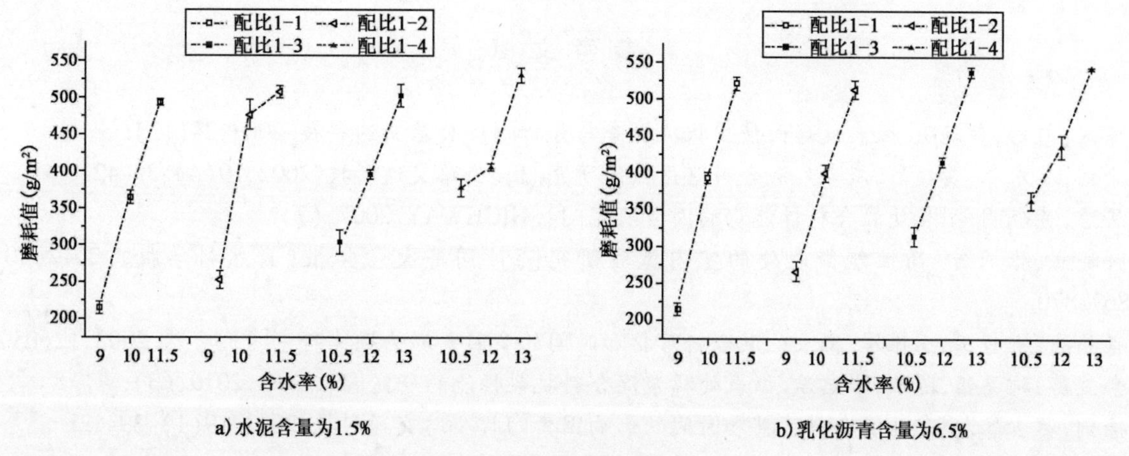

图4 含水率对磨耗值的影响

3.5 显著性分析及配比选择

前面试验表明,乳化沥青含量、水泥用量、含水率对混合料磨耗性能有影响,为了量化其影响是否显著,本文采用方差方法对以上三因素的影响进行研究。

表3为配比1-1中乳化沥青含量(或含水率)与浸泡时间对磨耗值的方差分析结果,可以看出,乳化沥青含量(或含水率)与浸泡时间对磨耗值的影响在0.01水平下是极其显著的,其中乳化沥青含量(或含水率)的显著性要大于浸泡时间,它们的交互作用在0.05水平下也是显著的。其他三组配比的乳化沥青含量(或含水率)与浸泡时间对磨耗值在0.01水平下也是显著的。同样,水泥用量(或含水率)与浸泡时间对磨耗值的方差分析结果表明,水泥用量(或含水率)与浸泡时间在0.01水平下对磨耗值的影响也是显著的。

乳化沥青含量(或含水率)与浸泡时间方差分析结果 表3

差异源	离差平方和	自由度	均方	F值	Prob > F
乳化沥青含量(或含水率)	208743.7	2	104371.8	1176.757	1.7E-14
浸泡时间	39134.69	1	39134.69	441.2305	7.86E-11
交互	894.5544	2	447.2772	5.0429	0.025728
内部	1064.333	12	88.69444		
总计	249837.3	17			

以上分析表明,乳化沥青含量、水泥用量、含水率对微表处混合料的磨耗值有显著的影响,在实际工程中应重视其相互作用,不能一味地通过增加乳化沥青或添加剂含量提高其抗磨耗性能,而忽略其综合性能。4种配比中,配比1-1在乳化沥青含量为6.5%时,浸泡1h后的磨耗值为4种配比中最小,其磨耗差值最小,磨耗值增长率较小;配比1-1在水泥用量为1.5%时,其磨耗值与磨耗值增长率较小。因此,综合来讲配比1-1在沥青含量6.5%、水泥用量1.5%、含水率9%时,使微表处混合料的抗磨耗性能达到最优,并满足混合料拌和时间等其他微表处性能要求。

4 结语

(1)乳化沥青与水泥含量对混合料拌和时间影响明显,拌和时间随乳化沥青含量增大而延长,随水泥用量的增加而缩短。

(2)磨耗值随乳化沥青含量、水泥用量的增加而降低,随含水率的增加而增大,方差分析表明,乳化沥青含量、水泥与含水率对混合料磨耗性能有显著的影响。

(3)4种配比中,配比1-1在沥青含量6.5%、水泥用量1.5%、含水率9%时,使微表处混合料的抗磨耗性能达到最优。

参考文献

[1] 陈俊,彭彬,黄晓明.微表处路面使用状况调查与分析[J].公路交通科技.2007,24(12).

[2] 徐剑,秦永春,黄颂昌.微表处混合料路用性能研究[J].公路交通科技.2002,19(4):39-42.

[3] 居浩,黄晓明.微表处混合料性能影响因素研究[J].HIGHWAY.2007,(7).

[4] 孙晓立,张肖宁.高性能微表处的室内试验研究[J].同济大学学报(自然科学版).2012,40(6):867-870.

[5] 肖晶晶,宋哲玉,王振军.微表处混合料可拌和时间的多因素影响规律研究[J].公路.2008,12(039).

[6] 余剑英,柯昌银,陈斌,张启斌.微表处稀浆混合料抗裂性能的研究[J].公路.2010,(3).

[7] 徐剑,秦永春.微表处混合料可拌和时间的影响因素[J].公路交通科技.2002,19(1):39-42.

建筑垃圾在公路工程中的再生利用

崔宏斌

（咸阳公路管理局机械化养护中心）

摘 要 本文介绍了建筑垃圾产生原因，通过对咸阳市城西快速干道工程的建筑垃圾再生利用，结合实际施工对建筑垃圾处理施工工艺进行了总结，并对再生利用的经济效益进行了比较，从而为今后类似工程提供了一定的参考和有用经验。

关键词 建筑垃圾 公路工程 再生利用

建筑垃圾是指人们在从事建筑业的生产活动中产生的废弃物的统称。按照产生源分类，建筑垃圾可分为工程渣土、装修垃圾、拆迁垃圾工程泥浆等；按照组成成分分类，建筑垃圾可分为渣土、混凝土块、碎石块、砖瓦碎块、废砂浆、泥浆、沥青块、废塑料、废金属、废竹木等。建筑垃圾对于建筑本身而言是没有任何作用的，却是在建筑建设过程中产生的，需要进行相应的处理，才能够做到废物利用，达到理想的工程项目建设的目的。

近年来随着我市城市化进程的不断加快，建筑垃圾的产生和排出数量也在快速增长。然而在很长一段时间里，由于人们缺乏对建筑垃圾的有效管理，处理方式落后，许多建筑垃圾乱通常是未经任何处置就被运到郊外或农村，采用露天堆放或填埋的方式进行处理，耗用了大量的征用土地费，垃圾清运等建设费用。同时，清运和堆放过程中遗撒的粉尘、灰砂飞扬等问题又造成了严重的环境污染，使人们在享受城市文明的同时，也在遭受着城市垃圾所带来的烦恼。事实上，建筑垃圾也是一种可再生资源，如果处理得当，将它转化为新的建筑材料循利用不仅可以节约工程成本，而且能减少垃圾处理费用，减轻环境污染。经过多年的实践和探索，我们发现：工程建设过程中或旧建筑物维修和拆除过程中产生的建筑垃圾多为固体，建筑废渣透水性好，遇水不冻涨，不收缩，是公路工程难得的水稳定性好的建筑材料。加上其颗粒大，比表面积小，含薄膜水少，不具备塑性，特别是在潮湿环境下，建筑废渣作基础垫层，强度变化不大，是理想的强度高、稳定性好的筑路材料。同时建筑废渣也可以广泛应用在路基、软弱土路基处理、粉土路基、黏土路基、淤泥路基和路面底基层处理等方面。下面笔者就结合自己近年来在咸阳市城西快速干道工地工作的实际，简要介绍建筑垃圾在公路工程施工中的再生与利用情况。

1 项目情况

咸阳市城西快速干道是连接西宝高速和福银高速以及国道312线的一条重要道路，该项目的实施可有效缓解咸阳市区交通压力，改善交通环境。该工程路线全长11.176km。设计标准为城市主干路Ⅰ级，路基宽度60m，双向六车道，设计速度60km/h。项目于2010年开始实施，2014年全线竣工，工程总投资为9.8亿元。在实施中由于该项目处于城乡结合部，而沿线群众房屋及企业密集，项目需拆迁安置群众200余户，拆迁企业70余家，垃圾拆除量约40万m^3，80%以上为旧楼房拆除产生，主要成分为砖块、瓦块、钢筋混凝土块及部分渣土。当时由于该段线路周边社会情况复杂，村民强行参与，造成垃圾处理成本太高，给工程顺利实施造成一定困难，严重制约工程的顺利进行。如何处理数量如此之大的建筑垃圾，能否在不影响工程质量的前提下，充分利用当地建筑垃圾作为路基填筑材料进行施工是一个迫切需要解决的问题。为此，在该项目路基工程中我们就建筑垃圾的再生与利用问题进行了多方探讨、试验和总结，并取得了较为理想的实际效果。

2 工程实际应用

该工程为旧路升等改造项目，路面宽度由12m加宽到60m，4块板结构，高程基本沿用老路路面高程，机动车道路面结构层形式为：18cm沥青混凝土+36cm水泥稳定碎石基层+20cm二灰土底基层，路床处理深度为1.5m；非机动车道路面结构层形式为：9cm沥青混凝土+30cm水泥稳定碎石基层+20cm二灰土底基层，路床处理深度为1.39m。

2.1 在软基处理和路基填筑中的利用

由于该段地处城乡结合部，路基范围存在大量涝池、灌溉渠及排水管道，路基软基比较普遍，针对此种情况，我们采用拆除的路面混凝土块、砖块进行软基处理，具体做法是在路面反挖至设计下路床底面时，如路基出现软基翻浆时，再继续下挖50cm，换填经过二次破碎的混凝土块及砖块，规格要求最大尺寸小于25cm，每层填筑厚度一般控制在30cm，为了保证换填材料压实的均匀及密实度，在重型辗压机辗压前，用较小石块填塞整平层面，并控制辗压机械的速度，在静压2遍后，采用强振6~8遍，最后根据现场情况分两层铺筑50cm厚3%石灰土隔离层。

对非机动车道路床填筑及地基松软路段做法是：选择房屋建筑拆除后去除杂质土、不含有生活垃圾、粒径均匀的建筑垃圾作为首选填料。回填施工时，首先用挖掘机将建筑垃圾挖至已整修好的路床，将大颗粒的建筑垃圾用挖掘机剔除至路侧后清理。在已验收合格的下路床底面上，由挖掘机进行回填建筑垃圾，每层虚铺按30cm控制，并配以人工对所填筑的不合格粒料进行分拣，粒径达到20cm以下即可，然后用推土机进行整平，将建筑垃圾整平以后，压实采用18t振动羊角碾进行碾压，碾压时，第一遍不开振动采用静压，以保证填料表面平整。然后先慢后快，由弱振至强振，振动压路机碾压8遍后，用18~21t光轮压路机碾压收面。填筑要求至距设计高程顶面1.2m位置为止，在填筑完成后，采用弯沉仪在进行弯沉值检测，标准按路基顶面弯沉值220(0.01mm)的要求控制，经对所有用建筑垃圾填筑的路基进行检测，弯沉值一般在80~120(0.01mm)之间，完全满足路基强度要求。

2.2 路面铣刨料的的再生利用：

在路面基层、底基层施工中，为了更好的利用现有资源，争取再生利用，减少废料遗弃，我们经过反复论证与试验，决定对原旧路二灰碎石基层及面层进行铣刨后，在非机动车道新作水泥稳定碎石基层中掺加部分铣刨料以再生利用，水泥用量确定为5%，经实验室反复试验，最终确定施工配合比为：10~30mm碎石：10~20mm碎石：5~10mm碎石：石屑：路面铣刨料=17:27:5:21:30，最佳含水率7.5%，最大干密度2.2g/cm^3，压实度（重型击实标准）≥98%。施工采用机拌机铺工艺，厂拌时：

(1)对铣刨料进行过筛处理，在稳定土拌和机料仓上加装钢筋筛，去除大于3cm的颗粒，以保证粒径均匀，无超大颗粒，确保混合料级配稳定。

(2)对铣刨料进行含水率测定，根据实际测定的数据，适当减少水稳混合料的加水量。

(3)确保水泥用量，因为铣刨料细颗粒太多，如果水泥用量达不到要求，水稳基层整体强度将受到影响，一般将水稳混合料水泥用量控制在5.0~5.2%之间。

(4)施工现场严格按照水泥稳定土施工规范进行施工，摊铺、碾压时，摊铺系数1.3~1.5之间（正常速度下英格索兰摊铺机为1.3、徐工摊铺机为1.5、且摊铺系数与摊铺机的行使速度也有关），施工中必须贯彻“宁高勿低、宁刮勿补”的原则，全部施工工程力争在水泥终凝时间前完成。碾压完毕立即做密实度试验，若试验结果达不到标准重新进行碾压。

(5)要求覆盖养生，对已完成碾压并经压实度检测合格后应立即进行养生，不能延误。

养生采用土工布覆盖进行养生，同时也可在已完成混合料直接洒水养生。按技术规范养生期应不小于7d，在养生期间应由专人负责限制车辆行驶；最后质量检验，水泥稳定碎石基层施工中，因水泥材料的固有特性，质量检测工作尤为重要，所以要加强用数据指导生产的观念，搞好质量控制，经7d成型期后钻芯取样8组，试样成型良好，无侧限抗压强度基本可达4.0MPa，水稳基层顶面实测弯沉值10~20(0.01mm)之间，完全满足水泥稳定碎石基层验收弯沉值37.1(0.01mm)的要求,效果比较满意,同时还发现,在掺加了路面铣刨料的水稳基层可有效缓解基层干缩裂缝的产生,明显改善基层的整体强度,到现在为止,该段路面整体强度良好,未出现一道收缩裂缝,分析原因,是铣刨料中粉煤灰起到一定作用。

3 经济性比较

以某标段为例,路基处理按照外借土方41元/m^3,垃圾清运22元/m^3计,每立方米可节省材料费用62元/m^3;30cm水泥稳定碎石基层投标价77.25元/m^2,拆除旧路面投标价8.55元/m^2,如掺加30%铣刨料,可节省碎石25.5元/m^3,节省路面铣刨料外运费用21.99元/m^3,经测算,仅此节省的清理垃圾及耗费石料费用,可降低工程造价20%~25%,同时可大大缩短工期,具有良好的经济效益和应用前景。

在该工程施工中,我们成功地将建筑垃圾作为路基填料应用在公路工程中,将其变废为宝,既节省了工程费用,缩短了工期,降低了成本,又保护了基本农田,减少了环境污染,产生了较好的经济效益和社会效益。实践证明,只要理论联系实际,在充分做好论证、试验等工作的基础上,做到严把工序,精心施工,建筑垃圾完全可以作为施工原料应用到公路工程之中,充分实现其再生与利用价值,产生较大的经济与环保效能。

参 考 文 献

[1] JTJ 034—2000 公路路面基层施工技术规范[S].北京:人民交通出版社,2000.
[2] CJJ 134—2009 建筑垃圾处理技术规范[S].北京:中国建筑工业出版社,2009.
[3] 杨国清.固体废物处理工程[M].北京:科学出版社,2000.
[4] 陕西省交通公路设计有限公司.咸阳市城西快速干道工程施工图设计.

江西大广高速泡沫沥青冷再生混合料抗剪性能研究

金　芳[1]　曹建阳[2]　宋俊红[3]　薛　亮[4]　李树勋[5]

(1 山西喜跃发道路建设养护有限公司;2 新疆新纪元公路设计有限责任公司;
3 山西省古交公路管理段;4 山西喜跃发道路建设养护有限公司;
5 山西喜跃发道路建设养护有限公司)

摘　要　沥青路面冷再生技术符合国家发展循环经济和实现可持续发展的战略方针。因此,对沥青路面冷再生技术进行深入研究具有重要的现实意义。本文以江西省大广高速泰赣段改造工程为研究对象,水泥稳定基层的泡沫沥青就地冷再生技术施工为基础,通过大量的室内试验和模拟软件分析,把水泥对于影响泡沫沥青混合料抗剪性能的因素进行了总结,从而促进泡沫沥青冷再生技术在我国的应用。

关键词　高速公路　冷再生　泡沫沥青混合料　抗剪性能　水泥用量

1　项目研究背景

从1988年上海至嘉定的高速公路建成通车以后,在"五纵七横"国道主干线系统规划的指导下,我国高速公路从无到有,总体上实现了持续、快速和有序的发展,由于我国沥青资源严重缺乏,因此在修建高等级道路时尽力减小沥青面层的厚度,而水泥、石灰、粉煤灰等无机结合料稳定粒料等半刚性材料成为最普遍的基层结构,也就是所谓的"强基薄面"理论。据统计,我国90%以上的高等级公路沥青路面基层或底基层采用半刚性材料,这说明半刚性基层沥青路面已经成为我国高等级公路沥青路面的主要结构类型。

多年来沥青路面发生严重的早期病害,不得不使人们对此结构如何更好定位开始思考。长期以来,人们普便认为半刚性基层的最大优点是板体性强,有很高的承载力,但是对它的缺点却不重视,一旦半刚性基层发生破坏,造成的后果往往是致命的。传统的做法就是"开膛破肚"式的维修,不仅工期长,造价高,而且带来大量废料无法处理的困境。

同时,随着许多高等级公路进行维修养护和改造阶段,每年约有15%的路面要大修,初步估计每年沥青路面废料量达360万吨,如何对这些废料采用再生技术进行回收,用于路面新建或维修工程中,既有利于环保,又可节约大量投资。尤其是在一些资源紧张地区,大量的旧路面材料再生利用,对于减少污染,保持水土,以较少的投资修筑更多的公路,具有重要的意义。采用泡沫沥青冷再生技术,对回收旧沥青路面材料进行再生利用,可以较好地解决这一难题。

2　项目概况

大广高速泰赣段是黑龙江大庆至广州的国家重点公路在江西境内的一段,起于昌泰高速公路的终点泰和县马氏镇,经吉安、赣州两个设区市的泰和县、万安县、遂川县、南康市等4个县市,终于南康市龙岭镇,全长128km。

全线按四车道高速公路标准建设,计算行车速度100km/h,路基宽26m。该项目于2001年11月18日开工建设,2004年1月16日建成通车。通车9年以来,随着社会经济的发展交通量日益增加,超载现象越来越严重,且江西省雨季时间较长,在行车荷载以及各种恶劣气候等外在因素的综合影响下,沿线出现了不同程度的路面病害,且部分路段病害情况比较严重,为保证行车安全、舒适的要求,同时按照省高速公路投资集团养护工作的整体部署,对泰赣高速K2952+254~K2964+750、K2983+754~K3002+531、K3029+870~K3044+169三个路段共45.572km进行路面中修。

3 项目施工方案

将旧路面沥青层及6cm水稳上基层进行铣刨，对剩余的14cm上基层做泡沫沥青冷再生层（厚度16cm）+12cm厂拌乳化沥青混合料调平层+8cm粗粒式改性沥青混凝土下面层（AC-25）+4cm细粒式改性沥青混凝土上面层（AC-13）。沥青混凝土上面层与下面层之间喷洒改性乳化沥青黏层油。

4 泡沫沥青混合料级配设计

通过对原旧路铣刨的混合料、需添加的石屑、水泥进行筛分，确定石屑添加量；采用不同泡沫沥青添加量做出至少5组试件，经过养生后，测出各个试件的劈裂强度，看是否满足规范要求，哪组最大，综合结果，最后确定该项目泡沫沥青冷再生的配合比见表1～表3。

沥青发泡试验结果 表1

沥青发泡条件	
温度（℃）	发泡水量（%）
160	2.3

再生混合料级配试验结果 表2

集料比例	铣刨料100%	集料比例	铣刨料100%
集料规格（mm）	各筛孔通过率（%）	集料规格（mm）	各筛孔通过率（%）
26.5	99.4	2.36	36.6
19	94.8	0.3	16.4
9.5	69.2	0.075	7.6
4.75	52.0		

泡沫沥青冷再生混合料配合比 表3

矿料掺配比例（%）			泡沫沥青油石比（%）	最佳含水率（%）
旧路面铣刨料	石屑	水泥		
98.5	0	1.5	2.7	5.5

5 泡沫沥青混合料强度形成机理分析

泡沫沥青冷再生混合料是以泡沫沥青作为稳定剂，添加了少量的水泥等以改善其力学性能，其强度形成机理与普通热拌沥青混合料是不同的。沥青发泡以后，物理性质发生了变化，其黏度显著降低，形成的泡沫沥青体积急剧增加，表面张力减小，可以在常温下方便地与不加热的集料（RAP）拌和均匀。在泡沫沥青拌和过程中，当泡沫沥青与集料接触时，沥青泡沫瞬间化为数以百万计的“沥青微粒”粘附于细料（特别是粒径小于0.075mm）的表面，形成粘有大量沥青的细料填缝料，经过拌和压实，这些细料能填充于湿冷的粗料之间的空隙并形成类似砂浆的作用，使混合料达到稳定。即泡沫沥青冷再生料的初期强度主要由泡沫沥青裹覆铣刨料中的细料，形成的沥青“玛蹄脂”再粘附粗料而形成。最终强度由三部分组成，即RAP中集料之间的嵌挤力与内摩阻力、RAP中旧沥青与集料之间的粘聚力和泡沫沥青与细料形成的沥青胶浆与粗料之间的黏聚力。

6 泡沫沥青混合料抗剪性能研究

随着交通量迅速增大，车辆大型化、严重超载、车辆渠道化等问题接踵而来，在轮载作用下，其非均布荷载将在沥青混凝土面层内产生较大的剪应力，由于沥青混合料在设计过程中并未考虑材料的抗剪性能，出现了抗车辙能力不足和早期破损增多的现象，因此研究沥青混合料的高温抗剪性能就显得十分迫切。目前，泡沫沥青再生混合料主要用于基层及底基层，材料内部所受的剪应力较小。如果将其层位上提，材料内部势必存在较大的剪应力，因此研究其抗剪强度无疑是确定其层位的重要指标。

6.1 试验方案

水泥的添加给泡沫沥青再生混合料引入了一定的"刚性",且其在泡沫沥青再生混合料中成为一种次级结合料,这种呈"刚性"的次级结合料的添加以及添加量的不同对混合料整体抗剪强度有何影响,是泡沫沥青冷再生混合料抗剪特性研究的一个重点。

研究水泥用量对再生混合料抗剪特性的影响时,采用同一基准级配进行研究。变化3种水泥掺量,即0%、1.5%、2.5%。泡沫沥青用量统一采用2.7%。在配合比设计的过程中,先将RAP材料筛分,再采用逐档回配的方法控制再生混合料的级配。利用水泥和小于0.075mm的粉料等量替换的方法,保证不同水泥掺量下再生混合料的合成级配相同。

6.2 试验方法及条件

同济大学孙立军教授对贯入剪切试验进行了大量研究,他根据现有道路的路面结构和材料,简化受力模式然后进行有限元分析,研究得出单轴贯入试验合理的压头尺寸,试验条件以及抗剪破坏参数等一系列很有价值的结论。贯入剪切试验方法包含单轴贯入试验和无侧限抗压试验两个单独的试验。

判断试件剪切破坏的依据有两个:一个为破坏拐点,混合料内部开始产生裂纹;另一个为极值点,沥青混合料开始彻底破坏,即表示试件所承受的最大剪应力点,受人为因素影响较大;而每个试验的极值点都是固定的,并具有明确的物理意义,能够反映一种沥青混合料所能承受的最大剪应力值。因此,本研究拟用极值点来表征沥青混合料抗剪强度。

贯入剪切试验可以模拟路面在实际车辆荷载所用下的剪应力状态,通过该试验方法可以有效地评价再生混合料的抗剪性能。试验条件和参数直接借鉴孙立军教授的研究成果,为便于推广试验,试验中采用传统的小马歇尔试件,试验在万能材料试验机上进行,本研究的具体试验条件为:

加载速率:1mm/min;

压头尺寸:28.5mm;

加载波形:直线波;

试验温度:25℃、60℃,在环境箱中试验,且至少要保温6h。

6.3 试验结果及分析

水泥用量与泡沫沥青再生混合料抗剪指标的关系以图1~图3表示出来,结果表明,随着水泥用量的增加,再生混合料的25℃和60℃的最大剪应力、粘聚力和内摩阻角均显著增长。且在同一水泥用量下,25℃的抗剪指标要大于60℃。同一温度下,水泥用量从1.5%增加到2.5%时各抗剪指标的增长速度要小于从0%增加到1.5%;这主要是由于水泥在混合料中发生水化作用后有助于改善矿料表面的棱角性,利于泡沫沥青微粒在矿料表面的粘附。另外,水泥水化后也发挥了次级结合料的作用,故而可以增大再生混合料的粘聚力,水泥所起的次级结合料作用同时也增大了再生混合料的内摩阻角。因此,从提高抗剪特性的角度考虑,再生混合料中应加入少量水泥。

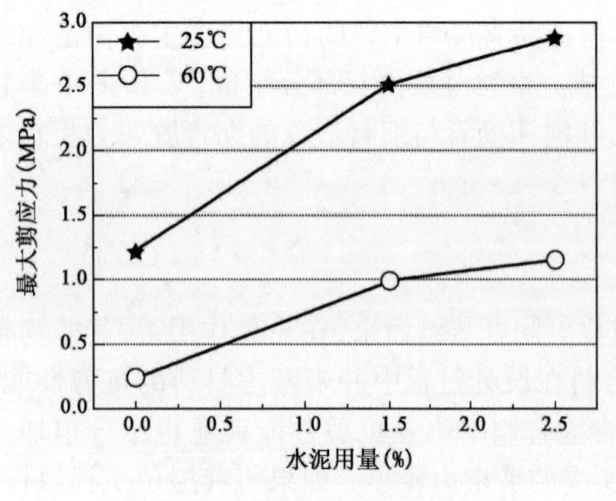

图1 不同水泥用量下混合料最大剪应力

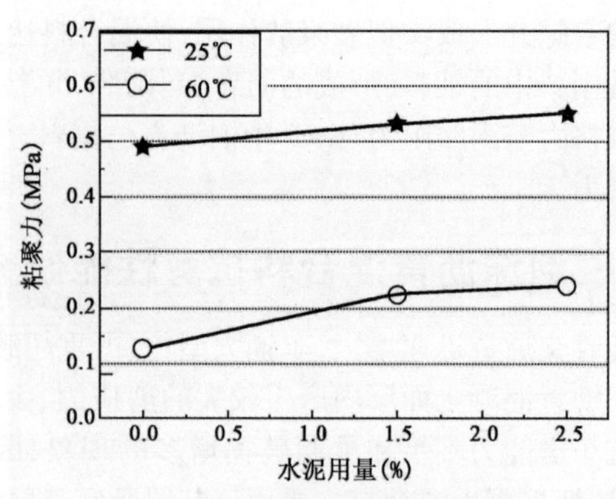

图2 不同水泥用量下混合料黏聚力

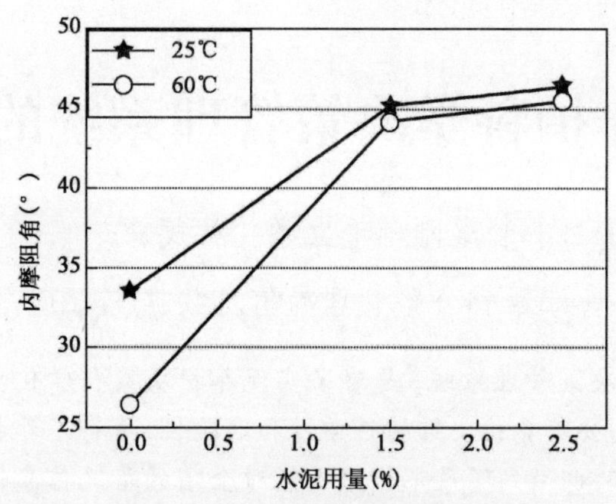

图3 不同水泥用量下混合料内摩阻角

7 结语

近年来,由于交通量的迅速增大及沥青混合料设计过程中对材料抗剪性能的忽视,出现了抗车辙能力不足和早期破损增多的现象,因此高温抗剪性能的研究就显得十分必要。目前,泡沫沥青再生混合料主要用于基层或下面层,材料内部所受的剪应力较小。如果将其层位上提,材料内部势必存在较大的剪应力。因此研究其抗剪强度无疑是确定其层位能否上提的重要指标,对于冷再生层位的设计有着很强的参考意义。本文从材料组成的角度,采用贯入剪切试验对不同水泥用量下泡沫沥青再生混合料的抗剪性能进行研究,得出水泥用量的增加不利于提高泡沫沥青冷再生混合料的抗剪性能。因此,在实际施工中应该合理的选择和添加水泥。

参考文献

[1] 吕伟民,拾方治.泡沫沥青冷再生技术的研究与应用[J].

[2] 中华人民共和国行业标准. JTG F41—2008 公路沥青路面再生技术规范[S].北京:人民交通出版社,2008.

[3] 德国维特根公司冷再生手册.

[4] 孙立军,等.沥青路面结构行为理论[M].北京:人民交通出版社,2005.

[5] 邵显智.沥青混合料抗剪性能影响因素及剪切疲劳试验研究[J].

江西省公路养护科学决策管理系统的构建及应用

甘梁刚　毛立举　林茂森
(江西省公路管理局信息数据中心)

摘　要　《江西省公路养护科学决策管理系统》是为了实现养护决策科学化要求而开发的应用软件。系统的推广使用极大地提高公路养护决策的科学性和准确性,填补了养护管理方面的一项空白。对于上级养护管理部门而言,也做到了足不出户就能对全省的路况信息情况了如指掌。应用了本系统后,使公路养护决策工作彻底摆脱繁琐的人工决策模式。实现了系统软件分析决策结果辅助人工决策的目标。该系统主要由数据导入、路况评定、养护分析、模型设置、养护决策、系统设置管理等几部分组成。采用SQLServer 2008数据库,基于NET开发的B/S架构,具有操作简单,实用性强,便于安装、维护等特点。用户将公路基础数据和路况数据导入系统中。通过应用《江西省公路养护科学决策管理系统》软件的决策模型生成养护决策图表,实现了养护决策科学化、规范化管理。

关键词　江西省公路养护科学决策管理系统　基于SQLSERVER数据库　NET平台的B/S架构

1　引言

随着我省公路建设进程的不断发展,公路养护科学决策在公路建设规划、公路养护计划等工作中起到越来越重要的作用。随着现代物流的不断发展,公路养护决策工作量日益加大已经成为一个不容忽视的问题,在这种情况下,通过仅靠人工的方法对公路养护进行决策管理会浪费大量的人力和物力,决策的科学准确性也无法得到保障。开发基于SQLSERVER数据库的B/S架构的公路养护科学决策管理系统正是此类问题的解决之道。

2　系统组成

江西省公路养护科学决策管理系统(图1)是一套根据公路规范和相关业务流程而开发系统,适用于专业从事公路养护决策单位。该系统主要包括以下4个模块:

(1)基础数据、路况评定、养护决策、系统设置。其中基础数据模块包括(路线、路基、路面、构筑物、设施);

(2)路况评定模块包括(路况数据、路况评定、路况预警、设备接口);

(3)养护决策模块包括(养护分析、模型参数、数据管理);

(4)系统设置模块包括(组件机构管理、修改密码、区间管理范围、自定义弯沉、角色管理、员工管理、操作日志、菜单管理、工具),如图2~图6所示。

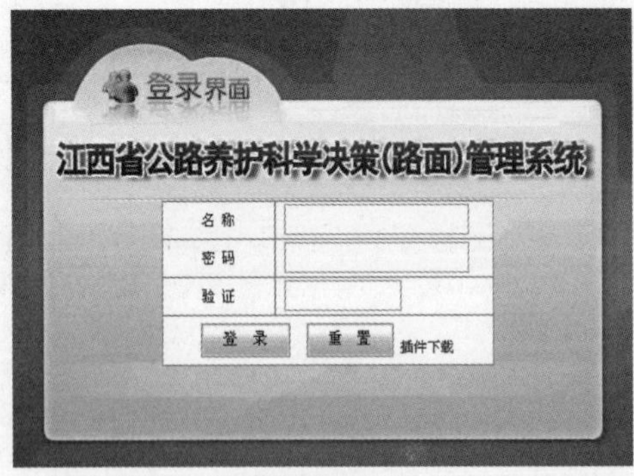

图1　登录界面

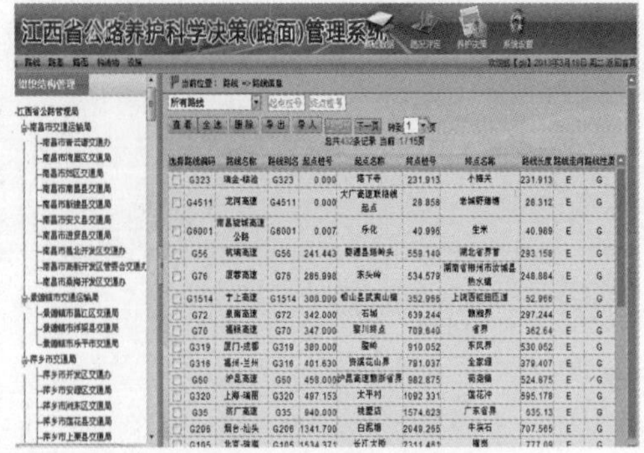

图2　基础数据界面

图3　路况评定界面

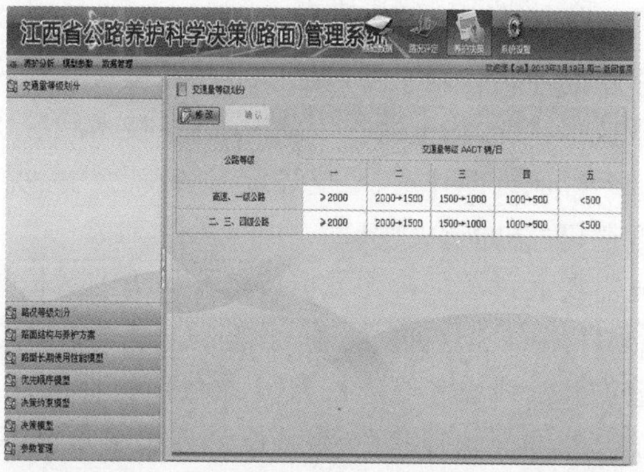

图4　养护决策界面

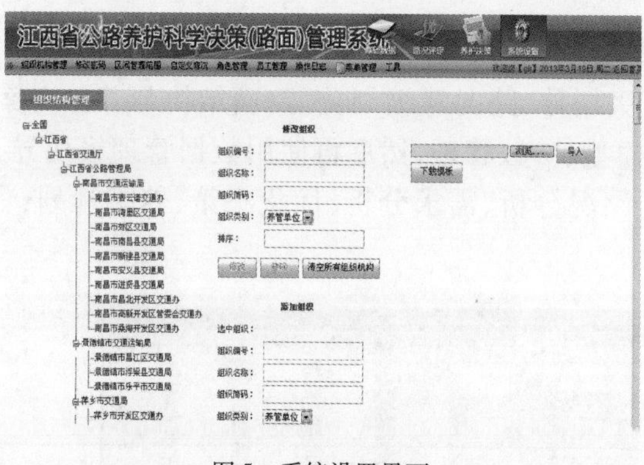

图5　系统设置界面

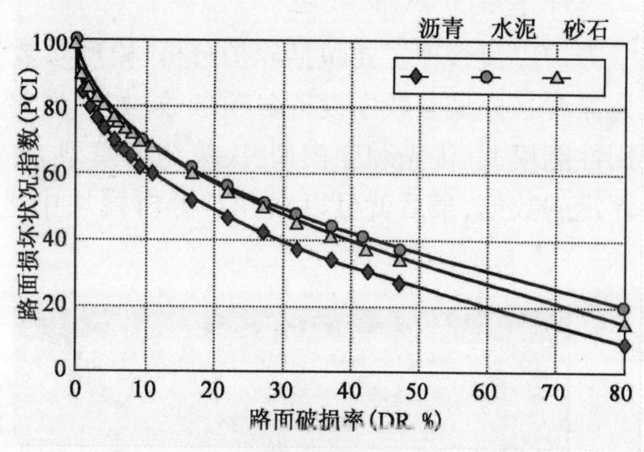

图6　路面破损率情况表

3　主要特点

(1)建立江西省公路养护科学决策管理系统,实现各级单位对所辖区域公路网信息的分级管理和数据共享。

(2)实现全省路网定期路况数据的上报和自动评定,动态掌握全省各级管理机构的路况水平。

(3)改变传统经验型决策模式,实现以基于客观路况数据的养护计划与规划,提升养护资金使用效率,为向财政部门申请养护资金提供重要依据。

4　操作流程

江西省公路养护科学决策管理系统的操作流程整体分三步:

(1)基础数据管理;

(2)路况评定管理;

(3)科学养护决策。

现就这三块业务进行一个详细的流程介绍。

4.1　公路基础数据管理

公路基础数据管理包括以下功能模块:

路线、区间、交通量、路段、边坡防护、路基概况、路基排水、路基养护历史、路面信息、路面养护历史、桥梁、隧道、涵洞、桥涵养护历史、交通设施、安全设施、服务设施、路产设施、交通量观测站、左侧防护措施、右侧防护措施、治超监测站、气象监测站、设施养护历史。

系统首先需要完善路线信息,通过手动添加或通过 Excel 批量导入路线基本信息。然后根据路线的属性划分区间,程序会根据区间的属性自动划分成 1km 为单位的路段。

4.2 公路路况评定管理

公路路况评定管理主要包括以下功能模块：

路基技术状况、构造物技术状况、路基技术状况、设施技术状况、路面破损、路面平整度、路面车辙、路面抗滑、路面弯沉、近期评定、历史评定、评定汇总、路况预警、路面车检接口、路面平整度接口、路面车辙接口、路面抗滑接口、路面弯沉接口。

首先需要通过车辆检测数据接口将检测的数据导入平台，或者通过 Excel 导入病害数据，根据自己的业需要，完善好路面、构筑物、路基、设施的病害数据后，按照《公路技术状况评定标准》，对各路段路基、路面、桥隧构造物和沿线设施等进行 MQI 及分项指标的评定，生成规定格式的数据报表。通过路况评定，可及时掌握整个公路网现状，评定结果将作为养护决策的基础长期保存，为公路资产使用性能长期观测和研究提供数据基础。

4.3 科学养护决策管理

科学养护决策管理主要包括养护分析、模型参数、数据管理模块。

首先需要在模型参数中设置各项参数：如交通量等级划分、路况等级划分、路面结构与养护方案、路面长期使用性能模型、优先顺序模型、决策约束模型、决策模型、参数管理，然后再使用数据管理模块导入评定模块中评定的数据，最后就可以在养护分析模块中进行路况分析、需求分析、优化决策、养护计划，如图7、图8所示。

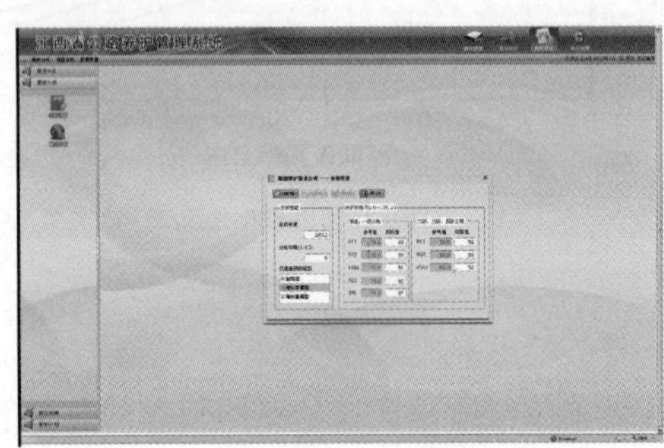

图7 养护需求分析——参数设置

图8 养护需求分析——养护质量

5 工程应用

5.1 计划编制

路面养护计划编制工作包括选择数据、调整方案和生成计划共3个步骤。路面养护计划编制的主要功能是选择数据和调整方案。其中，菜单栏包括选择数据和生成计划共2个按钮。选择数据按钮用于选择路面养护工程计划的数据来源，生成计划按钮用于调整完养护方案后，生成路面养护工程计划，如图9所示。

若用户已完成路面养护工程计划的编制工作，系统提示是否需要调整养护工程计划。

若用户已完成选择数据，导入了建议方案数据，但未完成路面养护工程计划的编制工作，系统进入选择数据工作。

若用户未完成选择数据工作或数据来源已作废，则需要进行计划编制的第一步工作——选择数据。

路况分布图显示了路段的各种信息，包括路段编码、起点桩号、PCI、RQI、PSSI、RDI、SRI、PQI 和养护方案性质等情况。

路段路况信息列表显示了路段的各种信息，包括路段编码、起点桩号、路段长度、养护年度、技术等级编码、路面类型编码、PCI、RQI、PSSI、RDI、SRI 和 PQI 等情况。

5.2 生成计划

只有生成了路面养护工程计划，才可以下一步的查看养护计划工作。

5.3 工程计划

路面养护工程计划工作包括汇总和明细两部分。

5.3.1 汇总

路面养护工程计划汇总包括大中修预算、中修预算和日常养护的里程和费用。可选择设定选择数据项,进行分类统计分析。其中,选择数据项用于选择统计的路段范围,包括政区栏、养管单位栏和路线编码项。

5.3.2 明细

路面养护工程计划明细包括项目编码、政区名称、养管单位、起点桩号、终点桩号、路段长度、起点路段、终点路段、路段数、路面宽度、技术等级、路面类型、车道交通量(AADT)、PCI、RQI、PSSI、RDI、SRI、PQI、优先排序 PN、养护方案、养护性质和养护费用,如图 10 所示。

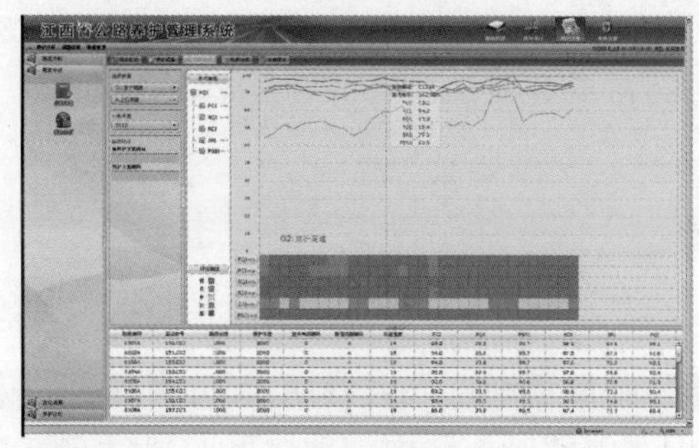

图 9 计划编制界面

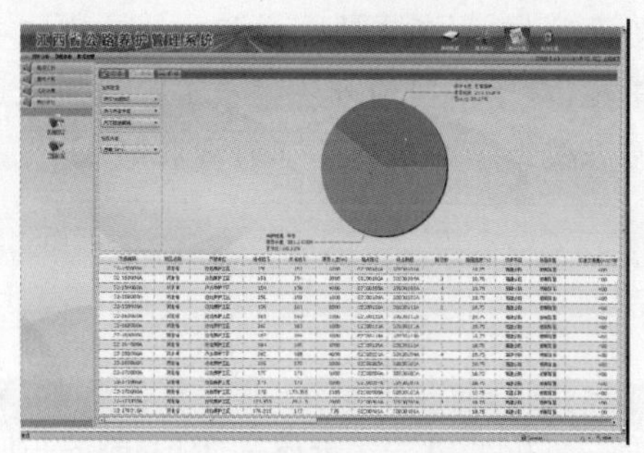

图 10 工程计划——明细

6 结语

目前,在公路养护计划中进行科学化、信息化管理已经成为大家的共识,江西省公路养护科学决策管理系统的应用成为衡量公路行业管理创新的标准之一。国内其他很多省市已经进行了公路养护决策管理的信息化建设并且使用了公路养护科学决策管理系统,取得了一些成果。

(1)养护决策科学化作为一种社会发展的必然趋势,也是每一个公路养护管理机构都面临的发展机遇和挑战,采用先进的信息化手段,可以使其从传统的,繁琐的手工管理模式中解脱出来,降低管理成本,提高工作效率,构建现代化管理模式,增强整个养护机构的综合竞争力。

(2)本系统平台的推广应用将极大地提升整个公路养护管理领域的管理水平,规范其业务工作,确保养护数据的真实性、科学性和准确性,同时借助于完整、统一、具有宏观调控功能的信息共享数据交换平台对于提高整个公路养护行业的决策水平起到积极的推动作用。

综上所述,本系统平台的推广应用,对于公路养护机构和整个公路行业的信息化建设都起到积极的促进作用,实现全省路网定期路况数据的上报和自动评定,动态掌握全省各级管理机构的路况水平。改变传统经验型决策模式,实现以基于客观路况数据的养护计划与规划,提升养护资金使用效率,为向财政部门申请养护资金提供重要依据。对于提高整个公路行业的养护科学决策水平也能起到积极的推动作用。

参 考 文 献

[1] 中华人民共和国行业标准. JTG B01—2003 公路工程技术标准[S]. 北京:人民交通出版社,2003.

[2] 中华人民共和国行业标准. JTG F80/1—2004 公路工程质量检验评定标准[S]. 北京:人民交通出版社,2004.

[3] 中华人民共和国行业标准. JTG H20—2007 公路技术状况评定标准[S]. 北京:人民交通出版社,2007.

[4] 中华人民共和国行业标准. JTG H10—2009 公路养护技术规范[S]. 北京:人民交通出版社,2009.

旧水泥路面加铺设计中反射裂缝防治

王接成

（上饶宏优公路勘察设计院）

摘　要　近年来，随着交通量的剧增和汽车轴载日益重型化，混凝土路面在经过一段时间的使用后，原有的水泥混凝土路面已经出现露骨、开裂、断板、沉陷、错台、破碎、板底脱空等路面损坏，影响了道路的使用功能。若全部挖除重建，则所需的资金多、工期长，对正常交通的干扰也相当严重；而此时，旧水泥路面加铺，则不失为一种好方法。本文重点介绍了旧水泥混凝土路面加铺设计中反射裂缝的防治措施，对于不同的方法提出了其适用范围，为路面加铺设计提供了参考。

关键词　旧水泥混凝土　加铺施工　沥青混凝土

1　引言

进入21世纪后，我国在20世纪90年代修建的高速公路都逐渐进入大修期，部分高速公路为了满足交通量的增长而进行了改扩建。在大修或改扩建设计中，旧水泥混凝土路面加铺层反射裂缝的防治都是需要重点关注的问题，也是旧路路面加铺设计中的难点问题。反射裂缝将直接导致加铺层路面开裂，引起雨水下渗，从而造成路面破坏，给业主、施工单位及公路养护部门都造成很大的经济损失。因此，有必要结合实际情况，总结国内外对于反射裂缝的防治措施，探讨合理有效的防治方法，供设计单位参考。

2　防治反射裂缝措施

国内外的学者们针对反射裂缝问题进行了大量的理论计算和试验研究，采用了许多新理论和新方法，诸如断裂力学理论、MTS足尺疲劳试验等。在科学研究和工程实践的基础上，一些防反措施也逐渐得到认可，并加以推广。

2.1　增加沥青罩面层厚度

大量的文献都对该措施的机理进行了研究和论证，增加罩面层厚度可以减小罩面层底的荷载应力和温度应力，降低弯沉差，从而在一定程度上减缓反射裂缝的出现。笔者计算结果表明，当罩面层厚度介于4～10cm时，每增加1cm厚度，弯沉差平均降低5.8%，荷载应力平均降低8.7%，水平相对位移平均降低8.9%，温度应力平均降低12.3%，但随着厚度的增加，防反效果在逐渐降低，见图1和图2。

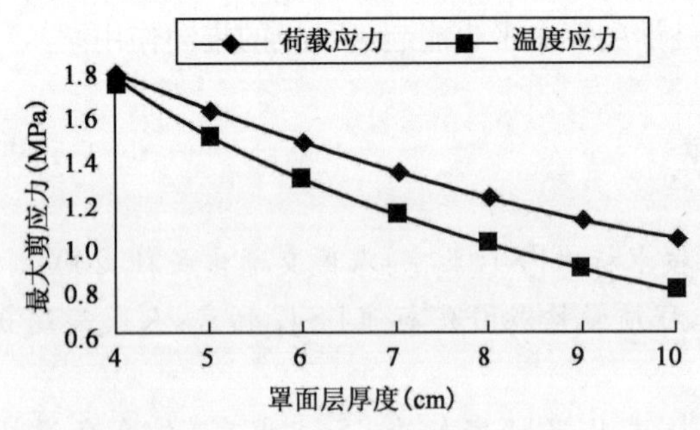

图1　罩面层厚度对层底应力的影响

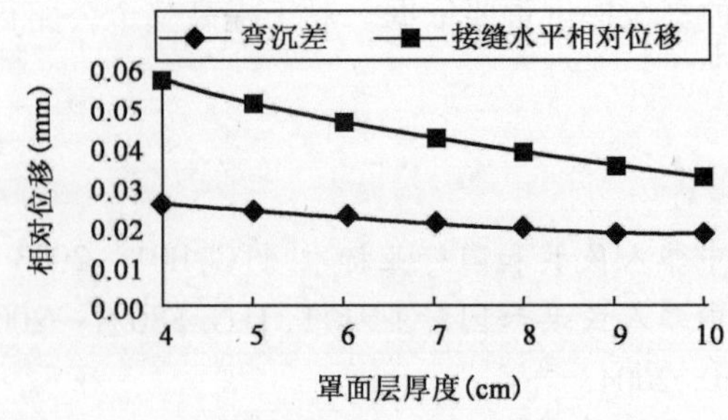

图2　罩面层厚度对相对位移的影响

一些研究成果也表明，当罩面层达到一定厚度（约23cm）时，继续增加厚度将于事无补。增加沥青罩面厚度，势必会增加相应的工程造价，因此单纯依靠增加厚度来防反的做法是不合理的，应当综合考虑费用与寿命之间的平衡。

2.2 预切缝处理

这种措施是在加铺层上对准旧水泥混凝土横缝的位置进行预切缝，然后进行灌缝处理。美国东北部12个州曾在旧水泥混凝土路面改建中采用该方法，对15个试验路面进行检测，结果表明锯缝和灌缝可以减少反射裂缝64%。该措施的技术难点是如何确定切缝的位置，因此对施工工艺要求较高，国内几乎没有相关的应用。

2.3 设置织物、格栅夹层

土工布和玻纤格栅等薄夹层是常用的防反措施，薄夹层具有较大的模量，能够承受较大的水平拉力。一般认为土工布在延缓温度张开型反射裂缝方面效果较好，对于荷载型反射裂缝效果较差。笔者采用三维膜单元对土工布的防反效果进行了有限元计算，通过改变模量来研究其规律，结果表明，随着土工布模量的增加，接缝处应力集中现象有小幅降低，但是对于弯沉和弯沉差几乎没有任何改变，说明土工布对于防治偏荷载引起的剪切型反射裂缝基本无用。

玻纤格栅是应用较多的防反措施，相对于土工布来说，它呈现出刚性的特征，因此不仅可以防治水平相对位移引起的张开型反射裂缝，而且对于弯沉差引起的剪切型反射裂缝也具有一定效果。

文献[1]中对薄夹层的防反效果所作的总结为：所有的土工织物或网格防治水平位移比剪切位移更有效。不论是加筋还是应变消散类措施，当应用于传荷能力很差的路面时，任何薄层沥青类罩面对防治反射裂缝都显得无能为力。

采用土工布或者玻纤格栅等薄夹层直接铺筑在刚性层表面时，很容易产生因层间黏结不足造成的壅包病害。笔者在复合式路面层间剪切试验中，对铺设土工布的试件进行了抗剪强度测定，结果表明，铺设土工布与无粘层油情况下的抗剪强度接近，当轴载大于100kN时，很容易产生层间滑移。

2.4 设置应力吸收层

设置应力吸收层是防治反射裂缝最为有效的措施之一，其机理在于分散并吸收了接缝处因温度和荷载而产生的应力和相对位移。应力吸收层是特殊的热拌沥青混合料，按照材料组成的不同，主要分为以下3类：

2.4.1 橡胶沥青应力吸收层

将单一粒径的石料均匀满铺在橡胶沥青层上，用胶轮压路机进行嵌挤碾压，橡胶沥青被挤压到石料高度约3/4处，石料嵌锁形成后将构成结构性支撑，这时所形成碎石封层模式的防裂层即为橡胶沥青应力吸收层。橡胶沥青应力吸收层是国际公认的抗反射裂缝最有效的解决方案之一，具有很强的黏结性能和防水性能，厚度为10~15mm，抗压回弹模量约为10~100MPa。

2.4.2 STRATA应力吸收层

STRATA应力吸收层是美国科氏公司研究开发的一种新型应力吸收层，在我国已有成功的应用，它是一种采用特殊聚合物改性的沥青混合料，具有高弹性、不透水、黏附性强及抗裂性能好等优点，铺设厚度一般不超过30mm，抗压回弹模量约为800MPa。

2.4.3 其他应力吸收层

特殊配置的改性沥青碎石与沥青混凝土等应力吸收层，抗压回弹模量通常比较大，而且很接近AC层材料，因此可以看作是AC层在厚度上的延伸。

采用应力吸收层防治反射裂缝既有成功的案例，也有失败的案例。1990年德国不来梅港市和海尔布隆市采用SAMI作夹层修筑试验路，施工方法为先在旧水泥混凝土路面板上喷洒SAMI夹层，紧接着洒布预拌碎石，然后摊铺4cm沥青混凝土。试验结果观测表明，在接缝和裂缝的竖向相对位移小于0.1mm的混凝土路面上，这种方案是可行的。不来梅港市试验段上只有少数几道裂缝的竖向位移大于0.1mm，因而反射裂缝出现得较少。而海尔布隆市试验段由于特别恶劣的气候，在重车道上特别是在凹竖曲线段内竖向位移明显大于0.1mm，反射裂缝较多。根据试验结果，此措施只能用于接缝竖向相对位移小于0.06mm的路段上。

笔者在对复合式路面荷载应力的研究中，分析了荷载应力和弯沉随应力吸收层厚度和模量的变化规律，结果表明，应力吸收层对于荷载应力和弯沉差的影响非常显著，设置厚度为 2cm 的 STRATA 应力吸收层时荷载应力比无夹层的情况减小了 65.6%，弯沉差减小了 53.5%。荷载应力随应力吸收层模量的增大而增大，弯沉差则随模量的增大而减小，因此笔者推荐应力吸收层模量为 400～800MPa 为宜。

2.4.4 设置裂缝缓解层

裂缝缓解层分两类：级配碎石裂缝缓解层和大粒径沥青碎石裂缝缓解层。

级配碎石裂缝缓解层之所以能够有效防止和减缓旧水泥混凝土路面沥青加铺层的反射裂缝，主要由于级配碎石作为散粒结构具有不传递拉应力、拉应变的特性，并且级配碎石的隔离作用大大改善了旧水泥混凝土路面的温度状况。按照国外经验，级配碎石裂缝缓解层一般厚度为 10～15cm。杨斌等通过足尺疲劳试验，论证了级配碎石裂缝缓解层的防反效果优于土工布或格栅等薄夹层，对于张开型反射裂缝效果更好。由于级配碎石是典型的散粒材料，所以在重车较多的旧路改造中应慎用。

20 世纪 60、70 年代，美国开始将开级配大粒径沥青混合料用于防止反射裂缝，美国沥青协会建议采用最大粒径分别为 75mm、63mm 及 50mm 的大粒径开级配沥青碎石作为裂缝缓解）层，经试验路检测表明，其防裂效果良好。大粒径沥青碎石混合料防反机理在于：

（1）大粒径沥青碎石混合料中大粒径矿料多、沥青含量少、空隙率大，这种多空隙结构可有效地阻断裂缝尖端的扩展路径，削弱拉应力、拉应变的传递能力，并且能消散、吸收由交通荷载及环境温度变化所产生的荷载应力和温度应力。

（2）大粒径沥青碎石裂缝缓解层的隔离作用大大改善了旧水泥混凝土路面的温度状况，减少了降温及温度梯度对水泥混凝土路面及加铺层的影响程度，使水泥混凝土路面板的翘曲程度及接缝的张开位移量均有大幅度地降低，因而可使沥青加铺层在温度作用下的受力状况得以改善。

（3）加铺层设置大粒径沥青碎石裂缝缓解层后，路面结构的整体强度有所提高，可有效地减小沥青加铺层的荷载应力及接缝两侧的弯沉与弯沉差，延缓沥青加铺层荷载型反射裂缝的产生与扩展速度。

马庆雷、杨斌等参照美国经验并结合中国的实际情况，提出了采用 9cm 厚 AM—40 大粒径沥青碎石作为裂缝缓解层的方法，并在山东省某地旧水泥混凝土路面改造工程中铺筑了 900m 长 AM—40 大粒径沥青碎石加铺层结构及 1500m 长的其他几种类型加铺层对比结构的试验段。经过 1 年多时间的运营使用，其他几种类型加铺层路段均不同程度出现了反射裂缝，而设置大粒径沥青碎石 AM—40 裂缝缓解层的加铺层结构未出现反射裂缝及其他病害，表明其具有良好的防裂效果。

3 结语

路面反射裂缝的防治是旧水泥混凝土路面加铺设计的关键和重点。设计实践中，要根据旧路状况、当地气候条件、建设条件等因素，结合上述反射裂缝的防治措施，充分考虑不同处理措施的优缺点和适用性，提出适合项目特点、合理可行的处理方案。

参 考 文 献

[1] 符冠华. 沥青混凝土加铺层改造旧水泥混凝土路面的应用研究[D]. 南京：东南大学，2001.

[2] 杨斌. 旧水泥混凝土路面沥青加铺层结构研究[D]. 西安：长安大学，2005.

[3] 中华人民共和国行业标准. JTJ 073.1—2001 公路水泥混凝土路面养护技术规范[S]. 北京：人民交通出版社，2001.

[4] 中华人民共和国行业标准. JTG D40—2002 公路水泥混凝土路面设计规范[S]. 北京：人民交通出版社，2002.

[5] 中华人民共和国行业标准. JTG D50—2006 公路沥青路面设计规范[S]. 北京：人民交通出版社，2006.

旧水泥混凝土路面改建方案全寿命周期成本分析

黄琴龙　袁　远

（同济大学道路与交通工程教育部重点实验室）

摘　要　采用全寿命周期成本分析方法，对破碎挖除重新铺筑、直接加铺沥青层、多锤头碎石化加铺沥青层、共振碎石化加铺沥青层等常见旧水泥混凝土路面改建方案进行经济分析。结果表明，共振碎石化加铺沥青层方案在全寿命周期内具有更低的成本，直接加铺沥青层方案不具备成本优势，破碎挖除重新铺筑方案在不考虑交通影响的情况下具有一定竞争力。

关键词　旧水泥混凝土路面　改建方案　全寿命周期成本　共振破碎

截至2013年底，我国公路总里程达到435.62万km，水泥混凝土路面约占40%，其中绝大部分建于15年内。然而，水泥混凝土路面的设计寿命一般为20年或30年，由于受大量重载、超载影响，实际寿命往往达不到设计要求。按照这一标准，未来10年内，我国将面临大规模的旧水泥混凝土路面大修改造。目前，基于对初期投资的考虑，旧水泥混凝土路面的改建以直接加铺沥青层方法为主，然而，该方案具有诸多不足，改造后的路面往往在较短的时间内出现反射裂缝等病害，在使用期需要多次投入较高的养护和维修费用，并对后续进一步改建增加了难度[1]。因此，选择经济有效的改建方式对完成旧水泥混凝土路面的大规模改造具有重要意义。本文采用全寿命周期成本分析方法，对破碎挖除重新铺筑、直接加铺沥青层、多锤头碎石化加铺沥青层、共振碎石化加铺沥青层等常见旧水泥混凝土路面改建方案进行比较分析，明确不同改建方式的经济效益，为旧水泥混凝土路面的改建决策提供参考。

1　改建方案

考虑应用破碎挖除重新铺筑、直接加铺沥青层、多锤头碎石化加铺沥青层、共振碎石化加铺沥青层等方案对某条1km长、10m宽的旧水泥混凝土路面进行改建。

1.1　破碎挖除重新铺筑方案

破碎挖除后重新铺筑方案是较为彻底的旧水泥混凝土路面改建方法，一般使用常规方式破碎原有水凝混凝土面板，破碎过程中很有可能对原基层产生较大损害，而最终导致将基层一并挖出，造成建筑材料的浪费。该方案在破碎挖除原有面板和基层后，重新铺筑35cm厚水泥稳定碎石基层和15cm厚沥青面层（从上至下依次为4cm SMA-13（SBS改性）+5cm AC-20C+6cm AC-25C）。施工周期为10个月，沥青中下面层有效寿命为15年，沥青上面层的有效寿命为10年。

1.2　直接加铺沥青层方案

旧水泥混凝土板块注浆加固后直接加铺沥青面层是目前旧水泥混凝土路面改建工程中应用最广的实施方案，通过对旧水泥混凝土板块进行注浆加固、清缝灌缝等综合处治，再在板块顶面设置应力吸收层和玻璃纤维格栅，可以减缓反射裂缝的生成，加铺的沥青面层厚度为10cm（从上至下依次为4cm SMA-13（SBS改性）+6cm AC-20C（SBS改性））[2]。施工周期为3个月，沥青面层的有效寿命为6年。

1.3　多锤头碎石化加铺沥青层方案

多锤头碎石化法是通过重锤垂直下落产生的低频高幅波动冲击力对水泥混凝土板块进行破碎，破碎速度快，且不存在废弃旧水泥混凝土板块的处置问题，但是对板下结构层的影响较大，往往会造成基层的破坏[3]。该方法将旧水泥混凝土板块破碎后作为新建沥青混凝土路面的基层，直接加铺22cm厚沥青面层（从上至下依次为4cm SMA-13(SBS改性)+6cm AC-20F+12cm AC-25F)。施工周期为1个月,沥青中面层的有效寿命为10年,沥青上面层的有效寿命为5年。

1.4 共振碎石化加铺沥青层方案

共振碎石化加铺沥青层法是通过施加振动谐波将板块破碎后作为基层,再加铺沥青层的独特改建措施,对板下各层的影响相对于其他碎石化技术要小,是目前最能有效防止反射裂缝的碎石化技术[4]。该方法在对原水泥混凝土板块进行破碎后,直接加铺20cm厚沥青面层(从上至下依次为4cm SMA-13(SBS改性)+7cm AC-20F+9cm AC-25F)。施工周期为1个月,沥青中下面层的有效寿命为15年,沥青上面层的有效寿命为8年。

2 全寿命周期成本分析

全寿命周期成本分析(Life Cycle Cost Analysis,LCCA)是通过计算一定周期内所有费用总和,并把不同时段的费用折算成现值的一种较为科学的经济分析方法,对于道路改建工程,不仅应该考虑到路面初期建设费用,也要综合路面在使用阶段的养护、维修费用及社会效益。目前,我国对于道路建设的经济效益分析往往只考虑项目周期的资金成本,对于社会成本等隐性成本并没有量化分析,具有一定的局限性[5,6,7]。本文将采用交通影响费来量化社会成本,综合考虑寿命周期内的资金与社会成本,选取经济效益较好的旧水泥混凝土路面改建方案作为推荐方案。

2.1 项目量、分析周期及折现率

(1)项目量

本文假设对一条1km长10m宽的旧水泥混凝土路面进行改建,改建面积为10000m^2。

(2)分析周期

对于路面改建工程,全寿命周期一般指路面改建完成投入使用到下一次路面结构大修改建之间的时间段。为分析不同改建方案的优劣,以路面结构有效寿命最长的重建方案为标准,取其有效寿命15年作为分析周期。

(3)折现率

折现率作为全寿命周期成本分析中非常重要的参数,其目的主要是把将来要发生的费用折算为现在的费用。实际项目中,折现率一般采用行业基准收益率,本文选取6%作为折现率。

2.2 初期改建成本

分别对直接加铺沥青层、多锤头碎石化加铺沥青层、共振碎石化加铺沥青层、破碎挖除重新铺筑等旧水泥混凝土路面改建方案进行初期改建成本计算,其中交通影响费按道路断面上每天通行10000辆车,通行费为0.5元/车计,计算结果如表1所示。

初期改建成本 表1

改建方案	改建项目	单价	工程量	初期改建成本(万元)
破碎挖除重新铺筑	破碎面板	5元/m^2	10000m^2	5
	挖除面板、基层并废弃	20元/t	1.5万吨	30
	铺筑35cm基层	120元/m^2	10000m^2	120
	铺筑15cm沥青面层	170元/m^2	10000m^2	170
	交通影响费	15万元/月	10个月	150
	合计			475
直接加铺沥青层	判定脱空	16元/m^2	10000m^2	16
	注浆	10元/m^2	10000m^2	10
	玻璃纤维格栅	2元/m^2	10000m^2	2
	2.5cm应力吸收层	25元/m^2	10000m^2	25

续上表

改建方案	改建项目	单 价	工程量	初期改建成本(万元)
直接加铺沥青层	10cm 沥青面层	130 元/m^2	10000m^2	130
	交通影响费	15 万元/月	3 个月	45
	合计			228
多锤头碎石化加铺沥青层	多锤头破碎	18 元/m^2	10000m^2	18
	22cm 沥青面层	235 元/m^2	10000m^2	235
	交通影响费	15 万元/月	1 个月	15
	合计			268
共振碎石化加铺沥青层	共振破碎	35	10000m^2	35
	20cm 沥青面层	210	10000m^2	210
	交通影响费	15 万元/月	1 个月	15
	合计			260

2.3 分析周期内成本(表 2)

不同的改建方案,其后期需养护和维修的工程量受施工质量、交通量及重载交通比例影响,很难详细地确定使用过程中维修养护的工程量和具体时间。本文参考国内相关改建工程经验,不考虑路面日常性养护,对不同改建方案的维修工程量及时间进行简化。

分析周期内成本 表 2

改建方案	费用发生时间	养护、维修项目	单 价	工程量	分析周期成本(万元)
破碎挖除重新铺筑	第 1 年	改建	—	—	475
	第 10 年	沥青上面层铣刨、加铺	60 元/m^2	8000m^2	48
直接加铺沥青层	第 1 年	改建	—	—	228
	第 6 年	沥青面层铣刨、加铺	160 元/m^2	6000m^2	96
	第 12 年	沥青面层铣刨、加铺	160 元/m^2	8000m^2	128
多锤头碎石化加铺沥青层	第 1 年	改建	—	—	268
	第 5 年	沥青上面层铣刨、加铺	60 元/m^2	6000m^2	36
	第 10 年	沥青中上面层铣刨加铺	140 元/m^2	8000m^2	112
共振碎石化加铺沥青层	第 1 年	改建	—	—	260
	第 6、12 年	沥青上面层铣刨、加铺	60 元/m^2	7000m^2	42

(1)破碎挖除重新铺筑方案

对于破碎挖除重新铺筑方案,在路面维修时,主要是对沥青上面层进行维修。根据实际经验,一般在使用 8~12 年后需对上面层进行更换。因此假定本方案在 15 年周期内维修方案为:在第 10 年对沥青上面层进行铣刨和加铺,维修工程量为项目总面积的 80%。

(2)直接加铺沥青层方案

对于直接加铺沥青层方案,由于受到反射裂缝影响明显,每隔 6 年需对沥青面层进行更换。因此,本方案在 15 年周期内的维修方案为:在第 6 年和第 12 年对沥青面层进行铣刨和加铺,第 6 年的维修工程量为项目总面积的 60%,第 12 年的维修工程量为 80%。

(3)多锤头碎石化加铺沥青层方案

对于多锤头碎石化加铺沥青层方案,由于改建时板下结构层受到损伤,影响到沥青面层的长期寿命,因此假定本方案在 15 周期内的维修方案为:在第 5 年对沥青上面层进行铣刨和加铺,维修工程量为项目总面积的 60%;在第 10 年对沥青中、上面层进行铣刨和加铺,维修工程量为项目总面积的 80%。

(4)共振碎石化加铺沥青层方案

对于共振碎石化加铺沥青层方案,其对板下结构层影响小,可较好地控制反射裂缝的形成,在寿命周期内仅需定期对沥青上面层进行更换。因此本方案在15年周期内的维修方案为:在第6年和第12年对沥青上面层进行铣刨和加铺,维修工程量为项目总面积的70%。

2.4 费用分析

为直观反映不同旧水泥混凝土路面改建方案的经济效益,采用寿命周期费用净现值法,将分析周期内发生的费用折算成净现值(*NPV*),再加以比较。为简化计算,假设分析周期末路面残值为零,计算公式如下:

$$NPV = I_c + \sum_{k=1}^{n} \frac{X_k}{(1+i)^k} - \frac{S}{(1+i)^n} \tag{1}$$

式中:I_c——初期改建费用;

X_k——第k年产生的维修费用;

k——产生费用的时间;

n——分析周期;

i——折现率;

S——路面残值。

应用等额年费用(*EUAC*)表示改建方案分析周期费用,公式如下:

$$EUAC = NPV \cdot [i \cdot (1+i)^n / ((1+i)^n - 1)] \tag{2}$$

由上述公式可得不同旧水泥混凝土路面改建方案分析周期内成本如表3所示。

不同改建方案费用分析 表3

改建方案	初始改建费用(万元)	净现值(万元)	等额年费用(万元/年)	每平米等额年费用[元/(年·m²)]
破碎挖除重新铺筑	475	502	52	52
直接加铺沥青层	228	359	37	37
多锤头碎石化加铺沥青层	268	357	37	37
共振碎石化加铺沥青层	260	310	32	32

2.5 改建方案比选

从表3中可以看出,共振碎石化加铺沥青层方案的每平米等额年费用分别比破碎挖除重新铺筑、直接加铺沥青层、多锤头碎石化加铺沥青层等方案低了38%、14%和14%,具有较低的全寿命周期成本,且该方案在15年使用周期中实际交通通行时间最长,具有较好的社会效益,应在实际旧水泥混凝土路面改建工程中推广使用。

通过对比4种改建方案的净现值与初始改建费用可知,直接加铺沥青层方案所占初期费用最低,但在使用阶段养护和维修成本较高,全寿命周期费用高于多锤头碎石化加铺沥青层方案和共振碎石化加铺沥青方案,在实际工程中应考虑全面。

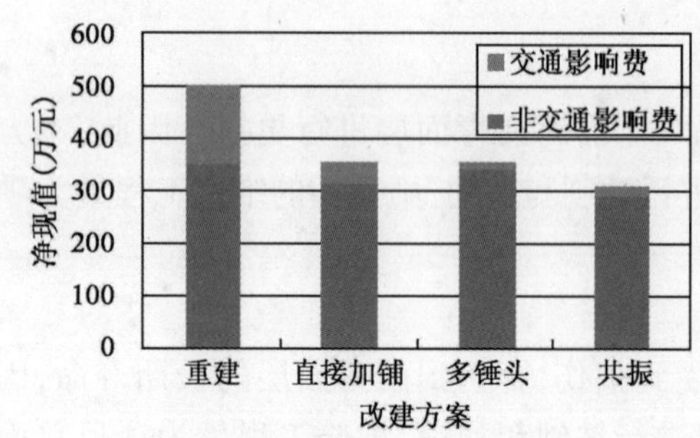

图1 不同改建方案净现值组成

图1所示为不同改建方案净现值组成,从图中可以看出,破碎挖除重新铺筑方案交通影响费所占比重远远高出其他改建方案,而其非交通影响费与其他方案接近,表明破碎挖除重新铺筑方案在某些交通影响要求不高的改建工程中具有一定的竞争力,考虑到该方案在使用期间养护维修较少,具有一定的社会效益,可结合实际工程特点应用。

3 结语

根据上述分析、比较,得出结论如下:

(1)通过比较4种旧水泥混凝土路面改建方案的全寿命周期费用,得出共振碎石化加铺沥青层方案在工程成本上具有一定的优势,可在今后的旧水泥混凝土路面改建工程中推广使用。

(2)通过分析4种旧水泥混凝土路面改建方案的初期改建费用和净现值,得出初期改建费用较低的直接加铺沥青层方案在全寿命周期中费用较高,并不具备成本优势。

(3)通过分析4种旧水泥混凝土路面改建方案的全寿命周期费用组成,表明对交通的影响是导致破碎挖除重新铺筑方案成本较高的主要原因,在对交通影响要求不高的改建工程中,可考虑使用破碎挖除重新铺筑方案。

参 考 文 献

[1] 董元帅,唐伯明. 中国旧水泥混凝土路面加铺技术现状[J]. 中外公路,2010,02:68-72.

[2] 刘朝晖,周婷,李盛,展宏图,张景怡. 现行规范旧水泥混凝土路面加铺层设计的若干问题研究[J]. 公路交通科技,2014,05:31-36.

[3] 贺铭,高艳龙,黄苹. 多锤头碎石化技术在旧砼路面改造中的应用[J]. 重庆交通大学学报(自然科学版),2007,05:64-67.

[4] 徐柱杰,凌建明,黄琴龙. 旧水泥混凝土路面共振碎石化效果研究[J]. 中国公路学报,2008,05:26-32.

[5] 孟宪海. 全寿命周期成本分析在工程项目中的应用[J]. 建筑经济,2007,10:65-66.

[6] 周刚,张颖,王祺. 柔性基层长寿命沥青路面全寿命周期成本分析[J]. 公路交通技术,2009,06:60-64.

[7] 张淳,吴彦. 沥青砼路面和水泥砼路面全寿命周期成本分析[J]. 公路与汽运,2010,04:235-238.

冷补技术在兵团南疆垦区道路的推广应用

杨雁飞

（新疆生产建设兵团公路科学技术研究所）

摘　要　本文就结合冷补技术的依托工程，详细介绍了冷补技术在南疆垦区的推广应用工作。该项目主要是已有研究成果，采用技术继承的技术路线，结合兵团气候、路面特点制定适应不同沥青路面坑槽状况和当地气候特点的修补工艺。通过试验段实施加以验证，在新疆兵团地区特别是南疆垦区大面积推广应用。

关键词　沥青冷补　南疆垦区　推广应用

1　引言

新疆兵团各个垦区、团场都分布在全疆各地，截止2013年底兵团公路通车里程达33127km，从运营情况看大部分公路已经进入中小修阶段。新疆兵团由于地域面积大、自然环境恶劣、基础设施建设相对薄弱，公路建设养护起步较晚。目前的路面局部修补材料与技术不能满足养护需要，兵团南疆垦区公路里程长、气候恶劣、养护站点较为分散沥青冷补技术很好的解决了沥青路面养护的实际问题，解决了零星修补较多，养护资金少，养护工程费时、费力、对交通影响大，受天气、季节、地点限制等一系列养护工作的瓶颈问题。

2　冷补技术

2.1　冷补料

冷补沥青混合料主要分为稀释沥青混合料、乳化沥青混合料和化学反应类混合料。综合修补路面的结构特征和自然气候等因素，坑槽修补的水稳定性是衡量冷补沥青混合料的性能优劣的一个重要指标。根据冷补沥青混合料的路用特点及疆内各地区的气候、环境特点，南疆地区冷补混合料宜优先采用骨架空隙型结构，北疆地区宜选用骨架密实型结构。冷补料配合比设计流程如图1所示。

2.2　冷补料的生产

由分析可知冷补沥青混合料的强度由两部分构成：一是由于改性沥青自身的黏结性及与矿料相互作用而形成的混合料的内聚力；二是混合料经碾压后由于矿料颗粒间的嵌挤锁结作用而形成的混合料的内摩擦阻力（主要作用）。因此，只有在保证混合料经碾压后使矿料颗粒之间紧密镶嵌，才能使改性沥青自身的黏结性及混合料的内聚力发挥作用。

根据冷补料实际应用经验，建议夏季型、春秋季型和冬季型冷补液赛波特黏度范围分别规定为：2000～5000，1000～2000，500～1000，具体应根据当地实际气温确定。

（1）在120℃～140℃之间的基质沥青加入隔离剂和添加剂，并借助于机械搅拌或泵循环装置，直到使其混合均匀为止。

（2）冷补液加热温度为80℃～120℃，最好采用导热油方式加热。

（3）将集料加热至80℃～100℃。拌和楼设备有除尘、除水的要求，以防止集料腐蚀筛孔，同时对集料加热和除尘也有利于裹附性能，所以必须开启加热和除尘设备。

（4）混合料搅拌时间≥35秒，出料温度不宜超过90℃。

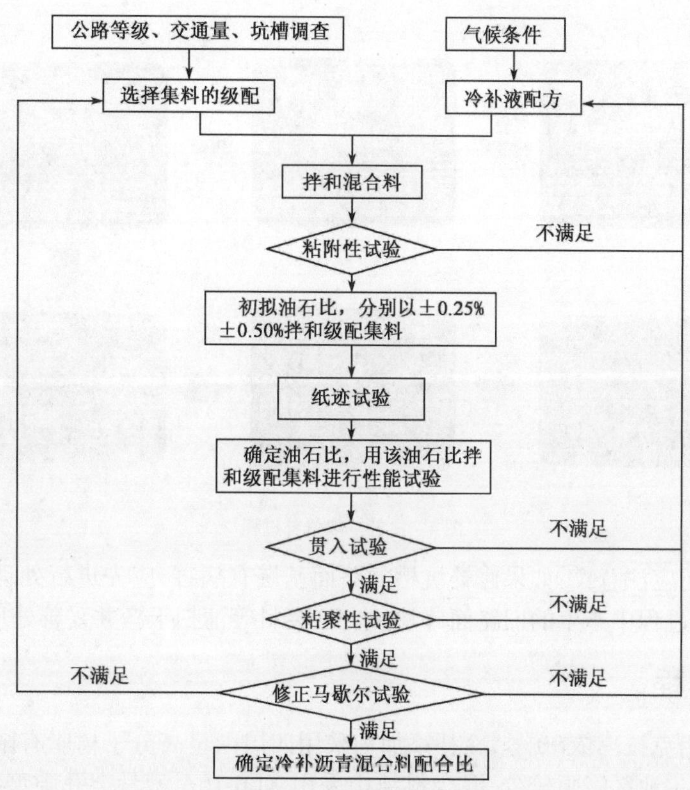

图1　冷补沥青混结合料配合比设计流程

2.3　冷补料的储存

若生产的冷补料计划在一周内使用完毕，可在室内或室外有覆盖的情况下以散料形式存放，但至少需储存2t，并且以金字塔状堆积。使用期超过两周的，必须装袋密封储存，如图2、图3所示。

图2　冷补料堆放

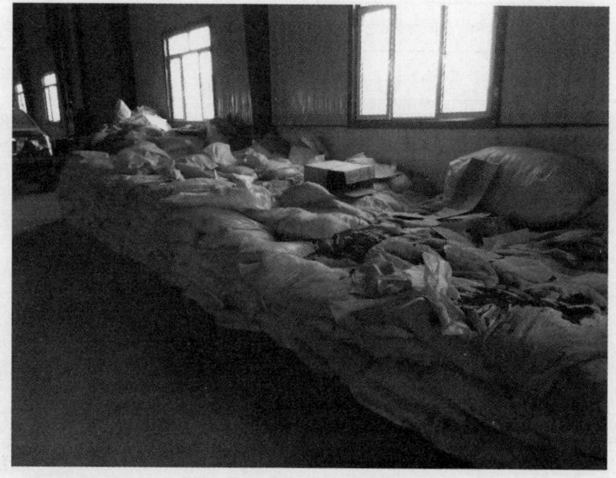

图3　冷补料室内储存

2.4　冷补技术的应用

冷补沥青混合料使用非常方便，当用于应急抢修时，可不进行圆坑方补、坑槽干燥、刷粘层油等传统热补复杂的工序，只需做简单的清扫即可填料，即便坑槽内有少许的粉尘、砂砾颗粒、积水等，也不会明显降低冷补料的路用性能。在没有压实设备情况下，只需用运料车的轮胎碾压几遍即可，也可用铁锹人工拍打几下击实。

冷补料一般修补程序：①坑槽开挖；②清扫坑槽；③涂刷粘层油；④填料；⑤压实；⑥开放交通。具体过程如图4所示。

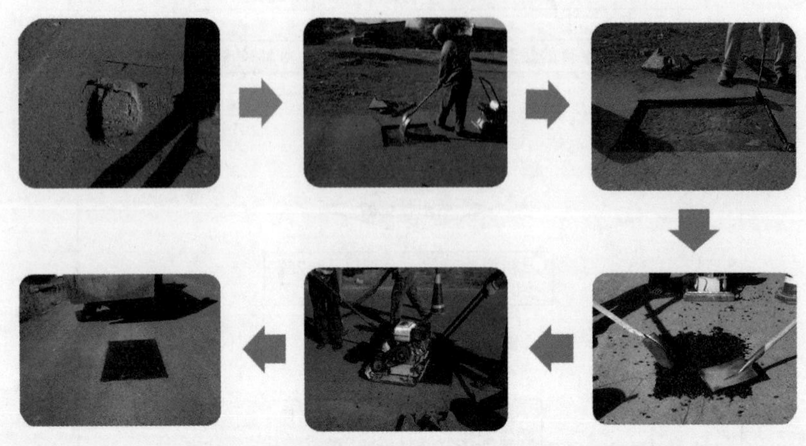

图4 冷补一般修补过程

在道路现场施工时还应注意:①如果修补坑槽的路面基层有病害,应先进行处理;②修补作业之前应摆放施工交通标志;③施工过程中产生的旧路面碎块、尘土、废料等清扫干净并妥善处理。

3 推广应用工程

在南疆地区沥青采用克拉玛依90号,冷补添加剂采用四川国星高分子树脂有限公司冷补添加剂产品,石料采用破碎砾石,阿拉尔地区降雨较少,混合料结构采用XLB-16A型骨架孔隙型结构。冷补沥青配方见表1,生产配合比见表2,图5为冷补级配曲线。

南疆垦区冷补沥青配方 表1

筛 孔	碎石1号	碎石2号	砂	合成
mm	10	5		
19.0	100.0	100.0	100.0	100.0
16.0	100.0	100.0	100.0	100.0
13.2	90.3	100.0	100.0	96.1
9.5	22.4	98.4	97.2	68.5
4.75	0.2	18.1	75.5	34.7
2.36	0.0	3.6	45.7	23.7
1.18	0.0	2.0	38.8	14.3
0.6	0.0	1.2	13.5	12.0
0.3	0.0	0.9	5.8	4.3
0.15	0.0	0.7	2.4	2.0
0.075	0.0	0.5	100.0	0.9
配比:%	40	30	30	100

南疆垦区冷补沥青配合比 表2

项 目	沥青(%)	添加剂(%)	油石比
春季配方	85	15	3.5
冬季配方	82	18	3.9

在第一师垦区干线公路国阿线与阿拉尔垦区通营公路进行路面进行坑槽修补,面积约500平方米,采用四川国星高分子树脂有限公司冷补添加剂,冷补料产品冷补现场气温为8℃,施工现场如图6~图9所示。

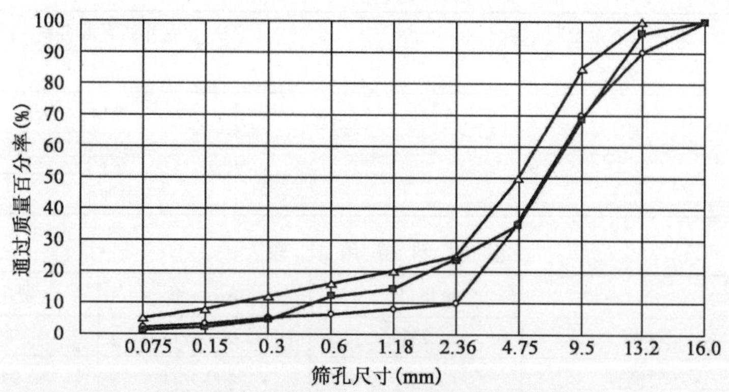

图5 第一师阿拉尔垦区冷补级配曲线图

图6 阿拉尔垦区冷补料施工现场

图7 第一师阿拉尔垦区通营公路坑槽修补后效果

图8 第一师阿拉尔垦区通营公路坑槽修补后效果

图9 第三师冷补沥青混合料施工现场

4 经济效益分析

根据当前南疆地区市场上材料价格,以2013年的市场价格生产1t沥青混合料进行计算比较,其中石料价格90元/t,基质沥青5500元/t,稀释剂选用0号柴油,价格为8.3元/kg进行费用分析,以表1所示生产配合比为例,在相同配合比前提下比较冷补沥青混合料和热拌沥青混合料的材料费用差异。其中冷补沥青混合料选用三种不同的添加剂,分别是广州陆洁冷补添加剂、四川国星冷补添加剂、美德时维实克冷补添加剂。以上3种冷补添加剂均为稀释沥青型添加剂,其中四川国星冷补添加剂为稀释剂和添加剂复合型添加剂,用量为沥青用量的17%;广州陆洁、美德时维实克两种添加剂用量为沥青用量的2%。详细材料价格分析如表3~表5所示。

冷补料和热拌料的生产配合比 表3

项　目	热拌沥青混合料	冷补沥青混合料		
石料用量(%)	95.5	95.5		
沥青用量(%)	4.5	4.5	沥青	78
			隔离剂	20
			添加剂	2

材 料 费 用 比 较 表4

材	料		重量(kg)	单　价	费用(元)	合计(元)
1	热拌沥青混合料	石料	955	90元/t	86.0	333.5
		基质沥青	45	5500元/t	247.5	
2	冷补沥青混合料	石料	955	90元/t	86.0	423.7
		基质沥青	35.1	5500元/t	193.1	
		隔离剂	9.0	8300元/t	74.7	
		添加剂(广州陆洁)	0.7	100000元/t	70.0	
3	冷补沥青混合料	石料	955	90元/t	86.0	397.1
		基质沥青	35.1	5500元/t	193.1	
		添加剂(四川国星)	5.9	20000元/t	118.0	
4	冷补沥青混合料	石料	955	90元/t	86.0	458.8
		基质沥青	35.1	5500元/t	193.1	
		隔离剂	9.0	8.3元/kg	74.7	
		添加剂(美德时维实克)	0.7	150000元/t	105.0	

国内冷补成品料销售价格(2013年不含运费报价) 表5

材料名称	产　地	价格(元/t)	材料名称	产　地	价格(元/t)
百思特冷补料	北京	850	淄博恒信冷补料	山东	950
路非特冷补料	上海	1000~1200	新日实业冷补料	江西	650
科宁冷补料	北京	1000	超逸建材冷补料	广东	850

冷补沥青混合料生产采用与热拌沥青混合料相同的拌和楼,石料和沥青加热温度低于热拌沥青混合料,可节约燃料。通过冷补沥青混合料技术进行推广应用,在不同的沥青冷补混合料生产基地生产的冷补沥青混合料分析其经济指标和相当的同类产品相比成本降低至500元左右/t(含生产费)。

5 结语

冷补技术的具有:①适用于任何天气和环境;②可长期贮存;③施工便捷;④即时开放交通;⑤经济环保;⑥经济效益和社会效益显著等优点。近年来,随着冷补沥青混合料关键性技术的突破,高性能冷补沥青混合料技术正在逐步得到了我国广大道路养护工作者的认可。已在新疆兵团交通系统多地进行了冷补料现场路面修补,生产了数百吨冷补沥青混合料,并成功应用于包括垦区主干道在内的各级公路和市政道路的坑槽修补中,使用效果良好,在南疆垦区推广价格极具竞争力,冷补沥青混合料在以后的道路养护中具有广阔的发展和应用前景。

参考文献

[1] 武新成.冷补沥青混合料配合比设计方法研究[J].中国水运,2011,12.

[2] 中华人民共和国行业标准.JTG F40—2004 公路沥青路面施工技术规范.北京:人民交通出版社,2004.

[3] 中华人民共和国行业标准.JTG H10—2009 公路养护技术规范.北京:人民交通出版社,2009.

沥青混凝土自愈合修复技术研究

何　亮　赵　龙　何兆益
（重庆交通大学交通土建工程材料国家地方联合工程实验室）

摘　要　从沥青结合料与混凝土两方面分析了沥青材料的自愈合技术，并重点探讨了添加剂辅助愈合与感应加热诱导愈合方法，这两种方法都可以有效地增强沥青混凝土的自愈合性能，高效修复沥青路面裂缝和松散等病害。其中添加剂辅助愈合方法以微胶囊愈合技术为代表，对施工技术和胶囊材料等要求较高；感应加热诱导方法是以电磁感应加热愈合技术为代表，较微胶囊技术在技术要求等方面较为容易且可以重复愈合，但需要加入导电材料。分析国内外学者的研究，建议采用电磁感应加热愈合技术作为下一代沥青路面养护与修复方法，且需进一步深入研究，以使该技术可以被推广应用。

关键词　道路工程　自愈合　电磁感应加热　微胶囊

1　引言

沥青路面在行车荷载和外界环境的反复作用下，沥青会逐渐失去黏结性能而导致路面产生裂缝和松散等病害，现阶段的防水剂、沥青再生剂等材料被应用于沥青路面修复，但其耐久性会因环境和行车荷载的反复作用而降低，同时降低了路面的抗滑性能，影响行车安全和路面使用性能，因此研究新的沥青混凝土路面愈合方法迫在眉睫。

沥青混合料在常温下可以自愈合，但速度非常缓慢，且要求没有行车荷载的反复作用。当沥青混合料中的黏结剂在间歇期受到高温或使用高黏度沥青时，沥青的愈合率会增加[1]，对沥青路面由低温、疲劳和基层反射所导致的裂缝松散等病害有一定修复作用。研究表明增加沥青混凝土的愈合率是提高路面服务寿命的一种好方法[2]。

国内外学者从沥青结合料与混凝土两方面研究了沥青混凝土路面自愈合的修复方法。本文重点总结两种主要方法：添加剂辅助愈合方法和感应加热诱导愈合方法，这两种方法均可以有效地提高沥青混凝土的自愈合率，高效修复沥青路面的裂缝、松散等病害，极大地延长道路的使用寿命。

2　沥青结合料的自愈合性

沥青材料本身是一种典型的黏弹性材料，在高温下表现出较好的流动性，这为沥青材料的自愈合提供了基础，且沥青本身的自愈能力可以使沥青混凝土出现的裂缝和松散等病害部分愈合[3]。

Phillips[4]在1998年提出了沥青裂缝自愈合的3个步骤：在表面能的作用下，裂缝上下表面相接触并润湿；沥青裂缝的闭合导致的应力增强和沥青流动；由沥青结构扩散导致的沥青力学性能的恢复。沥青裂缝的形成与自愈合示意图如图1所示。

同济大学的孙大权等[5]在2011年提出沥青混凝土裂缝自愈合实质上是裂缝上下表面的沥青分子为降低表面能而自发进行的界面浸润、吸附和分子扩散，其原动力来源于裂缝界面分子范德华力和氢键形成的化学吸附。

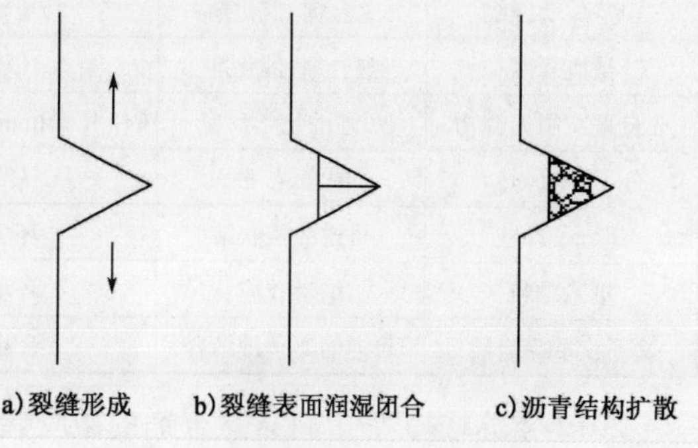

图1　沥青裂缝形成与自愈合示意图

荷兰代尔夫特理工大学的 Garcia[6] 在2012年对沥青材料提出了毛细管流动假设,并且通过理论和实验验证了该假设。当沥青内部产生微裂缝时,如果温度合适,沥青会因毛细管作用而从裂缝底部向上移动,直至充满整个裂缝,进而达到修复裂缝的功能。

此外,国内外学者关于沥青结合料的自愈合性能研究主要有2001年 Little[7] 在弯曲试验中实施间歇加载,即加入24h的间歇期,试验表明沥青的疲劳寿命增加了一倍;Kim[8] 在2003年通过对沥青胶浆施加扭转加载的评价方法比较 AAD-1 和 AAM-1 的自愈合性能,研究发现沥青材料本身的自愈能力对试验结果影响很大;Carpenter 等[9] 在2006年采用耗散能理论量化评价周期荷载作用下沥青材料的自愈合性能,证实了荷载间歇期可以延长沥青材料的疲劳寿命;Shen 等[10] 在2010年采用动态剪切流变仪和耗散能变化率研究了沥青胶结料的自愈合性能,认为胶结料的类型等因素对愈合有重要影响;Garcia[11] 在2011年通过建立简单模型评价掺导电材料的沥青胶浆在电磁感应加热下愈合性能,并证实沥青材料可以通过感应加热愈合;Liu 等[12] 也通过对掺导电材料的沥青胶浆梁进行断裂破坏和电磁感应加热愈合试验,证实感应加热可以愈合沥青材料;Qiu 等[13] 在2012年通过动态剪切流变仪、直接拉伸仪等设备检测沥青愈合的方法及评价指标,并分析基质沥青比 SBS 改性沥青的愈合性能较优。

上述关于沥青结合料自愈合性能的研究表明,沥青结合料自愈合性是其固有属性,主要是靠其内部的物理化学性质和外界环境[14],且沥青结合料的自愈合受温度和时间的限制,因此需要对沥青结合料的愈合机理进一步深入研究。

3 沥青混凝土的自愈合技术

1976年,Bazin 等首次提出了沥青混合料的自愈合特性,在一定的间歇期下沥青混凝土路面的性能会有所恢复和疲劳寿命有所延长,表明沥青混凝土具有自愈合性能,但自愈合能力很弱[3]。目前相关研究主要有两种技术:添加剂辅助愈合方法和感应加热诱导愈合方法。

3.1 添加剂辅助愈合方法

国外学者研究采用添加剂来增强沥青混凝土的自愈合能力,Bommavaram 等在2009年发现某些填料(如消石灰)可提高沥青混凝土的疲劳自愈合速率;Qiu 等在2009年研究分子以及纳米水平的聚合物材料增强沥青混合料自愈合性能的技术,并分析了各技术措施的优缺点[3]。

Garcia 等[15] 采用多孔砂作为愈合剂的载体,用环氧树脂和细砂裹附其外形成胶囊壁,制备了含愈合剂的胶囊颗粒。对掺微胶囊的多孔沥青混凝土进行间接拉伸疲劳试验,发现掺胶囊的多孔沥青混凝土最大变形要大于不掺胶囊的,表明疲劳加载引发了胶囊破裂而释放愈合剂,改善了沥青混凝土的自愈能力;同时由于胶囊与沥青胶浆的黏结强度不足,掺胶囊的沥青混凝土的疲劳寿命有所降低。因此可以通过选择、优化愈合剂来提高沥青混凝土自愈能力。微胶囊应用在沥青混凝土的技术方法如图2所示。

聚合物材料自愈合技术方法 表1

<table>
<tr><th>方 法</th><th>原 理</th><th>有效的愈合温度</th><th>优 点</th><th>缺 点</th><th>沥青的适用条件</th></tr>
<tr><td>微胶囊</td><td>愈合剂、催化剂</td><td>环境温度或80℃持续4h</td><td rowspan="3">良好的强度恢复</td><td>1次有效</td><td rowspan="8">(1)与沥青相容性好;
(2)150~180℃高温稳定性;
(3)愈合温度范围 -30~70℃;
(4)严酷的施工、摊铺条件;
(5)多次愈合</td></tr>
<tr><td>中空玻璃纤维</td><td>愈合剂、催化剂</td><td>环境温度24h</td><td>1次有效</td></tr>
<tr><td>微血管网</td><td>愈合剂、催化剂</td><td>环境温度</td><td>复杂</td></tr>
<tr><td>改良型交联聚合物</td><td>可逆的化学反应</td><td>115℃,30min,然后40℃,6h</td><td>多次愈合</td><td>愈合温度高</td></tr>
<tr><td>分子扩散(热)</td><td>湿润、扩散</td><td>115℃,7~8min</td><td>多次愈合</td><td>老化</td></tr>
<tr><td>超分子颗粒</td><td>可逆的氢联结</td><td>环境温度</td><td>多次愈合</td><td>老化</td></tr>
<tr><td>纳米颗粒</td><td>纳米效应</td><td>环境温度</td><td>避免裂缝扩展</td><td>分散性</td></tr>
<tr><td>离子交联聚合物</td><td>可逆的离子键结合</td><td>环境温度</td><td>多次愈合</td><td>相容</td></tr>
</table>

2012年苏峻峰等[16] 将含愈合剂的微胶囊掺到角度研究微胶囊的平均尺寸、胶囊壁厚以及胶囊壁的结构等,从以上三个方面优化设计含愈合剂的胶囊。研究表明微胶囊的尺寸和壁厚是微胶囊力学性能的两个

主要影响因素，因此建议以后关于胶囊的研究将主要集中在胶囊的尺寸和胶囊壳的力学性能等方面。如图2所示为微胶囊愈合示意图。

同济大学的沈俊逸等[17]人在2012年通过将嵌入愈合剂的玻璃短丝掺到沥青混凝土中提高沥青混合料的自愈合性能试验，研究填充愈合剂的玻璃短丝释放愈合剂的特性、沥青压实过程中玻璃短丝破损情况和劈裂试验中的玻璃短丝破损情况来确定玻璃短丝的规格，但试验未能模拟沥青的老化，因此还需后续的试验研究。

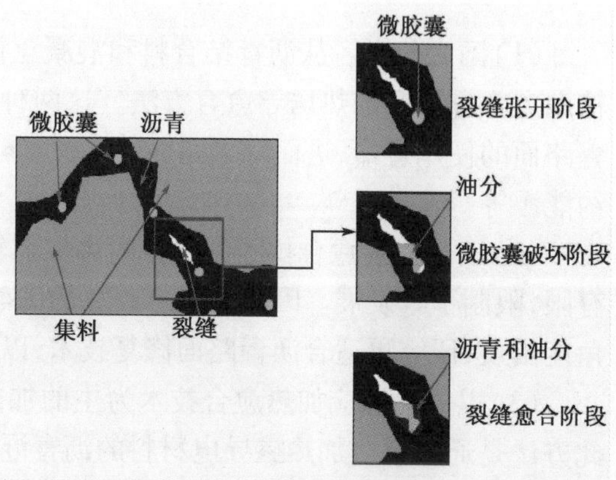

图2　微胶囊愈合示意图

上述研究表明，微胶囊愈合技术的优点在于其利用接触反应且愈合效率高，愈合后路面材料强度恢复效果好；缺点在于对技术要求高，成本较高，掺加的微胶囊分布要密且均匀，决定了其在生产、沥青混凝土中并从微胶囊的热稳定性和力学强度等与沥青拌和及路面施工的过程中技术要求很高，且微胶囊在沥青混合料中产生裂缝的同一区域只会愈合一次。因此研究出更适合沥青路面实际应用的微胶囊对其修复是至关重要的。

3.2　加热诱导愈合方法

由于沥青混合料本身具有自愈合性能以及沥青结合料的温度敏感性和时间依赖性，使沥青结合料在荷载间歇期受到更高温度时，其愈合率会大幅增加。基于这重要的一点，研究电磁感应加热等技术来提高钢丝绒增强沥青混凝土的愈合率是相当创新的技术方法。

荷兰Delft大学的Liu研究电磁感应加热愈合掺钢丝绒的多孔沥青混凝土，主要包括对掺钢丝绒多孔沥青混凝土感应加热速度研究[18-19]；对掺钢丝绒多孔沥青混凝土力学性能的评价分析[20]；对掺钢丝绒多孔沥青混凝土愈合性能的测试研究，上述研究表明感应加热可以明显地提高沥青混凝土的愈合效率[21-22]，此方法的前提是感应加热材料必须是导电的，如导电填料和钢丝绒等。掺钢丝绒的沥青混凝土感应加热方法如图3所示。

Garcia等[23-24]研究了掺钢丝绒对密实型沥青混凝土的加热性能和力学性能的影响，以及沥青混凝土在电磁感应加热下的愈合效率。研究表明掺钢丝绒会提高密实型沥青混凝土的加热性能，但对力学性能的影响不大且若钢丝绒分散不均会带来负面影响，因此可通过选择最佳的钢丝绒类型和直径、长度来提高沥青混凝土的愈合效率。有关密实型沥青混凝土的研究可以为沥青混凝土愈合，我国各级公路沥青路面低温、疲劳、反射等各类裂缝的修复提供较强的理论与应用参考。

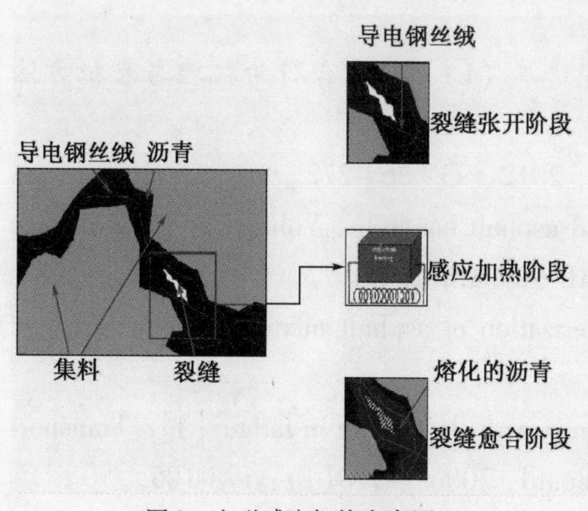

图3　电磁感应加热愈合原理

密西根理工大学的Dai等[25]也对掺钢丝绒的沥青混凝土梁试件通过三点弯曲试验进行重复的破坏、感应愈合测试试验，证实了电磁感应加热可以增强沥青混凝土的愈合效率，且研究了有效的加热愈合系统。

通过电磁感应加热掺钢丝绒的沥青混凝土方法的优点包括电磁感应加热方法本身的优点，即节能、高效、均匀加热及环保等；电磁感应加热对技术的要求不高，更利于实际应用；导电材料的掺加会在一定程度上提高沥青混凝土的力学性能。

鉴于上述电磁感应加热方法，Gallego J等[26]应用微波加热掺钢丝绒的密实型沥青混凝土以提高沥青混凝土的愈合率。微波加热不同于传统加热方法的是加热速度快、加热均匀等，但与电磁感应加热相比存在一定的局限性，如对沥青混凝土的集料也加热、存在辐射等。总体上微波加热技术是很有前途的，可以为沥青混凝土路面全方位的自愈合研究提供基础。

德州农机大学的Bhasin A等[27]也研究了通过加热对沥青混凝土进行愈合修复，研究表明对沥青混凝土进行适当温度的加热会提高沥青混凝土的疲劳寿命,过高的温度会对沥青混凝土带来负面影响,且分析建立加热模型应与实际的沥青路面加热情况相符,以最大限度地进行优化设计。

4 结语

(1)国内外学者从沥青结合料和混凝土两方面研究了沥青混凝土自愈合技术方法,主要归纳为添加剂辅助愈合方法和加热诱导愈合方法。这两种方法都可以通过增强沥青混凝土的愈合性能而有效地延长沥青路面的使用寿命,进而降低路面的养护、修复成本和交通拥堵等问题,还有助于减少二氧化碳的排放和节约能源等。

(2)以微胶囊愈合技术为代表的添加剂辅助愈合方法由于在技术和施工等方面的要求很高且愈合次数有限,限制了其发展。因此可以从胶囊的力学性能、胶囊与沥青胶浆的黏结强度及沥青混凝土施工技术等角度出发,研究更适合沥青路面修复技术,以解决现阶段存在的问题。

(3)以电磁感应加热愈合技术为主的加热诱导愈合方法是现阶段对沥青混凝土修复较新的研究领域,此方法是通过感应加热掺导电材料的沥青混凝土,较其他愈合方法有多次愈合且愈合效率快等优点。现阶段国内外对此方法的研究尚不充分,还需要在导电材料的优化及其对掺导电材料的沥青混凝土拌合、施工、力学性能的影响;感应加热设备制造和沥青混凝土的感应加热时机、加热时间等;感应加热模型的建立等方面进行研究。鉴于电磁感应加热愈合技术的优点及可研究性,建议其作为下一代沥青路面养护与修复技术。

参考文献

[1] Daniel J S, Kim Y R. Laboratory evaluation of fatigue damage and healing of asphalt mixtures[J]. Journal of Materials in Civil Engineering, 2001, 13(6): 434-440.

[2] Van deVen M, Schlangen E, Garcia A. Two ways of closing cracks on asphalt concrete pavements: microcapsules and induction heating[J]. Key Engineering Materials, 2010, 417: 573-576.

[3] 杨军, 龚明辉, 王征. 沥青混合料疲劳自愈性多层次研究现状[J]. 中国科技论文, 2013, 8(5): 435-440.

[4] Phillips M C. Multi-step models for fatigue and healing, and binder properties involved in healing[C]//Eurobitume workshop on performance related properties for bituminous binders, Luxembourg. 1998. Paper No. 115.

[5] 孙大权, 张立文, 梁果. 沥青混凝土疲劳损伤自愈合行为研究进展 (1)—自愈合行为机理与表征方法[J]. 石油沥青, 2011, 25(5): 7-11.

[6] García Á Self-healing of open cracks in asphalt mastic[J]. Fuel, 2012, 93: 264-272.

[7] Little D N, Lytton R L, et al. Microdamage healing in asphalt and asphalt concrete, Volume I: Microdamage and microdamage healing, Project summary report. No. FHWA-RD-98-141, 2001.

[8] Kim Y R, Little D N, Lytton R L. Fatigue and healing characterization of asphalt mixtures[J]. Journal of Materials in Civil Engineering, 2003, 15(1): 75-83.

[9] Carpenter S H, Shen S. Dissipated energy approach to study hot-mix asphalt healing in fatigue[J]. Transportation Research Record: Journal of theTransportati on Research Board, 2006, 1970(1): 178-185.

[10] Shen S, Chiu H M, Huang H. Characterization of fatigue and healing in asphalt binders[J]. Journal of Materials in Civil Engineering, 2010, 22(9): 846-852.

[11] García Á Schlangen E, van de Ven M, et al. Induction heating of mastic containing conductive fibers and fillers[J]. Materials and structures, 2011, 44(2): 499-508.

[12] Liu Q, Wu S. Induction heating of asphalt mastic for crack control[J]. Construction and Building Materials, 2013, 41: 345-351.

[13] Qiu J, Van de Ven M, Wu S, et al. Evaluating self healing capability of bituminous mastics[J]. Experimental Mechanics, 2012, 52(8): 1163-1171.

[14] 徐辰，何兆益，吴文军，等. 沥青混合料裂缝潜在自愈合机制研究[J]. 石油沥青，2013 (3): 68-72.

[15] García Á Schlangen E, van de Ven M, et al. Preparation of capsules containing rejuvenators for their use in asphalt concrete[J]. Journal of hazardous materials, 2010, 184(1): 603-611.

[16] Su J F, Schlangen E, Qiu J. Design and construction of microcapsules containing rejuvenator for asphalt[J]. Powder Technology, 2012:563-571.

[17] 沈俊逸,赵鸿铎,王书玲,等.嵌入修复剂充填玻璃短丝的沥青混凝土自修复技术研究[J].城市建设理论研究(电子版),2012(15).

[18] Garcia A, Schlangen E, van de Ven M, et al. Electrical conductivity of asphalt mortar containing conductive fibers and fillers[J]. Construction and building materials, 2009, 23(10): 3175-3181.

[19] Liu Q, Schlangen E, van de Ven M, García A. Induction heating of electrically conductive porous asphalt concrete. Construction and Building Materials 24(2010):1207-13.

[20] Liu Q, Schlangen E, van de Ven M. Mechanical properties of sustrainable, self-healing porous asphalt concrete [J]. 武汉理工大学学报,2010,17:22-25.

[21] Liu Q, García ÁSchlangen E, et al. Induction healing of asphalt mastic and porous asphalt concrete[J]. Construction and Building Materials, 2011, 25(9): 3746-3752.

[22] Liu Q, Schlangen E, et al. Evaluation of the induction healing effect of porous asphalt concrete through four point bending fatigue test[J]. Construction and Building Materials, 2012, 29: 403-409.

[23] García A, Norambuena-Contreras J, Partl M N, et al. Uniformity and mechanical properties of dense asphalt concrete with steel wool fibers[J]. Construction and Building Materials, 2013, 43: 107-117.

[24] García A, Bueno M, Norambuena-Contreras J, et al. Induction healing of dense asphalt concrete[J]. Construction and Building Materials, 2013, 49: 1-7.

[25] Dai Q, Wang Z, Mohd Hasan M R. Investigation of induction healing effects on electrically conductive asphalt mastic and asphalt concrete beams through fracture-healing tests[J]. Construction and Building Materials, 2013, 49: 729-737.

[26] Gallego J, del Val M A, Contreras V, et al. Heating asphalt mixtures with microwaves to promote self-healing[J]. Construction and Building Materials, 2013, 42: 1-4.

[27] Bhasin, Amit, Atul Narayan, and Dallas N. Little. Laboratory investigation of a novel method to accelerate healing in asphalt mixtures using thermal treatment. Southwest Region University Transportation Center, Center for Transportation Research, University of Texas at Austin, 2009, No. SWUTC/09/476660-00005-1.

沥青路面各种裂缝处置技术的适应性研究

高发亮 罗 岩
（公路养护技术国家工程研究中心）

摘 要 本文系统对比研究了灌缝、贴缝、挖补等各种裂缝处置技术，在技术性能、环保性、快捷性及成本等方面对各类技术进行了细致分析和研究。研究发现，灌缝、贴缝、挖补各有优缺点，其中贴缝比灌缝具有更好的技术优势，而高性能自粘贴缝带在技术性能、环保性、快捷性方面具有明显优势。同时，基于灌缝、贴缝、挖补的特点，提出了三阶段裂缝修补技术。本文还跟踪了高性能自粘贴缝带的铺贴效果，其耐久性良好。

关键词 公路工程 裂缝 灌缝 贴缝 三阶段裂缝修补技术 高性能自粘贴缝带

裂缝类破损为沥青路面的主导性破损形式，是沥青路面破损中最为常见的一种，对沥青路面裂缝的修补是沥青路面养护的经常性工作，公路担负着繁重的交通流，一旦出现裂缝，不允许长时间中断交通或压缩通行断面来进行修补。针对具体的裂缝处置工作，修补材料、施工工艺、修补时机的选择把握、施工机械等因素，都对裂缝处置的成功与否及修补后性能的优劣有重要影响。

1 裂缝处置技术介绍

常见的裂缝处置技术主要有三类：

1.1 灌缝

沥青路面灌缝是指采用一定的机械或设备，将灌缝胶灌入裂缝中，以达到封闭裂缝、防止裂缝水损害的技术。灌缝是多年来国内外应用成熟的技术，现已发展成多种材料和施工工艺[1-3]。灌缝材料有冷灌式灌缝胶、热灌式灌缝胶和有机硅树脂等，其中热灌式灌缝胶应用最为广泛。按照施工工艺又可以划分为开槽灌缝和不开槽灌缝两种，其中开槽灌缝应用较广泛，如图1所示。

a)开槽灌缝

b)不开槽灌缝

图1 灌缝

1.2 贴缝

贴缝是指将裂缝修补材料加工成条带状（称为贴缝带），再通过热帖或冷贴的方式将贴缝带粘贴在裂缝上，以达到封闭裂缝、防止裂缝水损害的技术。贴缝的技术核心是贴缝带，再辅以少量的小设备即可完成贴缝工作。贴缝带是近年来在国内兴起的技术，因其施工方便等，在国内已得到较广泛的应用。贴缝带按施工条件可分为热贴和冷贴两种,这两种工艺在国内均得到了一定的认可。

(1)热贴贴缝带

热贴贴缝带(图2)是由改性沥青、高强粘结材料等材料组成的黑色带状卷材,用于修补裂缝,防止裂缝的啃边、崩边、渗水,使用时需加热裂缝及贴缝带。

a)

b)

图2　热贴贴缝带

(2)自粘贴缝带

冷贴贴缝带是指无需加热的贴缝带,又称自粘贴缝带,是沥青、合成橡胶及一些特殊的有机活性单体反应,生成的一种含有柔韧性、耐冲击性,又具有良好的自粘性的新型封缝材料,有的产品还有一层抗拉层,产品为条带状。自粘贴缝带在国内主要包括两大类,二者在外型上有明显的差别。

①多层复合贴缝带

多层复合贴缝带(图3)由黏结层(改性沥青)、抗拉层(胎基布、无纺布等)组成。该类贴缝带黏结层和表面层为两种不同材料,粘结层为光滑的改性沥青层,起到粘结裂缝的作用,表面的抗拉层有明显的网格状条纹,起到抗拉和耐磨的作用。包装为单层膜,使用时,将膜揭掉即可粘贴。宽度4~10cm,其中6cm和8cm的应用最广泛,厚度2~3mm。

a)

b)

图3　多层复合贴缝带

②沥青基高聚物贴缝带

该类贴缝带(图4)由一种材料组成,表面和底面均为沥青基高聚物,与多层复合贴缝带相比,宽度相对较小,而厚度相对较大,其铺贴碾压后的宽度可达到或超过多层复合贴缝带,包装分单层膜和双层膜两种,宽度2~10cm,厚度2~6mm,其中3cm宽4mm厚的贴缝带应用最广泛,包装以单层膜为主。

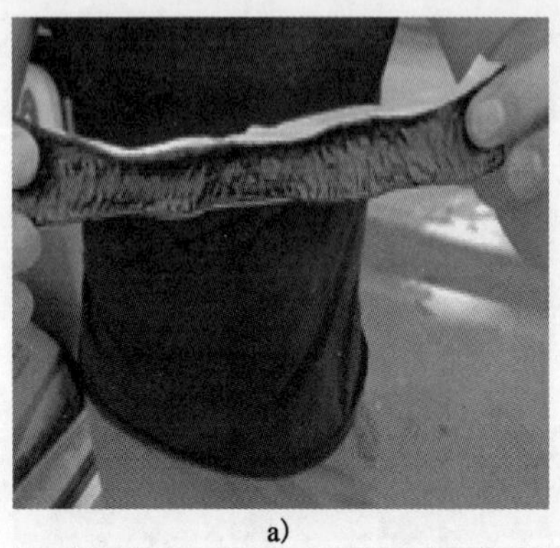

a)

b)

图4 常规沥青基高聚物贴缝带

近年来,国内有单位还研发出高性能的沥青基高聚物自粘贴缝带,称高性能自粘贴缝带,其在改性材料和包装上均做出了改进。包装为双层聚乙烯膜。产品宽度2~10cm可调,厚度2~6mm可调,常规宽度为3cm,厚度4mm(图5)。

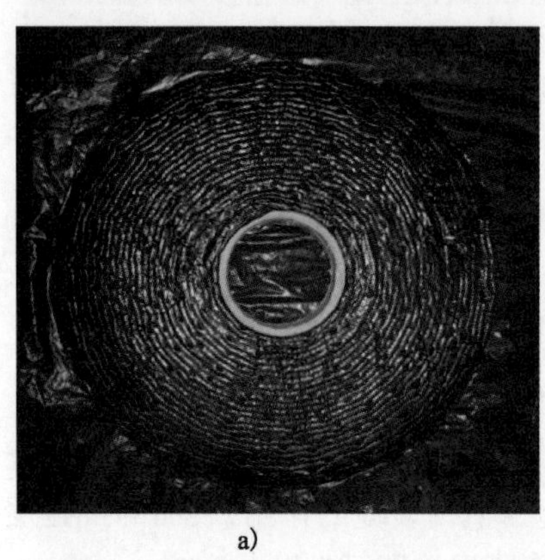

a)

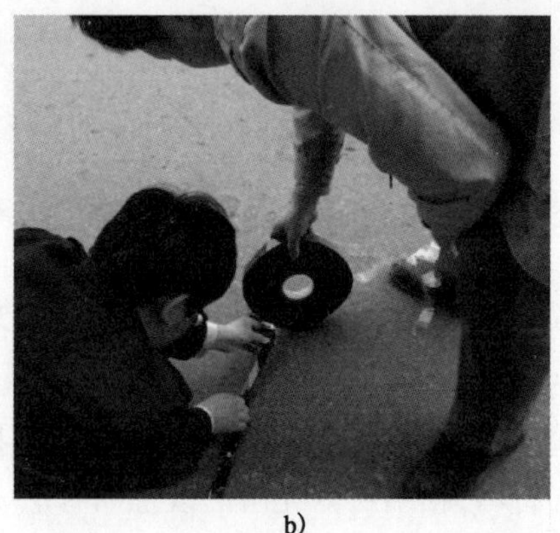

b)

图5 高性能自粘贴缝带

1.3 挖补

对龟裂或伴随有坑槽的裂缝,如果采用常规的灌缝或贴缝,即达不到有效的封水效果,也将耗费更多的成本。这时多采用挖补方式修补,施工工艺与坑槽修补工艺相同。

2 各种裂缝处置技术的适应性

2.1 灌缝[4~7]

灌缝是多年来国内外普遍采用的裂缝处置技术,因灌缝胶单位价格相对低廉,多年来一直被广泛应用。但裂缝采用开槽灌缝工艺时,灌缝胶用量增加,再加上开槽、清缝等设备折旧、燃油等,其单位成本并不低。

此外,灌缝存在以下几个缺点:

(1)人员和设备投入较大。

(2)开槽灌缝较难吻合裂缝走向,且会扩大裂缝,加快裂缝的发展。

(3)开槽灌缝效率相对较低,对交通影响较大。

(4)需消耗一定的燃油,并污染环境。

(5)常规灌缝胶耐久性相对较差,高性能的灌缝胶成本又相对较高。

2.2　贴缝

因为贴缝带提前加工成规则形状,因此铺贴在裂缝上以后无毛边,比较美观,还节约了灌缝胶冷却的时间,更方便了施工组织。此外,贴缝带使用时均不开槽,避免了裂缝的人为扩大。与开槽灌缝相比,贴缝带对裂缝内部的填充较少,但裂缝修补作用主要是封水,国内外大量的研究和工程均表明,只要贴缝带不开裂,封水效果完全可以保证。

(1)热贴贴缝带

热帖贴缝带的粘结效果与灌缝相当,其对裂缝内部的填充有限,但仍可满足裂缝封闭要求。

与普通自粘贴缝带相比,热贴贴缝带大都粘结效果更好,但因其仍然需要加热,施工效率受到一定影响。

(2)自粘贴缝带

与灌缝胶和热贴贴缝带相比,自粘贴缝带是常温使用的材料,优势比较明显,均具有以下优点:

①常温使用,无需加热,节约燃料,无繁琐加热工序。

②裂缝无需开槽,避免裂缝人为扩大。

③贴缝带无毛边,美观。

④操作简单快捷,无需专业培训。

⑤开放交通迅速,贴完即可开放交通。

(3)多层复合贴缝带

多层复合贴缝带因为表层裹覆一层胎基布或无纺布,具有一定的抗拉和耐磨效果,对贴缝带开裂具有一定的抑制作用,如图6所示。与灌缝、热贴贴缝带和沥青基高聚物自粘贴缝带相比,具有以下不足:

①不能自由转弯,遇到裂缝转弯,需要剪断,影响施工效率。

②频繁裁剪后接头过多,不美观。

③多层复合后难以压平,需要经过一年的车辆碾压,跳车感才能消失。

④压实要求较高,经常需要锤子敲击或碾压后才能与裂缝有效黏结。

a)

b)

图6　多层复合贴缝带铺贴后的效果

(4)沥青基高聚物贴缝带

以沥青基高聚物为主要材料的自粘贴缝带具有以下优点:

①可以随着裂缝的走向任意弯折,不需要频繁裁剪,施工效率较高。

②接头可搭接,车辆碾压后无搭接痕迹,美观。

③材质较柔软,经过3~10天的碾压,跳车感均可消失。

④黏结性较好,不需要锤子敲击。

其中,高性能自粘贴缝带优势更加明显:

①黏结性有较大提升,大部分裂缝不需清扫即可粘贴牢固。

②材料柔性好,部分材料可挤压到裂缝内部,更有效填充裂缝。

③高温稳定性和低温抗裂性好,可适应大的温差变化。

④开放交通1~2天,跳车感即可消失。

⑤可满足更低温度下的裂缝修补。

⑥包装为双层聚乙烯覆膜,夏季铺贴时有效避免了人为拉伸变形。

2.3 挖补

挖补处置裂缝病害较彻底,是处置严重龟裂等裂缝病害的有效手段。

表1示出各种裂缝处理的适应性。

沥青路面各种裂缝处置技术的适应性对比表 表1

性能指标		直接灌缝	开槽灌缝	热帖贴缝带	多层复合贴缝带	沥青基高聚物贴缝带	高性能自粘贴缝带	挖补
技术性能	高温稳定性	良	优	优	优	优	优	
	低温抗裂性	中	良	良	优	良	优	
	粘结性能	良	良	优	中	良	优	
	施工条件	加热	加热开槽	加热	不加热锤击 较低气温不适用	不加热 较低气温不适用	不加热 较低气温适用	
效益分析	材料成本	低	一般	较高	一般	较高	一般	—
	人工成本	较多	多	较少	少	少	少	
	机械设备	较少	多	较少	少	无	无	
	施工时间	较长	长	较长	较短	短	短	
	交通影响	较大	大	较小	较小	小	小	
	环保性	否	否	否	是	是	是	

3 三阶段裂缝处置技术

本文结合各种裂缝处置技术的特点,提出沥青路面三阶段裂缝修补技术,即根据裂缝的不同程度和发展阶段,采取不同的处治方法:灌缝或贴缝、填充贴缝和全断面切挖填补缝。

3.1 灌缝或贴缝

在裂缝开裂初期,为控制裂缝进一步扩展,防止路面水损害,宜对裂缝进行及时处理,可采用灌缝或贴缝工艺。

经过灌缝或贴缝处置后,裂缝在一定时期内被封闭,可有效减缓裂缝的发展速度。

3.2 填充贴缝

灌缝或贴缝修补后,随着时间的推移,在车辆荷载、动水荷载等作用下,先前的灌缝逐渐失效,裂缝在宽度、长度和深度方向进一步扩展,导致了更加严重的水损害,此时裂缝已较宽,继续采用灌缝或直接贴缝,效果将受影响,此时宜清理原灌缝或贴缝材料及杂物,填充适量的沥青砂浆等材料,并进行必要的贴缝处理,处理后路面水损害可得到有效控制。

在该阶段,因为贴缝带对过宽裂缝的变形协调作用有限,在裂缝中填充沥青砂浆后,会对贴缝带的开裂起到一定抑制作用,有效延长贴缝带的使用年限。

3.3　全断面切挖填补缝

当贴缝失效或功能减退时,原有裂缝已经扩展的比较严重,横向裂缝一般均已贯穿整个断面,贴缝已不能有效处理,开槽灌缝的深度不够,不能有效控制裂缝的进一步扩展,此时宜进行裂缝全断面切挖,切挖深度需到达裂缝最低点,然后在切挖的坑槽中填充一定粒径范围的大粒径透水性沥青混合料,使之与原路面沥青混合料充分粘结,填补全断面的大粒径透水性沥青混合料后,路面结构层中的水分将沿大粒径透水性沥青混合料迅速排至路侧,处置后,路面裂缝可得到有效处置,同时路面整体的排水性能也得到显著改善。

4　高性能自粘贴缝带的应用情况

高性能自粘贴缝带是最近年来由国内知名的公路养护科研单位研发的高新技术产品,现已在国内山东、江苏、广东、北京、河北、山西、辽宁等省市近 50 条高等级公路上获得应用(图 7),涵盖高速公路及国省道,获得了良好的口碑。

a)北京某二级路　b)泰安某一级路　c)盐城某一级路　d)连云港某市政路

图 7　高性能自粘贴缝带的应用实例

本文跟踪了北京某山区公路应用高性能自粘贴缝带的情况,铺贴 3 年后仍然能保持封闭状态,有效抑制了裂缝的水损害(图 8)。

a)2天后　b)1年后　c)3年后

图 8　高性能自粘贴缝带铺贴后的效果情况

5　结语

灌缝、贴缝、挖补等各种沥青路面裂缝处置技术各有优缺点,分别适用于不同的裂缝发展阶段。从路面长期性能角度考虑,宜采用三阶段裂缝修补技术,对不同程度的裂缝采取针对性的修补措施,做到物尽其用。

裂缝修补工作属于预防性养护的手段之一,为延缓裂缝病害的进一步发展,避免路面产生更严重的病害,宜在裂缝发生发展初期就采取相应的处置措施。

裂缝修补给交通带来大量不便,为将裂缝修补工作对交通的影响降到最低,宜对裂缝集中修补,且在保证修补效果的前提下,尽量采用快速的修补材料和技术,如自粘贴缝带。

参 考 文 献

[1] 中华人民共和国行业标准. JTJ 073.2—2001　公路沥青路面养护技术规范[S]. 北京:人民交通出版社, 2001.

[2] 王松根,等. 沥青路面维修与改造[M]. 北京:人民交通出版社,2012,9.

[3] 王松根,等. 公路沥青路面养护机械化作业[M]. 北京:人民交通出版社,2009,10.

[4] 高发亮. 高速公路半刚性路面裂缝分析及养护技术研究[D]. 山东大学硕士学位论文,2010.

[5] 马进福. 道路灌缝机关键技术研究[D]. 长安大学硕士学位论文,2007.

[6] 高艳丽,等. 高速公路沥青路面裂缝修补技术探讨[J]. 公路,2002,9:136-139.

[7] 赵洪利,等. 公路沥青路面裂缝的成因与综合处治研究[J]. 山东农业大学学报(自然科学版),2009,40(4):605-608.

沥青路面就地冷再生基层施工技术与质量检验

翟 佳 王国强
(北京市政路桥管理养护集团有限公司)

摘 要 在城市化交通高速发展的今天,传统模式的建设施工已不能满足现今社会发展的需要,新型材料的开发,节能减排的实施,绿色工程的建设,循环经济的推广,逐渐成为社会关注的焦点。细颗粒物的排放严重威胁着人们赖以生存的蓝天和空气,科学提高汽车尾气排放标准、有序降低汽油柴油消耗数量、有效减少筑路材料使用规模,成为了推动交通行业绿色发展的引擎。

沥青路面是目前国内普遍使用的路面形式,随着运营时间的延长,沥青路面逐步进入维修养护阶段。本文以温南路(温泉—南口)大修工程为背景,对沥青路面冷再生基层施工的理论试验、过程控制、质量检验等问题进行了详细的论述,希望能够为沥青路面再生利用、公路养护以及规范的编制提供一些实际的参考资料。沥青路面就地冷再生技术的研究符合我国可持续发展的政策,对我国公路建设的经济效益、社会效益是无法估量的,可谓功在当代,利在千秋。

关键词 冷再生 施工技术 质量检验

改革开放以来,我国的公路建设事业飞速发展,到目前为止,平均每年公路建设投资已经超过2000亿元。按照公路设计及使用年限来说,90年代以后陆续建成的高速公路、城市一、二级公路已经逐步进入大、中修阶段,大量的翻挖、铣刨的沥青混合料被废弃,一方面造成环境污染,另一方面对于我国这种优质沥青极为匮乏国家来说是一种资源的浪费,另外大量开采石矿会导致森林植被减少、水土流失等严重的生态环境破坏。

按照沥青路面的设计寿命15~20年来计算,从现在起,每年有12%的沥青路面需要翻修,旧沥青废弃量将达到每年220万t之巨,如能加以利用,每年可节省材料费3.5亿人民币,而这个数字是以每年15%的速度增长的。10年以后,沥青路面的大、中修产生的旧沥青混合料将达到1000万t,届时通过再生利用每年可节约材料费15亿元。

若这些为数巨大的废旧沥青面层翻挖后白白的废弃掉,不仅浪费了资源,也会对环境造成严重的污染。因此,本着可持续发展的理念,对沥青再生技术的研究、推广和相关专用设备的开发,对降低建设成本、保护生态环境以及对我们国家的公路建设都有极为重要的意义。随着我国高等级沥青路面维修养护数量不断增加,对沥青路面再生技术有必要加强理论研究,开发合适的再生剂和机械设备,规范施工作业的管理、控制、检验,为再生沥青技术在实际工程中的大量应用奠定基础。沥青路面就地冷再生技术的研究符合我国可持续发展的政策,对我国的经济效益、社会效益是无法估量的,可谓功在当代,利在千秋。

1 工程概况及工程背景

温南路位于昌平区的西南部,是昌平区一条重要的市级干道,又是一条重要的旅游路线,路线编号S218。温南路人修工程仅为K1+170~K3+000段,大修全长1.83km,上下四车道,路面宽度30.6m。随着沿线经济的发展和交通量的不断增加,路面已经出现了不同程度的病害,严重影响了道路交通安全和当地居民的出行,急需进行大修。根据施工前现场调查结果显示,本路段中间2车道坑槽、车辙、龟裂、网裂、沉陷等病害十分严重(图1),经与业主单位协

图1 温南路原路病害情况

商,会同业主、设计、监理单位进行了弯沉值的测定,测定结果显示路面回弹弯沉值较大,应进行翻建。综合考虑建设经费及大修工程性质的问题,设计单位提出对中间 2 车道(8m 宽度范围内)采用冷再生基层施工方案,以确保基层的强度,然后再进行统一罩面。

2 冷再生技术概述

沥青路面冷再生技术是在原有道路路面上,按照设计的要求,选择性的掺入适量的集料以及水泥、水等外加材料,利用就地冷再生设备,在自然常温下,就地连续完成对旧路面层及部分基层的铣刨、破碎、添料、搅拌、摊铺等工序,随后进行找平、碾压、养生,最终修建出具有特殊级配及材料的道路基层或底基层。沥青路面冷再生技术具有施工简便、生产效率高、节约工程材料、降低施工成本、保护生态环境和资源等优点,是公路工程大中修改善行车条件、提高道路标准、增加使用年限的一种较好的方法。

3 温南路冷再生基层施工

3.1 旧路结构调查及处置方案

温南路大修工程冷再生处理范围为温南路 K1 +170 ~ K3 +000 段中间两条机动车道(8m 宽度范围内),实施路面工程量为 $14640m^2$。旧路路面结构(由上至下)为细粒式沥青混凝土 3cm,中粒式沥青混凝土 5cm,石灰粉煤灰稳定砂砾 18cm,石灰土(含灰量为 8%)15cm。

本次大修处置方案为对原路面结构 20cm 厚深度内采用冷再生施工技术,即在旧路面层和基层上掺入一定剂量的水泥通过专用再生设备使之再生为新的基层。由于首次采用冷再生施工技术,施工前对原路结构及材料进行了详细的试验,确定掺加水泥的剂量以及旧路材料掺灰、拌和、压实后的强度;施工中,对冷再生基层进行了跟踪检测,并对实测数据进行了分析、研究,相关数据显示冷再生基层的强度、压实度等指标均满足或超过设计要求。

3.2 冷再生施工准备工作

(1)旧路结构层材料级配及水泥剂量的确定

①旧路结构层材料级配试验

施工前,应对旧路结构层材料的性能有充分的了解,在原有路面上找有代表性的路段进行现场取样。按照设计厚度对旧路面进行翻挖、破碎、拌和均匀,翻拌拌和后大块沥青混合料已经不明显存在,形成含有不同粒径的混合料,然后取样 5650g 进行筛分试验,筛分后级配控制范围如表 1 所示,级配范围曲线如图 2 所示。

旧路结构层混合料筛分级配范围 表 1

筛孔(mm)	遗留重(g)	遗留百分数(%)	累计遗留百分数(%)	通过百分数(%)
37.5	0	0	0	100
31.5	172.8	3.0	3.0	97.0
26.5	506.0	9.0	12.0	88.0
19	736.9	13.0	25.0	75.0
9.5	1626.2	28.8	53.8	46.2
4.75	1065.8	18.9	72.7	27.3
2.36	594.0	10.5	83.2	16.8
0.6	464.1	8.2	91.4	8.6
0.075	463.7	8.2	99.6	0.4
底	20.5	0.4	100	0

②水泥剂量的确定

根据设计要求,利用旧路面结构层混合料,分别按质量比为 4%、4.5%、5% 掺加不同剂量的水泥,同等条件下制备6组试件,按照相同的养生条件进行养生,即在规定的温度下,保湿养生6d,浸水24h,按照《公路工程无机结合料稳定材料试验规程》进行7d无侧限抗压强度试验,试验数据如表2所示,水泥剂量与抗压强度关系如图3所示。

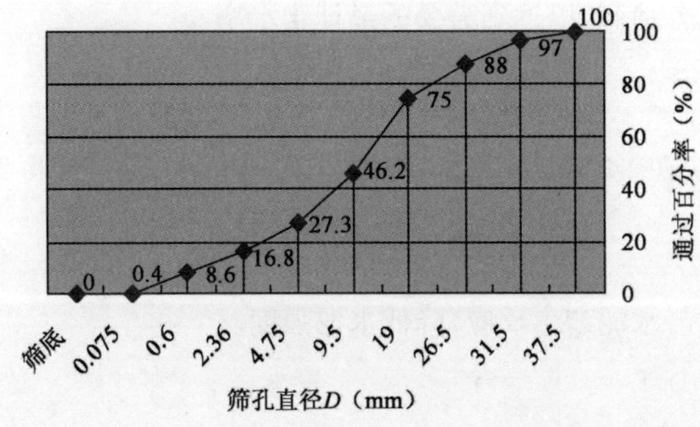

图2 旧路结构层材料级配范围曲线

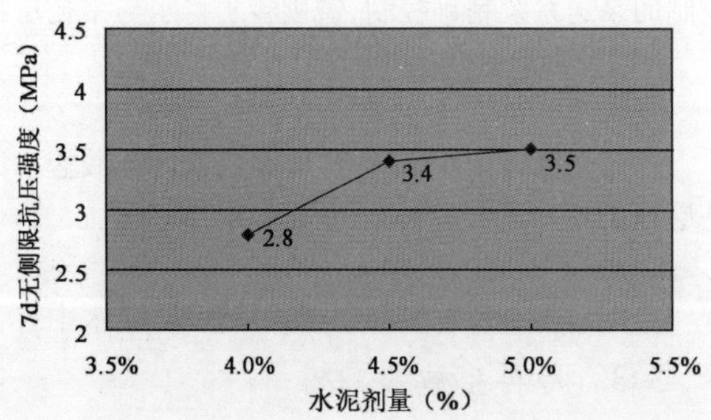

图3 水泥剂量与抗压强度关系

不同水泥剂量制备试件抗压强度试验数据 表2

掺入水泥剂量	抗压强度(MPa)						平均强度(MPa)
	A_1	A_2	A_3	A_4	A_5	A_6	
掺灰4%	2.7	2.9	2.8	3.0	2.3	3.1	2.8
掺灰4.5%	3.1	3.3	3.5	3.2	3.7	3.6	3.4
掺灰5%	3.3	3.4	3.6	3.7	3.2	3.8	3.5

根据抗压试验结果显示,水泥剂量从4%增加至4.5%时,抗压强度有明显增加,水泥剂量从4.5%增加至5%时,抗压强度增加仅为0.1MPa。综合设计及施工的实际情况,考虑到公路大修经济、合理、耐久、适用的原则,本着节约的理念,水泥理论掺加剂量定为4.5%,试验强度3.4MPa,大于设计强度3.0MPa,符合要求。根据此数据,进行混合料的击实试验,确定混合料的最大干密度及最佳含水率,以指导施工。

在代表路段翻挖、破碎、拌和原路结构层获得一定量混合料,按照质量比4.5%掺加水泥,分别以3.0%、5.0%、7.0%、9.0%、11.0%的含水量制备试件,采用重型击实的试验方法进行试验,试验数据如表3所示,击实曲线如图4所示。

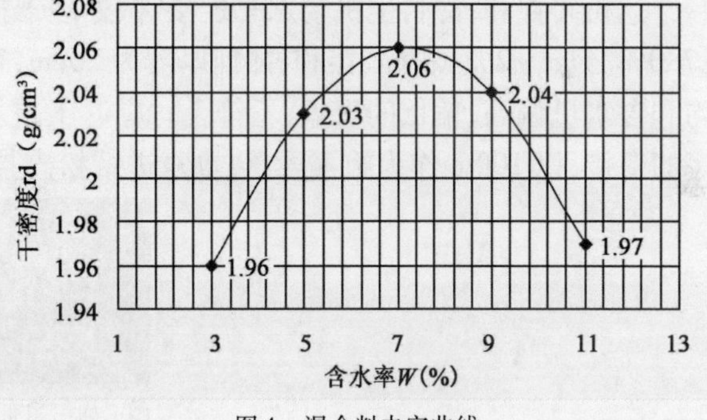

图4 混合料击实曲线

混合料掺加4.5%水泥进行击实试验数据 表3

试验次数	1	2	3	4	5
含水率(%)	3.0	5.0	7.0	9.0	11.0
干密度(g/cm³)	1.96	2.03	2.06	2.04	1.97

根据击实试验的数据及曲线显示,该混合料最大干密度为2.06g/cm³,对应的最佳含水率为7.0%。

(2)机具准备

①机具选择

结合施工现场条件及单位生产能力,选择经济、适用的机械进行施工,保证机械设备完好并能满足施工的需要,本工程所需主要机械设备有:清扫车、冷再生机、平地机、洒水车(3辆)、振动压路机(2台、20t)、振动压路机(1台、15t)、三轮压路机、运输车(3辆)。冷再生机采用宝马PH122型冷再生机进行施工,功率330kW,最大工作宽度2.5m,最大工作深度30cm。冷再生机主要依靠装有大量专用刀头的铣刨、拌和转子进行翻挖、拌和、摊铺,以达到旧路面层、基层再生施工的目的。

②工作原理

冷再生施工依靠冷再生机转子向上旋转铣刨原路面材料，冷再生机向前行进时，转子转动，同时冷再生机通过软管从与其相连的水车中抽运施工用水，并在再生机的拌和仓内喷洒。施工用水可以通过微处理器控制的泵送系统精确控制，铣刨转子将水与结构层材料充分拌和，以达到需要的最佳含水率。

(3)材料准备

①水泥

采用强度等级为32.5号的路用普通硅酸盐水泥，要求初凝时间4d以上，终凝时间6h以上，保证冷再生基层施工具有足够的整形、碾压的工作时间。

②水

采用不含有含物质的水或饮用水，防止水中有害物质与水泥产生反应，降低水泥强度。

3.3 冷再生施工工艺

(1)施工程序

冷再生基层施工属于新技术、新设备、新工艺，现行国家规范还未给出明确的施工方法与注意事项，相对施工经验较少。为确保工程质量，首先进行了200m的试验段施工，通过对旧路结构层混合料的筛分、击实、强度试验，确定各项参数，应用于试验段施工中，最终确定了如下的施工程序。

①路面清理：冷再生施工前应对旧路路面实施清理，采用清扫车，清除路面垃圾及灰尘。由测量人员根据设计要求进行高程测量标线，确保按照设计的宽度及深度进行施工。

②铺水泥：撒出施工作业边线，用灰线把施工面分隔成一定数量的网格，网格尺寸按照4m×10m确定，便于半幅施工。根据设计及规范中对水泥剂量的要求，在方格内均匀撒布足量的水泥，满足5.5%的水泥剂量（根据规范JTJ 034—2000中3.3.3第8条的规定，工地实际采用的水泥剂量应比室内试验确定的剂量多0.5%~1%）的要求。如图5所示。

③粉碎拌和：冷再生机与水车连接，微处理器控制的泵送系统精确控制加水量，加水至高于最佳含水率(7.0%)1%~2%，粉碎、拌和、摊铺厚度为20cm，行进速度控制在5~6m/min。施工时随时检查有无厚度不均和含水量偏高、偏低的现象，不符合时应返工重新拌和。考虑到水泥初凝时间4h、终凝时间6h及各道工序的衔接，以100m作为施工段落，重复进行粉碎拌和。如图6所示。

图 均匀撒布水泥

图6 冷再生机粉碎、拌和、摊铺施工

④整型碾压：冷再生机粉碎拌和后，首先进行静碾初压1~2遍，保证混合料的含水率在略高于最佳含水率的状态；初压结束后用平地机整平、调拱、调坡，测量高程应满足设计要求，如图7所示。第二步采用振动压路机二挡弱振复压2~3遍，自路边向路中依次碾压，碾压速度应控制在1.5~1.7km/h，注意错轴宽度、不漏压。水泥终凝前，使用大吨位、高频低幅的振动方式及时对施工路段碾压2~3遍至成型。最后采用光轮压路机赶光1~2遍，达到平整度的要求，施工时间保证不超过4小时，如图8所示。碾压整型过程中，坚持“宁刮勿补”的原则，若确实需要补料，应让工人用齿耙将补料处耙松至少5cm，再进行补料，以确保碾压成

型一致,不起皮、不松散。

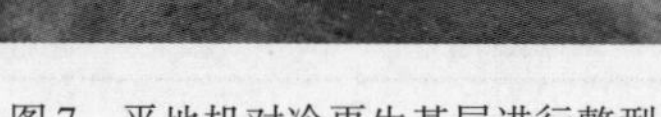
图7 平地机对冷再生基层进行整型

图8 光轮压路机赶光

⑤施工缝接顺处理:横向施工缝每段搭接长度2~3m,接头处理应平顺;纵向施工缝搭接长度为20~30cm,保证基层整体性。

⑥养生:碾压成型的路段及时封闭交通,满铺土工布(饱水性、含水性好),洒水养生。养生采用水车洒水,养生期间始终保持结构层具有一定的湿度。水车行车速度控制在20km/h,并且不得在养生路段上调头、急刹车及停留,养生期不少于7d,在此期间严禁重型车辆通行。

(2)施工注意事项

①旧路铣刨破碎应采用专用冷再生机,机械的最大工作宽度应在200cm以上,最大拌和度深度不小于30cm,且能保证连续拌和,具有很高的生产率,并能精确控制铺筑厚度。

②为避免出梗,相邻两幅应重叠20~30cm,施工前宜事先在原路面上分幅画线,冷再生机沿线开始破碎拌和,单幅长度控制在100m左右。

③施工中应设专人跟随机械检测拌和深度、拌和均匀性,同时,应设专人清除超径粒料,配备一辆手推车暂时盛放超径粒料,满车后推出场地之外,有助于提高工作效率。旧路破碎应均匀,破碎后最大粒径不应超过31.5mm。

④专用冷再生铣刨破碎速度定为5~6m/min。工作时,冷再生机需洒水车配合保证拌和用水,用水量高于试验室确定的最佳含水率1%~2%,控制施工含水率。

⑤破碎拌和后的混合料若拌和不均、超径粒料过多,可用再生机或路拌机加拌一次,水分不足路段,加拌前应及时补洒水,保证再生混合料的稳定性和均匀性。

⑥冷再生机破碎拌和后应及时用轻型压路机进行均匀稳压。整个作业段稳压完毕后,使用平地机整平和整形。施工中,按照"宁刮勿补"的原则,严禁"薄层贴补",若找平厚度过薄,找补前先将稳压后的局部低洼处用齿耙将表层5cm以上耙松,再行找补。确保碾压成型一致,不起皮,不松散,无离析现象。

⑦整形后的基层,应在含水率大于或略大于最佳含水率时碾压。碾压过程中,基层表面应始终保持湿润,若水分蒸发过快,应及时补洒少量的水,但严禁洒大水碾压。碾压过程中,严禁压路机在已经完成或正在碾压的路段上"调头"和急刹车。

⑧施工中横向两个作业段衔接处,应采用搭接拌和:前一段拌和整形后,留出2~3m不碾压,后一段施工时将前段未压实部分再加水泥重新拌和,并与后段一起碾压。碾压时,既要保证接缝处的平整度,又要保证压实度。为避免纵向接缝,第二幅施工时,衔接处也应采用搭接拌和。

⑨整形压实完毕,每隔20m需做一道横向切缝,深度为40mm,宽度为5mm,缝内灌塞SBS改性沥青。

⑩碾压检测合格后应及时采用无纺布覆盖、洒水养生,养生期内中断交通,杜绝洒水车以外的任何车辆进入,养生期不少于7d,要使冷再生基层表面始终保持湿润,做到及时洒水,专人看管,确保再生层不因洒水养生不当产生损坏。

4 冷再生基层施工质量检验

冷再生基层施工，尚属开发研究阶段，还未有明确、完整、详细的规范予以参考，结合现有路基施工规范，针对本工程实际情况，对本工程质量检验进行下列概述，仅供参考。冷再生基层施工，应对压实度、平整度、纵断高程、宽度、厚度、横坡、强度等项目进行实测，具体的允许偏差、检验频率、检验方法见表4。外观鉴定应包括：表面平整密实、无坑洼、无明显离析；施工接茬平整、稳定。

冷再生施工质量检验实测项目 表4

实测项目	允许偏差	检验频率		检验方法
		范围	点数	
压实度(%)	≥98	每200m每车道	2处	灌沙法
平整度(mm)	8	每200m	2处×10尺	3m直尺
纵断高程(mm)	+5，-10	每200m	4个断面	水准仪
宽度(mm)	≮设计宽度	每200m	4处	尺量
厚度(mm)	-8	每200m每车道	1点	用尺量(钻芯取样)
横坡(%)	±0.3	每200m	4个断面	水准仪
强度(MPa)	≮3	每1000m²	3个试样(1组)	7d无侧限抗压强度检测(钻芯)

5 结语

冷再生基层施工在公路大中修过程中的应用，满足了公路建设可持续发展的理念，充分体现了经济、合理、耐久、适用、环保的原则，节约能源、工序简单；提高效率、缩短工期；保证质量、降低造价；保护环境、以人为本。本着对事物辩证法的分析，结合本工程的实际情况，提出以下几点看法及建议，仅供参考：

(1)冷再生基层施工应在路基整体强度较高的路段进行，否则，路基强度不足，出现沉陷后会直接影响到冷再生基层的质量，导致冷再生基层破坏。

(2)冷再生基层施工应采取断路施工或在交通量较低的路段进行施工，避免基层施工后社会车辆通行，影响基层的强度、平整度。交通量较大路段进行冷再生施工，宜将冷再生层作为底基层，上面再铺筑一层二灰或水稳的基层，从而保证路面基层的强度及稳定性。

(3)冷再生施工前应注意收听天气预报，避免风天、雨天进行施工。大风天气会导致水泥飞散，不利于环境保护；雨天施工无法控制基层含水量，另外无法在水泥终凝前完成碾压整型的工作，导致拌和后的再生层废弃。

冷再生基层施工技术正处在研究、探索的阶段，为更好的服务于公路大中修，改善我国公路使用性能，提高公路服务水平，发挥冷再生技术的优势，我们需要不断的实践探索，总结施工中的经验教训和心得体会，形成适合我们自己实际情况的技术理论，为我国公路建设事业的蓬勃发展贡献我们应尽的责任。

参考文献

[1] 中华人民共和国行业标准. JTJ 034—2000 公路路面基层施工技术规范[S]. 北京：人民交通出版社，2000.

[2] 中华人民共和国行业标准. JTG F80/1—2004 公路工程质量检验评定标准[S]. 北京：人民交通出版社，2004.

[3] 王玉杰，苏建林. 大修工程沥青路面冷再生施工技术[J]. 河北交通科技，2006.

[4] 黄晓明. 沥青路面冷再生施工技术[M]. 北京：人民交通出版社，2007.

沥青路面就地冷再生技术在公路大修中的应用

周　鹏

（宁夏公路管理局）

摘　要　本文结合宁夏银华公路沥青路面全深式就地冷再生改造工程，阐述了就地冷再生基层施工工艺、施工要点及施工质量控制要点，分析了就地冷再生技术的社会效益和经济效益。实践证明，沥青路面全深式就地冷再生技术优势明显，值得推广。

关键词　普通公路　路面　沥青　就地冷再生

1　引言

目前，我国国省干线公路总里程达到44.5万km，其中20世纪90年代修建的公路大都已进入大中修期。据统计，我国每年有13%的沥青路面需要改造，而一次产生的沥青路面旧料约为9360万t，若按循环利用率70%计算，则每年沥青面层旧料利用量为6552万t。对于沥青路面在养护维修、改造过程中所产生的大量废弃材料，通过再生技术加以循环利用，是当代公路建设中一项具有战略意义的重大举措。20世纪70年代就地冷再生技术在美国得到广泛应用。我国在1998年引进了就地冷再生技术，发展趋势良好。沥青路面冷再生包括全深式就地冷再生和沥青层就地冷再生两种方式。再生层既包括沥青材料层又包括非沥青材料层的，称为全深式就地冷再生。该技术与传统的沥青路面维修方式相比，不仅节约资源、保护环境，还可以将传统的半刚性路面结构改造成柔性路面结构，优化路面的结构形式，延长路面使用年限。

2　工程概况

宁夏银华公路同心过境段为20世纪90年代前后修建，该路段设计等级较低，加之超期服役及重型车辆碾压磨耗等原因，路面已出现大面积龟网裂，部分路段路面破损严重，沉陷、变形明显。该工程路线编号为S101线，起点桩号K215+000，终点桩号K223+261，路线长度8.261km，采用二级公路设计标准，行车速度60km/h，路面宽度11.5m，路拱横坡2%，路面基层为25cm的半刚性基层，面层为5cm中粒式沥青混凝土。本工程采用全深式就地冷再生技术，再生层作为路面的基层使用。

3　冷再生混合料配合比设计

3.1　级配选择

通过对旧路面进行取样调查，确定旧路各结构层的厚度。选取具有代表性的现场铣刨样品，在试验室做级配筛分试验，依据级配筛分确定碎石的掺配比例，基于振动成型设计方法，多次对矿料级配进行骨架密实型优化调整。无机结合料稳定冷再生混合料，按照《公路路面基层施工技术规范》水泥稳定土混合料设计方法进行配合比设计。现选择具有代表性的几种级配设计计算结果见表1，并进行比对分析。

级配设计计算结果　　表1

筛孔尺寸（mm）	通过下列筛孔（mm）的质量百分率（%）							
	37.5	31.5	19	9.5	4.75	2.36	0.6	0.075
规范级配范围	100	90~100	67~90	45~68	29~50	18~38	8~22	0~7
原材料级配	100	98.4	90.5	71.3	48.5	30.2	16.3	6.2
掺加10%碎石级配	100	98.4	89.1	65.4	46.4	27.6	15.2	6.1
掺加15%碎石级配	100	98.4	81.6	61.5	41.4	28.3	13.2	5.9

3.1.1 原路面材料级配情况

对铣刨料样品进行筛分试验,原路面铣刨料中 >4.75mm 颗粒含量偏低,不能满足规范要求。

3.1.2 掺加10%碎石(10~30mm)调整后的级配情况

原路面铣刨料掺加10%碎石(10~30mm),级配能够满足规范要求,但混合料中粗集料含量较低,级配情况不佳。

3.1.3 掺加15%碎石(10~30mm)调整后级配情况

原路面铣刨料掺加15%碎石(10~30mm),级配能够满足规范要求,级配情况良好。通过级配筛分试验及合成分析,最终确定本项目冷再生混合料的矿料级配组成为:旧路铣刨料:外掺碎石 =85%:15%。所选级配能够满足《公路沥青路面再生技术规范》(JTG F41—2008)要求。最终确定的级配曲线情况见图1。

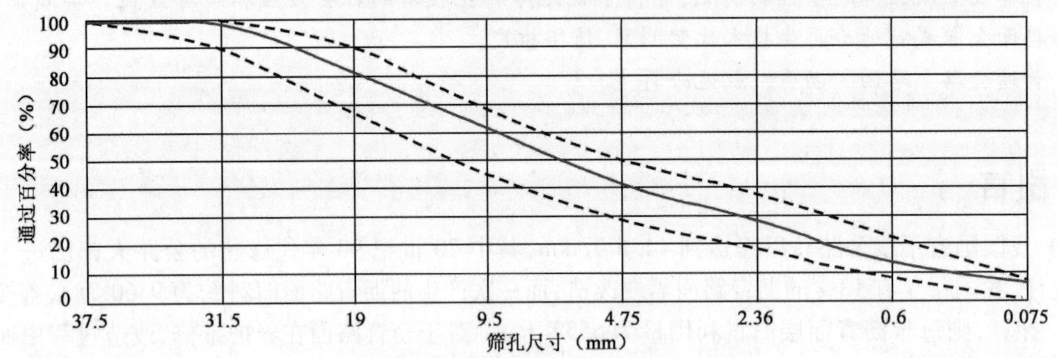

图1 掺加15%碎石调整混合料合成级配曲线图

3.2 配合比设计

根据所选矿料级配组成,选择不同水泥剂量进行配合比设计,用重型击实法确定各组混合料的最佳含水率和最大干密度,成型检测无侧限抗压强度。综合考虑无侧限抗压强度、原路面铣刨料级配情况及现场施工损耗,选定设计水泥剂量为5%,各项指标均满足规范要求。按重型击实试验所得最大干密度及最佳含水率制作无侧限抗压强度试件,养生7d后检测结果见表2。

制作无侧限抗压强度试件养生7天后检测结果 表2

冷再生结合料	水泥剂量(%)	最大干密度(g/cm^2)	最佳含水率(%)	强度平均值(MPa)	保证率强度值(MPa)
1号	4.0	2.085	8.2	2.7	2.4
2号	4.5	2.094	8.4	2.9	2.7
3号	5.0	2.098	8.4	3.3	2.9

4 冷再生施工

4.1 施工设备

冷再生施工设备包括:维特根 WR2500S 型冷再生机一台, SS-3000 型碎石撒布机一台,FS-2500 型智能型水泥撒布机一台,容量18L的洒水车2辆,悍马3520型单钢轮压路机一台,振动压路机、胶轮压路机各一台, PY185 平地机一台,ZL-50 装载机一台,其他相关辅助设备若干。

4.2 施工工艺

冷再生简易施工工艺流程见图2。

4.3 施工要点

工程开工前,应首先铺筑试验路段,长度不宜小于200m。通过试验应掌握如下内容:再生机的铣刨深度及工作速度,各种机械设备数量配置及组合方式是否匹配;混合料的各项性能指标是否满足设计及规范要求;再生层的压实厚度及松铺系数,以及不同压实组合下的压实度;实体质量是否符合设计、规范及质量验收标准的要求。

4.3.1 施工前准备

工程施工前应做好施工总体计划,并对原路面进行详细的病害调查,清扫旧路面,保持路面干净、平整。

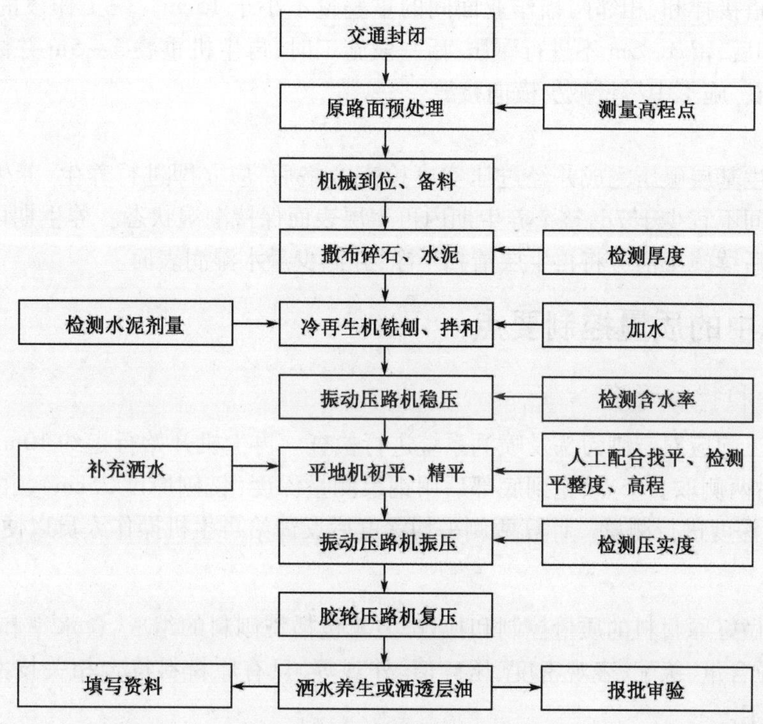

图2 冷再生简易施工工艺流程图

4.3.2 封闭交通

做好施工期间交通疏导工作,将反光锥桶、彩条旗以及施工标识牌摆放到位,将施工作业区与通车区隔离开,防止车辆进入施工区域,造成安全隐患。

4.3.3 预处理

对原路面大坑槽、局部沉陷严重的地方先用砂石料填补,随后进行预处理,使原来局部隆起或凹陷的路面变得平顺,保证冷再生施工后各项指标达到设计要求。

4.3.4 碎石、水泥的撒布

碎石和水泥宜采用撒布车撒布,撒布应厚度均匀。水泥撒布一旦完成,除了再生机(包括附属设备)以外,其他车辆一律不得进入施工区域。

4.3.5 再生机破碎、拌和、摊铺

在施工起点处将所需各施工机具顺次首尾连接,连接相应管路,启动施工设备。按照设定再生深度对路基进行铣刨、拌和。再生机组必须缓慢、均匀、连续地进行再生作业,不得随意变更速度或者中途停顿,再生施工速度宜为4~10m/min。单个再生至一个作业终点后,将再生机和罐车等倒至施工起点,进行第二幅施工,直至完成全幅作业面的再生。

4.3.6 整平

用25t单钢轮振动压路机紧跟再生机后稳压一遍,消除轮迹,防止水分过快散失。稳压后应立即用平地机整形、找平;随后技术人员进行高程测量,每20m一个断面测量相对高程。专人指挥平地机整平,用测量数据指导平地机整平,使路面平整度、横坡达到规范要求。在整形过程中严禁任何车辆通行,并保证无明显粗细集料离析现象。

4.3.7 压实

基层找平工序完成后,用25t振动压路机初压、低频高幅3遍,碾压速度不超过3km/h。初压完成后用

20t振动压路机进行复压、高频低幅4遍，碾压速度为2.0～2.5km/h；复压完成最后用胶轮压路机终压6遍。在终压前一定要用水车补水。碾压完成后保证外观平整、密实、无轮迹。

4.3.8 接缝处理

纵向接缝处采用搭接拌和，相邻两幅作业面间的重叠量不小于15cm。两工作段的衔接处（横向接缝）搭接拌和，前一段拌和后，留3～5m不进行碾压，后一段施工时，再生机重叠3～5m并添加适量水泥重新拌和，与后一段一并碾压。施工中尽量减少横向接缝。

4.3.9 养生

全深式就地冷再生基层碾压完成并经过压实度检查合格后，应立即进行养生，养生可采用湿砂、覆盖、洒水等方法。养生时间不宜少于7d，整个养生期内再生层表面保持潮湿状态。养生期内禁止除洒水车辆以外的其他车辆通行。后续施工前应将再生层清扫干净，并洒少量水湿润表面。

5 施工过程中的质量控制要点

5.1 检查设备和拌和深度

在每个工作面施工前应对铣刨刀头及喷洒系统进行检查。再生机开始行走约10m后，进行铣刨深度检测，分别在再生机左右两侧取3个点，挖到底部后用钢尺测量深度（铣刨厚度25cm），并随时检查铣刨速度，每隔30～50m对铣刨深度进行测量。计算两侧平均深度后反馈给再生机操作人员以便及时调整。

5.2 材料试验

再生施工前必须做好原材料的质量控制和检查，主要包括铣刨料的组成、含水率和级配，水泥的凝结时间，碎石的针片状颗粒含量、级配、表观密度、压碎值、外观等，只有原材料符合相关技术规范要求的条件下才允许冷再生正常施工。

5.3 现场试验

每天现场取样，送至试验室测量含水率，并对成型试件测试材料的无侧限抗压强度，依此评价现场材料的质量。

5.4 检查压实度

再生基层施工时，通过调整施工过程中的摊铺、碾压工艺及遍数，以保证再生基层的压实度。碾压成型后按频率要求立即进行压实度的检测，发现不合格点应及时碾压，直至压实度合格为止。

5.5 外观检查

施工过程中按照技术要求做好冷再生平整度、厚度、纵断面高程、再生宽度和横坡度的检验，保证冷再生外观尺寸符合规范要求。随时做好冷再生层外观的评定，做到表面平整密实，无浮石、弹簧现象，无明显压路机轮迹。

6 质量管理与验收

6.1 质量管理

施工现场抽检结合料（不含加宽段）级配及水泥、碎石撒布量均符合规范及设计要求。经养生后，现场取芯芯样完整，表面较光滑，再生基层板结良好，无侧限抗压强度达到设计要求。本项目施工质量检测情况见表3。

主要试验数据汇总一览表 表3

序号	项　目	检测次/组	平 均 值	规定设计值	合格率(%)
1	基层压实度	309个点	98.40%	≥97%	100
2	基层无侧限	54组	2.97MPa	2.5～3.0MPa	100

续上表

序号	项 目	检测次/组	平 均 值	规定设计值	合格率(%)
3	基层水泥滴定	75 次	5.01%	5.00%	100
4	基层厚度检测	82 个点	252.4mm	250mm	92.6
5	基层级配筛分	30 次	合格	符合级配范围	100
6	沥青面层弯沉	560 点	18.05(0.01mm)	≤38.565(0.01mm)	—
7	沥青面层平整度	57 点	1.16(mm)	≤2.5mm	100

6.2 验收

工程完工后,应将全线以 1 ~ 3km 作为一个评定路段进行质量检查和验收。就地冷再生基层的质量检查与验收包括施工前的原材料质量检查、施工过程中的质量检查及施工结束后的成品质量检查三方面,其质量应满足现行《公路路面基层施工技术规范》(JTJ 034)及《公路沥青路面再生技术规范》(JTG F41—2008)等规范规定和要求。

7 效益分析

7.1 造价比较

冷再生工艺相比新建方案节约了 960952.00 元左右,即节约近 23%。另外,常规基层施工如要保证原路面高程不抬高,还需挖除原有基层,路面造价还将增加 10 元/m^2 左右。本项目冷再生基层与新建基层投资比较见表 4。

冷再生基层与新建基层投资比较 表 4

序 号	工 程 细 目	冷再生基层施工			新建基层施工		
		工程量(m^2)	单价(元/m^2)	合价(元)	工程量(m^2)	单价(元/m^2)	合价(元)
1	场站建设及临时电力	—	—	—	91373	4.09	374008
2	设备费	91373	16.52	1509162	91373	8.42	769726
3	材料费	91373	16.76	1531274	91373	28.29	2584504
4	人工配合费	91373	1.52	139307	91373	0.59	54276
5	养生	91373	0.72	65789	91373	0.72	65789
6	基层每平方米综合价	91373	35.52	3245532	91373	42.12	3848302
7	挖除沥青混凝土路面	—	—	—	91373	3.92	358182
8	总计费用			3245532			4206484

7.2 工期对比

冷再生工艺相比道路养护和新建方案省去了旧路面废料的挖运时间和拌和料的运输时间,施工工期大为缩短,提高了综合运输效益和社会效益。本项目冷再生方案和新建方案的工期比较见表 5。

冷再生方案和新建方案工期比较 表 5

序号	工 程 细 目	冷再生基层工期(d)	水泥稳定砂砾工期(d)
1	旧路面挖除、弃运、整修	0	60
2	基层铺筑	25	25
3	面层铺筑	20	20
合 计		45	105

8 就地冷再生的优势

(1)节约成本,包括材料和运输成本,与其他传统的施工方法相比,总投资可节约20%~30%。

(2)提高旧路等级,可以通过基层承载力的提高,从根本上实现道路等级的提高,这对低等级公路尤其有特殊意义。

(3)节约材料,所用旧铺层材料全部就地利用,从而大大减少新材料的用量,保护了资源。

(4)缩短工期,由于不存在旧料的运输问题,施工过程一次性作业的特点,大大简化了施工程序,从而缩短了工期。

(5)提高结构的完整性,冷再生施工产生的均匀的较厚铺层内,不存在传统施工方法中有时出现的较薄铺层间的薄弱界面。

(6)不损坏路基,由于冷再生施工为一次性作业方式,再生机组在暴露的路基上只通过一次,所以与传统施工方法相比,对路基的损害较小。

(7)保护环境,可以充分利用旧路的沥青、石料等材料,减少了新材料的开采,具有重大的环保效益。

9 结语

通过就地冷再生技术在银华公路改建工程中的应用实践可以看出,采用就地冷再生技术,不损坏路基,能充分利用旧路面材料,施工周期短,冷再生基层强度较高,原路面的承载能力也得到了明显提高。实践表明,水泥冷再生技术是发展低碳、环保路面的主要途径之一。不但节省砂石料资源,同时,还节约因开采砂石料和废弃旧料占用的大量土地资源,减少了旧路面废料对周边环境的污染。因此,就地冷再生技术的发展具有很好的社会效益、经济效益和环保效益,值得推广应用。

参考文献

[1] 中华人民共和国行业标准. JTG F41—2008 公路沥青路面再生技术规范. 北京:人民交通出版社,2008.

[2] 中华人民共和国行业标准. JTG F41—2008 公路路面基层施工技术规范. 北京:人民交通出版社,2000.

[3] 拾方治,马卫民. 沥青路面再生技术手册. 北京:人民交通出版社,2006.

[4] 维特根公司. 维特根冷再生手册(中文版)广州:维特根公司,2001.

[5] 山东公路机械厂. 沥青路面冷再生施工工艺介绍. 山东公路机械厂,2010.

[6] 姜鹏,姜旭荣,陈凯尔. 浅谈水泥稳定碎石基层配合比设计与施工质量控制. 公路交通科技(应用技术版),2010.

沥青路面施工中混合料离析现象分析和解决方法的探讨

石 敏[1] 李 娜[2] 杜 迁[2]

(1 陕西省宝鸡公路管理局第一工程处;2 陕西省交通运输厅质监站)

摘 要 随着我国公路事业的快速发展,沥青路面得到了广泛的应用,但常常由于路面铺筑质量引起路面的早期损坏,沥青路面的离析就是其中的一个原因。尤其是公称最大粒径较大的沥青混合料在施工过程中更易产生离析,论文从离析造成的危害及破坏机理、离析的表现形式进行了简单论述,分析了道路工程中沥青混合料离析的原因,并在此基础上提出了相应的控制措施及处理措施。以最大限度地减少离析现象,提高沥青路面质量,延长使用寿命。

关键词 沥青路面 离析 原因 措施

1 离析造成的危害及破坏机理

沥青路面施工过程中一旦出现离析现象,路面的所有早期病害如车辙、推移、泛油、拥包、脱落、松散、裂缝、透水、唧浆等都会可能发生,其发生的机理为:沥青面层上一些区域粗集料较为集中,而另一些区域细集料比较集中,使得混合料变得不均匀,级配组成及沥青用量与设计值不一致,导致路面呈现出较差的结构和纹理特性。通常粗集料较为集中的部位往往空隙率过大、沥青含量偏少,沥青与集料脱落,如果有水渗入孔隙,在行车的动水压力重复作用下,就会导致沥青剥落,使路面产生严重的水损坏现象、进而形成坑槽;细集料较为集中的路面部位则往往沥青含量偏多,空隙率过小,将导致路面的永久变形,出现泛油、车辙、推移等多种路面病害,为路面的使用寿命埋下了可怕的祸根。

2 离析的表现形式

沥青混合料发生离析时,粗集料和细集料分别集中于铺筑层的某些位置,使路面的结构性质和表面构造深度不符合设计要求。目前,我国普遍采用连续密级配的沥青混凝土结构,在面层施工过程中,沥青面层的离析现象主要表现为:端部离析;带状离析;接缝离析;块状离析;随机性离析;温度离析。

(1)端部离析

端部离析是最常见的离析形式,它在路面上形成规则的翼状离析。在摊铺机中央区域细集料较多,比较密实;而在摊铺机两侧粗集料较集中,比较松散。特别是沥青面层采用一台摊铺机施工的中、下面层,端部离析现象比较严重。

(2)带状离析

带状离析通常出现在摊铺机的中央,也有位于边缘或其他部位。上、中、下面层均可能出现这种情况。

(3)接缝离析

接缝离析则发生在两台摊铺机之间,由于混合料的多少或温度差异引起压实不均,形成离析。

(4)块状离析

块状离析一般呈等距离分布,由于摊铺机的不连续出料或不停收斗,形成规律的离析。

(5)随机性离析

由于原材料的变化、筛孔的堵塞或破损、设备故障、拌和楼生产的混合料波动过大、碾压不及时等都可能造成随机性离析,表现为路面局部出现许多大粒径料或小粒径料的集中。低气温施工随意停机或保温措施不够往往也会形成随机性离析。

(6)温度离析

温度离析是由于沥青混合料在储存、运输及摊铺过程中的热量损失不同,使得摊铺后的路面出现温度差异的状况。同各种集料离析现象不同,对于施工过程中的沥青混合料温度离析,人们肉眼无法直接察觉到。

3 造成离析的原因

(1)原材料

一方面路面碎石往往来自不同的供货商,各个碎石场生产的同一规格碎石,其实际尺寸不一样,集料的不均匀性导致沥青混合料级配不合理,产生离析;另一方面,当原材料从采石场运送到拌和场堆放时,由于堆料高度原因,大集料滚落在料堆的底部,形成原材料粗集料的第一次集中,这种离析现象会使拌和机在冷料上料时不易控制不同料仓的上料比例。

(2)混合料拌和不均匀

混合料拌和生产过程中,由于上料上冷料斗混料、冷料仓进料比例不准确,致使集料未能按设计级配进行拌和;或者沥青搅拌机中振动筛局部发生破裂,会使混合料混有部分超过规格大粒径集料进入拌缸;或者拌和时间过短、搅拌机中拌叶脱落也可能导致混合料拌和不均匀或温度不均匀。

(3)装料及运料过程中的影响

沥青混合料从储存罐到运料车、从运料车到摊铺机、从摊铺机送到布料器,经三次运输过程,使集料滚落集中,形成集料离析。

这一过程还容易造成温度离析,自卸卡车在运料到摊铺机途中,沥青混合料会通过车厢壁与空气进行热量交换,靠近车厢壁及顶层的混合料温度大幅降低,由于导热性能低,热量从混合料堆的中心向四面传导的速度相当慢,所以在卡车抵达摊铺现场时,车厢内四壁的物料温度就会大大低于物料中部的温度,出现温度差别。卸料过程中,车厢中部的料因温度高、黏性低,首先被卸到摊铺料斗中,而靠近车厢壁的料总是最后落在料斗的两侧和顶部,高温料又是最先摊铺到基层上,低温混合料被延时到最后摊铺,这个过程进一步加剧了沥青混合料温度的不均匀性,温度的离析更加严重,而且每车的运输和卸料都容易出现这种离析现象。

(4)摊铺过程中的影响

摊铺过程中的离析主要有运料车转换过程中的离析、中线离析和边缘及接缝离析。

运料车转换过程中的离析主要是由于摊铺机收斗引起的,在路面上形成规则的、间隔一致的块状离析。块状的离析区域粗集料比较集中。中线离析一般是摊铺机中线附近的粗集料较为集中,这是由于摊铺时混合料由摊铺机料斗卸到螺旋布料器时,粗集料滚到螺旋布料器的变速箱前面,并且集中在摊铺机的中间而造成中线离析。边缘和接缝离析通常出现在摊铺宽度的边缘,其原因是由于摊铺机的螺旋布料器旋转时产生的抛扬,这种离心力的作用造成大粒径粒料容易被送往两边,滚到了摊铺区域的边缘而形成了离析。

(5)碾压工艺和工序设置不当

碾压过程中,摊铺机铺层宽度上的压实功差异、压路机在碾压宽度及长度方向压实功的变化、作业机械不稳定等因素造成的路面压实度和孔隙率变异,形成碾压离析。

4 施工过程中预防离析的控制措施

4.1 原材料

(1)选料

施工单位应根据实际需求确定采石场,使用相同的碎石机和筛分设备,减少原材料的不均匀性,有条件的施工单位可在原材料进场后对碎石进行重新筛分。

(2)集料堆放

沥青混合料拌和站对于不同规格的集料要分别堆放,有可靠的隔离设施,避免集料的混杂。堆料对大粒料很敏感,最好采用分层台阶堆积,逐渐加高,减少因集料重力而引起的离析。运料卡车倾倒集料时要车接车紧挨着,料堆表面倾倒。

4.2　混合料拌和过程的控制

(1)冷料斗给料系统

在冷料斗给料过程中应防止不同规格的冷料混料,并控制冷料仓的进料流量均匀稳定,保证振动筛的筛分效率,从而保证热料仓级配为设计级配。

(2)热料仓的控制

热料仓中细料料斗易出现离析,应加以挡板,防止细料离析;同时应经常检查振动筛网的新旧程度,观察其筛分能力,以免发生破损,影响集料级配。

(3)搅拌器的影响

拌和器的拌缸拌轴快慢是造成混合料离析的因素之一,转速越快,集料离析越严重。但在同一时间内转速越低,和易性越差。一般情况下,间歇式沥青拌和梭的拌浆速度都在2~2.5m/s。所以应根据混合料拌和的难易程度和搅拌设备的设计参数合理地设定搅拌设备的生产能力,还应保证混合料均匀和必要的拌和时间。随时观察拌出混合料的外观,除颜色均匀一致、无花白颗粒外,粗细颗粒的分布还应均匀,无粗颗粒分离现象。如有分离应及时调整拌和温度和适当延长拌和时间。

(4)贮料仓的控制

贮料仓的卸料速度和高度是造成沥青混合料离析的原因之一。这两者之间有时是互相关联的,高度越高则速度越快,混合料流入运料卡车厢时其滚动作用就越大,离析程度就越严。因此卸料口到卸料车厢侧板最高点距离不宜超过0.5m,且越低越好。

(5)级配的调整

经常检验混合料的配合比,尤其在原材料有变化时,进行适当的级配调整,使其在设计范围内尽量达到最优配合比。

4.3　混合料运输过程中的控制

(1)正确的装料和卸料

运输车辆接料时,要求运输车每装一斗移动一下车位置,先装前部而后装后部再装中部,装好一层后再按照以上方法进行第二层的装料,做到平衡装料,尽量减少因落差而造成的装料离析;另外,快速卸料可预防粗料集中在摊铺机受料斗两侧的外边部。

(2)防止运输中的离析

应保持便道路面平整,在不平路段限制车速,减少运输过程中由于车辆颠簸而造成的离析;对装好的沥青混合料使用蓬布和棉被覆盖,同时使用保温棉和棉被固定在车厢的周围,起到保温的作用,尽量减少温度离析。

4.4　混合料摊铺过程的控制

对于转运转换过程中的离析,主要从运料车和摊铺机作业人员的操作中加以控制和改进,摊铺过程中,摊铺机不必收料斗,即在每辆车卸料之间,不要完全用完受料斗中的混合料,留少部分混合料在受料斗内。每车料卸完后,接着下一车料,与受料斗中剩余的粗料多的混合料一起输送到分料室,螺旋分料器布料过程中可使新旧混合料较好地拌和。

对于中线离析,可以通过在螺旋布料器二分之一处,边端装反向螺旋叶片加以改善。

对于边缘和接缝离析,解决方法主要通过加长螺旋,并在边端加装反向螺旋叶片,保持摊铺机布料器不停匀速转动,摊铺机两侧保持有不少于送料器高度三分之二混合料,同时边部料位高度与其他断而一致。

4.5 碾压过程中的控制

沥青混合料完成摊铺工序后应及时碾压，为了保证碾压效果，应科学合理地配置碾压机具，优化组合碾压工序，保证现场碾压有条不紊地实施；应注重保证现场碾压顺序，初压、复压和终压的机具和工艺要求均符合试验段确定的技术方案，合理的碾压工序的设置有利于消除铺面离析。

4.6 沥青混合料转运车的使用

沥青混合料转运车接到混合料后可不间断地搅拌，实现沥青混合料的二次拌和，使有可能在拌和、储存、运输过程中产生的离析得以消除，重新使混和料级配均匀、温度一致，然后转运车将搅拌后的混和料连续地输给摊铺机。

5 处理离析的技术措施

沥青面层在施工过程中产生两种类型的离析后，如果不采取必要的工程技术措施予以处理，势必造成沥青面层局部存在工程质量缺陷，路面质量的整体均匀度降低，离析区域路面的服务寿命减小，造成沥青路面出现早期损坏现象。因此，在沥青面层施工过程中，必须注重施工中的每个环节，采取有效的工程技术措施，处理已发生离析的沥青面层。

5.1 沥青混合料碾压成形前的处理方法

(1)松铺的沥青混合料局部呈块状出现，上下部位均为粗集料集中时，应采用换料处理；换料后的松铺厚度和密实度应尽量与原松铺层保持一致，即使在初步碾压后也应进行局部挖除。

(2)较大面积有规律地出现不可排除的粗集料集中，往往表现为上粗下细时，局部可采用人工翻拌的方法，但在气温较低的大风天气，一般不宜采用；如果已初压成形，应人工加撒混合料，使较细料嵌入大集料空隙中。

(3)抽取细料集中部位的沥青混合料，做抽提后的级配分析。如果已超出规定的级配范围，应重新考虑施工机械和施工工艺，采取必要的技术措施。

5.2 成品路面的处理方法

(1)进行路面渗水试验，详细记录渗水严重的部位，如果渗水系数下面层在300mL/min以上，中面层渗水系数大于250mL/min则应考虑进行处理。

(2)对于表层或局部块状离析，可喷洒乳化沥青黏层油，再适量洒布石屑，进行适当碾压；碾压完成后清除多余石屑，以保证表面平整度。

(3)对于带状和较大区域离析部位，应对其做压实度检验；检验结果不合格时，则用切割机按标出的范围垂直切除，重新补以新拌沥青混合料碾压密实(严重离析类型)。

(4)路面的上面层不宜采用后期处理方法，宜采用级配较为均匀的沥青混合料。

5.3 温度离析的处理方法

通常，沥青混合料的温度离析是由于沥青混合料在运输和摊铺过程中操作不当造成的。摊铺后的沥青面层产生温度差异后，特别是温度相差较大时，如果不采取相应的处理措施，将使碾压后的沥青面层压实度分布不均匀，沥青面层的平整度可能也不满足规范要求。温度较低区域压实度往往低于设计要求，路面上形成有质量缺陷的面积。

(1)对于较大面积的路面温度较低区域(例如温度离析区域宽度大于碾压轮宽度的1/4)，且低温区域最低温度低于110～120℃时，应对已摊铺的沥青混合料进行换料处理。

(2)对于小面积的路面温度较低区域(例如离析区域宽度小于碾压轮宽度的1/4)，且低温区域最低温度高于110～120℃时，可采用增加碾压遍数的方式对低温区域进行特别处理，并且胶轮压路机必须严格控制洒水量，以防因碾压过程加剧沥青混合料的温度下降幅度，使其密实度符合要求，现场可用PQI跟踪检测。

6 结语

本文通过对沥青混合料离析的危害、表现形式及离析的形成原因进行分析,得出离析的预防控制措施及发生离析后的处理方法,结论如下:

(1)离析的预防应从原材料的选择、堆放,混合料的拌和过程,运输过程以及摊铺碾压过程层层控制。

(2)沥青混合料转运车具有二次搅拌功能,使用沥青混合料转运车不仅能改善沥青混合料在生产、运输过程中产生的集料离析和温度离析程度,从而提高沥青面层的均匀性,而且能提高沥青路面的平整度和提高摊铺机的工作效率。

(3)沥青混合料发生离析后,应及时采取有效的补救措施,如换填混合料,加撒混合料或者增加碾压遍数等方法。

参考文献

[1] 李东仓.高速公路路面离析的成因及控制方法探讨[J].公路交通科技,2010(11).
[2] 张秋生.高速公路沥青路面施工中离析现象的成因及控制措施[J].中小企业管理与科技.2010(11).
[3] 韩守兵.沥青路面施工过程中的离析分析及解决对策[J].

沥青路面同步碎石封层在青藏公路预防性养护中的应用

万常兴

(青藏公路分局纳赤台公路养护段)

摘 要 本文通过对纳赤台公路段9km路面网裂严重地段实施同步碎石封层技术措施的探讨,通过试验路段比较认为碎石封层应用可行,值得推广。

关键词 碎石 封层 应用

同步碎石封层是法国发明的一种路面预防性养护新技术,20世纪80年代以来在国外广泛应用,2002年开始引入我国。所谓预防性养护,是指路面在使用一定年限后尚未损坏或只有轻微损坏时,为了防止已出现的病害进一步扩展,在一定程度上提高或保持路面良好的使用性能,延长路面使用寿命的养护作业。

同步碎石封层技术尚未在西藏公路养护中得到应用,此次为青藏公路分局纳赤台公路养护段首次尝试的试验性应用。

1 同步碎石封层所使用的材料为碎石和沥青

(1)同步碎石封层一般使用常规石料,如安山岩、闪长岩、绿灰岩、片麻岩、石灰岩、玄武岩等均可作为集料。所采用的石料最大粒径应与处置层的厚度相等,为"一石到顶"的结构。荷载主要由石料承担,沥青起石料稳定的作用。石料反击破碎需要有四个破碎面以上,并且经过严格水洗和风干,不含杂质和石粉,针片状含量需控制在15%以内,压碎值不大于26%为宜。石料规格更具交通量、路面防滑性能、平整度及施工结构等的要求,分为2~4mm、4~6mm、6~10mm、8~12mm、10~14mm五个档,石料为单层式结构,用量宜为5~8m^3/km^2。

(2)同步碎石封层使用最多的路用石油沥青、改性沥青和改性乳化沥青。路用石油沥青价格低廉,且符合《公路沥青路面施工技术规范》(cjtg f40—2004)的a级石油沥青一般都能满足同步碎石分层施工的要求。改性沥青或乳化沥青能顺利进入充满原路面的微小裂缝,并与碎石紧密黏结,但成本较高。沥青用量一般为碎石重量的10%,单层每平方米沥青用量为1kg,可以根据交通量、路面状况、施工季节进行5%~10%的调整;若路面病害较重时,需考虑增加填补病害所消耗的用量。道路石油沥青的撒布温度宜控制在150~165℃,沥青加热温度不宜超过170℃。

2 我段对同步碎石封层技术的应用

(1)由于我段管养路段为青藏公路西藏管养路段的起始路段。进藏车辆的80%由青藏公路入藏,所以我管养路段交通流量较大,且重型载货车辆较多。造成我管养路段主要的病害为裂缝和车辙。我段组织人员对路段进行了详细调查,发现K2887~K2917处路面出现大范围网裂,且无严重车辙和路基变形现象。若进行灌缝和其他封层将无法有效修复该路段病害,而其他预防性养护技术,投入资金过大,施工成本较高。经综合考虑最终采用同步碎石封层技术进行处置。

(2)施工前我段对集料进行了选择并且储备。经过调查选择,我段最终选用了粒径为4~6mm的石灰岩,并且经过了严格水洗风干,其中针片状含量为10%左右,经试验压碎值小于26%。沥青为常用的路用石油沥青。经过现场试验确定了沥青洒布量为1.4kg/㎡,碎石用量为8.1m^3/km^2(由于我段首次使用该技术,并且路面网裂严重,在沥青和碎石用量上均比规范要求增加了0.2)。

(3)施工时室外温度为15℃。沥青加热至170℃时注入撒布机进行撒布作业。在施工前我段对该段路面进行了人工清扫,并且实行了临时性封闭交通处置。由于进行了半幅施工,在边缘处预留10cm搭接缝,在第二幅施工时进行了搭接撒布。压实采用自然行车碾压,并且限速20km/h。

a)

b)

图1

3 同步碎石封层的效益对比

(1)同步碎石封层在施工中效益较高、速度快、大大提高了工作效益。

(2)同步碎石封层具有良好的抗滑性和防渗水性能,能有效地治理路面贫油、掉粒、网裂、轻微车辙等病害。

(3)同步碎石封层是利用碎石封层机将沥青和碎石同步洒布,减小了沥青于碎石的洒布间隔,使集料与沥青之间有充分的接触,可以更好地植入黏结剂中,已获得更多的裹覆面积,增加了稳定性,提高了生产率,减少了机械配置,降低了施工成本。

(4)同步碎石封层具有处理路面裂缝的良好的性能,在无集料流失的情况下,可确保3~5年的道路养护性能。

4 不足之处

(1)由于施工期气温不正常,早晚温差大,局部封层效果不理想,需弥补。

(2)由于没用胶轮压路机碾压,只用自然行车碾压,碾压均匀程度不理想。

经过我段的试验性应用施工,结果证明采用同步碎石封层在成本投入上大大降低且提高了工期。减缓了路面使用性能恶化进程,延长了路面使用寿命,节约了养护维修资金,公路使用效果有了极大的改善和提高。

沥青路面再生探索

冉 涛

(云南云岭高速公路工程咨询有限公司)

摘 要 沥青路面材料再生技术是一个前沿的课题,目前还没有一套成熟的实用技术,本文对沥青路面材料再生技术进行探索。

关键词 沥青路面 再生 探索

1 引言

在2014年云南省交通运输工作会上公布的统计资料显示:2013年底云南省的公路通车总里程数达到了3200km;一、二级公路里程突破1.1万km,而且高速公路和一级公路的道路路面结构以沥青路面较为常见,随着养护工作的推进,为改善行车舒适性,原有的部分混凝土路面道路也改建成沥青路面。沥青路面在车辆荷载和自然界因子的共同作用下,出现了老化、裂缝、坑塘、表面脱离、骨料松动、翻浆等病害,造成车辆通行困难,进而影响道路的舒适性和营运安全,近年来随着国家对环保意识的加强,沥青路面材料再生技术由原来的课题研究阶段发展到了运用阶段。

2 沥青路面材料再生的发展历史

1915年从美国开始,到20世纪80年代末美国再生沥青混合料的用量几乎是全部路用沥青混合料的一半,并且再生剂开发、再生混合料的设计、施工设备等方面的研究也日趋深入,在美国沥青路面的再生利用率高达80%,相比常规全部使用新沥青材料的路面,节约成本10%~30%。西欧国家也十分重视这项技术,德国是最早将再生料应用于高速公路路面养护的国家,1978年就将全部废弃沥青路面材料加以回收利用。法国也已开始在高速公路和一些重要交通道路的路面修复工程中推广应用这项技术。欧洲等发达国家都特别重视再生沥青实用性的研究,在再生剂的开发和实际工程应用中,在各种挖掘、铣刨、破碎、拌和等机械设备的研制方面都取得了很大的成就,正逐步形成一套比较完整的再生实用技术,正向规范化和标准化推进。日本是资源缺乏的国家,用于修筑道路的石油沥青严重依赖进口,1973年石油危机后日本加大对旧沥青路面再生利用方面的研究,目前修筑道路70%左右使用再生沥青,节约了材料,压缩了投资,保护了环境。

我国湖南省将乳化沥青加入旧渣油表处面层,并分别用拌和法和层铺修筑了再生试验路。甘肃省兰州公路总段从1983年以来采用阳离子乳化沥青作再生剂对多条道路进行冷法再生沥青路面工作,同时对另一些道路进行热法再生路面工作。云南省亦在1983~1988年进行了一些再生沥青路面试验研究。近几年开始尝试着将旧沥青路面再生后用于中轻交通量公路或道路基层,如1992年同济大学在淮阜路采用阳离子乳化沥青进行冷法再生沥青路面试验。1997年江苏淮阴市公路处用乳化沥青冷法再生旧料后铺筑路面,取得了一定效果。如2000年沈大高速公路营口段再生试验,黄晓明等针对克拉玛依AH-70沥青研制出A型再生剂等,表明我国公路科研、生产单位也开始重视高等级公路旧沥青路面再生技术的研究。

3 沥青路面再生的分类

根据分离方式、施工场地和加热等不同情况分为:添加再生剂改造利用和旧材料重新分离利用、就地再生和回收再生、热再生和冷再生。以上各种再生工艺均有成功案例,各有优缺点,本文主要就沥青路面材料物理再生技术运用情况进行一定的探索。

4　病害产生原因分析及处治方案

4.1　浅层病害

表层病害主要表现为车辙、由于路面局部缺陷产生的坑塘、裂缝、骨料松动等,该病害产生原因主要是由于路面层抵抗竖向应变能力不足、施工工艺控制不严、拌和材料不均匀、沥青材料与骨料黏结性存在缺陷等原因造成的,该类病害处治方案是加强面层抗变形能力重新施工路面层,局部处治主要以现场再生方式为主,常见方式为:沥青路面热再生加热板、热再生车、冷再生车、乳化沥青再生、泡沫沥青冷再生等。

4.2　深层病害

路基产生不均匀沉降,局部软弱、部分路基位置受地下水或地表水影响等原因,产生的路基病害反应到路面上,主要表现为纵横向裂缝,龟裂、网裂、坑塘、翻浆等,该类病害需先处理路基病害后才能施工路面,工期相对较长。路面处治主要有沥青路面热再生加热板、热再生车、冷再生车、乳化沥青再生、泡沫沥青冷再生、厂拌沥青再生等处治方式。

5　浅层病害、再生方式与施工效率

局部段落的浅层再生方式以现场再生方式为主,根据处理范围大小采用加热板、再生车、添加剂现场翻松冷再生等处治方式。由于再生机械和再生材料的发展,再生车具有冷热再生功能,有较好的运用前景。

5.1　沥青路面热再生加热板

将液化气和空气按照一定的比例混合好之后在新型合金纤维材料表面燃烧,燃烧所产生的大部分热量转化为红外线并加热沥青路面。由于红外线能够穿透沥青路面,直接加热到沥青深层并使其软化,一般5~8min内路面软化厚度达5~6cm。故能在短时间内软化后的沥青层经过翻松、找平、压实等工序即可修补完毕。对交通的影响小,即修即通。施工面积0.8~4m^2,外形尺寸为1250mm×720mm、1000mm×1000mm、1800mm×2400mm。缺点是沥青混合料现场拌和困难,施工人员素质直接影响到工程质量,小面积施工时,设备需要少,施工干扰小,速度快,缺点是施工温度控制不准确,人员素质要求高。

5.2　沥青路面再生车

一般均有独有的沥青计量装置,可根据需要精确计量每盘沥青用量、控制再生料、沥青拌和料油石比。搅拌装置采用立式强制拌和、间接加热技术一体化设计,机械在施工环境转场作业时可在行驶中实现不间断拌和,采用车尾上料、侧面出料设计,出料可直接倒入坑槽,降低劳动强度,提高工作效率。

根据厂家不同采用车载红外加热器、间接加热和热风炉加热等多种动态加热方式,现场加热、翻松、添加外加材料、拌和、摊铺、碾压等工序,材料受热均匀;有效利用冷料、旧料、铣刨料,无需粉碎。再生修补车机动性好,有独立的液压系统、热再生搅拌系统、温控系统、除尘系统、乳化沥青喷洒系统和电控系统系统等,并具有沥青洒布、生产新沥青混合料、沥青路面现场再生等能力。

再生车建议选用红外线加热熔化方式,该方式取代了表面加热翻松方式,避免了由于沥青加热温度过高产生焦化的情况,具有加热均匀,控制难度小,加热速度快,处理深度大等优势。

再生车冷再生时可利用冷料、旧料、新料、铣刨料,施工时根据材料情况加入沥青或再生剂后拌和。

该技术施工时间短,对交通影响小,施工机械少,热再生在施工中不打碎原路面骨料,实现100%的骨料再生,100%的旧沥青利用,原路面材料循环再用率高,减少资源浪费。通过对沥青路面翻松,添加再生剂和新骨料,在改变病害路段的材料级配和沥青品质后,在底层具有一定温度的情况下实现热铺,形成集料渐变过渡段及模量渐变过渡区,具有层间结合好,层面剪切力较小的特点。但工程质量随机波动性大。

5.3　现场翻松冷再生

通过翻松破碎设备将沥青路面加工成松散料,添加再生材料及集料后拌和铺筑,该工艺破坏了原有路面结构级配,质量难以控制,适用范围有限,现在已经逐渐被淘汰。

6 路基深层病害、再生方式与施工效率

路基深层病害影响到路面质量，深层病害处治方式主要采取注浆、浇筑混凝土层、重新施工路基等方式，该类病害处治时间相对较长，路面材料需破除或铣刨后储存，在路基病害处治完成后才能重新施工路面。深层病害处期间路面恢复工作之前有充足时间分析沥青老化情况、沥青性质和路面材料与再生剂的耦合性等，可以较好的控制沥青面层的级配组成、再生剂的添加品种及数量等，随着科技的发展还可以添加更为合理的新材料。目前主要再生方式如下。

6.1 厂拌再生剂冷再生技术

该技术是将回收的沥青路面铣刨料重新筛分，并进行新的配合比设计，加入沥青再生剂等混合剂，在冷拌设备中拌和，形成新的筑路材料。

6.2 化学分离再生技术

该方法主要采用可溶性轻油溶解沥青，把沥青与集料分离开，经过分选、成分定性分析、配合比设计等阶段，最终将回收沥青及集料用于路面施工中。

6.3 物理分离再生技术

主要采用物理方法，把沥青与集料分离开，目前较为先进的是陕西龙凤石业有限责任公司与西安公路研究院合作开发的高温水降温分解法，通过发明的一整套循环利用沥青废旧料的技术、设备，对废旧沥青料分解、除尘和复原，该项技术向国家申请了技术和设备共七项专利，并用于陕西省二网临潼—兰田路段，张家堡—阎良路段。该分离方法集料表面有少量的沥青附着物，有利于和胶结料的结合，分离后部分材料和机械如图1~图4所示。

图1 沥青剥离后的粗集料

图2 沥青剥离后的细集料

图3 路面沥青混合料剥离机

图4 复合磨机

路面材料分离再生技术可以通过集中收集废旧沥青材料、分离后分别储存等手段,较好的调整材料配比,回收的沥青能够定性、定量、准确的使用,发挥再生材料的特性,从目前案例来看,以上三种再生方式均可以降低施工成本,有利于环保,因此具有广阔的市场和良好的运用前景,适用于沥青废料多,施工量大,料场合理的项目的工程,质量和经济效益明显。施工数量较少时使用不经济,且施工速度不如就地再生技术。

7 再生沥青及添加剂的评价方法及配合比设计建议

建议采用正交设计方法对再生剂组合、回收沥青的性能评定及优化进行评价,采用数学回归方程对再生剂用量进行优化,确定再生剂的比例。用针入度指数法与胶体不稳定指数法,评价再生沥青的胶体状态。用针入度黏度指数法、黏温指数法和针入度指数法对再生沥青的温度敏感性进行考察,用软化点、当量软化点感温性能进行分析评价。用失重系数法和老化指数法评价了再生沥青的抗老化性能。选择质量好的矿料,严格控制级配和油石比,在保持实验条件基本一致的情况下,选择出最佳配合比。

8 结语

随着再生技术、再生材料和再生设备的发展,路面沥青再生技术将更趋于完善,合理的利用再生技术将有利于公路长期发展,走上公路与自然实现和谐共生,交融发展的道路。

参 考 文 献

[1] 美国沥青再生协会.美国沥青再生指南[M].北京:人民交通出版社.2006.
[2] 吕伟民.沥青再生原理与再生剂的技术要求[J].石油沥青.2007(06).

沥青面层乳化沥青就地冷再生在嘉兴干线公路中的应用

范永根[1] 付 欣[1] 齐俊欣[2] 王永辉[3]

(1 浙江省嘉兴市公路管理局;2 平湖市公路管理段;3 南京道润交通科技有限公司)

摘 要 以实际工程为背景,从设计方法和施工工艺等方面,介绍了沥青面层乳化沥青就地冷再生的应用情况。针对旧路状况,设计了再生路面结构和乳化沥青冷再生混合料的配合比。室内试验结果显示,乳化沥青冷再生混合料具有较好的力学强度、水稳定性和高温稳定性。总结了乳化沥青就地冷再生的施工工艺,并进行了经济环境效益分析。工程实践表明,乳化沥青就地冷再生具有"资源节约、环境友好"的特点,能够对沥青路面材料进行循环利用,符合公路交通可持续发展的要求。

关键词 就地冷再生 乳化沥青 设计方法 施工工艺 效益

1 引言

就地冷再生(cold in-place recycling,CIR)是国外在20世纪80年代后期迅速发展起来的一种新技术,目前已成为国际上路面维修改造、升级的主要方法之一[1,2]。乳化沥青就地冷再生技术以专用的乳化沥青作为回收沥青路面材料(RAP)的再生剂,适当添加新集料来调整再生混合料的级配,同时掺加一定比例的水泥来提高再生混合料的早期强度。该技术能够100%利用旧沥青路面材料,采用就地铣刨、再生和摊铺碾压的流水线作业方式来重建道路,消除旧路面的车辙、拥包、裂缝和松散等病害,具有较高的施工效率,同时节约了大量的石料和加热混合料所用的柴油,减少了道路养护的经费。

从2005年开始,嘉兴就在干线公路沥青路面大中修工程中采用各种沥青路面再生技术,先后在G320国道、S101省道等公路上应用就地(或厂拌)泡沫沥青冷再生、就地(或厂拌)沥青路面热再生、厂拌乳化沥青冷再生技术,实施近120万m^2,上述每种技术都有其适用性条件,采用的机械设备也不同。我们了解到江苏省已经大规模应用乳化沥青就地冷再生技术,主要将乳化沥青冷再生层用作一、二级公路的中、下面层[3],并积累了相当成熟的施工经验。江苏省根据长期跟踪观测得到,乳化沥青就地冷再生路面使用状况良好,具有较好的工程和环境适应性,能够有效地延缓半刚性基层的反射裂缝[4,5]。2014年,我市引进了该项技术,并在嘉兴市S101省道杭沪线平湖段2014年路面大中修工程中应用,本文依托该项目,介绍沥青面层乳化沥青就地冷再生在嘉兴干线公路中的实施情况。

2 乳化沥青就地冷再生方案设计

再生路面结构具体方案应综合考虑道路的交通等级、设计年限和气候等因素,并根据旧路技术状况及旧路面结构来设定铣刨深度。

2.1 旧路面技术状况分析

S101省道杭沪线平湖段是平湖市乃至浙江省接轨上海的主要通道之一,特别是2010年2月28日,取消政府还贷公路收费后,交通量猛增,目前混合交通量达到2.7万pcu/d,其中大货车占32%,路面承受很大的交通荷载作用。本文针对K95+514~K99+465右幅路面进行乳化沥青就地冷再生方案设计。该路段在2007年路面大修中,在原路面的基础上加铺了7cm AC-20C和4cm AC-13C。现状路面病害调查的结果显示,该路段功能性病害较多,主要表现为不同类型的裂缝、车辙和修补,总体路面强度好,但局部也存在因基层承载力不足而导致的路面沉陷。

2.2 再生路面结构设计

根据旧路面技术状况分析结果，设计再生路面为三层结构，原路面铣刨深度为9cm，最终形成10cm的乳化沥青就地冷再生层，并加铺5cm AC－16C和4cm AC－13C，具体的再生路面结构如图1所示。根据乳化沥青就地冷再生的适用性，只需对基层承载力不足的部位进行基层修复工作，其余病害部位的基层承载能力满足要求，无需进行病害处治，铣刨重铺的过程会消除未处理的裂缝、车辙、坑塘等病害，重塑道路轮廓，减小了道路养护的工作量，同时也缩短了工期。

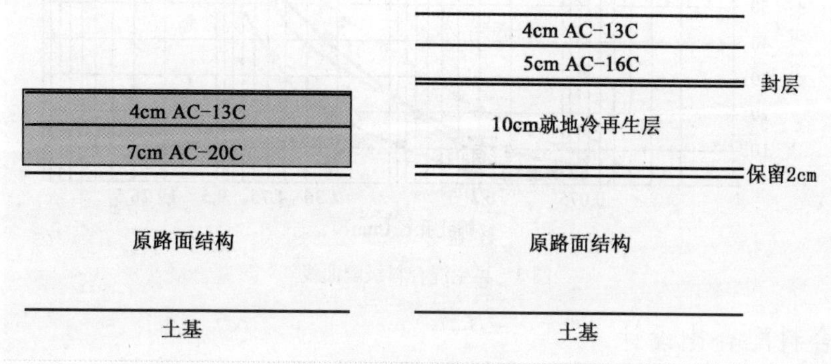

图1 再生路面结构

3 乳化沥青就地冷再生混合料设计

本文根据江苏省地方规程《乳化沥青就地冷再生施工技术规程》（以下简称“规程”）[6]的规定，制备了专用于就地冷再生的乳化沥青，设计了再生混合料的级配和配合比。

3.1 专用于就地冷再生的乳化沥青

就地冷再生采用的乳化沥青不同于传统的拌和型乳化沥青和洒布型乳化沥青，应根据回收沥青路面材料的特点研制配方，使其对回收沥青路面材料和新料（若添加）具有较好的裹覆能力和配伍性，同时要有较高的固含量以保证破乳后集料表面有较厚的沥青膜，形成的再生混合料应具有较高的早期强度和较好的抗水损害能力。专用于就地冷再生的乳化沥青技术要求及检测结果如表1所示。

乳化沥青检测结果

表1

技术指标		检测结果	技术要求	检测方法
破乳速率		慢	慢裂或中裂	T 0658—1993
电荷		阳离子	阳离子（+）	T 0653—1993
筛上剩余量（1.18mm）（%）		0.04	≤0.1	T 0652—1993
标准黏度 $C_{25.3}$（s）		13.89	10～60	T 0621—1993
蒸发残留物	残留物含量（%）	64.8	≥63	T 0651—1993
	针入度（25℃）（1/10mm）	72	50～150	T 0604—2011
	软化点（℃）	50.1	≥46	T 0606—2011
	延度（15℃）（cm）	76	≥40	T 0605—2011
	溶解度（三氯乙烯）（%）	99.94	≥97.5	T 0607—2011
与粗集料的裹附性，裹附面积（%）		完全	≥4/5	T 0654
与粗、细集料的拌和试验		均匀	均匀	T 0659
常温贮存稳定性	1d（%）	0.03	≤1	T 0655—1993
	5d（%）	0.2	≤5	

3.2 再生混合料级配设计

从现场取回的回收沥青路面材料要客观代表铣刨深度范围内原路面材料的特性。筛分试验结果表明，回收沥青路面材料的级配满足"规程"中粒式级配范围,考虑到工程适用性和经济性,确定采用中粒式级配,不添加任何新料,再生混合料的级配如图2所示。

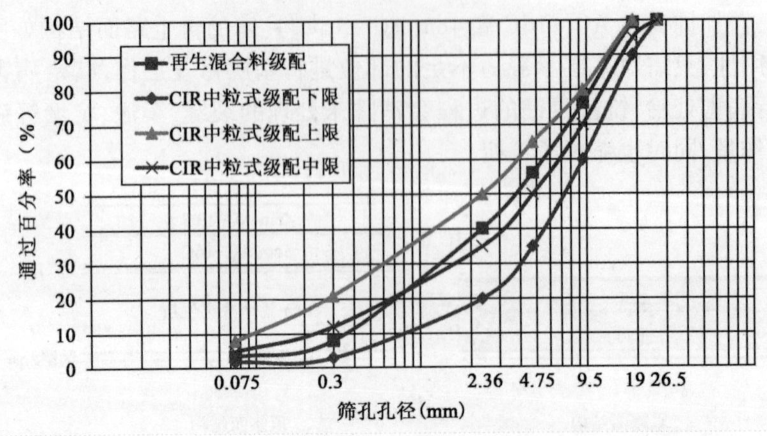

图2　再生混合料级配曲线

3.3　再生混合料配合比设计

1)确定水泥用量

研究表明,水泥可以加速乳化沥青的破乳,提高乳化沥青冷再生混合料早期强度的形成速率,并起"加筋"作用,增强乳化沥青的黏附性[7,8],在低应力水平下,掺加水泥能够提高乳化沥青冷再生混合料的疲劳性能[9]。"规程"推荐的水泥用量为1.5%~2.0%,在以往的工程中,水泥用量一般为1.5%,工程应用效果较好,考虑到本项目再生路面承受的交通量较大,重载车辆较多,将水泥用量调整到1.8%,采用P.O 42.5普通硅酸盐水泥,以提高再生路面的强度。

2)确定最佳含水率

根据"规程"的规定,最佳含水率由拌和试验来确定。试验中设定若干个外掺水量,并拟定一个乳化沥青用量(本项目采用3.2%),与回收沥青路面材料和水泥一起拌和,根据拌和过程中的难易程度、再生混合料的裹附程度,最终确定最佳外掺水量为3.0%,最佳含水率即为乳化沥青中的水和最佳外掺水量之和。

3)确定最佳乳化沥青用量

与传统的马歇尔击实相比,旋转压实能够较好地模拟实际工程中的碾压工艺。研究表明,乳化沥青冷再生混合料在旋转压实的作用下,其压实特性与温度、级配、乳化沥青用量等因素有关[10]。本文根据"规程"要求,采用旋转压实30次的成型方式,按照乳化沥青用量分别为2.8%、3.2%、3.6%、4.0%成型四组试件,每组6个平行试件,水泥用量统一为1.8%,不同乳化沥青用量下的外掺水量根据最佳含水率不变计算确定。试件成型后,根据"规程"的规定进行养生,先于常温下静置12h,然后放入60℃鼓风烘箱中养生48h,取出后再于常温下静置12h,养生完毕。

将每组6个试件再分为两组,一组置于40℃水浴箱中1h后进行马歇尔稳定度试验,另外一组置于15℃水浴箱中1h后进行劈裂试验。试验结果见图3,每个数值对应的是3个平行试验结果的平均值。

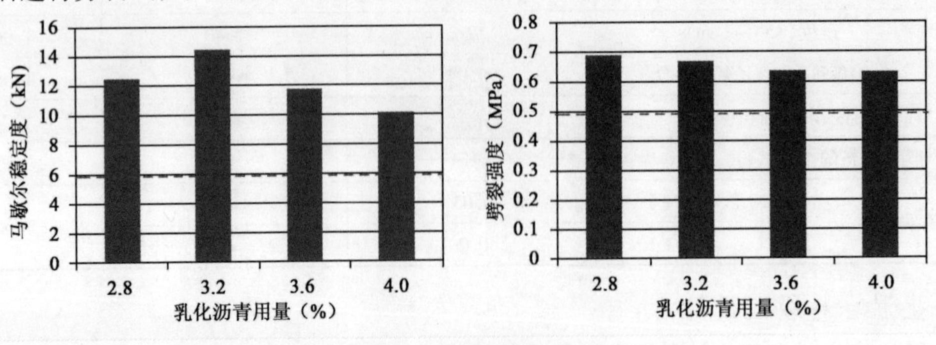

图3　强度试验结果

“规程”要求马歇尔稳定度≥6.0kN,劈裂强度≥0.5MPa,以上强度试验结果均满足要求,其中,马歇尔稳定度大大超过要求限值,这是由于水泥用量较高,提高了乳化沥青冷再生混合料的强度。由图3可以看到,随着乳化沥青用量的增加,马歇尔稳定度呈先增后减的趋势,劈裂强度呈逐渐减小的趋势,但变化幅度相对较小。借鉴以往的工程经验,从经济方面考虑,确定最佳乳化沥青用量为3.0%。

4)性能验证

根据“规程”和《公路工程沥青及沥青混合料试验规程》(JTG E20—2011)[11]的规定,进行浸水马歇尔试验、浸水劈裂试验、冻融劈裂试验和车辙试验,对乳化沥青冷再生混合料的配合比进行验证。试验结果见表2。

性能验证试验结果汇总 表2

技术指标		试验结果	规程要求
马歇尔稳定度试验	稳定度(kN)	13.12	≥6.0
	残留稳定度(%)	80.0	≥75
劈裂试验	劈裂强度(MPa)	0.64	≥0.5
	干湿劈裂强度比(%)	82.8	≥75
冻融劈裂试验	冻融劈裂强度比(%)	81.0	≥70
车辙试验	动稳定度(次/mm)	3765	≥1600

由表2可知,该配合比的性能满足“规程”要求。其中,残留稳定度、干湿劈裂强度比和冻融劈裂强度比均在80%以上,动稳定度达到3765次/mm,说明该配合比下的乳化沥青冷再生混合料具有较好的水稳定性和高温稳定性。国内学者对乳化沥青就地冷再生混合料力学性能的研究中也得到了与本文相似的结果[12]。

4 乳化沥青就地冷再生施工工艺

乳化沥青就地冷再生施工中,铣刨、再生、摊铺和碾压等工序在一条流水线上完成,对各工序的控制和衔接要求较高,具体的施工步骤为:施工前准备——→撒布水泥——→再生——→摊铺——→碾压——→养生及开放交通。本项目施工过程中将K95+514~K99+465右幅道路封闭,左幅开放交通,施工过程如图4所示。

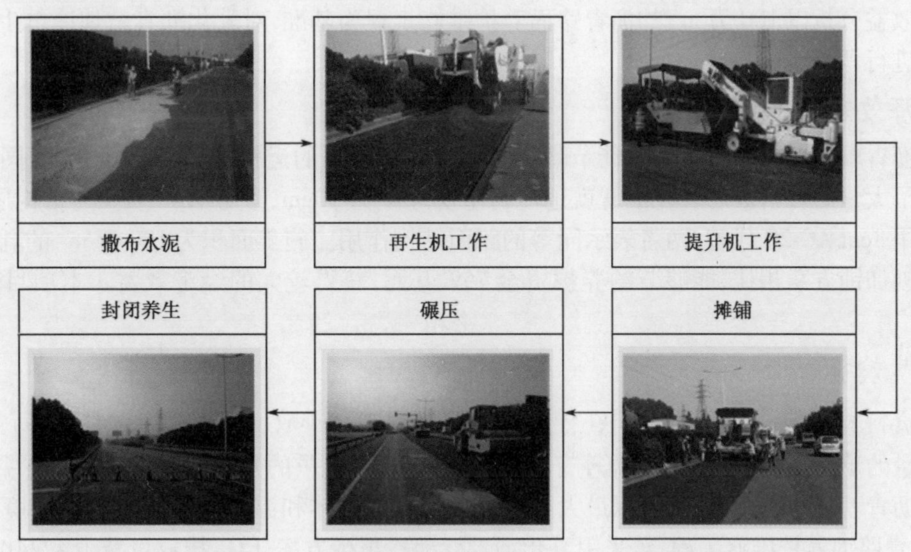

图4 S101省道杭沪线平湖段乳化沥青就地冷再生施工过程

4.1 施工前准备

原路面用清扫车、森林灭火鼓风机将浮尘吹净或人工清扫,确保表面层干净、无灰尘和杂物,同时做好道路封闭工作。

4.2 洒布水泥

根据再生厚度、宽度、干密度等计算每平方所需的水泥用量，采用人工打方格均匀洒布。本项目中不添加新料，若需添加新料，则采用与洒布水泥同样的方法洒布新料。

4.3 再生

采用CIR 900系统（再生机、料堆提升机、乳化沥青罐车和水车等）进行就地冷再生时应按照确定的设备先后次序施工，再生机的速度宜为2～10m/min。再生机在铣刨旧路面时，乳化沥青和水应均匀洒布在旧路面上，保证再生混合料的均匀性。将Carlson WP 800料堆提升机和摊铺机联接，料堆提升机将再生混合料提升到摊铺机料斗内，提升过程将起到对再生混合料的再次拌和。再生机和摊铺机之间的距离一般不宜过远，以避免因意外停机而造成再生混合料在破乳前来不及碾压的情况。

4.4 摊铺

摊铺机在摊铺过程中必须做到匀速平稳连续作业，并尽量减少料斗的合开次数，从而减少混合料的离析，摊铺的速度可控制在1.5～2.0m/min。如遇下雨立即停止摊铺，并对已摊铺好的路面采取覆盖措施。旧路病害会导致面层厚度不均匀，通过对再生机电脑系统的控制确保出料数量均匀一致，同时摊铺机在调整摊铺厚度的过程中，一定要注意横坡的控制。

4.5 碾压

根据再生层厚度、压实度等需要，配备足够数量、吨位的钢轮压路机和轮胎压路机，按照试验段确定的压实工艺进行碾压。碾压过程主要分为初压、复压和终压，每个碾压段落长度宜控制在40m左右。初压采用单钢轮振动压路机碾压2～3遍，复压采用胶轮压路机碾压3～6遍，终压采用双钢轮压路机碾压1～2遍。

4.6 养生及开放交通

在加铺封层或罩面前，冷再生层必须进行封闭养生，在较好的天气条件下，养生期为3～7天。养生过程中再生混合料中的水分进一步蒸发，路面的强度逐步增长。养生期间应每天检测再生层含水量，当再生层含水量降至2%以下或芯样成型完整时，即可加铺封层或罩面层。

5 技术经济环境分析

经济环境效益分析以100万m^2的沥青路面养护维修工程为基准，对乳化沥青就地冷再生方案和传统的铣刨加铺方案进行评价。

5.1 经济效益

采用乳化沥青就地冷再生方案不仅能节省回收沥青路面材料的运输费用和堆放费用，同时，100%的就地冷再生节约了大量的石料。若乳化沥青就地冷再生层厚度为10cm，参考AASHTO的结构层系数，在铣刨加铺方案中采用8cm AC-20代替，两者表示同等的路面结构作用。施工面积为100万m^2的乳化沥青就地冷再生方案与铣刨加铺方案相比，能够节约养护资金759万元，获得较大的经济效益。本项目节约养护资金25万元。

5.2 环境效益

国外研究资料表明，热拌沥青混合料在拌和和摊铺过程中会排放出CO_2、SO_2、NO_x和沥青烟[13]。沥青烟中含有一定量的苯并[a]芘及苯可溶物等有害物质，危害工程人员的身体健康[14]。

采用乳化沥青就地冷再生方案，可以最大限度地减少有害气体和温室气体的排放。环境指标分析表明100万m^2的沥青路面养护维修工程，若采用乳化沥青就地冷再生方案，CO_2排放量减少4224t，SO_2排放量减少1064t，NO_x排放量减少11680t，沥青烟排放量减少1688t。本项目，CO_2排放量减少35t，SO_2排放量减少1064t，NO_x排放量减少11680t，沥青烟排放量减少1688t。

5.3 社会效益

乳化沥青就地冷再生在我国作为沥青路面养护和升级的常规方式之一，其社会效益主要体现在以下几个方面：

（1）常温下施工，气温不低于10℃，一年中可施工时间较长。

（2）施工效率较高，对交通影响较小。

（3）减少了对石料、柴油等资源的需求量，符合国家可持续发展的基本国策。

（4）减少沥青加热、拌和过程中产生的有害气体，有利于工程人员的身体健康。

（5）在养护工程一定周期内，沥青路面可以反复再生。

作为具有节省养护资金、节约资源、保护环境等重大技术先进性的乳化沥青就地冷再生技术，对于提高我国沥青路面养护技术水平具有重要的现实意义。

6 结语

本文从再生方案和再生混合料设计，施工工艺和技术经济环境分析几个方面，总结了乳化沥青就地冷再生在嘉兴干线公路中的应用情况，主要结论为：

（1）针对S101省道杭沪线平湖段的旧路面技术状况，设计了再生路面结构。路面病害处理中仅需对基层承载力不足的部位进行修复，其他病害在铣刨再生的过程中得以消除，减轻了原路面面层各种病害处理的工作量。

（2）制备了专用于就地冷再生的乳化沥青，设计了乳化沥青冷再生混合料的配合比。考虑到再生路段承受的交通量较大，适当提高了水泥用量，试验结果表明，最佳材料用量下的乳化沥青冷再生混合料具有较好的力学强度，水稳定性和高温稳定性也较好。

（3）乳化沥青就地冷再生施工中对各工序的控制和衔接要求较高，需要有一个完整、严密的施工工艺，本文对其进行了总结。

（4）对于施工面积为100万m^2的沥青路面养护工程，与铣刨加铺方案相比，乳化沥青就地冷再生方案能够节省700万元以上的养护资金，同时减少成千上万吨的CO_2、SO_2、NO_x和沥青烟等有害气体的排放。

（5）乳化沥青就地冷再生是一项“绿色”的道路养护先进技术，具有突出的节能环保优势，提高了道路材料的循环利用率，促进了公路交通的可持续发展。

参考文献

[1] Alkins A., Lane B., Kazmierowski T. Sustainable pavement-environmental, economical and social benefits of in-situ pavement recycling[R]. Transportation Research Board, Washington D. C., 2008.

[2] Federal Highway Administration. Pavement Recycling Guidelines for State and Local Governments, Participant's Reference Book[M]. Publication No. *FHWA-SA*-98-042, FHWA Office of Engineering and Office of Technology Applications, Washington D. C., 1997.

[3] Lei Gao, Fujian Ni, Stephane Charmot, Qiang Li. High-temperature performance of multilayer pavement with cold in-place recycling mixtures[J]. Road Material and Pavement Design, 2014, 15(4): 804-819.

[4] Jinhai Yan, Fujian Ni, Meikun Yang, Jian Li. An experimental study on the fatigue properties of emulsion and foam cold recycled mixes[J]. Construction and Building Materials, 2010, 24(11): 2151-2156.

[5] Lei Gao, Fujian Ni, Braham Andrew, Hailong Luo. Mixed-Mode cracking behavior of cold recycled mixes with emulsion using Arcan configuration[J]. Construction and Building Materials, 2014, 55: 415-422.

[6] 江苏省交通厅，东南大学. 乳化沥青就地冷再生施工技术规程[S]. 南京：东南大学，2010.

[7] Jinhai Yan, Fujian Ni, Jonathan Jia, Zhuohui Tao. Investigation on the bulk performance and microstructure of emulsion-based, cold in-place recycling mixture[J]. Journal of Testing and Evaluation, 2009, 37(5): 436-441.

[8] 严金海，倪富健，陶卓辉，贾晓云. 水泥对乳化沥青就地冷再生混合料的作用机理研究[J]. 交通运输

工程与信息学报，2009，07(4)：38-44.

[9] 严金海，倪富健，杨美坤．乳化沥青冷再生混合料的间接拉伸疲劳性能[J]．建筑材料学报，2011，01：58-61+77.

[10] Lei Gao, Fujian Ni, Stephane Charmot, Hailong Luo. Influence on compaction of cold recycled mixes with emulsions using the Superpave gyratory compaction[J]. Journal of Materials in Civil Engineering, 2014, 26(11).

[11] 中华人民共和国行业标准．JTG E20—2011 公路工程沥青及沥青混合料试验规程[S]．北京：人民交通出版社，2011.

[12] 严金海，倪富健，陶卓辉．改性乳化沥青—水泥就地冷再生混合料性能研究[J]．公路交通科技，2009，09：41-45+58.

[13] Pinchin Environmental Limited Air & Noise Group. Report for a combustion gas emission testing program at the Miller Aggregate Resources Facility in Brechin, Ontario[R]. Mississauga, Ontario, 2005.

[14] 李鸿．浅谈沥青烟的危害及几种治理方法[J]．有色金属设计．2004，31(3)：73-75.

农村公路建设管理存在问题及对策研究

张 超

（陕西省西安公路管理局）

摘 要 农村公路作为国家公路网的基础，在农村地区发挥着重要作用，关系着农村的经济发展，在交通建设中发挥着不可替代的作用。近年来，农村公路建设投资力度之大，增长里程之快，经济社会效益之好是前所未有的，已成为交通发展的突出亮点和农民群众直接受益的"民心工程"，为社会经济的发展、解决"三农"问题做出了贡献。本文主要针对现阶段农村公路建设中存在的问题进行了分析，并结合实际情况探索出有效的解决对策。

关键词 农村公路 建设管理 对策研究

1 引言

农村公路是公路网的基础，是保障农民生产生活的基本条件，是关系到农村全面建设小康和构建和谐社会的重要基础设施。加快农村公路的建设是加快区域公路网络通达深度和通畅能力，提高农民收入，改善农村生活条件的主要措施。作为农村公路行业管理、技术指导单位，必须高度重视农村公路的建设管理，使建设的每一条公路都能发挥最大效益，使农村公路真正惠及民生。

2004年以前，由于受思想观念和经济因素等影响，西安市多年来农村公路发展缓慢，道路状况较差，全市农村公路通车里程仅7372km。由于建设标准低、养护不到位、通行能力差，严重影响了农村的经济发展。2004年11月，西安市政府关于加快农村公路建设的决定，开始加快实施乡村土路改造、村村通油（水泥）路、超龄油路改造、二级路改建等工程，截至2013年底，西安市农村公路总里程达11586km（不含专用公路），已初步形成了布局合理，结构优化、环境优美的公路网络，为西安市的经济可持续发展奠定坚实基础。近10年来，西安市在农村公路建设管理过程中不断总结经验，改进建设管理方式，但由于农村公路项目特点和各地方情况复杂多样，在工程建设管理方面还存在一些问题，需要进一步改进和完善。

2 存在的问题

税费改革后，农村公路建设资金主要靠上级补助和区县政府自筹。区县人民政府是农村公路的责任主体，县级交通运输主管部门具体负责农村公路的建设和管理工作，由于基层单位工程技术及管理能力薄弱，使农村公路建设管理往往不能按要求实施。加上各区县经济发展不平衡，资金到位率差，使农村公路管理方面出现一些问题，影响工程质量。主要存在以下问题：

2.1 工程建设前期准备工作不够规范

（1）农村公路缺乏系统的规划，建设的随意性大。农村公路建设规划按照县、乡、村道路的行政级别，分别有相关的编制、批准、备案程序。在规划编制过程中，往往是根据当地政府资金配套、修建的积极性来编制规划，而过程中由于配套资金未能及时到位，计划下达后不能及时开工建设，或者业主私自调整项目计划，造成未批先建、实施项目与批复项目不符等问题，工程也很难通过验收。

（2）县级交通部门由于技术力量欠缺、技术人员匮乏，导致项目管理不规范、不科学。县道、重要乡道以及中型以上桥梁、新改建项目的建设单位一般是县级交通运输部门负责实施。其项目法人应实行备案制度，资格申报材料应该有上级主管部门审查后，报市级交通运输部门审批备案。在实际实施过程中，由于县级交通部门技术力量往往不能达到项目法人要求的标准，导致大部分县不进行项目法人的申批，也由于技术力量的欠缺,导致项目管理不规范,不科学。

(3)县道、重要乡道和中型以上桥梁新改建工程,一般都能按照要求由相应资质的设计单位编制,并履行审批程序。而一般乡道和村道,由于受资金的限制,委托具有相应资质的单位编制不现实,而各县交通运输部门技术人员匮乏,又难以完成,使施工图设计极不规范。在设计变更上,存在审批程序不规范及随意性大等问题存在。

2.2 工程建设资金压力大

近几年来,农村公路建设造价(人工、材料等大幅涨价)节节攀升,省级补助资金虽有所提高,但配套资金非常大,区县压力巨大。如省补助改建县道二级公路提高到140万元/km,而实际该建县道二级公路需600万元/km以上,重要乡道三级改建项目省补助70万元/km,而实际需300万元/km左右,省厅补助资金不足总投资的四分之一。由于县域经济发展不平衡,对于经济条件差的县配套资金筹集难度大,为农村公路建设带来了较大阻力。农村公路建设资金短缺,建设资金不到位,各级财政投入不足,成为制约农村公路建设的主要矛盾。

2.3 农村公路建设标准低、附属设施不完善

由于农村公路建设资金极度紧张,导致农村公路技术等级低、质量较差、抗灾能力弱的问题仍然很突出,不能适应农村经济发展和农民生产生活需要,使用寿命降低,不能充分发挥农村公路的经济效益。

经过近10年农村公路大规模的发展,我市县级公路的技术等级、施工质量、抵御自然灾害的附属设施及交通安全设施已经能够按照规范要求全部实施,但乡级公路及村级公路由于项目多,路线长,投资规模大,配套资金多,上级补助资金和自筹资金在保障完成主体工程外,就没有能力完善其附属设施和安保设施,使乡村级公路交通事故和因自然灾害导致的断交频发,不能保证乡村级公路安全畅通。

2.4 质量监督力量薄弱

西安市农村公路建设一般实行"六位一体"质量保障体系,即政府监督、业主管理、行业监管、社会监理、施工自检、群众参与。在质量保证体系中,政府监督有着极其重要的作用。我市农村公路建设除县级公路、重要乡道、中型以上桥梁新改建项目要求申请市交通运输局质量监督站进行质量监督外,其它一般乡道和村级公路由各县级交通运输部门质量监督单位负责。县级交通运输部门普遍缺乏懂技术、懂规范、懂标准的高等级的技术人员,虽然经多次培训,仍然不能满足农村公路建设发展的要求,加上部分县不重视质量监督单位的建设,使农村公路建设的政府监督起不到应有的作用。

2.5 社会监理到位率差

由于农村公路项目小且分散,资金紧张、监理费用低等特点,监理单位为节省开支,往往压缩监理人员数量,且监理人员不固定(多个项目兼职),容易产生监理不到位、施工工艺不过关、原材料把关不严、关键工序及主要质量指标控制不好等现象,使农村公路施工质量普遍较差,影响农村公路的施工寿命。

2.6 工程质量试验检测不到位

工程质量的好坏是以试验检测数据说话,应有的测、试、检设备及检测频率是工程质量的有效保障之一。农村公路质量保证体系中,施工单位自检及监理单位的抽检是保障工程质量的必要措施。而在实际施工过程中,由于乡村公路投资小、项目分散、监理费用低等特点,导致工地一般没有监理的试验室,监理日常抽检和平行试验只能用施工单位的试验室,而施工单位试验室也因费用等因素多半条件简陋、检测设备不全(很多重要试验只能委托有相关经验的其他试验室)而无法做,因此试验检测不到位是乡村公路工程质量的一个重大隐患。

3 建议

3.1 加大农村公路资金补助标准

随着农村公路造价的普遍提高,建议提高省级补助标准,减轻地方配套资金筹集的压力。西安市地域

经济发展极不平衡,经济发达的地区(如长安区、高陵县)对农村公路配套资金的筹集难度较小。而对于经济落后的地区(周至县),县级财政困难,除县道及重要乡道由县级政府负责外,一般乡村公路建设只有靠乡村两级政府去筹集配套资金,尤其是贫困县(蓝田)的贫困乡镇,没有集体经济,配套资金的筹集是难上加难,有些村修一条农村公路,背负巨额债务,需要多年去偿还。因此建议省级相关部门加大农村公路资金补助力度,建立差额补助政策,加大经济落后地区的补助标准,降低地方政府的资金压力。

3.2 改进农村公路建设体制

省政府相关部门应该重视完善农村公路建设体制,充分发挥市级交通运输部门的制约及服务机制。各市级农村公路管理部门都有大量的高学历、技术管理水平较高的专业技术人员,税费体制改革后,市级农村公路管理单位负有行业管理及技术指导的职能,由于没有相关的政策支持,没有制约机制,使市级农村公路管理部门不能充分发挥作用,造成大量的人力资源浪费。

3.3 因地制宜,完善农村公路附属设施

关于农村公路建设,交通部的指导意见中明确了应坚持“因地制宜、量力而行、节约土地、保护环境、保证质量、注重安全”的原则,并提出了“充分利用旧路资源,着重提高路面等级,完善防护排水措施,增强晴雨通车能力”的方针,这是应该坚持贯彻始终的。我市平原地区农村公路附属设施主要是过村镇路段排水设施、路肩培土、标志等工程,山区公路主要是排水设施和特殊地段的安保和防护设施,建议各级政府把这两项工作作为竣工验收的主要标准,达不到的不予验收,扣拨上级补助资金,直到达到要求,才全额拨付。

3.4 加大农村公路从业人员的培训力度

农村公路建设程序不健全,工程项目管理不到位,主要症结还在于县级交通主管部门技术力量薄弱,工程管理知识缺乏。建议从省、市设立专项基金,主要用于农村公路教育培训,建立农村公路培训教育长效机制,利用冬季工程施工淡季,分期分批培训,拓展培训范围及深度,全面提高县级农村公路管理人员的工程管理和专业技术水平。

3.5 完善县级农村公路质量监督部门的建设

建议设立专项资金,完善县级农村公路质量监督机构,作为市级公路工程质量监督机构的延伸。建议设立专项资金,为县级质量监督机构配备常规的公路工程试验检测仪器(特殊试验可委托有相应资质的中间试验室),由市质量监督部门对县质量监督人员进行培训,熟练掌握施工规范及质量控制标准,确保农村公路质量监督工作落到实处。

4 结语

农村公路是党中央解决“三农”问题的直接体现,今后农村公路建设任务仍然繁重,要最大限度发挥农村公路的经济效益,延长使用寿命,首先必须搞好工程建设管理,坚持做到:配套资金不落实的不开工,没有设计图纸的不开工,没有办理质量监督申请的不开工,没有技术交底的不开工,没有质量保证措施的不开工,加大工程质量、工程进度、工程投资控制。作为农村公路建设的职能部门,要高度认识农村公路发展的新变化,并在此基础上全面做好质量控制,使农村公路真正惠及民生,用最小的工程费用实现最大的经济效益。

农村公路智能检评系统(LEiS)在兵团垦区路网检测中的应用研究

徐 昊[1] 郑 军[2]

(1 新疆生产建设兵团公路科学技术研究所;2 新疆兵团公路养护管理中心)

摘 要 农村公路是公路网的重要组成部分,也是农村重要的基础设施之一。兵团垦区公路等级普遍较低,养护成本较高。为减少不必要的养护投入,本文结合农村公路智能检评系统在兵团垦区路网检测中的应用,对工作进行探讨,得出兵团垦区公路快速检测的方法,以指导养护资金的合理分配。

关键词 农村公路 智能 快速检测 研究

1 引言

农村公路是我国公路网的重要组成部分,规模大、覆盖面广,连接广大的县、乡、村,直接服务于农业、农村经济发展和农民出行,是解决“三农”问题的基础条件之一。农村经济和农业产业的不断持续快速发展,农村的客货运输量正在逐年扩大,社会经济对于农村公路的需求越来越大,农村公路已经成为阻碍农村经济发展的瓶颈。

兵团垦区分布在新疆各个辖区内,其中大部分兵团团场处在经济落后地带,连接各个团场的公路等级较低,养护道路成本较高,团场养护工作人员人手欠缺、经验匮乏造成养护工作效率较低。由于没有科学的决策方法造成每年兵团养护资金投入量较大,但实际带来的收益较低,大量的兵团垦区公路没有得到合理的养护,造成兵团垦区公路通行能力差、服务水平低,这严重制约了兵团垦区各个团场的经济发展。为解决养护资金合理分配的问题,兵团引进农村公路智能检评系统。

2 农村公路智能检评系统的介绍

路况智能评定系统是按照《交通运输“十二五”发展规划》的要求研发的针对低等级公路及公路网的一套路况检评一体化装备系统。主要用于道路路况的快速检测评价。路况智能检评系统由硬件设备和软件系统组成,其中硬件设备包括载体(车辆)、检测设备、工控机、供电设备、辅助设备等;软件系统由检测软件、控制软件及数据处理软件组成。作为 CiCS 系列检测产品的衍生产品,LEiS 的检测内容包括路面破损、平整度、前方景观、GPS 地理信息和几何线性。当选择自动识别时,路面损坏采集结果以 10m 为单位的路面破损率数据;路面平整度检测时,由平整度采集软件直接生成并记录国际平整度指数;前方景观图像默认以 20m/张进行图片记录;GPS 以 5m 为间距记录数据。

装备系统主要由车辆、车辆内部设备、车辆外围设备组成。车辆一般需选硬质底盘且具有一定越野性能的车辆;车辆内部主要由机柜、显示器等组成;车辆外围,在车顶安装有前方景观相机和 GPS 接收机,车辆后轮轮迹位置安装了路面平整度采集设备,车辆右后轮的位置安装有旋转编码器。具体组成及结构图见图 1 ~ 图 3。

LEiS 软件系统由路面图像采集及识别软件、前方景观采集软件、路面平整度及 GPS 采集软件控制和数据处理软件组成。其中,路面图像采集及识别软件、前方景观采集软件安装在一号工控机上。平整度及 GPS 采集软件、控制及数据处理软件安装在二号工控机上。

图 4 所示为控制及数据处理软件住界面,进行检测及数据处理时,通常看到的界面即为该界面。界面由前方景观显示区、行驶轨迹显示区、操作区、信息区、平整度指数曲线和破损率曲线等组成。

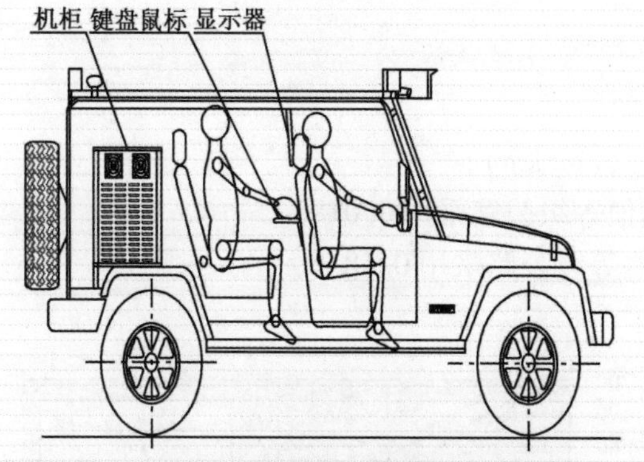

图1　LEiS 车内部右侧视图

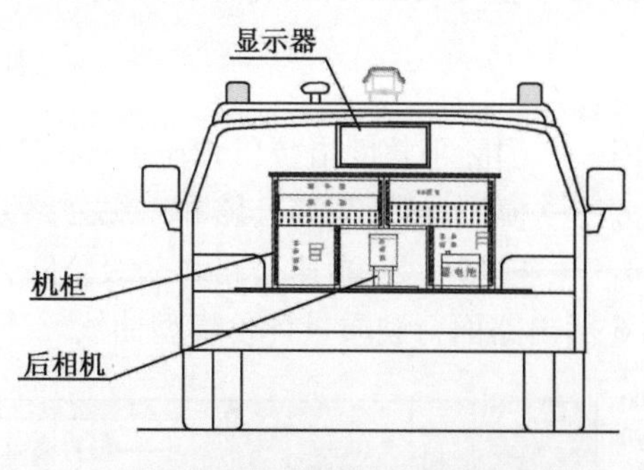

图2　LEiS 车内部后视图

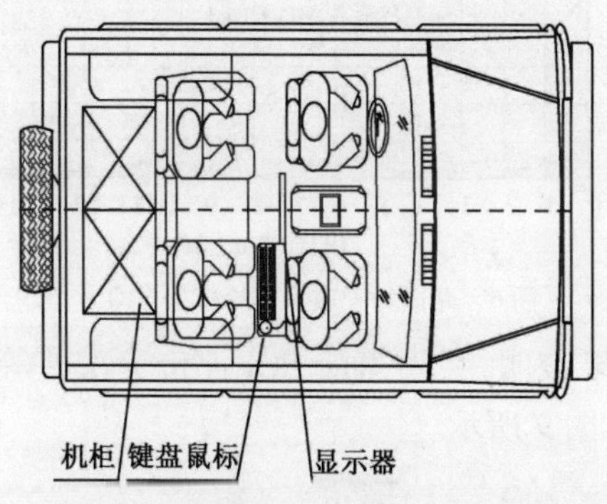

图3　LEiS 车内部俯视图

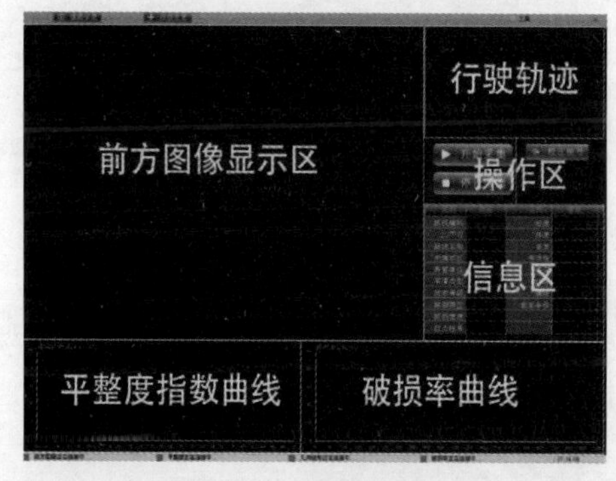

图4　LEiS 主控程序界面

3　农村公路智能检评系统(LEiS)在兵团垦区路网检测中的应用

为及时了解和掌握新疆生产建设兵团省县道运营现状,客观评定公路技术状况,进一步建立智能公路养护管理决策评价系统,加快推进兵团公路养护科学化、规范化进程,从而提高兵团公路的安全运营水平,对兵团省县道开展了路况检测工作,并根据2013年检测数据对现时路况进行了全面评价。路面部分采用车载自动化设备检测路面破损、路面平整度两项指标,路基、沿线设施、桥涵构造物采用人工、辅助检测设备检测各类病害、设施缺失状况。基于检测数据做了公路技术状况指数MQI及其分项指标的评价工作,获得了公路技术状况指数MQI、路基技术状况指数SCI、沿线设施技术指数TCI、桥隧结构物技术状况指数BCI、路面使用性能指数PQI、路面损坏状况指数PCI和路面行驶质量RQI的评定与统计结果。

路面损坏状况采用PCI指标进行评价,PCI被定义为路面综合破损率(DR)的函数,具体计算方法如下:

$$\mathrm{PCI} = 100 - a_0 \mathrm{DR}^{a_1} \tag{1}$$

$$\mathrm{DR} = \frac{D}{A} \times 100 = \frac{\sum\sum A_{ij} w_{ij}}{A} \times 100 \tag{2}$$

式中:DR——路面破损率(Pavement Distress Ratio)(%);

D——路面折合破损面积之和(m^2);

A——路面实际调查的总面积(m^2);

A_{ij}——第i类损坏、第j类严重程度的实际破损面积(m^2);

w_{ij}——第i类损坏、第j类严重程度的破损权重系数,按标准取值;

a_0——模型参数,沥青路面$a_0 = 15.00$,水泥路面$a_0 = 10.66$;

a_1——模型参数,沥青路面$a_1 = 0.412$,水泥路面$a_1 = 0.461$。

图5示出了路面损坏状况评价模型曲线。

路面行驶质量采用RQI指标进行评价,路面平整度是影响行驶质量的一项重要因素,因此RQI指标被

定义为路面平整度的函数,具体计算方法如下:

$$RQI = \frac{100}{1 + a_0 e^{a_1 \mathrm{IRI}}} \tag{3}$$

式中:IRI——国际平整度指数(International Roughness Index),(m/km);

a_0——模型参数,高速公路和一级公路采用 0.026,其他等级公路采用 0.0185;

a_1——模型参数,高速公路和一级公路采用 0.65,其他等级公路采用 0.58。

图 6 示出路面行驶质量评价模型曲线。

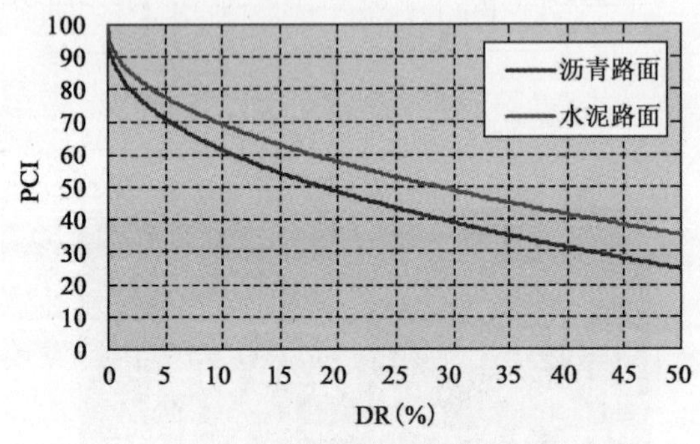

图 5　路面损坏状况评价模型(PCI)

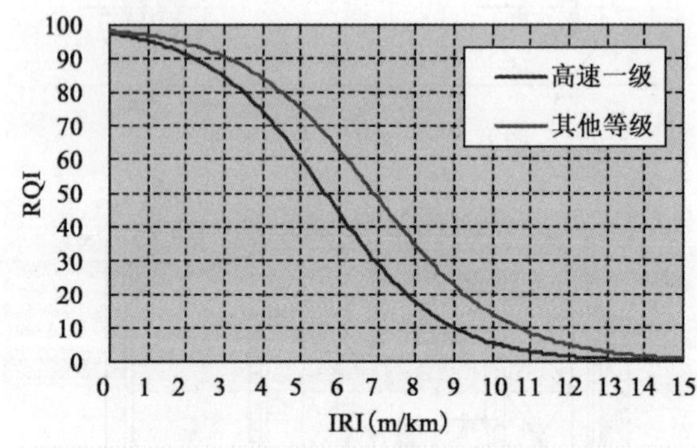

图 6　路面行驶质量评价模型(RQI)

结合前方图像、路面图片和识别结果等数据资料。分析结果表明,兵团当前 PCI 评价为次差等级的路段,不同程度的集中了沥青路面龟裂、坑槽等,典型病害如图 7 ~ 图 9 所示。

图 7　纵向裂缝

图 8　坑槽

a)

b)

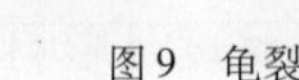

图 9　龟裂

对 RQI 评分影响较大的因素主要就是路面病害，比如龟裂、坑槽、沉陷等病害的存在，会显著降低 RQI 的评分。病害对 RQI 评分影响情况具体如图 10 ~ 图 12 所示。

a)

b)

图 10 龟裂对 RQI 的影响

图 11 坑槽对 RQI 的影响

图 12 路基沉陷对 RQI 的影响

4 使用农村公路智能检评系统中的一些总结

(1)《公路技术状况评定》中沥青路面使用性能评价包含路面损坏、平整度、车辙、抗滑性能和结构强度五项技术内容。兵团公路等级较低，检测路面平衡度以及路面破损率已经满足要求故此次评定中并未涉及其他 3 项检测指标。

(2)在检测工作进行中，为保证病害图片可识别车辆的运行速度不能超过 60km/h，为保证前方图像的连续性车辆的运行速度不能低于 20km/h。

(3)在系统使用的过程中，应该使车辆保持连续行驶的状态，若要停车应关闭系统软件，待车辆重新行驶时打开软件进行工作。

(4)由于路面扫描相机采用无外置光源技术，在环境光线较差时，采集的路面图像较暗，因此，路面图像采集不适合在黄昏及夜间工作。

通过对农村公路智能检评系统的应用，能够高效并准确的对兵团垦区内的公路客观的进行评价，大大的减少了人力、物力，节约了成本、为养护资金的分配提供了合理的依据，具有良好的经济效益和社会效益。

参考文献

[1] 中华人民共和国行业标准. JTG H20—2007 公路技术状况评定标准. 北京:人民交通出版社,2007.

泡沫沥青温拌技术在间歇式沥青搅拌设备上的应用

曾文彬　温士俊

（福建南方路面机械有限公司）

摘　要　本文介绍了泡沫沥青温拌技术的技术原理和技术优势，分析了沥青发泡设备用间于歇式沥青搅拌设备的几个问题，给出了泡沫沥青温拌设备应用指导，列举了一些国内的应用实例，为今后泡沫沥青温拌技术的发展提供借鉴。

关键词　泡沫沥青温拌　降温机理　机械发泡　间歇式沥青搅拌　实践应用

目前，节能减排是世界共同关注的话题。泡沫沥青温拌技术以其节能减排的显著优势在欧美国家得到了广泛的应用。温拌沥青混合料技术起源于欧洲，在美国得到了最广泛的应用，在欧洲却并未大范围推广。目前主流的温拌技术主要分四大类：发泡添加剂温拌法、机械发泡温拌法、有机添加剂温拌法、化学添加剂温拌法。据统计，2012 年温拌沥青在美国使用比例为 24%，其中泡沫沥青温拌占了 90.2%。在美国，90% 的沥青搅拌设备是连续式的，泡沫沥青温拌装置多与连续式沥青搅拌设备配套使用。在国内，99% 的沥青搅拌设备是间歇式的，进口的机械发泡设备不一定能完全适用于国内的情况。

机械发泡温拌法的优点：设备一次性投资，后期使用成本及维护费用为很低；只需要添加少量的水；降温效果可观。缺点：沥青发泡的效果不易检测和控制；不同发泡设备、不同牌号和产地的沥青，其发泡效果都不一样；用于间歇式沥青搅拌站难度更高，主要体现在含水率的精确控制和沥青发泡装置的结构设计上。

1　泡沫沥青温拌技术原理

温拌沥青混合料（WMA）是指生产温度比常用的热拌沥青混合料（HMA）低 20℃甚至更多的沥青混合料，混合料的温度范围如图 1 所示。通过一定的技术措施，使沥青能在相对较低的温度下进行拌合及施工，同时保证生产的混合料与 HMA 具有相似的强度、耐久性和使用性能。

泡沫沥青温拌技术：通过添加水的方式，使沥青发泡，体积膨胀，粘度大幅度下降，可以在较低温度下完成与集料的裹覆，并且实现较低温度的施工，减少污染排放。

采用泡沫沥青温拌技术虽然降低了混合料的拌和温度，但是在达到一定压实功后亦可达到与热拌混合料相同的密度。

图 1 中所示的 WMA 温度范围也不是绝对的，针对不同的沥青、混合料类型、配合比，其降温幅度不尽一样，应根据实际生产情况决定。

对于泡沫沥青温拌技术的降温机理，比较被认可的说法是：沥青发泡后粘度降低，可以与集料在较低温度下均匀拌和并低温施工。还有另外一种说法：沥青发泡后其粘度并没有下降，能降低搅拌施工温度的原因是细微的沥青泡沫在骨料之间起到一种类似于润滑剂的作用。具体是哪种降温机理，目前尚无定论。

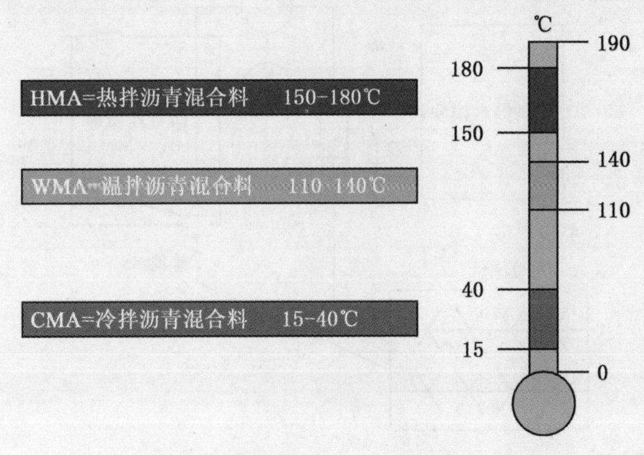

图 1　温拌沥青混合料的温度范围

2　泡沫沥青温拌技术的优势

泡沫沥青温拌技术拥有诸多热拌沥青所不具备的优势：

(1)降低燃油(煤、气)消耗，同时降低废气、粉尘排放；

(2)减轻沥青老化，提高沥青路面的低温抗裂性能；

(3)由于降低了施工温度，可延长施工时间，增加搅拌站的业务覆盖范围；

(4)可使用更高比例的旧料，使用泡沫沥青温拌时添加了50%的RAP料；

(5)路面摊铺废气、粉尘排放减少，有益于摊铺工人的健康；

(6)改善隧道施工工况。

3　泡沫沥青温拌用于间歇式沥青搅拌设备的几个问题

在美国，沥青发泡装置主要配套应用于连续式沥青搅拌设备，在国内，大多数的沥青搅拌站是间歇式的。沥青发泡装置配套应用于间歇式沥青搅拌设备时存在诸多问题。这对沥青发泡设备的进口造成了一定的阻碍。当然，这也给中国企业自主开发泡沫温拌产品和设备技术创造了空间。

(1)根据间歇式沥青搅拌设备的生产模式，以4000型间歇式沥青搅拌设备为例，每盘生产4000kg混合料，沥青比例4.5%，即180kg沥青，这么多的沥青需要在15s甚至更短的时间内喷洒进拌缸与骨料拌和，则沥青流量要大于12L/s。而如果是320t/h的连续式沥青搅拌站，生产同一种沥青混合料时，沥青的流量只有4L/s。

间歇式沥青发泡装置的产量要比连续式沥青发泡装置的产量大很多。大产量的沥青发泡装置相比小产量的沥青发泡装置在设计上难度更高。如何让这么大产量的沥青能高效的发泡，需要认真思考。

(2)在国内，间歇式沥青搅拌设备的沥青投放时间一般都在15s以内，喷洒时间短，且沥青流量并非恒定不变，而沥青发泡效果受含水率影响变化很大，需要始终精确控制发泡含水率。

(3)间歇式沥青搅拌设备与沥青发泡装置的配套性、兼容性。针对旧站改造，设备厂家应根据需改造搅拌站的实际产量，结构形式，提出最合理的改造方案，并且程序要兼容。如果方案不合理，或者程序不兼容，不仅不能将生产温度降下来，还会影响原设备的使用。

(4)沥青最佳发泡压力的控制。目前已知的是，如果沥青没有喷射压力，很难有好的发泡效果。国内的间歇式设备主要有2种沥青投料方式：自流式和沥青泵喷洒式。如果原设备是自流式结构，需要另外加沥青泵喷洒沥青，改造简图如图2所示；如果原设备是沥青泵喷洒结构，则不需要再加沥青泵，只需要在沥青泵出口端管路上添加沥青发泡管即可，改造简图如图3所示。不同厂家的沥青发泡管结构，最佳沥青发泡压力会有所不同。

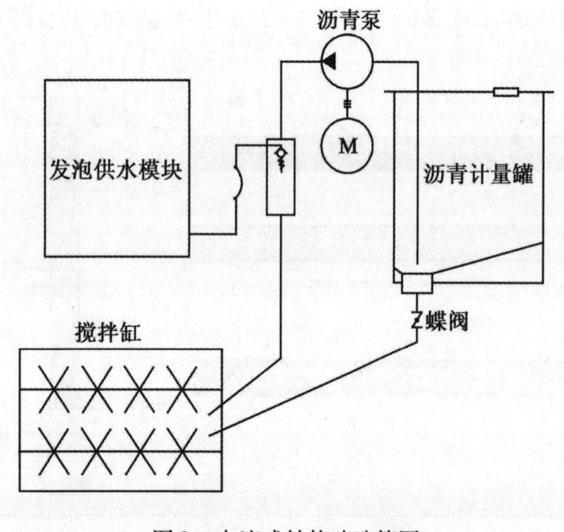

图2　自流式结构改造简图

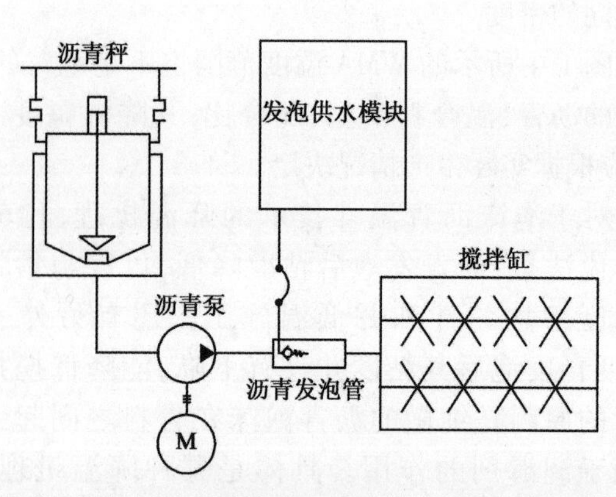

图3　沥青泵喷洒式结构改造简图

(5)设备运行稳定性。通常沥青搅拌设备工况都比较差，启动停止比较麻烦，如果设备出现故障停机，会对客户造成不小的经济损失。所以，与其配套的泡沫沥青温拌设备首要保证运行稳定性，最佳的方案是把热拌和温拌分开，可以互相切换，如果沥青发泡装置出故障，可以不影响热拌的使用。

(6)泡沫沥青取样检测口的必要性。因为实验室发泡试验台和工程应用的发泡装置结构差别比较大，试验参数没有可比性。为检验沥青的发泡效果，或者取样用于实验室实验，都要从现场抽取泡沫沥青样品。检测口开度可调，有加热保温，防堵。

(7)沥青发泡管的设计。沥青发泡是整个沥青发泡装置的核心，其结构的优劣直接影响沥青的发泡效果和温拌降温幅度。沥青发泡管中最重要的又属沥青喷嘴、水喷嘴和发泡腔的结构。沥青和水的混合均匀程度是沥青发泡效果的重要影响因素。水喷嘴如何防止被沥青堵塞也是关键。

4　泡沫沥青温拌设备应用指导

(1)目前，泡沫沥青温拌施工工艺还没有国家或地方标准颁布。多数用户是用热拌的标准来进行泡沫温拌的生产施工。温拌的生产施工工艺规范需要尽快完善。

(2)受各地环境气候、原设备性能、沥青质量影响，泡沫沥青温拌设备的降温效果并不一致，各地方客户在使用泡沫沥青温拌时应慢慢尝试降温并做试验路段进行试验。并且在实验室做沥青混合料的性能试验。路面取芯和实验室制作样芯分别进行性能检验。

(3)沥青混合料取样方法按 T 0701—2011 规范要求进行；试件制作方法按 T 0702—2011 击实法和 T 0703—2011 轮碾法规范要求制作，如果条件允许，宜采用 T 0737—2011 旋转压实法制作试件；泡沫沥青温拌混合料实验室拌和温度宜设置为 135℃，2 小时短期老化温度宜设置为 116℃。

(4)按 T 0709—2011 马歇尔稳定度试验规范测试件的稳定度、流值，测残留稳定度检验混合料的水稳定；按 T 0719—2011 沥青混合料车辙试验检验混合料的高温性能；按 T 0729—2000 沥青混合料冻融劈裂试验检验混合料的低温性能；按 T 0715—2011 沥青混合料弯曲试验检验混合料的力学性能。

(5)添加旧料再生时，新集料的加热温度要相对于不添加旧料时的加热温度有所提高。

(6)在保证集料裹附和工地施工效果的情况下，含水率越低越好。较高的发泡含水率不利于成品料的质量。含水率一般设置在 2%。

(7)沥青的温度要控制在 135℃以上，低于这个温度的沥青很难发泡，但是这并不表明，沥青的温度越高，发泡效果越好。

(8)沥青中消泡剂的存在会影响沥青的发泡效果。表面活性剂(发泡剂)可以明显改善沥青的发泡特性。

5　泡沫沥青温拌技术在国内的实践应用

目前，中国对泡沫沥青的研究大多集中在将其作为稳定剂和再生剂应用于基层稳定和冷再生方面，而利用泡沫沥青制备温拌沥青混合料的相关研究和应用才刚起步。据悉，国内如南方路机、徐工、德基、中交西筑等沥青搅拌设备生产厂商已推出用于间歇式沥青搅拌设备的沥青发泡装置，少数已在工地做了试验路段，效果比较理想。国外一些顶尖的沥青搅拌设备制造商如阿曼、玛连尼等也相继开发出了这类设备，但是格昂贵，国内市场比较少见。以南方路机为例，自 2013 年初开发出泡沫温拌设备并于工地试验摊铺温拌试验路段起，目前已在上海，杭州，郑州有实践应用。图 4 为工地安装的泡沫温拌电气控制柜和发泡供水模块，图 5 所示为南方路机的沥青发泡管外形，图 6 所示为南方路机泡沫沥青温拌设备现场取样照片，图 7 为出料温度检测，图 8 为泡沫沥青混合料路面取芯照片。

华特 70#沥青 ATB-25，上基层厚度 16cm；

拌合温度 130℃，初始摊铺温度 120℃。

经过实验室测定的试块的压实度、孔隙率、稳定度和流值均达到国标要求的规定值，且部分指标比同工况下热拌的指标还要高。

图 4　电气控制柜和发泡供水模块

图 5　南方路机沥青发泡管

图 6　泡沫沥青现场取样

图 7　出料温度检测（插入式温度计，显示温度为 124.5℃）

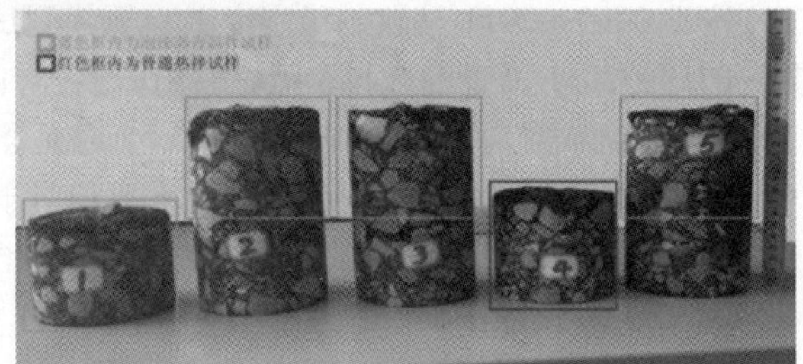

图 8　路面取芯照片

6　结语

资源节约、环境友好是经济社会发展的客观要求，也是道路行业可持续发展的必然选择。泡沫温拌技术作为一种绿色、节能、环保的新兴技术，具有广阔的发展和应用前景。中国可以借鉴美国泡沫温拌技术在连续式沥青搅拌设备上的成功经验，将泡沫温拌技术用于间歇式沥青搅拌设备上。笔者根据近 2 年的泡沫温拌设备改造经验，总结出以上问题，为今后泡沫沥青温拌技术的发展提供借鉴。

参 考 文 献

[1] 冀荣寿. 基于泡沫沥青的温拌混合料技术. 山西建筑，2013，10：117-118.

[2] 刘志飞，吴少鹏，陈美祝，胡德明. 温拌沥青混合料现状及存在问题. 武汉理工大学学报，2009，2：170-173.

[3] 吴英彪，郭艳芳，石津金，张宝峰. 泡沫沥青温拌技术在道路工程中的应用. 市政技术，2011，7：17-21.

[4] 马永峰，郝培文编译. 温拌（半温拌）泡沫沥青混合料发展现状. 中外公路，2012，6：287-291.

[5] 美国运输研究所（TRB）著，肖鑫，张起森译. 温拌沥青混合料配合比设计规程. 人民交通出版社，2014.4.

[6] 李彦伟，王江帅，黄文元，赵永祯. 温拌沥青路面施工技术. 中国建筑工业出版社，2011.8.

浅谈废弃沥青混凝土铣刨料的再利用

师满平　高　魁

（陇西公路管理段）

摘　要　沥青混凝土铣刨料被废弃后，严重污染人类生存的环境并浪费了资源，本着提高干线公路养护科技含量，降低养护成本，对铣刨料的组分进行改善后再利用。

关键词　废弃沥青混凝土铣刨料　再生利用

1　引言

公路养护生产成本是很高的，尤其是沥青混凝土面层各组分材料的价格更是昂贵，在大忙生产季节真的可以说是“洛阳纸贵”，然而怎样才能降低养护生产成本？在此我们结合陇西县境内G316线首阳镇街道上街头利用废弃沥青混凝土铣刨料修补路面坑槽、翻浆处治后路面修补浅谈一下废弃沥青混凝土铣刨料的再利用。

2　铣刨料试验

2.1　沥青铣刨料的堆放

铣刨后的沥青混合废料从铣刨现场拉运到集中拌和场后，应堆放，不摊开，以避免沥青混合废料中沥青的老化、砂石材料的风化，降低材料的整体强度。

2.2　确定最佳配合比

按照JTG E51—2009试验规程的规定取铣刨废料做击实试验，确定最佳含水率和最大干密实，然后与不同剂量的水泥掺合（水泥剂量为0%、2%、4%、6%、8%）进行滴定试验，确定最佳水泥剂量，得到最佳配合比。

3　路面病害的处治及坑槽铣刨

3.1　路面病害处治

路基的好坏，会反作用于沥青混凝土路面的使用期限，因此在进行面层材料的施工前，路基病害的处治是关键。影响路面承载力的直接因素就是路基翻浆。翻浆处治的常用方法有翻拌晾晒法、深挖换填法、掺加水泥、石灰处理翻浆法等，不管用哪种方法，都要根据现场的实际情况来选用。例如：在G316线首阳镇街道上街头处治翻浆时所用的材料是当地的天然砂砾，此材料的特点是砂石中夹杂红泥、含水率偏大，我们选用了掺加石灰的方法，没有用翻拌晾晒法和换填法。换填的效果极佳。

3.2　路面坑槽铣刨

在处治完病害后，要在基层上铺筑油面。在铺筑油面时，规范要求铣刨坑边缘规则、直顺，没有啃边现象；里面要用吹风机吹清洁，没有杂物。这样才能补油施工。当然也有的施工单位做的不那么规范。比如，在切边时有啃边，不直顺，油是补好了，效果还可以，但是那是由于所用新拌和的沥青混凝土材料好，如果用铣刨料施工就没有那么好效果。在用铣刨料补油、填补坑槽时坑槽切边必须直顺、规则，不能有啃边现象，铣刨坑的深度建议应在8～12cm，但不能薄于8cm，铣刨坑铣刨好要用吹风机吹干净。要注意的是：铣刨坑的铣刨质量、规范是能否用铣刨料补油成功的关键之一。

4　铣刨料的施工

4.1　铣刨料的拌和

对于铣刨料拌和最好选用强制式拌和机,因为铣刨料在运输和堆放过程中会有板结,不易于水泥混合拌和均匀。当然在用量少时,也可以采用路办法,但要在拌和前将板结的铣刨料击碎,使其均匀;铣刨料在拌和过程中,水泥和水剂量的控制是铣刨废料再利用的关键,水泥量少会影响混合料的联结和抗压能力,也容易分散、开裂;含水率过大则不易板结,会起到反作用,增强润滑强度,使得铣刨料容易分散,耐久性急速下降。当水泥剂量过大时,会增加成本,基层表面会产生干缩缝,因此,水泥剂量要根据做试验确定的最佳水泥剂量掺配,一般水泥剂量在5%左右。含水率在拌和是应大于最佳含水率的1% ~3%。

4.2　铣刨料的运输

当铣刨料拌和好后,要及时运输,不易久置,拌和好后,运输到现场铺筑及碾压成形的时间不得超过水泥的初凝时间,一般在3h以内,以免板结,不易摊铺。运输时所选用的机械要根据用料的多少来确定。当用料少时可以用小型的翻斗车、三轮车等;当用料多时可以用大型翻斗车。不管用哪种车型,必须得保证水分不损失。为了有效防止水分的损失,最好采用帆布或塑料布覆盖来运输。在铺筑G316线首阳镇街道时,所选用水泥是P.C32.5缓凝水泥,运距13km,铺筑面积200m^2,所以用的是小型翻斗车。

4.3　铣刨料的摊铺

为使铣刨料面层与非沥青材料基层结合良好,在铺筑前要在基层上喷洒液体石油沥青、乳化沥青、煤沥青等而形成透入基层表面的薄层。市场上生产的乳化沥青一般都根据规范的要求不低于50%;另外,在摊铺前要选择天气晴朗、气温比较高的季节进行,有利于铣刨料重新黏结。沥青混凝土铣刨料的松铺厚度是:一般人工摊铺是1.30~1.35、机械摊铺1.25~1.30。

4.4　铣刨料的整平和压实

铣刨料在摊铺后,要进行人工整平,不易匆忙压实。在摊铺过程中有的地方会偏高或有缺口,要人工铲平,防止铣刨料在缺口处推散。铣刨料的压实要选择较大吨位的压实机械,最好不低于22t为宜。碾压速度控制在3km/h,碾压遍数初压不低于2遍,复压不低于2遍,终压1遍,且初压不易带振动。碾压过程中,要及时对压路机碾压接缝处进行铲平,如果碾压完成后还有明显轮机,要继续进行碾压,只到没有明显轮迹为止。

4.5　铣刨料面层上乳化沥青的撒布

铣刨料在整平、压实后,不能就马上开放交通。因为铣刨料的黏结性能不如新拌和的沥青混凝,板结速度也不及,在行车时会产生拥包、松散等情况。我们要在其上撒布乳化沥青,撒布用量一般控制在1.2~1.5kg/m^2。其作用有两点:一是使表面的铣刨料凝结,不易产生拥包;二是渗透后使上下粒料黏结,成为一个整体。此外乳化沥青的浓度不能过大,最好在30%为宜。浓度过低不易黏结;浓度过高在开放交通时容易被车轮轮胎碾起带走。对于大面积的铺筑,最好采用机械撒布,对于小面积铺筑的则可以采用人工撒布。

4.6　开放交通

乳化沥青撒布后,不可马上开放交通。等乳化沥青上下渗透、连接后方可开发交通,一般不少于30min。开放交通后,要控制行车速度,使车辆缓缓驶过,速度可控制在10~20km/h。此外还要专门配一个人守在那里,及时对拥起的地方进行铲平。根据我们在G316线首阳镇街道铺筑情况,从开放交通1h后方可解除限速行驶。

5　结语

沥青铣刨料再利用是指将铣刨料再处理后,按一定比例加入水泥拌和摊铺后,表面撒乳化沥青使铣刨料得以重新利用。如此不仅可节约大量的沥青和砂石材料,降低养护成本,而且能保护环境,减少污染,具有良好的经济效益和社会效益。

浅谈改性乳化沥青稀浆封层在高速公路养护中的应用

王启民

（大同高速公路建设管理处）

摘 要 改性稀浆封层技术作为表面处治路面的一种预防性养护施工方法，能够高效恢复路面，防止进一步损坏，在众多公路领域得到广泛应用。本文结合山西省灵山高速公路，主要探析这一技术在高速公路养护中的应用。

关键词 关键词 稀浆封层 高速公路 养护 应用

1 引言

高速公路沥青路面常年受物理、化学、机械方面的侵蚀，3～4 年内便会产生裂缝，出现坑槽等公路病害，传统的办法是大面积的翻修，但这样不利于经济效益和社会效益的双项优化。近来年，备受国内外推崇的改件乳化沥青稀浆封层技术的应用很好地弥补了这一的短板。

改性乳化沥青稀浆封层是以一定级配的石屑为集料、以矿粉为填充料、以乳化沥青为黏结料，加入适当的水及外掺剂，按一定比例拌和而成的轻流动浆体，摊铺在下承层的表面而形成的沥青混合料层，即稀浆封层。稀浆封层铺筑厚度不到 1cm，1h 后即可通车，同时石料裹附性能好、黏结力强的乳化沥青的投入使用，使整个稀浆封层具有了耐磨、抗滑、平整、坚实的特性，从而经济、有效地灌缝与封闭裂纹，与原路面牢固结合。

改性乳化沥青稀浆封层这一技术的应用，意义在于：

（1）改性乳化沥青作为传统沥青的又一升级，它改善了传统沥青的软化点和热稳定性，使稀浆封层这一技术在处理网裂、车辙等多种病害上，极大地突显出了它固化快、封层厚的强大优势，有效抑制了病害的蔓延，而且产生的新罩面层不易出现车辙变形。

（2）提高沥青黏韧性，降低了脆点改性乳化沥青强大的粘韧性和极低的脆点，防止了稀浆封层中沥青膜脱落、泛油、骨料松散、坑槽等病害，提高了稀浆封层防滑、耐冲击能力，能够满足交通量大、重车多、车速快的道路交通行车要求。

（3）在基层稳定的情况下，改性稀浆封层一般可以使用 6～9 年，在使用寿命和使用效果等方面与 4cm 热沥青罩面相近。

（4）建设成本与环境污染明显低于热沥青罩面，提高了道路的经济效益与环境效益。

2 组成及配套要求

2.1 材料组成

稀浆封层由乳化沥青、集料、矿粉、水及水泥或石灰等添加剂组成。其中最为关键的是乳化沥青的性能、集料的性能及乳化沥青与骨料的配伍性。

2.1.1 乳化沥青

用作稀浆封层的沥青有普通乳化沥青和改性乳化沥青，而改性乳化沥青在高温稳定性、低温抗裂性、抗疲劳、抗水损坏等各方面都比普通乳化沥青有明显改善，因而尤其适合于气候严酷地区及繁重交通量的路段，对于高速公路的微表处，则最好采用改性乳化沥青，其他道路的稀浆封层可根据具体条件相应地确定乳化沥青的类型。生产改性乳化沥青的改性剂通常为 SBR，SBR 改性剂尽管能更有效地改善沥青的路面性能，但由于 SBS 改性沥青乳化难度大，因此，应用尚不多。

2.1.2 集料

只有采用符合级配要求的集料，才能形成密实稳定的沥青混合料封层，集料的最大粒径应接近封层厚度，而且应坚硬耐磨，粗糙干净，最好选用棱角较多，石质表面粗糙的轧石筛屑，少用或不用天然砂。

根据国际稀浆封层协会（ISSA）推荐的沥青稀浆封层颗粒级配，稀浆封层可分为Ⅰ型细粒式，Ⅱ型中粒式和Ⅲ型粗粒式。Ⅰ型用于层厚 2～3mm 的封层，适于封闭裂缝，填充空隙，修补表面轻微破坏，不适于大交通量路段。Ⅱ型用于 3～5mm 封层，适于修补路表破损，半刚性基层的封层，水泥路面及桥面的封层。Ⅲ型用于 5～10mm 封层，适于大交通量路面，抗滑、耐磨、修补破损。

2.1.3 水

水在沥青稀浆中主要起稀释作用。用水量不足会使稀浆稠度太大，流动性不好，水量过多又会使稀浆过稀而易于流淌，浪费沥青。拌和时加的水约为集料的 8%～12%，总的用水量约为集料的 20%。

2.1.4 水泥

水泥主要用于提高沥青与集料的黏结力，加快破乳干硬速度，改善稀浆工作和易性。用量为集料的 0.5%～3%，也可用石灰代替。

2.2 机械配套要求

（1）稀浆封层机。该机具有矿料、乳化沥青、外加剂、水等材料定量储存、强制式搅拌、螺旋分料摊铺、整平等功能，功率 90～110 马力（1 马力 =735.49875W），为主要施工机械。

（2）封层机配套机械及用途。吊车：装卸稀浆封层机后部摊箱用；装载机：为封层机矿料斗补充矿料；改性乳化沥青供应车（带泵）：为封层机补给乳化沥青；洒水车（带泵）：为封层机补水，亦可用于路面清洗；自卸卡车：材料运输。

（3）路面清扫车或空压机用于路面清扫。

（4）轮胎压路机 8～20t，用于稀浆封层混合料碾压。

（5）施工安全标志及运输车辆用于施工安全管理。

3 施工程序

3.1 准备工作

（1）原路面路况调查及修补：应通过弯沉检测确保处理路段强度符合要求，对原路面的油包，深度大于 2cm 的车辙、坑槽，宽度大于 2mm 的裂缝应作预处理。

（2）专用机械的检修与调试：对稀浆封层机的计量、行走、拌和、摊铺、清洗系统应作预调试或标定。

（3）材料配比：严格控制乳化沥青、水泥、矿料集料、水的配合比例，做到配料准确，待各种材料备齐后再行拌和，当缺料时应立即停止拌和。拌和好的混合料应有良好的施工和易性，无离析、花白现象。

（4）选定材料、机具临时的停放场地。

（5）加强施工区结构物、防撞墙的清洁，以免溅上沥青受到污染。

3.2 交通管制

设置施工和交通安全标志，配备交管人员，确保稀浆封层施工安全。

3.3 原路面清扫

采用清扫车或空压机或洒水车清除原路面的泥土、杂物、掉粒等。透层的表面有泥土等杂物，应用空压机吹干净，并保持干燥，提高稀浆封层与原路面的黏结性能。

3.4 放样试验

先根据 300m 路面的路幅全宽，调整摊铺箱宽度，从路缘开始放样，然后进行铺筑试验，确保用于稀浆封层配合比的可行性；确定稀浆封层车行驶的速度；确定每一作业面的合适长度；确定接缝的处理方案；确定封层的标准施工方法。

使用的原材料、施工机械、施工方法及试验段各项检测项目都符合规定，经监理抽检确认合格，方可按以上内容编写《试验段施工总结》，经驻地办初审，报总监办审核批复，即可开始 1km 标准段的施工。1km 标准段结束后报驻地办审核批复，即可进行大面积施工。

3.5 画导向线

按设定的稀浆封层铺筑宽度，先用石灰水画出稀浆封层机导向标线。

3.6 摊铺

(1)将装好料的稀浆封层铺筑机开至施工起点，按设计厚度调整整平器高度和封层机的行驶速度，严格按标线控制封层机行驶方向，调整摊铺箱厚度与拱度，使摊铺箱周边与原路面贴紧。

(2)操作手再次确认各料门的高度或开度。

(3)开动发动机，接合拌和缸离合器，使搅拌轴正常运转，并开启摊铺箱螺旋分料器。

(4)打开各料门控制开关，使矿料、填料、水几乎同时进入拌和缸，并当预湿的混合料推移至乳液喷出口时，乳液喷出。

(5)调节稀浆在分向器上的流向，使稀浆能均匀地流向摊铺箱左右。

(6)调节水量，使稀浆稠度适中。

(7)当稀浆混合料均匀分布在摊铺箱的全宽范围内时，操作手就可以通知驾驶员启动底盘，并缓慢前进，一般前进速度为 100 ~ 200m/min，但应保持稀浆摊铺量与生产量的基本一致，保持摊铺箱中稀浆混合料的体积为摊铺箱容积的 1/2 左右。

(8)当稀浆封层铺筑机上任何一种材料用完时，应立即关闭所有材料输送的控制开关，让搅拌缸中的混合料搅拌均匀，并送入摊铺箱摊铺完后，即通知驾驶员停止前进。

(9)将摊铺箱提起，然后把摊铺机连同摊铺箱开至路外，清洁搅拌缸和摊铺箱。

(10)查对材料剩余量，返回装料。

3.7 碾压

为缩短封闭交通时间，混合料达到初凝时，采用 10t 轮胎压路机对其全幅碾压 4 ~ 8 遍，使其与基层更紧密地结合，并将表面的粗集料压下去，使稀浆封层更加密实。在碾压过程中，禁止压路机急刹车，不得在新摊铺混合料上掉头。

3.8 养生

改性稀浆封层混合料摊铺后(约 1h)，乳液破乳、水分蒸发、干燥成型后即可开放交通，固化成型前，禁止一切车辆驶入，严格交通管制。当基层铺筑后未进行养生或养生期未满就撒布透层、铺筑封层的路段，在稀浆封层施工后应按基层常规方法养生，严禁在基层养生期内开放交通。

3.9 开放交通

当基层养生期满后才施工稀浆封层的，待乳液破乳且水分完全蒸发后即可开放交通。同时尽量将车辆引入紧急停车带限速行驶，派专人定期清扫路面，以防杂物在行车碾压下损坏稀浆封层。

3.10 检查验收

完工后的稀浆封层应按有关规定进行竣工外形检查。封层表面的平整度、透水系数、摩擦系数(构造深度)应以通车 3 个月后的检测资料为准。

3.11 注意事项

3.11.1 环保方面

(1)在公路工程施工期间始终保持工地的良好的排水状态，防止水土流失。采用临时排水与永久排水设施相结合和随挖随运，随填，随压实，依次进行并筑成适当的横坡的方法。

(2)现场废料废方处理,不得影响排灌系统和农田水利设施,按照图纸规定或监理工程师的指示在适当地点设置弃土场。

(3)为减少公路工程施工作业产生的灰尘,在施工区域内随时进行洒水使不出现明显的降尘。

(4)沥青混合料废渣、废弃物不得倒入河中,以免污染水体。

3.11.2 施工方面

(1)养护成型期内气温大于10℃,有利于沥青液破乳和水分蒸发。

(2)雨后路面积水未干或未清除以前,不可施工。

(3)施工养护成型期内可能会降雨,大风天及雨天不得从事乳化沥青施工,应待地表面干燥无水时方可进行乳化沥青施工。

(4)每一批乳化沥青在出锅时必须有分析报告书,以保证拌和设备中使用的基质沥青含量基本一致。

(5)稀浆封层铺筑时应将路面宽度均匀分为数条铺道,摊铺板宽度应基本保持与分条宽度大致相等,使全路面均能使用机械铺筑,减少人工补缺。同时,铺筑过程中应辅以人工将其结合部的多余料清除及对个别缺料处进行补充,使结合部平整、顺适。

(6)稀浆封层在开放交通过程中被损坏的,应进行人工修复,补铺稀浆封层。

4 结语

改性沥青在公路建设中应用的必要性和改性稀浆封层在公路养护中的作用已得到广泛的共识,进口或国产的乳化沥青设备,优质乳化剂、性能良好的稀浆封层机和配套设备也可逐渐满足生产和需求。可以预期,改性沥青稀浆封层这种新材料、新技术、新工艺将在公路路面养护中得到迅速的发展和应用。

浅谈天定高速公路养护维修工程施工控制

郝玉宏

（甘肃省定西公路管理局高等级公路养护管理中心）

摘　要　高等级公路以其高速、安全、快捷、舒适等特点，在国民经济发展中发挥着重要的作用。由于原设计、施工、自然灾害和运营中养护不及时、交通量过大、车辆超载等因素的影响，造成我省先期修建的高等级公路多未达到设计年限或累计标准轴载，就需要进行大、中修。下面就定西境内天定高速公路养护维修工程施工中的控制问题简要的作以阐述。

关键词　公路　维修　施工　控制

1　引言

定西境内的 G22 巉柳和平定、G75 兰临、G30 天定、G310 天巉等多条高等级公路经多年的运营、在设计、施工和使用方面，均存在不同的质量问题。通过设计单位对路面破损状况、路面弯沉值、平整度、抗滑值等项指标的检测和调查。结合养护规范中对路面综合评价，认为需要对多处采用挖除重建和加铺补强方案进行工程设计。我中心在 2013 年承担了天定高速 K1571 ~ K1595 + 125 的施工共 24.125km 的养护维修任务，在施工中先后完成较差段落路面彻底改造、加固桩施工、路基沉降控制、路面和排水设施修复、防护设施加固等工程。

2　施工质量监控

由于养护施工与新建公路存在很大的不同，质量的监控尤为重要；既要对设计文件充分理解，又要对目前道路状况十分熟悉。因此要求施工人员加强熟悉工程图纸，周密安排工程任务，布置交通保畅，进行承建人员现场质检示范及岗前培训；并结合实际的工作情况，制定《施工质量控制方案》，针对铣刨、清扫封层基层和沥青路面、干拌桩、混凝土制件、桥面加固等项制定工程质量检查点，并填好铣刨前、铣刨后路面检查表，桥涵病害再检查统计表，路肩加铺层检查表，原材料、混合料及其温度试验检测项目表，试验室检测项目汇总表等，在施工过程中，加强病害的早发现、快防治措施，使不合格、不规范的行为在施工中得以纠偏、改正。还要建立旬、月会议工程质量通报制度，及时将所存在的问题进行分析、纠正，落实具体的解决方案，形成一个积极良性循环的工作机制。在施工中，除沥青路面、底基层、基层施工之外的工程施工，需要加强以下几个的质量监控。

3　路基、路面及构造物病害处理

3.1　路面钻心检测数据及路面铣刨处理原则

（1）原承层钻心检测不合格，需铣刨下承层、钻心数据检测合格后，才可进行下道工序。

（2）原承层检测数据合格，但下承层网裂及纵向列缝较多，需铣刨 15cm 的下承层，加铺 15cm 的 ATB25 的柔性基层，才可进行下道工序。

（3）原承层检测弯沉数据合格，表面平整且下承层网裂及纵向裂缝较少，不需进行铣刨后下承层，只需对裂缝进行铺设钢筋网片和抗裂贴处理后，才可进行下道工序。

（4）铣刨采用分层、分段、错台施工，每结束一个结构层，即进行清扫、检查，层层解决问题。并保证铣刨的下承层表面拉毛，便于连接。

3.2 路基病害的处理

(1)软弱路基的处理

由于新建工程施工时路基处理不彻底,经过多年的运营,局部路段路基发生固结沉降,加上雨水的浸泡,有些路段的沉降已不能满足行车要求,必须进行处理。常用的软弱路基处理方法有桩加固法、压浆法、高压旋喷桩法等。对于正在运营的高等级公路的路基处理,不仅要考虑经济因素,更要考虑施工的可行性、施工周期、以及施工对车辆行驶安全的影响,需要综合各方面因素,确定合适的处理方案。在天定高速的施工中路基的沉降处理由原设计的开挖换填石灰砂砾土全部改为水泥干拌碎石桩处理、压浆法和高压旋喷桩。这三种方法在施工中不中断交通,分车道施工。

①水泥干拌碎石桩施工方便,质量也容易控制,使用较为广泛。水泥碎石干拌桩处理深度为4~8m,打入原地面以下成1~2m,成孔直径15cm桩距纵向1.0~1.5m,横向0.85~1.3m,梅花型布置;桩体材料设计配合比为:水泥:石屑:碎石=1:2.6:3.3,水泥采用32.5级普通硅酸盐水泥,碎石采用料径5~20mm的级配碎石,石屑采用0~5mm的石粉。桩体采用125kg重锤击实,垂落距为1m,每松填25cm击实10次;桩体施工完毕7天后,方可进行上部结构的施工。

水泥碎石干拌桩的检测包括检查施工记录、桩数、桩位偏差、夯填度和桩体试块抗压强度等。

②压浆法操作简便、成本低、效果较好且不影响公路运营,主要用于因路基固结,地基适应期不足的原因,个别路段出现裂缝和沉陷,需进行现场观察结合施工条件,采取深层压浆进行处治。在路面裂缝、沉陷范围内按1.5m×1.5m间距梅花型布孔;钻孔后孔深要求挖至路基下面,分层深度为2m、4m、6m,方可进行压浆,浆体水灰比为0.5~1.0,一般应控制到0.7。钻孔、压浆技术,是工程界目前比较崇尚的一种软、弱基处理技术。它是在地基需加强的部位钻孔埋置压浆管路,然后封闭孔口(或多重分段设置管路、分段封闭),采用高压注浆泵,通过压浆管路,向软、弱基部位压入经一定配比的水泥浆液,使溶洞、裂隙得到充填石化,高压水泥浆通过渗透、扩散、劈裂、挤密和胶结作用对软弱持力层加固又改善其受力状态,从而使地基的承载力得以提高。

压浆的检测包括检查施工记录、每台压浆机压浆过程的全程监控,压浆材料的配合比和灰浆试块抗压强度等。

③高压旋喷桩适用范围广,施工简便固结体形状可以控制,设备简单、管理方便、无公害,料源充裕并有较好的耐久性,主要使用于处理淤泥,淤泥质土、黏性土、粉土、黄土、砂土、人工填土和碎石等地基。旋喷法分为单独喷射浆液的单管法(成桩直径0.3m~0.8m)、浆液和压缩空气同时喷射的二重管法(成桩直径1m左右)和浆液、压缩空气与水同时喷射的三重管法(成桩直径1.0m~2.0m)三种。天定高速公路部分路基路面的不均匀沉降、桥头跳车和涵洞沉降,均采用单管法高压旋喷桩进行加固处理,以保证行车的舒适性。高压旋喷桩利用工程钻机钻孔(直径90mm~130mm)至设计深度后,用高压旋喷机把安有水平喷嘴的注浆管下到孔底,以一根注浆管喷射浆液,利用高压设备使喷嘴以大于20MPa的压力把浆液喷射出去,高压射流冲击切割土体,使一定范围内的土体结构破坏,与土体搅拌混合并强制与固化浆液混合,随着注浆管的旋转和提升而形成圆柱形桩体,成桩直径一般为0.3m~0.8m。浆液水灰比一般为0.8:1~1.2:1,固结体的抗压强度(28d)最大可达20MPa。

高压旋喷桩的检测包括检查施工记录;钻杆的垂直度及钻头定位;水泥浆液配合比及材料称量;钻机转速、沉钻速度、提钻速度及旋转速度等;喷射注浆时喷浆(喷水、喷气)的压力、注浆速度及注浆量;孔位处的冒浆状况;喷嘴下沉标高及注浆管分段提升时的搭接长度等。

(2)裂缝处理及新旧路面的结合

①路面裂缝分为横向裂缝、纵向裂缝和网裂等,天定高速公路根据裂缝出现的原因、类型及位置的不同采取不同处治方式。

a)横向裂缝主要由于基层开裂反射到路面和沥青层低温收缩造成的,桥梁通道两端的横向裂缝主要由于路基沉降引起的。有些高速公路路面施工中,施工的水泥剂量偏高(5%)、昼夜温差大、每间隔20m长度的横向切缝、大吨位车多等原因,造成通行路面出现横向裂缝较多。

b)纵向裂缝大多发生在行车道和超车道处、主要由于路基不均匀沉降和因局部段落路基湿软,造成承载力不足而导致裂缝。

c)网裂是由于行车的重复作用引起的疲劳破坏,尤其是超载车辆,加速了这种破坏作用。对于不同裂缝的破坏程度,采用不同的处理措施。在基层或底基层中若存在宽度大于5mm的纵向裂缝,直接采用水泥浆或水泥砂浆灌缝,加铺抗裂贴和钢筋网片;对沥青面层裂缝,用灌封胶灌封后用贴缝带帖缝。对于局部松散的,切割开挖病害部位,修复后再作加铺补强。为增强路面的整体稳定性,防止开裂,在纵横向接缝处加双面贴

d)对水稳基层出现的裂缝先采取改性乳化沥青灌缝,在铺贴抗裂贴进行裂缝处置,效果明显。

e)对于桥涵面上的裂缝,如裂缝面积小于全桥面积1/3的,可进行局部补强处理,如裂缝面积大于全桥面积的1/2的,须进行全桥面补强处理,位于二者之间根据裂缝位置酌情处理。处理时先将原沥青铺装层铣刨,桥面板凿毛后涂GS胶防水层方法,然后铺筑掺集料质量1.5‰聚酯纤维的改性沥青混凝土AC-13(4cm+5cm)。

②为增强新旧路面的结合,铣刨原有路面时,各结构层应错开一定宽度,避免通缝化形成薄弱带铣刨时上宽下窄,错开宽度一般控制在横向40cm,纵向400cm;单车道作业时,避免设在行车轮迹外,一般在车道分界线上。

3.3　排水系统的完善

(1)路基排水

排水不畅是路面破坏的主要原因之一,天定高速公路原路基排水设施不完善,地面水长期滞留坡脚,引起部分填方路段下半部分含水量偏大,地下毛细水上升,雨水浸泡而沉陷,造成严重的路基沉降;另外,降水通过路面裂缝、中央分隔带渗入路面结构层内部,部分路段甚至渗透到路床,使路床强度降低;通过钻孔发现部分填方路段上大部分含水量偏大,说明是路面水下渗造成的。由于排水不畅,引起路基路面产生许多病害,如大段落的路基沉陷和路面变形,当然也与路基压实度不足有关。

在养护维修工程中完善排水设施,增设边沟、拦水带、排水沟、急流槽、护坡、护面墙、挡土墙和蒸发池等。通过增设排水设施,大大改善了原来排水不畅的状况;但由于受公路用地限制,无法达到系统排水,在地形平缓又无蒸发池路段,增加设置了蒸发池。

(2)路面排水

①沥青路面在超高路段(含桥面)内侧宜切割10cm宽下面层并填充碎石设置纵向渗水盲沟。

②路缘石、拦水带的设置不应影响路面结构层的排水,应在雨后核查边坡急流槽或其他排水设施的位置,保证雨后路缘石和拦水带的内侧不应有积水。

③路面大修施工中,由于开挖原有路面,雨季时容易形成积水。因此,施工时在开挖段落的硬路肩处设临时排水槽;并与原有的及增设的排水设施结合在一起,避免造成新的病害和重复建设。

④采用乳化沥青和双面贴等材料处理新旧路面接茬及伸缩缝的接茬,确保路面接缝质量及排水顺畅。

3.4　路面病害处理

(1)路面夹层处理

在进行路面铣刨后,现场存在不同程度的夹层:沥青混凝土材料、半刚性基层材料,这些均对沥青路面施工造成很大的质量隐患。具体表现为二种状况:一是沥青路面加厚型,厚度在4cm以上,主要出现在沉降段;二是出现半刚性基层接片式破坏。这些问题都需要进行必要的处理,才能保证路面的质量。

(2)路面微表处施工处理原则

根据施工设计原则,结合钻心检测情况及现场路面裂缝情况进行确定。

①对于连续长度不超过50m、车辙深度小于10mm、行车有较小摆动感觉的,可先将车辙内及其周围的尘土杂物清除,洒水湿润吹洗、晾干、之后进行微表处理技术修复路面。

②车辙连续长度不超过50m、车辙深度在10~30 mm之间,行车有明显摆动、跳动感觉或严重颠簸的,

若基层完整,各面层结合良好,可进行微表处理。先将车辙作微表铺垫,之后再进行改性乳化沥青微表处理。

③车辙面积较大、深度较深时,不宜进行微表处理。因基层施工质量差引起的车辙,在重新铺筑面层前应先处理好损坏的基层。

④加强原材料的质量控制(改型改性乳化沥青的储存稳定性、蒸发残留物等及石屑砂当量、硬度等的检测),根据路表的实际情况选择合适的配合比级配。

⑤加强施工前除车辙以外的路面调查及病害合理处理;在施工中加强摊铺混合料流量的标定验证、摊铺速度、摊铺厚度、混合料的均匀性检验;同时加强施工前后的试验检测工作。

3.5 构造物病害处理

(1)桥涵通道的沉降处理

由于桥涵排水不畅,通道内严重积水,引起通道整体沉降;两侧路基沉降段长约20m,出现三条平行裂缝,无法正常通车,必须进行处治。主要采用造价较低、施工简便,对正常行车影响小的方案,两侧路基沉降段采用水泥碎石干拌桩加固,桥涵背墙外侧用15°内倾角高压旋喷桩,桥涵内15°外倾角高压旋喷桩,已达到对涵洞或通道基础下的承载力的加强。裂缝采用水泥砂浆灌缝,桥涵内外做好排水,达到了共同处治的目的。

(2)桥涵面铺装及标高控制

①在桥面孔铺装铺筑前对桥面进行检查,桥面应平整、粗糙、整洁,不得有尘土、杂物或油污。对于桥涵面出现混凝土松散破坏,应进行凿除处理,铺设钢筋网、浇筑混凝土、覆盖养生。

②根据桥面防水层的类型对水泥桥面作适当的处理,浮浆必须逐块清除,过于光滑的混凝土表面应凿毛处理。

③超高路段内侧、正常路段外侧应切割10cm宽下面层并填充碎石盲沟,盲沟应与泄水孔连通,以排除沥青层内部及层间的渗水。

④铺筑桥面铺装必须确保桥面混凝土处于完全干燥状态,严禁在潮湿条件下铺设防水粘结层及摊铺沥青混合料。防止混凝土中的水分在施工或使用过程中遇热变成水汽使防水粘结层产生鼓包脱离。

4 结语

我省早期修建的高等级公路现均处于大修期。道路大修影响正常交通,社会反响较大;同时,大修费用较高,有些地方大修费用甚至超过新建费用,针对路基沉陷、路面病害铣刨、桥面凿除后所出现的不同情况,在施工中也会受到不同的处理方案的制约。这些应当引起建设管理部门的深思:探讨其中的共性问题,共类似工程参考,避免重复走弯路。希望今后在路基、桥面、桥涵养护施工中,进一步规范施工工艺,应用成熟、稳定的养护技术,节省工程投资,促进交通事业发展。

浅议山区国省干线公路长大下坡路段避险车道设计方法

马 鑫[1] 王园园[2]
(1 陕西省铜川公路管理局;2 陕西省铜川公路管理局)

摘 要 山区国省干线公路是公路交通中的一个重要组成环节,尤其是我国国土幅员辽阔,山区道路的建设是必有的,但是面对着山区道路同样会遇到许多的问题,尤其是长大下坡路段,经常会出现交通事故,这些问题亟待解决。本文就山区国省干线公路长大下坡路段避险车道,对其设计方法作出相关的探讨。

关键词 山区 国省干线公路 交通事故 道路安全 避险车道 长大下坡

1 引言

山区公路在我国是最为常见的,但是受到地形的影响,山区公路往往也是交通事故多发的地段,尤其是在山区公路大长下坡路段交通事故发生率更高,因此对这些路段进行避险车道的设计具有非常重要的意义,应用避险车道能够最大限度地减少交通事故的出现,从而提升道路交通安全。

2 避险车道简介

当公路线形受到限制,存在连续长大下坡路段时,为保证因制动失灵的失控车辆能安全驶离主线,避免造成车毁人亡的惨剧和尽量减少损失,在必要的适当段落应设置紧急避险车道。

在长大下坡路段都应该在适当的位置设计和修建一个紧急的避险车道,以使失控的车辆离开主交通流,减缓速度或是完全停下。一辆失控的汽车一般是由于驾驶员失去了对汽车的控制,或是由于刹车过热、机械故障而导致刹车失灵,或者没有在适当的时间调低档速。

目前还没有针对避险车道专用的设计指南。但是,在已有的设计和修建中,已积累了相当的经验,能够设计修建出有效的避险车道以保护生命和减少财产的损失。对现有避险车道的研究和报告表明,避险车道可以使驾驶员在坡道上很好地控制车辆。

3 避险车道基本原理

避险车道的基本工作原理是汽车制动方程,利用汽车的重力和轮胎与地面产生的滚动阻力来消耗汽车动能,降低车速,直至失控车辆安全停止。空气阻力、汽车内力暂忽略不计,采用车辆合理递减速率是避险车道设计时需考虑的一个因素。此值太小会增加紧急避险车道的长度和投资;太大则会因货物的移动及其他外部原因导致驾驶员受伤及车辆毁坏。减速率一般采用0.2g~0.5g(g为重力加速度值)。

4 避险车道位置的选择

4.1 连续下坡或陡坡路段小半径曲线前方

连续下坡路段或陡坡路段与小半径曲线相接处是事故多发点,在车辆驶入小半径曲线前,宜沿曲线切线设置避险车道。

4.2 连续长下坡的下半部

从驾驶员行车心理角度,驾驶员更易接受长坡路段下半段使用避险车道。运营道路避险车道位置的确定是以事故统计数据为依据，再结合地形地势条件确定。经实践证明，无论是工程经验法还是事故频率法，都存在弊端。工程经验法只能通过感性认识指出某一路段为危险路段，是一种主观性较强的方法，缺少科学性。而事故频率法是在多起事故发生后，根据事故多发点来确定避险车道的位置，其位置的确定是以生命和财产为代价的，是一种事后补救方法，不推荐该法。

5　避险车道设计

5.1　引道与交角

引道起着连接主线与避险道的作用，可以给失控车辆驾驶员提供充分的反应时间，足够的空间沿引道安全地驶入避险车道，减少因车辆失控给驾驶员带来的恐慌。根据车辆驾驶员的视觉及心理反应特点，驾驶员自看见引道到作出判断并采取行动的时间大约需 3s。根据这一反应时间可以计算引道的最小设置长度。如失控车辆的速度按 120km/h 计算，则引道的最小长度应为 100m。避险车道入口应尽量布置在平面指标较高路段，并尽量以切线方式从主线切出，进入避险车道的驶入角不应过大，以避免引起侧翻。如设偏角，偏角不宜过大，为保持驾驶员在驾驶方向上的稳定，与主线的交角以小于 11°为宜。

5.2　避险车道宽度

避险车道的宽度应保证能使一辆以上的车辆进入。在短时间内有两辆或更多车进入避险车道的情况不常见，对于某些地区，避险车道的最小宽度应满足 8m 的要求。当然避险车道的宽度越宽越好，但在考虑安全要求的同时，应考虑其经济性及实用性。如果需要停放两辆或更多车辆时，避险车道的宽度为 9 ~ 12m 时可能会更好。但同时允许两辆或更多车辆在短时间内相继进入避险车道，如附属设施、引导设施设置不完备，而此时驶入车辆的驾驶员往往又处于高度紧张慌乱之中，车辆在失控状态下极易造成二次事故。因此，建议只考虑按一辆货车驶入避险车道的情形来确定避险车道的宽度。假使存在需要停放两辆或更多车辆的情况，推荐在附近另设一处避险车道的方案。

5.3　避险车道长度

为了保证失速车辆在避险车道末端前安全停车，避险车道的最小长度应为失速车辆停车所需的最小距离。对于上坡型避险车道，可通过失速车辆入口速度、避险车道坡度、避险车道坡床集料的滚动摩擦系数等，采用运动学公式计算出来。

$$L = V_2[254(i + D_f)]$$

式中：V_2——车辆的驶入速度；

i——坡度；

D_f——滚动阻力系数。

如要保证避险车道避险车道长度设置满足使用要求，需对车辆的驶入速度进行正确的预测，寻求项目建设造价与安全效果的最佳平衡点。

5.4　避险车道坡度

避险车道的纵坡应适应地形的变化，由预估设置位置的自然条件决定。当由于自然条件限制而不能满足引道长度的设置要求时，可适当增加避险车道的坡度；同时，坡度设置应考虑货车的纵向稳定性，应保证失控车辆不发生溜车现象。并综合考虑地形地貌、工程预算、避险车道坡床集料、驾驶员心理和行车稳定性等因素，所以建议避险车道纵坡的设置为：砂类材料不应超过 10%、碎石类材料不应超过 15%、砾石类材料不应超过 20%。

5.5　避险车道材料

目前避险车道大都采用滚动阻力系数较大的材料，优点是可有效地减小坡度、长度，节约造价；缺点是会使失控车辆突然进入高阻力状态，过大的阻力导致车辆底盘迅速停止，车厢及内装货物在惯性的作用下前冲，对驾驶室挤压或剪切造成人员伤亡。因此，避险车道段落内材料的消能作用应从弱到强，使失控车辆对减速度有个适应的缓冲过程。一定深度的坡床集料是保证避险车道能够充分发挥作用的必要条件，推荐避险车道的坡床集料深度为1.1m。避险车道入口处坡床集料的最小铺设深度为75mm，沿避险车道方向在最初的30～60m范围内逐渐过渡，一直达到设置的最深深度。坡床集料可选豆形砂砾等材料，避险车道坡床集料的铺设深度变化应渐变平缓，不可出现跳跃、落差等情况。

5.6 其他设施

(1)受地形影响避险车道达不到要求的长度时，可以在端部设置消能减速设施以提供更加安全的保障，如在避险车道的端部设置集料堆或防撞砂桶。设计时应保证制动失灵车辆在与这些设施碰撞时速度不超过40km/h。需注意的是，防撞消能设施的设置存在着两方面的危险：第一是产生严重的水平减速度和突然的垂直加速度，容易造成驾驶员、车辆、财产受损；第二是车辆的前轴受力并不能将减速度等效地传递到车辆的后轴，容易引起车辆的受力不平衡，导致货物散落、后轮分离和挂车向前倾覆。因此，为了减小避险车道的长度以节省造价而在避险车道末端设置防撞消能设施的做法不提倡。

(2)服务车道和地锚的设计，辅助车道是供救援车辆牵引货车时使用的，地锚则是货车离开避险车道的辅助设施。流动阻力的特性对于载重汽车来讲是安全的，但对于车辆驶离避险车道来说又成了障碍。美国“运输工程师协会”指出：如果在紧急避险车道设计辅助车道，设计者还需要进行相应的交通组织设计，即通过相应的交通标识设计，确保使用紧急避险车道的驾驶员能够区分避险车道与服务车道，且能使车辆在进入引道前获得目前避险车道的使用状况等相关信息，尤其应重视在夜间情况下使用紧急避险车道时的安全保障设计。

避险车道的设计具有非常重要的意义，能够有效地减少山区道路长大下坡路段的交通事故发生率，对于道路交通安全起到了非常重要的作用，因此在进行道路建设的时候，对避险车道的设计需要引起相关单位的极度重视。

容器育苗在高速公路绿化养护中的应用

钟德浩
（江西省高速公路投资集团有限责任公司）

摘　要　本文通过研究泰赣、瑞赣高速公路中央分隔带绿化养护工作中存在的问题及其主要原因分析，有针对性开展新工艺和新技术的应用实践，运用容器育苗解决绿化植物补植成活率低易死亡等问题。经过一年的实践应用，取得了较好的成效，补植的年平均成活率从原来88%提高到现在96%，证明推广应用容器育苗可以提高高速公路绿化植物补植成活率，进而保持良好的路容路貌，改善通行环境，维护高速公路行业的窗口形象。

关键词　容器育苗　高速公路　绿化　应用

1　引言

泰赣高速公路（江西省泰和至赣州段高速公路）是国家大广高速公路（大庆至广州，统一编号G45）在江西境内的一段，全长127.779km，路线呈南北走向，是南北物流的大通道。瑞赣高速公路（江西省瑞金至赣州段高速公路）是国家厦蓉高速公路（厦门至成都，统一编号G76）在江西境内的一段，全长117km，路线呈东西走向。该两段高速公路均由江西省高速集团赣州管理中心负责管养。

泰赣、瑞赣高速公路的中央分隔带绿化都是采用塔柏树种，种植株距为1m，修剪高度为1.7m。该树种为常用的园林绿化植物，阳性，耐寒，耐修剪，具有适应性强、绿化效果好、体现速度快、栽植成活率高等优点，在我国分布广泛，主要用于道路绿化、绿墙、色块、荒山造林等工程。

在高速公路的日常绿化养护工作中，赣州管理中心转变旧的养护观念，树立了科学、低碳、环保、节能的养护施工理念，大胆运用新技术、新工艺、新设备、新材料，保障了高速公路的畅、安、舒、美。在绿化植物补植施工中积极推广应用容器育苗，提高了高速公路绿化植物补植成活率，取得良好的效果。

为推广应用容器育苗，本文把该技术在泰赣和瑞赣高速公路绿化植物补植施工中的实践应用总结如下，供同行参考与探讨。

2　容器育苗简介

容器育苗是指用特定容器培育作物或果树、花卉、林木幼苗的育苗方式，是近些年兴起的一种新育苗方法。容器盛有养分丰富的培养土等基质，在塑料大棚等保护设施中进行育苗，可使苗的生长发育获得较佳的营养和环境条件。苗木随根际土团栽种，起苗和栽种过程中根系受损伤少，成活率高、缓苗期短、发棵快、生长旺盛，对不耐移栽的作物或树木尤为适用。

2.1　育苗容器的种类

目前，育苗容器主要有两种类型（表1）：一类具外壁，内盛培养基质，如各种育苗钵、育苗袋、育苗盘、育苗箱等，以育苗钵、育苗袋应用更普遍。另一类无外壁，将腐熟厩肥或泥炭加园土，并混合少量化学肥料压制成钵状或块状，供育苗移栽用。容器大小的选择根据作物或树木的种类和所需苗龄的长短而定。

育苗容器种类表　　表1

序号	种类	成品材质	成品类型	应用范围
1	具外壁	降解材料	育苗钵育苗袋等	效果最好，广泛应用
2	无外壁	土质居多	钵状或块状容器	效果较好，普遍适用

2.2　容器育苗的优缺点

(1)优点

①成活率高。苗木移栽时根系少受损伤,运输方便。移栽不受季节限制,成活率高,对于不耐移栽的作物或树木尤为适用。

②生长快。容器所盛培养土等基质中含有丰富的养分,可使苗的生长发育获得较佳的营养和环境条件。

③工厂化生产。可以实行工厂化育苗生产。

(2)缺点

①成本稍高。制作或购买容器增加费用支出。

②工艺稍复杂。工人要有一定管理技术水平。

3　高速公路中分带绿化养护的特点

(1)绿化物生长环境恶劣

高速公路绿化物(尤其是中央分隔带绿化植物)大多栽种在因公路建设而开挖的山坡上(或者填筑的土方上),土壤土层浅,养分少,储水能力差。再加上高速公路车流量大,汽车尾气污染严重,影响植物的生长。同时,汽车通过时产生的强大气流,造成植物摇摆不定,难以定根生长。

(2)绿化养护施工安全风险高,不方便

由于高速公路车流量大,车速快的特殊性,中央分隔带绿化植物补植施工是一项高风险作业。高速公路绿化施工,施工前的准备和施工后的清场都十分烦琐,标志标牌一个都不能少,间接投入多,很不方便。

(3)绿化物移栽补植随时进行,不分季节。

高速公路中分带具有防眩目功能,同时要求保持绿化景观的整体性,所以即使在夏秋季高温季节,中分带苗木死亡后,也必须及时补植,这时候补植质量难控制,苗木容易脱水,成活率低。

(4)成活率低

通过查阅施工记录和相关资料,总结得出2010~2011年泰赣、瑞赣高速公路中分带绿化植物补植成活情况如表2所示。

中央分隔带绿化植物补植成活情况统计表　　表2

绿化养护年份(年)	2010				2011			
绿化养护季度	一	二	三	四	一	二	三	四
绿化物补植棵数	1280	550	840	1002	1350	572	670	918
补植后成活棵数	1152	468	697	902	1268	492	563	845
补植后死亡棵数	128	82	143	100	82	80	107	73
季度补植成活率	90%	85%	83%	90%	94%	86%	84%	92%
全年平均成活率	87%				89%			

从表2数据进行分析可以发现,中分带绿化植物补植成活情况不容乐观,成活率一直偏低。近几年,绿化养护人员不断开展精细化绿化养护并尝试各种提高成活率的新办法,但是效果一般,平均成活率还是只有88%。成活率偏低不仅影响道路美观、增加养护人员工作量和安全施工风险,更增加路段经营单位的养护成本,直接关系到路段经营单位的经济效益、社会效益和环境效益。

4　绿化补植成活率低的原因分析

(1)施工人员因素

主要表现有施工人员工作责任心和质量意识不强,工作能力一般,反映了监督考核不到位、质量意识宣传不够、技术培训不够等。

(2)苗木自身因素

苗木自身质量差,有生长缺陷或者发育不良,原苗木带病。

(3)环境因素

种植土壤土层浅、贫脊;汽车尾气污染严重;来往车辆的气流造成植物摇摆不定,难以定根生长;高温季节补植苗木易脱水死亡。

(4)施工工艺因素

移植工艺落后,质量差,土球在移植过程中容易松散脱落,损伤苗木根系;种植的坑穴挖得浅,导致培土高度低;定根水未浇透;后期按时管养跟不上。

经过仔细调查研究,分析对比成活率偏低的原因和情况,并进行分类统计,综合认为主要还是施工工艺和环境因素造成的补植绿化物死亡比较多。

5 容器育苗在绿化养护中的应用

针对高速公路绿化物补植成活率低的主要原因,如何解决这些问题成了提高成活率的关键。经过技术咨询、市场调查、成本分析、适用性研究对比,最终选择容器育苗技术(采用无纺布容器袋作为育苗容器)来补植绿化植物,充分发挥容器育苗所具有的优点,提高成活率。

5.1 容器育苗一般流程

(1)圃地选择。选择在高速公路附近,运输方便,有水源或者浇灌条件,便于管理的地方。要求场地平坦、排水良好、光照充足、通风的半阴或半阳地。

(2)整地作床。育苗地要清除杂草、石块,平整土地,四周挖好排水沟。

(3)基质土装袋,种植幼苗。配好基质土,装袋,移植幼苗到容器袋内(图1)。

(4)苗期管理。幼苗刚移植到容器袋的时候要立即浇水,并且浇透。生长初期要少量勤浇,生长后期要控制浇水。施肥根据基质肥力和苗木长势,适当进行根外追肥。

(5)苗木出圃。出圃苗木应符合基径、高度的标准,苗干直立,色泽正常,长势好,无机械损伤,无病虫害。起苗应与高速公路补植苗木的需要相衔接,尽量做到随起、随运、随移植。起苗前,将容器苗大水漫灌,使苗木吸足水分。切断穿出容器的根系,不能硬拔,严禁用手提苗径。

(6)苗木移植。在需要补植苗木处整松土,深挖穴。栽植深度以容器顶部深入坑穴 5cm 为宜。填土要踩实,苗木基部整成锅底状蓄水槽,以利于截留地表雨水,减少水分蒸发。

5.2 容器育苗在高速公路绿化养护中的应用实例

(1)施工前准备。按照交通运输部发布的《公路养护安全作业规程》(JTG B/30—2004)相关要求,在需要绿化补植施工的地点摆放好养护安全设施,设立醒目的标志牌和隔离设施,并设专人指挥交通。

(2)整平工作面,深挖穴。主要步骤为:清理清除原绿化物→翻挖、松土→定位补植位置→深挖穴。

(3)移植容器苗木。将符合基径、高度标准的刚刚出圃的容器苗木放入坑穴中,回填土,踩实,中间起堆,做好支撑,防止倾倒。在苗圃中起苗的时机和数量应根据补植位置和数量的实际需要提前做好相关准备工作,保证随起、随运、随移植(图2)。

(4)浇水。刚移植的苗木第一次浇定根水要浇足、浇透,有利于苗木生长。

(5)后期管养。指定专人负责统计补植记录,根据谁补植谁负责跟进管理养护的原则,督促及时做好跟踪管养工作。根据最终成活率的情况和施工津贴挂钩,调动施工人员管养的积极性,责任到人,保障补植后的苗木,能及时得到后期养护。

(6)跟踪调查,反馈效果。在2012 年绿化补植施工中全面应用容器育苗后,及时安排对补植的成活率进行了跟踪调查,调查情况见表3。从表3 中不难看出,成活率由原来的平均 88% 提高到了 96%,死亡数量下降,成活率提高了。

图1 幼苗种植和管理

图2 移植苗木完成后的现场图片

补植成活率情况调查表

表3

绿化养护年份(年)	2010~2011				2012(应用容器育苗)			
绿化养护季度	一	二	三	四	一	二	三	四
绿化补植棵数	2630	1122	1510	1920	1410	490	550	980
补植成活棵数	2420	960	1260	1747	1382	465	517	951
补植死亡棵数	210	162	250	173	28	25	33	29
季度成活率	92%	86%	83%	91%	98%	95%	94%	97%
年平均成活率	88%				96%			

(7)社会效益和经济效益。

经统计,2012年中央分隔带补植绿化植物总数量为3430棵,应用容器育苗成活率相比前两年提高8%,成活棵数共增加了274棵,避免因植物死亡造成的损失约6万元,创造了可观的直接经济效益,同时,补植成活率的提高,减少了由于重复补植施工而封闭道路给车辆通行带来的影响,保证了高速公路畅通。死亡棵数减少,驾乘人员视觉效果好,公路通行环境得到了保持(图3),维护了高速公路行业的窗口形象,取得了较好的社会效益。

图3 绿化植物补植成活后效果图

6 结语

在高速公路的绿化养护工作中,绿化植物的移栽和补植是一项经常性工作,以往多采用起土球方式进行移栽和补植,有的甚至还采用裸根苗方式,这两种方式补植成活率都不理想,偏低。

容器育苗作为高速公路绿化养护工作中引入的一项新技术,经过一年来在泰赣、瑞赣高速公路上的实践应用,充分发挥其作用和技术优势,成功地将补植成活率从原来88%提高到现在96%,取得了较好的成效,有效地解决了高速公路绿化植物移栽补植难成活的问题,对维护高速公路行业的窗口形象,提高社会效益和经济效益,具有积极作用。

参考文献

[1] 邓华平.林木容器育苗技术[M].北京:中国农业出版社.2008.

[2] 王义东.容器育苗的特点及育苗技术[J].《城市建设理论研究》.2013(7).
[3] 刘丽波.浅谈高速公路的绿化养护管理[J].黑龙江交通科技.2010年(1):151-153.
[4] 北京首发集团.高速公路绿化养护手册[M].北京:人民交通出版社.2011.
[5] 中华人民共和国行业标准.JTG H10—2009 公路养护技术规范[S].北京:人民交通出版社,2009.

水泥混凝土路面微裂式破碎再生改造技术

吴超凡

（西安长大公路养护技术有限公司）

摘 要 分析比较了水泥混凝土路面现场破碎再生中打裂压稳和碎石化的优缺点,论文提出了水泥混凝土路面改造后应达到的最佳形式,即表面裂而不碎、板块稳而不平。为达到该效果,针对旧路路基软化等承载能力不足位置,课题组研发出DZJ型地聚合物注浆材料,采用DZJ型地聚合物注浆加固旧路路基和路面结构层,达到旧路路基和路面结构层承载能力基本一致;研制了水泥混凝土路面微裂式破碎机械与工艺,采用微裂式破碎机械进行破碎再生,并用表面块度、强度变异系数和表面凹槽深度表征和控制具体的"表面裂而不碎、板块稳而不平"效果,多条公路采用该技术改造加铺后路面使用效果良好,现该技术被编制成河南省地方标准(DB41/T 963—2014),已经在国内多个省市推广应用。

关键词 裂而不碎 稳而不平 DZJ型地聚合物注浆 微裂式破碎机 河南地方标准(DB41/T 963—2014)

1 引言

目前旧水泥混凝土路面改造通常有三个工艺,分别是:在路况评定为优、良时仅对局部脱空位置注浆和接缝处理后,即可直接加铺面层;在路况评定为良、中、次时,通常采用现场破碎再生后即加铺路面结构层,而且路况评定为良、中时,通常推荐采用打裂压稳技术,在路况评定为中和次时,通常推荐采用碎石化技术;在路况评定为差时通常采用挖除新建技术。

路面大面积改造工程中,道路表面点病害分布的随机性,故点病害通常难以得到有效处治,上述提及的三种工艺中也均未提及如何处治,并且在设计和施工中常被忽略,造成改造加铺后又在该点病害位置出现病害;道路结构层内或路床、路基病害,由于难以被检测出来,若仅对路表病害进行处治,而未彻底处治结构层内病害,那么路面加铺层的使用寿命将显著减低。比如仅对路面破碎板表面换板,而基层与底基层脱空、底基层与垫层脱空,以及已经软化的路床未能被检测出来和处治;面板现场破碎后的检测标准仅为工艺标准,与路面破碎后应达到的最佳标准之间没有关联,即破碎后应达到最佳标准不明确,造成我国水泥混凝土路面改造的设计、施工、验收是破碎工艺设计,而具体某一工艺设计是否与旧路改造目的相适应,则未见系统研究。

为此,经过十余年连续不间断的研究、开发、试用,通过前后四个课题研究,西安长大公路养护技术有限公司已经研发出水泥路面智能脱空检测仪,联合Evd可检测出路面层间脱空和路床承载能力,研发出DZJ系列地聚合物注浆材料、注浆设备和成套工艺,可用于处治层间脱空和路基补强,处治后的路面承载能力与无病害处的承载能力基本一致;研制出水泥混凝土路面微裂式破碎机械和成套技术,破碎再生水泥混凝土路面,达到消除加铺层反射裂缝和推移破坏,而且加铺层的疲劳寿命远大于打裂压稳和碎石化后的加铺层疲劳寿命。多个工程应用表明,水泥混凝土路面微裂式破碎使用效果良好,现研究和应用成果被编制成河南省地方标准《旧水泥混凝土路面微裂式破碎再生处治技术规程》(DB41/T 963—2014),确保微裂式破碎效果和推广。

2 传统破碎再生技术分析

水泥混凝土路面面板现场破碎通常有打裂压稳和碎石化两种,其中打裂压稳又分为门式破碎和冲击破碎两种;碎石化分成多锤头破碎和共振碎石化两种。

2.1 打裂压稳

打裂压稳是通过门式破碎或冲击破碎机械使水泥路面产生不规则开裂，相邻裂缝围成的块度为0.4～0.6m^2，防止板块胀缩和翘曲产生路面温度型开裂；测量每一次压稳后沉降量，把每次测得的沉降量同前一次压稳后测得的沉降量相比较，当其变化量之差小于5mm时，则停止压实，认为压稳工艺已达到施工要求，防止加铺层出现荷载型反射裂缝。

工程应用结果表明：

(1)首先门式破碎机械的宽度2.5m，而路面板的宽度通常在3.5～4m，造成最需要消除板底脱空的板角位置常难以夯实；其次，门式破碎端部形成纵向开裂缺陷或纵向凹槽带，造成加铺层容易出现纵向开裂；最后破碎处治后表面平整，加铺层与旧路的黏结力较差，容易出现加铺层的推移破坏。

(2)冲击破碎时对板块随机击打搓揉，难以消除板底脱空，破碎后的板块仍然处于“跷跷板”状态，同时破碎后的表面也比较光滑，造成加铺层容易出现反射裂缝和推移破坏。

2.2 碎石化

碎石化是通过多锤头或共振破碎机破碎水泥混凝土路面，路面的破碎程度呈上细下粗嵌锁形态，表层5～7cm厚度破碎成粒径2～4cm的碎石，该松散的碎石采用乳化沥青进行固结，并采用振动压路机碾压密实，然后即可加铺上面的路面结构层。由于将水泥混凝土路面破碎成碎石，那么加铺层就不会产生温度型反射裂缝，通过乳化沥青黏结加固和碾压密实，提高破碎后路面的承载能力，提高路面加铺层的使用寿命。

工程应用结果表明：

(1)碎石化后加铺的路面基本不会出现反射裂缝，但加铺层容易出现轮迹带处压密车辙、轮迹带纵向开裂、网裂和推移病害，这是因为碎石化后表面松散碎石层难以压密，沥青加铺层铺筑后，车辆碾压进一步压实该松散层，从而造成路面压密型车辙。

(2)路面强度损失较大，沥青加铺层层底弯拉应力过大，造成加铺层较快出现疲劳纵向开裂和网裂。

(3)由于破碎后表现较为松散，加铺的结构层与松散层黏结力较差，在长纵坡或弯道容易出现推移破坏。

2.3 综合分析

工程应用结果表明，碎石化处治加铺后的路面使用寿命通常比打裂压稳后的路面加铺层长，因此，水泥混凝土路面大多采用碎石化处治，而且主要采用多锤头破碎。为了克服多锤头破碎后强度损失较大的问题，采用喷洒较多的乳化沥青、增加水泥稳定基层或破碎时仅出现微裂即加铺路面结构层。

由于缺乏对水泥混凝土路面改造目标的认识，目前改造加铺后的路面出现较多的病害，造成部分省市极度反对采用多锤头破碎技术，究其原因，就是未认识到旧水泥混凝土路面破碎再生后应达到的目标，而只是关注破碎再生的工艺要求。课题组经过大量的现场调查和分析得到，打裂压稳得到的效果是“表面裂而不碎、板块平而不稳”，造成路面加铺层容易出现反射裂缝和层间推移；碎石化后的效果是“表面裂而太碎、板块稳而太松”，造成路面加铺层容易出现压密型车辙、疲劳纵向开裂和推移破坏。同时传统的破碎再生技术均未能处治基层与底基层或底基层与垫层之间脱空，以及无法加固已经软化的路床。

3 路面检测技术

为了检测出路表点病害和路表面病害下路面结构内和路床或路基病害，课题组研制出水泥路面智能脱空检测仪，可检测分析出路面层间脱空，应用便携式落锤弯沉仪(Evd)等仪器，联合脱空检测仪，可检测出路面整体承载能力和路基软化的位置。

3.1 声振脱空检测仪

声振检测技术是通过激励被测试件产生机械振动，测量其振动的声学特征来判定质量的技术，非脱空测点产生的声音较“清脆”，能量主要集中在高频，无明显共振峰；脱空测点产生的声音类似于“闷鼓”声，能量主要集中在低频,且有几个较明显共振峰;微脱空介于两者之间,具体如图1所示。

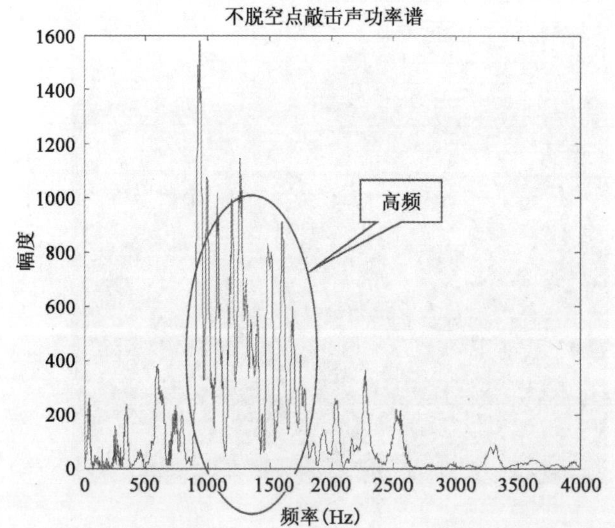

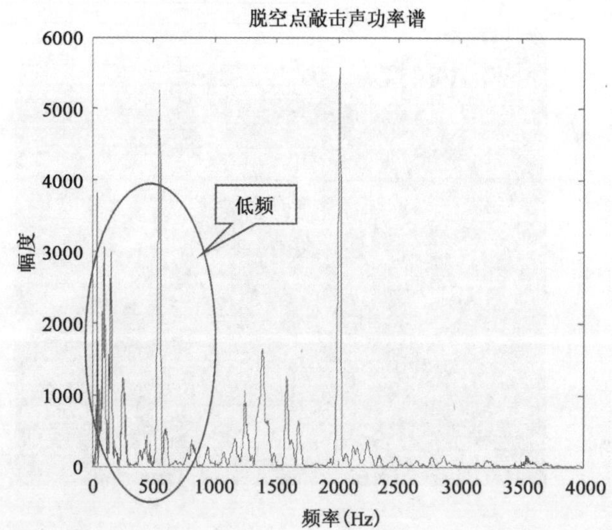

图1 智能脱空检测仪脱空判别软件分析图

根据上述脱空检测原理,课题组经过大量的室内外研究,研制出智能脱空检测仪,具体如图2所示。

图2 水泥路面智能脱空检测仪

通过多条道路应用结果表明:该脱空设备具有如下特点:

(1)检测全面:对每块面板的四个板角及断板板角进行全面检测。

(2)识别率高:检测脱空识别率高达85%以上。

(3)速度快:比传统的FWD弯沉检测法快2~3倍。

3.2 Evd动态弯沉检测

在检测出路面脱空位置后,再采用Evd检测路面结构整体承载能力,通过结构反演技术,可以分析出脱空位置的路基承载能力是否满足要求,同时为了采用目前贝克曼梁静态弯沉检测,得到具体道路的静态弯沉与动态弯沉的关系。

采用智能脱空检测仪和Evd检测技术,可检测出路面的脱空、路面承载能力和路基的承载能力,从而诊断出路面结构内的病害。

4 内部病害处治

在诊断出路面内部病害位置后,采用高渗透性、高韧性的DZJ型地聚合物注浆,进行结构层间脱空填充加固和软化路基补强,旨在使注浆处治后的路面承载能力与未破坏处基本一致,达到消除路基和深层路面结构层病害的目的。

图3 弯沉和Evd检测

为了分析DZJ型地聚合物注浆处治后的性能，列举国内福建某一公路处治的效果，具体如下：在BK297+200~BK297+305段路面表面无病害，未换过板，路面检测结果见表1，在AK291+180~AK292+425段路面出现开裂、唧浆、沉陷等病害，DZJ型地聚合物注浆前后的弯沉检测结果见表2。

由表1和表2的结果可以看出，开裂唧浆沉陷段路面注浆后的承载能力与无病害完好路面基本一致，从而彻底消除路面的点病害或面病害。

无病害完好路面BK297+200~BK297+305弯沉检测值(0.01mm) 表1

左轮		右轮	
平均值	23.5	平均值	22.7
标准差	6.1	标准差	7.3
代表值	33.5	代表值	34.8

AK291+180~AK292+425裂缝唧浆注浆段养生1d与注浆前弯沉值对比表 表2

试验段	左轮迹带弯沉(0.01mm)		右轮迹带弯沉(0.01mm)	
	注浆前	注浆后	注浆前	注浆后
平均值	34.2	22.7	35.6	22.2
标准差	7.1	4.0	5.1	4.1
代表值	45.8	29.2	43.9	29

5 微裂式破碎再生

在路面内部病害得到处治后，按照路面结构强度、厚度等，选择合适的微裂式破碎设备、施工工艺，进行路面破碎，破碎后的路面形式为“表面裂而不碎、板块稳而不平”，具体如图4所示。

微裂式破碎处治后的路面承载能力与旧水泥混凝土路面结构厚度、强度等有关，通常破碎后的承载能力与未破碎时基本相当，故微裂式破碎后通常可直接作为路面基层，若旧水泥混凝土面板破碎、沉陷较为严重，表面平整度较差，则增加一层调平补强层，然后加铺沥青混凝土路面或沥青混凝土路面。

目前采用该技术在河南、福建等多个省市改造了多条水泥混凝土路面，路面加铺层使用效果良好。

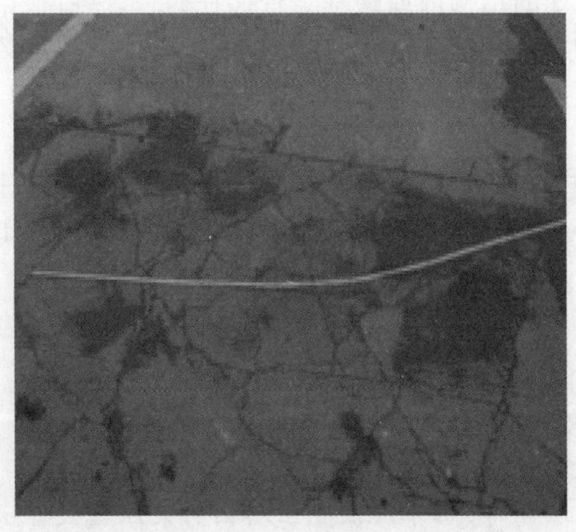

图4 水泥路面微裂式破碎表面效果

6 微裂式破碎的验收标准

按照上述路面内部病害检测、内部病害 DZJ 地聚合物注浆处理、表面微裂式破碎机械破碎后，应达到(DB41/T 963—2014)规定的要求，具体标准如下：旧水泥混凝土路面路况评定为优、良、中路段，微裂式破碎、碾压或开放交通后进行效果评定，效果评定见表3；旧水泥混凝土路面路况评定为次、差路段，微裂式破碎后的效果评定标准见表4。

若破碎再生后的检测结果达不到效果评定要求，则需停止施工，分析存在的问题，然后再按照上面的步骤再进行试验，最终达到标准要求。多条公路应用情况表明，只有诊断路面病害、彻底处治好路面病害后，再采用合适的微裂式破碎设备和工艺，才能达到规范的要求，加铺后的路面使用寿命长，若路面点病害和面病害处结构内存在病害而未得到处治，达不到规范的评定要求，则在点病害和面病害处的路面加铺层出现早期破坏，路面使用寿命较短。

效果评定项目和频率 表3

项 目	技术要求	保证率	频 率
开裂块度	≤0.04m^2	75%	表面洒水量测，每车道每50m检测一块面板
表面凹槽深度	≤30mm	75%	用两块三角板测量凹槽深度，每车道每50m检测一块面板
弯沉变异系数	≤0.5	100%	每车道每50m检测一个断面弯沉
在开裂块度和表面凹槽深度无法同时满足要求时，以开裂块度为准；若水泥混凝土路面结构层厚度较厚、强度较高，现场多次试验后的块度仍无法达到本表要求，经论证后可将开裂块度调整为小大于0.1m^2			

效果评定项目和频率 表4

项 目	技术要求	保证率	备 注
开裂块度	≤0.04m^2	75%	表面洒水量测，每车道每50m检测一块面板
弯沉变异系数	≤0.5	100%	每车道每50m检测一个断面弯沉

7 结语

(1)水泥路面打裂压稳后板块呈现“表面裂而不碎、板块平而不稳”，路面加铺层容易出现反射裂缝和加铺层推移病害；碎石化后板块呈现“表面裂而太碎、板块稳而太松”，加铺层容易出现压密型车辙、纵向疲劳开裂、推移等病害；微裂式破碎后的板块呈现“表面裂而不碎、板块稳而不平”，加铺层不会出现反射裂缝、推移和车辙破坏，使用效果良好。

(2)水泥混凝土路面微裂式破碎工艺为：首先进行路面脱空和 Evd 检测，检测出路面点病害或面病害处结构层内部和路基病害,以及已经换板现在路面无病害处的结构内或路基是否存在病害;然后根据检测诊断结果,采用DZJ型地聚合物注浆材料和工艺进行结构补强和病害处治,达到与无病害处路面承载能力相当;接着选用合适的微裂式破碎设备和工艺,进行路面整体微裂式破碎再生,最后采用(DB41/T 963—2014)评定标准予以检测,确保路面微裂式破碎使用效果。

(3)若微裂式破碎后达不到DB41/T 963—2014规程评定要求,需分析出现问题原因,查到具体原因后再按照路面微裂式破碎工艺铺筑试验段,只有达到规范要求时,才能大面积推广施工,施工结束后再按照规范予以验收。部分工程未能达到规范要求,在原路面病害未得到彻底处理处,路面加铺层出现病害,此需引起重视。

参考文献

[1] 平顶山市公路管理局,西安长大公路养护技术有限公司等.旧水泥混凝土路面打裂压稳设备研制与应用[J].2012.12.

[2] 福建省公路管理局,西安长大公路养护技术有限公司.水泥混凝土路面智能脱空检测仪器开发与应用[J].2014.12.

[3] 福建省公路管理局,西安长大公路养护技术有限公司.路面非开挖式结构地聚合物注浆结构补强与病害处治技术研究[J].2014,12.

[4] 新疆高速公路管理局,西安长大公路养护技术有限公司.等.高寒高海拔地区新藏公路路面修筑关键技术研究[J].2014.8.

[5] 河南省地方标准.DB41/T 963—2014 旧水泥混凝土路面微裂式破碎再生技术规程.2014.

[6] 吴东杰,吴超凡.水泥混凝土路面微裂式破碎技术在S308修武至焦作改建工程应用[J].公路交通科技,2014,9.

水泥路面碎石化加铺级配碎石过渡层探究

李 浩

(中交第二公路勘察设计研究院有限公司)

摘 要 本文通过旧水泥路面碎石化后加铺级配碎石过渡层及沥青面层的力学分析,对碎石化后加铺半刚性基层及沥青面层结构存在新的反射裂缝隐患提出改进,以充分利用级配碎石隔温、排水且无需养生等特点,延长路面使用寿命,使碎石化路面更加环保耐用,为相关工程提供参考和借鉴。

关键词 水泥路面碎石化 级配碎石 力学分析

1 引言

我国目前对于旧水泥路面的改造方法主要有:

(1)将严重损毁的板块挖除后重新铺筑水泥路面;

(2)满足一定条件下,将原路面病害处治后加铺沥青层成为“白+黑”复合路面;

(3)当断板率超过20%或超过10%的路面需要开挖修补等情况下,可采用将原路面碎石化后再加铺改造。

方法(1)开挖的废料可能会对环境造成影响,且不一定能再次利用,造成资源浪费,多用于日常小型维修养护;在大型改扩建工程中会将趋于淘汰;方法(2)加铺沥青层需要原有水泥路面有较高的承载能力和较强的接缝传荷能力,并对沥青层厚度较为敏感,即便满足上述条件,反射裂缝的出现和发生也是无法避免的病害,现有的一些措施,只能够延缓裂缝的出现时间。

碎石化方案是将原水泥路面一次性破碎为承载能力高、反射裂缝控制效果较好的嵌挤柔性结构层,然后重新加铺改造。不仅充分利用了混凝土板块的剩余强度,并从根源上杜绝了反射裂缝的产生,同时也极大的减少了废料的产生,做到了材料循环利用的环保要求。由于碎石化的方式不同,以及原有路面品质及施工等各种因素影响,导致碎石化后路面强度不一,回弹模量的离散性较大,因此直接加铺改造方案除加铺沥青层较厚时应慎重选择,目前采用较多的方法是加铺半刚性基层及沥青面层。然而加铺的半刚性基层又产生了新的反射裂缝风险。

因此,本文将级配碎石这一柔性材料作为过渡层,研究碎石化后加铺级配碎石过渡层及沥青面层的力学性能。

2 力学模型建立

级配碎石的松散粒料结构特性使得其铺筑在碎石化后水泥路面与沥青层之间时,处于三向受压的状态,不传递拉应力、拉应变;级配碎石的隔离作用又大大改善了旧路面的排水状况,使其成为路面结构的重要排水途径。同时级配碎石材料单价较低,施工工艺简单又无需养生,可大大缩短工期,降低工程造价。

由于粒料类基层材料明显的弹塑性特点,应力—应变关系通常不是线性关系而是非线性关系,其回弹模量也不是常数,而是依赖于材料的应力状态。即模量因汽车荷载大小、路面结构层次及各层次的厚度和刚度不同以及所处路面结构内的位置不同而不同。

本文利用肯塔基大学黄仰贤教授所开发的KENPAVE路面设计程序对级配碎石层进行分析。KENLAYER使用了比较常用的关系式,即回弹模量和第一应力不变量的简单关系可表达为:

$$E = K_1\theta_2^K \quad (1\text{-}1)$$

若考虑层状体系的重量，则

$$\theta = \sigma_x + \sigma_y + \sigma_z + \gamma z(1 + 2K_0) \quad (1\text{-}2)$$

式中：γ——平均单位体积重量；

z——模量计算点离地表面的距离；

K_0——静土压力系数；

K_1、K_2——动三轴试验获得的回归常数；

σ_x、σ_y、σ_z——x、y、z 方向的主应力。

将非线性粒料层划分成若干层（一般取每层5cm），用每层中间高度的应力来确定其模量。即采用迭代法，先给出一组常数模量，利用这组常数模量求得应力之后，再次计算非线性层的模量，并确定新的一组应力，重复这个过程，直至模量收敛到规定的允许精度为止。因此可以认为是将非线性层通过加密分层转化为线性问题。

图1为分析所采用的力学图式：以单轴双轮组100kN为标准轴载，简化为双圆均布荷载轮载半径为10.65cm，接地压力为0.7MPa。路面响应值选择计算沥青层底的拉应变 ε_t、路面剪应力以及结构内部应力等，计算时泊松比除路基取0.35外，其他各结构层均取0.25，各层间均为连续接触。计算沥青层底的拉应变时，其最不利点位于层底1点和4点之间，可分别计算1、2、3、4点的应变，然后确定最大应变的位置。各结构层参数主要考虑沥青层的厚度和模量、级配碎石层的厚度等对响应值的影响。对于级配碎石层模量，不同机构和个人对模型中参数的研究结果有差异，因此综合考虑取式(1-1)中 $K_1=50\text{MPa}$，$K_2=0.45$。由于KENLAYER设计程序中以kPa为单位，因此级配碎石的模量表示为 $E=50000\theta^{0.45}$(kPa)。旧路基模量 $E_0=100\text{MPa}$。旧水泥路面 $h_3=26\text{cm}$，碎石化后的回弹模量因设备、面板材料品质等差异较大，根据相关试验路实测结果，取 $E_3=800\text{MPa}$。

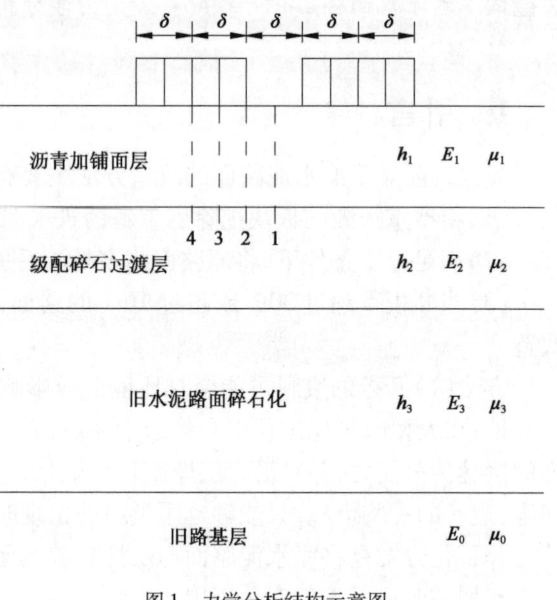

图1 力学分析结构示意图

3 沥青层厚度与模量对结构受力的影响

沥青加铺层厚度 h_1 分别取5、10、15、18、20、25、30cm，E_1 分别取1000、1400、2200MPa，级配碎石层 $h_2=15\text{cm}$，并以每5cm划分为一细层，每层模量 $E=50000\theta^{0.45}$(kPa)。分析沥青层厚度与模量对各响应值的影响。

3.1 沥青层底拉应变(力)的变化

从图2、图3可以看出：

(1)无论面层模量多大，都存在一个临界厚度，该处拉应变最大。超过临界厚度时，沥青层越厚，拉应变越小；而在临界厚度以下，沥青层越薄，拉应变越小。假设两种极端情况：一种是十分薄的沥青层铺筑于基层上，此时沥青面层底受压；随着面层厚度增加，面层底将产生拉应变，并会渐渐增大；另一种情况是十分厚的沥青层铺筑在基层上，此时沥青面层底的受力可能接近于零（不考虑其自身的重力）。那么在这个变化的过程中，必将存在一个临界厚度，否则上述情况将不可能存在。在本文假设的结构参数下，这个临界厚度大致是10cm。

(2)超过临界厚度时，增加面层厚度对减小拉应变是十分有效的；所以增加面层厚度是延长沥青路面疲劳寿命十分有效的方法。

(3)沥青层较薄时(小于10cm),模量增大,沥青层底将由受拉转化为受压;当层厚较大时(大于10cm),不论模量大小,沥青层底都将受压。

(4)当模量较小时,压应力对层厚的变化极不敏感;只有当模量较大时,压应力随厚度增加而显著减小,例如模量1000MPa,层厚大于15cm时,沥青层内压应力几乎不发生变化;而当模量增至2200MPa时,层厚增加,压应力将明显减小。

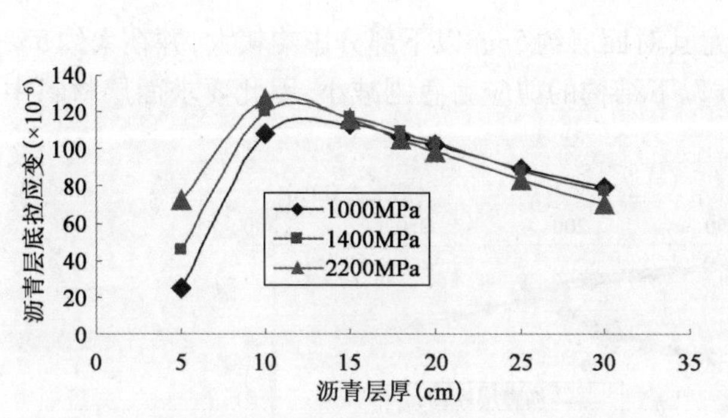

图2 不同面层厚度与模量下沥青层底拉应变的变化曲线

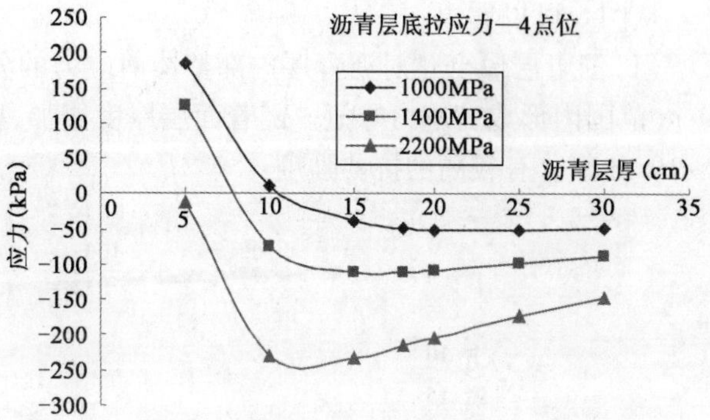

图3 不同面层厚度与模量下4点位沥青层底拉应力的变化曲线

3.2 级配碎石层以及旧路面内部应力的变化

从图4、图5可以看出:

当 $E_1=1400\text{MPa}$,沥青层厚不超过18cm时,碎石基层水平向受压,即整体处于三向受压状态;当层厚增加时,级配碎石层上部大约3cm以内开始受到极其微小的拉应力(甚至可以忽略)。因此可以说无论面层厚度如何变化,碎石基层一直处于三向受压的良好受力状态。当然层厚越小,级配碎石层受到的压应力越大。

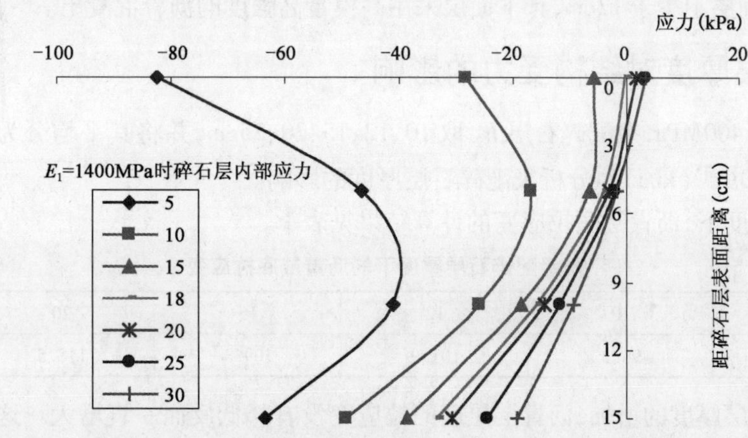

图4 沥青层厚度对配级配碎石层内部应力的影响($E_1=1400\text{MPa}$)

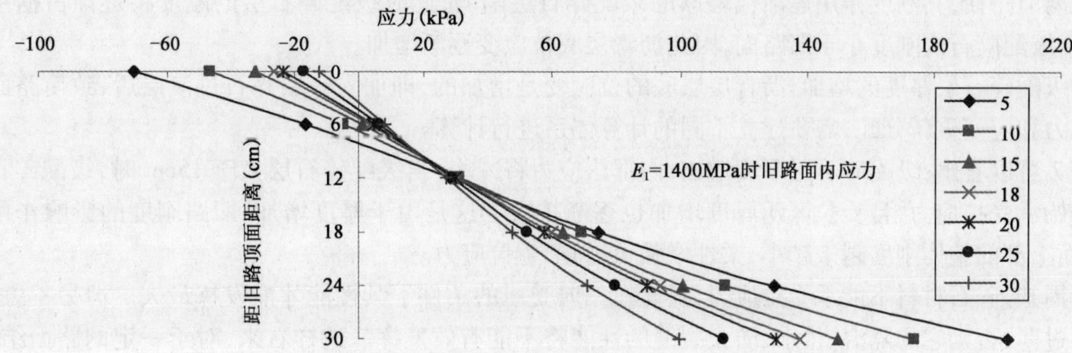

图5 沥青层厚度对旧路内部应力的影响($E_1=1400\text{MPa}$)

对于旧水泥路面而言,随着沥青层厚的增加,虽使压、拉分界线上移,即受拉区变大(但不十分明显),且上部压应力减小,但同时层厚增加却使得半刚性基层12cm以下部分所受的拉应力明显减小,且随纵深增加,减小的程度越大。

沥青层厚的增加,对级配碎石层内应力影响基本不大,但对减小旧路底部的拉应力十分有效。

3.3 路面内部剪应力的变化

从图6可以看出:

(1)沥青层厚变化对沥青层内部整体剪应力的分布尤其对面层约5cm以下部分影响较大,并在大约5~10cm范围内形成剪应力峰值。随着面层厚度增加,10cm以下结构的剪应力急剧减小,因此要求面层材料中5~10cm部分有较高的抗剪强度。

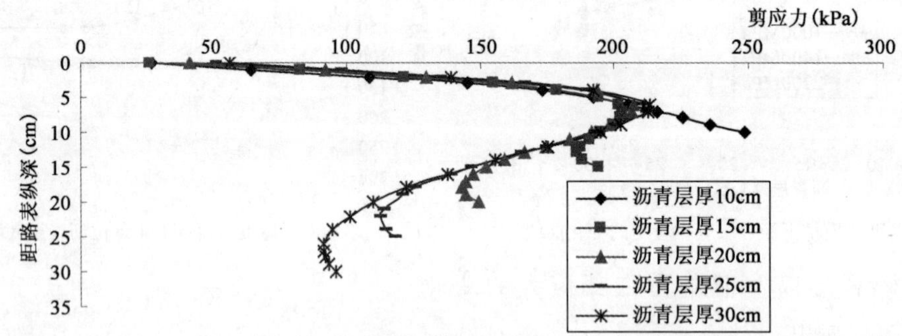

图6 面层内部剪应力随沥青层厚度变化图(E_1 = 1400MPa)

(2)沥青面层厚度不宜过薄,否则将产生较大的剪应力:面层厚10cm时,最大剪应力约为250kPa左右,面层厚度增至大于10cm时,剪应力峰值均降至约200kPa,降幅达20%。

综上,建议沥青加铺层不少于12cm,且下面层采用高模量高强度的沥青混凝土。

4 级配碎石层厚度对结构受力的影响

取 $h_1 = 12$cm, $E_1 = 1400$MPa,级配碎石层 h_2 取10、12、15、20、25cm,并将其平均分为5层(12cm时划分为4层),每层 $E = 50000\theta^{0.45}$(kPa)。分析级配碎石层厚度的影响。

不同级配碎石层厚度下,沥青层底拉应变的计算结果见表1。

不同级配碎石层厚度下的沥青层底拉应变 表1

级配碎石层厚度(cm)	10	12	15	20	25
沥青层底拉应变($\times 10^{-6}$)	96.2	101.9	109.3	118.5	125.5

随着级配碎石过渡层厚度的增加,沥青层层底的拉应变没有降低反而一直增大。这是由于当级配碎石层较薄时,旧路面较大的刚度占主导地位,沥青层层底的拉应变因此较小,当级配碎石层厚度增加时,沥青层逐渐远离旧路面,其刚度作用逐渐被增厚的级配碎石层削弱,此时级配碎石层的刚度将逐渐占据主导地位,而由于级配碎石的刚度小于旧路面,因此沥青层底拉应变逐渐增加。

随着级配碎石层厚度的增加,沥青层层底的拉应变是增加的,即加入一层碎石过渡层后,致使路面结构内部的应力和应变重新分配,需要建立不同的计算体系进行计算。

从图7可以看出:级配碎石层厚度增加,内部压应力将减小,当级配碎石层大于15cm时,级配碎石层顶部区域开始承受拉应力,且受拉区随厚度增加也逐渐扩大。这是由于厚度增加,旧路刚度的影响作用越来越小,路面上部的整体刚度越来越小,柔性增强,进而产生拉应力。

众所周知,碎石材料不能承受拉应力,只有在三向受压的条件下其性能才能发挥最大。但另一方面,其厚度不能过薄,否则它的隔温、排水、防止裂缝的性能将不能有效发挥。这样看来,对于一定的路面结构,碎石过渡层将对应存在一个合理的厚度,使其既满足功能需要,又能在特定环境下保持良好的性能。通过上述分析,建议碎石过渡层厚度以 15cm 为宜。

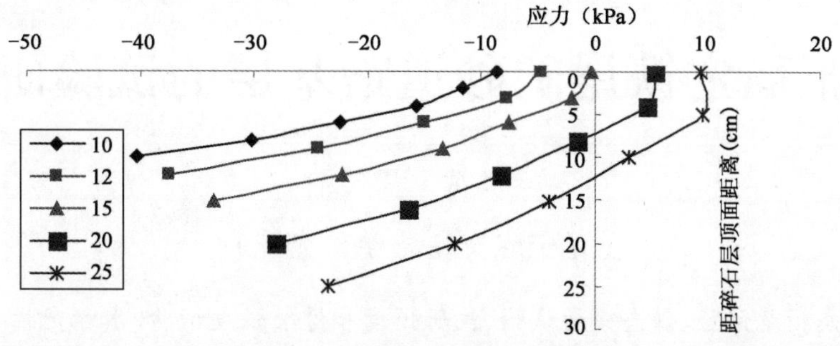

图 7 级配碎石层厚度对其内部应力的影响

5 小结

通过上述分析,对设置级配碎石过渡层的水泥碎石化沥青路面得出以下结论:

(1)在碎石化水泥路面与沥青面层之间铺筑一定厚度的级配碎石层时,级配碎石层在三向受压的良好受力状态下可有效发挥其隔温、排水、防止反射裂缝且无需养生等特点,延长路面使用寿命。

(2)由于下卧旧路面的刚度较大,级配碎石层本身的模量,即非线性模量模型中参数的变化对路面结构的受力状态影响不大;而级配碎石层厚度的改变将使路面结构内部的应力和应变重新分配。根据受力分析结果,建议碎石过渡层厚度以 15cm 为宜。

(3)增加沥青层厚度可以有效降低路面结构内部各种不利的应力、应变;面层模量的提高可以减小底部拉应力,但是不如增厚面层的作用明显,而且对于沥青层底拉应变而言,模量对疲劳寿命的影响还取决于材料性质和破坏极限。

(4)面层以下大约 5 ~ 10cm 范围内剪应力较为敏感,并达到峰值,因此沥青面层厚度不宜过薄。建议沥青加铺层不少于 12cm,且下面层采用高模量高强度的沥青混凝土。

本文仅对级配碎石及沥青层的受力趋势作初步探讨,并得出初步结论。级配碎石过渡层的受力特性以及在不同交通荷载条件下相应的路面结构设计体系及指标仍有待进一步研究论证。

参 考 文 献

[1] 旧水泥混凝土路面碎石化技术规程[S]. 北京:人民交通出版社,2009.
[2] 黄仰贤. 路面分析与设计[M]. 北京:人民交通出版社,1998.
[3] 公路沥青路面设计规范[S]. 北京:人民交通出版社,2006.
[4] 沈金安. 国外沥青路面设计方法总汇[M]. 北京:人民交通出版社,2004.
[5] 袁峻. 级配碎石基层性能与设计方法的研究[D]. 南京:东南大学,2004.

水泥稳定铁尾矿砂道路基层的试验研究

李洪斌　周健楠

（辽宁省交通科学研究院）

摘　要　本文通过动态模量试验、静态模量试验、抗压强度和劈裂强度试验、水稳定性、抗冻融循环性能、抗疲劳性能试验研究，分析了水泥稳定铁尾矿砂道路基层混合料的力学性能和路用性能，探讨了铁尾矿砂应用于道路基层的可行性。通过试验比较，水泥稳定碎石混合料掺入铁尾矿砂后，动态模量、静态模量减小，劈裂强度、抗压强度先增大后减小，水稳定性、抗冻融循环能力、抗疲劳性能提高，具有良好的力学性能和路用性能，能够应用于沥青路面半刚性基层中。

关键词　水泥　铁尾矿砂　基层　力学性能　路用性能

铁尾矿砂是铁矿石经过加工粉碎、选出铁物质后剩余的一种产物，作为一种废弃物大量堆积在河流流域或陆地上，导致大量良田荒芜以及河床的抬高，极易产生扬尘，严重污染环境。将铁尾矿砂应用到水泥稳定碎石基层中，一方面可以大量消耗现有尾矿砂，降低尾矿大量堆存带来的危害；另一方面，作为一种新型路面基层填料，对增加基层原材料种类、降低道路工程造价意义明显。

为此我们对水泥稳定铁尾矿砂道路基层的力学性能和路用性能进行了试验研究，以探讨铁尾矿砂应用于道路基层的可行性。

1　水泥稳定铁尾矿砂基层配合比设计

1.1　原材料性质

（1）矿料

试验用的碎石取自辽阳小屯，分为20～30mm、10～20mm、5～10mm、0～5mm四个规格，质量检测结果均满足现行规范要求。

（2）铁尾矿砂

试验所用的铁尾矿砂取自辽宁鞍山齐大山铁尾矿库，尾矿砂筛分结果见表1。

尾矿砂筛分结果　表1

筛　孔（mm）	2.36	1.18	0.6	0.3	0.15	0.075
通过质量百分率（%）	100	99.4	95.1	77.8	56.7	25.2

（3）水泥

采用辽宁本溪水泥厂生产的“工源”牌P.O.32.5普通硅酸盐水泥，各项技术指标满足现行规范要求。

1.2　配合比设计

按照普通公路水稳基层级配范围的要求，设计了四种级配，即级配1～级配4，对应的尾矿砂掺量分别为0、15%、20%、25%，级配曲线见图1。

按4.5%的水泥掺量采用无机结合料稳定材料重型击实试验方法，确定各个掺配率下混合料的最佳含水率和最大干密度。

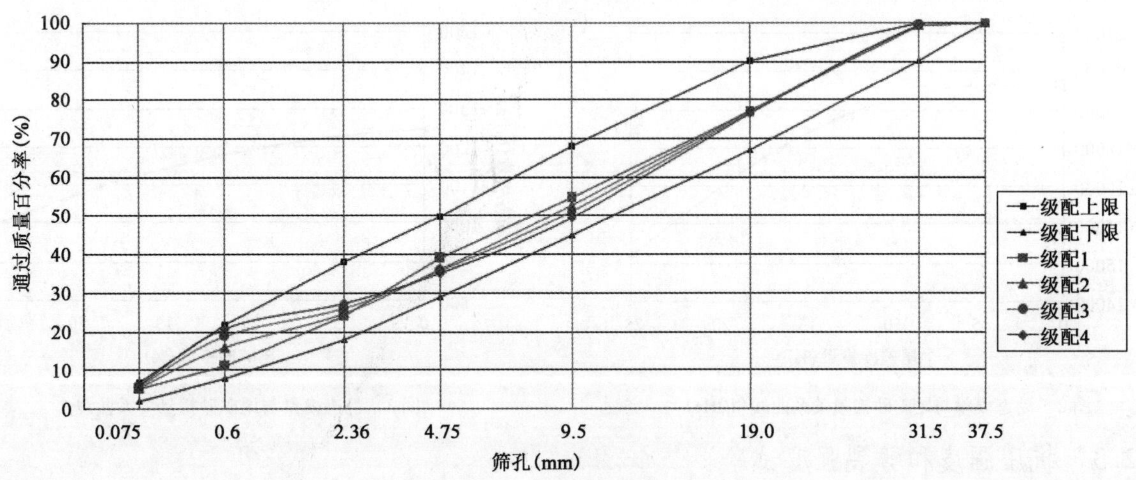

图1　设计级配曲线

配合比设计结果　　表2

尾矿砂掺量(%)	0	15	20	25
最佳含水率(%)	4.4	5.4	5.8	6.1
最大干密度(g/cm^3)	2.364	2.413	2.378	2.342

随着尾矿砂掺量的增加,最佳含水率持续增大,最大干密度呈现先增大后减小的趋势。

2　水泥稳定铁尾矿砂基层力学性能研究

2.1　动态模量试验

试件为静压法成形的直径100mm、高150mm的圆柱体试件,采用连续无间歇的半正矢荷载波形,不施加围压,试验温度为20℃,试验频率为0.1Hz、0.2Hz、0.5Hz、1Hz、2Hz、5Hz、10Hz、20Hz、25Hz共9个不同频率,进行SPT动态模量试验。试验结果见表3。

动态模量试验结果(MPa)　　表3

尾矿砂掺量(%) \ 频率(Hz)	25	20	10	5	2	1	0.5	0.2	0.1
0	19758	19660	19559	19447	19340	19261	19069	19154	19157
15	18254	18133	18005	17627	17356	17115	16877	16789	16775
20	17566	17233	16768	16452	16021	15876	15543	15125	14673
25	15546	15362	15116	14678	14349	14035	13786	13462	13257

2.2　静态模量试验

采用顶面法来测试半刚性材料的静态模量,试验结果列于表4中。

静态模量试验结果(MPa)　　表4

尾矿砂掺量(%)	0	15	20	25
静态模量(MPa)	1249.7	1171.9	1020.4	1006.7

从图2、图3中可以看出,未掺加尾矿砂的水泥稳定基层混合料的回弹变形最小,抗压回弹模量也最大。随着尾矿砂的掺量增大,回弹变形变大,回弹模量逐渐减小。水泥稳定碎石(尾矿砂)主要是集料间相互嵌挤作用,不易受压产生形变,添加尾矿砂后,细集料逐渐填满集料空隙,并最终使得集料分离,受压容易产生较大形变,回弹模量变小。

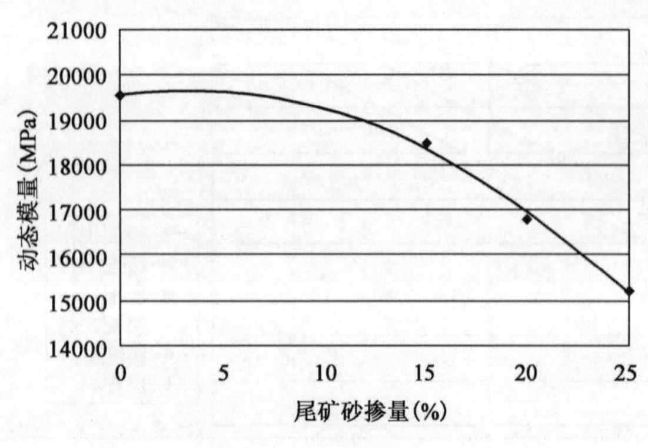

图2 动态模量与尾矿砂掺量关系曲线(10Hz)

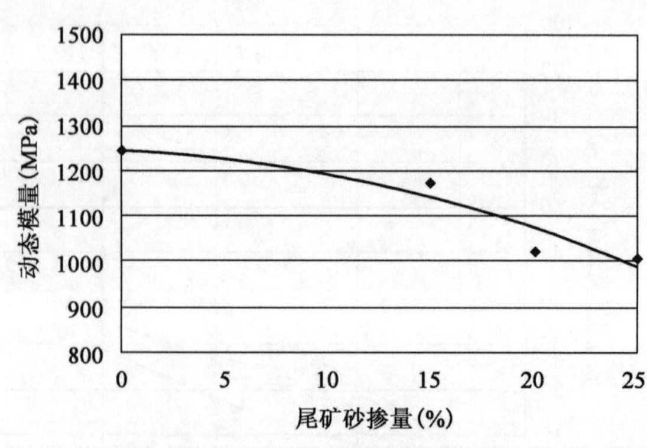

图3 静态模量与尾矿砂掺量关系曲线

2.3 抗压强度和劈裂强度试验

强度试验结果 表5

尾矿砂掺量(%)	0	15	20	25
28d抗压强度(MPa)	6.30	6.94	5.44	4.66
劈裂强度(MPa)	0.903	0.942	0.892	0.734

由表5中的数据可以看出,随着尾矿砂掺量的增加,无侧限抗压强度和劈裂强度呈现先增加后减小的趋势。

3 水泥稳定铁尾矿砂基层路用性能研究

3.1 水稳定性

成型直径150mm、高150mm的圆柱体试件,按照《公路工程无机结合料稳定材料试验规程》(JTG E51—2009)中T0845—2009的标准养生条件养生,养生期为28d,养生期的最后一天,将试件浸泡在水中,浸泡7d后,测试件的抗压强度,与标准养生28d试件的无侧限抗压强度比较,计算强度变化率。

浸水抗压强度试验结果 表6

尾矿砂掺量(%)	28天强度(MPa)	浸水抗压强度(MPa)	强度增长(%)
0	6.30	6.42	1.88
15	6.84	7.34	7.29
20	6.04	6.66	10.28
25	5.66	6.37	12.50

从图4中可以看出,随着尾矿砂掺量的增加,浸水后的无侧限抗压强度增长呈现逐渐增大的趋势。尾矿砂掺量的增加,使混合料中细料增多,填充了试件内部微小孔隙,水泥稳定碎石混合料越来越密实,孔隙减少,水分不容易渗入试件内部,强度增长越来越大。

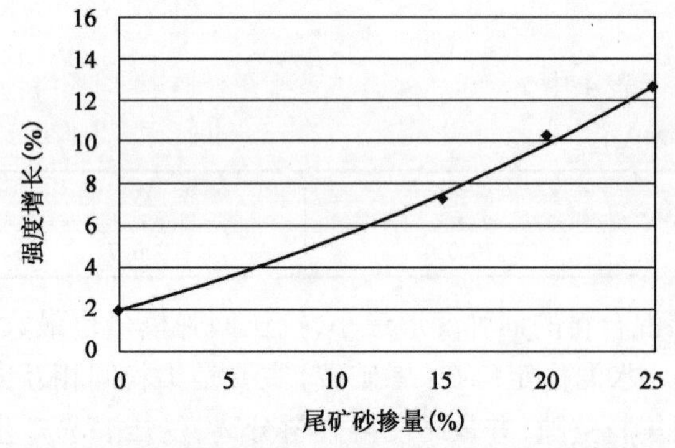

图4 浸水后强度变化与尾矿砂掺量关系曲线

3.2 抗冻融循环性能

采用直径150mm、高150mm的圆柱体试件,在标准养生条件下养生,养生期为90d,养生期的最后一天,将试件浸泡在3%的盐水中,浸水完毕后,用湿布擦除试件表面的水分,称质量。取冻融的一组试件,置入-18℃的低温箱中,冻结16h后,取出试件,立即放入20℃水槽中融化8h,此为一个冻融循环,冻融10个循环后,取出试件擦干后称质量,测其劈裂强度,与标准养生 90d 试件的劈裂强度比较,计算强度损失率和质量损失率。

冻融后劈裂强度试验结果 表7

尾矿砂掺量(%)	劈裂强度(MPa)	冻融劈裂强度(MPa)	强度损失(%)	质量损失(%)
0	0.875	0.356	-59.36	-18.65
15	0.942	0.627	-33.44	-12.41
20	0.892	0.698	-21.78	-9.78
25	0.734	0.608	-17.22	-6.34

从图5、图6中可以看出,冻融循环后随着尾矿砂掺量的增加,劈裂强度的损失减小,质量损失也减小,试件具有更加良好的抗冻融能力。

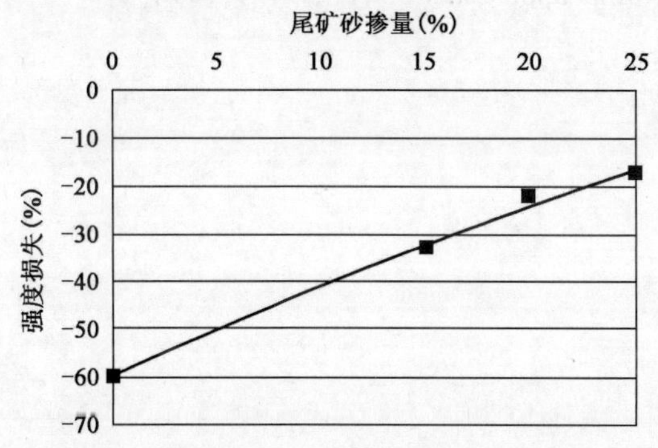

图5 冻融后强度损失与尾矿砂掺量关系曲线

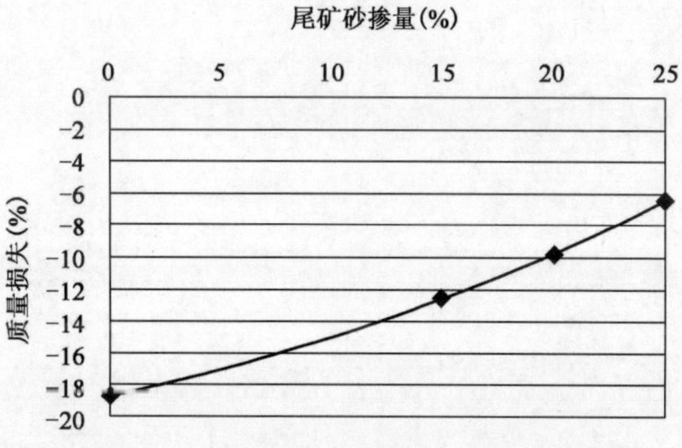

图6 冻融后质量损失与尾矿砂掺量关系曲线

3.3 抗疲劳性能试验

采用静压法成型直径150mm、高150mm的圆柱体试件,养生龄期为90d,最后一天试件饱水24h。实验设备为UTM100材料试验机,采用正弦波并以应力控制模式进行劈裂疲劳试验,加载频率为10Hz,试验荷载加载间歇时间为0s。选用的应力水平为0.55、0.65、0.75和0.85。测得的试验结果如表8所示。

疲 劳 试 验 结 果 表8

尾矿砂掺量(%) \ 应力比	0.85	0.75	0.65	0.55
0	300	55000	142350	832520
15	400	65324	162343	922345
20	530	71335	172356	957656
25	450	67356	165343	937687

根据表8试验数据,作出不同掺量尾矿砂半刚性基层疲劳寿命曲线如图7。从图7中可以看出掺加尾矿砂的半刚性基层的抗疲劳性能优于未掺加尾矿砂的半刚性基层,随着尾矿砂掺量的增加,半刚性基层的抗疲劳性能逐渐增加,到一定掺量后,半刚性基层的抗疲劳性能减小,尾矿砂掺量20%的半刚性基层抗疲劳性能最好。

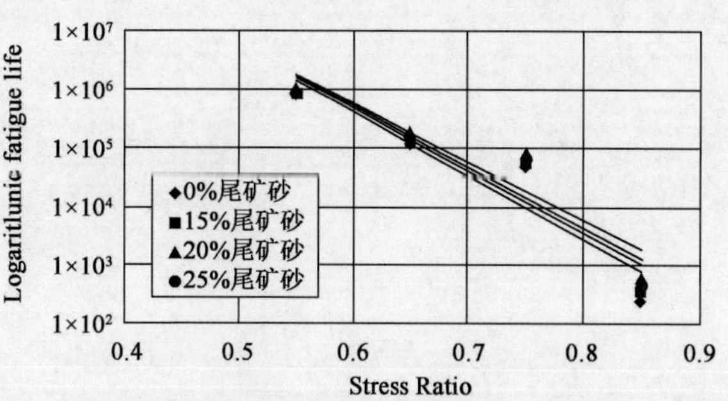

图7 不同掺量尾矿砂半刚性基层疲劳寿命曲线

4 结语

通过试验比较,水泥稳定碎石混合料掺入尾矿砂后,动态模量、静态模量减小,劈裂强度、抗压强度先增大后减小,水稳定性、抗冻融循环能力、抗疲劳性能提高,具有良好的力学性能和路用性能,能够应用于沥青路面半刚性基层中。

参考文献

[1] 中华人民共和国行业标准. JTJ 034—2000 公路路面基层施工技术规范[S]. 北京:人民交通出版社,2000.

[2] 中华人民共和国行业标准. JTG E51—2009 公路工程无机结合料稳定材料试验规程[S]. 北京:人民交通出版社,2009.

[3] MichaelR. Norland, David L. Veith. Revegetation of coarse taconite iron ore tailing using municipal solid waste compost. US Bureau of Mines, Twin Cities Research Center, Minneapolis, MN 55417, US A, 1994.

塑料改性沥青在路面养护中使用的研究

张雪梅　周　丞
（云南云岭高速公路工程咨询有限公司）

摘　要　由于交通量逐年增加，车载加重以及资金短缺造成的铺筑薄的面层等，道路的养护对路面材料提出了新的要求。传统的普通沥青已经不能完全满足需要，从而促进了在沥青中添加各种添加剂对沥青或沥青混合料进行改性的发展，即借助于改性以达到对沥青技术的要求。本文分别研究了改性沥青混合料的针入度、软化点和延度性能的改进效果。

1　改性沥青研究现状与发展趋势

所谓改性沥青，是指掺加橡胶、树脂、高分子聚合物、磨细的橡胶粉或其他填料等外掺剂（改性剂）或采取对沥青轻度氧化加工等措施使沥青或沥青混合料的性能得以改善而制成的沥青混合料。

国内近些年来有学者研究了废旧包装塑料、塑料农膜、生活塑料袋等用于道路改性沥青，取得了一系列的成果。在研究中发现基质沥青掺入包装废旧聚乙烯后(1)高温性能得到改善，提高了沥青的软化点，且随着改性剂剂量的增加，高温稳定性越好。(2)沥青改性后，沥青的弹性恢复能力提高，针入度下降。(3)改性沥青进行混凝土冻断试验，测得改性沥青的低温冻断性能理想。

综上所述，废塑料改性沥青在国内外都有一定的研究，但这些研究成果和方法尚不能把废塑料用于改性沥青并达到公路沥青路面技术性能的规范要求。性能良好的改性沥青必将在高等级路面中起到越来越重要的作用。今后开发适应重载交通作用或满足特种需求的沥青面层，均需以应用不同改性沥青为前提条件。对于重载交通，特别是超载的沥青路面，车辙是最常见的病害之一，使用高黏度的改性沥青能够显著提高沥青路面高温抵抗车辙的能力。钢桥面由于变形大、温差变化大，桥面铺装需要用高柔性和高温稳定性、低温抗裂性的沥青混合料，即特殊的高粘度改性沥青。水泥混凝土桥面需要层面结合良好、密水、抗车辙的沥青混合料，因此需要使用高黏附性改性沥青。

我国目前存在的主要问题是一方面严重缺乏适合修建高等级公路的高质量重交通沥青，另一方面废塑料造成严重环境问题。面对国内公路发展的现状，改性沥青的使用有很广阔的研究和发展空间。

2　塑料改性剂的类型与制作方法

本次研究直接采用 CRP-I、CRP-II、CRP-III、CRP-IV 四种加工塑料分别由四种原塑料裂解加工而成，主要是针对塑料改性沥青储存稳定性问题，目标是解决塑料改性沥青的离析。该种加工塑料改性剂表面光滑、均匀、易碎，敲碎后断面均质，具有较好的纹理。（如图 1 所示）

试验中加工四种原塑料时所使用的加工设备和加工过程基本相同，不同的是四种塑料的熔融温度和时间，在此所列的加工工艺是加工四种原塑料的相同过程，四种塑料各自具有的特点在注意事项中提出。加工 RP 所使用的设备：可调节温度电炉，量程为 0 ~ 500℃的温度计，电子天平，口径约 12cm 的耐高温钢杯，可调节转速的搅拌仪（搅拌仪配备自制的钢爪，钢爪直径为 10cm）。加工步骤为：

(1)电子天平上称取原塑料 150 ~ 200g，放入耐高温钢杯中。

(2)将钢杯放置于功率调节在 800 ~ 1200W 的电炉上加热，加热的同时搅拌仪的钢爪深入钢杯底部进行搅拌，初始搅拌速度 50r/min，确保原塑料颗粒受热均匀。

(3)加热约 10min 原塑料开始熔融，熔融特征是有浓烟冒出和臭鸡蛋气味的气体。将搅拌仪的搅拌速

CRP-Ⅰ CRP-Ⅱ CRP-Ⅲ CRP-Ⅳ

图1 研究所用的四个加工塑料品种

度调至100r/min,使钢杯中上下部熔融塑料均匀受热。

(4)每隔两分钟用温度计量取熔融塑料的温度,并用玻璃棒蘸取出正在熔融的塑料观察其性状,记下量取的温度和塑料的熔融性状。

(5)加热至有大量浓烟冒出(约20min),塑料熔融至液态,温度在360~380℃时将电炉的功率调至400~500W。

(6)确保液态熔融塑料的温度稳定在360~380℃约10min,停止加热搅拌,取出钢杯在室温下自然冷却。

3 塑料改性沥青的制备

3.1 基质沥青的使用

基质沥青作为废塑料改性沥青的母体原料,其性质与废塑料改性沥青密切相关。基质沥青自身的性质对塑料改性沥青的性能具有较大影响,本文在研究过程中特意选择了茂名90#改性沥青和中海油70#改性沥青作为本次研究的基质沥青。

3.2 改性剂掺量

试验中采用两种基质沥青作为母体(茂名90#改性沥青和中海油70#改性沥青),根据研究人员多年来的研究成果,采用PE或者EVA时,剂量宜为4%~7%。使用PE改性时的推荐掺量为5%。试验中既考虑了借鉴上述结论,又考虑到使用的是废塑料,拟采用6%和8%两种不同掺量来研究生活废塑料改性道路沥青性能。掺加量的百分含量是指改性剂质量占基质沥青质量的百分比。

试验中用基质沥青对四种加工塑料分别掺加6%及8%含量改性后进行性能对比分析。研究改性沥青性能,重点是针对裂化后的加工塑料是否能解决离析问题做出评价,最终评价用该种方法能否提高废塑料沥青储存稳定性。

3.3 制作步骤

试验中采用高速剪切混合乳化机来制备改性沥青,制备过程中改性剂和沥青在高速剪切的炼磨作用下,均匀分散混合成一体。试验流程如下:

(1)将基质沥青加热到130℃±5℃,在电子天平上称取400g~500g不等的基质沥青;

(2)根据称取的沥青的质量和试验要求的塑料质量配比(试验中分别取废塑料为沥青质量的6%和8%),计算出所需要的塑料质量,用电子天平称取待用;

(3)将基质沥青在电炉上加热至160℃ ±5℃时,加入称取好的塑料,在160℃ ~180℃之间使塑料溶胀,溶胀期间用玻棒搅拌,待塑料变软或者分散为小块状(防止在高速剪切时,较硬的塑料块破坏剪切仪转子),溶胀时间约为15 ~45min(原塑料溶胀时间较长,加工塑料溶胀时间较短);

(4)将熔好的混合物沥青置于高速剪切仪中进行高温高速剪切,保持剪切时的温度为160℃ ~170℃,剪切速度为5000r/min,剪切时间为15min(加工塑料)或30min("原塑料");将制备好的废塑料改性沥青浇模,测试沥青的基本性能指标。

4 塑料改性沥青三大指标试验结果与分析

根据常规沥青试验中的针入度和软化点都是条件黏度指标,针入度为等温黏度,软化点为等黏温度,沥青黏度的提高说明沥青材料在高温条件下具有较强的抗剪切能力,故针入度和软化点在一定程度上表征了沥青材料的高温性能。由于塑料改性沥青的最大特点是高温性能明显改善,故以软化点作为主要指标。本文以我国对聚合物改性沥青技术规范对EVA、PE(Ⅲ类)改性沥青的性能评价指标为参考,进行废塑料改性沥青性能评价。

研究中按照上节废塑料改性沥青的制备方案用四个种类塑料改性剂对两种基质沥青进行改性,所得改性沥青的性能见表1:

改性沥青的性能 表1

项目 \ 指标				针入度(0.1mm)(25℃,5S,100g)	软化点(℃)	延度(cm)(15℃)
加工塑料	CRP-I	90#	6%	63	60.2	50.7
			8%	57	62.5	46.6
		70#	6%	57	61.7	48.5
			8%	48	67.8	33.5
	CRP-II	90#	6%	65	58.3	53.9
			8%	59	60.1	50.1
		70#	6%	62	57.8	54.3
			8%	54	61.3	42.7
	CRP-III	90#	6%	57	>90	27.0
			8%	53	>90	21.3
		70#	6%	47	80.4	33.1
			8%	44	>90	21.1
	CRP-IV	90#	6%	51	68.3	39.7
			8%	48	73.4	26.8
		70#	6%	47	73.7	30.9
			8%	41	81.2	23.1
原塑料	RP-I	70#	6%	38	61.0	17.5
	RP-II	70#	6%	42	59.4	20.0
	RP-III	70#	6%	40	74.9	11.4
	RP-IV	70#	6%	43	69.8	14.9
技术规范要求				40 ~60	≥56	

注:表中6%与8%表示改性剂掺量,即是改性剂占基质沥青质量的百分含量。

(1)茂名90#基质沥青的针入度是89.0,软化点是47.2℃,改性沥青的针入度值是65,软化点值是58.3℃。针入度降低24.0(降低率达37%),同时软化点提高11.4℃(提高率达23.5%)。说明茂名90#基质沥青的感温性能得到明显改善,针入度降低,软化点提高。

(2)中海油 70#基质沥青的针入度是 76.0,软化点是 48.7℃,改性沥青的针入度值是 62,软化点值是 57.8℃。针入度降低 14.0(降低率达 22.5),同时软化点提高 9.1℃(提高率达 27.0%)。虽然中海油 70#改性沥青的效果没有茂名 90#改性沥青效果明显,但基于中海油 70#基质沥青本身的性能(针入度较和软化点高)的特点,可以看出加工塑料改性沥青对软化点的提高都在 18.7% 以上,改性效果较好的 CRP-III 加工塑料软化点到了 90℃。

(3)对比表中基质沥青和改性沥青延度的变化可以看出,加工塑料和原塑料都极大地降低了基质沥青的延度,一般认为延度反应了沥青材料的低温塑性性能,也就间接反映了沥青路面的抵抗开裂的能力。但是由于沥青路面的开裂的是在较低的温度条件下产生,而沥青的较低的温度条件下为脆性,并且对于改性沥青测出的延度虽然很小,但是受力却很大,如此应用单一的指标来评价沥青的低温性能显得不合理,因此很多专家对延度的评价指标有不同的看法。由于本课题主要研究的是废塑料对基质沥青和沥青混合料高温性能的改善,因此在此不多做讨论。

从图 1 可知:

(1)茂名 90#改性沥青和中海油 70#改性沥青改性剂掺量越多针入度也越低,说明改性剂的掺量影响沥青的感温性,掺加改性剂使沥青有变硬的趋势。

(2)四种塑料对中海油 70#的针入度改性效果较茂名 90#明显。对茂名 90#改性剂掺量为 6% 和 8% 时曲线平滑,而中海油 70#改性后针入度数值变化大,说明四种塑料对两种基质沥青改性后的性能影响有差别。尤其对中海油 70#掺量为 6% 时,CRP-I 和 CRP-II 两种塑料改性后的针入度与 90#改性沥青针入度水平相当甚至较高,这可能与塑料中含有的杂质有关。

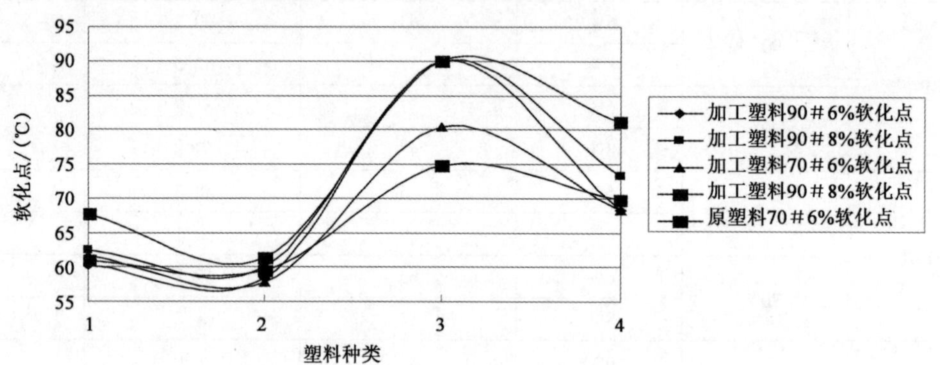

图 2 不同种类和标号沥青加工塑和原塑料料改性后的软化点对比图

1、2、3、4-原塑料和加工塑料四种类型

结合表 1 和图 2 可以看出:

(1)加工塑料和原塑料都明显改善了两种基质沥青的高温性能,软化点都有所提高,对软化点改善的总体趋势也都相同。加工塑料改性效果优于原塑料,四种类型的加工塑料作为改性剂对两种基质沥青软化点的提高都好于原塑料。

(2)CRP-III 塑料的改性效果最好,对两种基质沥青改性后的软化点达到了 80℃以上,对茂名 90#软化点的提高率达到 90%,对中海油 70#软化点的提高率也高于 65%。CRP-II 塑料的改性效果最差,改性后两种沥青软化点提高也在 9℃以上,提高率达到了 27.0% 以上。总的来看四种加工塑料的改性效果为:CRP-III > CRP-IV > CRP-I > CRP-II,四种原塑料的改性效果变化趋势与加工塑料大致相同:RP-III > RP-IV > RP-I > RP-II。

(3)掺加量从 6% 提高到 8% 时,各种改性沥青的软化点提高不明显,提高率仅为 3.1% ~11.9%。

(4)图中显示 CRP-III 改性剂对茂名 90#改性后的软化点高于中海油 70#软化点,其他三种类型的改性沥青软化点是中海油 70#优于茂名 90#,产生这样结果的原因可能是由于 CRP-III 改性剂在裂化加工过程中发生的改变。

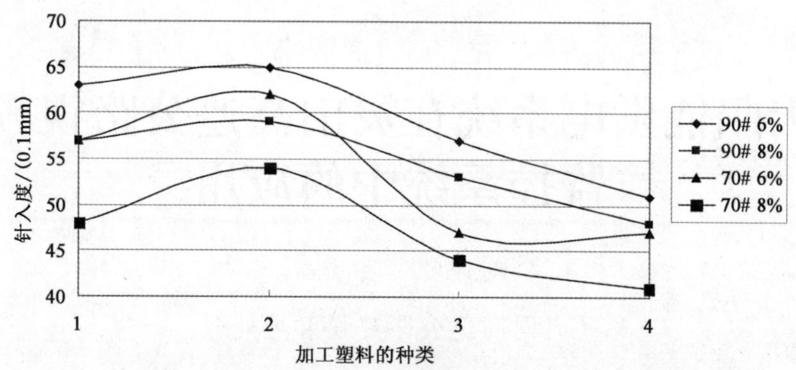

图3 不同种类和标号沥青加工塑料改性后的针入度对比图

5 结语

本文介绍了改性剂和改性沥青的制作加工过程，并对改性沥青的常规性能和存储稳定性进行了试验，通过分析可以得出以下结论：

(1)根据我国现行改性沥青性能评价指标，结合废塑料改性沥青自身的特性，本次对废塑料改性沥青试验采用的主要评价指标为：软化点、针入度以及抗离析性能。

(2)通过对已有资料的分析，在借鉴前人研究的基础上得出废塑料改性剂(包括加工塑料和原塑料)的掺量使用6%和8%是合适的。综合经济和技术指标建议两种改性剂都使用6%的掺量。

(3)三大指标试验结果表明：加工塑料和原塑料都明显改善了两种基质沥青的高温性能，软化点都有所提高。加工塑料改性效果优于原塑料，四种类型的加工塑料作为改性剂对两种基质沥青软化点的提高都好于原塑料。经过加工塑料和原塑料改性后茂名90#改性沥青和中海油70#改性沥青的最高针入度和最低软化点都是原塑料的黑色混杂塑料，茂名90#针入度降低24.0降低率达37%同时软化点提高11.4℃提高率达23.5%，中海油70#针入度降低14.0降低率达22.5同时软化点提高9.1℃提高率达27.0%。3#塑料的改性效果最好，对两种基质沥青改性后的软化点达到了80℃以上，对茂名90#软化点的提高率达到90%，对中海油70#软化点的提高率也高于65%。总的来看四种加工塑料的改性效果为：CRP-III > CRP-IV > CRP-I > CRP-II，四种原塑料的改性效果变化趋势与加工塑料大致相同：RP-III > RP-IV > RP-I > RP-II。

参 考 文 献

[1] 中华人民共和国交通部. JTG F40—2004 公路沥青路面施工技术规范[S]. 北京. 人民交通出版社. 2004.

[2] 廖克俭，丛玉凤. 道路沥青生产与应用技术[M]北京2004年8月化学工业出版社.

[3] 李一鸣. 塑料沥青[C]. 重庆. 1992道路改性沥青技术交流会论文集. 1992.

[4] 白启荣. 废旧聚乙烯塑料改性沥青路用性能的研究[J]. 山西建筑. 2007.

[5] 李梅，刘小权. 废旧塑料再利用与改性道路沥青[J]. 郑州轻工业学院学报. 1997.

[6] 李德超，武贤慧. PE改性沥青性能研究. [J]石油沥青，2003，17(3)：39-40.

[7] 王瑞林. 沥青混合料高温抗车辙试验方法研究与评价[D]. 重庆. 重庆交通大学. 2009.

太阳能供电系统在灵山高速公路视频监控系统中的应用

刘存胜 冉 磊

（大同高速公路建设管理处）

摘 要 目前，环保的新能源技术被广泛地使用在各个行业，交通监控系统新技术的应用是高速公路的主要组成部分。视频监控系统一般遍布高速公路全程，而远程供电是监控系统建设中需要解决的重要难题。本文通过与传统供电方式的比较，结合灵山高速实际情况阐述太阳能供电在监控系统中的应用。

关键词 高速公路 监控系统 太阳能供电 节能环保

1 引言

目前，全程监控作为当今监视各类交通事故事件的有力“武器”，正在成为高速公路安全运营发展的趋势。监控摄像机沿路段全线布设，由于部分监控设备存在距离供电点较远或在一些特殊地段，会出现电源供电问题，这就需要考虑相关设备的供电方案。

2 传统监控系统供电现状

传统的远距离监控系统供电方案常用变压器供电，沿途分别设置箱式变压器和调压器。沿途设置箱式变压器（每4km左右1台，因为传输距离超过4kin左右电压将降低20%以上，不能满足摄像机的供电要求），通过变压器直接为摄像机供电。沿途设置调压器（每4km左右1台），通过调压器补偿的方式，为沿途摄像机提供合格电压。

采用变压器供电方式可以克服低压系统由于距离远而带来的压降损失问题，但由于沿线监控摄像机的负荷较小，且位置较为分散，施工时不但要设置变压器和电力电缆，还要采取必要的措施确保防雷接地的电阻值满足有关标准及规范的要求，工程造价较高，施工难度较大。

3 太阳能供电系统

我们根据上述传统传统供电模式弱点，结合实际情况，对太阳能在供电监控系统进行了科学合理的分析。

(1)太阳能供电系统在监控系统中的原理

白天，在光照条件下，太阳电池组件产生一定的电动势，通过组件的串并联形成太阳能电池方阵，使得方阵电压达到系统输入电压的要求。再通过充放电控制器对负载供电，同时将剩余电能储存于蓄电池中。

晚上，蓄电池组为逆变器提供输入电，通过逆变器的作用，将直流电转换成交流电，输送到配电柜，由配电柜的切换作用进行供电。蓄电池组的放电情况由控制器进行控制，保证蓄电池的正常使用。太阳能供电系统还应有限荷保护和防雷装置，以保护系统设备的过负载运行及免遭雷击，维护系统设备的安全使用。

(2)太阳能供电系统在监控系统中的应用

基于太阳能的高速公路监控系统主要由两大部分组成，分别是监控设备系统、太阳能供电系统、视频数据传输系统，如图1所示。

监控设备系统主要包括摄像机、视频编码器等，主要功能是视频数据的采集、处理。视频数据传输系统主要包括光端机、光缆终端及光纤等,主要负责监控视频数据的远程传输。太阳能供电系统为监控设备系统和视频数据传输系统相关设备提供交流电及直流电。根据监控设备情况可由太阳能充放电控制器直接输出直流电,也可通过逆变器输出220v交流电为AC220V的用电设备供电。

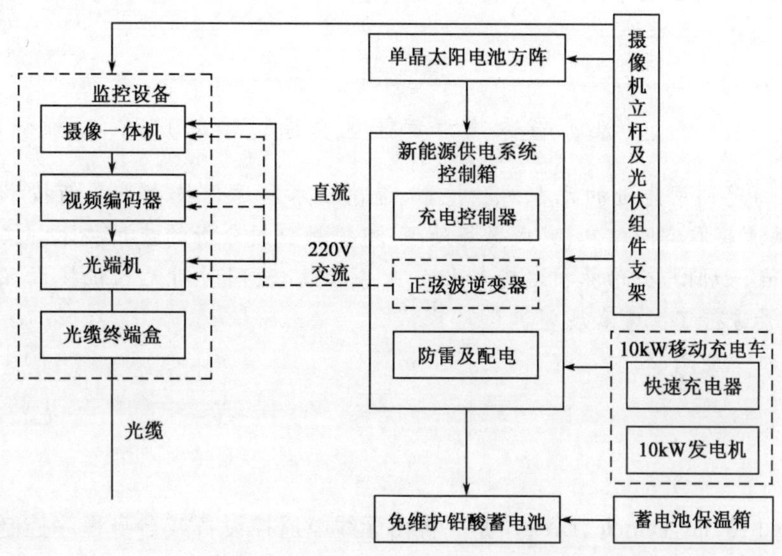

图1　基于太阳能的高速公路监控系统框架图

(3)太阳能供电的优势

采用太阳能供电无需架设电力线缆,操作简单,投入低,应用灵活,施工周期短,并且太阳能供电既不消耗资源又无污染的绿色供电方法,其使用寿命长、性能稳定、相对维护费用较低。因此在高速公路、省际道路等监控点位较远,市电供电无法满足情况下,具有非常明显的优势,同时,太阳能供电系统也在高速公路节能、环保建设中发挥着重要作用。

4　利用太阳能供电需要注意的问题

(1)高速公路延线所设监控位置的全天日光照射情况。由于系统的主要能源为太阳光,所以必须考虑日光的照射时间,这点在南方高速路段及山区路段尤其突出,而北方及大西北地区则不是主要的考虑问题,日照时间与太阳能的有效发电时间不同,我国一般地区都有8小时以上的日照时间,但是有效的发电时间一般也就是4~6个小时左右。其具体数据可通过查询专业资料获取。

(2)太阳能电池的转化率较低。目前太阳能电池供电的实验室转化率只有20%左右,在国际市场上,性能较好的单晶硅电池的效率也只有16.5%左右。

(3)太阳能电池的发电能力与光照强度、环境温度、安装角度等密切相关,每个环节的变动都会影响电池板的发电量。所以,在使用太阳能电池板的过程中要对应相应的标准,太阳能电池的安装角度~般朝向正南时发电量最大。各地纬度不同,倾斜角度也有区别。

(4)太阳能发电量是不停变化的,是个曲线过程,一股是早晚发电少,中下午发电多。因此在使用太阳能电池板的过程中需注意光照强度、环境温度、安装角度、日照时间、发电量时间限制等。

5　结语

随着高速公路建设现代技术应用的不断发展,监控系统在灵山高速公路管理中的地位越来越重要。应用太阳能供电系统可达到施工便捷、减少成本、绿色环保的目的,太阳能电池供电必将广泛的应用。

无人机在公路养护巡查中的应用前景展望

黄海峰

(江苏省徐州市贾汪区交通运输局)

摘　要　无人机(UAV)是利用先进的无人驾驶技术、遥感技术和通信技术等高新技术,实现自动化、智能化、专用化快速获取空间信息,完成数据处理、建模和应用分析的应用技术。文章探讨了利用无人机技术的特点,如何与公路养护巡查等相关业务相结合,同时对无人机技术在公路管理相关领域中的应用前景进行了探索和展望。

关键词　巡查　无人机　应用

1　引言

无人机(Unmanned Aerial Vehicle,UAV),是一种由无线电遥控设备或自身程序控制装置操纵的无人驾驶飞行器。它最早出现于20世纪20年代,当时是作为训练用的靶机使用的。无人机的飞速发展和广泛运用是在海湾战争后,后来被逐渐应用于民用领域,民用无人机应用前景非常广阔,世界各国都在积极拓展民用无人机的应用范围。在通信、气象、农林、海洋、勘探、摄影、防灾减灾等领域,无人机被广泛地应用。

现代无人飞机是一个复杂的集航空、电子、电力、侦察、地理信息、图像识别等一体化系统,涉及航空、飞行自动控制、通信、数据链、红外识别、地理信息、卫星导航等多个高尖技术领域。现代无人飞机由于具备高空、远距离、快速作业的能力,在测绘、航拍、运动、军事、侦察、抗灾等方面得到应用,并且由于无人机控制技术的发展,可以进行遥测数据链控制、地理匹配控制、GPS卫星定位控制,控制操作过程简单可靠、运行稳定,经济性能高(一般无人飞机工作成本是有人飞机的1/10左右),不受气候的影响,续航能力长,速度快(是人力的10倍以上),现在已经出现现代无人飞机代替有人飞机进行各种工作的情况。

近年来,随着我国公路事业的飞速发展,交通流量日益增大,公路养护管理的压力也随之增大,面对复杂的交通情况,如何及时有针对性地进行公路巡查是公路部门管理者面临的的现实问题。以徐州市贾汪区公路管理站目前人员构成及所辖公路情况进行分析,单位有工作人员80人,负责管养的全区干线公路里程71.47km,其中国道62.365km、省道9.105km;农村公路876.77km,其中县道163.483km、乡道320.896km,村道392.391km。全区道路里程总计948.24km,公路密度达到1.375km/km^2。全区公路桥梁共有270座,国省道干线公路桥梁19座,县道桥梁66座,乡村道桥梁185座。交通线路分布点多面广,所处地形复杂,传统的人工巡查方法不仅工作量大而且条件艰苦,特别是对农村地区和大范围路网的交通线路的巡查,以及在冰灾、水灾、地震、滑坡、夜晚期间公路巡查,所花时间长、人力成本高、距离远、困难大。近年来管养人员严重不足,加之辖区农村道路较多,日常检修、设备维护、工程建设等其他工作影响,道路巡查频率和及时性始终无法得到保证。因此此单位不断进行调研与探索,尝试一种全新的智能化方式途径来解决这一棘手问题。

2　无人机在公路巡查中的应用前景

随着GPS定位技术的发展,自主导航设备日益微型化和底廉化,以及无人机制造技术的成熟,无人机在民用领域的应用已逐步推广。与此同时,数字摄像技术的发展使航测告别了胶片时代,数码摄影设备的体积和重量大大缩小,目前,5000万像素级别的专业数码相机的主机重量已低于1kg,而普通民用小型无人机的重量也已在50kg以下。两者的结合,改变了以往航拍时需要由空军或专业航拍部门驾驶的有人飞机来进行,而使用单位无法实时利用的不足。

2.1　公路日常养护巡查

若采用无人机进行公路日常养护巡查,可由2人进行,一人专职操纵飞机,一人监视地面屏幕。发现可疑区段可悬停或者来回飞行细查;实时监视和录像可同时进行,还可进行高清晰度的摄像,飞机飞回后进行图片分析。如果采用GPS自主线路导航控制、地理匹配自动控制、线路自动跟踪等飞行控制功能,使无人飞机巡查进入,可根据线路的走向、海拔高度、转角等全自动化进行线路跟踪飞行控制。无人飞机飞行稳定,具备携带稳定能力的摄像平台,同时安装可见、红外热像摄像设备,具备摄像设备自动控制摄像功能,可以进行拍摄地面道路的高分辨率航空影像,可以有效地监控路面打谷晒粮、沿线秸秆焚烧等情况。

2.2　公路病害的监测调查

随着我国公路建设的飞速发展,传统基于人工视觉的公路养护检测方式越来越不能适应其快速发展的要求,表现为成本高、精度低、影响交通、作业危险等。而无人机和计算机网络的不断发展,使得公路检测养护自动化成为可能。利用无人机拍摄的病害信息比其他常规手段更加快速、客观和全面。其主要应用包括:

(1)利用无人机航拍结果进行对比分析,详细分析病害的发展、变化情况,把握病害现状和发展趋势。

(2)使用GPS位置信息,精确定位病害的位置;

(3)能够准确、客观、全面地反映病害分布的景象,为病害调查、损失快速评估提供科学依据,为病害修复提供决策依据;

(4)高清摄像进行路况及路产调查,辅助进行病害分析和现场精确定位。

2.3　交通事故的应急调查

随着今年来交通量快速上升,交通事故也越来越多,极大地影响了公路畅通运行,对事故的处理、调查、取证等工作需要在最短时间内得到有效的资料。无人机飞行速度快、不受时间空间限制、可以按照要求设计路线,可以及时有效地获取事故现场的影像资料,并且能够实时地传回到地面中心控制站。可以说无人机在事故调查、取证等工作中能够快速到达事故现场,立体地查看事故区域、事故程度、救援进展等情况,实时传递影像等信息,监视事故发展,为事故救援决策提供准确的信息,同时最大限度地规避了风险。

3　无人飞机公路巡查的优势

利用无人机巡查,无人机作为先进的生产工具和作业手段,与传统巡查方式相比较具有多方面优势:

(1)设备投入省,无人机航摄系统自身体积小,所用的技术均为比较成熟的技术,在各领域都已大规模应用,如GPS导航技术、数码影像技术、无线电遥控等技术等。

(2)测量精度高,目前,专业民用数码相机已达到5000千万像素的水平,分辨率已达到0.1m,搭载在无人机上所拍摄的高清晰度数码航片经数字化处理后,可以由立体测图方法直接推算出数字地形模型(Digital Terrain Model,DTM),并绘制出精确的大比例尺的地形图。

(3)与常规人工巡查相比,不受地形限制,巡查效率大大提高,可将拍摄的数据带回分析,使得巡视不留死角,降低人工劳动强度,减少作业风险。

(4)与载人飞机和飞艇遥感相比,运营成本低,免去了调机、停机的费用和时间,而且不需要进行飞行员培训、飞行申请,可快速地、随时随地进行巡视。

(5)不受气象、地理条件的影响。一般无人机巡查,无人驾驶,适应更激烈的机动和更加恶劣的飞行环境,更适于执行特殊时期危险性高的任务;生存能力强,机动性能好,使用方便、效率高,和有人飞机、直升机相比,受阴、雨、雾等天气的限制要小得多。

(6)可实现快速巡查,短时间内快速获取影像资料,实时回传,实时决策,效率是传统人工巡查的数十倍;且比有人机、飞艇、卫星快,费用低。

(7)小巧灵活。小型无人机单人携带,大型无人机只要一辆面包车就可以运输,且不需要特别的起飞场地。配套设施简单,外业只需一台越野车、一台笔记本电脑及一台遥控装置。内业处理完全数字化,无需专用设备。

(8)使用和维护费用低、效率高,方便投运、容易掌握;一次投入后,每次巡查费用极少;由于无人飞机设备归公路管理部门所有后,何时巡查可由自己决定;而租用有人直升机、气艇,不但价格高,还处处受制于人和天气,准备时间长,不利于使用。

4 结语

传统的人工巡查方法不仅工作量大而且效率低下,特别是在雨雪冰冻、泥石流、滑坡等恶劣地质情况下存在在很大困难,有一些巡查项目靠常规方法根本就难以完成。利用无人飞机巡查,可以减轻工人的劳动强度,降低公路巡查的运行维护成本。无人机巡查还可以提高巡查作业的质量和科学管理技术水平,可以增强公路管理自动化综合能力,创造更高的经济效益和社会效益。

随着公路通行可靠性指标的要求越来越高,以及无人飞机巡查各种实践内容的不断丰富,无人飞机巡查的优越性将越来越突出。无人飞机巡查必将成为一种快速、高效、大有发展前途的巡查方式。

参考文献

[1] 杜大程,刘莉.小型无人机自动驾驶仪设计与实现[J].计算机测量与控制,2010.11.
[2] 金伟,葛宏立,杜华强.无人机遥感发展与应用概况[J].2009.1.
[3] 吕书强,晏磊,张兵.无人机遥感系统的集成与飞行试验研究[J].测绘科学,2007.32.

雾霾天气下沥青道路路面裂缝处理的新方法
——无尘无损式沥青道路裂缝处理的材料、制备方法及修补工艺

郑　明　曹襄君

（武汉市迪睿道路科技有限公司）

摘　要　无尘无损式道路裂缝处理方法是针对雾霾天气下道路沥青路面裂缝而专门提出的，包含特定的修补材料、工艺、和施工设备。它的研发和采用可以大大降低路面维护的日常成本；减少施工扬尘对环境的污染；无需大型设备投入，占道面积小，有利于城市交通的畅通；避免开槽对路面裂缝周围产生次生损坏的隐患。该方法是应对雾霾天气，减少施工扬尘，建设资源节约型环境友好型城市的重要方法，具有重大的社会经济意义，对城市道路裂缝处理意义巨大，对高速公路和等级公路沥青道路裂缝的处理也有借鉴意义。

关键词　雾霾　无尘无损　预防性养护

1　引言

无尘无损式沥青道路裂缝处理的材料、制备方法及修补工艺主要包括道路裂缝修补的材料、修补工艺、以及所需的设备和工具。道路裂缝的修补应该归属于预防性养护，其目的是为避免雨雪水沿裂缝渗入路基引起道路的坑槽和破损，其直接目的是封水，其难点是在低温条件下应对温度引起的热胀冷缩及机动车行驶对道路裂缝的水平拉伸和上下压载。裂缝是道路病害中最常见，也是危害最大的一种。裂缝不仅影响路面美观、降低平整度，而且会影响整个道路的使用寿命，特别是当路面开裂后，雨水就会通过裂缝渗到路面基层、底基层甚至路基，这样会腐蚀混凝土路基，削弱基层、土基的强度，加速道路的破坏，缩短路面的使用寿命。因此，很有必要及时对道路路面裂缝进行及时适当的处理。

目前主流的道路裂缝修补工艺为开槽灌缝，这种工艺起源于高速公路的养护工艺，从欧美高速公路发达国家引进。我国的高速公路、等级公路以及城市沥青道路已经逐步在引进使用开槽灌缝工艺，可以说开槽灌缝是目前裂缝处理最主要的方法之一。但开槽灌缝工艺的特点，是开槽灰尘很大，裂缝本是灰尘聚集之处，开槽扬灰使得雾霾天气雪上加霜。（雾霾污染物的构成来源中，工地扬尘已经是重要组成部分，很多城市已经开始监控工地扬尘）且使用的设备占道施工超过一个车道，在交通拥挤的今天已经不适用。而且不论大缝小缝都开槽，引起不必要的浪费和路面隐患。

裂缝处理在欧美是普遍采用的预防性养护技术，在国内尚属推广期，仍旧有相当数量的养护单位以坑槽挖补的传统方法来处理（即等裂缝形成坑槽再处理）。处理1m裂缝的成本在20元人民币左右，处理$1m^2$面积坑槽的造价在200～300元，时差有时只是一个雨季或冬季，投入比为1:10。在美国和德国，道路裂缝的处理不仅是高速公路、公路、城市道路、厂区道路，而且已经进入了住宅小区，而且是只要路面有裂缝就进行修复。这样不仅节约道路养护成本，而且保证了道路和城市的美观度，是道路维护最常用最节省的方法。在中国，裂缝处理仅在高速公路推广良好，等级公路和城市道路要么没有处理，要么不够重视，而且多采用非专业的材料技术和工艺，使得处理效果大打折扣。但随着道路建设和养护资金的缺口越来越大，和人们对城市道路的美观度要求的提高，道路裂缝处理市场将是年需求几百亿甚至千亿元的大市场。而随着空气质量的恶化，道路裂缝处理对施工工艺和方法提出了新的要求，不能边建设边破坏，道路补好了，空气却恶化了。所以道路裂缝处理的无尘无损方向是发展的必然。无尘无损式的裂缝处理办法的出现，第一可避免空气污染，第二可最大限度的节约材料，第三可对裂缝进行精准修补，不会在修补同时又引起新的裂缝隐患。

我们提出的无尘无损式道路裂缝的处理的新工艺包含特定的修补材料、工艺、和施工设备：

2 修补材料

2.1 马路创可贴（贴缝带）

2009 年，我们受美国类似产品的启发，开发了贴缝带——记者称之为“马路创可贴”。（2009 年 8 月 1 日《武汉晚报》20 版首次报道，为国内媒体最早公开报道的贴缝带使用案例之一）该产品无需大型设备开槽灌缝，在夏天可自粘，在其他季节用喷火枪辅助粘接，对裂缝初期处理（裂缝宽度 5mm 以下）效果好。该产品参照 ASTM D 5078 及 GB 23441—2009 标准进行生产，目前质量控制主要在三个指标：

（1）拉伸性能：450%；

（2）耐热性：70℃时，滑动不超过 2mm；

（3）低温柔性：-20℃，无裂纹。已累计施工数十万米。经过冬天及夏天路用性能检测，使用效果佳。得到高速公路、等级公路及城市道路养护管理部门的大力赞扬。图 1 为贴缝带施工后效果图。

图 1 贴缝带施工后效果图

3 嵌缝条及其生产设备

贴缝带适合于处理宽度一般在 5mm 以下的裂缝，为应对较大裂缝（5 ~ 10mm 宽），需将材料深入到裂缝中使寿命更长久，就需要使用嵌缝条（即圆绳状修补材料），烘烤后自流进入裂缝中，形成粘接。嵌缝条原为从美国进口的产品，该产品性能指标见表 1。

产品性能指标　　表 1

性能指标及测试标准	检验结果	性能指标及测试标准	检验结果
针入度 77 ℉（25℃，150g，5s）	35 ~ 45	软化点（ASTM D-36）	210 ℉（99℃）
弹性复原率 77 ℉（25℃）（ASTM D-3407）	70%	延展性 39.2 ℉（-4℃）（ASTM D-113）	40cm
流动性 140 ℉（60℃）	0mm	延长率	1800%
沥青粘结度（ASTM D-3407）	通过	通车时间	20min

由于价格较高市场难以接受，我们决定自主研发该产品。该产品在国内尚是空白，所以不仅要研发产品的配方，而且还需要研制该产品的生产设备。经过组织专家研发，该产品的成型设备已基本完成，并获得国家实用新型专利。专利号为 ZL201421020437.7。材料也已经基本完成研发，目前在改进及系列化完善中。

修补设备的改进：开槽灌缝容易引起空气污染，业内人士多次尝试不开槽将材料刮在或喷在裂缝表面。该方法经试验，粘接不牢，一年的失效率在 30% 以上，且裂缝表面粗细不一，影响美观。经过反复研制，2012 年我们研制了可更换式多功能灌缝刮板装置，该装置可单独或与灌缝设备组合使用，在刮板上设置喷火枪，将材料和地面同时加热，解决了粘结问题。同时，利用装置本身重量及侧壁，可形成同宽度及均匀的带状，使非开槽灌缝质量和美观度得到大幅度提升，降低了失效率。该装置已经申请实用新型专利，并已于 2013 年 1 月 31 日被国家知识产权局授予专利，专利号为 ZL201220532432.3。

4 工艺工法

2010 年我们从美国引进了嵌缝条，通过测试，发现其具有良好的性能（如软化点为 99℃，拉伸率达 1800%），其性能指标远超过国内灌缝施工中使用的材料，于是我们尝试着在工地上反复试验，采用电焊法直接将嵌缝条悬空烧熔流入裂缝中。该材料可自动找平，大大节省了材料用量，而且由于其成型细，行车速度在 30km/h 以上时,行车者看不到裂缝处理痕迹,具有较高美观度。经过试验室及冬夏季路用性能测试,其效果很好。嵌缝条施工情况见图 2。

我们将以上施工工艺和材料的研制成果一起申请了发明专利,并于 2014 年 10 月获得发明专利授权,专利号为 ZL20121023868.5。

该系列产品和工艺的研发,是在引进吸收的基础上进行了创新。例如嵌缝条的使用和研发在国内尚属首家,该工艺已经连续 5 年大面积应用于武汉经济技术开发区道路裂缝,为开发区在武汉城管评比“三连冠”作出了贡献。武汉体育中心、武汉市城区市政道路等也使用了该工艺和产品。

图 2　嵌缝条施工图

以上产品和技术,可以解决道路裂缝处理中的扬尘问题,裂缝都是由小到大的,只要适时介入,该技术可大面积推广使用,可取代开槽灌缝成为裂缝处理的主要手段,其经济及社会效益巨大。逢缝必灌及越早越好的裂缝处理将成为道路最常用的养护手段,全面推广无尘无损式灌缝将使道路养护单位日常维护费用下降 50% 以上。

综上所述,无尘无损式道路裂缝处理方法是针对雾霾天气下道路沥青路面裂缝而专门提出的,其特点是:

(1)可大大降低了路面维护的日常成本;

(2)可减少施工扬尘对环境的污染;

(3)无需大型设备投入、占道面积小也有利于城市交通的畅通;

(4)替代开槽环节可避免路面裂缝周围次生损坏的隐患。

该方法是应对雾霾天气,减少施工扬尘,建设资源节约型环境友好型城市的重要方法,具有重大的社会经济意义,对城市道路裂缝处理意义巨大,对高速公路和等级公路沥青道路裂缝的处理也有借鉴意义。

纤维增强同步碎石封层技术在长万高速加铺改造工程中的应用

夏万勇[1] 张东长[2] 张 进[3] 傅若梁[4] 吴昌洪[4] 车 军[4]

(1 重庆高速公路股份有限公司东渝公司;2 招商局重庆交通科研设计院;3 重庆通力高速公路养护工程有限公司;4 上海汇城建筑装饰有限公司)

摘 要 本文以重庆长万高速加铺改造工程为例,说明了纤维增强同步碎石封层技术的特征及其优越性,介绍了纤维增强同步碎石封层材料的选择、施工设备和施工工艺,以及所具有的经济效益和应用前景。

关键词 纤维封层 碎石撒布 应力吸收 施工工艺

1 引言

1.1 工程简介

长万高速公路长寿至太平段全长51.426km,路基宽度24.5m。自2003年12月26日通车以来,由于各种因素的影响,路面结构发生了不同程度的破坏。病害类型主要有横向裂缝、纵向裂缝、车辙、网裂、龟裂、坑槽等,为改善行车条件,提高路面的行车安全性和舒适性,提高路面的整体性能,项目部进行了大修施工。施工内容是铣刨掉疏松及病害严重部位的沥青混合料重铺,密封处理宽度在5mm以上的宽大裂缝,在此基础上采用纤维增强同步碎石封层技术作为下封层并整体加铺一层4cm厚沥青面层。

1.2 技术简介

纤维增强同步碎石封层技术是指采用纤维封层核心设备同时洒布改性乳化沥青和玻璃纤维,同时在上面撒布碎石形成新的磨耗层(如图1所示)或者应力吸收中间层(如图2所示)的一种新型道路建设施工和养护技术。

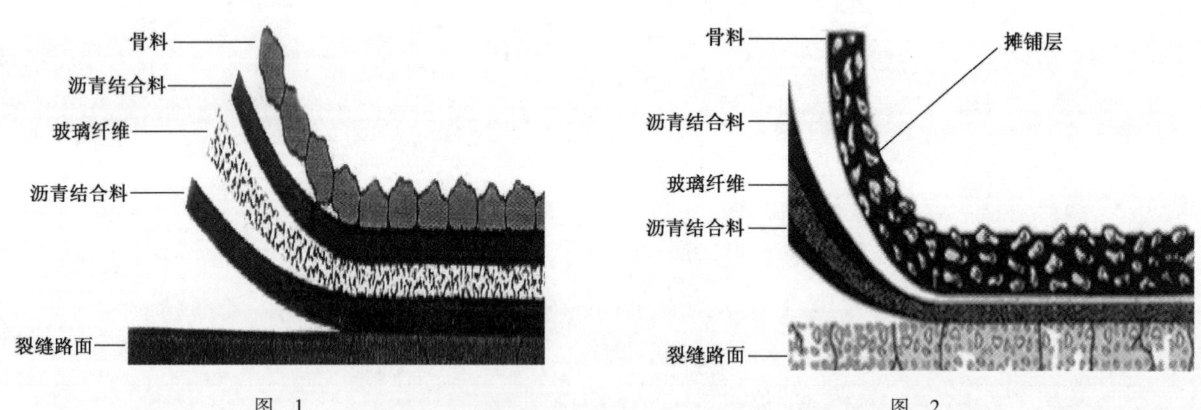

图 1　　图 2

纤维增强同步碎石封层中,经过专门工艺破碎切割的纤维在均匀洒布的改性乳化沥青中呈乱向均匀分布,相互搭接,与改性乳化沥青形成网络缠绕结构,在碎石的共同作用下,有效提高了封层的抗拉、抗剪、抗压和抗冲击强度等综合力学性能,类似在新建道路基层或原有路面基础和面层之间加铺了一层具有高弹性和高强度的防护网垫。长期的实验室评估和现场性能跟踪监测表明,纤维增强同步碎石封层具有良好的应力吸收和分散能力,并具有防水功能,能够有效防止反射裂缝,阻断路基与面层的病害互联,大大延长路面的使用寿命。

2　原材料选择：

2.1　改性乳化沥青

根据设计要求改性乳化沥青按表1选用，质量应符合表2的技术要求。

改性乳化沥青的品种和适用范围　表1

品　种		代号	适用范围
改性乳化沥青	喷洒型改性乳化沥青	PCR	纤维增强封层作为下部应力吸收中间层用

改性乳化沥青技术要求　表2

试验项目			单位	品种及代号		试验方法
				PCR	BCR	
破乳速度				快裂或中裂	慢裂	T 0658
粒子电荷				阳离子(+)	阳离子(+)	T 0653
筛上剩余量(1.18mm)不大于			%	0.1	0.1	T 0652
粘度	恩格拉粘度 E_{25}			1~10	3~30	T 0622
	沥青标准粘度 $C_{25,3}$		s	8~25	12~60	T 0621
蒸发残留物	含量	不小于	%	50	60	T 0651
	针入度(100g,25℃,5s)		dmm	40~120	40~100	T 0604
	软化点	不小于	℃	50	53	T 0606
	延度(5℃)	不小于	cm	20	20	T 0605
	溶解度(三氯乙烯)	不小于	%	97.5	97.5	T 0607
与矿料的粘附性，裹覆面积		不小于		2/3	—	T 0654

注：本表来源于《公路沥青路面施工技术规范(JTG F40—2004)》

2.2　玻璃纤维

纤维作为一种高强、耐久、质轻的增强材料，已有三十余年的应用历史，最初目的是防止开裂渗水的。随着纤维用于提高路面的防裂性能和抗疲劳强度，且随着人们对纤维研究与应用的深入，相继出现了各种纤维和纤维织物。其中无碱玻璃纤维是一种性能优异的无机非金属材料，具有拉伸强度高、弹性系数高、吸收冲击能量大、不燃烧、耐化学性和耐热性较好、加工性佳、成本低等优点，广泛用于复合材料或无机非金属作为增强材料，取得了良好的效果。其技术指标要符合GB/T 18369—2001标准规定的要求，见表3。

玻璃纤维质量检验内容与要求　表3

Tex	灼伤损失	含水量	硬挺度	分散性	与改性乳化沥青的粘附功
2400±10%	0.8	0.1	≥140	≥95%	破乳前≥140　mN·m^{-1}
					破乳后≥130　mN·m^{-1}

注：本标准的前5项可按GB/T 18369—2001规定的方法测试

2.3　碎石

纤维增强同步碎石封层技术所用碎石可采用4.75~9.5mm的轧制碎石。碎石的质量要求与上层沥青结构层混合料中的细集料要求相同，并符合《公路沥青路面施工技术规范(JTG F40—2004)》的要求。碎石撒布量根据现场试撒确定，以确保覆盖率达到70%左右。碎石宜采用0.4%~0.6%的油石比进行预裹覆。

3　改性乳化沥青、纤维、碎石用量配比

纤维增强封层的厚度、改性乳化沥青用量及玻璃纤维材料用量应按照表4选用，表中所列数值是最小用

量，可将其作为初选值，最终值应在正式撒（洒）布前依据现场情况和相应试撒（洒）结果确定。

封层厚度及其他材料用量表　　表4

用量 材料类型	用　量	备　注
改性乳化沥青用量（Kg/m^2）	1.6～1.8	固含量不低于50%
封层厚度（mm）	5～9.5	
无碱玻璃纤维（g/m^2）	80～120	

4　纤维增强同步碎石封层技术特点及施工机具、施工工艺

4.1　技术特点

（1）良好的应力吸收和分散能力

具有网络缠绕独特结构的纤维沥青碎石封层，由于纤维本身高抗拉伸强度和高弹性模量的特性，有效地提高了封层的抗拉、抗剪、抗压和抗冲击强度。一方面通过纤维沥青碎石封层大面积的分散减少了下层承受的张力并有效抑制了裂缝的产生；另一方面它能吸收和分散旧路面原有裂缝的反射应力，消除旧路面尖端产生的应力集中，能够有效抑制反射裂缝的出现，有效阻止了因车载负荷过重造成的路面破坏，极大的提高了道路的使用寿命，对比如图3所示。

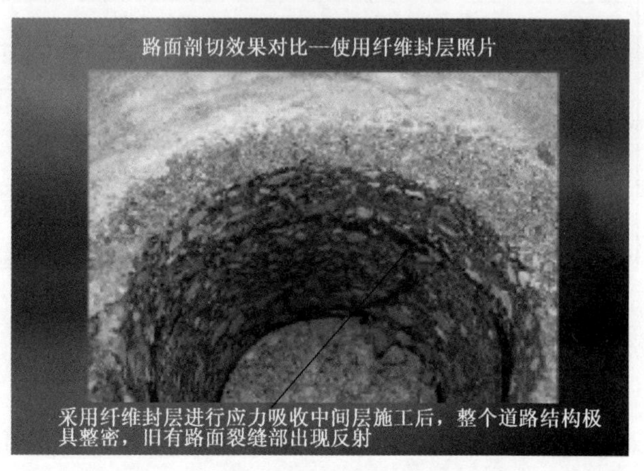

图3

（2）具有较广的应用性

切割后的细纤维束相比土工格栅、土工布、无纺布和其它成型土工织物，既能应用在平整的面层上，也能用在有坑洞和坑槽的不平整基面上，如经过铣刨的沥青路面和刻槽的水泥路面，都能紧贴在作用面上而不悬空，从而发挥其优越的力学性能，具有其它材料不可比拟的优势。

（3）高稳定性

纤维沥青碎石撒（洒）布后，碎石进入由纤维与沥青结合料形成的网状结构中，成型后集料被结合料网状结构紧紧裹覆，形成了一个复合的力学嵌锁体系，纤维、沥青和碎石紧密相连，有效抑制了骨料的滑移、脱落。因此，采用纤维增强同步碎石封层技术可以有效地解决沥青面层的滑移、壅包等问题。

（4）密封防水性

由于采用智能纤维同步封层车施工，改性乳化沥青和纤维一次洒布成型，使纤维和沥青有效结合成混合料形成一层致密的防水层，能密封住小于5mm的微小裂缝，提高原有路面防水性能，防止水分下渗，从而减少水分对旧路面及路基的破坏而保证面层的稳定。

（5）高温稳定性

结合纤维增强同步碎石封层的机理可知，其结构为一层沥青+一层纤维+一层沥青（连续施工）+一层

碎石。两层沥青的连续洒布,更加提高了封层的密闭性,加之结构中起到加筋和桥接作用的纤维对上下两层沥青结合料起到极强的吸附作用,它能非常容易地吸附沥青中的油份,增加其粘度和粘附力,能有效阻止沥青的流动,在原有路面上形成一层致密的保护膜,对沥青起到高温稳定、增韧阻裂的作用。

(6)施工快捷性

加快养护施工速度、缩短开放交通时间也是衡量道路养护工艺先进性的标准之一。智能纤维同步封层车在一台设备上同时完成两层沥青洒布、一层纤维撒布,碎石撒布车同步进行,短时间可限速开放交通或进行面层混合料摊铺。

4.2　施工机具及工艺流程

(1)施工机械的配备

纤维增强同步碎石封层施工采用机械化作业,乳化沥青的喷洒、纤维的同步切割撒布和碎石撒布应采用专用智能纤维封层车和碎石撒布车,各机械设备的性能、数量及作业速度上能互相匹配。一般的机械设备如表5所示。

纤维增强同步碎石封层施工的一般机械设备　　表5

序　号	机械设备名称	规格型号要求	数量	用 途 说 明
1	路面清扫车或吹风机	自动、电动	若干	施工前路表面垃圾、尘土清除;施工后过量碎石清扫
2	纤维封层车	智能纤维同步封层车	1	同步喷洒两层乳化沥青、一层纤维并同步撒布碎石
3	碎石撒布车	电脑计量控制	2	封层后同步撒碎石
4	改性乳化沥青罐车	20－40T	1	运输、存储、装卸乳化沥青
5	集料运输车	20T	若干	碎石集料运输
6	装载机	5T	若干	装载碎石集料
7	其他辅助设备	—	若干	辅助、安全

(2)施工工艺流程

①施工准备

a. 相关人员、材料、设备及其他辅助设备全部到位;

b. 基面已清扫干净,宽度超过5mm裂缝已经进行密封处理;

c. 施工导线及安全设施已全部设置完成。

②试撒(洒)布确定材料用量及配比

首先技术人员按确定的各种材料用量交给封层操作人员进行电脑设定,然后进行50M到100M长的试验路铺筑,根据试撒(洒)的效果对施工各参数进行实地调整,直到达到预期效果后在进行正常施工。

③正式撒(洒)布

智能纤维封层车同时撒(洒)布两层改性乳化沥青和一层玻璃纤维,操作人员控制车速在3～4.5km/h最佳车速为3.5km/h左右,碎石撒布车紧跟其后,保证碎石撒布覆盖率在70%左右。操作员应时刻注意观察撒(洒)布情况,如出现不均匀或中间有断条的情况,应立即停车检查,发现问题及时处理。

④养护

当纤维增强同步碎石封层施工结束后,应进行养护,养护时间应综合乳化沥青类型、气温、路面温度、空气湿度,施工进度等多种影响因素综合确定。

⑤交工验收

交工验收的现场质量检测项目及要求如表6所示。

纤维增强封层施工交工验收检查要求 表6

项目		质量要求	检验频率	检验方法
表观质量	外观	表面平整、空隙分布均匀；无松散、无泛油、无纵向条纹；无划痕、无集料碎裂	全线连续	目测
	横向接缝	平顺、无堆积或遗漏区域不平整<6mm	每条	目测 3m直尺测量
	纵向接缝	平顺、无堆积或遗漏区域覆盖宽度>50mm不平整<6mm	全线连续	目测及用尺量 3m直尺测量
	边线	平顺 30m范围内波动<50mm	全线连续	目测及 用尺量
渗水系数(mL/min)		不渗水	3个点/km	T 0971—2008
石料剥落度(%)		≤10	5个点/km	现场实测
沥青用量(kg/m^2)		±15%	每1km测2处	按(T 0982)或规定的其他方法
纤维用量(kg/m^2)		+15%	每1km测2处	参照(T 0982)或规定的其他方法
纤维长度(mm)		+10%	每1km测2处	游标卡尺

5 结语

纤维增强同步碎石封层技术是目前进行预防性施工和养护比较先进的一种施工工艺，对延长路面使用寿命和路面养护周期起到积极的作用。将应力吸收层施工工艺推广到新建路基基层与面层之间，或用于旧沥青路面与新摊铺面层之间粘结应力层的施工，可以吸收和分散应力，抑制裂缝的产生及反射裂缝的出现，提高道路的使用寿命。同时纤维增强同步碎石封层工艺还可以应用到桥梁防水层的施工、白加黑路面改造、各等级公路下封层施工等。

纤维增强同步碎石封层技术是一种环保节能、性价比高的施工养护技术，值得进一步推广使用。

橡胶沥青泵的新发展

姚兴远
（北京远亚兴业商贸有限公司）

摘 要 在汽车保有量达到1.37亿后，中国面临废旧轮胎带来的污染问题，橡胶沥青的应用可以减少污染。而橡胶沥青泵不仅是解决这一问题的关键，更是降低成本和扩大应用最为重要的部件。模块化组合和双向阀，是泵业的一场革命。它将引领泵业制造的新方向。

关键词 旧轮胎 橡胶粉 沥青 沥青泵 环保 成本

1 引言

根据中国汽车流通协会的数据，截至2014年末，中国汽车的保有量将达到1.37亿辆。这个振奋人心的数据，不仅意味着中国的现代化进程已经向欧美看齐，更意味着我们需要面对愈来愈多的废旧轮胎带来的污染问题。

不过，如果放眼环球，最为有效和切实可行的对废旧轮胎的重新利用，是如何将其破碎、研磨、制作成粉末状的橡胶颗粒，然后，兑入适当的沥青，从而制造出适合各个地方气候特征和车辆运行特征的橡胶沥青、用于铺设道路。就像落叶归根如此美好的景象，轮胎最终的宿命是为公路服务，这将是多么令人感动与向往的美好愿景啊！

将橡胶沥青铺设于公路，可以追溯到1840年，但那时使用的是天然橡胶。而真正大规模利用，则开始于19世纪60年代的美国。查尔斯—麦克道纳德（CharlesMcDonald），在1963年将其使用到了公路领域，且取得了巨大成就。自此，从美国亚利桑那州开始，兴起了以添加橡胶颗粒为主要辅料的橡胶沥青公路。

毋庸置疑，橡胶沥青在过去近50年的应用，获得了广泛认可。它不仅从美国的一个州扩展到数个州，也从美国传播到了加拿大、澳大利亚、日本、法国、瑞典、波兰、捷克等。我国也随着汽车工业的发展和对环保意识的加强，不甘落伍，加入到橡胶沥青生产和应用的大军当中。截止目前，使用橡胶沥青铺设公路的省市，从北京、河北、辽宁、山东，到上海、江苏、浙江、四川等多达15个。

根据2007年美国环保署（Environment Protection Agency）的推介，橡胶沥青同普通沥青相比，具有如下鲜明的特征：

（1）更长的路面表层寿命；（2）更少的养护次数；（3）更小的路面噪音；（4）更短的刹车距离；（5）更低的路面建设和维护成本。

这最后一项，在欧美被普遍公认的事实，由于国内复杂的因素，诸如相应的扶持政策、高额的制造成本（设备进口和电力费用等）、推广使用和环保理念等，这种“经济低廉”却在国内没有得到它应有的地位，而成了价格高昂。没有国家层面的政策扶持和支持，橡胶沥青道路的应用和推广还任重道远。

2 橡胶沥青专用泵的技术发展

然而，从技术层面，数年来的实践表明，我们亟需解决生产当中最为核心的部件，才能够提高生产效率、同时降低橡胶沥青的成本。这就是生产当中必不可少的“心脏”部件——橡胶沥青专用泵。

从我国首台引进的橡胶沥青喷洒车和橡胶沥青生产站等专用设备，都可以看出，它的核心部件，泵（图1），均源自一家位于美国凤凰城的公司——贝尔卡特泵业公司（Bear Cat Pumps）。正是这家公司的产品，彻底征服了橡胶颗粒带来的一系列问题：磨损、黏度、泵力、扬程以及显而易见的温度问题。它独特的材料、结构以及全新的模块化理念，更将引领泵业一场重大变革。

2.1 高新材料的应用

由于橡胶颗粒在泵体内部腔体内高速流动,带来的严重后果就是腔体随着泵的使用时间而变得越来越大。也就是泵体内部受到橡胶材料的磨损从而越来越薄。久而久之,不仅泵力下降,而且泵体受到磨损、变形,逐步丧失泵吸功能。

解决的办法由二:一、采用特殊材料,抗击橡胶颗粒带来的磨擦,从而延长沥青泵的使用寿命。贝尔卡特通过筛选上千家供应商,经过实验、对比、测试,最终采用KRIPT特殊材料,用来制作螺旋齿。这种材料的应用,使得整个泵的寿命延长了2~3倍。二、将普通的齿轮改为螺旋齿外啮合结构(图2)。这使得整个橡胶沥青泵,不仅适用于高黏度流体,更能提高耐磨性、自吸力和容积率。

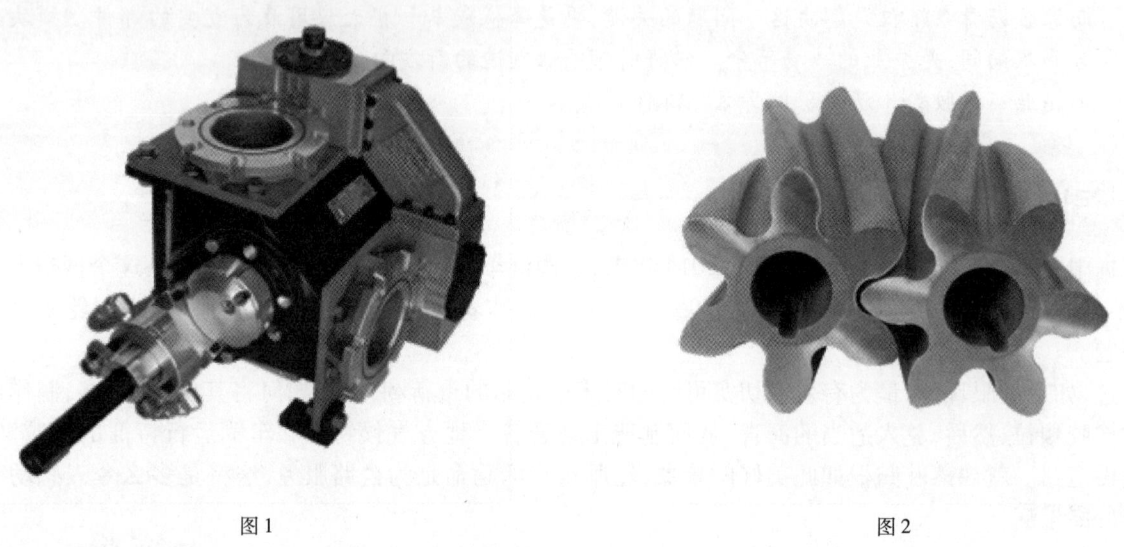

图1　　图2

2.2 结构的改进

对内外结构的同时进行改进,这将引领一场泵业的革命。除了齿轮外形的改进,更为独特的是对于驱动和输出的模块化设计(图3)。贝尔卡特T系列泵,可以用不同的驱动方式驱动,从而产生不同的泵力。这种模块化设计,可以满足不同用户的需求,也可以满足同一用户的不同应用。也就是,不仅能够使用电动驱动,也可以使用液压驱动,而泵体本身不用改变。

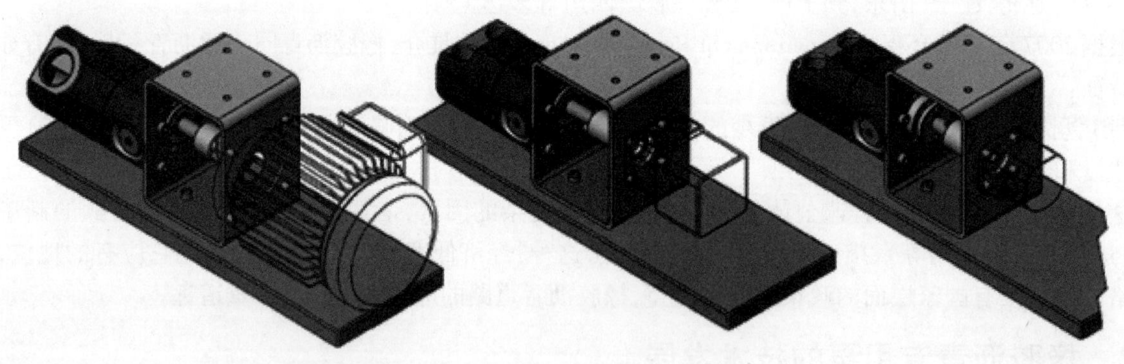

图3

输出的模块化,就是将输出接口采用用户选择的方式(图4)。根据用户需求的不同,可以由厂家直接提供用户所需的指定接口,同时,也可以由用户在购买之后,自行改变接口,这是因为所有输出接口均为标准的尺寸。

这两种改变,不仅节省了生产成本,更方便了用户的应用,扩大了用户的使用范围。

这项发明,是自从泵诞生以来,最为重大的变革,它将成为行业的风向标。模块化泵体的设计理念,打破了传统意义上的泵的概念。它将引领泵业的革命，也将为墨守成规的制造者提供醍醐灌顶的思路。

2.3 保温安全阀的使用(图5)

30年前的汽车司机，如果碰到冬季行车，最头疼的事项莫过于钻入车底、烘烤输油管路进行所谓的“预热”。而今，这种景象终于成了电影中人们怀旧的影像。不过，如果你从事沥青行业，无论沥青洒布车辆，还是沥青生产站，类似的景象仍然屡见不鲜。因为在寒冷的冬季，不带保温功能的安全阀，沥青管道可以一夜冰封。而启动起来，则需要很长时间，更不用说对沥青的有效计量了。

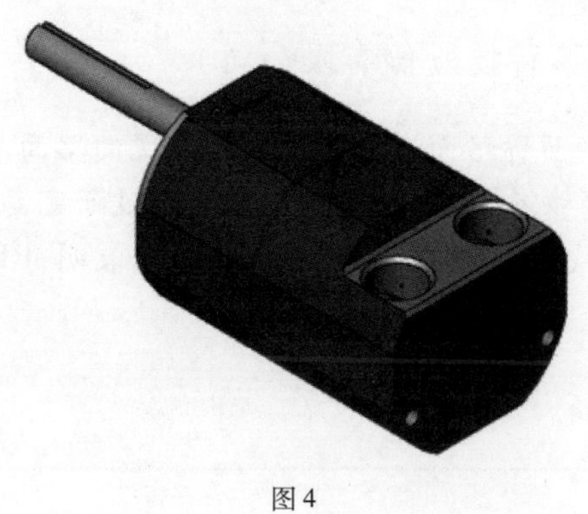

图4

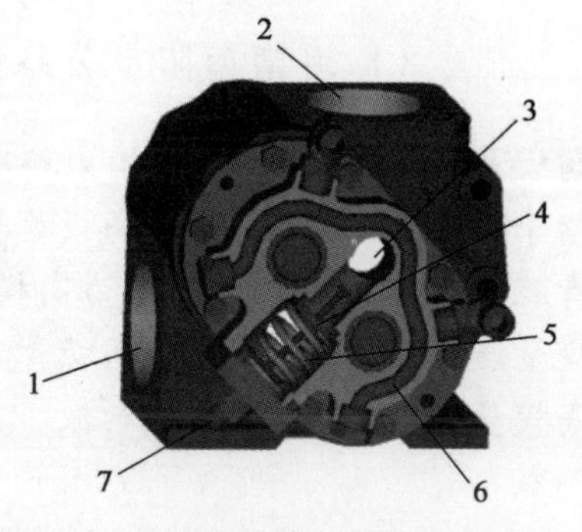

图5

1-入口;2-出口;3-释放阀;4-提升阀;5-弹簧;6-热跟踪;7-调节螺栓

贝尔卡特橡胶沥青专用泵，在设计之初，就考虑到了沥青这种特性。尽管凤凰城终年气温没有低于15度，然而，其用户遍及美国各州和世界各地。因此，它的这一特性，几乎成了橡胶沥青专用泵的标准，被各个厂家采用。

2.4 双向安全阀门的设计

鉴于个别用户，将同一台泵同时应用于泵体两端材料的抽吸。贝尔卡特公司设计了V系列双向泵。它不仅能够从一端往另外端泵吸各类材料，同时也可以反向使用，而保证设备的安全运行。

双向安全阀的使用，使得用户能够使用同一台设备完成同一种材料或者不同材料的泵吸。不仅节省时间，更节省成本、提高效率。

双向泵吸，也许没有独特之处，然而，双向安全阀的配置，使得这一普通设备，变成为豪华之身。它是安全生产的前提，更是高效运作的保证。

3 结语

综上所述，橡胶沥青行业，不仅需要国家从政策方面，进行大力扶持、推广，以加大国家对废旧轮胎的回收率、提高利用率，也要从财政方面、舆论方面进行支持和扶持。国家发改委、财政部、、环保部、交通部等有关部委，需要真正牵头，从战略的高度进行宣传和推广。而对于新技术的利用，尤其对于沥青行业“心脏”部位——橡胶沥青专用泵的全新理念的了解，更可以推动整个行业的蓬勃发展！

新型高模量改性剂对道路养护材料循环利用的作用研究

胡红松[1] 郑怀宇[2] 彭志宏[2] 郑志华[2] 赖春明[2]
(1 河南南阳市公路管理局;2 广东银禧科技股份有限公司)

摘 要 高模量沥青改性剂的应用有效解决了大多数高速公路沥青路面在使用早期就出现的路面车辙、坑槽等病害。由于我国部分高模量沥青混凝土路面已经步入废旧阶段,所以本文通过研究高模量沥青混凝土的再生性能,试图为高模量沥青混凝土的再生应用提供理论支持。研究表明,RK300高模量沥青改性剂能有效提高沥青混凝土再生料的综合性能。

关键词 高模量 再生 改性剂 车辙

1 引言

车辙是沥青路面常见的一种损坏现象,其实质是沥青路面在自然温度场中经受汽车重复荷载作用下,沥青混凝土被碾压而形成的辙槽。随着交通事业的发展,我国高速公路沥青路面的车辙病害日趋严重。目前我国许多高速公路尝试使用高模量沥青混凝土来提高沥青路面抵抗永久变形的问题,并取得良好的成效。相对于传统的SBS改性沥青混凝土,业界普遍认为高模量沥青混凝土具有以下优点:使用方便,将高模量改性剂直接投放至混合料拌缸中即可;存储方便,对存储条件没有特殊要求,而且品质保证时间久;不会导致沥青与改性剂相容性问题;经济实用[1-3]。

目前,国内对高模量沥青混凝土的研究主要集中在抗车辙、抗水损坏等路面性能方面,而对废旧高模量沥青混凝土的再生应用、再生高模量沥青混凝土的性能等相关研究尚处于起步阶段。本文结合以往的研究成果[4-7],通过对橡塑复合高模量沥青混凝土再生性能的分析和研究,为废旧高模量沥青混凝土的再生利用提供理论和数据支持,同时还研究高模量沥青改性剂对废旧沥青混凝土性能提升的作用。

2 试验方法和原材料

2.1 试验方法

试验研究分4个阶段:分析高模量沥青混凝土的路用性能;对比高模量沥青和普通沥青、SBS改性沥青的老化性能研究高模量沥青再生料的理论实用价值;分别使用高模量沥青混合料和普通沥青混合料对废旧高模量沥青混凝土进行再生,研究高模量沥青改性剂对废旧沥青混凝土再生料的作用;通过对15%,30%和50%掺量的废旧高模量沥青混凝土与新拌高模量沥青混凝土混合料的性能测试,研究混合料的路用性能。

2.2 原材料

(1)橡塑复合高模量改性剂:RK300,广东银禧科技股份有限公司。

(2)70号基质沥青:AH-70,中海油。

(3)SBS改性沥青:东海牌I-D,茂名石化。

(4)再生剂:OP-1100,海南东线公司。

某高速公路试验段选用的RK300高模量沥青混凝土数据如下:

3　试验结果与分析

3.1　高模量沥青混凝土的路用性能分析

选用 RK300 按 0.3% 的掺量生产高模量沥青混凝土，按照相关标准[8]对高模量沥青混凝土、SBS 改性沥青混凝土和普通沥青混凝土进行车辙试验、冻融劈裂试验、浸水马歇尔试验和低温抗裂试验（表 1）。通过对沥青混凝土的性能测试比较不同改性剂对沥青混凝土的影响。

不同沥青混凝土路用性能对比　表 1

	70 号普通沥青混凝土	RK300 高模量沥青混凝土	SBS 改性沥青混凝土
马歇尔稳定度(kN)	10.80	12.25	11.40
动稳定度(次/mm)	2270	10254	4865
冻融劈裂强度比(%)	86.3	93.3	88.5
浸水马歇尔残留率(%)	90.8	95.7	92.6
低温变拉应变(με)	2390	2960	2640
低温拉断力(N)	76	188	127

其中，本文所涉及的级配均采用 RK300 高模量沥青混凝土 AC-20 的级配标准（表 2）。

AC-20 型高模量沥青混合料级配　表 2

筛孔(mm)	26.5	19	16	13.2	9.5	4.75	2.36	1.18	0.6	0.3	0.15	0.075
配合比	100	94.9	83.5	74.2	60.7	37.4	28.8	21.7	15.6	10.3	7.9	5.8

从表 1 可以看出 RK300 高模量沥青混凝土无论在高温性能、抗水损坏性能还是低温抗裂性能方面均要优异与 SBS 改性沥青混凝土和普通沥青混凝土，表现出较高的抗车辙性、抗水损坏性和低温抗裂性。特别是在抗车辙方面，高模量沥青混凝土的动稳定度能达到万次以上。由此可以看出，高模量沥青改性剂能大大提高沥青混凝土的路面性能，延长沥青路面的使用寿命，充分发挥路面材料的资源价值。从根本上避免路面材料的浪费，减少路面材料循环再生的次数。

3.2　高模量改性沥青的性能分析

选用 RK300 按 6% 的掺量制备高模量改性沥青。按照相关国家标准[8]对高模量改性沥青、SBS 改性沥青和普通沥青进行针入度试验、软化点试验、延度试验和 RTFO 试验室老化试验（表 3）。

不同沥青的性能对比　表 3

	70 号普通沥青	RK300 高模量沥青	SBS 改性沥青
针入度(0.1mm)	73	55	71.6
软化点(℃)	48	87.8	70.7
弹性恢复 25℃(%)	95	55	93
延度(cm)	45.12	23.1	35.9
RTFO 质量损失(%)	0.08	0.06	0.05
RTFO 后针入度比(%)	68.5	75.4	67.5
RTFO 后延度 15℃(cm)	24.3	21.81	19.02
RTFO 后 76℃ 动态剪切 $G*/\sin\delta$(Pa)	1306	3570	1613

对比表 3 中高模量沥青与其他两种沥青的性能测试结果可以发现，高模量改性剂 RK300 的添加能有效提高沥青的抗老化能力。大量的研究表明[9-11]，再生沥青混凝土普遍表现为破坏劲度模量变化值偏高，耐老化性能差的特点。而高模量沥青优良的抗老化性能一方面提高新拌沥青混凝土的使用寿命，另一方面提

高废旧沥青混凝土再生料的性能,在路面材料循环方面表现出超高的实用价值。

3.3 高模量沥青混合料的再生性能分析

选用某高速公路试验段废弃RK300高模量沥青混凝土,分别加入相同比例的新拌RK300高模量沥青混合料和新拌70号普通沥青混合料,再加入再生剂OP-1100进行混合料再生。其中旧料与新料的质量比为85:15,再生剂占旧沥青混合料质量的1%。按照相关国家标准[8]对三种不同的沥青再生料进行车辙试验、冻融劈裂试验和浸水马歇尔试验(表4)。

不同沥青混合料的再生性能比较 表4

	70号普通沥青再生料	RK300高模量沥青再生料
马歇尔稳定度(kN)	10.82	12.73
动稳定度(次/mm)	5382	10132
冻融劈裂强度比(%)	78.5	92.7
浸水马歇尔残留率(%)	83.6	91.8

从表4的数据可以发现,添加了RK300高模量沥青改性剂的再生混合料与未添加RK300的再生混合料相比,有更高的动稳定度、冻融劈裂强度比和浸水马歇尔残留率。由此可见,RK300高模量沥青改性剂对老化后的废旧沥青混凝土仍发挥部分改性作用,能有效提高废旧沥青再生料的综合性能。

3.4 不同掺量对新旧高模量沥青混合料的性能影响

选用与上述试验相同的某高速公路试验段废弃RK300高模量沥青混凝土,以15%、30%和50%的掺量分别与新拌RK300高模量沥青混合料充分混合。按照相关国家标准[8]对三种不同配比的混合料进行车辙试验、冻融劈裂试验和浸水马歇尔试验(表5)。

不同掺量新旧高模量沥青混合料的性能比较 表5

	15%掺量的混合料	30%掺量的混合料	50%掺量的混合料
马歇尔稳定度(kN)	11.23	12.62	14.56
动稳定度(次/mm)	10460	11032	13142
冻融劈裂强度比(%)	91.4	88.4	79.7
浸水马歇尔残留率(%)	89.7	86.9	75.3

由表5可以看出,当废旧沥青混合料的掺量为50%时,新旧沥青混合料混合而成的RK300高模量沥青混合料的综合性能明显下降,表现出一定程度的老化。但废旧沥青混合料的掺量低于30%时,混合料性能与表1中新拌RK300高模量沥青混凝土的性能相近。原因是RK300高模量沥青改性剂与低标号的基质沥青混合能发挥再生剂的效果,使得废旧高模量沥青混合料在新旧沥青混合料混合而成的高模量沥青混合料中得以再生。

4 结语

本文通过研究RK300高模量沥青混凝土的路用性能、再生性能和高模量沥青的老化性能等,揭示橡塑合金型高模量沥青改性剂对沥青道路资源充分利用的实际作用。结合本文的研究数据,分析得以下结论:

(1)高模量沥青混凝土能有效提高沥青路面的使用寿命,充分发挥道路养护资源的价值,减少道路养护材料的循环次数;

(2)RK300高模量沥青具有优良的抗老化性能,可提高再生混凝土的使用寿命;

(3)RK300高模量沥青改性剂对废旧沥青混凝土仍发挥改性作用,有效提高再生沥青混合料的综合性能;

(4)低掺量的废旧高模量沥青混合料与新拌高模量沥青混合料混合能得到综合性能接近新料高模量沥青混合料的沥青混合料。

参考文献

[1] 沈金安.沥青及沥青混合料路用性能[M].北京:人民交通出版社,2001.

[2] 欧阳伟,顾威,王连广.高模量沥青混凝土路面的力学性能[J].东北大学学报(自然科学版).2009(04).

[3] 杨朋.高模量沥青及其混合料特性研究[D].广州:华南理工大学,2012.

[4] 佘满汉.PE 改性沥青混合料模拟老化和再生性能研究[D].长沙:长沙理工大学,2012.

[5] 龚涌峰.高模量沥青技术指标试验研究[J].公路建设与养护.2010:176-178.

[6] 吕伟民.沥青再生原理与再生剂的技术要求[J].石油沥青.2007,12(21):1-6.

[7] 张洪瑞,曹露,尹凌云高掺量再生沥青路面材料的高模量混合料性能评价[J].中外公路.2012,32(6):254-258.

[8] 中华人民共和国行业标准.JTG E20—2011 公路工程沥青及沥青混合料试验规程[S].北京:人民交通出版社,2011.

[9] 陈华鑫,陈栓发,王秉刚.基质沥青老化行为与老化机理[J].山东大学学报(工学报),2009,39(2):125-131.

[10] 赵志军,陈明宇,吴少鹏,唐敏.沥青的老化机理与性能研究[J].建材世界,2009,30(2):159-162.

[11] 张俊,廖克俭,闫峰,姜殿东.基质沥青与 SBS 改性沥青的老化性能分析[J].石油技术与应用,2008,26(3).237 239.

新型雾封层材料在宁道高速路面养护中应用的研究

秦仁杰 罗润洲 李腾飞 孙 超

(长沙理工大学交通运输工程学院 410004)

摘 要 KP是一种新型还原剂,掺入到雾封层材料后在路面上喷洒成一层薄膜,能提高路面的防水性能,改善路面抗滑性能,黏结松散集料及修复路面沥青老化,从而提高道路整体质量与外观。本文介绍了KP还原剂封层在宁道高速公路预防性养护中的施工工艺与应用效果,并与施工前沥青旧面层进行了对比分析,具有一定的工程借鉴意义。

关键词 还原剂封层 沥青老化 预防性养护 沥青旧面层

1 引言

高速公路沥青路面随着使用时间增长,在空气、紫外线和水等各种因素作用下,会导致路面中沥青材料逐渐老化,再加上车辆荷载作用与温度变化,会使路面出现轻微开裂、细料剥落、松散、透水等病害,导致路面使用功能与使用寿命降低。KP是一种新型还原剂,掺到雾封层材料后在路面上喷洒成一层薄膜,能提高路面的防水性能,改善路面抗滑性能,黏结松散集料及修复路面沥青混凝土面层材料沥青老化现象,从而提高道路整体质量与外观。

宁道高速2012年底通车以来,部分路段出现了明显的病害情况,路面坑槽情况尤为严重,如图1所示。路面产生坑槽主要是因为轻微病害没有得到及时处理,造成局部发生网裂,松散,在交通荷载、雨水等作用下导致集料剥落。此外车辆滴油漏油侵蚀沥青路面,使沥青混合料离析,沥青膜剥落,造成路面局部松散,也会出现坑槽。因此采用掺有KP还原剂的新型雾封层技术对路面进行养护,以改善路面性能并延长路面使用寿命。图2为现场人工涂刷雾封层。

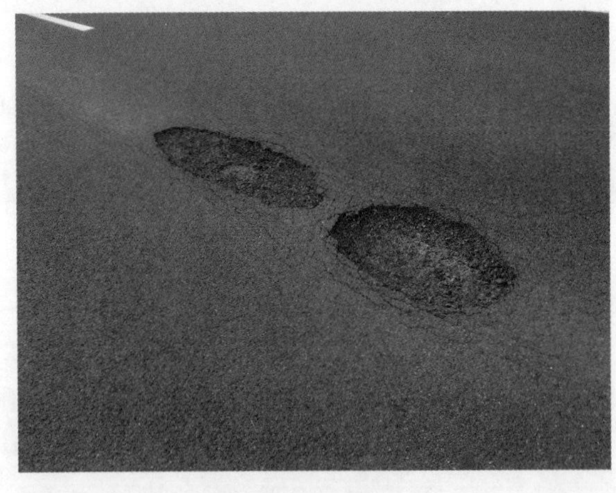

图1 路面坑槽

图2 人工涂刷雾封层

2 原材料组合及机理

该新型雾封层材料主要由氧化沥青(16%)、沥青溶剂混合聚合物(苯乙烯、油等7%~9%)、黑色素(1%)、KP还原剂(5%)、白云石粉(50%)和石英砂(20%)制成,干物质含量达到70%以上,具有超强的粘结性、柔韧性及持久性;KP高分子聚合物作为核心产品,能够激活老化沥青,使其还原再生,还具有抗老化、防潮，抗化工产品腐蚀的多功能特性。

KP 还原剂封层施工时，通过喷洒装置，在一定的压力下，喷洒到路面。通过这种方式耐磨料分布均匀，喷洒的混合物有一定的初始压力，使耐磨料能够牢固的附着于路面。高黏附性的黏结材料和高耐磨性的集料充分包裹，保证了路面必要的抗滑性能和耐久性。同时形成的保护层起到隔离破坏性因素的作用，并且将沥青中极其重要的油分和增塑剂锁定在沥青混凝土中，使沥青路面可以抵抗阳光、空气对沥青黏结剂的老化，阻止水分侵入沥青路面，并保护沥青轻质油份的软化作用。干透后的路面更是漆黑如新。

雾封层材料是一种优良的沥青路面养护封面料，可以有效地填补由于雨水侵蚀，机动车遗撒机油，路面初期的受车辆超负荷载重所引起的细小裂缝，并渗透至路面裂缝深处防止裂缝进一步扩大。在填补这些裂缝的过程中，不但可以有效的对路面沥青油性基质进行补给，而且 KP 高分子聚合物能激活已经严重老化的沥青分子，降低路面的硬化程度，可以解决由于沥青的流失而导致的各种病害。在不降低摩擦系数及其他性能的情况下，更能固锁住已经散落和松动的集料，防止集料脱落，有效的避免由于集料脱落所导致的加快路面破损。

3 应用效果对比分析

在喷洒掺有 KP 还原剂的新型雾封层材料之前，对施工路段的路面病害进行一次细致调查，选定 K773 + 075 至 K773 + 096 为试验路段，测点布置如图 3 所示，从左至右依次编号 1 ~ 8，对渗水系数、构造深度和摩擦系数等指标进行检测，并进行记录。施工并养生完成后，在同样的测点重复三项指标的检测，就施工前后的检测结果进行对比分析。

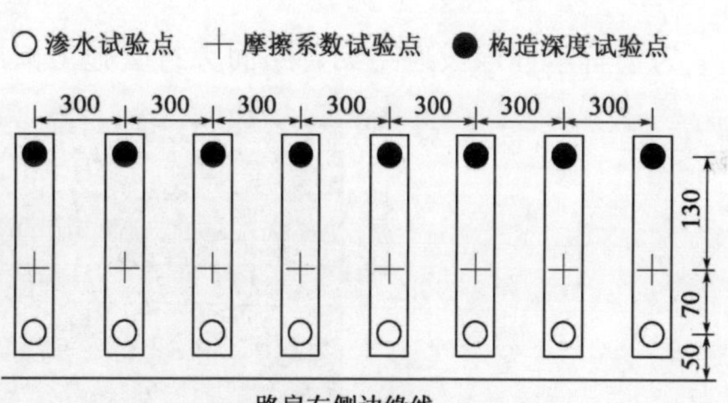

图 3 试验路段测点分布图(尺寸单位:cm)

3.1 渗水系数检测结果

由上述检测数据(图 4)可以得出，涂洒雾封层材料后的路面渗水情况得到明显好转，远超规范要求值。其

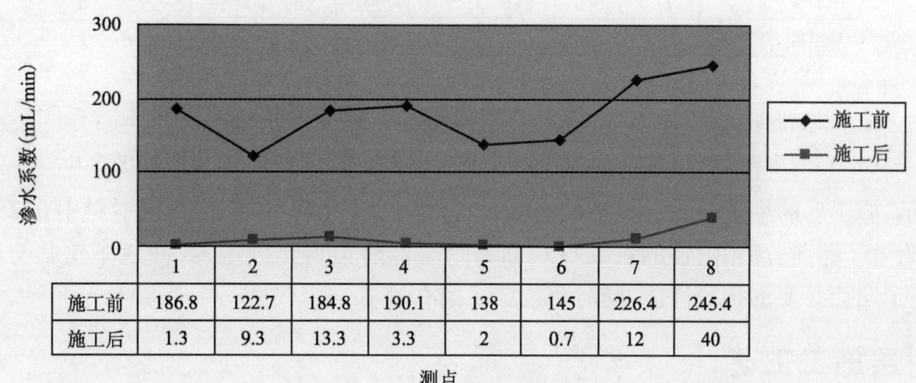

	1	2	3	4	5	6	7	8
施工前	186.8	122.7	184.8	190.1	138	145	226.4	245.4
施工后	1.3	9.3	13.3	3.3	2	0.7	12	40

图 4 渗水试验检测结果对比

注:《公路工程质量检验评定标准》(JTG F80/1—2004)中规定:AC-13 路面的渗水系数规定值为 300mL/min。

原因是由于加入 KP 后的雾封层材料，在原沥青路面表面能够形成一层“薄膜”，能够促使原路面沥青与石料的粘结，同时阻止了水分侵入沥青路面，起到良好的封水效果。此外，KP 还原剂材料渗入到沥青面层内部，激活老化的沥青形成共聚物，也起到了防水的效果，延长了路面使用寿命。

3.2 构造深度检测结果

为了解掌握该段道路沥青路面雾封层施工前后构造深度情况，采用手工铺沙法对路面构造深度进行了检测。

如图 5 所示，施工后的构造深度比施工前明显要小，原因在于 KP 还原剂封层中干物质含量较高，达到了70%,细小的颗粒物填充了沥青路面表面的空隙,从而使得构造深度减小。通过后续观察与检测,通车一段时间后构造深度恢复到0.5mm以上。

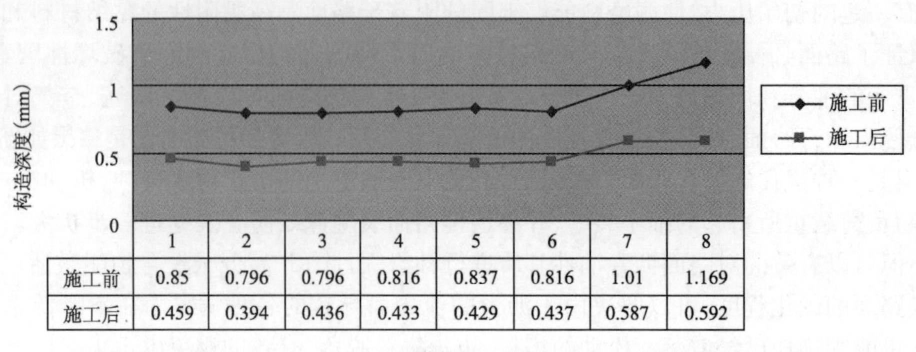

	1	2	3	4	5	6	7	8
施工前	0.85	0.796	0.796	0.816	0.837	0.816	1.01	1.169
施工后	0.459	0.394	0.436	0.433	0.429	0.437	0.587	0.592

图5 构造深度试验检测结果对比

注:《公路工程质量检验评定标准》(JTG F80/1—2004)中规定:构造深度应达到设计要求不小于0.50mm。

3.3 摩擦系数检测结果

为了解掌握该段道路沥青路面雾封层施工前后的抗滑性能,采用摆式仪检测路面抗滑摩擦系数。

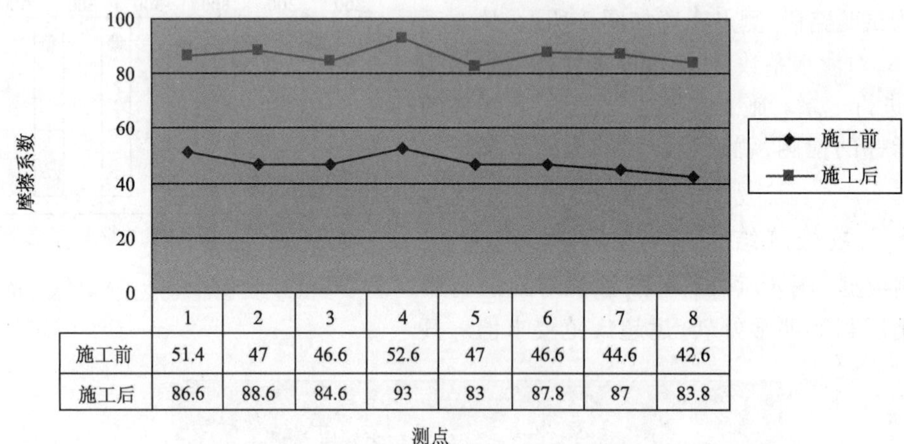

	1	2	3	4	5	6	7	8
施工前	51.4	47	46.6	52.6	47	46.6	44.6	42.6
施工后	86.6	88.6	84.6	93	83	87.8	87	83.8

图6 抗滑试验检测结果对比

注:《公路工程质量检验评定标准》(JTG F80/1—2004)中规定:抗滑摩擦系数应达到设计要求大于60。

如图6所示,施工后的摩擦系数较施工之前增大,主要是因为KP还原剂封层材料中0.2~2mm的颗粒状耐磨物牢固附着于路面,高粘附性的粘结材料和高耐磨性的集料充分包裹,使汽车轮胎与路面的附着力提高,从而保证了路面必要的抗滑性能,同时也增强了耐久性。

4 雾封层施工工艺

4.1 施工设备选择

雾封层施工设备采用全自动沥青喷洒车进行机械化施工,设备需配置有计算机自动控制系统,可根据施工需要控制洒布量,根据施工情况及时调整调节洒布宽度。施工时配备养护工具车及吹风机、标线扣板等小型机具,以辅助施工。

4.2 施工工艺流程

施工工艺流程如图7所示。

4.3 施工流程控制

4.3.1 原路面检测

施工前，对施工路段的所有病害进行一次细致的调查，对构造深度、渗水系数和摩擦系数等指标进行检测以作为施工后对比，并进行记录。

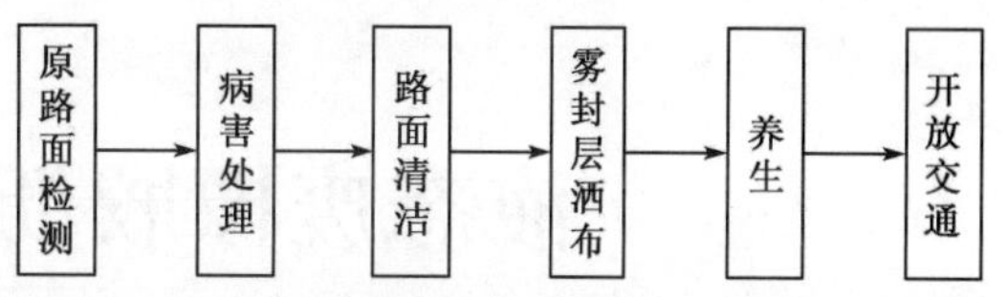

图7　施工工艺流程图

4.3.2　原路面清洁、病害处理

雾封层施工前，清除原路面上的松散石料、水泥遗撒以及泥垢、灰尘、残留物等杂质。施工采用道路清洗机械进行施工面进行清洁，施工范围由于交通流量存在油脂污染现象，清洗时加了一定清洗剂，确保路表面油污处理彻底。路面上的坑洞、大于3mm的裂缝以及原路面接缝不规则处等可能影响雾封层处治质量的地方严格按照《公路沥青路面养护技术规范》(JTJ 073.2—2001)的相关要求进行处理。

4.3.3　雾封层喷洒

雾封层施工中最关键的就是喷洒量的控制。喷洒过多，会造成路面摩擦系数降低，造成路面打滑，影响行车安全，过少则起不到应有的作用。因此需要在施工前确定适宜本次工程的施工喷洒量：

(1)将1kg雾封层材料均匀的喷洒于$2m^2$的路表面；

(2)肉眼观察雾封层材料在路表面的渗透情况，如发现有较多余留没有渗入到路表中，则降低用量，在新路面上重新喷洒观察，直到雾封层材料大致渗入路表中；如观察到路表看起来还可以吸收更多的雾封层材料，则加大用量，同样在新路面上重新喷洒观察，直到雾封层材料出现不能再渗入路表的现象为止，此时的雾封层材料用量为本次工程的适合用量。一般情况下喷洒量在$0.3 \sim 0.5kg/m^2$。

根据实验确定的喷洒量对原路面进行雾封层施工，喷洒量不足的地方人工刷涂雾封层材料，对局部洒布量过多的部位，可采取用滚筒将其进行处理。

4.3.4　养生及开放交通

雾封层施工后，要封闭交通，保持路面干燥，禁止行人车辆通过，须待24h成型后才能开放交通。

5　结语

综合KP还原剂封层材料性能以及试验路段检测结果，KP还原剂雾封层具有如下优点：

(1)有效的阻止雨水对路面的破坏，防止路面氧化、碎石流失、裂缝情况等情况继续发生。

(2)具有良好的粘合性，并补充损失掉的沥青并粘接坚牢，小裂缝自然填充修复功能。有效的阻止雨水对路面的破坏，防止路面氧化、碎石流失、裂缝情况等情况继续发生。

(3)改善路面的抗滑性能，提高行车安全性。

(4)延迟路面的损坏，使道路保持良好状态，维持或改善路面现有的行车条件

(5)通过延长原有路面的使用寿命来推迟大修时间，减少费用，取得经济效益，降低路面养护的成本。

参 考 文 献

[1] 杨明，苏卫国. 预防性养护雾封层措施试验路工程实践[J]. 公路，2006，11.

[2] 沙庆林. 高速公路沥青路面早期破坏现象及预防[M]. 北京：人民交通出版社，2001.

[3] 中华人民共和国行业标准. JTG D50—2006　公路沥青路面设计规范[S]. 北京：人民交通出版，2006.

[4] 中华人民共和国行业标准. JTJ 073.2—2001　公路沥青路面养护技术规范[S]. 北京：人民交通出版社，2001.

[5] 张宏超，孙立军. 沥青路面早期损坏的现象与试验分析[J]. 同济大学学报：自然科学版，2006，34(3).

[6] James S Moulthrop, R Gary Hicks. Pavement Maintenance: Preparing for the 21stCentury[Z]. 9th AASHTO/TRB Maintenance Management Confer-ence, 2000.

液态废橡胶沥青改性剂的开发应用

李晓娟 徐希娟
（西安公路研究院）

摘 要 液态废橡胶是采用适当的处理方式将废旧轮胎橡胶转变为液体橡胶的一种新型废旧橡胶应用方式。论文采用低温常压化学分解法及添加软化剂使得废橡胶充分软化溶胀，同时进行物理变化与化学变化双相反应，从而生产出液体再生橡胶。液态废橡胶的开发提供了一种工艺简单，投资少，环保节能，用途广，经济效益好的废旧橡胶利用方式，值得开发推广应用。

关键词 液态废橡胶 沥青改性剂 废旧轮胎橡胶 低温常压 化学分解 软化剂

1 引言

橡胶沥青技术应用于道路工程中已较为常见，研究也日趋成熟，但传统橡胶沥青加工技术虽然能在一定程度上改善基质沥青的路用性能，却存在着高温加工容易老化、存储稳定性差、容易离析沉淀造成质量不稳定等缺点，且传统橡胶沥青现场加工对当地环境会造成污染，对现场施工人员的身体健康也会造成一定的潜在危害；现有湿法橡胶粉改性沥青的制备方法中，也有对橡胶粉进行一定程度的脱硫的集中式供应模式，虽然在稳定性上较传统橡胶改性沥青有所改善，但橡胶粉掺量一般较低，且其性能普遍达不到橡胶沥青特有的性能水准。在橡胶行业，也有将废胶粉加工成液态制备成液态橡胶，但用作沥青防水材料的组合物。综观国内外相关研究资料可知，将废橡粉加工成液态用作道路沥青的改性剂的研究未见报道。

我们鉴于废橡胶粉改性沥青的优点与不足，开发设计了新型改性剂配方，力求保持原有废胶粉改性沥青优良性能的同时克服其不足因素，形成新型沥青改性添加剂。该添加剂研制成功，有如下几方面的积极意义：

（1）该添加剂将废旧橡胶粉采用一定的加工工艺，由固态相变为液态相，易溶于半液态相的沥青中，从而改变原胶粉不易溶解于沥青中且易离析的现象；

（2）解决了废胶粉在溶胀过程中吸附大量沥青中的轻质油分，使沥青变硬变脆的问题；

（3）能够调整不同的沥青配方，如50～70号的沥青添加适量该添加剂，变为符合规格要求的90号道路沥青；

（4）开发该产品，有着较好的市场前景，也是一个环保、节能、废弃物综合利用项目。

2 原材料

废轮胎胶粉，强化剂，油性粘合剂。

3 橡胶粉对沥青的改性机理

橡胶粉与沥青之间的相互作用是十分复杂的，由于分子量和化学结构上的差异，造成了两者共混时的热力学不稳定，极大的影响了胶粉改性沥青的效果。目前橡胶粉与沥青之间的相互作用机理尚未研究清楚，也没有形成统一的定论，结合国内外的研究成果，主要有：

（1）物理共混说。橡胶粉加入到沥青中后，橡胶粉的分子受到沥青组分中芳香分、饱和分的作用发生溶胀和溶解，而均匀分散在沥青中形成共混体系。在物理共混中没有发生化学作用，仅仅是物理作用。

（2）网络填充说。橡胶粉加入到沥青中后，橡胶粉分子受到沥青中油份和芳香分的作用而被分开，发生溶胀和部分溶解过程，然后是扩散和溶胀胶团粒的分散过程，使橡胶粉以微粒或丝状随机分布在沥青基体中。

(3)化学共混说。沥青中不仅有烷属烃、烯属烃和芳香烃,还含有极性和非极性化合物,存在着羟基、脂基等有机官能团,可以和许多物质发生化学反应,产生化学交联或化学加成,生成新的化学键的结合,在废胶粉改性沥青中加入硫化剂使橡胶发生硫化反应,可以形成硫化的大分子网络结构。

(4)溶胀降解说。在较低的温度下橡胶粉在沥青中溶胀,在较高温度下,橡胶分子间的交联网络被打破,发生脱硫、降解反应。这几种学说所提到的橡胶粉与沥青间的微观作用机理,可能在其共混的过程中往往都存在,只是程度上的不同。这些学说提到的作用机理可能与沥青的型号、胶粉的成分及粒度、外加剂的种类和含量以及粘合料体系的制备工艺条件等因素都有着密切的关系。

4　液态废橡胶沥青改性剂制备原理

分两段法制:

(1)液体再生橡胶液制备

(2)液体再生橡胶液改性

液体再生橡胶液制备:采用低温常压化学分解法及添加软化剂使得废橡胶充分软化溶胀,进行物理变化与化学变化双相反应,从而生产出液体再生橡胶。此工艺是强溶胀的物理反应加上氧化还原反应。双相反应中溶胀法是采用软化剂使废胶粉溶胀在适当温度下进行的物理反应。溶质(胶粉)与溶剂(软化剂)的分子相互扩散,在强烈搅拌过程中形成相亲相融溶解饱和平衡相。此法解决了国内橡胶粉改性易沉淀离析现象。

低温常压化学分解法:采用特制的脱硫剂进行氧化还原反应,使废橡胶分子中 S = S, C = C 断裂成为与沥青分子量相近的新物质,在酸性条件下饱和烃进行脱氢形成不饱和烃。从而为下一步接枝聚合反应准备前期条件。

该实验将物理变化与化学变化组合为一体,化学反应中出现了诸多物理变化,物理变化中存在着化学变化,使化学变化以物理变化为支柱,物理变化时要求化学变化的更大支持。此实验的思想缩短反应时间,加快新物质生产的过程,从而得到液体再生橡胶液中间体。

液体再生橡胶液改性:在含有羧基和羟基的橡胶液中添加增粘剂进行接枝增粘,增加废橡胶液柔软性,光滑光亮高粘性。增粘剂选择长链状增粘剂,适宜分散,相容互溶,打入原废橡胶液中起到破坏原网状主体大分子的作用,形成与沥青分子量相近的新物质,形成新电荷性相同的胶体。

5　制备工艺方式

物质的化学反应有液液相,气气相,气液相,气固相,液固相反应。这里采取液固相反应,废橡胶粉为固相,软化剂,油溶性(水溶性乳化剂)增粘剂均为液相从而将液固两相通过物理化学的方法形成液液相物质,使他们不会出现固液相分离。

图 1 为工艺流程图

图 1　工艺流程图

6　结语

将液态废橡胶沥青改性剂与基质沥青调配制得改性沥青,是废胶粉改性沥青生产方式的一次技术性革命,突破了传统橡胶粉改性沥青的加工工艺,开拓了新的生产途径。用此方法生产的胶粉改性沥青稳定性优良,不易离析、在半径 300 ~ 400km 范围内可直接汽运灌储拌和摊铺,不需二次加热,能降低铺路成本,加快铺路速度,提高铺路质量,延长路面使用寿命。因此,液态废橡胶沥青改性剂的研究具有显著的经济效益、社会效益以及广阔的应用前景。

参考文献

[1] Lewandowski L U. Polymer Modification of Asphalt Binders[J]. Rubberchem. Technol,1994,67:477-480.

[2] Lewandowski L H. Rubber Chen Technol,1994,67(3):447-480.

[3] Anderson A,Dukatz L,Petersen C. The effect of antistrip additives on the properties of asphalt cement[J]. Journal of Association of Asphalt Paving Technologists,2002,5(1):298-301.

[4] Standard Specification for Asphalt-Rubber Binder. ASTM D 6114-97(2002)[S].

[5] 黄文元,徐立廷.国内外轮胎橡胶在路面工程中的应用及研究[A].第六届全国路面材料及新技术研讨会论文集[C].2005.

[6] State of California Department of Transportation. Asphalt Rubber Usage Guide,2003.

[7] Jack Van Kirk. Maintenance and Rehabilitation Strategies Utilizing Asphalt Rubber Chip.

[8] 黄文元.轮胎橡胶粉改性沥青路用性能及应 W 研究[D].上海:同济大学博士论文,2004,4.

[9] 郭朝阳.废胎胶粉橡胶沥青应用技术研究[D].重庆:重庆交通大学,2008.

[10] Jeffrey R Smith. Asphalt-Rubber-Stress Absorbing Membrane-Stress Absorbing Membrance Interlayer. Asphalt Rubber. 2003,2003. 12.

[11] Mang Tia,Byron E. Ruth,Recycling of asphalt rubber pavements,Asphalt Rubber2003,2003. 12.

[12] Kamil E Kaloush,Aleksander Sborowski,Andres Sotil,George B Way. Material characteristics of asphalt rubber mixtures Asphalt Rubber. 2003,2003. 12.

[13] 交通部公路科学研究院.橡胶沥青及混合料设计施工技术指南[M].北京:人民交通出版社,2008.

[14] 黄彭,吕伟民,张福清,等.橡胶粉改性沥青混合料性能与工艺技术的研究[J].中国公路学报,2001,14:4-7.

硬质高陡边坡抗滑桩预加固重力式挡墙公路路基施工研究

王龙飞
(兰州交通大学土木工程学院;甘肃路桥建设集团有限公司)

摘 要 本文通过在硬质高陡边坡上设置深埋抗滑桩,在桩顶承台上设置重力式挡墙,形成对高陡边坡的预加固,同时形成满足要求的挡墙和路基,通过前期设计、施工避免后期滑坡治理,获得边坡预加固综合治理效益。

关键词 硬质高陡边坡 抗滑桩 预加固 重力式挡墙 路基

自然的硬质高陡边坡在大自然的千年洗礼中可能岿然不动,但修筑构造物时通过坡脚开挖,即使较小的破坏、扰动,常会诱发滑坡、崩塌等地质灾害发生,因此,为了避免完工后运营期间焦头烂额地被动处治,不如通过技术经济分析,采用主动预防措施更符合实际情况和发展的需要,符合项目全寿命周期理念。

高速公路工程坡脚高陡边坡的开挖更有可能破坏山体平衡,影响山体稳定,影响工程结构物稳定与安全,通过科学合理的预加固方案实施,精心施工,防患于未然,体现综合治理的目的和获得全寿命周期的综合效益。本文所述的抗滑桩预加固高速公路高陡硬质边坡施工在我甘肃省大规模应用尚属首次。

1 抗滑桩预加固高速公路硬质陡边坡路基段工程概况及地形、地质、水文条件

1.1 工程概况

SK79 +480.25 ~762 段单幅高速公路路基在两河交汇之间的余脉上展线,路基两端分别与两座大桥顺接。该路基属高填(左)高挖(右)路段,左侧设计抗滑桩、承台、挡土墙高路堤,其中 SK79 +480.25 ~506 段、SK79 +576 ~624 段和 SK79 +674 ~372 段为衡重式挡土墙路堤;SK79 +506 ~576 段、SK79 +624 ~674 段和 SK79 +732 ~762 段为抗滑桩、承台、挡土墙路堤,每个承台长 10m,作为一个承载单元,下承两根间距 4.95m 的 1.5m ×1.5m 的方形抗滑桩深入强风化砂砾岩持力层,抗滑桩共计 30 根(如图 1 立面简图所示)。

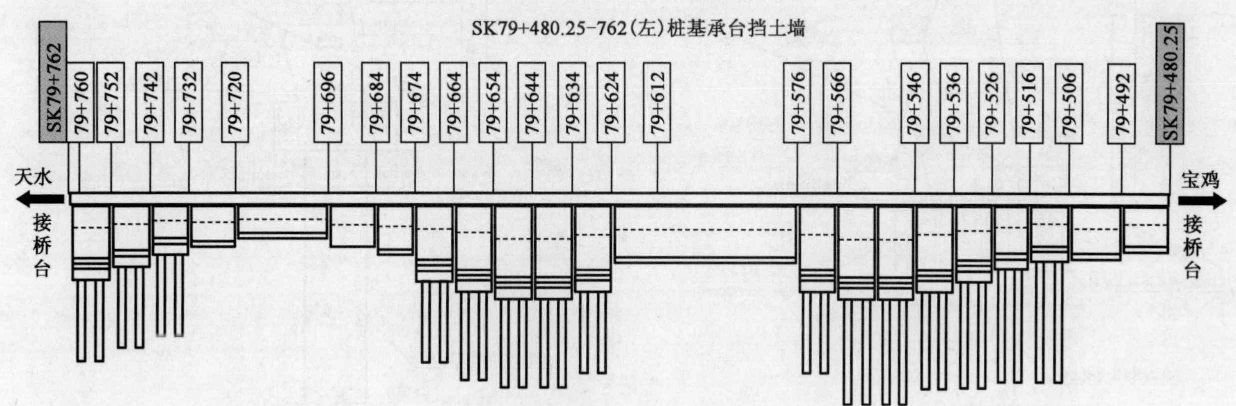

图 1 SK79 +480.25 ~762(左)桩基承台挡土墙

1.2 地形地质条件

该路段山体边坡为红色砂砾岩上覆黄土层,地形起伏变化较大,且横坡较陡,自然坡度 20° ~55°,部分段落横坡变化急骤,坡度 30° ~55°。覆盖黄土层为一般新黄土,土层厚度分布不均,0.6 ~7.2m;下层强风化

砂砾岩12～20m，以下为弱风化砂砾岩，局部有滑坡和坍塌现象。地形陡峻处为胸径10～15cm的松树林，较平缓处为农地和草坎，植被覆盖较好。

1.3　气象

该段属暖温带亚湿润大陆性气候区，年平均降水量550～679.1mm，年降水分布不均，多集中于6～9月，占年降水量的73.5%，且多以暴雨形式出现。

1.4　水文地质条件

该区域陡坡地的地表水受大气降水及第四系覆盖层孔隙水补给，雨季水量稍大，枯水季节补给较小，流量极小，受大气降水影响大。坡面开挖破坏严重可能引起局部坍塌，如遇长时间的大、暴雨可能引起较大坍塌、滑坡。

2　抗滑桩预加固高速公路硬质高陡边坡路基段预加固设计方案

2.1　预加固设计思路

通过地质钻探、挖探、物探及试验结果分析与判断，并结合现场情况、力学计算和方案比选，针对地面横坡较陡，具有比较明显的滑动面和不稳定迹象，新黄土下覆强风化、弱风化砂砾岩硬质地层的特点，采取抗滑桩嵌入硬质地层提供足够的锚固力，增强坡脚抵抗力，并保证潜在滑坡体不越过桩顶滑动；每两根桩抗滑桩和桩顶承台连为一个承载单元，和其上衡重式挡土墙共同作为半填高路堤，重力式抗滑挡墙既防护边坡，又作为路基的重要组成部分，抗滑桩、承台和抗滑挡土墙共同支挡坡脚土体，起到平衡和稳定作用。通过各项措施的综合应用使该段设计达到经济合理、安全可靠，起到主动预防的目的。

2.2　预加固设计方案

2.2.1　抗滑桩设计

C25钢筋混凝土抗滑桩截面尺寸1.5m×1.5m，每2根由承台连接形成1个结构单元，桩间距4.95m，桩长根据地形为10m、11m、12m、13m、14m和15m六种结构。抗滑桩主筋为ϕ36精轧螺纹钢，为起到良好的抗弯、剪效果，靠山侧ϕ36精轧螺纹钢双排按21cm间距双根布置；其余三侧架立筋为间距30cm的ϕ16一级钢筋；箍筋为ϕ16二级钢筋，桩长上部2m箍筋间距为10cm，其余箍筋间距为20cm，如图2所示。

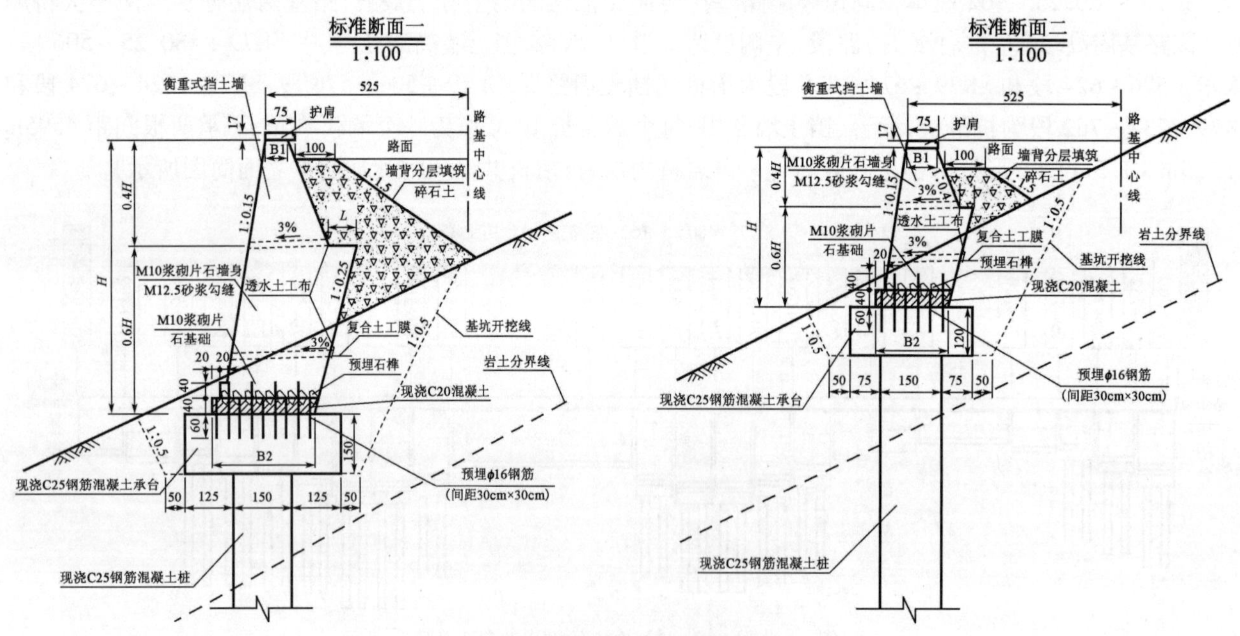

图2　抗滑桩设计标准断面图

2.2.2　承台设计

桩顶设置C25钢筋混凝土承台，分别为长9.87m、宽4m、高1.5m和长9.87m、宽3m、高1.2m两种结构，为 $\phi25$、$\phi12$ 二级钢筋和 $\phi8$ 一级钢筋钢筋骨架。

2.2.3　衡重式挡墙设计

衡重式抗滑挡土墙结构形式设计为三种，标准断面一适用于墙高大于 6m 的陡坡路段，标准断面二适用于墙高小于 6m 的陡坡路段，准断面三适用于地面横坡较缓的路段。挡墙顶宽 1m，外坡 1:0.15，外坡 1:0.25，在挡墙底部（高出地面 30cm 处）和耳台各设一排泄水孔。

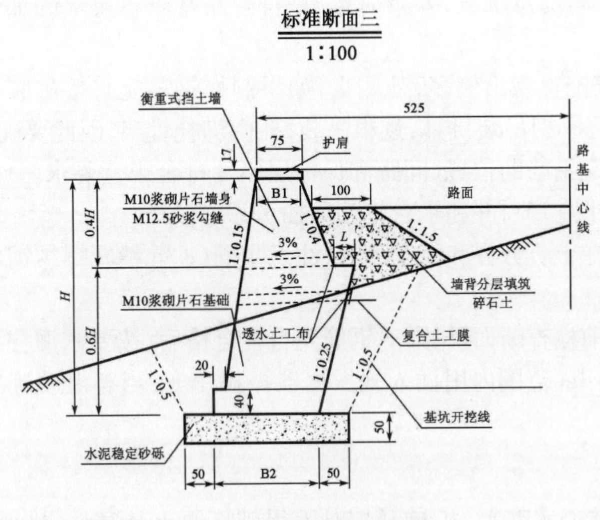

图 3　衡重式挡墙设计断面图

3　抗滑桩预加固高速公路硬质高陡边坡路基段施工要点

抗滑桩预加固高速公路硬质陡边坡的关键、难点是抗滑桩施工，抗滑桩的施工质量直接关系到提供抗滑力，影响到路基、山体的整体稳定性。因此，施工前须针对该抗滑桩预加固高速公路硬质高陡边坡路基段子分部工程编制详细的施工组织设计，充分考虑各种因素，采用多种综合措施，确保工程质量，保证施工安全。

3.1　边坡开挖及临时排水施工要点

该段单幅路基属高填高挖，分层分台，作业面狭小，施工难度大。为了保证山体稳定，路右侧先不开挖刷破，但须做好山体上侧汇水的引排。左侧基坑自上而下、分段依次开挖，注意观测边坡稳定性，防止边坡滑塌。基坑务必做好排水，不得积水，做好桩口围护，防止雨水灌入，完善的临时排水系统，使水流迅速排离，严禁使水流直接冲刷路基、边坡和基坑。

3.2　抗滑桩施工要点

(1)施工前，结合设计核对地面情况，若实际地形、地质与设计不符或已有变化，应及时变更设计，采用动态设计的方法使设计与实际相符。

(2)方桩、场地狭小、软石硬质边坡等因素决定了成孔方法选择人工采用小型机具的方法技术经济效果较优，采用空气压缩机和手持风镐钻孔，小卷扬机吊运钻渣；需要备好机具、器材和井下排水、通风、照明设施、落实人员及做好工作计划，落实安全防护措施。

(3)抗滑桩承台挡土墙宜在旱季施工，施工中及时采取有效措施，防止土体坍塌；加强观测，根据实际需要设置必要的观测点；直至施工完成后经过一个雨季，观测资料附入竣工文件。

(4)桩孔从设计段落一端向主轴方向跳槽隔桩开挖，达到设计顶面标高并观测边坡稳定后再开挖。开挖前整平孔口地面，地表做好截、排水及防渗工作，做好锁口，孔口以下分节开挖，每节开挖宜为 0.5～2.0m，挖一节立即支护一节。围岩较松软、破碎或有水时，分节不宜过长，不得在土石变化处和滑动面处分节。

(5)挖孔时需按设计灌注混凝土护壁，护壁混凝土紧贴围岩灌注，灌注前清除孔壁上的松动石块、浮土；护壁采用 C15 细石混凝土，不得用砂浆代替，护壁厚度 20cm；在滑动面处的护壁予以加强，承受推力较大的锁口和护壁增加钢筋。

(6)桩孔在开挖的过程中按照实际情况及时做好支护工作,确保井下施工的安全,开挖在上一节护壁混凝土终凝后进行。护壁混凝土模板的支撑可于灌注后24h拆除。

(7)在围岩松软、破碎和有滑动面的节段,在护壁内顺滑动方向用临时横撑加强支护,并观测其受力情况,及时进行加固。当发现横撑受力变形、破损而失效时,孔下施工人员立即撤离。

(8)桩孔中开挖的弃渣不得随意堆放,要及时运出,符合路基填料要求的加强利用,否则需及时运走至指定地点。

(9)由于方形钢筋笼钢筋配置靠山侧多,外侧少,如果制作钢筋笼直接吊装会发生钢筋笼太重、刚度不够、重心倾斜等现象,因此选择小型吊装机具,逐根吊装,孔内绑扎骨架,因此要确保施工人员安全。

(10)孔内绑扎钢筋笼注意钢筋的位置、间距和保护层厚度符合规范要求。伸入承台内的主筋高度不小于设计高度(120cm/90cm),外偏15°,并和承台钢筋穿插可靠连接。

(11)钢筋的接头不得设在土石分界和滑动面处,注意主筋(ϕ36精轧螺纹钢双排双根)务必布置在靠山的一侧。

(12)在灌注桩身混凝土前检查断面尺寸,对钢筋笼自检合格后,按要求灌注混凝土并振捣密实;灌注时利用串通连续浇筑,桩长顶部4m范围内用插入式振捣器振捣密实;当有滑动迹象时需加快施工进度,宜采用速凝、早强混凝土。

3.3　承台施工要点

施工前将承台底部的土体夯实整平(机械开挖时不得破坏原土基底)。抗滑桩施工完成后按照设计图纸施工承台及挡土墙,为保证承台与挡土墙之间的衔接,提供可靠的抗滑力,承台顶面按30cm×30cm预埋长1.4m/1.0m的ϕ16一级钢筋(埋入端设180°弯钩),并预埋石榫,以便和挡墙可靠接茬。

3.4　衡重式抗滑挡土墙施工要点

(1)砌体工程要求“内实外美”,砌筑过程中采用座浆法施工(杜绝采用灌浆法)。注意砌筑顺序,片石应安放稳固,砂浆饱满密实,严禁出现空洞。

(2)按设计的10m设置伸缩缝(沉降缝),缝处要求全断面垂直贯通,缝宽2cm,缝中夹两面均匀涂刷沥青的纤维板或压缩板,缝内填塞深10~15cm沥青麻絮。

(3)按设计要求布设泄水孔,保证泄水孔通畅,铺设土工布施作反滤层。

(4)墙背按要求填料分层填筑密实,杜绝虚填。挡墙施工和墙背回填要前后相承施工,相差不能大于1.5m。

(5)挡墙和桥台连接处施工时注意连接部分的合理衔接。

4　结语

该段高速公路地形、地质复杂,边坡陡峻,植被覆盖好,表层土体涵养水分高,高边坡地质灾害较多,降雨明显加剧施工中出现更多的灾害和不可预见因素,增加施工难度和治理难度。阴湿的坡面含水量较高,草灌植被根须较浅,有时起不到保护边坡的目的,反而成为涵养水分,形成滑坡的影响因素。因此可将路堑开挖、高边陡坡稳定、地形、地质和施工方法等因素综合考虑,采取主动控制的边坡预加固措施,使得边坡稳定,减少运营过程中可能出现的风险隐患。本段高陡边坡经过预加固施工后已经3年,目前边坡稳定,效果良好。

参考文献

[1] JTG F10—2006　公路路基施工技术规范[S].北京:人民交通出版社,2006.

[2] 中华人民共和国行业标准.杨航宇.公路边坡防护与治理[M].北京:人民交通出版社,2002.

运用纳米CT技术研究再生剂在老化沥青中的扩散性能

刘 涛[1] 雷敬伟[2] 吴少鹏[3] 邱 健[4]

(1 葛洲坝集团试验检测有限公司;2 葛洲坝集团试验检测有限公司;
3 武汉理工大学硅酸盐国家重点实验室;4 荷兰代尔伏特理工大学)

摘 要 首次利用纳米CT技术研究了再生剂在老化沥青中的扩散性能。本文对该方法进行了介绍,研究了不同再生剂(乳液型和油液型)在不同温度(140℃,160℃,180℃)下的扩散性能。实验结果表明,温度对扩散过程影响明显;由于乳液型中含有40%的水,在试验温度下会沸腾,对扩散过程有明显促进作用,乳液型扩散速度优于油液型。研究还表明,当温度高于140℃时,一些再生剂会表现出不稳定性。

关键词 纳米CT扫描 扩散 再生剂 老化沥青

1 引言

沥青路面由于交通荷载及自然因素等的综合作用,出现龟裂、车辙和坑洞等路面破坏[1],因此,必须适时对沥青路面进行维护或翻修。沥青刨除料(Reclaim Asphalt Pavement, RAP)就是沥青路面在翻修和维护时产生的固体废物。许多研究和实践经验都证实沥青刨除料的再生利用能节约资源,降低沥青路面生命周期成本(Life-Cycle Cost)并解决了与环境污染相关的固体废弃物处置问题[1]。Little and Epps[2],Brown, Meyers et all研究表明,再生沥青混凝土的结构性能优于或与传统沥青混凝土结构性能持平。

沥青刨除料再生技术自1973年世界石油危机爆发以来,受到人们的广泛关注。研究者们取得了丰硕的研究成果,并且沥青刨除料在生产实际中得到了推广应用。目前,美国沥青刨除料再生利用率约为80%,沥青刨除料在再生沥青混凝土生产过程中的添加量,随各州政府规范的不同而不同,一般在10%~50%[1]。1980年日本沥青混凝土市场开始出现再生沥青混凝土,1984年日本道路协会拟订《沥青再生铺装技术指针》,1991年日本政府通过了有关再生资源利用促进法律。目前,日本沥青刨除料再生利用率已超过90%。《英国高速公路规范手册》中的第902条款规定沥青刨除料用于生产磨耗层沥青混凝土的最大添加量为10%,其余各层的最大添加量为50%[3]。瑞典刨除料再生利用率为95%,德国为50%,荷兰、丹麦沥青刨除料再生利用率已达到100%[4]。

我国今后还要建设更多的高速公路,砂石材料和道路沥青的供应将更加紧张,从而导致沥青路面建造和养护费用激增。因此,我国沥青混合料再生技术的研究和推广刻不容缓,已成为摆在研究人员、工程技术人员面前的一个亟待解决的难题。沥青混合料再生技术的研究和推广应用对降低公路建设成本、保护环境、合理利用资源有着极其重大的意义,是一项符合可持续发展战略的技术措施,对此技术进行深入系统的研究具有重要的现实意义。

道路老化沥青混合料的回收再生利用对资源的节约、环境保护等有重要意义,而再生沥青的性能在一定程度上取决于老化沥青与再生剂的混合程度。混合和扩散是老化沥青再生的两个重要概念,混合和扩散过程可以增加混合物的均一稳定性。因此,再生剂与老化沥青的混合以及扩散过程的研究为再生剂的选择以及研发提供了重要的指导意义。

在实际施工过程中,再生剂与刨除料的混合程度对再生混合料的性能影响很大,然而,实际搅拌时间一般都低于1min,均匀混合状态很难达到,所以扩散过程对于获得良好性能的沥青混合料有很大的影响。

2 实验原材料及方法

2.1 原材料

两种实验室老化沥青被制备并应用于本研究中,P1(模拟路面老化程度1),P2(模拟路面老化程度2)。运用旋转圆筒式老化试验仪(RCAT)制备。实验设备见图1。

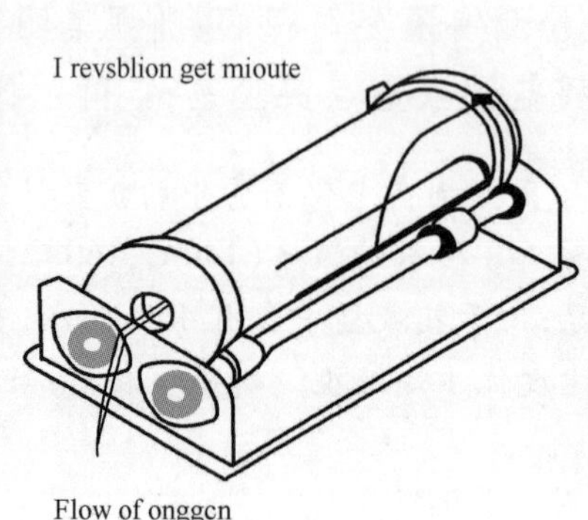

图1 RCAT加速老化箱[Hagos 2008]

旋转圆筒式老化试验一般被用来模拟沥青的短期老化和长期老化。该加速老化设备由一个圆筒构成(外径300mm,内径124mm),一端密封,另一端盖帽上设一个直径43mm的孔,用于倒入和取出沥青。将一定量的基质沥青倒入圆筒中后,然后置入一个与其配套的长296mm、直径34mm的转子。再将圆筒放入旋转仓中,可设定转速为1~5r/min,通过圆孔通入空气或者氧气,可设定速率为1~5L/h,对于模拟短期老化和长期老化会应用相应的通气速度和沥青用量。旋转转子会使沥青在圆筒中分散成大约2mm厚的沥青膜黏附在在圆筒的内壁上。

老化沥青的针入度随时间及沥青用量的变化情况见表1,试验设定老化温度为163℃,老化时间设定为18h和24h。由于氧气供应有限,所以采用最大的空气流量。

RCAT老化尝试性实验结果 表1

温度=163℃, 转速:5r/min	时间(h)	0	2	4	6	8	18	24
沥青用量(500g) 通气速度=Max	针入度 (dmm)	83	61	53	45	41	25	—
沥青用量(250g) 通气速度=Max	针入度 (dmm)	83	65	52	40	31	17	15

通过以下设定制备出了两种不同老化程度的老化沥青:

P1: 沥青用量=500g,老化时间=18h

P2: 沥青用量=250g,老化时间=24h

图2比较了P1和P2与荷兰多孔路面(porous asphalt)服役10年上面层和下面层的老化沥青的复合模量随扫描频率的变化。从实验结果可以看出,P2与10年多孔路面上面层提取出的老化沥青的复合模量相当;P1则与10年多孔路面下面层提取出的老化沥青的复合模量相当。

本次研究采用了4种不同的再生剂。由荷兰Latexfalt BV提供。乳液型的A1和BM1,油液型的A2和A3,其流变性能见表2和图3。

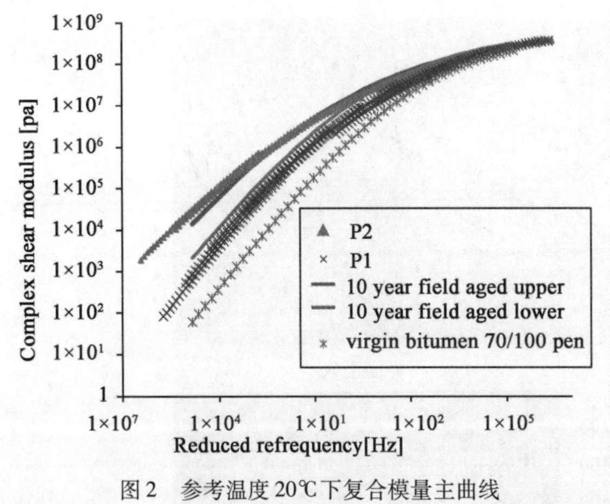

图2 参考温度20℃下复合模量主曲线

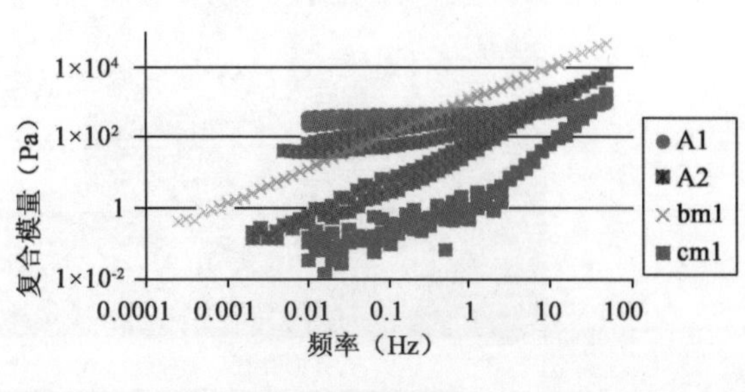

图3 参考温度30℃下的复合模量主曲线

再 生 剂 表2

名称	G× @50℃ 10Hz [Pa]	类型
A1	6.1×10^2	乳液，含水40%
A2	1.3×10^2	黏性油液
BM1	8.4×10^2	乳液，含水40%
CM1	6.3×10^1	油液

2.2 实验方法

本研究采用纳米CT扫描仪进行。图4和图5为仪器的外表和内部构成以及原理图。

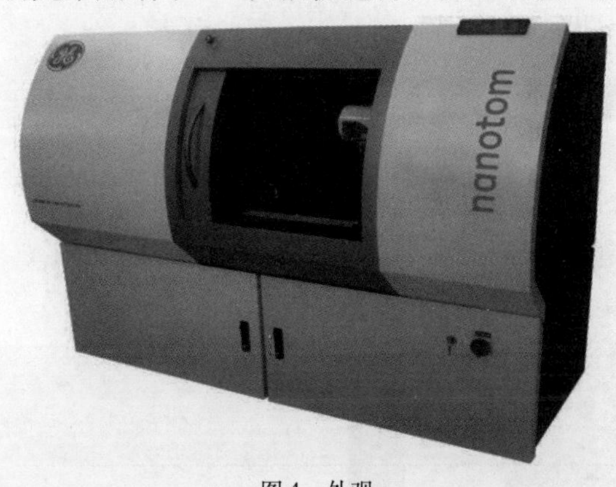

图4 外观

图5 内部构成

由于沥青和再生剂之间存在一定的密度差，通过纳米CT扫描可以得到灰度差，不同的灰度对应不同的密度，所以纳米CT扫描技术可以用来研究再生剂在老化沥青中的扩散性能。

如图6所示，用玻璃瓶来构建一个双层体系，下面一层老化沥青，上面盖上一层再生剂。然后进行CT扫描，将样品在一定温度下放置一定时间后再进行扫描。尝试性试验表明在一定温度（140℃，160℃，180℃）下经过一定时间（30min～3h）界面会消失，说明该方法可行。

2.3 试验结果与讨论

如图7所示，用软件处理分析数据，将玻璃品倒置，选用3个不同的剖面进行数据分析，不同剖面的灰度值差异不大，所以选择中间剖面作为分析剖面来研究样品在不用温度和不同时间下的灰度变化，进而来研究扩散过程。

例如，P1BM1在160℃下的灰度值变化如图8所示。

随着时间的变化，界面两边的灰度差越来越小，在60min时灰度差已经非常小，可以认为扩散过程已经接近尾声。

图6 尝试性试验 - P1A1 - 180℃

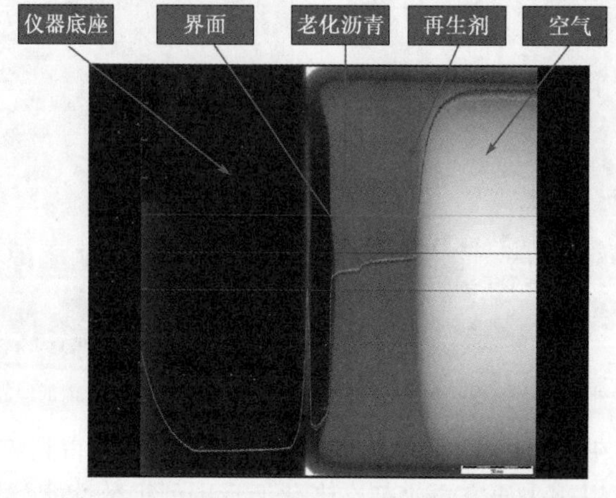

图7

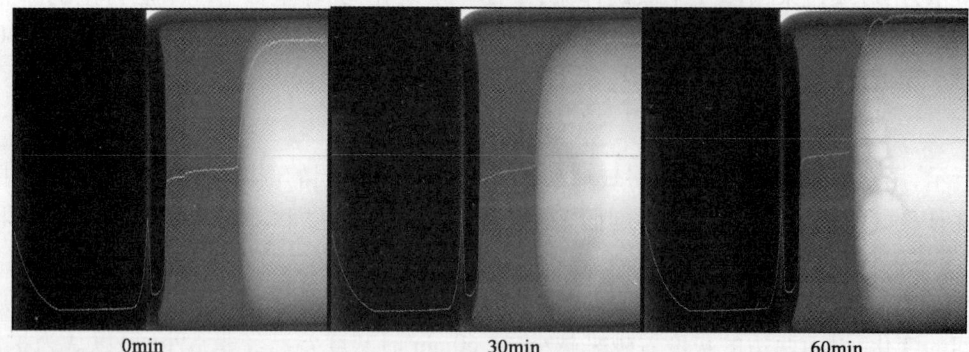

图8 P1BM1 160℃

具体实验结果见表3。

界面消失所需扩散时间

表3

时间(min)	P1A1	P1A2	P1BM1	P1CM1
180℃	30	75	45	60
160	40	90	60	120
140	90	240	120	180
120	180	>450	210	>450

4 结语

本研究首次运用纳米CT技术成功研究了不同再生剂在不同温度下的扩散性能,试验结果表明:

(1)不同密度对应不同灰度,纳米CT扫描技术的工作原理则是通过探测灰度值来成像,该技术被首次而且成功应用在再生剂对老化沥青的扩散过程研究中,该方法可信可行,为今后研究物质之间的扩散开创了先河。

(2)温度对扩散有非常明显的影响,温度越高扩散越快,然而在温度高于140℃时,一些再生剂会体现出不稳定性(CM1在加热过程中有冒烟现象)。

(3)与油性再生剂(A2,CM1)相比,乳液型(含水40%,A1,BM1)再生剂在实验设定温度(140℃,160℃,180℃)下,具有更好的扩散效果。再生剂里面的水在设定温度下(接近实际施工)的沸腾,对整个体系的扩散混合过程有明显的促进作用。

参 考 文 献

[1] 徐萌. 再生剂在老化沥青扩散中的研究[D]. 中国石油大学硕士论文. 2010.

[2] Yaw A. Tuffour. ILAN ISHAI. The Diffusion model and asphalt age - Harding. TRB. 1998.

[3] Li Jin. Study on the Diffusion Behaviour of Asphalt Rejuvenator and Influence Factors. Dissertation of China University of Petroleum. 2010.

[4] Jemere, Y. Development of a laboratory ageing method for bitumen in porous asphalt. (MSc Thesis), Delft University of Technology, Delft. 2010.

正交试验在热再生沥青混合料配合比设计中的应用研究

辛　强　高二利　邵先胜

（内蒙古交通设计研究院有限责任公司）

摘　要　采用4因素3水平正交试验，重点考察了再生沥青混合料中热再生温度、再生剂掺量、旧沥青混合料掺配比例和马歇尔击实次数4个因素对再生沥青混合料配合比设计中各体积参数的影响效果，通过各因素的极差分析并进行综合比较得到，各影响因素在不同水平情况下的再生沥青混合料性能最优的组合，同时基于正交试验结果分析，提出热再生配合比设计中马歇尔试验最佳击实次数。

关键词　再生沥青混合料　正交试验　配合比设计

1　正交试验设计原理

正交设计是利用正交表来安排和分析多因素试验的一种设计方法。它利用从试验的全部水平组合中，挑选部分有代表性的水平组合进行试验，通过对这部分试验结果的分析了解全部试验的情况，找出最优的试验的水平组合。正交表是试验设计的基本工具，它是根据均衡分布的思想，运用组合数学理论构造的一种数学表格。

2　基于正交试验设计法对再生沥青混合料马歇尔指标的分析

2.1　原材料的技术性能

（1）基质沥青

本次研究采用的基质沥青为中海油A级70号沥青，其主要技术性能见下表1。

基质沥青的主要技术性能指标　　表1

技术指标		试验值	技术要求
针入度(25℃,100g,5s)		68.4	60~80
软化点(环球法)/℃		48.8	>46
延度(5cm/min)	10℃/cm	17.1	>15
	15℃/cm	>100	>100
密度(15℃)/g/cm^3		1.033	实测记录

（2）新集料

课题组研究采用的粗、细集料均为内蒙古卓资山提供生产的玄武岩，其主要技术性能均符合沥青路面施工技术规范的要求。

（3）旧沥青混合料矿料（RAP）

选择包茂高速包头到东胜段依托工程现场热再生试验段的旧沥青混合料作为研究对象，现场热再生混合料中旧矿料的掺配比例达到80%以上。

（4）再生剂为美国金熊油再生剂。

2.2　正交试验方案设计

采用正交试验设计方法，选取再生温度、击实次数、旧料的掺量及再生剂的掺配量等4个影响因素（分别以 A、B、C 、D 表示)，每个因素选取 3 个水平进行正交设计马歇尔试验安排，具体因素水平见下表 2。

4 因素 3 水平的正交试验　　表 2

水　平	影响因素			
	再生温度(℃)	旧料掺量(%)	再生剂掺量(%)	击实次数(次)
	A	B	C	D
1	150	90	9	50
2	155	85	7	75
3	160	80	5	100

对于 4 因素 3 水平，如果全面试验需要 81 次马歇尔试验，而采用正交表只需要 9 次马歇尔试验，按此正交表设计的正交马歇尔试验方案见下表 3。

正交设计的马歇尔试验方案　　表 3

试验号	影响因素			
	再生温度(℃)	旧料掺量(%)	再生剂掺量(%)	击实次数(次)
	A	B	C	D
1	150	90	9	50
2	150	85	7	75
3	150	80	5	100
4	155	90	7	100
5	155	85	5	50
6	155	80	9	75
7	160	90	5	75
8	160	85	9	100
9	160	80	7	50

2.3　正交试验结果分析

按正交试验方案设计的 9 种组合拌制再生沥青混合料，采用马歇尔击实仪成型试验，然后进行毛体积密度试验、马歇尔稳定度试验，测定试件的毛体积密度、马歇尔稳定度和流值，并计算空隙率、沥青饱和度和矿料间隙率，试验结果见下表 4。

正交设计的马歇尔试验结果　　表 4

试验号	毛体积密度 (g/cm^3)	稳定度 (kN)	流值 (0.1mm)	空隙率 (%)	矿料间隙率 (%)	沥青饱和度 (%)
1	2.465	7.85	24.3	4.6	14.6	0.68
2	2.473	9.95	21.5	3.9	14.3	0.73
3	2.485	8.61	22.8	3.4	13.5	0.75
4	2.471	9.64	23.4	4.1	13.9	0.71
5	2.482	12.43	23.9	3.6	14.2	0.75
6	2.492	10.65	20.2	3.4	13.7	0.75
7	2.481	8.73	22.1	3.9	14.1	0.72
8	2.468	10.72	23.4	4.3	14.5	0.70
9	2.461	9.03	21.1	4.7	14.7	0.68

通过正交试验结果,可以对各指标进行直观分析,试验结果如下表5~表10。

沥青混合料的毛体积结果直观分析 表5

试验号	影响因素				技术指标
	A	B	C	D	毛体积密度(g/cm^3)
1	1	1(90)	1(9)	1(50)	2.465
2	1	2(85)	2(7)	2(75)	2.475
3	1	3(80)	3(5)	3(100)	2.485
4	2	1	2	3	2.476
5	2	2	3	1	2.482
6	2	3	1	2	2.488
7	3	1	3	2	2.481
8	3	2	1	3	2.463
9	3	3	2	1	2.461
毛体积极差分析					
k1	2.475	2.474	2.472	2.469	
k2	2.482	2.473	2.471	2.481	
K3	2.468	2.478	2.483	2.475	
极差	0.014	0.005	0.012	0.012	
因素主次	A > C = D > B				
优方案	$A_2B_3C_3D_2$				

稳定度结果直观分析 表6

试验号	影响因素				技术指标
	A	B	C	D	稳定度(kN)
1	1	1(90)	1(9)	1(50)	8.55
2	1	2(85)	2(7)	2(75)	8.75
3	1	3(80)	3(5)	3(100)	8.61
4	2	1	2	3	10.64
5	2	2	3	1	7.43
6	2	3	1	2	9.65
7	3	1	3	2	8.73
8	3	2	1	3	9.72
9	3	3	2	1	11.03
稳定度极差分析					
k1	8.637	8.640	9.640	9.670	
k2	10.907	10.967	9.473	9.710	
K3	9.493	9.430	9.923	9.657	
极差	2.270	2.327	0.167	0.053	
因素主次	B > A > C > D				
优方案	$A_2B_2C_3D_2$				

空隙率结果直观分析

表7

试验号	影响因素				技术指标
	A	B	C	D	空隙率（%）
1	1	1(90)	1(9)	1(50)	4.6
2	1	2(85)	2(7)	2(75)	3.9
3	1	3(80)	3(5)	3(100)	3.4
4	2	1	2	3	4.1
5	2	2	3	1	3.6
6	2	3	1	2	3.4
7	3	1	3	2	3.9
8	3	2	1	3	4.3
9	3	3	2	1	4.7
空隙率极差分析					
k1	3.967	4.200	4.100	4.300	
k2	3.700	3.933	4.233	3.733	
K3	4.300	3.833	3.633	3.933	
极差	0.600	0.367	0.600	0.567	
因素主次	A = C > D > B				
优方案	$A_2B_3C_3D_2$				

矿料间隙率结果直观分析

表8

试验号	影响因素				技术指标
	A	B	C	D	矿料间隙率（g/cm^3）
1	1	1(90)	1(9)	1(50)	14.6
2	1	2(85)	2(7)	2(75)	14.3
3	1	3(80)	3(5)	3(100)	13.5
4	2	1	2	3	13.9
5	2	2	3	1	14.2
6	2	3	1	2	13.7
7	3	1	3	2	14.1
8	3	2	1	3	14.5
9	3	3	2	1	14.7
矿料间隙率极差分析					
k1	14.133	14.200	14.267	14.500	
k2	13.933	14.333	14.300	14.033	
K3	14.433	13.967	13.933	13.967	
极差	0.500	0.233	0.367	0.467	
因素主次	A > D > C > B				
优方案	$A_3B_2C_2D_1$				

沥青饱和度结果直观分析 表9

试验号	影响因素				技术指标
	A	B	C	D	沥青饱和度（g/cm³）
1	1	1(90)	1(9)	1(50)	0.68
2	1	2(85)	2(7)	2(75)	0.73
3	1	3(80)	3(5)	3(100)	0.75
4	2	1	2	3	0.71
5	2	2	3	1	0.75
6	2	3	1	2	0.75
7	3	1	3	2	0.72
8	3	2	1	3	0.70
9	3	3	2	1	0.68
沥青混合料饱和度极差分析					
k1	0.720	0.704	0.713	0.704	
k2	0.734	0.726	0.704	0.734	
K3	0.702	0.727	0.739	0.719	
极差	0.032	0.022	0.035	0.030	
因素主次	C > A > D > B				
优方案	$A_2B_3C_3D_2$				

流值结果直观分析 表10

试验号	影响因素				技术指标
	A	B	C	D	流值（g/cm³）
1	1	1(90)	1(9)	1(50)	24.3
2	1	2(85)	2(7)	2(75)	21.5
3	1	3(80)	3(5)	3(100)	22.8
4	2	1	2	3	23.4
5	2	2	3	1	23.9
6	2	3	1	2	20.2
7	3	1	3	2	22.1
8	3	2	1	3	23.4
9	3	3	2	1	21.1
流值极差分析					
k1	22.867	23.267	22.633	23.100	
k2	22.500	22.933	22.000	21.267	
K3	22.200	21.367	22.933	23.200	
极差	0.667	1.900	0.933	1.933	
因素主次	D > B > C > A				
优方案	$A_3B_3C_2D_2$				

从上面几个表可知：

(1)毛体积密度最大的最优组合为$A_2B_3C_3D_2$，即热再生温度为155℃，旧料掺量为80%，再生剂掺量为5%，击实次数为75次，影响其再生沥青混合料毛体积的各因素的主次顺序为：热再生温度>再生剂掺量=

击实次数 > 旧料掺量；

(2)通过对空隙率的极差分析可知,对空隙率指标影响程度大小的各因素排序为:再生温度 = 再生剂 > 击实次数 > 旧料掺量,其各因素的最优组合为热再生温度为 160℃,旧料掺量为 80% ,再生剂掺量为 5%,击实次数为 75 次；

(3)通过对矿料间隙率的极差分析,对再生混合料矿料间隙率指标影响程度大小的各因素排序为:再生温度 > 击实次数 > 再生剂掺量 > 旧料掺量;其各因素的最优组合为热再生温度为 165℃,击实次数为 50 次,再生剂掺量为 7%,旧料掺量为 85% ；

(4)对沥青饱和度进行极差分析,对再生混合料饱和度指标影响程度大小的各因素排序为:再生剂掺量 > 再生温度 > 击实次数 > 旧料掺量,其各因素的最优组合为再生剂掺量为 5%,热再生温度为 155℃,击实次数为 75 次,旧料掺量为 80% ；

(5)对稳定度进行极差分析,对再生混合料稳定度指标影响程度大小的各因素排序为:旧料掺量 > 再生温度 > 再生剂掺量 > 击实次数,其各因素的最优组合为旧料掺量为 85%,热再生温度为 155℃,再生剂掺量为 5%,击实次数为 75 次 ；

(6)对流值进行极差分析,对再生混合料流值指标影响程度大小的各因素排序为:击实次数 > 旧料掺量 > 再生剂掺量 > 再生温度,其各因素的最优组合为旧料掺量为 80%,热再生温度为 160℃,再生剂掺量为 7%,击实次数为 75 次 ；

综合以上分析,以空隙率、稳定度为主要考核指标,同时考虑到再生剂与旧料的经济性在沥青混合料配合比设计中的作用,所以推荐采用最佳组合为 $A_2B_2C_3D_2$,即:再生温度为 155℃,旧料掺配率为 85%,再生剂最佳掺量为 5%,马歇尔击实次数为 75 次。

3 路用性能检验

再生沥青混合料中旧料占 85%,新矿料占 15%,在最佳油石比的情况下分别对其进行高、低温性能试验以及水稳定性试验,具体试验结果如表所示。

3.1 汉堡轮辙试验

汉堡轮辙试验(Hamburg Wheel-tracking Test)用于测定沥青混合料的水稳定性及抗车辙性能。汉堡轮辙试验参照 AASHTO T324 和美国得克萨斯州 Tex-242-F 的试验方法进行,其相应的指标要求,如下表 11 所示。图 1 为轮辙试验变形记录点。

德克萨斯州汉堡轮辙试验要求 表 11

沥青胶结料等级	碾压以下次数时,轮辙深度不高于 12.7mm(试验温度为 50℃)
PG64 或更低	10000
PG70	15000
PG76 或更高	20000

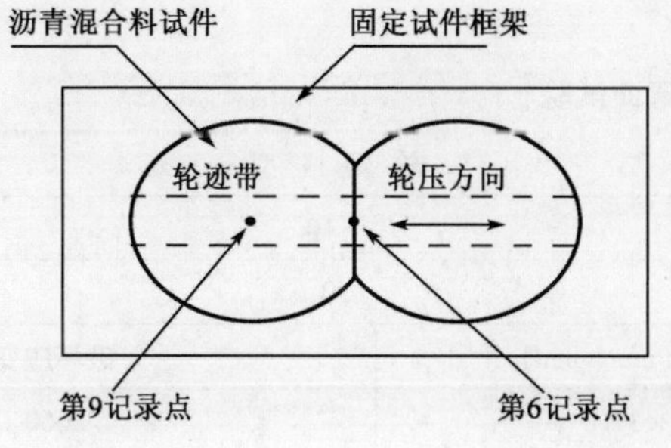

图 1 轮辙试验变形记录点

试验结果如表 12 所示。轮辙曲线图如图 2 所示：

热再生沥青混合料芯样汉堡试验结果 表 12

数据采集点	10000 次碾压最大变形,mm	15000 次碾压最大变形,mm	20000 次碾压最大变形,mm	有无拐点
左轮第 3 点和第 9 点平均值	5.07	5.50	6.81	无

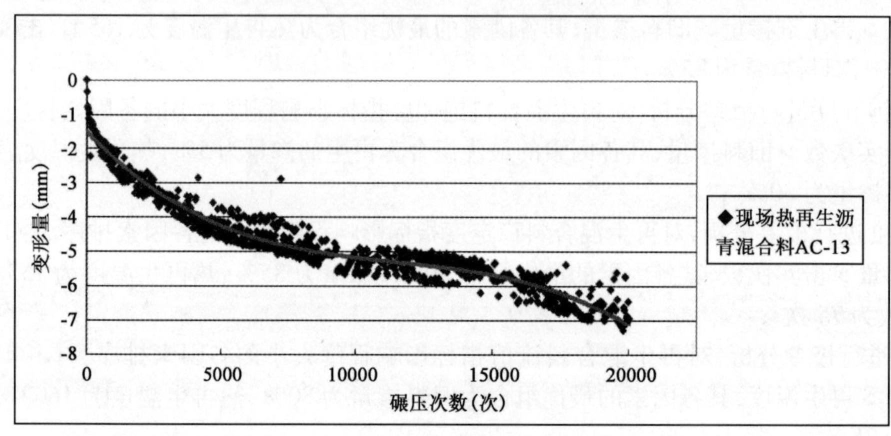

图 2 芯样汉堡试验曲线图

通过汉堡试验,可以看出热再生沥青混合料芯样碾压曲线未出现拐点

3.2 冻融劈裂试验

再生沥青混合料冻融劈裂试验结果如表 13 所示。

冻融劈裂试验结果 表 13

试验条件	编号	试件高度(mm)				试验高度平均值(mm)	试验荷载最大值(kN)	劈裂抗拉强度(MPa)	TSR(%)
未经冻融循环	2	63.50	63.72	63.11	63.45	63.44	11.02	1.08	92.6
	4	64.10	64.32	64.02	63.97	64.10	10.55		
	6	63.85	63.74	63.74	62.90	63.56	10.76		
	8	63.51	63.09	63.26	63.20	63.26	11.46		
经过冻融循环	1	63.50	63.55	63.68	63.45	63.54	9.67	1.00	
	3	63.48	63.87	64.30	64.24	63.97	9.80		
	5	63.80	63.20	63.02	63.28	63.32	10.65		
	7	63.68	63.26	64.00	64.10	63.76	10.54		

经检测可知,再生沥青混合料的冻融劈裂试验结果满足 JTG F40—2004 关于热拌沥青混合料的技术要求。

3.3 小梁低温弯曲试验

小梁低温弯曲试验如表 14 所示。

小梁低温弯曲试验 表 14

成 型 方 法	轮 碾 成 型	
试验温度,℃	-10	
试验速率,mm/min	50	
试件编号	试件尺寸(mm×mm)	破坏应变
1	31.7×37.0	2660
2	31.3×35.4	2989

续上表

成型方法	轮碾成型	
3	30.9×35.8	2883
4	30.9×35.1	2276
5	30.9×35.1	2231
6	31.5×35.3	2651
平均值		2574

由再生混合料低温弯曲试验结果可以看出,再生混合料弯拉应变满足 JTG F40—2004 的相关技术要求。

4 结语

(1)运用正交试验设计方法,对影响再生沥青混合料性能的再生温度、旧料的掺配率、、再生剂的掺配量及马歇尔试件击实次数4个影响因素,每个因素选取3个水平,进行其马歇尔试验。通过各因素的极差分析并进行综合比较得到,各影响因素在不同水平情况下的再生沥青混合料性能最优的组合为 A2B2C3D2,即:再生温度为155℃,旧料掺配率为85%,再生剂最佳掺量为5%,马歇尔击实次数为75次。

(2)基于正交试验结果分析,提出热再生配合比设计中马歇尔试验击实次数为75次。

(3)通过对热再生沥青混合料的高温、低温及水温性能进行检测,均达到热拌沥青混合料的性能要求,为进一步推广热再生技术应用提供技术保障。

参考文献

[1] 符适,何学春.就地热再生在京沪高速公路上的应用[J].上海公路,2007.01.

[2] 张跃,胡长友,宋文柱,卢铁瑞,刘占广,白红英.沥青路面就地热再生技术在吉林省长双公路上的应用[J].公路交通科技(应用技术版).

[3] 沈金安.沥青及沥青混合料路用性能[M].北京:人民交通出版社,2003.

[4] Austroads. Asphalt recycling guide[M]. Sydney, Australia, 1997.

[5] 黄晓明,吴少鹏,赵永利.沥青与沥青混合料[M].南京:东南大学出版社,2002.

[6] 范振华,吴道流.就地热再生技术在中国的应用[J].筑路机械与施工机械化,2002(5):34-36.

[7] 刘登普.高等级沥青路面再生技术及施工[J].湖南交通科技,2002(2):33-35.

[8] 徐培华.高等级公路路基路面养护技术[M].北京:人民交通出版社,2003:126-129.

[9] 丁柯,陈炳生.浅议沥青路面旧料再生利用[J].中国市政工程,2003(3):5-6.

[10] 蒋建飞,江瑞龄.沥青路面就地热再生技术及施工工艺研究[C].2004年全国公路沥青路面再生技术与设备研讨会论文集,厦门,2004.12.

[11] Bukka K, Miller J D, Hanson F V, et al. The influenc of carboxylic acid content on bitumen viscosity[J]. Fuel, 1994, 73(2): 257-232.

重复冷再生水稳碎石强度变化规律研究

胡承勇[1]　谢建平[2]　何兆益[1]　舒　琴[3]　唐新国[1]

(1 重庆交通大学　土木建筑学院;2 贵州省公路局;3 贵州省铜仁市公路管理局)

摘　要　结合贵州省沥青路面基层现场冷再生技术应用现状,并以贵州铜仁沥青路面基层现场重复冷再生的大修工程为依托,通过室内试验研究重复再生水稳碎石强度的变化规律。主要研究内容围绕不同新料添加比例下得到的不同级配在不同水泥剂量、不同养生龄期下的无侧限抗压强度和劈裂强度的变化规律。研究结果表明:进行过一次冷再生的基层材料仍然具有较大的回收利用价值,其无侧限抗压强度和劈裂强度的变化规律与水泥剂量、养生龄期及新料的添加量具有密切的联系。无侧限抗压强度和劈裂强度均随水泥剂量和养生龄期的增加而显著增大,养生前28d,强度增长较快,28d以后强度增长缓慢。

关键词　重复冷再生　无侧限抗压强度　劈裂强度

1　引言

近年来,沥青路面冷再生技术以其经济性、环保性,已经在国内外公路大修工程中得到广泛的应用。随着现场冷再生技术的逐步推广,国内采用现场冷再生技术对旧沥青路面进行大修、改建的工程越来越多。随着时间的推移,进行过冷再生的路面也受到了不同程度的破坏甚至接近其使用寿命。如何对这些再生路面进行养护、改建已成为公路建设管理部门迫切关心和亟待解决的问题[1]。然而,由于冷再生技术在国内发展较晚,关于重复冷再生材料的性能研究尚且甚少。因此,现场取铣刨旧料开展重复冷再生水稳碎石的力学性能研究符合当前公路建设发展的需要。

2　原材料及试验方案

2.1　集料

重复铣刨旧料取自贵州省铜仁市碧江区境内S305段。该路为三级公路,原始设计路面基层为石灰岩级配碎石。该旧集料为原始路面的级配碎石经冷再生后形成的重复铣刨水稳碎石。用于室内合成重复再生混合料的新添分档集料为铜仁境内石灰岩新料。

2.2　水泥

试验采用水泥为贵州本地产的西南水泥PC32.5,经室内检测,各项性能指标均能满足规范要求[2]。

2.3　水

试验采用水为常规自来水。

2.4　试验方案

通过对铣刨旧料的级配分析,以骨架密实型和悬浮密实型级配为目标级配,确定了新料的添加方案,得到了四种新添料比例分别为0%、10%、20%和30%的重复再生混合料。其中级配A全部为重复铣刨旧料,级配B为铣刨旧料添加10%的0~5mm的新料形成的混合料,级配C为铣刨旧料添加20%的0~5mm的新料的混合料,级配D为铣刨旧料添加20%的0~5mm和10%的5~10mm的新料形成的混合料。其中级配B和级配C接近骨架密实型,级配D接近悬浮密实型级配。室内分别研究不同级配在水泥剂量为3.5%、4.5%和5.5%,养生龄期分别为7d、28d和90d的无侧限抗压强度和劈裂强度的变化规律。四种重复再生混合料级配分别如下表 1 所示。

重复再生混合料级配数据　　表 1

筛孔(mm)	0.075	0.6	1.18	2.36	4.75	9.5	19	26.5	31.5
+0% 新料	2.1	6.5	9.9	16.8	27.7	51.7	82.6	98.5	100.0
+10% 新料	3.1	7.1	10.7	17.5	30.0	54.5	83.6	92.7	100.0
+20% 新料	2.2	6.7	12.5	20.3	34.3	58.4	86.9	94.8	100.0
+30% 新料	3.1	7.4	12.8	22.0	38.0	64.7	90.3	99.0	100.0

相应的级配曲线图如图 1 所示。

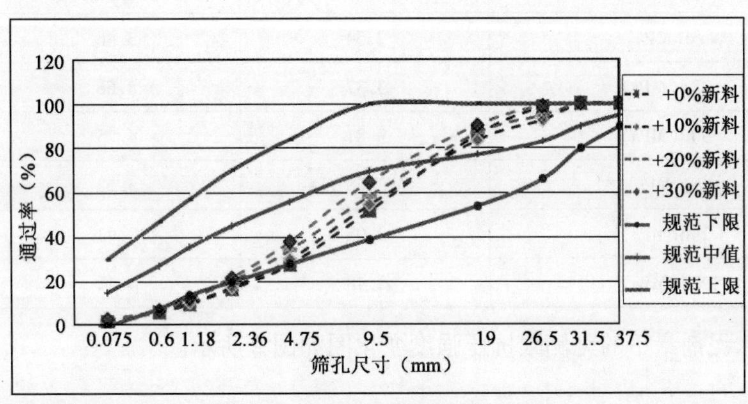

图 1　再生混合料级配

3　实验及其结果分析

在进行试验以前,对每种级配的再生混合料在每个水泥剂量下按照《无机结合料稳定材料试验规程》(JTG E51—2009)类别乙进行重型击实试验,确定其最佳含水率和最大干密度。并以此为依据进行直径 $\phi=100\text{mm}$,高度 $h=100\text{mm}$ 的中型圆柱型试件的成型、养生[3],每组级配下分别平行成型试件 6 个,进行无侧限抗压强度和劈裂强度的实验。

最佳含水率及最大干密度结果如表 2 所示。

最佳含水率和最大干密度结果　　表 2

级配类型		A	B	C	D
3.5%	最佳含水率(%)	6.00	6.35	6.50	6.60
	最大干密度(g/cm³)	2.30	2.33	2.34	2.33
4.5%	最佳含水率(%)	6.00	6.38	6.50	6.62
	最大干密度(g/cm³)	2.30	2.35	2.34	2.35
5.5%	最佳含水率(%)	6.00	6.42	6.50	6.70
	最大干密度(g/cm³)	2.32	2.35	2.35	2.36

可以看到,四种级配在三种水泥剂量下的最佳含水率变化幅度不大,为 6.00% ~6.70%,其变化具有一定的规律性。对于同一级配,随水泥剂量的增加,含水率略微增大;同一水泥剂量下,随新添细料的增加,最佳含水率增大较明显。最大干密度方面,同一级配下,水泥剂量越高,最大干密度增大;同一种水泥剂量下,最大干密度随新料添加比例的增加变化不太明显,最大干密度变化幅度为 2.30 ~2.36g/cm³。

3.1　无侧限抗压强度结果

根据每组平行试件的不同龄期的无侧限抗压强度值,计算出在保证率为 90% 下的代表强度值($R_c0.90=R_c-1.282S$)如表 3 所示。

不同龄期的抗压强度统计结果 表3

级配类型		3.5%水泥	4.5%水泥	5.5%水泥
A级配	7d(MPa)	2.15	3.12	3.70
	28d(MPa)	2.68	3.62	3.96
	90d(MPa)	3.15	4.16	4.43
B级配	7d(MPa)	2.47	3.72	3.93
	28d(MPa)	3.02	3.91	4.53
	90d(MPa)	3.58	4.39	4.96
C级配	7d(MPa)	2.54	3.46	4.45
	28d(MPa)	3.37	3.66	4.96
	90d(MPa)	3.81	4.25	5.46
D级配	7d(MPa)	2.68	3.52	4.51
	28d(MPa)	3.05	3.93	5.07
	90d(MPa)	3.48	4.46	5.49

不同级配在不同水泥剂量下的无侧限抗压强度变化图如图2所示。

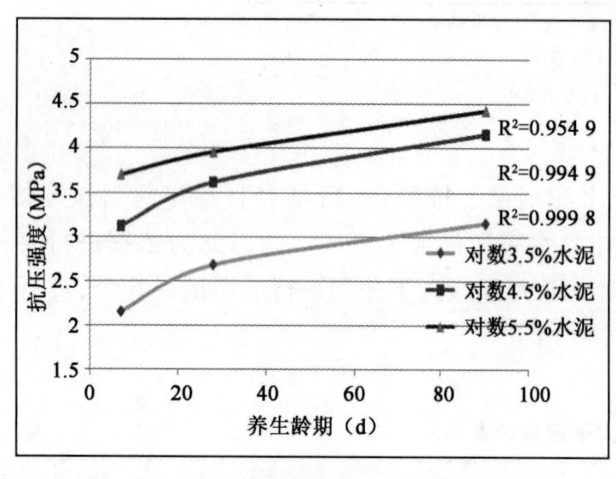

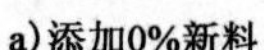
a)添加0%新料

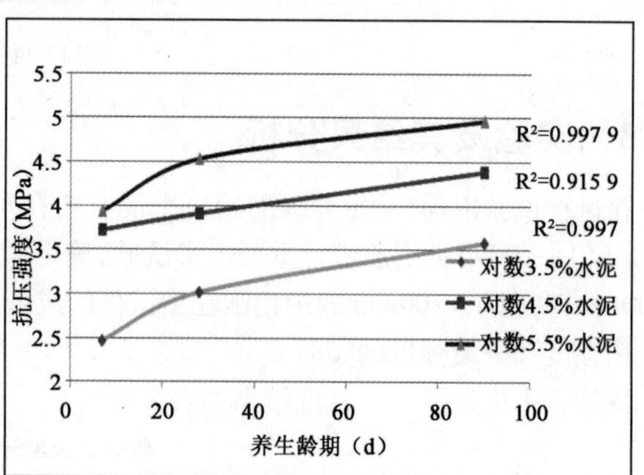

b)添加10%新料

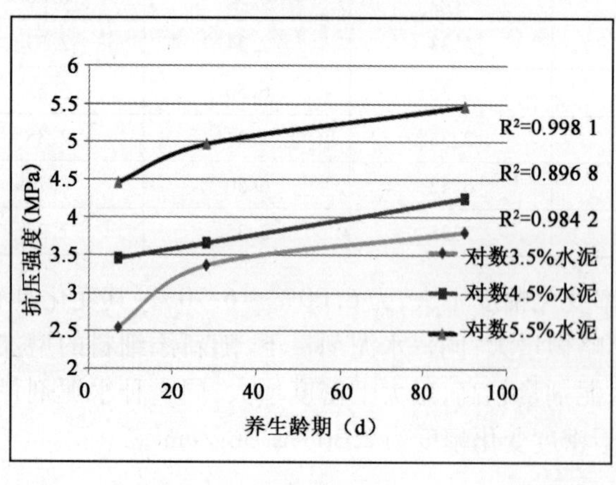

c)添加20%新料

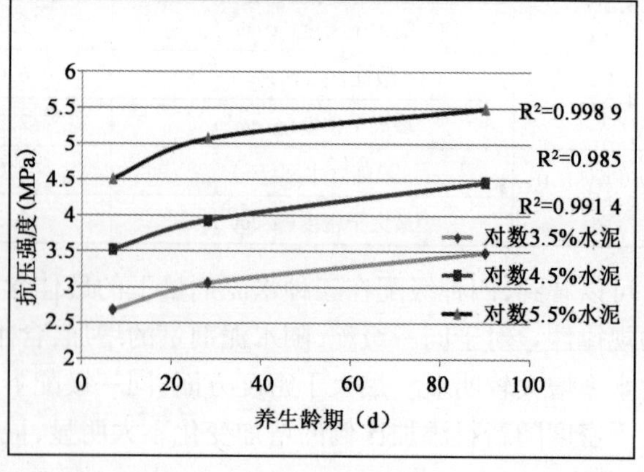

d)添加30%新料

图2 不同级配抗压强度变化图

从上图可以看出，添加四个不同比例新料的再生混合料的无侧限抗压强度随水泥剂量的变化而变化具有相似的规律。水泥作为混合料的结合料，其用量的不同对重复再生混合料的抗压强度影响较大。同一级配在同一养生时间内，水泥剂量越高，无侧限抗压强度越大。图中除新料添加比例为0%和10%的级配在水泥剂量为3.5%的7d无侧限抗压强度小于《公路沥青路面施工技术规范》(JTG P40—2004)中二级及二级以下路面基层要求的7d无侧限抗压强度最小值2.5MPa外，其他水泥剂量下的抗压强度均能满足规范要求。因此，就抗压强度方面而言，在重复再生料组成设计中，当新料添加比例为20%及以上时，水泥剂量可采用3.5%以上含量；当新料添加为0%和10%时，水泥剂量可取4.5%及以上含量。

另一方面，养生龄期对抗压强度的影响是显著的。四个级配在不同水泥剂量下的抗压强度随养生龄期的增加而增大。各个级配的强度随养生龄期的增长而增长的对数模型参数如表4所示。

抗压强度增长对数模型 表4

级配类型		强度增长模型 $Y = A\ln(X) + B$		
		A	B	R^2
A级配	3.5%	0.3913	1.3847	0.9998
	4.5%	0.4058	2.3108	0.9949
	5.5%	0.2828	3.1083	0.9549
B级配	3.5%	0.4335	1.6106	0.9970
	4.5%	0.2585	3.1642	0.9159
	5.5%	0.4042	3.1559	0.9979
C级配	3.5%	0.5004	1.609	0.9842
	4.5%	0.3042	2.7984	0.8968
	5.5%	0.3946	3.6705	0.9981
D级配	3.5%	0.3118	2.0537	0.9914
	4.5%	0.0107	3.5244	0.9589
	5.5%	0.3844	3.7706	0.9989

可以看出，随养生龄期的增长，抗压强度变化近似于对数方程增长模型 $Y = A\ln(X) + B$，其中 X 表示养生龄期，A、B 为方程参数，且不同增长方程的相关性较高。就具体抗压强度值而言不同级配的7d无侧限抗压强度值约为90d抗压强度的55%～65%，28d抗压强度值约为90d抗压强度的85%～95%。可见，抗压强度前28d增长较大，28d以后强度增长曲线接近水平，表示其强度增长较小。同一水泥剂量下的不同新料添加比例的重复再生混合料的无侧限抗压强度随养生龄期的增长的变化图如图3所示。

可看出，不同水泥剂量下，四个级配随新料添加比例的不同其抗压强度呈现出相似的特点。同一水泥剂量下，添加不同比例新料的再生混合料随养生龄期的增长而增大。新料添加比例为0%的混合料其各个龄期的抗压强度明显低于其他新料添加比例的混合料同龄期的抗压强度值。当水泥剂量为5.5%时该规律表现的最为突出，具体的抗压强度值比较：30%新料>20%新料>10%新料>0%新料。

3.2 劈裂强度结果

在无侧限抗压强度的基础上，研究四种级配在三种水泥剂量下，于不同养生龄期的劈裂强度的变化规律，实验结果统计如表5所示。

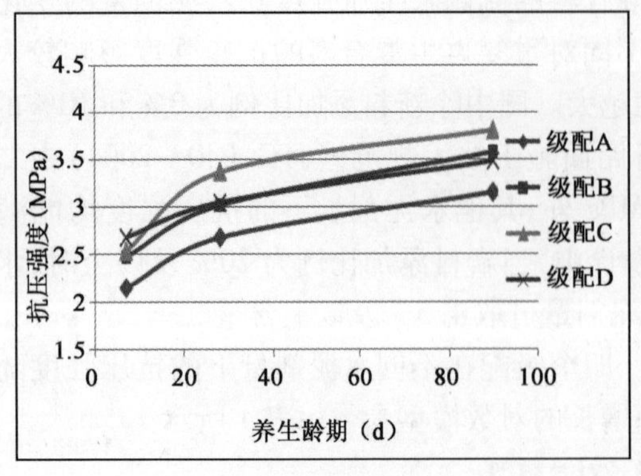

a)水泥剂量为3.5%

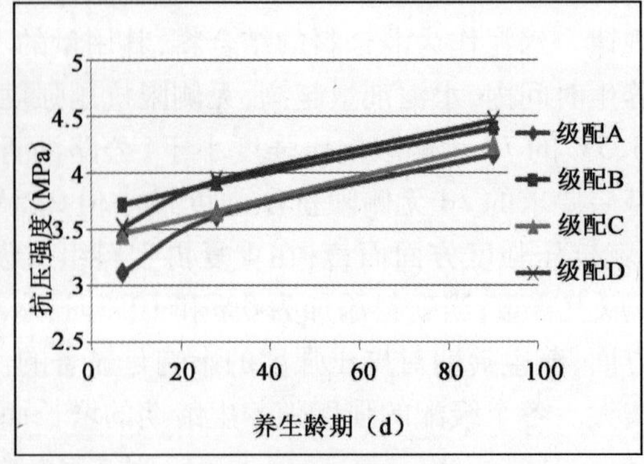

b)水泥剂量为4.5%

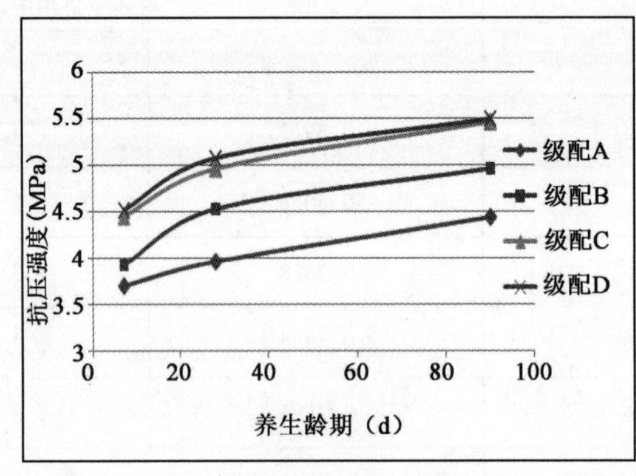

c)水泥剂量为5.5%

图3　不同水泥剂量下的强度变化图

不同级配的劈裂强度结果　　表5

级配类型		3.5%水泥	4.5%水泥	5.5%水泥
A级配	7d(MPa)	0.38	0.42	0.60
	28d(MPa)	0.49	0.55	0.66
	90d(MPa)	0.58	0.63	0.71
B级配	7d(MPa)	0.43	0.62	0.72
	28d(MPa)	0.58	0.70	0.78
	90d(MPa)	0.65	0.78	0.85
C级配	7d(MPa)	0.50	0.57	0.74
	28d(MPa)	0.59	0.68	0.83
	90d(MPa)	0.63	0.74	0.88
D级配	7d(MPa)	0.52	0.63	0.74
	28d(MPa)	0.58	0.70	0.84
	90d(MPa)	0.64	0.78	0.90

不同级配的劈裂强度增长图如图4所示。

从表中实验数据可以看出,劈裂强度的变化规律类似于无侧限抗压强度。主要表现为0~28d的养生龄期内,劈裂强度增长较快,28d后变化较小;7d劈裂强度可以达到90d劈裂强度的65%~85%;28d劈裂强度约为90d劈裂强度的85%~95%。其90d劈裂强度基本处于0.6~1MPa的范围内。不同水泥剂量下,各个级配的劈裂强度比较如图5所示。

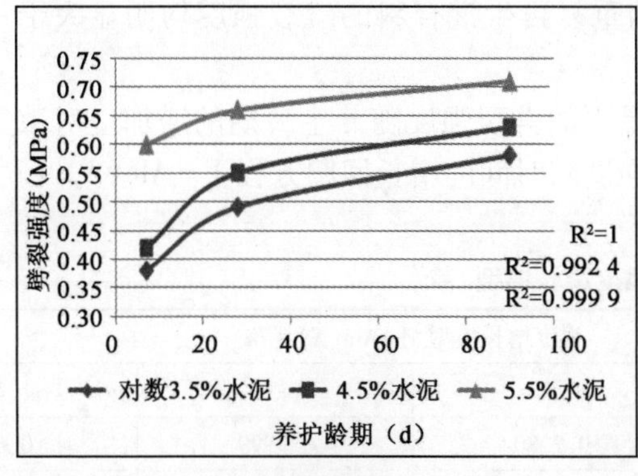

a) 添加0%新料

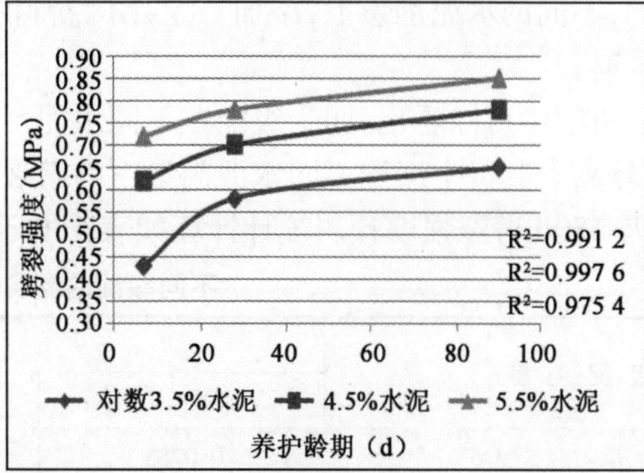

b) 添加10%新料

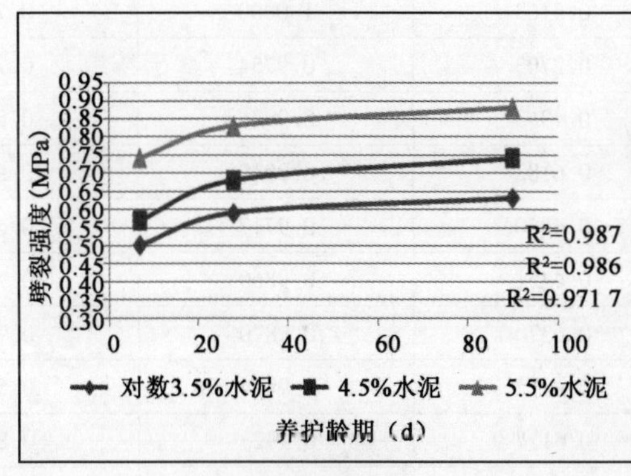

c) 添加20%新料

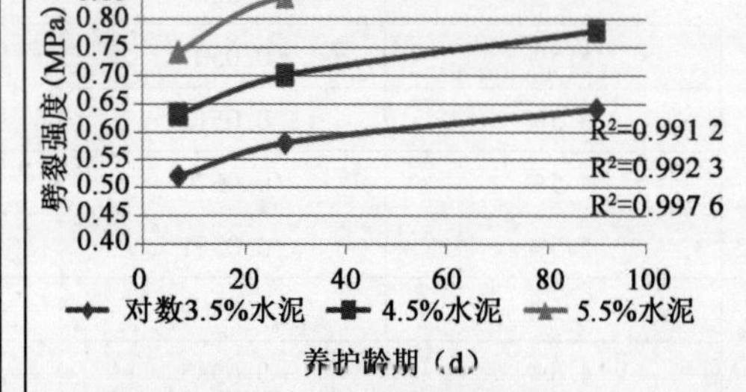

d) 添加30%新料

图4 不同级配的混合料劈裂强度变化图

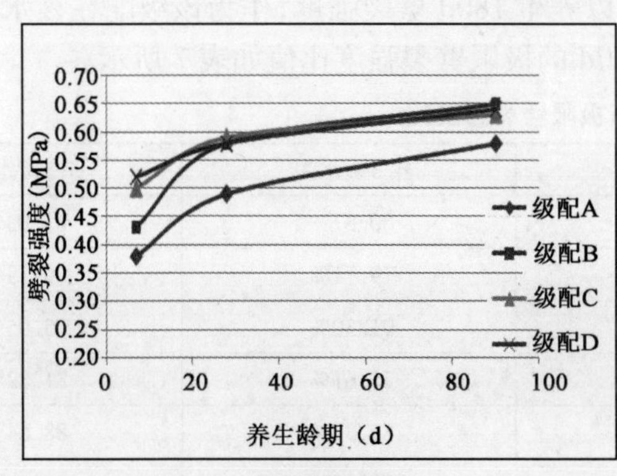

a) 水泥剂量3.5%

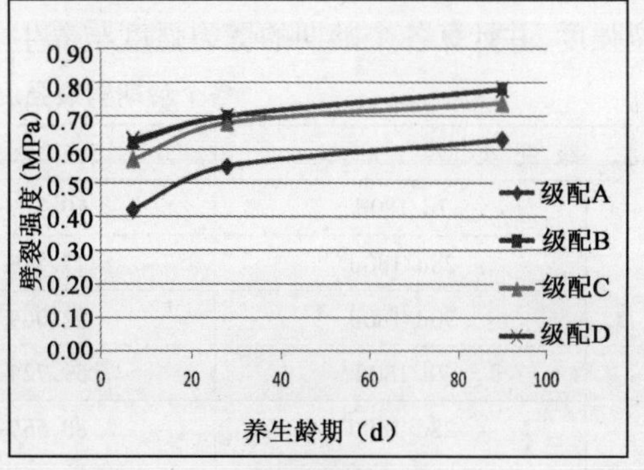

b) 水泥剂量4.5%

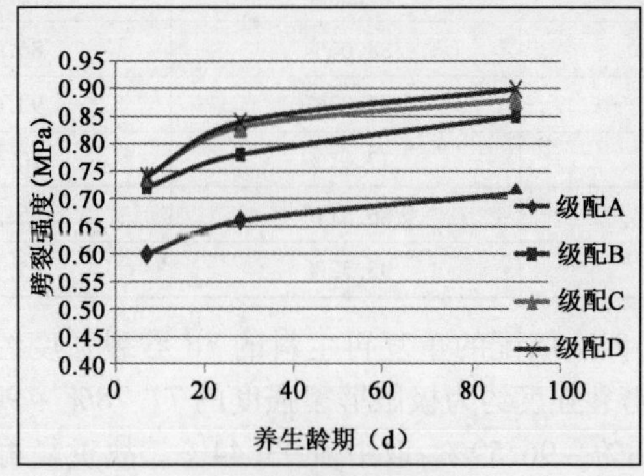

c) 水泥剂量5.5%

图5 不同水泥剂量下的劈裂强度图

可以看到,不同的水泥剂量下,添加一定比例新料的重复再生混合料的劈裂强度均明显大于不添加新料的再生混合料。

从以上分析图中可以看出,四个级配在不同水泥剂量下的劈裂强度随养生龄期的增加呈对数关系的增加,且相关性较高。其每个级配不同水泥剂量下的劈裂强度随时间的增长回归方程 $Y = A\ln(X) + B$ 参数、方程相关性 R^2 及180d劈裂强度预测统计计算如表6所示。

不同级配的劈裂强度增长模型 表6

级配类型		强度增长模型 $Y = A\ln(X) + B$			
		A	B	R^2	Y_{180}(MPa)
A级配	3.5%	0.0783	0.2280	0.9999	0.63
	4.5%	0.0826	0.2642	0.9924	0.69
	5.5%	0.0431	0.5163	1.0000	0.74
B级配	3.5%	0.0868	0.2703	0.9754	0.72
	4.5%	0.0625	0.4963	0.9976	0.82
	5.5%	0.0507	0.6182	0.9912	0.88
C级配	3.5%	0.0513	0.4060	0.9717	0.67
	4.5%	0.0670	0.4451	0.9860	0.79
	5.5%	0.0551	0.6370	0.9870	0.92
D级配	3.5%	0.0469	0.4272	0.9976	0.67
	4.5%	0.0585	0.5127	0.9923	0.82
	5.5%	0.0629	0.6215	0.9912	0.95

根据相关研究结论,当养生龄期达到120d,其劈裂强度基本接近其极限最大劈裂强度。养生120d以后劈裂强度增长很小[4]。考虑到结果的准确性,本研究拟以养生180d劈裂强度,作为该级配在该水泥剂量下的极限劈裂强度,并计算各个龄期的劈裂强度与养生180d的极限劈裂强度比值如表7所示。

各个龄期劈裂强度与极限劈裂强度比 表7

级配类型		3.5%水泥	4.5%水泥	5.5%水泥
A级配	7d/180d	60.32%	60.87%	81.08%
	28d/180d	77.78%	79.71%	89.19%
	90d/180d	92.06%	91.30%	95.95%
B级配	7d/180d	59.72%	75.61%	81.82%
	28d/180d	80.56%	85.37%	88.64%
	90/180d	90.28%	95.12%	96.59%
C级配	7d/180d	74.63%	72.15%	80.43%
	28d/180d	88.06%	86.08%	90.22%
	90d/180d	94.03%	93.67%	95.65%
D级配	7d/180d	77.61%	76.83%	77.89%
	28d/180d	86.57%	85.37%	88.42%
	90d/180d	95.52%	95.12%	94.74%

从表中数据可以分析得出,四个级配的重复再生料的7d劈裂强度约为其极限劈裂强度的59.72%~81.82%,取中值70.77%;28d劈裂强度约为极限劈裂强度的77.78%~90.22%,取中值84.00%;90d劈裂强度约为极限劈裂强度的90.28%~96.59%,取中值93.44%。故重复再生料的劈裂强度随养生龄期的变化示意图如图6所示。

可以看出,重复再生混合料的劈裂强度随养生龄期的增加而增大,养生的前28d劈裂强度增长较快,养生 90d 以后劈裂强度变化曲线已经接近水平线,表示劈裂强度增长已经很小。

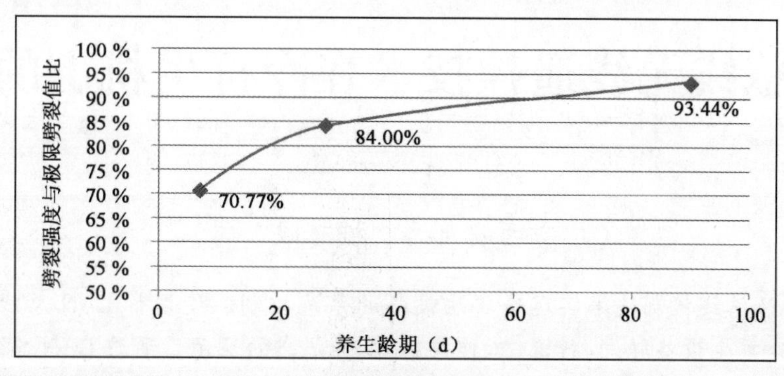

图6　劈裂强度增长变化图

4　结语

(1)从研究结果可以看到,进行过冷再生的水稳碎石旧料依然具有较好的力学性能,其强度变化规律类似于筑路新材料。因此,对再生路面基层进行铣刨而得到的重复铣刨旧料仍然具有利用价值。

(2)新料添加比例达到 20% 时,水泥剂量为 3.5% 的重复再生混合料的 7d 无侧限抗压强度即可满足现行规范要求的 2.5MPa;新料添加比例为 20% 以下时,水泥剂量达到 4.5% 方可满足要求。

(3)重复再生混合料养生的 7d 无侧限抗压强度值约为 90d 抗压强度的 55% ~65% ,28d 抗压强度值约为 90d 抗压强度的 85% ~95%。抗压强度养生前 28d 增长较快,28d 以后强度增长较小。

(4)重复再生混合料的 7d 劈裂强度约为其极限劈裂强度的 59.72% ~81.82% ,28d 劈裂强度约为极限劈裂强度的 77.78% ~90.22% ,90d 劈裂强度约为极限劈裂强度的 90.28% ~96.59% 。

参 考 文 献

[1] 宗炜. 沥青路面二次再生技术研究[D]. 西安:长安大学,2011.

[2] 中华人民共和国行业标准. JTG D50—2006　公路沥青路面设计规范[S]. 北京:人民交通出版社,2006.

[3] 中华人民共和国行业标准. JTG E51—2009　公路工程无机结合料稳定材料试验规程[S]. 北京:人民交通出版社,2009.

[4] 谭学政. 水泥稳定碎石多指标质量控制方法研究[D]. 西安:长安大学,2013.

CAN 总线无线遥控技术在冷再生机上的应用

任 毅
（中交西安筑路机械有限公司）

摘 要 本文采用CAN总线控制技术实现冷再生设备的系统控制。使用带CAN总线控制器和CAN总线显示屏实现冷再生设备转向、行走、工作控制、工作状态的显示。通过CAN总线无线遥控器实现远距离控制冷再生机行走，铣刨、喷洒等工作。该设计取得很好的控制应用效果，可以在冷再生及同类型产品中推广使用。

关键词 CAN总线 无线遥控 冷再生机 总线控制

1 引言

随着我国公路大力发展，公路交通网络已经形成一定规模，但是由于设计、施工、养护管理、交通运输负荷的增加等诸多原因，并随着时间推移，路面出现变形、车辙、磨损、裂纹等不同程度损坏，需要进行维修或改造。根据我国目前修建道路的情况，按照沥青路面的设计寿命（15～20年），许多公路将陆续进入修复阶段，如果采用传统的方法将铣刨下来的大量废旧沥青混合料废弃，一方面造成环境污染，另一方面是对资源的极大浪费[1]。现场路面冷再生技术是比较适宜维修和改造的方法。冷再生机就是将沥青路面铣刨、重新拌和等功能集中为一体的设备。

而冷再生机在工地施工过程中，大部分都是操作者站在冷再生机上，通过站在冷再生机侧边去观察行走情况控制方向和控制行走速度，沥青喷洒等工作。而这种施工方式存在两个问题：(1)从冷再生机上面观察控制铣刨、行走和转向，对铣刨深度无法观测，对再生料的效果无法直观看到，只能多人配合施工。对一些实时发生的特殊情况，如：积料，速度过快产生的打滑等情况无法实时观测；对施工过程中产生这样的问题，无法准确判断，无法避免对设备的损害。(2)冷再生机在工作过程中由于铣刨过程中产生的大量粉尘、噪声和震动，对人身体健康有很大的伤害，而且，操作者站立在设备侧边上有坠落的危险。(3)设备在施工过程中，由于噪声干扰无法与其他人员进行有效沟通，也没有直观观察，对施工质量无法进行有效判断和控制。

针对上述问题，提出遥控技术实现设备的正常工作，而且CAN总线技术已经广泛的应用于设备控制中。CAN总线优势：节约布线成本，减少布线时间，减小出错机率；减小施工难度，缩短施工周期；降低系统总成本；可靠性高，抗干扰能力强；走线少、全数字信息交互；信息量大；实时性高；可维护性强；开发性高；高速的数据传输速率高达1Mbit/s，可以多主方式工作等[2]。本文采用IFM通用控制器和显示屏，结合CAN总线遥控器对冷再生机进行控制。

2 电气控制硬件设计

冷再生机由于首先要对路面进行铣刨工作，震动大，灰尘大，再加上需要加料、拌和，功能多，装配空间小，线路多而且控制复杂，采用CAN总线控制有利于分开布局，而且线路连接简单可靠。图1示出CR2500冷再生机CAN总线连接。

2.1 总线控制器总体结构

中间为主控制器和扩展I0模块，左边为控制输入，包括方向盘角度、模式选择、喷洒宽度等控制信号；控制手柄包括：前进、后退、速度大小；速度传感器包括：行走速度，沥青泵运转速度，发动机转速等；流量传感器包括:沥青、压实水、泡沫水流量;温度传感器:监测喷洒杆温度等。最上面为显示屏:通过 CAN 总线 1 将数据发送给主控制器,主控制器通过 CAN 总线 2 将数据各种数据汇总在一起,通过控制程序对设备进行控制。右上为拉绳传感器通过 CAN 总线和控制器通讯。右边其他为控制输出:阀、开关输出,包括沥青喷嘴阀的开关,水阀的开关,加热开关,支腿的升降等;液压泵、液压马达,包括对沥青泵、压实水泵、泡沫水泵、发电机、行走马达等 PWM 控制。最下面为遥控发射器和遥控接收器,遥控接收器通过 CAN 总线与主控制器通讯。

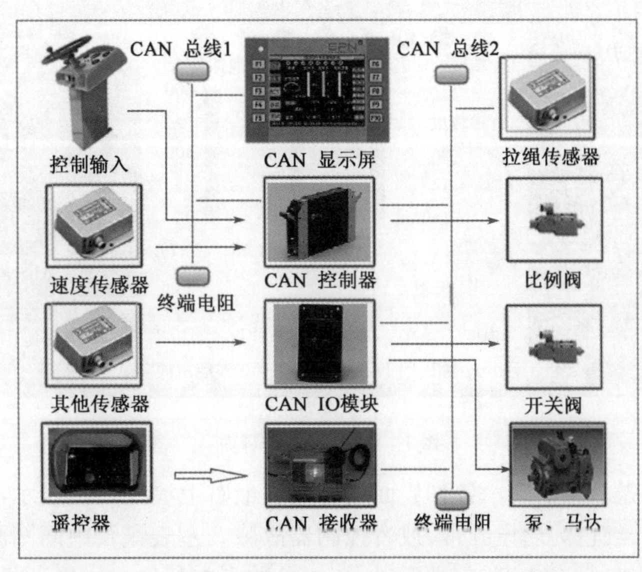

图 1　冷再生机 CAN 总线连接图

冷再生机控制系统核心是采用易福门(IFM)CR0232 控制器[3],人机界面采用 SPN 显示屏、采用 CAN 总线通讯方式,稳定可靠。采用 CAN 总线遥控器选择上海技景遥控系统,可以远距离操作,全方位观察,对施工过程可以实时掌握,远离设备对操作者的身体健康极大的保护。

2.2　遥控控制部分

为了保证正常安全工作,在遥控器控制时,在主控制器中做了几个方面的保护:(1)在遥控开关打开时,或者在遥控进行中,检测不到正常遥控器信号,这时候冷再生机停止前进,发动机怠速,并报警,遥控器故障。(2)在遥控开关打开时,检测到遥控急停信号,冷再生机停止前进,发动机不怠速,并报警。(3)如果长时间不处理故障,发动机熄火。(如图 2 所示)

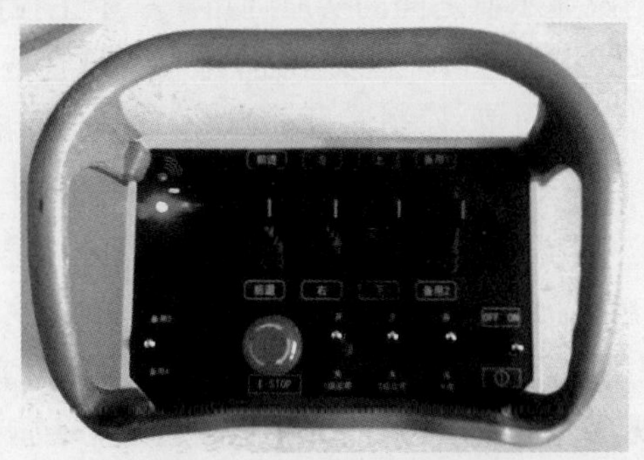

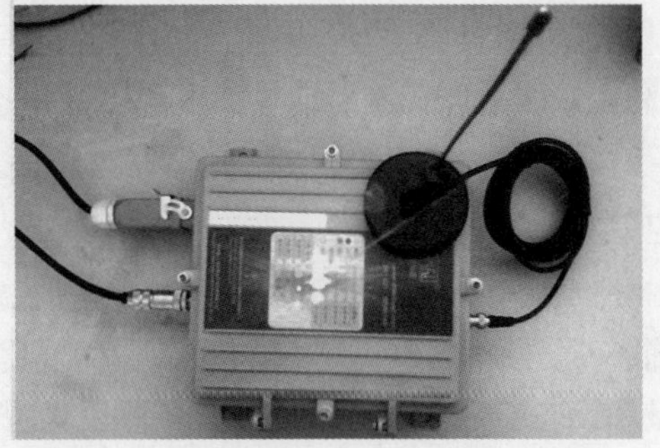

图 2　遥控器控制实物图(左边发射器,右边接收器)

图 2 中,左边为发射器通过 474.450MHz 的频率发射信号,接收器接收信号,通过 CAN 总线将数据发送给控制器。通过测试,发射器和控制器有效通讯距离近 100m,完全满足现场工地的需要。其中,左上绿色指示灯表示电池电量充足,如果快闪,表示电池电量不足。通讯指示灯慢闪,表示接收器接收到发射器的信号;指示灯快闪,表示接收器已经发送信号给发射器。

3　软件设计

3.1　系统显示

根据设备的工作使用情况,通过显示屏对系统工作状态进行显示(如图 3 所示),同时可以通过参数设置对控制参数进行调整设定、找平调整的死区参数,PID 参数、灵敏度等参数尽心设置和在线修改。

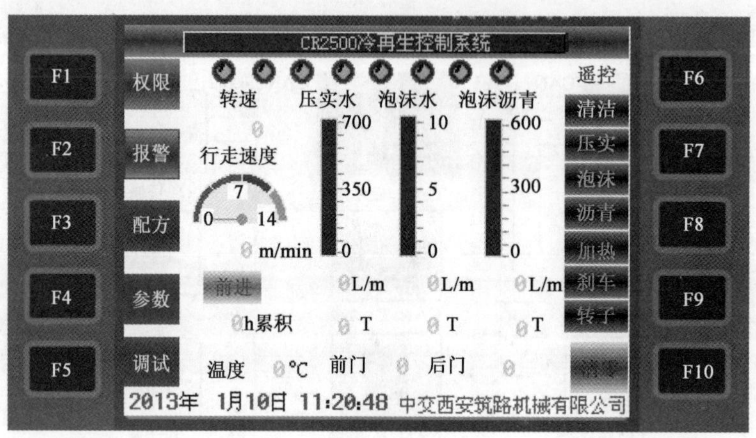

图 3　冷再生机工作界面

如图 3 工作界面中,首先最左面表示各种界面的切换。最右上遥控表示显示器与控制器通讯情况是否通讯正常,正常位绿色显示,红色为通讯异常,或者控制器故障。左表盘及中间图画表示对发动机的主要参数进行显示:包括发动机转速、行走速度,前进后退,其他参数则在其他对应界面显示,如果存在超出正常工作范围的情况会报警提示。右边的表盘显示冷再生机实时工作状态,喷洒量的显示。

3.2　遥控部分软件控制流程图(图 4)

该流程主要针对遥控器故障报警的处理。冷再生机遥控控制技术主要目标是操作方便、操作安全,侧重人身安全和设备安全。对于设备各种报警做的非常完备,发动机各种参数超出正常范围报警,系统工作时的压力等超出正常范围报警,遥控控制失去控制和控制范围内的报警,以及报警后的处理措施。

4　系统设计特点

4.1　线路简单,可靠性高

采用 CAN 总线通讯功能,实现主控制器和扩展控制及显示器之间的实时通讯。一个主控制器、2 个扩展模块、发动机、遥控接收器,拉绳传感器、显示屏之间通过两路 CAN 总线相连,每一路只有一根两芯通讯线,其他输入和控制线路和控制器或扩展模块直接相连,线路简单,控制器自带输出短路保护、诊断,设备可靠性高。

4.2　控制方便

控制距离较远,设备控制可以从冷再生机前端或者后端远距离观察控制铣刨、行走和转向,对行走方向把握非常准确,行走工作偏差很小。同时方便对铣刨深度,行走履带是否有打滑,积料等现象实时观测,保证的施工质量和设备稳定。对再生料的效果可以直观观察,便于及时调整。在施工过程中,远离设备操作,受噪音干扰小,便于与其他人员进行有效沟通及时对一些问题进行预判,进一步提高施工质量。显示屏实时显示设备运行状态,随时掌握设备工作情况,方便实现参数输入和修改。推荐行走速度,实现最佳的控制效果。详细的状态指示灯和报警提示,出现缺料或其它故障时会报警灯提示操作者。

4.3　控制安全,保护操作者身体健康

远距离实现设备控制,在工作过程中大大降低了铣刨过程中产生的大量粉尘、噪声和震动对人身体健

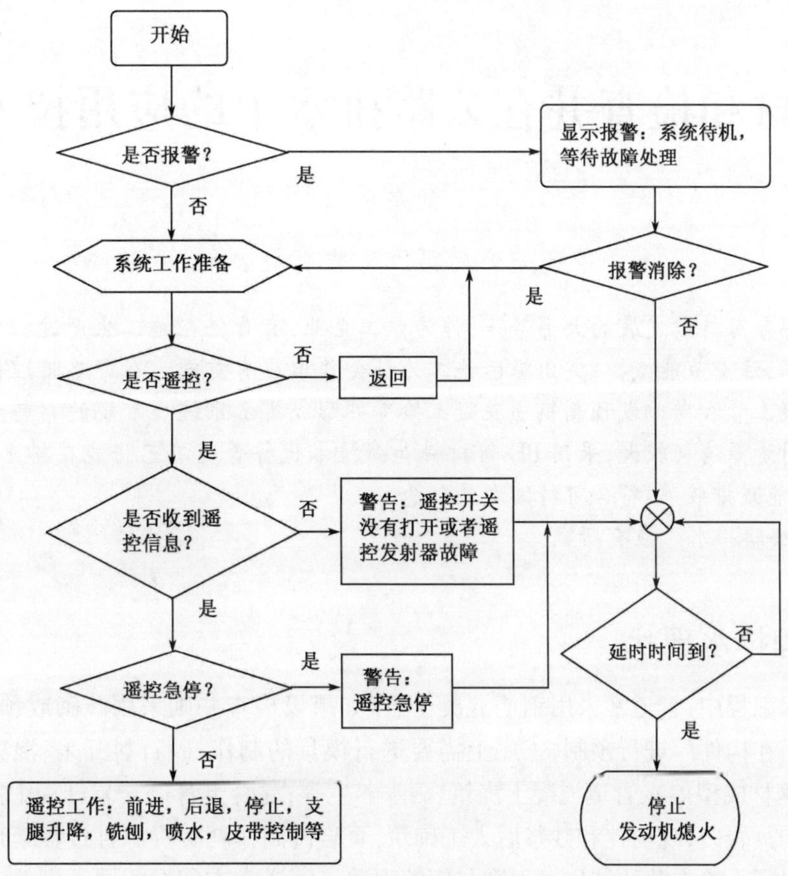

图4　遥控部分控制流程图

康的伤害,同时避免了操作者在冷再生机侧边上观察时坠落的危险;最大限度地保护了操作者的身体健康。同时,便于冷再生机与料车的对接,在施工过程中便于对一些故障的预判,如:积料和打滑,漏油等的实时观测。对冷再生机设备本身也提供了一种保护,使设备更安全稳定地运行。

5　结语

采用CAN总线技术的控制器、显示屏,无线遥控,非常好地实现了无线遥控技术在冷再生机系统中的无线控制,不仅能够充分利用旧路面的废弃材料,而目也解决废弃材料对空间的占用和对环境造成的污染。同时,该控制方式电缆布线简单,节点少,连接检查工作量小;容易进行故障诊断和运行状态记录,有利于控制操作和维修;可靠性高,抗干扰能力强;实时性高,可维护性强;开发性高。

CAN总线遥控技术解决了现场设备必须和操作者集中一体的控制方式,降低了现场施工过程中粉尘、噪声等对操作者身体的伤害。并为工程控制设备控制提供了一个新的方法,也为未来设备的操作和恶劣环境的施工提供了便捷,不仅适用于当前设备,而且适用于铣刨机、挖掘机、摊铺机等施工设备,应用前景非常广泛。

参考文献

[1] 杨立伟.泡沫沥青就地冷再生技术的应用与发展[J].北方交通,2008,2:56.

[2] 陈学珍,陈旭武.CAN总线及应用,电气传动自动化[J].2005,5:1-53.

[3] 易福门电子.CR0232手册.易福门电子(上海)有限公司,2009,9:7-12.

PE管材和检查井在公路排水中的应用技术研究

刘春杰
（中交一公局第五工程有限公司）

摘　要　在全社会倡导可持续发展的大形势下，作为施工企业，有责任在施工生产过程中通过科学管理，应用四新技术，注重节能减排，突出绿色施工为社会作出应有贡献。在公路暗埋排水工程中，一般采用钢筋混凝土管和砖砌或预制钢筋混凝土检查井形成排水系统。常规的材料和施工工艺，生产和施工过程对资源消耗较大，采用PE新材料和新技术代替普通工艺将能在排水工程中实现绿色建造，达到节能减排效果，符合可持续发展理念。

关键词　PE材质　公路排水　应有研究

1　公路暗埋排水现状

在公路暗埋排水工程中，管道常采用钢筋混凝土管，如果设检查井则采用砖砌或预制钢筋混凝土检查井。钢筋混凝土管道在构件厂进行预制，工序上需要进行模具的制作、砂石料开采、混凝土拌和、钢筋加工安装（铁矿石开采、钢材成型等）、管道混凝土浇筑、洒水养生等；混凝土管道安装过程中需要大型吊装设备。砖砌检查井需要采购页岩砖，现场拌和砂浆后人工砌筑，页岩砖制作耗费资源且过程繁琐，现场砌筑耗费时间和人力多。钢筋混凝土检查井的制作过程则与钢筋混凝土管道存在问题相同。钢筋混凝土管和检查井、砖砌检查井可循环利用性差。

综上可以看出，常规的管道、检查井制作和施工工艺耗费各种资源（材料、机械、人工），对自然环境影响大，不利于可持续发展。需要有新材料、新工艺替代。

2　新型材料的出现

2.1　概述

PE（聚乙烯）材料由乙烯聚合而成，是典型的热塑性塑料，具有无臭、无味、无毒、化学稳定性好等特点，是可再生回收循环利用材料。

PE管材是以聚乙烯树脂作为主要原料制成的新型产品，含有抗氧化剂、紫外线吸收剂等化学助剂。根据PE管的密度不同，可以分为低密度聚乙烯管、中密度聚乙烯管以及高密度聚乙烯管。在排水工程中，常见的PE管是由高密度聚乙烯增强钢带螺旋波纹管和双壁波纹管。

2.2　PE管材的特点

2.2.1　耐腐蚀性、密封性和柔韧性强

PE管材的耐腐蚀性比其他管材都要强，除了PE管的制作材料——PE树脂的化学稳定性之外，还因PE管材中，包含有强氧化剂，使PE管可以抵抗多种化学物质和普通外界环境因素的腐蚀，因此，PE管的使用寿命也比传统管材长。其次，由于PE树脂的化学特性，使PE管在进行热熔连接时，可以确保管道接口的结构、材质，以及管道管体的同一性不被改变，保障了PE管材和管道接口的一体化。PE管还具有极高的柔韧性，管材在面对错位或高差沉降的时候，具有极强的适应力，因此，PE管在地震频发区同样适用；PE管的柔韧性使PE管更容易被弯曲，在实际的施工过程中，可以对PE管的走向做出一定的改变，绕过施工障碍，令施工的难度大大降低，节约了施工时间，降低了工程造价。

2.2.2 低温抗冲击性、抗开裂性、耐磨性强

聚乙烯树脂的低温脆化温度较低,因此,PE管具有良好的低温抗冲击性,可以在60℃~60℃温度范围内使用。PE管良好的柔韧性使管道受到重物直接压过也不会发生损坏。此外,经过相关实验表明,PE管道的耐磨性为钢管的4倍,抗裂纹传递能力也比其他管材制成的管道优秀。

2.2.3 水流阻力小、卫生性好

PE管道具有光滑的内表面,曼宁系数为0.009,光滑的表面和非粘附特性保证PE管道具有较传统管材更高的输送能力;应用于排水管道,在相同流量、坡度等条件下,可减小管径;同时,由于PE管的流通性强,管内壁光滑,也不容易结垢和滋生细菌。

2.2.4 施工方便、经济性好

PE管材属于新型的高分子材料,其密度低、重量轻,降低了材料运输和施工过程中的难度。PE管的管道接口少,PE管道之间采用承插或电热熔方式连接,方便快捷。此外,PE管道具有多种施工技术,除了可采用传统的开挖方式进行施工外,可以采用多种非开挖技术如定向钻孔、衬管、裂管、顶管等方式施工。

PE管道使用寿命长、水力性能好和施工方便等因素,实践证明,PE管道综合造价明显低于金属管材及混凝土管材。

3 PE管材施工步骤

3.1 沟槽开挖

在排水工程的施工中,管道沟槽的开挖工作量占的比重极大,因此,在开挖管道沟槽时应该进行合理的组织。开挖前,查看地下管线勘查报告,查清地下管线或构筑物现状、分布位置及埋深,必要时人工挖取探坑,探明地下物做出明显标识,施工过程中注意保护。

机械挖槽应确保槽底结构不被扰动和破坏,开挖时应在设计高程以上保留20~30㎝槽底不挖,用人工清底。如遇局部超挖或发生扰动,应换填天然级配砂砾。

3.2 管道安装

PE管道的基础一般为土弧基础,对一般地基,承载力$f_{ak}\geq 80$kPa时,基底可铺设10cm中粗砂;当地基承载力$55\leq f_{ak}<80$kPa或槽底位于地下水位之下时,宜铺设厚度不小于20cm的砂砾基础层;当地基承载力$f_{ak}<55$kPa时,应对地基进行加固处理。在管道设计土弧基础范围内的腋角部位,必须采用中粗砂回填密实,回填范围不得小于180°。

管道可采用人工安装,用非金属绳索溜管,使管道平稳的放在基础上。

PE双壁波纹管:在进行管道连接时,先将承口、插口内外清理干净,并涂上润滑油,然后对准中心线,插口套上密封胶圈后插入承口,控制插入深度满足要求。管道连接过程中,检查每一个连接口是否紧密结合,防止出现渗水情况,如图1所示。

图1 双壁波纹管连接图

PE增强钢带螺旋波纹管:管道连接采用电热熔带焊接,先将一条内壁镶嵌有电阻丝的聚乙烯电熔带紧贴在两被连接的外表面,再用耐热带紧固(图2);同时在接口处管端内壁用可拆卸的工具支撑牢固后,再用电热熔焊机给电阻丝供电,电阻丝发热熔融膨胀形成压力,界面两边的聚乙烯互相扩散,关闭电源,待充分冷却固化后形成可靠连接,如图3所示。

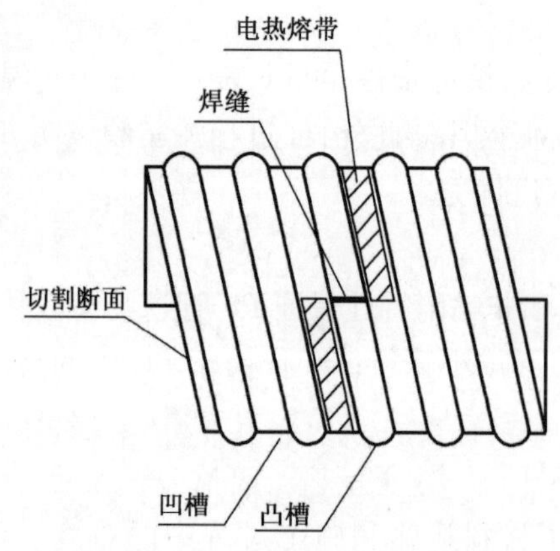

图2 增强钢带螺旋波纹管连接图

图3 增强钢带螺旋波纹管现场连接图

3.3 检查井

PE检查井采用注塑工艺成型的加强筋结构塑料检查井，如图4所示，检查井与管道接口为对接形式，接口用热收缩带的方式连接，如图5所示。

检查井运输至现场后直接安装至设计位置，免去人工拌和砂浆现场砌筑，施工速度快捷。

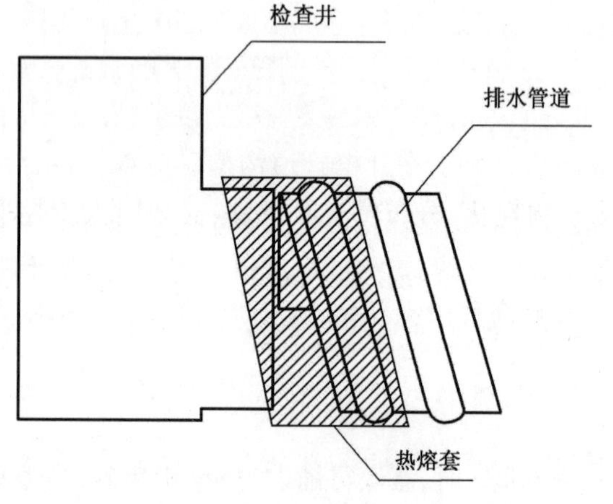

图4 双壁波纹管与检查井连接图

图5 双壁波纹管与检查井现场连接图

3.4 沟槽回填

当PE管道安装验收合格后，进行沟槽回填。回填工艺与钢筋混凝土管道回填相同。

4 结语

目前，我国的PE管材的制作工艺技术已发展成熟，施工技术也正在不断完善和成熟。PE管材和检查井较钢筋混凝土管道和砖砌/预制检查井相比，具有明显的优势，在实际的施工过程中，充分利用PE管材（含PE检查井）的优势，是节能减排、绿色施工的体现，不断推广应用绿色节能四新技术将对社会可持续发展将起到积极的推动作用。

PPA 与 SBS 复合改性沥青的技术性能评价研究

吴耀东

（辽宁省交通科学研究院；高速公路养护技术交通行业重点实验室）

摘　要　传统的 SBS 改性沥青属物理共混改性，普遍存在着改性剂与基质沥青相容性差，热稳定性不足的问题。而 PPA 对沥青的改性属于化学改性，可有效弥补传统 SBS 改性沥青的不足，提高其路用性能。本文通过对不同掺量的 SBS（3%、4%）与不同掺量的 PPA（0.5%、1.0%、1.5% 和 2.0%）的复合改性沥青的针入度、软化点、5℃延度、旋转粘度、RTFOT、PAV 老化后的技术指标以及 PG 分级等技术指标进行试验分析，并横向比较 SBS + PPA 与 SBS 改性沥青的性能变化关系，分析评价 PPA 加入沥青中的改性效果。结果表明：PPA 加入到沥青中，可有效提高沥青的高温性能、耐老化性能，改善改性沥青的热存储稳定性。通过复配改性的沥青相容性好，且能有效提高其低温抗裂性，用部分 PPA 替代一部分 SBS 改性剂可达到成品改性沥青的路用性能，且降低了改性沥青的成本。

关键词　多聚磷酸　复合改性沥青　技术性能　评价研究

SBS 改性沥青以其优良的路用性能，在我国得到了广泛的应用。但是，近几年随着物价的上涨，SBS 价格也不断上升，直接导致了工程成本的增加。同时，传统 SBS 改性沥青是使用专业设备对沥青进行搅拌、剪切，使改性剂均匀分散于沥青中，属物理共混改性。且 SBS 与基质沥青在分子量、密度、溶解度参数及其它物理和化学性质都存在很大的差异，致使两者之间的相容性较差，在高温储存时容易发生分层离析现象，严重影响沥青的改性效果和施工质量。

多聚磷酸（PPA）改性沥青具有存储稳定好，高温性能和抗老化性能好等优点，可以解决自制 SBS 改性沥青所带来的存储稳定性差等问题，但对低温性能改善并不明显，限制了其应用范围。通过复配改性所得的沥青其相容性好，且能有效提高其低温抗裂性。故本文选择不同掺量 SBS（3%、4%）与不同掺量 PPA（0.5%、1.0%、1.5% 和 2.0%）的复合改性沥青进行试验分析，评价其路用性能，寻找出 SBS + PPA 复合改性的最适宜掺量。并与 5% SBS 改性沥青进行横向比较，评价 PPA 对沥青的改性效果。

1　多聚磷酸（PPA）简介

多聚磷酸（以下简称 PPA）是一种无色透明黏稠状液体，易潮解，不结晶，有腐蚀性，其熔点 48 ~ 50℃，沸点 856℃，密度 2.1g/cm^3，分工业级和食品级。本文选用 PPA 为工业级，其磷酸（H3PO4）的含量 115%，五氧化二磷（P5O2）的含量 ≥84%，氯化物（以 Cl^- 计）≤0.001%，硫酸盐（以 SO4 计）≤0.05%，重金属（以 Pb 计）≤0.01%，铁（Fe）≤0.001%。

2　技术性能测试与评价

2.1　PPA 与 SBS 改性沥青最适宜掺量确定

本文选用 LH90 号基质沥青自制 4% SBS + PPA（0.5%、1.0%、1.5% 和 2.0%）、3% SBS + PPA（0.5%、1.0%、1.5% 和 2.0%）和 5% SBS 改性沥青，进行沥青的三大指标（针入度、软化点和 5℃ 延度）、BROOKFIELD 黏度（135℃，175℃）试验，试验结果见表 1、表 2 和图 1 ~ 图 8。

4%SBS + PPA(不同掺量)性能试验　　表 1

项　目	5% SBS	4% SBS + 0.5% PPA	4% SBS + 1% PPA	4% SBS + 1.5% PPA	4% SBS + 2% PPA
针入度	60.5	51.6	42.8	35.8	33.8
软化点	83.7	56.6	66.0	72.5	79.3
5℃延度	34.0	32.3	7.6	6.1	6.5
135℃黏度	2.37	1.025	1.485	2.25	4.15
175℃黏度	0.455	0.26	0.27	0.39	0.64

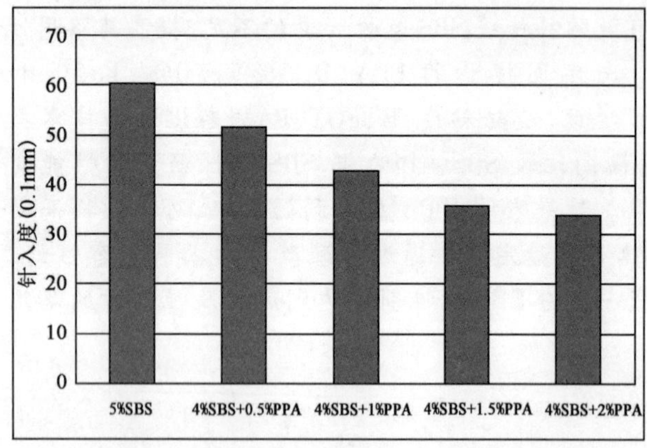

图 1　4% SBS + 不同 PPA 掺量与针入度柱状图

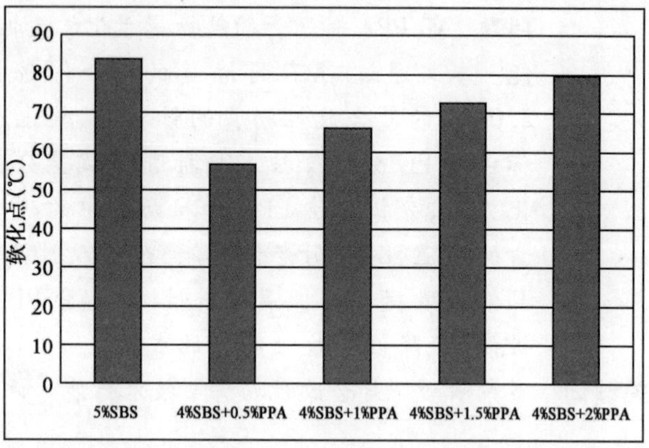

图 2　4% SBS + 不同 PPA 掺量与软化点柱状图

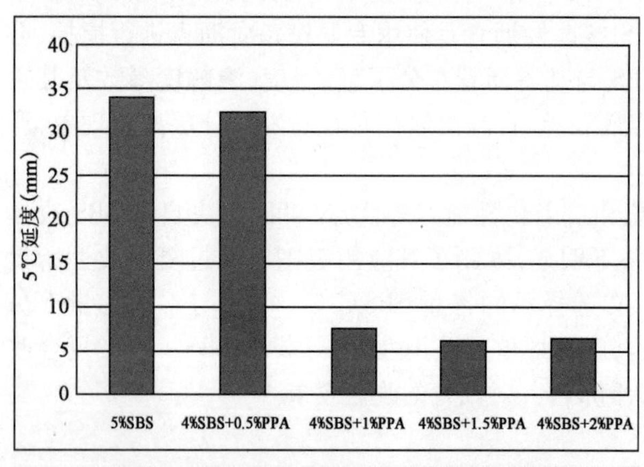

图 3　4% SBS + 不同 PPA 掺量与 5℃延度柱状图

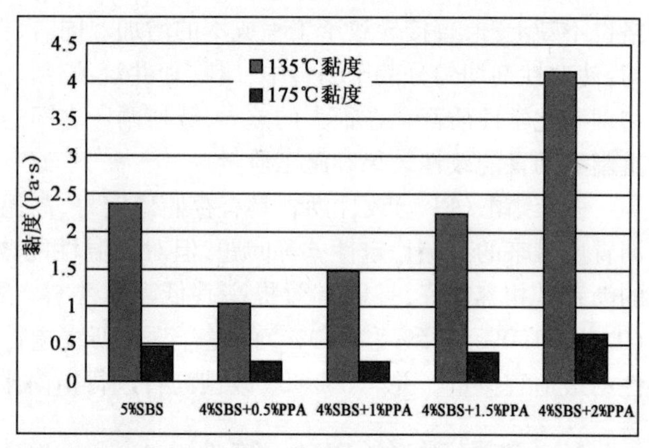

图 4　4% SBS + 不同 PPA 掺量与粘度柱状图

3%SBS + PPA(不同掺量)性能试验　　表 2

项　目	5% SBS	3% SBS + 0.5% PPA	3% SBS + 1% PPA	3% SBS + 1.5% PPA	3% SBS + 2% PPA
针入度	60.5	50.7	45.0	33.6	32.9
软化点	83.7	53.1	57.3	60.5	63.4
5℃延度	34.0	16.9	6.0	4.5	4.0
135℃黏度	2.37	1.09	1.235	2.015	2.18
175℃黏度	0.455	0.216	0.29	0.338	0.378

由图 1 ~ 图 8 可以看出,不同 SBS 改性剂掺量下,随着 PPA 掺量的增加,沥青的针入度逐渐降低,软化点和黏度逐渐增加,这主要是因为 PPA 的加入导致沥青四组分发生变化,将部分饱和分转化为沥青质。沥青质含量对沥青流动特性有很大的影响,不仅决定着沥青的塑性状态界限和由液态变为固态的程度,还决定

着沥青的黏滞度和感温性,以及沥青的硬度。而饱和分属于轻质油分,对沥青具有润滑性,它可以降低沥青的稠度,增大其流动性,使沥青柔软。PPA的加入导致沥青质的增加,饱和分减少,从而导致沥青的硬度变大,外观表象上即为针入度降低,软化点升高。同时,PPA加入也使沥青胶体结构由溶胶结构转变为溶胶—凝胶型结构。PPA掺量比例越大,沥青中胶团的量就越多,胶团与胶团之间作用力越强,外观表象上即为随着PPA掺量的增加,粘度也逐渐增大。

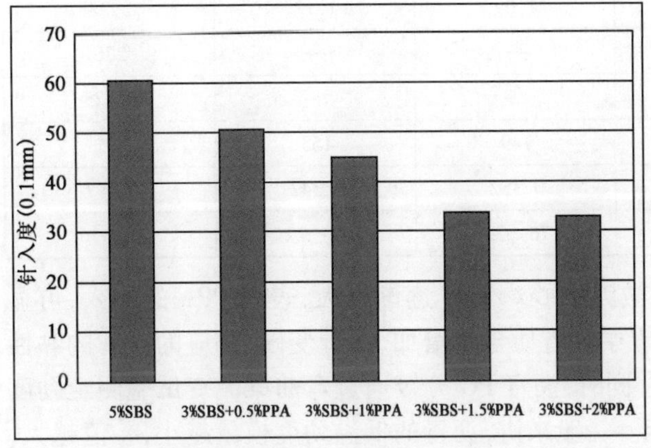

图5　3%SBS+不同PPA掺量与针入度柱状图

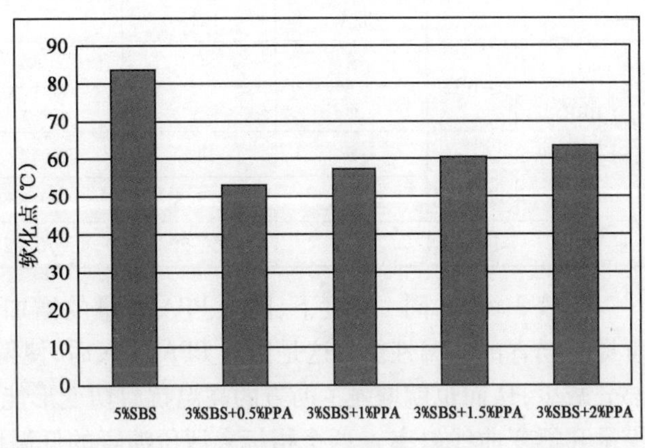

图6　3%SBS+不同PPA掺量与软化点柱状图

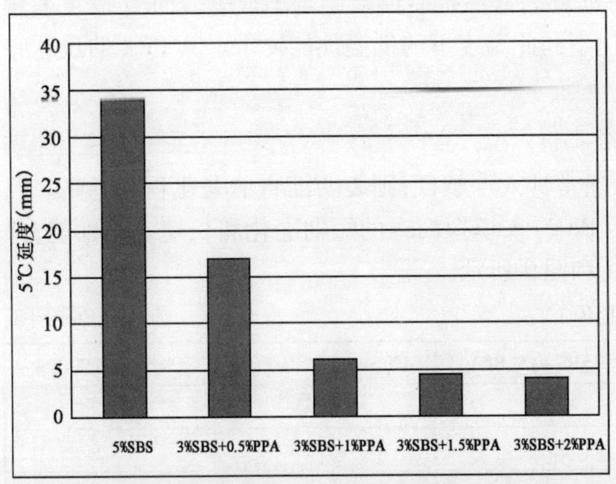

图7　3%SBS+不同PPA掺量与5℃延度柱状图

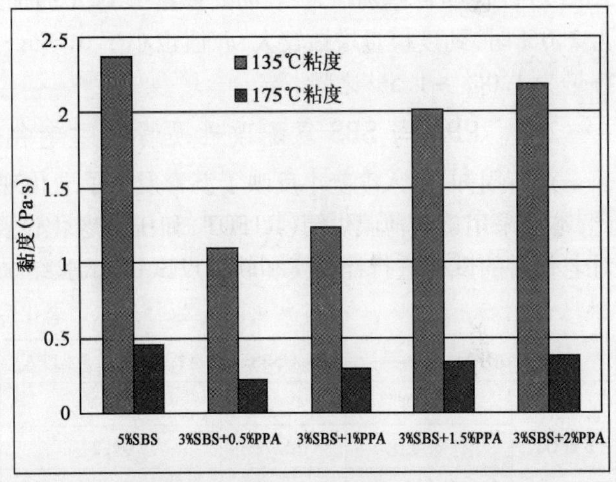

图8　3%SBS+不同PPA掺量与粘度柱状图

同时,由表1、表2可知,4%SBS+2%PPA沥青的135℃黏度已经超过3Pa·s,黏度过大,不利于施工。而3%SBS+PPA(不同掺量)的沥青整体性能较5%SBS改性沥青性能存在较大差距,其高、低温性能不满足改性沥青路用性能要求。

5℃延度随着PPA掺量的增加而降低,当掺量超过1%的时,基本是一拉就断,这种破坏属于脆性破坏,这是因为PPA的加入,增加了沥青材料的不均匀点,出现了应力集中而更容易发生破坏。这种破坏而测得的延度值是不能准确反映沥青的低温性能。为此,本文对4%SBS+PPA(不同掺量)进行了美国SHRP计划中的PG分级评价,试验结果如表3所示。

沥青PG分级试验评价　　表3

项　目		5%SBS	4%SBS+0.5%PPA	4%SBS+1%PPA	4%SBS+1.5%PPA	4%SBS+2%PPA
原样DSR$G*/\sin\delta$ (kPa)	64℃	—	2.31	—	—	—
	70℃	2.23	1.14	2.18	2.66	4.73
	76℃	1.12	—	1.08	1.32	2.34
	82℃	0.55	—	—	0.68	1.09

续上表

项目			5% SBS	4% SBS + 0.5% PPA	4% SBS + 1% PPA	4% SBS + 1.5% PPA	4% SBS + 2% PPA
RTFOT后DSR $G*/\sin\delta$ (kPa)		64℃	—	4.49	—	—	—
		70℃	4.56	2.24	4.52	—	—
		76℃	2.28	1.09	2.27	2.35	4.66
		82℃	1.13	—	1.09	1.12	2.32
BBR S(MPa)m	-6℃	S	—	—	—	—	286
		m	—	—	—	—	0.325
	-12℃	S	149	142	149	153	191
		m	0.342	0.369	0.352	0.342	0.297
PG分级			76—22	70—22	76—22	76—22	82—16

由表3可知，同一温度下，随着PPA掺量的增加，车辙因子$G*/\sin\delta$逐渐增大，表明PPA的加入，可显著提高沥青的高温性能。这是因为PPA加入后，使得沥青中沥青质含量增加，沥青变硬，相应的沥青的黏性部分减少，从而也就增强了沥青的高温抗剪切变形能力。同时，沥青PG分级通过弯曲梁流变试验测定劲度模量和蠕变曲线斜率m两个指标来评价沥青的低温性能。一般来讲，沥青的低温劲度模量越小，m值越大，其低温抗裂性能越好，反之越差。因此，由表3可以看出，当PPA掺量不超过1.5%时，劲度模量和m值与5% SBS改性沥青差别不大，表明此掺量下PPA的加入对沥青的低温抗裂性能影响不显著。而当PPA掺量为2.0%时，劲度模量增幅较大，m值也小于0.3Pa·s，达不到此温度下的低温性能要求。其PPA的最适宜掺量为1.0%~1.5%之间。

2.2　PPA与SBS复配改性沥青的耐老化性能评价

众所周知，针入度变小反映了沥青发生了老化现象，通常针入度越低，则表明沥青的老化程度越高。因此，本文采用旋转薄膜烘箱(RTFOT)和压力老化试验仪(PAV)来模拟沥青的短期老化和长期老化性能，并对老化后的试样进行针入度和软化点试验，试验结果表4和图9所示。

老化后性能评价　　表4

项目		5% SBS	4% SBS + 0.5% PPA	4% SBS + 1% PPA	4% SBS + 1.5% PPA	4% SBS + 2% PPA
RTFOT	针入度	45.2	35.7	31.6	30.5	29.7
	针入度比	74.7	69.2	73.8	85.2	87.9
	软化点	89.3	59.8	69.7	75.3	82.8
PAV	针入度	31.7	26.0	29.3	28.7	27.9
	软化点	94.9	63.1	73.5	77.9	86.1

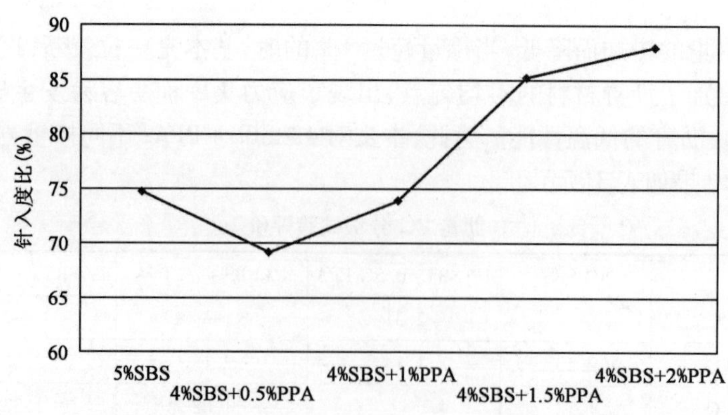

图9　不同沥青与针入度比折线关系图

由表4可知,经过老化的沥青,针入度均下降,且随着PPA掺量的增加,针入度越小,表明随着PPA掺量的增加,其抗老化性能逐渐提高。为了更直观的评价沥青耐老化性能,现采用针入度比(RP)来评价其耐老化性,针入度比即老化后的25℃针入度与老化前25℃针入度的比值,结果如图9所示。可见,随着PPA掺量的增加,残留针入度比逐渐增大,当掺量大于1%时,其耐老化性能优于5%SBS改性沥青。

2.3 PPA与SBS复配改性沥青的热存储性能评价

本文选用原样沥青进行了稳定性试验,实验结果如表5所示。

沥青热存储稳定性评价 表5

项目		5%SBS		4%SBS+0.5%PPA		4%SBS+1%PPA		4%SBS+1.5%PPA		4%SBS+2%PPA	
原样	离析软化点	54.1	>90	52.7	71.3	65.4	66.9	73.1	73.8	80	80.2

由表5可知,PPA的掺量在1.0%以上时,对沥青的存储稳定性具有良好的改善作用,这主要是由于PPA加入沥青中是一个物理化学改性过程,而且PPA与沥青具有很好的相容性,使PPA与SBS均匀的分散于沥青中,从而具有良好热储存稳定性。

综上所述,PPA加入到沥青中,可有效提高沥青的高温性能、耐老化性能,改善改性沥青的热存储稳定性,对沥青的低温性能影响不明显。而通过PPA与SBS复合改性的沥青相容性好,且能有效提高其低温抗裂性。同时,用部分廉价的PPA代替一部分昂贵的SBS改性剂,不但可达到成品改性沥青的路用性能,而且降低了改性沥青的成本

3 结语

(1)PPA的加入可提高沥青的高温性能,耐老化性能和热存储稳定性,对低温性能影响较小,可通过与聚合物改性剂复合改性的方式,提高沥青的低温抗裂性。

(2)PPA可替代部分SBS进行复合改性,达到成品SBS改性沥青的路用性能,同时降低了施工成本。

(3)建议PPA的掺量不易超过2%,PPA掺量过多会导致沥青黏度过大,不利于施工。

RIS-K2探地雷达在兵团公路建设检测中的应用

王随柱[1]　郑　军[2]

(1 新疆生产建设兵团公路科学技术研究所;2 新疆兵团公路养护管理中心)

摘　要　本文简单的介绍了RIS-K2探地雷达的工作原理,结合工程检测实例采用Launch GRED软件对数据进行了分层分析,根据检测过程和数据客观的分析了RIS-K2探地雷达在公路建设检测中的优缺点。

关键词　RIS-K2探地雷达　公路　检测

1　引言

随着近几年国家对兵团公路建设的大力支持,兵团十二五规划提出依托国省干线路网,加快垦区之间以及垦区内部公路建设,达到2015年兵团城市和80%的团场通二级及以上公路的目标。根据兵团公路建设的目标,兵团新建公路主要以二级公路为主。另外,鉴于兵团垦区原有公路建设等级低、设计指标低的情况,兵团垦区内公路改扩建,使原有二级以下公路提升等级,铺设沥青混凝土路面。由于工程量大,也不能长时间封路检测,所以对公路的试验检测方法和设备也需要改进。探地雷达是工程物探、检测的一项新技术,具有连续、无损、高效和高精度的检测方法,改善了传统的钻孔取芯较为复杂、且对路面是一种永久性的破坏的缺点。目前在国内公路检测应用也比较广泛。

2　RIS-K2探地雷达的工作原理

RIS-K2探地雷达由一体化主机、天线及配套软件等部分组成,根据电磁波在有耗介质中的传播特性,探地雷达以宽频带短脉冲的形式向介质内发射高频电磁波(几兆赫到几千兆赫),当其遇到不均匀体(界面)时会反射部分电磁波,其反射系数由介质的相对介电常数决定,通过对雷达主机所接收的反射信号进行处理和图像解译,达到识别隐蔽目标物的目的,如图1所示。

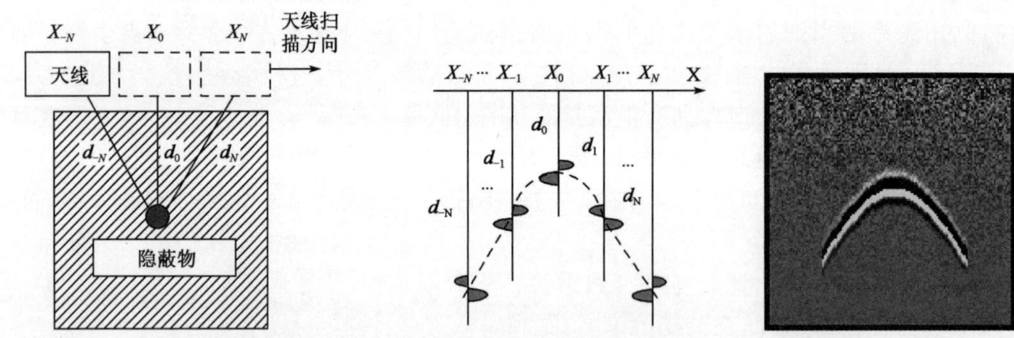

雷达可测量信号到达目标的传输时间,利用传播速率计算出目标的距离

当满足下面条件时,隐蔽物可由雷达探出:(1)在天线信号范围内;(2)信噪比适当

图1　探地雷达工作原理示意图

电磁波在特定介质中的传播速度v是不变的,因此根据探地雷达记录上的地面反射波与反射波的时间差ΔT,即可据下式算出异常的埋藏深度H:

$$H=\frac{V\cdot\Delta T}{2}\tag{1}$$

式中，H 为目标层厚度；V 是电磁波在地下介质中的传播速度，其大小由下式表示：

$$V=\frac{C}{\sqrt{\varepsilon}} \tag{2}$$

式中：C 是电磁波在大气中的传播速度，约为 $3\times10^{8}\mathrm{m/s}$；$\varepsilon$ 为相对介电常数，取决于地下各层构成物质的介电常数。

雷达波反射信号的振幅与反射系数成正比，在以位移电流为主的低损耗介质中，反射系数 r 可表示为：

$$r=\frac{\sqrt{\varepsilon_1}-\sqrt{\varepsilon_2}}{\sqrt{\varepsilon_1}+\sqrt{\varepsilon_2}} \tag{3}$$

式中，ε_1、ε_2 为界面上、下介质的相对介电常数。

反射信号的强度主要取决于上、下层介质的电性差异，电性差异越大，反射信号越强。

雷达波的穿透深度主要取决于地下介质的电性和中心频率。导电率越高，穿透深度越小；中心频率越高，穿透深度越小，反之亦然。

3　工程应用实例

3.1　工程概况

第一师阿克苏—阿拉尔公路工程项目是新疆维吾尔自治区规划“三横两纵两环八通道”骨架公路网的重要组成部分，位于塔里木盆地北侧边缘，该项目全长114.1km，路面结构形式为4cm AC-16中粒式沥青混凝土+7cm AC-20中粒式沥青混凝土+1cm下封层+30cm水泥稳定砂砾基层+20cm天然砂砾底基层，并于2014年6月进行了交工前的试验检测工作。

3.2　试验方案的选择

我们采用RIS-K2探地雷达的天线是1600MHz高频、600MHz低频两种天线，高频天线适合于10～50cm面层厚度检测，低频适合1m路面结构层与病害识别，1600×600MHz天线阵可确保浅层的层位信息、浅层病害和深层的病害信息。两个频率的天线同时工作，既保证了探测精度，又提高了工作效率。可以满足兵团公路5cm中粒式沥青混凝土面层与总厚度约60cm的检测要求，实现路面厚度快速无损检测。探地雷达检测路面结构层工作原理如图2所示。

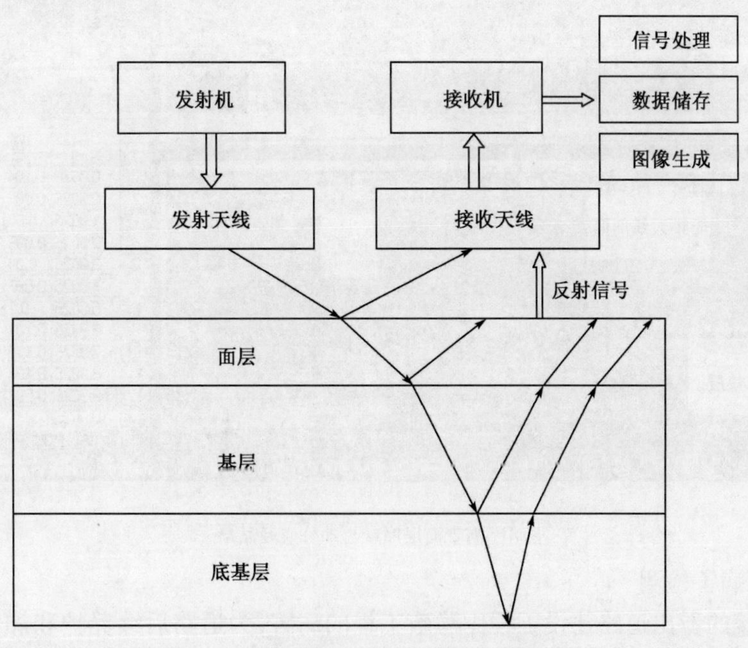

图2　探地雷达检测路面结构层工作原理

3.3　数据分析

3.3.1　沥青路面厚度检测

使用1600MHz天线进行路面厚度检测,采用Launch GRED软件对数据进行了分层分析。首先要根据仪器设备的实际情况(车载式)定义一个垂直刻度的零点,来解决雷达天线和要扫描表面之间的距离。该操作主要用于雷达天线与地表没有接触的情况下对后期处理数据时提供依据(根据实际情况确定)。如图3、图4所示。

图3　对空标定

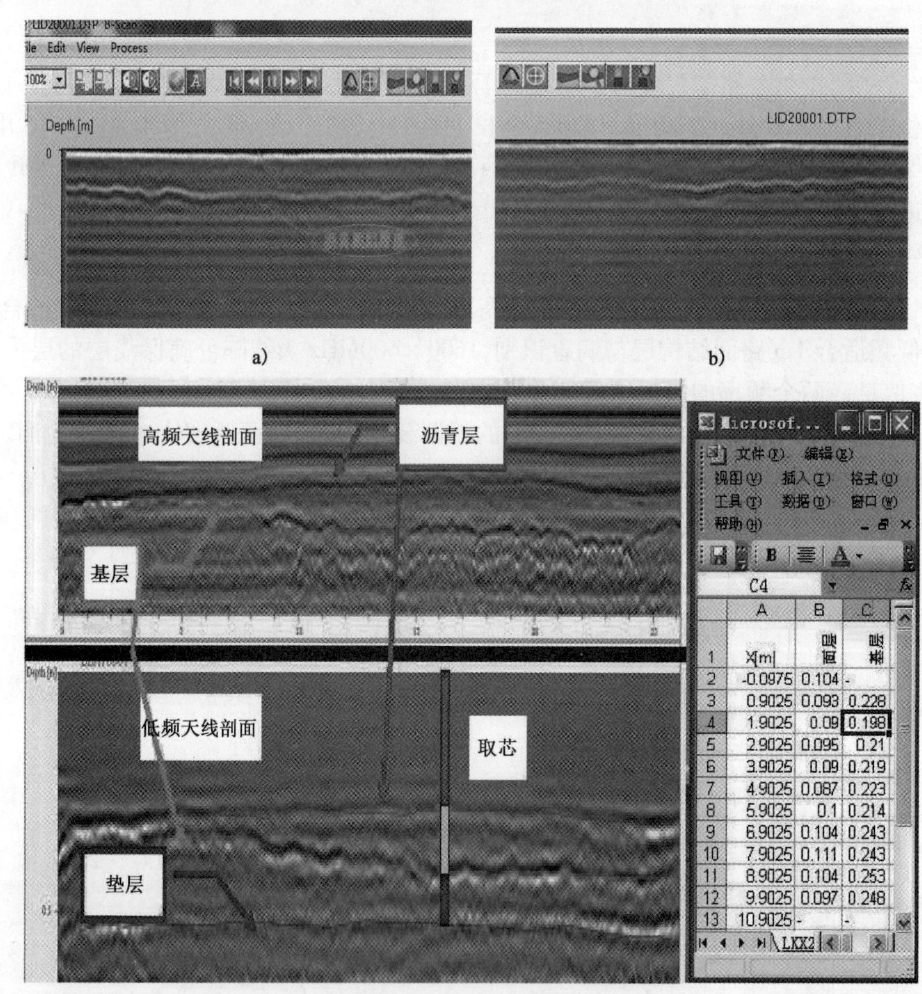

	A	B	C
1	X[m]	[illegible]	[illegible]
2	-0.0975	0.104	-
3	0.9025	0.093	0.228
4	1.9025	0.09	0.198
5	2.9025	0.095	0.21
6	3.9025	0.09	0.219
7	4.9025	0.087	0.223
8	5.9025	0.1	0.214
9	6.9025	0.104	0.243
10	7.9025	0.111	0.243
11	8.9025	0.104	0.253
12	9.9025	0.097	0.248
13	10.9025	-	-

图4　沥青面层厚度自动分层及结果

3.3.2　路基路面病害检测

通过图像可以直接的看出道路建设工程中隐蔽工程的病害,为道路后续养护和加固方案的制定提供最直接的依据。

3.3.3　道路检测过程中的影响因素

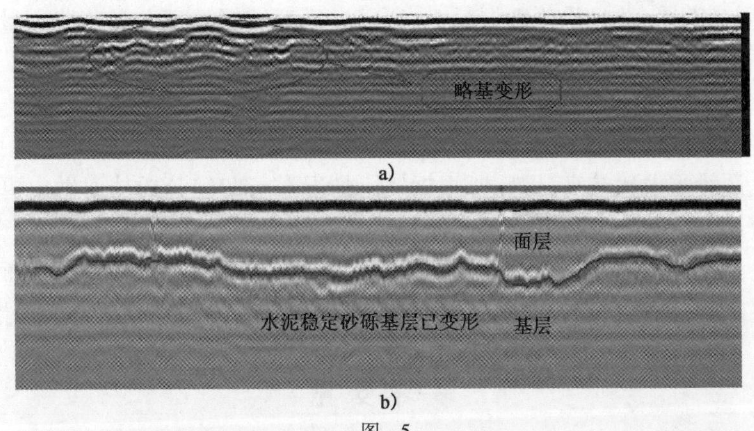

图 5

在道路实际检测过程中会遇到其他影响因素，例如其他车辆、防撞护栏、桥涵结构物等都会对图像造成不同程度的影响。如图5、图6所示。

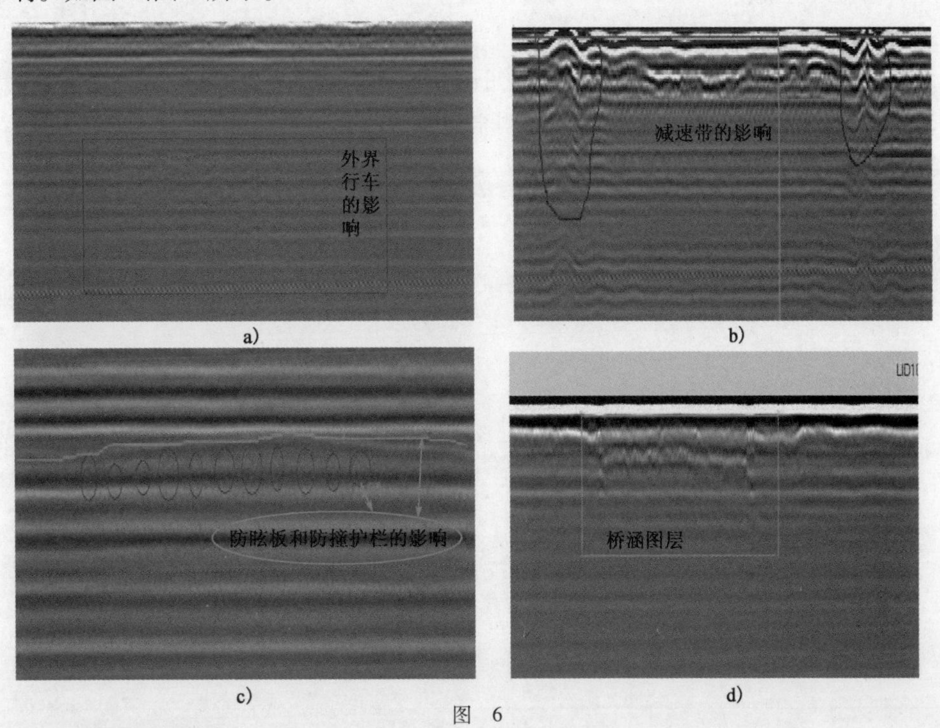

图 6

3.3.4 沥青面层厚度评定

根据《公路工程质量检验评定标准第一册土建工程》(JTG F80/1—2004)中沥青面层测定频率为双车道每200m测一处，即每公里测5处，而采用RIS-K2探地雷达检测沥青路面厚度可以进行每车道检测，检测点可以根据不同的要求进行增加或减少，每公里可以为一个评定单元进行评定，能够真实、准确的反应道路的实际情况，为道路的厚度评价提供了足够的数据。

4 RIS-K2 探地雷达在检测过程中应注意的事项

结合工程检测实例，在使用RIS-K2探地雷达检测沥青路面面层厚度时首先要对K2Fastwave采集软件中相关参数设置，需要有针对性的进行专项试验，确定适合我们自己需要的采集参数、行车速度等。对于车载式的设备需根据实际情况确定雷达天线和待测物的最佳距离，并确定垂直刻度的零点值，为后期的数据处理做准备。在检测过程中进行厚度标定时，检测距离和实际距离一定要在同一点上，确保标定的准确性，同时要做好记录。建议在同一级配材料、同一施工工艺中标定点数不少于5点，取任何3点的平均值作为该段道路的标定值进行数据汇总，其余2点用于测试结果的验证，确保数据的准确。但对不同级配材料或不同的施工工艺必须进行波速标定。

由于探地雷达检测速度快,并且采集数据量大,所以在后期数据处理上需花费大量的时间。

5 结语

由于不同的公路所用材料及施工工艺不同,以及地质情况的复杂性,在检测工程中雷达图也具有一定的多样性,这对检测人员的要求比较高,因此要根据实际情况进行归纳分析从而做出更准确的判断。

通过对 RIS-K2 探地雷达的应用和近几年探地雷达在公路检测技术实践的资料来看,探地雷达技术是一种高速、安全的无损检测技术,具有节省人工、机械消耗,大大缩短检测时间,减少路面人为破坏,获取大量数据,可用于公路各层厚度、路基状况等的质量检测的优点,在公路检测领域值得大力推广和应用。

参考文献

[1] 中华人民共和国行业标准.JTG F80/1—2004 公路工程质量检验评定标准第二册 土建工程[S].北京.人民交通出版社,2008.

[2] 郑延辉.地质雷达技术在公路建设中的应用[J].山西建筑,2008.

[3] 杨金山,王百荣,车殿国.地质雷达技术及其应用[J].黑龙江水利科技,2002.

[4] 李志强,王建忠.地质雷达在沥青面层厚度检测中的应用[J].太原.山西交通科技.2008(2).

SBS + Superflex 复合改性沥青及混合料性能

谢 军 何振华

（长沙理工大学交通运输工程学院）

摘 要 针对复合改性沥青进行了研究，提出了 SBS + Superflex 复合改性沥青添加改性剂的生产工艺，确定 SBS + Superflex 复合改性剂的最佳掺配比例为 4% +10%，相关性能实验结果表明：SBS + Superflex 复合改性沥青耐老化性能和低温抗裂性能良好，仅采用 Superflex 改性剂对高温稳定性提高幅度不大，Superflex 改性剂对沥青混合料水稳定性的提高有明显作用。

关键词 道路工程 改性沥青 复合改性 掺量 路用性能

沥青是一种典型的黏弹性材料，它对温度的敏感性直接影响着沥青的路用性能[1]。然而随着现代社会的发展，公路交通量也随之不断增大，这也对路面的要求越来越高，也即对沥青的性能要求也越来越高。对沥青进行改性是最常用的一种方法，通过在沥青中添加某些有机或无机材料来改善沥青的性能。目前在国内使用较多的改性剂为聚合物改性剂[2,3]，主要有 SBR、PE、EVA、SBS，其中应用最为普遍的是 SBS 改性剂，它可以很好地改善沥青的路用性能。然而 SBS 改性剂也不是万能的，也不能完全解决沥青路面的所有问题。近年来 Superflex 改性剂逐渐被人们所熟知，Superflex 是一种天然屑粒橡胶改性沥青，其拥有很高的黏度、弹性模量[4~6]。论文选取了 SBS 改性沥青、Superflex 改性沥青以及 SBS + Superflex 复合改性沥青及其混合料进行试验对比分析。

1 复合改性沥青掺配工艺

Superflex 改性剂具有非常好的弹性和韧性，其软化点高于 120℃，一般情况下其状态为黑色固体。SBS 与 Superflex 两种改性剂与基质沥青都不发生化学反应，且在高温下两者都不会发生分解。SBS 对基质沥青的改性是一个物理互混的过程，当 SBS 改性剂加入到沥青中以后，SBS 改性剂的细小颗粒会对沥青中的某些成分进行吸附，同时 SBS 细小颗粒在吸附沥青中某些物质时也会发生体积膨胀，进而使得沥青的组分含量发生变化，同时也使得沥青的胶体结构由溶胶—凝胶型向着凝胶型的转化。Superflex 改性剂加入到基质沥青后产生物理互混作用，通过溶胀作用吸收沥青中的轻质组分，从而使沥青中的组分发生变化，促使沥青由原来的溶胶—凝胶型向着凝胶型变化。二者分别加入沥青中后不会相互影响，通过均匀分散在沥青中形成稳定的结构，从而改善沥青的性能。

根据 SBS 和 Superflex 两种改性剂各自的特点，SBS + Superflex 复合改性沥青的掺配工艺如下：

（1）将 Superflex 改性剂进行加热至 170 ~ 180℃。

（2）将基质沥青加热到 140℃ ~ 150℃后掺入 SBS 改性剂，选用低速搅拌机搅拌 20min。

（3）将 SBS 改性剂与基质沥青混合物加热到 170℃ ~ 190℃，对其混合物高速剪切 30min 以上，为防止电流过大烧毁电动机，剪切仪的转速应逐步提高。

（4）将剪切仪的速度下调到低速档继续搅拌 10 ~ 15min 后，将加热好的 Superflex 改性剂加到基质沥青和 SBS 改性剂混合物中，低速搅拌 20min。

（5）将基质沥青、SBS 改性剂和 Superflex 改性剂的混合物在 170℃ ~ 180℃下高速剪切 30min。同样为防止电流过大烧毁电动机，宜先选用低速，然后逐渐提高剪切速度。

（6）将制得的改性沥青放入 170℃烘箱静置溶胀 lh，就得到了 SBS + Superflex 复合改性沥青。

2 复合改性剂掺量的确定

根据经验,对复合改性沥青中SBS、Superflex的掺量进行试掺,并对其针入度、延度和软化点等指标进行测试,得到结果如表1所示。

复合改性沥青试验结果 表1

SBS + Superflex 掺配比例	针入度(25℃,0.1mm)	延度(5℃,cm)	软化点($T_{R\&B}$)
2+6	40.9	41.1	53.9
2+8	43.8	54.4	54.7
2+10	36.9	32.9	58.4
2+12	43.2	35.6	56.4
4+6	40.3	64.4	62.1
4+8	36.1	39.9	62.4
4+10	34.5	43.1	78
4+12	34.2	49.7	77.3
6+6	39.6	56.4	66.3
6+8	35.2	52.6	67.2
6+10	32.1	40.6	76
6+12	31.8	42.1	78.9

具体如图1~图4所示。

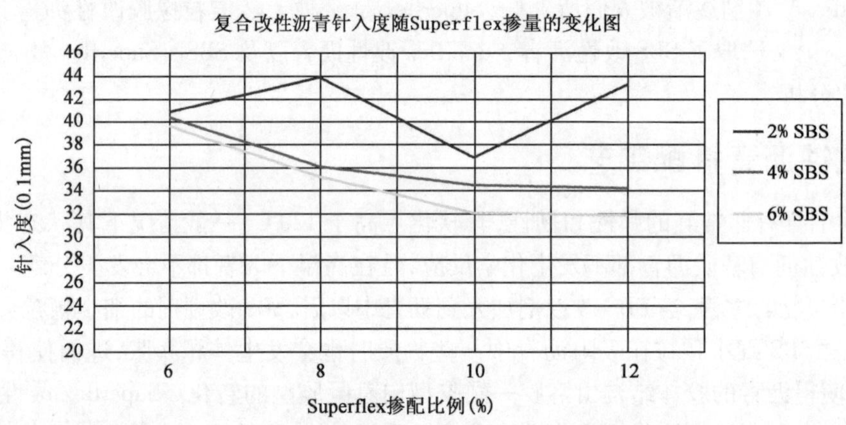

图1 复合改性沥青针入度随Superflex掺量的变化

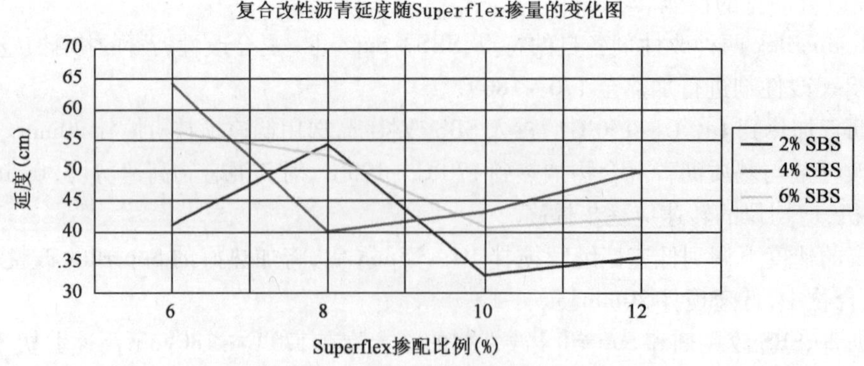

图2 复合改性沥青延度随Superflex掺量的变化

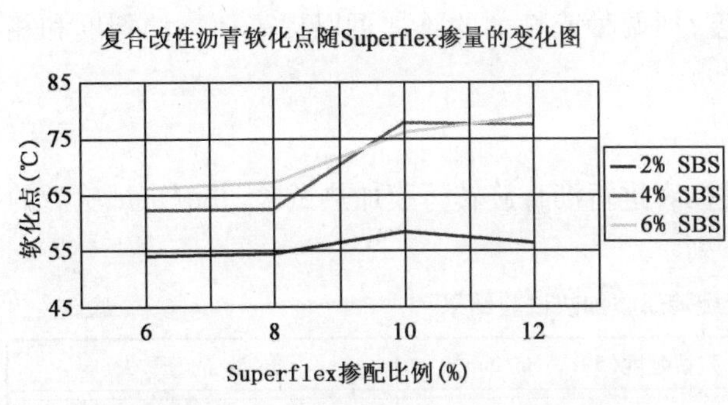

图3 复合改性沥青软化点随 Superflex 掺量的变化

图4 复合改性沥青试验结果

由实验对比结果可知,当 SBS + Superflex 的掺配为 4% + 10% 时所得的沥青性能相对较好,故选取该剂量为最终掺配。

3 复合改性沥青性能

3.1 性能对比

分别测定基质沥青、4% 掺量的 SBS 改性沥青、10% 掺量的 Superflex 改性沥青、4% + 10% 的 SBS + Superflex 复合改性沥青的针入度、延度及软化点,结果如表 2、图 5 所列。

各种沥青三大指标汇总 表2

沥青种类	针入度(25℃)	延度(5℃)	软化点
	0.1mm	cm	℃
基质沥青	69	155	51.5
SBS 改性沥青	53	31	78.8
Superflex 改性沥青	56	12.5	66.5
SBS + Superflex 复合改性沥青	34.5	43.1	78

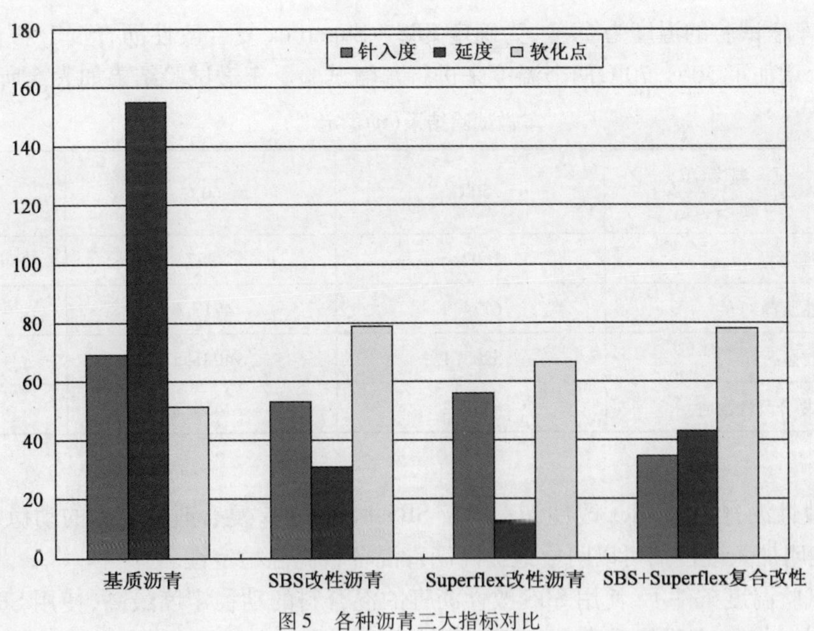

图5 各种沥青三大指标对比

由此可知:

(1)沥青延度随改性剂的添加逐渐降低,说明随着改性剂的添加,沥青的塑性会降低。

(2)SBS 和 Superflex 两种改性剂的添加都可以使沥青的软化点温度提高,即两种改性剂的添加都可以改善沥青的温感性能。

(3)SBS 和 Superflex 两种改性剂都降低了沥青针入度,即两种改性剂的添加可以提高沥青的稠度和相对黏度。

3.2 抗老化性能

将掺配剂量为4% +10%的 SBS + Superflex 复合改性沥青进行沥青旋转薄膜加热试验,并测定试验后的沥青的针入度、延度、质量的变化的指标的变化,如表3所列。

SBS + Superflex 复合改性沥青旋转薄膜加热试验结果 表3

试验项目	残留针入度比	残留延度(5℃,5cm/min)	质量的损失
试验方法	T0604	T0605	T0610
单位	%	cm	%
试验结果	76.3	17.8	0.04
规范要求	不小于65	不小于15	不大于±0.6
试验结果判定	满足规范要求	满足规范要求	满足规范要求

由上可知,SBS + Superflex 复合改性沥青耐老化性能良好。

4 复合改性沥青混合料性能

选用 SMA-16 混合料,级配如表4所列,并通过马歇尔试验分别确定最佳油石比。

级配范围 表4

级配	通过下列筛孔(方孔筛/mm)的质量百分数(%)										
	19	16	13.2	9.5	4.75	2.36	1.18	0.6	0.3	0.15	0.075
级配范围	100	90~100	65~85	45~65	20~32	15~24	14~22	12~18	10~15	9~14	8~12
设计级配	100	95	75	62	30	18	17	15	12	11	10

4.1 高温稳定性

规范规定标准车辙试验的温度为60℃,为确定 SBS + Superflex 复合改性沥青混合料在某一温度区间内的对高温的稳定性,增加了50℃、70℃两个温度来进行车辙试验。车辙试验结果如表5所示。

车辙试验结果(动稳定度) 表5

沥青类型 \ 试验温度(℃)	50℃	60℃	70℃
70号基质沥青	1602.6	967	—
SBS 改性沥青	6774.9	4717.6	2340.1
Superflex 改性沥青	5203.1	4021.5	1927.4
SBS + Superflex 复合改性沥青	6567.2	4450.2	2150.1

由上可知:

(1)使用 SBS 改性沥青、Superflex 改性沥青以及 SBS + Superflex 复合改性沥青的动稳定度较普通沥青混合料有显著提高,表明加入改性剂可以明显地提高沥青混合料高温稳定性。

(2)在相同的试验温度条件下,使用 SBS 改性沥青的混合料的动稳定度最高,使用 SBS + Superflex 复合改性沥青的动稳定度次之。表明仅采用 Superflex 改性剂对高温稳定性提高幅度不大。

4.2 水稳定性

采用玄武岩质粗集料,对四种沥青进行黏附性试验,结果如表6。

四种沥青的黏附性试验结果 表6

沥青类型 \ 水煮时间	3min	4min	5min
70号基质沥青	4	3	2
SBS改性沥青	5	4	4
Superflex改性沥青	5	4	4
SBS + Superflex复合改性沥青	5	4	4

根据表6可知,掺入改性剂可以增加黏附性等级,但随着水煮时间的延长,四种沥青的黏附等级均有所下降。

残留稳定度和冻融劈裂强度比实验结果如表7所示。

水稳定性试验结果 表7

沥青类型	泰普克70号	SBS + Superflex	Superflex	SBS
残余稳定度	75.8%	85.9%	85.5%	79.1%
冻融劈裂强度比	81.0%	92.8%	94.2%	84.5%

根据表7可知,相对基质沥青混合料,SBS + Superflex复合改性沥青混合料的残留稳定性和冻融劈裂强度比分别提高了10.1%和11.8%,且其提高效果明显好于SBS改性沥青混合料,说明Superflex改性剂对沥青混合料水稳定性提高有明显的作用。

4.3 低温稳定性

对四种沥青混合料进行低温弯曲试验,结果如表8所示。

四种沥青混合料低温弯曲试验结果 表8

沥青混合料	70号基质沥青	Superflex	SBS	SBS + Superflex
弯拉强度R_b(MPa)	7.6	7.8	11	10
极限应变ε_b($\times 10^{-6}$)	2015	2201	3995	3150
弯曲劲度模量S_B(MPa)	3771	3562	2761	3174

由表8可以看出,使用SBS改性沥青的混合料低温条件下的抗开裂的能力最强,使用SBS + Superflex复合改性沥青次之。也说明SBS + Superflex复合改性沥青的沥青混合料具有良好的低温抗裂性能。

5 结语

(1)通过实验,提出了SBS + Superflex复合改性沥青添加改性剂的生产工艺。

(2)通过试验,确定SBS + Superflex复合改性剂的最佳掺配比例为4% +10%。

(3)SBS和Superflex两种改性剂的添加都可以使沥青的软化点温度提高,并降低其针入度。

(4)通过沥青旋转薄膜加热试验表明,SBS + Superflex复合改性沥青耐老化性能良好。

(5)添加改性剂可以明显地提高沥青混合料高温稳定性,但仅采用Superflex改性剂对高温稳定性提高幅度不大。

(6)相对基质沥青混合料,SBS + Superflex复合改性沥青混合料的残留稳定性和冻融劈裂强度比的提高效果明显好于SBS改性沥青混合料,说明Superflex改性剂对沥青混合料水稳定性提高有明显的作用。

(7)SBS + Superflex复合改性沥青的沥青混合料具有良好的低温抗裂性能。

参 考 文 献

[1] 陈华鑫,王秉纲.基质沥青和SBS改性剂的相互作用机理分析[J].公路,2007.

[2] 原健安,周吉萍,李玉珍.SBS与沥青的相互作用分析[J].中国公路学报.2005,18(4).

[3] 谭忆秋.沥青与沥青混合料[M].哈尔滨:哈尔滨工业大学出版社,2007,170-178.

[4] 周拥政.Superflex改性沥青混合料的路用性能研究[D].长沙:长沙理工大学,2013.

[5] 王敏.SUPERFLEX改性沥青及混合料性能研究[D].重庆:重庆交通大学,2010.

[6] 曾理.Superflex+SBS改性沥青混合料路用性能研究[J].公路与汽运,2012(4).

[7] 王辉,陈奕,王海波.Superflex改性沥青混合料的性能研究[J].公路与汽运,2013,(2).

[8] 黄文元,张隐西.路面工程用橡胶沥青的反应机理与进程控制[J].公路交通科技,2006,23(11).

自动化检测技术是公路科学养护发展的趋势

梁如水
（北京恒达锦程图像技术有限公司）

我国公路建设在改革开放以后，发展速度很快。从中国第一条高速公路——泸嘉高速公路到2014年各省在建的高速公路，累计通车总里程长度10.4万公里，短短20年高速公路总里程长度仅次居美国，成为世界第二。公路、特别是高速公路的迅速发展为我们国民经济和人民生活带了巨大的变化和快捷方便。从国家总体公路网建设布局上来看，国家公路建设已经完成的大部分工程，剩下的公路路网建设主要集中在边远省份和西部地区。大规模的公路建设期逐步转向公路养护期转变。截止2013年全国维养公路总长度达425万公里。公路养护越来越成为公路管理部门和公路养护单位的重点工作。公路养护之前的道路调查和道路检测就愈加显现十分重要。道路路面信息成为公路信息化建设的基础数据和科学养护管理的客观依据。

在公路检测中路面检测是数据量大、检测类别多、检测任务繁重，数据的科学性、准确性、及时性对公路的养护计划和养护决策影响大。从公路检测技术发展规律看，公路检测检测技术要经过三个发展阶段。

1 人工检测阶段

人工检测方法是划分路段，分配人员在道路一侧行走，目测勘察并记录路面病害检测方法。这种方法检测人员的劳动强度大、速度慢、危险性高、数据不科学、不准确。

2 快速检测阶段

车载式道路快速检测。最近十年来我国生产的道路快速检测车，取代了人力的现场作业的劳苦和危险。在车辙、平整度、构造深度、弯沉、抗滑系数等方面实现数据的自动采集和自动检测识别技术。在路面破损病害方面实现了自动采集、人工辅助识别破损病害图像技术。完成了从人工检测到设备的快速检测转变。道路快速检测车采用人工逐张拖框，辅助计算机识别。操作人员掌握的标准不统一、尺度不一致、责任心要求高、视觉疲劳程度高，识别时间周期长。目前道路检测集中在10~11月内，动则数万公里路面信息采集，车辙平整度数据可以比较快的完成数据报告，但在破损病害数据识别形成数据报告需要3~6个月。最后只能靠人海战术完成任务。道路快速检测车也不能很好的满足道路养护及时、快速、准确的作业要求。人工辅助识别出的数据不能做动态对比和分析。在大数据时代这些数据不能充分挖掘就会成为数据垃圾和数据废气。

3 自动化检测阶段

车载式道路自动化检测。随着公路养护的深入发展和养护决策的科学化，计算机自动化检测识别技术是道路检测发展的趋势。公路技术状况评定标准2014年征求意见稿中也明确指出，“在实施大规模公路网路面技术状况检测中，应使用自动化检测技术。”路面破损自动化识别属于计算机大数据处理技术。从国内外的发展技术来看，计算机自动识别自动、快速、准确的破损病害的位置、类型、严重程度、影响面积是考量道路检测车的整体设备质量和软件处理的科技水平。在交通领域公路路面检测领域是行业领域的技术瓶颈。即便是美国、加拿大等几家国际知名的道路检测车生产厂家也没有完全突破这项技术瓶颈。其技术的难度主要有以下几点：

(1)海量数据:自动化识别路面病害信息属于海量信息。每幅图像2.6~3.75m宽,纵向2m。假设道路检测车以80km时速连续采集,每秒采集在11张,每公里500张,每小时采集40000张,1000公里50万张,10000公里500万张图像。每幅图像大约8MB,100km单单向单道图像数据可以达到400G,原始图像压缩(JPG格式)会引起图像的失真、图像不压缩(BMP格式)数据量又非常大。如果需要保存识别结果的图像,那么数据量翻倍。如果以BMP格式存储原始图像和识别结果图像,1T的硬盘最多能存100多km图像数据。目前各省仅就高速公路里程程度少则3000~4000km,内的省份发展快的有望突破5000km,发达省份甚至达到6000km。如果加上国道、省道等公路里程长度多大几万、十几万公里。仅就重载车道上下行检测,省内的高速公路、及公路路面病害信息就是一个天文数据量。所以,路面病害海量图像数据自动化识别是道路自动化检测技术的瓶颈。

(2)计算机算法技术:道路病害识别技术属于计算机模式识别和图像处理技术,其中算法技术是关键。如上所述,这样大的海量图像数据,如果算法技术不是世界领先的,那么自动化识别的速度就会很慢。国内外在识别一张3.7m×2m的路面图像信息所用的时间在10秒上下甚至更长时间,在实际应用过程中图像识别速度不佳。所以,计算机自动识别用多快的时间识别一副图像(8MB)的路面病害信息是计算机算法技术的关键。

(3)补光技术:计算机自动识别前提,需要一个稳定的、均衡的光源下的采集图像。在白天道路采集过程中阳光下道路路况有很多的路噪影响采集图像的质量,造成假性裂缝,造成误检识别。早晚光线变化产生光噪,也会造成采集图像灰度值不均匀的情况,影响采集图像的质量,也会造成计算机误检识别。这项技术比快速检测技术下为人眼识别提供的补光技术对光源的要求更高。例如采用横向宽度为全车道宽度进行道路病害图像采集,2M的车身宽度,补光灯宽度不能超过车身宽度很多。要照3.75M~4M的宽度,光源的均匀性、光源的亮度就是补光灯技术的瓶颈。

近年来,各省交通系统、高速管理系统相继开展公路资产管理平台和公路养护平台的计算机信息化建设。计算机养护平台信息化建设,涉及公路基础数据、路面检测数据和公路交通量数据的采集。其中路面检测数据形成的海量数据的科学性、计量性、完整性对公路资产管理平台和养护决策科学化有十分重要的意义。

数据采集的科学性是建立在标准上。目前,行业标准JTG H20—2007中有些病害的标准还缺少定量划分。例如横向、纵向裂缝中在划分轻重程度是规定裂缝宽度在3MM以内和大于3MM。并没有明确在一定长度下的裂缝中是最大裂缝宽度还是最小或者是平均宽度。在龟裂、块裂裂缝中对轻重程度的规定有大部分裂缝块度的描述,并没有明确大部分是多大百分比,是50%还是70%可以成为大部分。这种没有定量标准在自动化识别时就会遇到科学计量的问题。自动化检测技术要依据于公路技术状况评定的定量标准。公路技术状况评定标准征求意见稿中也指出,公路技术状况评定标准(JTG H20—2007)已表现出一定的不适应性,自动化检测技术与现有的指标体系的不完全匹配等等。

数据识别的计量性是建立在尺度上。目前,快速检测技术人工逐张拖框、辅助计算机识别的技术,由于需要人工对病害进行判断,很容易造成检测人员标准尺度掌握的不一致,电脑显示屏幕是实际图像的2~3%大小,在压缩文件(JPG格式)下,在电脑显示屏前靠人眼看到1mm细小裂缝十分困难。识别连续识别作业,会造成人眼的疲劳,造成识别烦躁。进而产生看的不准确,漏检、误判识别。同一人员重复检测、不同人员同一图像检测所得到的数据仍会有差异。自动化检测技术从根本上避免了这些问题,计算机可以在统一标准和计量尺度下进行自动识别。

数据的完整性是建立在横向检测宽度的基础上。行业标准JTG H20—2007中规定横向检测宽度不得少于道路宽度的70%。快速检测技术就可以在这个宽度最低下限进行图像采集和识别。这与横向检测宽度在全车道宽度3.75M,数据量少了近三分之一。在实施以路面大中修养护的项目级检测时,路面病害信息对养护规划的完整性就有很大的影响。

北京恒达锦程图像技术有限公司经过几年的技术攻关,完成了道路智能检测车的研制、生产和销售。先后申请了全自动路面裂缝信息采集和分析软件发明专利和路面检测补光灯发明专利等23项高科技技术。

2012 年在交通部国家道路及桥梁质量监督检验中心实际路段测试。2014 年在客户使用过程中,进行了人工现场勘查检测与计算机自动采集自动识别的数据进行对比测试,路面破损状况评价指标 PCI 都在 90% 以上。我公司独立研发的"智能识别系统"是国内外首个可以真正实现无人工干预的自动化路面图像处理软件。该软件可以对路面病害进行自动分类并保存数据结果,识别准确率大于 90%,并且在识别过程中,用户可以实时看到病害结果图和病害分布统计图,是一款真正意义图像处理和数据分析的高智能软件。恒达锦程道路智能检测车在上万公里的设备运行试验中以及数千公里的道路检测和识别处理过程中,软件运行的质量和设备运行的质量都达到了良好的状态,实现自动化检测技术的突破。

总之,随着我国公路资产管理平台的建立和道路养护科学化管理平台的建立,公路科学养护工作越来越引起管理部门和行政领导人更多的重视。过去重建设轻养护、养护资金給付不足的局面也在转变。相应的,随着快速检测技术向自动化检测技术转变,自动化检测技术应用也会越来越广泛。自动化检测技术对于高速公路、国道省道长距离检测有极大的优势。同时也可以为项目级检测提供很具体位置的病害信息,提供路段病害特征、分布状态的统计分析,为养护规划提供客观的数据依据。为进一步大数据再挖掘提供了数据库和服务器支持。对连续、动态、历史数据比较提供了统一的尺度。自动化检测技术为公路养护管理和科学化决策提供科学的、统一的、标准的基础数据,积极推进公路养护科学决策体系建设的发展,是公路科学养护的发展趋势。

基于MBBR工艺的服务区生态型模块化污水处理系统的研究与开发

田冬军　冯美军

（山东省青临高速公路运营管理中心）

摘　要　随着国家环境保护形势发展需求，高速公路服务区的污水处理越来越受到重视。目前，高速公路生活污水处理设施没有统一的设计规范，现有的处理设施存在一些突出问题，如出水不稳定，水质不达标，污水处理后大部分沿边沟排放，没有做到中水回用等。本文在分析了现有工艺技术的基础上，提出将移动床生物膜工艺（MBBR）应用于高速公路污水处理，它突破了传统生物膜法（MBR）易堵塞和配水不均等问题，解决了生物流化床工艺的局限性，将生物膜法处理工艺更好的应用于污水处理。通过研究可知，基于MBBR工艺的服务区生态型模块化污水处理系统具有较好的经济效益、社会效益。

关键词　高速公路　服务区　污水处理　MBBR工艺　模块化　研究与开发

1　前言

近年来，随着国家环境保护形势的日益严峻，高速公路服务区、收费站等设施产生大量污水的问题已经引起关注。根据建设项目环境保护“三同时”要求，在高速公路产生污水的地方要投资建设污水处理设施，污水经过处理达标后排放[1]。因此，高速公路管理部门对附属区的污水处理开始重视起来，各地陆续配置一体化污水处理设施。但是，当前服务区污水处理技术及设备基本是按住宅建筑小区进行的简单仿制，没有充分考虑到服务区污水排放及运营管理特点，从而导致了工程造价高、运行管理难度大等一系列问题，使得前期投资不菲的污水处理系统不能发挥应有的功能，普遍存在运行状况不良、出水难以达标、时停时用等现象，有的甚至长期闲置，形同虚设[2]。

目前，高速公路生活污水处理设施没有统一的设计规范，现有的处理设施存在一些比较突出问题，如大多使用二级生化处理，运行维护费用较高，出水不稳定，水质不达标，污水处理后大部分沿边沟排放，没有做到中水回用等。因此，根据高速公路服务区的相关特点，有针对性进行污水处理系统的研究与开发，是十分有必要的。

2　服务区污水处理技术的研究现状

高速公路服务区污水主要是生活污水和冲洗废水，其主要特征为：水质水量变化较大，污染物浓度比城市污水低，污水可生化性良好，处理难度小。服务区污水处理常用的工艺有地埋式一体化污水处理设备（A/O）、曝气生物滤池工艺（BAF）、膜生物反应器工艺（MBR）、人工湿地工艺等[3]。根据马强、聂荣等人的研究成果可知，膜生物反应器工艺（MBR）作为一种新型技术，已被成功推广应用于污水处理领域，并在高速公路服务区污水处理应用中崭露头角[4]。宋海兵等将MBR工艺运用于宁淮高速公路老山服务区污水处理，出水达到回用水标准，被普遍认为是一项满足高速公路服务区污水处理要求和缓解服务区用水紧张局面的新工艺，但目前MBR技术在服务区污水处理方面尚未得到充分挖掘和重视[5]。

3　MBBR污水处理的工艺原理

MBBR，为移动床生物膜工艺，它突破了传统固定床生物膜法（MBR）易堵塞和配水不均等问题，解决了生物流化床工艺的局限性，为生物膜法更广泛地应用于污水处理提供了条件[6]。

MBBR工艺运用了生物膜法的基本原理，充分发挥了传统活性污泥法及固定式生物膜法的优点，又克服二者的缺点。其关键技术在于应用了比重接近于水，轻微搅拌下易于随水自由运动的生物填料。该填料具有有效表面积大，适合微生物吸附生长的特点。填料结构以具有受保护的可供微生物生长的内表面积为特征。当曝气充氧时，在好氧条件下，空气泡的上升浮力推动填料和周围水体流动起来，当气流穿过水流和填料的空隙时又被填料阻滞，并被分割成小气泡。在这样的过程中，填料被充分地搅拌并与水流混合，而空气流又被充分地分割成细小的气泡，增加了生物膜与氧气的接触面积和传氧效率。在厌氧条件下，水流和填料在潜水搅拌器的作用下充分流动起来，达到生物膜和被处理的污染物充分接触而分解生物的目的[7]。其原理如图1所示。

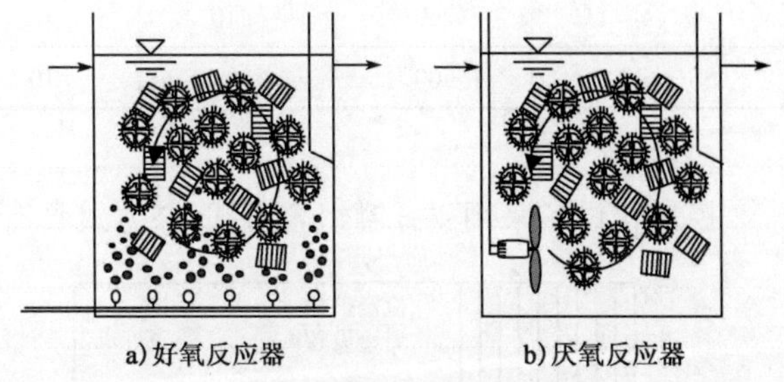

图1 移动床生物膜工艺原理示意图

MBBR(移动床生物膜)工艺的创新点有：

(1)采用REME-20新型氧化反应填料。该填料为悬浮型填料，具有较大的表面积，一般可达500m^2/m^3填料体积，可为微生物生长提供巨大的空间，因此污染物处理效率高；另外由于填料对气泡的切割作用，氧的转移利用效率有了明显提高。

(2)在泥水分离区选用轻滤料。轻滤料采用泡沫滤珠，滤料密度远小于水，污水在向上流的过滤过程中，滤料受到水浮力作用挤压密集在滤板下方，形成紧密的滤层。在反洗过程中水流自上往下冲散滤料，同时将截留的悬浮物释放。在排泥过程中，随着污泥的排放，内罐水位下降形成对滤层的反冲洗。

(3)采用沉淀过滤分层设计。常见一体化污水处理设备的沉淀过滤通常是由不同的水箱串联在一起，运行过程独立，排泥、反冲需要单独操作完成。本工艺的过滤分层设置，能够使生化处理后的污水自流进入沉淀层，剩余污泥沉淀到泥斗中。沉淀后的水继续向上流动，流经过滤层。同时，在水的浮力作用下，轻滤料聚集形成紧密滤层，从而有效的过滤去除了大部分悬浮物，使水体得到进一步净化。

(4)污泥排放时产生对滤层的反冲洗作用。在泥斗内剩余污泥排放过程中，中心分离区内罐水位下降，向下的水流经过滤层时冲散滤料，随即将过滤截留的悬浮物释放出来，产生对滤层的反冲洗作用。

因此，基于MBBR工艺的服务区生态型模块化污水处理系统突破了传统生物膜法的限制，为高速公路服务区污水处理的进一步发展奠定了基础。

4 基于MBBR工艺的模块化污水处理设备的工艺设计

(1)基本要求

①污水处理设施必须结合服务区的整体规划和建筑特点，与服务区建筑环境相协调；

②处理工艺成熟稳定，具有较强的抗冲击负荷能力，参数选择略有余地，确保处理达标；

③污水处理工艺简单实用，维护管理方便，运行费用低；

④充分利用地下空间，平面布置紧凑，占地少；

⑤设备化、定型化、模块化，施工安装方便，设备性能稳定；

⑥污水处理效率高，污泥产量少，尽可能采用低能耗技术。

(2)处理后的水质标准

污水处理后主要用于服务区冲厕、道路清扫及绿化用水，排放水质须符合《生活杂用水水质标准》(GB/T 18920—2002的相关指标要求。超出用量的处理外排水需满足《城镇污水处理厂污染物排放标准》GB 18918—2002相关控制指标[8]。原水、产水主要控制指标如表1所示。

水质标准控制表 表1

控制指标	原水	杂用水	外排水	控制指标	原水	杂用水	外排水
COD(mg/l)	500	—	50	色度	—	≤30	≤30
BOD_5(mg/l)	260	≤10	10	PH	—	6-9	6-9
SS(mg/l)	500	—	10				

(3)基本构造

模块化设备采用立式罐组合方式,该方式具有良好的水力条件,并且便于检修维护,其结构如图2所示。

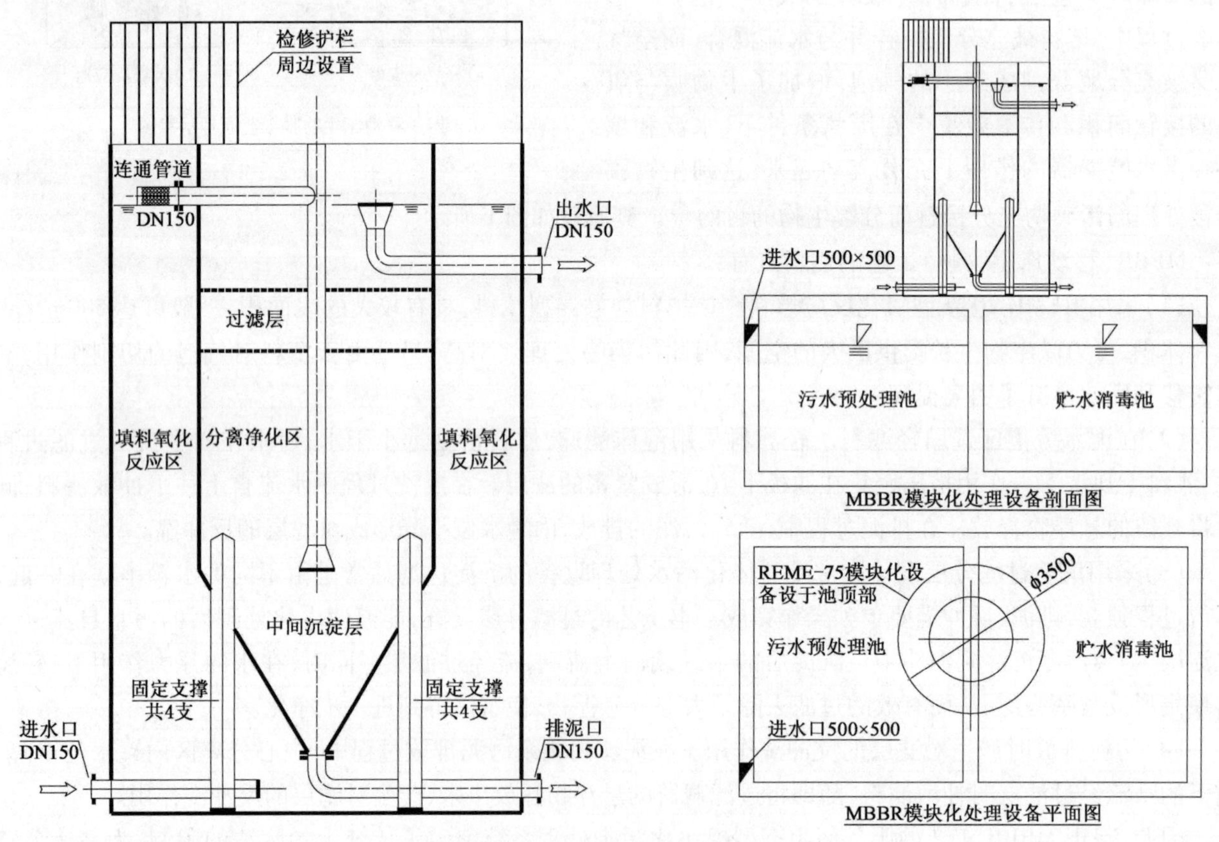

图2 MBBR污水处理设备构造图

服务区污水经管道收集后进入污水预处理池,在污水预处理池进水口位置设置格栅来截留杂物。污水预处理池在对水质、水量进行调节的同时,可对污水进行初步的生化处理,来降低后续工艺负荷及能耗。预处理池出水经污水泵提升进入MBBR模块化污水处理设备,该设备结合生物移动床工艺、浅层沉淀工艺、轻滤料过滤工艺,集生化、沉淀、过滤于一体,结构紧凑,水力条件良好,运行稳定,方便管理。处理后的污水通过连通管道进入中间沉淀层,沉淀处理后的水在持续水压的作用下,向上进入过滤层,过滤出水自流进入贮水消毒池,对贮水消毒池内的污水投加消毒剂进行消毒处理后,达到水质标准,可用于服务区的绿化、卫生间冲洗和洗车用水等。泥斗内的剩余污泥定期排放回流到污水预处理池循环利用,最终结合中水站构筑物清淤时统一处理。服务区MBBR模块化污水处理流程,如图3所示。

图3 服务区MBBR模块化污水处理流程图

(4)主要参数

考虑到设备运输尺寸限制及常规服务区的排水量,设计两种规格的设备,可根据服务区不同的污水排放量进行相应数量的设备组合。根据现场条件及运行要求,设备可以在地面或地下设置。设备的主要参数如表 2 所示。

模块化设备规格型号一览表 表 2

规格型号	最大处理量	原水	排水水质	装机功率	规格型号	最大处理量	原水	排水水质	装机功率
REME-50	50 吨/天	生活污水	一级 B	1.5KW	REME-75	75 吨/天	生活污水	一级 B	3.0KW

5 工程应用实例

本文以 G25 长深高速滨州服务区为例,进行生态型模块化污水处理系统的研究与开发。滨州服务区位于 G25 长深高速山东段,建筑面积为 $5600m^2$,日产生污水量约 200 吨(单侧)。本项目按照单侧服务区 200 吨/天的处理规模来进行设计,模块化污水处理布局如图 4 所示。

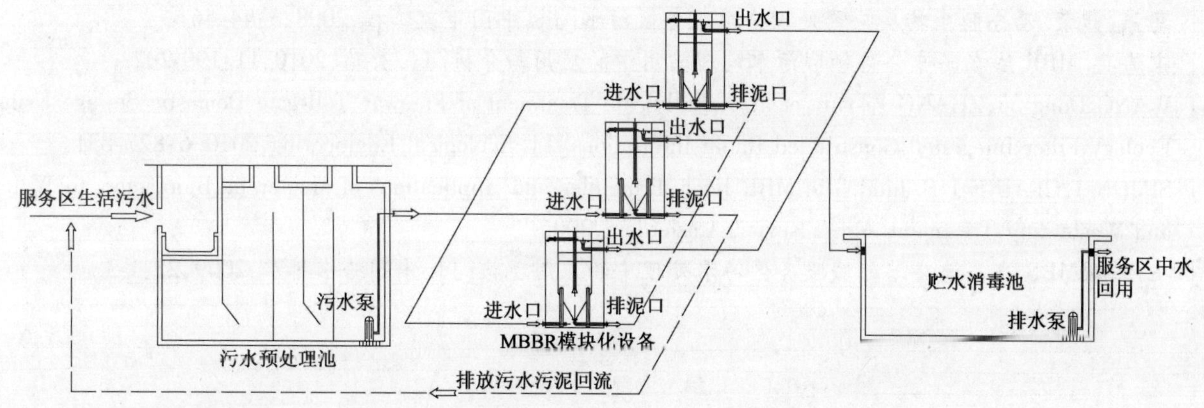

图 4 长深高速滨州服务区 MBBR 模块化污水处理布局图

污水站建设投资约为 60 万元,其中模块化设备 46 万元,土建构筑物 14 万元,投资估算如表 3 所示。

服务区生态型模块化污水处理系统建设投资估算表 表 3

序 号	项 目 名 称	数 量	单 位	单价(万元)	价格(万元)	备 注
1	污水处理系统					
1.1	构筑物	280.00	m3	0.05	14.00	地下水池
1.2	设备及材料	3.00	套	15.00	45.00	成套设备,含水泵风机管道阀门等
1.3	安装调试	1.00	套	1.00	1.00	
1.4	小计				60.00	吨水投资 0.30 万元
2	合计				60.00	总投资(200 吨/天)

以长深高速滨州服务区为例,本系统自动化程度高,出水水质稳定,水力条件好,在日常使用过程中无需专人管理,可以节省人工费约 3 万元/人·年。按照服务区日排水量 400 吨(双侧)计算,全部处理回用可节约市政供水接近 400 吨。本处理系统杂用水处理成本约 0.5 元/吨(含人工费、电费和药剂费等),而市政供水价格按 3.0 元/吨;每天可以节约用水费用(3.0 - 0.5) ×400 = 1000 元,年节约水费约 36 万元。本系统经分析可知具有较好的经济效益、社会效益。

6 结语

本文以长深高速滨州服务区为例,进行了基于 MBBR 工艺的生态型模块化污水处理系统的研究与开发。通过研究可知,该系统的优点有:(1)占地面积小,MBBR 模块化处理设备采用立式罐体布设,形式简单紧凑,占地面积仅为其它工艺流程的 1/3;(2)投资费用低,设备的基础投资费用低于其他常规工艺,且部分基础设施可充分利用服务区现有设施;(3)出水水质稳定,模块化设备集生化处理、沉淀、过滤于一体,水力条件良好,处理效率高;(4)运行管理简单,设备采用模块化设计,生产标准化程度高,安装和运行管理简单方便,且低温适应性强;(5)后期维护费用低,污水处理成本约0.5元/吨,仅为工矿企业市政供水价格的六分之一。

在以后的应用中,建议在模块化设备基础上增加人工湿地工艺设计,不仅可降低前级的处理负荷、提高二次处理效果,而且可营造服务区生态景观,实现污水处理、生态景观、贮水回用一体化综合功能。

参考文献

[1] 常文.高速公路污水处理设施的规范化管理[J].交通标准化,2009.3,8:27-31.

[2] 韩彦来,彭令发.浅谈高速公路服务区分散式污水处理工艺性能分析[J].交通建设,2012,3:77-81.

[3] 吴荣芳.高速公路服务区污水生态处理技术应用实例[J].环境科学与工程,2007,11:93-91.

[4] 马强,聂荣.动态膜生物反应器处理公路服务区污水[J].中国市政工程,2008,3:44-46.

[5] 宋海兵.MBR法在高速公路领域污水处理回用中的应用与分析[J].公路,2010,11:199-202.

[6] WANG Dong-bo, ZHANG Zi-yun, et al. A Full-scale Treatment of Freeway Toll-gate Domestic Sewage Using Ecology Filter Integrated Constructed Rapid Infiltration [J]. Ecological Engineering, 2010.6:827-831.

[7] SIMON J, CLAIRE J. S. Judd. The MBR Book: Principles and Applications of Membrane Bioreactors in Water and Wastewater Treatment[M]. Elsevier, Amsterdam, 2006.

[8] 王阿华.MBR在高速公路领域服务区污水处理中的应用现状[J].中国给水排水,2009,25:1-3.